# Systemtheorie

Grundlagen für Ingenieure

von
Rolf Unbehauen

Mit 296 Abbildungen
und 173 Aufgaben samt Lösungen

6., verbesserte Auflage

R. Oldenbourg Verlag München Wien 1993

Dr.-Ing. Rolf Unbehauen
o. Professor, Lehrstuhl für Allgemeine und Theoretische Elektrotechnik
der Universität Erlangen-Nürnberg



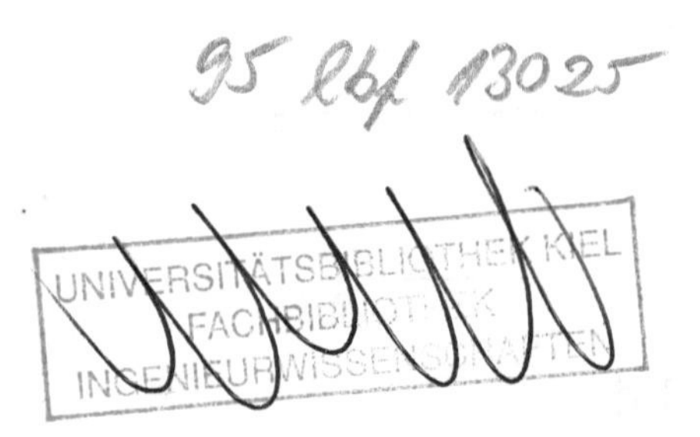


**Die Deutsche Bibliothek – CIP-Einheitsaufnahme**

**Unbehauen, Rolf:**
Systemtheorie : Grundlagen für Ingenieure ; mit 173 Aufgaben
samt Lösungen / von Rolf Unbehauen. – 6., verb. Aufl. –
München ; Wien : Oldenbourg, 1993
ISBN 3-486-22465-4



Gesamtherstellung: R. Oldenbourg Graphische Betriebe GmbH, München

ISBN 3-486-22465-4

# INHALT

**Kapitel II: Systemcharakterisierung durch dynamische Gleichungen, Methode des Zustandsraums** ... 62

# VORWORT ZUR 5. AUFLAGE

In den mehr als zwei Jahrzehnten seit dem Erscheinen der ersten Auflage dieses Buches hat sich die Theorie der Signale und Systeme in unterschiedliche Richtungen, teils mit beachtlichem Tempo, entwickelt. Wesentlich beeinflußt wurde dieser Vorgang durch den enormen technologischen Wandel dieser Zeit. Die vorliegende fünfte Auflage soll diesem Entwicklungsprozeß und der zweifellos gestiegenen Bedeutung der Systemtheorie für technische Anwendungen sowie den damit verbundenen neuen Anforderungen in der Ingenieurausbildung Rechnung tragen. Es war daher unumgänglich, den Text gründlich zu überarbeiten, neu zu ordnen, zu ergänzen und in verschiedener Hinsicht zu erweitern. Was die Überarbeitung und Neuordnung betrifft, so wird aufgrund didaktischer Erfahrungen nunmehr deutlicher als bisher zwischen kontinuierlichen und diskontinuierlichen Signalen bzw. Systemen unterschieden, ohne die unzähligen Analogien zu verdecken. Die Erweiterungen betreffen insbesondere die neu aufgenommenen Kapitel über mehrdimensionale Digitalfilter, über adaptive Systeme und über nichtlineare Systeme. Darüber hinaus wurden auch im Rahmen der bisherigen Thematik zum Teil größere Erweiterungen vorgenommen, beispielsweise im Zusammenhang mit der Systembeschreibung im Zustandsraum. Einen besonderen Anreiz zur Beschäftigung mit dem Gegenstand des Buches soll die neu aufgenommene Sammlung von insgesamt 173 Aufgaben mit vollständigen Lösungen bieten, die am Ende des Buches zu finden sind.

Die Systemtheorie ist zu einem in den Ingenieurwissenschaften fest etablierten Grundlagenfach geworden. Die vorhandenen Verfahren werden in der Informationstechnik ebenso wie in der Meßtechnik, der Regelungstechnik, aber auch in anderen Bereichen angewendet. Die Methodik beruht in der Regel darauf, mathematische Modelle bereitzustellen, um bei verschiedenartigen Anwendungen Einsichten in technische Zusammenhänge zu gewinnen und quantitative Ergebnisse zu erzielen. Dabei stellen die genannten Modelle mathematische Bilder für das Zusammenspiel der physikalischen Erscheinungen dar, die den technischen Vorgängen zugrunde liegen. Ein großer Teil der heutigen Verfahren zur analogen und digitalen Signalverarbeitung beruht auf systemtheoretischen Konzepten. Da zur inneren Logik einer Theorie die deduktive Vorgehensweise gehört, verlangt eine sinnvolle Anwendung systemtheoretischer Methoden eine Gewöhnung an das entsprechende Denken. Dies heißt aber nicht, daß auf physikalische Interpretationen verzichtet werden kann. Hervorgehoben sei hier auch die didaktische und lernökonomische Bedeutung der Systemtheorie, die darin zu sehen ist, daß man leichter lehrt und lernt, wenn eine Vielzahl von Einzelerscheinungen in der Informations-, Meß- und Regelungstechnik als Konsequenz weniger systemtheoretischer Grundkonzepte erklärt und durchschaut werden kann; man sollte nach wie vor anstreben, den Studenten nicht in jedem Fach mit einer "spezifischen" Theorie und einer speziellen Nomenklatur zu belasten.

Das Buch wendet sich an Studenten und Ingenieure in der Praxis, die sich systemtheoretische Methoden zur Lösung technischer Probleme erarbeiten wollen. Es ist zum Selbststudium und als Arbeitstext neben Vorlesungen gedacht.

Im ersten Kapitel werden die Grundbegriffe der Theorie der Signale und Systeme eingeführt. Der Begriff der Linearität eines Systems nimmt hier eine zentrale Stellung ein, und es wird das Zusammenspiel der Eingangsgrößen und der Ausgangsgrößen bei linearen Systemen ohne Beachtung des inneren Systemzustandes untersucht. Dabei wird sowohl der klassische Fall der kontinuierlichen (analogen) Signale und Systeme als auch der diskontinuierliche (zeitdiskrete) Fall behandelt. Die entwickelten Methoden eignen sich dazu, das Zeitverhalten von Übertragungseinrichtungen in bequemer Weise zu beurteilen. Ein spezieller Abschnitt dieses Kapitels führt den Begriff des stochastischen Prozesses ein, und es wird untersucht, in welcher Weise derartige Prozesse durch lineare Systeme verändert werden. Im zweiten Kapitel werden die Verfahren des Zustandsraums behandelt. Diese Verfahren gehören inzwischen zum festen Bestand der Systemtheorie. Breiten Raum finden die Aufstellung der Zustandsgleichungen, die Lösung dieser Gleichungen, die Klärung der Begriffe Steuerbarkeit, Beobachtbarkeit, Stabilität und die Entwicklung von Kriterien zur Überprüfung dieser Eigenschaften. Auch Methoden der Zustandsgrößenrückkopplung, des Entwurfs von Zustandsbeobachtern und der optimalen Regelung werden behandelt.

Im Gegensatz zu den beiden ersten Kapiteln, in denen ausschließlich Verfahren des Zeitbereichs studiert werden, sind in den nachfolgenden vier Kapiteln vor allem Methoden des Frequenzbereichs Gegenstand der Betrachtungen. In diesem Sinne ist das Buch methodisch gegliedert, so daß die betreffenden Teile trotz ihres engen Zusammenhangs auch unabhängig voneinander gelesen werden können. Die Signal- und Systembeschreibung mit Hilfe der Fourier-Transformation wird für den kontinuierlichen Fall im dritten Kapitel und für den diskontinuierlichen Fall im vierten Kapitel ausführlich behandelt. Diese Beschreibungsart ist in vielen Anwendungsfällen der Vorstellungswelt des Ingenieurs besonders angepaßt. Hierbei werden gelegentlich auch nichtkausale Systeme betrachtet, da in gewissen Fällen der Verzicht auf die Kausalität die Untersuchungen bemerkenswert vereinfacht, andererseits aber die dadurch bedingten Fehler bei qualitativen Überlegungen oft keine wesentliche Rolle spielen. Im Rahmen der Spektralbeschreibung wird im diskontinuierlichen Fall unter anderem auch auf die diskrete Fourier-Transformation (DFT) und das Prinzip der schnellen Fourier-Transformation (FFT) eingegangen. Erwähnt seien auch die Darstellung von Verfahren zur digitalen Signalverarbeitung, die Beschreibung stochastischer Prozesse im Frequenzbereich mit Hilfe der spektralen Leistungsdichte und, im Rahmen von Anwendungen, Methoden zur Signalerkennung im Rauschen.

Die Nützlichkeit der Funktionentheorie zur Behandlung systemtheoretischer Probleme wird im fünften Kapitel für den kontinuierlichen Fall und im sechsten Kapitel für den diskontinuierlichen Fall gezeigt. Im ersten Fall spielt die Laplace-Transformation, im zweiten Fall die Z-Transformation die grundlegende Rolle. Die im zweiten Kapitel geführte Diskussion über die Zustandsbeschreibung wird hier durch Betrachtungen in der komplexen Ebene wesentlich erweitert, wodurch es gelingt, insbesondere das Realisierungsproblem auf neuartige Weise zu lösen. Im Rahmen der Beschreibung einiger graphischer Stabilitätsverfahren findet man das Nyquistsche Kriterium, die Methode der Wurzelortskurve, das Popow-Kriterium und ein Kreiskriterium. Die Frage der Verknüpfung einerseits zwischen Realteil und Imaginärteil von Übertragungsfunktionen, andererseits zwischen Betrag und Phase wird für den kontinuierlichen und den diskontinuierlichen Fall ausführlich behandelt; auf diskontinuierliche Systeme mit streng linearer Phase wird besonders eingegangen. Erwähnt sei noch eine kurze Einführung in die Theorie der kontinuierlichen und diskontinuierlichen Wienerschen Optimalfilter sowie im Zusammenhang hiermit eine kurze Behandlung der Theorie des kontinuierlichen Kalman-Filters.

Das siebte Kapitel führt in die Theorie der mehrdimensionalen (diskontinuierlichen) Signale und linearen Systeme ein, wie sie beispielsweise im Zusammenhang mit der Behandlung von Problemen der Bildverarbeitung Verwendung finden. Die Grundkonzepte der adaptiven Systeme, die in der Praxis große Bedeutung erlangt haben, sind Thema des achten Kapitels, während im neunten Kapitel verschiedene Methoden der Theorie der nichtlinearen Systeme behandelt werden.

An zahlreichen Stellen des Buches wird versucht, die gewonnenen Ergebnisse durch Beispiele zu erläutern und zu erproben. Die verwendeten Symbole wurden in Anlehnung an die im deutschen Schrifttum üblichen Bezeichnungen gewählt. So werden Vektoren und Matrizen durch halbfette Zeichen, transponierte Matrizen durch ein hochgestelltes "T", konjugiert-komplexe Zahlen durch einen Stern und die komplexe Frequenzvariable durch $p$ bzw. $z$ gekennzeichnet. Die wichtigsten Formelzeichen und Abkürzungen sind im Anhang des Buches in einer Tabelle zusammengestellt. In Anlehnung an die in der Mathematik schon seit langem üblichen Bezeichnungen für die bei Funktionszuordnungen auftretenden Variablen kennzeichnet $\boldsymbol{x}$ den Vektor der Eingangssignale (Ursachen), $\boldsymbol{y}$ den Vektor der Ausgangssignale (Wirkungen) und $\boldsymbol{z}$ den Zustandsvektor.

Vom Leser wird erwartet, daß er mit den Elementen der Matrizenalgebra und der Analysis reeller Funktionen einschließlich der Theorie gewöhnlicher linearer Differentialgleichungen vertraut ist und über einige Grundkenntnisse der Funktionentheorie verfügt. Der Umfang dieser Kenntnisse entspricht etwa dem Stoff, wie er Ingenieuren in den mathematischen Grundvorlesungen an deutschen wissenschaftlichen Hochschulen geboten wird. Im Anhang findet der Leser eine kurze Einführung in die Elemente der Distributionentheorie, die sich für die moderne Systemtheorie als nützlich erwiesen hat, weiterhin einige Grundbegriffe aus der elementaren Wahrscheinlichkeitsrechnung sowie im Zuge der Erweiterung verschiedene wichtige Grundtatsachen aus der linearen Algebra und der Funktionentheorie. Daneben sind in Tabellenform bei Anwendungen wichtige Korrespondenzen der Fourier-, Laplace- und Z-Transformation zusammengestellt. Auf die Vielzahl der Übungsaufgaben mit Lösungen, die kapitelweise geordnet sind und den Abschluß des Buches bilden, wurde bereits hingewiesen. Sie sind dazu gedacht, den Leser zur ständigen aktiven Mitarbeit anzuregen.

In seiner nunmehr vorliegenden neuen Gestalt hätte das Buch ohne die tatkräftige Unterstützung zahlreicher Mitarbeiterinnen und Mitarbeiter nicht vollendet werden können. Besonderer Dank gilt Herrn Dr.-Ing. U. FORSTER, der den gesamten Text einer kritischen Prüfung unterzog und an vielen Stellen Korrekturen, Verbesserungen und Erweiterungen einbrachte. Herr Dipl.-Ing. H. EILTS hat die Aufgabensammlung und die zugehörigen Lösungsvorschläge durchgearbeitet und sich so zwangsläufig auch mit dem Text intensiv beschäftigt. Wertvolle Beiträge stammen von Herrn Dipl.-Ing. K. WEINZIERL, Herrn Dipl.-Ing. K. RANK, Herrn Dipl.-Ing. R. FINKLER und Herrn cand. el. G. PHILIPP. Die äußere Gestaltung mittels eines Textverarbeitungssystems und eines Graphiksystems besorgte Frau H. SCHADEL zusammen mit Frau H. GEISENFELDER-GÖHL, Fräulein H. GÖRZIG, Fräulein K. HASSOLD, Frau E. ORTH, Frau E. SPERNER, Fräulein M. VÖLKNER und Frau H. WOLF. Bei der Erstellung komplizierter Diagramme halfen Herr Dipl.-Ing. F. AHANGARY und Herr Dipl.-Ing. G. LAUCKS. Allen genannten Damen und Herren und auch den nicht genannten Helfern sei an dieser Stelle für das unermüdliche Engagement herzlicher Dank ausgesprochen. Dem Lektor vom R. Oldenbourg Verlag, Herrn Dipl.-Ing. M. JOHN, wird für die ausgezeichnete Zusammenarbeit und die verlegerische Betreuung des Vorhabens gedankt.

Hinweise sowie konstruktive Kritik und Vorschläge werden vom Verfasser auch in Zukunft dankbar entgegengenommen.

Erlangen, November 1989 *R. Unbehauen*

# VORWORT ZUR 6. AUFLAGE

Die unverändert große Nachfrage nach diesem Buch hat eine Neuauflage erforderlich gemacht, welche die Gelegenheit bot, eine Reihe von Korrekturen und Präzisierungen sowie im Kapitel IV, Abschnitte 2.2 und 2.5, einige Ergänzungen durchzuführen.

Erlangen, im November 1992 *R. Unbehauen*

# I. EINGANG-AUSGANG-BESCHREIBUNG VON LINEAREN SYSTEMEN

## 1. Grundlegende Begriffe

Die wichtigsten Grundbegriffe der Systemtheorie sind das Konzept des Signals und das des Systems.

Unter einem *Signal* versteht man, grob gesagt, die Repräsentation einer Information. Beispiele für Informationen sind die zwischen zwei Punkten auftretende elektrische Spannung, die Stärke des in einem Leiter fließenden elektrischen Stromes, die Schallwelle aus einem Lautsprecher, die zweidimensionale Helligkeitsverteilung auf einem elektronischen Bildschirm oder die zeitliche Entwicklung des Kurses einer Aktie. Eine bestimmte Information kann durch verschiedene Signale repräsentiert werden. Die Frage nach der Wahl eines geeigneten Signals zur Darstellung einer vorliegenden Information, etwa im Hinblick auf Wirtschaftlichkeit und Zuverlässigkeit für eine beabsichtigte Übertragung, ist Gegenstand der Informationstheorie. Die Systemtheorie beschäftigt sich mit den verschiedenen Möglichkeiten der Beschreibung, der Kennzeichnung, der Umwandlung und Verarbeitung von Signalen.

Unter einem *System* versteht man in der Praxis ein Gebilde, das in der Lage ist, Signale umzuwandeln. Typische Beispiele sind ein elektronischer Verstärker, eine Alarmanlage oder eine Einrichtung zur automatischen Auswertung eines Elektrokardiogramms. Aufgabe der Systemtheorie ist es, für in der Realität existierende Systeme *Modelle* bereitzustellen. Diese Modelle werden nun selbst ebenfalls Systeme genannt. Es ergeben sich dann beispielsweise die folgenden Fragestellungen: Wie reagiert ein System auf eine bestimmte Klasse von Signalen (Systemcharakterisierung), welche Eigenschaften hat ein System (Systemanalyse), welches System (Modell) eignet sich zur Repräsentation eines praktischen Systems (Systemidentifikation), wie lassen sich unerwünschte Eigenschaften eines Systems beseitigen (z. B. Systemstabilisierung), welche Maßnahmen sind zu treffen, um aus einem fehlerbehafteten Signal verwertbare Aussagen über das wahre Signal zu gewinnen (Signalerkennung, Signalschätzung, Signalrestaurierung) ?

### 1.1. SIGNALE

Man unterscheidet zunächst zwischen kontinuierlichen und diskontinuierlichen Signalen.

*Kontinuierliche* Signale werden gewöhnlich durch stückweise stetige Funktionen $f(t)$ beschrieben, durch die jedem $t \in \mathbb{R} = (-\infty, \infty)$ eindeutig ein (skalarer) Wert zugewiesen wird, möglicherweise abgesehen von einzelnen Sprungstellen. Dabei spricht man von einer Sprungstelle $t = t_0$, wenn $f(t_0-)$ und $f(t_0+)$ voneinander verschieden sind; man versteht unter $f(t_0-)$ und $f(t_0+)$ den links- bzw. rechtsseitigen Grenzwert von $f(t)$ an der Stelle $t = t_0$, d. h. mit $\varepsilon > 0$

$$f(t_0-) = \lim_{\varepsilon \to 0} f(t_0 - \varepsilon), \quad f(t_0+) = \lim_{\varepsilon \to 0} f(t_0 + \varepsilon) .$$

Ein kontinuierliches Signal ist also in der Regel für alle Punkte des reellen Kontinuums $\mathbb{R}$ erklärt. Wenn als Definitionsbereich nur ein Teil von $\mathbb{R}$, beispielsweise ein Intervall $(t_1, t_2)$ mit $-\infty \neq t_1 < t_2 \neq \infty$ verwendet wird, soll diese Einschränkung explizit genannt werden. Meistens ist die unabhängige Variable $t$ als Zeit (in Sekunden oder als normierter, d. h. dimensionsloser Zeitparameter) zu verstehen. Dies ist jedoch nicht zwingend. So können Signale auch als Funktionen in Abhängigkeit einer Variablen auftreten, welche die Bedeutung einer Längenkoordinate hat. Darüber hinaus kann es notwendig werden, bestimmte Signale, z. B. Bilder, durch Funktionen von mehreren unabhängigen Variablen zu beschreiben. Derartige mehrdimensionale Signale bleiben jedoch zunächst außer Betracht. Als Funktionswerte $f(t)$ werden beliebige reelle Zahlen, gelegentlich aber auch komplexe Zahlen zugelassen. Sofern nicht durch Normierung erzielte dimensionslose Größen vorliegen, sind diese Zahlenwerte mit der jeweils zugehörigen Dimension behaftet. Bild 1.1 zeigt den Verlauf der als Beispiele zu betrachtenden Signale

$$f_1(t) = \begin{cases} 0 & \text{für} \quad t < 0 \quad \text{und} \quad t > \pi/3 \ , \\ \sin^2 3t & \text{für} \quad 0 \leqq t \leqq \pi/3 \end{cases}$$

und

$$f_2(t) = \begin{cases} 0 & \text{für} \quad t < -1 \ , \\ -2 & \text{für} \quad -1 < t < 2 \ , \\ 1 & \text{für} \quad 2 < t < 3 \ , \\ t-2 & \text{für} \quad 3 \leqq t < \infty \ , \end{cases}$$

durch welche die zeitliche Abhängigkeit von irgendwelchen physikalischen Größen (wie die Wegkoordinate einer geradlinig bewegten Masse, die Winkelgeschwindigkeit eines rotierenden Punktes, die Spannung an einem Widerstand oder die elektrische Ladung einer Kondensatorplatte) repräsentiert sein könnte. Das erste Signal wird durch die überall stetige Funktion $f_1(t)$ beschrieben, das zweite durch die mit Ausnahme der Stellen $t = -1$ und $t = 2$ stetige Funktion $f_2(t)$. Inwieweit, allgemein gesagt, ein Signal durch eine unstetige Funktion (oder durch eine nicht überall differenzierbare Funktion) physikalisch sachgerecht dargestellt wird, muß von Fall zu Fall entschieden werden. So könnte die Funktion $f_2(t)$ in der Umgebung der in Sekunden gemessenen Unstetigkeitszeitpunkte $t = -1\text{s}$ und $t = 2\text{s}$ den Verlauf der in Metern gemessenen Wegkoordinate einer geradlinig bewegten Masse nur recht grob beschreiben, da für den Übergang der Masse von der Position 0 m zur Position −2 m bzw. von −2 m zu 1 m von 0s verschiedene Zeitspannen erforderlich sind. Haben jedoch bei einer physikalischen Untersuchung der betrachteten Bewegung diese Übergangseffekte nur untergeordnete Bedeutung, so kann das fragliche Signal durchaus mit Hilfe der Funktion $f_2(t)$ zugunsten einer besonders einfachen Beschreibung hinreichend genau repräsentiert werden.

*Diskontinuierliche* Signale werden durch Funktionen $f[n]$ beschrieben, durch die jedem ganzzahligen $n \in \mathbb{Z} = \{0, \pm 1, \pm 2, \dots\}$ eindeutig ein (skalarer) Wert zugeordnet wird. Derartige Funktionen sind also nur für diskrete (Zeit-) Punkte $n$ definiert. Sie können beispielsweise dazu dienen, den Verlauf der in bestimmten zeitlichen Abständen (von etwa jeweils 30s) gemessenen Temperatur eines Reaktors, den jährlichen Ertrag der Getreideernte eines Landes über einen längeren Zeitraum oder den Verlauf der von einem Digitalrechner in bestimmten Zeitpunkten gelieferten Zahlenwerte darzustellen. Bei diskontinuierlichen Signalen hat es keinen Sinn, nach Funktionswerten an Stellen zwischen den diskreten ganzzahligen Punkten, etwa für $n = 3/2$ zu fragen. Meistens ist die unabhängige Variable $n$

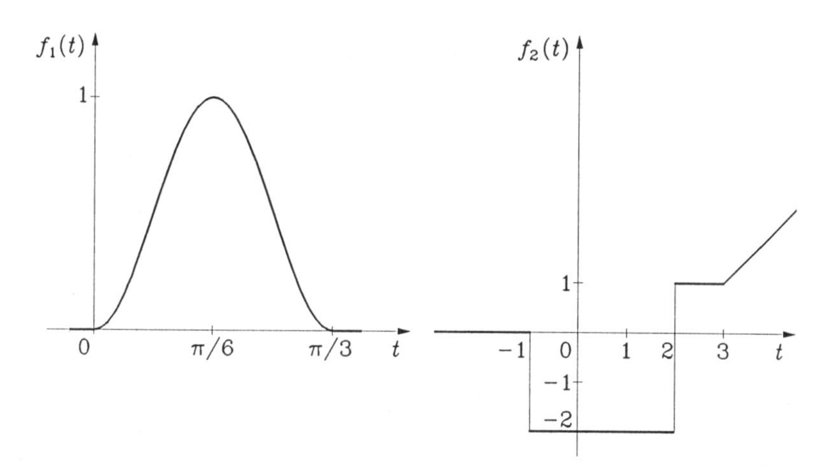


Bild 1.1: Zwei Beispiele für kontinuierliche Signale

als (normierte) diskrete Zeit zu verstehen. Dies ist jedoch nicht zwingend, da diskontinuierliche Signale auch als Funktionen in Abhängigkeit einer diskreten Variablen vorkommen, welche etwa die Bedeutung einer Längenkoordinate hat. Zudem kann es notwendig sein, Signale durch Funktionen in Abhängigkeit von mehreren diskreten Variablen zu beschreiben. Derartige mehrdimensionale Signale bleiben vorläufig außer Betracht. Es sei ausdrücklich hervorgehoben, daß die Werte $f[n]$ eines diskontinuierlichen Signals nicht Meß- bzw. Beobachtungswerte zu äquidistanten Zeit- (bzw. anderen Koordinaten-) Punkten zu bedeuten brauchen, obwohl $f[n]$ stets in Abhängigkeit der Variablen $n$ betrachtet wird, welche nur Werte auf dem durch $\mathbb{Z}$ gegebenen Gitter gleichabständiger Punkte annehmen darf. Insofern darf $n$ auch als variabler Index und $f[n]$ als Zahlenfolge $f_n$ $(n = 0, \pm 1, \pm 2, \dots)$ aufgefaßt werden. Als Funktionswerte $f[n]$ werden beliebige reelle Zahlen, gelegentlich auch komplexe Zahlen zugelassen. Es wird davon abgesehen, daß bei der praktischen Realisierung von diskontinuierlichen Systemen durch digitale Prozessoren auch die Funktionswerte der auftretenden Signale nur (endlich vieler) diskreter Werte fähig sind. Die Gesamtheit dieser Werte ist durch die Quantisierung des zulässigen Zahlenbereichs gegeben. Diskontinuierliche Signale wurden ursprünglich vorzugsweise in der Statistik und numerischen Analysis verwendet. Inzwischen haben sie im Bereich der digitalen Signalverarbeitung, aber auch bei der Behandlung von Schalter-Kondensator-Filtern fundamentale Bedeutung erlangt. Bild 1.2 zeigt als Beispiele den Verlauf der beiden diskontinuierlichen Signale

$$f_1[n] = \begin{cases} 0 & \text{für} \quad n < -1 \;, \\ 3^{-n} + 2n & \text{für} \quad n \geqq -1 \end{cases}$$

und

$$f_2[n] = \begin{cases} 1 & \text{für} \quad n \leqq -2 \;, \\ -1 & \text{für} \quad n = -1, 0 \;, \\ 1 & \text{für} \quad n = 1, 2, 3 \;, \\ -1 & \text{für} \quad n \geqq 4 \;. \end{cases}$$

Im Zusammenhang mit der diskontinuierlichen, insbesondere der digitalen Verarbeitung kontinuierlicher Signale zeigen sich viele Analogien zwischen kontinuierlichen und diskontinuierlichen Signalen. Darüber hinaus ist es auch ein wesentliches Anliegen dieses Buches, die teilweise außerordentlich starke Ähnlichkeit vieler systemtheoretischer Konzepte für beide Signalarten herauszustellen.

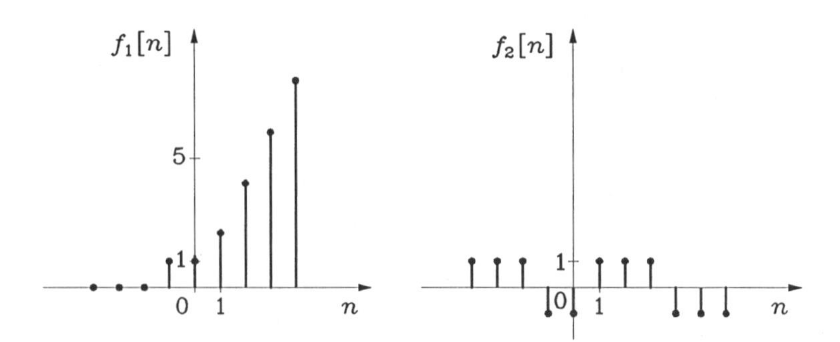


Bild 1.2: Zwei Beispiele für diskontinuierliche Signale

Man kann Signale miteinander zu neuen Signalen verknüpfen. Dies geschieht nach den bekannten Regeln für die Verknüpfung von Funktionen. So ist die Bedeutung der Summe zweier kontinuierlicher Signale $f_1(t)+f_2(t)$, ebenso die Bedeutung des Produkts zweier diskontinuierlicher Signale $f_1[n]f_2[n]$, die Bedeutung des Produkts $6f[n]$ der diskontinuierlichen konstanten Funktion 6 mit $f[n]$ etc. offensichtlich und braucht daher im einzelnen nicht erklärt zu werden. Ebensowenig ist es erforderlich, den (als existent vorausgesetzten) Differentialquotienten und das Integral eines Signals $f(t)$, d. h. die kontinuierlichen Signale

$$g(t) = \frac{\mathrm{d}f(t)}{\mathrm{d}t} \quad \text{und} \quad h(t) = \int_{t_0}^{t} f(\tau)\,\mathrm{d}\tau$$

im einzelnen zu erklären. Bei einem diskontinuierlichen Signal $f[n]$ spielen die Vorwärtsdifferenz und Rückwärtsdifferenz, d. h. die diskontinuierlichen Signale

$$g_1[n] = f[n+1] - f[n] \quad \text{und} \quad g_2[n] = f[n] - f[n-1]$$

eine mit dem Differentialquotienten eines kontinuierlichen Signals vergleichbare Rolle.

Auch durch Substitution der unabhängigen Variablen $t$ oder $n$ lassen sich aus einem vorliegenden Signal $f(t)$ bzw. $f[n]$ neue Signale bilden. Beispielsweise erhält man aus $f(t)$ das "transponierte" Signal $f(-t)$, indem man $t$ durch $-t$ ersetzt. Dies bedeutet, daß sich der Verlauf von $f(-t)$ aus dem von $f(t)$ durch Spiegelung an der Ordinatenachse ergibt. Aus dem Signal $f[n]$ erhält man mit einem konstanten $n_0 \in \mathbb{Z}$ das um $n_0$ "verzögerte" Signal $f[n-n_0]$ etc.

Bisher wurde davon ausgegangen, daß sowohl durch ein kontinuierliches als auch durch ein diskontinuierliches Signal (fast) jedem zulässigen Wert der unabhängigen Variablen ein bestimmter (reeller oder komplexer) Funktionswert in eindeutiger Weise zugewiesen ist. Solche Signale heißen *deterministisch.* Im Gegensatz zu dieser Art von Signalen verwendet man in gewissen Anwendungsfällen Signale, deren Werte Zufallsgrößen sind und die daher mit Mitteln der Wahrscheinlichkeitsrechnung dargestellt werden. Auf die Handhabung dieser Art von Signalen, die *stochastisch* genannt werden, wird erst im Abschnitt 3 eingegangen.

## 1.2. SYSTEME

Der wichtigste Aspekt des im folgenden einzuführenden Systems ist seine Fähigkeit, vorhandene Signale in bestimmter Weise in andere Signale umzuwandeln. Je nachdem, ob diese Signale kontinuierlich oder diskontinuierlich sind, unterscheidet man zwischen kontinuierlich und diskontinuierlich arbeitenden Systemen. Im weiteren wird kurz von *kontinuierlichen* und *diskontinuierlichen Systemen* die Rede sein. Anstelle von kontinuierlichen Systemen spricht man oft auch von Analogsystemen, anstelle von diskontinuierlichen Systemen auch von Digitalsystemen (insbesondere bei Diskretisierung der Signalwerte). Hybride Systeme, die eine Umsetzung von kontinuierlichen (diskontinuierlichen) Signalen in diskontinuierliche (kontinuierliche) Signale bewirken, Beipiele sind Analog-Digital- und Digital-Analog-Umsetzer, werden hier weniger betrachtet.

Da die zu entwickelnde Theorie möglichst allgemein anwendbar sein soll, spielt die physikalische Bedeutung der im System vorkommenden Signale eine untergeordnete Rolle. Von diesen Zeitfunktionen sind zwei Gruppen besonders ausgezeichnet. Die eine umfaßt die *Eingangssignale*, die im Fall eines kontinuierlichen Systems mit $x_1(t), x_2(t), \ldots, x_m(t)$ bezeichnet werden und die Systemerregung bedeuten. Die zweite Gruppe stellt die *Ausgangssignale* dar, die im Fall eines kontinuierlichen Systems mit $y_1(t), y_2(t), \ldots, y_r(t)$ bezeichnet werden und die Systemreaktion bedeuten. Bild 1.3a zeigt eine schematische Darstellung des (kontinuierlichen) Systems. Es empfiehlt sich, die Eingangs- und Ausgangsgrößen zu Vektoren zusammenzufassen (Bild 1.3b):

$$\boldsymbol{x}(t) = \begin{bmatrix} x_1(t) \\ x_2(t) \\ \vdots \\ x_m(t) \end{bmatrix}, \quad \boldsymbol{y}(t) = \begin{bmatrix} y_1(t) \\ y_2(t) \\ \vdots \\ y_r(t) \end{bmatrix}. \tag{1.1}$$

In sehr vielen Anwendungsfällen liegt nur *ein* Eingangssignal und nur *ein* Ausgangssignal ($m = r = 1$) vor.

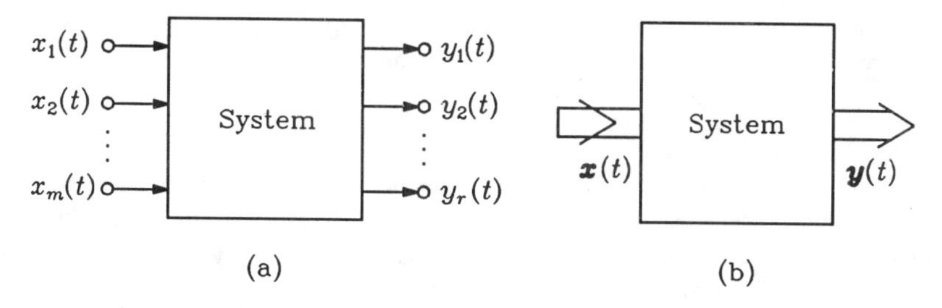


Bild 1.3: Schematische Darstellung des (kontinuierlichen) Systems

Im Fall eines diskontinuierlichen Systems werden die Eingangssignale $x_1[n], x_2[n], \ldots, x_m[n]$ und Ausgangssignale $y_1[n], y_2[n], \ldots, y_r[n]$ zu Vektoren $\boldsymbol{x}[n]$ und $\boldsymbol{y}[n]$ zusammengefaßt. Die schematische Darstellung erfolgt gemäß Bild 1.3 mit entsprechenden Signalbezeichnungen.

Als *Beispiele* für ein (kontinuierliches) System seien das im Bild 1.4a dargestellte, aus einem Sender mit der Sendespannung $x(t)$, einer Übertragungsstrecke und einem Empfänger mit der Verbraucherspannung $y(t)$ bestehende Nachrichtenübertragungssystem sowie der im Bild 1.4b vereinfacht dargestellte Regelkreis mit der Führungsgröße $x_1(t)$, der Störgröße $x_2(t)$ und der Regelgröße $y_1(t)$ genannt. Ein Digitalrechner, der Zeichen- bzw. Zahlenfolgen einliest, verarbeitet und entsprechende Folgen ausgibt, kann als Beispiel für ein diskontinuierliches System betrachtet werden.

Die zwischen Eingangs- und Ausgangsgrößen eines Systems bestehende Verknüpfung soll zunächst allgemein in Form einer Operatorbeziehung [Fe1] ausgedrückt werden. Sie lautet im Fall des kontinuierlichen Systems

$$\boldsymbol{y}(t) = T(\boldsymbol{x}(t)) \,. \tag{1.2a}$$

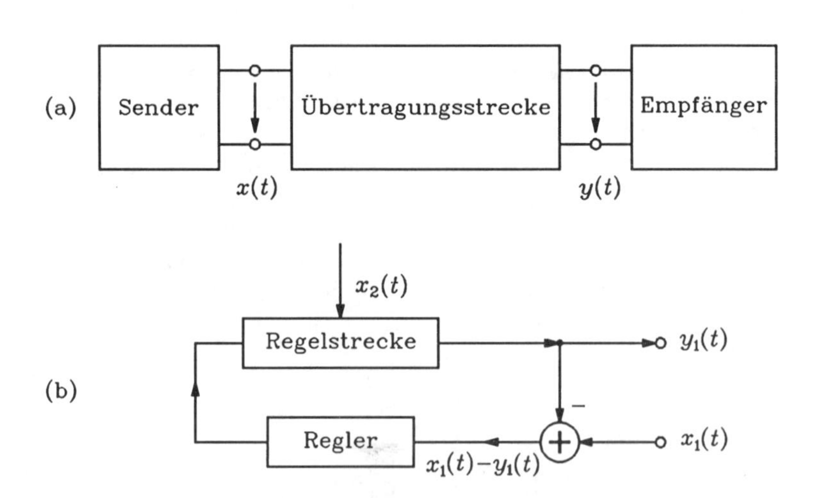


Bild 1.4: Nachrichtenübertragungssystem (a) und Regelkreis (b) als Beispiele für Systeme

Wir wollen im folgenden annehmen, daß alle Eingangsgrößen $\boldsymbol{x}(t)$ aus einer geeigneten Funktionenmenge stammen, für die der Operator definiert ist. Diese Funktionen seien als zulässig bezeichnet.

Im Fall eines diskontinuierlichen Systems wird die Operatorbeziehung zur Beschreibung des Zusammenhangs zwischen Eingangs- und Ausgangsgrößen in der Form

$$\boldsymbol{y}[n] = T[\boldsymbol{x}[n]] \tag{1.2b}$$

ausgedrückt. Die Gln. (1.2a,b) besagen, daß dem vektoriellen Eingangssignal $\boldsymbol{x}$ der Ausgangsvektor $\boldsymbol{y}$ zugeordnet ist. Sie brauchen nicht eine explizite Rechenvorschrift darzustellen. Es ist jedoch notwendig, die Klasse der zulässigen Eingangsvektoren genau abzugrenzen. Sofern die Erregung in den Gln. (1.2a,b) bereits von $t = -\infty$ bzw. $n = -\infty$ an auf das betreffende System wirkt, sollen die Speicher des Systems zu diesem Zeitpunkt leer sein. Das System soll sich also zu diesem Zeitpunkt "in Ruhe befinden". Unter Speichern versteht man hierbei diejenigen Bestandteile des Systems, die jenen Teilen der betreffenden physikalischen Anordnung entsprechen, welche Energie oder Information speichern. Beispiele sind Spulen und Kondensatoren oder mechanische Federn für kontinuierliche Systeme und Verzögerungsglieder für diskontinuierliche Systeme. Wird jedoch, was sich bei vielen Anwendungen ergibt, das System von einem endlichen Zeitpunkt $t_0$ bzw. $n_0$ an durch $\boldsymbol{x}$ erregt, so muß zur eindeutigen Beschreibung des Systems nach den Gln. (1.2a,b) der Zustand der Speicher zum Zeitpunkt $t_0$ bzw. $n_0$ spezifiziert werden. Wenn nichts anderes gesagt wird, soll sich auch in diesem Fall das System zum Zeitpunkt $t_0$ ($n_0$) in Ruhe befinden. In den Gln. (1.2a,b) sind $\boldsymbol{x}$, $\boldsymbol{y}$ durch $x$, $y$ zu ersetzen, wenn nur *ein* Eingangssignal und nur *ein* Ausgangssignal vorliegen.

Die vorausgegangene Systemdefinition ist noch zu allgemein, um eine für praktische Anwendungen brauchbare Theorie aufzubauen. Deshalb sollen nun einige grundlegende Systemeigenschaften eingeführt werden, die für die weiteren Betrachtungen eine entscheidende Rolle spielen. Die wichtigste dieser Eigenschaften ist die *Linearität*, die im folgenden meist vorausgesetzt wird. Hierbei handelt es sich, beiläufig bemerkt, um eine jener Idealisierungen, die bei realen Gebilden in Strenge nicht vorliegen, die aber bei zahlreichen Anwendungen näherungsweise bestehen und dann den wesentlichen Sachverhalt beschreiben. Ohne Einführung dieser Idealisierungen würden in solchen Fällen die Untersuchungen in unnötiger Weise kompliziert.

## 1.3. DIE SYSTEMEIGENSCHAFTEN

Grundsätzlich wird im folgenden davon ausgegangen, daß alle vorkommenden Eingangssignale zulässig sind, und es wird angenommen, daß die Erregung in irgendeinem Zeitpunkt (z. B. $-\infty$) einsetzt und bis zu einem willkürlichen späteren Beobachtungszeitpunkt anhält.

Es wird dem Leser empfohlen, zur Veranschaulichung der folgenden Definitionen den Fall zu betrachten, daß nur *ein* Eingangssignal und nur *ein* Ausgangssignal vorhanden sind ($m = r = 1$).

**(a) Linearität**

Man betrachtet zunächst ein kontinuierliches System und zwei willkürliche Eingangssignale $\boldsymbol{x}^{(1)}(t)$, $\boldsymbol{x}^{(2)}(t)$. Die nach Gl. (1.2a) zugeordneten Ausgangssignale seien mit $\boldsymbol{y}^{(1)}(t)$, $\boldsymbol{y}^{(2)}(t)$ bezeichnet. Es gelte also

$$\boldsymbol{y}^{(\nu)}(t) = T(\boldsymbol{x}^{(\nu)}(t)) \qquad (\nu = 1,2) \, . \tag{1.3a}$$

Dem betreffenden System wird nun genau dann die Eigenschaft der *Linearität* zugeschrieben, wenn jeder Linearkombination der $\boldsymbol{x}^{(\nu)}(t)$ ($\nu = 1,2$) die entsprechende Linearkombination der $\boldsymbol{y}^{(\nu)}(t)$ ($\nu = 1,2$) als System-Reaktion entspricht. Es muß also für beliebige Konstanten $k_1$ und $k_2$ stets die Beziehung

$$T(k_1\boldsymbol{x}^{(1)}(t) + k_2\boldsymbol{x}^{(2)}(t)) = k_1\boldsymbol{y}^{(1)}(t) + k_2\boldsymbol{y}^{(2)}(t) \tag{1.3b}$$

erfüllt sein. Betrachtet man $N$ Funktionen $\boldsymbol{x}^{(\nu)}(t)$ ($\nu = 1,2,\ldots, N$), so folgt durch wiederholte Anwendung der Gln. (1.3a,b) stets

$$T\left[\sum_{\nu=1}^{N} k_\nu \boldsymbol{x}^{(\nu)}(t)\right] = \sum_{\nu=1}^{N} k_\nu T(\boldsymbol{x}^{(\nu)}(t)) \, . \tag{1.4}$$

Aus der Definition der Linearität nach den Gln. (1.3a,b) folgt unmittelbar

$$T(k\,\boldsymbol{x}(t)) = k\,T(\boldsymbol{x}(t)) \, ,$$

d. h., die Multiplikation der Eingangsgröße $\boldsymbol{x}(t)$ mit einer Konstante $k$ bewirkt, daß auch die zu $\boldsymbol{x}(t)$ gehörende Ausgangsgröße $\boldsymbol{y}(t)$ mit $k$ multipliziert wird. Diese spezielle Eigenschaft heißt *Homogenität*. Die im Sonderfall $k_1 = k_2 = 1$ durch Gl. (1.3b) ausgedrückte Eigenschaft wird *Additivität* genannt. Homogenität und Additivität zusammen sind zur Linearität äquivalent.

Natürlich soll die Nullfunktion $\boldsymbol{x}(t) \equiv \mathbf{0}$ stets als Eingangsgröße zulässig sein. Hierauf reagiert ein lineares System, wie man den Gln. (1.3a,b) unmittelbar entnimmt, mit $\boldsymbol{y}(t) \equiv \mathbf{0}$. Es gilt also

$$T(\mathbf{0}) = \mathbf{0} \ . \tag{1.5}$$

Zur Erweiterung der Aussage von Gl. (1.4) wird im folgenden stets an den Operator $T(\boldsymbol{x})$ eine Art *Stetigkeitsforderung* bezüglich der Erregung $\mathbf{0}$ gestellt. Dazu betrachtet man eine Folge von Eingangsvektoren $\{\boldsymbol{x}(t)\}$. Die Konvergenz dieser Folge gegen die Nullfunktion, d. h.

$$\{\boldsymbol{x}(t)\} \longrightarrow \mathbf{0} \tag{1.6a}$$

soll nun stets die Konvergenz der Folge der entsprechenden Ausgangsvektoren gegen die Nullfunktion, also

$$\{T(\boldsymbol{x}(t))\} \longrightarrow \mathbf{0} \tag{1.6b}$$

implizieren.

Unter der Voraussetzung (1.6a,b) läßt sich jetzt in Gl. (1.4) der Grenzübergang $N \to \infty$ ausführen. Auf diese Weise ergibt sich die erweiterte Linearitätseigenschaft

$$T\left[\sum_{\nu=1}^{\infty} k_\nu \boldsymbol{x}^{(\nu)}(t)\right] = \sum_{\nu=1}^{\infty} k_\nu T(\boldsymbol{x}^{(\nu)}(t)) \ . \tag{1.7}$$

Zum Nachweis der Gültigkeit von Gl. (1.7) stellt man die linke Seite dieser Gleichung zunächst in der Form

$$T\left[\sum_{\nu=1}^{N} k_\nu \boldsymbol{x}^{(\nu)}(t) + \boldsymbol{R}_N(t)\right]$$

bei beliebigem, ganzzahligem $N$ dar, wobei das Restglied die Eigenschaft $\lim_{N\to\infty} \boldsymbol{R}_N(t) = \mathbf{0}$ für alle $t$ aufweist. Nun läßt sich die Gl. (1.4) anwenden, und man erhält

$$T\left[\sum_{\nu=1}^{N} k_\nu \boldsymbol{x}^{(\nu)}(t) + \boldsymbol{R}_N(t)\right] = \sum_{\nu=1}^{N} k_\nu T(\boldsymbol{x}^{(\nu)}(t)) + T(\boldsymbol{R}_N(t)) \ .$$

Diese Beziehung liefert für $N \to \infty$ wegen der Gln. (1.6a,b) die rechte Seite von Gl. (1.7).

Weiterhin kann unter der Voraussetzung (1.6a,b) aus Gl. (1.4) die erweiterte Linearitätseigenschaft

$$T\left[\int_a^b k(\tau)\boldsymbol{x}(t,\tau)\,\mathrm{d}\tau\right] = \int_a^b k(\tau)\,T(\boldsymbol{x}(t,\tau))\,\mathrm{d}\tau \tag{1.8}$$

gefolgert werden, sofern das auf der linken Seite von Gl. (1.8) stehende, von $t$ abhängige Integral sich darstellen läßt als eine endliche Summe mit einem in dem Beobachtungsintervall $t_0 \leqq t \leqq t_1$ dem Betrage nach unter jede Grenze drückbaren Restglied. Dazu wird das Integral auf der linken Seite von Gl. (1.8) durch

$$\sum_{\nu=1}^{N} k(\tau_\nu)\boldsymbol{x}(t,\tau_\nu)\Delta\tau_\nu + \boldsymbol{R}_N(t)$$

ersetzt. Eine derartige Darstellung ist sicher dann möglich, wenn $\boldsymbol{x}(t,\tau)$ und $k(\tau)$ in der Variablen $\tau$ stückweise stetige Funktionen sind, das betreffende Integral also im Riemannschen Sinne aufgefaßt werden kann. Diese Darstellung ist bei der Zugrundelegung des Stieltjesschen Integralbegriffes [Fe1] auch dann möglich, wenn nur eine der Funktionen $k(\tau)$ und $\boldsymbol{x}(t,\tau)$ stetig ist und $\mathrm{d}\boldsymbol{X} = \boldsymbol{x}(t,\tau)\,\mathrm{d}\tau$ bzw. $\mathrm{d}K = k(\tau)\,\mathrm{d}\tau$ das "verallgemeinerte Differential" einer stückweise stetigen Funktion darstellt. Im übrigen verfährt man zum Beweis von Gl. (1.8) wie bei Gl. (1.7).

Als einfaches *Beispiel* eines linearen Systems sei die Verzögerungsleitung mit der Operatorgleichung

$$y(t) = T(x(t)) = x(t-t_\nu)$$

erwähnt. Man kann sich direkt davon überzeugen, daß in diesem Fall die Definition nach den Gln. (1.3a,b) erfüllt wird.

Für das im Bild 1.5 dargestellte, aus idealisierten Elementen aufgebaute elektrische Netzwerk gilt offensichtlich

$$i(t) = G\,u(t) + GE \ . \tag{1.9}$$

Betrachtet man die Spannung $u(t)$ als Eingangssignal und den Strom $i(t)$ als Ausgangssignal, so stellt das vorliegende Netzwerk im Sinne der Gln. (1.3a,b) offensichtlich *kein* lineares System dar. Wird allerdings die Stromdifferenz $y(t) = i(t) - GE$ zum Ausgangssignal erklärt, dann ist das System gemäß Gl. (1.9) linear. Betrachtet man als Ursache die Differenz $\Delta u = u_1 - u_2$ zweier Spannungen, die unabhängig voneinander das Netzwerk im Bild 1.5 erregen, und als Reaktion die Differenz $\Delta i = i_1 - i_2$ der beiden entsprechenden Ströme, so erhält man die Beziehung $\Delta i = G\,\Delta u$, die nun im Sinne der Gln. (1.3a,b) ein lineares System repräsentiert. Daher werden Systeme der Art des betrachteten Netzwerks auch inkremental linear genannt.

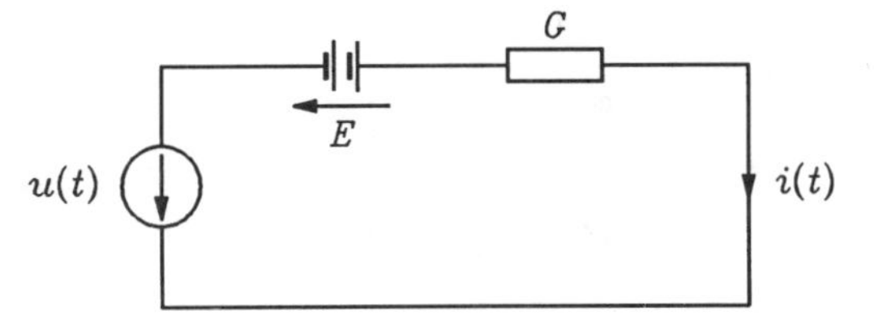


Bild 1.5: Einfaches elektrisches Netzwerk mit der Gleichspannungsquelle $E$ und dem ohmschen Leitwert $G$

Alle vorausgegangenen Betrachtungen können sinngemäß für diskontinuierliche Systeme wiederholt werden, so daß sich auch für diese der Begriff der Linearität in der Form

$$T[k_1\boldsymbol{x}^{(1)}[n] + k_2\boldsymbol{x}^{(2)}[n]] = k_1 T[\boldsymbol{x}^{(1)}[n]] + k_2 T[\boldsymbol{x}^{(2)}[n]] \tag{1.10a}$$

bzw. unter Einbeziehung der Stetigkeitsforderungen als

$$T\left[\sum_{\nu=1}^{\infty} k_\nu \boldsymbol{x}^{(\nu)}[n]\right] = \sum_{\nu=1}^{\infty} k_\nu T[\boldsymbol{x}^{(\nu)}[n]] \tag{1.10b}$$

einführen läßt. Hierbei bedeutet die Stetigkeit, daß der Operator $T$ die den Gln. (1.6a,b) entsprechende Eigenschaft aufweist.

### (b) Zeitinvarianz

Zunächst wird ein kontinuierliches System betrachtet. Einer willkürlichen Erregung $\boldsymbol{x}(t)$ sei nach Gl. (1.2a) die System-Reaktion $\mathbf{y}(t)$ zugeordnet. Das betreffende System heißt genau dann *zeitinvariant*, wenn für beliebiges reelles $t_\nu$ stets

$$T(\mathbf{x}(t-t_\nu)) = \mathbf{y}(t-t_\nu) \tag{1.11a}$$

gilt. Bei einem zeitinvarianten System ist also die Form des Ausgangssignals unabhängig davon, wann das Eingangssignal einsetzt (Bild 1.6). Die bei der Definition der Linearität genannte Verzögerungsleitung ist ein Beispiel für ein zeitinvariantes System. Ist ein System nicht zeitinvariant, so spricht man von einem *zeitvarianten* System.

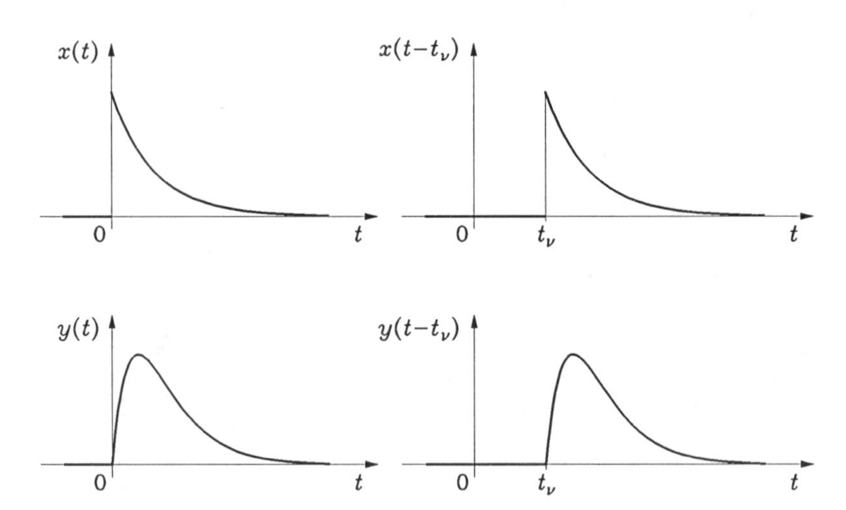


Bild 1.6: Zur Definition der Zeitinvarianz

Für ein diskontinuierliches System wird die Zeitinvarianz entsprechend durch die Beziehung

$$T[\mathbf{x}[n-n_\nu]] = \mathbf{y}[n-n_\nu] \tag{1.11b}$$

definiert.

Der Leser möge sich klarmachen, daß das durch die Beziehung $y(t) = \cos\{x(t)\}$ gegebene System zeitinvariant, dagegen das durch $y[n] = n\,x[n]$ definierte System zeitvariant ist.

### (c) Kausalität

Ein kontinuierliches System heißt genau dann *kausal*, wenn der Verlauf des Ausgangssignals $\mathbf{y}(t)$ bis zu jedem beliebigen Zeitpunkt $t_1$ stets nur vom Verlauf des entsprechenden Eingangssignals $\mathbf{x}(t)$ bis zu diesem Zeitpunkt $t_1$ abhängt, d. h., wenn für zwei beliebige Eingangssignale $\mathbf{x}^{(\nu)}(t)$ $(\nu = 1, 2)$ mit der Eigenschaft

$$\mathbf{x}^{(1)}(t) \equiv \mathbf{x}^{(2)}(t) \quad \text{für} \quad t \leqq t_1 \tag{1.12a}$$

bei willkürlichem $t_1$ die entsprechenden Ausgangssignale die Eigenschaft

$$T(\mathbf{x}^{(1)}(t)) \equiv T(\mathbf{x}^{(2)}(t)) \quad \text{für} \quad t \leqq t_1 \tag{1.12b}$$

aufweisen.

Die Definitionsgleichungen (1.12a,b) haben angesichts der Gl. (1.5) zur Folge, daß ein *lineares, kausales* System auf jedes Eingangssignal $\boldsymbol{x}(t)$ mit der Eigenschaft

$$\boldsymbol{x}(t) \equiv \mathbf{0} \quad \text{für} \quad t < t_1 \tag{1.13a}$$

mit einem Ausgangssignal $\boldsymbol{y}(t)$ reagiert, das die Eigenschaft

$$\boldsymbol{y}(t) \equiv \mathbf{0} \quad \text{für} \quad t < t_1 \tag{1.13b}$$

aufweist.

Die Kausalität eines diskontinuierlichen Systems ist ganz entsprechend zum kontinuierlichen System zu verstehen.

Man kann sich leicht davon überzeugen, daß das durch die Gleichung

$$y[n] = x[n] + x[n+1]$$

beschriebene lineare diskontinuierliche System mit einem Eingang und einem Ausgang nicht kausal ist. Auch ein System, das die Mittelwertbildung

$$y[n] = \frac{1}{2m+1} \sum_{\nu=-m}^{m} x[n-\nu]$$

leistet, ist für $m > 0$ nicht kausal.

Es gibt Problemstellungen, insbesondere im Bereich der digitalen Signalverarbeitung, für welche die Eigenschaft der Kausalität der auftretenden Systeme belanglos ist. Auf der anderen Seite nimmt man bei der Modellbildung von Systemen gelegentlich in Kauf, daß Kausalität nicht besteht, sofern dadurch die Betrachtungen erheblich vereinfacht werden und die entstehenden Ungenauigkeiten tolerierbar bleiben.

**(d) Gedächtnislose und dynamische Systeme**

Hängt der Wert des Ausgangssignals $\boldsymbol{y}$ zu jedem Zeitpunkt nur vom Wert des Eingangssignals $\boldsymbol{x}$ zum selben Zeitpunkt ab, also nicht von vergangenen oder gar künftigen Werten von $\boldsymbol{x}$, so heißt das betreffende System *gedächtnislos*. Andernfalls spricht man von einem *dynamischen* System. Dieses hat, wie man zu sagen pflegt, das endliche Gedächtnis $\tau(\neq \infty)$ bzw. $\nu(\neq \infty)$ oder ein unendliches Gedächtnis, je nachdem die Ausgangsgröße $\boldsymbol{y}$ zum beliebigen Zeitpunkt $t = t_1$ bzw. $n = n_1$ immer nur von den Werten der Eingangsgröße im Intervall von $t_1 - \tau$ bis $t_1$ bzw. von $n_1 - \nu$ bis $n_1$ abhängt oder von den Werten von $-\infty$ bis $t_1$ $(n_1)$.

Das im Bild 1.5 dargestellte elektrische Netzwerk mit $u(t)$, $i(t)$ als Eingangs- bzw. Ausgangsgröße liefert ein Beispiel für ein gedächtnisloses System, wie man aus Gl. (1.9) für die Verknüpfung zwischen Eingangs- und Ausgangsgröße erkennt. Das durch die Gleichung $y(t) = x^2(t)$ beschriebene System ist nichtlinear und gedächtnislos; das durch $y(t) = t\,x(t)$ gekennzeichnete System ist linear, zeitvariant und gedächtnislos; das durch die Beziehung $y(t) = 2x(t) + 3x(t-1)$ charakterisierte System ist linear, zeitinvariant und dynamisch mit dem endlichen Gedächtnis $\tau = 1$. Schließlich ist

$$y[n] = \sum_{\mu=-\infty}^{n} x[\mu]$$

ein dynamisches System mit unendlichem Gedächtnis. Alle gedächtnislosen Systeme sind kausal.

**(e) Stabilität**

Ein kontinuierliches System soll genau dann *stabil* genannt werden, wenn jedes beschränkte zulässige Eingangssignal $\boldsymbol{x}(t)$ ein ebenfalls beschränktes Ausgangssignal $\boldsymbol{y}(t)$ zur Folge hat, d. h., wenn aus der Bedingung

$$|x_\mu(t)| \leqq M_0 < \infty \qquad (\mu = 1, 2, \ldots, m) \tag{1.14a}$$

für die Komponenten des Erregungsvektors $\boldsymbol{x}(t)$ die Einschränkung

$$|y_\nu(t)| \leqq N_0 < \infty \qquad (\nu = 1, 2, \ldots, r) \tag{1.14b}$$

für die Komponenten des Reaktionsvektors $\boldsymbol{y}(t)$ für *alle* $t$-Werte folgt.

**Ergänzung:** Wie man zeigen kann [De4], ist bei einem linearen System die durch die Bedingungen (1.14a,b) ausgedrückte Eigenschaft gleichbedeutend mit der Existenz einer vom Eingangssignal unabhängigen endlichen Zahl $L$ derart, daß aus

$$|x_\mu(t)| \leqq M_0$$

für $\mu = 1, \ldots, m$ und alle $t$ stets

$$|y_\nu(t)| \leqq L\, M_0$$

für $\nu = 1, \ldots, r$ und alle $t$ folgt.

Die Stabilität eines diskontinuierlichen Systems wird ganz entsprechend wie die des kontinuierlichen Systems definiert.

Der Leser möge sich davon überzeugen, daß die wiederholt genannte Verzögerungsleitung ein stabiles, das durch die Beziehung

$$y(t) = \int_{-\infty}^{t} x(\tau)\, d\tau$$

definierte Integrierglied ein instabiles System darstellt. Ebenso ist das durch die Beziehung

$$y[n] = \sum_{\nu=-\infty}^{n} x[\nu]$$

gegebene System instabil.

**(f) Reellwertigkeit**

Ein System heißt *reell*, wenn jedem reellen Eingangssignal ein reelles Ausgangssignal zugeordnet ist.

**(g) Invertibilität**

Ein System heißt *invertierbar*, wenn von jedem beobachteten Ausgangssignal eindeutig auf das entsprechende Eingangssignal geschlossen werden kann. Es muß also zu einem invertierbaren System $T$ ein zweites System $S$ existieren, so daß aus jedem Ausgangssignal $y = T(x)$ des ersten Systems sein Eingangssignal $x$ als Reaktion von $S$ entsteht, wenn man $S$ mit $y$ erregt. Es gilt dann $x = S(T(x))$ für alle zulässigen $x$.

Der durch die Beziehung

$$y(t) = \int_{-\infty}^{t} x(\tau)\,\mathrm{d}\tau$$

gegebene Integrator ist ein invertierbares System, da aus jedem Ausgangssignal $y(t)$ das zugehörige Eingangssignal über die Systemoperation

$$x(t) = \frac{\mathrm{d}y(t)}{\mathrm{d}t}$$

geliefert wird. Dagegen ist das durch die Gleichung

$$y[n] = x^2[n]$$

gegebene nichtlineare System nicht invertierbar.

## 1.4. STANDARDSIGNALE

In der Systemtheorie spielen einige spezielle Signale eine fundamentale Rolle, da sie gewissermaßen als Grundbausteine zu verschiedenen Darstellungen allgemeiner Signale verwendet werden können. Diese Darstellungen werden sich bei der Beschreibung des Zusammenhangs zwischen Eingangs- und Ausgangssignalen von linearen Systemen als besonders vorteilhaft erweisen.

### 1.4.1. Kontinuierliche Standardsignale

**(a) Die kontinuierliche harmonische Exponentielle**
Hierunter versteht man die im Intervall $-\infty < t < \infty$ definierte Funktion

$$\mathrm{e}^{\,\mathrm{j}\omega t} = \cos\omega t + \mathrm{j}\sin\omega t \qquad (\omega = \text{const} \neq 0)\,, \tag{1.15}$$

wobei $\mathrm{j} = \sqrt{-1}$ die imaginäre Einheit bedeutet. Diese Funktion ist für die Signal- und Systemdarstellung im Frequenzbereich von entscheidender Bedeutung. Bekanntlich lassen sich periodische Funktionen unter wenig einschränkenden Bedingungen durch ihre Fourier-Reihe, d. h. durch Überlagerung von Funktionen der Art $c_\nu\,\mathrm{e}^{\,\mathrm{j}\nu\omega t}$ mit $\nu = 0, \pm 1, \pm 2, \ldots$ ausdrücken. In welcher Weise auch nichtperiodische Funktionen mit Hilfe der harmonischen Exponentiellen darstellbar sind, wird später noch ausführlich gezeigt.

Der konstante Parameter $\omega$ heißt Kreisfrequenz der harmonischen Exponentiellen, die eine periodische Funktion von $t$ mit der Grundperiode $T = 2\pi/\omega$ darstellt. Durch Kombination der harmonischen Exponentiellen $\mathrm{e}^{\,\mathrm{j}\omega t}$ und $\mathrm{e}^{\,-\mathrm{j}\omega t}$ lassen sich die trigonometrischen Funktionen $\cos\omega t$ und $\sin\omega t$ einfach ausdrücken, nämlich als

$$\cos\omega t = \frac{1}{2}[\mathrm{e}^{\,\mathrm{j}\omega t} + \mathrm{e}^{\,-\mathrm{j}\omega t}]\,, \quad \sin\omega t = \frac{1}{2\mathrm{j}}[\mathrm{e}^{\,\mathrm{j}\omega t} - \mathrm{e}^{\,-\mathrm{j}\omega t}]\,.$$

Die kontinuierliche harmonische Exponentielle kann als Sonderfall der allgemeinen Exponentiellen

$$f_p(t) = \mathrm{e}^{pt}$$

betrachtet werden, wobei $p$ eine beliebige komplexe Konstante bedeutet. Durch eine Linearkombination von $\mathrm{e}^{pt}$ und $\mathrm{e}^{p^* t}$ der Art $A\,\mathrm{e}^{pt} + A^*\,\mathrm{e}^{p^* t}$ ($A$ komplexe Konstante) lassen sich auch gedämpfte oder angefachte reelle harmonische Signale erzeugen. Wir werden jedoch die Untersuchung zunächst allein mit der harmonischen Exponentiellen durchführen. Hierbei wird durch * die konjugiert komplexe Zahl bezeichnet.

**(b) Die kontinuierliche Sprungfunktion**

Hierunter wird die Funktion

$$s(t) = \begin{cases} 0 & \text{für} \quad t < 0, \\ 1 & \text{für} \quad t > 0 \end{cases}$$

verstanden (Bild 1.7). Man beachte, daß es sich bei der Sprungfunktion um eine an der Stelle $t = 0$ unstetige Funktion handelt.

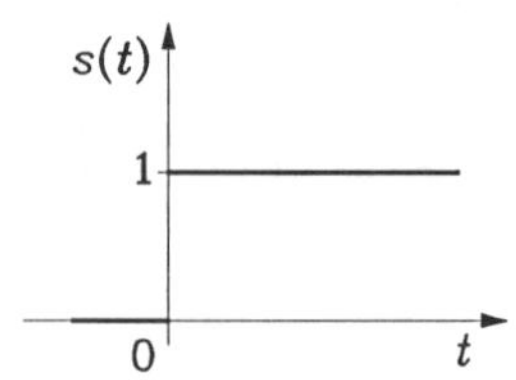


Bild 1.7: Die kontinuierliche Sprungfunktion

Mit Hilfe dieser Funktion kann jede in $-\infty < t < \infty$ stetige und stückweise differenzierbare Funktion $f(t)$, deren Grenzwert $\lim_{t \to -\infty} f(t) = f(-\infty)$ existiert, dargestellt werden: Ausgehend von der Beziehung

$$f(t) = f(-\infty) + \int_{-\infty}^{t} f'(\tau)\,\mathrm{d}\tau$$

mit $f'(t) := \mathrm{d}f(t)/\mathrm{d}t$ erhält man unter Verwendung der Sprungfunktion $s(t)$ die Darstellung

$$f(t) = f(-\infty) + \int_{-\infty}^{\infty} f'(\tau)s(t-\tau)\,\mathrm{d}\tau \,. \tag{1.16}$$

Die Anwendung der Gl. (1.16) auf Funktionen $f(t)$, die Unstetigkeiten in Form von Sprüngen aufweisen, ist erlaubt, wenn $f(t)$ als verallgemeinerte Funktion im Sinne der Distributionentheorie aufgefaßt wird.

Die Darstellung für $f(t)$ gemäß Gl. (1.16) kann nach Bild 1.8 gedeutet werden. Aus Bild 1.8 ist nämlich unmittelbar die approximative Form

$$f(t) \approx f(-\infty) + \sum_{\nu=-\infty}^{\infty} s(t-\tau_{\nu+1})[f(\tau_{\nu+1}) - f(\tau_\nu)] \tag{1.17}$$

mit $\tau_{\nu+1} = \tau_\nu + \Delta\tau$ zu erkennen. Erweitert man die unter dem Summenzeichen stehende eckige Klammer mit $\Delta\tau$, so geht Gl. (1.17) für $\Delta\tau \to 0$ in Gl. (1.16) über.

**(c) Die kontinuierliche Impulsfunktion**

Die Impulsfunktion $\delta(t)$, auch Delta-Funktion genannt, ist im Sinne der klassischen Analysis keine Funktion. Sie ist eine sogenannte verallgemeinerte Funktion oder *Distribution*, die in einer von der Definition *gewöhnlicher* Funktionen abweichenden Weise eingeführt zu werden pflegt. Hierbei verlangt man, daß für jede in $-\infty < t < \infty$ stetige Funktion $f(t)$ die Beziehung

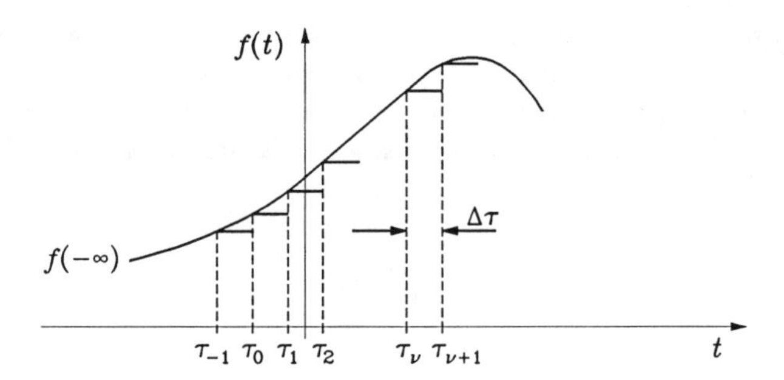


Bild 1.8: Approximative Darstellung einer Funktion durch Sprungfunktionen

$$\int_{-\infty}^{\infty} f(\tau)\delta(t-\tau)\,\mathrm{d}\tau = f(t) \tag{1.18}$$

erfüllt sein soll. Streng genommen hat das in Gl. (1.18) vorkommende Integral allerdings nicht die Bedeutung eines Integrals im Sinne der klassischen Analysis, sondern ist nur im Rahmen der Distributionentheorie sinnvoll erklärt (man vergleiche den Anhang A).

Man kann sich die Delta-Funktion näherungsweise als Rechteckfunktion

$$r_\varepsilon(t) = \begin{cases} \dfrac{1}{\varepsilon} & \text{für} \quad 0 < t < \varepsilon\,, \\ 0 & \text{für} \quad t < 0\,,\ t > \varepsilon \end{cases} \tag{1.19}$$

bei kleinem, positivem $\varepsilon$ veranschaulichen (Bild 1.9). Im Sinne der Distributionentheorie gilt

$$\lim_{\varepsilon \to 0} r_\varepsilon(t) = \delta(t)\ . \tag{1.20}$$

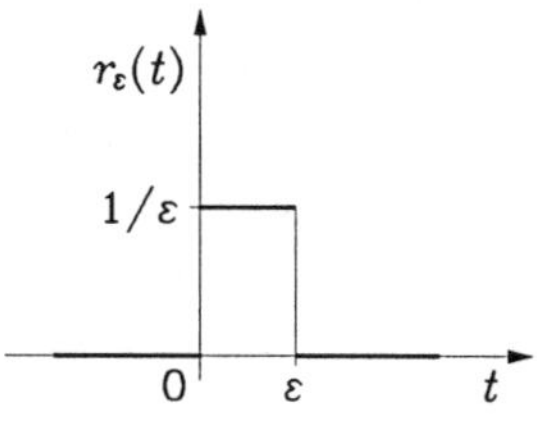


Bild 1.9: Approximative Darstellung der $\delta$-Funktion

Eine beliebige in $-\infty < t < \infty$ stetige Funktion $f(t)$ läßt sich nun näherungsweise mit Hilfe der Rechteckfunktion $r_\varepsilon(t)$ nach Gl. (1.19) in der Form

$$f(t) \approx \sum_{\nu=-\infty}^{\infty} f(\tau_\nu) r_{\Delta\tau}(t-\tau_\nu)\,\Delta\tau \tag{1.21}$$

darstellen (Bild 1.10). Für $\Delta\tau \to 0$ geht bei Beachtung von Gl. (1.20) die Gl. (1.21) in die Beziehung (1.18) über, welche die sogenannte Ausblendeigenschaft der Delta-Funktion ausdrückt. Die Bezeichnung "Ausblendeigenschaft" weist auf die aus Gl. (1.21) und Bild 1.10 ersichtliche Entstehung des Funktionswerts $f(t)$ durch "Ausblendung" mit Hilfe einer "schmalen" Rechteckfunktion $r_\varepsilon(t)$ hin. Bei den weiteren Untersuchungen wird die Delta-Funktion durch eine nadelförmige Funktion nach Bild 1.11 graphisch dargestellt. Ist die $\delta$-Funktion mit einem Faktor $A$ versehen, so heißt $A$ Impulsstärke. Diese wird bei einer Darstellung gemäß Bild 1.11 an der Spitze des Impulses angegeben.

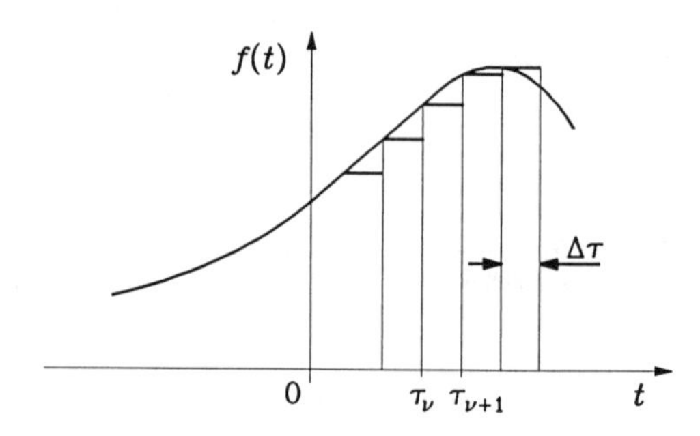


Bild 1.10: Approximative Darstellung einer Funktion durch Rechteck-Impulse

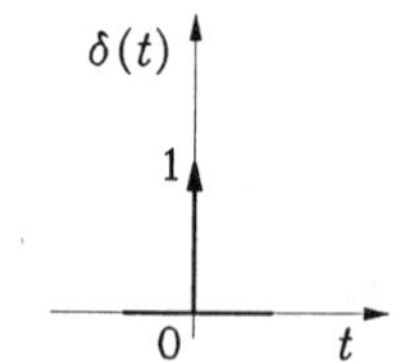


Bild 1.11: Graphische Darstellung der kontinuierlichen $\delta$-Funktion

Die Delta-Funktion ist mit der Sprungfunktion im Sinne der Distributionentheorie über die Relation

$$s(t) = \int_{-\infty}^{t} \delta(\tau)\,\mathrm{d}\tau \tag{1.22a}$$

bzw.

$$\delta(t) = \frac{\mathrm{d}s(t)}{\mathrm{d}t} \tag{1.22b}$$

verknüpft. Man kann sich die Aussage der Gln. (1.22a,b) dadurch veranschaulichen, daß man die Rechteckfunktion nach Gl. (1.19), welche die Funktion $\delta(t)$ approximiert, integriert, also nach Bild 1.12 die Funktion

$$s_\varepsilon(t) = \int_{-\infty}^{t} r_\varepsilon(\tau)\,\mathrm{d}\tau \tag{1.23a}$$

bildet. Hieraus folgt

$$r_\varepsilon(t) = \frac{\mathrm{d}s_\varepsilon(t)}{\mathrm{d}t} . \tag{1.23b}$$

Für $\varepsilon \to 0$ strebt, wie man sieht, $s_\varepsilon(t)$ gegen $s(t)$ und nach Gl. (1.20) $r_\varepsilon(t)$ gegen $\delta(t)$. Dabei gehen die Gln. (1.23a,b) in die Gln. (1.22a,b) über. Man vergleiche hierzu auch den Anhang A.

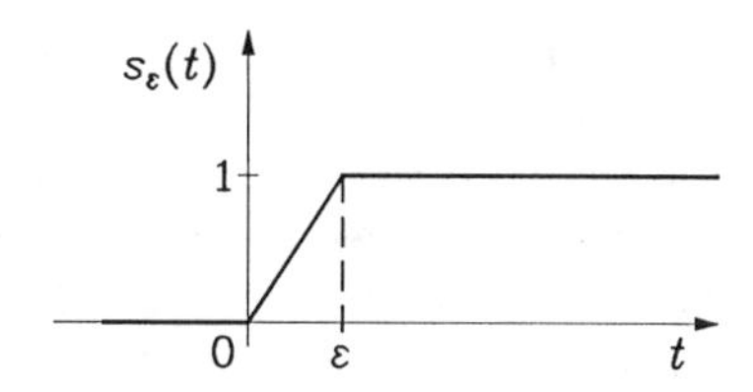


Bild 1.12: Integrierte Rechteckfunktion

Durch Variablensubstitution $\sigma = t - \tau$ kann man feststellen, daß anstelle von Gl. (1.22a) auch

$$s(t) = \int_0^\infty \delta(t - \sigma)\,d\sigma \tag{1.24}$$

geschrieben werden darf.

Im Rahmen der Distributionentheorie lassen sich auch Differentialquotienten der Delta-Funktion bilden, insbesondere die erste Ableitung $\delta'(t)$. Zum Studium der Distributionentheorie seien die Bücher [Be2, Fe1, Li1, Sc2] empfohlen. Ein kurzer Einblick wird im Anhang A gegeben.

### 1.4.2. Diskontinuierliche Standardsignale

**(a) Die diskontinuierliche harmonische Exponentielle**

Unter dieser Funktion versteht man das für $n = 0, \pm 1, \pm 2, \ldots$ definierte Signal

$$e^{j\omega n} = \cos \omega n + j \sin \omega n \qquad (\omega = \text{const} \neq 0)\ . \tag{1.25}$$

Es ist das direkte Gegenstück zur Funktion nach Gl. (1.15). Man beachte aber, daß es sich hier nur dann um eine periodische Funktion von $n$ handelt, wenn eine natürliche Zahl $N$ und eine ganze Zahl $k$ existieren, so daß die Bedingung

$$\omega N = 2\pi k \tag{1.26}$$

erfüllt ist. Das heißt: Nur wenn für den Parameter $\omega$ zwei Zahlen $N \in \mathbb{N}$ und $k \in \mathbb{Z}$ gefunden werden können, welche die Gl. (1.26) befriedigen, ist $e^{j\omega n}$ eine periodische Funktion. Man kann in einem solchen Fall ohne Einschränkung der Allgemeinheit annehmen, daß $N$ kleinstmöglich ist. Dann ist $N = 2\pi k / \omega$ die Grundperiode, da

$$e^{j\omega(n+N)} = e^{j(\omega n + 2\pi k)} = e^{j\omega n}$$

mit kleinstmöglichem $N$ gilt. Durch Kombination der harmonischen Exponentiellen $e^{j\omega n}$ und $e^{-j\omega n}$ lassen sich die Funktionen $\cos \omega n$ und $\sin \omega n$ darstellen. Die diskontinuierliche harmonische Exponentielle kann als Sonderfall der Potenzfunktion

$$f_z[n] = z^n$$

betrachtet werden, wobei hier $z$ eine beliebige komplexe Konstante bedeutet. Speziell für $z = e^{j\omega}$ erhält man $e^{j\omega n}$. Wir werden jedoch die Untersuchungen zunächst nur mit der harmonischen Exponentiellen durchführen.

Es sei noch auf einen fundamentalen Unterschied zwischen der kontinuierlichen und der diskontinuierlichen harmonischen Exponentiellen hingewiesen. Während man für zwei beliebige reelle, jedoch voneinander verschiedene Werte $\omega$ stets zwei unterschiedliche Signale $e^{j\omega t}$ erhält, trifft dies für die diskontinuierliche harmonische Exponentielle allgemein nicht zu. Nur wenn für zwei Werte $\omega_1$ und $\omega_2$ die Einschränkung $\omega_1 \bmod 2\pi \neq \omega_2 \bmod 2\pi$ gilt, liegen unterschiedliche Signale $e^{j\omega_1 n}$ und $e^{j\omega_2 n}$ vor. Dabei versteht man unter $\omega \bmod 2\pi$ diejenige Zahl im Intervall $[0, 2\pi)$, die sich von $\omega$ nur um ein ganzzahliges Vielfaches von $2\pi$ unterscheidet. Die Menge aller Funktionen $\{e^{j\omega n} \mid 0 \leqq \omega < 2\pi\}$ repräsentiert also die Gesamtheit aller diskontinuierlichen harmonischen Exponentiellen. Weiterhin ist noch folgender Unterschied interessant: Während man zu jeder (stets periodischen) harmonischen Exponentiellen $e^{j\omega t}$ $(\omega \neq 0)$ unendlich viele "Oberschwingungen" $e^{jl\omega t}$ mit ganzzahligem $l$ angeben kann, gibt es zu einer periodischen harmonischen Exponentiellen $e^{j\omega n}$ $(\omega = 2\pi k/N)$ nur $N$ verschiedene "Oberschwingungen" $e^{jl\omega n}$ mit $l = 0, 1, 2, \ldots, N-1$; denn es gilt

$$e^{j(l \pm N)\omega n} = e^{jl\omega n} e^{\pm jN\omega n} = e^{jl\omega n} .$$

**(b) Die diskontinuierliche Sprungfunktion**
Hierbei handelt es sich um die Folge

$$s[n] = \begin{cases} 0 & \text{für} \quad n < 0, \\ 1 & \text{für} \quad n \geqq 0 \end{cases} \tag{1.27}$$

(Bild 1.13). Sie ist das direkte Gegenstück zur kontinuierlichen Sprungfunktion und wird auch Einheitssprungfunktion genannt. Man beachte die Vereinbarung $s[n] = 1$ für $n = 0$ (Bild 1.13).

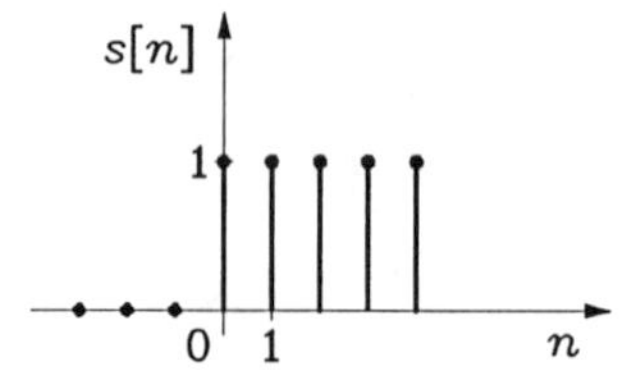


Bild 1.13: Die diskontinuierliche Sprungfunktion

Entsprechend Gl. (1.16) läßt sich dann jede diskontinuierliche Funktion in der Form

$$f[n] = f[-\infty] + \sum_{\nu=-\infty}^{\infty} \{f[\nu] - f[\nu-1]\} s[n-\nu] \tag{1.28}$$

ausdrücken. Hierbei wird die Existenz des Grenzwerts $f[-\infty]$ vorausgesetzt.

**(c) Die diskontinuierliche Impulsfunktion**
Die diskontinuierliche Impulsfunktion (auch Einheitsimpuls genannt) ist durch die Beziehung

$$\delta[n] = \begin{cases} 1 & \text{für} \quad n = 0, \\ 0 & \text{für} \quad n \neq 0 \end{cases} \tag{1.29}$$

definiert (Bild 1.14). Sie erlaubt entsprechend Gl. (1.18), jede diskontinuierliche Funktion in der Form

$$f[n] = \sum_{\nu=-\infty}^{\infty} f[\nu]\,\delta[n-\nu] \tag{1.30}$$

darzustellen.

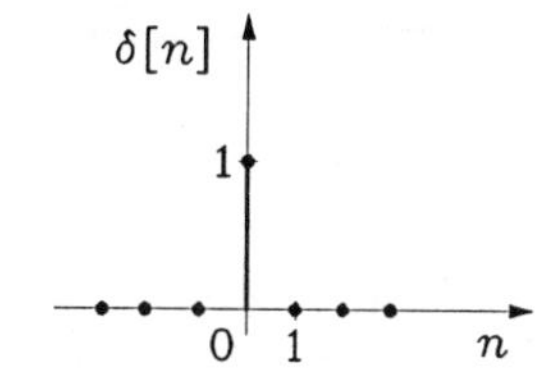


Bild 1.14: Graphische Darstellung der diskontinuierlichen Impulsfunktion

Der Zusammenhang zwischen dem Einheitsimpuls und dem Einheitssprung läßt sich ausdrücken in der Form

$$s[n] = \sum_{\nu=-\infty}^{n} \delta[\nu] \tag{1.31a}$$

bzw. durch

$$\delta[n] = s[n] - s[n-1] \ . \tag{1.31b}$$

Durch die Variablensubstitution $k = n - \nu$ kann die Gl. (1.31a) durch

$$s[n] = \sum_{k=0}^{\infty} \delta[n-k] \tag{1.32}$$

ersetzt werden.

# 2. Charakterisierung kontinuierlicher Systeme durch Sprung- und Impulsantwort

Im Abschnitt 1.4 konnte gezeigt werden, wie sich Signale durch Superposition von Sprungfunktionen oder durch Überlagerung von Impulsfunktionen darstellen lassen. Betrachtet man nun ein *lineares* System und stellt man die Eingangssignale durch eine der genannten Superpositionen dar, dann können wegen der Linearität des Systems die entsprechenden Ausgangssignale direkt angegeben werden. Allerdings muß hierfür die Systemreaktion auf die zeitlich verschobene Sprung- bzw. Impulsfunktion bekannt sein. Diese Signale sollen dabei stets als System-Eingangsgrößen zugelassen sein.

Auf diese Weise wird im folgenden die Verknüpfung zwischen Eingangs- und Ausgangsgröße zunächst für den Fall hergeleitet, daß das betreffende System kontinuierlich ist und nur einen Eingang und nur einen Ausgang aufweist. Die Erweiterung dieser Betrachtungen auf Systeme mit mehreren Eingängen und Ausgängen erfolgt im Abschnitt 2.8. Die entsprechende Charakterisierung für diskontinuierliche lineare Systeme wird im Abschnitt 3 behandelt.

Die Beschreibung der verschiedenen Möglichkeiten zur Verknüpfung der Eingangssignale mit den Ausgangssignalen eines Systems ist als eine der Hauptaufgaben der Systemtheorie zu betrachten.

## 2.1. DIE SPRUNGANTWORT

Unter der *Sprungantwort* $a(t,\tau)$ eines linearen kontinuierlichen Systems ($m = r = 1$) wird die Reaktion des Systems auf das Eingangssignal $s(t-\tau)$ verstanden:

$$a(t,\tau) := T(s(t-\tau)) \ . \tag{1.33}$$

Die Größe $\tau$ bedeutet, wie auch aus Bild 1.15 zu erkennen ist, jenen Zeitpunkt, zu dem der Sprung der Eingangsgröße einsetzt. Ist das System *kausal*, so weist die Sprungantwort nach den Gln. (1.13a,b) die Eigenschaft

$$a(t,\tau) \equiv 0 \quad \text{für} \quad t < \tau \tag{1.34}$$

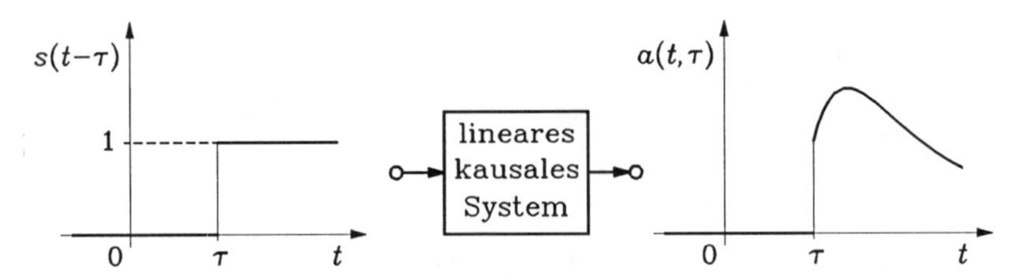


Bild 1.15: Sprungreaktion eines linearen und kausalen kontinuierlichen Systems

auf, d. h. die Sprungantwort verschwindet in allen Zeitpunkten, die vor dem Einsetzen des Sprunges liegen. Im Falle, daß das betreffende System *zeitinvariant* ist, gilt nach Gl. (1.11a)

$$a(t,\tau) = a(t-\tau) \tag{1.35}$$

für alle $t$ und $\tau$. Dann ist also die Sprungantwort nur von der Zeitspanne zwischen dem Einsetzen des Sprunges und dem Beobachtungszeitpunkt abhängig. Es genügt daher zur Kennzeichnung der Sprungantwort eines zeitinvarianten Systems, die Reaktion auf eine einzige Sprungerregung, etwa auf $s(t)$, zu bestimmen (Bild 1.16). Bei einem *zeitvarianten* System hingegen ist die Sprungstelle $\tau$ neben dem Beobachtungszeitpunkt $t$ eine wesentliche Variable, weshalb man sich die Funktion $a(t,\tau)$ in diesem Falle geometrisch als eine Fläche über der $(t,\tau)$-Ebene vorzustellen hat (Bild 1.17).

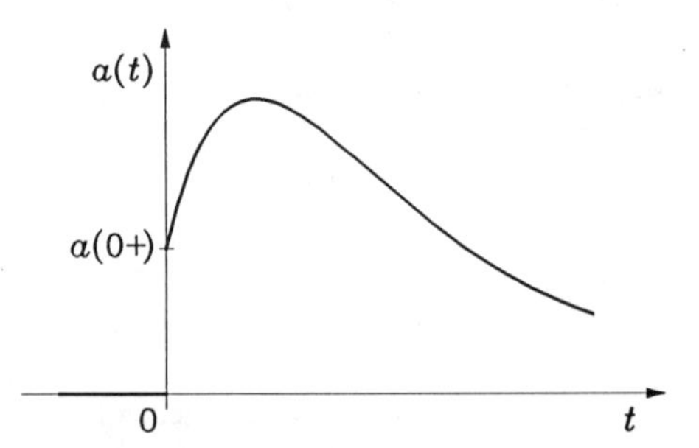


Bild 1.16: Sprungantwort $a(t)$ eines linearen, zeitinvarianten, kausalen kontinuierlichen Systems

Es werden im weiteren gewöhnlich nur solche kontinuierlichen Systeme betrachtet, die eine *stetige* Sprungantwort mit höchstens *einer* Sprungstelle im "Einschaltzeitpunkt" $t = \tau$ haben. Mit $a(0+)$ wird der Wert der Sprungantwort $a(t)$ eines zeitinvarianten, linearen Systems unmittelbar nach dem Einsetzen des Sprunges $s(t)$ am Systemeingang bezeichnet (Bild 1.16).

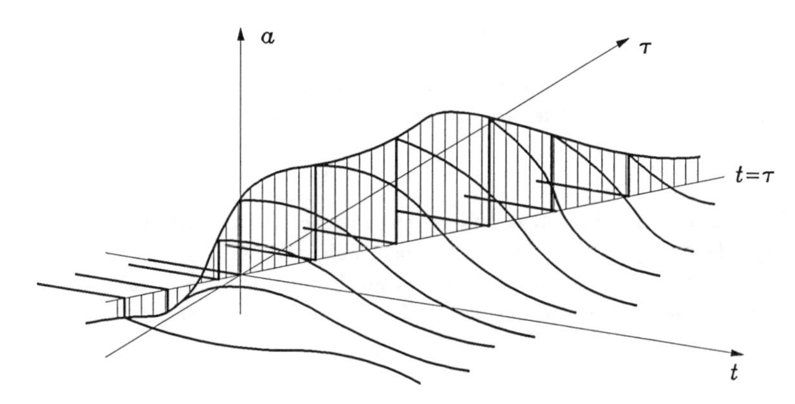


Bild 1.17: Sprungantwort $a(t,\tau)$ eines linearen, zeitvarianten, kausalen kontinuierlichen Systems

Als *Beispiel* zur Bestimmung der Sprungantwort sei das im Bild 1.18 dargestellte lineare, zeitinvariante elektrische Zweitor mit dem Ohmwiderstand $R$ und der Kapazität $C$ betrachtet. Wählt man als Spannungserregung $x(t) = s(t)$, so ist direkt zu erkennen, daß die Spannungsreaktion $y(t) = a(t)$ unmittelbar nach dem Einsetzen des Sprunges auf den Wert $a(0+) = 1$ springt und für $t \to \infty$ gegen Null strebt. Da das Netzwerk nur *einen* Energiespeicher enthält, nämlich die Kapazität $C$, sinkt $a(t)$ *exponentiell* auf Null ab, und zwar mit der Zeitkonstante $T = RC$. Somit ist

$$a(t) = s(t)\mathrm{e}^{-t/T} \ . \tag{1.36}$$

Dieses Ergebnis kann natürlich auch aus der Differentialgleichung für $y(t)$ unter Beachtung der Anfangsbedingung ermittelt werden. Würde wenigstens eines der Netzwerkelemente $R$ und $C$ in Abhängigkeit von $t$ variieren, so hätte man ein Beispiel für ein lineares, zeitvariantes System.

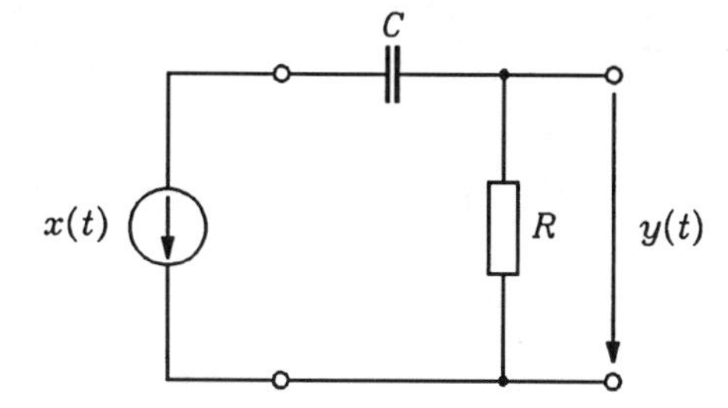


Bild 1.18: Einfaches elektrisches Zweitor (RC-Glied). Die Größe $x(t)$ beschreibt eine Spannungsquelle

## 2.2. DIE IMPULSANTWORT

Unter der *Impulsantwort* $h(t,\tau)$ eines linearen kontinuierlichen Systems ($m = r = 1$) wird die Antwort des Systems auf das Eingangssignal $\delta(t-\tau)$ verstanden:

$$h(t,\tau) := T(\delta(t-\tau)) \ . \tag{1.37}$$

Hier bedeutet die Größe $\tau$ jenen Zeitpunkt, zu welchem der Stoß des Eingangssignals stattfindet. Da das Eingangssignal $\delta(t-\tau)$ nach Abschnitt 1.4.1(c) näherungsweise mit der verschobenen Rechteckfunktion $r_\varepsilon(t-\tau)$ übereinstimmt, kann man sich die Impulsantwort approximativ als Systemreaktion auf $r_\varepsilon(t-\tau)$ mit kleinem $\varepsilon$ vorstellen.

Ist das betreffende System *kausal*, so gilt nach den Gln. (1.13a,b)

$$h(t,\tau) \equiv 0 \quad \text{für} \quad t < \tau \,. \tag{1.38}$$

Die Impulsantwort eines linearen, kausalen Systems ist also zu allen Zeitpunkten gleich Null, die vor dem Zeitpunkt des Stoßes liegen. Falls das System *zeitinvariant* ist, gilt

$$h(t,\tau) = h(t-\tau) \tag{1.39}$$

für alle $t$ und $\tau$. Die Impulsantwort eines linearen, zeitinvarianten Systems hängt also nur von der Zeitspanne ab, die zwischen dem Zeitpunkt des $\delta$-Stoßes und dem Beobachtungszeitpunkt liegt. In diesem Fall genügt es, zur Ermittlung der Impulsantwort die Reaktion nur auf eine einzige Stoßerregung, etwa auf $\delta(t)$, zu bestimmen (Bild 1.19).

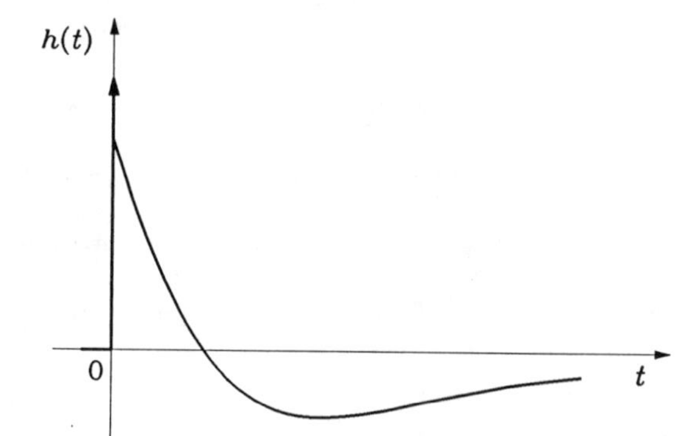


Bild 1.19: Impulsantwort $h(t)$ eines linearen, zeitinvarianten und kausalen kontinuierlichen Systems

Im weiteren werden nur kontinuierliche Systeme mit *stückweise stetiger* Impulsantwort betrachtet, bei der gewöhnlich nur im "Einschaltzeitpunkt" $t = \tau$ ein $\delta$-Anteil zugelassen ist, wie dies im Bild 1.19 für ein zeitinvariantes System angedeutet ist.

## 2.3. ZUSAMMENHANG ZWISCHEN SPRUNGANTWORT UND IMPULSANTWORT

Die $\delta$-Funktion läßt sich gemäß Gl. (1.22b) in der Form

$$\delta(t-\tau) = \frac{s(t-\tau) - s(t-\tau-\Delta\tau)}{\Delta\tau} + R(\Delta\tau;\, t-\tau) \tag{1.40a}$$

mit

$$\lim_{\Delta\tau\to 0} R(\Delta\tau;\, t-\tau) = 0 \tag{1.40b}$$

darstellen (Bild 1.20). Nun wird die Funktion $\delta(t-\tau)$ in der Form nach Gl. (1.40a) als Eingangssignal eines linearen kontinuierlichen Systems betrachtet und dem entsprechenden $T$-Operator unterworfen. Unter Beachtung der Gln. (1.33) und (1.37) sowie der Linearitätseigenschaft erhält man auf diese Weise aus Gl. (1.40a) die Beziehung

$$h(t,\tau) = \frac{1}{\Delta\tau}[a(t,\tau) - a(t,\tau+\Delta\tau)] + T(R(\Delta\tau;\, t-\tau)) \,,$$

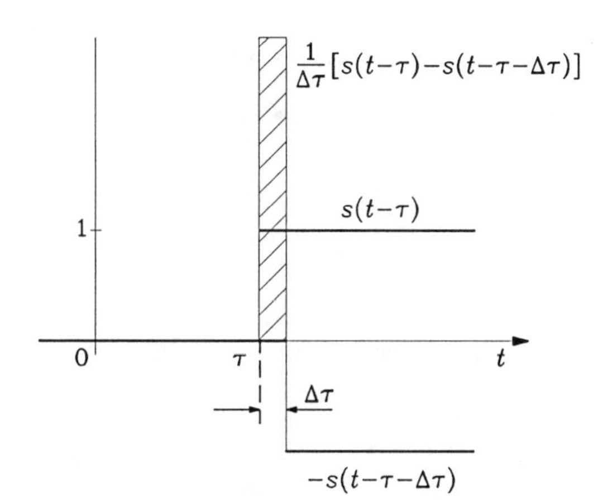


Bild 1.20: Zur Darstellung der Funktion $\delta(t-\tau)$ nach Gl. (1.40a)

aus der für $\Delta\tau \to 0$ wegen der Gültigkeit der Gln. (1.6a,b) und (1.40b) bei Voraussetzung der partiellen Differenzierbarkeit von $a(t,\tau)$ nach der Variablen $\tau$ die folgende Relation zwischen der Sprungantwort und der Impulsantwort folgt:

$$h(t,\tau) = -\frac{\partial a(t,\tau)}{\partial \tau} . \tag{1.41}$$

Durch Integration ergibt sich aus dieser Gleichung zunächst die Beziehung

$$\int_{\tau}^{\infty} h(t,\sigma)\,\mathrm{d}\sigma = a(t,\tau) - a(t,\infty) .$$

Da $a(t,\infty)$ die Systemreaktion auf die Sprungfunktion mit Sprungstelle $\infty$, also auf die identisch verschwindende Erregung ist, muß nach Gl. (1.5) $a(t,\infty) \equiv 0$ gelten, und man erhält deshalb

$$a(t,\tau) = \int_{\tau}^{\infty} h(t,\sigma)\,\mathrm{d}\sigma . \tag{1.42}$$

Die Gln. (1.41) und (1.42), welche Verknüpfungen zwischen Sprung- und Impulsantwort darstellen, lassen sich im Falle der Zeitinvarianz des betreffenden Systems vereinfachen. Man erhält dann, wie aus den Gln. (1.41) und (1.42) unmittelbar folgt, die Beziehungen

$$h(t) = \frac{\mathrm{d}a(t)}{\mathrm{d}t} , \tag{1.43}$$

$$a(t) = \int_{-\infty}^{t} h(\sigma)\,\mathrm{d}\sigma . \tag{1.44}$$

Die abgeleiteten Relationen zwischen Sprung- und Impulsantwort sind z. B. insofern bedeutsam, als es oft einfach ist, die Sprungantwort eines Systems anzugeben. Man erhält dann nach Gl. (1.41) bzw. Gl. (1.43) unmittelbar auch die Impulsantwort.

Betrachtet man beispielsweise das elektrische System nach Bild 1.18, dann gewinnt man die Impulsantwort des Systems nach Gl. (1.43) mit Gl. (1.36) in der Form

$$h(t) = \frac{\mathrm{d}s(t)}{\mathrm{d}t}\,\mathrm{e}^{-t/T} + s(t)\cdot(-1/T)\,\mathrm{e}^{-t/T}$$

oder

$$h(t) = \delta(t) - s(t) \cdot \frac{1}{T} \cdot e^{-t/T} . \tag{1.45}$$

Hierbei wurde berücksichtigt, daß $\delta(t) e^{-t/T} = \delta(t)$ gilt. Eine direkte Bestimmung von $h(t)$ wäre nicht so einfach gewesen.

## 2.4. DIE SPRUNGANTWORT ALS SYSTEMCHARAKTERISTIK

Mit Hilfe der im Abschnitt 2.1 eingeführten Sprungantwort ist es nun möglich, die Ausgangsgröße $y(t)$ eines linearen kontinuierlichen Systems als Reaktion auf ein Eingangssignal $x(t)$ anzugeben, sofern $x(t)$ eine in $-\infty < t < \infty$ stetige und stückweise differenzierbare Funktion mit einem für $t \to -\infty$ existierenden Grenzwert $x(-\infty)$ ist. Unter dieser Voraussetzung besteht die Gl. (1.16) für $f(t) \equiv x(t)$. Unterwirft man diese Darstellung für die Eingangsgröße der betreffenden $T$-Operation, so entsteht bei Beachtung der Gln. (1.8) und (1.33) die Aussage

$$y(t) = x(-\infty) a(t, -\infty) + \int_{-\infty}^{\infty} x'(\tau) a(t, \tau) \, d\tau , \tag{1.46}$$

durch die das Ausgangssignal in Form eines Superpositionsintegrals mittels des Eingangssignals und der Sprungantwort ausgedrückt wird. Hierbei wurde berücksichtigt, daß

$$T(x(-\infty)) = x(-\infty) T(1) = x(-\infty) T(s(t+\infty)) = x(-\infty) a(t, -\infty)$$

ist. Entsprechend der approximativen Deutung von Gl. (1.16) durch Gl. (1.17) läßt sich die Aussage von Gl. (1.46) durch Anwendung der $T$-Operation auf Gl. (1.17) für $f(t) \equiv x(t)$ veranschaulichen, so daß man sich $y(t)$ approximativ durch Superposition der Reaktionen auf Sprungerregungen verschiedener Sprungstellen und Sprunghöhen vorstellen kann. Ist das betreffende System kausal, so genügt es wegen der Gültigkeit von Gl. (1.34), im Integral der Gl. (1.46) nur bis $t$ zu integrieren.

Liegt nun ein zeitinvariantes, lineares System vor, so läßt sich Gl. (1.46) wegen der Gültigkeit von Gl. (1.35) in der Form

$$y(t) = x(-\infty) a(\infty) + \int_{-\infty}^{\infty} x'(\tau) a(t-\tau) \, d\tau \tag{1.47}$$

darstellen $(-\infty < t < \infty)$. Ist das zeitinvariante System kausal, dann darf natürlich in Gl. (1.47) die obere Integrationsgrenze $\infty$ durch $t$ ersetzt werden.

Es sei jetzt noch der im Hinblick auf praktische Anwendungen besonders interessante Fall betrachtet, daß die Erregung erst im Nullpunkt einsetzt, d. h., daß das Eingangssignal die Eigenschaft

$$x(t) \equiv 0 \quad \text{für} \quad t < 0 \tag{1.48}$$

aufweist. Ein Sprung von $x(t)$ im Nullpunkt sei zugelassen im Einklang mit einer Bemerkung zu Gl. (1.16). Das Eingangssignal $x(t)$ läßt sich dann nach Bild 1.21 in der Form

$$x(t) = x_e(t) + x(0+) s(t) \tag{1.49a}$$

darstellen. Hierbei ist $x_e(t)$ auf der gesamten $t$-Achse stetig und stückweise differenzierbar, so daß

$$x'(t) = x_e'(t) + x(0+)\,\delta(t) \tag{1.49b}$$

gebildet werden kann. Setzt man Gl. (1.49b) unter Berücksichtigung der Gl. (1.48) in Gl. (1.47) ein, so erhält man wegen $x(-\infty) = 0$ zunächst

$$y(t) = \int_{0-}^{\infty} [x_e'(\tau) + x(0+)\,\delta(\tau)]\,a(t-\tau)\,\mathrm{d}\tau$$

und bei Beachtung der Ausblendeigenschaft der $\delta$-Funktion gemäß Gl. (1.18) schließlich die Beziehung

$$y(t) = x(0+)\,a(t) + \int_{0}^{\infty} x_e'(\tau)\,a(t-\tau)\,\mathrm{d}\tau\ . \tag{1.50}$$

In dieser Darstellung darf die obere Integrationsgrenze $\infty$ durch $t$ ersetzt werden, falls das betreffende lineare System kausal ist.

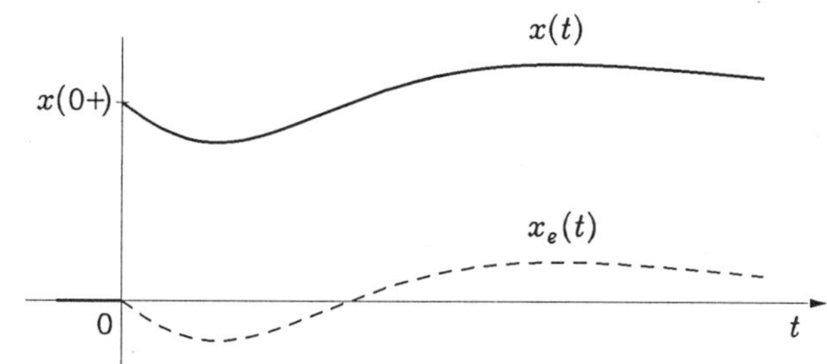


Bild 1.21: Zur Darstellung der Funktion $x(t)$ nach Gl. (1.49a)

Die vorausgegangenen Betrachtungen sollten die Möglichkeit zeigen, bei alleiniger Kenntnis der Sprungantwort eines linearen kontinuierlichen Systems den Zusammenhang zwischen Eingangs- und Ausgangsgröße anzugeben und damit das System hinsichtlich seiner Übertragungseigenschaften vollständig zu kennzeichnen. In diesem Sinne ist es üblich, die Sprungantwort eine *Systemcharakteristik* zu nennen.

## 2.5. DIE IMPULSANTWORT ALS SYSTEMCHARAKTERISTIK

Es soll nun gezeigt werden, wie mit Hilfe der im Abschnitt 2.2 eingeführten Impulsantwort das Eingangssignal mit dem Ausgangssignal eines linearen kontinuierlichen Systems ähnlich verknüpft werden kann, wie dies im vorausgegangenen Abschnitt bei Verwendung der Sprungantwort gelungen ist. Die Eingangsgröße $x(t)$ wird als für alle $t$-Werte stetige Funktion vorausgesetzt (durch Erweiterung der Untersuchungen kann gezeigt werden, daß $x(t)$ auch Sprungstellen aufweisen darf). Dann läßt sich $x(t)$ nach Gl. (1.18) für $f(t) \equiv x(t)$ darstellen. Unterwirft man diese Darstellung für das Eingangssignal $x(t)$ der betreffenden $T$-Operation, so erhält man bei Berücksichtigung der Gln. (1.8) und (1.37) die Relation

$$y(t) = \int_{-\infty}^{\infty} x(\tau)\,h(t,\tau)\,\mathrm{d}\tau\ , \tag{1.51}$$

durch die das Ausgangssignal in Form eines Superpositionsintegrals mittels des Eingangssignals und der Impulsantwort ausgedrückt wird. Entsprechend der näherungsweisen Interpretation der Gl. (1.18) durch die Gl. (1.21) läßt sich Gl. (1.51) approximativ durch Anwendung der $T$-Operation auf Gl. (1.21) für $f(t) \equiv x(t)$ deuten, d. h. durch Superposition von Systemreaktionen auf gewisse Rechteckimpulse verschiedener Stärken und Stoßstellen. Im Falle eines *kausalen* linearen Systems darf in Gl. (1.51) wegen der Gültigkeit von Gl. (1.38) die obere Integrationsgrenze $\infty$ durch $t+$ ersetzt werden. Das $+$-Zeichen bei dieser modifizierten Integrationsgrenze ist erforderlich, um bei der Integration nach $\tau$ den möglicherweise in $h(t,\tau)$ enthaltenen Impulsanteil für $\tau = t$ zu erfassen. Im Falle eines *zeitinvarianten* linearen Systems ist die Gl. (1.39) gültig, und die Darstellung nach Gl. (1.51) läßt sich folgendermaßen vereinfachen:

$$y(t) = \int_{-\infty}^{\infty} x(\tau) h(t-\tau) \, d\tau \; . \tag{1.52}$$

Ist das betrachtete System auch *kausal*, dann darf die obere Integrationsgrenze $\infty$ durch $t+$ ersetzt werden. Es soll nun die Impulsantwort $h(t)$ des zeitinvarianten, linearen Systems in der Form

$$h(t) = a(0+)\,\delta(t) + h_e(t) \tag{1.53}$$

dargestellt werden, wobei $h_e(t)$ den impulsfreien Bestandteil der Impulsantwort $h(t)$ bedeutet; die Impulsstärke darf angesichts des im Abschnitt 2.3 diskutierten Zusammenhangs zwischen Sprung- und Impulsantwort sofort als $a(0+)$ geschrieben werden.[1] Man beachte insbesondere Gl. (1.43). Substituiert man jetzt $h(t)$ nach Gl. (1.53) in die Gl. (1.52), so entsteht zunächst die Beziehung

$$y(t) = \int_{-\infty}^{\infty} [x(\tau) a(0+)\,\delta(t-\tau) + x(\tau) h_e(t-\tau)] \, d\tau \; ,$$

und hieraus folgt bei Beachtung der Ausblendeigenschaft der $\delta$-Funktion nach Gl. (1.18)

$$y(t) = a(0+) x(t) + \int_{-\infty}^{\infty} x(\tau) h_e(t-\tau) \, d\tau \; . \tag{1.54}$$

Im Kausalitätsfall darf die obere Integrationsgrenze durch $t$ ersetzt werden. Das $+$-Zeichen bei $t$ ist jetzt nicht mehr erforderlich, da $h_e(t)$ keinen Impulsanteil enthält.

Betrachtet man schließlich noch den Fall, daß die Erregung erst im Zeit-Nullpunkt einsetzt [$x(t) \equiv 0$ für $t < 0$], und setzt man Kausalität des Systems voraus, so lautet Gl. (1.54) einfach

$$y(t) = a(0+) x(t) + \int_{0}^{t} x(\tau) h_e(t-\tau) \, d\tau \; . \tag{1.55}$$

Die Integrationsvariable $\tau$ in den Gln. (1.52), (1.54) und (1.55) läßt sich durch eine neue Veränderliche $\vartheta$ gemäß

---

[1] Bei einem zeitvarianten, linearen, kausalen System läßt sich die Sprungantwort (Bild 1.17) in der Form

$$a(t,\tau) = a(\tau+,\tau) s(t-\tau) + a_e(t,\tau)$$

darstellen, wobei $a_e(t,\tau)$ auch für $t = \tau$ stetig ist. Nach Gl. (1.41) folgt hieraus die Darstellung für die Impulsantwort:

$$h(t,\tau) = A(\tau)\,\delta(t-\tau) + h_f(t,\tau) \; .$$

Hierbei ist $h_f(t,\tau)$ der impulsfreie Teil der Impulsantwort.

$$\vartheta := t - \tau \tag{1.56}$$

ersetzen. Dadurch entsteht beispielsweise aus Gl. (1.52) die Beziehung

$$y(t) = \int_{-\infty}^{\infty} x(t - \vartheta) h(\vartheta) \, \mathrm{d}\vartheta \, . \tag{1.57}$$

Hier darf im Fall der Kausalität die untere Integrationsgrenze $-\infty$ durch $0-$ ersetzt werden, wobei das $-$-Zeichen erforderlich ist, um einen möglicherweise in $h(t)$ enthaltenen Impulsanteil bei der Integration zu erfassen. In entsprechender Weise lassen sich die Gln. (1.54) und (1.55) unter Verwendung der Integrationsvariablen $\vartheta$ darstellen. Auch in den Gln. (1.47) und (1.50), die im Falle eines linearen, zeitinvarianten Systems Verknüpfungen zwischen Eingangs- und Ausgangsgrößen über die Sprungantwort liefern, kann die Integrationsvariable $\tau$ durch die Veränderliche $\vartheta$ nach Gl. (1.56) ersetzt werden.

Integrale der Form, wie sie in Gln. (1.47) und (1.52) auftreten, sind sogenannte *Faltungsintegrale*. So kann man z. B. sagen, daß gemäß Gl. (1.52) das Ausgangssignal $y(t)$ durch Faltung der Funktionen $x(t)$ und $h(t)$ entsteht. Man pflegt dies in der Form

$$y(t) = x(t) * h(t) \tag{1.58}$$

auszudrücken. Mit Gl. (1.57) folgt $x(t) * h(t) = h(t) * x(t)$ (Kommutativität der Faltung).

Die Faltung besitzt neben der Kommutativitätseigenschaft die Eigenschaften der Assoziativität und Distributivität. Hierunter versteht man die leicht nachprüfbaren Beziehungen

$$x(t) * [h_1(t) * h_2(t)] = [x(t) * h_1(t)] * h_2(t) \tag{1.59}$$

bzw.

$$x(t) * [h_1(t) + h_2(t)] = [x(t) * h_1(t)] + [x(t) * h_2(t)] \, . \tag{1.60}$$

Sie lassen sich systemtheoretisch einfach interpretieren. Betrachtet man nämlich gemäß Bild 1.22 die Ketten- (oder Kaskaden-)verbindung von zwei linearen, zeitinvarianten kontinuierlichen Systemen mit den Impulsantworten $h_1(t)$ bzw. $h_2(t)$, so kann die Gesamtanordnung als ein lineares, zeitinvariantes kontinuierliches System mit der Impulsantwort $h(t) = h_1(t) * h_2(t)$ aufgefaßt werden. Dies geht aus Gl. (1.59) unmittelbar hervor. Wegen der Eigenschaft der Kommutativität der Faltung darf die Reihenfolge der Kettenverbindung auch vertauscht werden, ohne daß sich die Impulsantwort des Gesamtsystems ändert. Betrachtet man gemäß Bild 1.23 die Parallelverbindung von zwei linearen, zeitinvarianten kontinuierlichen Systemen mit den Impulsantworten $h_1(t)$ bzw. $h_2(t)$, so läßt sich die Gesamtanordnung als ein lineares, zeitinvariantes kontinuierliches System mit der Impulsantwort $h(t) = h_1(t) + h_2(t)$ auffassen.

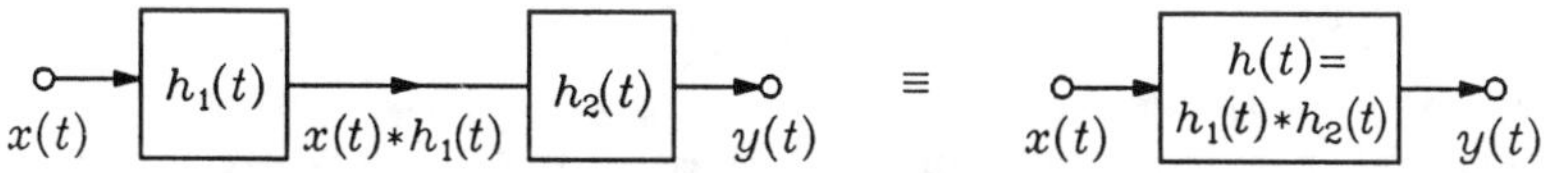

Bild 1.22: Kettenverbindung zweier linearer, zeitinvarianter Systeme; es gelten die äquivalenten Beziehungen $y(t) = [x(t) * h_1(t)] * h_2(t)$ bzw. $y(t) = x(t) * [h_1(t) * h_2(t)]$

Mit der Ketten- und Parallelverbindung von zwei Systemen nach Bild 1.22 bzw. 1.23 sind zugleich die beiden wichtigsten Grundverknüpfungen von Systemen eingeführt, die später noch durch die Multiplikationsverbindung (bei welcher der Addierer in Bild 1.23 durch einen Multiplizierer ersetzt wird) und die Rückkopplungsschaltung ergänzt werden. Im allgemeinen brauchen die beteiligten Systeme hierbei nicht linear zu sein.

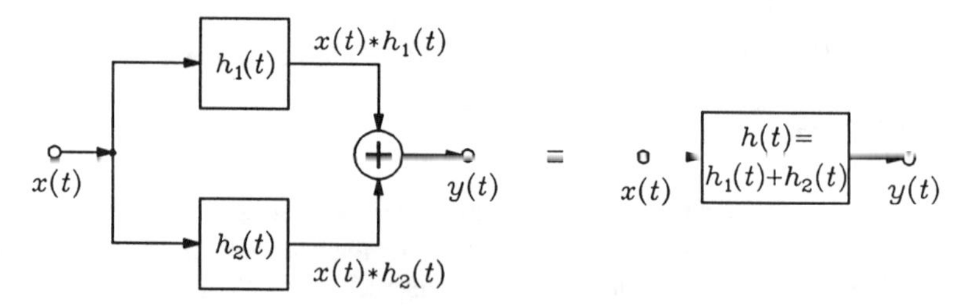


Bild 1.23: Parallelverbindung zweier linearer, zeitinvarianter Systeme; es gilt hierbei $y(t) = [x(t) * h_1(t)] + [x(t) * h_2(t)]$ bzw. $y(t) = x(t) * [h_1(t) + h_2(t)]$

Es wurde im vorstehenden gezeigt, wie im Falle eines linearen kontinuierlichen Systems allein mit Hilfe der Impulsantwort das Eingangssignal mit dem Ausgangssignal in eindeutiger Weise verknüpft werden kann. In diesem Sinne reicht also die Impulsantwort zur Kennzeichnung des Systems aus, weshalb auch diese Funktion eine *Systemcharakteristik* genannt wird.

## 2.6. EIN STABILITÄTSKRITERIUM

Im Abschnitt 1.3 wurde mit Hilfe der Gln. (1.14a,b) die Stabilität eines Systems definiert. In diesem Sinne läßt sich für ein nach Gl. (1.51) darstellbares lineares kontinuierliches System mit *einem* Eingang und *einem* Ausgang ein Stabilitätskriterium folgendermaßen aussprechen:

*Ein lineares kontinuierliches System ist genau dann stabil, wenn die Impulsantwort $h(t,\tau)$ die Bedingung*

$$\int_{-\infty}^{\infty} |h(t,\tau)| \, \mathrm{d}\tau \leqq K < \infty \tag{1.61}$$

*für alle t-Werte erfüllt.*

Die Forderung (1.61) ist nur dann sinnvoll, wenn die Impulsantwort keinen $\delta$-Anteil enthält. Ein $\delta$-Anteil, wie er nach Abschnitt 2.5 [insbesondere Fußnote 1, S. 26] in $h(t,\tau)$ zulässig ist, hat jedoch keinen Einfluß auf die Stabilität bzw. Instabilität des betreffenden Systems, wie man unmittelbar sieht, sofern die Impulsstärke $A(\tau)$ für alle $\tau$-Werte dem Betrage nach beschränkt ist.

Zum *Beweis* des Stabilitätskriteriums wird zunächst nachgewiesen, daß das betreffende System auf jedes dem Betrage nach beschränkte Eingangssignal $x(t)$ mit einem ebenfalls dem Betrage nach beschränkten Ausgangssignal $y(t)$ antwortet, falls die Bedingung (1.61) erfüllt ist. Es folgt aus Gl. (1.51) die Ungleichung

$$|y(t)| = \left| \int_{-\infty}^{\infty} x(\tau) h(t,\tau) \, \mathrm{d}\tau \right| \leqq \int_{-\infty}^{\infty} |x(\tau)| \cdot |h(t,\tau)| \, \mathrm{d}\tau$$

und hieraus wegen $|x(\tau)| \leqq M_0$ die Abschätzung

$$|y(t)| \leqq M_0 \int_{-\infty}^{\infty} |h(t,\tau)| \, \mathrm{d}\tau \, .$$

Ist also gemäß Gl. (1.61) das Integral

$$I(t) = \int_{-\infty}^{\infty} |h(t,\tau)| \, d\tau \tag{1.62}$$

für alle $t$-Werte gleichmäßig beschränkt, dann gilt die Ungleichung

$$|y(t)| \leqq M_0 I(t) \leqq M_0 K \ ,$$

d. h. das Ausgangssignal ist dem Betrage nach beschränkt.

Gemäß der Ergänzung zur Definition der Stabilität im Abschnitt 1.3 muß nun noch gezeigt werden, daß es zu mindestens einem Eingangssignal mit der Eigenschaft $|x(t)| \leqq M_0$ keine endliche Zahl $L$ gibt, so daß $|y(t)| \leqq L\, M_0$ gilt für alle $t$, wenn das Integral $I(t)$ in Gl. (1.62) nicht gleichmäßig beschränkt ist, wenn also zu jeder noch so großen Zahl $Z$ ein $t_0$ existiert, so daß $I(t_0) > Z$ gilt. Wählt man hierzu als Eingangssignal

$$x(t) = \begin{cases} 1 & \\ 0\ , & \text{falls} \quad h(t_0,t) \begin{array}{l} >0 \\ =0 \\ <0 \end{array} \quad \text{gilt}, \\ -1 & \end{cases}$$

dann folgt aus Gl. (1.51)

$$y(t_0) = \int_{-\infty}^{\infty} |h(t_0,\tau)| \, d\tau > Z \ .$$

Da $|x(t)| \leqq 1$ gilt und $Z$ beliebig groß gewählt werden kann, ist damit gezeigt, daß die oben genannte Zahl $L$ nicht existiert, der Beweis ist also vollständig geführt.

Im Falle eines zeitinvarianten, linearen Systems ist der Integralausdruck $I(t)$ nach Gl. (1.62) von der Zeit $t$ unabhängig, da mit Gl. (1.39) und der Substitution gemäß Gl. (1.56)

$$I = \int_{-\infty}^{\infty} |h(\vartheta)| \, d\vartheta \tag{1.63}$$

wird. Ein zeitinvariantes, lineares kontinuierliches System ist deshalb genau dann stabil, wenn $I$ nach Gl. (1.63) endlich, die Impulsantwort also absolut integrierbar ist.

## 2.7. BEISPIELE

Die folgenden Beispiele sind dazu gedacht, die in den vorausgegangenen Abschnitten eingeführten Begriffe zu erläutern und die gewonnenen Ergebnisse zu erproben.

*Beispiel 1*

Die Kapazität $C$ des im Bild 1.18 dargestellten elektrischen Systems sei vor dem Zeitpunkt $t = 0$ auf die Spannung $u_0$ aufgeladen worden und werde bis $t = 0$ auf diesem Wert gehalten. Der Eingang des Systems werde zur Zeit $t = 0$ an die Spannung

$$x(t) = A\,\delta(t - t_0)\ , \quad t > 0$$

geschaltet, wobei $A$ eine reelle Konstante und $t_0 > 0$ ist.

a) Wie lautet das Eingangssignal $x(t)$ für $-\infty < t < \infty$ ?

b) Man ermittle den zeitlichen Verlauf der Ausgangsgröße $y(t)$.

*Lösung*

a) Die Eingangsgröße hat offensichtlich den im Bild 1.24 angegebenen Verlauf. Demzufolge läßt sich $x(t)$ in der Form

$$x(t) = u_0 - u_0\, s(t) + A\,\delta(t - t_0) \tag{1.64}$$

für $-\infty < t < \infty$ darstellen.

b) Die Ausgangsgröße $y(t)$ erhält man am einfachsten, indem man Gl. (1.64) der $T$-Operation unterwirft und dabei angesichts der Linearität die Darstellung der Sprungantwort nach Gl. (1.36) sowie die Form der Impulsantwort nach Gl. (1.45) berücksichtigt. Dann erhält man wegen $T(1) = 0$ für das Ausgangssignal

$$y(t) = u_0 T(1) - u_0\, a(t) + Ah(t - t_0) = -u_0\, s(t)\,\mathrm{e}^{-t/T} + A\,\delta(t - t_0) - s(t - t_0)\frac{A}{T}\,\mathrm{e}^{-(t-t_0)/T} .$$

Dieses Ergebnis läßt sich auch mit Hilfe der Gl. (1.47) oder mit Hilfe der Gl. (1.54) ermitteln. Dem Leser sei die Bestimmung von $y(t)$ auf diesem Wege als Übung empfohlen.

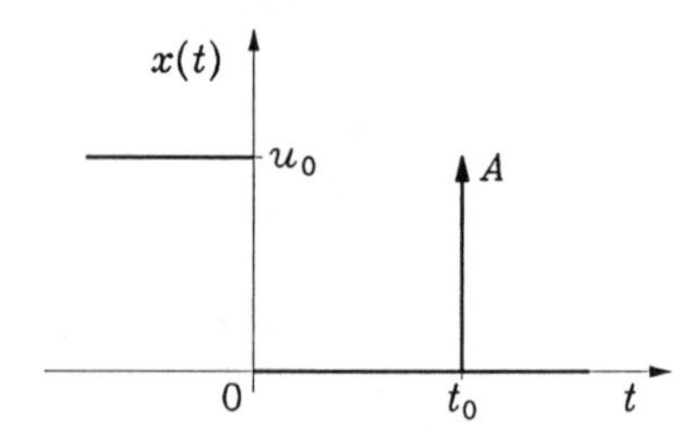


Bild 1.24: Verlauf der Eingangsgröße $x(t)$ für das Beispiel 1

*Beispiel 2*

Ein lineares, zeitinvariantes kontinuierliches System besitze die Impulsantwort $h(t)$ nach Bild 1.25.

a) Man bestimme die Sprungantwort $a(t)$ des Systems.

b) Man bestimme die Systemreaktion auf das Eingangssignal $x(t) = s(t) - s(t - t_0)$ für $t_0 = 0{,}5$; $t_0 = 1$ und $t_0 = 5$.

c) Unter Verwendung von $h(t)$ sollen die Systemreaktionen auf die Eingangssignale $x_1(t) = s(t)\,\mathrm{e}^{-t}$ und $x_2(t) = s(t)\,t$ ermittelt werden.

d) Wie ändert sich die Systemantwort auf das Eingangssignal $x_2(t)$, wenn die Charakteristik $h(t)$ nach Bild 1.26 zur Impulsantwort $h_0(t)$ modifiziert wird?

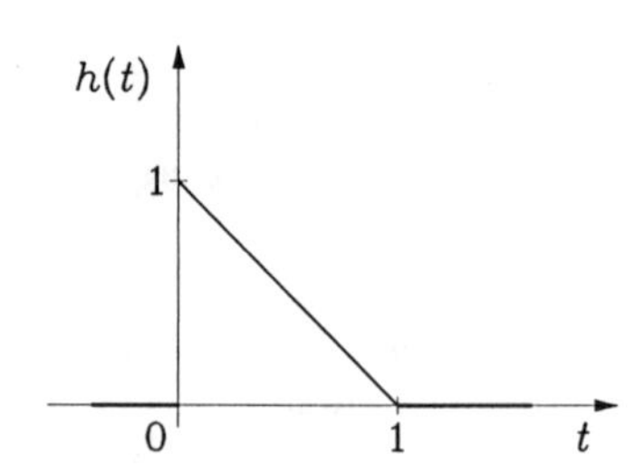


Bild 1.25: Beispiel der Impulsantwort eines linearen, zeitinvarianten Systems

*Lösung*

a) Aus Bild 1.25 läßt sich direkt die Darstellung

$$h(t) = (1 - t)[s(t) - s(t - 1)] \tag{1.65}$$

ablesen. Daraus folgt nach Gl. (1.44) für die Sprungantwort

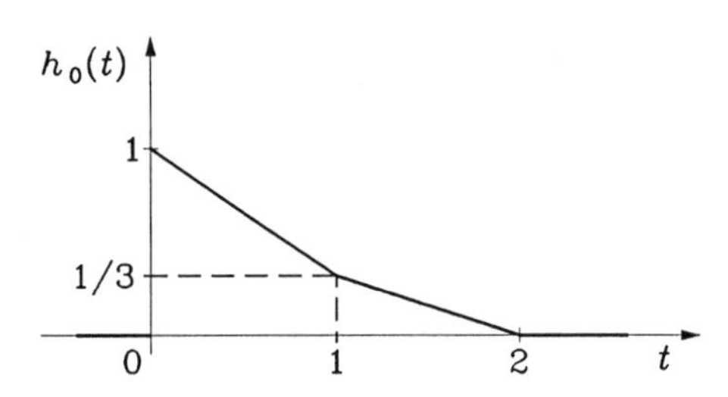


Bild 1.26: Modifikation der Impulsantwort von Bild 1.25

$$a(t) = \int_{-\infty}^{t} (1-\sigma)[s(\sigma) - s(\sigma-1)]\,\mathrm{d}\sigma = s(t)\int_0^t (1-\sigma)\,\mathrm{d}\sigma - s(t-1)\int_1^t (1-\sigma)\,\mathrm{d}\sigma$$

oder

$$a(t) = [s(t) - s(t-1)]\left[t - \frac{1}{2}t^2\right] + \frac{1}{2}s(t-1)\ . \tag{1.66}$$

b) Den in der Aufgabenstellung genannten Rechteckimpulsen entspricht die Systemreaktion

$$T(s(t) - s(t-t_0)) = a(t) - a(t-t_0)\ ,$$

wobei das Ergebnis nach Gl. (1.66) zu berücksichtigen ist. Diese Systemreaktion ist für die verschiedenen Werte $t_0$ im Bild 1.27 dargestellt.

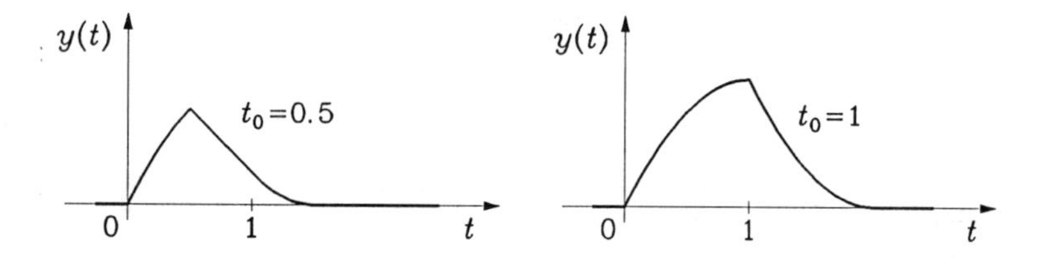


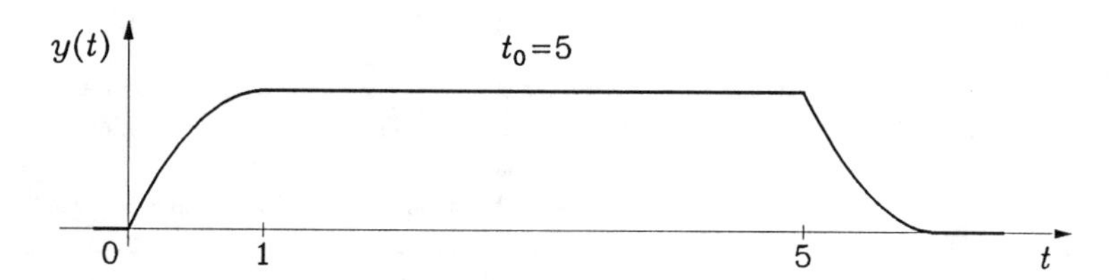


Bild 1.27: Systemantworten auf Rechteckimpulse verschiedener Dauer $t_0$

c) Mit Hilfe von Gl. (1.57) erhält man für die Systemantwort auf das Eingangssignal $x_1(t)$ die Darstellung

$$y_1(t) = \int_{-\infty}^{\infty} s(t-\sigma)\,\mathrm{e}^{-(t-\sigma)}(1-\sigma)[s(\sigma) - s(\sigma-1)]\,\mathrm{d}\sigma$$

$$= \mathrm{e}^{-t}\left[s(t)\int_0^t \mathrm{e}^{\sigma}(1-\sigma)\,\mathrm{d}\sigma - s(t-1)\int_1^t \mathrm{e}^{\sigma}(1-\sigma)\,\mathrm{d}\sigma\right]$$

oder nach einigen Zwischenrechnungen

$$y_1(t) = s(t)[2 - 2\mathrm{e}^{-t} - t] - s(t-1)[2 - \mathrm{e}^{1-t} - t]\ .$$

In ähnlicher Weise gewinnt man die Systemantwort auf das Eingangssignal $x_2(t)$. Zunächst erhält man

$$y_2(t) = \int_{-\infty}^{\infty} s(t-\sigma)(t-\sigma)(1-\sigma)[s(\sigma) - s(\sigma-1)]\,\mathrm{d}\sigma$$

$$= s(t)\int_0^t (t-\sigma)(1-\sigma)\,\mathrm{d}\sigma - s(t-1)\int_1^t (t-\sigma)(1-\sigma)\,\mathrm{d}\sigma$$

und hieraus schließlich

$$y_2(t) = s(t)\left[\frac{t^2}{2} - \frac{t^3}{6}\right] - s(t-1)\left[\frac{1}{6} - \frac{t}{2} + \frac{t^2}{2} - \frac{t^3}{6}\right]. \tag{1.67}$$

d) Die modifizierte Impulsantwort $h_0(t)$ hat die Darstellung

$$h_0(t) = \left[1 - \frac{2}{3}t\right][s(t) - s(t-1)] + \left[\frac{2}{3} - \frac{1}{3}t\right][s(t-1) - s(t-2)]\ .$$

Nun wird mit $x(t) = x_2(t)$ die Gl. (1.57) angewendet, und man erhält

$$y_2(t) = s(t)\left[\frac{t^2}{2} - \frac{t^3}{9}\right] + s(t-1)\left[-\frac{1}{18} + \frac{t}{6} - \frac{t^2}{6} + \frac{t^3}{18}\right]$$

$$+ s(t-2)\left[-\frac{4}{9} + \frac{2}{3}t - \frac{1}{3}t^2 + \frac{1}{18}t^3\right]. \tag{1.68}$$

Die Ergebnisse von Gl. (1.67) und Gl. (1.68) sind im Bild 1.28 dargestellt.

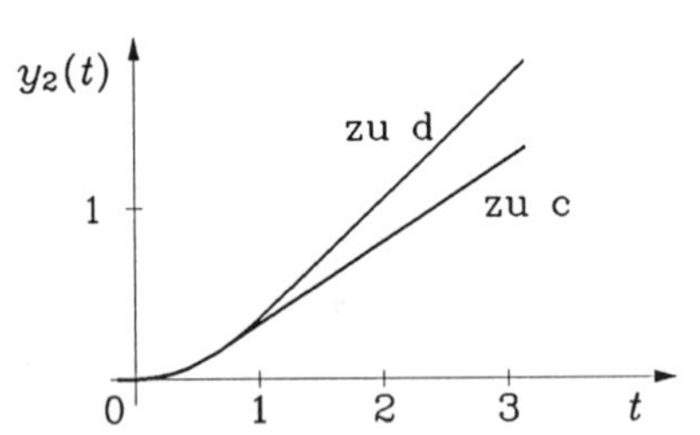


Bild 1.28: Systemantworten auf das Signal $s(t)t$ für das Beispiel 2

*Beispiel 3*

Mit Hilfe einer Meßeinrichtung (z. B. Verstärker und Oszilloskop) soll die Anstiegsflanke einer Zeitfunktion (z. B. einer Spannung) experimentell untersucht werden. Da die Meßeinrichtung kein ideales Übertragungssystem ist, weist der beobachtete Funktionsverlauf eine Verformung gegenüber dem ursprünglichen Verlauf auf. Es soll untersucht werden, welche Verformung der Spannung durch die Meßeinrichtung entsteht. Hierzu wird die Meßeinrichtung als ein lineares, zeitinvariantes kontinuierliches System aufgefaßt. Der Einfachheit wegen werden sowohl die Form der zu messenden Zeitfunktion $x(t)$ als auch die der Sprungantwort $a(t)$ des Systems nach Bild 1.29 idealisiert.

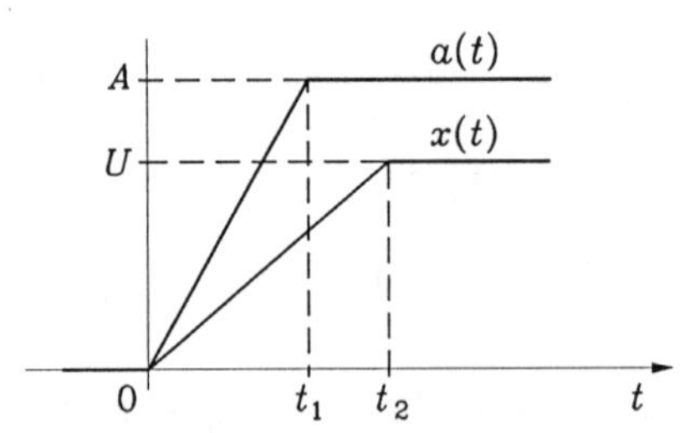


Bild 1.29: Zeitfunktion $x(t)$ und Sprungantwort $a(t)$ für das Beispiel 3

a) Wie lautet der Zusammenhang zwischen der beobachteten Spannung $y(t)$ und den Funktionen $x(t)$ und $h(t) = \mathrm{d}a(t)/\mathrm{d}t$? Im Integranden des auftretenden Faltungsintegrals soll die Zeit $t$ nur bei der Funktion $x$ vorkommen.

b) Man stelle den Integranden des bei der Bestimmung von $y(t)$ gewonnenen Integrals in Abhängigkeit von der Integrationsveränderlichen bei festem Wert $t$ durch Schaubilder dar und zeige, daß im Hinblick auf die Auswertung des genannten Integrals zwischen vier wesentlichen $t$-Bereichen, also zwischen vier wesentlich verschiedenen Schaubildern, zu unterscheiden ist.

c) Entsprechend den vier $t$-Bereichen ist das Integral zur Bestimmung der Spannung $y(t)$ auszuwerten und in einem Schaubild darzustellen.

*Lösung*

a) Nach Gl. (1.57) gilt

$$y(t) = \int_0^t h(\tau) x(t-\tau) \, d\tau \; .$$

Dabei ist

$$h(\tau) = \begin{cases} A/t_1 & \text{für} \quad 0 \leqq \tau \leqq t_1 \\ 0 & \text{für} \quad \text{die übrigen } \tau \; . \end{cases}$$

b) Man kann $y(t)$ für einen bestimmten $t$-Wert erzeugen, indem man von $x(t-\tau)$ jenen Teil ausblendet, der im Intervall $0 \leqq \tau \leqq t_1$ liegt, sodann den Flächeninhalt zwischen diesem ausgeblendeten Kurvenstück und der $\tau$-Achse ermittelt und schließlich noch die Fläche mit dem Faktor $A/t_1$ multipliziert. Hierbei gibt es wegen des rampenförmigen Verlaufs von $x(t-\tau)$ vier wesentlich verschiedene Flächen, und zwar ein Dreieck, ein Trapez, ein Fünfeck oder ein Rechteck, je nachdem, ob der betreffende $t$-Wert im Intervall $(0, t_1]$, $(t_1, t_2]$, $(t_2, t_1 + t_2)$ bzw. $[t_1 + t_2, \infty)$ liegt (Bild 1.30). Bewegt sich die Kurve $x(t-\tau)$ bei festgehaltenem $\tau$-Koordinatensystem mit wachsendem $t$ von links nach rechts, so kann man sich das Ausgangssignal $y(t)$ bis auf den Maßstabsfaktor $A/t_1$ als Fläche unter dem durch die Impulsantwort $h(\tau)$ ausgeschnittenen Teil von $x(t-\tau)$ vorstellen. Diese Fläche ist im Bild 1.30 schraffiert dargestellt.

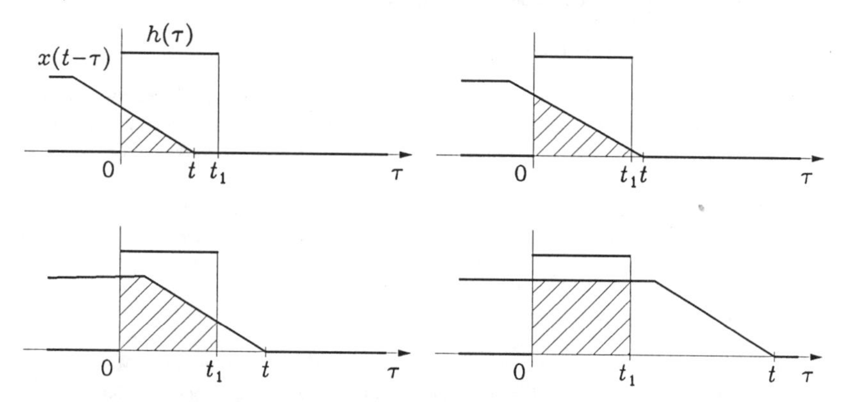


Bild 1.30: Entstehung der Funktion $y(t)$ als Faltung der Impulsantwort $h(t)$ und der Funktion $x(t)$

c) Mit Hilfe der Darstellung im Bild 1.30 wird das Integral für $y(t)$ ausgewertet:

$$y(t) = \begin{cases} (AU/2t_1 t_2) t^2 & \text{für} \quad 0 \leqq t \leqq t_1 \, , \\ (AU/2t_1 t_2)(2t_1 t - t_1^2) & \text{für} \quad t_1 < t \leqq t_2 \, , \\ (AU/2t_1 t_2)[-t^2 + 2(t_1 + t_2)t - (t_1^2 + t_2^2)] & \text{für} \quad t_2 < t < t_1 + t_2 \, , \\ AU & \text{für} \quad t_1 + t_2 \leqq t < \infty \; . \end{cases}$$

Für negative $t$-Werte ist natürlich $y(t) \equiv 0$. Bild 1.31 zeigt den Verlauf von $y(t)$.

*Beispiel 4*

Im folgenden sollen einige idealisierte lineare, zeitinvariante kontinuierliche Systeme untersucht werden, die spezielle Operationen eines Signals $x(t)$ zu "messen" erlauben, nämlich das proportionale, das differenzierte

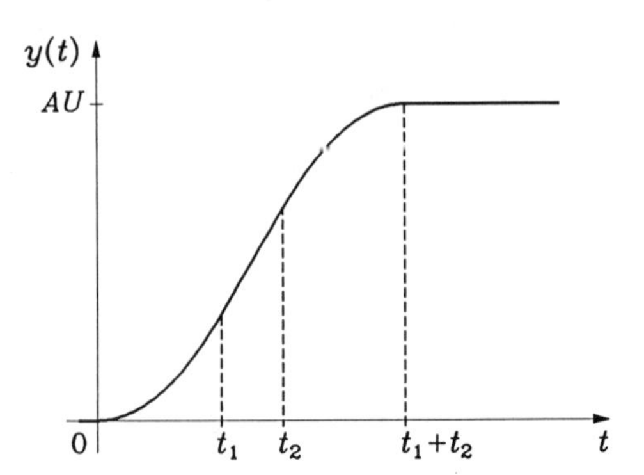


Bild 1.31: Verlauf der Ausgangsfunktion $y(t)$

bzw. das integrierte Signal. Das Eingangssignal $x(t)$ wirke stets erst vom Zeitpunkt $t = 0$ an.

a) Proportionalsystem: Ist die Impulsantwort $h(t)$ des Systems relativ zum Eingangssignal $x(t)$ von kurzer Dauer und ist der Flächeninhalt zwischen der Kurve $h(t)$ und der $t$-Achse $A_0 \neq 0$, so kann man die Impulsantwort (mit einem geeigneten $t_0 > 0$) in der Form

$$h_P(t) = A_0\,\delta(t - t_0)$$

idealisieren. Man gebe die entsprechende Verknüpfung zwischen Eingangssignal $x(t)$ und Ausgangssignal $y(t)$ an. Der Abweichung eines realen Systems vom idealen System mit der Impulsantwort $h_P(t)$ läßt sich näherungsweise durch die modifizierte Impulsantwort

$$\tilde{h}_P(t) = A_0\,\delta(t - t_0) + A_2\,\delta''(t - t_0)$$

Rechnung tragen, wobei $\delta''$ den Differentialquotienten 2. Ordnung von $\delta$ bezeichnet (der Unterschied beider Impulsantworten kann mit den Methoden von Kapitel III unter Verwendung des Konzepts des Frequenzganges anschaulich interpretiert werden). Wie lautet jetzt die Verknüpfung zwischen $x(t)$ und $y(t)$?

b) Differentiator: Ist die Dauer der Impulsantwort $h(t)$ eines Systems relativ zum differenzierten Eingangssignal $x'(t)$ kurz und ist der Flächeninhalt zwischen der Kurve $h(t)$ und der $t$-Achse gleich Null, so kann man die Impulsantwort (mit $t_0 > 0$) in der Form

$$h_D(t) = B_1\,\delta'(t - t_0)$$

idealisieren, wobei $\delta'$ den Differentialquotienten 1. Ordnung von $\delta$ bezeichnet. Man gebe die entsprechende Verknüpfung zwischen Eingangssignal $x(t)$ und Ausgangssignal $y(t)$ an. Der Abweichung eines realen Systems vom idealen System mit der Impulsantwort $h_D(t)$ läßt sich näherungsweise durch die modifizierte Impulsantwort

$$\tilde{h}_D(t) = B_1\,\delta'(t - t_0) + B_3\,\delta'''(t - t_0)$$

Rechnung tragen, wobei $\delta'''$ den Differentialquotienten 3. Ordnung von $\delta$ bezeichnet. Wie lautet nun die Verknüpfung zwischen Eingangs- und Ausgangssignal?

c) Integrator: Das Signal $x(t)$ wirke während des Intervalls $0 \leqq t \leqq T$ auf das System mit der Impulsantwort $h(t)$ und verschwinde identisch für $t > T$. Die Impulsantwort $h(t)$ schwanke so langsam, daß sie in jedem Intervall der Dauer $T$ näherungsweise als konstant betrachtet werden darf, also im Intervall $(t - T, t)$ durch die Konstante $C_T$ idealisiert werden kann. Man gebe den Zusammenhang zwischen Eingangs- und Ausgangssignal unter Verwendung der idealisierten Impulsantwort $h_I(t)$ an.

*Lösung*

a) Man erhält nach Gl. (1.52) mit der Impulsantwort $h_P(t)$

$$y(t) = A_0 \int_0^\infty x(\tau)\,\delta(t-t_0-\tau)\,\mathrm{d}\tau = A_0\,x(t-t_0)\ ,$$

mit der Impulsantwort $\tilde{h}_P(t)$ bei zusätzlicher Beachtung von Gl. (A-9)

$$y(t) = A_0 \int_0^\infty x(\tau)\,\delta(t-t_0-\tau)\,\mathrm{d}\tau + A_2 \int_0^\infty x(\tau)\,\delta''(t-t_0-\tau)\,\mathrm{d}\tau = A_0 x(t-t_0) + A_2 x''(t-t_0)\ .$$

Das System wirkt demnach abgesehen von der Zeitverzögerung um $t_0$ als Proportionalglied, wenn $|A_2 x''(t-t_0)| \ll |A_0 x(t-t_0)|$ gilt.

b) Man erhält nach Gl. (1.52) mit der Impulsantwort $h_D(t)$ bei Beachtung der Gl. (A-9)

$$y(t) = B_1 \int_0^\infty x(\tau)\,\delta'(t-t_0-\tau)\,\mathrm{d}\tau = B_1 x'(t-t_0)\ ,$$

mit der Impulsantwort $\tilde{h}_D(t)$

$$y(t) = B_1 x'(t-t_0) + B_3 \int_0^\infty x(\tau)\,\delta'''(t-t_0-\tau)\,\mathrm{d}\tau = B_1 x'(t-t_0) + B_3 x'''(t-t_0)\ .$$

Das System wirkt demnach abgesehen von der Zeitverzögerung um $t_0$ als Differentiator, sofern $|B_3 x'''(t-t_0)| \ll |B_1 x'(t-t_0)|$ gilt.

c) Im Intervall $0 \leqq t \leqq T$ kann man

$$h_I(t) = C_T s(t) \qquad (C_T \neq 0)$$

schreiben und erhält dann nach Gl. (1.52)

$$y(t) = C_T \int_0^\infty x(\tau)\,s(t-\tau)\,\mathrm{d}\tau\ ,$$

also

$$y(t) = C_T \int_0^t x(\tau)\,\mathrm{d}\tau \qquad (0 \leqq t \leqq T)\ .$$

Für $t > T$ ergibt sich

$$y(t) = \int_0^T x(\tau)\,h_I(t-\tau)\,\mathrm{d}\tau = C_T \int_0^T x(\tau)\,\mathrm{d}\tau \qquad (t > T)\ ,$$

wobei $x(t) \equiv 0$ für $t > T$ und die Tatsache berücksichtigt wurde, daß die Impulsantwort $h_I(t-\tau)$ den Wert $C_T$ annimmt.

## 2.8. ERWEITERUNG

Die in früheren Abschnitten durchgeführten Untersuchungen über den Zusammenhang zwischen Eingangssignal und Ausgangssignal sollen jetzt auf den Fall erweitert werden, daß das betreffende lineare System mehrere Eingänge und mehrere Ausgänge hat. Trifft man für die $m$ Eingangssignale $x_\mu(t)$ $(\mu = 1, 2, \ldots, m)$ dieselben Voraussetzungen wie für die Eingangsgröße $x(t)$ bei der Darstellung der Ausgangsfunktion $y(t)$ aufgrund der Impulsantwort nach Gl. (1.51), so läßt sich im kontinuierlichen Fall die Reaktion am $\rho$-ten Ausgang $(\rho = 1, 2, \ldots, r)$ als Antwort allein auf die Erregung $x_\mu(t)$ $(\mu = 1, 2, \ldots, m)$ am $\mu$-ten Eingang in der Form

$$y_{\rho\mu}(t) = \int_{-\infty}^{\infty} h_{\rho\mu}(t,\tau) x_\mu(\tau)\,\mathrm{d}\tau \qquad (\mu = 1,2,\ldots,m\ ;\ \rho = 1,2,\ldots,r)$$

darstellen. Die gesamte Reaktion am $\rho$-ten Ausgang als Antwort auf *sämtliche* Eingangsgrößen $x_\mu(t)$ ($\mu = 1,2,\ldots,m$) lautet dann angesichts der Linearität des Systems

$$y_\rho(t) = \sum_{\mu=1}^{m} \int_{-\infty}^{\infty} h_{\rho\mu}(t,\tau) x_\mu(\tau)\,\mathrm{d}\tau \qquad (\rho = 1,2,\ldots,r)\ . \tag{1.69a}$$

Es empfiehlt sich nun, die $h_{\rho\mu}(t,\tau)$ zur *Matrix der Impulsantworten* zusammenzufassen:

$$\boldsymbol{H}(t,\tau) = \begin{bmatrix} h_{11}(t,\tau) & h_{12}(t,\tau) & \cdots & h_{1m}(t,\tau) \\ h_{21}(t,\tau) & & & \\ \vdots & & & \\ h_{r1}(t,\tau) & \cdots & & h_{rm}(t,\tau) \end{bmatrix} .$$

Dann lassen sich die Vektoren der Eingangs- und Ausgangsgrößen in der folgenden Weise miteinander verknüpfen, wie aus Gl. (1.69a) zu ersehen ist:

$$\boldsymbol{y}(t) = \int_{-\infty}^{\infty} \boldsymbol{H}(t,\tau) \boldsymbol{x}(\tau)\,\mathrm{d}\tau\ . \tag{1.69b}$$

# 3. Charakterisierung diskontinuierlicher Systeme durch Sprung- und Impulsantwort

Im folgenden wird entsprechend der im Abschnitt 2 behandelten Verknüpfung zwischen Eingangs- und Ausgangsgröße bei linearen kontinuierlichen Systemen die Charakterisierung linearer diskontinuierlicher Systeme besprochen.

## 3.1. DIE SPRUNGANTWORT

Unter der Sprungantwort $a[n,\nu]$ eines linearen diskontinuierlichen Systems ($m = r = 1$) versteht man die Systemantwort auf die Erregung mit der Sprungfunktion $s[n-\nu]$, d. h.

$$a[n,\nu] := T\,[s[n-\nu]]\ . \tag{1.70}$$

Der Parameter $\nu \in \mathbb{Z}$ bedeutet den diskreten Zeitpunkt, zu dem der Sprung der Eingangsgröße einsetzt. Bei einem kausalen System gilt

$$a[n,\nu] \equiv 0 \quad \text{für} \quad n < \nu\ , \tag{1.71}$$

d. h. die Sprungantwort verschwindet für alle diskreten Zeitpunkte, die vor dem Einsetzen des Sprunges der Erregung liegen. Falls das betreffende System zeitinvariant ist, gilt

$$a[n,\nu] = a[n-\nu] \tag{1.72}$$

für alle $n$ und $\nu$. Die Sprungantwort ist also in diesem Fall vollständig durch $a[n]$ bestimmt. Bei einem zeitvarianten System sind $n$ und $\nu$ wesentliche Variable der Sprungantwort.

Als *Beispiel* zur Ermittlung der Sprungantwort wird das im Bild 1.32 dargestellte lineare, zeitinvariante diskontinuierliche Netzwerk aus einem Addierer, einem Konstantmultiplizierer und einem Einheitsverzögerer betrachtet. Man entnimmt dem System unmittelbar die Differenzengleichung

$$y[n] = \frac{1}{3}\{x[n] + y[n-1]\} \ . \tag{1.73}$$

Wählt man jetzt $x[n] = s[n]$ und $y[-1] = 0$ (Ruhezustand des Systems), so erhält man sofort als Systemantwort $y[0] = 1/3$, $y[1] = 1/3 + 1/3^2$, $y[2] = 1/3 + 1/3^2 + 1/3^3, \ldots,$ d. h. für $y[n] = a[n]$

$$a[n] = s[n]\sum_{\nu=1}^{n+1}\frac{1}{3^\nu} = \frac{1}{2}\left[1 - \frac{1}{3^{n+1}}\right]s[n] \ . \tag{1.74}$$

Der Verlauf dieser Sprungantwort ist ebenfalls im Bild 1.32 dargestellt. Es gilt $a[\infty] = 1/2$.

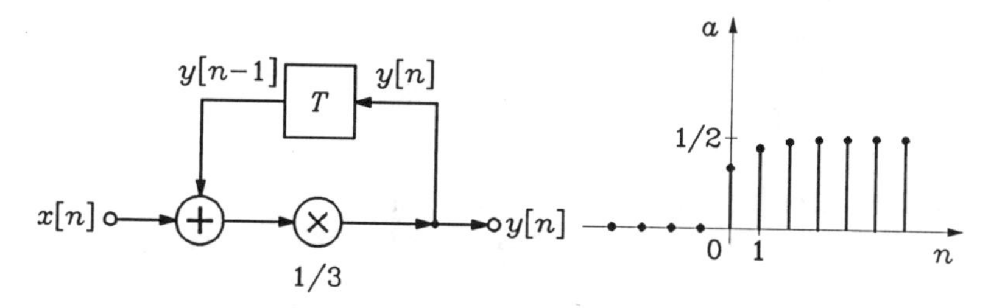


Bild 1.32: Beispiel eines linearen, zeitinvarianten diskontinuierlichen Systems mit Sprungantwort

## 3.2. IMPULSANTWORT

Unter der Impulsantwort $h[n,\nu]$ eines linearen diskontinuierlichen Systems ($m = r = 1$) wird die Systemantwort auf das Eingangssignal $\delta[n-\nu]$ verstanden, d. h.

$$h[n,\nu] := T[\,\delta[n-\nu]] \ . \tag{1.75}$$

Hierbei bedeutet der Parameter $\nu$ jenen diskreten Zeitpunkt, zu welchem der Stoß des Eingangssignals in Form einer Impulsfunktion erfolgt. Falls das betreffende System kausal ist, gilt

$$h[n,\nu] \equiv 0 \quad \text{für} \quad n < \nu \ , \tag{1.76}$$

d. h. die Impulsantwort verschwindet für alle diskreten Zeitpunkte, die vor dem Stoßzeitpunkt liegen. Im Fall der Zeitinvarianz des betreffenden Systems gilt

$$h[n,\nu] = h[n-\nu] \tag{1.77}$$

für alle $n$ und $\nu$. Die Impulsantwort ist also in diesem Fall eine Funktion nur der Zeitspanne $n-\nu$ und deshalb bereits vollständig durch $h[n]$ bestimmt. Bei einem zeitvarianten System dagegen sind $n$ und $\nu$ wesentliche Variable der Impulsantwort.

Das durch die Gleichung $y[n] = 3x[n] + 2x[n-1]$ beschriebene lineare, zeitinvariante System hat offensichtlich die Impulsantwort $h[n] = 3\delta[n] + 2\delta[n-1]$, während das kausale System mit der Eingang-Ausgang-Beziehung $y[n] + 3y[n-1] = x[n]$ die Impulsantwort $h[n] = (-3)^n s[n]$ besitzt, was sich durch rekursive Lösung dieser Gleichung für $x[n] = \delta[n]$ herleiten läßt oder leicht durch Einsetzen verifiziert werden kann.

Wendet man auf die Gl. (1.31b) mit $n-\nu$ statt $n$ die $T$-Operation an und berücksichtigt man die Linearität sowie die Gln. (1.70) und (1.75), so erhält man den Zusammenhang

$$h[n,\nu] = a[n,\nu] - a[n,\nu+1] \tag{1.78}$$

zwischen Sprung- und Impulsantwort. In Gl. (1.32) wird nun die Variable $n$ durch $n-\nu$ und anschließend $\nu+k$ durch $\mu$ ersetzt. Dadurch gelangt man zur Beziehung

$$s[n-\nu] = \sum_{\mu=\nu}^{\infty} \delta[n-\mu] ,$$

auf welche die $T$-Operation angewendet wird. Auf diese Weise erhält man den weiteren Zusammenhang zwischen Sprung- und Impulsantwort

$$a[n,\nu] = \sum_{\mu=\nu}^{\infty} h[n,\mu] , \tag{1.79}$$

der auch direkt aus Gl. (1.78) erhalten werden kann.

Im Fall der Zeitinvarianz vereinfachen sich die Gln. (1.78) und (1.79) zu

$$h[n] = a[n] - a[n-1] \tag{1.80}$$

bzw.

$$a[n] = \sum_{\mu=0}^{\infty} h[n-\mu] . \tag{1.81a}$$

Die Gl. (1.81a) kann auch direkt durch Anwendung der $T$-Operation auf Gl. (1.32) gewonnen werden. Verwendet man statt dieser die Gl. (1.31a), so erhält man die Beziehung

$$a[n] = \sum_{\nu=-\infty}^{n} h[\nu] . \tag{1.81b}$$

Betrachtet man als *Beispiel* das im Bild 1.32 dargestellte System mit der Sprungantwort nach Gl. (1.74), so erhält man nach Gl. (1.80) die zugehörige Impulsantwort

$$h[n] = \frac{1}{3}\delta[n] + s[n-1]\left\{\sum_{\nu=1}^{n+1}\frac{1}{3^\nu} - \sum_{\nu=1}^{n}\frac{1}{3^\nu}\right\} = \frac{1}{3^{n+1}} s[n] . \tag{1.82}$$

Ihren Verlauf zeigt Bild 1.33.

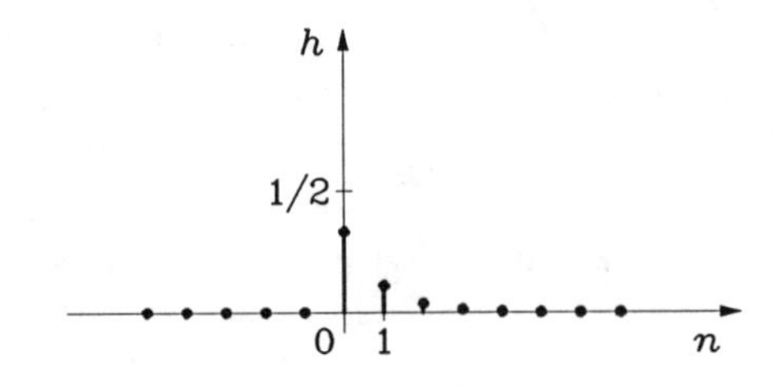


Bild 1.33: Impulsantwort des Systems nach Bild 1.32

### 3.3. SPRUNG- UND IMPULSANTWORT ALS SYSTEMCHARAKTERISTIKEN

Die in den vorausgegangenen Abschnitten eingeführten speziellen Systemantworten erlauben es nun, die Ausgangsgröße $y[n]$ eines linearen diskontinuierlichen Systems ($m = r = 1$) als Antwort auf ein beliebiges spezifiziertes Eingangssignal $x[n]$ anzugeben. Dabei wird angenommen, daß der Grenzwert $x[-\infty]$ existiert.

Zunächst wird das Signal $x[n]$ gemäß Gl. (1.28) geschrieben (man braucht nur formal $f$ durch $x$ zu ersetzen), und dann wird diese Darstellung der betreffenden $T$-Operation unterworfen. Auf diese Weise erhält man unter Beachtung der Gln. (1.10b) und (1.70) die Aussage

$$y[n] = x[-\infty]a[n,-\infty] + \sum_{\nu=-\infty}^{\infty} \{x[\nu] - x[\nu-1]\}\, a[n,\nu] \,, \tag{1.83}$$

durch welche das Ausgangssignal in Form einer Superpositionssumme mit Hilfe des Eingangssignals und der Sprungantwort des Systems ausgedrückt wird. Hierbei wurde berücksichtigt, daß

$$T[x[-\infty]] = x[-\infty]T[1] = x[-\infty]T[s[n+\infty]] = x[-\infty]a[n,-\infty]$$

gilt. Die rechte Seite der Gl. (1.83) stellt eine Überlagerung von Sprungreaktionen des Systems mit unterschiedlichen Sprungstellen der Sprungerregungen und verschiedenen Sprunghöhen dar. Im Fall der Kausalität des Systems darf die obere Summationsgrenze $\infty$ durch $n$ ersetzt werden.

Im wichtigen Fall eines zeitinvarianten, linearen Systems kann die Gl. (1.83) angesichts der Gl. (1.72) in der Form

$$y[n] = x[-\infty]a[\infty] + \sum_{\nu=-\infty}^{\infty} \{x[\nu] - x[\nu-1]\}\, a[n-\nu] \tag{1.84}$$

geschrieben werden ($-\infty < n < \infty$). Ist das zeitinvariante System kausal, so darf in Gl. (1.84) die obere Summationsgrenze $\infty$ durch $n$ ersetzt werden. Die Gl. (1.84) läßt sich weiter vereinfachen, wenn die Erregung $x[n]$ erst im Zeitnullpunkt einsetzt, also für $n < 0$ verschwindet:

$$y[n] = x[0]a[n] + \sum_{\nu=1}^{\infty} \{x[\nu] - x[\nu-1]\}\, a[n-\nu] \,. \tag{1.85}$$

Verwendet man anstelle der Gl. (1.28) die Gl. (1.30) zur Darstellung des Eingangssignals $x[n]$ und unterwirft diese der entsprechenden $T$-Operation, so erhält man mit den Gln. (1.10b) und (1.75) die Beziehung

$$y[n] = \sum_{\nu=-\infty}^{\infty} x[\nu]h[n,\nu] \,, \tag{1.86}$$

durch welche das Ausgangssignal in Form einer Superpositionssumme mit Hilfe des Eingangssignals und der Impulsantwort des Systems ausgedrückt wird. Die rechte Seite der Gl. (1.86) stellt eine Überlagerung von Impulsreaktionen des betreffenden Systems mit unterschiedlichen Stoßstellen der Impulserregungen und verschiedenen Impulsstärken dar. Im Fall der Kausalität des Systems darf die obere Summationsgrenze $\infty$ durch $n$ ersetzt werden.

Im wichtigen Fall eines zeitinvarianten, linearen Systems kann die Gl. (1.86) angesichts der Gl. (1.77) in der Form

$$y[n] = \sum_{\nu=-\infty}^{\infty} x[\nu]h[n-\nu] \tag{1.87a}$$

geschrieben werden ($-\infty < n < \infty$). Ist das zeitinvariante System kausal, so darf in Gl. (1.87a) die obere Summationsgrenze $\infty$ durch $n$ ersetzt werden. Die Gl. (1.87a) läßt sich weiter vereinfachen, wenn $x[n]$ für $n < 0$ verschwindet:

$$y[n] = \sum_{\nu=0}^{\infty} x[\nu]h[n-\nu] \; . \tag{1.88}$$

Weiterhin kann in der Gl. (1.87a) die Summationsvariable $\nu$ aufgrund der Substitution

$$\nu = n - \mu \tag{1.89}$$

durch die Variable $\mu$ in der Form

$$y[n] = \sum_{\mu=-\infty}^{\infty} x[n-\mu]h[\mu] \tag{1.87b}$$

ersetzt werden. Hier darf im Kausalitätsfall die untere Summationsgrenze $-\infty$ durch 0 ersetzt werden. Auch die Darstellung der Gl. (1.84) läßt sich mittels der Variablensubstitution nach Gl. (1.89) modifizieren.

Summen der Art, wie sie in den Gln. (1.87a,b) auftreten, heißen *Faltungssummen*. Man pflegt sie auch kurz in der Form

$$y[n] = x[n] * h[n] \quad \text{bzw.} \quad y[n] = h[n] * x[n]$$

zu schreiben. Wie man sieht, weist die Faltungssumme die Eigenschaft der Kommutativität auf. Neben dieser Eigenschaft besteht auch die der Assoziativität und die der Distributivität. Es gilt also, wie man sich leicht überlegen kann, allgemein

$$x[n] * h[n] = h[n] * x[n] \; , \tag{1.90}$$

$$x[n] * \{h_1[n] * h_2[n]\} = \{x[n] * h_1[n]\} * h_2[n] \; , \tag{1.91}$$

$$x[n] * \{h_1[n] + h_2[n]\} = \{x[n] * h_1[n]\} + \{x[n] * h_2[n]\} \; . \tag{1.92}$$

Diese Eigenschaften der (diskontinuierlichen) Faltung lassen sich systemtheoretisch wie die entsprechenden Eigenschaften von linearen, zeitinvarianten kontinuierlichen Systemen interpretieren. Es bestehen insbesondere die Äquivalenzen gemäß den Bildern 1.22 und 1.23 auch für lineare, zeitinvariante diskontinuierliche Systeme (wobei nur $(t)$ überall durch $[n]$ zu ersetzen ist).

Die vorausgegangenen Betrachtungen haben gezeigt, daß bei alleiniger Kenntnis der Sprungantwort oder der Impulsantwort eines linearen diskontinuierlichen Systems der Zusammenhang zwischen Eingangs- und Ausgangsgrößen vollständig und eindeutig spezifiziert ist. Da somit sowohl die Sprungantwort als auch die Impulsantwort das Übertragungsverhalten des betreffenden Systems kennzeichnet, nennt man jede dieser speziellen Systemantworten eine *Systemcharakteristik*.

Man beachte, daß bei der Herleitung der gewonnenen Eingang-Ausgang-Beziehungen die Voraussetzung der Linearität des Systems entscheidend war. Für nichtlineare Systeme können diese Beziehungen schon deshalb nicht allgemein gelten, da zu einer bestimmten Impulsantwort in der Regel mehrere nichtlineare Systeme angegeben werden können, ein nichtlineares System also durch seine Impulsantwort im allgemeinen nicht charakterisiert werden kann. Betrachtet man beispielsweise das durch die Beziehung $y[n] = -x[n] - x[n-1]$ beschriebene lineare, zeitinvariante System, so liegt die Impulsantwort $h[n] = -\delta[n] - \delta[n-1]$ vor, die für $n = 0$ und $n = 1$ den Wert $-1$ und für alle übrigen $n$ den Wert 0 hat. Es ist nun möglich, beliebig viele nichtlineare, zeitinvariante Systeme anzugeben, welche die vorliegende Impulsantwort besitzen. Zum Beispiel weisen die nichtlinearen, zeitinvarianten Systeme mit $y[n] = \{-x[n] - x[n-1]\}^3$ und $y[n] = \min\{-x[n], -x[n-1]\}$ die genannte Impulsantwort auf.

**Anmerkung:** Häufig liegt die Eingang-Ausgang-Beziehung eines linearen, zeitinvarianten, kausalen diskontinuierlichen Systems nicht explizit in Form einer Superpositionssumme vor, sondern implizit in Form einer Differenzengleichung. Wenn in dieser Differenzengleichung der augenblickliche Wert $y[n]$ des Ausgangssignals nur durch endlich viele Werte $x[n]$, $x[n-1], \ldots, x[n-q]$ des Eingangssignals und nicht durch frühere Werte des Ausgangssignals ausgedrückt wird, spricht man von einem *nichtrekursiven* System. Wenn jedoch $y[n]$ auch frühere Werte $y[n-1]$, $y[n-2], \ldots$ des Ausgangssignals erfordert, wird von einem *rekursiven* System gesprochen. Die Impulsantwort $h[n]$ eines nichtrekursiven kausalen Systems hat nur endlich viele von Null verschiedene Werte, während die Impulsantwort $h[n]$ eines rekursiven Systems stets unendlich viele von Null verschiedene Werte aufweist. Dieser Unterschied in den Impulsantworten zwischen nichtrekursiven und rekursiven Systemen ist eine Erklärung dafür, daß häufig auch von FIR- (finite impulse response) bzw. IIR- (infinite impulse response) Systemen gesprochen wird.

Das durch die Gleichung $y[n] = 3x[n] + 2x[n-1]$ gegebene System ist ein Beispiel für ein nichtrekursives System, während $y[n] + 3y[n-1] = x[n]$ das Beispiel eines rekursiven Systems repräsentiert. Die Impulsantworten beider Systeme wurden bereits im Abschnitt 3.2 angegeben.

## 3.4. EIN STABILITÄTSKRITERIUM UND ERWEITERUNG

Nach Abschnitt 1.3 ist ein lineares diskontinuierliches System mit einem Eingang und einem Ausgang genau dann stabil, wenn jedes Eingangssignal $x[n]$ mit der Eigenschaft $|x[n]| < M_0 < \infty$ ein Ausgangssignal $y[n]$ mit $|y[n]| < N_0 < \infty$ ($M_0, N_0$ Konstanten) zur Folge hat. Dabei kann die Konstante $N_0$ stets als $LM_0$ gewählt werden, wobei $L$ eine vom Eingangssignal unabhängige Zahl ist. Es läßt sich folgendes Stabilitätskriterium aussprechen:

*Ein lineares diskontinuierliches System ist genau dann stabil, wenn die Impulsantwort $h[n, \nu]$ die Bedingung*

$$\sum_{\nu=-\infty}^{\infty} |h[n, \nu]| \leqq K < \infty \tag{1.93}$$

*für alle Werte $n \in \mathbb{Z}$ erfüllt.*

Der Beweis dieses Kriteriums erfolgt in völliger Analogie zum Beweis des entsprechenden Kriteriums für lineare kontinuierliche Systeme im Abschnitt 2.6 und soll daher dem Leser als Übung überlassen werden.

Im Fall eines zeitinvarianten, linearen Systems ist die Summe in Ungleichung (1.93) von $n$ unabhängig. Wendet man Gl. (1.77) und die Substitution nach Gl. (1.89) an, so läßt sich die Stabilitätsforderung gemäß Ungleichung (1.93) in der Form

$$\sum_{\mu=-\infty}^{\infty} |h[\mu]| \leqq K < \infty \tag{1.94}$$

ausdrücken. Ein zeitinvariantes, lineares diskontinuierliches System ist also genau dann stabil, wenn seine Impulsantwort absolut summierbar ist.

Alle bisher für den Fall des linearen diskontinuierlichen Systems durchgeführten Untersuchungen lassen sich, erneut in Analogie zum Fall des linearen kontinuierlichen Systems (Abschnitt 2.8), auf Systeme mit mehreren Eingängen und mehreren Ausgängen erweitern. Man kann insbesondere die Matrix der Impulsantworten $\boldsymbol{H}[n,\nu]$ einführen, und dann läßt sich der Vektor $\boldsymbol{x}[n]$ der Eingangssignale mit dem Vektor $\boldsymbol{y}[n]$ der Ausgangssignale durch die Superpositionssumme

$$\boldsymbol{y}[n] = \sum_{\nu=-\infty}^{\infty} \boldsymbol{H}[n,\nu]\boldsymbol{x}[\nu] \tag{1.95}$$

verknüpfen.

## 3.5. BEISPIELE

*Beispiel 1*

Ein lineares, kausales diskontinuierliches System werde durch die Differenzengleichung

$$y[n] - \frac{1}{3}y[n-1] = x[n] \tag{1.96}$$

beschrieben.

a) Man bestimme die Impulsantwort $h[n]$ des Systems.

b) Man bestimme die Systemreaktion $y[n]$ auf das Eingangssignal $x[n] = s[n] - s[n-4]$ für die diskreten Zeitpunkte $n = 2$ und $n = 5$ durch Faltung.

c) Man zeige, daß das System auf die Erregung $x[n] = 2^n$ mit dem Signal $y[n] = H \cdot 2^n$ ($H$ = const) antwortet. Welchen Wert hat $H$ ?

*Lösung*

a) Für $x[n] = \delta[n]$ erhält man durch rekursive Lösung der Differenzengleichung (1.96) bei Beachtung von $h[n] = 0$ für $n < 0$ die Impulsantwort

$$h[n] = \left(\frac{1}{3}\right)^n s[n] . \tag{1.97}$$

b) Das Ausgangssignal läßt sich durch Faltung der Form

$$y[n] = x[n] * h[n]$$

ausdrücken. Für $n = 2$ folgt hieraus mit Gl. (1.97)

$$y[2] = x[2]h[0] + x[1]h[1] + x[0]h[2] = 1 + \frac{1}{3} + \frac{1}{9} ,$$

und für $n = 5$ ergibt sich

$$y[5] = x[3]h[2] + x[2]h[3] + x[1]h[4] + x[0]h[5] = \left(\frac{1}{3}\right)^2 + \left(\frac{1}{3}\right)^3 + \left(\frac{1}{3}\right)^4 + \left(\frac{1}{3}\right)^5 .$$

c) Für das Eingangssignal $x[n] = 2^n$ erhält man durch Faltung mit der Impulsantwort $h[n]$ nach Gl. (1.97) die zugehörige Ausgangsgröße

$$y[n] = \sum_{\nu=-\infty}^{n} 2^\nu \left(\frac{1}{3}\right)^{n-\nu} = \sum_{\mu=0}^{\infty} 2^{n-\mu}\left(\frac{1}{3}\right)^\mu = 2^n \sum_{\mu=0}^{\infty}\left(\frac{1}{6}\right)^\mu = \frac{6}{5}\cdot 2^n .$$

Es gilt also $H = 6/5$.

Aus dieser Diskussion ist unmittelbar zu erkennen, daß jedes lineare, zeitinvariante diskontinuierliche System auf die Erregung $x[n] = z^n$ ($z$ = const, $n = \ldots,-1,0,1,2,\ldots$) mit dem Signal $y[n] = H z^n$

($H$ = const, jedoch abhängig von $z$) antwortet, die Existenz der Antwort vorausgesetzt.

*Beispiel 2*

Ein System bestehe nach Bild 1.34a aus der Kettenverbindung von zwei linearen, zeitinvarianten diskontinuierlichen Systemen mit gleicher Impulsantwort

$$h_0[n] = \delta[n] + \delta[n-1] \; . \tag{1.98}$$

Dieses System soll durch die Kettenverbindung mit einem weiteren linearen, zeitinvarianten, kausalen diskontinuierlichen System mit der Impulsantwort $h_2[n]$ zu einem Gesamtsystem mit symmetrischer Impulsantwort $h[n]$ erweitert werden. Der gewünschte Verlauf von $h[n]$ ist im Bild 1.34b dargestellt.

a) Man berechne die Impulsantwort $h_2[n]$.
b) Man ermittle die Antwort des Gesamtsystems auf die Erregung $x[n] = \delta[n] - \delta[n-2]$.

*Lösung*

a) Das System aus den zwei Subsystemen mit gleichen Impulsantworten hat die Impulsantwort

$$h_1[n] = h_0[n] * h_0[n] = \sum_{\nu=0}^{n} h_0[\nu] h_0[n-\nu] = \sum_{\nu=0}^{1} \{\delta[\nu] + \delta[\nu-1]\}\{\delta[n-\nu] + \delta[n-1-\nu]\}$$

$$= \delta[n] + 2\,\delta[n-1] + \delta[n-2] \; . \tag{1.99}$$

Damit kann die Impulsantwort des Gesamtsystems durch

$$h[n] = h_1[n] * h_2[n] = \sum_{\nu=0}^{n} h_1[\nu] h_2[n-\nu] \tag{1.100}$$

ausgedrückt werden. Die Impulsantwort $h_2[n]$ wird nun gemäß Gl. (1.30) in der Form

$$h_2[n] = h_2[0]\,\delta[n] + h_2[1]\,\delta[n-1] + h_2[2]\,\delta[n-2] + \cdots \tag{1.101}$$

geschrieben. Führt man die Gln. (1.99) und (1.101) in Gl. (1.100) ein, so erhält man

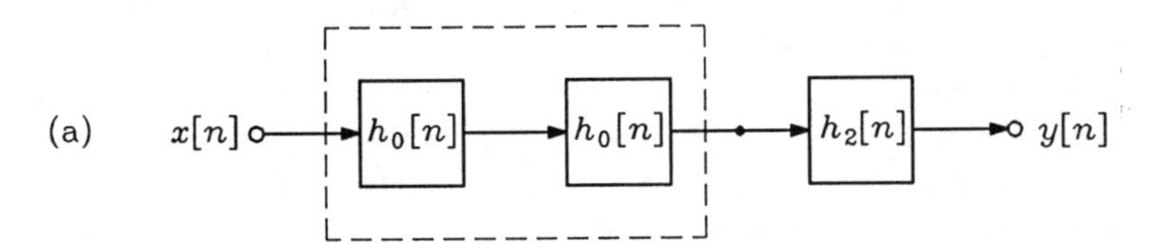


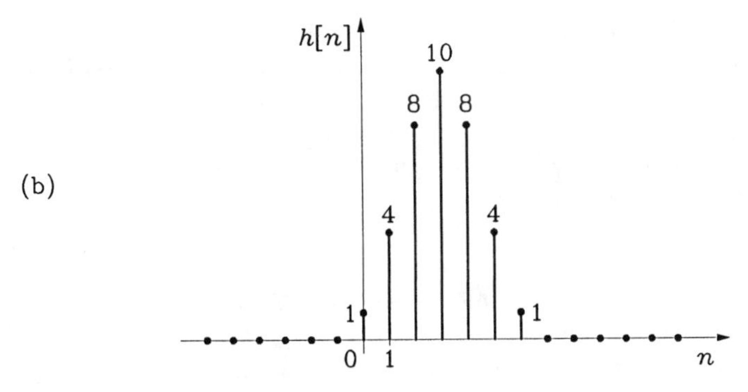


Bild 1.34: (a) Erweiterung des gestrichelt umrahmten Systems zu einem Gesamtsystem. (b) Gewünschte Impulsantwort des Gesamtsystems

$$h[n] = h_2[0]\,\delta[n] + \{2h_2[0] + h_2[1]\}\,\delta[n-1] + \{h_2[0] + 2h_2[1] + h_2[2]\}\,\delta[n-2] +$$
$$+ \{h_2[1] + 2h_2[2] + h_2[3]\}\,\delta[n-3] + \{h_2[2] + 2h_2[3] + h_2[4]\}\,\delta[n-4] +$$
$$+ \{h_2[3] + 2h_2[4] + h_2[5]\}\,\delta[n-5] + \cdots \qquad (1.102)$$

Auf der anderen Seite folgt aus Bild 1.34b

$$h[n] = \delta[n] + 4\,\delta[n-1] + 8\,\delta[n-2] + 10\,\delta[n-3] + 8\,\delta[n-4] + 4\,\delta[n-5] + \delta[n-6]\;. \qquad (1.103)$$

Der Vergleich der Gln. (1.102) und (1.103) liefert sukzessive

$$h_2[0] = 1\,,\quad h_2[1] = 2\,,\quad h_2[2] = 3\,,\quad h_2[3] = 2\,,\quad h_2[4] = 1\,,\quad h_2[5] = 0\,,\quad h_2[6] = 0, \ldots,$$

d. h.

$$h_2[n] = \delta[n] + 2\,\delta[n-1] + 3\,\delta[n-2] + 2\,\delta[n-3] + \delta[n-4]\;.$$

b) Die Antwort des Gesamtsystems auf die Erregung $\delta[n] - \delta[n-2]$ erhält man mit Gl. (1.103) zu

$$y[n] = h[n] - h[n-2] = \delta[n] + 4\,\delta[n-1] + 7\,\delta[n-2] + 6\,\delta[n-3]$$
$$- 6\,\delta[n-5] - 7\,\delta[n-6] - 4\,\delta[n-7] - \delta[n-8]\;.$$

**Bemerkung:** Alle hier vorkommenden Systeme sind nichtrekursiv.

## 4. Stochastische Signale und lineare Systeme

Bisher wurden die System-Eingangsgrößen und damit auch die entsprechenden Ausgangsgrößen durch *deterministische* Signale beschrieben, d. h. durch Funktionen, bei denen jedem Zeitpunkt aus dem Definitionsbereich des Signals in eindeutiger Weise ein Zahlenwert zugewiesen ist. In vielen Fällen ist aber eine Signaldarstellung in dieser Weise nicht möglich. Es empfiehlt sich dann, *stochastische* Signale zur Beschreibung der Eingangs- und Ausgangsgrößen zu verwenden. Hierunter versteht man Funktionen mit der folgenden Besonderheit: Jedem Zeitpunkt, in dem das Signal erklärt ist, ist zunächst eine Menge von möglichen Werten zugeordnet, aus der weitgehend zufällig ein bestimmter aktueller Wert ausgewählt wird. Hinter der Zufälligkeit dieser Auswahl steckt gewöhnlich eine Gesetzmäßigkeit, die wegen ihrer Komplexität zweckmäßig mit Methoden der Wahrscheinlichkeitsrechnung beschrieben wird. So können Rauschvorgänge und andere zufallsabhängige Störungen, aber häufig auch Nachrichten, die zu übertragen oder zu verarbeiten sind, nicht als deterministische Signale betrachtet werden, wenn a priori deren exakter Verlauf unbekannt ist. Man betrachtet sie dann vielmehr als stochastische Signale (stochastische Prozesse), die mittels wahrscheinlichkeitstheoretischer Charakteristiken beschrieben werden. Hierauf soll im folgenden eingegangen werden. Die verwendeten Begriffe und Tatsachen aus der Wahrscheinlichkeitsrechnung sind im Anhang B zusammengestellt.

### 4.1. BESCHREIBUNG STOCHASTISCHER PROZESSE

Es wird der Verlauf einer kontinuierlichen Zeitfunktion betrachtet, die unter bestimmten Randbedingungen durch Messung ermittelt wurde. Als Beispiel sei der zeitliche Verlauf der Ausgangsspannung eines am Eingang kurzgeschlossenen, sich in Betrieb befindlichen Spannungsverstärkers genannt. Die Messung der Zeitfunktion soll nun unter denselben Bedingungen ständig wiederholt werden. Im Fall des genannten Beispiels soll an aufeinanderfolgenden Tagen am selben Spannungsverstärker unter denselben Betriebsbedingungen und äußeren Bedingungen jeweils die Ausgangsspannung gemessen werden; jede der täglichen Messungen liefert eine gleichartige Zeitfunktion $x(t,e)$. Mit dem Parameter $e = e_1, e_2, \ldots$ sollen die verschiedenen Meßfunktionen unterschieden werden, während $t$ den Zeitparameter bedeutet (Bild 1.35). Die Gesamtheit (das *Ensemble*) der Zeitfunktionen $x(t,e) = x_\mu(t)$ bildet einen *stochastischen Prozeß*. Für jeden festen Zeitpunkt $t = t_0$ ist dann $x(t_0,e)$ in bezug auf $e \in I$, wobei der Definitionsbereich $I$ im allgemeinen auch ein Kontinuum (z. B. $\mathbb{R}$) sein kann, eine Zufallsvariable, und für jede feste Messung $e = e_\mu$ ist $x(t,e_\mu)$ eine bestimmte Zeitfunktion. Im weiteren soll ein kontinuierlicher stochastischer Prozeß durch Fettdruck gekennzeichnet, also beispielsweise in der Form $\boldsymbol{x}(t)$ geschrieben werden.

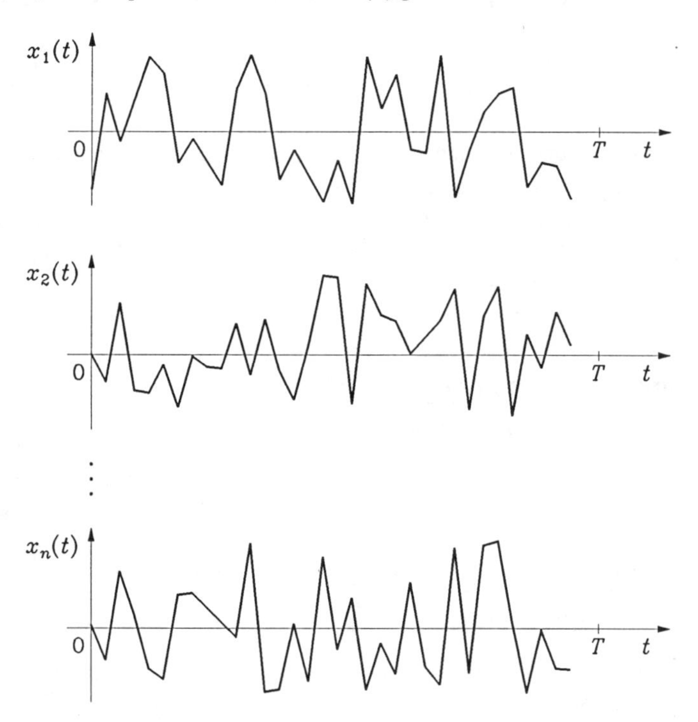


Bild 1.35: Spannungsverläufe, wie sie unter gleichen Bedingungen am Ausgang eines Verstärkers gemessen werden. Ihre Gesamtheit stellt ein Beispiel für einen stochastischen Prozeß dar

Als weiteres Beispiel eines stochastischen Prozesses sei die von einem Sinusgenerator mit fest eingestellter Amplitude und Frequenz erzeugte Spannung

$$\boldsymbol{x}(t) = a \sin(\omega t + \varphi)$$

genannt, wobei die Phase $\varphi$ eine Zufallsvariable darstellt, die nach vorgegebenen Wahrscheinlichkeitsgesetzen Werte aus dem Intervall $[0, 2\pi)$ annehmen kann.

Zur Beschreibung eines reellen stochastischen Prozesses $\boldsymbol{x}(t)$ kann die Verteilungsfunktion

$$F(x;t) := P(\boldsymbol{x}(t) \leqq x) \tag{1.104a}$$

oder, ihre Existenz vorausgesetzt, die Dichtefunktion

$$f(x;t) := \frac{\partial F(x;t)}{\partial x} \tag{1.104b}$$

benützt werden. Beide Funktionen sind von der Zeit $t$ abhängig. Für festgehaltenes $t$ ist $f(x;t)\,\Delta x$ bei hinreichend kleinem $\Delta x > 0$ näherungsweise die Wahrscheinlichkeit dafür, daß der Wert der Zufallsvariablen $\boldsymbol{x}(t)$ zwischen $x$ und $x + \Delta x$ liegt. Zur Charakterisierung eines stochastischen Prozesses $\boldsymbol{x}(t)$ werden neben der Verteilungs- bzw. Dichtefunktion nach Gln. (1.104a,b) noch die Verteilungs- bzw. Dichtefunktionen höherer Ordnung

$$F(x_1, \dots, x_m; t_1, \dots, t_m) := P(\boldsymbol{x}(t_1) \leqq x_1, \dots, \boldsymbol{x}(t_m) \leqq x_m) \tag{1.105a}$$

und

$$f(x_1, \dots, x_m; t_1, \dots, t_m) := \frac{\partial^m F(x_1, \dots, x_m; t_1, \dots, t_m)}{\partial x_1 \cdots \partial x_m} \tag{1.105b}$$

für jede Ordnung $m$ und alle $t_1, \dots, t_m$ herangezogen. Damit lassen sich fast alle Prozesse stochastisch vollständig beschreiben.

Man begnügt sich jedoch bei der Kennzeichnung eines stochastischen Prozesses vielfach mit gewissen Erwartungswerten, wie dem stochastischen *Mittelwert*

$$m_x(t) := E\,[\boldsymbol{x}(t)] = \int_{-\infty}^{\infty} x f(x;t)\,\mathrm{d}x \tag{1.106}$$

und der sogenannten *Autokovarianzfunktion*

$$c_{xx}(t_1, t_2) := E\,[(\boldsymbol{x}(t_1) - m_x(t_1))\,(\boldsymbol{x}(t_2) - m_x(t_2))] =$$

$$= \int_{-\infty}^{\infty} \int_{-\infty}^{\infty} [x_1 - m_x(t_1)]\,[x_2 - m_x(t_2)]\,f(x_1, x_2; t_1, t_2)\,\mathrm{d}x_1\,\mathrm{d}x_2\ . \tag{1.107}$$

Hieraus folgt auch die *Streuung* $\sigma_x(t)$ des Prozesses über die Beziehung

$$\sigma_x^2(t) = c_{xx}(t, t)\ . \tag{1.108}$$

In diesem Zusammenhang sei auch die im folgenden häufig herangezogene *Autokorrelationsfunktion*

$$r_{xx}(t_1, t_2) := E\,[\boldsymbol{x}(t_1)\boldsymbol{x}(t_2)] \tag{1.109}$$

genannt. Aus den Gln. (1.107) und (1.109) folgt bei Beachtung der Gl. (1.106) die Beziehung

$$c_{xx}(t_1, t_2) = r_{xx}(t_1, t_2) - m_x(t_1) m_x(t_2)\ . \tag{1.110}$$

Man beachte, daß die Bildung obiger Erwartungswerte jeweils einer Mittelung über das gesamte Ensemble zu einem bzw. zwei festen Zeitpunkten entspricht, weswegen diese Erwartungswerte auch Ensemblemittelwerte genannt werden.

Zur Kennzeichnung der gegenseitigen Abhängigkeit zweier stochastischer Prozesse $\boldsymbol{x}(t)$ und $\boldsymbol{y}(t)$ werden die sogenannte *Kreuzkovarianzfunktion*

$$c_{xy}(t_1,t_2) := E\,[(\boldsymbol{x}(t_1) - m_x(t_1))\,(\boldsymbol{y}(t_2) - m_y(t_2))] \tag{1.111}$$

und die *Kreuzkorrelationsfunktion*

$$r_{xy}(t_1,t_2) := E\,[\boldsymbol{x}(t_1)\boldsymbol{y}(t_2)] \tag{1.112}$$

verwendet. Aus den Gln. (1.111) und (1.112) folgt

$$c_{xy}(t_1,t_2) = r_{xy}(t_1,t_2) - m_x(t_1)m_y(t_2) \; . \tag{1.113}$$

Man kann die Definitionsgleichungen (1.107), (1.109), (1.111) und (1.112) auf komplexe, stochastische Prozesse erweitern, indem man alle Größen mit dem alleinigen Argument $t_2$ durch ihre konjugiert komplexen Werte ersetzt. Dies impliziert, daß auch in den Gln. (1.110) und (1.113) die Größen mit alleinigem Argument $t_2$ konjugiert komplex zu nehmen sind.

Sind die betrachteten Signale nicht über der kontinuierlichen Zeitachse, sondern nur zu diskreten Zeitpunkten definiert, dann spricht man von stochastischen Prozessen in diskreter Zeit oder von diskontinuierlichen stochastischen Prozessen. In diesem Fall braucht lediglich in den oben angegebenen Beziehungen der Zeitparameter $t$ durch die diskrete Zeit $n$ ersetzt zu werden. Hierauf wird im Abschnitt 4.5 eingegangen.

## 4.2. STATIONÄRE STOCHASTISCHE PROZESSE, ERGODENHYPOTHESE

Stochastische Prozesse in der im letzten Abschnitt beschriebenen allgemeinen Form sind für praktische Anwendungen weniger geeignet. Daher werden für das weitere zwei Einschränkungen getroffen, die den realen Gegebenheiten häufig entsprechen und zu erheblichen mathematischen Vereinfachungen führen. Es handelt sich hierbei um die Stationarität und Ergodizität.

Ein stochastischer Prozeß wird (im strengen Sinn) *stationär* genannt, wenn sich alle stochastischen Eigenschaften durch eine beliebige zeitliche Verschiebung des Prozesses nicht ändern. Der Prozeß $\boldsymbol{x}(t)$ und der Prozeß $\boldsymbol{y}(t) = \boldsymbol{x}(t+\tau)$ können dann für beliebiges $\tau$ durch dieselben Verteilungs- bzw. Dichtefunktionen jeglicher Ordnung beschrieben werden. Es muß insbesondere

$$f(x;t) = f(x;t+\tau)$$

gelten, d. h. die Wahrscheinlichkeitsdichte $f$ darf nicht von der Zeit abhängen. Daher schreibt man kurz

$$f(x;t) = f(x) \; .$$

Entsprechend muß

$$f(x_1,x_2;\,t_1,t_2) = f(x_1,x_2;\,\tau)$$

mit $\tau = t_2 - t_1$ gelten. Aus diesen Vereinfachungen folgt direkt

$$m_x(t) = E\,[\boldsymbol{x}(t)] =: m_x = \text{const} \;, \tag{1.114}$$

$$r_{xx}(t_1,t_2) = E\,[\boldsymbol{x}(t_1)\boldsymbol{x}(t_2)] =: r_{xx}(\tau) \tag{1.115}$$

und gemäß Gl. (1.110)

$$c_{xx}(t_1, t_2) =: c_{xx}(\tau) = r_{xx}(\tau) - m_x^2 \tag{1.116}$$

mit $\tau = t_2 - t_1$. Der Mittelwert eines stationären Prozesses ist also zeitunabhängig; die Autokorrelationsfunktion ist nur von der Zeitdifferenz $\tau = t_2 - t_1$ abhängig. Wegen der besonderen Bedeutung von Mittelwert und Autokorrelationsfunktion nennt man einen Prozeß auch *im weiteren Sinne stationär*, wenn nur die Eigenschaften gemäß den Gln. (1.114) und (1.115) gegeben sind. Die Gl. (1.108) liefert hierbei wegen Gl. (1.116) für die konstante Streuung $\sigma_x$ die Beziehung

$$\sigma_x^2 = r_{xx}(0) - m_x^2 \ . \tag{1.117}$$

Normalerweise ist ein stochastischer Prozeß nicht von Anfang an stationär. Vielmehr kann stationäres Verhalten erst erwartet werden, wenn transiente Vorgänge abgeklungen sind. Diese Erscheinung ist vergleichbar mit der Entstehung stationärer Vorgänge in linearen, zeitinvarianten und stabilen Netzwerken aufgrund zeitlich konstanter oder periodischer Erregung. Bei dem im Abschnitt 4.1 genannten Beispiel eines am Eingang kurzgeschlossenen Verstärkers wird die Ausgangsspannung durch thermische Bewegung von Ladungsträgern hervorgerufen. Man darf erwarten, daß nach dem Abklingen thermischer Übergangsvorgänge die Wahrscheinlichkeitsverteilungen der Ausgangsspannung nicht mehr von der Zeit abhängen.

Zwei Prozesse $\boldsymbol{x}(t)$ und $\boldsymbol{y}(t)$ nennt man gemeinsam stationär im weiteren Sinne, wenn jeder der Prozesse stationär ist und ihre Kreuzkorrelationsfunktion $r_{xy}(t_1, t_2)$ nur von der Differenz $\tau = t_2 - t_1$ abhängt. Man schreibt dann

$$r_{xy}(t_1, t_2) =: r_{xy}(\tau) = E\,[\boldsymbol{x}(t)\boldsymbol{y}(t+\tau)] \ . \tag{1.118}$$

Nach Gl. (1.113) ergibt sich dann

$$c_{xy}(t_1, t_2) =: c_{xy}(\tau) = r_{xy}(\tau) - m_x m_y \ . \tag{1.119}$$

Die *Ergodenhypothese* ist im Zusammenhang mit der Frage zu sehen, ob bei einem stationären Prozeß eine stochastische Auswertung zu einem bzw. mehreren bestimmten Zeitpunkten über das gesamte Ensemble nicht ersetzt werden kann durch eine entsprechende Auswertung einer einzelnen beliebigen Musterfunktion aus dem Ensemble. Es geht insbesondere um die Frage, ob der Erwartungswert irgendeiner aus dem Prozeß abgeleiteten Zufallsvariablen – z. B. der Zufallsvariablen $\boldsymbol{x}(t_1)$ oder $\boldsymbol{x}(t_1)\boldsymbol{x}(t_1+\tau)$ – sich bei einer beliebig ausgewählten Ensemblefunktion $x_i(t)$ nicht auch als zeitlicher Mittelwert einstellt, wenn man nur lange genug mittelt. So ist dem Ensemblemittelwert $E\,[\boldsymbol{x}(t_1)]$ der zeitliche Mittelwert

$$m_i := \lim_{T\to\infty} \frac{1}{2T} \int_{-T}^{T} x_i(t)\,\mathrm{d}t =: \overline{x_i(t)} \tag{1.120}$$

und dem Ensemblemittelwert $E\,[\boldsymbol{x}(t_1)\boldsymbol{x}(t_1+\tau)]$ der zeitliche Mittelwert

$$r_i(\tau) := \lim_{T\to\infty} \frac{1}{2T} \int_{-T}^{T} x_i(t)x_i(t+\tau)\,\mathrm{d}t =: \overline{x_i(t)x_i(t+\tau)} \tag{1.121}$$

zugewiesen. Im allgemeinen ist die Existenz dieser Mittelwerte für alle Ensemblefunktionen nicht gesichert. Ebensowenig kann bei Voraussetzung der Existenz dieser Mittelwerte deren Unabhängigkeit vom gewählten Ensemblemitglied (von $i$) sichergestellt werden. Über die Existenz, die Unabhängigkeit vom gewählten Ensemblemitglied und die Übereinstimmung der zeitlichen Mittelwerte mit den entsprechenden Erwartungswerten gibt es eine Reihe von mathematischen Aussagen, sogenannte Ergodentheoreme, auf die hier nicht näher eingegangen wird. Aufgrund dieser Theoreme wird ein stationärer stochastischer Prozeß $\boldsymbol{x}(t)$ (im strengen Sinne) *ergodisch* genannt, wenn mit der Wahrscheinlichkeit Eins alle (über dem Ensemble gebildeten) Erwartungswerte übereinstimmen mit den entsprechenden zeitlichen Mittelwerten der einzelnen Musterfunktionen. Gilt diese Übereinstimmung nur für den Mittelwert $m_x = E\,[\boldsymbol{x}(t)]$ und die Autokorrelationsfunktion $r_{xx}(\tau) = E\,[\boldsymbol{x}(t)\boldsymbol{x}(t+\tau)]$, dann heißt $\boldsymbol{x}(t)$ *im weiteren Sinne ergodisch*. Beispielsweise ist der bereits genannte Prozeß $\boldsymbol{x}(t) = a\sin(\omega_0 t + \varphi)$ im weiteren Sinne ergodisch, sofern $\varphi$ gleichverteilt ist im Intervall von 0 bis $2\pi$. Natürlich muß ein ergodischer Prozeß auch stationär sein, umgekehrt ist aber nicht jeder stationäre Prozeß ergodisch, auch wenn dies häufig angenommen werden darf.

Bei fast allen Anwendungen sind zur Ermittlung stochastischer Eigenschaften eines Prozesses nur einzelne Musterfunktionen verfügbar. Aufgrund der Ergodenhypothese können dann durch zeitliche Mittelwertbildung die erforderlichen stochastischen Eigenschaften des Prozesses experimentell ermittelt werden. Andererseits kann bei vielen praktisch bedeutsamen Prozessen, z. B. bei vielen Arten des Rauschens, mit einfachen heuristischen Überlegungen auf die Übereinstimmung von Zeit- und Ensemblemittelwerten geschlossen werden. Im folgenden sollen jedenfalls alle Prozesse als ergodisch und damit stationär angenommen werden, sofern nicht ausdrücklich etwas anderes gesagt wird.

## 4.3. KORRELATIONSFUNKTIONEN

Die eingeführten Mittelwerte spielen bei der Charakterisierung stochastischer Prozesse namentlich deshalb eine fundamentale Rolle, weil die Wahrscheinlichkeitsdichtefunktionen experimentell und theoretisch kaum zu bestimmen sind. Beschränkt man sich auf ergodische Prozesse, dann können diese Mittelwerte als zeitliche Mittelwerte gebildet werden. Im folgenden wird der wichtigste dieser Mittelwerte, die Korrelationsfunktion, näher betrachtet.

### 4.3.1. Korrelationsfaktor

Als ein Maß für den Verwandtschaftsgrad (Korrelation) zweier Meßreihen, die vom gleichen Parameter abhängen, wird bei statistischen Auswertungen der sogenannte *Korrelationsfaktor* benützt, der eng verwandt ist mit der Kovarianz, wie sie im Rahmen der Wahrscheinlichkeitsrechnung für zwei Zufallsvariablen eingeführt wird (Anhang B). Ist beispielsweise $\xi$ die Niederschlagsmenge von Dezember bis Februar und $\eta$ der Ernteertrag im darauffolgenden Sommer, so kann über eine Reihe von Jahren hinweg etwa die im Bild 1.36 dargestellte Meßreihe aufgestellt werden, wobei in $x[n]$ die jährlichen Werte von $\xi$ und in $y[n]$ die jährlichen Werte vom $\eta$ zusammengefaßt sind. Nach Elimination von $n$ kann derselbe Sachverhalt in anderer Gestalt nach Bild 1.37 beschrieben werden, wo die geometrische Verteilung der Meßpunkte die stochastische Verwandtschaft der Zufallsvariablen $\xi$ und $\eta$ anschaulich charakterisiert.

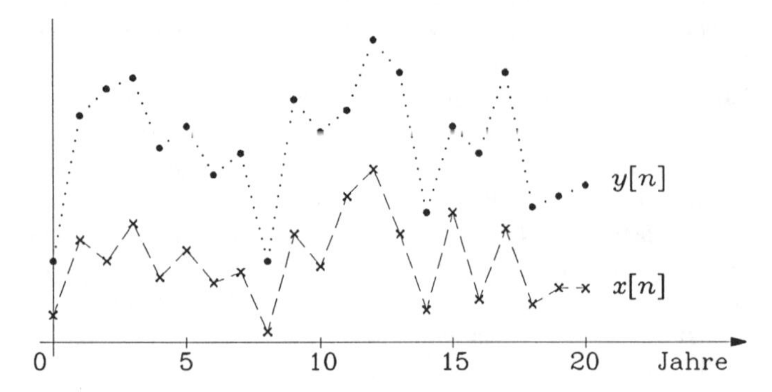


Bild 1.36: Darstellung der jährlichen Niederschlagsmenge $x[n]$, die jeweils in der Zeit von Dezember bis Februar gemessen wurde, und des Ernteertrags $y[n]$ im darauffolgenden Sommer

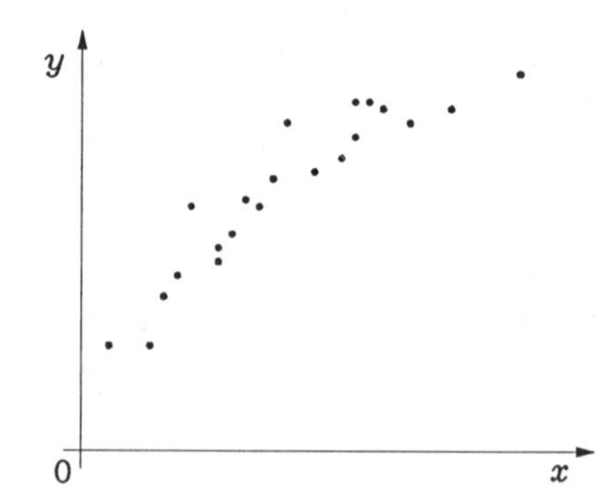


Bild 1.37: Darstellung der Meßreihen aus Bild 1.36 nach Elimination der Zeit $n$ zur Veranschaulichung der stochastischen Verwandtschaft

Aufgrund der Ergodenhypothese können die Mittelwerte $E(\xi)$ und $E(\eta)$ näherungsweise durch die Werte

$$\overline{x} = \frac{1}{N}\sum_{n=1}^{N} x[n], \quad \overline{y} = \frac{1}{N}\sum_{n=1}^{N} y[n]$$

ersetzt werden, wobei über alle $N$ Meßwerte summiert wird. Ganz entsprechend ergibt sich für die Kovarianz von $\xi$ und $\eta$ mit $v[n] = x[n] - \overline{x}$ und $w[n] = y[n] - \overline{y}$ näherungsweise

$$c_N = \frac{1}{N}\sum_{n=1}^{N} v[n]w[n] \,. \tag{1.122}$$

Man nennt die beiden Meßreihen *kovariant*, wenn im Mittel $v[n]w[n] > 0$ und damit $c_N > 0$ gilt; sie heißen *kontravariant*, wenn im Mittel $v[n]w[n] < 0$, also $c_N < 0$ ist. Zeigen die Meßreihen keine Verwandtschaft, dann wird mit wachsendem $N$ der Wert $c_N$ gegen 0 gehen, $\xi$ und $\eta$ sind dann unkorreliert (Anhang B). Bei dem obigen Beispiel wird man erwarten, daß die beiden Meßreihen kovariant sind (Bild 1.37). Zur besseren Beurteilung des Verwandtschaftsgrades wird meist eine Normierung der Form

$$r_N = \frac{c_N}{\sqrt{\overline{v^2}\;\overline{w^2}}} \tag{1.123}$$

mit

$$\overline{v^2} := \frac{1}{N}\sum v^2[n] \quad \text{und} \quad \overline{w^2} := \frac{1}{N}\sum w^2[n]$$

eingeführt, so daß $|r_N| \leqq 1$ wird. Der Quotient $r_N$ heißt dann *Korrelationsfaktor.*

### 4.3.2. Kreuzkorrelationsfunktion und Autokorrelationsfunktion

Entsprechend dem Vorgehen bei zwei Meßreihen im letzten Abschnitt kann aufgrund der Ergodenhypothese auch der stochastische Zusammenhang zweier ergodischer stochastischer Prozesse $\boldsymbol{x}(t)$ und $\boldsymbol{y}(t)$ (genau genommen muß die Verknüpfung $\boldsymbol{x}(t)\boldsymbol{y}(t)$ ergodisch sein) über eine zeitliche Mittelung durch die *Kreuzkorrelierte*

$$r_{xy}(\tau) = \lim_{T\to\infty} \frac{1}{2T} \int_{-T}^{T} x(t)y(t+\tau)\,\mathrm{d}t \tag{1.124}$$

ausgedrückt werden, wobei $x(t)$ und $y(t)$ beliebige Funktionen aus dem jeweiligen Ensemble sind. Wie bei den beiden Meßreihen im Abschnitt 4.3.1 kann $r_{xy}(\tau)$ als einfaches Maß für die stochastische Verwandtschaft der Zufallsvariablen $\boldsymbol{x}(t_0)$ und $\boldsymbol{y}(t_0+\tau)$ (für beliebiges, festes $t_0$) und damit auch der beiden Prozesse $\boldsymbol{x}(t)$ und $\boldsymbol{y}(t)$ angesehen werden. Wählt man speziell $\boldsymbol{y}(t) = \boldsymbol{x}(t)$, dann erhält man die *Autokorrelierte*

$$r_{xx}(\tau) = \lim_{T\to\infty} \frac{1}{2T} \int_{-T}^{T} x(t)x(t+\tau)\,\mathrm{d}t \tag{1.125}$$

des Prozesses $\boldsymbol{x}(t)$, welche die gegenseitige stochastische Abhängigkeit der Zufallsvariablen $\boldsymbol{x}(t_0)$ und $\boldsymbol{x}(t_0+\tau)$ und damit die "innere Verwandtschaft" des Prozesses $\boldsymbol{x}(t)$ charakterisiert. Für $\tau\to 0$ muß sich hierbei ein Höchstmaß an stochastischer Verwandtschaft einstellen, da sich dann die Werte der Zufallsvariablen $\boldsymbol{x}(t_0)$ und $\boldsymbol{x}(t_0+\tau)$ beliebig wenig voneinander unterscheiden. Tatsächlich gilt allgemein

$$r_{xx}(0) \geqq |r_{xx}(\tau)| \tag{1.126}$$

für alle $\tau$, was sich leicht nachweisen läßt, indem man beachtet, daß

$$\lim_{T\to\infty} \frac{1}{2T} \int_{-T}^{T} [x(t) \pm x(t+\tau)]^2\,\mathrm{d}t = 2[r_{xx}(0) \pm r_{xx}(\tau)] \geqq 0$$

gelten muß. Für die Existenz der Autokorrelationsfunktion für beliebige $\tau$ muß also nur gefordert werden, daß der quadratische Mittelwert der Ensemblefunktion

$$r_{xx}(0) = \lim_{T\to\infty} \frac{1}{2T} \int_{-T}^{T} x^2(t)\,\mathrm{d}t < \infty \tag{1.127}$$

einen endlichen Wert annimmt.

Für $\tau\to\infty$ nimmt gewöhnlich die stochastische Abhängigkeit von $\boldsymbol{x}(t_0)$ und $\boldsymbol{x}(t_0+\tau)$ ab, so daß diese Zufallsvariablen in der Grenze unkorreliert sind (Anhang B). Somit gilt, wenn man den Erwartungswert durch Zeitmittelwertbildung ausdrückt,

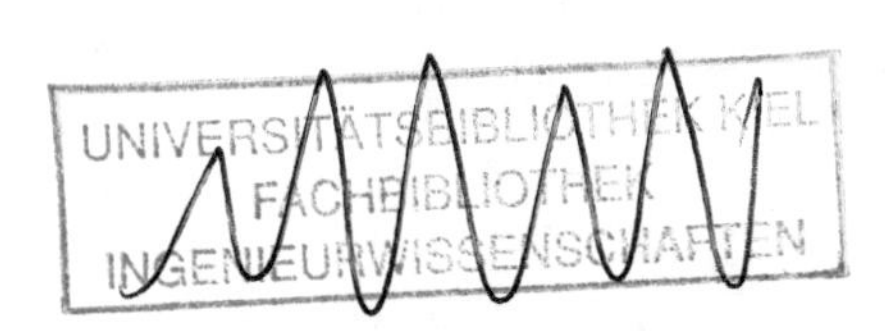

$$\lim_{\tau\to\infty} r_{xx}(\tau) = \lim_{T\to\infty}\frac{1}{2T}\int_{-T}^{T} x(t)\,\mathrm{d}t \cdot \lim_{T\to\infty}\frac{1}{2T}\int_{-T}^{T} x(t+\tau)\,\mathrm{d}t = m_x^2 ,$$

und daraus folgt für derartige mittelwertfreie Prozesse ($m_x = 0$) die Eigenschaft

$$\lim_{\tau\to\infty} r(\tau) = 0 . \tag{1.128}$$

### 4.3.3. Weitere Eigenschaften der Korrelationsfunktionen

Im folgenden werden einige wichtige Eigenschaften von Korrelationsfunktionen angegeben und, soweit erforderlich, über die Darstellung als Erwartungswert bewiesen. Dem Leser sei als Übung empfohlen, die entsprechenden Nachweise über die Darstellung als Zeitmittelwert zu führen.

(a) Die Autokorrelationsfunktion ist eine gerade Funktion, es gilt also

$$r_{xx}(\tau) = r_{xx}(-\tau) . \tag{1.129}$$

Zum Nachweis dieser Aussage sei daran erinnert, daß für beliebiges $t_0$ stets $r_{xx}(\tau) = E\,[\mathbf{x}(t_0)\mathbf{x}(t_0+\tau)]$ und somit

$$r_{xx}(-\tau) = E\,[\mathbf{x}(t_0)\mathbf{x}(t_0-\tau)] = E\,[\mathbf{x}(t_1)\mathbf{x}(t_1+\tau)] = r_{xx}(\tau)$$

gilt mit $t_1 = t_0 - \tau$.

(b) Nach Abschnitt 4.3.2 ist

$$r_{xx}(0) = E\,[\mathbf{x}^2(t_0)] \geqq |r_{xx}(\tau)| , \tag{1.130}$$

der Betrag der Autokorrelationsfunktion ist damit niemals größer als die "mittlere Signalleistung" (wirkt das Signal $x(t)$ als Spannung an einem 1Ω-Widerstand, dann ist $x^2(t)$ die in diesem Widerstand verbrauchte Leistung und

$$E\,[\mathbf{x}^2(t_0)] = \lim_{T\to\infty}\frac{1}{2T}\int_{-T}^{T} x^2(t)\,\mathrm{d}t$$

die mittlere Leistung).

(c) Für mittelwertfreie, "rein stochastische" Signale gilt nach Abschnitt 4.3.2

$$\lim_{\tau\to\infty} r_{xx}(\tau) = 0 . \tag{1.131}$$

Diese Eigenschaft basiert auf der Voraussetzung, daß bei einem rein stochastischen Signal die Zufallsvariablen $\mathbf{x}(t_0)$ und $\mathbf{x}(t_0+\tau)$ für $\tau\to\infty$ stochastisch unabhängig sind. Dies darf erwartet werden, wenn $\mathbf{x}(t)$ keine konstanten oder periodischen Anteile aufweist.

(d) Ist $\mathbf{v}(t) = \mathbf{x}(t) + c$ mit einem mittelwertfreien, rein stochastischen Prozeß $\mathbf{x}(t)$ und einer beliebigen Konstante $c$, dann wird

$$r_{vv}(\tau) = r_{xx}(\tau) + c^2 , \tag{1.132}$$

wie sich leicht zeigen läßt.

(e) Ist $\boldsymbol{v}(t) = \boldsymbol{x}(t) + a\cos(\omega_0 t + \varphi) = \boldsymbol{x}(t) + \boldsymbol{p}(t)$ mit einem stochastischen Prozeß $\boldsymbol{x}(t)$ und dem periodischen Anteil $\boldsymbol{p}(t) = a\cos(\omega_0 t + \varphi)$, bei dem $\varphi$ eine im Intervall $[0, 2\pi)$ gleichverteilte Zufallsvariable und $a$ eine Konstante darstellt, dann wird unter der sinnvollen Annahme der stochastischen Unabhängigkeit von $\boldsymbol{x}(t)$ und $\boldsymbol{p}(t)$

$$r_{vv}(\tau) = r_{xx}(\tau) + r_{pp}(\tau) = r_{xx}(\tau) + \frac{a^2}{2}\cos\omega_0\tau \ . \qquad (1.133)$$

Zum Nachweis dieser Beziehung schreibt man

$$\begin{aligned} r_{vv}(\tau) &= E\left[(\boldsymbol{x}(t_0) + \boldsymbol{p}(t_0))(\boldsymbol{x}(t_0+\tau) + \boldsymbol{p}(t_0+\tau))\right] \\ &= E\left[\boldsymbol{x}(t_0)\boldsymbol{x}(t_0+\tau)\right] + E\left[\boldsymbol{x}(t_0)\boldsymbol{p}(t_0+\tau)\right] + E\left[\boldsymbol{p}(t_0)\boldsymbol{x}(t_0+\tau)\right] \\ &\quad + E\left[\boldsymbol{p}(t_0)\boldsymbol{p}(t_0+\tau)\right] \ , \end{aligned}$$

und wegen der stochastischen Unabhängigkeit von $\boldsymbol{x}(t)$ und $\boldsymbol{p}(t)$ wird

$$E\left[\boldsymbol{x}(t_0)\boldsymbol{p}(t_0+\tau)\right] = E\left[\boldsymbol{p}(t_0)\boldsymbol{x}(t_0+\tau)\right] = E\left[\boldsymbol{p}(t_0)\right]E\left[\boldsymbol{x}(t_0)\right] = 0 \ ,$$

da $E[\boldsymbol{p}(t_0)] = 0$ ist. Damit resultiert die Gl. (1.133), wenn man noch berücksichtigt, daß (mit $t_0 = 0$)

$$r_{pp}(\tau) = E\left[a\cos\varphi \cdot a\cos(\omega_0\tau + \varphi)\right] = E\left[\frac{a^2}{2}(\cos\omega_0\tau + \cos(\omega_0\tau + 2\varphi))\right] = \frac{a^2}{2}\cos\omega_0\tau$$

gilt.

Bemerkenswert hierbei ist, daß im Ergebnis die Phasenverschiebung des periodischen Anteils nicht mehr enthalten ist. Dies liegt daran, daß eine zeitliche Verschiebung die Autokorrelationsfunktion eines stationären Prozesses nicht beeinflußt.

(f) Die Kreuzkorrelierte ist im allgemeinen keine gerade Funktion, sondern sie erfüllt die Bedingung

$$r_{xy}(-\tau) = r_{yx}(\tau) \ , \qquad (1.134)$$

was sich unmittelbar aus der Definitionsgleichung $r_{xy}(-\tau) = E\left[\boldsymbol{x}(t_0)\boldsymbol{y}(t_0 - \tau)\right]$ ergibt, wenn man $t_0 - \tau$ durch $t_1$ ersetzt.

(g) Die Kreuzkorrelierte hat im Gegensatz zur Autokorrelierten nicht notwendig ihr Maximum bei $\tau = 0$; als Abschätzung für ihren Betrag sind oft die Beziehungen

$$|r_{xy}(\tau)| \leqq \sqrt{r_{xx}(0)\cdot r_{yy}(0)} \leqq \frac{1}{2}\left[r_{xx}(0) + r_{yy}(0)\right] \qquad (1.135)$$

nützlich, die ausgehend von der für alle $k$ geltenden Bedingung

$$E\left[(\boldsymbol{x}(t) + k\,\boldsymbol{y}(t+\tau))^2\right] = r_{xx}(0) + 2k\,r_{xy}(\tau) + k^2 r_{yy}(0) \geqq 0$$

leicht mit $k = -r_{xy}(\tau)/r_{yy}(0)$ bzw. $k = \pm 1$ abgeleitet werden können.

(h) Wie bei der Autokorrelierten gilt

$$\lim_{\tau \to \pm\infty} r_{xy}(\tau) = 0 \ , \qquad (1.136)$$

sofern mindestens einer der beiden Prozesse mittelwertfrei ist und erwartet werden darf, daß $\boldsymbol{x}(t)$ mit $\boldsymbol{y}(t+\tau)$ für $\tau \to \pm\infty$ nicht korreliert ist.

### 4.3.4. Experimentelle Bestimmung der Korrelationsfunktion

In vielen Fällen stehen nur einzelne Musterfunktionen eines stochastischen Prozesses zur Verfügung, und die stochastischen Eigenschaften des Prozesses werden aufgrund der Ergodenhypothese mit geeigneten Geräten durch zeitliche Mittelwertbildung gewonnen. Zur Messung der Korrelationsfunktion werden sogenannte analoge *Korrelatoren* eingesetzt, die auf der Darstellung

$$r(\tau) = r(-\tau) = \lim_{T\to\infty} \frac{1}{2T} \int_{-T}^{T} x(t)x(t-\tau)\,\mathrm{d}t \qquad (1.137)$$

der Autokorrelierten beruhen und nach dem Schema von Bild 1.38 aufgebaut sind. Der Mittelwertbildner ist hierbei im wesentlichen ein Integrierer mit der Impulsantwort nach Bild 1.39a, der über eine hinreichend lange Zeit $T$ sein Eingangssignal $u(t) = x(t)x(t-\tau)$ integriert und somit das Ausgangssignal

$$\tilde{r}_{xx}(\tau) = \int_{-\infty}^{\infty} u(\sigma)h(t-\sigma)\,\mathrm{d}\sigma = \frac{1}{T}\int_{t-T}^{t} x(\sigma)x(\sigma-\tau)\,\mathrm{d}\sigma \qquad (1.138)$$

produziert. Für hinreichend großes $T$ kann dann $\tilde{r}_{xx}(\tau)$ als Näherung für $r_{xx}(\tau)$ angesehen werden. Der Mittelwertbildner läßt sich hierbei durch ein aus konzentrierten Elementen aufgebautes Zweitor realisieren, dessen Impulsantwort den Verlauf nach Bild 1.39b aufweist. Häufig werden Korrelatoren in digitaler Technik durch elektronische Bausteine realisiert.

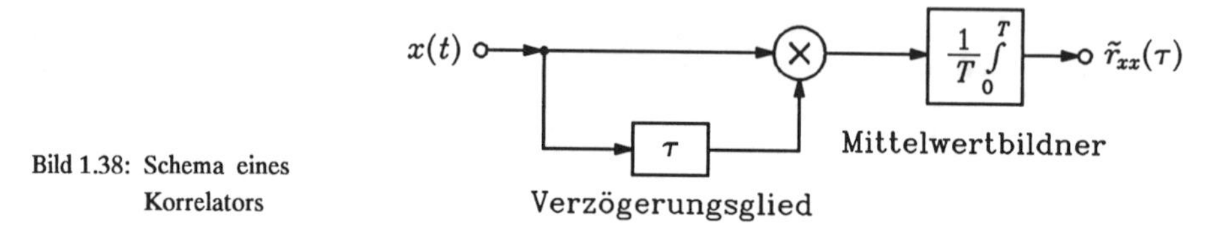


Bild 1.38: Schema eines Korrelators

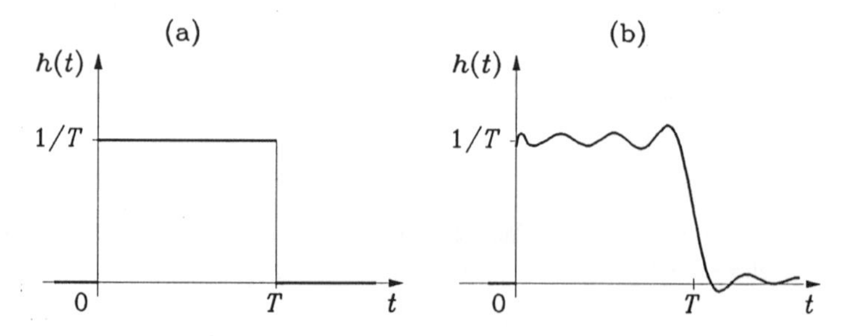


Bild 1.39: Ideale (a) und approximative (b) Impulsantwort des Mittelwertbildners von Bild 1.38

## 4.4. STOCHASTISCHE PROZESSE UND LINEARE SYSTEME

### 4.4.1. Einige grundlegende Eigenschaften

Wirkt nach Bild 1.40 am Eingang eines linearen, zeitinvarianten, stabilen und kausalen kontinuierlichen Systems mit der Impulsantwort $h(t)$ ein stationärer stochastischer Prozeß $\boldsymbol{x}(t)$, dann ist für jede Musterfunktion $x(t)$ des Prozesses das Ausgangssignal $y(t)$ gegeben durch die Beziehung

$$y(t) = \int_0^\infty h(\sigma)x(t-\sigma)\,\mathrm{d}\sigma \ , \tag{1.139}$$

und das Ensemble aller Ausgangssignale stellt einen stochastischen Prozeß $\boldsymbol{y}(t)$ dar, der ebenfalls stationär ist, sofern der Prozeß am Eingang schon hinreichend lange (von $t = -\infty$ an) auf das System einwirkt. Für den stochastischen Mittelwert des Ausgangsprozesses gilt dann

$$m_y = E\,[\boldsymbol{y}(t)] = \int_0^\infty h(\sigma)E\,[\boldsymbol{x}(t-\sigma)]\,\mathrm{d}\sigma = \int_0^\infty h(\sigma)\,\mathrm{d}\sigma \cdot m_x \tag{1.140}$$

und für die Kreuzkorrelierte zwischen Eingangsprozeß und Ausgangsprozeß

$$\begin{aligned} r_{xy}(\tau) &= E[\boldsymbol{x}(t)\boldsymbol{y}(t+\tau)] = \int_0^\infty h(\sigma)E[\boldsymbol{x}(t)\boldsymbol{x}(t+\tau-\sigma)]\,\mathrm{d}\sigma \\ &= \int_0^\infty h(\sigma)r_{xx}(\tau-\sigma)\,\mathrm{d}\sigma \,. \end{aligned} \tag{1.141}$$

Auf die Analogie zwischen der Gl. (1.139) und der Gl. (1.141) wird besonders hingewiesen. Für die Autokorrelationsfunktion des Ausgangsprozesses erhält man ganz entsprechend

$$\begin{aligned} r_{yy}(\tau) &= E[\boldsymbol{y}(t)\boldsymbol{y}(t+\tau)] = E\left[\int_0^\infty h(\alpha)\boldsymbol{x}(t-\alpha)\boldsymbol{y}(t+\tau)\,\mathrm{d}\alpha\right] \\ &= \int_0^\infty h(\alpha)r_{xy}(\tau+\alpha)\,\mathrm{d}\alpha \end{aligned} \tag{1.142}$$

oder mit Gl. (1.141)

$$r_{yy}(\tau) = \int_0^\infty \int_0^\infty h(\alpha)h(\sigma)r_{xx}(\tau+\alpha-\sigma)\,\mathrm{d}\sigma\,\mathrm{d}\alpha \ . \tag{1.143}$$

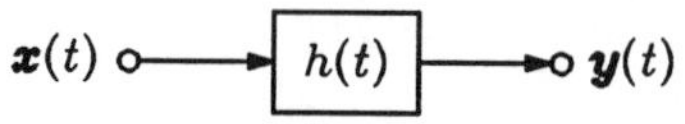

$\boldsymbol{x}(t)$ ○——▶ [ $h(t)$ ] ——▶○ $\boldsymbol{y}(t)$

Bild 1.40: Lineares, zeitinvariantes, stabiles und kausales System, das am Eingang durch den stationären stochastischen Prozeß $\boldsymbol{x}(t)$ erregt wird und am Ausgang den ebenfalls stationären Prozeß $\boldsymbol{y}(t)$ liefert

Es sei dem Leser als Übung empfohlen, die gewonnenen Beziehungen für die Kreuz- und Autokorrelierte über die Darstellung der Korrelationsfunktionen als Zeitmittelwerte abzuleiten.

Man beachte, daß aufgrund der Gln. (1.140), (1.141) und (1.143) gezeigt wurde, daß der Mittelwert von $\boldsymbol{y}(t)$ konstant ist und die Autokorrelierte des Ausgangsprozesses sowie die Kreuzkorrelierte zwischen Eingangs- und Ausgangsprozeß des betrachteten Systems nur von $\tau$ abhängen. Deshalb ist der Ausgangsprozeß mit dem Eingangsprozeß gemeinsam stationär.

### 4.4.2. Übergangsvorgänge

Bei den bisherigen Untersuchungen wurde vorausgesetzt, daß die Erregung $\boldsymbol{x}(t)$ stationär ist und von $t = -\infty$ an auf das System einwirkt. Dann ist auch das Ausgangssignal $\boldsymbol{y}(t)$ stationär (genauer: $\boldsymbol{y}(t)$ ist stationär im strengen Sinn, wenn $\boldsymbol{x}(t)$ stationär im strengen Sinn ist, und $\boldsymbol{y}(t)$ ist stationär im weiteren Sinn, wenn $\boldsymbol{x}(t)$ stationär im weiteren Sinn ist). Dies gilt nicht mehr, wenn das Eingangssignal erst vom Zeitnullpunkt (oder von irgendeinem endlichen Zeitpunkt) an auf das System einwirkt, wie es im Bild 1.41 angedeutet ist.

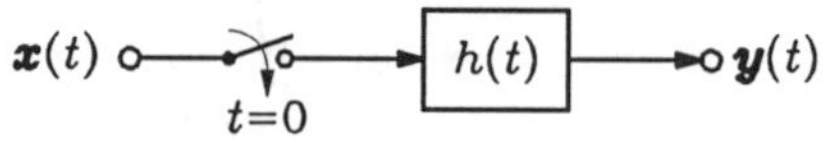

Bild 1.41: Das System von Bild 1.40 wird erst vom Zeitpunkt $t = 0$ an durch den Prozeß $\boldsymbol{x}(t)$ erregt. Der Prozeß $\boldsymbol{y}(t)$ am Ausgang ist asymptotisch stationär

Setzt man voraus, daß alle Energiespeicher des linearen, zeitinvarianten und stabilen Systems im Bild 1.41 zum Zeitpunkt $t = 0$ leer sind, dann gilt für jede Musterfunktion $y(t)$ des Ausgangssignals $\boldsymbol{y}(t)$

$$y(t) = \int_0^t h(\sigma)x(t-\sigma)\,\mathrm{d}\sigma \,. \tag{1.144}$$

In diesem Fall erhält man für den stochastischen Mittelwert des Ausgangsprozesses

$$E[\boldsymbol{y}(t)] = \int_0^t h(\sigma)E[\boldsymbol{x}(t-\sigma)]\,\mathrm{d}\sigma = \int_0^t h(\sigma)\,\mathrm{d}\sigma \cdot m_x \;,$$

im allgemeinen ist dieser Mittelwert eine Funktion der Zeit, der Prozeß $\boldsymbol{y}(t)$ ist also nicht stationär. Damit ist nicht zu erwarten, daß z. B. der zeitliche Mittelwert von $y(t)$ oder $y^2(t)$ für $t > 0$ mit dem Ensemblemittelwert $m_y(t_1) = E[\boldsymbol{y}(t_1)]$ bzw. $r_{yy}(t_1, t_1) = E[\boldsymbol{y}^2(t_1)]$ für beliebiges $t_1 > 0$ übereinstimmt, es gilt aber stets

$$\lim_{t_1\to\infty} E[\boldsymbol{y}(t_1)] = \lim_{t_1\to\infty}\int_0^{t_1} h(\sigma)\,\mathrm{d}\sigma\cdot m_x = \overline{y(t)} \tag{1.145}$$

mit

$$\overline{y(t)} = \lim_{T\to\infty}\frac{1}{T}\int_0^T y(t)\,\mathrm{d}t = \int_0^\infty h(\sigma)\lim_{T\to\infty}\frac{1}{T}\int_0^T s(t-\sigma)x(t-\sigma)\,\mathrm{d}t\,\mathrm{d}\sigma = \int_0^\infty h(\sigma)\,\mathrm{d}\sigma\cdot m_x \,,$$

wobei die Vertauschung der Integrale wegen der vorausgesetzten Stabilität des Systems erlaubt ist und die Ergodizität von $\boldsymbol{x}(t)$ verwendet wurde. Ganz entsprechend läßt sich zeigen, daß

$$\lim_{t_1 \to \infty} E\,[\boldsymbol{y}^2(t_1)] = \overline{y^2(t)} \tag{1.146}$$

gilt. Das Ausgangssignal eines linearen, zeitinvarianten und stabilen Systems ist damit asymptotisch stationär, wenn das System am Eingang durch ein für $t < 0$ verschwindendes und für $t > 0$ stationäres Signal erregt wird.

Legt man beispielsweise an ein RC-Glied mit der Impulsantwort

$$h(t) = s(t)\,\mathrm{e}^{-at}\,, \qquad a > 0\,,$$

das sich zunächst im Ruhezustand befindet, im Zeitpunkt $t = 0$ sogenanntes weißes Rauschen mit der Autokorrelationsfunktion $r_{xx}(\tau) = K\,\delta(\tau)$ an, dann ist der im Zeitpunkt $t_1 > 0$ im Mittel zu erwartende Wert der Signalleistung des Ausgangssignals gegeben durch

$$E\,[\boldsymbol{y}^2(t_1)] = \int_0^{t_1}\int_0^{t_1} h(\sigma)h(\tau)r_{xx}(\sigma-\tau)\,\mathrm{d}\sigma\,\mathrm{d}\tau = \int_0^{t_1}\int_0^{t_1} \mathrm{e}^{-a(\sigma+\tau)}K\,\delta(\sigma-\tau)\,\mathrm{d}\sigma\,\mathrm{d}\tau$$

$$= K\int_0^{t_1}\mathrm{e}^{-2a\tau}\,\mathrm{d}\tau = \frac{K}{2a}(1-\mathrm{e}^{-2at_1})\,.$$

Für $t_1 \to \infty$ stimmt dieser Wert überein mit dem Quadrat des Effektivwerts $\overline{y^2(t)}$.

Man kann hier noch den Grenzfall $a \to 0$ untersuchen, wobei sich $h(t) = s(t)$ und damit das Integral

$$\boldsymbol{y}(t_1) = \int_0^{t_1}\boldsymbol{x}(\sigma)\,\mathrm{d}\sigma \qquad (t_1 > 0)$$

(Wiener-Lévy-Prozeß) ergibt. Dieses darf somit als Ausgangsprozeß eines linearen, zeitinvarianten (instabilen) Systems mit der Impulsantwort $h(t) = s(t)$ bei Erregung mit weißem Rauschen betrachtet werden. Führt man im obigen Ergebnis den genannten Grenzübergang durch, so erhält man

$$E\,[\boldsymbol{y}^2(t_1)] = \lim_{a \to 0}\frac{K}{2a}(1-\mathrm{e}^{-2at_1}) = K\,t_1\,.$$

Es ergibt sich also durch Integration von mittelwertfreiem weißen Rauschen ein instationärer mittelwertfreier stochastischer Prozeß $\boldsymbol{y}(t)$ mit der mittleren Signalleistung $K\,t$.

Aufgrund der Gl. (1.144) erhält man für die Autokorrelierte des Ausgangsprozesses für $t_1 > 0$ und $t_2 > 0$

$$r_{yy}(t_1,t_2) = E\,[\boldsymbol{y}(t_1)\boldsymbol{y}(t_2)] = \int_{\sigma=0}^{t_1}\int_{\alpha=0}^{t_2} h(\sigma)h(\alpha)E\,[\boldsymbol{x}(t_1-\sigma)\boldsymbol{x}(t_2-\alpha)]\,\mathrm{d}\sigma\,\mathrm{d}\alpha$$

$$= \int_{\sigma=0}^{t_1}\int_{\alpha=0}^{t_2} h(\alpha)h(\sigma)r_{xx}(t_1-t_2+\alpha-\sigma)\,\mathrm{d}\sigma\,\mathrm{d}\alpha\,. \tag{1.147}$$

Entsprechend ergibt sich für die Kreuzkorrelierte zwischen Eingangs- und Ausgangsprozeß für $t_1 > 0$ und $t_2 > 0$

$$r_{xy}(t_1,t_2) = E\,[\boldsymbol{x}(t_1)\boldsymbol{y}(t_2)] = \int_0^{t_2} h(\sigma)E\,[\boldsymbol{x}(t_1)\boldsymbol{x}(t_2-\sigma)]\,\mathrm{d}\sigma$$

$$= \int_0^{t_2} h(\sigma)r_{xx}(t_2-t_1-\sigma)\,\mathrm{d}\sigma\ . \qquad (1.148)$$

Die Gln. (1.147) und (1.148) lehren, daß die beiden Korrelierten asymptotisch, d. h. für $t_1 \to \infty$ und $t_2 \to \infty$ mit $t_2 - t_1 = \tau$ (const), nur von $\tau$ abhängen, Eingangs- und Ausgangsprozeß also gemeinsam asymptotisch stationär sind.

*Beispiel:* Gegeben sei für $t \geqq 0$ die Langevinsche Differentialgleichung

$$\dot{\boldsymbol{y}}(t) + a\,\boldsymbol{y}(t) = \boldsymbol{x}(t) \quad \text{mit} \quad \boldsymbol{y}(0) = 0\ .$$

Dabei sei $\boldsymbol{x}(t)$ ein stationärer Prozeß mit $r_{xx}(\tau) = \delta(\tau)$ (weißes Rauschen), $\boldsymbol{y}(t)$ kann als Ausgangsprozeß eines linearen, zeitinvarianten Systems mit der Impulsantwort

$$h(t) = s(t)\,\mathrm{e}^{-at}$$

betrachtet werden, welches zum Zeitpunkt $t = 0$ vom Ruhezustand aus mit dem Rauschprozeß $\boldsymbol{x}(t)$ erregt wird.

Nach Gl. (1.147) erhält man für $t_1 > 0$ und $t_2 > 0$

$$r_{yy}(t_1,t_2) = \int_{\sigma=0}^{t_1}\int_{\alpha=0}^{t_2} \mathrm{e}^{-a(\alpha+\sigma)}\,\delta(t_1-t_2+\alpha-\sigma)\,\mathrm{d}\sigma\,\mathrm{d}\alpha\ .$$

Betrachtet man zunächst den Fall $t_1 > t_2$, so läßt sich das Integral in der Form

$$r_{yy}(t_1,t_2) = \int_{\alpha=0}^{t_2} \mathrm{e}^{-a\alpha}\left\{\int_{\sigma=0}^{t_1} \mathrm{e}^{-a\sigma}\,\delta(t_1-t_2+\alpha-\sigma)\,\mathrm{d}\sigma\right\}\mathrm{d}\alpha = \int_{\alpha=0}^{t_2} \mathrm{e}^{-a\alpha}\,\mathrm{e}^{-a(\alpha+t_1-t_2)}\,\mathrm{d}\alpha$$

schreiben, da im Integrationsintervall $0 < \alpha < t_2$ stets $0 < \alpha + t_1 - t_2 < t_1$ gilt. Somit folgt

$$r_{yy}(t_1,t_2) = \frac{\mathrm{e}^{-a(t_1-t_2)}}{2a}(1-\mathrm{e}^{-2at_2}) \quad \text{für} \quad t_1 > t_2\ .$$

Im Fall $t_1 < t_2$ braucht man im erhaltenen Ergebnis nur $t_1$ und $t_2$ miteinander zu vertauschen, da nämlich $r_{yy}(t_1,t_2) = r_{yy}(t_2,t_1)$ gilt. Aus Gl. (1.148) erhält man für $t_1 > 0$ und $t_2 > 0$ zunächst

$$r_{xy}(t_1,t_2) = \int_0^{t_2} \mathrm{e}^{-a\sigma}\,\delta(t_2-t_1-\sigma)\,\mathrm{d}\sigma\ .$$

Falls $t_2 > t_1$ ist, wird

$$r_{xy}(t_1,t_2) = \mathrm{e}^{-a(t_2-t_1)}\ ,$$

im Fall $t_1 > t_2$ ergibt sich

$$r_{xy}(t_1,t_2) = 0\ .$$

## 4.5. DISKONTINUIERLICHE STOCHASTISCHE PROZESSE

Die in den vorausgegangenen Abschnitten entwickelten Konzepte für kontinuierliche stochastische Prozesse lassen sich sinngemäß auch auf diskontinuierliche stochastische Prozesse anwenden. Dies soll im folgenden kurz gezeigt werden.

Unter einem diskontinuierlichen stochastischen Prozeß $\boldsymbol{x}[n]$ mit $n \in \mathbb{Z}$ versteht man eine Folge von Zufallsvariablen oder ein Ensemble von diskontinuierlichen Signalen $x_e[n]$ mit Ensembleparameter $e \in I$, wobei $I$ im allgemeinen ein Kontinuum (z. B. $\mathbb{R}$) sein kann und mit dem Parameter $e$ die verschiedenen Mitglieder des Ensembles unterschieden werden. Es wird hier davon ausgegangen, daß die genannten Zufallsvariablen nur reeller Werte fähig sind, obwohl die Betrachtungen leicht auf komplexwertige Prozesse erweitert werden können. Es werden nun einige Erwartungswerte eingeführt:
Der *Mittelwert*

$$m_x[n] := E\,[\boldsymbol{x}[n]] = \int_{-\infty}^{\infty} x\, f(x;n)\,\mathrm{d}x\ , \tag{1.149}$$

die *Autokovarianzfunktion*

$$\begin{aligned} c_{xx}[n_1,n_2] &:= E\,[(\boldsymbol{x}[n_1]-m_x[n_1])\,(\boldsymbol{x}[n_2]-m_x[n_2])] \\ &= \int_{-\infty}^{\infty}\int_{-\infty}^{\infty}(x_1-m_x[n_1])\,(x_2-m_x[n_2])\,f(x_1,x_2;\,n_1,n_2)\,\mathrm{d}x_1\,\mathrm{d}x_2\ , \end{aligned} \tag{1.150}$$

die *Autokorrelationsfunktion*

$$r_{xx}[n_1,n_2] := E\,[\boldsymbol{x}[n_1]\boldsymbol{x}[n_2]]\ . \tag{1.151}$$

Die Dichtefunktionen $f(x;n)$ und $f(x_1,x_2;\,n_1,n_2)$ sind entsprechend wie früher $f(x;t)$ bzw. $f(x_1,x_2;\,t_1,t_2)$ zu verstehen. Für zwei diskontinuierliche Prozesse $\boldsymbol{x}[n]$ und $\boldsymbol{y}[n]$ führt man die *Kreuzkovarianzfunktion*

$$c_{xy}[n_1,n_2] := E\,[(\boldsymbol{x}[n_1]-m_x[n_1])\,(\boldsymbol{y}[n_2]-m_y[n_2])] \tag{1.152}$$

und die *Kreuzkorrelationsfunktion*

$$r_{xy}[n_1,n_2] := E\,[\boldsymbol{x}[n_1]\boldsymbol{y}[n_2]] \tag{1.153}$$

ein. Man kann aus den Gln. (1.149) bis (1.153) die Beziehungen

$$c_{xx}[n_1,n_2] = r_{xx}[n_1,n_2] - m_x[n_1]m_x[n_2] \tag{1.154}$$

und

$$c_{xy}[n_1,n_2] = r_{xy}[n_1,n_2] - m_x[n_1]m_y[n_2] \tag{1.155}$$

leicht ableiten. Für die Streuung $\sigma[n]$ erhält man speziell

$$\sigma^2[n] = c_{xx}[n,n]\ . \tag{1.156}$$

Ein diskontinuierlicher Prozeß $\boldsymbol{x}[n]$ heißt stationär (im weiteren Sinne), wenn sein Mittelwert $m_x[n]$ konstant ist und die Autokorrelationsfunktion $r_{xx}[n_1, n_2]$ nur von der Differenz $\nu = n_2 - n_1$ abhängt. In diesem Fall vereinfacht sich die Gl. (1.154) zu

$$r_{xx}[\nu] = c_{xx}[\nu] + m_x^2 , \tag{1.157}$$

und aus den Gln. (1.156) und (1.154) folgt

$$\sigma^2 = r_{xx}[0] - m_x^2 . \tag{1.158}$$

Zwei Prozesse $\boldsymbol{x}[n]$ und $\boldsymbol{y}[n]$ heißen gemeinsam stationär, wenn sie beide stationär sind, und ihre Kreuzkorrelationsfunktion $r_{xy}[n_1, n_2]$ nur von $\nu = n_2 - n_1$ abhängt. In diesem Fall folgt aus Gl. (1.155)

$$r_{xy}[\nu] = c_{xy}[\nu] + m_x m_y . \tag{1.159}$$

Die Korrelationsfunktionen $r_{xx}[\nu]$ und $r_{xy}[\nu]$ haben entsprechende Eigenschaften wie die Funktionen $r_{xx}(\tau)$ und $r_{xy}(\tau)$ in Abschnitt 4.3.3.

Wirkt am Eingang eines linearen, zeitinvarianten, stabilen und kausalen diskontinuierlichen Systems mit der Impulsantwort $h[n]$ ein stochastischer Prozeß $\boldsymbol{x}[n]$, dann ist für jede Musterfunktion $x[n]$ des Prozesses das Ausgangssignal $y[n]$ gegeben durch die Beziehung

$$y[n] = \sum_{\mu=0}^{\infty} h[\mu] x[n-\mu] , \tag{1.160}$$

und das Ensemble aller Ausgangssignale stellt einen stochastischen Prozeß $\boldsymbol{y}[n]$ dar. Für den Mittelwert des Ausgangsprozesses gilt dann

$$m_y[n] = E[\boldsymbol{y}[n]] = \sum_{\mu=0}^{\infty} h[\mu] E[\boldsymbol{x}[n-\mu]] \tag{1.161}$$

und für die Kreuzkorrelationsfunktion zwischen Eingangsprozeß und Ausgangsprozeß

$$\begin{aligned} r_{xy}[n_1, n_2] &= E[\boldsymbol{x}[n_1]\boldsymbol{y}[n_2]] = E\left[\sum_{\mu=0}^{\infty} h[\mu]\boldsymbol{x}[n_1]\boldsymbol{x}[n_2-\mu]\right] \\ &= \sum_{\mu=0}^{\infty} h[\mu] r_{xx}[n_1, n_2-\mu] . \end{aligned} \tag{1.162}$$

Weiterhin erhält man

$$\begin{aligned} r_{yy}[n_1, n_2] &= E[\boldsymbol{y}[n_1]\boldsymbol{y}[n_2]] = E\left[\sum_{\mu=0}^{\infty} h[\mu]\boldsymbol{x}[n_1-\mu]\boldsymbol{y}[n_2]\right] \\ &= \sum_{\mu=0}^{\infty} h[\mu] r_{xy}[n_1-\mu, n_2] \end{aligned} \tag{1.163}$$

oder

$$r_{yy}[n_1, n_2] = \sum_{\alpha=0}^{\infty} \sum_{\mu=0}^{\infty} h[\alpha] h[\mu] r_{xx}[n_1-\alpha, n_2-\mu] . \tag{1.164}$$

Ist der Prozeß $\boldsymbol{x}[n]$ stationär, so reduzieren sich mit $\nu := n_2 - n_1$ die Gln. (1.161) bis (1.164) auf

$$m_y = m_x \sum_{\mu=0}^{\infty} h[\mu] \ , \tag{1.165}$$

$$r_{xy}[\nu] = \sum_{\mu=0}^{\infty} h[\mu] r_{xx}[\nu - \mu] \tag{1.166}$$

$$r_{yy}[\nu] = \sum_{\mu=0}^{\infty} h[\mu] r_{xy}[\nu + \mu] \tag{1.167}$$

oder

$$r_{yy}[\nu] = \sum_{\alpha=0}^{\infty} \sum_{\mu=0}^{\infty} h[\alpha] h[\mu] r_{xx}[\nu + \alpha - \mu] \ . \tag{1.168}$$

Wie man sieht, sind Eingangsprozeß und Ausgangsprozeß gemeinsam stationär.

Man beachte, daß die Gln. (1.161) bis (1.164) für Eingangsprozesse abgeleitet wurden, die im allgemeinen nicht stationär sind. In entsprechender Weise lassen sich die Gln. (1.140) bis (1.143) verallgemeinern. Dies sei dem Leser als Übung empfohlen.

*Beispiel:* Die stationäre Lösung der Differenzengleichung

$$\boldsymbol{y}[n] - a\,\boldsymbol{y}[n-1] = \boldsymbol{x}[n] \qquad (|a| < 1)$$

kann als Ausgangsprozeß $\boldsymbol{y}[n]$ des linearen, zeitinvarianten diskontinuierlichen Systems mit der Impulsantwort

$$h[n] = s[n] a^n$$

bei Erregung mit dem Prozeß $\boldsymbol{x}[n]$ vom Zeitpunkt $n = -\infty$ an aufgefaßt werden. Es sei $\boldsymbol{x}[n]$ der spezielle stationäre stochastische Prozeß mit $r_{xx}[n] = \delta[n]$ (weißes Rauschen). Nach Gl. (1.168) erhält man für die Autokorrelierte des Ausgangsprozesses

$$r_{yy}[\nu] = \sum_{\alpha=0}^{\infty} \sum_{\mu=0}^{\infty} a^{\alpha+\mu} \delta[\nu + \alpha - \mu] \ .$$

Für $\nu \geqq 0$ läßt sich diese Doppelsumme aufgrund von

$$r_{yy}[\nu] = \sum_{\alpha=0}^{\infty} a^{\alpha} \sum_{\mu=0}^{\infty} a^{\mu} \delta[\nu + \alpha - \mu] = \sum_{\alpha=0}^{\infty} a^{\nu} a^{2\alpha} = \frac{a^{\nu}}{1 - a^2}$$

auswerten. Für $\nu < 0$ erfolgt die Auswertung gemäß

$$r_{yy}[\nu] = \sum_{\mu=0}^{\infty} a^{\mu} \sum_{\alpha=0}^{\infty} a^{\alpha} \delta[\nu + \alpha - \mu] = \sum_{\mu=0}^{\infty} a^{-\nu} a^{2\mu} = \frac{a^{-\nu}}{1 - a^2} \ .$$

Zusammenfassend lautet das Ergebnis

$$r_{yy}[\nu] = \frac{a^{|\nu|}}{1 - a^2} \ .$$

Wie man sieht, ist $r_{yy}[\nu]$ tatsächlich eine gerade Funktion.

# II. SYSTEMCHARAKTERISIERUNG DURCH DYNAMISCHE GLEICHUNGEN, METHODE DES ZUSTANDSRAUMS

## 1. Vorbemerkungen

Bei den bisherigen Betrachtungen wurde der Begriff des Systems im Sinne einer direkten Zuordnung der Eingangsgrößen zu den Ausgangsgrößen verwendet. Im folgenden soll dieser Begriff insoweit modifiziert werden, als nunmehr neben den Eingangs- und Ausgangsgrößen noch "innere" Signale, die sogenannten *Zustandsgrößen*, eingeführt werden. Die in diesem Sinne modifizierte Betrachtungsweise erfährt allerdings die Einschränkung, daß jetzt nur Systeme mit konzentrierten Parametern zugelassen werden, bei denen der Zusammenhang zwischen Erregung und Reaktion durch *gewöhnliche* Differentialgleichungen bzw. Differenzengleichungen beschrieben werden kann. Beispiele von Systemen dieser Art sind elektrische Netzwerke mit ohmschen Widerständen, Induktivitäten und Kapazitäten. Kontinuierliche Systeme mit verteilten Parametern werden durch *partielle* Differentialgleichungen beschrieben und sollen von den folgenden Betrachtungen ausgeschlossen sein.

Im Rahmen der neuen Beschreibung wird das System im wesentlichen durch eine Vektor-Differentialgleichung erster Ordnung im kontinuierlichen Fall bzw. durch eine Vektor-Differenzengleichung erster Ordnung im diskontinuierlichen Fall dargestellt. Diese Methode hat gegenüber der bisherigen Art der Systemdarstellung eine Reihe beachtlicher Vorteile. Als erster Vorteil sei die konzentrierte Form der Schreibweise unter Verwendung von Matrizen genannt. Es sei weiterhin erwähnt, daß sich jetzt dynamische Probleme unter der Berücksichtigung beliebiger Anfangswerte bequem und anschaulich behandeln lassen. Es wird ferner möglich, Fälle von Systeminstabilitäten zu erkennen, welche nicht feststellbar sind, wenn nur die direkte Zuordnung zwischen Eingangs- und Ausgangssignalen untersucht wird. Die neue Betrachtungsweise ist der Theorie der Differential- bzw. Differenzengleichungen angepaßt, so daß entsprechende Methoden anwendbar werden. Erwähnenswert scheint auch zu sein, daß diese Methode die Behandlung zahlreicher theoretischer Probleme beispielsweise der Netzwerktheorie und der Regelungstechnik erleichtert. Schließlich sei darauf hingewiesen, daß sich die neue Betrachtungsweise vorzüglich zur Rechner-Simulation von Systemen eignet und Vorteile bei der numerischen Auswertung bietet.

Am Beispiel elektrischer Netzwerke soll im nächsten Abschnitt die Methode für kontinuierliche Systeme eingeführt und erläutert werden.

## 2. Beschreibung elektrischer Netzwerke im Zustandsraum

Es soll ein aus konzentrierten, linearen, zeitinvarianten ohmschen Widerständen, Kapazitäten und Induktivitäten bestehendes elektrisches Netzwerk betrachtet werden. Die das Netzwerk erregenden Größen (Spannungen, Ströme), welche als voneinander unabhängig wählbar vorausgesetzt werden, seien mit $x_1(t), x_2(t), \ldots, x_m(t)$ bezeichnet und in gewohnter Weise zum Vektor $\boldsymbol{x}(t)$ der Eingangsgrößen zusammengefaßt. Die im Netzwerk auftretenden elektrischen Spannungen und Ströme lassen sich dadurch bestimmen, daß man ein System von Differentialgleichungen in geeigneter Weise aufstellt und dieses unter Berücksichtigung der Anfangsbedingungen löst. Bei der Aufstellung dieses Differentialgleichungssystems verwendet man häufig die Methode der Maschenströme [Bo3, Ca1, Un4].

Im folgenden soll gezeigt werden, wie ein die Spannungen und Ströme des Netzwerks bestimmendes System von Differentialgleichungen ermittelt werden kann, das gewissermaßen eine Normalform für die dynamische Beschreibung eines Netzwerks darstellt. Als Netzwerk-Variablen werden außer den Erregungen solche Größen eingeführt, welche die Energie voneinander unabhängiger Energiespeicher kennzeichnen. Sie werden als *Zustandsvariablen* bezeichnet. Es seien dies die Induktivitätsströme $i_\mu(\mu = 1, 2, \ldots, l)$ und die Kapazitätsspannungen $u_\mu(\mu = l+1, l+2, \ldots, l+c)$. Dabei bleiben diejenigen Induktivitäten, deren Ströme durch Linearkombination der schon als Zustandsvariablen gewählten Induktivitätsströme gegeben sind, ebenso außer acht wie alle Kapazitäten, deren Spannungen durch Linearkombination der schon als Zustandsvariablen gewählten Kapazitätsspannungen bestimmt sind.[1)]

Zur Vereinfachung soll zunächst vorausgesetzt werden, daß das Netzwerk nur voneinander linear unabhängige Energiespeicher besitzt und keine linearen Abhängigkeiten zwischen den Erregungen und den Zustandsgrößen vorhanden sind. Denkt man sich nun alle Kapazitäten durch Spannungsquellen und alle Induktivitäten durch Stromquellen ersetzt, so daß diese Quellen die durch die Zustandsvariablen bestimmten Spannungen bzw. Ströme erzeugen, dann kann im Rahmen einer Gleichstromrechnung jeder Strom und jede Spannung innerhalb des Netzwerks als Linearkombination der Eingangsgrößen $x_\mu(t)$ $(\mu = 1, 2, \ldots, m)$, der Ströme $i_\mu(\mu = 1, 2, \ldots, l)$ und der Spannungen $u_\mu(\mu = l+1,\ l+2, \ldots,\ l+c)$ dargestellt werden. Eine derartige Darstellung ist insbesondere für die Induktivitätsspannungen $L_\mu \mathrm{d}i_\mu/\mathrm{d}t$ $(\mu = 1, 2, \ldots, l)$ und für die Kapazitätsströme $C_\mu \mathrm{d}u_\mu/\mathrm{d}t$ $(\mu = l+1, \ldots, l+c)$ möglich. Deshalb lassen sich folgende Beziehungen aufstellen:

$$L_\mu \frac{\mathrm{d}i_\mu}{\mathrm{d}t} = \sum_{\nu=1}^{l} \rho_{\mu\nu} i_\nu + \sum_{\nu=l+1}^{l+c} \alpha_{\mu\nu} u_\nu + \sum_{\nu=1}^{m} \varepsilon_{\mu\nu} x_\nu \qquad (\mu = 1, 2, \ldots, l), \tag{2.1}$$

$$C_\mu \frac{\mathrm{d}u_\mu}{\mathrm{d}t} = \sum_{\nu=1}^{l} \beta_{\mu\nu} i_\nu + \sum_{\nu=l+1}^{l+c} \gamma_{\mu\nu} u_\nu + \sum_{\nu=1}^{m} \delta_{\mu\nu} x_\nu \tag{2.2}$$

$$(\mu = l+1, l+2, \ldots, l+c).$$

Die Konstanten $\alpha_{\mu\nu}, \beta_{\mu\nu}, \gamma_{\mu\nu}, \delta_{\mu\nu}, \varepsilon_{\mu\nu}, \rho_{\mu\nu}$ können in elementarer Weise bestimmt werden. Man erhält beispielsweise die Konstante $\alpha_{\mu\nu}$ als Quotienten der $\mu$-ten Induktivitätsspannung zur $\nu$-ten Kapazitätsspannung, wenn alle anderen Kapazitätsspannungen sowie sämtliche Induktivitätsströme und Eingangsgrößen für irgendeinen Zeitpunkt gleich Null

---

1) Man kann in systematischer Weise voneinander unabhängige Induktivitäten und Kapazitäten ermitteln, deren Ströme bzw. Spannungen als Zustandsvariablen in dem Sinn verwendbar sind, daß durch Linearkombination dieser Variablen und der Eingangsgrößen alle Netzwerk-Ströme und -Spannungen bestimmt werden können [De5]. Man zerlegt zu diesem Zweck das Netzwerk in einen "vollständigen Baum" und in ein "Baumkomplement". Der Baum soll möglichst viele Kapazitäten, das Baumkomplement möglichst viele Induktivitäten enthalten. Dies ist gewährleistet, wenn zunächst die Spannungsquellen, dann möglichst viele Kapazitäten, schließlich möglichst viele ohmsche Widerstände und zuletzt die noch erforderliche Zahl von Induktivitäten zur Bildung des Baums verwendet werden; Stromquellen dürfen im Baum nicht enthalten sein. Bei Netzwerken mit Übertragern oder aktiven Netzwerkelementen gibt es entsprechend modifizierte Verfahren [De5].

gesetzt werden. Die Konstante $\delta_{\mu\nu}$ ergibt sich als Quotient des $\mu$-ten Kapazitätsstromes zur $\nu$-ten Eingangsgröße, wenn alle anderen Eingangsgrößen sowie sämtliche Kapazitätsspannungen und Induktivitätsströme für irgendeinen Zeitpunkt gleich Null gesetzt werden. In entsprechender Weise erhält man die übrigen Konstanten.

Die Zustandsvariablen $i_\mu$ und $u_\mu$ werden jetzt einheitlich bezeichnet:

$$z_\mu := \begin{cases} i_\mu & \text{für} \quad \mu = 1,2,\ldots,l \\ u_\mu & \text{für} \quad \mu = l+1,\ldots,l+c\,. \end{cases}$$

Dann lassen sich die Gln. (2.1) und (2.2) in der Form

$$\frac{\mathrm{d}z_\mu}{\mathrm{d}t} = \sum_{\nu=1}^{q} A_{\mu\nu} z_\nu + \sum_{\nu=1}^{m} B_{\mu\nu} x_\nu \quad (\mu = 1,2,\ldots,q = l+c) \tag{2.3}$$

darstellen. Hierbei gilt für $\mu = 1,2,\ldots,l$

$$A_{\mu\nu} := \begin{cases} \rho_{\mu\nu}/L_\mu & (\nu = 1,2,\ldots,l)\,, \\ \alpha_{\mu\nu}/L_\mu & (\nu = l+1,\ldots,q)\,, \end{cases}$$

$$B_{\mu\nu} := \varepsilon_{\mu\nu}/L_\mu \qquad (\nu = 1,2,\ldots,m)\,,$$

für $\mu = l+1,\ldots,q$

$$A_{\mu\nu} := \begin{cases} \beta_{\mu\nu}/C_\mu & (\nu = 1,2,\ldots,l)\,, \\ \gamma_{\mu\nu}/C_\mu & (\nu = l+1,\ldots,q)\,, \end{cases}$$

$$B_{\mu\nu} := \delta_{\mu\nu}/C_\mu \qquad (\nu = 1,2,\ldots,m)\,.$$

Schließlich erhält man aus Gl. (2.3) bei Einführung des Zustandsvektors

$$\boldsymbol{z}(t) := [z_1\ z_2 \cdots z_q]^{\mathrm{T}} \tag{2.4}$$

und der Matrizen

$$\boldsymbol{A} := \begin{bmatrix} A_{11} & A_{12} & \cdots & A_{1q} \\ A_{21} & A_{22} & \cdots & A_{2q} \\ \vdots & & & \\ A_{q1} & A_{q2} & \cdots & A_{qq} \end{bmatrix}, \quad \boldsymbol{B} := \begin{bmatrix} B_{11} & B_{12} & \cdots & B_{1m} \\ B_{21} & B_{22} & \cdots & B_{2m} \\ \vdots & & & \\ B_{q1} & B_{q2} & \cdots & B_{qm} \end{bmatrix} \tag{2.5a,b}$$

die Darstellung

$$\frac{\mathrm{d}\boldsymbol{z}}{\mathrm{d}t} = \boldsymbol{A}\boldsymbol{z} + \boldsymbol{B}\boldsymbol{x}\,. \tag{2.6}$$

Als Systemausgangsgrößen seien bestimmte Ströme bzw. Spannungen betrachtet, die im Netzwerk vorkommen. Sie sollen mit $y_1(t), y_2(t), \ldots, y_r(t)$ bezeichnet und zum Vektor $\boldsymbol{y}(t)$ zusammengefaßt werden. Diese Ausgangsgrößen lassen sich durch Linearkombinationen der $z_\nu(t)$ und $x_\nu(t)$ darstellen:

$$y_\rho(t) = \sum_{\nu=1}^{q} C_{\rho\nu} z_\nu(t) + \sum_{\nu=1}^{m} D_{\rho\nu} x_\nu(t), \quad (\rho = 1,2,\ldots,r). \tag{2.7}$$

Die in dieser Darstellung auftretenden Koeffizienten werden ähnlich wie die Elemente der Matrizen $\boldsymbol{A}$ und $\boldsymbol{B}$ bestimmt.

Faßt man die Koeffizienten $C_{\rho\nu}$ zur Matrix $\boldsymbol{C}$ mit $r$ Zeilen und $q$ Spalten zusammen und bildet man in entsprechender Weise aus den $D_{\rho\nu}$ die Matrix $\boldsymbol{D}$ mit $r$ Zeilen und $m$ Spalten, dann können die Gln. (2.7) in der Form

$$\boldsymbol{y} = \boldsymbol{C}\boldsymbol{z} + \boldsymbol{D}\boldsymbol{x} \tag{2.8}$$

geschrieben werden. Die beiden Matrizengleichungen (2.6) und (2.8) erlauben nun, das elektrische Netzwerk vollständig zu beschreiben. Wie man sieht, ist bei Kenntnis des Vektors $\boldsymbol{z}(t)$ für $t = t_0$ das Ausgangssignal $\boldsymbol{y}(t)$ in eindeutiger Weise aus dem als zulässig vorausgesetzten Eingangssignal $\boldsymbol{x}(t)$ für $t \geqq t_0$ bestimmt. Aus diesem Grund sagt man, daß der Vektor $\boldsymbol{z}(t)$ in jedem Zeitpunkt $t$ den *Zustand* des Systems bestimmt. Die Gln. (2.6) und (2.8) bilden in diesem Sinne eine *Systembeschreibung im Zustandsraum*.

Treten im Netzwerk linear abhängige Energiespeicher auf, dann liefert die obige Gleichstrombetrachtung zunächst nur an allen ohmschen Widerständen Ströme und Spannungen, während die Ströme und Spannungen für die abhängigen Energiespeicher aufgrund der linearen Verknüpfung mit den Zustandsgrößen und den Strom-Spannungs-Beziehungen für die Netzwerkelemente angegeben werden können. Dies hat zur Folge, daß auf den rechten Seiten der Gln. (2.1) und (2.2) auch noch Terme mit der ersten Ableitung von Zustandsvariablen auftreten. Zur Gewinnung der Normalform gemäß den Gln. (2.6) und (2.8) müssen die erweiterten Gln. (2.1) und (2.2) nach den Ableitungen der Zustandsvariablen aufgelöst werden.

Falls sich die Elemente des Netzwerks mit der Zeit ändern, lassen sich nach wie vor Gleichungen der Form (2.6) und (2.8) aufstellen. Es empfiehlt sich in diesem Fall, als Zustandsvariablen statt der Spannungen die Ladungen der Kapazitäten und statt der Ströme die magnetischen Flüsse der Induktivitäten zu verwenden. Die Matrizen $\boldsymbol{A}, \boldsymbol{B}, \boldsymbol{C}$ und $\boldsymbol{D}$ sind dann im allgemeinen von der Zeit abhängig.

*Beispiel:* Bild 2.1 zeigt ein einfaches Netzwerk. Die Spannung $x(t)$ sei die Eingangsgröße, der Strom durch den ohmschen Widerstand $R_1$ stelle die Ausgangsgröße $y(t)$ dar. Der Strom $z_1$ durch die Induktivität $L$ und die Spannung $z_2$ an der Kapazität $C$ sind als Zustandsvariablen des Systems zu wählen. Nach Gl. (2.6) wird

$$\frac{\mathrm{d}z_1}{\mathrm{d}t} = A_{11} z_1 + A_{12} z_2 + B_{11} x ,$$

$$\frac{\mathrm{d}z_2}{\mathrm{d}t} = A_{21} z_1 + A_{22} z_2 + B_{21} x .$$

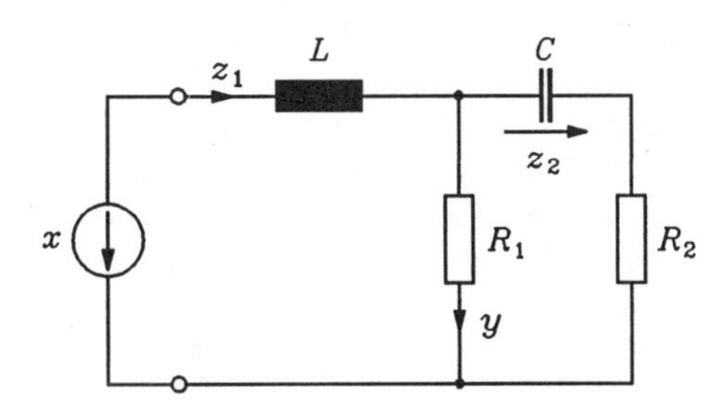


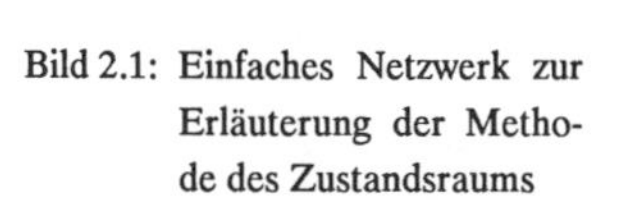

Bild 2.1: Einfaches Netzwerk zur Erläuterung der Methode des Zustandsraums

Zur Bestimmung von $A_{11}$ betrachtet man den Fall, daß $z_2 = x = 0$ ist. Aus dem Netzwerk folgt direkt, daß dann

$$L\,\frac{\mathrm{d}z_1}{\mathrm{d}t} = -\frac{R_1 R_2}{R_1 + R_2}\,z_1\,, \quad \text{also} \quad A_{11} = -\frac{R_1 R_2}{L\,(R_1 + R_2)}$$

gilt. Wird $z_1 = x = 0$ gewählt, so erhält man [1])

$$L\,\frac{\mathrm{d}z_1}{\mathrm{d}t} = -\frac{R_1}{R_1 + R_2}\,z_2\,, \quad \text{also} \quad A_{12} = -\frac{R_1}{L\,(R_1 + R_2)}\,.$$

Weiterhin ergibt sich

$$L\frac{\mathrm{d}z_1}{\mathrm{d}t} = x \quad \text{für} \quad z_1 = z_2 = 0\,, \quad \text{also} \quad B_{11} = \frac{1}{L}\,.$$

Für $z_2 = x = 0$ erhält man

$$C\,\frac{\mathrm{d}z_2}{\mathrm{d}t} = \frac{R_1}{R_1 + R_2}\,z_1\,, \quad \text{d. h.} \quad A_{21} = \frac{R_1}{C\,(R_1 + R_2)}\,.$$

Schließlich wird

$$A_{22} = -\frac{1}{C\,(R_1 + R_2)}\,, \quad B_{21} = 0\,.$$

Damit lautet die Gl. (2.6) für das Beispiel

$$\frac{\mathrm{d}\boldsymbol{z}}{\mathrm{d}t} = \begin{bmatrix} \dfrac{-R_1 R_2}{L\,(R_1 + R_2)} & \dfrac{-R_1}{L\,(R_1 + R_2)} \\ \dfrac{R_1}{C\,(R_1 + R_2)} & \dfrac{-1}{C\,(R_1 + R_2)} \end{bmatrix} \boldsymbol{z} + \begin{bmatrix} \dfrac{1}{L} \\ 0 \end{bmatrix} x\,. \tag{2.9a}$$

Das Ausgangssignal hat nach Gl. (2.8) die Form

$$y = C_{11} z_1 + C_{12} z_2 + D_{11}\,x\,.$$

Für $z_2 = x = 0$ wird

$$y = \frac{R_2}{R_1 + R_2}\,z_1\,, \quad \text{also} \quad C_{11} = \frac{R_2}{R_1 + R_2}\,.$$

Entsprechend erhält man

$$C_{12} = \frac{1}{R_1 + R_2}\,, \quad D_{11} = 0\,.$$

Damit lautet für das Beispiel die Gl. (2.8)

$$y = \left[\frac{R_2}{R_1 + R_2}\,, \quad \frac{1}{R_1 + R_2}\right] \boldsymbol{z}\,. \tag{2.9b}$$

Im folgenden soll noch gezeigt werden, wie die Zustandsgleichungen für ein RLC-Netzwerk nach einem einfachen topologischen Verfahren systematisch aufgestellt werden können. Dazu benötigt man einige Grundbegriffe der Netzwerktopologie, die zunächst mitgeteilt werden. Unter einem (vollständigen) *Baum* eines Netzwerks versteht man einen Teil des Netzwerks, der alle vorhandenen Knoten miteinander verbindet, ohne daß ein geschlossener Weg, eine sogenannte Masche, vorhanden ist. Den restlichen Teil des Netzwerks bezeichnet man als *Baumkomplement*. Jede Menge von Zweigen des Netzwerks, durch deren Entfernung das Netzwerk in zwei Teile zerfällt (dabei zählt ein einzelner Knoten als Teil), heißt *Schnittmenge* (oder Trennmenge). Unter einem *Normalbaum* wird ein Baum verstanden, der

---

[1]) Man beachte, daß aus $z_1(t) = 0$ für irgendeinen Zeitpunkt $t = t_1$ nicht notwendig $\mathrm{d}z_1/\mathrm{d}t = 0$ für $t = t_1$ folgt.

alle Spannungsquellen, keine Stromquellen, möglichst viele Kapazitäten und möglichst wenige Induktivitäten enthält. Das entsprechende Baumkomplement heißt *Normalbaumkomplement.* Aus jedem Zweig eines Baums kann durch alleinige Hinzufügung von Zweigen des entsprechenden Baumkomplements genau eine Schnittmenge gebildet werden, die *fundamental* genannt wird. Aus jedem Zweig eines Baumkomplements kann durch alleinige Hinzufügung von Zweigen des entsprechenden Baums genau eine Masche gebildet werden, die *fundamental* genannt wird.

Damit Zustandsgleichungen in der Form der Gln. (2.6) und (2.8) existieren, wird vorausgesetzt, daß keine durch eine Kapazität im Baumkomplement bestimmte Fundamentalmasche eine Spannungsquelle und keine durch eine Induktivität im Baum bestimmte Fundamentalschnittmenge eine Stromquelle enthält. Dies entspricht der Forderung, daß alle Erregungen unabhängig von den Zustandsvariablen wählbar sein sollen. Ist diese Voraussetzung nicht erfüllt, dann tritt in den Zustandsgleichungen auch noch die erste Ableitung des Erregungsvektors auf. Die Aufstellung der Zustandsgleichungen erfolgt nun in folgenden Schritten:

1. Es wird ein Normalbaum gewählt. Die Ströme aller im Normalbaumkomplement auftretenden Induktivitäten seien $i_\mu (\mu = 1,2,\dots,l)$, die Spannungen aller im Normalbaum auftretenden Kapazitäten seien $u_\mu (\mu = l+1,\dots,l+c)$.

2. Es werden die Zustandsvariablen

$$z_\mu = \begin{cases} i_\mu & \text{für} \quad \mu = 1,2,\dots,l \\ u_\mu & \text{für} \quad \mu = l+1,\dots,l+c \end{cases}$$

eingeführt. Dadurch lassen sich alle Kapazitätsspannungen und Induktivitätsströme durch die Zustandsvariablen $z_\mu (\mu = 1,2,\dots,l+c)$ direkt ausdrücken. Durch die Ableitung der Spannungen an den Kapazitäten im Normalbaumkomplement lassen sich deren Ströme als Linearkombination von ersten Ableitungen der Zustandsgrößen darstellen. Entsprechend gewinnt man die Induktivitätsspannungen im Normalbaum als Linearkombination von ersten Ableitungen der Zustandsgrößen. Im Rahmen einer reinen Gleichstrombetrachtung sind nun die Spannungen an allen ohmschen Widerständen des Normalbaums sowie die Ströme durch sämtliche ohmschen Widerstände des Normalbaumkomplements mit Hilfe der Zustandsvariablen $z_\mu$ und der Eingangsgrößen $x_\nu (\nu = 1,2,\dots,m)$ auszudrücken.

3. Jeder Induktivität im Normalbaumkomplement wird ihre fundamentale Masche zugeordnet. Jeder Kapazität im Normalbaum wird ihre fundamentale Schnittmenge zugeordnet. Durch Anwendung der Maschenregel (zweites Kirchhoffsches Gesetz [Un4]) auf sämtliche dieser $l$ Maschen und durch Anwendung der Knotenregel (erstes Kirchhoffsches Gesetz [Un4]) auf sämtliche dieser $c$ Schnittmengen entstehen $q = l + c$ Bestimmungsgleichungen für die Ableitungen $\mathrm{d}z_\mu/\mathrm{d}t$. Durch Auflösung dieser Gleichungen erhält man die Zustandsgleichungen in der Form von Gl. (2.6). Die Gl. (2.8) erhält man unter Berücksichtigung der gewonnenen Zustandsgleichungen wie die im Schritt 2 ermittelten Ströme und Spannungen.

*Beispiel:* Es soll noch einmal das Netzwerk von Bild 2.1 betrachtet werden. Als Normalbaum wird derjenige Teil des Netzwerks gewählt, der aus der Spannungsquelle $x$, der Kapazität $C$ und dem Widerstand $R_1$ besteht (Bild 2.2). Ersetzt man im Netzwerk von Bild 2.1 die Induktivität durch eine Stromquelle $z_1$ und die Kapazität durch eine Spannungsquelle $z_2$ (Bild 2.3), so erhält man durch Gleichstromrechnung unmittelbar

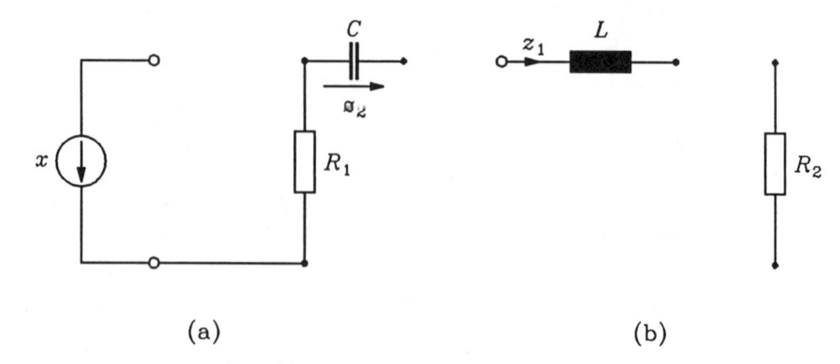


Bild 2.2: Zerlegung des Netzwerks von Bild 2.1 in einen Normalbaum (a) und ein zugehöriges Normalbaumkomplement (b)

$$u_1 = \frac{R_1 R_2}{R_1 + R_2} z_1 + \frac{R_1}{R_1 + R_2} z_2 \tag{2.10a}$$

und

$$i_2 = \frac{R_1}{R_1 + R_2} z_1 - \frac{1}{R_1 + R_2} z_2 \, . \tag{2.10b}$$

Die zur Induktivität $L$ gehörende Fundamentalmasche enthält außer diesem Netzwerkelement den Widerstand $R_1$ und die Quelle $x$. Die Maschenregel liefert für die Induktivitätsspannung mit Gl. (2.10a) direkt

$$L \frac{\mathrm{d}z_1}{\mathrm{d}t} = x - u_1 = x - \left( \frac{R_1 R_2}{R_1 + R_2} z_1 + \frac{R_1}{R_1 + R_2} z_2 \right).$$

Die zur Kapazität $C$ gehörende Fundamentalschnittmenge enthält außer diesem Netzwerkelement nur den Widerstand $R_2$. Die Knotenregel liefert für den Kapazitätsstrom mit Gl. (2.10b) direkt

$$C \frac{\mathrm{d}z_2}{\mathrm{d}t} = i_2 = \frac{R_1}{R_1 + R_2} z_1 - \frac{1}{R_1 + R_2} z_2 \, .$$

Die Größe $y = u_1 / R_1$ kann aus Gl. (2.10a) direkt angegeben werden. Damit sind die bereits früher erhaltenen Ergebnisse bestätigt.

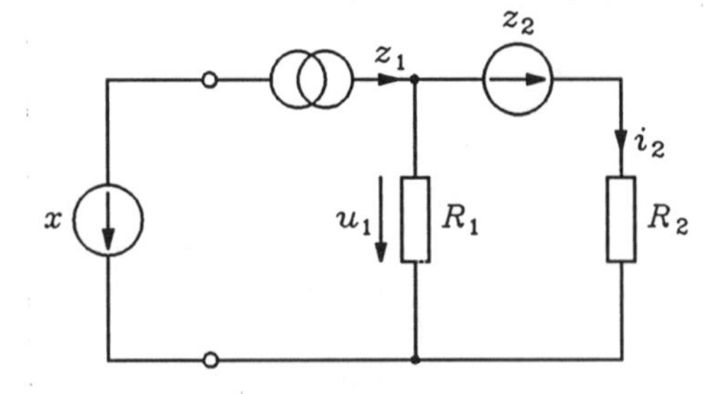


Bild 2.3: Zur Darstellung von $u_1$ und $i_2$ als Funktionen von $z_1, z_2$ und $x$ aufgrund des Überlagerungssatzes

Abschließend sei noch erwähnt, daß die Zustandsgleichungen nach der Wahl der Zustandsvariablen auch mit Hilfe anderer Netzwerkanalyseverfahren (z. B. [Un4]) aufgestellt werden können.

## 3. Beschreibung kontinuierlicher Systeme im Zustandsraum

Die im Abschnitt 2 behandelte Methode zur Beschreibung elektrischer Netzwerke im Zustandsraum soll jetzt auf allgemeine kontinuierliche Systeme angewendet werden, die aus konzentrierten Elementen aufgebaut sind und mit Hilfe gewöhnlicher Differentialgleichungen dargestellt werden können. Die Beschreibung im Zustandsraum lautet in ihrer Normalform

$$\frac{\mathrm{d}\boldsymbol{z}(t)}{\mathrm{d}t} = \boldsymbol{f}(\boldsymbol{z}, \boldsymbol{x}, t), \tag{2.11a}$$

$$\boldsymbol{y}(t) = \boldsymbol{g}(\boldsymbol{z}, \boldsymbol{x}, t). \tag{2.11b}$$

Dabei ist $\boldsymbol{x}(t)$ der Vektor der $m$ Eingangsfunktionen, $\boldsymbol{y}(t)$ ist der Vektor der $r$ Ausgangsfunktionen und $\boldsymbol{z}(t)$ der Zustandsvektor mit $q$ Komponenten. Weiterhin bezeichnen $\boldsymbol{f}$ und $\boldsymbol{g}$ vektorielle Funktionen.[1] Die Komponenten des Zustandsvektors $\boldsymbol{z}(t)$ werden häufig mit jenen Zeitfunktionen identifiziert, welche die Energiespeicher des Systems kennzeichnen. Bei der Beschreibung von Analogrechner-Schaltungen, die aus Addier-, Integrier- und Multipliziergliedern für Konstanten aufgebaut sind, empfiehlt es sich, als Zustandsgrößen die Ausgangssignale der Integrierer zu wählen.

Die Eingangsgröße $\boldsymbol{x}(t)$ bestimmt zusammen mit dem Wert des Zustandsvektors $\boldsymbol{z}(t)$ für den Anfangszeitpunkt $t = t_0$ nach den Grundgleichungen (2.11a, b) den Zustandsvektor $\boldsymbol{z}(t)$ und das Ausgangssignal $\boldsymbol{y}(t)$ für $t \geqq t_0$. In diesem Sinne faßt der Zustandsvektor $\boldsymbol{z}(t)$ zu jedem Zeitpunkt $t_0$ die Vergangenheit des Systems zusammen, die im wesentlichen durch den Vektor $\boldsymbol{x}(t)$ der Eingangsgrößen für $t \leqq t_0$ bestimmt ist. Diese Zusammenfassung der Vergangenheit erfolgt insoweit, als sie für den künftigen Zustand von Bedeutung ist.

Man kann sich den Zustandsvektor $\boldsymbol{z}(t)$ im $q$-dimensionalen Euklidischen Raum vorstellen, wobei $q$ die Zahl der Komponenten von $\boldsymbol{z}(t)$ ist. Der Zustandsvektor $\boldsymbol{z}(t)$ beschreibt nun in Abhängigkeit des Zeitparameters $t$ eine Kurve (Trajektorie) im $q$-dimensionalen Zustandsraum, wobei etwa der Zustand $\boldsymbol{z}(t_0)$ in den Zustand $\boldsymbol{z}(t_1)$ übergeht. Die Kurve, die durch den Zustandsvektor in dem Intervall $t_0 \leqq t \leqq t_1$ beschrieben wird, ist in eindeutiger Weise durch den Anfangszustand $\boldsymbol{z}(t_0)$ und die Eingangsgröße $\boldsymbol{x}(t)$ im Intervall $t_0 \leqq t \leqq t_1$ bestimmt. Die kleinste Zahl von Funktionen $z_\mu(t)$, die zur eindeutigen Kennzeichnung des Systemzustands erforderlich sind, heißt *Ordnung* des Systems. Die Ordnung ist unabhängig von der Wahl der Zustandsgrößen.

Läßt sich das System durch *lineare* Differentialgleichungen beschreiben, so lauten die Grundgleichungen

$$\frac{\mathrm{d}\boldsymbol{z}(t)}{\mathrm{d}t} = \boldsymbol{A}(t)\boldsymbol{z}(t) + \boldsymbol{B}(t)\boldsymbol{x}(t), \tag{2.12}$$

$$\boldsymbol{y}(t) = \boldsymbol{C}(t)\boldsymbol{z}(t) + \boldsymbol{D}(t)\boldsymbol{x}(t). \tag{2.13}$$

---

1) Im folgenden wird angenommen, daß die Funktionen $\boldsymbol{f}$ und $\boldsymbol{g}$ eine eindeutige Lösung der Gln. (2.11a,b) zulassen. Einzelheiten bezüglich der Existenz und Eindeutigkeit von Lösungen der Differentialgleichung (2.11a) findet man im Buch [Co1].

Hierbei sind $\boldsymbol{A}(t), \boldsymbol{B}(t), \boldsymbol{C}(t)$ und $\boldsymbol{D}(t)$ Matrizen mit Elementen, die im allgemeinen Funktionen der Zeit sind, und

$$\boldsymbol{x} := \begin{bmatrix} x_1 \\ x_2 \\ \vdots \\ x_m \end{bmatrix}, \quad \boldsymbol{y} := \begin{bmatrix} y_1 \\ y_2 \\ \vdots \\ y_r \end{bmatrix}, \quad \boldsymbol{z} := \begin{bmatrix} z_1 \\ z_2 \\ \vdots \\ z_q \end{bmatrix}.$$

$\boldsymbol{A}(t)$ ist eine $q$-reihige quadratische Matrix, die Matrix $\boldsymbol{B}(t)$ hat $q$ Zeilen und $m$ Spalten, und die Matrizen $\boldsymbol{C}(t)$ und $\boldsymbol{D}(t)$ weisen jeweils $r$ Zeilen und $q$ bzw. $m$ Spalten auf. Jedes durch die Gln. (2.12) und (2.13) für $t \geqq t_0$ beschriebene System ist, wie aufgrund der im nächsten Abschnitt abzuleitenden Lösung dieser Gleichung zu erkennen ist, im Sinne der Definition aus Abschnitt 1.3 von Kapitel I genau dann für $t \geqq t_0$ linear, wenn der Anfangszustand $\boldsymbol{z}(t_0)$ jeweils gleich Null ist. Trotzdem sollen alle durch die Gln. (2.12) und (2.13) beschreibbaren Systeme bei Zulassung beliebiger Anfangszustände *linear* genannt werden.

Sind die Parameter eines durch die Gln. (2.12) und (2.13) darstellbaren Systems zeitunabhängig, dann sind die Koeffizientenmatrizen konstant, und man schreibt einfach $\boldsymbol{A}, \boldsymbol{B}, \boldsymbol{C}$ und $\boldsymbol{D}$. Das System heißt dann *zeitinvariant*.

## 3.1. UMWANDLUNG VON EINGANG-AUSGANG-BESCHREIBUNGEN IN ZUSTANDSGLEICHUNGEN

Häufig wird ein kontinuierliches System mit einem Eingang und einem Ausgang durch eine lineare Differentialgleichung $q$-ter Ordnung mit konstanten Koeffizienten beschrieben. Es ergibt sich dann die Aufgabe, eine entsprechende äquivalente Beschreibung im Zustandsraum anzugeben. Dieses Problem soll im folgenden behandelt werden. Die Differentialgleichung $q$-ter Ordnung laute[1)]

$$\frac{\mathrm{d}^q y}{\mathrm{d}t^q} + \alpha_{q-1}\frac{\mathrm{d}^{q-1} y}{\mathrm{d}t^{q-1}} + \cdots + \alpha_1 \frac{\mathrm{d}y}{\mathrm{d}t} + \alpha_0 y = \beta_{q-1}\frac{\mathrm{d}^{q-1} x}{\mathrm{d}t^{q-1}} + \cdots + \beta_1 \frac{\mathrm{d}x}{\mathrm{d}t} + \beta_0 x\,. \quad (2.14)$$

Bevor zwei Verfahren zur Lösung der gestellten Aufgabe diskutiert werden, soll eine Vorbemerkung gemacht werden. Bei einem System mit nur einer Eingangsgröße und einer Ausgangsgröße ist die Matrix $\boldsymbol{B}$ ein Spaltenvektor $\boldsymbol{b}$, die Matrix $\boldsymbol{C}$ ein Zeilenvektor $\boldsymbol{c}^{\mathrm{T}}$ und die Matrix $\boldsymbol{D}$ ein Skalar $d$. Gelingt es, für das durch Gl. (2.14) gegebene System eine Zustandsdarstellung gemäß den Gln. (2.12) und (2.13) mit dem Quadrupel $(\boldsymbol{A}, \boldsymbol{b}, \boldsymbol{c}^{\mathrm{T}}, d)$ von zeitunabhängigen Systemmatrizen anzugeben, so weisen die Zustandsgleichungen mit dem Quadrupel $(\boldsymbol{A}^{\mathrm{T}}, \boldsymbol{c}, \boldsymbol{b}^{\mathrm{T}}, d)$ dasselbe Eingang-Ausgang-Verhalten auf. In diesem Sinne gehört zu jeder Zustandsdarstellung des durch die Gl. (2.14) gegebenen Systems eine duale Darstellung mit derselben Impulsantwort. Diese Tatsache läßt sich später mit Hilfe der Ergebnisse von Abschnitt 3.3.3 einfach beweisen.

---

[1)] Tritt auf der rechten Seite der Differentialgleichung auch der Term $\beta_q\, \mathrm{d}^q x/\mathrm{d}t^q$ auf, dann kann dieser Fall stets durch die Substitution $y - \beta_q x = \tilde{y}$ auf die Form der Gl. (2.14) gebracht werden. Im Anschluß an die Realisierung der transformierten Differentialgleichung erhält man aus $\tilde{y}$ die interessierende Ausgangsgröße $y$ durch Addition von $\beta_q x$, was sich schaltungstechnisch leicht realisieren läßt. Ableitungen der Funktion $x$ von höherer Ordnung als $q$ sind in Gl. (2.14) aufgrund der Forderung der Stabilität ausgeschlossen.

**Ein erstes Verfahren**
Es soll zuerst der einfache Fall

$$\frac{d^q y}{dt^q} + \alpha_{q-1} \frac{d^{q-1} y}{dt^{q-1}} + \cdots + \alpha_0 y = x \tag{2.15}$$

mit $\beta_0 = 1$ und $\beta_1 = \beta_2 = \cdots = \beta_{q-1} = 0$ betrachtet werden. Setzt man hier $y = z_1$, $dy/dt = z_2, \ldots, d^{q-1} y / dt^{q-1} = z_q$, dann gilt

$$\frac{dz_\mu}{dt} = z_{\mu+1}, \quad \mu = 1, \ldots, q-1, \tag{2.16a}$$

und aus Gl. (2.15) wird

$$\frac{dz_q}{dt} = -\alpha_0 z_1 - \alpha_1 z_2 - \cdots - \alpha_{q-1} z_q + x. \tag{2.16b}$$

Der Differentialgleichung (2.15) ist damit die Zustandsdarstellung

$$\frac{d\boldsymbol{z}}{dt} = \begin{bmatrix} 0 & 1 & 0 & \cdots & & 0 \\ 0 & 0 & 1 & 0 & \cdots & 0 \\ \vdots & & & & & \\ 0 & 0 & \cdots & & 0 & 1 \\ -\alpha_0 & -\alpha_1 & -\alpha_2 & \cdots & & -\alpha_{q-1} \end{bmatrix} \boldsymbol{z} + \begin{bmatrix} 0 \\ 0 \\ \vdots \\ 0 \\ 1 \end{bmatrix} x, \tag{2.17a}$$

$$y = [1 \quad 0 \quad \cdots \quad 0] \boldsymbol{z} \tag{2.17b}$$

zugeordnet.

Mit $y = z_1$ kann die Gl. (2.15) auch in der Form

$$\frac{d^q z_1}{dt^q} + \alpha_{q-1} \frac{d^{q-1} z_1}{dt^{q-1}} + \cdots + \alpha_0 z_1 = x$$

geschrieben werden. Hieraus erhält man durch fortgesetzte Differentiation nach $t$ bei Berücksichtigung von Gl. (2.16a) die weiteren Beziehungen

$$\frac{d^q z_2}{dt^q} + \alpha_{q-1} \frac{d^{q-1} z_2}{dt^{q-1}} + \cdots + \alpha_0 z_2 = \frac{dx}{dt},$$

$$\vdots$$

$$\frac{d^q z_q}{dt^q} + \alpha_{q-1} \frac{d^{q-1} z_q}{dt^{q-1}} + \cdots + \alpha_0 z_q = \frac{d^{q-1} x}{dt^{q-1}}.$$

Multipliziert man diese $q$ Gleichungen der Reihe nach mit $\beta_0, \beta_1, \ldots, \beta_{q-1}$, dann liefert die Summe der Ergebnisse gerade die Gl. (2.14), wenn man noch $y = \beta_0 z_1 + \beta_1 z_2 + \cdots + \beta_{q-1} z_q$ setzt. Damit ist gezeigt, daß der Gl. (2.14) die Zustandsdarstellung mit den Systemmatrizen

$$\boldsymbol{A} = \begin{bmatrix} 0 & 1 & 0 & \cdots & & 0 \\ 0 & 0 & 1 & 0 & \cdots & 0 \\ \vdots & & & & & \\ 0 & 0 & \cdots & & & 1 \\ -\alpha_0 & -\alpha_1 & \cdots & & & -\alpha_{q-1} \end{bmatrix}, \quad \boldsymbol{b} = \begin{bmatrix} 0 \\ 0 \\ \vdots \\ 0 \\ 1 \end{bmatrix}, \tag{2.18a,b}$$

$$\boldsymbol{c}^{\mathrm{T}} = [\beta_0 \quad \beta_1 \quad \cdots \quad \beta_{q-1}], \quad d = 0 \tag{2.18c,d}$$

zugeordnet werden kann. Man beachte, daß die Parameter dieser Darstellung unmittelbar durch die Koeffizienten der gegebenen Differentialgleichung ausgedrückt sind. Im Bild 2.4 ist das Signalflußdiagramm einer Schaltung angegeben, durch die das System simuliert werden kann. Im Sinne der eingangs gemachten Vorbemerkung gibt es eine zur Schaltung von Bild 2.4 duale Realisierung der Gl. (2.14) mit dem Quadrupel $(\boldsymbol{A}^{\mathrm{T}}, \boldsymbol{c}, \boldsymbol{b}^{\mathrm{T}}, d)$ von Systemmatrizen. Das Signalflußdiagramm dieser Realisierung ist im Bild 2.5 dargestellt.

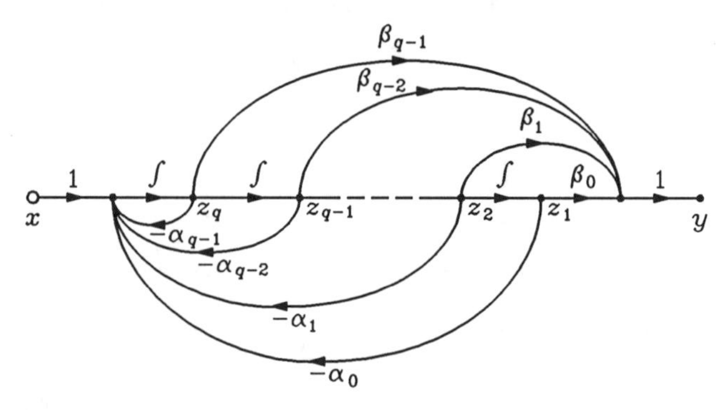


Bild 2.4: Schaltbild zur Simulation eines Systems aufgrund des ersten Verfahrens. Kleine Kreise kennzeichnen Quellen, von denen das jeweils angegebene Signal ausgeht. Knoten bezeichnen Verteilungsstellen, an denen die Summe aller einlaufenden Signale in jeden auslaufenden Pfad abgegeben wird. Ein an einem Pfad angegebenes Integral bzw. eine Konstante bedeutet, daß das betreffende Signal längs des Pfades integriert bzw. mit der Konstante multipliziert wird

Die Systemdarstellung gemäß den Gln. (2.18a-d) wird im Schrifttum gelegentlich *Steuerungsnormalform* genannt. Der Grund hierfür liegt darin, daß ein System in dieser Darstellung stets die Eigenschaft der Steuerbarkeit besitzt, die im Abschnitt 3.4.2 besprochen wird.

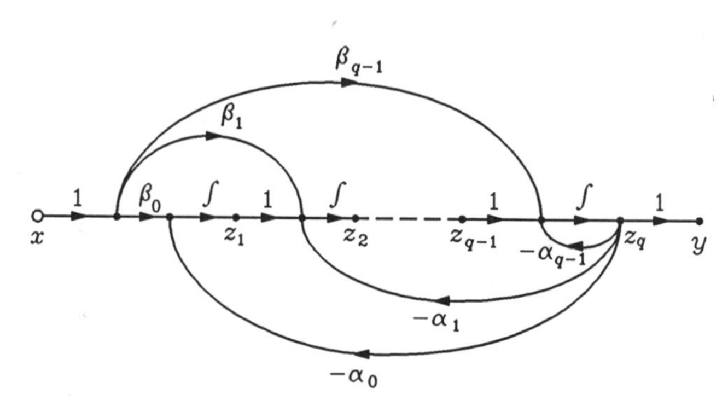


Bild 2.5: Zur Schaltung von Bild 2.4 duale Realisierung der Differentialgleichung (2.14). Beide Schaltungen besitzen die gleiche Impulsantwort wie das durch Gl. (2.14) gegebene System und enthalten neben Addierern und Multiplizierern jeweils $q$ Integratoren

**Ein zweites Verfahren**

Beim Übergang vom einfachen Sonderfall der Gl. (2.15) zum allgemeinen Fall von Gl. (2.14) muß in der oben beschriebenen Zustandsdarstellung nach Gln. (2.17a,b) lediglich der Vektor $\boldsymbol{c}^{\mathrm{T}} = [1\ 0 \cdots 0]$ durch den neuen Vektor $\boldsymbol{c}^{\mathrm{T}} = [\beta_0\ \beta_1\ \cdots\ \beta_{q-1}]$ ersetzt werden.

Man kann ausgehend von den Gln. (2.17a,b) auch durch Änderung der Komponenten des Vektors $\boldsymbol{b}$ eine Zustandsbeschreibung für Gl. (2.14) ermitteln. Hierzu setzt man

$$\frac{\mathrm{d}z_\mu}{\mathrm{d}t} = z_{\mu+1} + b_\mu x\,, \quad \mu = 1, \ldots, q-1\,,$$

$$\frac{\mathrm{d}z_q}{\mathrm{d}t} = -\alpha_0 z_1 - \alpha_1 z_2 - \cdots - \alpha_{q-1} z_q + b_q x\,,$$

dann ergibt sich durch fortgesetzte Differentiation nach der Zeit ausgehend von Gl. (2.17b)

$$\left.\begin{aligned} y &= z_1\,, \\ \frac{\mathrm{d}y}{\mathrm{d}t} &= z_2 + b_1 x\,, \\ \frac{\mathrm{d}^2 y}{\mathrm{d}t^2} &= z_3 + b_2 x + b_1 \frac{\mathrm{d}x}{\mathrm{d}t}\,, \\ &\vdots \\ \frac{\mathrm{d}^{q-1} y}{\mathrm{d}t^{q-1}} &= z_q + b_{q-1} x + b_{q-2} \frac{\mathrm{d}x}{\mathrm{d}t} + \cdots + b_1 \frac{\mathrm{d}^{q-2} x}{\mathrm{d}t^{q-2}}\,, \\ \frac{\mathrm{d}^q y}{\mathrm{d}t^q} &= -\alpha_0 z_1 - \alpha_1 z_2 - \cdots - \alpha_{q-1} z_q + b_q x + b_{q-1} \frac{\mathrm{d}x}{\mathrm{d}t} \\ &\quad + \cdots + b_1 \frac{\mathrm{d}^{q-1} x}{\mathrm{d}t^{q-1}}\,. \end{aligned}\right\} \tag{2.19}$$

Multipliziert man diese $q+1$ Beziehungen der Reihe nach mit $\alpha_0, \alpha_1, \ldots, \alpha_{q-1}, 1$, dann liefert die Summe der Ergebnisse gerade die Gl. (2.14), wenn man noch die Forderungen

$$\left.\begin{aligned} b_1 &= \beta_{q-1}\,, \\ b_2 + \alpha_{q-1} b_1 &= \beta_{q-2}\,, \\ b_3 + \alpha_{q-1} b_2 + \alpha_{q-2} b_1 &= \beta_{q-3}\,, \\ &\vdots \\ b_q + \alpha_{q-1} b_{q-1} + \cdots + \alpha_1 b_1 &= \beta_0 \end{aligned}\right\} \tag{2.20}$$

erfüllt, aus denen die Komponenten $b_\mu$ des Vektors $\boldsymbol{b}$ sukzessive bestimmt werden können. In Matrixschreibweise hat diese Forderung die Form

$$\begin{bmatrix} 1 & 0 & \cdots & & 0 \\ \alpha_{q-1} & 1 & 0 & \cdots & 0 \\ \vdots & & & & \\ \alpha_1 & \alpha_2 & \cdots & \alpha_{q-1} & 1 \end{bmatrix} \begin{bmatrix} b_1 \\ b_2 \\ \vdots \\ b_q \end{bmatrix} = \begin{bmatrix} \beta_{q-1} \\ \beta_{q-2} \\ \vdots \\ \beta_0 \end{bmatrix}.$$

Hieraus entsteht der Vektor $\boldsymbol{b}$ durch Linksmultiplikation des Vektors der $\beta_{q-\nu}$ mit der inversen Koeffizientenmatrix, deren Existenz gewährleistet ist, da die Determinante der Koeffizientenmatrix gleich Eins ist. Damit ist gezeigt, daß die Differentialgleichung (2.14) stets auch durch Zustandsgleichungen mit den Systemmatrizen

$$\boldsymbol{A} = \begin{bmatrix} 0 & 1 & 0 & \cdots & & 0 \\ 0 & 0 & 1 & 0 & \cdots & 0 \\ \vdots & & & & & \\ 0 & 0 & \cdots & & 0 & 1 \\ -\alpha_0 & -\alpha_1 & \cdots & & & -\alpha_{q-1} \end{bmatrix}, \tag{2.21a}$$

$$\boldsymbol{b} = \begin{bmatrix} 1 & 0 & \cdots & & 0 \\ \alpha_{q-1} & 1 & 0 & \cdots & 0 \\ \vdots & & & & \\ \alpha_1 & \alpha_2 & \cdots & \alpha_{q-1} & 1 \end{bmatrix}^{-1} \begin{bmatrix} \beta_{q-1} \\ \beta_{q-2} \\ \vdots \\ \beta_0 \end{bmatrix}, \tag{2.21b}$$

$$\boldsymbol{c}^{\mathrm{T}} = [\,1 \quad 0 \quad \cdots \quad 0\,], \quad d = 0 \tag{2.21c,d}$$

ersetzt werden kann. Bild 2.6 zeigt die entsprechende Schaltung in Form eines Signalfluß-diagramms, und Bild 2.7 gibt die hierzu duale Realisierung mit dem Systemmatrizen-Quadrupel $(\boldsymbol{A}^{\mathrm{T}}, \boldsymbol{c}, \boldsymbol{b}^{\mathrm{T}}, d)$ an.

Mit Hilfe der Gln. (2.19) können die Anfangswerte der Zustandsvariablen $z_\mu(t)$ im Zeitpunkt $t = t_0$ leicht aus den Anfangswerten der Funktionen $x(t)$, $y(t)$ und deren Ableitungen gewonnen werden. Im einzelnen gilt

$$z_1(t_0) = y(t_0),$$

$$z_2(t_0) = \left[\frac{\mathrm{d}y}{\mathrm{d}t} - b_1\, x\right]_{t = t_0},$$

$$z_3(t_0) = \left[\frac{\mathrm{d}^2 y}{\mathrm{d}t^2} - b_1\, \frac{\mathrm{d}x}{\mathrm{d}t} - b_2\, x\right]_{t = t_0},$$

$$\vdots$$

$$z_q(t_0) = \left[\frac{\mathrm{d}^{q-1} y}{\mathrm{d}t^{q-1}} - b_1\, \frac{\mathrm{d}^{q-2} x}{\mathrm{d}t^{q-2}} - \cdots - b_{q-1}\, x\right]_{t = t_0}.$$

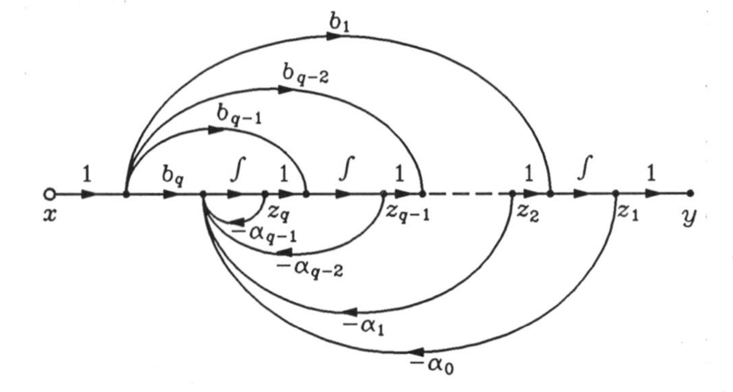


Bild 2.6: Schaltbild zur Simulation eines Systems aufgrund des zweiten Verfahrens

Die Systemdarstellung gemäß den Gln. (2.21a-d) wird im Schrifttum auch *Beobachtungsnormalform* genannt. Der Grund hierfür liegt darin, daß ein System in dieser Darstellung stets die Eigenschaft der Beobachtbarkeit besitzt, die im Abschnitt 3.4.3 besprochen wird.

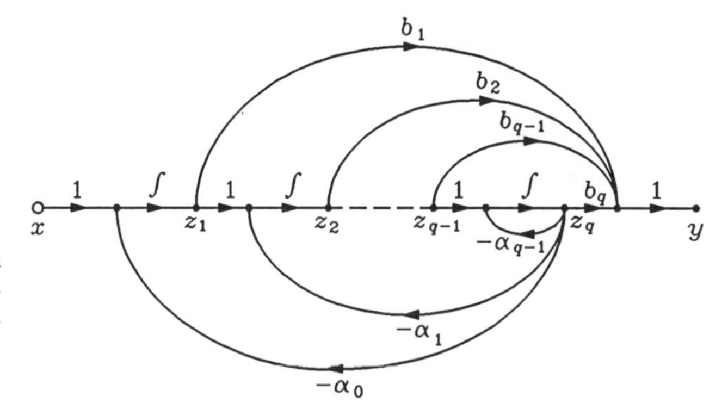


Bild 2.7: Zur Schaltung von Bild 2.6 duale Realisierung der Differentialgleichung (2.14)

Es sei auch besonders erwähnt, daß die beim zweiten Verfahren beschriebene Methode zur Darstellung eines durch die Gl. (2.14) gegebenen linearen Systems im Zustandsraum entsprechend auch dann angewendet werden kann, wenn das System zeitvariant ist, d. h., wenn die Koeffizienten $\alpha_\mu$ und $\beta_\mu$ Funktionen der Zeit sind. Dabei sind diese Funktionen als hinreichend oft differenzierbar vorauszusetzen. Die Komponenten $b_\mu$ des Vektors $\boldsymbol{b}$ müssen dann als Funktion von $t$ betrachtet werden, und man erhält für ihre Ermittlung ein den Gln. (2.20) ähnliches System von Gleichungen, das auch Differentialquotienten der Koeffizienten enthält und sukzessive lösbar ist.

Weitere Möglichkeiten zur Beschreibung der Differentialgleichung (2.14) im Zustandsraum lassen sich durch lineare Transformation des Zustandsraums (Abschnitt 3.2), insbesondere aber im Rahmen des Konzepts der Übertragungsfunktion einfach begründen. Hierauf wird im Kapitel V eingegangen.

## 3.2. LINEARE TRANSFORMATION DES ZUSTANDSRAUMS

Die Wahl der Zustandsvariablen $z_\mu(t)$, wie sie beispielsweise bei der Beschreibung elektrischer Netzwerke und für die Darstellung eines durch die Gl. (2.14) gegebenen Systems mit einem Eingang und einem Ausgang getroffen wurde, ist keinesfalls zwingend. Man kann für ein durch die Grundgleichungen (2.12) und (2.13) beschreibbares System mit konstanten Matrizen $\boldsymbol{A}, \boldsymbol{B}, \boldsymbol{C}$ und $\boldsymbol{D}$ neue Zustandsvariablen $\zeta_\nu(t)$ $(\nu = 1, 2, \ldots, q)$ einführen, die mit den früheren Zustandsvariablen $z_\mu(t)$ durch die linearen Beziehungen

$$z_\mu(t) = \sum_{\nu=1}^{q} m_{\mu\nu} \zeta_\nu(t) \quad (\mu = 1, 2, \ldots, q) \tag{2.22}$$

verknüpft sind. Die Zustandsvariablen $\zeta_\nu$ werden zum Zustandsvektor $\boldsymbol{\zeta}$ und die $m_{\mu\nu}$ zur quadratischen Matrix $\boldsymbol{M}$ zusammengefaßt. Dann läßt sich die Gl. (2.22) in Matrizenform schreiben:

$$\boldsymbol{z} = \boldsymbol{M}\boldsymbol{\zeta}. \tag{2.23}$$

Dabei wird vorausgesetzt, daß die Matrix $\boldsymbol{M}$ nichtsingulär ist, so daß die Transformation nach Gl. (2.23) umgekehrt werden kann:

$$\boldsymbol{\zeta} = \boldsymbol{M}^{-1}\boldsymbol{z}. \tag{2.24}$$

Substituiert man nun die Gl. (2.23) in die Grundgleichungen (2.12) und (2.13) mit konstanten Koeffizientenmatrizen, so ergibt sich

$$\boldsymbol{M}\,\frac{\mathrm{d}\boldsymbol{\zeta}}{\mathrm{d}t} = \boldsymbol{A}\boldsymbol{M}\boldsymbol{\zeta} + \boldsymbol{B}\boldsymbol{x}\;,$$

$$\boldsymbol{y} = \boldsymbol{C}\boldsymbol{M}\boldsymbol{\zeta} + \boldsymbol{D}\boldsymbol{x}\;.$$

Durch Linksmultiplikation der ersten Gleichung mit $\boldsymbol{M}^{-1}$ erhält man

$$\frac{\mathrm{d}\boldsymbol{\zeta}}{\mathrm{d}t} = \boldsymbol{M}^{-1}\boldsymbol{A}\boldsymbol{M}\boldsymbol{\zeta} + \boldsymbol{M}^{-1}\boldsymbol{B}\boldsymbol{x}\;.$$

Auf diese Weise entstehen die Grundgleichungen in den neuen Zustandsvariablen:

$$\frac{\mathrm{d}\boldsymbol{\zeta}(t)}{\mathrm{d}t} = \widetilde{\boldsymbol{A}}\boldsymbol{\zeta}(t) + \widetilde{\boldsymbol{B}}\boldsymbol{x}(t)\,, \tag{2.25a}$$

$$\boldsymbol{y}(t) = \widetilde{\boldsymbol{C}}\boldsymbol{\zeta}(t) + \widetilde{\boldsymbol{D}}\boldsymbol{x}(t)\,. \tag{2.25b}$$

Für die Koeffizientenmatrizen gilt

$$\widetilde{\boldsymbol{A}} = \boldsymbol{M}^{-1}\boldsymbol{A}\boldsymbol{M}\,,\quad \widetilde{\boldsymbol{B}} = \boldsymbol{M}^{-1}\boldsymbol{B}\,,\quad \widetilde{\boldsymbol{C}} = \boldsymbol{C}\boldsymbol{M}\,,\quad \widetilde{\boldsymbol{D}} = \boldsymbol{D}\,. \tag{2.26a-d}$$

Die Zustandsraumdarstellung gemäß den Gln. (2.25a,b) heißt äquivalent zu der nach den Gln. (2.12) und (2.13). Die durch die Gl. (2.23) bzw. (2.24) gegebene und durch die Matrix $\boldsymbol{M}$ charakterisierte Transformation wird Äquivalenztransformation genannt. Die Matrizen $\boldsymbol{A}$ und $\widetilde{\boldsymbol{A}}$ sind im Sinne der Matrizenalgebra ähnlich.

Man kann die eingeführte algebraische Äquivalenz auf die folgende Weise interpretieren. Man geht zunächst davon aus, daß die Vektoren im $q$-dimensionalen Zustandsraum durch ein kartesisches Koordinatensystem mit den orthogonalen $q$-dimensionalen Basis- oder Einheitsvektoren $\boldsymbol{e}_1, \boldsymbol{e}_2, \ldots, \boldsymbol{e}_q$ dargestellt werden, die zusammengefaßt die Einheitsmatrix

$$\mathbf{E} = [\,\boldsymbol{e}_1\;\boldsymbol{e}_2\cdots\boldsymbol{e}_q\,] \tag{2.27}$$

bilden. Dann gilt, wenn man die Spaltenvektoren der Matrix $\boldsymbol{A}$ mit $\boldsymbol{a}_\nu$ $(\nu = 1, 2, \ldots, q)$ bezeichnet,

$$\boldsymbol{A}\boldsymbol{e}_\nu = \mathbf{E}\boldsymbol{a}_\nu \qquad (\nu = 1, 2, \ldots, q)\,,$$

d. h. der Vektor $\boldsymbol{a}_\nu$ ist eine *Repräsentation* des Vektors $\boldsymbol{A}\boldsymbol{e}_\nu$ bezüglich der Basis $\{\boldsymbol{e}_1, \ldots, \boldsymbol{e}_q\}$ (man vergleiche auch Anhang C). Bezeichnet man die Spalten von $\widetilde{\boldsymbol{A}}$ mit $\widetilde{\boldsymbol{a}}_\nu$ $(\nu = 1,2,\ldots,q)$ und die der Transformationsmatrix $\boldsymbol{M}$ mit $\boldsymbol{m}_\nu$ $(\nu = 1,2,\ldots,q)$, so folgt aus Gl. (2.26a)

$$\boldsymbol{A}\boldsymbol{M} = \boldsymbol{M}\widetilde{\boldsymbol{A}}$$

oder für die $\nu$-te Spalte

$$\boldsymbol{A}\boldsymbol{m}_\nu = \boldsymbol{M}\widetilde{\boldsymbol{a}}_\nu \qquad (\nu = 1, 2, \ldots, q)\,,$$

d. h. $\widetilde{\boldsymbol{a}}_\nu$ ist eine Repräsentation des Vektors $\boldsymbol{A}\boldsymbol{m}_\nu$ bezüglich der Basis $\{\boldsymbol{m}_1, \ldots, \boldsymbol{m}_q\}$. Insofern kann man die Äquivalenztransformation als einen Wechsel der Basis $\{\boldsymbol{e}_1, \ldots, \boldsymbol{e}_q\}$ gegen die neue Basis $\{\boldsymbol{m}_1, \ldots, \boldsymbol{m}_q\}$ auffassen. Entsprechend kann man die $\nu$-te Spalte von $\widetilde{\boldsymbol{B}}$ gemäß Gl. (2.26b) als Repräsentation der $\nu$-ten Spalte von $\boldsymbol{B}$ bezüglich $\{\boldsymbol{m}_1, \ldots, \boldsymbol{m}_q\}$ interpretieren. Die Matrix $\boldsymbol{D}$ bleibt von der Transformation unberührt.

Das folgende Beispiel soll zur physikalischen Interpretation der Äquivalenztransformation dienen.

*Beispiel:* Bild 2.8 zeigt ein einfaches Netzwerk mit einem ohmschen Widerstand $R$, einer Induktivität $L$, einer Kapazität $C$ und einer Stromerregung $x$. Die Kapazitätsspannung wird mit $z_1$ bzw. $\zeta_1$, der Induktivitätsstrom mit $z_2$ und die Spannung an der Induktivität mit $\zeta_2$ bezeichnet. Man kann nun das Netzwerk im Zustandsraum entweder mit den Variablen $z_1, z_2$ oder mit den Variablen $\zeta_1$, $\zeta_2$ (Knotenpotentialen) beschreiben. Entsprechend erhält man die beiden äquivalenten Darstellungen

$$\frac{dz_1}{dt} = -\frac{1}{C} z_2 + \frac{1}{C} x ,$$

$$\frac{dz_2}{dt} = \frac{1}{L} z_1 - \frac{R}{L} z_2 ,$$

$$y = z_2$$

oder

$$\frac{d\zeta_1}{dt} = -\frac{1}{RC}\zeta_1 + \frac{1}{RC}\zeta_2 + \frac{1}{C}x ,$$

$$\frac{d\zeta_2}{dt} = -\frac{1}{RC}\zeta_1 + \left(\frac{1}{RC} - \frac{R}{L}\right)\zeta_2 + \frac{1}{C}x ,$$

$$y = \frac{1}{R}\zeta_1 - \frac{1}{R}\zeta_2 .$$

Dem Netzwerk entnimmt man unmittelbar die Beziehungen

$$\zeta_1 = z_1 \quad \text{und} \quad \zeta_2 = z_1 - R\, z_2$$

oder entsprechend Gl. (2.24)

$$\boldsymbol{\zeta} = \begin{bmatrix} 1 & 0 \\ 1 & -R \end{bmatrix} \boldsymbol{z} \quad \text{mit} \quad \boldsymbol{\zeta} = \begin{bmatrix} \zeta_1 \\ \zeta_2 \end{bmatrix}, \quad \boldsymbol{z} = \begin{bmatrix} z_1 \\ z_2 \end{bmatrix}.$$

Hieraus ergibt sich auch entsprechend Gl. (2.23)

$$\boldsymbol{z} = \frac{1}{R}\begin{bmatrix} R & 0 \\ 1 & -1 \end{bmatrix} \boldsymbol{\zeta} .$$

Man kann jetzt die Transformationsgleichungen (2.26a-d) für das vorliegende Beispiel leicht nachvollziehen. Dies sei dem Leser als Übung empfohlen.

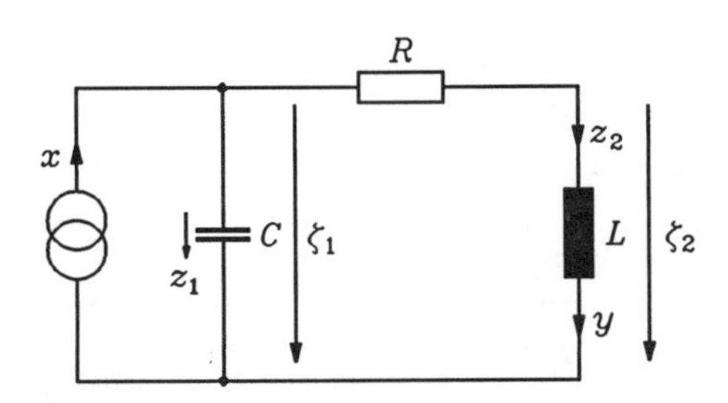


Bild 2.8: Netzwerk zur Erläuterung der Äquivalenztransformation

Durch geeignete Wahl der Transformationsmatrix $\boldsymbol{M}$ können besonders ausgezeichnete System-Darstellungen gemäß den Gln. (2.25a,b) gewonnen werden. Hat die Matrix $\boldsymbol{A}$ genau $q$ voneinander verschiedene Eigenwerte, so läßt sich bei Wahl von $\boldsymbol{M}$ als Modalmatrix erreichen, daß die Matrix $\widetilde{\boldsymbol{A}}$ eine nur in der Hauptdiagonalen mit von Null verschiedenen Elementen besetzte Matrix (Diagonalmatrix) $\boldsymbol{\Lambda}$ darstellt, deren Hauptdiagonalelemente mit den Eigenwerten $p_\mu$ $(\mu = 1, 2, \ldots, q)$ der Matrix $\boldsymbol{A}$ identisch sind. Man sagt dann, daß die Gln. (2.25a,b) Normalform haben. Die einzelnen Differentialgleichungen für die Zustandsvariablen $\zeta_\mu$ sind dann entkoppelt, d. h. sie haben die Form

$$\frac{\mathrm{d}\zeta_\mu}{\mathrm{d}t} = p_\mu\, \zeta_\mu + f_\mu\,,$$

wobei $f_\mu$ die auf die $\mu$-te Zustandsvariable wirkende Erregung bedeutet. Im Falle, daß die Matrix $\boldsymbol{A}$ mehrfache Eigenwerte aufweist, läßt sich im allgemeinen durch keine Matrix $\boldsymbol{M}$ eine Transformation auf Diagonalform erreichen. Jedoch kann $\boldsymbol{A}$ stets durch eine geeignete Matrix $\boldsymbol{M}$ auf die sogenannte Jordansche Normalform gebracht werden (man vergleiche den Anhang C). Die Matrix $\widetilde{\boldsymbol{A}}$ hat dann die blockdiagonale Form

$$\boldsymbol{J} = \operatorname{diag}(\boldsymbol{J}_1, \boldsymbol{J}_2, \ldots, \boldsymbol{J}_l)\,. \tag{2.28}$$

Jede dieser quadratischen Matrizen $\boldsymbol{J}_\mu$, die längs einer Diagonalen anzuordnen und mit Nullen zur Jordan-Matrix $\boldsymbol{J}$ aufzufüllen sind, gehört zu genau einem der Eigenwerte $p_\mu$ von $\boldsymbol{A}$ mit der Vielfachheit $r_\mu$ $(\mu = 1, 2, \ldots, l)$. Die Ordnung von $\boldsymbol{J}_\mu$ ist $r_\mu$. Jeder der Jordan-Blöcke $\boldsymbol{J}_\mu$ hat selbst Blockdiagonalstruktur

$$\boldsymbol{J}_\mu = \operatorname{diag}(\boldsymbol{J}_{\mu 1}, \boldsymbol{J}_{\mu 2}, \ldots, \boldsymbol{J}_{\mu k_\mu})\,. \tag{2.29}$$

Die Blöcke $\boldsymbol{J}_{\mu\nu}$ $(\nu = 1, 2, \ldots, k_\mu)$ sind quadratische Matrizen, sie weisen im allgemeinen unterschiedliche Ordnungen auf, heißen Jordan-Kästchen und haben die Form

$$\boldsymbol{J}_{\mu\nu} = \begin{bmatrix} p_\mu & 1 & & \\ & p_\mu & 1 & \\ & & \vdots & 1 \\ & & & p_\mu \end{bmatrix} \qquad (\mu = 1, 2, \ldots, l\,;\ \nu = 1, 2, \ldots, k_\mu)\,. \tag{2.30}$$

Sie sind also auf der Hauptdiagonalen mit dem Eigenwert und auf der oberen Nebendiagonalen mit Einsen, im übrigen ausschließlich mit Nullen besetzt. Bezeichnet man die Ordnung des Jordan-Kästchen $\boldsymbol{J}_{\mu\nu}$ mit $q_{\mu\nu}$, dann gilt

$$\sum_{\nu=1}^{k_\mu} q_{\mu\nu} = r_\mu \qquad (\mu = 1, 2, \ldots, l)$$

und außerdem noch

$$\sum_{\mu=1}^{l} r_\mu = q\,.$$

Das Maximum $q_\mu$ von $\{q_{\mu 1}, q_{\mu 2}, \ldots, q_{\mu k_\mu}\}$ heißt *Index* des Eigenwerts $p_\mu$. Er kann offensichtlich nicht größer als die Vielfachheit $r_\mu$ des Eigenwerts $p_\mu$ sein und ist mindestens 1.

Im betrachteten Fall $\widetilde{\boldsymbol{A}} = \boldsymbol{J}$ der Jordan-Form sind bestimmte benachbarte Zustandsvariable $\zeta_\mu(t)$ und $\zeta_{\mu+1}(t)$ miteinander gekoppelt. Man beachte, daß die Transformation auf diese Form für jedwede Zustandsdarstellung möglich ist und daß sie im Fall einfacher Eigenwerte von $\boldsymbol{A}$ auf die oben erwähnte Diagonalform führt.

Die Jordan-Form ist vor allem zur Gewinnung theoretischer Einsichten in das Systemverhalten von Bedeutung, gelegentlich ist sie auch zur Erleichterung numerischer Berechnungen geeignet. Darüber hinaus besteht die Möglichkeit, aufgrund der Jordan-Form für das betreffende System spezielle Signalflußdiagramme anzugeben. Diese Diagramme können als Alternativen zu den im Abschnitt 3.1 abgeleiteten Signalflußdiagrammen aufgefaßt werden. Im folgenden soll auf die Jordan-Diagramme kurz eingegangen werden.

Im Fall $\widetilde{\boldsymbol{A}} = \boldsymbol{J}$ zerfällt die Gl. (2.25a) entsprechend der besonderen Form der Matrix $\boldsymbol{J}$ gemäß den Gln. (2.28), (2.29) und (2.30) in Teilgleichungen der Art

$$\frac{\mathrm{d}\boldsymbol{\zeta}_{\mu\nu}}{\mathrm{d}t} = \boldsymbol{J}_{\mu\nu}\, \boldsymbol{\zeta}_{\mu\nu} + \widetilde{\boldsymbol{B}}_{\mu\nu}\, \boldsymbol{x} \,, \tag{2.31}$$

wobei $\boldsymbol{\zeta}_{\mu\nu}$ einen Teil des Zustandsvektors $\boldsymbol{\zeta}$ umfaßt. Diese Gleichungen lassen sich unmittelbar durch einfache Signalflußdiagramme beschreiben. Insgesamt werden so alle Zustandsgrößen $\zeta_1, \zeta_2, \ldots, \zeta_q$ erzeugt, die über die Gl. (2.25b) durch entsprechende Ergänzung der Signalflußdiagramme die Komponenten des Vektors $\boldsymbol{y}$ liefern. Im Bild 2.9 ist dies für den Fall eines Jordan-Kästchens der Ordnung 3 und eines skalaren $\boldsymbol{x}$ gezeigt. Bei der Umwandlung eines Jordan-Diagramms in eine praktische Schaltung können Schwierigkeiten auftreten, sobald $p_\mu$ ein nichtreeller Eigenwert ist. In einem solchen Fall tritt aber (hierbei wird vorausgesetzt, daß das Gesamtsystem reell ist) neben jedem Subsystem nach Gl. (2.31) stets auch das konjugiert komplexe Subsystem

$$\frac{\mathrm{d}\boldsymbol{\zeta}^*_{\mu\nu}}{\mathrm{d}t} = \boldsymbol{J}^*_{\mu\nu}\, \boldsymbol{\zeta}^*_{\mu\nu} + \widetilde{\boldsymbol{B}}^*_{\mu\nu}\, \boldsymbol{x} \tag{2.32}$$

auf. Die Gln. (2.31) und (2.32) können zusammengefaßt werden zu

$$\frac{\mathrm{d}\overline{\boldsymbol{\zeta}}}{\mathrm{d}t} = \begin{bmatrix} \boldsymbol{J}_{\mu\nu} & 0 \\ 0 & \boldsymbol{J}^*_{\mu\nu} \end{bmatrix} \overline{\boldsymbol{\zeta}} + \begin{bmatrix} \widetilde{\boldsymbol{B}}_{\mu\nu} \\ \widetilde{\boldsymbol{B}}^*_{\mu\nu} \end{bmatrix} \boldsymbol{x} \,. \tag{2.33}$$

Diese Zustandsraumdarstellung wird einer Äquivalenztransformation mit der Matrix

$$\overline{\boldsymbol{M}} = \frac{1}{\sqrt{2}} \begin{bmatrix} \mathbf{E} & -\mathrm{j}\mathbf{E} \\ \mathbf{E} & \mathrm{j}\mathbf{E} \end{bmatrix} \quad \text{bzw.} \quad \overline{\boldsymbol{M}}^{-1} = \frac{1}{\sqrt{2}} \begin{bmatrix} \mathbf{E} & \mathbf{E} \\ \mathrm{j}\mathbf{E} & -\mathrm{j}\mathbf{E} \end{bmatrix} \tag{2.34a,b}$$

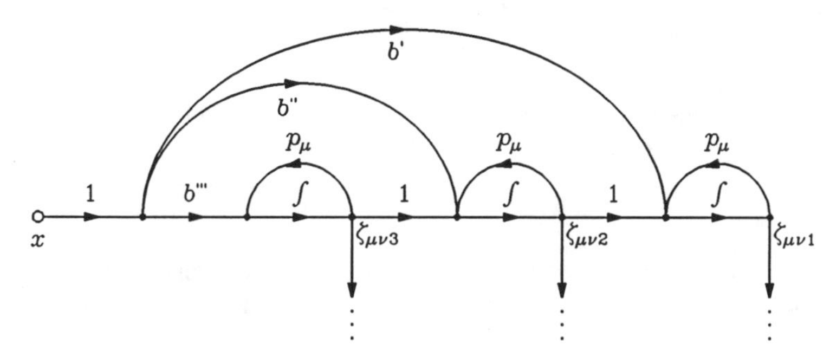


Bild 2.9: Signalflußdiagramm für die Gl. (2.31) im Fall der Ordnung 3 des Jordan-Kästchen und eines skalaren $\boldsymbol{x}$

unterworfen, wobei mit $\mathbf{E}$ Einheitsmatrizen von gleicher Ordnung wie $\boldsymbol{J}_{\mu\nu}$ gemeint sind. Dadurch geht die Systemmatrix diag $(\boldsymbol{J}_{\mu\nu}, \boldsymbol{J}^*_{\mu\nu})$ aus Gl. (2.33) in die reelle Matrix

$$\frac{1}{2}\begin{bmatrix} \mathbf{E} & \mathbf{E} \\ \mathrm{j}\mathbf{E} & -\mathrm{j}\mathbf{E} \end{bmatrix}\begin{bmatrix} \boldsymbol{J}_{\mu\nu} & 0 \\ 0 & \boldsymbol{J}^*_{\mu\nu} \end{bmatrix}\begin{bmatrix} \mathbf{E} & -\mathrm{j}\mathbf{E} \\ \mathbf{E} & \mathrm{j}\mathbf{E} \end{bmatrix} = \frac{1}{2}\begin{bmatrix} \boldsymbol{J}_{\mu\nu} + \boldsymbol{J}^*_{\mu\nu} & \mathrm{j}(\boldsymbol{J}^*_{\mu\nu} - \boldsymbol{J}_{\mu\nu}) \\ \mathrm{j}(\boldsymbol{J}_{\mu\nu} - \boldsymbol{J}^*_{\mu\nu}) & \boldsymbol{J}_{\mu\nu} + \boldsymbol{J}^*_{\mu\nu} \end{bmatrix}$$

und die Koeffizientenmatrix bei $\boldsymbol{x}$ in Gl. (2.33) in die ebenfalls reelle Matrix

$$\begin{bmatrix} \mathbf{E} & \mathbf{E} \\ \mathrm{j}\mathbf{E} & -\mathrm{j}\mathbf{E} \end{bmatrix}\begin{bmatrix} \widetilde{\boldsymbol{B}}_{\mu\nu} \\ \widetilde{\boldsymbol{B}}^*_{\mu\nu} \end{bmatrix} = \begin{bmatrix} \widetilde{\boldsymbol{B}}_{\mu\nu} + \widetilde{\boldsymbol{B}}^*_{\mu\nu} \\ \mathrm{j}(\widetilde{\boldsymbol{B}}_{\mu\nu} - \widetilde{\boldsymbol{B}}^*_{\mu\nu}) \end{bmatrix}$$

über. Das durch Gl. (2.33) gegebene Subsystem läßt sich also nach Durchführung der Äquivalenztransformation mittels der Matrix $\overline{\boldsymbol{M}}$ aus Gl. (2.34a) durch ein Signalflußdiagramm darstellen, in dem nur reelle Faktoren auftreten. Diesbezügliche Einzelheiten sind naheliegend und brauchen nicht ausgeführt zu werden.

Hat ein System, das mit $\widetilde{\boldsymbol{A}} = \boldsymbol{J}$ dargestellt ist, nur einen Eingang und einen Ausgang, dann kann zu dieser Darstellung mit dem Quadrupel $(\boldsymbol{J}, \widetilde{\boldsymbol{b}}, \widetilde{\boldsymbol{c}}^{\mathrm{T}}, \widetilde{d})$ stets eine duale Darstellung mit dem Quadrupel $(\boldsymbol{J}^{\mathrm{T}}, \widetilde{\boldsymbol{c}}, \widetilde{\boldsymbol{b}}^{\mathrm{T}}, \widetilde{d})$ angegeben werden. Diese duale Darstellung beschreibt dasselbe Eingang-Ausgang-Verhalten wie das ursprüngliche System und läßt sich entsprechend durch ein Signalflußdiagramm realisieren.

Man kann auch im Fall eines zeitvarianten linearen Systems, d. h. zeitabhängiger Systemmatrizen $\boldsymbol{A}(t), \boldsymbol{B}(t), \boldsymbol{C}(t), \boldsymbol{D}(t)$, Äquivalenztransformationen durchführen. Dabei wird man die Transformationsmatrix $\boldsymbol{M}$ im allgemeinen als zeitabhängig betrachten und voraussetzen, daß $\boldsymbol{M}(t)$ für alle $t$ nichtsingulär und in $t$ stetig differenzierbar ist. Auf Einzelheiten einer derartigen Transformation soll nicht eingegangen werden. Im Abschnitt 3.3.2 wird eine solche Transformation auf periodisch zeitvariante Systeme angewendet.

## 3.3. LÖSUNG DER ZUSTANDSGLEICHUNGEN, ÜBERGANGSMATRIX

### 3.3.1. Der zeitinvariante Fall

Es soll nun der Zustandsvektor $\boldsymbol{z}(t)$ bei Vorgabe des Anfangszustands $\boldsymbol{z}(t_0)$ und bei Kenntnis des Vektors $\boldsymbol{x}(t)$ der Eingangssignale für den Fall bestimmt werden, daß das betreffende System durch die lineare Differentialgleichung (2.12) beschrieben wird. Nach Bestimmung von $\boldsymbol{z}(t)$ für $t \geqq t_0$ ist aufgrund von Gl. (2.13) auch der Vektor $\boldsymbol{y}(t)$ der Ausgangssignale ermittelt. Zunächst sollen die Koeffizientenmatrizen $\boldsymbol{A}$, $\boldsymbol{B}$, $\boldsymbol{C}$ und $\boldsymbol{D}$ zeitunabhängig sein. Es wird daher die Differentialgleichung

$$\frac{\mathrm{d}\boldsymbol{z}}{\mathrm{d}t} = \boldsymbol{A}\boldsymbol{z} + \boldsymbol{B}\boldsymbol{x} \tag{2.35}$$

betrachtet. Ist der Vektor $\boldsymbol{x}(t)$ der Eingangsgrößen beständig gleich Null, dann erhält man für den Zustandsvektor $\boldsymbol{z}(t)$ die homogene Differentialgleichung

$$\frac{\mathrm{d}\boldsymbol{z}}{\mathrm{d}t} = \boldsymbol{A}\boldsymbol{z} \,. \tag{2.36}$$

Die Lösung dieser Differentialgleichung lautet bei Beachtung des Anfangszustands

$$\boldsymbol{z}(t) = \mathrm{e}^{\boldsymbol{A}\cdot(t-t_0)}\,\boldsymbol{z}(t_0) \quad (t \geqq t_0). \tag{2.37}$$

Die in der Lösung auftretende Matrix

$$\boldsymbol{\Phi}(t) = \mathrm{e}^{\boldsymbol{A}t} \tag{2.38}$$

wird *Übergangsmatrix* genannt, da durch sie der Übergang des Zustands $\boldsymbol{z}(t_0)$ in den Zustand $\boldsymbol{z}(t)$ beschrieben wird. Sie ist durch die folgende unendliche Reihe definiert:

$$\mathrm{e}^{\boldsymbol{A}t} = \mathbf{E} + \boldsymbol{A}t + \boldsymbol{A}^2\,\frac{t^2}{2!} + \boldsymbol{A}^3\,\frac{t^3}{3!} + \cdots . \tag{2.39}$$

Die Matrix $\mathbf{E}$ bezeichnet die Einheitsmatrix. Diese Reihe konvergiert, wie gezeigt werden kann, für jede quadratische Matrix $\boldsymbol{A}$ und jedes $t$. Differenziert man $\boldsymbol{z}(t)$ in Gl. (2.37) unter Beachtung der Darstellung der Übergangsmatrix nach Gl. (2.39), so ergibt sich

$$\begin{aligned}\frac{\mathrm{d}\boldsymbol{z}}{\mathrm{d}t} &= \left[\boldsymbol{A} + \boldsymbol{A}^2(t-t_0) + \boldsymbol{A}^3\,\frac{(t-t_0)^2}{2!} + \boldsymbol{A}^4\,\frac{(t-t_0)^3}{3!} + \cdots\right]\boldsymbol{z}(t_0)\\ &= \boldsymbol{A}\,\mathrm{e}^{\boldsymbol{A}\cdot(t-t_0)}\,\boldsymbol{z}(t_0).\end{aligned} \tag{2.40}$$

Die Differentialgleichung (2.36) wird also durch die Lösung $\boldsymbol{z}(t)$ nach Gl. (2.37) erfüllt, wie man sieht, wenn man die Gln. (2.37) und (2.40) in Gl. (2.36) substituiert.

Wie im Verlauf dieses Abschnitts noch gezeigt wird, ist die Übergangsmatrix $\boldsymbol{\Phi}(t)$ in folgender Weise darstellbar:

$$\boldsymbol{\Phi}(t) = \mathrm{e}^{\boldsymbol{A}t} = \sum_{\mu=1}^{l} \boldsymbol{A}_\mu(t)\,\mathrm{e}^{p_\mu t}. \tag{2.41}$$

Dabei sind die $p_\mu(\mu = 1, 2, \ldots, l)$ die voneinander verschiedenen Lösungen der *charakteristischen* (Polynom-) *Gleichung*

$$\det(p\mathbf{E} - \boldsymbol{A}) = 0, \tag{2.42}$$

die Eigenwerte des Systems. Die Matrix $\boldsymbol{A}_\mu(t)$ ist ein Polynom in $t$, dessen Grad gleich $q_\mu - 1$ ist, wobei $q_\mu$ den Index des Eigenwerts $p_\mu$ bezeichnet (Abschnitt 3.2). Der Grad von $\boldsymbol{A}_\mu(t)$ ist also höchstens $r_\mu - 1$, wenn $r_\mu$ die Vielfachheit des Eigenwerts bezeichnet. Ist dieser Grad kleiner als $r_\mu - 1$, dann erscheint $\boldsymbol{\Phi}(t)$ als Übergangsmatrix eines Systems von geringerer Ordnung als sie die Zahl der Zustandsvariablen angibt. Dies trifft genau dann zu, wenn der Grad des sogenannten *Minimalpolynoms* von $\boldsymbol{A}$ kleiner ist als jener des charakteristischen Polynoms $P(p) := \det(p\mathbf{E} - \boldsymbol{A})$. Unter dem Minimalpolynom versteht man das gradniedrigste Polynom $Q(p) := b_0 + b_1 p + \cdots + p^k$ ($k \leqq$ Grad des charakteristischen Polynoms), für das die Matrizengleichung $Q(\boldsymbol{A}) = b_0\mathbf{E} + b_1\boldsymbol{A} + \cdots + \boldsymbol{A}^k = \mathbf{0}$ erfüllt ist. Der Grad des Minimalpolynoms gibt die *eigentliche* Ordnung des Systems an. Das System heißt *irreduzibel*, wenn Minimalpolynom und charakteristisches Polynom identisch sind. In vielen Fällen treten nur einfache Eigenwerte auf, und dann ist das System irreduzibel. Dies geht aus folgender Bemerkung hervor.

Mit den Indizes $q_\mu$ der Eigenwerte $p_\mu(\mu = 1, 2, \ldots, l)$, die aus der Jordan-Form $\boldsymbol{J}$ der Matrix $\boldsymbol{A}$ abgelesen werden können (Abschnitt 3.2), läßt sich allgemein das Minimalpolynom in der Form

$$Q(p) = \prod_{\mu=1}^{l} (p - p_\mu)^{q_\mu} \tag{2.43}$$

ausdrücken. Das charakteristische Polynom kann in der Form

$$P(p) = \prod_{\mu=1}^{l} (p - p_\mu)^{r_\mu} \tag{2.44}$$

geschrieben werden. Da $1 \leqq q_\mu \leqq r_\mu$ für $\mu = 1, 2, \ldots, l$ gilt, ist $Q(p)$ ein Teiler von $P(p)$. In einfachen Fällen kann man bei Kenntnis von $P(p)$ nach Gl. (2.44) das Minimalpolynom nach Gl. (2.43) ohne vorherige Berechnung der Jordan-Matrix durch systematisches Minimieren der Exponenten bei gleichzeitigem Prüfen der Bedingung $Q(\boldsymbol{A}) = \boldsymbol{0}$ gewinnen.

Die Lösung der Gl. (2.35) mit nicht identisch verschwindendem $\boldsymbol{x}(t)$ erhält man aus der Lösung der homogenen Gleichung nach Gl. (2.37) durch Anwendung der Methode der Variation der Konstante. Mit dem Ansatz

$$\boldsymbol{z}(t) = \mathrm{e}^{\boldsymbol{A}t} \boldsymbol{f}(t) \tag{2.45a}$$

wird

$$\frac{\mathrm{d}\boldsymbol{z}(t)}{\mathrm{d}t} = \boldsymbol{A}\,\mathrm{e}^{\boldsymbol{A}t} \boldsymbol{f}(t) + \mathrm{e}^{\boldsymbol{A}t} \frac{\mathrm{d}\boldsymbol{f}(t)}{\mathrm{d}t}. \tag{2.45b}$$

Setzt man die Gln. (2.45a,b) in die Differentialgleichung (2.35) ein, so entsteht für $\boldsymbol{f}(t)$ die Differentialgleichung

$$\mathrm{e}^{\boldsymbol{A}t} \frac{\mathrm{d}\boldsymbol{f}(t)}{\mathrm{d}t} = \boldsymbol{B}\boldsymbol{x}(t) \quad \text{oder} \quad \frac{\mathrm{d}\boldsymbol{f}(t)}{\mathrm{d}t} = \mathrm{e}^{-\boldsymbol{A}t} \boldsymbol{B}\boldsymbol{x}(t),$$

wobei $(\mathrm{e}^{\boldsymbol{A}t})^{-1} = \mathrm{e}^{-\boldsymbol{A}t}$ benützt wurde. Hieraus erhält man durch Integration $\boldsymbol{f}(t)$ und dann gemäß Gl. (2.45a) die partikuläre Lösung

$$\boldsymbol{z}(t) = \mathrm{e}^{\boldsymbol{A}t} \int_{t_0}^{t} \mathrm{e}^{-\boldsymbol{A}\sigma} \boldsymbol{B}\boldsymbol{x}(\sigma)\,\mathrm{d}\sigma. \tag{2.46}$$

Die untere Integrationsgrenze wurde gerade so gewählt, daß $\boldsymbol{z}(t_0) = \boldsymbol{0}$ wird, damit durch Superposition der Lösung nach Gl. (2.46) mit der Lösung der homogenen Differentialgleichung nach Gl. (2.37) die gewünschte Lösung der inhomogenen Differentialgleichung mit dem Anfangszustand $\boldsymbol{z}(t_0)$ entsteht.[1] Auf diese Weise ergibt sich mit der Bezeichnung nach Gl. (2.38) für die Übergangsmatrix als vollständige Lösung der Gl. (2.35)

$$\boldsymbol{z}(t) = \boldsymbol{\Phi}(t - t_0)\,\boldsymbol{z}(t_0) + \int_{t_0}^{t} \boldsymbol{\Phi}(t - \sigma)\,\boldsymbol{B}\boldsymbol{x}(\sigma)\,\mathrm{d}\sigma. \tag{2.47}$$

Den Vektor der Ausgangssignale erhält man dann mit dieser Lösung als

$$\boldsymbol{y}(t) = \boldsymbol{C}\boldsymbol{z}(t) + \boldsymbol{D}\boldsymbol{x}(t).$$

Im folgenden sollen zwei Methoden zur praktischen Berechnung der Übergangsmatrix $\boldsymbol{\Phi}(t)$ angegeben werden.

---

[1] Es sei darauf hingewiesen, daß die allgemeine Lösung eines inhomogenen linearen Differentialgleichungssystems als Summe der allgemeinen Lösung des homogenen Systems und einer partikulären Lösung des inhomogenen Systems dargestellt werden kann.

**Erste Methode (Verwendung des Cayley-Hamilton-Theorems)**
Die charakteristische Gleichung (2.42) der Matrix $\boldsymbol{A}$ laute, in Koeffizientenform ausführlich geschrieben,

$$p^q + a_1 p^{q-1} + a_2 p^{q-2} + \cdots + a_q = 0. \tag{2.48}$$

Ihre Lösungen sind die Eigenwerte $p_\mu (\mu = 1, 2, \ldots, l)$. Das Cayley-Hamilton-Theorem der Algebra besagt nun, daß nicht nur die Eigenwerte, sondern auch die Matrix $\boldsymbol{A}$ die Gl. (2.48) erfüllt, daß also die Beziehung

$$\boldsymbol{A}^q + a_1 \boldsymbol{A}^{q-1} + a_2 \boldsymbol{A}^{q-2} + \cdots + a_q \mathbf{E} = \mathbf{0}$$

besteht. Aufgrund dieser Tatsache läßt sich die $q$-te Potenz von $\boldsymbol{A}$ durch Linearkombination niedrigerer Potenzen in der Form

$$\boldsymbol{A}^q = -a_1 \boldsymbol{A}^{q-1} - a_2 \boldsymbol{A}^{q-2} - \cdots - a_q \mathbf{E} \tag{2.49}$$

ausdrücken. Schreibt man $\boldsymbol{A}^{q+1} = \boldsymbol{A}\boldsymbol{A}^q$, so kann auch die $(q+1)$-te Potenz entsprechend durch Linearkombination von Potenzen bis zur Ordnung $q-1$ ausgedrückt werden, indem man die Gl. (2.49) zweimal anwendet:

$$\boldsymbol{A}^{q+1} = -(a_2 - a_1^2)\boldsymbol{A}^{q-1} - (a_3 - a_1 a_2)\boldsymbol{A}^{q-2} - (a_4 - a_1 a_3)\boldsymbol{A}^{q-3}$$
$$- \cdots - (a_q - a_1 a_{q-1})\boldsymbol{A} + a_1 a_q \mathbf{E}.$$

Auf diese Weise läßt sich grundsätzlich jede Potenz von $\boldsymbol{A}$ der Ordnung $m \geqq q$ in der Form

$$\boldsymbol{A}^m = k_0^{(m)} \mathbf{E} + k_1^{(m)} \boldsymbol{A} + \cdots + k_{q-1}^{(m)} \boldsymbol{A}^{q-1} \quad (m = q, q+1, \ldots) \tag{2.50}$$

ausdrücken. Da die Gl. (2.49) nicht nur von der Matrix $\boldsymbol{A}$, sondern auch von allen Eigenwerten $p_\mu (\mu = 1, 2, \ldots, l)$ erfüllt wird, gelten die entsprechenden Beziehungen

$$p_\mu^m = k_0^{(m)} + k_1^{(m)} p_\mu + \cdots + k_{q-1}^{(m)} p_\mu^{q-1} \quad (m = q, q+1, \ldots) \tag{2.51}$$

für alle Eigenwerte $p_\mu$ der Matrix $\boldsymbol{A}$. Führt man die Gl. (2.50) für $m = q, q+1, \ldots$ in die Gl. (2.39) ein und faßt man dann Potenzen von $\boldsymbol{A}$ gleicher Ordnung zusammen, dann erhält man für die Übergangsmatrix

$$\mathrm{e}^{\boldsymbol{A}t} = \alpha_0(t)\mathbf{E} + \alpha_1(t)\boldsymbol{A} + \cdots + \alpha_{q-1}(t)\boldsymbol{A}^{q-1}. \tag{2.52}$$

Setzt man die Gl. (2.51) für $m = q, q+1, \ldots$ in die der Gl. (2.39) entsprechende Potenzreihenentwicklung von $\exp(p_\mu t)$ ein und faßt man dann Potenzen von $p_\mu$ gleicher Ordnung zusammen, dann erhält man weiterhin

$$\mathrm{e}^{p_\mu t} = \alpha_0(t) + \alpha_1(t) p_\mu + \cdots + \alpha_{q-1}(t) p_\mu^{q-1} \quad (\mu = 1, 2, \ldots, l). \tag{2.53}$$

Die Übergangsmatrix kann nun direkt nach Gl. (2.52) numerisch angegeben werden, indem man die von der Zeit $t$ abhängigen Parameter $\alpha_0(t), \alpha_1(t), \ldots, \alpha_{q-1}(t)$ durch Auflösung der Gln. (2.53) $(\mu = 1, 2, \ldots, l)$ berechnet, wobei die $p_\mu$ als Lösungen der Gl. (2.48) einzusetzen sind. Liegen mehrfache Eigenwerte vor $(l < q)$, so reichen die auf diese Weise entstehenden $l$ linearen Gleichungen zur Berechnung der $q$ Parameter $\alpha_\nu(t)$ noch nicht aus. Ist $r_\mu > 1$ die Vielfachheit des Eigenwerts $p_\mu$, dann lassen sich weitere (ausreichend viele) Bestimmungsgleichungen für die $\alpha_\nu(t)$ dadurch aufstellen, daß man die Gl. (2.53) nacheinander $(r_\mu - 1)$-mal nach $p_\mu$ differenziert:

$$t\,e^{p_\mu t} = \alpha_1(t) + 2\alpha_2(t)p_\mu + \cdots + (q-1)\,\alpha_{q-1}(t)\,p_\mu^{q-2}\,,$$

$$t^2 e^{p_\mu t} = 2\alpha_2(t) + \cdots + (q-1)(q-2)\,\alpha_{q-1}(t)\,p_\mu^{q-3}\,,$$

$$\vdots$$

$$t^{r_\mu - 1} e^{p_\mu t} = (r_\mu - 1)!\,\alpha_{r_\mu - 1}(t) + \frac{r_\mu!}{1!}\,\alpha_{r_\mu}(t)p_\mu + \cdots + \frac{(q-1)!}{(q-r_\mu)!}\,\alpha_{q-1}(t)\,p_\mu^{q-r_\mu}$$

$$(\mu = 1, 2, \ldots, l).$$

*Beispiel:* Es wird das im Bild 2.1 dargestellte elektrische Netzwerk betrachtet. Es sei $R_1 = R_2 = 1$ und $L = C = 1/2$ (normiert) gewählt. Dann erhält man nach den Gln. (2.9a,b)

$$\boldsymbol{A} = \begin{bmatrix} -1 & -1 \\ 1 & -1 \end{bmatrix}, \quad \boldsymbol{b} = \begin{bmatrix} 2 \\ 0 \end{bmatrix}, \quad \boldsymbol{c}^{\mathrm{T}} = \begin{bmatrix} \frac{1}{2} & \frac{1}{2} \end{bmatrix}. \tag{2.54}$$

Zur numerischen Bestimmung der Übergangsmatrix wird diese mit $q = 2$ nach Gl. (2.52) in der Form

$$e^{\boldsymbol{A}t} = \alpha_0(t)\,\mathbf{E} + \alpha_1(t)\,\boldsymbol{A} \tag{2.55}$$

geschrieben. Weiterhin besteht nach Gl. (2.53) für die Eigenwerte $p_1, p_2$ die Beziehung

$$e^{p_\mu t} = \alpha_0(t) + \alpha_1(t)\,p_\mu\,. \tag{2.56}$$

Die Eigenwerte erhält man aus der Gleichung

$$\begin{vmatrix} p+1 & 1 \\ -1 & p+1 \end{vmatrix} \equiv p^2 + 2p + 2 = 0\,.$$

Hieraus folgt

$$p_{1,2} = -1 \pm \mathrm{j}\,.$$

Setzt man den Eigenwert $p_1 = -1 + \mathrm{j}$ in die Gl. (2.56) ein, so wird

$$e^{(-1+\mathrm{j})t} = \alpha_0(t) + \alpha_1(t)\,(-1 + \mathrm{j})\,.$$

Diese Gleichung läßt sich in zwei reelle Beziehungen zur Ermittlung der Funktionen $\alpha_0(t)$, $\alpha_1(t)$ auflösen:

$$e^{-t}\cos t = \alpha_0(t) - \alpha_1(t)\,, \qquad e^{-t}\sin t = \alpha_1(t)\,.$$

Hieraus gewinnt man

$$\alpha_0(t) = e^{-t}(\cos t + \sin t)\,, \qquad \alpha_1(t) = e^{-t}\sin t\,. \tag{2.57a,b}$$

Substituiert man nun die Gln. (2.57a,b) in die Gl. (2.55), dann entsteht bei Beachtung von $\boldsymbol{A}$ nach Gl. (2.54)

$$\boldsymbol{\Phi}(t) = \begin{bmatrix} e^{-t}\cos t & -e^{-t}\sin t \\ e^{-t}\sin t & e^{-t}\cos t \end{bmatrix}. \tag{2.58}$$

Man hätte die Übergangsmatrix nach Gl. (2.58) auch direkt durch Lösung des Differentialgleichungssystems (2.36) für beliebige Anfangsbedingungen und durch anschließende Darstellung der Lösung in Form von Gl. (2.37) bestimmen können.

**Zweite Methode (Diagonalisierung der Matrix $\boldsymbol{A}$)**

Nimmt man zunächst an, daß die Matrix $\boldsymbol{A}$ nur einfache Eigenwerte $p_\mu$ $(\mu = 1, 2, \ldots,$

$l = q$) besitzt, dann kann man gemäß Abschnitt 3.2 mittels der Modalmatrix $\boldsymbol{M}$ die Diagonalmatrix

$$\widetilde{\boldsymbol{A}} = \boldsymbol{M}^{-1}\boldsymbol{A}\boldsymbol{M} = \begin{bmatrix} p_1 & & \\ & p_2 & 0 \\ & & \vdots \\ 0 & & p_q \end{bmatrix} \tag{2.59}$$

erzeugen. Multipliziert man nun die Gl. (2.39) von links mit $\boldsymbol{M}^{-1}$, von rechts mit $\boldsymbol{M}$ und ersetzt man $\boldsymbol{A}^2$ durch $\boldsymbol{AMM}^{-1}\boldsymbol{A}$, $\boldsymbol{A}^3$ durch $\boldsymbol{AMM}^{-1}\ \boldsymbol{AMM}^{-1}\ \boldsymbol{A}$ usw., so ergibt sich mit Gl. (2.59) die Diagonalmatrix

$$\boldsymbol{M}^{-1}\mathrm{e}^{\boldsymbol{A}t}\boldsymbol{M} = \mathrm{e}^{\widetilde{\boldsymbol{A}}t} = \begin{bmatrix} \mathrm{e}^{p_1 t} & & 0 \\ & \mathrm{e}^{p_2 t} & \\ & & \vdots \\ 0 & & \mathrm{e}^{p_q t} \end{bmatrix} \tag{2.60}$$

und hieraus die Übergangsmatrix

$$\mathrm{e}^{\boldsymbol{A}t} = \boldsymbol{M} \begin{bmatrix} \mathrm{e}^{p_1 t} & & 0 \\ & \mathrm{e}^{p_2 t} & \\ & & \vdots \\ 0 & & \mathrm{e}^{p_q t} \end{bmatrix} \boldsymbol{M}^{-1}. \tag{2.61}$$

Dieses Ergebnis erlaubt die numerische Bestimmung der Übergangsmatrix nach Berechnung der Eigenwerte $p_\mu$ $(\mu = 1, 2, \ldots, q)$ und der Modalmatrix $\boldsymbol{M}$. Weitere Einzelheiten sollen durch das folgende Beispiel erläutert werden. Zuvor sei angemerkt, daß die bereits mehrfach aufgetretene Matrix

$$\boldsymbol{A} = \begin{bmatrix} 0 & 1 & \cdots & 0 \\ \vdots & & & \\ 0 & \cdots & & 1 \\ -\alpha_0 & -\alpha_1 & \cdots & -\alpha_{q-1} \end{bmatrix}$$

unter der Voraussetzung verschiedener Eigenwerte $p_1, \ldots, p_q$ die nichtsinguläre Modalmatrix

$$\boldsymbol{M} = \begin{bmatrix} 1 & 1 & \cdots & 1 \\ p_1 & p_2 & \cdots & p_q \\ \vdots & & & \\ p_1^{q-1} & p_2^{q-1} & \cdots & p_q^{q-1} \end{bmatrix}$$

besitzt.

*Beispiel:* Es wird die durch Gl. (2.54) gegebene Matrix $\boldsymbol{A}$ verwendet. Die Eigenwerte sind $p_1 = -1 + \mathrm{j}$ und $p_2 = -1 - \mathrm{j}$. Die Eigenvektoren $\boldsymbol{m}_1, \boldsymbol{m}_2$ erhält man als nichttriviale Lösungen der Gleichung

$$(p_\mu \mathbf{E} - \boldsymbol{A})\,\boldsymbol{m}_\mu = \mathbf{0} \quad (\mu = 1, 2),$$

d. h.

$$\begin{bmatrix} \pm\mathrm{j} & 1 \\ -1 & \pm\mathrm{j} \end{bmatrix} \begin{bmatrix} m_{1\mu} \\ m_{2\mu} \end{bmatrix} = \mathbf{0},$$

wobei die Normierung $\sqrt{|m_{1\mu}|^2 + |m_{2\mu}|^2} = 1$ vereinbart wird. Es ergibt sich

$$\begin{bmatrix} m_{11} \\ m_{21} \end{bmatrix} = \frac{1}{\sqrt{2}} \begin{bmatrix} \mathrm{j} \\ 1 \end{bmatrix}, \quad \begin{bmatrix} m_{12} \\ m_{22} \end{bmatrix} = \frac{1}{\sqrt{2}} \begin{bmatrix} -\mathrm{j} \\ 1 \end{bmatrix}.$$

Diese Eigenvektoren bilden die Spalten der Modalmatrix, es ist also

$$\boldsymbol{M} = \frac{1}{\sqrt{2}} \begin{bmatrix} \mathrm{j} & -\mathrm{j} \\ 1 & 1 \end{bmatrix} \quad \text{und} \quad \boldsymbol{M}^{-1} = \frac{1}{\sqrt{2}} \begin{bmatrix} -\mathrm{j} & 1 \\ \mathrm{j} & 1 \end{bmatrix}.$$

Nach Gl. (2.61) erhält man für die Übergangsmatrix

$$\mathrm{e}^{\boldsymbol{A}t} = \frac{1}{\sqrt{2}} \begin{bmatrix} \mathrm{j} & -\mathrm{j} \\ 1 & 1 \end{bmatrix} \begin{bmatrix} \mathrm{e}^{p_1 t} & 0 \\ 0 & \mathrm{e}^{p_2 t} \end{bmatrix} \frac{1}{\sqrt{2}} \begin{bmatrix} -\mathrm{j} & 1 \\ \mathrm{j} & 1 \end{bmatrix} = \frac{1}{2} \begin{bmatrix} (\mathrm{e}^{p_1 t} + \mathrm{e}^{p_2 t}) & \mathrm{j}(\mathrm{e}^{p_1 t} - \mathrm{e}^{p_2 t}) \\ -\mathrm{j}(\mathrm{e}^{p_1 t} - \mathrm{e}^{p_2 t}) & (\mathrm{e}^{p_1 t} + \mathrm{e}^{p_2 t}) \end{bmatrix}$$

in Übereinstimmung mit Gl. (2.58).

Falls die Matrix $\boldsymbol{A}$ mehrfache Eigenwerte hat, tritt an die Stelle der Diagonalmatrix $\widetilde{\boldsymbol{A}}$ die Jordansche Normalform, und man kann die Übergangsmatrix entsprechend wie bei einer Matrix mit nur einfachen Eigenwerten berechnen. Dies soll im folgenden näher erläutert werden.

Die Herleitung der Gl. (2.60) lehrt, daß die Äquivalenztransformation der Matrix $\boldsymbol{A}$ gemäß Gl. (2.26a) mittels einer nichtsingulären Matrix $\boldsymbol{M}$ generell zur Folge hat, daß zwischen der Übergangsmatrix $\boldsymbol{\Phi}(t) = \mathrm{e}^{\boldsymbol{A}t}$ der ursprünglichen Zustandsdarstellung und der Übergangsmatrix $\widetilde{\boldsymbol{\Phi}}(t) = \mathrm{e}^{\widetilde{\boldsymbol{A}}t}$ der transformierten Darstellung die Beziehung

$$\widetilde{\boldsymbol{\Phi}}(t) = \boldsymbol{M}^{-1} \boldsymbol{\Phi}(t) \boldsymbol{M} \quad \text{bzw.} \quad \boldsymbol{\Phi}(t) = \boldsymbol{M} \widetilde{\boldsymbol{\Phi}}(t) \boldsymbol{M}^{-1} \tag{2.62a,b}$$

besteht. Es sei nun speziell $\widetilde{\boldsymbol{A}} = \boldsymbol{J}$, d. h. die Jordan-Normalform der Matrix $\boldsymbol{A}$. Mit den Gln. (2.28) und (2.29) erhält man direkt

$$\widetilde{\boldsymbol{\Phi}}(t) = \mathrm{e}^{\boldsymbol{J}t} = \operatorname{diag}(\mathrm{e}^{\boldsymbol{J}_{11}t}, \mathrm{e}^{\boldsymbol{J}_{12}t}, \dots, \mathrm{e}^{\boldsymbol{J}_{1k_1}t}, \dots, \mathrm{e}^{\boldsymbol{J}_{lk_l}t}). \tag{2.63}$$

Die Berechnung von $\widetilde{\boldsymbol{\Phi}}(t)$ und damit von $\boldsymbol{\Phi}(t)$ gemäß Gl. (2.62b) besteht also im wesentlichen in der Berechnung von

$$\mathrm{e}^{\boldsymbol{J}_{\mu\nu}t}$$

für alle Jordan-Kästchen von $\boldsymbol{J}$ nach Gl. (2.30). Diese Grundaufgabe soll nun gelöst werden. Zur Vereinfachung wird das zu behandelnde Jordan-Kästchen in der Form

$$\boldsymbol{J}_0 = \begin{bmatrix} p_0 & 1 & & \\ & p_0 & 1 & \\ & & \vdots & 1 \\ & & & p_0 \end{bmatrix} = p_0 \mathbf{E} + \boldsymbol{L} \tag{2.64}$$

geschrieben. Die Matrix

$$\boldsymbol{L} = \begin{bmatrix} 0 & 1 & & \\ & & \vdots & \\ & & & 1 \\ & & & 0 \end{bmatrix} \tag{2.65}$$

ist in der zur Hauptdiagonalen parallelen oberen Nebendiagonalen mit Einsen und sonst nur mit Nullen besetzt. Diese besondere Eigenschaft von $\boldsymbol{L}$ hat zur Folge, daß durch die Multiplikation einer Matrix $\boldsymbol{X}$ von links mit $\boldsymbol{L}$ die erste Zeile von $\boldsymbol{X}$ entfällt, alle weiteren Zeilen von $\boldsymbol{X}$ unverändert in die nächsthöhere Zeile geschoben werden und von unten eine Nullzeile nachgeschoben wird (die entsprechende Wirkung einer Rechtsmultiplikation von $\boldsymbol{X}$ mit $\boldsymbol{L}$ möge sich der Leser selbst überlegen). Diese Eigenschaft des Verschiebens von Zeilen (bzw. Spalten) durch Multiplikation mit $\boldsymbol{L}$ bewirkt beispielsweise, daß $\boldsymbol{L}^{\kappa} = \mathbf{0}$ gilt, sobald $\kappa$ mindestens gleich der Ordnung $n_0$ von $\boldsymbol{L}$ ist. Nun erhält man [1] aufgrund der Gln. (2.64) und (2.65)

$$\mathrm{e}^{\boldsymbol{J}_0 t} = \mathrm{e}^{p_0 \mathbf{E} t}\,\mathrm{e}^{\boldsymbol{L} t} = \mathrm{e}^{p_0 t}\,[\mathbf{E} + \boldsymbol{L} t + \frac{1}{2!}\boldsymbol{L}^2 t^2 + \cdots]$$

oder angesichts der genannten Verschiebungseigenschaft von $\boldsymbol{L}$

$$\mathrm{e}^{\boldsymbol{J}_0 t} = \mathrm{e}^{p_0 t}\left[\mathbf{E} + \boldsymbol{L} t + \frac{1}{2!}\boldsymbol{L}^2 t^2 + \cdots + \frac{1}{(n_0-1)!}\boldsymbol{L}^{n_0-1} t^{n_0-1}\right], \qquad (2.66\text{a})$$

ausführlich geschrieben also

$$\mathrm{e}^{\boldsymbol{J}_0 t} = \mathrm{e}^{p_0 t}\begin{bmatrix} 1 & t & t^2/2! & \cdots & t^{n_0-1}/(n_0-1)! \\ & 1 & t & \cdots & t^{n_0-2}/(n_0-2)! \\ & & & \vdots & \\ & & & & t \\ & & & & 1 \end{bmatrix}. \qquad (2.66\text{b})$$

Hierbei handelt es sich um eine obere Dreiecksmatrix von einfachem Aufbau. Aufgrund der Gl. (2.63) und der Darstellung der Matrizen $\mathrm{e}^{\boldsymbol{J}_{\mu\nu} t}$ gemäß Gl. (2.66b) mit $\boldsymbol{J}_{\mu\nu}$ nach Gl. (2.30) läßt sich die Übergangsmatrix $\tilde{\boldsymbol{\Phi}}(t)$ direkt angeben. Die Gl. (2.62b) liefert schließlich $\boldsymbol{\Phi}(t)$.

Es sei noch speziell eine Matrix $\mathrm{e}^{\boldsymbol{J}_0 t}$ betrachtet, bei der $\boldsymbol{J}_0$ das zu einem Eigenwert $p_0$ gehörende Jordankästchen höchster Ordnung bedeutet. Die Ordnung $n_0$ dieser Matrix gibt also den Index $q_0$ des Eigenwerts $p_0$ an. Das in Gl. (2.66b) ersichtliche Element $\tilde{\varphi}(t) := \mathrm{e}^{p_0 t} t^{n_0-1}/(n_0-1)!$ trete in der Matrix $\tilde{\boldsymbol{\Phi}}(t)$ an der Stelle $\rho$, $\sigma$ ($\rho$ Zeilennummer, $\sigma$ Spaltennummer) auf; die Spalten von $\boldsymbol{M}$ werden zu Vektoren $\boldsymbol{m}_\nu$ ($\nu = 1, 2, \ldots, q$) und die Zeilen von $\boldsymbol{M}^{-1}$ zu Zeilenvektoren $\overline{\boldsymbol{m}}_\mu^{\mathrm{T}}$ ($\mu = 1, 2, \ldots, q$) zusammengefaßt. Nun kann an Hand der Gl. (2.62b) die folgende Überlegung angestellt werden: In der Übergangsmatrix $\boldsymbol{\Phi}(t)$ kommt $\tilde{\varphi}(t)$ als Faktor der quadratischen Matrix $\boldsymbol{m}_\rho\,\overline{\boldsymbol{m}}_\sigma^{\mathrm{T}}$ vor. Dabei ist die Matrix

$$\tilde{\varphi}(t)\,\boldsymbol{m}_\rho\,\overline{\boldsymbol{m}}_\sigma^{\mathrm{T}}$$

additiv in der Übergangsmatrix $\boldsymbol{\Phi}(t)$ enthalten. Man beachte, daß $\boldsymbol{m}_\rho\,\overline{\boldsymbol{m}}_\sigma^{\mathrm{T}}$ von der Nullmatrix verschieden ist, da andernfalls entweder $\boldsymbol{m}_\rho = \mathbf{0}$ oder $\overline{\boldsymbol{m}}_\sigma = \mathbf{0}$ sein müßte, was jedoch ausgeschlossen ist, da $\boldsymbol{M}$ nichtsingulär ist. Treten zwei zu $p_0$ gehörende Jordan-Kästchen der Ordnung $n_0$ auf, dann erscheint $\tilde{\varphi}(t)$ in $\boldsymbol{\Phi}(t)$ additiv in der Form

$$\tilde{\varphi}(t)\,[\boldsymbol{m}_\rho\,\overline{\boldsymbol{m}}_\sigma^{\mathrm{T}} + \boldsymbol{m}_{\rho'}\,\overline{\boldsymbol{m}}_{\sigma'}^{\mathrm{T}}] \quad (\rho \neq \rho', \sigma \neq \sigma').$$

Die in eckigen Klammern stehende Matrix ist von der Nullmatrix verschieden, da $\boldsymbol{M}$ und $\boldsymbol{M}^{-1}$ weder Nullspalten oder Nullzeilen noch linear abhängige Spalten oder Zeilen besitzen. Entsprechendes gilt, wenn mehr als zwei Jordan-Kästchen der Ordnung $n_0$ auftreten. Dies bedeutet, daß in der Darstellung der Übergangsmatrix nach Gl. (2.41) der Grad des Polynoms $\boldsymbol{A}_\mu(t)$ gleich dem um Eins verminderten Index $q_\mu$ des entsprechenden Eigenwerts $p_\mu$ ist.

---

[1] Man beachte, daß $\mathrm{e}^{\boldsymbol{A}+\boldsymbol{B}} = \mathrm{e}^{\boldsymbol{A}}\,\mathrm{e}^{\boldsymbol{B}}$ ist, sofern $\boldsymbol{A}\boldsymbol{B} = \boldsymbol{B}\boldsymbol{A}$ gilt. Dies folgt unmittelbar aus Gl. (2.39).

Abschließend sei noch erwähnt, daß die Übergangsmatrix auch mittels der Laplace-Transformation berechnet werden kann. Dies wird im Kapitel V im einzelnen gezeigt.

### 3.3.2. Der zeitvariante Fall

Es sei jetzt der Fall betrachtet, daß die Koeffizientenmatrizen in den Grundgleichungen (2.12) und (2.13) Funktionen der Zeit sind. Es wird daher die Differentialgleichung

$$\frac{\mathrm{d}\boldsymbol{z}(t)}{\mathrm{d}t} = \boldsymbol{A}(t)\,\boldsymbol{z}(t) + \boldsymbol{B}(t)\,\boldsymbol{x}(t) \tag{2.67}$$

den weiteren Untersuchungen zugrunde gelegt. Zunächst soll die homogene Gleichung

$$\frac{\mathrm{d}\boldsymbol{z}(t)}{\mathrm{d}t} = \boldsymbol{A}(t)\,\boldsymbol{z}(t) \tag{2.68}$$

untersucht werden. Um die Existenz und Eindeutigkeit der gesuchten Lösung zu sichern, wird vorausgesetzt, daß alle Elemente der Systemmatrix $\boldsymbol{A}(t)$ in $t$ stetig sind. Zur Diskussion der Lösung von Gl. (2.68) werden gemäß Gl. (2.27) die $q$-dimensionalen Einheitsvektoren $\boldsymbol{e}_\nu\,(\nu = 1,2,\ldots,q)$ eingeführt, bei denen die $\nu$-te Komponente gleich Eins ist und alle übrigen Komponenten verschwinden. Es sei

$$\boldsymbol{\varphi}_\nu(t,t_0) = \begin{bmatrix} \varphi_{1\nu}(t,t_0) \\ \varphi_{2\nu}(t,t_0) \\ \vdots \\ \varphi_{q\nu}(t,t_0) \end{bmatrix} \qquad (\nu = 1,2,\ldots,q)$$

die Lösung der Gl. (2.68) mit der speziellen Anfangsbedingung $\boldsymbol{\varphi}_\nu(t_0,t_0) = \boldsymbol{e}_\nu$; der Anfangszeitpunkt $t_0$ hat hier die Bedeutung eines Parameters. Im Bild 2.10 sind die Trajektorien der Lösungsvektoren für ein Beispiel mit $q = 3$ skizziert. Es gilt dann stets folgende Aussage: Die $q$ Lösungsvektoren $\boldsymbol{\varphi}_\nu(t,t_0)\,(\nu = 1,2,\ldots,q)$ sind für jeden festen Wert $t$ voneinander linear unabhängig.

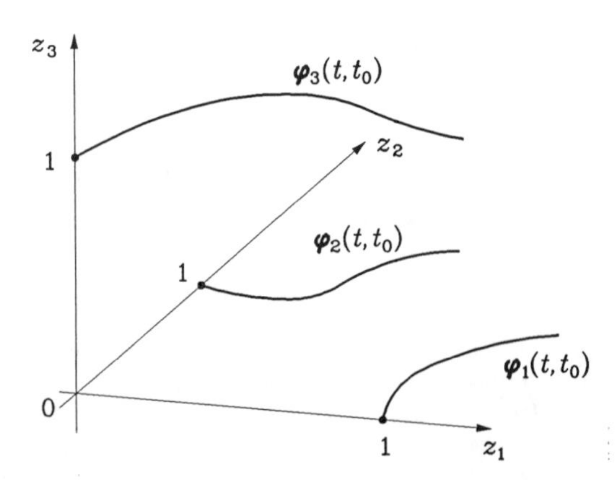


Bild 2.10: Verlauf der Trajektorien für die Vektoren $\boldsymbol{\varphi}_\nu(t,t_0)$ $(\nu = 1,2,3)$ für $t \geqq t_0$

*Beweis:* Es wird angenommen, daß ein Zeitpunkt $t'$ und Konstanten $\alpha_\nu\,(\nu = 1,2,\ldots,q)$, die nicht alle Null sind, existieren, so daß

$$\sum_{\nu=1}^{q} \alpha_\nu \boldsymbol{\varphi}_\nu(t', t_0) = \mathbf{0} \tag{2.69}$$

gilt. Da die Linearkombination

$$\boldsymbol{z}(t) = \sum_{\nu=1}^{q} \alpha_\nu \boldsymbol{\varphi}_\nu(t, t_0) \tag{2.70}$$

eine Lösung der Gl. (2.68) ist, folgt wegen der Bedingung nach Gl. (2.69) aus der Lösungseindeutigkeit $\boldsymbol{z}(t) \equiv \mathbf{0}$, also insbesondere $\boldsymbol{z}(t_0) = \mathbf{0}$, d. h. mit Gl. (2.70) und $\boldsymbol{\varphi}_\nu(t_0, t_0) = \boldsymbol{e}_\nu$ die Beziehung

$$\sum_{\nu=1}^{q} \alpha_\nu \boldsymbol{e}_\nu = \mathbf{0}.$$

Diese Aussage ist aber falsch, da die Einheitsvektoren $\boldsymbol{e}_\nu$ voneinander linear unabhängig sind. Die Annahme, daß die Lösungsvektoren $\boldsymbol{\varphi}_\nu(t, t_0)$ $(\nu = 1, 2, \ldots, q)$ zu irgendeinem Zeitpunkt voneinander linear abhängig sind, hat somit auf einen Widerspruch geführt und muß verworfen werden.

Es soll nun noch gezeigt werden, daß jede beliebige Lösung der Gl. (2.68) als Linearkombination der $\boldsymbol{\varphi}_\nu(t, t_0)$ dargestellt werden kann. Ist nämlich $\boldsymbol{z}(t)$ irgendeine Lösung mit dem Anfangsvektor $\boldsymbol{z}(t_0)$ und den Komponenten $z_\nu(t_0)$, $\nu = 1, 2, \ldots, q$, dann gilt

$$\boldsymbol{z}(t_0) = \sum_{\nu=1}^{q} z_\nu(t_0)\, \boldsymbol{e}_\nu ,$$

und die Funktion

$$\sum_{\nu=1}^{q} z_\nu(t_0)\, \boldsymbol{\varphi}_\nu(t, t_0)$$

ist eine Lösung der Gl. (2.68), die für $t = t_0$ den Anfangsvektor $\boldsymbol{z}(t_0)$ annimmt, also wegen der Lösungseindeutigkeit mit $\boldsymbol{z}(t)$ übereinstimmt. In Matrizenform läßt sich dies folgendermaßen ausdrücken:

$$\boldsymbol{z}(t) = \boldsymbol{\Phi}(t, t_0)\, \boldsymbol{z}(t_0). \tag{2.71}$$

Dabei ist

$$\boldsymbol{\Phi}(t, t_0) = \begin{bmatrix} \varphi_{11}(t, t_0) & \varphi_{12}(t, t_0) & \cdots & \varphi_{1q}(t, t_0) \\ \varphi_{21}(t, t_0) & \varphi_{22}(t, t_0) & \cdots & \vdots \\ \vdots & & & \\ \varphi_{q1}(t, t_0) & \cdots & & \varphi_{qq}(t, t_0) \end{bmatrix}$$

die *Übergangsmatrix* des Systems, die im Fall eines zeitinvarianten Systems mit $\boldsymbol{\Phi}(t - t_0) = \mathrm{e}^{\boldsymbol{A}\cdot(t - t_0)}$ (man vergleiche Gl. (2.38)) übereinstimmt. Die $q$ Spalten der Übergangsmatrix sind durch die Lösungsvektoren $\boldsymbol{\varphi}_\nu(t, t_0)$ $(\nu = 1, 2, \ldots, q)$ gegeben. Aus diesem Grund erfüllt $\boldsymbol{\Phi}(t, t_0)$ die Matrix-Differentialgleichung

$$\frac{\partial}{\partial t} \boldsymbol{\Phi}(t, t_0) = \boldsymbol{A}(t)\, \boldsymbol{\Phi}(t, t_0) \tag{2.72}$$

mit der Anfangsbedingung $\boldsymbol{\Phi}(t_0, t_0) = \mathbf{E}$, und es gilt $\det \boldsymbol{\Phi}(t, t_0) \neq 0$ für jedes $t$, was die Existenz der Inversen von $\boldsymbol{\Phi}(t, t_0)$ gewährleistet.

*Beispiel:* Es sei

$$\boldsymbol{A}(t) = \begin{bmatrix} 0 & 0 \\ t & 0 \end{bmatrix}.$$

Die Gl. (2.68) lautet mit dieser Systemmatrix komponentenweise

$$\frac{dz_1}{dt} = 0 , \quad \frac{dz_2}{dt} = t\, z_1 .$$

Durch Integration erhält man die Lösung

$$\boldsymbol{z}(t) = \begin{bmatrix} k_1 \\ t^2 k_1 / 2 + k_2 \end{bmatrix}$$

mit den Integrationskonstanten $k_1$ und $k_2$. Aus der Forderung $\boldsymbol{z}(t_0) = \boldsymbol{e}_1$ ergibt sich $k_1 = 1, k_2 = -t_0^2/2$, also der Lösungsvektor

$$\boldsymbol{\varphi}_1(t, t_0) = \begin{bmatrix} 1 \\ (t^2 - t_0^2)/2 \end{bmatrix},$$

aus der Forderung $\boldsymbol{z}(t_0) = \boldsymbol{e}_2$ dagegen $k_1 = 0, k_2 = 1$, also der weitere Lösungsvektor

$$\boldsymbol{\varphi}_2(t, t_0) = \begin{bmatrix} 0 \\ 1 \end{bmatrix}.$$

Damit hat die Übergangsmatrix die Form

$$\boldsymbol{\Phi}(t, t_0) = \begin{bmatrix} 1 & 0 \\ (t^2 - t_0^2)/2 & 1 \end{bmatrix}.$$

Ausgehend von der Lösung nach Gl. (2.71) für die homogene Differentialgleichung (2.68) läßt sich nunmehr nach der Methode der Variation der Konstante die inhomogene Differentialgleichung (2.67) unter Berücksichtigung des Anfangszustands $\boldsymbol{z}(t_0)$ lösen. Mit Hilfe des Ansatzes

$$\boldsymbol{z}(t) = \boldsymbol{\Phi}(t, t_0)\, \boldsymbol{f}(t) \tag{2.73a}$$

erhält man zunächst

$$\frac{d\boldsymbol{z}(t)}{dt} = \frac{\partial \boldsymbol{\Phi}(t, t_0)}{\partial t} \boldsymbol{f}(t) + \boldsymbol{\Phi}(t, t_0) \frac{d\boldsymbol{f}(t)}{dt} . \tag{2.73b}$$

Setzt man die Gln. (2.73a,b) in Gl. (2.67) ein, so entsteht die Differentialgleichung

$$\left[ \frac{\partial \boldsymbol{\Phi}(t, t_0)}{\partial t} - \boldsymbol{A}(t)\, \boldsymbol{\Phi}(t, t_0) \right] \boldsymbol{f}(t) + \boldsymbol{\Phi}(t, t_0) \frac{d\boldsymbol{f}(t)}{dt} = \boldsymbol{B}(t)\, \boldsymbol{x}(t) . \tag{2.74}$$

Da die Übergangsmatrix $\boldsymbol{\Phi}(t, t_0)$ als Funktion von $t$ die homogene Differentialgleichung (2.72) befriedigt, verschwindet der Ausdruck in eckigen Klammern in Gl. (2.74) identisch. Damit verbleibt

$$\frac{d\boldsymbol{f}(t)}{dt} = \boldsymbol{\Phi}^{-1}(t, t_0)\, \boldsymbol{B}(t)\, \boldsymbol{x}(t) ,$$

woraus durch Integration und mit Gl. (2.73a) die Lösung

$$z(t) = \boldsymbol{\Phi}(t, t_0) \int_{t_0}^{t} \boldsymbol{\Phi}^{-1}(\sigma, t_0)\, \boldsymbol{B}(\sigma)\, \boldsymbol{x}(\sigma)\, d\sigma \tag{2.75}$$

der inhomogenen Differentialgleichung (2.67) mit der Anfangsbedingung $\boldsymbol{z}(t_0) = \boldsymbol{0}$ entsteht. Überlagert man schließlich der Lösung nach Gl. (2.75) die Lösung aus Gl. (2.71) der homogenen Differentialgleichung, dann erhält man

$$\boldsymbol{z}(t) = \boldsymbol{\Phi}(t,t_0)\,\boldsymbol{z}(t_0) + \boldsymbol{\Phi}(t,t_0)\int_{t_0}^{t} \boldsymbol{\Phi}^{-1}(\sigma,t_0)\,\boldsymbol{B}(\sigma)\,\boldsymbol{x}(\sigma)\,\mathrm{d}\sigma \tag{2.76}$$

als Zustandsvektor mit dem gewünschten Anfangszustand. Wie im zeitinvarianten Fall setzt sich die Lösung für den Zustandsvektor aus zwei Summanden zusammen, nämlich der erregungsfreien Lösung und der zum Zeitpunkt $t = t_0$ vom Nullzustand ausgehenden, durch die Eingangssignale erregten Lösung. Den Vektor der Ausgangsgrößen erhält man aus der gewonnenen Lösung für $\boldsymbol{z}(t)$ als

$$\boldsymbol{y}(t) = \boldsymbol{C}(t)\,\boldsymbol{z}(t) + \boldsymbol{D}(t)\,\boldsymbol{x}(t).$$

**Anmerkung:** In der Theorie der Differentialgleichungen heißt jede quadratische Matrix $\boldsymbol{\Psi}(t)$, deren $q$ Spalten $\boldsymbol{\psi}_\nu(t)$ $(\nu = 1, 2, \dots, q)$ voneinander linear unabhängige Lösungen der Gl. (2.68) sind, Fundamentalmatrix. Jede Fundamentalmatrix ist also Lösung der Matrix-Differentialgleichung

$$\frac{\mathrm{d}\boldsymbol{\Psi}(t)}{\mathrm{d}t} = \boldsymbol{A}(t)\boldsymbol{\Psi}(t)$$

mit der Eigenschaft, daß sie zu jedem Zeitpunkt nichtsingulär ist. Andernfalls müßte ein Zeitpunkt $t_1$ und ein Vektor $\boldsymbol{\alpha} \neq \boldsymbol{0}$ existieren, so daß $\boldsymbol{\Psi}(t_1)\boldsymbol{\alpha} = \boldsymbol{0}$ gilt. Dieser Umstand würde jedoch die eindeutig bestimmte Lösung $\boldsymbol{z}(t) = \boldsymbol{\Psi}(t)\boldsymbol{\alpha} \equiv \boldsymbol{0}$ der Gl. (2.68) implizieren, woraus sich als Widerspruch zur Voraussetzung die lineare Abhängigkeit der Spalten von $\boldsymbol{\Psi}(t)$ ergeben würde. Es muß also jede Fundamentalmatrix $\boldsymbol{\Psi}(t)$ zu allen Zeiten nichtsingulär sein. Wenn umgekehrt eine Lösungsmatrix $\boldsymbol{\Psi}(t)$ für ein $t = t_1$ nichtsingulär ist, muß sie eine Fundamentalmatrix sein. Andernfalls müßte ein Vektor $\boldsymbol{\alpha} \neq \boldsymbol{0}$ mit der Eigenschaft $\boldsymbol{\Psi}(t)\,\boldsymbol{\alpha} \equiv \boldsymbol{0}$ existieren. Damit würde speziell $\boldsymbol{\Psi}(t_1)\,\boldsymbol{\alpha} = \boldsymbol{0}$ gelten, $\boldsymbol{\Psi}(t_1)$ also singulär sein, was im Widerspruch zur obigen Annahme steht. Liegen nun zwei Fundamentalmatrizen $\boldsymbol{\Psi}_1(t)$ und $\boldsymbol{\Psi}_2(t)$ derselben Gl. (2.68) vor, so können die Spalten jeder dieser Matrizen als Basis für den Zustandsraum der Gl. (2.68) betrachtet werden, und es existiert eine nichtsinguläre Matrix $\boldsymbol{M}$ mit der Transformationseigenschaft

$$\boldsymbol{\Psi}_1(t) = \boldsymbol{\Psi}_2(t)\,\boldsymbol{M}\,. \tag{2.77a}$$

Die konstante Matrix $\boldsymbol{M}$ ist von $\boldsymbol{\Psi}_1(t)$ und $\boldsymbol{\Psi}_2(t)$ abhängig. Die Übergangsmatrix $\boldsymbol{\Phi}(t, t_0)$ ist eine spezielle Fundamentalmatrix. Es liege nun noch irgendeine weitere Fundamentalmatrix $\boldsymbol{\Psi}(t)$ derselben Gl. (2.68) vor. Dann besteht eine Beziehung der Art

$$\boldsymbol{\Phi}(t,t_0) = \boldsymbol{\Psi}(t)\,\boldsymbol{M}$$

mit einer bestimmten Matrix $\boldsymbol{M}$. Da die Übergangsmatrix für $t = t_0$ mit der Einheitsmatrix übereinstimmt, erhält man

$$\mathbf{E} = \boldsymbol{\Psi}(t_0)\,\boldsymbol{M} \quad \text{oder} \quad \boldsymbol{M} = \boldsymbol{\Psi}^{-1}(t_0)\,,$$

also

$$\boldsymbol{\Phi}(t,t_0) = \boldsymbol{\Psi}(t)\,\boldsymbol{\Psi}^{-1}(t_0) \tag{2.77b}$$

für alle $t$ und $t_0$ sowie für irgendeine Fundamentalmatrix $\boldsymbol{\Psi}(t)$.

Es soll noch auf einige *Eigenschaften der Übergangsmatrix* hingewiesen werden. Wie oben schon erwähnt wurde, gilt

$$\boldsymbol{\Phi}(t_0, t_0) = \mathbf{E}. \tag{2.78}$$

Die Übergangsmatrix $\boldsymbol{\Phi}(t, t_0)$ stimmt also für $t = t_0$ mit der Einheitsmatrix überein. Nun läßt sich für $\boldsymbol{x}(t) \equiv \mathbf{0}$ der Anfangszustand $\boldsymbol{z}(t_0)$ bzw. $\boldsymbol{z}(t_1)$ in den Zustand $\boldsymbol{z}(t_2)$ gemäß Gl. (2.71) folgendermaßen überführen:

$$\boldsymbol{z}(t_2) = \boldsymbol{\Phi}(t_2, t_0)\boldsymbol{z}(t_0), \quad \boldsymbol{z}(t_2) = \boldsymbol{\Phi}(t_2, t_1)\boldsymbol{z}(t_1). \tag{2.79a,b}$$

Andererseits gilt

$$\boldsymbol{z}(t_1) = \boldsymbol{\Phi}(t_1, t_0)\boldsymbol{z}(t_0). \tag{2.79c}$$

Da $\boldsymbol{z}(t_0)$ beliebig gewählt werden darf, folgt aus den Gln. (2.79a,b) mit Gl. (2.79c) die multiplikative Eigenschaft der Übergangsmatrix

$$\boldsymbol{\Phi}(t_2, t_0) = \boldsymbol{\Phi}(t_2, t_1)\,\boldsymbol{\Phi}(t_1, t_0). \tag{2.80}$$

Mit Gl. (2.79b) und gemäß Gl. (2.71) erhält man

$$\boldsymbol{\Phi}^{-1}(t_2, t_1)\boldsymbol{z}(t_2) = \boldsymbol{z}(t_1) = \boldsymbol{\Phi}(t_1, t_2)\boldsymbol{z}(t_2)$$

und hieraus

$$\boldsymbol{\Phi}^{-1}(t_2, t_1) = \boldsymbol{\Phi}(t_1, t_2). \tag{2.81}$$

Damit ist eine Verknüpfung zwischen der Übergangsmatrix und ihrer Inversen gefunden. Bei Beachtung der Eigenschaft nach Gl. (2.81) läßt sich die Gl. (2.76) als Darstellung des Zustandsvektors folgendermaßen vereinfachen:

$$\boldsymbol{z}(t) = \boldsymbol{\Phi}(t, t_0)\boldsymbol{z}(t_0) + \int_{t_0}^{t} \boldsymbol{\Phi}(t, \sigma)\boldsymbol{B}(\sigma)\boldsymbol{x}(\sigma)\,\mathrm{d}\sigma. \tag{2.82}$$

Die Übergangsmatrix $\boldsymbol{\Phi}(t, t_0)$ muß im allgemeinen numerisch ermittelt werden. Durch formale Integration der Gl. (2.72) erhält man die Integralgleichung

$$\boldsymbol{\Phi}(t, t_0) = \mathbf{E} + \int_{t_0}^{t} \boldsymbol{A}(\sigma_1)\,\boldsymbol{\Phi}(\sigma_1, t_0)\,\mathrm{d}\sigma_1$$

für $\boldsymbol{\Phi}(t, t_0)$. Benützt man die rechte Seite dieser Gleichung, um $\boldsymbol{\Phi}(\sigma_1, t_0)$ zu ersetzen, so entsteht die weitere Beziehung

$$\boldsymbol{\Phi}(t, t_0) = \mathbf{E} + \int_{t_0}^{t} \boldsymbol{A}(\sigma_1)\,\mathrm{d}\sigma_1 + \int_{t_0}^{t} \boldsymbol{A}(\sigma_1) \int_{t_0}^{\sigma_1} \boldsymbol{A}(\sigma_2)\,\boldsymbol{\Phi}(\sigma_2, t_0)\,\mathrm{d}\sigma_2\,\mathrm{d}\sigma_1\,.$$

Fährt man in dieser Weise fort, dann entsteht die sogenannte Peano-Baker-Reihe

$$\boldsymbol{\Phi}(t,t_0) = \mathbf{E} + \int_{t_0}^{t} \boldsymbol{A}(\sigma_1)\,\mathrm{d}\sigma_1 + \int_{t_0}^{t} \boldsymbol{A}(\sigma_1) \int_{t_0}^{\sigma_1} \boldsymbol{A}(\sigma_2)\,\mathrm{d}\sigma_2\,\mathrm{d}\sigma_1 + \cdots \tag{2.83}$$

als Darstellung der Übergangsmatrix, die sich für die numerische Auswertung weniger eignet, jedoch für theoretische Betrachtungen von Bedeutung ist.

**Sonderfall des periodisch zeitvarianten Systems**

Sind die Parameter des Systems *periodische* Funktionen mit derselben (primitiven) Periodendauer $T$ (> 0), so sind auch die Koeffizientenmatrizen, insbesondere $\boldsymbol{A}(t)$, mit $T$ periodische Funktionen. Es gilt also für den nicht erregten Fall

$$\frac{\mathrm{d}\boldsymbol{z}}{\mathrm{d}t} = \boldsymbol{A}(t)\,\boldsymbol{z}(t) \quad \text{mit} \quad \boldsymbol{A}(t+T) = \boldsymbol{A}(t). \tag{2.84a,b}$$

Hieraus folgt, daß mit $\boldsymbol{\varphi}_\nu(t,t_0)$ auch $\boldsymbol{\varphi}_\nu(t+T,t_0)$ eine Lösung der Gl. (2.84a) darstellt, da

$$\frac{\partial \boldsymbol{\varphi}_\nu(t+T,t_0)}{\partial t} = \boldsymbol{A}(t+T)\,\boldsymbol{\varphi}_\nu(t+T,t_0) = \boldsymbol{A}(t)\,\boldsymbol{\varphi}_\nu(t+T,t_0)$$

gilt. Da jede Lösung von Gl. (2.84a) als Linearkombination der Spalten von $\boldsymbol{\Phi}(t,t_0)$ dargestellt werden kann, besteht die Beziehung

$$\boldsymbol{\varphi}_\nu(t+T,t_0) = \sum_{\mu=1}^{q} \boldsymbol{\varphi}_\mu(t,t_0)\,k_{\mu\nu} \qquad (\nu = 1,2,\ldots,q)$$

mit konstanten Werten $k_{\mu\nu}$. Faßt man diese Konstanten zur Matrix $\boldsymbol{K}$ zusammen, dann läßt sich dies in Matrizenform durch

$$\boldsymbol{\Phi}(t+T,t_0) = \boldsymbol{\Phi}(t,t_0)\,\boldsymbol{K} \tag{2.85}$$

ausdrücken, und $\boldsymbol{K}$ ist nichtsingulär, weil die Determinante der Übergangsmatrix stets von Null verschieden ist. Aus Gl. (2.85), die übrigens auch aus Gl. (2.77a) hervorgeht, folgt mit Gl. (2.78)

$$\boldsymbol{K} = \boldsymbol{\Phi}(t_0+T,t_0). \tag{2.86a}$$

Außerdem gilt, wie man sieht, für ganzzahliges $n$

$$\boldsymbol{\Phi}(t+nT,t_0) = \boldsymbol{\Phi}(t,t_0)\,\boldsymbol{K}^n. \tag{2.86b}$$

Da $\boldsymbol{\Phi}(t+nT,t_0+nT)$ offensichtlich mit $\boldsymbol{\Phi}(t,t_0)$ übereinstimmt, folgt aus Gl. (2.86b)

$$\boldsymbol{\Phi}(t,t_0+nT) = \boldsymbol{\Phi}(t,t_0)\,\boldsymbol{K}^{-n}. \tag{2.86c}$$

Angesichts der Gln. (2.86a-c) genügt es zur Bestimmung der Übergangsmatrix eines periodischen Systems, diese Matrix nur in einem Periodizitätsbereich, etwa im Grundintervall $0 \leqq t < T$, $0 \leqq t_0 < T$, zu ermitteln. – Da $\boldsymbol{K}$ nichtsingulär und konstant ist, gibt es eine konstante Matrix $\tilde{\boldsymbol{A}}$ (mit im allgemeinen komplexwertigen Elementen) mit der Eigenschaft

$$\boldsymbol{K} = \mathrm{e}^{\tilde{\boldsymbol{A}}T} \tag{2.87}$$

(man vergleiche hierzu Anhang C). Schreibt man die Übergangsmatrix in der Form

$$\boldsymbol{\Phi}(t,t_0) = \boldsymbol{P}(t,t_0)\,\mathrm{e}^{\tilde{\boldsymbol{A}}\cdot(t-t_0)}\,, \tag{2.88}$$

so folgt mit Gl. (2.85) und Gl. (2.87)

$$\boldsymbol{\Phi}(t+T,t_0) = \boldsymbol{P}(t+T,t_0)\,\mathrm{e}^{\tilde{\boldsymbol{A}}\cdot(t+T-t_0)} = \boldsymbol{P}(t,t_0)\,\mathrm{e}^{\tilde{\boldsymbol{A}}\cdot(t-t_0)}\,\mathrm{e}^{\tilde{\boldsymbol{A}}T}\,,$$

also

$$\boldsymbol{P}(t+T,t_0) = \boldsymbol{P}(t,t_0)\,. \tag{2.89a}$$

Entsprechend zeigt man mit den Gln. (2.86c) für $n = 1$ und (2.87), daß

$$\boldsymbol{P}(t,t_0+T) = \boldsymbol{P}(t,t_0) \tag{2.89b}$$

gilt. Die Übergangsmatrix eines periodischen Systems läßt sich also gemäß Gl. (2.88) als Produkt der nach den Gln. (2.89a,b) periodischen Matrix $\boldsymbol{P}(t,t_0)$ mit der Exponentialmatrix $\mathrm{e}^{\tilde{\boldsymbol{A}}\cdot(t-t_0)}$ darstellen. Diese Exponentialmatrix ist im nicht erregten Fall ($\boldsymbol{x}(t) \equiv \boldsymbol{0}$) maßgebend für das Verhalten des Zustandsvektors für $t \to \infty$ und damit für die Stabilität des Systems. Wie man sieht, strebt $\boldsymbol{\Phi}(t,t_0)$ bei festem $t_0$ für $t \to \infty$ genau dann gegen die Nullmatrix, wenn die Eigenwerte der Matrix $\boldsymbol{K}$ nach Gl. (2.87) dem Betrage nach kleiner als Eins sind oder wenn, was gleichbedeutend ist, die Eigenwerte der Matrix $\tilde{\boldsymbol{A}}$ ausschließlich negativen Realteil haben.[1)]

Durch die Transformation

$$\boldsymbol{z}(t) = \boldsymbol{P}(t,t_1)\,\boldsymbol{\zeta}(t) \tag{2.90}$$

mit einem beliebigen, aber festen Wert $t_1$ läßt sich die Zustandsdarstellung des periodisch zeitvarianten Systems in eine interessante äquivalente Form überführen. Mit Gl. (2.90) und der Gleichung

$$\frac{\mathrm{d}\boldsymbol{z}(t)}{\mathrm{d}t} = \boldsymbol{P}(t,t_1)\,\frac{\mathrm{d}\boldsymbol{\zeta}(t)}{\mathrm{d}t} + \frac{\partial \boldsymbol{P}(t,t_1)}{\partial t}\,\boldsymbol{\zeta}(t)$$

geht die Gl. (2.67) über in die Beziehung

$$\frac{\mathrm{d}\boldsymbol{\zeta}(t)}{\mathrm{d}t} = \boldsymbol{P}^{-1}(t,t_1)\left[\boldsymbol{A}(t)\boldsymbol{P}(t,t_1) - \frac{\partial \boldsymbol{P}(t,t_1)}{\partial t}\right]\boldsymbol{\zeta}(t) + \boldsymbol{P}^{-1}(t,t_1)\boldsymbol{B}(t)\boldsymbol{x}(t)\,. \tag{2.91}$$

Aus Gl. (2.88) erhält man

$$\boldsymbol{P}(t,t_1) = \boldsymbol{\Phi}(t,t_1)\,\mathrm{e}^{-\tilde{\boldsymbol{A}}\cdot(t-t_1)}$$

und

$$\frac{\partial \boldsymbol{P}(t,t_1)}{\partial t} = \frac{\partial\,\boldsymbol{\Phi}(t,t_1)}{\partial t}\,\mathrm{e}^{-\tilde{\boldsymbol{A}}\cdot(t-t_1)} - \boldsymbol{\Phi}(t,t_1)\,\mathrm{e}^{-\tilde{\boldsymbol{A}}\cdot(t-t_1)}\,\tilde{\boldsymbol{A}}$$

oder, da die Übergangsmatrix die Gl. (2.72) erfüllt,

---

1) Man kann zeigen, daß diese Bedingungen auch im Fall $\boldsymbol{x}(t) \not\equiv \boldsymbol{0}$ die Stabilität im Sinne von Kapitel I sicherstellen.

$$\frac{\partial \boldsymbol{P}(t,t_1)}{\partial t} = \boldsymbol{A}(t)\,\boldsymbol{\Phi}(t,t_1)\,\mathrm{e}^{-\widetilde{\boldsymbol{A}}\cdot(t-t_1)} - \boldsymbol{\Phi}(t,t_1)\,\mathrm{e}^{-\widetilde{\boldsymbol{A}}\cdot(t-t_1)}\widetilde{\boldsymbol{A}}$$

$$= \boldsymbol{A}(t)\,\boldsymbol{P}(t,t_1) - \boldsymbol{P}(t,t_1)\,\widetilde{\boldsymbol{A}}\,.$$

Führt man diese Darstellung in die Gl. (2.91) ein, so ergibt sich für die Matrix vor dem transformierten Zustandsvektor $\boldsymbol{\zeta}(t)$

$$\boldsymbol{P}^{-1}(t,t_1)\left[\boldsymbol{A}(t)\,\boldsymbol{P}(t,t_1) - \frac{\partial \boldsymbol{P}(t,t_1)}{\partial t}\right] = \boldsymbol{P}^{-1}(t,t_1)\,\boldsymbol{P}(t,t_1)\,\widetilde{\boldsymbol{A}} = \widetilde{\boldsymbol{A}}\,,$$

also eine zeitunabhängige Matrix. Die äquivalente Zustandsdarstellung des periodisch zeitvarianten Systems lautet damit

$$\frac{\mathrm{d}\boldsymbol{\zeta}(t)}{\mathrm{d}t} = \widetilde{\boldsymbol{A}}\,\boldsymbol{\zeta}(t) + \widetilde{\boldsymbol{B}}(t)\,\boldsymbol{x}(t)\,, \tag{2.92a}$$

$$\boldsymbol{y}(t) = \widetilde{\boldsymbol{C}}(t)\,\boldsymbol{\zeta}(t) + \widetilde{\boldsymbol{D}}(t)\,\boldsymbol{x}(t) \tag{2.92b}$$

mit den konstanten bzw. periodischen Systemmatrizen

$$\widetilde{\boldsymbol{A}} = \frac{1}{T}\ln \boldsymbol{\Phi}(t_0+T,t_0)\,, \quad \widetilde{\boldsymbol{B}}(t) = \boldsymbol{P}^{-1}(t,t_1)\,\boldsymbol{B}(t)\,, \tag{2.93a,b}$$

$$\widetilde{\boldsymbol{C}}(t) = \boldsymbol{C}(t)\,\boldsymbol{P}(t,t_1)\,, \quad \widetilde{\boldsymbol{D}}(t) = \boldsymbol{D}(t)\,. \tag{2.93c,d}$$

Der Parameter $t_1$ darf beliebig gewählt werden. Die Inverse der Matrix $\boldsymbol{P}(t,t_1)$ existiert, da die Übergangsmatrix nach Gl. (2.88) für alle Werte $t$ und $t_1$ nichtsingulär ist. Das besonders Interessante an den gewonnenen Ergebnissen ist, daß durch die verwendete Transformation das nicht erregte, periodisch zeitvariante System nach Gl. (2.84a) in ein äquivalentes zeitinvariantes System überführt wird.

*Beispiel:* Im Bild 2.11 ist ein Netzwerk mit den periodisch zeitvarianten Leitwerten $G_1(t) = G_0(1 - \cos t)$ und $G_2(t) = G_0(1 - 0{,}5\cos t)$ abgebildet. Die Kapazitäten $C_1, C_2$ sind zeitinvariant; Eingangsgröße ist der Urstrom $x(t)$, Ausgangsgröße die Spannung $y(t)$ an der Quelle. Die Zustandsdarstellung des Systems mit den Kapazitätsspannungen $z_1(t)$ und $z_2(t)$ als Zustandsvariablen lautet

$$\frac{\mathrm{d}}{\mathrm{d}t}\boldsymbol{z}(t) = \begin{bmatrix} -\dfrac{G_1(t)}{C_1} & 0 \\ 0 & -\dfrac{G_2(t)}{C_2} \end{bmatrix}\boldsymbol{z}(t) + \begin{bmatrix} \dfrac{1}{C_1} \\ \dfrac{1}{C_2} \end{bmatrix}x(t)\,,$$

$$y(t) = [1 \quad 1]\,\boldsymbol{z}(t)\,.$$

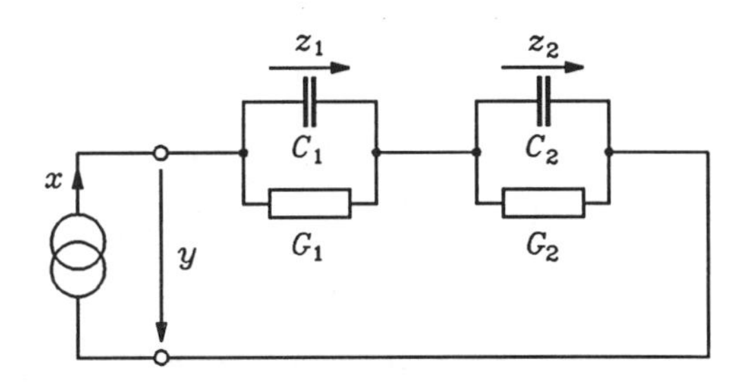


Bild 2.11: Periodisch zeitvariantes Netzwerk. Die Kapazitäten sind zeitunabhängig, während sich die ohmschen Leitwerte periodisch mit der Zeit ändern

Eine kurze Rechnung liefert die Übergangsmatrix

$$\boldsymbol{\Phi}(t, t_0) = \begin{bmatrix} e^{\frac{G_0}{C_1}(t_0 - t + \sin t - \sin t_0)} & 0 \\ 0 & e^{\frac{G_0}{C_2}(t_0 - t + \frac{1}{2}\sin t - \frac{1}{2}\sin t_0)} \end{bmatrix}$$

und damit nach Gl. (2.86a) mit $T = 2\pi$ die Diagonalmatrix

$$\boldsymbol{K} = \begin{bmatrix} e^{-\frac{G_0}{C_1}2\pi} & 0 \\ 0 & e^{-\frac{G_0}{C_2}2\pi} \end{bmatrix}.$$

Da diese Matrix nach Gl. (2.87) gleich $e^{\tilde{\boldsymbol{A}}2\pi}$ ist, erhält man

$$\tilde{\boldsymbol{A}} = \begin{bmatrix} -\dfrac{G_0}{C_1} & 0 \\ 0 & -\dfrac{G_0}{C_2} \end{bmatrix}$$

und weiterhin gemäß Gl. (2.88)

$$\boldsymbol{P}(t, t_0) = \begin{bmatrix} e^{\frac{G_0}{C_1}(\sin t - \sin t_0)} & 0 \\ 0 & e^{\frac{G_0}{2C_2}(\sin t - \sin t_0)} \end{bmatrix}.$$

Wählt man noch zur Vereinfachung $G_0 / C_1 = G_0 / 2C_2 = 1$, dann lauten die Systemmatrizen der äquivalenten Darstellung

$$\tilde{\boldsymbol{A}} = \begin{bmatrix} -1 & 0 \\ 0 & -2 \end{bmatrix}, \quad \tilde{\boldsymbol{B}}(t) = e^{\sin t_0 - \sin t} \begin{bmatrix} 1 \\ 2 \end{bmatrix} \frac{1}{G_0},$$

$$\tilde{\boldsymbol{C}}(t) = [1 \quad 1]\, e^{\sin t - \sin t_0}, \quad \tilde{\boldsymbol{D}}(t) \equiv \boldsymbol{0}.$$

### 3.3.3. Zusammenhang zwischen Übergangsmatrix und Matrix der Impulsantworten

Es soll jetzt noch auf den Zusammenhang zwischen der Übergangsmatrix $\boldsymbol{\Phi}(t, t_0)$ und der Matrix der Impulsantworten $\boldsymbol{H}(t, \tau)$ hingewiesen werden, die im Kapitel I, Abschnitt 2.8 eingeführt wurde. Für ein lineares, kausales, im Zustandsraum darstellbares System gilt nach den Gln. (2.13) und (2.82) für $t \geqq t_0$

$$\boldsymbol{y}(t) = \boldsymbol{C}(t)\,\boldsymbol{\Phi}(t, t_0)\,\boldsymbol{z}(t_0) + \int_{t_0}^{t} \boldsymbol{C}(t)\,\boldsymbol{\Phi}(t, \sigma)\,\boldsymbol{B}(\sigma)\,\boldsymbol{x}(\sigma)\,d\sigma + \boldsymbol{D}(t)\,\boldsymbol{x}(t)$$

oder

$$\boldsymbol{y}(t) = \boldsymbol{C}(t)\,\boldsymbol{\Phi}(t, t_0)\,\boldsymbol{z}(t_0) + \int_{t_0}^{t+} [\boldsymbol{C}(t)\,\boldsymbol{\Phi}(t, \sigma)\,\boldsymbol{B}(\sigma) + \delta(t - \sigma)\,\boldsymbol{D}(t)]\,\boldsymbol{x}(\sigma)\,d\sigma\,. \quad (2.94)$$

Betrachtet man den Fall, daß das System zum Zeitpunkt $t_0 = -\infty$ im Zustand $\boldsymbol{z}(t_0) = \boldsymbol{0}$ erregt wurde, dann folgt aus Gl. (2.94) weiterhin

$$\boldsymbol{y}(t) = \int_{-\infty}^{t+} [\boldsymbol{C}(t)\,\boldsymbol{\Phi}(t,\sigma)\,\boldsymbol{B}(\sigma) + \delta(t-\sigma)\,\boldsymbol{D}(t)]\,\boldsymbol{x}(\sigma)\,\mathrm{d}\sigma . \tag{2.95}$$

Andererseits gilt nach Gl. (1.69b)

$$\boldsymbol{y}(t) = \int_{-\infty}^{t+} \boldsymbol{H}(t,\sigma)\,\boldsymbol{x}(\sigma)\,\mathrm{d}\sigma . \tag{2.96}$$

Da $\boldsymbol{x}(\sigma)$ im Rahmen der zugelassenen Eingangssignale willkürlich gewählt werden darf, führt ein Vergleich der Gln. (2.95) und (2.96) auf die Beziehung

$$\boldsymbol{H}(t,\tau) = s(t-\tau)\boldsymbol{C}(t)\,\boldsymbol{\Phi}(t,\tau)\,\boldsymbol{B}(\tau) + \delta(t-\tau)\,\boldsymbol{D}(t) . \tag{2.97}$$

Damit ist es gelungen, zwischen der Matrix $\boldsymbol{H}(t,\tau)$ der Impulsantworten einerseits und der durch die Matrix $\boldsymbol{A}(t)$ bestimmten Übergangsmatrix $\boldsymbol{\Phi}(t,\tau)$, den Matrizen $\boldsymbol{B}(t), \boldsymbol{C}(t)$ und $\boldsymbol{D}(t)$ andererseits einen Zusammenhang herzustellen. Ist das System zeitinvariant, so wird $\boldsymbol{H}(t,\tau) = \boldsymbol{H}(t-\tau)$, und Gl. (2.97) vereinfacht sich zu

$$\boldsymbol{H}(t) = s(t)\boldsymbol{C}\,\mathrm{e}^{\boldsymbol{A}t}\boldsymbol{B} + \delta(t)\,\boldsymbol{D} . \tag{2.98}$$

*Beispiel:* Es wird das im Bild 2.1 dargestellte Netzwerk mit $R_1 = R_2 = 1$ und $L = C = 1/2$ betrachtet. Die Übergangsmatrix ist durch Gl. (2.58) gegeben. Die Matrizen $\boldsymbol{B}$ und $\boldsymbol{C}$ werden durch die Gln. (2.54) geliefert, und es ist $\boldsymbol{D} = \boldsymbol{0}$. Aus Gl. (2.98) erhält man dann die Impulsantwort

$$h(t) = s(t)\begin{bmatrix} \frac{1}{2} & \frac{1}{2} \end{bmatrix} \begin{bmatrix} \mathrm{e}^{-t}\cos t & -\mathrm{e}^{-t}\sin t \\ \mathrm{e}^{-t}\sin t & \mathrm{e}^{-t}\cos t \end{bmatrix} \begin{bmatrix} 2 \\ 0 \end{bmatrix} = s(t)\,\mathrm{e}^{-t}(\cos t + \sin t) .$$

Man kann dieses Ergebnis auf andere Weise bestätigen, etwa mit Hilfe der Laplace-Transformation (Kapitel V).

Die Gl. (2.97) ermöglicht die Angabe der Matrix der Impulsantworten aufgrund einer Zustandsraumdarstellung. Es liegt nun die Frage nahe, wie umgekehrt für eine vorgegebene Matrix der Impulsantworten eine zugehörige Zustandsraumdarstellung ermittelt werden kann. Dabei ist es erforderlich, die Form der genannten Matrix einzuschränken, um zu gewährleisten, daß überhaupt eine zugehörige Zustandsraumdarstellung existiert. Betrachtet man etwa eine Matrix der Art

$$\boldsymbol{H}(t,\tau) = s(t-\tau)\boldsymbol{C}(t)\,\boldsymbol{B}(\tau) + \delta(t-\tau)\,\boldsymbol{D}(t) , \tag{2.99}$$

so sieht man, daß diese durch eine Zustandsraumdarstellung erzeugt werden kann, indem man das Systemmatrizen-Quadrupel $(\boldsymbol{0}, \boldsymbol{B}(t), \boldsymbol{C}(t), \boldsymbol{D}(t))$ wählt. Die Form von $\boldsymbol{H}(t,\tau)$ nach Gl. (2.99) ist also hinreichend für eine Darstellbarkeit im Zustandsraum. Auf der anderen Seite kann man aufgrund der Gl. (2.97) und der möglichen Darstellung der Übergangsmatrix gemäß Gl. (2.77b) mit irgendeiner Fundamentalmatrix $\boldsymbol{\Psi}(t)$ erkennen, daß die Form von $\boldsymbol{H}(t,\tau)$ nach Gl. (2.99) auch notwendig ist für eine Darstellung im Zustandsraum. Dabei ist zu beachten, daß $\boldsymbol{C}(t)\,\boldsymbol{\Psi}(t)$ aus Gl. (2.97) der Matrix $\boldsymbol{C}(t)$ in Gl. (2.99) und $\boldsymbol{\Psi}^{-1}(\tau)\,\boldsymbol{B}(\tau)$ der Matrix $\boldsymbol{B}(\tau)$ in Gl. (2.99) entspricht.

Ausgehend von der Gl. (2.98) kann für die Zustandsdarstellung eines linearen, zeitinvarianten kontinuierlichen Systems die folgende Aussage abgeleitet werden: Ersetzt man das Quadrupel von Systemmatrizen $(\boldsymbol{A}, \boldsymbol{B}, \boldsymbol{C}, \boldsymbol{D})$ durch das Quadrupel $(\boldsymbol{A}^{\mathrm{T}}, \boldsymbol{C}^{\mathrm{T}}, \boldsymbol{B}^{\mathrm{T}}, \boldsymbol{D}^{\mathrm{T}})$, dann geht die zugehörige Matrix der Impulsantworten in ihre Transponierte über. Hat das betrachtete System nur einen Eingang und einen Ausgang, dann ist die Matrix der Impulsantworten eine skalare Funktion, und sie stimmt mit ihrer Transponierten überein. Damit ist gezeigt, daß die beiden Zustandsdarstellungen mit dem Matrizenquadrupel $(\boldsymbol{A}, \boldsymbol{b}, \boldsymbol{c}^{\mathrm{T}}, d)$ bzw. $(\boldsymbol{A}^{\mathrm{T}}, \boldsymbol{c}, \boldsymbol{b}^{\mathrm{T}}, d)$ dasselbe Eingang-Ausgang-Verhalten aufweisen. Diese Tatsache wurde im Abschnitt 3.1 im Zusammenhang mit dualen Realisierungen ausgenützt.

## 3.4. STEUERBARKEIT UND BEOBACHTBARKEIT LINEARER SYSTEME

In diesem Abschnitt sollen zwei allgemeine Eigenschaften linearer Systeme untersucht werden, welche im Zusammenhang mit verschiedenen praktischen und theoretischen Fragestellungen von Bedeutung sind.

### 3.4.1. Einführendes Beispiel

Bild 2.12 zeigt ein Netzwerk, das durch die Spannungsquelle $x(t)$ erregt wird und dessen Ausgangsgröße die Spannung $y(t)$ ist. Wählt man den Induktivitätsstrom $z_1(t)$ und die Kapazitätsspannung $z_2(t)$ als Zustandsgrößen, dann lautet die Zustandsraumbeschreibung des Netzwerks mit den Zeitkonstanten $T_1 = L_1 / R_1$ und $T_2 = R_2 C_2$

$$\frac{\mathrm{d}\boldsymbol{z}(t)}{\mathrm{d}t} = \begin{bmatrix} -\dfrac{1}{T_1} & 0 \\ 0 & -\dfrac{1}{T_2} \end{bmatrix} \boldsymbol{z}(t) + \begin{bmatrix} \dfrac{1}{L_1} \\ 0 \end{bmatrix} x(t),$$

$$y(t) = [\,0 \quad 1\,]\,\boldsymbol{z}(t) + x(t).$$

Als Lösung der Zustandsgleichungen mit dem Anfangszustand $\boldsymbol{z}(t_0)$ ergibt sich

$$\boldsymbol{z}(t) = \begin{bmatrix} z_1(t_0)\,\mathrm{e}^{-(t-t_0)/T_1} \\ z_2(t_0)\,\mathrm{e}^{-(t-t_0)/T_2} \end{bmatrix} + \begin{bmatrix} \dfrac{1}{L_1} \displaystyle\int_{t_0}^{t} \mathrm{e}^{-(t-\sigma)/T_1}\, x(\sigma)\,\mathrm{d}\sigma \\ 0 \end{bmatrix},$$

$$y(t) = z_2(t_0)\,\mathrm{e}^{-(t-t_0)/T_2} + x(t).$$

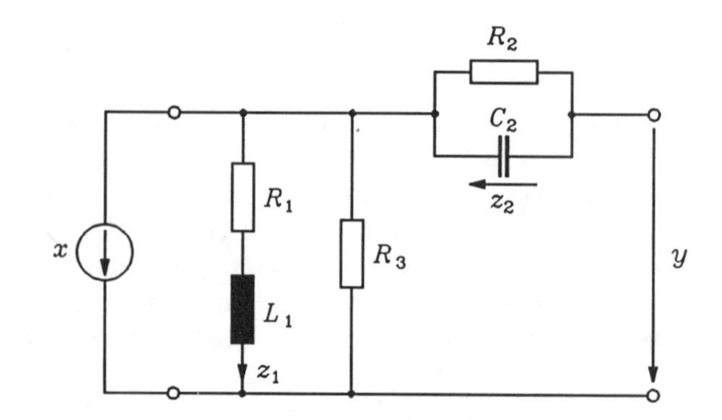


Bild 2.12: Netzwerk zur Erläuterung der Steuerbarkeit und Beobachtbarkeit linearer Systeme

Wie man sieht, ist es beim vorliegenden Beispiel nicht möglich, durch die Erregung $x(t)$ den Verlauf der Zustandsgröße $z_2(t)$ zu beeinflussen, weil die Eigenfunktion $\exp(-t/T_2)$ des Netzwerks vom Eingang her nicht angeregt werden kann. Diese Eigenschaft des Netzwerks kann auch in der Weise gesehen werden, daß es nicht möglich ist, das Netzwerk bei freier Wahl von $x(t)$ von einem beliebigen Anfangszustand $\boldsymbol{z}(t_0)$ in endlicher Zeit in einen willkürlich wählbaren Endzustand $\boldsymbol{z}(t_1)$ zu überführen. Der Leser möge sich das am Fall $\boldsymbol{z}(t_0) = \boldsymbol{0}$ und $z_1(t_1) = 0$, $z_2(t_1) \neq 0$ verdeutlichen. Angesichts dieser Eigenschaft spricht man davon, daß das Netzwerk nicht steuerbar ist. Wie man bereits am vorliegenden Beispiel (Bild 2.12) sieht, wird allgemein die Steuerbarkeit durch Eigenschaften der Matrix $\boldsymbol{B}$ in bezug auf die Matrix $\boldsymbol{A}$ bestimmt. Dies soll im nächsten Abschnitt näher untersucht werden. Während die Steuerbarkeit die Frage betrifft, ob der Systemzustand vom Eingang aus unter Kontrolle gebracht werden kann, bezieht sich die Beobachtbarkeit auf das Problem, aus dem Verlauf der Ausgangsgröße bei Kenntnis der Eingangsgröße und der Systemmatrizen den Zustand $\boldsymbol{z}(t_0)$ festzustellen. Wie die Zustandsgleichungen des gewählten Beispiels aus Bild 2.12 erkennen lassen, ist das Ausgangssignal $y(t)$ völlig unabhängig von der ersten Komponente des Systemzustands. Diese Tatsache kann auch so gesehen werden, daß in der Ausgangsgröße die Eigenfunktion $\exp(-t/T_1)$ nicht enthalten ist. Das Netzwerk ist daher nicht beobachtbar. Die Beobachtbarkeit wird allgemein durch Eigenschaften der Matrix $\boldsymbol{C}$ in bezug auf die Matrix $\boldsymbol{A}$ bestimmt, wie man an diesem Beispiel sieht. Eine genaue Untersuchung erfolgt im übernächsten Abschnitt.

### 3.4.2. Steuerbarkeit

Den folgenden Betrachtungen wird ein kontinuierliches System zugrundegelegt, das durch die Zustandsgleichung (2.12) beschrieben wird. Das System heißt in dieser Darstellung *steuerbar* zum Zeitpunkt $t_0$, wenn der Zustand $\boldsymbol{z}(t)$ von einem beliebigen Anfangszustand $\boldsymbol{z}_0 = \boldsymbol{z}(t_0)$ bei Wahl eines geeigneten Eingangssignals $\boldsymbol{x}(t)$ in endlicher Zeit in einen willkürlich wählbaren Endzustand $\boldsymbol{z}_1 = \boldsymbol{z}(t_1)$ überführt werden kann. Ohne Einschränkung der Allgemeinheit darf $\boldsymbol{z}(t_1) = \boldsymbol{0}$ gewählt werden, weil dies durch eine Verschiebung des Koordinatenursprungs im Zustandraum stets erreicht werden kann.

Die Frage der Steuerbarkeit soll zunächst für den Fall zeitunabhängiger Matrizen $\boldsymbol{A}$ und $\boldsymbol{B}$ näher untersucht werden. Unter dieser Voraussetzung ist der Zeitpunkt $t_0$ kein wesentlicher Parameter, da aus der Steuerbarkeit zu irgendeinem Zeitpunkt $t_0$ die Steuerbarkeit für alle $t_0$ folgt. Es wird daher ohne Einschränkung der Allgemeinheit $t_0 = 0$ gewählt. Die Lösung der Gl. (2.12) lautet nach den Gln. (2.47) und (2.38) für $t \geqq t_0 = 0$

$$\boldsymbol{z}(t) = \mathrm{e}^{\boldsymbol{A}t}\boldsymbol{z}_0 + \int_0^t \mathrm{e}^{\boldsymbol{A}\cdot(t-\sigma)}\,\boldsymbol{B}\boldsymbol{x}(\sigma)\,\mathrm{d}\sigma .$$

Die Forderung nach Steuerbarkeit läßt sich damit in Form der Gleichung

$$\boldsymbol{0} = \mathrm{e}^{\boldsymbol{A}t_1}\boldsymbol{z}_0 + \mathrm{e}^{\boldsymbol{A}t_1}\int_0^{t_1} \mathrm{e}^{-\boldsymbol{A}\sigma}\boldsymbol{B}\boldsymbol{x}(\sigma)\,\mathrm{d}\sigma \tag{2.100}$$

zur Bestimmung der Eingangsgröße $\boldsymbol{x}(t)$ bei beliebigem $\boldsymbol{z}_0$ ausdrücken. Man kann jetzt zeigen, daß die Gl. (2.100) genau dann lösbar und damit das System steuerbar ist, wenn die

Vektorfunktionen in den $q$ Zeilen der Matrix

$$\boldsymbol{F}(t) = \mathrm{e}^{\boldsymbol{A}t}\boldsymbol{B} \qquad (2.101)$$

linear unabhängig sind, d. h., wenn mit einem Vektor $\boldsymbol{\alpha}$ aus der Identität

$$\boldsymbol{\alpha}^{\mathrm{T}}\mathrm{e}^{\boldsymbol{A}t}\boldsymbol{B} \equiv \boldsymbol{0} \qquad (2.102)$$

stets $\boldsymbol{\alpha} = \boldsymbol{0}$ folgt.

*Beweis:* Um die *Notwendigkeit* der Aussage zu zeigen, wird angenommen, daß das System steuerbar ist, aber die $q$ Zeilen der Matrix $\boldsymbol{F}(t)$ nach Gl. (2.101) linear abhängig sind. Dann muß ein $q$-dimensionaler Vektor $\boldsymbol{\alpha} \neq \boldsymbol{0}$ existieren, so daß Gl. (2.102) gilt. Wählt man in Gl. (2.100) als Anfangszustand $\boldsymbol{z}_0$ speziell den Vektor $\boldsymbol{\alpha}$ und multipliziert man die Gl. (2.100) von links mit $\boldsymbol{\alpha}^{\mathrm{T}}\exp(-\boldsymbol{A}t_1)$, so ergibt sich die skalare Gleichung

$$0 = \boldsymbol{\alpha}^{\mathrm{T}}\boldsymbol{\alpha} + \int_0^{t_1} \boldsymbol{\alpha}^{\mathrm{T}}\mathrm{e}^{-\boldsymbol{A}\sigma}\boldsymbol{B}\,\boldsymbol{x}(\sigma)\,\mathrm{d}\sigma$$

oder bei Berücksichtigung von Gl. (2.102) im Integranden

$$\boldsymbol{\alpha}^{\mathrm{T}}\boldsymbol{\alpha} = 0\,,$$

d. h. $\boldsymbol{\alpha} = \boldsymbol{0}$ im Widerspruch zur Annahme $\boldsymbol{\alpha} \neq \boldsymbol{0}$. Damit müssen die $q$ Zeilen der Matrix $\boldsymbol{F}(t)$ nach Gl. (2.101) notwendigerweise linear unabhängig sein. – Um die *Hinlänglichkeit* obiger Aussage nachzuweisen, wird angenommen, daß die $q$ Zeilen der Matrix $\boldsymbol{F}(t)$ nach Gl. (2.101) linear unabhängig sind, und gezeigt, daß mindestens ein $\boldsymbol{x}(t)$ als Lösung von Gl. (2.100) existiert. Führt man die Matrix

$$\boldsymbol{W}_s(t_1) = \int_0^{t_1} \mathrm{e}^{-\boldsymbol{A}\sigma}\boldsymbol{B}\,\boldsymbol{B}^{\mathrm{T}}\mathrm{e}^{-\boldsymbol{A}^{\mathrm{T}}\sigma}\mathrm{d}\sigma$$

mit beliebigem $t_1 > 0$ ein, dann gilt für jeden Vektor $\boldsymbol{\alpha} \neq \boldsymbol{0}$

$$\boldsymbol{\alpha}^{\mathrm{T}}\boldsymbol{W}_s(t_1)\,\boldsymbol{\alpha} = \int_0^{t_1} \boldsymbol{\alpha}^{\mathrm{T}}\boldsymbol{F}(-\sigma)\boldsymbol{F}^{\mathrm{T}}(-\sigma)\,\boldsymbol{\alpha}\,\mathrm{d}\sigma\,.$$

Dieser Ausdruck ist stets positiv, da der Integrand die Summe der Quadrate von Funktionen ist und laut Voraussetzung $\boldsymbol{\alpha}^{\mathrm{T}}\boldsymbol{F}(-\sigma)$ nicht identisch verschwinden kann. Damit ist $\boldsymbol{W}_s(t_1)$ eine positiv-definite Matrix. Es existiert also die Inverse dieser Matrix, mit der das spezielle Eingangssignal

$$\boldsymbol{x}(t) = -\boldsymbol{B}^{\mathrm{T}}\mathrm{e}^{-\boldsymbol{A}^{\mathrm{T}}t}\,\boldsymbol{W}_s^{-1}(t_1)\,\boldsymbol{z}_0\,, \quad \text{d. h.} \quad \boldsymbol{x}(t) = -\boldsymbol{F}^{\mathrm{T}}(-t)\,\boldsymbol{W}_s^{-1}(t_1)\,\boldsymbol{z}_0$$

gebildet werden kann. Dieses $\boldsymbol{x}(t)$ löst die Gl. (2.100), wie man unmittelbar durch Substitution erkennt, und ist damit ein Signal, das den beliebigen Anfangszustand $\boldsymbol{z}_0$ in den Endzustand $\boldsymbol{z}(t_1) = \boldsymbol{0}$ überführt.

Man kann nun weiterhin die Aussage beweisen, daß die Zeilen der Matrix $\boldsymbol{F}(t)$ genau dann linear unabhängig sind, wenn die Matrix $\boldsymbol{U} := [\boldsymbol{B}, \boldsymbol{A}\boldsymbol{B}, \ldots, \boldsymbol{A}^{q-1}\boldsymbol{B}]$ den größtmöglichen Rang $q$ hat. Hierzu wird zuerst angenommen, daß die Zeilen von $\boldsymbol{F}(t)$ linear abhängig sind, d. h., daß Gl. (2.102) für ein $\boldsymbol{\alpha} \neq \boldsymbol{0}$ erfüllt ist. Dann gilt auch für alle $\mu \geqq 0$

$$\frac{\mathrm{d}^{\mu}}{\mathrm{d}t^{\mu}}\left(\boldsymbol{\alpha}^{\mathrm{T}}\mathrm{e}^{\boldsymbol{A}t}\boldsymbol{B}\right) = \boldsymbol{\alpha}^{\mathrm{T}}\mathrm{e}^{\boldsymbol{A}t}\boldsymbol{A}^{\mu}\boldsymbol{B} \equiv \boldsymbol{0}\,,$$

und für $t = 0$ folgt hieraus insbesondere

$$\boldsymbol{\alpha}^{\mathrm{T}}\,[\boldsymbol{B}, \boldsymbol{A}\boldsymbol{B}, \ldots, \boldsymbol{A}^{q-1}\boldsymbol{B}] = \boldsymbol{\alpha}^{\mathrm{T}}\boldsymbol{U} = \boldsymbol{0}\,.$$

Dies besagt aber, daß der Rang von $\boldsymbol{U}$ kleiner als $q$ sein muß. Nimmt man andererseits an, daß der Rang von $\boldsymbol{U}$ kleiner als $q$ ist, dann existiert ein Vektor $\boldsymbol{\alpha} \neq \boldsymbol{0}$, so daß $\boldsymbol{\alpha}^{\mathrm{T}}\boldsymbol{U} = \boldsymbol{0}$, also $\boldsymbol{\alpha}^{\mathrm{T}}\boldsymbol{A}^{\mu}\boldsymbol{B} = \boldsymbol{0}$ für $\mu = 0, 1, \ldots, q-1$ gilt. Aufgrund des Cayley-Hamilton-Theorems folgt dann aber

$$\boldsymbol{\alpha}^{\mathrm{T}}\boldsymbol{A}^{\mu}\boldsymbol{B} = \boldsymbol{0}$$

auch für $\mu \geqq q$, und wegen Gl. (2.39) ergibt sich hieraus $\boldsymbol{\alpha}^{\mathrm{T}}\boldsymbol{F}(t) \equiv \boldsymbol{0}$. Damit ist die genannte Aussage bewiesen.

Insgesamt ist damit folgendes Ergebnis gefunden:

**Satz II.1:** Ein lineares durch die Gl. (2.12) mit konstanten Matrizen $\boldsymbol{A}$ und $\boldsymbol{B}$ darstellbares System ist in dieser Darstellung genau dann steuerbar, wenn die sogenannte *Steuerbarkeitsmatrix*

$$\boldsymbol{U} = [\boldsymbol{B}, \boldsymbol{A}\boldsymbol{B}, \boldsymbol{A}^2\boldsymbol{B}, \ldots, \boldsymbol{A}^{q-1}\boldsymbol{B}] \tag{2.103}$$

den Rang $q$ hat. Besitzt das System nur einen Eingang, dann ist die Matrix $\boldsymbol{B}$ ein Vektor und $\boldsymbol{U}$ eine quadratische Matrix der Ordnung $q$. In einem solchen Fall ist die Steuerbarkeit genau dann gegeben, wenn die Determinante von $\boldsymbol{U}$ nicht verschwindet.

Wird ein lineares, zeitinvariantes System nach Abschnitt 3.2 durch eine nichtsinguläre Transformation des Zustandsvektors gemäß Gl. (2.24) in eine äquivalente Zustandsdarstellung überführt, dann erhält man für die Steuerbarkeitsmatrix $\tilde{\boldsymbol{U}}$ des neuen Systems wegen Gln. (2.26a,b)

$$\tilde{\boldsymbol{U}} = \boldsymbol{M}^{-1}\boldsymbol{U}. \tag{2.104}$$

Beachtet man, daß durch die Multiplikation mit einer nichtsingulären Matrix keine Rangänderung eintritt, so ist damit das Ergebnis gewonnen, daß durch eine Äquivalenztransformation des Systems die Eigenschaft der Steuerbarkeit nicht beeinflußt wird.

**Anmerkung:** Bei der praktischen Anwendung von Satz II.1 kann man sukzessive die Matrizen

$$\boldsymbol{U}_{\mu} = [\boldsymbol{B}, \boldsymbol{A}\boldsymbol{B}, \ldots, \boldsymbol{A}^{\mu}\boldsymbol{B}] \quad (\mu = 0, 1, \ldots, q-1)$$

und deren Ränge betrachten. Gibt es einen kleinsten Wert $\mu = \mu_0$, so daß die Matrizen $\boldsymbol{U}_{\mu_0}$ und $\boldsymbol{U}_{\mu_0+1}$ gleichen Rang haben, dann besitzen alle Matrizen $\boldsymbol{U}_{\mu}$ mit $\mu \geqq \mu_0$ denselben Rang. Insofern kann es vorkommen, daß bei der Prüfung der Steuerbarkeit nicht die volle Matrix $\boldsymbol{U}$, sondern nur eine Teilmatrix berechnet zu werden braucht. Zum Beweis dieser Behauptung sei zunächst festgestellt, daß jede Spalte von $\boldsymbol{A}^{\mu_0+1}\boldsymbol{B}$ von den Spalten der Matrizen $\boldsymbol{B}, \boldsymbol{A}\boldsymbol{B}, \ldots, \boldsymbol{A}^{\mu_0}\boldsymbol{B}$ linear abhängen, sofern $\boldsymbol{U}_{\mu_0}$ und $\boldsymbol{U}_{\mu_0+1}$ gleichen Rang haben, wie dies vorausgesetzt wurde. Durch Links-Multiplikation von $\boldsymbol{U}_{\mu_0}$ und $\boldsymbol{U}_{\mu_0+1}$ mit $\boldsymbol{A}$ werden alle Spalten dieser Matrizen von links mit $\boldsymbol{A}$ multipliziert, und daher ist jede Spalte von $\boldsymbol{A}^{\mu_0+2}\boldsymbol{B}$ linear abhängig von den Spalten der Matrizen $\boldsymbol{A}\boldsymbol{B}, \boldsymbol{A}^2\boldsymbol{B}, \ldots, \boldsymbol{A}^{\mu_0+1}\boldsymbol{B}$. Da aber jede der Spalten von $\boldsymbol{A}^{\mu_0+1}\boldsymbol{B}$ von denen der Matrizen $\boldsymbol{B}, \boldsymbol{A}\boldsymbol{B}, \ldots, \boldsymbol{A}^{\mu_0}\boldsymbol{B}$ linear abhängt, ist jede Spalte von $\boldsymbol{A}^{\mu_0+2}\boldsymbol{B}$ von den Spalten der Matrizen $\boldsymbol{B}, \boldsymbol{A}\boldsymbol{B}, \ldots, \boldsymbol{A}^{\mu_0}\boldsymbol{B}$ linear abhängig. Daher besitzt die Matrix $\boldsymbol{U}_{\mu_0+2}$ den gleichen Rang wie $\boldsymbol{U}_{\mu_0}$ und $\boldsymbol{U}_{\mu_0+1}$. Ebenso erkennt man, daß die Matrix $\boldsymbol{U}_{\mu_0+3}$ den gleichen Rang wie die Matrizen $\boldsymbol{U}_{\mu_0+2}$ und $\boldsymbol{U}_{\mu_0+1}$ hat, und kann entsprechend fortfahren. – Die vorausgegangenen Überlegungen zeigen, daß beim Übergang von $\boldsymbol{U}_\mu$ zu $\boldsymbol{U}_{\mu+1}$ der Rang jeweils mindestens um Eins steigt, solange $\mu < \mu_0$ ist. Bedeutet $\beta$ den Rang von $\boldsymbol{U}_0 = \boldsymbol{B}$, so muß zur Prüfung der Steuerbarkeit allenfalls bis $\boldsymbol{U}_{q-\beta}$ gegangen werden, da $q$ der maximal mögliche Rang ist, d. h. es gilt $\mu_0 \leqq q - \beta$. Aus der Definition des Minimalpolynoms folgt andererseits direkt $\mu_0 \leqq k-1$, wenn $k$ den Grad dieses Polynoms bezeichnet.

Die im Zusammenhang mit der Steuerbarkeit linearer Systeme mit konstanten Matrizen $\boldsymbol{A}$ und $\boldsymbol{B}$ angestellten Überlegungen lassen sich auf den Fall zeitabhängiger Matrizen übertragen. Der Zeitpunkt $t_0$ ist hier allerdings ein wesentlicher Parameter. Die Gln. (2.100) und (2.101) sind entsprechend durch Einführung der Übergangsmatrix $\boldsymbol{\Phi}(t, t_0)$ als Funktion von $t$ und $t_0$ zu modifizieren, und es kann folgende Aussage gemacht werden:

**Satz II.2:** Steuerbarkeit des Systems in der Darstellung nach Gl. (2.12) ist zum Zeitpunkt $t_0$ genau dann gegeben, wenn ein endlicher Zeitpunkt $t_1 > t_0$ existiert, so daß die $q$ Vektorfunktionen in den Zeilen der Matrix

$$\boldsymbol{F}(t, t_0) := \boldsymbol{\Phi}(t_0, t)\,\boldsymbol{B}(t) \tag{2.105}$$

im Intervall $t_0 \leqq t \leqq t_1$ linear unabhängig sind.

*Beweis:* Die *Notwendigkeit* dieser Behauptung läßt sich dadurch zeigen, daß man zwar Steuerbarkeit des Systems zum Zeitpunkt $t_0$ voraussetzt, gleichzeitig aber die lineare Abhängigkeit der $q$ Zeilen von $\boldsymbol{F}(t, t_0)$ aus Gl. (2.105) im Intervall $t_0 \leqq t \leqq t_1$ annimmt. Dann existiert ein konstanter Vektor $\boldsymbol{\alpha} \neq \boldsymbol{0}$ mit der Eigenschaft

$$\boldsymbol{\alpha}^{\mathrm{T}} \boldsymbol{F}(t, t_0) \equiv \boldsymbol{0} \quad (t_0 \leqq t \leqq t_1). \tag{2.106}$$

Nun wird die Gl. (2.82) mit der Zerlegung $\boldsymbol{\Phi}(t, \sigma)\,\boldsymbol{B}(\sigma) = \boldsymbol{\Phi}(t, t_0)\,\boldsymbol{\Phi}(t_0, \sigma)\,\boldsymbol{B}(\sigma) = \boldsymbol{\Phi}(t, t_0)\,\boldsymbol{F}(\sigma, t_0)$ für $t = t_1$ ausgewertet. Wählt man die speziellen Vektoren $\boldsymbol{z}(t_0) = \boldsymbol{\alpha}$ und $\boldsymbol{z}(t_1) = \boldsymbol{0}$ und multipliziert dann diese Gleichung von links mit $\boldsymbol{\alpha}^{\mathrm{T}} \boldsymbol{\Phi}(t_0, t_1)$, so erhält man angesichts der Gl. (2.106) $\boldsymbol{\alpha}^{\mathrm{T}} \boldsymbol{\alpha} = \boldsymbol{0}$. Da hieraus $\boldsymbol{\alpha} = \boldsymbol{0}$ folgt, ist obige Annahme der linearen Abhängigkeit der Zeilen von $\boldsymbol{F}(t, t_0)$ zu verwerfen. – Zum Beweis der *Hinlänglichkeit* wird angenommen, daß Gl. (2.106) mit keinem $\boldsymbol{\alpha} \neq \boldsymbol{0}$ befriedigt werden kann, und es wird die Matrix

$$\boldsymbol{W}_s(t_0, t_1) = \int_{t_0}^{t_1} \boldsymbol{F}(\tau, t_0)\,\boldsymbol{F}^{\mathrm{T}}(\tau, t_0)\,\mathrm{d}\tau \tag{2.107}$$

eingeführt. Wird diese Matrix von links mit $\boldsymbol{\alpha}^{\mathrm{T}}$ und von rechts mit $\boldsymbol{\alpha}$ multipliziert, wobei $\boldsymbol{\alpha} \neq \boldsymbol{0}$ ein beliebiger $q$-Vektor bedeutet, so sieht man sofort, daß $\boldsymbol{\alpha}^{\mathrm{T}} \boldsymbol{W}_s(t_0, t_1)\,\boldsymbol{\alpha}$ positiv ist, d. h. die Matrix $\boldsymbol{W}_s(t_0, t_1)$ aus Gl. (2.107) positiv-definit ist und deshalb eine Inverse besitzt. Berechnet man nun für den Eingangsvektor

$$\boldsymbol{x}(t) = -\boldsymbol{F}^{\mathrm{T}}(t, t_0)\,\boldsymbol{W}_s^{-1}(t_0, t_1)\,[\boldsymbol{z}_0 - \boldsymbol{\Phi}(t_0, t_1)\,\boldsymbol{z}_1] \tag{2.108}$$

mit willkürlichen Vektoren $\boldsymbol{z}_0 = \boldsymbol{z}(t_0)$ und $\boldsymbol{z}_1$ nach Gl. (2.82) den Zustandsvektor für $t = t_1$, so resultiert nach kurzer Zwischenrechnung $\boldsymbol{z}(t_1) = \boldsymbol{z}_1$, wenn man $\boldsymbol{\Phi}(t_1, \sigma) = \boldsymbol{\Phi}(t_1, t_0)\,\boldsymbol{\Phi}(t_0, \sigma)$ setzt und die Gln. (2.105) und (2.107) berücksichtigt.

Satz II.2 lehrt, daß die Steuerbarkeit eines im Zustandsraum beschriebenen linearen Systems nur von den Matrizen $\boldsymbol{B}(t)$ und $\boldsymbol{\Phi}(t, t_0)$ bzw. $\boldsymbol{B}(t)$ und $\boldsymbol{A}(t)$ abhängig ist. Aus Satz II.2 kann nun die folgende hinreichende Bedingung abgeleitet werden:

**Satz II.3:** Ein lineares System ist in der Darstellung nach Gl. (2.12) zu einem Zeitpunkt $t = t_0$ dann steuerbar, wenn es einen Zeitpunkt $t_1 > t_0$ gibt, so daß die Matrix

$$[\boldsymbol{M}_0(t), \boldsymbol{M}_1(t), \ldots, \boldsymbol{M}_{q-1}(t)],$$

deren Teilmatrizen durch die Rekursionsbeziehung

$$\boldsymbol{M}_{\mu+1}(t) = -\boldsymbol{A}(t)\boldsymbol{M}_{\mu}(t) + \frac{\mathrm{d}}{\mathrm{d}t}\boldsymbol{M}_{\mu}(t) \quad (\mu = 0, 1, \ldots, q-2), \tag{2.109a}$$

$$\boldsymbol{M}_0(t) = \boldsymbol{B}(t) \tag{2.109b}$$

definiert sind, für $t = t_1$ den Rang $q$ hat. Dabei muß vorausgesetzt werden, daß die zeitabhängigen Systemmatrizen $\boldsymbol{A}(t)$ und $\boldsymbol{B}(t)$ hinreichend oft stetig differenzierbar sind.

*Beweis:* Aus der Beziehung

$$\boldsymbol{F}(t, t_0) = \boldsymbol{\Phi}(t_0, t)\boldsymbol{B}(t) = \boldsymbol{\Psi}(t_0)\boldsymbol{\Psi}^{-1}(t)\boldsymbol{M}_0(t),$$

wobei $\boldsymbol{\Psi}(t)$ irgendeine Fundamentalmatrix des betrachteten Systems ist, erhält man zunächst

$$\frac{\partial \boldsymbol{F}(t, t_0)}{\partial t} = \boldsymbol{\Psi}(t_0)\left[\frac{\mathrm{d}\boldsymbol{\Psi}^{-1}(t)}{\mathrm{d}t}\boldsymbol{M}_0(t) + \boldsymbol{\Psi}^{-1}(t)\frac{\mathrm{d}\boldsymbol{M}_0(t)}{\mathrm{d}t}\right].$$

Mit der Beziehung

$$\frac{\mathrm{d}\boldsymbol{\Psi}^{-1}(t)}{\mathrm{d}t} = -\boldsymbol{\Psi}^{-1}(t)\frac{\mathrm{d}\boldsymbol{\Psi}(t)}{\mathrm{d}t}\boldsymbol{\Psi}^{-1}(t) = -\boldsymbol{\Psi}^{-1}(t)\boldsymbol{A}(t)\boldsymbol{\Psi}(t)\boldsymbol{\Psi}^{-1}(t) = -\boldsymbol{\Psi}^{-1}(t)\boldsymbol{A}(t),$$

bei der berücksichtigt wurde, daß $\boldsymbol{\Psi}(t)$ die Gl. (2.68) des betrachteten Systems befriedigt, folgt weiterhin

$$\frac{\partial \boldsymbol{F}(t, t_0)}{\partial t} = \boldsymbol{\Psi}(t_0)\boldsymbol{\Psi}^{-1}(t)\left[-\boldsymbol{A}(t)\boldsymbol{M}_0(t) + \frac{\mathrm{d}\boldsymbol{M}_0(t)}{\mathrm{d}t}\right], \tag{2.110}$$

also wegen der Gln. (2.77b) und (2.109a)

$$\frac{\partial \boldsymbol{F}(t, t_0)}{\partial t} = \boldsymbol{\Phi}(t_0, t)\boldsymbol{M}_1(t).$$

Darüber hinaus erhält man entsprechend Gl. (2.110)

$$\frac{\partial^2 \boldsymbol{F}(t, t_0)}{\partial t^2} = \boldsymbol{\Psi}(t_0)\boldsymbol{\Psi}^{-1}(t)\left[-\boldsymbol{A}(t)\boldsymbol{M}_1(t) + \frac{\mathrm{d}\boldsymbol{M}_1(t)}{\mathrm{d}t}\right]$$

oder mit den Gln. (2.77b) und (2.109a)

$$\frac{\partial^2 \boldsymbol{F}(t, t_0)}{\partial t^2} = \boldsymbol{\Phi}(t_0, t)\boldsymbol{M}_2(t).$$

Allgemein ergibt sich so

$$\frac{\partial^{\mu} \boldsymbol{F}(t, t_0)}{\partial t^{\mu}} = \boldsymbol{\Phi}(t_0, t)\boldsymbol{M}_{\mu}(t) \quad (\mu = 0, 1, \ldots, q-1). \tag{2.111}$$

Nun wird bei Berücksichtigung der Gl. (2.111) die Matrix

$$\begin{aligned}\boldsymbol{Q}(t_0, t_1) &:= \left[\boldsymbol{F}(t, t_0), \frac{\partial \boldsymbol{F}(t, t_0)}{\partial t}, \ldots, \frac{\partial^{q-1}\boldsymbol{F}(t, t_0)}{\partial t^{q-1}}\right]_{t=t_1} \\ &= \boldsymbol{\Phi}(t_0, t_1)\left[\boldsymbol{M}_0(t_1), \boldsymbol{M}_1(t_1), \ldots, \boldsymbol{M}_{q-1}(t_1)\right]\end{aligned}$$

eingeführt, deren Rang voraussetzungsgemäß gleich $q$ ist, da $\boldsymbol{\Phi}(t_0, t_1)$ eine nichtsinguläre Matrix repräsentiert. Es wird nun behauptet, daß die $q$ Zeilen von $\boldsymbol{F}(t, t_0)$ in einem Intervall $[t_0, t_2]$ mit $t_2 > t_1$ linear unabhängig sind. Andernfalls müßte nämlich ein Vektor $\boldsymbol{\alpha} \neq \mathbf{0}$ existieren, so daß

$$\boldsymbol{\alpha}^{\mathrm{T}} \boldsymbol{F}(t, t_0) \equiv \mathbf{0} \quad (t_0 \leqq t \leqq t_2)$$

und demzufolge für $\mu = 1, 2, \ldots$

$$\boldsymbol{\alpha}^{\mathrm{T}} \frac{\partial^{\mu} \boldsymbol{F}(t, t_0)}{\partial t^{\mu}} \equiv \mathbf{0} \quad (t_0 \leqq t \leqq t_2)$$

gilt, woraus insbesondere

$$\boldsymbol{\alpha}^{\mathrm{T}} \boldsymbol{Q}(t_0, t_1) = \mathbf{0}$$

folgt. Dies hieße, daß die $q$ Zeilen von $\boldsymbol{Q}(t_0, t_1)$ linear abhängig wären, was aber ausgeschlossen ist, da der Rang von $\boldsymbol{Q}(t_0, t_1)$ gleich $q$ ist. Es müssen also tatsächlich die $q$ Zeilen von $\boldsymbol{F}(t, t_0)$ im Intervall $[t_0, t_2]$ linear unabhängig sein. Daher liegt nach Satz II.2 Steuerbarkeit des Systems zum Zeitpunkt $t = t_0$ vor.

*Beispiel:* Es sei das im Bild 2.13 dargestellte Netzwerk betrachtet. Die Eingangsgröße $x(t)$ ist der Strom am Eingang des Netzwerks. Die Zustandsvariablen sind die Kapazitätsspannung $z_1(t)$ und der Induktivitätsstrom $z_2(t)$. Mit

$$\boldsymbol{z} = [z_1, z_2]^{\mathrm{T}}$$

lautet die Zustandsgleichung

$$\frac{\mathrm{d}\boldsymbol{z}}{\mathrm{d}t} = \boldsymbol{A}\boldsymbol{z} + \boldsymbol{b}x$$

mit den nach Abschnitt 2 leicht zu bestimmenden Matrizen

$$\boldsymbol{A} = \begin{bmatrix} -\dfrac{1}{C}\left(\dfrac{1}{R_1+R_3} + \dfrac{1}{R_2+R_4}\right) & \dfrac{1}{C}\left(\dfrac{R_1}{R_1+R_3} - \dfrac{R_2}{R_2+R_4}\right) \\ \dfrac{1}{L}\left(\dfrac{R_2}{R_2+R_4} - \dfrac{R_1}{R_1+R_3}\right) & -\dfrac{1}{L}\left(\dfrac{R_1R_3}{R_1+R_3} + \dfrac{R_2R_4}{R_2+R_4}\right) \end{bmatrix}, \quad \boldsymbol{b} = [1/C, 0]^{\mathrm{T}}.$$

Die Steuerbarkeitsmatrix lautet

$$[\boldsymbol{b}, \boldsymbol{A}\boldsymbol{b}] = \begin{bmatrix} \dfrac{1}{C} & -\dfrac{1}{C^2}\left(\dfrac{1}{R_1+R_3} + \dfrac{1}{R_2+R_4}\right) \\ 0 & \dfrac{1}{LC}\left(\dfrac{R_2}{R_2+R_4} - \dfrac{R_1}{R_1+R_3}\right) \end{bmatrix}.$$

Wie man sieht, hat diese Matrix genau dann einen kleineren Rang als $q = 2$, wenn sie singulär ist, wenn also

$$\frac{R_2}{R_2+R_4} = \frac{R_1}{R_1+R_3}, \tag{2.112}$$

d. h.

$$R_2R_3 = R_1R_4,$$

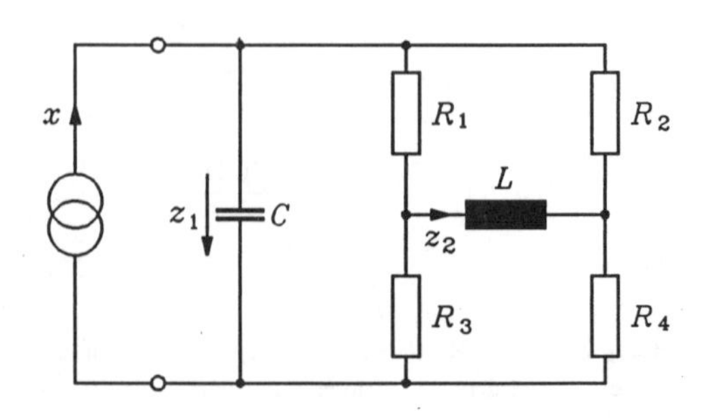


Bild 2.13: Elektrisches Netzwerk zur Erläuterung der Steuerbarkeit

gilt. Dies ist die Abgleichbedingung für die im Netzwerk enthaltene Brücke. Ist die Abgleichbedingung erfüllt, dann ist die Differentialgleichung für den Induktivitätsstrom nicht nur unabhängig vom Eingangsstrom $x(t)$, sondern auch von der Kapazitätsspannung $z_1(t)$, weshalb die Zustandsvariable $z_2(t)$ von außen nicht erregt werden kann. Von den zwei Eigenschwingungen wird in diesem Fall durch das Eingangssignal nur eine angeregt. Wenn alle Netzwerkelemente positiv sind, ist das Netzwerk im Sinne von Abschnitt 3.5 stabil. Falls die Induktivität $L$ negativ ist, alle übrigen Elemente jedoch positiv sind, ist das Netzwerk instabil, und zwar auch dann, wenn die Bedingung nach Gl. (2.112) erfüllt ist, d. h., wenn von außen her die "instabile" Eigenschwingung nicht angeregt werden kann.

Der Begriff der Steuerbarkeit lehrt also, daß es lineare, zeitinvariante Systeme gibt, bei denen nicht alle Eigenschwingungen von außen erregt werden können. Die entsprechenden Eigenwerte liefern keinen Beitrag zum Übertragungsverhalten, d. h. sie erscheinen nicht in der Übertragungsfunktion, wie sie im Kapitel III eingeführt wird. Bei elektrischen Netzwerken kommt diese Erscheinung dann vor, wenn das betreffende Netzwerk im Rahmen seines von außen feststellbaren Verhaltens überflüssige Energiespeicher hat. Solange die von außen nicht erregbaren Eigenschwingungen für $t \to \infty$ nicht über alle Grenzen anwachsen, ergeben sich keine Komplikationen. Im Abschnitt 3.5 wird gezeigt, daß dies sicher dann der Fall ist, wenn die entsprechenden Eigenwerte negativen Realteil haben, wie dies beispielsweise bei passiven Netzwerken stets der Fall ist, abgesehen von Sonderfällen, in denen Eigenwerte auch verschwindenden Realteil haben können. Sobald über alle Grenzen anwachsende Eigenschwingungen vorhanden sind, ist das System instabil, obwohl dies im Übertragungsverhalten nicht zum Ausdruck zu kommen braucht. Mit derartigen Erscheinungen muß bei aktiven Netzwerken gerechnet werden.

Abschließend sei noch erwähnt, daß sich die vorstehenden Betrachtungen auch im Fall komplexer Systemmatrizen $\boldsymbol{A}, \boldsymbol{B}, \boldsymbol{C}, \boldsymbol{D}$ ohne nennenswerte Änderungen durchführen lassen. Die Ergebnisse selbst ändern sich dabei nicht.

### 3.4.3. Beobachtbarkeit

Es wird von einem kontinuierlichen System ausgegangen, das durch die Zustandsgleichungen (2.12) und (2.13) mit bekannten im Intervall $-\infty < t < \infty$ stetigen Systemmatrizen beschrieben wird. Das System heißt in dieser Darstellung *beobachtbar* zum Zeitpunkt $t_0$, wenn bei Zulassung eines beliebigen Anfangszustands $\boldsymbol{z}_0 = \boldsymbol{z}(t_0)$ ein endlicher Zeitpunkt $t_1 > t_0$ existiert, so daß bei Kenntnis des Eingangssignals $\boldsymbol{x}(t)$ und des Ausgangssignals $\boldsymbol{y}(t)$ im Intervall $t_0 \leqq t \leqq t_1$ der Anfangszustand $\boldsymbol{z}_0$ eindeutig bestimmt werden kann.

Die Frage der Beobachtbarkeit soll zunächst für den Fall zeitunabhängiger Systemmatrizen $\boldsymbol{A}$ und $\boldsymbol{C}$ näher untersucht werden. Unter dieser Voraussetzung ist der Zeitpunkt $t_0$ kein wesentlicher Parameter; es wird daher ohne Einschränkung der Allgemeinheit $t_0 = 0$ gewählt. Nach Abschnitt 3.3.3 läßt sich bei Wahl eines beliebigen Zeitpunkts $t > t_0$ für den Anfangszustand $\boldsymbol{z}_0$ die Bestimmungsgleichung

$$\boldsymbol{C}\,\mathrm{e}^{\boldsymbol{A}t}\boldsymbol{z}_0 = \Delta\boldsymbol{y}(t) \tag{2.113}$$

angeben, wobei die rechte Seite gegeben ist durch

$$\Delta\boldsymbol{y}(t) = \boldsymbol{y}(t) - \int_0^t \boldsymbol{C}\,\mathrm{e}^{\boldsymbol{A}\cdot(t-\sigma)}\boldsymbol{B}(\sigma)\boldsymbol{x}(\sigma)\,\mathrm{d}\sigma - \boldsymbol{D}(t)\boldsymbol{x}(t)$$

und demzufolge als bekannt angesehen werden darf. Man kann nun zeigen, daß $\boldsymbol{z}_0$ durch die Gl. (2.113) genau dann bestimmbar und damit das System beobachtbar ist, wenn die $q$ Vektorfunktionen in den Spalten der Matrix

$$\boldsymbol{G}(t) = \boldsymbol{C}\,\mathrm{e}^{\boldsymbol{A}t} \tag{2.114}$$

linear unabhängig sind, d. h., wenn mit einem Vektor $\boldsymbol{\alpha}$ aus der Identität

$$\boldsymbol{C}\,\mathrm{e}^{\boldsymbol{A}t}\boldsymbol{\alpha} \equiv \boldsymbol{0} \tag{2.115}$$

stets $\boldsymbol{\alpha} = \boldsymbol{0}$ folgt.

*Beweis:* Um die *Notwendigkeit* der Aussage zu zeigen, wird angenommen, daß das System beobachtbar ist, aber die $q$ Spalten der Matrix $\boldsymbol{G}(t)$ nach Gl. (2.114) linear abhängig sind. Dann muß ein $q$-dimensionaler Spaltenvektor $\boldsymbol{\alpha} \neq \boldsymbol{0}$ existieren, so daß die Gl. (2.115) gilt. Wählt man jetzt das Eingangssignal $\boldsymbol{x}(t) \equiv \boldsymbol{0}$, dann gilt $\boldsymbol{y}(t) \equiv \Delta\boldsymbol{y}(t) \equiv \boldsymbol{0}$ für den Anfangszustand $\boldsymbol{z}_0 = \boldsymbol{\alpha}$, aber auch für $\boldsymbol{z}_0 = \boldsymbol{0}$. Man kann daher den Anfangszustand nicht eindeutig angeben. Es liegt damit ein Widerspruch zur vorausgesetzten Beobachtbarkeit vor. Daher muß die angenommene lineare Abhängigkeit der Spalten der Matrix $\boldsymbol{G}(t)$ nach Gl. (2.114) verworfen werden. – Um die *Hinlänglichkeit* obiger Aussage nachzuweisen, wird angenommen, daß die Vektorfunktionen in den $q$ Spalten der Matrix $\boldsymbol{G}(t)$ nach Gl. (2.114) linear unabhängig sind, und gezeigt, daß dann die Gl. (2.113) nach $\boldsymbol{z}_0$ eindeutig gelöst werden kann. Dazu wird die Gl. (2.113) von links mit der Matrix $\exp(\boldsymbol{A}^{\mathrm{T}}t)\,\boldsymbol{C}^{\mathrm{T}}$ durchmultipliziert, sodann beide Seiten von $t = 0$ bis zu einem willkürlich wählbaren Zeitpunkt $t_1 > 0$ integriert und schließlich nach $\boldsymbol{z}_0$ aufgelöst. Auf diese Weise erhält man

$$\boldsymbol{z}_0 = \boldsymbol{W}_b^{-1}(t_1)\int_0^{t_1}\mathrm{e}^{\boldsymbol{A}^{\mathrm{T}}t}\boldsymbol{C}^{\mathrm{T}}\,\Delta\boldsymbol{y}(t)\,\mathrm{d}t \quad \text{mit} \quad \boldsymbol{W}_b(t_1) = \int_0^{t_1}\mathrm{e}^{\boldsymbol{A}^{\mathrm{T}}t}\boldsymbol{C}^{\mathrm{T}}\boldsymbol{C}\,\mathrm{e}^{\boldsymbol{A}t}\mathrm{d}t \;\; \Big(= \int_0^{t_1}\boldsymbol{G}^{\mathrm{T}}(t)\boldsymbol{G}(t)\,\mathrm{d}t\Big).$$

Dabei läßt sich wie beim Beweis des entsprechenden Steuerbarkeitskriteriums zeigen, daß die Matrix $\boldsymbol{W}_b(t_1)$ wegen der linearen Unabhängigkeit der Vektorfunktionen in den $q$ Spalten der Matrix $\boldsymbol{G}(t)$ nach Gl. (2.114) nichtsingulär ist. Man kann also in diesem Fall tatsächlich $\boldsymbol{z}_0$ bei Kenntnis der Systemmatrizen $\boldsymbol{A}, \boldsymbol{B}(t)$, $\boldsymbol{C}, \boldsymbol{D}(t)$ und der Signale $\boldsymbol{x}(t), \boldsymbol{y}(t)$ in einem Intervall $0 \leqq t \leqq t_1$ ($t_1 > 0$ beliebig) eindeutig angeben.

Ganz entsprechend dem Fall der Steuerbarkeit kann nun gezeigt werden, daß die Vektorfunktionen in den Spalten von $\boldsymbol{G}(t)$ aus Gl. (2.114) genau dann linear unabhängig sind, wenn die Matrix

$$\boldsymbol{V} := \begin{bmatrix} \boldsymbol{C} \\ \boldsymbol{C}\boldsymbol{A} \\ \vdots \\ \boldsymbol{C}\boldsymbol{A}^{q-1} \end{bmatrix}$$

den größtmöglichen Rang $q$ aufweist. Insgesamt ist damit das folgende Ergebnis gefunden.

**Satz II.4:** Ein lineares durch die Gln. (2.12) und (2.13) mit konstanten Matrizen $\boldsymbol{A}$ und $\boldsymbol{C}$ darstellbares System ist in dieser Darstellung genau dann beobachtbar, wenn die sogenannte *Beobachtbarkeitsmatrix*

$$\boldsymbol{V} = \begin{bmatrix} \boldsymbol{C} \\ \boldsymbol{C}\boldsymbol{A} \\ \boldsymbol{C}\boldsymbol{A}^2 \\ \vdots \\ \boldsymbol{C}\boldsymbol{A}^{q-1} \end{bmatrix} \tag{2.116}$$

den Rang $q$ hat. Besitzt das System nur einen Ausgang, dann ist die Matrix $\boldsymbol{C}$ ein Zeilenvektor $\boldsymbol{c}^{\mathrm{T}}$ und $\boldsymbol{V}$ eine quadratische Matrix der Ordnung $q$. In einem solchen Fall ist die Beobachtbarkeit genau dann gegeben, wenn die Determinante von $\boldsymbol{V}$ nicht verschwindet.

Durch eine Transformation des Zustandsvektors mit der nichtsingulären Matrix $\boldsymbol{M}$ geht die Matrix $\boldsymbol{V}$ in die neue Beobachtbarkeitsmatrix $\widetilde{\boldsymbol{V}} = \boldsymbol{V}\boldsymbol{M}$ über, so daß die Eigenschaft der Beobachtbarkeit durch eine solche Äquivalenztransformation des Systems nicht beeinflußt wird.

Die im Zusammenhang mit der Beobachtbarkeit linearer Systeme mit konstanten Matrizen $\boldsymbol{A}$ und $\boldsymbol{C}$ angestellten Überlegungen lassen sich auf den Fall zeitabhängiger Matrizen $\boldsymbol{A}(t)$ und $\boldsymbol{C}(t)$ übertragen. Der Zeitpunkt $t_0$ ist hier allerdings ein wesentlicher Parameter. Die Gln. (2.113) und (2.114) sind entsprechend durch Einführung der Übergangsmatrix $\boldsymbol{\Phi}(t, t_0)$ als Funktion von $t$ und $t_0$ zu modifizieren, und es kann folgende Aussage gemacht werden.

**Satz II.5:** Die Beobachtbarkeit des Systems in der Darstellung nach den Gln. (2.12) und (2.13) zum Zeitpunkt $t_0$ ist genau dann gegeben, wenn ein endlicher Zeitpunkt $t_1 > t_0$ existiert, so daß die $q$ Vektorfunktionen in den Spalten der Matrix

$$\boldsymbol{G}(t, t_0) := \boldsymbol{C}(t)\,\boldsymbol{\Phi}(t, t_0) \tag{2.117}$$

im Intervall $t_0 \leqq t \leqq t_1$ linear unabhängig sind.

*Beweis:* Die *Notwendigkeit* dieser Behauptung läßt sich dadurch zeigen, daß man zwar Beobachtbarkeit des Systems zum Zeitpunkt $t_0$ voraussetzt, gleichzeitig aber die lineare Abhängigkeit der $q$ Spalten von $\boldsymbol{G}(t, t_0)$ aus Gl. (2.117) im Intervall $t_0 \leqq t \leqq t_1$ annimmt. Dann existiert ein konstanter Vektor $\boldsymbol{\alpha} \neq \boldsymbol{0}$ mit der Eigenschaft

$$\boldsymbol{G}(t, t_0)\,\boldsymbol{\alpha} \equiv 0 \quad (t_0 \leqq t \leqq t_1). \tag{2.118}$$

Wählt man nun als Anfangszustand $\boldsymbol{z}(t_0) = \boldsymbol{\alpha}$ und berechnet nach den Gln. (2.82), (2.13) den Vektor der Ausgangsgrößen $\boldsymbol{y}(t)$ für $t > t_0$, so sieht man aufgrund der Gln. (2.117) und (2.118), daß der Anfangszustand in $\boldsymbol{y}(t)$ nicht erkennbar ist. Damit besteht ein Widerspruch zur Voraussetzung, daß das System beobachtbar ist. Die Spaltenvektoren von $\boldsymbol{G}(t, t_0)$ sind also in $t_0 \leqq t \leqq t_1$ linear unabhängig. – Um die *Hinlänglichkeit* der Behauptung zu beweisen, wird vorausgesetzt, daß die $q$ Spalten der Matrix $\boldsymbol{G}(t, t_0)$ aus Gl. (2.117) in einem Intervall $t_0 \leqq t \leqq t_1$ $(t_0 \neq t_1)$ linear unabhängig sind, und im folgenden gezeigt, daß dann die Gln. (2.13) und (2.82) eindeutig nach $\boldsymbol{z}(t_0)$ aufgelöst werden können. Zunächst sei festgestellt, daß mit der Hilfsfunktion

$$\Delta\boldsymbol{y}(t) = \boldsymbol{y}(t) - \boldsymbol{C}(t)\int_{t_0}^{t} \boldsymbol{\Phi}(t, \sigma)\,\boldsymbol{B}(\sigma)\,\boldsymbol{x}(\sigma)\,\mathrm{d}\sigma - \boldsymbol{D}(t)\,\boldsymbol{x}(t), \tag{2.119}$$

die bei der Prüfung der Beobachtbarkeit als verfügbar angesehen werden darf, aus den Gln. (2.13) und (2.82) mit Gl. (2.117) die Beziehung

$$\boldsymbol{G}(t, t_0)\,\boldsymbol{z}(t_0) = \Delta\boldsymbol{y}(t) \tag{2.120}$$

mit bekannten Funktionen $\boldsymbol{G}(t, t_0)$ und $\Delta\boldsymbol{y}(t)$ folgt. Die Beobachtbarkeit ist also sichergestellt, wenn Gl. (2.120) eindeutig nach $\boldsymbol{z}(t_0)$ aufgelöst werden kann. Dies gelingt dadurch, daß man die Gln. (2.120) von links mit $\boldsymbol{G}^{\mathrm{T}}(t, t_0)$ durchmultipliziert und dann nach $t$ von $t_0$ bis $t_1$ integriert. Auf diese Weise erhält man die Gleichung

$$\boldsymbol{V}(t_0, t_1)\,\boldsymbol{z}(t_0) = \int_{t_0}^{t_1} \boldsymbol{G}^{\mathrm{T}}(t, t_0)\,\Delta\boldsymbol{y}(t)\,\mathrm{d}t \tag{2.121}$$

mit der Matrix

$$\boldsymbol{V}(t_0,t_1) := \int_{t_0}^{t_1} \boldsymbol{G}^{\mathrm{T}}(t,t_0)\,\boldsymbol{G}(t,t_0)\,\mathrm{d}t\ , \tag{2.122}$$

die positiv-definit und damit nichtsingulär ist. Denn $\boldsymbol{\alpha}^{\mathrm{T}}\boldsymbol{V}(t_0,t_1)\,\boldsymbol{\alpha}$ kann gemäß Gl. (2.122) durch ein Integral über eine Summe der Quadrate von Funktionen ausgedrückt werden. Diese Summe verschwindet aber nicht identisch im Integrationsintervall für jeden konstanten Vektor $\boldsymbol{\alpha} \neq \boldsymbol{0}$ wegen der Voraussetzung, daß die Spalten von $\boldsymbol{G}(t,t_0)$ linear unabhängig sind. Damit kann Gl. (2.121) tatsächlich eindeutig nach $\boldsymbol{z}(t_0)$ aufgelöst werden.

Satz II.5 lehrt, daß die Beobachtbarkeit eines im Zustandsraum beschriebenen linearen Systems nur von den Matrizen $\boldsymbol{C}(t)$ und $\boldsymbol{\Phi}(t,t_0)$ bzw. $\boldsymbol{C}(t)$ und $\boldsymbol{A}(t)$ abhängig ist.

Die Sätze II.2 und II.5 zeigen, daß die Steuerbarkeit eines linearen Systems durch die lineare Unabhängigkeit der Zeilen der Matrix $\boldsymbol{F}(t,t_0)$ und die Beobachtbarkeit durch die lineare Unabhängigkeit der Spalten der Matrix $\boldsymbol{G}(t,t_0)$ bestimmt wird. Der folgende Satz stellt einen Zusammenhang zwischen diesen Aussagen her und zeigt die Dualität beider Konzepte.

**Satz II.6:** Es wird neben dem durch die Gln. (2.12) und (2.13) gegebenen System auch das durch die Gleichungen

$$\frac{\mathrm{d}\boldsymbol{z}(t)}{\mathrm{d}t} = -\boldsymbol{A}^{\mathrm{T}}(t)\,\boldsymbol{z}(t) + \boldsymbol{C}^{\mathrm{T}}(t)\,\boldsymbol{x}(t) \tag{2.123}$$

$$\boldsymbol{y}(t) = \boldsymbol{B}^{\mathrm{T}}(t)\,\boldsymbol{z}(t) + \boldsymbol{D}^{\mathrm{T}}(t)\,\boldsymbol{x}(t) \tag{2.124}$$

definierte lineare (adjungierte) System betrachtet. Das durch die Gln. (2.12) und (2.13) beschriebene System ist in dieser Darstellung zum Zeitpunkt $t_0$ genau dann steuerbar (beobachtbar), wenn das durch die Gln. (2.123) und (2.124) beschriebene System in dieser Darstellung zum Zeitpunkt $t_0$ beobachtbar (steuerbar) ist.

*Beweis:* Für das durch die Gln. (2.12) und (2.13) gegebene System sind die Matrizen $\boldsymbol{F}(t,t_0)$ und $\boldsymbol{G}(t,t_0)$ durch die Gln. (2.105) und (2.117) gegeben. Bezeichnet man für das durch die Gln. (2.123) und (2.124) gegebene System die entsprechenden Matrizen mit $\widetilde{\boldsymbol{F}}(t,t_0)$ bzw. $\widetilde{\boldsymbol{G}}(t,t_0)$ und die zugehörige Übergangsmatrix mit $\widetilde{\boldsymbol{\Phi}}(t,t_0)$, so erhält man

$$\widetilde{\boldsymbol{F}}(t,t_0) = \widetilde{\boldsymbol{\Phi}}(t_0,t)\,\boldsymbol{C}^{\mathrm{T}}(t) \quad \text{und} \quad \widetilde{\boldsymbol{G}}(t,t_0) = \boldsymbol{B}^{\mathrm{T}}(t)\,\widetilde{\boldsymbol{\Phi}}(t,t_0).$$

Nun bestehen die Gleichungen

$$\frac{\partial\boldsymbol{\Phi}(t,t_0)}{\partial t} = \boldsymbol{A}(t)\,\boldsymbol{\Phi}(t,t_0) \quad \text{und} \quad \frac{\partial\widetilde{\boldsymbol{\Phi}}(t,t_0)}{\partial t} = -\boldsymbol{A}^{\mathrm{T}}(t)\,\widetilde{\boldsymbol{\Phi}}(t,t_0). \tag{2.125a,b}$$

Multipliziert man Gl. (2.125a) von links mit $\widetilde{\boldsymbol{\Phi}}^{\mathrm{T}}(t,t_0)$, die transponierte Gl. (2.125b) von rechts mit $\boldsymbol{\Phi}(t,t_0)$ und addiert dann beide so modifizierten Gleichungen, dann erhält man die Beziehung

$$\widetilde{\boldsymbol{\Phi}}^{\mathrm{T}}(t,t_0)\,\frac{\partial\boldsymbol{\Phi}(t,t_0)}{\partial t} + \frac{\partial\widetilde{\boldsymbol{\Phi}}^{\mathrm{T}}(t,t_0)}{\partial t}\,\boldsymbol{\Phi}(t,t_0) = \boldsymbol{0}\,,$$

aus der durch Integration nach $t$ mit $\widetilde{\boldsymbol{\Phi}}^{\mathrm{T}}(t_0,t_0) = \boldsymbol{\Phi}(t_0,t_0) = \mathbf{E}$ unmittelbar

$$\widetilde{\boldsymbol{\Phi}}^{\mathrm{T}}(t,t_0)\,\boldsymbol{\Phi}(t,t_0) = \mathbf{E}$$

oder

$$\tilde{\boldsymbol{\Phi}}^{\mathrm{T}}(t,t_0) = \boldsymbol{\Phi}(t_0,t) \tag{2.126}$$

folgt.

Damit ergeben sich direkt aus Gl. (2.126) die Beziehungen

$$\boldsymbol{F}(t,t_0) = \tilde{\boldsymbol{G}}^{\mathrm{T}}(t,t_0) \quad \text{und} \quad \tilde{\boldsymbol{F}}(t,t_0) = \boldsymbol{G}^{\mathrm{T}}(t,t_0),$$

woraus aufgrund der Sätze II.2 und II.5 die Aussage resultiert.

Nach dem Dualitätssatz II.6 sind die Sätze II.1 und II.4 äquivalent. Der Satz II.3 läßt sich aufgrund dieser Dualitätseigenschaft sofort in einen entsprechenden Satz über die Beobachtbarkeit überführen. Er lautet folgendermaßen:

**Satz II.7:** Das System in der Darstellung der Gln. (2.12) und (2.13) ist im Zeitpunkt $t_0$ beobachtbar, wenn es einen Zeitpunkt $t_1 > t_0$ gibt, so daß die Matrix

$$\begin{bmatrix} \boldsymbol{N}_0(t) \\ \boldsymbol{N}_1(t) \\ \vdots \\ \boldsymbol{N}_{q-1}(t) \end{bmatrix}$$

für $t = t_1$ den Rang $q$ hat. Dabei bedeuten

$$\boldsymbol{N}_{\mu+1}(t) = \boldsymbol{N}_{\mu}(t)\boldsymbol{A}(t) + \frac{\mathrm{d}}{\mathrm{d}t}\boldsymbol{N}_{\mu}(t) \quad (\mu = 0,1,\ldots,q-2), \tag{2.127a}$$

$$\boldsymbol{N}_0(t) = \boldsymbol{C}(t). \tag{2.127b}$$

Es muß vorausgesetzt werden, daß die zeitabhängigen Systemmatrizen $\boldsymbol{A}(t)$ und $\boldsymbol{C}(t)$ hinreichend oft stetig differenzierbar sind.

Wendet man das Konzept der Beobachtbarkeit auf konkrete Beispiele linearer, zeitinvarianter Systeme, etwa auf einfache Netzwerke an, so zeigt sich, daß ein nicht beobachtbares System Eigenschwingungen aufweist, die sich am Systemausgang nicht bemerkbar machen. Die entsprechenden Eigenwerte liefern keinen Beitrag zur Übertragungsfunktion, die das Übertragungsverhalten kennzeichnet (Kapitel III).

Abschließend sei noch erwähnt, daß sich die vorstehenden Betrachtungen auch im Fall komplexer Systemmatrizen $\boldsymbol{A}, \boldsymbol{B}, \boldsymbol{C}, \boldsymbol{D}$ ohne nennenswerte Änderungen durchführen lassen. Die Ergebnisse selbst ändern sich dabei nicht.

### 3.4.4. Kanonische Zerlegung linearer, zeitinvarianter Systeme

Es werden im folgenden ausschließlich Systeme betrachtet, die durch die linearen, zeitinvarianten Zustandsgleichungen

$$\frac{\mathrm{d}\boldsymbol{z}(t)}{\mathrm{d}t} = \boldsymbol{A}\boldsymbol{z}(t) + \boldsymbol{B}\boldsymbol{x}(t) \tag{2.128a}$$

und

$$\boldsymbol{y}(t) = \boldsymbol{C}\boldsymbol{z}(t) + \boldsymbol{D}\boldsymbol{x}(t) \tag{2.128b}$$

gekennzeichnet sind. Es wird vorausgesetzt, daß der Rang $\widetilde{q}$ der Steuerbarkeitsmatrix

$$\boldsymbol{U} = [\boldsymbol{B}, \boldsymbol{A}\boldsymbol{B}, \ldots, \boldsymbol{A}^{q-1}\boldsymbol{B}] \tag{2.129}$$

kleiner als $q$ ist, das betrachtete System also nicht steuerbar ist. Aus der Matrix $\boldsymbol{U}$ können nun $\widetilde{q}$ Spaltenvektoren herausgegriffen werden, die linear unabhängig sind. Sie seien mit $\boldsymbol{m}_\mu (\mu = 1, 2, \ldots, \widetilde{q})$ bezeichnet. Diesen Vektoren werden $q - \widetilde{q}$ weitere Vektoren gleicher Dimension $\boldsymbol{m}_\mu (\mu = \widetilde{q} + 1, \ldots, q)$ hinzugefügt, so daß eine nichtsinguläre quadratische Matrix

$$\boldsymbol{M} = [\boldsymbol{m}_1, \boldsymbol{m}_2, \ldots, \boldsymbol{m}_q] \tag{2.130}$$

entsteht. Die Vektoren $\boldsymbol{m}_\mu (\mu = \widetilde{q} + 1, \ldots, q)$ dürfen im Rahmen der Forderung, daß $\boldsymbol{M}$ nichtsingulär sein muß, beliebig gewählt werden. Mit Hilfe der Matrix $\boldsymbol{M}$ aus Gl. (2.130) wird nun eine Äquivalenztransformation der Gln. (2.128a,b) gemäß Gl. (2.23) durchgeführt. Die transformierten Matrizen $\widetilde{\boldsymbol{A}}$ und $\widetilde{\boldsymbol{B}}$ sind durch die Gln. (2.26a,b) gegeben. Die Spaltenvektoren der Matrix $\widetilde{\boldsymbol{A}}$ werden mit $\widetilde{\boldsymbol{a}}_\mu$ $(\mu = 1, 2, \ldots, q)$, die der Matrizen $\boldsymbol{B}$ und $\widetilde{\boldsymbol{B}}$ mit $\boldsymbol{b}_\mu$ bzw. $\widetilde{\boldsymbol{b}}_\mu$ $(\mu = 1, 2, \ldots, m)$ bezeichnet. Aufgrund der Gln. (2.26a,b) bestehen dann die Beziehungen

$$\boldsymbol{A}\boldsymbol{m}_\mu = [\boldsymbol{m}_1, \boldsymbol{m}_2, \ldots, \boldsymbol{m}_q]\, \widetilde{\boldsymbol{a}}_\mu \quad (\mu = 1, 2, \ldots, q) \tag{2.131}$$

und

$$\boldsymbol{b}_\mu = [\boldsymbol{m}_1, \boldsymbol{m}_2, \ldots, \boldsymbol{m}_q]\, \widetilde{\boldsymbol{b}}_\mu \quad (\mu = 1, 2, \ldots, m). \tag{2.132}$$

Der Vektor $\widetilde{\boldsymbol{a}}_\mu$ ist also die Repräsentation des Vektors $\boldsymbol{A}\boldsymbol{m}_\mu$ bezüglich der Basis $\{\boldsymbol{m}_1, \boldsymbol{m}_2, \ldots, \boldsymbol{m}_q\}$, und $\widetilde{\boldsymbol{b}}_\mu$ ist die Repräsentation von $\boldsymbol{b}_\mu$ bezüglich derselben Basis.

Da jede Spalte der Matrix $\boldsymbol{U}$ nach Gl. (2.129) durch Linearkombination der Vektoren $\boldsymbol{m}_\mu$ $(\mu = 1, 2, \ldots, \widetilde{q})$ dargestellt werden kann, besteht die Möglichkeit, auch jeden Vektor $\boldsymbol{A}\boldsymbol{m}_\mu$ $(\mu = 1, 2, \ldots, \widetilde{q})$ durch Linearkombination der $\boldsymbol{m}_\mu$ $(\mu = 1, 2, \ldots, \widetilde{q})$ auszudrücken. Man kann daher

$$\boldsymbol{A}\boldsymbol{m}_\mu = [\boldsymbol{m}_1, \boldsymbol{m}_2, \ldots, \boldsymbol{m}_{\widetilde{q}}]\, \boldsymbol{\alpha}_\mu \quad (\mu = 1, 2, \ldots, \widetilde{q}) \tag{2.133}$$

mit geeigneten Vektoren $\boldsymbol{\alpha}_\mu$ schreiben. Ebenso müssen alle Spalten von $\boldsymbol{B}$, die ja auch als Spalten in $\boldsymbol{U}$ vorhanden sind, in der Form

$$\boldsymbol{b}_\mu = [\boldsymbol{m}_1, \boldsymbol{m}_2, \ldots, \boldsymbol{m}_{\widetilde{q}}]\, \boldsymbol{\beta}_\mu \quad (\mu = 1, 2, \ldots, m) \tag{2.134}$$

mit geeigneten Vektoren $\boldsymbol{\beta}_\mu$ geschrieben werden können. Vergleicht man nun die Gln. (2.131) und (2.133) miteinander, so sieht man, daß in allen Vektoren

$$\widetilde{\boldsymbol{a}}_\mu = [\widetilde{a}_{1\mu}, \widetilde{a}_{2\mu}, \ldots, \widetilde{a}_{q\mu}]^{\mathrm{T}} \quad (\mu = 1, 2, \ldots, \widetilde{q})$$

sämtliche Komponenten $\widetilde{a}_{\nu\mu}$ für $\nu = \widetilde{q} + 1, \ldots, q$ verschwinden müssen. Ebenso lehrt ein Vergleich der Gln. (2.132) und (2.134) miteinander, daß in allen Vektoren

$$\widetilde{\boldsymbol{b}}_\mu = [\widetilde{b}_{1\mu}, \widetilde{b}_{2\mu}, \ldots, \widetilde{b}_{q\mu}]^{\mathrm{T}} \quad (\mu = 1, 2, \ldots, m)$$

sämtliche Komponenten $\widetilde{b}_{\nu\mu}$ für $\nu = \widetilde{q} + 1, \ldots, q$ verschwinden müssen.

Zusammenfassend kann man feststellen, daß die durchgeführte Transformation die zu den Gln. (2.128a,b) äquivalente Zustandsdarstellung

$$\frac{\mathrm{d}}{\mathrm{d}t}\begin{bmatrix}\boldsymbol{\zeta}_1(t)\\ \boldsymbol{\zeta}_2(t)\end{bmatrix} = \begin{bmatrix}\widetilde{\boldsymbol{A}}_{11} & \widetilde{\boldsymbol{A}}_{12}\\ \boldsymbol{0} & \widetilde{\boldsymbol{A}}_{22}\end{bmatrix}\begin{bmatrix}\boldsymbol{\zeta}_1(t)\\ \boldsymbol{\zeta}_2(t)\end{bmatrix} + \begin{bmatrix}\widetilde{\boldsymbol{B}}_1\\ \boldsymbol{0}\end{bmatrix}\boldsymbol{x}(t) \tag{2.135a}$$

und

$$\boldsymbol{y}(t) = [\widetilde{\boldsymbol{C}}_1 \;\; \widetilde{\boldsymbol{C}}_2]\begin{bmatrix}\boldsymbol{\zeta}_1(t)\\ \boldsymbol{\zeta}_2(t)\end{bmatrix} + \boldsymbol{D}\boldsymbol{x}(t) \tag{2.135b}$$

liefert. Dabei ist $\widetilde{\boldsymbol{A}}_{11}$ eine quadratische Matrix der Ordnung $\widetilde{q}$, $\widetilde{\boldsymbol{A}}_{22}$ ist eine quadratische Matrix der Ordnung $q - \widetilde{q}$. Die Matrix $\widetilde{\boldsymbol{A}}_{12}$ hat $\widetilde{q}$ Zeilen und $q - \widetilde{q}$ Spalten, während $\widetilde{\boldsymbol{B}}_1$ genau $\widetilde{q}$ Zeilen und $m$ Spalten besitzt. Die Matrizen $\widetilde{\boldsymbol{C}}_1$ und $\widetilde{\boldsymbol{C}}_2$ haben $r$ Zeilen und $\widetilde{q}$ bzw. $q - \widetilde{q}$ Spalten. Der Vektor $\boldsymbol{\zeta}_1(t)$ hat $\widetilde{q}$ Komponenten, $\boldsymbol{\zeta}_2(t)$ besitzt $q - \widetilde{q}$ Komponenten.

Die Steuerbarkeitsmatrix der transformierten Darstellung nach den Gln. (2.135a,b) lautet

$$\widetilde{\boldsymbol{U}} = [\widetilde{\boldsymbol{B}}, \widetilde{\boldsymbol{A}}\widetilde{\boldsymbol{B}}, \ldots, \widetilde{\boldsymbol{A}}^{q-1}\widetilde{\boldsymbol{B}}]$$

oder

$$\widetilde{\boldsymbol{U}} = \begin{bmatrix}\widetilde{\boldsymbol{B}}_1 & \widetilde{\boldsymbol{A}}_{11}\widetilde{\boldsymbol{B}}_1 & \widetilde{\boldsymbol{A}}_{11}^2\widetilde{\boldsymbol{B}}_1 & \cdots & \widetilde{\boldsymbol{A}}_{11}^{q-1}\widetilde{\boldsymbol{B}}_1\\ \boldsymbol{0} & \boldsymbol{0} & \boldsymbol{0} & & \boldsymbol{0}\end{bmatrix} = \begin{bmatrix}\widetilde{\boldsymbol{U}}_1 & \widetilde{\boldsymbol{A}}_{11}^{\widetilde{q}}\widetilde{\boldsymbol{B}}_1 & \cdots\\ \boldsymbol{0} & \boldsymbol{0} & \cdots\end{bmatrix}.$$

Sie hat denselben Rang $\widetilde{q}$ wie $\boldsymbol{U}$. Die Matrix $\widetilde{\boldsymbol{U}}_1$ bedeutet dabei die Steuerbarkeitsmatrix des Teilsystems mit dem Matrizenquadrupel $(\widetilde{\boldsymbol{A}}_{11}, \widetilde{\boldsymbol{B}}_1, \widetilde{\boldsymbol{C}}_1, \boldsymbol{D})$. Der Rang von $\widetilde{\boldsymbol{U}}_1$ beträgt $\widetilde{q}$, da die Spaltenvektoren von $\widetilde{\boldsymbol{A}}_{11}^{\nu}\widetilde{\boldsymbol{B}}_1$ für $\nu \geqq \widetilde{q}$ von den Spaltenvektoren von $\widetilde{\boldsymbol{U}}_1$ linear abhängig sind. Damit ist das Teilsystem $(\widetilde{\boldsymbol{A}}_{11}, \widetilde{\boldsymbol{B}}_1, \widetilde{\boldsymbol{C}}_1, \boldsymbol{D})$ steuerbar.

Das gewonnene Ergebnis wird zusammengefaßt im

**Satz II.8:** Ist ein lineares, zeitinvariantes System in der Darstellung nach den Gln. (2.128a,b) nicht steuerbar und hat der Rang der Steuerbarkeitsmatrix $\boldsymbol{U}$ den Wert $\widetilde{q} < q$, dann kann eine nichtsinguläre (konstante) Matrix $\boldsymbol{M}$ angegeben werden, mit deren Hilfe die Gln. (2.128a,b) gemäß Gl. (2.23) in die Gln. (2.135a,b) überführt werden. Diese Gleichungen enthalten ein steuerbares Teilsystem der Ordnung $\widetilde{q}$ mit dem Zustandsvektor $\boldsymbol{\zeta}_1$.

Die erhaltenen Ergebnisse zeigen, daß der mittels der Matrix nach Gl. (2.130) transformierte Zustandsvektor $\boldsymbol{\zeta} = [\boldsymbol{\zeta}_1, \boldsymbol{\zeta}_2]^{\mathrm{T}}$ aus zwei Teilvektoren besteht, von denen $\boldsymbol{\zeta}_1$ durch die Eingangssignale beeinflußbar (d. h. steuerbar) ist, während $\boldsymbol{\zeta}_2$ weder direkt von $\boldsymbol{x}(t)$ noch indirekt über $\boldsymbol{\zeta}_1$ beeinflußt werden kann. Das Teilsystem mit dem Zustandsvektor $\boldsymbol{\zeta}_2$ ist also nicht steuerbar. Wenn man $\boldsymbol{\zeta}_2$ ignoriert, erhält man eine steuerbare Systemdarstellung mit im Vergleich zur ursprünglichen Darstellung niedrigerer Ordnung, wobei sich das Übertragungsverhalten des Systems nicht ändert.

Mit Hilfe des Dualitätssatzes II.6 läßt sich Satz II.8 direkt in eine entsprechende Aussage bezüglich der Beobachtbarkeit überführen. Diese Aussage lautet folgendermaßen:

**Satz II.9:** Ist ein lineares, zeitinvariantes System in der Darstellung nach den Gln. (2.128a,b) nicht beobachtbar und hat der Rang der Beobachtbarkeitsmatrix $\boldsymbol{V}$ gemäß Gl. (2.116) den Wert $\overline{q} < q$, dann kann eine nichtsinguläre (konstante) Matrix $\boldsymbol{M}$ angegeben werden, mit deren Hilfe die Gln. (2.128a,b) gemäß Gl. (2.23) in die transformierte Darstellung

$$\frac{\mathrm{d}}{\mathrm{d}t}\begin{bmatrix}\boldsymbol{\zeta}_1(t)\\ \boldsymbol{\zeta}_2(t)\end{bmatrix} = \begin{bmatrix}\overline{\boldsymbol{A}}_{11} & \boldsymbol{0}\\ \overline{\boldsymbol{A}}_{21} & \overline{\boldsymbol{A}}_{22}\end{bmatrix}\begin{bmatrix}\boldsymbol{\zeta}_1(t)\\ \boldsymbol{\zeta}_2(t)\end{bmatrix} + \begin{bmatrix}\overline{\boldsymbol{B}}_1\\ \overline{\boldsymbol{B}}_2\end{bmatrix}\boldsymbol{x}(t), \tag{2.136a}$$

$$\boldsymbol{y}(t) = [\,\overline{\boldsymbol{C}}_1 \quad \boldsymbol{0}\,]\begin{bmatrix}\boldsymbol{\zeta}_1(t)\\ \boldsymbol{\zeta}_2(t)\end{bmatrix} + \boldsymbol{D}\,\boldsymbol{x}(t) \tag{2.136b}$$

überführt werden, welche das beobachtbare Teilsystem $(\overline{\boldsymbol{A}}_{11}, \overline{\boldsymbol{B}}_1, \overline{\boldsymbol{C}}_1, \boldsymbol{D})$ der Ordnung $\overline{q}$ mit dem Zustandsvektor $\boldsymbol{\zeta}_1$ enthält.

Die Sätze II.8 und II.9 ermöglichen nun, ein durch die Gln. (2.128a,b) gegebenes System durch eine Äquivalenztransformation $\boldsymbol{z} = \boldsymbol{M}\boldsymbol{w}$ mit geeigneter Matrix $\boldsymbol{M}$ in eine Form überzuführen, die eine besondere Struktur des Systems zu erkennen erlaubt. Es wird dabei angenommen, daß das betreffende System in der Darstellung nach Gln. (2.128a,b) im allgemeinen weder steuerbar noch beobachtbar ist. Man kann die Gln. (2.128a,b) zunächst gemäß den Gln. (2.135a,b) transformieren, d. h. eine Zerlegung in einen steuerbaren Teil mit dem Zustandsvektor $\boldsymbol{\zeta}_1$ und einen nicht steuerbaren Teil mit dem Zustandsvektor $\boldsymbol{\zeta}_2$ durchführen. Der steuerbare Teil wird jetzt gemäß den Gln. (2.136a,b) in einen beobachtbaren Teil mit dem Zustandsvektor $\boldsymbol{w}_1$ und einen nicht beobachtbaren Teil mit dem Zustandsvektor $\boldsymbol{w}_2$ zerlegt. Entsprechend erfolgt eine Zerlegung des nicht steuerbaren Teils in zwei weitere Teile mit den Zustandsvektoren $\boldsymbol{w}_3$ bzw. $\boldsymbol{w}_4$. Auf diese Weise ergibt sich die zu den Gln. (2.135a,b) äquivalente kanonische Darstellung

$$\frac{\mathrm{d}\boldsymbol{w}(t)}{\mathrm{d}t} = \boldsymbol{A}_k\boldsymbol{w}(t) + \boldsymbol{B}_k\boldsymbol{x}(t), \tag{2.137a}$$

$$\boldsymbol{y}(t) = \boldsymbol{C}_k\boldsymbol{w}(t) + \boldsymbol{D}\,\boldsymbol{x}(t) \tag{2.137b}$$

mit dem Zustandsvektor

$$\boldsymbol{w}(t) = [\boldsymbol{w}_1(t), \boldsymbol{w}_2(t), \boldsymbol{w}_3(t), \boldsymbol{w}_4(t)]^{\mathrm{T}}$$

und den Systemmatrizen

$$\boldsymbol{A}_k = \begin{bmatrix}\boldsymbol{A}_{11} & \boldsymbol{0} & \boldsymbol{A}_{13} & \boldsymbol{0}\\ \boldsymbol{A}_{21} & \boldsymbol{A}_{22} & \boldsymbol{A}_{23} & \boldsymbol{A}_{24}\\ \boldsymbol{0} & \boldsymbol{0} & \boldsymbol{A}_{33} & \boldsymbol{0}\\ \boldsymbol{0} & \boldsymbol{0} & \boldsymbol{A}_{43} & \boldsymbol{A}_{44}\end{bmatrix}, \quad \boldsymbol{B}_k = \begin{bmatrix}\boldsymbol{B}_1\\ \boldsymbol{B}_2\\ \boldsymbol{0}\\ \boldsymbol{0}\end{bmatrix}, \tag{2.138a,b}$$

und

$$\boldsymbol{C}_k = [\boldsymbol{C}_1 \;\; \boldsymbol{0} \;\; \boldsymbol{C}_3 \;\; \boldsymbol{0}]. \tag{2.138c}$$

Das Teilsystem mit dem Zustandsvektor $\boldsymbol{w}_1$ ist also steuerbar und beobachtbar, jenes mit dem Vektor $\boldsymbol{w}_2$ steuerbar und nicht beobachtbar, das mit $\boldsymbol{w}_3$ nicht steuerbar, jedoch beobachtbar und das mit $\boldsymbol{w}_4$ weder steuerbar noch beobachtbar. Die Gln. (2.137a,b) und (2.138a-c) lassen sich nach Bild 2.14 in ein Signalflußdiagramm umsetzen, das die gefundene Struktur deutlich macht. Wie man sieht, wird das Eingang-Ausgang-Verhalten des Systems (die Matrix der Impulsantworten) ausschließlich durch den Teil bestimmt, der sowohl steuerbar als auch beobachtbar ist. Eine etwas modifizierte Art der Darstellung ergibt sich, wenn man zuerst Satz II.9 und dann Satz II.8 anwendet.

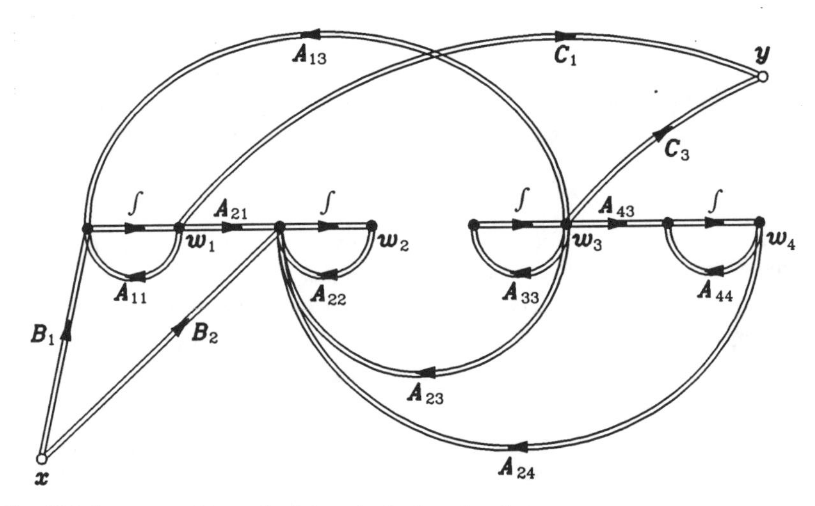


Bild 2.14: Signalflußdiagramm zur Veranschaulichung der Struktur eines Systems

### 3.4.5. Ergänzungen zur Steuerbarkeit und Beobachtbarkeit linearer, zeitinvarianter Systeme

In diesem Abschnitt soll versucht werden, weitere Einsicht in das Konzept der Steuerbarkeit und das der Beobachtbarkeit bei linearen, zeitinvarianten Systemen zu gewinnen.

Die Prüfung der Steuerbarkeit eines durch die Gln. (2.128a,b) gegebenen linearen, zeitinvarianten Systems ist besonders einfach, wenn die Darstellung Jordansche Normalform aufweist, d. h., wenn die Gl. (2.128a) speziell die Form

$$\frac{\mathrm{d}\boldsymbol{z}(t)}{\mathrm{d}t} = \boldsymbol{J}\boldsymbol{z}(t) + \boldsymbol{B}\boldsymbol{x}(t) \tag{2.139}$$

hat. Dabei bedeutet $\boldsymbol{J}$ nach den Gln. (2.28), (2.29) und (2.30) die Block-Diagonalmatrix

$$\boldsymbol{J} = \operatorname{diag}(\boldsymbol{J}_{11}, \ldots, \boldsymbol{J}_{1k_1}, \boldsymbol{J}_{21}, \ldots, \boldsymbol{J}_{lk_l}) \tag{2.140}$$

mit den zu den Eigenwerten $p_\mu$ gehörenden Jordan-Kästchen $\boldsymbol{J}_{\mu\nu}$ ($\mu = 1, 2, \ldots, l$; $\nu = 1, 2, \ldots, k_\mu$) der Ordnung $q_{\mu\nu}$. Die Matrix $\boldsymbol{B}$ kann in der an $\boldsymbol{J}$ nach Gl. (2.140) angepaßten Form

$$\boldsymbol{B} = \begin{bmatrix} \boldsymbol{B}_{11} \\ \boldsymbol{B}_{12} \\ \vdots \\ \boldsymbol{B}_{1k_1} \\ \vdots \\ \boldsymbol{B}_{lk_l} \end{bmatrix} \quad \text{mit} \quad \boldsymbol{B}_{\mu\nu} = \begin{bmatrix} \boldsymbol{b}_{\mu\nu 1}^{\mathrm{T}} \\ \boldsymbol{b}_{\mu\nu 2}^{\mathrm{T}} \\ \vdots \\ \boldsymbol{b}_{\mu\nu q_{\mu\nu}}^{\mathrm{T}} \end{bmatrix} \tag{2.141a,b}$$

geschrieben werden. Die Übergangsmatrix lautet nach Gl. (2.63)

$$\boldsymbol{\Phi}(t) = \mathrm{diag}\,(\mathrm{e}^{\boldsymbol{J}_{11}t}, \mathrm{e}^{\boldsymbol{J}_{12}t}, \ldots, \mathrm{e}^{\boldsymbol{J}_{lk_l}t}). \tag{2.142}$$

Dabei sind die $\mathrm{e}^{\boldsymbol{J}_{\mu\nu}t}$ quadratische Matrizen von oberer Dreiecksgestalt gemäß Gl. (2.66b) mit $p_0 = p_\mu$ und $n_0 = q_{\mu\nu}$. Nach Abschnitt 3.4.2 ist das betrachtete System genau dann steuerbar, wenn alle Zeilen der Matrix

$$\boldsymbol{F}(t) = \boldsymbol{\Phi}(t)\boldsymbol{B} \tag{2.143}$$

linear unabhängig sind. Diese Matrix kann im vorliegenden Fall mittels der Gln. (2.141a,b) und (2.142) direkt gebildet werden. Dabei zeigt sich, daß die letzten Zeilen der Blockmatrizen $\boldsymbol{B}_{11}, \boldsymbol{B}_{12}, \ldots, \boldsymbol{B}_{1k_1}, \ldots, \boldsymbol{B}_{lk_l}$ eine besondere Bedeutung haben. Es sind dies die Zeilenvektoren $\boldsymbol{b}_{\mu\nu q_{\mu\nu}}^{\mathrm{T}} =: \boldsymbol{b}_{\mu\nu}^{\mathrm{T}}$ ($\mu = 1,2,\ldots,l$; $\nu = 1,2,\ldots,k_\mu$). Sie seien Hauptzeilen genannt. Die entsprechenden Zeilen in der Matrix $\boldsymbol{F}(t)$ mit gleichen Zeilennummern wie die Hauptzeilen seien $\boldsymbol{f}_{11}^{\mathrm{T}}(t), \boldsymbol{f}_{12}^{\mathrm{T}}(t), \ldots, \boldsymbol{f}_{lk_l}^{\mathrm{T}}(t)$. Wäre $\boldsymbol{b}_{11} = \boldsymbol{0}$, dann würde man wegen der Dreiecksform von $\mathrm{e}^{\boldsymbol{J}_{11}t}$ jedenfalls $\boldsymbol{f}_{11}(t) \equiv \boldsymbol{0}$ erhalten; $\boldsymbol{b}_{12} = \boldsymbol{0}$ würde $\boldsymbol{f}_{12}(t) \equiv \boldsymbol{0}$ implizieren usw. Man sieht also, daß keine der Hauptzeilen der Matrix $\boldsymbol{B}$ eine Nullzeile sein darf, damit die lineare Unabhängigkeit aller Zeilen von $\boldsymbol{F}(t)$ überhaupt möglich ist. Ist nun insbesondere $\boldsymbol{b}_{11} \neq \boldsymbol{0}$ und demzufolge $\boldsymbol{f}_{11}(t) \not\equiv \boldsymbol{0}$, so bilden alle Zeilen, die in $\boldsymbol{F}(t)$ oberhalb $\boldsymbol{f}_{11}^{\mathrm{T}}(t)$ auftreten, zusammen mit $\boldsymbol{f}_{11}^{\mathrm{T}}(t)$ eine Gesamtheit linear unabhängiger Zeilen, wie man aufgrund der besonderen Form von $\mathrm{e}^{\boldsymbol{J}_{11}t}$ gemäß Gl. (2.66b) schnell feststellen kann. Dies sei kurz angedeutet.

Mit den Zeilenvektoren von $\boldsymbol{B}_{11}$ nach Gl. (2.141b) erhält man die entsprechenden Zeilen von $\boldsymbol{F}(t)$ zu

$$\mathrm{e}^{p_1 t}\left(\boldsymbol{b}_{111}^{\mathrm{T}} + \boldsymbol{b}_{112}^{\mathrm{T}}\,t + \cdots + \boldsymbol{b}_{11q_{11}}^{\mathrm{T}}\,\frac{t^{q_{11}-1}}{(q_{11}-1)!}\right),$$

$$\mathrm{e}^{p_1 t}\left(\boldsymbol{b}_{112}^{\mathrm{T}} + \boldsymbol{b}_{113}^{\mathrm{T}}\,t + \cdots + \boldsymbol{b}_{11q_{11}}^{\mathrm{T}}\,\frac{t^{q_{11}-2}}{(q_{11}-2)!}\right),$$

$$\vdots$$

$$\mathrm{e}^{p_1 t}\,(\boldsymbol{b}_{11(q_{11}-1)}^{\mathrm{T}} + \boldsymbol{b}_{11q_{11}}^{\mathrm{T}}\,t),$$

$$\mathrm{e}^{p_1 t}\,\boldsymbol{b}_{11q_{11}}^{\mathrm{T}}.$$

Sie lassen unmittelbar erkennen, daß sie linear unabhängig sind, sofern $\boldsymbol{b}_{11q_{11}} \neq \boldsymbol{0}$ gilt.

Ebenso bilden alle zwischen $\boldsymbol{f}_{11}^{\mathrm{T}}(t)$ und $\boldsymbol{f}_{12}^{\mathrm{T}}(t)$ auftretenden Zeilen von $\boldsymbol{F}(t)$ zusammen mit $\boldsymbol{f}_{12}^{\mathrm{T}}(t)$ eine Gesamtheit linear unabhängiger Zeilen, vorausgesetzt $\boldsymbol{b}_{12} \neq \boldsymbol{0}$. In dieser Weise kann man fortfahren. – Sind nun zwei Hauptzeilen $\boldsymbol{b}_{\mu\nu}^{\mathrm{T}}$ mit gleichem $\mu$, jedoch unterschiedlichen $\nu$ linear abhängig, dann sind zwangsläufig auch die entsprechenden Zeilen $\boldsymbol{f}_{\mu\nu}^{\mathrm{T}}(t)$ in $\boldsymbol{F}(t)$ linear abhängig. Wenn aber alle Hauptzeilen mit gleichem $\mu$ jeweils linear unabhängig sind, dann kann man in gleicher Weise wie oben zeigen, daß die Matrix $\boldsymbol{F}(t)$ eine Gesamtheit linear unabhängiger Zeilen repräsentiert, also Steuerbarkeit vorliegt.

Die Steuerbarkeit eines linearen, zeitinvarianten Systems in der Darstellung nach Gl. (2.139) mit der Jordanschen Normalform läßt sich damit folgendermaßen beurteilen: Es liegt Steuerbarkeit genau dann vor, wenn für jedes $\mu = 1,2,\ldots,l$ die jeweiligen Hauptzeilen der Matrix $\boldsymbol{B}$ linear unabhängig sind. Die zu verschiedenen $\mu$, d. h. zu unterschiedlichen Eigenwerten gehörenden Hauptzeilen brauchen nicht linear unabhängig zu sein.

Im weiteren soll auch die Beobachtbarkeit eines durch die Gl. (2.139) gekennzeichneten linearen, zeitinvarianten Systems geprüft werden. Nach Abschnitt 3.4.3 ist notwendig und hinreichend für Beobachtbarkeit, daß alle Spalten der Matrix

$$\boldsymbol{G}(t) = \boldsymbol{C}\boldsymbol{\Phi}(t) \tag{2.144}$$

linear unabhängig sind. Dabei ist die Übergangsmatrix $\boldsymbol{\Phi}(t)$ durch Gl. (2.142) gegeben. Die Matrix $\boldsymbol{C}$ des Systems wird in der an $\boldsymbol{J}$ nach Gl. (2.140) angepaßten Form

$$\boldsymbol{C} = [\boldsymbol{C}_{11}, \boldsymbol{C}_{12}, \ldots, \boldsymbol{C}_{1k_1}, \ldots, \boldsymbol{C}_{lk_l}] \tag{2.145a}$$

mit

$$\boldsymbol{C}_{\mu\nu} = [\boldsymbol{c}_{\mu\nu 1}, \boldsymbol{c}_{\mu\nu 2}, \ldots, \boldsymbol{c}_{\mu\nu q_{\mu\nu}}] \tag{2.145b}$$

geschrieben. Die ersten Spalten $\boldsymbol{c}_{\mu\nu 1}$ der Block-Matrizen $\boldsymbol{C}_{\mu\nu}$ ($\mu = 1, \ldots, l$; $\nu = 1, 2, \ldots, k_\mu$) spielen eine besondere Rolle und heißen Hauptspalten der Matrix $\boldsymbol{C}$. Wie beim Studium der Steuerbarkeit, wo die lineare Abhängigkeit der Zeilen der Matrix $\boldsymbol{F}(t)$ nach Gl. (2.143) untersucht wurde, können nun die Spaltenvektoren der Matrix $\boldsymbol{G}(t)$ aus Gl. (2.144) auf lineare Abhängigkeit geprüft werden. Alle früheren Überlegungen lassen sich auf den vorliegenden Fall übertragen, wobei anstelle von Zeilen- nunmehr Spaltenvektoren zu betrachten sind. Man gelangt zu folgendem Ergebnis: Es liegt Beobachtbarkeit genau dann vor, wenn für jedes $\mu = 1, 2, \ldots, l$ die jeweiligen Hauptspalten der Matrix $\boldsymbol{C}$ linear unabhängig sind. Die zu verschiedenen $\mu$, d. h. zu unterschiedlichen Eigenwerten gehörenden Hauptspalten brauchen nicht linear unabhängig zu sein.

Wenn ein durch Gl. (2.139) dargestelltes System nur einen Eingang hat, die Matrix $\boldsymbol{B}$ also nur aus einer Spalte besteht, liegt Steuerbarkeit genau dann vor, wenn zu jedem Eigenwert $p_\mu$ ($\mu = 1, 2, \ldots, l$) nur eine Hauptzeile von $\boldsymbol{B}$ gehört, die übrigens nur ein Element umfaßt, und wenn dieses Element von Null verschieden ist. Bei einem steuerbaren durch die Gl. (2.139) in Jordanscher Normalform dargestellten System mit nur einem Eingangssignal kann demzufolge zu jedem Eigenwert nur ein Jordankästchen auftreten. Beachtet man einerseits die Möglichkeit, daß jedes durch Gln. (2.128a,b) dargestellte System durch eine Äquivalenztransformation auf Jordansche Normalform gebracht werden kann, und andererseits die Tatsache, daß durch eine Äquivalenztransformation der Rang der Steuerbarkeitsmatrix erhalten bleibt, dann kann aufgrund obiger Überlegungen folgende Aussage gemacht werden:

Ist der Grad des Minimalpolynoms eines linearen, zeitinvarianten, in Form der Gln. (2.128a,b) dargestellten Systems mit einem Eingang kleiner als der Grad des charakteristischen Polynoms, dann ist das System nicht steuerbar.

Weiterhin kann folgendes festgestellt werden: Ist ein lineares, zeitinvariantes System mit einem Eingang und nur einfachen Eigenwerten gemäß Gl. (2.139) in Jordanscher Normalform (hier also reiner Diagonalform) dargestellt, dann besteht Steuerbarkeit genau dann, wenn alle Komponenten des Vektors $\boldsymbol{B}$ von Null verschieden sind.

Wenn ein durch Gl. (2.139) dargestelltes System nur einen Ausgang hat, die Matrix $\boldsymbol{C}$ also nur aus einer Zeile besteht, liegt Beobachtbarkeit genau dann vor, wenn zu jedem Eigenwert $p_\mu$ ($\mu = 1, 2, \ldots, l$) nur eine Hauptspalte von $\boldsymbol{C}$ gehört, die übrigens nur ein Element umfaßt, und wenn dieses Element von Null verschieden ist. Hieraus kann folgender Schluß gezogen werden:

Ist der Grad des Minimalpolynoms eines linearen, zeitinvarianten, in Form der Gln. (2.128a,b) dargestellten Systems mit einem Ausgang kleiner als der Grad des charakteristischen Polynoms, dann ist das System nicht beobachtbar.

Weiterhin kann folgendes festgestellt werden: Ist ein lineares, zeitinvariantes System mit einem Ausgang und nur einfachen Eigenwerten gemäß Gl. (2.139) in Jordanscher Normalform (hier also reiner Diagonalform) dargestellt, dann besteht Beobachtbarkeit genau dann, wenn alle Komponenten des Zeilenvektors $\boldsymbol{C}$ von Null verschieden sind.

Es liege nun ein lineares, zeitinvariantes, durch die Gln. (2.128a,b) dargestelltes System mit nur einem Eingang und nur einem Ausgang vor. Ist der Grad des Minimalpolynoms kleiner als der Grad des charakteristischen Polynoms, dann ist das System weder steuerbar noch beobachtbar.

Im folgenden soll noch auf einen weiteren Zusammenhang zwischen den Eigenwerten eines durch die Gl. (2.128a,b) beschriebenen Systems und der Frage der Steuerbarkeit und Beobachtbarkeit hingewiesen werden [Ha4].

**Satz II.10:** (i) Das durch die Gln. (2.128a,b) dargestellte System ist genau dann steuerbar, wenn der Rang der Matrix

$$\boldsymbol{M}_\mu = [p_\mu \mathbf{E} - \boldsymbol{A}, \boldsymbol{B}] \tag{2.146}$$

für alle Eigenwerte $p_\mu$ $(\mu = 1, 2, \ldots, l)$ des Systems gleich $q$ ist. (ii) Das durch die Gln. (2.128a,b) dargestellte System ist genau dann beobachtbar, wenn der Rang der Matrix

$$\boldsymbol{N}_\mu = \begin{bmatrix} \boldsymbol{C} \\ p_\mu \mathbf{E} - \boldsymbol{A} \end{bmatrix} \tag{2.147}$$

für alle Eigenwerte $p_\mu$ $(\mu = 1, 2, \ldots, l)$ des Systems gleich $q$ ist.

*Beweis:* (i) *Notwendigkeit:* Es wird angenommen, daß der Rang der Matrix $\boldsymbol{M}_\mu$ für ein $\mu \in \{1, \ldots, l\}$ kleiner als $q$ ist. Dann kann ein Vektor $\boldsymbol{\alpha} \neq \mathbf{0}$ angegeben werden, so daß

$$\boldsymbol{\alpha}^{\mathrm{T}} \boldsymbol{M}_\mu = \mathbf{0}, \tag{2.148}$$

d. h.

$$\boldsymbol{\alpha}^{\mathrm{T}} \boldsymbol{A} = p_\mu \boldsymbol{\alpha}^{\mathrm{T}} \quad \text{und} \quad \boldsymbol{\alpha}^{\mathrm{T}} \boldsymbol{B} = \mathbf{0} \tag{2.149a,b}$$

gilt. Multipliziert man die Gl. (2.149a) mit $\boldsymbol{A}$ von rechts und wendet dann diese Gleichung in ihrer unveränderten Form an, so erhält man

$$\boldsymbol{\alpha}^{\mathrm{T}} \boldsymbol{A}^2 = p_\mu \boldsymbol{\alpha}^{\mathrm{T}} \boldsymbol{A} = p_\mu^2 \boldsymbol{\alpha}^{\mathrm{T}}.$$

In dieser Weise fährt man fort und findet allgemein

$$\boldsymbol{\alpha}^{\mathrm{T}} \boldsymbol{A}^\nu = p_\mu^\nu \boldsymbol{\alpha}^{\mathrm{T}}$$

oder nach Rechtsmultiplikation mit $\boldsymbol{B}$ und Beachtung der Gl. (2.149b)

$$\boldsymbol{\alpha}^{\mathrm{T}} \boldsymbol{A}^\nu \boldsymbol{B} = \mathbf{0}$$

für $\nu = 1, 2, \ldots$ Hieraus folgt

$$\boldsymbol{\alpha}^{\mathrm{T}} [\boldsymbol{B}, \boldsymbol{A}\boldsymbol{B}, \ldots, \boldsymbol{A}^{q-1}\boldsymbol{B}] = \mathbf{0}.$$

Dies zeigt, daß die hier auftretende Steuerbarkeitsmatrix $\boldsymbol{U}$ einen Rang hat, der kleiner als $q$ ist, das System also nicht steuerbar ist. Steuerbarkeit verlangt also notwendigerweise, daß der Rang aller Matrizen $\boldsymbol{M}_\mu$ gleich $q$ ist. *Hinlänglichkeit:* Es wird angenommen, daß der Rang der Steuerbarkeitsmatrix $\boldsymbol{U}$ kleiner als $q$ ist. Dann kann nach Abschnitt 3.4.4 eine Ähnlichkeitstransformation durchgeführt werden, welche Systemmatrizen

$$\widetilde{\boldsymbol{A}} = \begin{bmatrix} \widetilde{\boldsymbol{A}}_{11} & \widetilde{\boldsymbol{A}}_{12} \\ \boldsymbol{0} & \widetilde{\boldsymbol{A}}_{22} \end{bmatrix}, \quad \widetilde{\boldsymbol{B}} = \begin{bmatrix} \widetilde{\boldsymbol{B}}_1 \\ \boldsymbol{0} \end{bmatrix}$$

liefert, wobei die Eigenwerte $p_\mu$ von $\boldsymbol{A}$ als Eigenwerte von $\widetilde{\boldsymbol{A}}_{11}$ und $\widetilde{\boldsymbol{A}}_{22}$ auftreten. Es gibt nun mindestens einen der Eigenwerte $p_\mu$, so daß

$$\boldsymbol{\beta}^{\mathrm{T}} \widetilde{\boldsymbol{A}}_{22} = p_\mu \boldsymbol{\beta}^{\mathrm{T}}$$

gilt. Mit dem hierbei als (Links-) Eigenvektor von $\widetilde{\boldsymbol{A}}_{22}$ auftretenden $\boldsymbol{\beta}^{\mathrm{T}} \neq \boldsymbol{0}^{\mathrm{T}}$ wird

$$\boldsymbol{\alpha}^{\mathrm{T}} = [\boldsymbol{0}^{\mathrm{T}} \quad \boldsymbol{\beta}^{\mathrm{T}}]$$

gebildet, wodurch man

$$\boldsymbol{\alpha}^{\mathrm{T}} [p_\mu \mathbf{E} - \widetilde{\boldsymbol{A}}, \widetilde{\boldsymbol{B}}] = \boldsymbol{0}^{\mathrm{T}}$$

erhält. Diese Beziehung zeigt, daß der Rang der Matrix $[p_\mu \mathbf{E} - \widetilde{\boldsymbol{A}}, \widetilde{\boldsymbol{B}}]$ und damit auch der Rang der zugehörigen Matrix $\boldsymbol{M}_\mu$ kleiner als $q$ ist. Der Rang von $\boldsymbol{U}$ kann also nicht kleiner als $q$ sein, wenn alle Matrizen $\boldsymbol{M}_\mu$ nach Gl. (2.146) den Rang $q$ haben.

(ii) Der Beweis des zweiten Teils von Satz II.10 verläuft völlig dual zum obigen Beweis des ersten Teils. Es kann daher auf Einzelheiten verzichtet werden.

*Beispiel:* Gegeben seien die Systemmatrizen

$$\boldsymbol{A} = \begin{bmatrix} -1 & 2 & 1 \\ 0 & -2 & 0 \\ 0 & 0 & -3 \end{bmatrix}, \quad \boldsymbol{b} = \begin{bmatrix} 0 \\ 0 \\ 1 \end{bmatrix}, \quad \boldsymbol{c} = \begin{bmatrix} 1 \\ -1 \\ 0 \end{bmatrix}.$$

Die Eigenwerte lauten $p_1 = -1$, $p_2 = -2$, $p_3 = -3$. Damit erhält man die Matrizen gemäß den Gln. (2.146) und (2.147)

$$\boldsymbol{M}_1 = \begin{bmatrix} 0 & -2 & -1 & 0 \\ 0 & 1 & 0 & 0 \\ 0 & 0 & 2 & 1 \end{bmatrix}, \quad \boldsymbol{N}_1 = \begin{bmatrix} 1 & -1 & 0 \\ 0 & -2 & -1 \\ 0 & 1 & 0 \\ 0 & 0 & 2 \end{bmatrix},$$

$$\boldsymbol{M}_2 = \begin{bmatrix} -1 & -2 & -1 & 0 \\ 0 & 0 & 0 & 0 \\ 0 & 0 & 1 & 1 \end{bmatrix}, \quad \boldsymbol{N}_2 = \begin{bmatrix} 1 & -1 & 0 \\ -1 & -2 & -1 \\ 0 & 0 & 0 \\ 0 & 0 & 1 \end{bmatrix},$$

$$\boldsymbol{M}_3 = \begin{bmatrix} -2 & -2 & -1 & 0 \\ 0 & -1 & 0 & 0 \\ 0 & 0 & 0 & 1 \end{bmatrix}, \quad \boldsymbol{N}_3 = \begin{bmatrix} 1 & -1 & 0 \\ -2 & -2 & -1 \\ 0 & -1 & 0 \\ 0 & 0 & 0 \end{bmatrix}.$$

Für die Ränge gilt

$$\mathrm{rg}\,(\boldsymbol{M}_1) = 3; \quad \mathrm{rg}\,(\boldsymbol{N}_1) = 3;$$

$$\mathrm{rg}\,(\boldsymbol{M}_2) = 2; \quad \mathrm{rg}\,(\boldsymbol{N}_2) = 3;$$

$$\mathrm{rg}\,(\boldsymbol{M}_3) = 3; \quad \mathrm{rg}\,(\boldsymbol{N}_3) = 3.$$

Wie man sieht, ist das System nicht steuerbar, jedoch beobachtbar, wobei die Ursache für die Nichtsteuerbarkeit in der Matrix $\boldsymbol{M}_2$ des Eigenwerts $p_2 = -2$ zu sehen ist. Der Vollständigkeit halber sollen noch die Steuerbarkeitsmatrix $\boldsymbol{U}$ und die Beobachtbarkeitsmatrix $\boldsymbol{V}$ angegeben werden:

$$\boldsymbol{U} = \begin{bmatrix} 0 & 1 & -4 \\ 0 & 0 & 0 \\ 1 & -3 & 9 \end{bmatrix}, \quad \boldsymbol{V} = \begin{bmatrix} 1 & -1 & 0 \\ -1 & 4 & 1 \\ 1 & -10 & -4 \end{bmatrix}.$$

Wie man sieht, gilt $\mathrm{rg}\,\boldsymbol{U} = 2$ und $\mathrm{rg}\,\boldsymbol{V} = 3$, was obige Ergebnisse bestätigt.

## 3.5. STABILITÄT

### 3.5.1. Vorbemerkungen

Bei zahlreichen systemtheoretischen Problemen interessiert nicht die explizite Lösung der Zustandsgleichungen, sondern nur die Stabilität, bei der es sich wie bei der Steuerbarkeit und Beobachtbarkeit um eine allgemeine Systemeigenschaft handelt. Es soll nun im Rahmen der Systembeschreibung im Zustandsraum die Stabilität zunächst für kontinuierliche Systeme untersucht werden. Wie bereits im Abschnitt 3.4 festgestellt wurde, gibt es Fälle von System-Instabilitäten, die bei alleiniger Betrachtung des Zusammenhangs zwischen Eingangs- und Ausgangssignal nicht feststellbar sind, die aber bei geeigneter Darstellung im Zustandsraum erkannt werden können. Die im folgenden durchgeführten Untersuchungen lassen sich zum Teil auch auf nichtlineare Systeme ausdehnen. Man kann grundsätzlich zwischen zwei Arten von Stabilität unterscheiden, nämlich jener bei nicht erregten Systemen und derjenigen bei erregten Systemen. Auf die zwischen diesen beiden Arten von Stabilität bestehende Verbindung wird teilweise eingegangen.

Für die folgenden Untersuchungen ist der Begriff der *Norm* eines Vektors, insbesondere des Zustandsvektors $\boldsymbol{z}(t)$ mit reellen Komponenten, von Wichtigkeit. Es gibt verschiedene Möglichkeiten, die Norm eines Vektors zu definieren. Es soll hier die *Euklidische* Norm als verallgemeinerte Definition der Länge eines Vektors eingeführt werden. Hierunter versteht man den nicht negativen Zahlenwert

$$\|\boldsymbol{z}\| = \sqrt{\sum_{\mu=1}^{q} z_\mu^2}\,. \tag{2.150}$$

Offensichtlich ist die Norm $\|\boldsymbol{z}\|$ genau dann endlich, wenn jede Vektorkomponente $z_\mu$ endlich ist. Die aufgrund von Gl. (2.150) definierte Norm hat drei charakteristische Eigenschaften, die allgemein von jedweder Vektornorm verlangt werden. Es gilt

$$\|\boldsymbol{z}\| > 0 \quad \text{für} \quad \boldsymbol{z} \neq \boldsymbol{0} \tag{2.151a}$$

und

$$\|\boldsymbol{0}\| = 0\,. \tag{2.151b}$$

Die eingeführte Norm befriedigt die sogenannte Dreiecksungleichung

$$\|\boldsymbol{z}_1 + \boldsymbol{z}_2\| \leqq \|\boldsymbol{z}_1\| + \|\boldsymbol{z}_2\|\,. \tag{2.151c}$$

Ist $\alpha$ eine reelle Konstante, so gilt

$$\|\alpha \boldsymbol{z}\| = |\alpha| \cdot \|\boldsymbol{z}\|\,. \tag{2.151d}$$

Es besteht nun die Möglichkeit, mittels der eingeführten Vektornorm auch für eine quadratische Matrix $\boldsymbol{Q}$ eine Norm zu definieren. Diese Definition lautet

$$\|\boldsymbol{Q}\| = \sup_{\boldsymbol{x} \neq \boldsymbol{0}} \frac{\|\boldsymbol{Q}\boldsymbol{x}\|}{\|\boldsymbol{x}\|}\,. \tag{2.152a}$$

Die Norm $\| \boldsymbol{Q} \|$ ist also gleich der kleinsten oberen Schranke (Supremum) des Quotienten aus den Vektor-Normen $\| \boldsymbol{Q} \boldsymbol{x} \|$ und $\| \boldsymbol{x} \|$, wobei der Vektor $\boldsymbol{x}$ alle möglichen, vom Nullvektor verschiedenen Werte annehmen darf (die Dimension des Spaltenvektors $\boldsymbol{x}$ muß natürlich gleich der Ordnung der Matrix $\boldsymbol{Q}$ sein). Man kann zeigen, daß auch die Norm $\| \boldsymbol{Q} \|$ die Eigenschaften gemäß den Gln. (2.151a-d) aufweist. Weiterhin kann nachgewiesen werden, daß die Definition nach Gl. (2.152a) durch

$$\| \boldsymbol{Q} \| = \sup_{\| \boldsymbol{x} \| = 1} \| \boldsymbol{Q} \boldsymbol{x} \| \tag{2.152b}$$

ersetzt werden kann. Aus Gl. (2.152a) ersieht man unmittelbar, daß stets die Ungleichung

$$\| \boldsymbol{Q} \boldsymbol{x} \| \leqq \| \boldsymbol{Q} \| \cdot \| \boldsymbol{x} \| \tag{2.153}$$

besteht.

### 3.5.2. Definition der Stabilität bei nicht erregten Systemen

Es werden Systeme betrachtet, die sich allgemein mit Hilfe der Grundgleichungen (2.11a,b) darstellen lassen. Es wird der Fall $\boldsymbol{x}(t) \equiv \boldsymbol{0}$ vorausgesetzt, so daß der Zustandsvektor $\boldsymbol{z}(t)$ die Differentialgleichung

$$\frac{\mathrm{d}\boldsymbol{z}}{\mathrm{d}t} = \boldsymbol{f}_0(\boldsymbol{z}, t) \tag{2.154}$$

erfüllen muß. Es soll weiterhin angenommen werden, daß die Differentialgleichung (2.154) eine eindeutige Lösung mit dem Anfangswert $\boldsymbol{z}(t_0)$ besitzt. Diese Lösung soll mit

$$\boldsymbol{\zeta}(t; \boldsymbol{z}(t_0))$$

bezeichnet werden. Sie soll von $\boldsymbol{z}(t_0)$ stetig abhängen. Es wird der Zustand $\boldsymbol{z}_e$ als *Gleichgewichtszustand* in dem Sinne eingeführt, daß

$$\boldsymbol{f}_0(\boldsymbol{z}_e, t) = \boldsymbol{0}$$

für alle $t$ gilt. Es muß dann also für $\boldsymbol{z}(t_0) = \boldsymbol{z}_e$

$$\boldsymbol{\zeta}(t; \boldsymbol{z}_e) = \boldsymbol{z}_e$$

sein.

Die *Stabilität im Sinne von M. A. Lyapunov* wird nun folgendermaßen definiert: Ein Gleichgewichtszustand $\boldsymbol{z}_e$ heißt genau dann *stabil*, wenn für willkürliche Werte $t_0$ und $\varepsilon > 0$ stets eine nur von $t_0$ und $\varepsilon$ abhängige Größe $\delta = \delta(t_0, \varepsilon) > 0$ existiert, so daß

$$\| \boldsymbol{\zeta}(t; \boldsymbol{z}(t_0)) - \boldsymbol{z}_e \| < \varepsilon \quad \text{für alle} \quad t \geqq t_0$$

gilt, falls der Anfangszustand $\boldsymbol{z}(t_0)$ innerhalb der $\delta$-Umgebung des Gleichgewichtszustands gewählt wird, d. h. derart, daß

$$\| \boldsymbol{z}(t_0) - \boldsymbol{z}_e \| < \delta$$

ist.

Die Stabilität verlangt also, daß um den betrachteten Gleichgewichtszustand stets eine Umgebung von Anfangszuständen $\boldsymbol{z}(t_0)$ vorhanden ist, so daß die Lösungen $\boldsymbol{\zeta}(t;\boldsymbol{z}(t_0))$ für alle $t \geqq t_0$ innerhalb einer noch so kleinen Umgebung des Gleichgewichtszustands bleiben. Natürlich muß $\delta \leqq \varepsilon$ sein. Gibt es ein $\delta > 0$, das nur von $\varepsilon$, nicht aber von $t_0$ abhängt, so heißt der Gleichgewichtszustand *gleichmäßig stabil*. Im Bild 2.15 ist die Stabilität am Beispiel eines Systems zweiter Ordnung erläutert. Die angegebene Kurve (Trajektorie) stellt die Lösung $\boldsymbol{\zeta}(t;\boldsymbol{z}(t_0))$ dar.

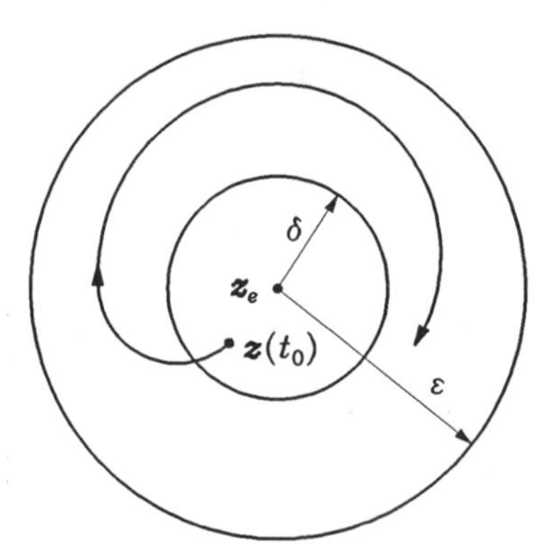


Bild 2.15: Zur Erläuterung der Stabilität

Ein Gleichgewichtszustand heißt *asymptotisch stabil*, wenn er stabil ist und wenn zudem ein $\delta_0(t_0) > 0$ derart existiert, daß

$$\lim_{t\to\infty} \| \boldsymbol{\zeta}(t;\boldsymbol{z}(t_0)) - \boldsymbol{z}_e \| = 0$$

ist, falls der Anfangszustand $\boldsymbol{z}(t_0)$ in der Umgebung

$$\| \boldsymbol{z}(t_0) - \boldsymbol{z}_e \| < \delta_0$$

gewählt wird. Ist $\boldsymbol{z}_e$ gleichmäßig stabil und gibt es ein von $t_0$ unabhängiges $\delta_0$, so heißt der Gleichgewichtszustand *gleichmäßig asymptotisch stabil*, sofern der obige Grenzübergang gleichmäßig in $t_0$ erfolgt. Für praktische Anwendungen interessiert mehr die asymptotische als die gewöhnliche (marginale) Stabilität.

Die Gesamtheit aller Anfangszustände $\boldsymbol{z}(t_0)$ in der Umgebung des Gleichgewichtszustands $\boldsymbol{z}_e$, von denen Lösungen ausgehen, die im Endlichen bleiben und für $t \to \infty$ gegen $\boldsymbol{z}_e$ streben, bilden den *Bereich der Anziehung* für den Zeitpunkt $t_0$. Umfaßt dieser Bereich den gesamten Zustandsraum, d. h. strebt jede Lösung $\boldsymbol{\zeta}(t;\boldsymbol{z}(t_0))$ mit beliebigem $\boldsymbol{z}(t_0)$ für $t \to \infty$ gegen $\boldsymbol{z}_e$, so heißt $\boldsymbol{z}_e$ *asymptotisch stabil im Großen*. Notwendig für asymptotische Stabilität im Großen ist natürlich, daß nur ein einziger Gleichgewichtszustand existiert.

Ein Gleichgewichtszustand heißt *instabil*, wenn er nicht stabil ist. Im Bild 2.16 ist ein Beispiel für die Instabilität eines Gleichgewichtszustands bei einem System zweiter Ordnung angedeutet. Im Fall eines instabilen Gleichgewichtszustands kann die Norm der Lösung $\boldsymbol{\zeta}(t;\boldsymbol{z}(t_0))$ über alle Grenzen streben oder aber *beschränkt* bleiben. Es wird daher noch der Begriff der *Beschränktheit* des Gleichgewichtszustands eingeführt. Der Gleichgewichtszustand $\boldsymbol{z}_e$ heißt genau dann *beschränkt*, wenn stets eine Zahl $\delta > 0$ und eine endliche Schranke $K = K(t_0, \delta) > 0$ existieren, so daß bei der Wahl des Anfangszustands $\boldsymbol{z}(t_0)$ in der Umgebung

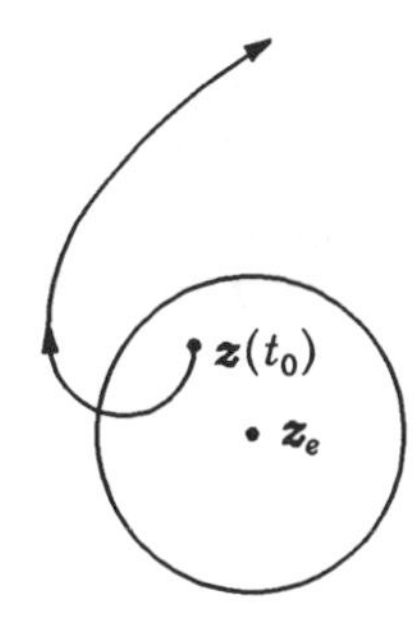


Bild 2.16: Zur Erläuterung der Instabilität

$$\| \boldsymbol{z}(t_0) - \boldsymbol{z}_e \| < \delta$$

für die Lösung

$$\| \boldsymbol{\zeta}(t; \boldsymbol{z}(t_0)) - \boldsymbol{z}_e \| < K$$

für alle $t \geqq t_0$ gilt. Gibt es eine von $t_0$ unabhängige Schranke $K$, dann heißt der Gleichgewichtszustand *gleichmäßig beschränkt.*

Als *Beispiel* eines Systems mit einem instabilen, aber beschränkten Gleichgewichtszustand sei ein idealer Multivibrator genannt, der bei einer infinitesimalen Auslenkung aus einer Gleichgewichtslage in einen anderen Gleichgewichtszustand übergeht, der einen von Null verschiedenen endlichen Abstand von der ursprünglichen Gleichgewichtslage hat.

### 3.5.3. Stabilitätskriterien für nicht erregte lineare Systeme

Es soll nun die Stabilität linearer Systeme untersucht werden, die sich mit Hilfe der Zustandsgleichung (2.12) darstellen lassen. Da die Erregung $\boldsymbol{x}(t)$ für $t \geqq t_0$ verschwinden soll, hat die Zustandsgleichung die Form

$$\frac{\mathrm{d}\boldsymbol{z}(t)}{\mathrm{d}t} = \boldsymbol{A}(t)\,\boldsymbol{z}(t). \tag{2.155}$$

Wie im Abschnitt 3.3.2 gezeigt wurde, lautet die Lösung der Differentialgleichung (2.155)

$$\boldsymbol{z}(t) = \boldsymbol{\Phi}(t, t_0)\,\boldsymbol{z}(t_0). \tag{2.156}$$

Hierbei ist $\boldsymbol{\Phi}(t, t_0)$ die Übergangsmatrix des Systems. Es soll nun der Gleichgewichtszustand $\boldsymbol{z}_e = \boldsymbol{0}$ auf Stabilität untersucht werden.[1] Da nach Gl. (2.156) mit der Beziehung (2.153)

$$\| \boldsymbol{z}(t) \| \leqq \| \boldsymbol{\Phi}(t, t_0) \| \cdot \| \boldsymbol{z}(t_0) \| \tag{2.157}$$

gilt, wird die Stabilität durch die Übergangsmatrix $\boldsymbol{\Phi}(t, t_0)$ bestimmt. Da gemäß Gl. (2.156) eine skalare Multiplikation des Anfangszustands zur entsprechenden Streckung der gesamten Lösungstrajektorie führt, sind hier die Stabilität und die Beschränktheit äquivalente Eigenschaften des Nullzustands, und ein asymptotisch stabiler Nullzustand ist stets auch

[1] Im folgenden soll vorausgesetzt werden, daß $\det \boldsymbol{A}(t) \neq 0$ ist. Der Leser möge sich davon überzeugen, daß dann $\boldsymbol{z}_e = \boldsymbol{0}$ der einzige Gleichgewichtszustand ist.

asymptotisch stabil im Großen. Man nennt daher ein lineares, nicht erregtes System stabil bzw. asymptotisch stabil, wenn sein Nullzustand diese Eigenschaft aufweist. Man kann nun die folgende Aussage machen.

**Satz II.11:** Ein lineares, nicht erregtes, durch Gl. (2.155) darstellbares System ist genau dann stabil, wenn die Norm der Übergangsmatrix für $t \geqq t_0$ beschränkt ist, wenn also eine endliche (im allgemeinen von $t_0$ abhängige) positive Konstante $K$ existiert, so daß

$$\| \boldsymbol{\Phi}(t, t_0) \| \leqq K \quad \text{für alle} \quad t \geqq t_0 \tag{2.158}$$

gilt.

*Beweis:* Es wird zunächst ein beliebiges $\varepsilon > 0$ gewählt. Dann erhält man mit $\delta = \varepsilon / K$ eine $\delta$-Umgebung, so daß für jeden Anfangszustand $\boldsymbol{z}(t_0)$ mit $\| \boldsymbol{z}(t_0) \| < \delta = \varepsilon / K$ nach den Ungleichungen (2.157) und (2.158) die entsprechende Lösung in der Umgebung

$$\| \boldsymbol{z}(t) \| \leqq K \| \boldsymbol{z}(t_0) \| < K \cdot \frac{\varepsilon}{K} = \varepsilon$$

für $t \geqq t_0$ bleibt. Damit ist bewiesen, daß die Bedingung (2.158) eine hinreichende Stabilitätsforderung darstellt. Es ist jetzt noch zu zeigen, daß Ungleichung (2.158) auch eine notwendige Bedingung für Stabilität ist. Dazu muß noch nachgewiesen werden, daß das betreffende System instabil ist, falls diese Ungleichung nicht erfüllt wird. Zunächst kann aufgrund der Normdefinition nach Gl. (2.152b) festgestellt werden, daß $\boldsymbol{\Phi}(t, t_0)$ mindestens ein Element $\varphi_{\mu\nu}(t, t_0)$ enthalten muß, das in Abhängigkeit von $t$ über alle Grenzen strebt. Wählt man als Anfangszustand den Vektor $\boldsymbol{e}_\nu$, dessen $\nu$-te Komponente gleich Eins ist und dessen übrige Komponenten verschwinden, dann strebt die Norm der Lösung $\boldsymbol{\varphi}_\nu(t, t_0) = \boldsymbol{\Phi}(t, t_0)\boldsymbol{e}_\nu$ in Abhängigkeit von $t$ über alle Grenzen. Durch geeignete Wahl einer reellen Konstante $\alpha$ kann man in jeder $\delta$-Umgebung einen Anfangszustand $\boldsymbol{z}(t_0) = \alpha \boldsymbol{e}_\nu$ wählen, von dem eine Lösung $\boldsymbol{z}(t)$ mit der Norm

$$\| \boldsymbol{z}(t) \| = | \alpha | \cdot \| \varphi_\nu(t, t_0) \|$$

ausgeht. Dieser Wert liegt voraussetzungsgemäß nicht für alle $t \geqq t_0$ unterhalb einer noch so großen Schranke. Die Aussage des Satzes ist damit vollständig bewiesen.

Ist die Konstante $K$ in Ungleichung (2.158) von $t_0$ unabhängig, so ist die Stabilität offensichtlich gleichmäßig. Weiterhin geht aus obigen Überlegungen hervor, daß ein lineares System genau dann asymptotisch stabil ist, wenn $\| \boldsymbol{\Phi}(t, t_0) \|$ für alle $t \geqq t_0$ beschränkt ist und gegen 0 strebt für $t \to \infty$.

Während die Anwendung des Stabilitätssatzes (Satz II.11) auf zeitvariante Systeme wegen der Schwierigkeit der Bestimmung von $\boldsymbol{\Phi}(t, t_0)$ im allgemeinen nicht einfach ist, kann der Satz im Falle, daß die Matrix $\boldsymbol{A}$ konstant ist, einfach angewendet werden. In diesem Fall läßt sich die Übergangsmatrix $\boldsymbol{\Phi}(t)$ nach Gl. (2.41) mit Hilfe der Eigenwerte $p_\mu$ ($\mu = 1, 2, \dots, l$) der Matrix $\boldsymbol{A}$ und mit Hilfe bestimmter Matrizen-Polynome $\boldsymbol{A}_\mu(t)$ darstellen. Der Grad dieser Polynome ist gleich dem um Eins verminderten Index des betreffenden Eigenwerts. Wie man aus Gl. (2.41) ersieht, hängt die Stabilität des Systems ausschließlich vom Verhalten der Übergangsmatrix für $t \to \infty$ ab; denn die Norm von $\boldsymbol{\Phi}(t)$ ist für jedes endliche $t$ endlich. Ist wenigstens einer der Realteile $\sigma_\mu$ der Eigenwerte $p_\mu$ positiv, d. h. befindet sich mindestens ein Eigenwert $p_\mu$ in der rechten $p$-Halbebene, so strebt die Norm von $\boldsymbol{\Phi}(t)$ für $t \to \infty$ über alle Grenzen, und dann ist das System instabil. Liegen dagegen alle Eigenwerte in der linken $p$-Halbebene ($\sigma_\mu < 0$ für alle $\mu = 1, 2, \dots, l$), so strebt die Norm von $\boldsymbol{\Phi}(t)$ gegen Null für $t \to \infty$, und dann ist das System asymptotisch stabil. Der einzige jetzt noch zu betrachtende Fall ist der, daß jene Eigenwerte $p_\mu$, welche den größten Realteil haben, auf der imaginären Achse der $p$-Ebene liegen. Dann verhält sich $\boldsymbol{\Phi}(t)$ für $t \to \infty$ wie

$$\boldsymbol{\Phi}(t) \sim \sum_{\mu} \boldsymbol{A}_{\mu}(t)\, \mathrm{e}^{\mathrm{j}\omega_\mu t} . \tag{2.159}$$

Hierbei ist bezüglich all jener $\mu$ zu summieren, denen rein imaginäre Eigenwerte $p_\mu = \mathrm{j}\omega_\mu$ entsprechen. Die in der asymptotischen Gl. (2.159) vorkommenden $\boldsymbol{A}_\mu(t)$ sind sicher dann konstant, wenn die rein imaginären Eigenwerte einfach sind. Dann ist aber die Norm der rechten Seite der asymptotischen Gl. (2.159) beschränkt, und damit ist auch $\|\boldsymbol{\Phi}(t)\|$ beschränkt; das System ist also stabil. Wenn im Falle mehrfacher imaginärer Eigenwerte wenigstens eine der in der asymptotischen Gl. (2.159) vorkommenden Matrizen zeitabhängig ist, strebt die Norm von $\boldsymbol{\Phi}(t)$ für $t \to \infty$ über alle Grenzen; dann ist das System instabil. Sofern das Minimalpolynom (man vergleiche Abschnitt 3.3.1) nur einfache imaginäre Nullstellen hat, sind alle $\boldsymbol{A}_\mu(t)$ in der asymptotischen Gl. (2.159) konstant, und genau dann ist das System stabil. Die bezüglich der Stabilität linearer, zeitinvarianter Systeme gewonnenen Ergebnisse sollen nun zusammengefaßt werden.

**Satz II.12:** Ein nicht erregtes, lineares, zeitinvariantes System mit (konstanter) Matrix $\boldsymbol{A}$ ist genau dann asymptotisch stabil, wenn sich alle Eigenwerte von $\boldsymbol{A}$ in der offenen linken $p$-Halbebene befinden. (Marginale) Stabilität ist genau dann gegeben, wenn in der offenen rechten $p$-Halbebene keine Eigenwerte liegen und wenn alle rein imaginären Nullstellen des Minimalpolynoms einfach sind.

Zur Stabilitätsprüfung linearer, zeitinvarianter Systeme braucht man also die Eigenwerte selbst nicht zu bestimmen. Die Prüfung der asymptotischen Stabilität, die meistens interessiert, verlangt nur die Kontrolle, ob sämtliche Eigenwerte negativen Realteil haben. Hierfür gibt es verschiedene Möglichkeiten. Auf einige soll im folgenden kurz eingegangen werden.

### 3.5.4. Die Stabilitätskriterien von A. Hurwitz und E. J. Routh

Das charakteristische Polynom eines linearen Systems mit konstanter nichtsingulärer Matrix $\boldsymbol{A}$ lautet

$$D(p) := \det(p\mathbf{E} - \boldsymbol{A}) = p^q + a_1 p^{q-1} + a_2 p^{q-2} + \cdots + a_q . \tag{2.160}$$

Wenn die Elemente von $\boldsymbol{A}$ reelle Zahlenwerte sind, müssen auch die Koeffizienten $a_\mu$ des charakteristischen Polynoms reell sein. Wie im letzten Abschnitt gezeigt wurde, stellt die Forderung, daß alle Nullstellen des Polynoms $D(p)$ (Eigenwerte) negativen Realteil haben, eine notwendige und hinreichende Bedingung für die asymptotische Stabilität des durch die homogene Zustandsgleichung

$$\frac{\mathrm{d}\boldsymbol{z}}{\mathrm{d}t} = \boldsymbol{A}\boldsymbol{z}$$

gegebenen Systems dar. Ein Polynom, dessen Nullstellen durchweg negativen Realteil haben, wird *Hurwitzsches Polynom* genannt. Da jedes reelle Hurwitzsche Polynom $D(p)$ nach Gl. (2.160) als Produkt von Faktoren der Form $p + \alpha$ und (oder) $p^2 + \beta p + \gamma$ mit positiven Koeffizienten $\alpha, \beta, \gamma$ dargestellt werden kann, müssen alle Koeffizienten $a_\mu$ ($\mu = 1, 2, \ldots, q$) positiv sein. Dies bedeutet, daß $D(p)$ sicher kein Hurwitzsches Polynom ist, wenn mindestens einer der Koeffizienten Null oder negativ ist. Die Positivität der $a_\mu$ ist allerdings, wie an Hand von Beispielen leicht gezeigt werden kann, für $q > 2$ nur eine notwendige und keine hinreichende Forderung dafür, daß $D(p)$ ein Hurwitzsches Polynom ist.

Im folgenden werden zwei Verfahren angegeben, die es erlauben, aufgrund endlich vieler arithmetischer Operationen unter ausschließlicher Verwendung der reellen Koeffizienten $a_\mu$ festzustellen, ob das Polynom $D(p)$ ein Hurwitzsches Polynom ist oder nicht. Das erste auf *A. Hurwitz* zurückgehende Verfahren eignet sich vor allem dann, wenn die Koeffizienten $a_\mu$ nicht numerisch, sondern etwa als Formelausdrücke in den Systemparametern vorliegen. Sind die $a_\mu$ dagegen als Zahlenwerte gegeben, so empfiehlt es sich, das zweite, von *E. J. Routh* angegebene Verfahren anzuwenden.

**(a) Das Hurwitzsche Verfahren**

Es werden die sogenannten Hurwitzschen Determinanten

$$\Delta_\mu = \begin{vmatrix} a_1 & 1 & 0 & 0 & \cdots & 0 \\ a_3 & a_2 & a_1 & 1 & \cdots & 0 \\ a_5 & a_4 & a_3 & a_2 & \cdots & \vdots \\ \vdots & \vdots & \vdots & \vdots & & \\ a_{2\mu-1} & a_{2\mu-2} & & & & a_\mu \end{vmatrix} \quad (\mu = 1,2,\ldots,q) \tag{2.161}$$

eingeführt. Hierbei sind die $a_\nu$ für $\nu > q$ gleich Null zu setzen. Es gilt nun

**Satz II.13:** Das Polynom $D(p)$ nach Gl. (2.160) ist genau dann ein Hurwitzsches Polynom, wenn alle Hurwitz-Determinanten positiv sind, also

$$\Delta_\mu > 0 \quad (\mu = 1,2,\ldots,q) \tag{2.162}$$

gilt. Genau dann ist das entsprechende nicht erregte System asymptotisch stabil.

Es sei noch folgendes bemerkt: Steht bei der Potenz $p^q$ des Polynoms $D(p)$ nach Gl. (2.160) statt der Eins ein *positiver* Koeffizient $a_0$, so brauchen in den Hurwitz-Determinanten $\Delta_\mu$ nach Gl. (2.161) die Einsen nur durch $a_0$ ersetzt zu werden, und die Bedingungen (2.162) sind auch dann notwendig und hinreichend dafür, daß $D(p)$ ein Hurwitz-Polynom ist.

**(b) Das Routhsche Verfahren**

Die positiven Koeffizienten $a_\mu$ $(\mu = 0,1,2,\ldots,q)$, wobei $a_0$ als möglicherweise von Eins verschiedener Koeffizient der Potenz $p^q$ in Gl. (2.160) aufzufassen ist, werden in zwei Zeilen angeordnet:

$$\begin{matrix} a_0 & a_2 & a_4 & a_6 & \cdots \\ a_1 & a_3 & a_5 & a_7 & \cdots \end{matrix}$$

Diese beiden Zeilen werden um eine weitere Zeile ergänzt:

$$\begin{matrix} b_1 & b_2 & b_3 & b_4 & \cdots \end{matrix}$$

Die Elemente dieser Zeile sind durch sogenannte Kreuzprodukt-Bildung folgendermaßen zu bestimmen:

$$b_1 = \frac{a_1 a_2 - a_0 a_3}{a_1}, \quad b_2 = \frac{a_1 a_4 - a_0 a_5}{a_1}, \quad b_3 = \frac{a_1 a_6 - a_0 a_7}{a_1}, \ldots$$

Die Berechnung der $b_\mu$ erfolgt natürlich nur so weit, bis alle weiteren verschwinden. In entsprechender Weise wird durch Kreuzprodukt-Bildung aus der zweiten und dritten Zeile eine vierte gebildet:

$$c_1 \quad c_2 \quad c_3 \quad c_4 \quad \cdots$$

Es ist

$$c_1 = \frac{b_1 a_3 - a_1 b_2}{b_1}, \quad c_2 = \frac{b_1 a_5 - a_1 b_3}{b_1}, \quad c_3 = \frac{b_1 a_7 - a_1 b_4}{b_1}, \ldots$$

Nun werden entsprechend weitere Zeilen ermittelt, bis sich insgesamt $q + 1$ derartiger Zeilen ergeben haben. Die letzten vier Zeilen haben folgendes Aussehen:

$$\begin{matrix} d_1 & d_2 & 0 \\ e_1 & e_2 & 0 \\ f_1 & 0 & \\ g_1 \,. & & \end{matrix}$$

Hierbei ist

$$f_1 = \frac{e_1 d_2 - d_1 e_2}{e_1}, \quad g_1 = e_2 \,.$$

Es gilt nun

**Satz II.14:** Das Polynom $D(p)$ nach Gl. (2.160) mit positiven Koeffizienten $a_\mu$ $(\mu = 0, 1, \ldots, q)$ ist genau dann ein Hurwitzsches Polynom, wenn alle Koeffizienten, die an erster Stelle der $q + 1$ Zeilen des Routh-Schemas stehen, positiv sind. Dies heißt, da die $a_\mu$ ohnedies positiv sind:

$$b_1 > 0, \quad c_1 > 0, \ldots, \quad d_1 > 0, \quad e_1 > 0, \quad f_1 > 0, \quad g_1 > 0 \,.$$

Die Richtigkeit des Hurwitzschen Stabilitätskriteriums (Satz II.13) wird im nächsten Abschnitt gezeigt. Die Äquivalenz des Hurwitzschen mit dem Routhschen Kriterium (Satz II.14) kann in einfacher Weise nachgewiesen werden, indem man die Hurwitz-Determinanten entsprechend der Bildung der Zeilen, die bei der Anwendung des Routhschen Kriteriums aufzustellen sind, auf Dreiecksgestalt bringt, so daß in den Hauptdiagonalen die Koeffizienten $a_1, b_1, c_1, \ldots, d_1, e_1, f_1, g_1$ stehen. Damit ist zu erkennen, daß

$$\Delta_1 = a_1, \quad \Delta_2 = a_1 b_1, \quad \Delta_3 = a_1 b_1 c_1, \ldots, \quad \Delta_q = a_1 b_1 c_1 \ldots d_1 e_1 f_1 g_1$$

gilt, woraus folgt, daß genau dann alle Koeffizienten $a_1, b_1, c_1, \ldots, d_1, e_1, f_1, g_1$ positiv sind, wenn alle Hurwitz-Determinanten positiv sind, d. h., wenn $D(p)$ ein Hurwitz-Polynom ist.

*Beispiel:* Es sei das Polynom

$$D(p) = p^3 + 4p^2 + 4p + K$$

betrachtet. Da nicht alle Koeffizienten numerisch vorliegen, wird das Hurwitz-Kriterium (Satz II.13) angewendet. Das Polynom $D(p)$ ist demzufolge genau dann ein Hurwitz-Polynom, wenn die Bedingungen

$$\Delta_1 = 4 > 0, \quad \Delta_2 = \begin{vmatrix} 4 & 1 \\ K & 4 \end{vmatrix} = 16 - K > 0\,, \quad \Delta_3 = K\,\Delta_2 > 0$$

erfüllt sind. Das betreffende System ist also dann und nur dann stabil, wenn $0 < K < 16$ gilt.

Ohne Beweis [Ga1] soll hier noch auf das Liénard-Chipart-Kriterium hingewiesen werden, das etwas geringeren Rechenaufwand erfordert als das Hurwitz-Kriterium. Unter Annahme positiver Koeffizienten $a_\mu$ ($\mu = 1, 2, \ldots, q$) ist demnach das Polynom $D(p)$ nach Gl. (2.160) genau dann ein Hurwitzsches Polynom, wenn alle Hurwitz-Determinanten $\Delta_\mu$ mit $\mu = 1, 3, 5, \ldots$ oder mit $\mu = 2, 4, 6, \ldots$ positiv sind. Man braucht also für die Stabilitätsprüfung neben den Koeffizienten $a_\mu$ nur die Hurwitz-Determinanten ungerader Ordnung oder nur die Hurwitz-Determinanten gerader Ordnung auf ihr Vorzeichen zu überprüfen.

Es sei an dieser Stelle auch auf die graphischen Methoden zur Stabilitätsprüfung hingewiesen, die im Teil V, Abschnitt 4 erläutert werden.

### 3.5.5. Die direkte Methode von M. A. Lyapunov

Die in diesem Abschnitt behandelte, von *M. A. Lyapunov* um die Jahrhundertwende entwickelte Methode erlaubt es, die Stabilität von Gleichgewichtszuständen bei linearen *und* nichtlinearen, nicht erregten Systemen ohne Ermittlung der Lösung zu prüfen. Die Schwierigkeit der Methode liegt darin, daß für ihre Anwendung eine "verallgemeinerte Energiefunktion", eine sogenannte *Lyapunovsche Funktion*, gefunden werden muß. Falls es gelingt, eine solche Funktion in Abhängigkeit von den Zustandsvariablen und der Zeit für das betreffende Problem derart anzugeben, daß diese im wesentlichen bezüglich der Zustandsvariablen positiv-definit ist und auf den Lösungstrajektorien in Abhängigkeit von der Zeit nicht ansteigt, dann ist das betreffende System im Ursprung stabil. Dies soll im folgenden genauer formuliert werden.

Das zu untersuchende System werde durch die Differentialgleichung

$$\frac{\mathrm{d}\boldsymbol{z}}{\mathrm{d}t} = \boldsymbol{f}_0(\boldsymbol{z}, t) \tag{2.163a}$$

mit stetiger rechter Seite beschrieben. Der auf Stabilität zu prüfende Gleichgewichtszustand sei (ohne Einschränkung der Allgemeinheit) der Nullzustand, d. h. es gelte für alle $t$-Werte

$$\boldsymbol{f}_0(\boldsymbol{0}, t) = \boldsymbol{0}\,. \tag{2.163b}$$

Es wird nun folgendes auf *Lyapunov* zurückgehende *hinreichende* Stabilitätstheorem ausgesprochen.

**Satz II.15:** Zu dem durch die Gln. (2.163a,b) definierten System existiere eine skalare Funktion $V(\boldsymbol{z}, t)$ mit stetigen partiellen Ableitungen erster Ordnung. Diese Funktion besitze die folgenden Eigenschaften in einer gewissen Umgebung $U$ des Nullpunkts:

a) $V(\boldsymbol{z}, t)$ ist *positiv-definit*, d. h. es gilt für alle $t \geqq t_0$

$$V(\boldsymbol{0}, t) = 0$$

und mit zwei stetigen, aber nicht abnehmenden skalaren Funktionen $V_1(\|\boldsymbol{z}\|)$ und $V_2(\|\boldsymbol{z}\|)$ die Ungleichung

$$0 < V_1(\|\boldsymbol{z}\|) \leqq V(\boldsymbol{z},t) \leqq V_2(\|\boldsymbol{z}\|)$$

für alle $\boldsymbol{z} \neq \mathbf{0}$. Hierbei sei $V_1(0) = 0$ und $V_2(0) = 0$.

b) Es gilt für $t \geqq t_0$

$$\frac{\mathrm{d}V}{\mathrm{d}t} = \frac{\partial V}{\partial t} + \sum_{\mu=1}^{q} \frac{\partial V}{\partial z_\mu} \cdot \frac{\mathrm{d}z_\mu}{\mathrm{d}t} \leqq 0\,, \tag{2.164a}$$

wobei die $\mathrm{d}z_\mu / \mathrm{d}t$ durch die Zustandsgleichung (2.163a) gegeben sind.

Dann ist das System im Nullpunkt *stabil.* – Gilt statt Ungleichung (2.164a) mit einer stetigen skalaren Funktion $V_3(\|\boldsymbol{z}\|)$, die für $\boldsymbol{z} = \mathbf{0}$ verschwindet,

$$\frac{\mathrm{d}V}{\mathrm{d}t} \leqq -V_3(\|\boldsymbol{z}\|) < 0 \tag{2.164b}$$

für $\boldsymbol{z} \neq \mathbf{0}$ und $t \geqq t_0$, dann ist das System im Ursprung *asymptotisch stabil.*

*Beweis:* Man kann den Beweis an Hand eines Systems zweiter Ordnung erläutern, wie dies im Bild 2.17 veranschaulicht wird. Es gilt

$$V(\boldsymbol{z}(t),t) = \int_{t_0}^{t} \left[\frac{\mathrm{d}V}{\mathrm{d}t}\right]_{t=\sigma} \mathrm{d}\sigma + V(\boldsymbol{z}(t_0),t_0)$$

und wegen Bedingung (2.164a) bzw. (2.164b) für $t \geqq t_0$

$$V(\boldsymbol{z}(t),t) \leqq V(\boldsymbol{z}(t_0),t_0)\,. \tag{2.165}$$

Zu einem $\varepsilon > 0$ wird jetzt ein $\delta(t_0,\varepsilon) > 0$ derart gewählt, daß $V_1(\varepsilon) > V_2(\delta)$ ist. Liegt nun der Anfangszu-

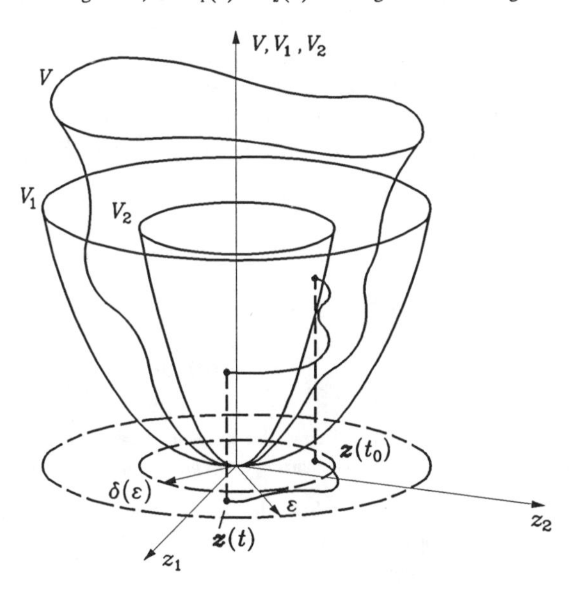


Bild 2.17: Zum Beweis des Stabilitätskriteriums nach M.A. Lyapunov

stand $\boldsymbol{z}(t_0)$ irgendwo in der $\delta$-Umgebung, so muß der Zustand $\boldsymbol{z}(t)$ wegen Ungleichung (2.165) und der Eigenschaften von $V(\boldsymbol{z}, t)$ für $t \geqq t_0$ innerhalb der $\varepsilon$-Umgebung bleiben. Damit ist das System im Nullpunkt stabil. – Gilt statt Ungleichung (2.164a) die Ungleichung (2.164b), so muß $\boldsymbol{z}(t) \to \boldsymbol{0}$ für $t \to \infty$ streben. Wäre dies nicht der Fall, dann müßte eine positive Konstante $c_1$ existieren, so daß

$$V(\boldsymbol{z}(t), t) \geqq c_1 > 0 \tag{2.166}$$

für alle $t \geqq t_0$ gilt. Da $\mathrm{d}V/\mathrm{d}t$ stetig ist, und nur für $\boldsymbol{z} = \boldsymbol{0}$ verschwinden kann, müßte angesichts der Ungleichungen (2.164b) und (2.166) weiterhin eine Konstante $c_2$ existieren, so daß bei Wahl eines hinreichend großen $T$

$$\frac{\mathrm{d}V}{\mathrm{d}t} \leqq -c_2 < 0$$

für alle $t \geqq T$ gilt. Deshalb müßte für alle $t \geqq T$ die Beziehung

$$V(\boldsymbol{z}(t), t) = V(\boldsymbol{z}(T), T) + \int_T^t \left[\frac{\mathrm{d}V}{\mathrm{d}t}\right]_{t=\sigma} \mathrm{d}\sigma \leqq V(\boldsymbol{z}(T), T) - (t - T)\, c_2$$

bestehen, die besagt, daß $V(\boldsymbol{z}(t), t)$ für $t \to \infty$ negativ wird. Da dies nicht möglich ist, muß $\boldsymbol{z}(t)$ für $t \to \infty$ gegen Null streben. Der Beweis des Satzes ist damit vollständig.

Liegt der häufig auftretende Sonderfall vor, daß die Funktion $\boldsymbol{f}_0$ in Gl. (2.163a) die Zeit $t$ nicht explizit enthält, dann kann die Funktion $V$ in Satz II.15 unabhängig von der Zeit $t$ gewählt werden, und die damit gewonnenen Stabilitätsaussagen gelten gleichmäßig. Für derartige Systeme können die Forderungen für die asymptotische Stabilität in der folgenden Weise abgeschwächt werden.

**Ergänzung:** Enthält die Funktion $\boldsymbol{f}_0$ in Gl. (2.163a) die Zeit $t$ nicht explizit und gibt es in einer Umgebung $U$ des Nullpunkts eine positiv-definite Funktion $V(\boldsymbol{z})$, deren zeitliche Ableitung auf keiner Lösungstrajektorie des Systems nach Gl. (2.163a) in $U$ positiv wird und nur für $\boldsymbol{z} = \boldsymbol{0}$ identisch verschwindet, dann ist das System im Nullpunkt asymptotisch stabil.

Es sei ausdrücklich betont, daß Satz II.15 und seine Ergänzung nur hinreichende Stabilitätsbedingungen liefern. Wenn es also gelingt, eine Lyapunov-Funktion $V(\boldsymbol{z}, t)$ mit den geforderten Eigenschaften zu finden, ist das betreffende System im Nullpunkt (asymptotisch) stabil. Andernfalls kann nichts ausgesagt werden.

Sind die aufgestellten Forderungen im gesamten Zustandsraum erfüllt und strebt die Funktion $V_1(\|\boldsymbol{z}\|)$ für $\|\boldsymbol{z}\| \to \infty$ gegen Unendlich, so gelten die Aussagen im Großen.

*Beispiel:* Es sei das durch die Gleichungen

$$\frac{\mathrm{d}z_1}{\mathrm{d}t} = z_2 - a\, z_1(z_1^2 + z_2^2), \quad \frac{\mathrm{d}z_2}{\mathrm{d}t} = -z_1 - a\, z_2(z_1^2 + z_2^2)$$

beschriebene System mit $a > 0$ betrachtet. Es hat den Gleichgewichtszustand $\boldsymbol{z} = \boldsymbol{0}$. Wählt man die skalare Funktion

$$V(\boldsymbol{z}, t) \equiv V(\boldsymbol{z}) = z_1^2 + z_2^2 \quad \text{mit} \quad \frac{\mathrm{d}V}{\mathrm{d}t} = -2a\,(z_1^2 + z_2^2)^2 ,$$

so erkennt man direkt, daß diese eine Lyapunov-Funktion mit allen im Satz II.15 geforderten Eigenschaften darstellt. Deshalb ist der Nullpunkt ein asymptotisch stabiler Gleichgewichtszustand des betrachteten Systems.

Satz II.15 soll nun zur Stabilitätsprüfung linearer, zeitinvarianter Systeme mit der homogenen Zustandsgleichung

$$\frac{\mathrm{d}\boldsymbol{z}}{\mathrm{d}t} = \boldsymbol{A}\boldsymbol{z} \tag{2.167}$$

verwendet werden. Hierbei sei $\boldsymbol{A}$ eine konstante, $q$-reihige, quadratische Matrix mit reellen Elementen. Es kann nun folgendes ausgesagt werden:

**Satz II.16:** Das durch Gl. (2.167) gegebene System ist genau dann asymptotisch stabil, wenn einer beliebig wählbaren konstanten, symmetrischen, positiv-definiten $(q \times q)$-Matrix $\boldsymbol{Q}$ in eindeutiger Weise eine konstante, positiv-definite, symmetrische $(q \times q)$-Matrix $\boldsymbol{P}$ derart zugeordnet werden kann, daß die Beziehung

$$\boldsymbol{A}^{\mathrm{T}}\boldsymbol{P} + \boldsymbol{P}\boldsymbol{A} = -\boldsymbol{Q} \tag{2.168}$$

gilt.

**Ergänzung:** Man kann Satz II.16 insofern erweitern, als man statt einer positiv-definiten Matrix $\boldsymbol{Q}$ eine positiv-semidefinite Matrix $\boldsymbol{Q}$ wählt. In diesem Fall liegt genau dann asymptotische Stabilität vor, wenn das gewählte $\boldsymbol{Q}$ in eindeutiger Weise nach Gl. (2.168) darstellbar ist, wobei $\boldsymbol{P}$ positiv-definit ist und $\boldsymbol{z}^{\mathrm{T}}\boldsymbol{Q}\,\boldsymbol{z}$ für keine nichttriviale Lösung von Gl. (2.167) identisch verschwindet.

*Beweis:* Zunächst wird angenommen, daß bei Vorgabe eines $\boldsymbol{Q}$ mit den genannten Eigenschaften die Gl. (2.168) eine eindeutige positiv-definite Lösung $\boldsymbol{P}$ habe. Betrachtet man dann die skalare Funktion

$$V(\boldsymbol{z}) = \boldsymbol{z}^{\mathrm{T}}\boldsymbol{P}\,\boldsymbol{z}\ ,$$

die für alle $\boldsymbol{z} \neq \boldsymbol{0}$ positiv und für $\boldsymbol{z} = \boldsymbol{0}$ gleich Null ist, dann gilt bei Verwendung der Differentialgleichung (2.167) für die Ableitung

$$\frac{\mathrm{d}V}{\mathrm{d}t} = \boldsymbol{z}^{\mathrm{T}}(\boldsymbol{A}^{\mathrm{T}}\boldsymbol{P} + \boldsymbol{P}\boldsymbol{A})\,\boldsymbol{z} = -\boldsymbol{z}^{\mathrm{T}}\boldsymbol{Q}\,\boldsymbol{z}\ ,$$

die voraussetzungsgemäß die Bedingung von Satz II.15 bzw. seiner Ergänzung erfüllt. Es liegt also asymptotische Stabilität vor. – Nun wird angenommen, daß das durch die Differentialgleichung (2.167) gegebene System asymptotisch stabil sei. Dann haben alle Eigenwerte von $\boldsymbol{A}$ negativen Realteil. Man betrachtet die Differentialgleichung

$$\frac{\mathrm{d}\boldsymbol{J}(t)}{\mathrm{d}t} = \boldsymbol{A}^{\mathrm{T}}\boldsymbol{J} + \boldsymbol{J}\boldsymbol{A} \tag{2.169}$$

unter der Anfangsbedingung $\boldsymbol{J}(0) = \boldsymbol{Q}$, wobei $\boldsymbol{Q}$ die vorgeschriebene symmetrische Matrix darstellt. Die Differentialgleichung (2.169) hat die Lösung

$$\boldsymbol{J}(t) = \mathrm{e}^{\boldsymbol{A}^{\mathrm{T}}t}\boldsymbol{Q}\,\mathrm{e}^{\boldsymbol{A}t}\ , \tag{2.170}$$

wie man durch Substitution dieser Matrixfunktion in die Gl. (2.169) ersieht. Durch Integration beider Seiten der Gl. (2.169) erhält man mit Gl. (2.170) bei Beachtung der Tatsache, daß für $t \to \infty$ die Exponentialfunktion $\mathrm{e}^{\boldsymbol{A}t}$ gegen die Nullmatrix strebt,

$$\int_0^\infty \frac{\mathrm{d}\boldsymbol{J}}{\mathrm{d}t}\,\mathrm{d}t = -\boldsymbol{Q} = \boldsymbol{A}^{\mathrm{T}}\int_0^\infty \boldsymbol{J}(t)\,\mathrm{d}t + \int_0^\infty \boldsymbol{J}(t)\,\mathrm{d}t\cdot\boldsymbol{A}\ .$$

Ein Vergleich dieser Gleichung mit Gl. (2.168) lehrt, daß wegen Gl. (2.170)

$$\boldsymbol{P} = \int_0^\infty \mathrm{e}^{\boldsymbol{A}^{\mathrm{T}}t}\,\boldsymbol{Q}\,\mathrm{e}^{\boldsymbol{A}t}\mathrm{d}t \tag{2.171}$$

eine Lösungsmatrix ist, welche aufgrund der Voraussetzungen positiv-definit ist. Es ist jetzt noch zu zeigen, daß $\boldsymbol{P}$ nach Gl. (2.171) eindeutige Lösung ist. Hierzu wird angenommen, daß $\boldsymbol{P}_0$ eine zweite Lösung sei. Dann folgt gemäß den Gln. (2.171) und (2.168)

$$P = -\int_0^\infty e^{A^T t}[A^T P_0 + P_0 A]\, e^{At}\, dt$$

oder wegen der Vertauschbarkeit der Matrizen $A$ und $e^{At}$

$$P = -\int_0^\infty \frac{d}{dt}[e^{A^T t} P_0 e^{At}]\, dt = P_0 \,.$$

Der Beweis des Satzes und seiner Ergänzung ist damit vollständig geliefert.

Es sei bemerkt, daß zur Anwendung von Satz II.16 jede positiv-definite, symmetrische Matrix als $Q$ gewählt werden darf, insbesondere die Einheitsmatrix **E**. Die gesuchte symmetrische Matrix $P$ besitzt $q\,(q+1)/2$ unbekannte Elemente, und die Gl. (2.168) liefert genau $q\,(q+1)/2$ lineare Gleichungen, die nach den Unbekannten aufzulösen sind. Die auf diese Weise gelieferte Matrix $P$ muß eindeutig und positiv-definit sein. Da die Überprüfung dieser Bedingungen verhältnismäßig aufwendig ist, wird Satz II.16 einschließlich der Ergänzung nicht zur praktischen Stabilitätsprüfung herangezogen.

Satz II.16 wird nun aber dazu verwendet, die Hurwitz-Bedingungen (Satz II.13) zu beweisen. Zunächst sei festgestellt, daß die lineare homogene Differentialgleichung

$$\frac{d^q y}{dt^q} + a_1 \frac{d^{q-1} y}{dt^{q-1}} + a_2 \frac{d^{q-2} y}{dt^{q-2}} + \cdots + a_q y = 0 \qquad (2.172)$$

mit reellen Koeffizienten und der charakteristischen Gleichung

$$p^q + a_1 p^{q-1} + \cdots + a_q = 0 \qquad (2.173)$$

in der Zustandsform

$$\frac{dz}{dt} = Az \qquad (2.174)$$

dargestellt werden kann. Hierbei soll $z_1(t) \equiv y(t)$ und

$$A = \begin{bmatrix} 0 & 1 & 0 & 0\cdots & & & & 0 \\ -b_q & 0 & 1 & 0\cdots & & & & \vdots \\ 0 & -b_{q-1} & 0 & 1 & 0\cdots & & & \\ \vdots & & & & & & & \\ 0 & \cdots & & & & -b_3 & 0 & 1 \\ 0 & \cdots & & & & 0 & -b_2 & -b_1 \end{bmatrix} \qquad (2.175)$$

gewählt werden, wobei sich die Koeffizienten $b_\mu$ aus den $a_\mu$ folgendermaßen bestimmen:[1)]

---

1) Die Darstellbarkeit der Differentialgleichung (2.172) durch Gl. (2.174) ersieht man, indem man unter Beachtung von Gl. (2.175) in der Gl. (2.174) die Komponente $z_1 \equiv y$ setzt und die übrigen Komponenten $z_2, \ldots, z_q$ eliminiert. Auf diese Weise erhält man eine Differentialgleichung $q$-ter Ordnung, deren Koeffizienten mit jenen der Ausgangsgleichung (2.172) gleichgesetzt werden. Durch diesen Koeffizientenvergleich gewinnt man die Aussage gemäß den Gln. (2.176) und (2.177). Der Leser möge sich dies im einzelnen für den Fall $q = 3$ veranschaulichen.

$$b_1 = \Delta_1 , \quad b_2 = \frac{\Delta_2}{\Delta_1} , \quad b_3 = \frac{\Delta_3}{\Delta_1 \Delta_2} , \ldots , \quad b_\mu = \frac{\Delta_{\mu-3} \Delta_\mu}{\Delta_{\mu-2} \Delta_{\mu-1}} , \tag{2.176}$$

$(\mu = 4,5,\ldots,q)$.

Die $\Delta_1, \Delta_2, \ldots, \Delta_q$ sind die Hurwitz-Determinanten

$$\Delta_\mu = \begin{vmatrix} a_1 & 1 & 0 & \cdots & & \\ a_3 & a_2 & a_1 & 1 & \cdots & \\ a_5 & a_4 & a_3 & \cdots & & \\ \vdots & & & & & \\ a_{2\mu-1} & a_{2\mu-2} & \cdots & \cdots & & a_\mu \end{vmatrix} , \quad (\mu = 1,2,\ldots,q). \tag{2.177}$$

Sofern $\nu > q$ ist, sind die $a_\nu$ definitionsgemäß gleich Null. Bei der Darstellung der Differentialgleichung (2.172) in Form von Gl. (2.174) ist es wegen der Gln. (2.176) notwendig, daß die Hurwitz-Determinanten $\Delta_\mu$ $(\mu = 1,2,\ldots,q-1)$ nicht verschwinden. Es kann nun gezeigt werden, daß das durch Gl. (2.174) mit der Matrix $\boldsymbol{A}$ nach Gl. (2.175) darstellbare System genau dann asymptotisch stabil ist, wenn alle Koeffizienten $b_\mu$ positiv sind:

$$b_\mu > 0, \quad \mu = 1,2,\ldots,q .$$

Zum *Beweis* dieser Aussage wird die skalare Funktion

$$V = \boldsymbol{z}^{\mathrm{T}} \boldsymbol{P} \boldsymbol{z}$$

mit der Diagonalmatrix

$$\boldsymbol{P} = \begin{bmatrix} b_1 b_2 \cdots b_q & & & & & 0 \\ & b_1 b_2 \cdots b_{q-1} & & & & \\ & & \vdots & & & \\ & & & b_1 b_2 b_3 & & \\ & & & & b_1 b_2 & \\ 0 & & & & & b_1 \end{bmatrix}$$

betrachtet. Die Funktion $V$ ist genau dann positiv-definit, wenn alle $b_\mu > 0$ $(\mu = 1,2,\ldots,q)$ sind. Für die Ableitung von $V$ erhält man

$$\frac{\mathrm{d}V}{\mathrm{d}t} = \boldsymbol{z}^{\mathrm{T}} [\boldsymbol{A}^{\mathrm{T}} \boldsymbol{P} + \boldsymbol{P}\boldsymbol{A}] \boldsymbol{z} = -2 b_1^2 z_q^2 \leqq 0 .$$

Hierbei wurde die Differentialgleichung (2.174) berücksichtigt. Wie man sieht, kann $\mathrm{d}V/\mathrm{d}t$ längs einer Lösungskurve dann und nur dann verschwinden, wenn $z_q \equiv 0$, also $\mathrm{d}z_q/\mathrm{d}t \equiv 0$ ist. Aus der Differentialgleichung (2.174) folgt jedoch mit Gl. (2.175), daß dies nur für $\boldsymbol{z} \equiv \boldsymbol{0}$ möglich ist. Damit sind die in der Ergänzung von Satz II.16 geforderten Voraussetzungen erfüllt, wenn alle $b_\mu$ $(\mu = 1,2,\ldots,q)$ positiv sind, zumal sich zeigen läßt, daß die Gleichung $\boldsymbol{A}^{\mathrm{T}}\boldsymbol{P} + \boldsymbol{P}\boldsymbol{A} = -\boldsymbol{Q}$ eine eindeutige Lösung $\boldsymbol{P}$ hat, sofern alle $b_\mu \neq 0$ sind. Genau dann ist der Ursprung asymptotisch stabil.

Damit ist folgendes Ergebnis gefunden: Wenn sämtliche Hurwitz-Determinanten nach Gl. (2.177) positiv sind, gilt $b_\mu > 0$ $(\mu = 1,2,\ldots,q)$, und somit ist das System gemäß Gl. (2.174) und damit auch jenes gemäß Gl. (2.172) asymptotisch stabil, d. h. alle Lösungen der charakteristischen Gleichung (2.173) haben negativen Realteil. Sind nicht alle Hurwitz-Determinanten positiv, ist jedoch keine dieser Determinanten gleich Null, so gibt es mindestens eine Lösung der charakteristischen Gleichung (2.173) mit einem nichtnegativen

Realteil. Verschwindet *eine* der Hurwitz-Determinanten, z. B. $\Delta_5$, so kann man bei Wahl von $\Delta_5 = -\varepsilon$ ($\varepsilon > 0$, sehr klein) eine Matrix $\boldsymbol{A}$ nach Gl. (2.175) angeben, deren charakteristisches Polynom die Koeffizienten $a_\mu(\mu = 1, 2, \ldots, q)$ von Gl. (2.173) liefert. Diese Koeffizienten $a_\mu$ führen erneut auf die Hurwitz-Determinanten, insbesondere auf $\Delta_5 = -\varepsilon$, aus denen die $b_\mu$ ermittelt wurden. Da die Determinante $\Delta_5$ negativ ist, können nicht alle Lösungen der charakteristischen Gleichung auch bei noch so kleinem $\varepsilon > 0$ negativen Realteil haben. Da die Lösungen der charakteristischen Gleichung stetig von den Hurwitz-Determinanten abhängen (die Lösungen einer Polynomgleichung sind bekanntlich stetige Funktionen der Polynomkoeffizienten!), können auch für $\varepsilon = 0$ nicht alle Lösungen von Gl. (2.173) negativen Realteil haben. Wenn *mehrere* der Hurwitz-Determinanten Null sind, kann in entsprechender Weise geschlossen werden, daß nicht alle Lösungen der charakteristischen Gleichung (2.173) negativen Realteil haben. Damit ist das Hurwitzsche Stabilitätskriterium (Satz II.13) vollständig bewiesen.

Eine netzwerktheoretische Begründung des Routhschen Stabilitätstests findet sich im Buch [Un5].

### 3.5.6. Stabilität bei erregten Systemen

Während die vorausgegangenen Stabilitätsuntersuchungen sich ausschließlich mit nicht erregten kontinuierlichen Systemen befaßten, soll jetzt die Stabilität erregter linearer kontinuierlicher Systeme untersucht werden. Den Betrachtungen werden Systeme zugrunde gelegt, die durch die Zustandsgleichung

$$\frac{\mathrm{d}\boldsymbol{z}(t)}{\mathrm{d}t} = \boldsymbol{A}(t)\,\boldsymbol{z}(t) + \boldsymbol{B}(t)\,\boldsymbol{x}(t) \tag{2.178}$$

darstellbar sind. Der Anfangszustand $\boldsymbol{z}(t_0)$ sei jedenfalls Null. Damit läßt sich für $t \geqq t_0$ der Zustand $\boldsymbol{z}(t)$ mit Hilfe der Übergangsmatrix $\boldsymbol{\Phi}(t, t_0)$ nach Gl. (2.82) folgendermaßen ausdrücken:

$$\boldsymbol{z}(t) = \int_{t_0}^{t} \boldsymbol{\Phi}(t, \sigma)\,\boldsymbol{B}(\sigma)\,\boldsymbol{x}(\sigma)\,\mathrm{d}\sigma\,. \tag{2.179}$$

Führt man die Abkürzung

$$\boldsymbol{\Psi}(t, \sigma) = \boldsymbol{\Phi}(t, \sigma)\,\boldsymbol{B}(\sigma) \tag{2.180}$$

ein, so erhält man aus Gl. (2.179)

$$\boldsymbol{z}(t) = \int_{t_0}^{t} \boldsymbol{\Psi}(t, \sigma)\,\boldsymbol{x}(\sigma)\,\mathrm{d}\sigma\,. \tag{2.181}$$

Für die weiteren Untersuchungen wird vorausgesetzt, daß der Zustandsvektor $\boldsymbol{z}(t)$ in der Form nach Gl. (2.181) dargestellt werden kann, wobei $\boldsymbol{x}(\sigma)$ den $m$-dimensionalen Vektor der (als zulässig vorausgesetzten) Eingangssignale bedeutet und $\boldsymbol{\Psi}(t, \sigma)$ entsprechend Gl. (1.69b) als Matrix der Impulsantworten vom Eingangsvektor $\boldsymbol{x}$ zum Zustandsvektor $\boldsymbol{z}$ gedeutet werden kann:

$$\boldsymbol{\Psi}(t,\sigma) = \begin{bmatrix} \psi_{11}(t,\sigma) & \psi_{12}(t,\sigma) & \cdots & \psi_{1m}(t,\sigma) \\ \psi_{21}(t,\sigma) & \cdots & & \\ \vdots & & & \\ \psi_{q1}(t,\sigma) & \cdots & & \psi_{qm}(t,\sigma) \end{bmatrix}. \tag{2.182}$$

Da im weiteren allein von der Darstellung (2.181) in Verbindung mit Gl. (2.182) Gebrauch gemacht wird, sind die Aussagen nicht nur für Systeme gültig, die durch gewöhnliche Differentialgleichungen beschrieben werden können, sondern für allgemeinere Systeme.

Ein erregtes lineares System, das sich mit Hilfe der Gl. (2.181) beschreiben läßt, soll nun genau dann *stabil* heißen, wenn für alle $t_0$ zu jeder beschränkten Eingangsgröße, d. h. zu jedem $\boldsymbol{x}(t)$ mit

$$\| \boldsymbol{x}(t) \| \leqq M < \infty \quad (t \geqq t_0)$$

ein beschränkter Zustandsvektor, d. h. ein $\boldsymbol{z}(t)$ mit

$$\| \boldsymbol{z}(t) \| \leqq N < \infty \quad (t \geqq t_0)$$

gehört. Aufgrund dieser Stabilitätsdefinition kann folgende Aussage gemacht werden.

**Satz II.17:** Ein durch Gl. (2.181) beschreibbares erregtes, lineares System ist dann und nur dann stabil, wenn die Bedingungen

$$\int_{t_0}^{t} | \psi_{\mu\nu}(t,\sigma) | \, d\sigma \leqq K_{\mu\nu} < \infty \quad (\mu = 1,2,\ldots,q;\, \nu = 1,2,\ldots,m) \tag{2.183}$$

für alle $t > t_0$ und alle $t_0$ gelten.

Ähnlich wie die Stabilitätsbedingung (1.61) haben die Forderungen (2.183) nur einen Sinn, wenn die Elemente der Matrix $\boldsymbol{\Psi}(t,\sigma)$ keine Impulsanteile besitzen, wie sie für $t = \sigma$ möglich sind. Solche Anteile können aber bei Anwendung von Satz II.17 unberücksichtigt bleiben, da sie offensichtlich keinen Einfluß auf die Stabilität bzw. Instabilität des betreffenden Systems haben.

Der *Beweis* von Satz II.17 erfolgt in Analogie zum Beweis des Stabilitätskriteriums aus Kapitel I, Abschnitt 2.6. An die Stelle der Betragsbildung tritt jetzt die Bildung der Norm, wobei die Norm von $\boldsymbol{\Psi}(t,\sigma)$ nach der Ungleichung

$$\| \boldsymbol{\Psi}(t,\sigma) \| \leqq \sum_{\mu=1}^{q} \sum_{\nu=1}^{m} | \psi_{\mu\nu}(t,\sigma) |$$

abgeschätzt werden kann, deren Gültigkeit man aufgrund der Definition der Norm nach Abschnitt 3.5.1 nachweist.

Es sollen jetzt noch einmal solche lineare Systeme betrachtet werden, die nach Gl. (2.178) beschrieben werden können. Die Matrix $\boldsymbol{\Psi}(t,\sigma)$ ist dann durch Gl. (2.180) gegeben, und es gilt für die Elemente dieser Matrix

$$\psi_{\mu\nu}(t,\sigma) = \sum_{\kappa=1}^{q} \varphi_{\mu\kappa}(t,\sigma)\, b_{\kappa\nu}(\sigma),$$

woraus zu erkennen ist, daß derartige Systeme sicher dann stabil sind, wenn für alle $t \geqq t_0$

bei beschränktem $\boldsymbol{B}(t)$

$$\int_{t_0}^{t} |\varphi_{\mu\nu}(t,\sigma)|\,\mathrm{d}\sigma \leqq L_{\mu\nu} < \infty \quad (\mu,\nu = 1,2,\ldots,q) \tag{2.184}$$

gilt. Dies ist allerdings nur eine hinreichende, keinesfalls eine notwendige Stabilitätsbedingung. Denn die Koeffizienten $b_{\kappa\nu}(\sigma)$ können so beschaffen sein, daß alle Bedingungen (2.183) erfüllt sind, während gewisse Integrale in den Ungleichungen (2.184) Unendlich werden. Dies kann beispielsweise bei nicht steuerbaren linearen Systemen mit konstanten Parametern vorkommen, wenn nämlich eine vom Eingang nicht erregbare Eigenschwingung mit $t \to \infty$ über alle Grenzen wächst. In derartigen Fällen kann das nicht erregte System instabil sein, obgleich das erregte System nach der gewählten Definition stabiles Verhalten zeigt (Paradoxon!). Andererseits gibt es lineare Systeme, die ohne Erregung stabil, als erregte Systeme instabil sind. Setzt man unter der Annahme, daß die Ungleichungen (2.184) bestehen, nicht nur die Beschränktheit von $\boldsymbol{B}(t)$, sondern auch der Matrizen $\boldsymbol{C}(t)$ und $\boldsymbol{D}(t)$ voraus, dann ist das erregte System auch im Sinne von Kapitel I stabil, wie aufgrund vorstehender Überlegungen und Gl. (2.13) zu ersehen ist.

Bei linearen Systemen mit konstanten Parametern darf ohne Einschränkung der Allgemeinheit $t_0 = 0$ als Anfangszeitpunkt gewählt werden. Dann erhält man statt der Gl. (2.181)

$$\boldsymbol{z}(t) = \int_{0}^{t} \boldsymbol{\Psi}(t-\sigma)\,\boldsymbol{x}(\sigma)\,\mathrm{d}\sigma . \tag{2.185}$$

Man kann diese Beziehung der Laplace-Transformation (Kapitel V) unterwerfen und stellt dann fest, daß angesichts der Bedingungen (2.183) notwendigerweise folgende Forderung für die Stabilität erhoben werden muß: Alle Elemente der in den Laplace-Bereich transformierten Matrix $\boldsymbol{\Psi}(t)$ ( Matrix der Übertragungsfunktionen) dürfen als Funktionen der komplexen Variablen $p$ für $\mathrm{Re}\,p \geqq 0$ keine Unendlichkeitsstelle haben.

Gilt zusätzlich zu Gl. (2.185) die Zustandsgleichung

$$\frac{\mathrm{d}\boldsymbol{z}}{\mathrm{d}t} = \boldsymbol{A}\,\boldsymbol{z} + \boldsymbol{B}\,\boldsymbol{x} \tag{2.186}$$

mit konstanten Matrizen $\boldsymbol{A}$ und $\boldsymbol{B}$, so stellt die Laplace-Transformierte von $\boldsymbol{\Psi}(t)$ eine Matrix dar, deren Elemente rationale Funktionen in $p$ sind. Mit Hilfe der Bedingungen (2.183) stellt man dann fest, daß das betreffende erregte lineare System genau dann stabil ist, wenn sämtliche Pole der genannten rationalen Funktionen im Innern der linken $p$-Halbebene ($\mathrm{Re}\,p < 0$) liegen. Ist das System steuerbar, dann stimmt die Gesamtheit dieser Pole, wie man zeigen kann, mit der Gesamtheit der Eigenwerte der Matrix $\boldsymbol{A}$ überein. In diesem Fall ist die Eigenschaft, daß das nicht erregte System asymptotisch stabil ist, äquivalent mit der Eigenschaft, daß das erregte System sich stabil verhält.

*Beispiel:* Es soll abschließend das im Bild 2.18 dargestellte System betrachtet werden. Wie man direkt ablesen kann, lauten die Differentialgleichungen für die Zustandsvariablen

$$\frac{\mathrm{d}z_1}{\mathrm{d}t} = -z_1 - 3x\,, \quad \frac{\mathrm{d}z_2}{\mathrm{d}t} = z_1 + 2z_2 + x\,.$$

Also gilt

$$\boldsymbol{A} = \begin{bmatrix} -1 & 0 \\ 1 & 2 \end{bmatrix}, \quad \boldsymbol{b} = \begin{bmatrix} -3 \\ 1 \end{bmatrix}.$$

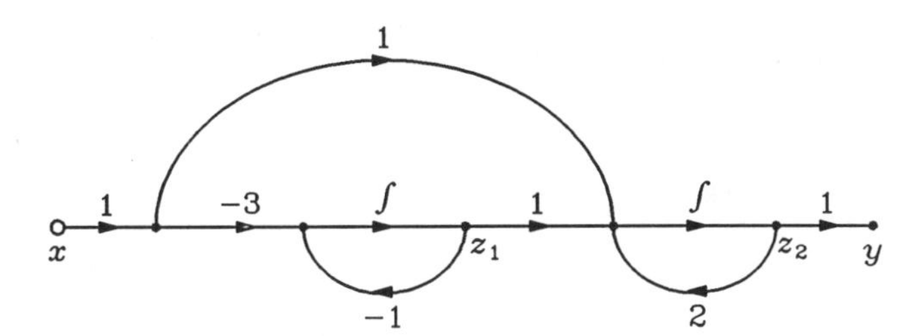


Bild 2.18: System zweiter Ordnung

Die charakteristische Gleichung wird

$$\det(p\,\mathbf{E}-\boldsymbol{A}) \equiv (p+1)(p-2) = 0\,.$$

Also sind $p_1 = -1$ und $p_2 = 2$ die Eigenwerte. Da nur zwei verschiedene Eigenwerte vorkommen, hat die Übergangsmatrix die Form

$$\boldsymbol{\Phi}(t) = \alpha_0(t)\,\mathbf{E} + \alpha_1(t)\,\boldsymbol{A}\,.$$

Da die beiden Eigenwerte die Beziehung

$$e^{p_\mu t} = \alpha_0(t) + \alpha_1(t)\,p_\mu \qquad (\mu = 1, 2)$$

befriedigen müssen, erhält man die zwei folgenden Bestimmungsgleichungen für die Funktionen $\alpha_0(t)$, $\alpha_1(t)$:

$$e^{-t} = \alpha_0(t) - \alpha_1(t)\,, \qquad e^{2t} = \alpha_0(t) + 2\alpha_1(t)\,.$$

Hieraus folgt

$$\alpha_0(t) = \frac{2e^{-t} + e^{2t}}{3}\,, \qquad \alpha_1(t) = \frac{e^{2t} - e^{-t}}{3}\,.$$

Also lautet die Übergangsmatrix

$$\boldsymbol{\Phi}(t) = \begin{bmatrix} e^{-t} & 0 \\ \frac{1}{3}(e^{2t} - e^{-t}) & e^{2t} \end{bmatrix}.$$

Gemäß Gl. (2.180) wird die Matrix der Impulsantworten

$$\boldsymbol{\Psi}(t) = \boldsymbol{\Phi}(t)\,\boldsymbol{b} = [-3e^{-t} \quad e^{-t}]^{\mathrm{T}}\,.$$

Da die Elemente der Matrix $\boldsymbol{\Psi}(t)$ absolut integrierbar sind, ist das erregte System nach Satz II.17 stabil. Dagegen ist das nicht erregte System nach Satz II.12 instabil, da der Eigenwert $p_2 = 2$ in der rechten $p$-Halbebene liegt. Dieser Unterschied liegt daran, daß das System nicht steuerbar ist (man vergleiche Satz II.1), denn die Steuerbarkeitsmatrix

$$[\boldsymbol{b}, \boldsymbol{A}\,\boldsymbol{b}] = \begin{bmatrix} -3 & 3 \\ 1 & -1 \end{bmatrix}$$

ist singulär.

## 4. Beschreibung diskontinuierlicher Systeme im Zustandsraum

In diesem Abschnitt wird gezeigt, wie diskontinuierliche Systeme ganz entsprechend wie kontinuierliche Systeme im Zustandsraum beschrieben werden können. Dabei wird davon ausgegangen, daß sich die zu betrachtenden diskontinuierlichen Systeme mit Hilfe gewöhnlicher Differenzengleichungen darstellen lassen.

Ein lineares, im allgemeinen zeitvariantes diskontinuierliches System wird im Zustandsraum durch die Differenzengleichungen

$$\boldsymbol{z}[n+1] = \boldsymbol{A}[n]\boldsymbol{z}[n] + \boldsymbol{B}[n]\boldsymbol{x}[n], \tag{2.187}$$

$$\boldsymbol{y}[n] = \boldsymbol{C}[n]\boldsymbol{z}[n] + \boldsymbol{D}[n]\boldsymbol{x}[n] \tag{2.188}$$

beschrieben. Dabei ist $\boldsymbol{x}[n]$ der Vektor der Eingangsgrößen, $\boldsymbol{y}[n]$ der Vektor der Ausgangsgrößen und $\boldsymbol{z}[n]$ der Zustandsvektor. Weiterhin bedeuten $\boldsymbol{A}[n]$, $\boldsymbol{B}[n]$, $\boldsymbol{C}[n]$, $\boldsymbol{D}[n]$ Systemmatrizen, welche wie die anderen Größen von der diskreten Zeitvariablen $n$ abhängen. Die Gln. (2.187), (2.188) stehen in Analogie zu den Gln. (2.12), (2.13) für kontinuierliche Systeme. Falls alle Systemmatrizen von $n$ unabhängig sind, heißt das System *zeitinvariant*. Die Systemmatrizen schreibt man dann einfach als $\boldsymbol{A}, \boldsymbol{B}, \boldsymbol{C}, \boldsymbol{D}$.

*Beispiel:* Es sei $z_\mu[n]$ die Anzahl der zum Zeitpunkt $n$ $(0, 1, \ldots)$ zugelassenen Kraftfahrzeuge eines Landes; mit $\mu$ $(1, \ldots, q)$ wird das (aufgerundete) Alter der Fahrzeuge bezeichnet; $q$ ist als Höchstalter angenommen. Es wird die Annahme getroffen, daß die Zahl der Kraftfahrzeuge $z_{\mu+1}[n]$ mit Alter $\mu + 1$ gleich einem festen Teil $\alpha_\mu$ der Zahl der Fahrzeuge $z_\mu[n-1]$ mit Alter $\mu$ ist. So gelangt man zur Gleichung

$$z_{\mu+1}[n+1] = \alpha_\mu z_\mu[n] \quad (\mu = 1, \ldots, q-1).$$

Außerdem sei die Zahl der neu zugelassenen Fahrzeuge $z_1[n]$ gleich der Zahl der im vorausgegangenen Zeitraum von Händlern verkauften Fahrzeuge $x[n-1]$. Auf diese Weise erhält man die Darstellung

$$\begin{bmatrix} z_1[n+1] \\ z_2[n+1] \\ \vdots \\ z_q[n+1] \end{bmatrix} = \begin{bmatrix} 0 & 0 & \cdots & & 0 \\ \alpha_1 & 0 & & & \\ 0 & \alpha_2 & & & \\ \vdots & \vdots & & & \\ 0 & 0 & \cdots & \alpha_{q-1} & 0 \end{bmatrix} \begin{bmatrix} z_1[n] \\ z_2[n] \\ \vdots \\ z_q[n] \end{bmatrix} + \begin{bmatrix} 1 \\ 0 \\ \vdots \\ 0 \end{bmatrix} x[n]$$

die als Beispiel für die Gl. (2.187) zu betrachten ist. Man könnte als Ausgangsgröße des untersuchten Systems die Gesamtzahl der zugelassenen Fahrzeuge auffassen. Dann ergibt sich

$$y[n] = [1 \quad 1 \quad 1 \quad \cdots \quad 1] \begin{bmatrix} z_1[n] \\ z_2[n] \\ \vdots \\ z_q[n] \end{bmatrix}$$

als Beispiel für die Gl. (2.188).

## 4.1. UMWANDLUNG VON EINGANG-AUSGANG-BESCHREIBUNGEN IN ZUSTANDSGLEICHUNGEN

Ein diskontinuierliches System mit einem Eingang und einem Ausgang wird oft durch eine lineare Differenzengleichung $q$-ter Ordnung mit konstanten Koeffizienten beschrieben. Eine solche Differenzengleichung kann leicht in eine äquivalente Beschreibung im Zustandsraum übergeführt werden. Hierbei können die beiden im Abschnitt 3.1 beschriebenen Verfahren zur Überführung einer linearen Differentialgleichung $q$-ter Ordnung mit konstanten Koeffizienten in eine Zustandsbeschreibung auf den vorliegenden Fall linearer diskontinuierlicher Systeme direkt übertragen werden. Dabei wird davon ausgegangen, daß das Eingang-Ausgang-Verhalten durch die lineare Differenzengleichung $q$-ter Ordnung[1])

---

[1]) Hier ist eine der Fußnote 1 auf S. 70 entsprechende Bemerkung zu machen. Terme $x[n+\mu]$ mit $\mu > q$ können in Gl. (2.189) aus Gründen der Kausalität nicht auftreten.

$$y[n+q] + \alpha_{q-1}\, y[n+q-1] + \cdots + \alpha_1\, y[n+1] + \alpha_0\, y[n]$$
$$= \beta_{q-1}\, x[n+q-1] + \cdots + \beta_1\, x[n+1] + \beta_0\, x[n] \tag{2.189}$$

gegeben ist. Diese Gleichung entspricht der Gl. (2.14) für kontinuierliche Systeme.

Man kann zunächst den Sonderfall $\beta_0 = 1$ und $\beta_1 = \beta_2 = \cdots = \beta_{q-1} = 0$ untersuchen. Setzt man

$$y[n] = z_1[n],\; y[n+1] = z_2[n], \ldots, y[n+q-1] = z_q[n], \tag{2.190}$$

dann erhält man die Darstellung

$$z_\mu[n+1] = z_{\mu+1}[n], \quad \mu = 1, \ldots, q-1, \tag{2.191}$$

und aus Gl. (2.189) wird mit den Gln. (2.190) im betrachteten Fall

$$z_q[n+1] = -\alpha_0\, z_1[n] - \alpha_1\, z_2[n] - \cdots - \alpha_{q-1}\, z_q[n] + x[n]. \tag{2.192}$$

Damit kann für den betrachteten Sonderfall aus den Gln. (2.190), (2.191) und (2.192) unmittelbar eine Darstellung gemäß den Gln. (2.187) und (2.188) mit konstanten Matrizen $\boldsymbol{A}, \boldsymbol{B}, \boldsymbol{C}$ und $\boldsymbol{D}$ angegeben werden. Die Gl. (2.189) lautet im betrachteten Sonderfall mit $y[n] = z_1[n]$

$$z_1[n+q] + \alpha_{q-1}\, z_1[n+q-1] + \cdots + \alpha_0\, z_1[n] = x[n].$$

Erhöht man die Variable $n$ in dieser Gleichung um 1 und ersetzt $z_1[n+1]$ nach Gl. (2.191) durch $z_2[n]$, so erhält man

$$z_2[n+q] + \alpha_{q-1}\, z_2[n+q-1] + \cdots + \alpha_0\, z_2[n] = x[n+1].$$

Entsprechend ergeben sich weitere Differenzengleichungen

$$z_3[n+q] + \alpha_{q-1}\, z_3[n+q-1] + \cdots + \alpha_0\, z_3[n] = x[n+2],$$
$$\vdots$$
$$z_q[n+q] + \alpha_{q-1}\, z_q[n+q-1] + \cdots + \alpha_0\, z_q[n] = x[n+q-1].$$

Sämtliche dieser insgesamt $q$ Differenzengleichungen sind erfüllt. Multipliziert man diese $q$ Gleichungen der Reihe nach mit $\beta_0, \beta_1, \ldots, \beta_{q-1}$, dann liefert die Summe der Ergebnisse gerade die Gl. (2.189), wenn man

$$y[n] = \beta_0\, z_1[n] + \beta_1\, z_2[n] + \cdots + \beta_{q-1}\, z_q[n] \tag{2.193}$$

setzt. Damit erhält man aufgrund der Gln. (2.191), (2.192) und (2.193) die zu Gl. (2.189) äquivalente Zustandsdarstellung (Steuerungsnormalform)

$$\boldsymbol{z}[n+1] = \begin{bmatrix} 0 & 1 & 0 & \cdots & & 0 \\ 0 & 0 & 1 & 0 & \cdots & 0 \\ \vdots & & & & & \\ 0 & 0 & \cdots & & 0 & 1 \\ -\alpha_0 & -\alpha_1 & \cdots & & & -\alpha_{q-1} \end{bmatrix} \boldsymbol{z}[n] + \begin{bmatrix} 0 \\ 0 \\ \vdots \\ 0 \\ 1 \end{bmatrix} x[n], \tag{2.194}$$

$$y[n] = [\,\beta_0 \quad \beta_1 \quad \cdots \quad \beta_{q-1}\,]\,\boldsymbol{z}[n]. \tag{2.195}$$

Die Realisierung dieser Zustandsdarstellung und damit der Differenzengleichung (2.189) erfolgt durch die Schaltung nach Bild 2.19 bzw. die duale Realisierung nach Bild 2.20. Sie unterscheiden sich von den Schaltungen in den Bildern 2.4 und 2.5 lediglich darin, daß die Integratoren durch Verzögerungsglieder ersetzt sind und alle Signale von der diskreten Zeit abhängen. Die duale Realisierung basiert darauf, daß das Matrizenquadrupel $(\boldsymbol{A}, \boldsymbol{b}, \boldsymbol{c}^{\mathrm{T}}, d)$ aus den Gln. (2.194) und (2.195) durch das Quadrupel $(\boldsymbol{A}^{\mathrm{T}}, \boldsymbol{c}, \boldsymbol{b}^{\mathrm{T}}, d)$ ersetzt wird. Dies ändert bei Systemen mit einem Eingang und einem Ausgang das Übertragungsverhalten (insbesondere die Differenzengleichung zwischen Eingangs- und Ausgangssignal) nicht, wie noch erklärt wird.

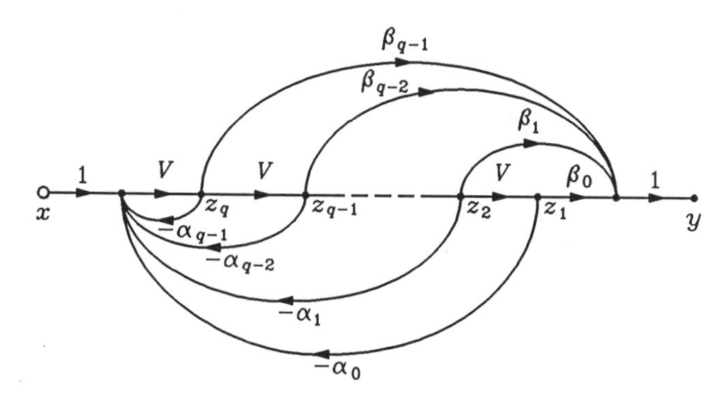


Bild 2.19: Schaltbild zur Simulation eines durch Gl. (2.189) gegebenen Systems. Die Pfade mit dem Symbol $V$ bedeuten, daß eine Verzögerung um Eins erfolgt. Alle auftretenden Signale sind diskontinuierliche Zeitfunktionen

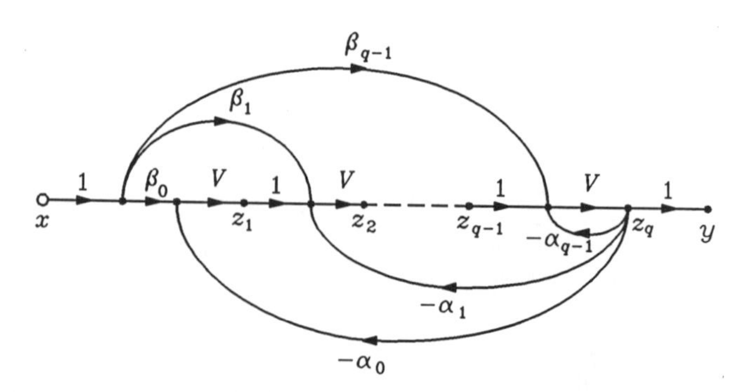


Bild 2.20: Zur Schaltung von Bild 2.19 duale Realisierung der Differenzengleichung (2.189). Beide Schaltungen besitzen die gleiche Impulsantwort wie das durch Gl. (2.189) gegebene System und enthalten neben Addierern und Multiplizierern jeweils $q$ Einheitsverzögerer

In Analogie zum zweiten im Abschnitt 3.1 beschriebenen Verfahren existiert für die Differenzengleichung (2.189) die weitere Zustandsdarstellung (Beobachtungsnormalform)

$$\boldsymbol{z}[n+1] = \begin{bmatrix} 0 & 1 & 0 & \cdots & \cdots & 0 \\ 0 & 0 & 1 & 0 & \cdots & 0 \\ \vdots & & & & & \\ 0 & 0 & \cdots & & 0 & 1 \\ -\alpha_0 & -\alpha_1 & \cdots & & & -\alpha_{q-1} \end{bmatrix} \boldsymbol{z}[n] + \begin{bmatrix} b_1 \\ b_2 \\ \vdots \\ b_q \end{bmatrix} x[n], \qquad (2.196)$$

$$y[n] = [1 \quad 0 \quad \cdots \quad 0]\,\boldsymbol{z}[n], \qquad (2.197)$$

wobei die Koeffizienten $b_\mu\,(\mu = 1, \ldots, q)$ auch hier durch das Gleichungssystem (2.20) eindeutig bestimmt sind. Die Realisierung erfolgt gemäß den Signalflußdiagrammen im Bild 2.21 bzw. Bild 2.22 für die duale Darstellung. Diese stellen Modifikationen der entsprechenden Schaltungen für kontinuierliche Systeme nach den Bildern 2.6 und 2.7 dar, wobei lediglich Verzögerungsglieder statt Integrierer vorkommen und alle Signale jetzt von der diskreten Zeit abhängen.

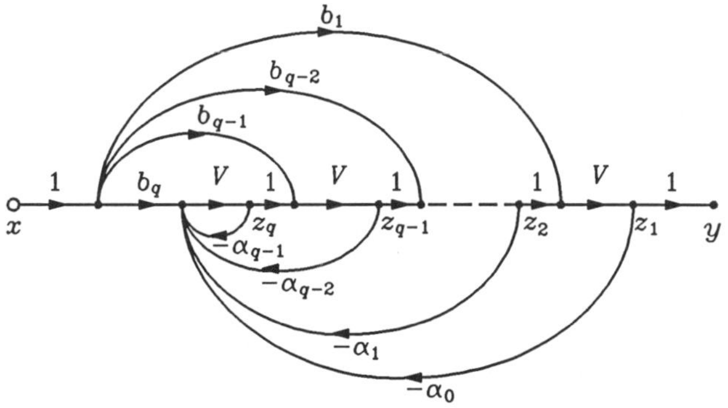

Bild 2.21: Schaltbild zur Simulation eines Systems aufgrund der Gln. (2.196) und (2.197)

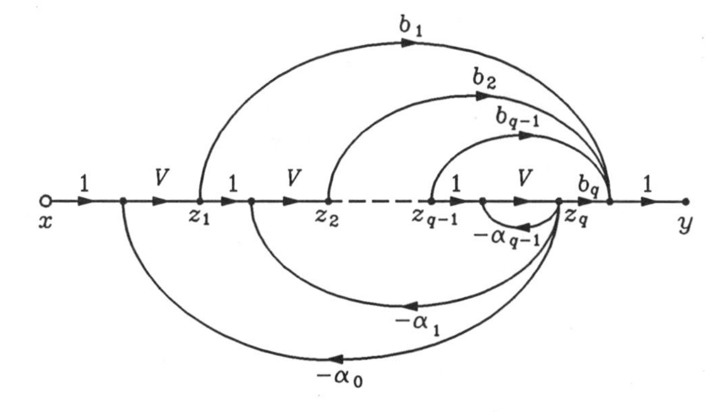


Bild 2.22: Zur Schaltung von Bild 2.21 duale Realisierung der Differenzengleichung (2.189)

Es sei hier noch angemerkt, daß Systeme, die nur aus Verzögerungs-, Multiplizier- und Addiergliedern aufgebaut sind, Digitalfilter genannt werden, weil ihre praktische Verwirklichung üblicherweise mit digitalen Bausteinen erfolgt.

Weitere Verfahren zur Beschreibung der Differenzengleichung (2.189) im Zustandsraum lassen sich im Rahmen des Konzepts der Übertragunsfunktion einfach begründen. Hierauf wird erst im Kapitel VI eingegangen.

Abschließend sei erwähnt, daß aufgrund von Gl. (2.189) oder einer der äquivalenten Zustandsdarstellungen ein lineares, zeitinvariantes diskontinuierliches System direkt durch einen Digitalrechner simuliert werden kann. Man kann aber auch ein kontinuierliches System näherungsweise mit Hilfe eines Digitalrechners simulieren, wenn die entsprechende Zustandsdifferentialgleichung in geeigneter Weise in eine Zustandsdifferenzengleichung übergeführt wird und die vorkommenden Signale nur in diskreten Zeitpunkten betrachtet werden.

## 4.2. LINEARE TRANSFORMATION DES ZUSTANDSRAUMS

Wie im kontinuierlichen Fall kann man den Zustandsraum einer linearen Transformation unterwerfen. Dadurch wird gemäß der Beziehung

$$\boldsymbol{z} = \boldsymbol{M}\boldsymbol{\zeta} \tag{2.198}$$

der Zustandsvektor $\boldsymbol{z}[n]$ in einen neuen Zustandsvektor $\boldsymbol{\zeta}[n]$ mit den Komponenten $\zeta_\mu[n]$ $(\mu = 1, 2, \ldots, q)$ übergeführt, wobei $\boldsymbol{M}$ eine zu wählende nichtsinguläre quadratische $q$-dimensionale Matrix bedeutet. Das Matrizenquadrupel, das als von $n$ unabhängig angenommen wird, geht bei dieser Äquivalenztransformation in das Quadrupel $(\widetilde{\boldsymbol{A}}, \widetilde{\boldsymbol{B}}, \widetilde{\boldsymbol{C}}, \widetilde{\boldsymbol{D}})$ über, wobei

$$\widetilde{\boldsymbol{A}} = \boldsymbol{M}^{-1}\boldsymbol{A}\,\boldsymbol{M}, \quad \widetilde{\boldsymbol{B}} = \boldsymbol{M}^{-1}\boldsymbol{B}, \quad \widetilde{\boldsymbol{C}} = \boldsymbol{C}\,\boldsymbol{M}, \quad \widetilde{\boldsymbol{D}} = \boldsymbol{D} \tag{2.199a-d}$$

gilt. Damit hat das System in der transformierten Darstellung die Form

$$\boldsymbol{\zeta}[n+1] = \widetilde{\boldsymbol{A}}\,\boldsymbol{\zeta}[n] + \widetilde{\boldsymbol{B}}\,\boldsymbol{x}[n], \tag{2.200}$$

$$\boldsymbol{y}[n] = \widetilde{\boldsymbol{C}}\,\boldsymbol{\zeta}[n] + \widetilde{\boldsymbol{D}}\,\boldsymbol{x}[n]. \tag{2.201}$$

Man kann auch im Fall eines zeitvarianten, linearen Systems, d. h. zeitabhängiger Systemmatrizen $\boldsymbol{A}[n], \boldsymbol{B}[n], \boldsymbol{C}[n], \boldsymbol{D}[n]$ Äquivalenztransformationen durchführen. Dabei wird man die Transformationsmatrix $\boldsymbol{M}$ im allgemeinen als von $n$ abhängig betrachten und voraussetzen, daß $\boldsymbol{M}[n]$ für alle $n$ nichtsingulär ist. Im Abschnitt 4.3.2 wird eine solche Transformation auf periodisch zeitvariante Systeme angewendet.

## 4.3. LÖSUNG DER ZUSTANDSGLEICHUNGEN, ÜBERGANGSMATRIX

### 4.3.1. Der zeitinvariante Fall

Es soll der Zustandsvektor $\boldsymbol{z}[n]$ bei Vorgabe eines Anfangszustands $\boldsymbol{z}[n_0]$ und bei Kenntnis des Vektors $\boldsymbol{x}[n]$ der Eingangssignale für den Fall bestimmt werden, daß das System durch die Gleichungen

$$\boldsymbol{z}[n+1] = \boldsymbol{A}\,\boldsymbol{z}[n] + \boldsymbol{B}\,\boldsymbol{x}[n] \tag{2.202}$$

und

$$\boldsymbol{y}[n] = \boldsymbol{C}\,\boldsymbol{z}[n] + \boldsymbol{D}\,\boldsymbol{x}[n] \tag{2.203}$$

beschrieben wird. Ist $\boldsymbol{z}[n]$ aus Gl. (2.202) ermittelt, so erhält man den Vektor $\boldsymbol{y}[n]$ der Ausgangssignale unmittelbar aus Gl. (2.203).

Zunächst wird die Gl. (2.202) mit $\boldsymbol{x}[n] \equiv \boldsymbol{0}$ betrachtet. Diese homogene Gleichung

$$\boldsymbol{z}[n+1] = \boldsymbol{A}\,\boldsymbol{z}[n]$$

hat offensichtlich die Lösung

$$\boldsymbol{z}[n] = \boldsymbol{\Phi}[n-n_0]\,\boldsymbol{z}[n_0] \tag{2.204}$$

mit der Übergangsmatrix

$$\boldsymbol{\Phi}[n] = \boldsymbol{A}^n\,. \tag{2.205a}$$

Wie im Verlauf dieses Abschnitts gezeigt wird, kann die Übergangsmatrix in der Form

$$\boldsymbol{\Phi}[n] = \sum_{\mu=1}^{l} z_\mu^n\,\boldsymbol{A}_\mu[n] \tag{2.205b}$$

dargestellt werden. Dabei sind die $z_\mu$ die Eigenwerte der Matrix $\boldsymbol{A}$ mit den Vielfachheiten $r_\mu(\mu = 1, 2, \ldots, l)$, d. h. die voneinander verschiedenen Lösungen der charakteristischen (Polynom-) Gleichung

$$\det(z\,\mathbf{E} - \boldsymbol{A}) = 0\,. \tag{2.206}$$

Die Matrix $\boldsymbol{A}_\mu[n]$ ist ein Polynom in $n$, dessen Grad nicht größer als $r_\mu - 1$ sein kann; zu einem einfachen Eigenwert $z_\mu$ gehört eine von $n$ unabhängige Matrix $\boldsymbol{A}_\mu$. Ist der Grad von $\boldsymbol{A}_\mu[n]$ kleiner als $r_\mu - 1$, so erscheint $\boldsymbol{\Phi}[n]$ als Übergangsmatrix eines Systems von geringerer Ordnung, als sie die Zahl der Zustandsvariablen angibt. Dies ergibt sich genau dann, wenn der Grad des Minimalpolynoms von $\boldsymbol{A}$ kleiner ist als jener des charakteristischen Polynoms $\det(z\,\mathbf{E} - \boldsymbol{A})$.

Zur Bestimmung der allgemeinen Lösung der inhomogenen Differenzengleichung soll der homogenen Lösung nach Gl. (2.204) die partikuläre Lösung mit der Eigenschaft $\boldsymbol{z}[n_0] = \boldsymbol{0}$ superponiert werden. Diese partikuläre Lösung läßt sich aus der Differenzengleichung (2.202) unmittelbar schrittweise ableiten:

$$\boldsymbol{z}[n_0+1] = \boldsymbol{B}\,\boldsymbol{x}[n_0]\,,$$

$$\boldsymbol{z}[n_0+2] = \boldsymbol{A}\,\boldsymbol{B}\,\boldsymbol{x}[n_0] + \boldsymbol{B}\,\boldsymbol{x}[n_0+1]\,,$$

$$\boldsymbol{z}[n_0+3] = \boldsymbol{A}^2\boldsymbol{B}\,\boldsymbol{x}[n_0] + \boldsymbol{A}\,\boldsymbol{B}\,\boldsymbol{x}[n_0+1] + \boldsymbol{B}\,\boldsymbol{x}[n_0+2]\,,$$

$$\ldots$$

oder allgemein

$$\boldsymbol{z}[n] = \sum_{\nu=n_0}^{n-1} \boldsymbol{A}^{n-\nu-1}\boldsymbol{B}\,\boldsymbol{x}[\nu] \qquad (n > n_0)\,.$$

Durch Superposition dieser partikulären Lösung und der Lösung nach Gl. (2.204) folgt schließlich mit Gl. (2.205a) die vollständige Lösung der Zustandsgleichung (2.202) in der Form

$$\boldsymbol{z}[n] = \boldsymbol{\Phi}[n - n_0]\,\boldsymbol{z}[n_0] + \sum_{\nu = n_0}^{n-1} \boldsymbol{\Phi}[n - \nu - 1]\,\boldsymbol{B}\,\boldsymbol{x}[\nu]\,. \tag{2.207}$$

Wie man sieht, benötigt man in der Lösung nach Gl. (2.207) die Übergangsmatrix $\boldsymbol{\Phi}[n]$ nach Gl. (2.205a). Im folgenden soll gezeigt werden, daß $\boldsymbol{\Phi}[n]$ mit Hilfe der gleichen Methoden wie im Fall eines kontinuierlichen Systems berechnet werden kann.

Eine erste Methode basiert auf der Tatsache, daß $\boldsymbol{A}^n\,(n = 1, 2, 3, \ldots)$ stets als Linearkombination von Potenzen der Matrix $\boldsymbol{A}$ bis zur Ordnung $q - 1$ folgendermaßen ausgedrückt werden kann:

$$\boldsymbol{A}^n = \alpha_0[n]\,\mathbf{E} + \alpha_1[n]\,\boldsymbol{A} + \cdots + \alpha_{q-1}[n]\,\boldsymbol{A}^{q-1}\,. \tag{2.208}$$

Für $n = 1, 2, \ldots, q - 1$ ist diese Aussage trivial, da in diesem Fall die rechte Seite der Gl. (2.208) nur einen einzigen nichtverschwindenden Summanden mit $\alpha_n[n] = 1$ aufweist. Für $n = q, q + 1, \ldots$ kann man wie im kontinuierlichen Fall mit Hilfe des Cayley-Hamilton-Theorems eine Darstellung gemäß Gl. (2.208) erhalten. Dieses Theorem, nach dem die charakteristische Gleichung (2.206) der Matrix $\boldsymbol{A}$ nicht nur von den Eigenwerten $z_1$, $z_2, \ldots, z_l$ erfüllt wird, sondern auch von der Matrix $\boldsymbol{A}$ selbst, lehrt unmittelbar, daß die der Gl. (2.208) entsprechende skalare Beziehung für alle Eigenwerte besteht:

$$z_\mu^n = \alpha_0[n] + \alpha_1[n]\,z_\mu + \cdots + \alpha_{q-1}[n]\,z_\mu^{q-1} \qquad (\mu = 1, 2, \ldots, l)\,. \tag{2.209}$$

Ist die Vielfachheit $r_\mu$ des Eigenwerts größer als Eins, so erhält man neben der Gl. (2.209) noch weitere Beziehungen, die dadurch entstehen, daß man die Gl. (2.209) nacheinander $(r_\mu - 1)$-mal nach $z_\mu$ differenziert:

$$n\,z_\mu^{n-1} = \alpha_1[n] + \cdots + (q-1)\,\alpha_{q-1}[n]\,z_\mu^{q-2}\,,$$

$$n\,(n-1)\,z_\mu^{n-2} = 2\,\alpha_2[n] + \cdots + (q-1)\,(q-2)\,\alpha_{q-1}[n]\,z_\mu^{q-3}$$

$$\vdots$$

Diese zusätzlichen Gleichungen sind für alle Eigenwerte mit $r_\mu > 1$ aufzustellen. Auf diese Weise entstehen zusammen mit den $l$ Gleichungen (2.209) insgesamt genau $q$ lineare Bestimmungsgleichungen für die $q$ Parameter $\alpha_\nu[n]\,(\nu = 0, 1, \ldots, q - 1)$, die stets eine eindeutige Lösung besitzen. Auf diese Weise erhält man eine Darstellung der Übergangsmatrix $\boldsymbol{\Phi}[n] = \boldsymbol{A}^n$ gemäß Gl. (2.208) für $n \geqq q$.

Eine weitere Möglichkeit, $\boldsymbol{A}^n$ zu berechnen, besteht darin, die Matrix $\boldsymbol{A}$ zunächst auf Jordansche Normalform

$$\boldsymbol{J} = \boldsymbol{M}^{-1}\boldsymbol{A}\,\boldsymbol{M}$$

zu transformieren (Anhang D). Hieraus erhält man die Darstellung

$$\boldsymbol{A}^n = \boldsymbol{M}\,\boldsymbol{J}^n\boldsymbol{M}^{-1}\,. \tag{2.210}$$

Falls $\boldsymbol{A}$ nur einfache Eigenwerte $z_\mu$ $(\mu = 1, 2, \ldots, l = q)$ aufweist, ist $\boldsymbol{J}$ eine reine Diagonalmatrix mit den $z_\mu$ in der Hauptdiagonalen, und man erhält die Übergangsmatrix gemäß

$$\boldsymbol{\Phi}[n] = \boldsymbol{A}^n = \boldsymbol{M} \begin{bmatrix} z_1^n & & & 0 \\ & z_2^n & & \\ & & \vdots & \\ 0 & & & z_q^n \end{bmatrix} \boldsymbol{M}^{-1} .$$

Im allgemeinen hat $\boldsymbol{J}$ die Form

$$\boldsymbol{J} = \operatorname{diag}(\boldsymbol{J}_{11}, \boldsymbol{J}_{12}, \ldots, \boldsymbol{J}_{1k_1}, \ldots, \boldsymbol{J}_{lk_l}) \tag{2.211a}$$

mit den Jordan-Kästchen $\boldsymbol{J}_{\mu\nu}$ der Ordnung $q_{\mu\nu}$ ($\mu = 1, 2, \ldots, l;\ \nu = 1, 2, \ldots, k_\mu$), die zu den Eigenwerten $z_\mu$ der Vielfachheit $r_\mu$ gehören. Damit erhält man

$$\boldsymbol{J}^n = \operatorname{diag}(\boldsymbol{J}_{11}^n, \boldsymbol{J}_{12}^n, \ldots, \boldsymbol{J}_{1k_1}^n, \ldots, \boldsymbol{J}_{lk_l}^n) . \tag{2.211b}$$

Die Berechnung von $\boldsymbol{J}^n$ und damit von $\boldsymbol{\Phi}[n] = \boldsymbol{A}^n$ nach Gl. (2.210) besteht also im wesentlichen in der Berechnung der Matrizen

$$\boldsymbol{J}_{\mu\nu}^n$$

für alle Jordan-Kästchen von $\boldsymbol{J}$. Die Lösung dieser Grundaufgabe soll nun besprochen werden, wobei das zu betrachtende Jordan-Kästchen einfach in der Form

$$\boldsymbol{J}_0 = \begin{bmatrix} z_0 & 1 & & \\ & z_0 & 1 & \\ & & \vdots\ \vdots & 1 \\ & & & z_0 \end{bmatrix} = z_0 \mathbf{E} + \boldsymbol{L} \tag{2.212}$$

geschrieben wird. Die Ordnung dieser Matrix sei $n_0$. Die Matrix $\boldsymbol{L}$ ist bereits in Gl. (2.65) aufgetreten. Man erhält nun

$$\boldsymbol{J}_0^n = (z_0 \mathbf{E} + \boldsymbol{L})^n = z_0^n \mathbf{E} + \binom{n}{1} z_0^{n-1} \boldsymbol{L} + \binom{n}{2} z_0^{n-2} \boldsymbol{L}^2 + \binom{n}{3} z_0^{n-3} \boldsymbol{L}^3 + \cdots$$

Schon im Abschnitt 3.3.1 wurde gezeigt, daß $\boldsymbol{L}^\kappa = \mathbf{0}$ gilt, sobald $\kappa$ mindestens gleich der Ordnung $n_0$ von $\boldsymbol{L}$ ist. Daher erhält man im Fall $z_0 \neq 0$ [1])

$$\boldsymbol{J}_0^n = z_0^n \left[ \mathbf{E} + \binom{n}{1} z_0^{-1} \boldsymbol{L} + \binom{n}{2} z_0^{-2} \boldsymbol{L}^2 + \cdots + \binom{n}{n_0 - 1} z_0^{1-n_0} \boldsymbol{L}^{n_0 - 1} \right] \tag{2.213a}$$

und im Fall $z_0 = 0$ direkt die Matrix

$$\boldsymbol{J}_0^n = \boldsymbol{L}^n , \tag{2.213b}$$

die für $n \geqq n_0$ verschwindet. Man beachte, daß die auf der rechten Seite der Gl. (2.213a) in eckigen Klammern stehende Matrix ein Polynom in $n$ vom Grad $n_0 - 1$ ist. In dieser Weise kann man alle Matrizen $\boldsymbol{J}_{\mu\nu}^n$ berechnen, so daß sich schließlich gemäß den Gln. (2.211b) und (2.210) die Übergangsmatrix ergibt.

---

[1]) Dabei gilt $\binom{n}{\nu} = 0$ für $\nu > n$.

Ist $\boldsymbol{J}_0$ das zu irgendeinem Eigenwert $z_0$ gehörende Jordan-Kästchen höchster Ordnung, dann tritt in Gl. (2.213a) eine mit $z_0^n$ multiplizierte Matrix auf, die ein Polynom in $n$ vom Grad $q_0 - 1$ ist, wobei $q_0$ der Index des Eigenwerts $z_0$ ist. In entsprechender Form kommt dieser Eigenwert nach Gl. (2.211b) auch in $\boldsymbol{J}^n$ und schließlich nach Gl. (2.210) in $\boldsymbol{A}^n$ vor. Da dies für alle Eigenwerte gilt, erklärt sich die Darstellung von $\boldsymbol{A}^n$ nach Gl. (2.205b).

Es sei noch erwähnt, daß die Übergangsmatrix $\boldsymbol{\Phi}[n]$ auch mittels der $Z$-Transformation berechnet werden kann. Dies wird im Kapitel VI im einzelnen gezeigt.

*Beispiel:* Gegeben sei das diskontinuierliche System

$$\boldsymbol{z}[n+1] = \begin{bmatrix} \frac{1}{2} & 1 & 0 \\ 0 & \frac{1}{2} & 0 \\ 0 & 1 & \frac{1}{2} \end{bmatrix} \boldsymbol{z}[n] + \begin{bmatrix} 1 \\ 0 \\ 1 \end{bmatrix} x[n], \tag{2.214a}$$

$$y[n] = [0 \quad 1 \quad 1]\,\boldsymbol{z}[n] + 2x[n]. \tag{2.214b}$$

Im folgenden soll die Übergangsmatrix $\boldsymbol{\Phi}[n]$ berechnet werden. Zunächst erhält man das charakteristische Polynom

$$\det(z\,\mathbf{E} - \boldsymbol{A}) = (z - \frac{1}{2})^3,$$

woraus zu erkennen ist, daß ein dreifacher Eigenwert $z_1 = 1/2$ vorliegt.

Die gesuchte Übergangsmatrix hat für $n \geqq 3$ gemäß Gl. (2.208) die Form

$$\boldsymbol{\Phi}[n] = \alpha_0[n]\,\mathbf{E} + \alpha_1[n]\,\boldsymbol{A} + \alpha_2[n]\,\boldsymbol{A}^2. \tag{2.215}$$

Es gilt für den Eigenwert $z_1 = 1/2$ zunächst die Gleichung

$$z_1^n = \alpha_0[n] + \alpha_1[n]\,z_1 + \alpha_2[n]\,z_1^2. \tag{2.216a}$$

Da $z_1$ ein dreifacher Eigenwert ist, erhält man durch Differentiation dieser Gleichung nach $z_1$ die weiteren Beziehungen

$$n\,z_1^{n-1} = \alpha_1[n] + 2z_1\,\alpha_2[n] \quad \text{und} \quad n\,(n-1)\,z_1^{n-2} = 2\alpha_2[n]. \tag{2.216b,c}$$

Durch Lösung der Gln. (2.116a-c) mit $z_1 = 1/2$ gelangt man zu den Funktionen

$$\alpha_0[n] = \left(\frac{1}{2}\right)^n \left(1 - \frac{3}{2}n + \frac{n^2}{2}\right), \quad \alpha_1[n] = n\,(2-n)\left(\frac{1}{2}\right)^{n-1}, \quad \alpha_2[n] = n\,(n-1)\left(\frac{1}{2}\right)^{n-1}$$

und nach Berechnung von $\boldsymbol{A}^2$ damit aufgrund der Gl. (2.215) zur Übergangsmatrix

$$\boldsymbol{A}^n = \left(\frac{1}{2}\right)^n \begin{bmatrix} 1 & 2n & 0 \\ 0 & 1 & 0 \\ 0 & 2n & 1 \end{bmatrix}. \tag{2.217}$$

Mit Hilfe der (nach Anhang C ermittelten) Matrix

$$\boldsymbol{M} = \begin{bmatrix} 1 & 0 & 1 \\ 0 & 1 & 0 \\ 1 & 0 & 0 \end{bmatrix} \quad \text{bzw.} \quad \boldsymbol{M}^{-1} = \begin{bmatrix} 0 & 0 & 1 \\ 0 & 1 & 0 \\ 1 & 0 & -1 \end{bmatrix}$$

wird $\boldsymbol{A}$ auf die Jordansche Normalform

$$J = \begin{bmatrix} \frac{1}{2} & 1 & 0 \\ 0 & \frac{1}{2} & 0 \\ 0 & 0 & \frac{1}{2} \end{bmatrix}$$

gebracht. Gemäß Gl. (2.213a) folgt

$$J_{11}^n = \begin{bmatrix} \frac{1}{2} & 1 \\ 0 & \frac{1}{2} \end{bmatrix}^n = \left(\frac{1}{2}\right)^n \left\{ \begin{bmatrix} 1 & 0 \\ 0 & 1 \end{bmatrix} + 2n \begin{bmatrix} 0 & 1 \\ 0 & 0 \end{bmatrix} \right\} = \left(\frac{1}{2}\right)^n \begin{bmatrix} 1 & 2n \\ 0 & 1 \end{bmatrix} \quad \text{und} \quad J_{12}^n = \left[\frac{1}{2}\right]^n .$$

Somit ergibt sich

$$J^n = \left(\frac{1}{2}\right)^n \begin{bmatrix} 1 & 2n & 0 \\ 0 & 1 & 0 \\ 0 & 0 & 1 \end{bmatrix}$$

und schließlich

$$A^n = M J^n M^{-1} = \left(\frac{1}{2}\right)^n \begin{bmatrix} 1 & 0 & 1 \\ 0 & 1 & 0 \\ 1 & 0 & 0 \end{bmatrix} \begin{bmatrix} 1 & 2n & 0 \\ 0 & 1 & 0 \\ 0 & 0 & 1 \end{bmatrix} \begin{bmatrix} 0 & 0 & 1 \\ 0 & 1 & 0 \\ 1 & 0 & -1 \end{bmatrix} .$$

Man kann sich durch Ausmultiplizieren dieser Matrizen leicht davon überzeugen, daß das Ergebnis mit dem von Gl. (2.217) übereinstimmt und auch für $n = 0, 1, 2$ die richtige Matrixpotenz liefert. Es sei noch darauf hingewiesen, daß der berechneten Jordan-Matrix der Index 2 des dreifachen Eigenwerts $1/2$ entnommen werden kann, da 2 die größte Ordnung der beiden (zum Eigenwert $1/2$ gehörenden) Jordan-Kästchen ist. Dies bedeutet, daß $(z - 1/2)^2$ das Minimalpolynom ist. Die Systemmatrix $A$ des Beispiels erfüllt also die Gleichung $A^2 - A + (1/4)\,\mathbf{E} = \mathbf{0}$. Damit kann man die Übergangsmatrix nach Gl. (2.215) auch in der Form

$$\Phi[n] = (\alpha_0[n] - \frac{1}{4}\alpha_2[n])\,\mathbf{E} + (\alpha_1[n] + \alpha_2[n])\,A ,$$

d. h. als

$$\Phi[n] = \left(\frac{1}{2}\right)^n \{(1-n)\,\mathbf{E} + 2n\,A\}$$

schreiben.

### 4.3.2. Der zeitvariante Fall

Im folgenden werden die Gln. (2.187) und (2.188) für den Fall gelöst, daß die Systemmatrizen $A[n]$, $B[n]$, $C[n]$ und $D[n]$ im allgemeinen von $n$ abhängig sind. Dazu wird zunächst die homogene Zustands-Differenzengleichung

$$z[n+1] = A[n]\,z[n] \tag{2.218}$$

gelöst. Die *Übergangsmatrix*

$$\Phi[n, n_0] = [\varphi_1[n, n_0] \ldots \varphi_q[n, n_0]]$$

wird als diejenige Matrix eingeführt, deren Spaltenvektoren $\varphi_\kappa[n, n_0]$ die Lösungen der homogenen Differenzengleichung (2.218) mit der Anfangsbedingung $\varphi_\kappa[n_0, n_0] = e_\kappa$ ($\kappa = 1, 2, \ldots, q$) sind. Hierbei ist $e_\kappa$ der $\kappa$-te Spaltenvektor der Einheitsmatrix der Ordnung $q$.

Die homogene Gl. (2.218) hat dann unter dem Anfangszustand $\boldsymbol{z}[n_0]$ die Lösung

$$\boldsymbol{z}[n] = \boldsymbol{\Phi}[n, n_0]\,\boldsymbol{z}[n_0]. \tag{2.219}$$

Entsprechend dem kontinuierlichen Fall erfüllt die Übergangsmatrix $\boldsymbol{\Phi}[n, n_0]$ die Differenzengleichung

$$\boldsymbol{\Phi}[n+1, n_0] = \boldsymbol{A}[n]\,\boldsymbol{\Phi}[n, n_0] \tag{2.220}$$

mit der Anfangsbedingung

$$\boldsymbol{\Phi}[n_0, n_0] = \mathbf{E}.$$

Durch fortgesetzte Anwendung dieser Beziehung erhält man

$$\boldsymbol{\Phi}[n, n_0] = \boldsymbol{A}[n-1]\boldsymbol{A}[n-2]\cdots\boldsymbol{A}[n_0] \quad (n > n_0), \tag{2.221}$$

woraus sich auch unmittelbar die multiplikative Eigenschaft der Übergangsmatrix

$$\boldsymbol{\Phi}[n, n_0] = \boldsymbol{\Phi}[n, n_1]\,\boldsymbol{\Phi}[n_1, n_0] \quad (n > n_1 > n_0)$$

ableiten läßt. Im zeitinvarianten Fall reduziert sich die Darstellung in Gl. (2.221) auf das bereits bekannte Ergebnis gemäß Gl. (2.205a).

Unter der Voraussetzung, daß die Matrizen $\boldsymbol{A}[n]$ invertierbar sind, kann auch für $n < n_0$ die Übergangsmatrix $\boldsymbol{\Phi}[n, n_0]$ angegeben werden. Multipliziert man nämlich die Gl. (2.220) von links mit $\boldsymbol{A}^{-1}[n]$, dann erhält man durch fortgesetzte Anwendung der veränderten Gleichung

$$\boldsymbol{\Phi}[n, n_0] = \boldsymbol{A}^{-1}[n]\boldsymbol{A}^{-1}[n+1]\cdots\boldsymbol{A}^{-1}[n_0-1] \quad (n < n_0). \tag{2.222}$$

Entsprechend Gl. (2.81) gilt dann

$$\boldsymbol{\Phi}^{-1}[n_0, n] = \boldsymbol{\Phi}[n, n_0].$$

Zur Bestimmung der allgemeinen Lösung der inhomogenen Differenzengleichung wird der homogenen Lösung nach Gl. (2.219) die partikuläre Lösung mit der Eigenschaft $\boldsymbol{z}[n_0] = \mathbf{0}$ überlagert. Diese partikuläre Lösung läßt sich aus der Differenzengleichung (2.187) unmittelbar ableiten:

$$\boldsymbol{z}[n_0+1] = \boldsymbol{B}[n_0]\boldsymbol{x}[n_0],$$

$$\boldsymbol{z}[n_0+2] = \boldsymbol{A}[n_0+1]\boldsymbol{B}[n_0]\boldsymbol{x}[n_0] + \boldsymbol{B}[n_0+1]\boldsymbol{x}[n_0+1],$$

$$\boldsymbol{z}[n_0+3] = \boldsymbol{A}[n_0+2]\boldsymbol{A}[n_0+1]\boldsymbol{B}[n_0]\boldsymbol{x}[n_0]$$
$$+ \boldsymbol{A}[n_0+2]\boldsymbol{B}[n_0+1]\boldsymbol{x}[n_0+1] + \boldsymbol{B}[n_0+2]\boldsymbol{x}[n_0+2]$$

oder allgemein für $n \geqq n_0 + 2$

$$\boldsymbol{z}[n] = \sum_{\nu=n_0}^{n-2} \boldsymbol{A}[n-1]\cdots\boldsymbol{A}[\nu+1]\boldsymbol{B}[\nu]\boldsymbol{x}[\nu] + \boldsymbol{B}[n-1]\boldsymbol{x}[n-1].$$

Durch Superposition dieser partikulären Lösung mit der homogenen Lösung erhält man bei Beachtung der Gl. (2.221) die Lösung der Zustandsgleichung (2.187) in der Form

$$\boldsymbol{z}[n] = \boldsymbol{\Phi}[n, n_0]\boldsymbol{z}[n_0] + \sum_{\nu = n_0}^{n-1} \boldsymbol{\Phi}[n, \nu + 1]\boldsymbol{B}[\nu]\boldsymbol{x}[\nu] \quad (n > n_0) \tag{2.223}$$

mit dem beliebigen Anfangszustand $\boldsymbol{z}[n_0]$. Den Vektor der Ausgangsgrößen erhält man aus der gewonnenen Lösung für $\boldsymbol{z}[n]$ nach Gl. (2.223) mit Hilfe von Gl. (2.188).

**Sonderfall des periodisch zeitvarianten Systems**

Von besonderem Interesse ist der Fall, daß die Systemmatrizen in $n$ mit der Periodendauer $N$ (natürliche Zahl) periodisch sind. Es gilt dann insbesondere

$$\boldsymbol{A}[n + N] = \boldsymbol{A}[n]. \tag{2.224}$$

Für das Folgende soll vorausgesetzt werden, daß die Matrix $\boldsymbol{A}[n]$ für alle $n$ aus einer Periode nichtsingulär ist. Entsprechend dem periodisch zeitvarianten kontinuierlichen Fall erfüllt neben der Matrix $\boldsymbol{\Phi}[n, n_0]$ auch $\boldsymbol{\Phi}[n + N, n_0]$ die Differenzengleichung (2.220), und es existiert eine nichtsinguläre, zeitunabhängige $q$-reihige quadratische (im allgemeinen komplexe) Matrix $\widetilde{\boldsymbol{A}}$, so daß

$$\boldsymbol{\Phi}[n + N, n_0] = \boldsymbol{\Phi}[n, n_0]\widetilde{\boldsymbol{A}}^N$$

gilt (Anhang C). Man kann nun wie im kontinuierlichen Fall die folgenden Aussagen machen:

$$\widetilde{\boldsymbol{A}}^N = \boldsymbol{\Phi}[n_0 + N, n_0], \tag{2.225}$$

$$\boldsymbol{\Phi}[n + kN, n_0] = \boldsymbol{\Phi}[n, n_0]\widetilde{\boldsymbol{A}}^{kN}, \tag{2.226}$$

$$\boldsymbol{\Phi}[n, n_0 + kN] = \boldsymbol{\Phi}[n, n_0]\widetilde{\boldsymbol{A}}^{-kN}. \tag{2.227}$$

Schreibt man die Übergangsmatrix in der Form

$$\boldsymbol{\Phi}[n, n_0] = \boldsymbol{P}[n, n_0]\widetilde{\boldsymbol{A}}^{(n - n_0)}, \tag{2.228}$$

dann erweist sich die Matrix $\boldsymbol{P}[n, n_0]$ als in beiden Variablen periodisch mit der Periode $N$. Es gilt nämlich einerseits nach Gl. (2.228)

$$\boldsymbol{\Phi}[n + N, n_0] = \boldsymbol{P}[n + N, n_0]\widetilde{\boldsymbol{A}}^{(n + N - n_0)},$$

andererseits nach Gl. (2.226) mit Gl. (2.228)

$$\boldsymbol{\Phi}[n + N, n_0] = \boldsymbol{P}[n, n_0]\widetilde{\boldsymbol{A}}^{(n - n_0)}\widetilde{\boldsymbol{A}}^N.$$

Ein Vergleich dieser beiden Gleichungen zeigt die Periodizität von $\boldsymbol{P}[n, n_0]$ in der Variablen $n$. Weiterhin gilt einerseits nach Gl. (2.228)

$$\boldsymbol{\Phi}[n, n_0 + N] = \boldsymbol{P}[n, n_0 + N]\widetilde{\boldsymbol{A}}^{(n - n_0 - N)},$$

andererseits nach Gl. (2.227) mit Gl. (2.228)

$$\boldsymbol{\Phi}[n, n_0 + N] = \boldsymbol{P}[n, n_0]\widetilde{\boldsymbol{A}}^{(n-n_0)}\widetilde{\boldsymbol{A}}^{-N}.$$

Ein Vergleich dieser zwei Gleichungen zeigt die Periodizität von $\boldsymbol{P}[n, n_0]$ in der Variablen $n_0$.

Schließlich sei noch die Transformation

$$\boldsymbol{z}[n] = \boldsymbol{P}[n, n_1]\boldsymbol{\zeta}[n] \tag{2.229}$$

mit einem beliebigen, aber festen Wert $n_1$ kurz diskutiert. Führt man im vorliegenden Fall des periodischen Systems diese Transformation in Gl. (2.187) ein, dann ergibt sich zunächst

$$\boldsymbol{\zeta}[n+1] = \boldsymbol{P}^{-1}[n+1, n_1]\boldsymbol{A}[n]\boldsymbol{P}[n, n_1]\boldsymbol{\zeta}[n] + \boldsymbol{P}^{-1}[n+1, n_1]\boldsymbol{B}[n]\boldsymbol{x}[n]$$

oder bei Verwendung der Gl. (2.228) und bei Beachtung der Eigenschaften der Übergangsmatrix

$$\boldsymbol{\zeta}[n+1] = \widetilde{\boldsymbol{A}}^{(n+1-n_1)}\boldsymbol{\Phi}[n_1, n+1]\boldsymbol{A}[n]\boldsymbol{\Phi}[n, n_1]\widetilde{\boldsymbol{A}}^{-(n-n_1)}\boldsymbol{\zeta}[n]$$

$$+ \boldsymbol{P}^{-1}[n+1, n_1]\boldsymbol{B}[n]\boldsymbol{x}[n],$$

also mit

$$\boldsymbol{A}[n]\boldsymbol{\Phi}[n, n_1] = \boldsymbol{\Phi}[n+1, n_1]$$

und

$$\boldsymbol{\Phi}[n_1, n+1]\boldsymbol{\Phi}[n+1, n_1] = \mathbf{E}$$

$$\boldsymbol{\zeta}[n+1] = \widetilde{\boldsymbol{A}}\boldsymbol{\zeta}[n] + \boldsymbol{P}^{-1}[n+1, n_1]\boldsymbol{B}[n]\boldsymbol{x}[n].$$

Die äquivalente Zustandsbeschreibung lautet also

$$\boldsymbol{\zeta}[n+1] = \widetilde{\boldsymbol{A}}\boldsymbol{\zeta}[n] + \widetilde{\boldsymbol{B}}[n]\boldsymbol{x}[n] \tag{2.230}$$

und aufgrund von Gln. (2.188) und (2.229)

$$\boldsymbol{y}[n] = \widetilde{\boldsymbol{C}}[n]\boldsymbol{\zeta}[n] + \widetilde{\boldsymbol{D}}[n]\boldsymbol{x}[n] \tag{2.231}$$

mit den konstanten bzw. periodischen Systemmatrizen

$$\widetilde{\boldsymbol{A}} = \boldsymbol{\Phi}^{1/N}[n_0 + N, n_0], \quad \widetilde{\boldsymbol{B}}[n] = \boldsymbol{P}^{-1}[n+1, n_1]\boldsymbol{B}[n], \tag{2.232a,b}$$

$$\widetilde{\boldsymbol{C}}[n] = \boldsymbol{C}[n]\boldsymbol{P}[n, n_1], \quad \widetilde{\boldsymbol{D}}[n] = \boldsymbol{D}[n]. \tag{2.232c,d}$$

Die Stabilität des Systems wird durch das Verhalten der Matrix $\widetilde{\boldsymbol{A}}$ bestimmt. Sind nämlich alle Eigenwerte der Matrix $\widetilde{\boldsymbol{A}}$ dem Betrage nach kleiner als Eins, dann strebt die Übergangsmatrix bei festem $n_0$ für $n \to \infty$ gegen die Nullmatrix.

### 4.3.3. Zusammenhang zwischen Übergangsmatrix und Matrix der Impulsantworten

Im folgenden soll ein Zusammenhang zwischen der Übergangsmatrix $\boldsymbol{\Phi}[n, n_0]$ und der Matrix der Impulsantworten $\boldsymbol{H}[n, \nu]$ hergestellt werden. Zunächst erhält man mit $n_0 = -\infty$ und $\boldsymbol{z}[n_0] = \mathbf{0}$ aufgrund der Gln. (2.188) und (2.223) für den Vektor der Ausgangsgrößen

$$\boldsymbol{y}[n] = \sum_{\nu=-\infty}^{n-1} \boldsymbol{C}[n]\,\boldsymbol{\Phi}[n,\nu+1]\,\boldsymbol{B}[\nu]\,\boldsymbol{x}[\nu] + \boldsymbol{D}[n]\,\boldsymbol{x}[n]$$

oder bei Verwendung der diskreten $\delta$-Funktion

$$\boldsymbol{y}[n] = \sum_{\nu=-\infty}^{n} (\boldsymbol{C}[n]\,\boldsymbol{\Phi}[n,\nu+1]\,\boldsymbol{B}[\nu] + \{\boldsymbol{D}[n] - \boldsymbol{C}[n]\,\boldsymbol{\Phi}[n,n+1]\,\boldsymbol{B}[n]\}\,\delta[n-\nu])\,\boldsymbol{x}[\nu].$$

Der Ausdruck in runden Klammern liefert die Matrix der Impulsantworten

$$\boldsymbol{H}[n,\nu] = \begin{cases} \boldsymbol{C}[n]\,\boldsymbol{\Phi}[n,\nu+1]\,\boldsymbol{B}[\nu] & \text{für} \quad n > \nu, \\ \boldsymbol{D}[n] & \text{für} \quad n = \nu, \\ \boldsymbol{0} & \text{für} \quad n < \nu, \end{cases} \tag{2.233}$$

da nach Kapitel I generell für ein lineares und kausales diskontinuierliches System

$$\boldsymbol{y}[n] = \sum_{\nu=-\infty}^{n} \boldsymbol{H}[n,\nu]\,\boldsymbol{x}[\nu] \quad \text{mit} \quad \boldsymbol{H}[n,\nu] \equiv \boldsymbol{0} \quad \text{für} \quad n < \nu$$

gilt.

Unter Voraussetzung der Zeitinvarianz ergibt sich

$$\boldsymbol{H}[n] = \begin{cases} \boldsymbol{C}\,\boldsymbol{\Phi}[n-1]\boldsymbol{B} & \text{für} \quad n > 0, \\ \boldsymbol{D} & \text{für} \quad n = 0, \\ \boldsymbol{0} & \text{für} \quad n < 0 \end{cases} \tag{2.234}$$

oder

$$\boldsymbol{H}[n] = s[n-1]\,\boldsymbol{C}\,\boldsymbol{A}^{n-1}\,\boldsymbol{B} + \delta[n]\,\boldsymbol{D}. \tag{2.235}$$

*Beispiel:* Es sei das durch die Gln. (2.214a,b) gegebene System betrachtet. Mit der Übergangsmatrix nach Gl. (2.217) erhält man nach Gl. (2.235) die Impulsantwort des Systems zu

$$h[n] = s[n-1]\,[0 \;\; 1 \;\; 1]\left(\frac{1}{2}\right)^{n-1}\begin{bmatrix} 1 & 2(n-1) & 0 \\ 0 & 1 & 0 \\ 0 & 2(n-1) & 1 \end{bmatrix}\begin{bmatrix} 1 \\ 0 \\ 1 \end{bmatrix} + 2\,\delta[n] = \left(\frac{1}{2}\right)^{n-1} s[n-1] + 2\,\delta[n]. \tag{2.236}$$

Bild 2.23 zeigt eine Realisierung dieser Impulsantwort mit einem Verzögerer, zwei Multiplizierern und zwei Addierern.

Ausgehend von der Gl. (2.235) kann für die Zustandsdarstellung eines linearen, zeitinvarianten diskontinuierlichen Systems die folgende Aussage abgeleitet werden: Ersetzt man das Quadrupel von Systemmatrizen $(\boldsymbol{A},\boldsymbol{B},\boldsymbol{C},\boldsymbol{D})$ durch das Matrizenquadrupel $(\boldsymbol{A}^{\mathrm{T}},\boldsymbol{C}^{\mathrm{T}},$ $\boldsymbol{B}^{\mathrm{T}},\boldsymbol{D}^{\mathrm{T}})$, dann geht die zugehörige Matrix der Impulsantworten über in ihre Transponierte. Hat das betrachtete System nur einen Eingang und einen Ausgang, dann ist die Matrix der Impulsantworten eine skalare Funktion, und sie stimmt mit ihrer Transponierten überein. Damit ist gezeigt, daß die beiden Zustandsdarstellungen mit dem Matrizenquadrupel $(\boldsymbol{A},\boldsymbol{b},\boldsymbol{c}^{\mathrm{T}},d)$ bzw. $(\boldsymbol{A}^{\mathrm{T}},\boldsymbol{c},\boldsymbol{b}^{\mathrm{T}},d)$ dasselbe Eingang-Ausgang-Verhalten aufweisen. Diese Tatsache wurde im Abschnitt 4.1 im Zusammenhang mit dualen Realisierungen ausgenützt.

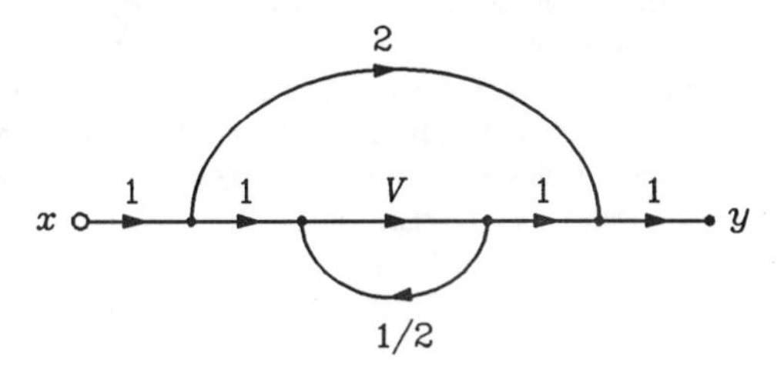


Bild 2.23: Realisierung der Impulsantwort nach Gl. (2.236)

## 4.4. STEUERBARKEIT UND BEOBACHTBARKEIT LINEARER SYSTEME

In diesem Abschnitt sollen die Konzepte der Steuerbarkeit und Beobachtbarkeit von dem im Abschnitt 3.4 besprochenen Fall der kontinuierlichen Systeme auf den Fall der diskontinuierlichen Systeme übertragen werden. Dabei erfolgt eine Beschränkung auf lineare und zeitinvariante Systeme. Mit dem folgenden Beispiel soll auf die grundsätzliche Fragestellung hingewiesen werden, die der Steuerbarkeit bzw. der Beobachtbarkeit zugrundeliegt.

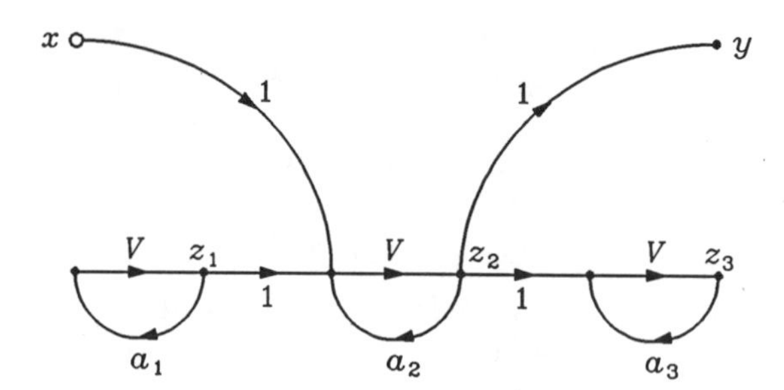


Bild 2.24: Beispiel zur Erläuterung der Steuerbarkeit und Beobachtbarkeit

Das im Bild 2.24 dargestellte System wird durch die Gleichungen

$$\mathbf{z}[n+1] = \begin{bmatrix} a_1 & 0 & 0 \\ 1 & a_2 & 0 \\ 0 & 1 & a_3 \end{bmatrix} \mathbf{z}[n] + \begin{bmatrix} 0 \\ 1 \\ 0 \end{bmatrix} x[n] \quad \text{und} \quad y[n] = [\,0 \;\; 1 \;\; 0\,]\,\mathbf{z}[n] \tag{2.237a,b}$$

beschrieben. Die Konstanten $a_1$, $a_2$ und $a_3$ seien als voneinander verschieden angenommen. Die Eigenwerte des Systems sind $a_1, a_2, a_3$. Das System wird zum Zeitpunkt $n = 0$ vom Zustand $\mathbf{z}[0] = [z_1[0], z_2[0], z_3[0]]^{\mathrm{T}}$ aus durch das Eingangssignal $x[n]$ erregt. Als Lösung erhält man aus den Gln. (2.237a,b)

$$\mathbf{z}[n] = \begin{bmatrix} a_1^n\, z_1[0] \\ a_2^n\, z_2[0] \\ a_3^n\, z_3[0] \end{bmatrix} + \begin{bmatrix} 0 \\ \sum\limits_{\nu=0}^{n-1} a_2^{n-\nu-1} \{z_1[0]\, a_1^{\nu} + x[\nu]\} \\ \sum\limits_{\nu=0}^{n-1} a_3^{n-\nu-1} f[\nu] \end{bmatrix}$$

und

$$y[n] = a_2^n\, z_2[0] + \sum_{\nu=0}^{n-1} a_2^{n-\nu-1} \{z_1[0]\, a_1^{\nu} + x[\nu]\}$$

mit $f[\nu] := y[\nu]$. Die auftretenden Summen sind für $n = 0$ gleich Null zu setzen. Wie man sieht, ist es beim vorliegenden Beispiel nicht möglich, durch die Erregung $x[n]$ den Verlauf der Zustandsgröße $z_1[n]$ zu beeinflussen. Es ist also nicht möglich, das System durch geeignete Wahl von $x[n]$ in endlicher Zeit $N$ von einem beliebigen Anfangszustand $\mathbf{z}[0]$ in einen willkürlich wählbaren Endzustand $\mathbf{z}[N]$ überzuführen. Man spricht deshalb davon, daß das System nicht steuerbar ist. Man sieht weiterhin, daß das Ausgangssignal $y[n]$ unabhängig von der dritten Komponente $z_3[n]$ des Zustandsvektors ist; insbesondere hängt $y[n]$ von $z_3[0]$ nicht ab. Es ist also bei Kenntnis des Eingangssignals und des Ausgangssignals nicht möglich, auf den Anfangszustand $\mathbf{z}[0]$ zu schließen. Man spricht davon, daß das System nicht beobachtbar ist. Da das System zeitinvariant ist, stellt der Zeitnullpunkt $n = 0$ keinen ausgezeichneten Anfangszeitpunkt dar. Im folgenden werden die Begriffe von Steuerbarkeit und Beobachtbarkeit präzisiert.

Ein System

$$\boldsymbol{z}[n+1] = \boldsymbol{A}\,\boldsymbol{z}[n] + \boldsymbol{B}\,\boldsymbol{x}[n] \tag{2.238}$$

heißt in dieser Darstellung *steuerbar*, wenn ein Vektor $\boldsymbol{x}[n]$ der Eingangsgrößen existiert, mit dem im endlichen Intervall $0 \leqq n \leqq N$ das System von einem beliebig wählbaren Anfangszustand $\boldsymbol{z}[0]$ in einen willkürlichen Endzustand $\boldsymbol{z}[N]$ überführt werden kann.

Die Steuerbarkeit des durch Gl. (2.238) gegebenen Systems soll nun untersucht werden. Aus Gl. (2.207) erhält man mit $\boldsymbol{\Phi}[n] = \boldsymbol{A}^n$ unmittelbar für $n_0 = 0$ und $n = N$

$$\boldsymbol{z}[N] = \boldsymbol{A}^N \boldsymbol{z}[0] + [\boldsymbol{B}, \boldsymbol{A}\,\boldsymbol{B}, \ldots, \boldsymbol{A}^{N-1}\boldsymbol{B}] \begin{bmatrix} \boldsymbol{x}[N-1] \\ \boldsymbol{x}[N-2] \\ \vdots \\ \boldsymbol{x}[0] \end{bmatrix}. \tag{2.239}$$

Da aufgrund des Cayley-Hamilton-Theorems die Spalten der Matrizen $\boldsymbol{A}^{q+\nu}\boldsymbol{B}$ ($\nu = 0, 1, 2, \ldots$) linear abhängig sind von den Spalten der Matrizen $\boldsymbol{A}^{\mu}\boldsymbol{B}$ ($\mu = 0, 1, \ldots, q-1$), genügt es, in Gl. (2.239) $N = q$ zu wählen, um bei beliebig vorgeschriebenen $\boldsymbol{z}[N]$ und $\boldsymbol{z}[0]$ diese Gleichung nach $\boldsymbol{x}[0], \boldsymbol{x}[1], \ldots, \boldsymbol{x}[q-1]$ aufzulösen. Hierzu ist jedoch erforderlich, daß die auftretende Koeffizientenmatrix, die sogenannte Steuerbarkeitsmatrix

$$\boldsymbol{U} = [\boldsymbol{B}, \boldsymbol{A}\,\boldsymbol{B}, \ldots, \boldsymbol{A}^{q-1}\boldsymbol{B}] \tag{2.240}$$

den größtmöglichen Rang $q$ hat. Die Verwendung von mehr als $q$ Eingangswerten $\boldsymbol{x}[n]$ führt zu keinem anderen Resultat. Das gewonnene Ergebnis wird im folgenden Satz zusammengefaßt.

**Satz II.18:** Ein durch die Gl. (2.238) gegebenes System mit konstanten Matrizen $\boldsymbol{A}$ und $\boldsymbol{B}$ ist in dieser Darstellung genau dann steuerbar, wenn die Steuerbarkeitsmatrix $\boldsymbol{U}$ nach Gl. (2.240) den Rang $q$ hat. Besitzt das System nur einen Eingang, dann ist die Matrix $\boldsymbol{B}$ ein Vektor und $\boldsymbol{U}$ eine quadratische Matrix der Ordnung $q$. In einem solchen Fall ist die Steuerbarkeit genau dann gegeben, wenn $\det \boldsymbol{U} \neq 0$ gilt.

Wie im kontinuierlichen Fall beeinflußt auch hier eine Äquivalenztransformation des Systems die Eigenschaft der Steuerbarkeit nicht.

*Beispiele:* Für das durch die Gln. (2.214a,b) gegebene System erhält man nach Gl. (2.240) die Steuerbarkeitsmatrix

$$\boldsymbol{U} = \begin{bmatrix} 1 & 1/2 & 1/4 \\ 0 & 0 & 0 \\ 1 & 1/2 & 1/4 \end{bmatrix},$$

für das System nach Gl. (2.237a) ergibt sich

$$\boldsymbol{U} = \begin{bmatrix} 0 & 0 & 0 \\ 1 & a_2 & a_2^2 \\ 0 & 1 & a_2 + a_3 \end{bmatrix}.$$

Wie man sieht, sind beide Systeme nicht steuerbar. Es wird dem Leser empfohlen zu zeigen, daß die durch die Gln. (2.194) und (2.195) gegebene Steuerungsnormalform stets steuerbar ist.

Die oben durchgeführten Überlegungen lehren, daß ein durch Gl. (2.238) beschriebenes System in genau $q$ Schritten (Takten) von einem beliebigen Anfangszustand in einen willkürlich wählbaren Endzustand überführt werden kann, sofern der Zustandsraum vollständig von den Spalten der Matrix $\boldsymbol{U}$ aufgespannt wird, d. h., falls jeder Punkt im Zustandsraum als Linearkombination von $q$ Vektoren darstellbar ist, die als Spalten von $\boldsymbol{U}$ auftreten.

Ein System

$$\boldsymbol{z}[n+1] = \boldsymbol{A}\,\boldsymbol{z}[n] + \boldsymbol{B}\,\boldsymbol{x}[n], \tag{2.241}$$

$$\boldsymbol{y}[n] = \boldsymbol{C}\,\boldsymbol{z}[n] + \boldsymbol{D}\,\boldsymbol{x}[n] \tag{2.242}$$

heißt in dieser Darstellung *beobachtbar*, wenn bei Zulassung eines beliebigen Anfangszustands $\boldsymbol{z}[0]$ ein endlicher Zeitpunkt $n = N$ existiert, so daß bei Kenntnis des Eingangssignals $\boldsymbol{x}[n]$ und des Ausgangssignals $\boldsymbol{y}[n]$ im Intervall $0 \leqq n \leqq N$ der Anfangszustand $\boldsymbol{z}[0]$ eindeutig bestimmt werden kann.

Die Beobachtbarkeit des durch die Gln. (2.241) und (2.242) gegebenen Systems soll nun untersucht werden. Aus den Gln. (2.207) und (2.242) erhält man mit $\boldsymbol{\Phi}[n] = \boldsymbol{A}^n$ und $n_0 = 0$ die Beziehung

$$\boldsymbol{C}\,\boldsymbol{A}^n \boldsymbol{z}[0] = \Delta \boldsymbol{y}[n], \tag{2.243}$$

wobei die rechte Seite als bekannt angesehen werden kann; es gilt nämlich

$$\Delta \boldsymbol{y}[n] = \boldsymbol{y}[n] - \sum_{\nu=0}^{n-1} \boldsymbol{C}\,\boldsymbol{A}^{n-\nu-1} \boldsymbol{B}\,\boldsymbol{x}[\nu] - \boldsymbol{D}\,\boldsymbol{x}[n].$$

Aus Gl. (2.243) folgt für $n = 0, 1, \ldots, N-1$

$$\begin{bmatrix} \boldsymbol{C} \\ \boldsymbol{C}\boldsymbol{A} \\ \vdots \\ \boldsymbol{C}\boldsymbol{A}^{N-1} \end{bmatrix} \boldsymbol{z}[0] = \begin{bmatrix} \Delta \boldsymbol{y}[0] \\ \Delta \boldsymbol{y}[1] \\ \vdots \\ \Delta \boldsymbol{y}[N-1] \end{bmatrix}. \tag{2.244}$$

Da aufgrund des Cayley-Hamilton-Theorems die Zeilen der Matrizen $\boldsymbol{C}\boldsymbol{A}^{q+\nu}$ ($\nu = 0, 1, 2, \ldots$) linear abhängig sind von den Zeilen der Matrizen $\boldsymbol{C}\boldsymbol{A}^{\mu}$ ($\mu = 0, 1, \ldots, q-1$), genügt es, in Gl. (2.244) $N = q$ zu wählen, um $\boldsymbol{z}[0]$ zu bestimmen. Für die eindeutige Bestimmung von $\boldsymbol{z}[0]$ ist jedoch erforderlich, daß die auftretende Koeffizientenmatrix, die sogenannte Beobachtbarkeitsmatrix

$$\boldsymbol{V} = \begin{bmatrix} \boldsymbol{C} \\ \boldsymbol{C}\boldsymbol{A} \\ \vdots \\ \boldsymbol{C}\boldsymbol{A}^{q-1} \end{bmatrix}, \tag{2.245}$$

den größtmöglichen Rang $q$ hat. Die Verwendung von mehr als $q$ Vektoren $\Delta \boldsymbol{y}[n]$ führt zu keinem anderen Resultat. Das gewonnene Ergebnis wird im folgenden Satz zusammengefaßt.

**Satz II.19:** Ein durch die Gln. (2.241) und (2.242) gegebenes System mit konstanten Matrizen $\boldsymbol{A}$ und $\boldsymbol{C}$ ist in dieser Darstellung genau dann beobachtbar, wenn die Beobachtbarkeitsmatrix $\boldsymbol{V}$ nach Gl. (2.245) den Rang $q$ hat. Besitzt das System nur einen Ausgang, dann ist die Matrix $\boldsymbol{C}$ ein Zeilenvektor $\boldsymbol{c}^{\mathrm{T}}$ und $\boldsymbol{V}$ eine quadratische Matrix der Ordnung $q$. In einem solchen Fall ist die Beobachtbarkeit genau dann gegeben, wenn $\det \boldsymbol{V} \neq 0$ gilt.

Wie im kontinuierlichen Fall beeinflußt auch hier eine Äquivalenztransformation des Systems die Eigenschaft der Beobachtbarkeit nicht.

*Beispiele:* Für das durch die Gln. (2.214a,b) gegebene System erhält man nach Gl. (2.245) die Beobachtbarkeitsmatrix

$$\boldsymbol{V} = \begin{bmatrix} 0 & 1 & 1 \\ 0 & 3/2 & 1/2 \\ 0 & 5/4 & 1/4 \end{bmatrix},$$

für das System nach den Gln. (2.237a,b)

$$\boldsymbol{V} = \begin{bmatrix} 0 & 1 & 0 \\ 1 & a_2 & 0 \\ a_1 + a_2 & a_2^2 & 0 \end{bmatrix}.$$

Wie man sieht, sind beide Systeme nicht beobachtbar. Es wird dem Leser empfohlen nachzuweisen, daß die durch die Gln. (2.196) und (2.197) gegebene Beobachtungsnormalform stets beobachtbar ist.

Auf die Übertragung weiterer Ergebnisse, die im Abschnitt 3.4 im Zusammenhang mit der Steuerbarkeit und Beobachtbarkeit kontinuierlicher Systeme erzielt wurden, beispielsweise der kanonischen Zerlegung zeitinvarianter Systeme wird verzichtet, da hierbei keine neuartigen Gesichtspunkte auftreten.

## 4.5. STABILITÄT

Die im Abschnitt 3.5 durchgeführten Überlegungen zur Stabilität kontinuierlicher Systeme lassen sich weitgehend auf den diskontinuierlichen Fall übertragen. Dies soll im folgenden für lineare, zeitinvariante diskontinuierliche Systeme genauer erläutert werden.

Der Gleichgewichtszustand $\boldsymbol{z}_e$ eines diskontinuierlichen nicht erregten Systems wird im Sinne von Lyapunov stabil genannt, wenn zu jedem $\varepsilon > 0$ ein $\delta$ existiert, so daß

$$\| \boldsymbol{z}[n] - \boldsymbol{z}_e \| < \varepsilon$$

für alle $n \geqq n_0$ gilt, sofern

$$\| \boldsymbol{z}[n_0] - \boldsymbol{z}_e \| < \delta$$

ist, und man spricht von einem asymptotisch stabilen Gleichgewichtszustand, wenn zusätzlich

$$\lim_{n \to \infty} \| \boldsymbol{z}[n] - \boldsymbol{z}_e \| = 0$$

ist. Wie im kontinuierlichen Fall wird ein lineares diskontinuierliches System (asymptotisch) stabil genannt, wenn diese Eigenschaft für den Nullzustand vorhanden ist.

Es wird nun für diskontinuierliche Systeme, die linear und zeitinvariant sein sollen, zunächst das Problem der asymptotischen Stabilität studiert. Der Zustandsvektor ist durch die Gleichung

$$\boldsymbol{z}[n+1] = \boldsymbol{A}\,\boldsymbol{z}[n] \tag{2.246}$$

und den Anfangszustand $\boldsymbol{z}[n_0]$ bestimmt. Wie man aus den Gln. (2.204) und (2.205a,b), durch welche die Lösung explizit beschrieben wird, ersieht, ist das System nach Gl. (2.246) genau dann asymptotisch stabil, wenn die Übergangsmatrix $\boldsymbol{A}^n$ für $n \to \infty$ gegen die Nullmatrix strebt. Aufgrund von Gl. (2.205b) ist zu erkennen, daß $\boldsymbol{A}^n$ genau dann gegen $\mathbf{0}$ strebt, wenn für alle Eigenwerte $z_\mu$ von $\boldsymbol{A}$ die Bedingung

$$|z_\mu| < 1$$

gilt. Die asymptotische Stabilität des durch Gl. (2.246) beschriebenen diskontinuierlichen Systems läßt sich also prüfen, indem man feststellt, ob sämtliche Nullstellen $z_\mu$ des charakteristischen Polynoms

$$D(z) := \det(z\,\mathbf{E} - \boldsymbol{A}) = a_q + a_{q-1} z + \cdots + a_0 z^q \tag{2.247}$$

im Innern des Einheitskreises der komplexen $z$-Ebene liegen. Man braucht für diese Prüfung die Eigenwerte selbst nicht zu berechnen. Es gibt nämlich wie bei der Stabilitätsprüfung kontinuierlicher Systeme, die linear und zeitinvariant sind, einfache Verfahren, die es erlauben, aufgrund endlich vieler arithmetischer Operationen festzustellen, ob alle Eigenwerte in $|z| < 1$ liegen. Die Grundlage für ein solches numerisch gut geeignetes Verfahren bildet das Cohnsche Kriterium [Co2], das sich bei Annahme reeller Polynom-Koeffizienten $a_\mu$ auf die folgende Form bringen läßt, wobei neben $D(z)$ noch das (Spiegel-) Polynom

$$\overline{D}(z) = z^q D(1/z) = a_0 + a_1 z + \cdots + a_q z^q$$

Verwendung findet, dessen Nullstellen aus denen von $D(z)$ durch Spiegelung am Einheitskreis (und der reellen Achse) hervorgehen.

**Satz II.20:** Alle Nullstellen des Polynoms $D(z)$ nach Gl. (2.247) liegen genau dann im Innern des Einheitskreises, wenn

$$|a_0| > |a_q| \tag{2.248}$$

gilt und sich alle Nullstellen des Polynoms

$$D_1(z) = a_0 D(z) - a_q \overline{D}(z) = b_0 z^q + b_1 z^{q-1} + \cdots + b_{q-1} z \tag{2.249}$$

im Innern des Einheitskreises befinden.

*Beweis:* Das Polynom $D_1(z)$ nach Gl. (2.249) läßt sich in der Form $P(z, \varepsilon) = a_0[D(z) - \varepsilon \overline{D}(z)]$ mit dem Parameter $\varepsilon = a_q / a_0$ ausdrücken. In jedem Punkt des Einheitskreises $|z| = 1$ gilt $1/z = z^*$ und demzufolge $|\overline{D}(z)| = |D(1/z)| = |D(z^*)| = |D^*(z)| = |D(z)|$. Deshalb besteht für $|z| = 1$ die Ungleichung

$$|P(z, \varepsilon)| = |a_0| \cdot |D(z) - \varepsilon \overline{D}(z)| \geqq |a_0| \cdot \Big| |D(z)| - |\varepsilon \overline{D}(z)| \Big| = |a_0| \cdot |D(z)| \cdot \Big| 1 - |\varepsilon| \Big| .$$

Im Fall $|\varepsilon| \neq 1$ besitzt also $P(z, \varepsilon)$ auf $|z| = 1$ nur dort Nullstellen, wo auch $D(z)$ verschwindet. Andererseits verschwindet $P(z, \varepsilon) = a_0[D(z) - \varepsilon z^q D(1/z)]$ in jeder Nullstelle von $D(z)$ auf $|z| = 1$, weil in jeder derartigen Nullstelle $D(z) = D(1/z) = 0$ gilt. Auf dem Einheitskreis sind daher die Nullstellen von $P(z, \varepsilon)$ und $D(z)$ im Fall $|\varepsilon| \neq 1$ identisch, und zwar, wie man sich weiter leicht überlegen kann, einschließlich der jeweiligen Vielfachheit; diese Nullstellen sind bezüglich $\varepsilon$ invariant. Da die übrigen Nullstellen des Polynoms $P(z, \varepsilon)$ stetig vom Parameter $\varepsilon$ abhängen und $P(z, 0) = a_0 D(z)$ gilt, müssen damit die Polynome $P(z, \varepsilon)$ und $D(z)$ im Fall $|\varepsilon| < 1$ gleich viele Nullstellen in $|z| < 1$ und gleich viele Nullstellen in $|z| > 1$ haben. Andernfalls müßte es mindestens einen Wert $\varepsilon$ mit $|\varepsilon| < 1$ geben, für den wenigstens eine der Nullstellen von $P(z, 0) = a_0 D(z)$ kontinuierlich den Einheitskreis $|z| = 1$ erreicht hat, im Widerspruch zur gewonnenen Erkenntnis über die Nullstellen auf $|z| = 1$.

Liegen nun alle Nullstellen $z_\mu$ von $D(z)$ mit der Vielfachheit $r_\mu$ ($\mu = 1, 2, \ldots, l$) im Innern des Einheitskreises, so besteht nach Gl. (2.247) die Beziehung

$$|a_q/a_0| = |z_1^{r_1} z_2^{r_2} \cdots z_l^{r_l}| = |\varepsilon| < 1,$$

also die Ungleichung (2.248), und damit müssen sich nach den obigen Überlegungen auch alle Nullstellen des in Gl. (2.249) eingeführten Polynoms $D_1(z) = P(z, a_q/a_0)$ in $|z| < 1$ befinden. Falls andererseits die Ungleichung (2.248), d. h. $|\varepsilon| = |a_q/a_0| < 1$ gilt und $D_1(z)$ nur in $|z| < 1$ verschwindet, kann auch $D(z)$ nur in $|z| < 1$ Nullstellen haben.

Gemäß dem Cohnschen Satz werden nun sukzessive die Polynome $D(z), D_1(z), D_2(z), \ldots$ $q$-ten Grades berechnet, wobei $D_2(z)$ aus $D_1(z)$ wie $D_1(z)$ aus $D(z)$ gebildet wird usw. Die Koeffizienten dieser Polynome berechnet man zweckmäßigerweise nach dem Schema

$$\begin{array}{llllll}
a_0 & a_1 & a_2 & & \cdots & a_q \\
a_q & a_{q-1} & a_{q-2} & & \cdots & a_0 \\
b_0 & b_1 & b_2 & \cdots & b_{q-1} & \\
b_{q-1} & b_{q-2} & b_{q-3} & \cdots & b_0 & \\
c_0 & c_1 & c_2 & \cdots & c_{q-2} & \\
c_{q-2} & c_{q-3} & c_{q-4} & \cdots & c_0 & \\
\cdots & & & & & \\
e_0 & e_1 & e_2 & & & \\
e_2 & e_1 & e_0 & & & \\
f_0 & f_1 & & & & \\
f_1 & f_0 & & & &
\end{array}$$

mit

$$b_\mu = a_0 a_\mu - a_q a_{q-\mu}, \quad c_\mu = b_0 b_\mu - b_{q-1} b_{q-1-\mu}, \ldots, \quad f_\mu = e_0 e_\mu - e_2 e_{2-\mu},$$

wobei $\mu$ ein laufender Index ist. Das am Ende entstehende Polynom hat die spezielle Form $f_1 z^{q-1} + f_0 z^q$ mit der $(q-1)$-fachen Nullstelle in $z = 0$ und der einfachen Nullstelle $z = -f_1/f_0$. Für die praktische Rechnung kann jetzt folgendes Stabilitätskriterium ausgesprochen werden.

**Satz II.21:** Das Polynom $D(z)$ nach Gl. (2.247) hat genau dann Nullstellen nur im Innern des Einheitskreises, wenn die Ungleichungen

$$|a_0| > |a_q|, \quad |b_0| > |b_{q-1}|, \ldots, |f_0| > |f_1|$$

erfüllt sind. Genau dann ist das entsprechende nicht erregte System asymptotisch stabil.

Als *Beispiel* wird das Polynom zweiten Grades

$$D(z) = a_2 + a_1 z + a_0 z^2$$

betrachtet. Das obige Schema zur Stabilitätsprüfung besteht hier aus nur vier Zeilen, die außer den Koeffizienten $a_0, a_1, a_2$ nur noch $b_0 = a_0^2 - a_2^2$ und $b_1 = a_1(a_0 - a_2)$ enthalten. Damit liefert Satz II.21 die Forderung $|a_0| > |a_2|$ und $|a_0 - a_2| \cdot |a_0 + a_2| > |a_1| \cdot |a_0 - a_2|$, zusammenfassend also die Stabilitätsbedingungen

$$| a_0 | > | a_2 | \quad \text{und} \quad | a_0 + a_2 | > | a_1 | .$$

Durch die Transformation $z = (p + 1)/(p - 1)$ wird die $z$-Ebene derart in die $p$-Ebene abgebildet, daß das Innere des Einheitskreises $| z | < 1$ in die linke Halbebene $\operatorname{Re} p < 0$ übergeführt wird. Unterwirft man nun das Polynom $D(z)$ dieser Transformation, dann läßt sich die Stabilitätsprüfung auf die Frage zurückführen, ob das Zählerpolynom der Funktion $D[(p + 1)/(p - 1)]$ ein Hurwitz-Polynom und die Funktion selbst in $p = \infty$ nullstellenfrei ist. Dabei lassen sich die von den kontinuierlichen Systemen her bekannten Verfahren heranziehen. Man kann jedoch die Transformation vermeiden, wenn man den Stabilitätstest nach Satz II.21 durchführt.

Entsprechend Abschnitt 3.5.3 ist für die gewöhnliche (marginale) Stabilität des nicht erregten Systems nach Gl. (2.246) notwendig und hinreichend, daß die Norm der Übergangsmatrix $\boldsymbol{\Phi}[n]$ für alle $n$ beschränkt bleibt. Dies ist, wie die Gl. (2.205b) erkennen läßt, genau dann der Fall, wenn alle Eigenwerte $z_\mu$ im Einheitskreis $| z | \leqq 1$ liegen und die Matrizen $\boldsymbol{A}_\mu$ in Gl. (2.205b), welche zu den auf $| z | = 1$ liegenden Eigenwerten gehören, von $n$ unabhängig sind, d. h. alle Eigenwerte $z_\mu$ mit $| z_\mu | = 1$ einfache Nullstellen des Minimalpolynoms sind.

Die Beziehung zwischen der (asymptotischen) Stabilität des nicht erregten Systems und der Stabilität des erregten Systems unterscheidet sich hier nicht vom Fall des kontinuierlichen Systems. Aus diesem Grund braucht auf diesbezügliche Einzelheiten nicht eingegangen zu werden.

# 5. Anwendungen

Im folgenden sollen einige Anwendungen der in den vorausgegangenen Abschnitten eingeführten Begriffe und entwickelten Methoden gebracht werden. Zunächst wird im Abschnitt 5.1 untersucht, unter welchen Bedingungen und in welcher Weise lineare, zeitinvariante kontinuierliche Systeme – ausgehend von einer gegebenen Zustandsraumbeschreibung – mit Hilfe geeigneter Transformationen durch bestimmte kanonische Formen dargestellt werden können, die für Simulationszwecke, aber auch in anderem Zusammenhang von Bedeutung sind. Im Abschnitt 5.2 wird untersucht, welche Möglichkeiten die Zustandgrößenrückkopplung bei einem linearen, zeitinvarianten kontinuierlichen System bietet. Hierbei spielt unter anderem die Gewinnung der Zustandsgrößen aus den Systemmatrizen und dem Verlauf von Eingangs- und Ausgangssignal eine entscheidende Rolle. Auf dieses Problem wird im Abschnitt 5.3 eingegangen. Schließlich werden im Abschnitt 5.4 im Zusammenhang mit der optimalen Regelung auftretende systemtheoretische Fragestellungen und Lösungsmethoden kurz diskutiert.

## 5.1. TRANSFORMATION AUF KANONISCHE FORMEN

Es wird ein beliebiges lineares, zeitinvariantes kontinuierliches System mit einem Eingang und einem Ausgang ($m = r = 1$) betrachtet, für das aufgrund der Gleichungen

$$\frac{\mathrm{d}\boldsymbol{z}}{\mathrm{d}t} = \boldsymbol{A}\,\boldsymbol{z} + \boldsymbol{b}\,x \,, \tag{2.250}$$

$$y = \boldsymbol{c}^{\mathrm{T}} \boldsymbol{z} + d\, x \tag{2.251}$$

eine Zustandsdarstellung vorliegt; alle Systemmatrizen sollen reelle Elemente haben. Da nur *ein* Eingang vorhanden ist, besteht die Matrix $\boldsymbol{B}$ nur aus einem $q$-dimensionalen Spaltenvektor $\boldsymbol{b}$, und die Matrix $\boldsymbol{C}$ wird nur aus einem $q$-dimensionalen Zeilenvektor $\boldsymbol{c}^{\mathrm{T}}$ gebildet, weil nur *ein* Ausgang vorhanden ist; die Matrix $\boldsymbol{D}$ ist ein Skalar $d$. Das Quadrupel von Systemmatrizen wird daher im folgenden mit $(\boldsymbol{A}, \boldsymbol{b}, \boldsymbol{c}^{\mathrm{T}}, d)$ bezeichnet.

Im Abschnitt 3.2 wurde gezeigt, wie mit Hilfe einer $q$-reihigen quadratischen und nichtsingulären Matrix $\boldsymbol{M}$ die Zustandsvariable $\boldsymbol{z}$ in eine neue Zustandsveränderliche $\boldsymbol{\zeta}$ übergeführt werden kann. Die im Zusammenhang mit dieser Äquivalenztransformation auftretenden und für das Weitere wichtigen Beziehungen sollen noch einmal angegeben werden:

$$\boldsymbol{z} = \boldsymbol{M} \boldsymbol{\zeta},$$

$$\widetilde{\boldsymbol{A}} = \boldsymbol{M}^{-1} \boldsymbol{A} \boldsymbol{M}, \quad \widetilde{\boldsymbol{b}} = \boldsymbol{M}^{-1} \boldsymbol{b}, \quad \widetilde{\boldsymbol{c}}^{\mathrm{T}} = \boldsymbol{c}^{\mathrm{T}} \boldsymbol{M}, \quad \widetilde{d} = d\,. \tag{2.252a-d}$$

Das Quadrupel von transformierten Systemmatrizen ist $(\widetilde{\boldsymbol{A}}, \widetilde{\boldsymbol{b}}, \widetilde{\boldsymbol{c}}^{\mathrm{T}}, \widetilde{d})$. Für beide Quadrupel von Systemmatrizen lassen sich die Steuerbarkeitsmatrizen

$$\boldsymbol{U} = [\boldsymbol{b}, \boldsymbol{A}\boldsymbol{b}, \ldots, \boldsymbol{A}^{q-1}\boldsymbol{b}], \quad \widetilde{\boldsymbol{U}} = [\widetilde{\boldsymbol{b}}, \widetilde{\boldsymbol{A}}\widetilde{\boldsymbol{b}}, \ldots, \widetilde{\boldsymbol{A}}^{q-1}\widetilde{\boldsymbol{b}}] \tag{2.253a,b}$$

und die Beobachtbarkeitsmatrizen

$$\boldsymbol{V} = \begin{bmatrix} \boldsymbol{c}^{\mathrm{T}} \\ \boldsymbol{c}^{\mathrm{T}}\boldsymbol{A} \\ \vdots \\ \boldsymbol{c}^{\mathrm{T}}\boldsymbol{A}^{q-1} \end{bmatrix}, \quad \widetilde{\boldsymbol{V}} = \begin{bmatrix} \widetilde{\boldsymbol{c}}^{\mathrm{T}} \\ \widetilde{\boldsymbol{c}}^{\mathrm{T}}\widetilde{\boldsymbol{A}} \\ \vdots \\ \widetilde{\boldsymbol{c}}^{\mathrm{T}}\widetilde{\boldsymbol{A}}^{q-1} \end{bmatrix} \tag{2.254a,b}$$

angeben. Dies sind quadratische Matrizen, die aufgrund der Gln. (2.252a-c) in folgender Weise miteinander verknüpft sind:

$$\widetilde{\boldsymbol{U}} = \boldsymbol{M}^{-1}\boldsymbol{U}, \quad \widetilde{\boldsymbol{V}} = \boldsymbol{V}\boldsymbol{M}\,. \tag{2.255a,b}$$

Hieraus ist, wie auch früher schon festgestellt wurde, folgendes zu erkennen: Ist das System in der Darstellung mit dem Matrizenquadrupel $(\boldsymbol{A}, \boldsymbol{b}, \boldsymbol{c}^{\mathrm{T}}, d)$ steuerbar, dann ist es auch steuerbar in der Darstellung mit dem Matrizenquadrupel $(\widetilde{\boldsymbol{A}}, \widetilde{\boldsymbol{b}}, \widetilde{\boldsymbol{c}}^{\mathrm{T}}, \widetilde{d})$ und umgekehrt; denn aus der Nichtsingularität von $\boldsymbol{U}$ (man vergleiche Satz II.1) folgt mit Gl. (2.255a) die Nichtsingularität von $\widetilde{\boldsymbol{U}}$ und umgekehrt. Entsprechendes gilt für das System in bezug auf die Beobachtbarkeit: die Beobachtbarkeit des Systems in der einen Darstellung hat die Beobachtbarkeit des Systems in der anderen Darstellung zur Folge. Liegen zwei äquivalente Darstellungen $(\boldsymbol{A}, \boldsymbol{b}, \boldsymbol{c}^{\mathrm{T}}, d)$ und $(\widetilde{\boldsymbol{A}}, \widetilde{\boldsymbol{b}}, \widetilde{\boldsymbol{c}}^{\mathrm{T}}, \widetilde{d})$ desselben Systems vor, dann kann man, wie die Gln. (2.255a,b) zeigen, die Transformationsmatrix $\boldsymbol{M}$ mit Hilfe der Steuerbarkeitsmatrizen $\boldsymbol{U}, \widetilde{\boldsymbol{U}}$, nämlich als $\boldsymbol{U}\widetilde{\boldsymbol{U}}^{-1}$, oder mit Hilfe der Beobachtbarkeitsmatrizen $\boldsymbol{V}, \widetilde{\boldsymbol{V}}$, nämlich als $\boldsymbol{V}^{-1}\widetilde{\boldsymbol{V}}$, ausdrücken, sofern Steuerbarkeit bzw. Beobachtbarkeit vorliegt.

Wie bereits im Abschnitt 3.2 hervorgehoben wurde, lassen sich durch geeignete Wahl der Matrix $\boldsymbol{M}$ interessante Äquivalenztransformationen durchführen. Im folgenden soll gezeigt werden, wie und unter welcher Voraussetzung das durch das Quadrupel $(\boldsymbol{A}, \boldsymbol{b}, \boldsymbol{c}^{\mathrm{T}}, d)$ gegebene System in eine durch das Quadrupel $(\widetilde{\boldsymbol{A}}, \widetilde{\boldsymbol{b}}, \widetilde{\boldsymbol{c}}^{\mathrm{T}}, \widetilde{d})$ gekennzeichnete Darstellung übergeführt werden kann, welche sich direkt durch eine der Schaltungen aus den Bildern 2.4 - 2.7 realisieren läßt. Diese Realisierungen haben für die Systemsimulation und für die Lösung von bestimmten Aufgaben große Bedeutung. Man spricht bei diesen Realisierungen von kanonischen Formen.

Für das Folgende wird das charakteristische Polynom des Systems in der Form

$$\det(p\,\mathbf{E} - \boldsymbol{A}) = \alpha_0 + \alpha_1 p + \cdots + \alpha_{q-1} p^{q-1} + p^q \tag{2.256a}$$

dargestellt. Nach dem Cayley-Hamilton-Theorem gilt dann

$$\boldsymbol{A}^q = -(\alpha_0 \mathbf{E} + \alpha_1 \boldsymbol{A} + \cdots + \alpha_{q-1} \boldsymbol{A}^{q-1}). \tag{2.256b}$$

Aus den Koeffizienten des charakteristischen Polynoms läßt sich die schon mehrfach verwendete sogenannte Frobenius-Matrix

$$\boldsymbol{F} = \begin{bmatrix} 0 & 1 & 0 & \cdots & & 0 \\ 0 & 0 & 1 & 0 & \cdots & 0 \\ \vdots & & & & & \vdots \\ 0 & 0 & \cdots & & & 1 \\ -\alpha_0 & -\alpha_1 & \cdots & & & -\alpha_{q-1} \end{bmatrix} \tag{2.257}$$

und die Dreiecksmatrix

$$\boldsymbol{\Delta} = \begin{bmatrix} \alpha_1 & \alpha_2 & \alpha_3 & \cdots & \alpha_{q-1} & 1 \\ \alpha_2 & \alpha_3 & \cdots & \alpha_{q-1} & 1 & 0 \\ \vdots & & & & & \\ \alpha_{q-1} & 1 & 0 & \cdots & & 0 \\ 1 & 0 & \cdots & & & 0 \end{bmatrix} \tag{2.258}$$

aufbauen; beide Matrizen spielen im folgenden eine besondere Rolle.

**Erste Äquivalenztransformation**

Es wird die Beobachtbarkeit des Systems in der Darstellung mittels $(\boldsymbol{A}, \boldsymbol{b}, \boldsymbol{c}^{\mathrm{T}}, d)$, d. h. die Nichtsingularität der Beobachtbarkeitsmatrix $\boldsymbol{V}$ aus Gl. (2.254a) vorausgesetzt, und es wird als inverse Transformationsmatrix

$$\boldsymbol{M}^{-1} = \boldsymbol{V} \tag{2.259}$$

gewählt. Zur Ermittlung der transformierten Systemmatrix $\tilde{\boldsymbol{A}}$ nach Gl. (2.252a) bildet man zunächst bei Berücksichtigung der Gln. (2.259), (2.254a) und (2.256b) das Matrizenprodukt

$$\boldsymbol{M}^{-1}\boldsymbol{A} = \begin{bmatrix} \boldsymbol{c}^{\mathrm{T}}\boldsymbol{A} \\ \boldsymbol{c}^{\mathrm{T}}\boldsymbol{A}^2 \\ \vdots \\ \boldsymbol{c}^{\mathrm{T}}\boldsymbol{A}^{q-1} \\ -\alpha_0\,\boldsymbol{c}^{\mathrm{T}} - \alpha_1\,\boldsymbol{c}^{\mathrm{T}}\boldsymbol{A} - \cdots - \alpha_{q-1}\,\boldsymbol{c}^{\mathrm{T}}\boldsymbol{A}^{q-1} \end{bmatrix}.$$

Dieses Produkt kann mit Hilfe der Frobenius-Matrix $\boldsymbol{F}$ aus Gl. (2.257) und der inversen Transformationsmatrix $\boldsymbol{M}^{-1} = \boldsymbol{V}$ nach Gl. (2.254a) auch in der Form

$$\boldsymbol{M}^{-1}\boldsymbol{A} = \boldsymbol{F}\boldsymbol{M}^{-1}$$

geschrieben werden. Ein Vergleich dieser Beziehung mit Gl. (2.252a) liefert

$$\tilde{\boldsymbol{A}} = \boldsymbol{F}\,; \tag{2.260a}$$

die transformierte $\boldsymbol{A}$-Matrix stimmt also mit der Frobenius-Matrix überein. Entsprechend Gl. (2.252c) wird die Beziehung

$$\boldsymbol{c}^{\mathrm{T}} = \tilde{\boldsymbol{c}}^{\mathrm{T}} \boldsymbol{M}^{-1} = \tilde{\boldsymbol{c}}^{\mathrm{T}} \begin{bmatrix} \boldsymbol{c}^{\mathrm{T}} \\ \boldsymbol{c}^{\mathrm{T}} \boldsymbol{A} \\ \vdots \\ \boldsymbol{c}^{\mathrm{T}} \boldsymbol{A}^{q-1} \end{bmatrix}$$

ausgewertet. Sie kann offensichtlich nur für

$$\tilde{\boldsymbol{c}}^{\mathrm{T}} = [\,1 \quad 0 \quad \cdots \quad 0\,] \tag{2.260b}$$

bestehen. Im Gegensatz zu den Matrizen $\tilde{\boldsymbol{A}}$ und $\tilde{\boldsymbol{c}}$, die mit den entsprechenden Systemmatrizen des zweiten Verfahrens aus Abschnitt 3.1 übereinstimmen, weist der nach der Gl. (2.252b) zu bestimmende Vektor $\tilde{\boldsymbol{b}}$ mit den Elementen $\tilde{b}_\mu$ $(\mu = 1, 2, \ldots, q)$ keine speziellen Eigenschaften auf. Für die Beobachtbarkeitsmatrix des transformierten Systems gilt $\tilde{\boldsymbol{V}} = \mathbf{E}$.

Aufgrund der gewonnenen Darstellung $(\tilde{\boldsymbol{A}}, \tilde{\boldsymbol{b}}, \tilde{\boldsymbol{c}}^{\mathrm{T}}, \tilde{d})$ läßt sich das System durch eine Schaltung gemäß Bild 2.6 realisieren, in der nur noch ein direkter, mit $\tilde{d} = d$ bewerteter Pfad vom Eingang zum Ausgang einzufügen ist.

Man kann den Zusammenhang zwischen der Eingangsgröße $x(t)$ und der Ausgangsgröße $y(t)$ auch in Form der Differentialgleichung (2.14) ausdrücken. Die Koeffizienten $\alpha_\mu$ $(\mu = 0, 1, \ldots, q-1)$ sind durch die des charakteristischen Polynoms nach Gl. (2.256a) gegeben. Die Koeffizienten $\beta_\mu$ $(\mu = 0, 1, \ldots, q-1)$ erhält man mit Hilfe von Gl. (2.20), in der $b_\mu$ durch $\tilde{b}_\mu$ und die $\beta_\mu$ durch $\beta_\mu - \tilde{d}\,\alpha_\mu$ zu ersetzen sind, und es gilt $\beta_q = \tilde{d}$.[1)]

**Zweite Äquivalenztransformation**

Es wird die Steuerbarkeit des Systems in der Darstellung mittels $(\boldsymbol{A}, \boldsymbol{b}, \boldsymbol{c}^{\mathrm{T}}, d)$, d. h. die Nichtsingularität der Steuerbarkeitsmatrix $\boldsymbol{U}$ aus Gl. (2.253a) vorausgesetzt, und es wird die Transformationsmatrix

$$\boldsymbol{M} = \boldsymbol{U} \tag{2.261}$$

gewählt. Zur Ermittlung der transformierten Systemmatrix $\tilde{\boldsymbol{A}}$ bildet man zunächst bei Berücksichtigung der Gln. (2.261), (2.253a) und (2.256b) das Produkt

$$\boldsymbol{A}\boldsymbol{M} = [\boldsymbol{A}\boldsymbol{b}, \boldsymbol{A}^2\boldsymbol{b}, \ldots, \boldsymbol{A}^{q-1}\boldsymbol{b}, -\alpha_0\boldsymbol{b} - \alpha_1\boldsymbol{A}\boldsymbol{b} - \cdots - \alpha_{q-1}\boldsymbol{A}^{q-1}\boldsymbol{b}]\,.$$

Dieses Produkt kann mit Hilfe der Frobenius-Matrix $\boldsymbol{F}$ nach Gl. (2.257) und der Transformationsmatrix $\boldsymbol{M} = \boldsymbol{U}$ auch in der Form

$$\boldsymbol{A}\boldsymbol{M} = \boldsymbol{M}\boldsymbol{F}^{\mathrm{T}}$$

---

1) Die Größen $\alpha_\mu$ und $\beta_\mu$ sind die Koeffizienten der im Kapitel III einzuführenden Übertragungsfunktion des Systems. Damit wird durch die Darstellung $(\tilde{\boldsymbol{A}}, \tilde{\boldsymbol{b}}, \tilde{\boldsymbol{c}}^{\mathrm{T}}, \tilde{d})$ direkt auch die Übertragungsfunktion des Systems geliefert.

geschrieben werden. Ein Vergleich dieser Beziehung mit Gl. (2.252a) liefert

$$\tilde{\boldsymbol{A}} = \boldsymbol{F}^{\mathrm{T}} ; \tag{2.262a}$$

die transformierte $\boldsymbol{A}$-Matrix stimmt also mit der transponierten Frobenius-Matrix überein. Entsprechend Gl. (2.252b) wird die Beziehung

$$\boldsymbol{b} = \boldsymbol{M}\tilde{\boldsymbol{b}} = [\boldsymbol{b}, \boldsymbol{A}\boldsymbol{b}, \ldots, \boldsymbol{A}^{q-1}\boldsymbol{b}]\tilde{\boldsymbol{b}}$$

ausgewertet. Sie kann offensichtlich nur für

$$\tilde{\boldsymbol{b}} = [1 \quad 0 \quad \cdots \quad 0]^{\mathrm{T}} \tag{2.262b}$$

bestehen. Im Gegensatz zu den Matrizen $\tilde{\boldsymbol{A}}$ und $\tilde{\boldsymbol{b}}$, die mit den entsprechenden Systemmatrizen des zweiten Verfahrens von Abschnitt 3.1 in dualer Form übereinstimmen, weist der nach Gl. (2.252c) zu bestimmende Vektor $\tilde{\boldsymbol{c}}^{\mathrm{T}}$ mit den Elementen $\tilde{c}_\mu$ $(\mu = 1, 2, \ldots, q)$ keine speziellen Eigenschaften auf. Für die Steuerbarkeitsmatrix des transformierten Systems gilt $\tilde{\boldsymbol{U}} = \mathbf{E}$.

Aufgrund der gewonnenen Darstellung $(\tilde{\boldsymbol{A}}, \tilde{\boldsymbol{b}}, \tilde{\boldsymbol{c}}^{\mathrm{T}}, \tilde{d})$ läßt sich das System durch die Schaltung nach Bild 2.7 mit der oben genannten Modifikation realisieren.

Man kann den Zusammenhang zwischen der Eingangsgröße $x(t)$ und der Ausgangsgröße $y(t)$ auch in der Form der Differentialgleichung (2.14) ausdrücken. Die Koeffizienten $\alpha_\mu$ $(\mu = 0, 1, \ldots, q-1)$ sind durch die des charakteristischen Polynoms nach Gl. (2.256a) gegeben. Weiterhin ist $\beta_q = \tilde{d}$, und die Koeffizienten $\beta_\mu$ $(\mu = 0, 1, \ldots, q-1)$ erhält man mit Hilfe von Gl. (2.20), in der die $\beta_\mu$ durch $\beta_\mu - \tilde{d}\,\alpha_\mu$ zu ersetzen sind und die auf das duale System zu beziehen ist, d. h. es muß $b_\mu$ durch $\tilde{c}_\mu$ $(\mu = 1, \ldots, q)$ ersetzt werden (man vergleiche auch die Fußnote auf S. 159).

**Dritte Äquivalenztransformation**

Es wird die Beobachtbarkeit des Systems in der Darstellung mittels $(\boldsymbol{A}, \boldsymbol{b}, \boldsymbol{c}^{\mathrm{T}}, d)$, d. h. die Nichtsingularität der Beobachtbarkeitsmatrix $\boldsymbol{V}$ nach Gl. (2.254a) vorausgesetzt, und es wird als inverse Transformationsmatrix

$$\boldsymbol{M}^{-1} = \boldsymbol{\Delta}\boldsymbol{V} \tag{2.263}$$

mit $\boldsymbol{\Delta}$ nach Gl. (2.258) gewählt. Zur Ermittlung der transformierten Systemmatrix $\tilde{\boldsymbol{A}}$ bildet man zunächst bei Berücksichtigung der Gln. (2.263), (2.254a), (2.256b) und (2.258) das Produkt

$$\boldsymbol{M}^{-1}\boldsymbol{A} = \boldsymbol{\Delta}\begin{bmatrix} \boldsymbol{c}^{\mathrm{T}}\boldsymbol{A} \\ \boldsymbol{c}^{\mathrm{T}}\boldsymbol{A}^2 \\ \vdots \\ \boldsymbol{c}^{\mathrm{T}}\boldsymbol{A}^{q-1} \\ -\alpha_0\boldsymbol{c}^{\mathrm{T}} - \alpha_1\boldsymbol{c}^{\mathrm{T}}\boldsymbol{A} - \cdots - \alpha_{q-1}\boldsymbol{c}^{\mathrm{T}}\boldsymbol{A}^{q-1} \end{bmatrix}$$

$$= \begin{bmatrix} -\alpha_0 & 0 & \cdots & & & 0 \\ 0 & \alpha_2 & \alpha_3 & \cdots & \alpha_{q-1} & 1 \\ 0 & \alpha_3 & \cdots & & 1 & 0 \\ \vdots & \vdots & & & & \vdots \\ & \alpha_{q-1} & & & & \\ 0 & 1 & 0 & \cdots & & 0 \end{bmatrix} \boldsymbol{V} .$$

Dieses Produkt kann mit Hilfe der Frobenius-Matrix $\boldsymbol{F}$ aus Gl. (2.257) und der inversen Transformationsmatrix $\boldsymbol{M}^{-1}$ nach Gl. (2.263) auch in der Form

$$\boldsymbol{M}^{-1}\boldsymbol{A} = \boldsymbol{F}^{\mathrm{T}}\boldsymbol{M}^{-1}$$

geschrieben werden. Ein Vergleich dieser Beziehung mit Gl. (2.252a) liefert

$$\tilde{\boldsymbol{A}} = \boldsymbol{F}^{\mathrm{T}} . \tag{2.264a}$$

Entsprechend Gl. (2.252c) wird die Beziehung

$$\boldsymbol{c}^{\mathrm{T}} = \tilde{\boldsymbol{c}}^{\mathrm{T}}\boldsymbol{M}^{-1} = \tilde{\boldsymbol{c}}^{\mathrm{T}}\,\boldsymbol{\Delta}\,\boldsymbol{V}$$

ausgewertet. Sie liefert

$$\tilde{\boldsymbol{c}}^{\mathrm{T}} = [\,0 \quad 0 \quad \cdots \quad 0 \quad 1\,] . \tag{2.264b}$$

Im Gegensatz zu den Matrizen $\tilde{\boldsymbol{A}}$ und $\tilde{\boldsymbol{c}}^{\mathrm{T}}$, die mit den entsprechenden Systemmatrizen des ersten Verfahrens von Abschnitt 3.1 in dualer Form übereinstimmen, weist der nach Gl. (2.252b) zu bestimmende Vektor $\tilde{\boldsymbol{b}}$ mit den Elementen $\tilde{b}_\mu$ ($\mu = 1,2,\ldots,q$) keine speziellen Eigenschaften auf.

Aufgrund der gewonnenen Darstellung $(\tilde{\boldsymbol{A}}, \tilde{\boldsymbol{b}}, \tilde{\boldsymbol{c}}^{\mathrm{T}}, \tilde{d})$ läßt sich das System durch die Schaltung nach Bild 2.5 mit der früher genannten Modifikation realisieren.

Für den Zusammenhang zwischen der Eingangsgröße $x(t)$ und der Ausgangsgröße $y(t)$ in Form der Differentialgleichung (2.14) werden die Koeffizienten $\alpha_\mu$ ($\mu = 0,1,\ldots,q-1$) durch die des charakteristischen Polynoms nach Gl. (2.256a) geliefert; die Koeffizienten $\beta_\mu$ ($\mu = 0,1,\ldots,q$) erhält man gemäß Abschnitt 3.1 in der Form

$$\beta_\mu = \tilde{d}\,\alpha_\mu + \tilde{b}_{\mu+1} \quad (\mu = 0,1,\ldots,q-1), \quad \beta_q = \tilde{d} ,$$

(man vergleiche auch die Fußnote auf S. 159).

**Vierte Äquivalenztransformation**

Es wird die Steuerbarkeit des Systems in der Darstellung mittels $(\boldsymbol{A}, \boldsymbol{b}, \boldsymbol{c}^{\mathrm{T}}, d)$, d. h. die Nichtsingularität der Steuerbarkeitsmatrix $\boldsymbol{U}$ aus Gl. (2.253a) vorausgesetzt, und es wird als Transformationsmatrix

$$\boldsymbol{M} = \boldsymbol{U}\,\boldsymbol{\Delta} \tag{2.265}$$

mit $\boldsymbol{\Delta}$ nach Gl. (2.258) gewählt. Zur Ermittlung der transformierten Systemmatrix $\tilde{\boldsymbol{A}}$ bildet man zunächst bei Berücksichtigung der Gln. (2.265), (2.253a), (2.256b) und (2.258) das Produkt

$$\boldsymbol{A}\,\boldsymbol{M} = [\boldsymbol{A}\,\boldsymbol{b}, \boldsymbol{A}^2\,\boldsymbol{b}, \ldots, \boldsymbol{A}^{q-1}\,\boldsymbol{b}, -\alpha_0\,\boldsymbol{b} - \alpha_1\,\boldsymbol{A}\,\boldsymbol{b} - \cdots - \alpha_{q-1}\,\boldsymbol{A}^{q-1}\,\boldsymbol{b}]\,\boldsymbol{\Delta}$$

$$= \boldsymbol{U}\begin{bmatrix} -\alpha_0 & 0 & 0 & \cdots & & 0 \\ 0 & \alpha_2 & \alpha_3 & \cdots & \alpha_{q-1} & 1 \\ 0 & \alpha_3 & \cdots & & 1 & 0 \\ & \vdots & & & & \\ \vdots & \alpha_{q-1} & & & & \\ 0 & 1 & 0 & 0 & \cdots & 0 \end{bmatrix}.$$

Dieses Produkt kann mit Hilfe der Frobenius-Matrix $\boldsymbol{F}$ aus Gl. (2.257) und der Transformationsmatrix $\boldsymbol{M}$ aus Gl. (2.265) auch in der Form

$$\boldsymbol{A}\,\boldsymbol{M} = \boldsymbol{M}\,\boldsymbol{F}$$

geschrieben werden. Ein Vergleich dieser Beziehung mit Gl. (2.252a) liefert

$$\widetilde{\boldsymbol{A}} = \boldsymbol{F}\,. \tag{2.266a}$$

Entsprechend Gl. (2.252b) wird die Beziehung

$$\boldsymbol{b} = \boldsymbol{M}\,\widetilde{\boldsymbol{b}} = \boldsymbol{U}\,\boldsymbol{\Delta}\,\widetilde{\boldsymbol{b}}$$

ausgewertet. Sie liefert

$$\widetilde{\boldsymbol{b}} = [0 \quad \cdots \quad 0 \quad 1]^{\mathrm{T}}\,. \tag{2.266b}$$

Man vergleiche hierzu die Systemmatrizen des ersten Verfahrens von Abschnitt 3.1. Der nach Gl. (2.252c) zu bestimmende Vektor $\widetilde{\boldsymbol{c}}^{\mathrm{T}}$ mit den Elementen $\widetilde{c}_\mu$ $(\mu = 1, 2, \ldots, q)$ weist keine speziellen Eigenschaften auf. Aufgrund der gewonnenen Darstellung $(\widetilde{\boldsymbol{A}}, \widetilde{\boldsymbol{b}}, \widetilde{\boldsymbol{c}}^{\mathrm{T}}, \widetilde{d})$ läßt sich das System mit der schon genannten Modifikation durch die Schaltung nach Bild 2.4 realisieren.

Für den Zusammenhang zwischen der Eingangsgröße $x(t)$ und der Ausgangsgröße $y(t)$ in Form der Differentialgleichung (2.14) werden die Koeffizienten $\alpha_\mu$ $(\mu = 0, 1, \ldots, q-1)$ durch die des charakteristischen Polynoms nach Gl. (2.256a) geliefert; die Koeffizienten $\beta_\mu$ $(\mu = 0, 1, \ldots, q)$ erhält man aufgrund von Abschnitt 3.1 in der Form

$$\beta_\mu = \widetilde{d}\,\alpha_\mu + \widetilde{c}_{\mu+1} \quad (\mu = 0, 1, \ldots, q-1)\,, \qquad \beta_q = \widetilde{d}\,, \tag{2.267a,b}$$

(man vergleiche auch die Fußnote auf S. 159).

Abschließend sei noch bemerkt, daß auch lineare, zeitinvariante kontinuierliche Systeme mit $m \geqq 1$ Eingängen, $r \geqq 1$ Ausgängen und dem Quadrupel $(\boldsymbol{A}, \boldsymbol{B}, \boldsymbol{C}, \boldsymbol{D})$ von Zustandsmatrizen auf kanonische Formen transformierbar sind. Setzt man Steuerbarkeit voraus, dann enthält die Steuerbarkeitsmatrix $\boldsymbol{U}$ genau $q$ linear unabhängige Spaltenvektoren. Die Transformationsmatrix $\boldsymbol{M}$ läßt sich dann durch $q$ derartiger Spaltenvektoren aufbauen, welche in geeigneter Weise aus den Spalten von $\boldsymbol{U}$ auszuwählen sind. Auf Einzelheiten soll hier verzichtet werden.

## 5.2. ZUSTANDSGRÖSSENRÜCKKOPPLUNG

Von *Rückkopplung* spricht man, wenn ein System derart verändert wird, daß im System auftretende Signale, beispielsweise die Ausgangssignale, in mehr oder weniger veränderter Form neben der eigentlichen Erregung als Eingangsgrößen auf das System einwirken. Ohne diese Rückkopplung heißt das System *offen*. Rückgekoppelte Systeme spielen vor allem als Modelle für technische Regelungsvorgänge eine wichtige Rolle (man vergleiche auch Bild 1.4b).

Den folgenden Untersuchungen liegt als offenes System ein lineares, zeitinvariantes kontinuierliches System mit einem Eingang und einem Ausgang zugrunde. Es sei durch das Quadrupel von Systemmatrizen $(\boldsymbol{A}, \boldsymbol{b}, \boldsymbol{c}^{\mathrm{T}}, d)$ mit reellen Elementen gekennzeichnet, und es wird durch Rückführung der Zustandsgrößen derart zu einem rückgekoppelten System erweitert, daß man den Zustandsvektor $\boldsymbol{z}(t)$ mit einem konstanten Zeilenvektor $\boldsymbol{k}^{\mathrm{T}} = [k_1, k_2, \ldots, k_q]$, dem sogenannten *Regelvektor*, von links multipliziert, das Ergebnis der Erregung $x(t)$ überlagert und dann die Summe $x(t) + \boldsymbol{k}^{\mathrm{T}} \boldsymbol{z}(t)$ als Eingangsgröße des offenen Systems $(\boldsymbol{A}, \boldsymbol{b}, \boldsymbol{c}^{\mathrm{T}}, d)$ wählt (Bild 2.25). Das rückgekoppelte System kann damit durch die Zustandsgleichungen

$$\frac{\mathrm{d}\boldsymbol{z}(t)}{\mathrm{d}t} = \boldsymbol{A}\, \boldsymbol{z}(t) + \boldsymbol{b}\, [x(t) + \boldsymbol{k}^{\mathrm{T}} \boldsymbol{z}(t)]\,, \tag{2.268a}$$

$$y(t) = \boldsymbol{c}^{\mathrm{T}} \boldsymbol{z}(t) + d[x(t) + \boldsymbol{k}^{\mathrm{T}} \boldsymbol{z}(t)] \tag{2.268b}$$

beschrieben werden. Faßt man auf den rechten Seiten dieser Gleichungen alle mit $\boldsymbol{z}(t)$ behafteten Terme zusammen, dann entsteht die Normalform für die Zustandsdarstellung des rückgekoppelten Systems. Dabei ergeben sich offensichtlich die Systemmatrizen

$$\boldsymbol{A} + \boldsymbol{b}\, \boldsymbol{k}^{\mathrm{T}}, \quad \boldsymbol{b}, \quad \boldsymbol{c}^{\mathrm{T}} + d\, \boldsymbol{k}^{\mathrm{T}}, \quad d\,.$$

Die Rückkopplung bewirkt also eine Veränderung nur der $\boldsymbol{A}$-Matrix und des $\boldsymbol{c}$-Vektors.

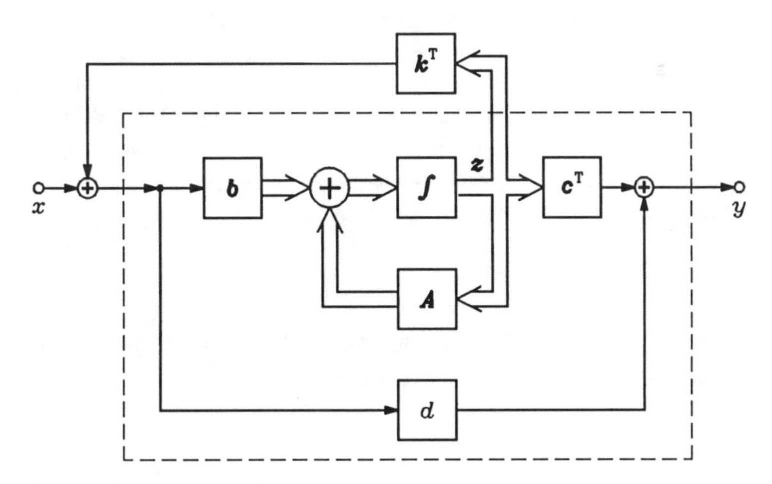


Bild 2.25: Zustandsgrößenrückkopplung eines Systems

Nun soll untersucht werden, was durch diese Art von Rückkopplung bezüglich des Systemverhaltens erreicht werden kann. Hierfür empfiehlt es sich, das offene System durch die im Abschnitt 5.1 als vierte kanonische Form eingeführte äquivalente Realisierung darzustellen. Dabei muß die Steuerbarkeit des offenen Systems vorausgesetzt werden. Der Zustandsvektor $\boldsymbol{z}(t)$ wird aufgrund der Transformationsbeziehung

$$\boldsymbol{z}(t) = \boldsymbol{M}\,\boldsymbol{\zeta}(t)$$

mit der Matrix $\boldsymbol{M}$ nach Gl. (2.265) durch den transformierten Zustandsvektor $\boldsymbol{\zeta}(t)$ in den Gln. (2.268a,b) ersetzt. Entsprechend den Gln. (2.252a-d) erhält man als Systemmatrizen des transformierten rückgekoppelten Systems

$$\boldsymbol{M}^{-1}(\boldsymbol{A} + \boldsymbol{b}\,\boldsymbol{k}^{\mathrm{T}})\boldsymbol{M} = \widetilde{\boldsymbol{A}} + \widetilde{\boldsymbol{b}}\,\widetilde{\boldsymbol{k}}^{\mathrm{T}}, \quad \boldsymbol{M}^{-1}\boldsymbol{b} = \widetilde{\boldsymbol{b}}, \tag{2.269a,b}$$

$$(\boldsymbol{c}^{\mathrm{T}} + d\,\boldsymbol{k}^{\mathrm{T}})\boldsymbol{M} = \widetilde{\boldsymbol{c}}^{\mathrm{T}} + d\,\widetilde{\boldsymbol{k}}^{\mathrm{T}}, \quad d = \widetilde{d}\,. \tag{2.269c,d}$$

Dabei sind $\widetilde{\boldsymbol{A}}, \widetilde{\boldsymbol{b}}, \widetilde{\boldsymbol{c}}^{\mathrm{T}}, \widetilde{d}$ die Systemmatrizen des offenen Systems in transformierter Form, und

$$\boldsymbol{k}^{\mathrm{T}}\boldsymbol{M} = [\widetilde{k}_1, \widetilde{k}_2, \ldots, \widetilde{k}_q] = \widetilde{\boldsymbol{k}}^{\mathrm{T}}$$

ist der Regelvektor in transformierter Form. Durch die Gln. (2.266a,b) wird das spezielle Aussehen der Matrizen $\widetilde{\boldsymbol{A}}$ und $\widetilde{\boldsymbol{b}}$ beschrieben. Die hierbei in $\boldsymbol{F}$ aus Gl. (2.257) auftretenden Parameter $\alpha_\mu$ $(\mu = 0, 1, \ldots, q-1)$ sind gemäß Gl. (2.256a) die Koeffizienten des charakteristischen Polynoms des offenen Systems. Die transformierte $\boldsymbol{A}$-Matrix des rückgekoppelten Systems $\widetilde{\boldsymbol{A}} + \widetilde{\boldsymbol{b}}\,\widetilde{\boldsymbol{k}}^{\mathrm{T}}$ hat Dank der besonderen Form des Vektors $\widetilde{\boldsymbol{b}}$ Frobenius-Gestalt, weshalb die mit $(-1)$ multiplizierten Elemente in der letzten Zeile dieser Matrix

$$\alpha_\mu - \widetilde{k}_{\mu+1} \quad (\mu = 0, 1, \ldots, q-1)$$

die Koeffizienten des charakteristischen Polynoms des rückgekoppelten Systems liefern. Diese Erkenntnis zeigt, daß die Zustandsgrößenrückkopplung eine Veränderung der Koeffizienten des charakteristischen Polynoms – nämlich um $(-\widetilde{k}_{\mu+1})$ – und damit der Eigenwerte bewirkt. Auf diese Weise läßt sich eine gezielte Verschiebung der Eigenwerte erreichen.

Schreibt man nun vor, daß die Eigenwerte eines gegebenen, als steuerbar vorausgesetzten Systems $(\boldsymbol{A}, \boldsymbol{b}, \boldsymbol{c}^{\mathrm{T}}, d)$ auf die Werte $\lambda_\mu$ $(\mu = 1, 2, \ldots, q)$ zu bringen sind, wobei nichtreelle Werte paarweise konjugiert komplex auftreten sollen, dann läßt sich diese Aufgabe dadurch lösen, daß dieses System gemäß Bild 2.25 durch Zustandsgrößenrückkopplung zu einem rückgekoppelten System erweitert wird. Die $\lambda_\mu$ $(\mu = 1, 2, \ldots, q)$ liefern das charakteristische Polynom des rückgekoppelten Systems

$$\prod_{\mu=1}^{q}(p - \lambda_\mu) = \gamma_0 + \gamma_1 p + \cdots + \gamma_{q-1}p^{q-1} + p^q\,.$$

Die Koeffizienten $\gamma_\mu$ müssen, wie bereits erkannt wurde, mit den Größen $\alpha_\mu - \widetilde{k}_{\mu+1}$ übereinstimmen. Daher erhält man die Vorschrift

$$\widetilde{k}_{\mu+1} = \alpha_\mu - \gamma_\mu \quad (\mu = 0, 1, \ldots, q-1) \tag{2.270}$$

zur Festlegung der Komponenten des transformierten Regelvektors $\widetilde{\boldsymbol{k}}$. Durch Rücktransformation ergibt sich der Regelvektor

$$\boldsymbol{k}^{\mathrm{T}} = \tilde{\boldsymbol{k}}^{\mathrm{T}} \boldsymbol{M}^{-1} .$$

Die Parameter des rückgekoppelten Systems sind dann vollständig bestimmt, wobei die vorgeschriebenen Eigenwerte $\lambda_\mu$ durch dieses System realisiert werden.

Die beschriebene Methode der Zustandsgrößenrückkopplung läßt sich z.B. zur Stabilisierung von Systemen verwenden, indem man alle Eigenwerte $p_\mu$ mit $\operatorname{Re} p_\mu \geqq 0$, die also Anlaß zu Instabilitäten geben, an Stellen $\lambda_\mu$ mit $\operatorname{Re} \lambda_\mu < 0$ verschiebt.

Im Abschnitt 5.1 wurde gezeigt, wie sich das Eingang-Ausgang-Verhalten des offenen Systems in Form von Gl. (2.14) beschreiben läßt; dabei erhält man die Koeffizienten $\beta_\mu$ $(\mu = 0, 1, \ldots, q)$ nach den Gln. (2.267a,b). Auch das Eingang-Ausgang-Verhalten des rückgekoppelten Systems läßt sich in Form der Differentialgleichung (2.14) ausdrücken. An die Stelle der Koeffizienten $\alpha_\mu$ treten die $\gamma_\mu$. In den Gln. (2.267a,b) ist $\alpha_\mu$ durch $\gamma_\mu$ und entsprechend den Gln. (2.269c) und (2.270) $\tilde{c}_\mu$ durch $\tilde{c}_\mu + d\,(\alpha_{\mu-1} - \gamma_{\mu-1})$ zu ersetzen. Führt man dies durch, so ist zu erkennen, daß sich die $\beta$-Koeffizienten nicht verändern.[1)]

Jedes System mit Systemmatrizen der Art nach den Gln. (2.269a,b) besitzt eine nichtsinguläre Steuerbarkeitsmatrix. Die Steuerbarkeitsmatrix läßt sich nämlich mit Hilfe der Matrizen gemäß den Gln. (2.269a,b) direkt explizit angeben, und es zeigt sich, daß sie in der Nebendiagonale ausnahmslos mit Einsen, oberhalb der Nebendiagonalen durchweg mit Nullen besetzt ist, so daß ihre Determinante stets vom Betrag 1 ist. Angesichts dieser Tatsache muß auch das rückgekoppelte System bei beliebiger Wahl von $\boldsymbol{k}^{\mathrm{T}}$ steuerbar sein. Die erzielten Ergebnisse werden zusammengefaßt im folgenden Satz.

**Satz II.22:** Unter der Voraussetzung, daß das offene System $(\boldsymbol{A}, \boldsymbol{b}, \boldsymbol{c}^{\mathrm{T}}, d)$ steuerbar ist, muß auch das rückgekoppelte System unabhängig von der Wahl des Regelvektors $\boldsymbol{k}^{\mathrm{T}}$ steuerbar sein. In bezug auf das durch Gl. (2.14) beschriebene Eingang-Ausgang-Verhalten des Systems bewirkt die Zustandsgrößenrückkopplung keine Veränderung der Koeffizienten $\beta_\mu$, gestattet aber eine beliebige Veränderung der Koeffizienten $\alpha_\mu$ (und damit der Eigenwerte) des Systems.

**Ergänzung:** Sind die Eigenwerte $\lambda_\mu$ $(\mu = 1, 2, \ldots, q)$ für das rückgekoppelte System vorgeschrieben, dann läßt sich der Regelvektor $\boldsymbol{k}^{\mathrm{T}}$ prinzipiell in folgenden Schritten ermitteln:

(a) Man berechne das charakteristische Polynom für das offene System

$$\det(p\,\mathbf{E} - \boldsymbol{A}) = \alpha_0 + \alpha_1 p + \cdots + \alpha_{q-1} p^{q-1} + p^q .$$

(b) Man berechne das charakteristische Polynom für das rückgekoppelte System

$$\prod_{\mu=1}^{q} (p - \lambda_\mu) = \gamma_0 + \gamma_1 p + \cdots + \gamma_{q-1} p^{q-1} + p^q .$$

(c) Man berechne den transformierten Regelvektor

$$\tilde{\boldsymbol{k}}^{\mathrm{T}} = [\alpha_0 - \gamma_0, \alpha_1 - \gamma_1, \ldots, \alpha_{q-1} - \gamma_{q-1}] .$$

---

1) Damit ist gezeigt, daß die Zustandsgrößenrückkopplung die Nullstellen der im Kapitel III einzuführenden Übertragungsfunktion nicht verändert.

(d) Man berechne die Matrix

$$\boldsymbol{M} = \boldsymbol{U}\,\boldsymbol{\Delta}$$

mit $\boldsymbol{U}$ nach Gl. (2.253a) und $\boldsymbol{\Lambda}$ nach Gl. (2.258).

(e) Man berechne $\boldsymbol{M}^{-1}$.

(f) Man berechne den Regelvektor

$$\boldsymbol{k}^{\mathrm{T}} = \tilde{\boldsymbol{k}}^{\mathrm{T}} \boldsymbol{M}^{-1}.$$

*Beispiel:* Es sei das System

$$\frac{\mathrm{d}\boldsymbol{z}(t)}{\mathrm{d}t} = \begin{bmatrix} 1 & 3 \\ 2 & 1 \end{bmatrix} \boldsymbol{z}(t) + \begin{bmatrix} 1 \\ 0 \end{bmatrix} x(t), \quad y(t) = [2 \quad 1]\,\boldsymbol{z}(t)$$

betrachtet. Die zugehörige Differentialgleichung für das Eingang-Ausgang-Verhalten ist

$$\frac{\mathrm{d}^2 y}{\mathrm{d}t^2} - 2\frac{\mathrm{d}y}{\mathrm{d}t} - 5y = 2\frac{\mathrm{d}x}{\mathrm{d}t}.$$

Die Steuerbarkeitsmatrix lautet

$$\boldsymbol{U} = \begin{bmatrix} 1 & 1 \\ 0 & 2 \end{bmatrix}.$$

Wie man sieht, liegt ein steuerbares System vor. Das charakteristische Polynom ist

$$\det(p\,\mathbf{E} - \boldsymbol{A}) = -5 - 2p + p^2.$$

Das System ist also instabil. Zur Erzielung der Stabilität wird

$$\prod_{\mu=1}^{2} (p - \lambda_\mu) = 5 + 2p + p^2$$

als charakteristisches Polynom des rückgekoppelten Systems gefordert. Damit erhält man als transformierten Regelvektor

$$\tilde{\boldsymbol{k}}^{\mathrm{T}} = [-10, -4].$$

Weiterhin erhält man die Matrix

$$\boldsymbol{M} = \boldsymbol{U}\,\boldsymbol{\Delta} = \begin{bmatrix} 1 & 1 \\ 0 & 2 \end{bmatrix} \begin{bmatrix} -2 & 1 \\ 1 & 0 \end{bmatrix} = \begin{bmatrix} -1 & 1 \\ 2 & 0 \end{bmatrix}.$$

Hierzu gehört die inverse Matrix

$$\boldsymbol{M}^{-1} = \begin{bmatrix} 0 & 1/2 \\ 1 & 1/2 \end{bmatrix}.$$

Diese liefert den Regelvektor

$$\boldsymbol{k}^{\mathrm{T}} = [-10, -4] \begin{bmatrix} 0 & 1/2 \\ 1 & 1/2 \end{bmatrix} = [-4, -7].$$

Die $\boldsymbol{A}$ -Matrix des rückgekoppelten Systems wird damit

$$\boldsymbol{A} + \boldsymbol{b}\,\boldsymbol{k}^{\mathrm{T}} = \begin{bmatrix} 1 & 3 \\ 2 & 1 \end{bmatrix} + \begin{bmatrix} 1 \\ 0 \end{bmatrix} [-4, -7] = \begin{bmatrix} -3 & -4 \\ 2 & 1 \end{bmatrix}.$$

Man kann sich leicht davon überzeugen, daß diese Matrix tatsächlich das gewünschte charakteristische Polynom aufweist. Die zugehörige Differentialgleichung für das Eingang-Ausgang-Verhalten ist

$$\frac{d^2y}{dt^2} + 2\frac{dy}{dt} + 5y = 2\frac{dx}{dt}.$$

Entscheidend für die Anwendung der beschriebenen Zustandsgrößenrückkopplung ist die Steuerbarkeit des Systems. Ist diese Voraussetzung nicht gegeben, dann kann das System gemäß den Gln. (2.135a,b) durch eine Äquivalenztransformation auf die Form

$$\frac{d}{dt}\begin{bmatrix}\boldsymbol{\zeta}_1(t)\\ \boldsymbol{\zeta}_2(t)\end{bmatrix} = \begin{bmatrix}\widetilde{\boldsymbol{A}}_{11} & \widetilde{\boldsymbol{A}}_{12}\\ \mathbf{0} & \widetilde{\boldsymbol{A}}_{22}\end{bmatrix}\begin{bmatrix}\boldsymbol{\zeta}_1(t)\\ \boldsymbol{\zeta}_2(t)\end{bmatrix} + \begin{bmatrix}\widetilde{\boldsymbol{b}}_1\\ \mathbf{0}\end{bmatrix}x(t), \tag{2.271a}$$

$$y(t) = [\,\widetilde{\boldsymbol{c}}_1^{\mathrm{T}} \quad \widetilde{\boldsymbol{c}}_2^{\mathrm{T}}\,]\,\boldsymbol{\zeta}(t) + d\,x(t) \tag{2.271b}$$

gebracht werden, wobei die erforderliche Transformationsmatrix $\boldsymbol{M}$ gemäß Gl. (2.130) zu bestimmen ist und der durch $(\widetilde{\boldsymbol{A}}_{11}, \widetilde{\boldsymbol{b}}_1)$ gekennzeichnete Teil des Systems steuerbar ist. Die Eigenwerte des Systems sind durch die Gesamtheit der Eigenwerte von $\widetilde{\boldsymbol{A}}_{11}$ und der Eigenwerte von $\widetilde{\boldsymbol{A}}_{22}$ gegeben. Angesichts der speziellen Form des Vektors $\widetilde{\boldsymbol{b}} = [\,\widetilde{\boldsymbol{b}}_1^{\mathrm{T}} \;\; \mathbf{0}\,]^{\mathrm{T}}$ sind die Eigenwerte der Matrix $\widetilde{\boldsymbol{A}}_{22}$ durch Zustandsgrößenrückkopplung, bei der dem Eingangssignal $x(t)$ ein (skalares) Signal der Art $\boldsymbol{k}^{\mathrm{T}}\,\boldsymbol{\zeta}(t)$ überlagert wird, nicht beeinflußbar. Im Gegensatz hierzu können aber die Eigenwerte von $\widetilde{\boldsymbol{A}}_{11}$ durch Zustandsgrößenrückkopplung an beliebig wählbare Stellen gebracht werden. Dies ist im Bild 2.26 angedeutet, dem man unmittelbar die Beziehungen

$$\frac{d\boldsymbol{\zeta}}{dt} = \boldsymbol{M}^{-1}\{\boldsymbol{A}\,\boldsymbol{M}\,\boldsymbol{\zeta} + \boldsymbol{b}\,(x + \boldsymbol{k}_1^{\mathrm{T}}\,\boldsymbol{\zeta}_1)\}$$

und

$$y = \boldsymbol{c}^{\mathrm{T}}\boldsymbol{M}\,\boldsymbol{\zeta} + d\,(x + \boldsymbol{k}_1^{\mathrm{T}}\,\boldsymbol{\zeta}_1)$$

entnimmt. Diese können auch in der Form

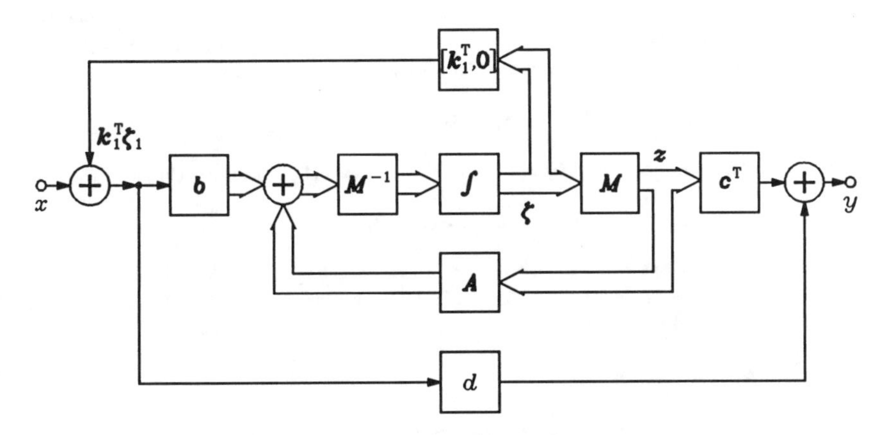


Bild 2.26: Zustandsgrößenrückkopplung eines nicht (vollständig) steuerbaren Systems

$$\frac{\mathrm{d}\boldsymbol{\zeta}}{\mathrm{d}t} = \left\{ \begin{bmatrix} \widetilde{\boldsymbol{A}}_{11} & \widetilde{\boldsymbol{A}}_{12} \\ \boldsymbol{0} & \widetilde{\boldsymbol{A}}_{22} \end{bmatrix} + \begin{bmatrix} \widetilde{\boldsymbol{b}}_1 \\ \boldsymbol{0} \end{bmatrix} [\, \boldsymbol{k}_1^{\mathrm{T}} \quad \boldsymbol{0} \,] \right\} \boldsymbol{\zeta} + \begin{bmatrix} \widetilde{\boldsymbol{b}}_1 \\ \boldsymbol{0} \end{bmatrix} x \,, \tag{2.272a}$$

$$y = \{ \widetilde{\boldsymbol{c}}^{\mathrm{T}} + [\, d\, \boldsymbol{k}_1^{\mathrm{T}} \quad \boldsymbol{0} ] \} \, \boldsymbol{\zeta} + d\, x \tag{2.272b}$$

geschrieben werden. Den Regelvektor $\boldsymbol{k}_1$ berechnet man aus $(\widetilde{\boldsymbol{A}}_{11}, \widetilde{\boldsymbol{b}}_1)$ in der oben beschriebenen Weise.

Falls im nicht steuerbaren Teil des Systems Eigenwerte auftreten, die Instabilitäten verursachen, kann eine Stabilisierung des Systems durch Zustandsgrößenrückkopplung nicht erzielt werden.

Die behandelte Methode der Zustandsgrößenrückkopplung läßt sich auf steuerbare, lineare, zeitinvariante Systeme mit *mehreren* Eingängen und Ausgängen ($m \geqq 1$, $r \geqq 1$)

$$\frac{\mathrm{d}\boldsymbol{z}(t)}{\mathrm{d}t} = \boldsymbol{A}\, \boldsymbol{z}(t) + \boldsymbol{B}\, \boldsymbol{x}(t) \,, \tag{2.273a}$$

$$\boldsymbol{y}(t) = \boldsymbol{C}\, \boldsymbol{z}(t) + \boldsymbol{D}\, \boldsymbol{x}(t) \tag{2.273b}$$

erweitern. Als wesentliche Maßnahme wird dabei durch eine bestimmte Zustandsgrößenrückkopplung zunächst erreicht, daß die Eigenwerte des so veränderten Systems mit nur einem einzigen Eingangssignal beeinflußt werden können. Damit lassen sich in einem zweiten Schritt mit Hilfe des oben entwickelten Verfahrens zur Zustandsgrößenrückkopplung die Eigenwerte des Systems an beliebige Stellen bringen. Diese Vorgehensweise soll für interessierte Leser im folgenden skizziert werden.

Die Spalten der Matrix $\boldsymbol{B}$ werden mit $\boldsymbol{b}_\mu$ $(\mu = 1, 2, \ldots, m)$ bezeichnet. Dann kann die Steuerbarkeitsmatrix des Systems in der Spaltenform

$$\boldsymbol{U} = [\boldsymbol{b}_1, \ldots, \boldsymbol{b}_m, \boldsymbol{A}\, \boldsymbol{b}_1, \ldots, \boldsymbol{A}^{q-1}\, \boldsymbol{b}_m]$$

geschrieben werden. Diese $m \cdot q$ Spalten werden nun so umgeordnet, daß zunächst die Spalten $\boldsymbol{b}_1, \boldsymbol{A}\, \boldsymbol{b}_1, \boldsymbol{A}^2\, \boldsymbol{b}_1, \ldots,$ dann die Spalten $\boldsymbol{b}_2, \boldsymbol{A}\, \boldsymbol{b}_2, \boldsymbol{A}^2\, \boldsymbol{b}_2, \ldots$ usw. erscheinen. Auf diese Weise entsteht die Matrix

$$\boldsymbol{U}_0 = [\boldsymbol{b}_1, \boldsymbol{A}\, \boldsymbol{b}_1, \ldots, \boldsymbol{b}_2, \ldots, \boldsymbol{b}_3, \ldots, \boldsymbol{A}^{q-1}\, \boldsymbol{b}_m] \,.$$

Aus den Spalten dieser Matrix werden jetzt von links nach rechts fortschreitend alle Spalten herausgegriffen, die voneinander linear unabhängig sind. Da wegen der vorausgesetzten Steuerbarkeit der Rang von $\boldsymbol{U}_0$ gleich $q$ ist, erhält man auf diese Weise eine nichtsinguläre quadratische Matrix der Ordnung $q$:

$$\boldsymbol{U}_1 = [\boldsymbol{b}_1, \boldsymbol{A}\, \boldsymbol{b}_1, \ldots, \boldsymbol{A}^{q_1 - 1} \boldsymbol{b}_1, \boldsymbol{b}_i, \boldsymbol{A}\, \boldsymbol{b}_i, \ldots, \boldsymbol{A}^{q_i - 1}\, \boldsymbol{b}_i, \boldsymbol{b}_j, \ldots] \,. \tag{2.274}$$

Neben dieser Matrix wird noch die folgende Matrix mit $m$ Zeilen und $q$ Spalten eingeführt:

$$\boldsymbol{E}_1 = [\boldsymbol{0}, \boldsymbol{0}, \ldots, \boldsymbol{0}, \boldsymbol{e}_i, \boldsymbol{0}, \ldots, \boldsymbol{0}, \boldsymbol{e}_j, \boldsymbol{0}, \ldots, \boldsymbol{0}] \,. \tag{2.275}$$

In ihr treten neben Nullspalten die Einheitsvektoren $\boldsymbol{e}_i, \boldsymbol{e}_j, \ldots$ auf, wobei beispielsweise $\boldsymbol{e}_j$ in der $(k-1)$-ten Spalte steht, wenn $\boldsymbol{b}_j$ in $\boldsymbol{U}_1$ in der $k$-ten Spalte auftritt. Mit Hilfe der durch die Gln. (2.274) und (2.275) definierten Matrizen wird eine Matrix $\boldsymbol{K}_1$ mit $m$ Zeilen und $q$ Spalten gemäß der Beziehung

$$\boldsymbol{K}_1\, \boldsymbol{U}_1 = \boldsymbol{E}_1 \tag{2.276}$$

eingeführt. Für die weiteren Überlegungen ist wichtig, daß das durch das Matrizenpaar

$$(\tilde{\boldsymbol{A}}, \tilde{\boldsymbol{b}}) := (\boldsymbol{A} + \boldsymbol{B}\,\boldsymbol{K}_1, \boldsymbol{b}_1) \tag{2.277}$$

charakterisierte System mit einem Eingang steuerbar ist. Man kann nämlich die Spalten der Steuerbarkeitsmatrix $\tilde{\boldsymbol{U}}$ dieses Systems bei Beachtung der Gl. (2.276) und der Gln. (2.274) und (2.275) in der Form

$$\tilde{\boldsymbol{A}}^{\nu}\tilde{\boldsymbol{b}} = (\boldsymbol{A} + \boldsymbol{B}\,\boldsymbol{K}_1)\boldsymbol{A}^{\nu-1}\boldsymbol{b}_1 = \boldsymbol{A}^{\nu}\boldsymbol{b}_1 \quad (\nu = 0, 1, \ldots, q_1 - 1),$$

$$\tilde{\boldsymbol{A}}^{q_1}\tilde{\boldsymbol{b}} = (\boldsymbol{A} + \boldsymbol{B}\,\boldsymbol{K}_1)\boldsymbol{A}^{q_1-1}\boldsymbol{b}_1 = \boldsymbol{b}_i + \boldsymbol{A}^{q_1}\boldsymbol{b}_1,$$

$$\tilde{\boldsymbol{A}}^{q_1+\nu}\tilde{\boldsymbol{b}} = (\boldsymbol{A} + \boldsymbol{B}\,\boldsymbol{K}_1)(\boldsymbol{A}^{\nu-1}\boldsymbol{b}_i + \boldsymbol{A}^{q_1+\nu-1}\boldsymbol{b}_1) = \boldsymbol{A}^{\nu}\boldsymbol{b}_i + \boldsymbol{A}^{q_1+\nu}\boldsymbol{b}_1 + \cdots \quad (\nu = 1, 2, \ldots, q_i - 1),$$

$$\tilde{\boldsymbol{A}}^{q_1+q_i}\tilde{\boldsymbol{b}} = (\boldsymbol{A} + \boldsymbol{B}\,\boldsymbol{K}_1)(\boldsymbol{A}^{q_i-1}\boldsymbol{b}_i + \boldsymbol{A}^{q_1+q_i-1}\boldsymbol{b}_1 + \cdots) = \boldsymbol{b}_j + \boldsymbol{A}^{q_1+q_i}\boldsymbol{b}_1 + \boldsymbol{A}^{q_i}\boldsymbol{b}_i + \cdots$$

$$\vdots$$

schreiben. Hierdurch wird stets die $\mu$-te Spalte von $\tilde{\boldsymbol{U}}$ ausgedrückt als Summe der $\mu$-ten Spalte von $\boldsymbol{U}_1$ und einer Linearkombination vorausgehender Spalten von $\boldsymbol{U}_1$. Damit läßt sich die Steuerbarkeitsmatrix selbst als

$$\tilde{\boldsymbol{U}} = \boldsymbol{U}_1 \boldsymbol{N}$$

ausdrücken, wobei $\boldsymbol{N}$ eine obere Dreiecksmatrix bedeutet, deren Hauptdiagonalelemente alle gleich Eins sind. Daher ist $\tilde{\boldsymbol{U}}$ nichtsingulär, und dies bedeutet, daß das Matrizenpaar nach Gl. (2.277) steuerbar ist.

Es besteht nun die Möglichkeit, die Eigenwerte der Matrix $\tilde{\boldsymbol{A}} = \boldsymbol{A} + \boldsymbol{B}\,\boldsymbol{K}_1$ durch Zustandsgrößenrückkopplung über den Vektor $\tilde{\boldsymbol{b}}$ nach dem für steuerbare Systeme mit einem Eingang bereits vorgestellten Verfahren beliebig zu verschieben. Dazu wählt man die Matrix

$$\boldsymbol{K}_2 = [\,\boldsymbol{k}, \boldsymbol{0}, \ldots, \boldsymbol{0}\,]^{\mathrm{T}} \tag{2.278}$$

deren erste Zeile als $q$-dimensionaler Regelvektor $\boldsymbol{k}^{\mathrm{T}}$ nach dem bekannten Verfahren für Systeme mit einem Eingang bestimmt werden muß, während die übrigen $m-1$ Zeilen ausschließlich Nullen enthalten. Die $\boldsymbol{A}$-Matrix des auf diese Weise rückgekoppelten Systems ist

$$\boldsymbol{A} + \boldsymbol{B}\,\boldsymbol{K}_1 + \boldsymbol{B}\,\boldsymbol{K}_2 = \boldsymbol{A} + \boldsymbol{B}\,\boldsymbol{K} \tag{2.279}$$

mit

$$\boldsymbol{K} := \boldsymbol{K}_1 + \boldsymbol{K}_2\,. \tag{2.280}$$

Bild 2.27 zeigt die resultierende Realisierung. Besteht die Matrix $\boldsymbol{U}_1$ aus Gl. (2.274) nur aus den Spalten $\boldsymbol{b}_1, \boldsymbol{A}\,\boldsymbol{b}_1, \ldots, \boldsymbol{A}^{q-1}\boldsymbol{b}_1$, dann ist $\boldsymbol{E}_1$ nach Gl. (2.275) eine Nullmatrix, und es entfällt die Rückkopplung mit $\boldsymbol{K}_1$ ($\boldsymbol{K}_1 = \boldsymbol{0}$).

## 5.3. ZUSTANDSBEOBACHTER

In diesem Abschnitt soll die folgende Aufgabe gelöst werden: Von einem linearen, zeitinvarianten und beobachtbaren System mit einem Eingang und einem Ausgang seien die Systemmatrizen $\boldsymbol{A}, \boldsymbol{b}, \boldsymbol{c}^{\mathrm{T}}, d$ mit reellen Elementen bekannt; weiterhin seien stets das Eingangssignal $x(t)$ und das Ausgangssignal $y(t)$, dagegen nicht die Zustandsgrößen $z_1(t)$, $z_2(t)$, $\ldots, z_q(t)$ verfügbar. Gesucht ist ein System, das am Ausgang die Zustandsgrößen wenigstens näherungsweise liefert.

Die Lösung dieser Aufgabe ist vor allem im Zusammenhang mit der im letzten Abschnitt behandelten Zustandsgrößenrückkopplung von Bedeutung, weil bei praktischen Anwendungen über die Zustandsvariablen als Signale meistens nicht verfügt werden kann.

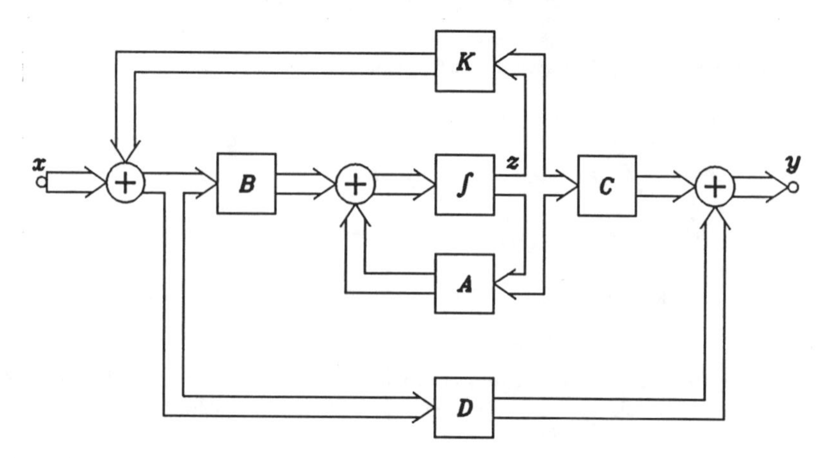


Bild 2.27: Zustandsgrößenrückkopplung des Systems nach Gln. (2.273a,b) mit mehreren Eingängen und Ausgängen

Systeme, welche gesuchte Zustandsgrößen approximativ erzeugen, heißen *Zustandsbeobachter (Zustandsschätzer)*. Es gibt verschiedene Möglichkeiten zur Realisierung von Zustandsbeobachtern. Im folgenden soll das Konzept eines auf D. G. Luenberger zurückgehenden Zustandsbeobachters beschrieben werden. Ohne Einschränkung der Allgemeinheit darf angenommen werden, daß der Systemparameter $d$ verschwindet. Bild 2.28 zeigt das Blockschaltbild des Beobachters, der an seinem Ausgang eine Näherung $\hat{\boldsymbol{z}}(t)$ für den Zustandsvektor $\boldsymbol{z}(t)$ des ebenfalls dargestellten Systems $(\boldsymbol{A}, \boldsymbol{b}, \boldsymbol{c}^{\mathrm{T}}, 0)$ liefern soll, wobei von diesem System die Systemmatrizen zahlenmäßig vorliegen und sonst nur die Signale $x(t), y(t)$ verfügbar sind. Wie man dem Bild 2.28 entnimmt, wird das zu beobachtende System im Beobachter durch die Blöcke $\boldsymbol{A}, \boldsymbol{b}, \boldsymbol{c}^{\mathrm{T}}$ und den Integrationsblock nachgebildet. Zusätzlich wird das am Ausgang von Block $\boldsymbol{c}^{\mathrm{T}}$ im Beobachter entstehende Signal mit $y(t)$ verglichen und die Differenz beider Signale, mit dem Spaltenvektor $\boldsymbol{l}$ multipliziert, zusätzlich dem Integrator zugeführt. Diese Differenz verschwindet, wenn $\hat{\boldsymbol{z}}(t)$ mit $\boldsymbol{z}(t)$ übereinstimmt.

Das zu beobachtende System hat die Zustandsdarstellung

$$\frac{\mathrm{d}\boldsymbol{z}(t)}{\mathrm{d}t} = \boldsymbol{A}\,\boldsymbol{z}(t) + \boldsymbol{b}\,x(t)\,, \tag{2.281a}$$

$$y(t) = \boldsymbol{c}^{\mathrm{T}}\boldsymbol{z}(t)\,. \tag{2.281b}$$

Der Beobachter ist entsprechend durch die Gleichung

$$\frac{\mathrm{d}\hat{\boldsymbol{z}}(t)}{\mathrm{d}t} = \boldsymbol{A}\,\hat{\boldsymbol{z}}(t) + \boldsymbol{b}\,x(t) + \boldsymbol{l}\,[y(t) - \boldsymbol{c}^{\mathrm{T}}\hat{\boldsymbol{z}}(t)]$$

oder

$$\frac{\mathrm{d}\hat{\boldsymbol{z}}(t)}{\mathrm{d}t} = (\boldsymbol{A} - \boldsymbol{l}\,\boldsymbol{c}^{\mathrm{T}})\,\hat{\boldsymbol{z}}(t) + \boldsymbol{b}\,x(t) + \boldsymbol{l}\,y(t) \tag{2.282}$$

darstellbar. Aufgrund von Gl. (2.282) läßt sich der Beobachter in vereinfachter Form nach Bild 2.29 realisieren.

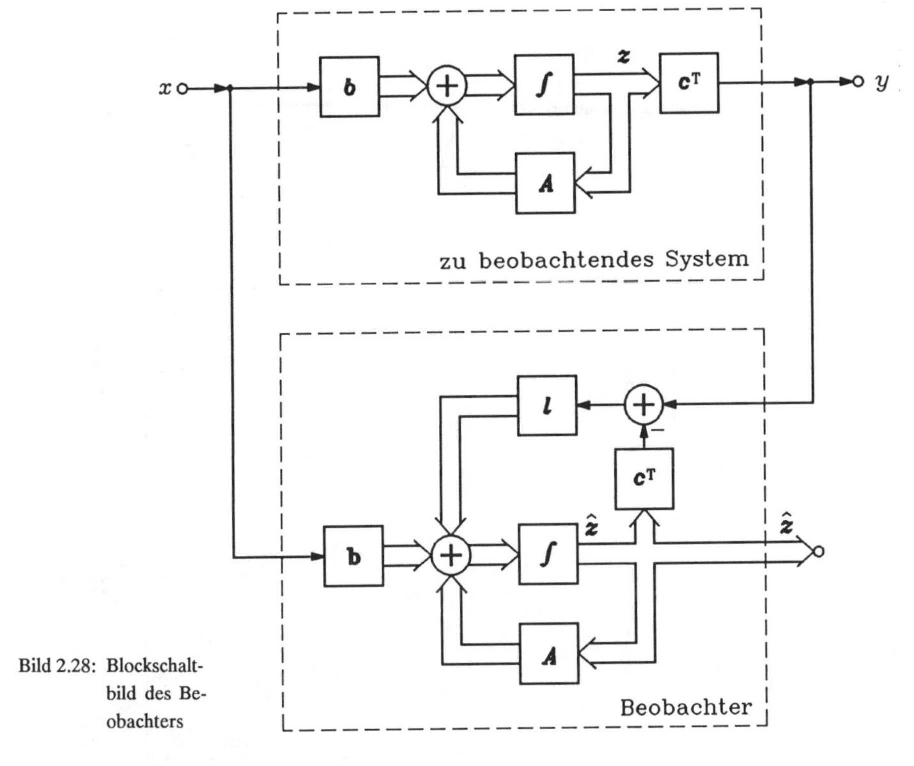


Bild 2.28: Blockschaltbild des Beobachters

Für den Beobachtungsfehler

$$\boldsymbol{w}(t) = \boldsymbol{z}(t) - \hat{\boldsymbol{z}}(t)$$

erhält man durch Subtraktion der Gln. (2.281a) und (2.282) bei Verwendung der Gl. (2.281b) die homogene Differentialgleichung

$$\frac{\mathrm{d}\boldsymbol{w}(t)}{\mathrm{d}t} = (\boldsymbol{A} - \boldsymbol{l}\,\boldsymbol{c}^{\mathrm{T}})\,\boldsymbol{w}(t), \tag{2.283}$$

deren Lösung nach Abschnitt 3.3.1 angegeben werden kann. Aus dem Charakter dieser Lösung ist zu erkennen, daß der Fehler $\boldsymbol{w}(t)$ mit der Zeit um so schneller verschwindet, je stärker negativ die Realteile der Eigenwerte der Matrix $\boldsymbol{A} - \boldsymbol{l}\,\boldsymbol{c}^{\mathrm{T}}$ sind. Haben beispielsweise alle diese Eigenwerte negative Realteile, welche kleiner als $-1/T$ $(T > 0)$ sind, dann geht der Fehler $\boldsymbol{w}(t)$ mit wachsendem $t$ in guter Näherung exponentiell mit der Zeitkonstante $T$ gegen Null, d. h. auch bei starker Abweichung der Anfangszustände $\boldsymbol{z}(t_0)$ und $\hat{\boldsymbol{z}}(t_0)$ zum Anfangszeitpunkt $t_0$ wird sich der Vektor $\hat{\boldsymbol{z}}(t)$ rasch dem Verlauf von $\boldsymbol{z}(t)$ nähern. Interessanterweise ist es nun möglich, durch Ausnützung der Freiheit in der Wahl des Vektors

$$\boldsymbol{l} = [\,l_1, l_2, \ldots, l_q\,]^{\mathrm{T}}$$

beliebige Eigenwerte der Matrix $\boldsymbol{A} - \boldsymbol{l}\,\boldsymbol{c}^{\mathrm{T}}$ zu erzeugen. Dies kann in völlig dualer Weise zu den Betrachtungen des letzten Abschnitts gezeigt werden, soll aber dennoch wegen der

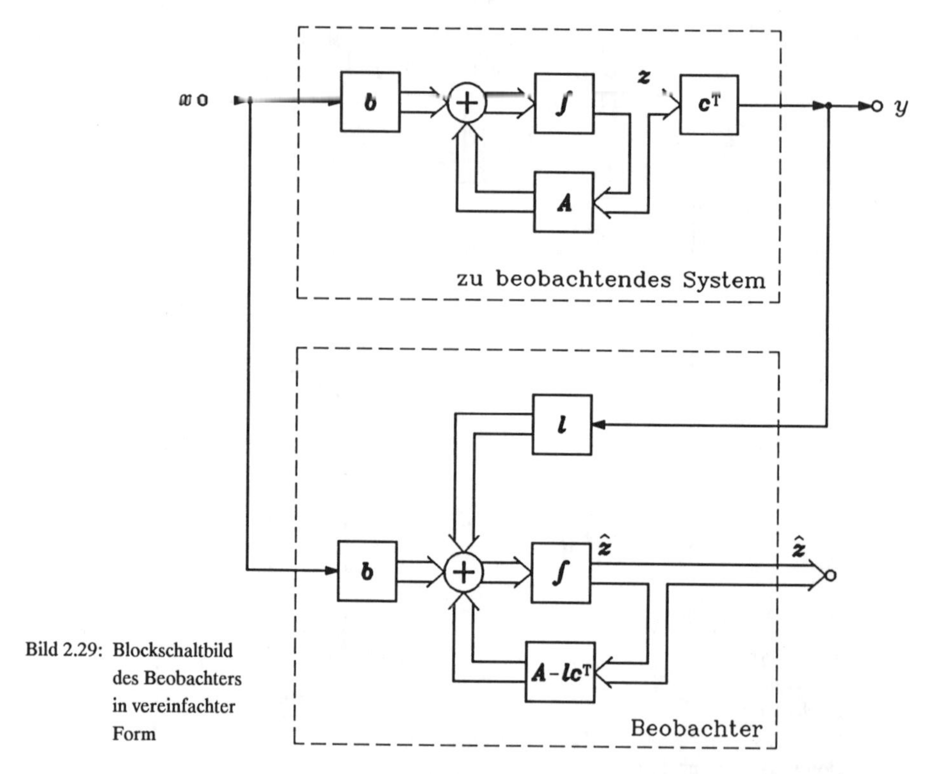


Bild 2.29: Blockschaltbild des Beobachters in vereinfachter Form

Bedeutung dieser Überlegungen im einzelnen besprochen werden. Hierfür wird die im Abschnitt 5.1 bei der dritten kanonischen Form eingeführte Transformation herangezogen, die wegen der vorausgesetzten Beobachtbarkeit des Systems $(\boldsymbol{A}, \boldsymbol{b}, \boldsymbol{c}^{\mathrm{T}}, 0)$ anwendbar ist. Die Zustandsvektoren $\boldsymbol{z}(t)$ und $\hat{\boldsymbol{z}}(t)$ werden aufgrund der Transformationsbeziehungen

$$\boldsymbol{z}(t) = \boldsymbol{M}\boldsymbol{\zeta}(t), \quad \hat{\boldsymbol{z}}(t) = \boldsymbol{M}\hat{\boldsymbol{\zeta}}(t)$$

mit der Matrix $\boldsymbol{M}$ aus Gl. (2.263) durch die transformierten Zustandsvektoren $\boldsymbol{\zeta}(t)$ und $\hat{\boldsymbol{\zeta}}(t)$ in den Gln. (2.281a,b), (2.282) und (2.283) ersetzt. Entsprechend Abschnitt 5.1 erhält man die Gleichungen

$$\frac{\mathrm{d}\boldsymbol{\zeta}(t)}{\mathrm{d}t} = \widetilde{\boldsymbol{A}}\,\boldsymbol{\zeta}(t) + \widetilde{\boldsymbol{b}}\,x(t), \quad y(t) = \widetilde{\boldsymbol{c}}^{\mathrm{T}}\boldsymbol{\zeta}(t), \tag{2.284a,b}$$

$$\frac{\mathrm{d}\hat{\boldsymbol{\zeta}}(t)}{\mathrm{d}t} = (\widetilde{\boldsymbol{A}} - \widetilde{\boldsymbol{l}}\,\widetilde{\boldsymbol{c}}^{\mathrm{T}})\,\hat{\boldsymbol{\zeta}}(t) + \widetilde{\boldsymbol{b}}\,x(t) + \widetilde{\boldsymbol{l}}\,y(t), \tag{2.285}$$

$$\frac{\mathrm{d}\boldsymbol{\omega}(t)}{\mathrm{d}t} = (\widetilde{\boldsymbol{A}} - \widetilde{\boldsymbol{l}}\,\widetilde{\boldsymbol{c}}^{\mathrm{T}})\,\boldsymbol{\omega}(t).$$

Dabei ist $\boldsymbol{\omega}(t) = \boldsymbol{\zeta}(t) - \hat{\boldsymbol{\zeta}}(t)$, und die Matrizen $\widetilde{\boldsymbol{A}}$ und $\widetilde{\boldsymbol{c}}^{\mathrm{T}}$ besitzen die durch die Gln. (2.264a,b) gegebenen Formen, wobei die Parameter $\alpha_\mu$ $(\mu = 0, 1, \ldots, q-1)$ in $\widetilde{\boldsymbol{A}}$ die

Koeffizienten des charakteristischen Polynoms der Matrix $\boldsymbol{A}$ sind. Weiterhin bedeutet

$$\tilde{\boldsymbol{l}} = \boldsymbol{M}^{-1}\boldsymbol{l} = [\tilde{l}_1, \tilde{l}_2, \ldots, \tilde{l}_q]^{\mathrm{T}} .$$

Die Matrix $\tilde{\boldsymbol{A}} - \tilde{\boldsymbol{l}}\tilde{\boldsymbol{c}}^{\mathrm{T}}$ hat wegen des besonderen Aufbaus des Zeilenvektors $\tilde{\boldsymbol{c}}^{\mathrm{T}}$ die gleiche (transponierte Frobenius-) Form wie die Matrix $\tilde{\boldsymbol{A}}$ nach Gl. (2.264a), d. h. die mit $(-1)$ multiplizierten Elemente in der letzten Spalte von $\tilde{\boldsymbol{A}} - \tilde{\boldsymbol{l}}\tilde{\boldsymbol{c}}^{\mathrm{T}}$, also

$$\alpha_\mu + \tilde{l}_{\mu+1} \qquad (\mu = 0, 1, \ldots, q-1)$$

müssen die Koeffizienten des charakteristischen Polynoms der Matrix $\tilde{\boldsymbol{A}} - \tilde{\boldsymbol{l}}\tilde{\boldsymbol{c}}^{\mathrm{T}}$ und damit auch von $\boldsymbol{A} - \boldsymbol{l}\boldsymbol{c}^{\mathrm{T}}$ sein. Diese Tatsache zeigt, daß mit Hilfe des Vektors $\boldsymbol{l}$ die Eigenwerte der Matrix $\boldsymbol{A} - \boldsymbol{l}\boldsymbol{c}^{\mathrm{T}}$ in folgenden Rechenschritten auf vorgeschriebene Werte $\lambda_\mu$ $(\mu = 1, 2, \ldots, q)$, von denen die nicht reellen stets paarweise konjugiert komplex vorkommen, gebracht werden können:

(a) Man berechne das charakteristische Polynom für das zu beobachtende System

$$\det(p\,\mathbf{E} - \boldsymbol{A}) = \alpha_0 + \alpha_1 p + \cdots + \alpha_{q-1}p^{q-1} + p^q .$$

(b) Man berechne aus den vorgeschriebenen Eigenwerten $\lambda_\mu$ $(\mu = 1, 2, \ldots, q)$ das charakteristische Polynom der Matrix $\boldsymbol{A} - \boldsymbol{l}\boldsymbol{c}^{\mathrm{T}}$

$$\prod_{\mu=1}^{q}(p - \lambda_\mu) = \gamma_0 + \gamma_1 p + \cdots + \gamma_{q-1}p^{q-1} + p^q .$$

(c) Man bilde den Vektor

$$\tilde{\boldsymbol{l}} = [\gamma_0 - \alpha_0\,, \gamma_1 - \alpha_1, \ldots, \gamma_{q-1} - \alpha_{q-1}]^{\mathrm{T}} .$$

(d) Man berechne die Matrix

$$\boldsymbol{M}^{-1} = \boldsymbol{\Delta}\boldsymbol{V}$$

mit $\boldsymbol{\Delta}$ nach Gl. (2.258) und $\boldsymbol{V}$ nach Gl. (2.254a).

(e) Man berechne $\boldsymbol{M}$.

(f) Man berechne den Vektor

$$\boldsymbol{l} = \boldsymbol{M}\tilde{\boldsymbol{l}} .$$

Damit sind alle Parameter des Beobachters bei beliebiger Vorschrift der Eigenwerte der Matrix $\boldsymbol{A} - \boldsymbol{l}\boldsymbol{c}^{\mathrm{T}}$ festgelegt.

Man kann den Zustandsbeobachter auch direkt aufgrund von Gl. (2.285) realisieren, was wegen des besonderen Charakters der Matrix $\tilde{\boldsymbol{A}} - \tilde{\boldsymbol{l}}\tilde{\boldsymbol{c}}^{\mathrm{T}}$ einfach wird (man vergleiche hierzu Bild 2.5). Man muß allerdings beachten, daß hier $y(t)$ nicht mit $\boldsymbol{l}$, sondern mit $\tilde{\boldsymbol{l}}$ multipliziert werden muß und am Beobachterausgang zunächst der Vektor $\hat{\boldsymbol{\zeta}}(t)$ entsteht. Erst wenn am Ausgang noch ein Block nachgeschaltet wird, der $\hat{\boldsymbol{\zeta}}(t)$ mit $\boldsymbol{M}$ multipliziert, erhält man das interessierende Signal $\hat{\boldsymbol{z}}(t)$.

Geht man davon aus, daß bei der Zustandsgrößenrückkopplung nach Bild 2.25 vom offenen System zwar die Systemmatrizen $\boldsymbol{A}, \boldsymbol{b}, \boldsymbol{c}^{\mathrm{T}}$ $(d = 0)$ bekannt und weiterhin das Eingangs- und das Ausgangssignal, nicht jedoch der Zustandsvektor verfügbar sind, dann liegt es nahe, die Schaltung durch einen Zustandsschätzer zu ergänzen, dessen Ausgangssignal $\hat{\boldsymbol{z}}(t)$ dem Block $\boldsymbol{k}^{\mathrm{T}}$ zugeführt wird. Auf diese Weise entsteht das Blockschaltbild nach Bild 2.30. Das offene System wird dann durch das Signal $x(t) + \boldsymbol{k}^{\mathrm{T}}\hat{\boldsymbol{z}}(t)$ erregt und demnach durch die Zustandsgleichungen

$$\frac{\mathrm{d}\boldsymbol{z}(t)}{\mathrm{d}t} = \boldsymbol{A}\,\boldsymbol{z}(t) + \boldsymbol{b}\,[x(t) + \boldsymbol{k}^{\mathrm{T}}\hat{\boldsymbol{z}}(t)], \quad y(t) = \boldsymbol{c}^{\mathrm{T}}\boldsymbol{z}(t), \tag{2.286a,b}$$

der Zustandsschätzer durch die Zustandsgleichung

$$\frac{\mathrm{d}\hat{\boldsymbol{z}}(t)}{\mathrm{d}t} = (\boldsymbol{A} - \boldsymbol{l}\,\boldsymbol{c}^{\mathrm{T}})\hat{\boldsymbol{z}}(t) + \boldsymbol{l}\,y(t) + \boldsymbol{b}[x(t) + \boldsymbol{k}^{\mathrm{T}}\hat{\boldsymbol{z}}(t)] \tag{2.287}$$

beschrieben. Mit $\boldsymbol{w}(t) = \boldsymbol{z}(t) - \hat{\boldsymbol{z}}(t)$ ergibt sich durch Subtraktion der Gln. (2.286a) und (2.287) bei Verwendung von Gl. (2.286b)

$$\frac{\mathrm{d}\boldsymbol{w}(t)}{\mathrm{d}t} = (\boldsymbol{A} - \boldsymbol{l}\,\boldsymbol{c}^{\mathrm{T}})\,\boldsymbol{w}(t). \tag{2.288}$$

Entsprechend liefert Gl. (2.286a) mit $\hat{\boldsymbol{z}}(t) = \boldsymbol{z}(t) - \boldsymbol{w}(t)$

$$\frac{\mathrm{d}\boldsymbol{z}(t)}{\mathrm{d}t} = (\boldsymbol{A} + \boldsymbol{b}\,\boldsymbol{k}^{\mathrm{T}})\,\boldsymbol{z}(t) - \boldsymbol{b}\,\boldsymbol{k}^{\mathrm{T}}\,\boldsymbol{w}(t) + \boldsymbol{b}\,x(t). \tag{2.289}$$

Die Vektoren $\boldsymbol{w}(t)$ und $\boldsymbol{z}(t)$ können nun zum Zustandsvektor des Gesamtsystems nach Bild 2.30 zusammengefaßt werden. Dieser Zustandsvektor ist mit dem aus $\hat{\boldsymbol{z}}(t)$ und $\boldsymbol{z}(t)$ gebildeten ursprünglichen Zustandsvektor durch die lineare Transformation

$$\begin{bmatrix} \boldsymbol{w}(t) \\ \boldsymbol{z}(t) \end{bmatrix} = \begin{bmatrix} -\mathbf{E} & \mathbf{E} \\ \mathbf{0} & \mathbf{E} \end{bmatrix} \begin{bmatrix} \hat{\boldsymbol{z}}(t) \\ \boldsymbol{z}(t) \end{bmatrix} \tag{2.290}$$

verknüpft. Nunmehr liefern die Gln. (2.288) und (2.289) die Zustandsgleichung

$$\frac{\mathrm{d}}{\mathrm{d}t} \begin{bmatrix} \boldsymbol{w}(t) \\ \boldsymbol{z}(t) \end{bmatrix} = \begin{bmatrix} (\boldsymbol{A} - \boldsymbol{l}\,\boldsymbol{c}^{\mathrm{T}}) & \mathbf{0} \\ -\boldsymbol{b}\,\boldsymbol{k}^{\mathrm{T}} & (\boldsymbol{A} + \boldsymbol{b}\,\boldsymbol{k}^{\mathrm{T}}) \end{bmatrix} \begin{bmatrix} \boldsymbol{w}(t) \\ \boldsymbol{z}(t) \end{bmatrix} + \begin{bmatrix} \mathbf{0} \\ \boldsymbol{b} \end{bmatrix} x(t). \tag{2.291}$$

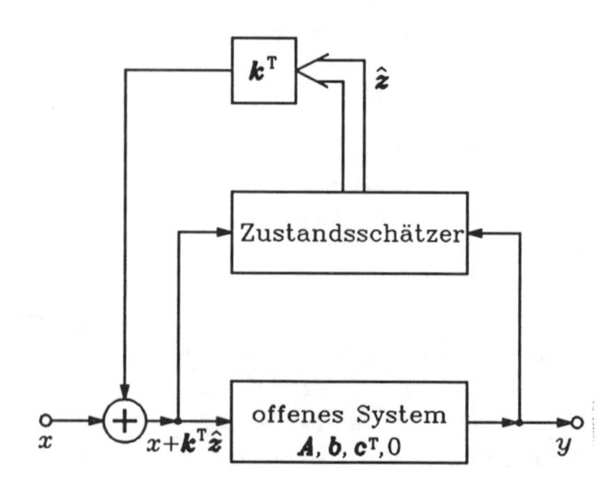


Bild 2.30: Zustandsrückkopplung mit Zustandsschätzer

Dieses Ergebnis lehrt, daß das charakteristische Polynom des Gesamtsystems mit dem Produkt der charakteristischen Polynome übereinstimmt, welche der Zustandsschätzer (mit der Systemmatrix $\boldsymbol{A} - \boldsymbol{l}\,\boldsymbol{c}^{\mathrm{T}}$) und das Rückkopplungssystem (mit der Systemmatrix $\boldsymbol{A} + \boldsymbol{b}\,\boldsymbol{k}^{\mathrm{T}}$) besitzen; man spricht hierbei von der Separationseigenschaft. Die Eigenwerte des Zustandsschätzers erscheinen also unverändert im Gesamtsystem, und die Eigenwerte des rückgekoppelten Systems sind unabhängig davon, ob der Zustandsvektor $\boldsymbol{z}(t)$ oder die Approximation $\hat{\boldsymbol{z}}(t)$ des Schätzers rückgekoppelt wird. Für die Praxis hat das zur Folge, daß die Zustandsrückführung und der Zustandsschätzer unabhängig voneinander entworfen werden können.

Es sei noch folgende Bemerkung gemacht: Wie aus den Gln. (2.284a,b) unter Berücksichtigung der speziellen Form des Vektors $\tilde{\boldsymbol{c}}^{\mathrm{T}}$ zu ersehen ist, wird die $q$-te Komponente des transformierten Zustandsvektors $\boldsymbol{\zeta}(t)$ direkt durch das Ausgangssignal $y(t)$ geliefert. Deshalb brauchen nur die Komponenten $\zeta_\mu(t)$ $(\mu = 1, 2, \ldots, q-1)$ geschätzt zu werden. Dies läßt sich stets mittels eines $(q-1)$-dimensionalen Schätzers erreichen.

Die beschriebene Methode der Zustandsbeobachtung läßt sich auf beobachtbare, lineare, zeitinvariante Systeme mit *mehreren* Eingängen und Ausgängen $(m \geqq 1, r \geqq 1)$

$$\frac{\mathrm{d}\boldsymbol{z}(t)}{\mathrm{d}t} = \boldsymbol{A}\,\boldsymbol{z}(t) + \boldsymbol{B}\,\boldsymbol{x}(t), \quad \boldsymbol{y}(t) = \boldsymbol{C}\,\boldsymbol{z}(t) \tag{2.292a,b}$$

erweitern. Man verfährt in dualer Weise wie bei der Zustandsgrößenrückkopplung für $m \geqq 1, r \geqq 1$. Wesentlich ist dabei, daß die Gln. (2.292a,b) durch eine Äquivalenztransformation gemäß den Gln. (2.23) und (2.26a-d) in $r$ derartiger Gleichungen mit jeweils nur einem Ausgangssignal überführt werden, so daß auf die transformierten Teilsysteme das oben entwickelte Verfahren zur Zustandsbeobachtung angewendet werden kann. Diese Vorgehensweise soll für interessierte Leser im folgenden skizziert werden.

Die Zeilen der Matrix $\boldsymbol{C}$, die der Einfachheit halber linear unabhängig seien, werden mit $\boldsymbol{c}_\mu^{\mathrm{T}}$ $(\mu = 1, 2, \ldots, r)$ bezeichnet. Sie liefern die Zeilen $\boldsymbol{c}_1^{\mathrm{T}}, \boldsymbol{c}_2^{\mathrm{T}}, \ldots, \boldsymbol{c}_r^{\mathrm{T}}, \boldsymbol{c}_1^{\mathrm{T}}\boldsymbol{A}, \boldsymbol{c}_2^{\mathrm{T}}\boldsymbol{A}, \ldots, \boldsymbol{c}_r^{\mathrm{T}}\boldsymbol{A}, \ldots, \boldsymbol{c}_1^{\mathrm{T}}\boldsymbol{A}^{q-1}, \ldots, \boldsymbol{c}_r^{\mathrm{T}}\boldsymbol{A}^{q-1}$ der Beobachtbarkeitsmatrix $\boldsymbol{V}$ nach der Gl. (2.116). Aus dieser Folge von Zeilen werden, von links nach rechts durchgehend, nur die linear unabhängigen beibehalten und die restlichen ausgeschieden. Diese verbleibenden (wegen der Beobachtbarkeit $q$) Zeilen werden jetzt umgeordnet, so daß die Reihenfolge

$$\boldsymbol{c}_1^{\mathrm{T}}, \boldsymbol{c}_1^{\mathrm{T}}\boldsymbol{A}, \ldots, \boldsymbol{c}_1^{\mathrm{T}}\boldsymbol{A}^{q_1-1}, \boldsymbol{c}_2^{\mathrm{T}}, \boldsymbol{c}_2^{\mathrm{T}}\boldsymbol{A}, \ldots, \boldsymbol{c}_2^{\mathrm{T}}\boldsymbol{A}^{q_2-1}, \boldsymbol{c}_3^{\mathrm{T}}, \ldots, \boldsymbol{c}_r^{\mathrm{T}}\boldsymbol{A}^{q_r-1}$$

entsteht. In dieser Reihenfolge werden die Zeilen zur nichtsingulären quadratischen Matrix $\boldsymbol{Q}$ der Ordnung $q = q_1 + q_2 + \cdots + q_r$ zusammengefaßt. Ihre Inverse wird durch die Spaltenvektoren folgendermaßen gekennzeichnet:

$$\boldsymbol{Q}^{-1} = [\boldsymbol{e}_{11}, \boldsymbol{e}_{12}, \ldots, \boldsymbol{e}_{1q_1}, \boldsymbol{e}_{21}, \boldsymbol{e}_{22}, \ldots, \boldsymbol{e}_{2q_2}, \ldots, \boldsymbol{e}_{rq_r}].$$

Aus $\boldsymbol{Q}\,\boldsymbol{Q}^{-1} = \mathbf{E}$ folgt die Beziehung

$$\boldsymbol{c}_\mu^{\mathrm{T}}\boldsymbol{A}^{\nu}\boldsymbol{e}_{\iota\kappa} = \begin{cases} 1 & \text{falls} \quad \mu = \iota \text{ und } \kappa = \nu + 1, \\ 0 & \text{sonst.} \end{cases} \tag{2.293}$$

Nun wird die quadratische Matrix der Ordnung $q$

$$\boldsymbol{M} := [\boldsymbol{e}_{1q_1}, \boldsymbol{A}\,\boldsymbol{e}_{1q_1}, \ldots, \boldsymbol{A}^{q_1-1}\boldsymbol{e}_{1q_1}, \boldsymbol{e}_{2q_2}, \ldots, \boldsymbol{A}^{q_2-1}\boldsymbol{e}_{2q_2}, \ldots, \boldsymbol{A}^{q_r-1}\boldsymbol{e}_{rq_r}] \tag{2.294}$$

eingeführt. Alle Spalten der Matrix $\boldsymbol{M}$ sind linear unabhängig. Um dies zu zeigen, nimmt man lineare Abhängigkeit an. Dann müssen reelle Zahlen $\alpha_{\iota\nu}$ $(\iota = 1, 2, \ldots, r;\ \nu = 0, 1, \ldots, q_\iota - 1)$existieren, die nicht alle verschwinden, so daß

$$\sum_{\iota,\nu} \alpha_{\iota\nu} \boldsymbol{A}^{\nu} \boldsymbol{e}_{\iota q_\iota} = \boldsymbol{0}$$

gilt. Multipliziert man diese Gleichung von links mit dem Zeilenvektor $\boldsymbol{c}_i^{\mathrm{T}} \boldsymbol{A}^{q_i - 1 - j}$, so folgt aufgrund von Gl. (2.293)

$$\alpha_{ij} = 0 .$$

Da dies für alle $i = 1, \ldots, r$ und $j = 0, \ldots, q_i - 1$ zutrifft, ist ein Widerspruch zu obiger Annahme gefunden, also sind die Spalten von $\boldsymbol{M}$ linear unabhängig. Das heißt, daß $\boldsymbol{M}$ nichtsingulär ist und daher eine Inverse besitzt. Es wird jetzt mit Hilfe der Matrix $\boldsymbol{M}$ aus Gl. (2.294) der Zustandsraum gemäß Gl. (2.23) transformiert, wobei der transformierte Zustandsvektor als

$$\boldsymbol{\zeta} = [\boldsymbol{\zeta}_1^{\mathrm{T}}, \boldsymbol{\zeta}_2^{\mathrm{T}}, \ldots, \boldsymbol{\zeta}_r^{\mathrm{T}}]^{\mathrm{T}} \quad \text{mit} \quad \boldsymbol{\zeta}_\iota^{\mathrm{T}} = [\zeta_{\iota 1}, \zeta_{\iota 2}, \ldots, \zeta_{\iota q_\iota}] \quad (\iota = 1, 2, \ldots, r)$$

geschrieben wird. Dann lassen sich die transformierten Gln. (2.292a,b), wie sich zeigt, direkt in der Form

$$\frac{\mathrm{d}\boldsymbol{\zeta}_\iota(t)}{\mathrm{d}t} = \widetilde{\boldsymbol{A}}_\iota \boldsymbol{\zeta}_\iota(t) + \widetilde{\boldsymbol{B}}_\iota \boldsymbol{x}(t) + \widetilde{\boldsymbol{G}}_\iota \boldsymbol{y}(t), \tag{2.295a}$$

$$y_\iota(t) = [0, 0, \ldots, 0, 1] \boldsymbol{\zeta}_\iota(t) \quad (\iota = 1, 2, \ldots, r) \tag{2.295b}$$

ausdrücken. Dieses Ergebnis besagt, daß jetzt $r$ Gleichungssysteme mit jeweils nur einem einzigen Ausgang vorliegen. Somit läßt sich auf jedes dieser Gleichungssysteme das oben entwickelte Verfahren zur Zustandsbeobachtung anwenden.

Die im Zusammenhang mit der Zustandsgrößenrückkopplung und der Zustandsbeobachtung erzielten Ergebnisse lassen sich unmittelbar auch auf den diskontinuierlichen Fall anwenden. Man beachte, daß sich die durchgeführten Überlegungen nur auf die Systemmatrizen $\boldsymbol{A}, \boldsymbol{B}, \boldsymbol{C}, \boldsymbol{D}$ bezogen und die linke Seite $\mathrm{d}\boldsymbol{z}(t)/\mathrm{d}t$ der Zustandsgleichung ebenso wie der kontinuierliche Zeitparameter $t$ keine wesentliche Rolle spielten. Daher brauchen diese nur durch die Verschiebeoperation $\boldsymbol{z}[n+1]$ bzw. $n$ ersetzt zu werden, ohne daß sonst wesentliche Änderungen zu machen wären.

## 5.4. OPTIMALE REGELUNG

In der Regelungstechnik und anderen Anwendungsbereichen der Systemtheorie treten Entwurfsprobleme auf, bei denen nicht nur qualitative Forderungen hinsichtlich des Stabilitätsverhaltens, des Einschwingverhaltens oder anderer Systemeigenschaften gestellt sind, sondern es wird vielmehr in einem bestimmten quantitativen Sinne ein bestmögliches Systemverhalten gefordert. Hierbei ist entscheidend, wie dieses Verhalten quantitativ bewertet wird. Die Wahl für ein geeignetes Maß zur Beschreibung des Systemverhaltens muß man einerseits unter dem Gesichtspunkt treffen, daß dadurch die gestellten Forderungen hinreichend gut berücksichtigt werden, andererseits unter dem Aspekt, daß die damit formulierte Problemstellung einer mathematischen Lösung zugeführt werden kann. Wenn sich, wie das häufig der Fall ist, beide Gesichtspunkte gleichzeitig nicht voll berücksichtigen lassen, muß ein Kompromiß gefunden werden. Im folgenden soll eine Klasse von Aufgaben der optimalen Regelung behandelt werden, wobei nicht in erster Linie eine mathematisch strenge Vorgehensweise angestrebt wird, sondern eine Darstellung der einschlägigen Methoden.

Es wird ein System betrachtet, das durch die Gl. (2.11a) beschrieben wird und zum Zeitpunkt $t_0$ einen vorgeschriebenen Zustand $\boldsymbol{z}(t_0) = \boldsymbol{z}_0$ hat. Bei einer großen Klasse von Problemen pflegt man nun das Systemverhalten durch das Funktional[1])

$$J[\boldsymbol{x}(t)] = S[\boldsymbol{z}(t_1), t_1] + \int_{t_0}^{t_1} L[\boldsymbol{z}(t), \boldsymbol{x}(t), t]\,\mathrm{d}t \tag{2.296}$$

zu bewerten. Dabei wird vorausgesetzt, daß die reellen skalaren Funktionen $S$ und $L$ stetig sind und stetige partielle Ableitungen erster Ordnung besitzen. Die Gl. (2.296) ist folgendermaßen zu lesen: Bei Vorgabe eines Eingangssignals $\boldsymbol{x}(t)$ in einem Intervall $t_0 \leqq t \leqq t_1$ ist aufgrund von Gl. (2.11a) und des vorgeschriebenen Anfangszustands $\boldsymbol{z}(t_0) = \boldsymbol{z}_0$ der Zustand $\boldsymbol{z}(t)$ im Zeitintervall $[t_0, t_1]$ gegeben, und man kann die rechte Seite der Gl. (2.296) bei Kenntnis der Funktionen $S$ und $L$ auswerten, so daß ein bestimmter reeller Zahlenwert $J[\boldsymbol{x}(t)]$ geliefert wird. Falls das System *linear* ist, also speziell durch die Gl. (2.12) beschrieben wird, wählt man vielfach als Funktional speziell

$$J[\boldsymbol{x}(t)] = \frac{1}{2}\boldsymbol{z}^{\mathrm{T}}(t_1)\boldsymbol{M}\boldsymbol{z}(t_1) + \frac{1}{2}\int_{t_0}^{t_1}[\boldsymbol{z}^{\mathrm{T}}(t)\boldsymbol{Q}(t)\boldsymbol{z}(t) + \boldsymbol{x}^{\mathrm{T}}(t)\boldsymbol{R}(t)\boldsymbol{x}(t)]\,\mathrm{d}t\,. \tag{2.297}$$

Dabei werden $\boldsymbol{M}, \boldsymbol{Q}(t), \boldsymbol{R}(t)$ (für jedes $t \geqq t_0$) als reelle, symmetrische, positiv-definite, quadratische Matrizen vorgeschrieben.[2]) Die Faktoren $1/2$ sind nur der späteren Bequemlichkeit wegen eingeführt.

Die nun zu lösende Aufgabe besteht darin, das Funktional $J[\boldsymbol{x}(t)]$, den sogenannten *Güteindex*, zum Minimum zu machen, d. h. jenes $\boldsymbol{x}(t)$ aus einer bestimmten Menge von Eingangssignalen zu finden, dem im oben beschriebenen Sinn der kleinstmögliche Wert $J$ zugewiesen ist. Im folgenden soll die Menge der zugelassenen Eingangssignale die Klasse der stückweise stetigen Vektorfunktionen sein, und für eine derartige Funktion $\boldsymbol{x}(t)$ wird unter $\|\boldsymbol{x}\|$ stets $\sup \|\boldsymbol{x}(t)\|$ bezüglich des betrachteten Intervalls $t_0 \leqq t \leqq t_1$ verstanden. Bei der Lösung des nunmehr formulierten Problems können zwei Möglichkeiten unterschieden werden: Die gesuchte Erregung $\boldsymbol{x}(t)$ wird als explizite Funktion der Zeit oder aber in Abhängigkeit vom Zustandsvektor $\boldsymbol{z}(t)$ geliefert. Die zweite Lösungsmöglichkeit ist dabei für die praktische Anwendung besonders interessant, da sie unmittelbar eine Realisierung aufgrund einer Zustandsgrößenrückkopplung erlaubt.

Man kann die Bedeutung der Aufgabe am Sonderfall des durch Gl. (2.297) eingeführten Güteindexes leicht veranschaulichen: Ein möglichst kleiner Wert $J$ bedeutet vereinfacht ausgedrückt,

(i) daß der Zustandsvektor $\boldsymbol{z}(t)$ am Ende des betrachteten Intervalls $[t_0, t_1]$ dem Nullzustand möglichst nahe kommt; denn der auf der rechten Seite von Gl. (2.297) an erster Stelle stehende Term ist eine positiv-definite quadratische Form in den Komponenten des Zustandsvektors $\boldsymbol{z}(t_1)$, welche den kleinstmöglichen Wert Null hat, falls $\boldsymbol{z}(t_1) = \boldsymbol{0}$ gilt,

(ii) daß die Komponenten des Zustandsvektors $\boldsymbol{z}(t)$ ebenso wie die des Eingangssignals $\boldsymbol{x}(t)$ in unterschiedlicher Bewertung im Überführungsintervall $[t_0, t_1]$ betraglich möglichst klein sein sollen; denn das auf der rechten Seite von Gl. (2.297) stehende Integral würde den kleinsten Wert Null genau erreichen, wenn $\|\boldsymbol{z}\| = \|\boldsymbol{x}\| = 0$ gilt.

---

[1]) Ein Funktional ist eine Vorschrift, durch die jedem Element einer bestimmten Funktionenmenge eine reelle Zahl zugewiesen wird.

[2]) Gelegentlich werden positiv-semidefinite Matrizen $\boldsymbol{M}$ und $\boldsymbol{Q}(t)$ zugelassen.

Zur Lösung der Aufgabe werden zwei Eingangssignale $\boldsymbol{x}(t)$ und $\boldsymbol{x}(t) + \delta\boldsymbol{x}(t)$ betrachtet, zu denen die Zustandsvektoren $\boldsymbol{z}(t)$ bzw. $\boldsymbol{z}(t) + \delta\boldsymbol{z}(t)$ mit dem fest vorgeschriebenen Anfangswert $\boldsymbol{z}_0$ gehören. Beiden Eingangssignalen sind individuelle Werte des Güteindexes zugeordnet, von deren Differenz die folgende Darstellung vorausgesetzt wird:

$$\Delta J = J[\boldsymbol{x}(t) + \delta\boldsymbol{x}(t)] - J[\boldsymbol{x}(t)] = \delta J[\boldsymbol{x}(t), \delta\boldsymbol{x}(t)] + \rho[\boldsymbol{x}(t), \delta\boldsymbol{x}(t)] \, \| \delta\boldsymbol{x} \| \,. \tag{2.298}$$

Dabei wird angenommen, daß $\delta J[\boldsymbol{x}(t), \delta\boldsymbol{x}(t)]$ ein lineares Funktional in $\delta\boldsymbol{x}(t)$ ist und $\rho[\boldsymbol{x}(t), \delta\boldsymbol{x}(t)]$ für $\| \delta\boldsymbol{x} \| \to 0$ gegen Null strebt. In diesem Sinne wird der Güteindex $J$ als differenzierbar vorausgesetzt. Man bezeichnet $\delta J[\boldsymbol{x}(t), \delta\boldsymbol{x}(t)]$ als *Variation* des Funktionals $J$ für $\boldsymbol{x}(t)$ bezüglich $\delta\boldsymbol{x}(t)$. Ersetzt man in Gl. (2.298) $\delta\boldsymbol{x}(t)$ durch $\alpha\,\delta\boldsymbol{x}(t)$ mit einer reellen Variablen $\alpha$, dann folgt aus dieser Gleichung, daß die Variation $\delta J$ auf folgende Weise berechnet werden kann:

$$\delta J[\boldsymbol{x}(t), \delta\boldsymbol{x}(t)] = \frac{\mathrm{d}}{\mathrm{d}\alpha} J[\boldsymbol{x}(t) + \alpha\,\delta\boldsymbol{x}(t)] \,|_{\alpha = 0} . \tag{2.299}$$

Der Güteindex besitzt ein (relatives) Minimum, wenn ein Eingangssignal $\tilde{\boldsymbol{x}}(t)$ existiert mit der folgenden Eigenschaft: Es gibt ein $\varepsilon > 0$, so daß für alle Eingangssignale $\boldsymbol{x}(t)$ mit

$$\| \boldsymbol{x} - \tilde{\boldsymbol{x}} \| < \varepsilon$$

die Ungleichung

$$J[\boldsymbol{x}(t)] \geqq J[\tilde{\boldsymbol{x}}(t)] \tag{2.300}$$

erfüllt ist. Aufgrund einer bekannten Aussage der Variationsrechnung ist hierzu notwendig, daß $\tilde{\boldsymbol{x}}(t)$ eine sogenannte Extremale ist, d. h., daß

$$\delta J[\tilde{\boldsymbol{x}}(t), \delta\boldsymbol{x}(t)] = 0 \quad \text{für alle } \delta\boldsymbol{x}(t) \tag{2.301}$$

erfüllt ist. Betrachtet man $J[\tilde{\boldsymbol{x}}(t) + \alpha\,\delta\boldsymbol{x}(t)]$ als Funktion von $\alpha$, dann folgt die Forderung nach Gl. (2.301) aus der Überlegung, daß diese Funktion an der Stelle $\alpha = 0$ ein (relatives) Minimum hat, wenn $\tilde{\boldsymbol{x}}(t)$ die Ungleichung (2.300) erfüllt. Es muß dann die Ableitung auf der rechten Seite von Gl. (2.299) für $\boldsymbol{x}(t) = \tilde{\boldsymbol{x}}(t)$ und alle $\delta\boldsymbol{x}(t)$ verschwinden.

Zur Anwendung der Forderung gemäß Gl. (2.301) auf den Güteindex $J[\boldsymbol{x}(t)]$ aus Gl. (2.296) müßte der Zustandsvektor $\boldsymbol{z}(t)$ aufgrund der Gl. (2.11a) in Abhängigkeit von $\boldsymbol{x}(t)$ ausgedrückt und in Gl. (2.296) substituiert werden. Da dies im allgemeinen mit großen Schwierigkeiten verbunden ist, wird der Güteindex so modifiziert, daß die zunächst als Nebenbedingung auftretende Zustandsgleichung (2.11a) im Funktional mit berücksichtigt wird. Hierzu bildet man mit Hilfe eines Vektors

$$\boldsymbol{\lambda}^{\mathrm{T}}(t) = [\lambda_1(t), \lambda_2(t), \ldots, \lambda_q(t)] ,$$

dessen Komponenten zunächst unbestimmte Funktionen, sogenannte *Lagrangesche Multiplikatoren* bedeuten, das erweiterte Funktional

$$J_e[\boldsymbol{x}(t), \boldsymbol{z}(t)] = S[\boldsymbol{z}(t_1), t_1] +$$

$$+ \int_{t_0}^{t_1} \left\{ L\,[\boldsymbol{z}(t), \boldsymbol{x}(t), t] + \boldsymbol{\lambda}^{\mathrm{T}}(t) \left[ \boldsymbol{f}\,[\boldsymbol{z}(t), \boldsymbol{x}(t), t] - \frac{\mathrm{d}\boldsymbol{z}(t)}{\mathrm{d}t} \right] \right\} \mathrm{d}t \,, \tag{2.302}$$

in dem $\boldsymbol{x}(t)$ und $\boldsymbol{z}(t)$ als frei wählbare Vektorfunktionen auftreten und das für alle Lösungen der Gl. (2.11a) mit dem Güteindex aus Gl. (2.296) übereinstimmt. Führt man noch die sogenannte *Hamiltonsche Funktion*

$$H(\boldsymbol{z}, \boldsymbol{x}, t) = L\,[\boldsymbol{z}, \boldsymbol{x}, t] + \boldsymbol{\lambda}^{\mathrm{T}} \boldsymbol{f}\,(\boldsymbol{z}, \boldsymbol{x}, t) \tag{2.303}$$

ein, bei der zur Vereinfachung der Schreibweise das Argument $t$ bei $\boldsymbol{x}$, $\boldsymbol{z}$ und $\boldsymbol{\lambda}$ weggelassen wurde, dann läßt sich die Gl. (2.302) durch partielle Integration auf die Form

$$J_e\,[\boldsymbol{x}(t), \boldsymbol{z}(t)] = S\,[\boldsymbol{z}(t_1), t_1] + \int_{t_0}^{t_1} \left\{ H(\boldsymbol{z}, \boldsymbol{x}, t) + \frac{\mathrm{d}\boldsymbol{\lambda}^{\mathrm{T}}}{\mathrm{d}t} \boldsymbol{z} \right\} \mathrm{d}t - [\boldsymbol{\lambda}^{\mathrm{T}}(t) \boldsymbol{z}(t)]_{t_0}^{t_1}$$

bringen. Entsprechend einer Variation $\delta\boldsymbol{x}(t)$ von $\boldsymbol{x}(t)$ und $\delta\boldsymbol{z}(t)$ von $\boldsymbol{z}(t)$ erhält man nun bei festen Werten $t_0$ und $t_1$ für das erweiterte Funktional die Variation

$$\delta J_e = \left[ \left( \frac{\partial S}{\partial \boldsymbol{z}} - \boldsymbol{\lambda}^{\mathrm{T}} \right) \delta \boldsymbol{z} \right]_{t=t_1} + \int_{t_0}^{t_1} \left[ \frac{\partial H}{\partial \boldsymbol{z}} \delta \boldsymbol{z} + \frac{\partial H}{\partial \boldsymbol{x}} \delta \boldsymbol{x} + \frac{\mathrm{d}\boldsymbol{\lambda}^{\mathrm{T}}}{\mathrm{d}t} \delta \boldsymbol{z} \right] \mathrm{d}t \,. \tag{2.304}$$

Dabei wurde berücksichtigt, daß $\delta\boldsymbol{z}(t_0) = \boldsymbol{0}$ gilt, weil von Anfang an $\boldsymbol{z}(t_0) = \boldsymbol{z}_0$ festliegt, und es wurden als Operatoren die Zeilenvektoren

$$\frac{\partial}{\partial \boldsymbol{x}} = \left[ \frac{\partial}{\partial x_1}, \frac{\partial}{\partial x_2}, \ldots, \frac{\partial}{\partial x_m} \right], \qquad \frac{\partial}{\partial \boldsymbol{z}} = \left[ \frac{\partial}{\partial z_1}, \frac{\partial}{\partial z_2}, \ldots, \frac{\partial}{\partial z_q} \right]$$

verwendet. Da $\delta\boldsymbol{x}(t)$ und $\delta\boldsymbol{z}(t)$ bei Berücksichtigung von $\delta\boldsymbol{z}(t_0) = \boldsymbol{0}$ in Gl. (2.304) als beliebige Funktionen gewählt werden dürfen, folgen hieraus gemäß Gl. (2.301) die Forderungen

$$\frac{\partial H}{\partial \boldsymbol{x}} = \boldsymbol{0} \quad \text{für} \quad t_0 \leqq t \leqq t_1 \,, \tag{2.305}$$

$$\frac{\mathrm{d}\boldsymbol{\lambda}^{\mathrm{T}}}{\mathrm{d}t} = -\frac{\partial H}{\partial \boldsymbol{z}} \quad \text{für} \quad t_0 \leqq t \leqq t_1 \,, \tag{2.306a}$$

$$\boldsymbol{\lambda}^{\mathrm{T}}(t_1) = \left. \frac{\partial S}{\partial \boldsymbol{z}} \right|_{t_1} . \tag{2.306b}$$

Die Beziehungen (2.305) und (2.306a,b) liefern in Verbindung mit Gl. (2.11a) und der Anfangsbedingung $\boldsymbol{z}(t_0) = \boldsymbol{z}_0$ bei gegebenen Zeitpunkten $t_0, t_1$ *notwendige* Bedingungen für eine Extremale. Man beachte, daß insgesamt $2q + m$ unbekannte Funktionen auftreten, nämlich die Zustandsvariablen $\tilde{z}_\mu$ ($\mu = 1, 2, \ldots, q$), die Lagrangeschen Multiplikatoren $\tilde{\lambda}_\mu$ ($\mu = 1, 2, \ldots, q$) und die Eingangsgrößen $\tilde{x}_\mu$ ($\mu = 1, 2, \ldots, m$), wobei das Symbol ~ jeweils das gesuchte Optimum kennzeichnet. Für diese Unbekannten liegen die $q$ skalaren Zustandsgleichungen (2.11a) mit der Anfangsbedingung $\boldsymbol{z}_0$, die $m$ skalaren Gln. (2.305) und die $q$ skalaren sogenannten adjungierten Gleichungen (2.306a) mit den Randbedingungen (2.306b) vor. Da die Lösungsfunktionen aufgrund notwendiger Bedingungen gewonnen werden, muß noch überprüft werden, ob tatsächlich ein Minimum des Güteindexes erreicht wird. Der nur von einer Änderung von $\boldsymbol{x}(t)$ herrührende Anteil der Variation des erweiterten Funktionals nach Gl. (2.304) kann in der Nähe des Optimums in erster Ordnung auch als Integral über die Differenz von $H(\tilde{\boldsymbol{z}}(t), \boldsymbol{u}(t), t)$ minus $H(\tilde{\boldsymbol{z}}(t), \tilde{\boldsymbol{x}}(t), t)$ mit $\boldsymbol{u}(t)$ aus der Umgebung der optimalen Lösung $\tilde{\boldsymbol{x}}(t)$ geschrieben werden. Da nach einer Minimierung des Güteindexes das erweiterte Funktional in der Umgebung des Optimums nicht abnehmen kann, muß für jedes feste $t$ im Intervall $[t_0, t_1]$ die Bedingung

$$H(\tilde{\boldsymbol{z}}(t), \boldsymbol{u}, t) \geqq H(\tilde{\boldsymbol{z}}(t), \tilde{\boldsymbol{x}}(t), t) \tag{2.307}$$

mit optimalem $\tilde{\boldsymbol{\lambda}}(t)$ für jeden Vektor $\boldsymbol{u}$ aus der Umgebung von $\tilde{\boldsymbol{x}}(t)$ verlangt werden (Pontryaginsches Prinzip der Minimierung der Hamiltonschen Funktion). Die Bedingung (2.307) entspricht der Forderung nach Gl. (2.305). Während die zu erfüllende Zustandsgleichung (2.11a) die Anfangsbedingung $\boldsymbol{z}(t_0) = \boldsymbol{z}_0$ besitzt, ist der adjungierten Differentialgleichung (2.306a) die Endbedingung (2.306b) zugewiesen.

Zusammenfassend besagt das Minimum-Prinzip: Bedeutet $\tilde{\boldsymbol{x}}(t)$ den optimalen Steuerungsvektor, der den Güteindex nach Gl. (2.296) minimiert, $\tilde{\boldsymbol{z}}(t)$ die entsprechende Zustandstrajektorie und $\tilde{\boldsymbol{\lambda}}(t)$ die adjungierte Trajektorie, so müssen diese folgende Bedingungen erfüllen:

(i) die Zustandsgleichung

$$\frac{\mathrm{d}\boldsymbol{z}(t)}{\mathrm{d}t} = \boldsymbol{f}(\boldsymbol{z}, \boldsymbol{x}, t) \quad \text{mit} \quad \boldsymbol{z}(t_0) = \boldsymbol{z}_0 ,$$

(ii) die adjungierte Gl. (2.306a) mit Endbedingung nach Gl. (2.306b),

(iii) die Minimum-Bedingung gemäß Gl. (2.305) bzw. (2.307).

Bisher wurde für den Zustandsvektor nur eine Anfangsbedingung gestellt. Man kann nun zusätzlich auch eine Endbedingung

$$z_\mu(t_1) = z_{\mu 1} \qquad (\mu = 1, 2, \ldots, s \leqq q) \tag{2.308}$$

für $s$ Komponenten des Zustandsvektors stellen. An den früheren Überlegungen ändert sich nur wenig. Da in Gl. (2.304) die ersten $r$ Komponenten von $\delta \boldsymbol{z}$ für $t = t_1$ verschwinden, ist die Gl. (2.306b) nur für die $(s+1)$-te, $(s+2)$-te, ... Komponente zu fordern. Formal kann man das so ausdrücken, daß Gl. (2.306b) auf beiden Seiten von rechts mit der Matrix $[\mathbf{0}, \mathbf{E}]^{\mathrm{T}}$ aus den $q - s$ letzten Spalten der Einheitsmatrix der Ordnung $q$ multipliziert wird. Für $q = s$ entfällt die Bedingung (2.306b) ganz. Die Bedingungen gemäß Gl. (2.308) und die verbleibenden Bedingungen nach Gl. (2.306b) bilden zusammen $q$ Einschränkungen, so daß deren Zahl erhalten bleibt. Vorauszusetzen ist hier noch, daß das Problem insgesamt "gutartig" formuliert ist; andernfalls können die Gl. (2.306a) und sogar die Hamiltonsche Funktion degenerieren.

*Beispiel:* Das klassische Beipsiel einer Optimierungsaufgabe mit Anfangs- und Endbedingungen ist das isoperimetrische Problem. In einem kartesischen $(t, z_1)$-Koordinatensystem soll durch die Punkte $(0, 0)$ und $(T, 0)$ eine Kurve mit vorgeschriebener Länge $l > T$ hindurchgelegt werden, so daß der Inhalt der Fläche zwischen dieser Kurve und der $t$-Achse im Intervall $(0, T)$ maximal wird (Bild 2.31). Durch Vorzeichenänderung des Funktionals läßt sich sofort aus einer Maximum- eine Minimumaufgabe bilden. Als Steuerungsgröße $x(t)$ wird die Steigung der gesuchten Kurve $z_1(t)$, als weitere Zustandsvariable $z_2(t)$ die Bogenlänge der Kurve vom Ursprung aus eingeführt. Damit erhält man die Zustandsgleichungen

Bild 2.31: Zur Erläuterung des isoperimetrischen Problems

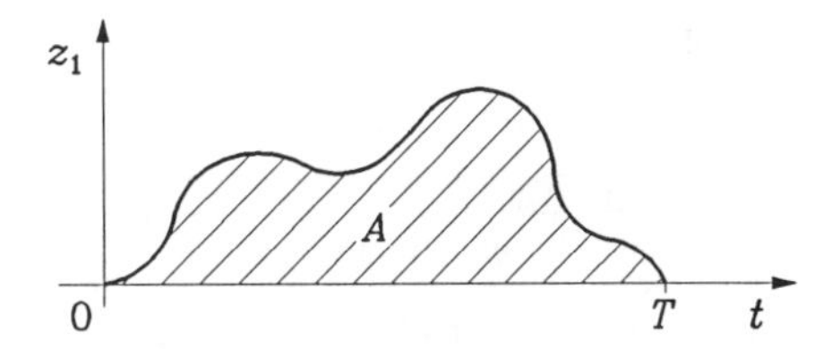


$$\frac{dz_1}{dt} = x\,, \quad \frac{dz_2}{dt} = \sqrt{1+x^2} \tag{2.309a,b}$$

mit den Anfangs- und Endbedingungen

$$z_1(0) = 0\,, \quad z_1(T) = 0 \tag{2.310a,b}$$

$$z_2(0) = 0\,, \quad z_2(T) = l\,. \tag{2.310c,d}$$

Das zu minimierende Funktional lautet

$$J = -\int_0^T z_1(t)\,dt\,. \tag{2.311}$$

Mit $L(\boldsymbol{z},\boldsymbol{x},t) = -z_1$ und $\boldsymbol{f}(\boldsymbol{z},\boldsymbol{x},t) = [x, \sqrt{1+x^2}]^T$ findet man zunächst nach Gl. (2.303) die Hamiltonsche Funktion

$$H(\boldsymbol{z},\boldsymbol{x},t) = -z_1 + \lambda_1 x + \lambda_2 \sqrt{1+x^2}\,,$$

welche gemäß Gl. (2.306a) mit $\partial H / \partial \boldsymbol{z} = [-1, 0]$ die adjungierten Gleichungen

$$\frac{d\lambda_1}{dt} = 1\,, \quad \frac{d\lambda_2}{dt} = 0 \tag{2.312a,b}$$

und gemäß Gl. (2.305) die Minimum-Bedingung

$$\frac{\partial H}{\partial x} = \lambda_1 + \frac{\lambda_2 x}{\sqrt{1+x^2}} = 0 \tag{2.313}$$

liefert. Gl. (2.306b) entfällt. Wie aus den Gln. (2.312a,b) zu erkennen ist, stellt $\lambda_1$ eine lineare Funktion in $t$ und $\lambda_2$ eine Konstante dar. Berücksichtigt man dies in Gl. (2.313), dann ergibt sich mit Gl. (2.309a) und $\dot{z}_1 := dz_1/dt$

$$\frac{\dot{z}_1}{\sqrt{1+\dot{z}_1^2}} = \frac{t-t_0}{R}\,, \tag{2.314a}$$

wobei $R$ und $t_0$ noch zu bestimmende Konstanten sind. Ersetzt man die Variable $t$ gemäß

$$\frac{t-t_0}{R} = \cos\varphi \quad (dt = -R\sin\varphi\,d\varphi) \tag{2.314b}$$

durch die Variable $\varphi$, so erhält die Gl. (2.314a) die Form

$$\frac{dz_1}{d\varphi} = \pm R\cos\varphi\,,$$

aus der zunächst

$$z_1 = \pm R\sin\varphi + z_{10}$$

und nach Rücksubstitution gemäß Gl. (2.314b)

$$z_1 = \pm R \sqrt{1 - \left(\frac{t - t_0}{R}\right)^2} + z_{10}$$

folgt, also die Lösung

$$(z_1 - z_{10})^2 + (t - t_0)^2 = R^2 .$$

Wie man sieht, stellt die Kurve eine Kreislinie dar. Die Konstanten $R, t_0, z_{10}$ lassen sich aus den Bedingungen nach den Gln. (2.310a,b,d) bestimmen.

Die gewonnenen Ergebnisse sollen nun auf den Fall des durch Gl. (2.12) gekennzeichneten *linearen* Systems angewendet werden, wobei das Systemverhalten durch den Güteindex nach Gl. (2.297) beschrieben wird. Die Hamiltonsche Funktion nach Gl. (2.303) hat hier die Form

$$H(\boldsymbol{z},\boldsymbol{x},t) = \frac{1}{2}\boldsymbol{z}^{\mathrm{T}}\boldsymbol{Q}(t)\boldsymbol{z} + \frac{1}{2}\boldsymbol{x}^{\mathrm{T}}\boldsymbol{R}(t)\boldsymbol{x} + \boldsymbol{\lambda}^{\mathrm{T}}[\boldsymbol{A}(t)\boldsymbol{z} + \boldsymbol{B}(t)\boldsymbol{x}], \qquad (2.315)$$

woraus man direkt die partiellen Ableitungen

$$\frac{\partial H}{\partial \boldsymbol{x}} = \boldsymbol{x}^{\mathrm{T}}\boldsymbol{R} + \boldsymbol{\lambda}^{\mathrm{T}}\boldsymbol{B} \qquad (2.316)$$

und

$$\frac{\partial H}{\partial \boldsymbol{z}} = \boldsymbol{z}^{\mathrm{T}}\boldsymbol{Q} + \boldsymbol{\lambda}^{\mathrm{T}}\boldsymbol{A} \qquad (2.317)$$

erhält. Führt man die Gln. (2.316), (2.317) in die Gln. (2.305) und (2.306a) ein, so entstehen die Beziehungen

$$\tilde{\boldsymbol{x}} = -\boldsymbol{R}^{-1}\boldsymbol{B}^{\mathrm{T}}\tilde{\boldsymbol{\lambda}}, \qquad (2.318)$$

$$\frac{\mathrm{d}\tilde{\boldsymbol{\lambda}}}{\mathrm{d}t} = -\boldsymbol{Q}\tilde{\boldsymbol{z}} - \boldsymbol{A}^{\mathrm{T}}\tilde{\boldsymbol{\lambda}} \qquad (2.319)$$

und, wenn man noch die Zustandsgleichung (2.12) heranzieht,

$$\frac{\mathrm{d}\tilde{\boldsymbol{z}}}{\mathrm{d}t} = \boldsymbol{A}\tilde{\boldsymbol{z}} - \boldsymbol{B}\boldsymbol{R}^{-1}\boldsymbol{B}^{\mathrm{T}}\tilde{\boldsymbol{\lambda}}. \qquad (2.320)$$

Die Gln. (2.319) und (2.320) lassen sich zusammenfassen zur Vektordifferentialgleichung

$$\frac{\mathrm{d}}{\mathrm{d}t}\begin{bmatrix}\tilde{\boldsymbol{z}}\\ \tilde{\boldsymbol{\lambda}}\end{bmatrix} = \begin{bmatrix}\boldsymbol{A} & -\boldsymbol{B}\boldsymbol{R}^{-1}\boldsymbol{B}^{\mathrm{T}}\\ -\boldsymbol{Q} & -\boldsymbol{A}^{\mathrm{T}}\end{bmatrix}\begin{bmatrix}\tilde{\boldsymbol{z}}\\ \tilde{\boldsymbol{\lambda}}\end{bmatrix}, \qquad (2.321)$$

wobei die Anfangsbedingung

$$\tilde{\boldsymbol{z}}(t_0) = \boldsymbol{z}_0$$

und nach Gl. (2.306b) mit $S = (1/2)\,\boldsymbol{z}^{\mathrm{T}}\boldsymbol{M}\boldsymbol{z}$ die Randbedingung

$$\tilde{\boldsymbol{\lambda}}(t_1) = \boldsymbol{M}\tilde{\boldsymbol{z}}(t_1) \qquad (2.322)$$

gestellt sind. Die Übergangsmatrix, die durch Gl. (2.321) festliegt, wird mit

$$\boldsymbol{\Phi}(t,t_1) = \begin{bmatrix}\boldsymbol{\Phi}_1(t,t_1) & \boldsymbol{\Phi}_2(t,t_1)\\ \boldsymbol{\Phi}_3(t,t_1) & \boldsymbol{\Phi}_4(t,t_1)\end{bmatrix} \qquad (2.323)$$

bezeichnet, so daß

$$\tilde{\boldsymbol{z}}(t) = \boldsymbol{\Phi}_1(t,t_1)\tilde{\boldsymbol{z}}(t_1) + \boldsymbol{\Phi}_2(t,t_1)\tilde{\boldsymbol{\lambda}}(t_1)$$

und

$$\tilde{\boldsymbol{\lambda}}(t) = \boldsymbol{\Phi}_3(t,t_1)\tilde{\boldsymbol{z}}(t_1) + \boldsymbol{\Phi}_4(t,t_1)\tilde{\boldsymbol{\lambda}}(t_1)$$

geschrieben werden kann. Ersetzt man in diesen Gleichungen $\tilde{\boldsymbol{\lambda}}(t_1)$ nach Gl. (2.322) durch $\boldsymbol{M}\tilde{\boldsymbol{z}}(t_1)$ und substituiert anschließend $\tilde{\boldsymbol{z}}(t_1)$ in der zweiten Gleichung durch die erste, dann ergibt sich

$$\tilde{\boldsymbol{\lambda}}(t) = [\boldsymbol{\Phi}_3(t,t_1) + \boldsymbol{\Phi}_4(t,t_1)\boldsymbol{M}]\,[\boldsymbol{\Phi}_1(t,t_1) + \boldsymbol{\Phi}_2(t,t_1)\boldsymbol{M}]^{-1}\,\tilde{\boldsymbol{z}}(t)$$

oder

$$\tilde{\boldsymbol{\lambda}}(t) = \boldsymbol{P}(t)\tilde{\boldsymbol{z}}(t) \tag{2.324}$$

mit

$$\boldsymbol{P}(t) = [\boldsymbol{\Phi}_3(t,t_1) + \boldsymbol{\Phi}_4(t,t_1)\boldsymbol{M}]\,[\boldsymbol{\Phi}_1(t,t_1) + \boldsymbol{\Phi}_2(t,t_1)\boldsymbol{M}]^{-1}\,. \tag{2.325}$$

Es kann gezeigt werden, daß die hierbei auftretende Inverse für alle $t_0 \leqq t \leqq t_1$ existiert, so daß die Gl. (2.324) stets Gültigkeit hat. Führt man Gl. (2.324) in Gl. (2.318) ein, dann erhält man schließlich

$$\tilde{\boldsymbol{x}}(t) = -\boldsymbol{R}^{-1}(t)\boldsymbol{B}^{\mathrm{T}}(t)\boldsymbol{P}(t)\tilde{\boldsymbol{z}}(t). \tag{2.326}$$

Mit Gl. (2.326) ist eine Extremale des Problems in Abhängigkeit vom zugehörigen Zustandsvektor gefunden. Diese Extremale ist eindeutig und liefert, wie sich zeigen läßt, in der Tat ein Minimum des betrachteten Güteindexes aus Gl. (2.297), das gegeben ist durch

$$J[\tilde{\boldsymbol{x}}(t)] = \frac{1}{2}\,\boldsymbol{z}_0^{\mathrm{T}}\,\boldsymbol{P}(t_0)\,\boldsymbol{z}_0\,.$$

Zur expliziten Angabe des Regelgesetzes nach Gl. (2.326) ist die Kenntnis der Matrix $\boldsymbol{P}(t)$ erforderlich, die ihrerseits die Bestimmung der Übergangsmatrix $\boldsymbol{\Phi}(t,t_1)$ aus Gl. (2.323) voraussetzt, was für zeitvariante Systeme im allgemeinen nur numerisch erfolgen kann. Zur Bestimmung der Matrix $\boldsymbol{P}(t)$ kann aber auch eine Differentialgleichung aufgestellt werden. Zur Herleitung dieser Gleichung wird Gl. (2.324) zunächst nach $t$ differenziert, und danach werden $\mathrm{d}\tilde{\boldsymbol{z}}(t)/\mathrm{d}t$, $\mathrm{d}\tilde{\boldsymbol{\lambda}}(t)/\mathrm{d}t$ und $\tilde{\boldsymbol{\lambda}}(t)$ aufgrund der Gln. (2.321) und (2.324) substituiert. Auf diese Weise erhält man die Beziehung

$$\left(\frac{\mathrm{d}\boldsymbol{P}}{\mathrm{d}t} + \boldsymbol{P}\boldsymbol{A} - \boldsymbol{P}\boldsymbol{B}\boldsymbol{R}^{-1}\boldsymbol{B}^{\mathrm{T}}\boldsymbol{P} + \boldsymbol{Q} + \boldsymbol{A}^{\mathrm{T}}\boldsymbol{P}\right)\tilde{\boldsymbol{z}}(t) = \boldsymbol{0}\,,$$

welche im gesamten Intervall $t_0 \leqq t \leqq t_1$ für beliebige Wahl des Anfangszustands bestehen muß. Damit ergibt sich für $\boldsymbol{P}(t)$ die (Riccatische) Matrizendifferentialgleichung

$$\frac{\mathrm{d}\boldsymbol{P}}{\mathrm{d}t} = \boldsymbol{P}\boldsymbol{B}\boldsymbol{R}^{-1}\boldsymbol{B}^{\mathrm{T}}\boldsymbol{P} - \boldsymbol{A}^{\mathrm{T}}\boldsymbol{P} - \boldsymbol{P}\boldsymbol{A} - \boldsymbol{Q} \tag{2.327a}$$

mit der Randbedingung

$$\boldsymbol{P}(t_1) = \boldsymbol{M}\,, \tag{2.327b}$$

die der Gl. (2.325) unter Verwendung der Eigenschaft $\boldsymbol{\Phi}(t_1,t_1) = \mathbf{E}$ entnommen werden kann. Da sowohl $\boldsymbol{P}$ also auch $\boldsymbol{P}^{\mathrm{T}}$ die Differentialgleichung (2.327a) erfüllt und $\boldsymbol{P}(t_1) = \boldsymbol{M} = \boldsymbol{P}^{\mathrm{T}}(t_1)$ gelten muß, folgt aus der Eindeutigkeit der Lösung einer Differentialgleichung mit gegebener Anfangsbedingung, daß $\boldsymbol{P}$ für alle $t$ $(t_0 \leqq t \leqq t_1)$ symmetrisch sein muß. Die Gl. (2.327a) enthält daher $q\,(q+1)/2$ skalare nichtlineare Differentialgleichungen erster Ordnung, die numerisch integriert werden können.

Es sollen noch die folgenden Bemerkungen gemacht werden:

1. Wendet man die oben abgeleiteten Ergebnisse auf den Sonderfall eines linearen, zeitinvarianten Systems an und verwendet man im Güteindex nach Gl. (2.297) von der Zeit unabhängige Matrizen $\boldsymbol{R}$ und $\boldsymbol{Q}$, dann ist die Matrix $-\boldsymbol{R}^{-1}\boldsymbol{B}^{\mathrm{T}}\boldsymbol{P}(t)$, durch welche der Zusammenhang zwischen der optimalen Erregung $\tilde{\boldsymbol{x}}(t)$ und dem zugehörigen Zustandsvektor $\tilde{\boldsymbol{z}}(t)$ gemäß Gl. (2.326) hergestellt wird, im allgemeinen von der Zeit abhängig, so daß das rückgekoppelte System zeitvariant wird. Es läßt sich jedoch zeigen, daß unter der Voraussetzung der Steuerbarkeit des Systems im Fall $t_1 = \infty$ mit $\boldsymbol{M} = \boldsymbol{0}$ stets eine optimale Lösung

$$\tilde{\boldsymbol{x}}(t) = -\boldsymbol{R}^{-1}\boldsymbol{B}^{\mathrm{T}}\,\bar{\boldsymbol{P}}\,\tilde{\boldsymbol{z}}(t)$$

mit einer eindeutigen, konstanten Matrix $\bar{\boldsymbol{P}}$ existiert, die als Grenzwert der Lösung $\boldsymbol{P}(t)$ der Riccatischen Matrizendifferentialgleichung (2.327a) für $t_1 \to \infty$ ermittelt werden kann.

2. Die Hamiltonsche Funktion $H(\boldsymbol{z},\boldsymbol{x},t)$ nach Gl. (2.303) ist für $\boldsymbol{x} = \tilde{\boldsymbol{x}}$ (und $\boldsymbol{z} = \tilde{\boldsymbol{z}}$) im Intervall $t_0 \leqq t \leqq t_1$ konstant, falls die in Gl. (2.303) auftretenden Funktionen $L$ und $\boldsymbol{f}$ nicht explizit von $t$ abhängen.

Die Richtigkeit dieser Aussage läßt sich dadurch nachweisen, daß man mit Gl. (2.303) den Differentialquotienten

$$\frac{\mathrm{d}H}{\mathrm{d}t} = \frac{\partial L}{\partial \boldsymbol{z}}\cdot\frac{\mathrm{d}\boldsymbol{z}}{\mathrm{d}t} + \frac{\partial L}{\partial \boldsymbol{x}}\cdot\frac{\mathrm{d}\boldsymbol{x}}{\mathrm{d}t} + \frac{\mathrm{d}\boldsymbol{\lambda}^{\mathrm{T}}}{\mathrm{d}t}\boldsymbol{f} + \boldsymbol{\lambda}^{\mathrm{T}}\left(\frac{\partial \boldsymbol{f}}{\partial \boldsymbol{z}}\cdot\frac{\mathrm{d}\boldsymbol{z}}{\mathrm{d}t} + \frac{\partial \boldsymbol{f}}{\partial \boldsymbol{x}}\,\frac{\mathrm{d}\boldsymbol{x}}{\mathrm{d}t}\right)$$

bildet. Ersetzt man $\boldsymbol{f}$ nach Gl. (2.11a) durch $\mathrm{d}\boldsymbol{z}/\mathrm{d}t$, faßt man dann alle Terme mit dem Faktor $\mathrm{d}\boldsymbol{z}/\mathrm{d}t$ und alle Terme mit dem Faktor $\mathrm{d}\boldsymbol{x}/\mathrm{d}t$ zusammen und beachtet man schließlich die Definitionsgleichung (2.303) für $H(\boldsymbol{z},\boldsymbol{x})$, dann entsteht die Beziehung

$$\frac{\mathrm{d}H}{\mathrm{d}t} = \left(\frac{\partial H}{\partial \boldsymbol{z}} + \frac{\mathrm{d}\boldsymbol{\lambda}^{\mathrm{T}}}{\mathrm{d}t}\right)\frac{\mathrm{d}\boldsymbol{z}}{\mathrm{d}t} + \frac{\partial H}{\partial \boldsymbol{x}}\cdot\frac{\mathrm{d}\boldsymbol{x}}{\mathrm{d}t}\,.$$

Führt man hier die Gln. (2.305) und (2.306a) ein, so ergibt sich $\mathrm{d}H/\mathrm{d}t = 0$ für $\boldsymbol{x} = \tilde{\boldsymbol{x}}$.

3. Bisher wurde angenommen, daß die Intervallgrenze $t_1$ festliegt. Es sind jedoch Probleme bekannt, bei denen $t_1$ als freie Variable zu betrachten ist. Ein Verzicht auf die Fixierung von $t_1$ hat in $\delta J_e$ aus Gl. (2.304) zur Folge, daß der Klammerausdruck außerhalb des Integrals durch den Ausdruck

$$\left[\left(H + \frac{\partial S}{\partial t}\right)\delta t_1\right]_{t=t_1}$$

zu ergänzen ist. In diesem Fall ergibt sich also bei der Bestimmung der Extremalen wegen der Wahlfreiheit in $\delta t_1$ die Forderung

$$\left[H + \frac{\partial S}{\partial t}\right]_{\substack{\boldsymbol{x}=\tilde{\boldsymbol{x}}\\ t=t_1}} = 0\,,$$

welche bei nicht spezifiziertem $\boldsymbol{z}(t_1)$, also beliebig wählbarem $\delta\boldsymbol{z}(t_1)$ zu den Bedingungen gemäß den Gln. (2.306b) hinzukommt und bei vorgeschriebenem $\boldsymbol{z}(t_1) = \boldsymbol{z}_1$ zusammen mit der Randbedingung $\tilde{\boldsymbol{z}}(t_1) = \boldsymbol{z}_1$ die Gln. (2.306b) ersetzt. Hierbei ist zu beachten, daß $t_1$ eine zusätzliche Unbekannte ist. Häufig hängt $S$ explizit nur von $\boldsymbol{z}(t_1)$ ab. Dann lautet obige zusätzliche Forderung einfach

$$H(\tilde{\boldsymbol{z}}(t_1), \tilde{\boldsymbol{x}}(t_1), t_1) = 0 .$$

Liegen aber $t_1$ und $\boldsymbol{z}(t_1) = \boldsymbol{z}_1$ fest, dann gilt $\delta t_1 = 0$ und $\delta \boldsymbol{z}(t_1) = \boldsymbol{0}$, und die Gln. (2.306b) werden einfach durch die Randbedingung $\tilde{\boldsymbol{z}}(t_1) = \boldsymbol{z}_1$ ersetzt.

*Beispiel:* Ein eindimensionales System sei durch die Zustandsgleichung

$$\frac{\mathrm{d}z}{\mathrm{d}t} = a\,z + b\,x \tag{2.328a}$$

mit nicht verschwindenden konstanten Parametern $a$ und $b$ gegeben. Das interessierende Zeitintervall sei $0 \leqq t \leqq 1$, und als Anfangsbedingung sei

$$z(0) = 1$$

vorgeschrieben. Das Eingangssignal soll derart bestimmt werden, daß der Güteindex

$$J[x(t)] = \frac{m}{2} z^2(1) + \int_0^1 x^2(t)\,\mathrm{d}t$$

mit $m > 0$ ein Minimum wird. Die Hamiltonsche Funktion nach Gl. (2.303) lautet hier

$$H(z, x) = x^2 + \lambda(a\,z + b\,x) . \tag{2.329}$$

Damit erhält man aufgrund der Gln. (2.306a,b)

$$\frac{\mathrm{d}\tilde{\lambda}}{\mathrm{d}t} = -a\tilde{\lambda}, \quad \tilde{\lambda}(1) = m\,\tilde{z}(1) \tag{2.328b,c}$$

und nach Gl. (2.305)

$$2\tilde{x} + b\tilde{\lambda} = 0 . \tag{2.328d}$$

Aus den Gln. (2.328a,b,d) ergibt sich gemäß Gl. (2.321) die Vektordifferentialgleichung

$$\frac{\mathrm{d}}{\mathrm{d}t}\begin{bmatrix} \tilde{z} \\ \tilde{\lambda} \end{bmatrix} = \begin{bmatrix} a & -\dfrac{b^2}{2} \\ 0 & -a \end{bmatrix} \begin{bmatrix} \tilde{z} \\ \tilde{\lambda} \end{bmatrix}$$

mit der Übergangsmatrix entsprechend Gl. (2.323)

$$\boldsymbol{\Phi}(t, 1) = \begin{bmatrix} \mathrm{e}^{a(t-1)} & \dfrac{b^2}{4a}\left[\mathrm{e}^{-a(t-1)} - \mathrm{e}^{a(t-1)}\right] \\ 0 & \mathrm{e}^{-a(t-1)} \end{bmatrix}. \tag{2.330}$$

Hieraus erhält man gemäß Gl. (2.325) die skalare Funktion

$$p(t) = \frac{m\,\mathrm{e}^{-a(t-1)}}{\mathrm{e}^{a(t-1)} + \dfrac{m\,b^2}{4a}\left[\mathrm{e}^{-a(t-1)} - \mathrm{e}^{a(t-1)}\right]}$$

und mit deren Hilfe die gesuchte optimale Lösung in Form des Regelgesetzes

$$\tilde{x}(t) = -\frac{2\,a\,b\,m\,\mathrm{e}^{-2a(t-1)}}{4a - m\,b^2 + m\,b^2\,\mathrm{e}^{-2a(t-1)}}\,\tilde{z}(t) = k(t)\,\tilde{z}(t) .$$

Durch Auflösung der hiermit aus Gl. (2.328a) gewonnenen rückgekoppelten Systemgleichung

$$\frac{\mathrm{d}\tilde{z}}{\mathrm{d}t} = a\,\tilde{z} + b\,k(t)\,\tilde{z} = [a + b\,k(t)]\,\tilde{z}$$

kann die optimale Lösung $\tilde{x}(t)$ auch explizit angegeben werden.

Ist im Gegensatz zur bisherigen Aufgabenstellung die Randbedingung $z(1) = 0$ vorgeschrieben, dann tritt anstelle von Gl. (2.328c) die Forderung $\tilde{z}(1) = 0$, und mit Hilfe der Übergangsmatrix aus Gl. (2.330) ergibt sich

$$\begin{bmatrix} \tilde{z}(t) \\ \tilde{\lambda}(t) \end{bmatrix} = \boldsymbol{\Phi}(t,1) \begin{bmatrix} 0 \\ \tilde{\lambda}(1) \end{bmatrix} = \tilde{\lambda}(1) \begin{bmatrix} \dfrac{b^2}{4a}\,[\mathrm{e}^{-a(t-1)} - \mathrm{e}^{a(t-1)}] \\ \mathrm{e}^{-a(t-1)} \end{bmatrix}. \tag{2.331}$$

Setzt man hier $t = 0$, dann liefert die Anfangsbedingung $\tilde{z}(0) = 1$ den Wert

$$\tilde{\lambda}(1) = \frac{4a}{b^2(\mathrm{e}^{a} - \mathrm{e}^{-a})}, \tag{2.332}$$

und damit ergibt sich

$$\tilde{\lambda}(t) = \frac{4a\,\mathrm{e}^{a}}{b^2(\mathrm{e}^{a} - \mathrm{e}^{-a})}\,\mathrm{e}^{-at}.$$

Mit Gl. (2.328d) folgt hieraus die optimale Lösung

$$\tilde{x}(t) = \frac{2a}{b}\,\frac{\mathrm{e}^{2a}}{1 - \mathrm{e}^{2a}}\,\mathrm{e}^{-at}. \tag{2.333}$$

Da durch die Gln. (2.331) und (2.332) auch die optimale Zustandsgröße $\tilde{z}(t)$ explizit bekannt ist, läßt sich durch Einsetzen in Gl. (2.329) verifizieren, daß die Hamiltonsche Funktion einen konstanten Wert hat, nämlich

$$H(z,x) = \frac{-4a^2\,\mathrm{e}^{2a}}{b^2\,(\mathrm{e}^{2a} - 1)^2}.$$

Abschließend soll noch auf eine interessante Querverbindung zur Steuerbarkeit hingewiesen werden. Im Abschnitt 3.4.2 wurde als Lösung der Steuerbarkeitsbedingung nach Gl. (2.100) explizit ein Eingangssignal $\boldsymbol{x}(t)$ angegeben. Wertet man die dortige Formel für den vorliegenden Fall mit $t_1 = 1$ und $z_0 = 1$ aus, dann erhält man ein $x(t)$, das mit der durch Gl. (2.333) gegebenen Extremalen $\tilde{x}(t)$ identisch ist. Dieses interessante Ergebnis läßt sich insofern auf den Fall des linearen, zeitinvarianten Systems mit mehreren Eingängen verallgemeinern, als das im Abschnitt 3.4.2 angegebene Eingangssignal

$$\boldsymbol{x}(t) = -\boldsymbol{B}^{\mathrm{T}}\,\mathrm{e}^{-\boldsymbol{A}^{\mathrm{T}}t}\,\boldsymbol{W}_S^{-1}(t_1)\,\boldsymbol{z}_0$$

den Anfangszustand $\boldsymbol{z}(0) = \boldsymbol{z}_0$ in den Endzustand $\boldsymbol{z}(t_1) = \boldsymbol{0}$ überführt und dabei den Güteindex

$$J[\boldsymbol{x}(t)] = \int_0^{t_1} \boldsymbol{x}^{\mathrm{T}}(t)\,\boldsymbol{x}(t)\,\mathrm{d}t$$

zum Minimum macht.

**Ergänzende Bemerkung**

Die behandelten Probleme der optimalen Regelung lassen sich auch für diskontinuierliche Systeme

$$\boldsymbol{z}[n+1] = \boldsymbol{f}(\boldsymbol{z}[n], \boldsymbol{x}[n], n), \quad \boldsymbol{z}[n_0] = \boldsymbol{z}_0 \tag{2.334a,b}$$

formulieren. Als Funktional zur Bewertung des Systems kann man

$$J(\boldsymbol{x}[n]) = S(\boldsymbol{z}[n_1], n_1) + \sum_{n=n_0}^{n_1-1} L(\boldsymbol{z}[n], \boldsymbol{x}[n], n) \tag{2.335}$$

verwenden. Um die Systemgleichung (2.334a) bei der Optimierung zu berücksichtigen, wird mit einer adjungierten Vektorfunktion $\boldsymbol{\lambda}[n]$ das erweiterte Funktional

$$J_\mathrm{e}(\boldsymbol{x}[n], \boldsymbol{z}[n]) = S(\boldsymbol{z}[n_1], n_1) + \sum_{n=n_0}^{n_1-1} \{L(\boldsymbol{z}[n], \boldsymbol{x}[n], n)$$
$$+ \boldsymbol{\lambda}^\mathrm{T}[n+1][\boldsymbol{f}(\boldsymbol{z}[n], \boldsymbol{x}[n], n) - \boldsymbol{z}[n+1]]\}$$

eingeführt. Mit der Hamiltonschen Funktion

$$H(\boldsymbol{z}[n], \boldsymbol{x}[n], n) := L(\boldsymbol{z}[n], \boldsymbol{x}[n], n) + \boldsymbol{\lambda}^\mathrm{T}[n+1]\boldsymbol{f}(\boldsymbol{z}[n], \boldsymbol{x}[n], n) \tag{2.336}$$

erhält man nun für das erweiterte Funktional

$$J_\mathrm{e}(\boldsymbol{x}[n], \boldsymbol{z}[n]) = S(\boldsymbol{z}[n_1], n_1) + \sum_{n=n_0}^{n_1-1} \{H(\boldsymbol{z}[n], \boldsymbol{x}[n], n) - \boldsymbol{\lambda}^\mathrm{T}[n]\boldsymbol{z}[n]\}$$
$$- \boldsymbol{\lambda}^\mathrm{T}[n_1]\boldsymbol{z}[n_1] + \boldsymbol{\lambda}^\mathrm{T}[n_0]\boldsymbol{z}[n_0].$$

Nun bildet man wie im kontinuierlichen Fall die Variation dieses Funktionals

$$\delta J_\mathrm{e} = \left[\left(\frac{\partial S}{\partial \boldsymbol{z}} - \boldsymbol{\lambda}^\mathrm{T}\right)\delta\boldsymbol{z}\right]_{n=n_1} + \sum_{n=n_0}^{n_1-1}\left[\frac{\partial H}{\partial \boldsymbol{z}}\delta\boldsymbol{z} + \frac{\partial H}{\partial \boldsymbol{x}}\delta\boldsymbol{x} - \boldsymbol{\lambda}^\mathrm{T}[n]\,\delta\boldsymbol{z}\right].$$

Dabei wurde $\delta\boldsymbol{z}[n_0] = \boldsymbol{0}$ berücksichtigt. Dieser Variation entnimmt man unmittelbar als Forderung für ein Extremum von $J$ die Bedingungen

$$\frac{\partial H}{\partial \boldsymbol{x}} = \boldsymbol{0} \quad \text{für} \quad n_0 \leqq n < n_1\,, \tag{2.337}$$

$$\boldsymbol{\lambda}^\mathrm{T}[n] = \frac{\partial H}{\partial \boldsymbol{z}} \quad \text{für} \quad n_0 \leqq n < n_1\,, \tag{2.338a}$$

$$\boldsymbol{\lambda}^\mathrm{T}[n_1] = \left.\frac{\partial S}{\partial \boldsymbol{z}}\right|_{n=n_1}. \tag{2.338b}$$

Die Gl. (2.338a) stellt die adjungierte Differentialgleichung dar, Gl. (2.338b) die zugehörige Endbedingung. Neben den Gln. (2.337) und (2.338a,b) ist Gl. (2.334a) mit der Anfangsbedingung nach Gl. (2.334b) zu erfüllen.

*Beispiel:* Eine gegebene reelle Zahl $A$ (beispielsweise ein bestimmter Geldbetrag) soll in $m$ Teile $x[n]$ $(n = 0, 1, \ldots, m-1)$ aufgeteilt werden, so daß also

$$\sum_{n=0}^{m-1} x[n] = A \tag{2.339}$$

gilt. Jeder Teil $x[n]$ wird mit einer (Investitions-) Funktion $L(x[n])$ bewertet, und als Gesamtbewertung für die Aufteilung wird das Funktional

$$J = \sum_{n=0}^{m-1} L(x[n])$$

definiert. Es soll nun $J$ maximiert bzw. $-J$ minimiert werden. Zur Lösung dieser Aufgabe wird eine Zustandsgröße $z[n]$ derart eingeführt, daß ihre Abnahme $z[n] - z[n+1]$ mit $x[n]$ übereinstimmt. Dann gilt die Zustandsgleichung

$$z[n+1] = z[n] - x[n]$$

mit den Randbedingungen

$$z[0] = A \quad \text{und} \quad z[m] = 0 .$$

Damit kann das Funktional $J$ mit einer frei wählbaren Konstante $\gamma_0$ in der Form

$$J = \gamma_0 z[m] + \sum_{n=0}^{m-1} L(x[n])$$

geschrieben werden. Die Hamiltonsche Funktion lautet gemäß Gl. (2.336)

$$H(z[n], x[n], n) = L(x[n]) + \lambda[n+1](z[n] - x[n]) .$$

Damit erhält man nach den Gln. (2.337) und (2.338a,b)

$$\frac{\partial L}{\partial x} - \lambda[n+1] = 0 \quad (0 \leqq n \leqq m-1) , \tag{2.340}$$

$$\lambda[n] = \lambda[n+1] \quad (0 \leqq n \leqq m-1) , \tag{2.341a}$$

$$\lambda[m] = \gamma_0 . \tag{2.341b}$$

Aus den Gln. (2.341a,b) folgt die Lösung

$$\lambda[n] = \gamma_0 = \text{const} \ (0 \leqq n \leqq m) . \tag{2.342}$$

Aus Gl. (2.340) erhält man nun die Beziehung

$$\frac{\partial L}{\partial x} = \gamma_0 \quad (0 \leqq n \leqq m-1) \tag{2.343}$$

zur Ermittlung von $x[n]$. Wählt man beispielsweise

$$L(x[n]) = x^p[n] \quad (p > 0,\ p \neq 1) ,$$

dann liefert die Gl. (2.343)

$$x[n] = (\gamma_0 / p)^{1/(p-1)} = \text{const} \quad (0 \leqq n \leqq m-1) ,$$

mit Gl. (2.339) ergibt sich schließlich

$$x[n] = A / m .$$

# III. SPEKTRALANALYSE KONTINUIERLICHER SIGNALE UND SYSTEME

Im Kapitel I gelang es, kontinuierliche Signale sowohl mittels der Sprungfunktion $s(t)$ als auch mit Hilfe der Deltafunktion $\delta(t)$ jeweils durch ein Superpositionsintegral darzustellen. Diese Darstellungen ermöglichten es dann, grundlegende Beziehungen zwischen Eingangssignal und Ausgangssignal eines linearen kontinuierlichen Systems anzugeben. Dabei erwiesen sich die Sprungantwort ebenso wie die Impulsantwort des betreffenden Systems als Systemcharakteristiken. Ausgangspunkt für die Betrachtungen im folgenden Kapitel ist die Möglichkeit, kontinuierliche Signale auch mit Hilfe des Standardsignals $e^{j\omega t}$ durch ein Superpositionsintegral darzustellen. Diese Darstellung – man spricht von Repräsentation mittels der Fourier-Transformierten – führt dann zu einer weiteren fundamentalen Verknüpfung von Eingangsgröße und Ausgangsgröße eines linearen kontinuierlichen Systems, die als Alternative zu den entsprechenden Beziehungen aus Kapitel I betrachtet werden darf und neuartige Einsichten in die Struktur der Signale und Systeme bietet. In diesem Zusammenhang ergibt sich die Übertragungsfunktion als weitere Systemcharakteristik.

## 1. Die Übertragungsfunktion

In diesem Abschnitt wird die Übertragungsfunktion eingeführt und damit zugleich eine systemtheoretische Motivation für die Fourier-Transformation gegeben.

Es wird ein lineares und zeitinvariantes kontinuierliches System mit einem Eingang und einem Ausgang betrachtet, das über die Impulsantwort $h(t)$ (man vergleiche insbesondere die Gl. (1.57)) durch die Beziehung

$$y(t) = \int_{-\infty}^{\infty} x(t-\vartheta)\, h(\vartheta)\, d\vartheta \tag{3.1}$$

beschrieben werden kann. Dabei ist wie bisher $x(t)$ das Eingangssignal, und $y(t)$ stellt das Ausgangssignal dar. Um in jedem Fall die Existenz des Ausgangssignals $y(t)$ zu sichern, soll die Stabilität des Systems im Sinne der Ungleichungen (1.14a,b) vorausgesetzt werden. Das hat die absolute Integrierbarkeit der Impulsantwort zur Folge, d. h. die Existenz des Integrals $I$ von Gl. (1.63). Nun wird als Eingangssignal speziell die kontinuierliche harmonische Exponentielle

$$x(t) = e^{j\omega t} \tag{3.2a}$$

gewählt, die bereits vom Zeitpunkt $t = -\infty$ an auf das System einwirkt. Nach Gl. (3.1) gewinnt man als entsprechendes Ausgangssignal

$$y(t) = \int_{-\infty}^{\infty} e^{j\omega(t-\vartheta)}\, h(\vartheta)\, d\vartheta$$

oder

$$y(t) = e^{j\omega t} \int_{-\infty}^{\infty} h(\vartheta)\, e^{-j\omega\vartheta}\, d\vartheta . \tag{3.2b}$$

Man pflegt das in Gl. (3.2b) stehende, nicht von der Zeit und nur von der Kreisfrequenz $\omega$ abhängige Integral als Funktion $H(\mathrm{j}\omega)$ abzukürzen:

$$H(\mathrm{j}\omega) := \int_{-\infty}^{\infty} h(\vartheta)\, \mathrm{e}^{-\mathrm{j}\omega\vartheta}\, \mathrm{d}\vartheta . \tag{3.3}$$

Diese Funktion heißt *Übertragungsfunktion* des betrachteten Systems, da sie ähnlich wie die Impulsantwort $h(t)$ im Zeitbereich das Übertragungsverhalten des Systems im sogenannten Frequenzbereich charakterisiert, wie im einzelnen noch gezeigt wird. Die Gl. (3.2b) besagt, daß ein lineares, zeitinvariantes und stabiles kontinuierliches System auf eine im Zeitpunkt $t = -\infty$ einsetzende harmonische Exponentielle $\mathrm{e}^{\mathrm{j}\omega t}$ mit einer gleichartigen Funktion reagiert, nämlich mit $H(\mathrm{j}\omega)\,\mathrm{e}^{\mathrm{j}\omega t}$. Die auftretende Proportionalitätskonstante ist die nur von der Frequenz abhängige Übertragungsfunktion $H(\mathrm{j}\omega)$. Weiterhin besagt die Gl. (3.2b) in Verbindung mit Gl. (3.2a), daß die Übertragungsfunktion eines linearen, zeitinvarianten und stabilen Systems [1] als Quotient von Ausgangs- zu Eingangssignal gedeutet werden kann, sofern das Eingangssignal die Form von Gl. (3.2a) hat:

$$H(\mathrm{j}\omega) = \left. \frac{y(t)}{x(t)} \right|_{x(t) = \mathrm{e}^{\mathrm{j}\omega t}} . \tag{3.4}$$

Wird ein System der betrachteten Art durch die Differentialgleichung

$$\frac{\mathrm{d}^q y}{\mathrm{d}t^q} + \alpha_{q-1} \frac{\mathrm{d}^{q-1} y}{\mathrm{d}t^{q-1}} + \cdots + \alpha_0 y = \beta_q \frac{\mathrm{d}^q x}{\mathrm{d}t^q} + \beta_{q-1} \frac{\mathrm{d}^{q-1} x}{\mathrm{d}t^{q-1}} + \cdots + \beta_0 x$$

dargestellt, so erhält man hieraus aufgrund der Gln. (3.2a,b) für die Übertragungsfunktion $H(\mathrm{j}\omega)$ nach Gl. (3.3) die Darstellung

$$H(\mathrm{j}\omega) = \frac{\beta_q (\mathrm{j}\omega)^q + \beta_{q-1} (\mathrm{j}\omega)^{q-1} + \cdots + \beta_0}{(\mathrm{j}\omega)^q + \alpha_{q-1} (\mathrm{j}\omega)^{q-1} + \cdots + \alpha_0} . \tag{3.5}$$

Dies ist eine rationale Funktion in $\mathrm{j}\omega$. Ersetzt man die Größe $\mathrm{j}\omega$ in Gl. (3.5) durch $p$, dann kann die Funktion $H(p)$ bis auf einen konstanten Faktor durch ihre Pole und Nullstellen in der komplexen $p$-Ebene vollständig charakterisiert werden. Der Nennerausdruck in Gl. (3.5) stellt als Funktion von $p$ das charakteristische Polynom des Systems dar, dessen Nullstellen wegen der vorausgesetzten Stabilität nach Kapitel II ausnahmslos in der linken Hälfte der $p$-Ebene ($\operatorname{Re} p < 0$) liegen.

Läßt man nun die Eigenschaft der Zeitinvarianz fallen und betrachtet man ein lineares, im allgemeinen zeitvariantes und stabiles System mit *einem* Eingang und *einem* Ausgang, so tritt an die Stelle von Gl. (3.1) zunächst die Relation

$$y(t) = \int_{-\infty}^{\infty} x(\tau)\, h(t, \tau)\, \mathrm{d}\tau \tag{3.6a}$$

(man vergleiche Gl. (1.51)). Es empfiehlt sich, den "Einschaltparameter" $\tau$ durch die Größe $\vartheta = t - \tau$ zu ersetzen. Dann erhält man mit der Impulsantwort

---

[1] Die Stabilität stellt keine notwendige Voraussetzung für die Existenz der Übertragungsfunktion $H(\mathrm{j}\omega)$ dar (man vergleiche die Bemerkungen nach Satz III.1). Es gibt auch instabile Systeme, für die $H(\mathrm{j}\omega)$ existiert. Ein Beispiel bildet der ideale Tiefpaß (Abschnitt 2.3).

$$h(t, t-\vartheta) =: b(t, \vartheta)$$

aus Gl. (3.6a) die Darstellung

$$y(t) = \int_{-\infty}^{\infty} x(t-\vartheta)\, b(t, \vartheta)\, d\vartheta \,. \tag{3.6b}$$

Nun wird auch hier das im Zeitpunkt $t = -\infty$ einsetzende harmonische Eingangssignal nach Gl. (3.2a) betrachtet. Nach Gl. (3.6b) wird dann das zugehörige Ausgangssignal

$$y(t) = e^{j\omega t} \int_{-\infty}^{\infty} b(t, \vartheta)\, e^{-j\omega\vartheta}\, d\vartheta \,. \tag{3.7}$$

Das hierbei auftretende Integral

$$H(j\omega, t) := \int_{-\infty}^{\infty} b(t, \vartheta)\, e^{-j\omega\vartheta}\, d\vartheta \tag{3.8}$$

wird als *verallgemeinerte Übertragungsfunktion* eingeführt, die nun allerdings außer von der Kreisfrequenz $\omega$ auch noch von der Zeit $t$ abhängt. Diese Funktion geht bei Zeitinvarianz in die Übertragungsfunktion $H(j\omega)$ nach Gl. (3.3) über. Aufgrund der Gln. (3.2a) und (3.7) weist die durch Gl. (3.8) definierte Übertragungsfunktion $H(j\omega, t)$ ebenfalls die Eigenschaft gemäß Gl. (3.4) auf, d. h.

$$H(j\omega, t) = \left. \frac{y(t)}{x(t)} \right|_{x(t) = e^{j\omega t}} . \tag{3.9}$$

Eine weitere Eigenschaft der Übertragungsfunktion eines reellen kontinuierlichen Systems läßt sich direkt der Definitionsgleichung (3.8) entnehmen:

$$H^*(j\omega, t) = H(-j\omega, t) \,. \tag{3.10}$$

Da die Übertragungsfunktion im allgemeinen eine komplexwertige Funktion ist, pflegt man auch

$$H(j\omega, t) = A(\omega, t)\, e^{-j\Theta(\omega, t)} \tag{3.11a}$$

oder

$$H(j\omega, t) = R(\omega, t) + jX(\omega, t) \tag{3.11b}$$

zu schreiben. Dabei ist $A(\omega, t)$ die Amplitudenfunktion, und $\Theta(\omega, t)$ stellt die Phasenfunktion [1] dar. Im zeitinvarianten Fall entfallen die Abhängigkeiten von der Variablen $t$; statt $A(\omega, t)$, $\Theta(\omega, t)$, $R(\omega, t)$ und $X(\omega, t)$ schreibt man dann einfach $A(\omega)$, $\Theta(\omega)$, $R(\omega)$ bzw. $X(\omega)$.

Es soll jetzt noch die Reaktion eines linearen, im allgemeinen zeitvarianten und stabilen kontinuierlichen Systems auf das bei $t = -\infty$ einsetzende Eingangssignal

$$x(t) = \cos \omega t \equiv \frac{1}{2} [e^{j\omega t} + e^{-j\omega t}] \tag{3.12}$$

---

[1] Aus Gründen, die erst später (insbesondere Abschnitt 2.3) deutlich werden, ist es üblich, als Phase einer Übertragungsfunktion die negative Argumentfunktion zu wählen. Zur Vermeidung von Mißverständnissen wird hierbei stets die Bezeichnung $\Theta$ verwendet im Gegensatz zum Symbol $\Phi$ für die Argumentfunktion.

ermittelt werden. Aus Gl. (3.9) gewinnt man die Reaktion auf das Signal $x_1(t) = \mathrm{e}^{\,\mathrm{j}\omega t}$ als

$$y_1(t) := T[\mathrm{e}^{\,\mathrm{j}\omega t}] = H(\mathrm{j}\omega,t)\,\mathrm{e}^{\,\mathrm{j}\omega t}. \tag{3.13a}$$

Entsprechend erhält man die Antwort auf das Eingangssignal $x_2(t) = \mathrm{e}^{\,-\mathrm{j}\omega t}$ als

$$y_2(t) := T[\mathrm{e}^{\,-\mathrm{j}\omega t}] = H(-\mathrm{j}\omega,t)\,\mathrm{e}^{\,-\mathrm{j}\omega t}. \tag{3.13b}$$

Da $x(t)$ nach Gl. (3.12) das arithmetische Mittel der den Ausgangssignalen von Gln. (3.13a,b) entsprechenden Eingangsgrößen ist, erhält man wegen der Linearität des Systems

$$y(t) = T[\cos\omega t] = \frac{1}{2}[y_1(t) + y_2(t)] = \frac{1}{2}[H(\mathrm{j}\omega,t)\,\mathrm{e}^{\,\mathrm{j}\omega t} + H(-\mathrm{j}\omega,t)\,\mathrm{e}^{\,-\mathrm{j}\omega t}]$$

oder mit Gl. (3.10)

$$y(t) = \mathrm{Re}[H(\mathrm{j}\omega,t)\,\mathrm{e}^{\,\mathrm{j}\omega t}].$$

Bei Verwendung von Gl. (3.11a) wird schließlich

$$T[\cos\omega t] = A(\omega,t)\cos[\omega t - \Theta(\omega,t)]. \tag{3.14a}$$

Im Fall der Zeitinvarianz lautet dieses Ausgangssignal

$$T[\cos\omega t] = A(\omega)\cos[\omega t - \Theta(\omega)]. \tag{3.14b}$$

Die Gl. (3.14b) besagt: Ein harmonisches Eingangssignal der Kreisfrequenz $\omega$ ruft im stationären Zustand (Einschaltung bei $t = -\infty$) am Ausgang eines reellen, linearen, zeitinvarianten und stabilen kontinuierlichen Systems ein harmonisches Ausgangssignal *gleicher* Kreisfrequenz hervor. Das Eingangssignal und das Ausgangssignal unterscheiden sich nur in der Amplitude und in der Nullphase. Lineare, zeitvariante Systeme besitzen diese Eigenschaft im allgemeinen nicht mehr, wie die Gl. (3.14a) erkennen läßt.

Man kann die Definitionsgleichung (3.3) bzw. (3.8) der Übertragungsfunktion als Operation betrachten, welche die Impulsantwort aus dem Zeitbereich in die Übertragungsfunktion im Frequenzbereich transformiert. Diese Transformation ist allgemein als *Fourier-Transformation* bekannt. In diesem Sinne ist die Übertragungsfunktion die Fourier-Transformierte der entsprechenden Impulsantwort. Im folgenden Abschnitt soll der Übergang vom Zeitbereich in den Frequenzbereich näher untersucht werden.

## 2. Die Fourier-Transformation

### 2.1. TRANSFORMATION STETIGER FUNKTIONEN

Es sei an die Möglichkeit erinnert, eine stetige Funktion $f(t)$ aufgrund der Ausblendeigenschaft der $\delta$-Funktion darzustellen:

$$f(t) = \int_{-\infty}^{\infty} f(\tau)\,\delta(t-\tau)\,\mathrm{d}\tau. \tag{3.15}$$

Diese Gleichung hat nur im Rahmen des Distributionen-Begriffs eine strenge mathematische Bedeutung. Weiterhin sei die folgende bekannte Grenzwert-Darstellung der $\delta$-Funktion genannt (man vergleiche den Anhang A):

$$\delta(t) = \lim_{\Omega\to\infty} \delta_\Omega(t) \quad \text{mit} \quad \delta_\Omega(t) := \frac{1}{2\pi}\int_{-\Omega}^{\Omega} \mathrm{e}^{\,\mathrm{j}\omega t}\,\mathrm{d}\omega = \frac{\sin\Omega t}{\pi t}. \tag{3.16a,b}$$

Man schreibt anstelle der Gln. (3.16a,b) oft kurz

$$\delta(t) = \frac{1}{2\pi}\int_{-\infty}^{\infty} \mathrm{e}^{\,\mathrm{j}\omega t}\,\mathrm{d}\omega. \tag{3.17}$$

Es wird nun in Gl. (3.15) für die (verallgemeinerte) Funktion $\delta(t-\tau)$ die (gewöhnliche) Funktion $\delta_\Omega(t-\tau)$ gemäß Gl. (3.16b) eingeführt. Dann erhält man statt $f(t)$ die Funktion

$$f_\Omega(t) = \int_{-\infty}^{\infty} f(\tau)\,\delta_\Omega(t-\tau)\,\mathrm{d}\tau. \tag{3.18a}$$

Diese Funktion strebt unter bestimmten Voraussetzungen über $f(t)$ für $\Omega\to\infty$ gegen $f(t)$. Solche Voraussetzungen sind z. B. die absolute Integrierbarkeit, die Stetigkeit und die stückweise Glattheit [1] der Funktion $f(t)$. Im folgenden sollen diese Voraussetzungen angenommen werden. Mit Gl. (3.16b) erhält man aus Gl. (3.18a)

$$f_\Omega(t) = \frac{1}{2\pi}\int_{-\infty}^{\infty}\int_{-\Omega}^{\Omega} f(\tau)\,\mathrm{e}^{\,\mathrm{j}\omega(t-\tau)}\,\mathrm{d}\omega\,\mathrm{d}\tau. \tag{3.18b}$$

Hierbei sind die Integrale als Riemannsche Integrale aufzufassen. Unter den über $f(t)$ gemachten Voraussetzungen darf die Reihenfolge der Integrationen in Gl. (3.18b) vertauscht werden. Damit ergibt sich

$$f_\Omega(t) = \frac{1}{2\pi}\int_{-\Omega}^{\Omega} \mathrm{e}^{\,\mathrm{j}\omega t}\int_{-\infty}^{\infty} f(\tau)\,\mathrm{e}^{-\mathrm{j}\omega\tau}\,\mathrm{d}\tau\,\mathrm{d}\omega. \tag{3.18c}$$

Da für $\Omega\to\infty$ die Funktion $f_\Omega(t)$ gegen $f(t)$ strebt, erhält man nun aus Gl. (3.18c) die Darstellung [2]

$$f(t) = \frac{1}{2\pi}\int_{-\infty}^{\infty} F(\mathrm{j}\omega)\,\mathrm{e}^{\,\mathrm{j}\omega t}\,\mathrm{d}\omega \tag{3.19}$$

mit der Abkürzung

---

[1] Eine im Intervall $-\infty < t < \infty$ definierte Zeitfunktion $f(t)$ heißt stückweise glatt, wenn das Intervall $-\infty < t < \infty$ in endlich viele Teilintervalle partitioniert werden kann, so daß $f(t)$ in jedem dieser Teilintervalle stetig differenzierbar ist.

[2] Ersetzt man das Integral in Gl. (3.19) näherungsweise durch eine Summe, dann kann man sich $f(t)$ durch Superposition harmonischer Schwingungen entstanden denken. Insofern läßt sich die Darstellung nach Gl. (3.19) als Überlagerung unendlich vieler harmonischer Schwingungen auffassen, deren Kreisfrequenzen kontinuierlich über $-\infty < \omega < \infty$ verteilt sind; hierbei würde $F(\mathrm{j}\omega)/2\pi$ die "Amplitudendichte" dieser Schwingungen bedeuten.

$$F(\mathrm{j}\omega) = \int_{-\infty}^{\infty} f(t)\, \mathrm{e}^{-\mathrm{j}\omega t}\, \mathrm{d}t\,. \tag{3.20}$$

Die im vorstehenden gewonnenen Ergebnisse werden zusammengefaßt im

**Satz III.1:** Eine im Intervall $-\infty < t < \infty$ definierte stetige, stückweise glatte und absolut integrierbare Funktion $f(t)$ läßt sich mit Hilfe ihrer nach Gl. (3.20) im gesamten Intervall $-\infty < \omega < \infty$ definierten Fourier-Transformierten (Frequenzfunktion, Spektrum) $F(\mathrm{j}\omega)$ durch die Umkehrformel nach Gl. (3.19) darstellen.

**Ergänzung:** Die Voraussetzung der absoluten Integrierbarkeit von $f(t)$ kann im Satz III.1 durch die Forderung ersetzt werden, daß $f(t)$ die Gestalt $f(t) = g(t)\sin(\omega_0 t + \Phi_0)$ hat, wobei $\omega_0$ und $\Phi_0$ beliebig reelle Konstanten sind, $g(t)$ monoton abnimmt und $f(t)/t$ für $|t| > A > 0$ absolut integrierbar ist, wobei $A$ eine Konstante bedeutet.

Die im Fourier-Integral $F(\mathrm{j}\omega)$ nach Gl. (3.20) vorkommende Größe $\omega$ heißt Kreisfrequenz in Anlehnung an die Untersuchungen im Abschnitt 1. Die zwischen den Funktionen $f(t)$ und $F(\mathrm{j}\omega)$ nach den Gln. (3.19) und (3.20) bestehende Zuordnung soll gelegentlich durch folgende symbolische Schreibweise ausgedrückt werden:

$$f(t) \circ\!\!-\, F(\mathrm{j}\omega)\,.$$

Man spricht von der Zuordnung zwischen Zeitbereich und Frequenzbereich. Die im Zusammenhang mit der Fourier-Transformation auftretenden uneigentlichen Integrale sind im Sinne des Cauchyschen Hauptwertes zu verstehen, nämlich als

$$\int_{-\infty}^{\infty} = \lim_{A\to\infty} \int_{-A}^{A}.$$

Die im Satz III.1 gemachten Voraussetzungen für $f(t)$ stellen nur *hinreichende* Bedingungen dar. Obwohl diese Bedingungen schon viele der bei praktischen Anwendungen vorkommenden Funktionen erfüllen, existieren weitere Funktionsklassen, die in den Frequenzbereich und von dort zurück in den Zeitbereich transformiert werden können. So ist es möglich, aufgrund der in der Ergänzung zu Satz III.1 gemachten Aussage eine Reihe weiterer Funktionen durch ihre Fourier-Transformierte darzustellen. Ein Beispiel bildet offensichtlich die Funktion

$$f(t) = \frac{\sin \Omega t}{t}\,.$$

Bei Zulassung von Distributionen wird die Klasse von Funktionen, die durch ihre Frequenzfunktionen nach Gl. (3.19) darstellbar sind, wesentlich erweitert (man vergleiche Abschnitt 4 und den Anhang A).

Da die Fourier-Transformierte $F(\mathrm{j}\omega)$ im allgemeinen eine komplexwertige Funktion ist, verwendet man auch die Darstellungen

$$F(\mathrm{j}\omega) = R(\omega) + \mathrm{j}X(\omega) \tag{3.21a}$$

und

$$F(\mathrm{j}\omega) = A(\omega)\, \mathrm{e}^{\mathrm{j}\Phi(\omega)}\,. \tag{3.21b}$$

Dabei ist $R(\omega)$ die Realteilfunktion, $X(\omega)$ die Imaginärteilfunktion, während $A(\omega)$ die Amplitudenfunktion und $\Phi(\omega)$ die Phasenfunktion darstellt.

Unter der Voraussetzung, daß $f(t)$ eine *reellwertige* Zeitfunktion ist, lassen sich $R(\omega)$ und $X(\omega)$ aus Gl. (3.20) mit $e^{-j\omega t} = \cos\omega t - j\sin\omega t$ in der Form

$$R(\omega) = \int_{-\infty}^{\infty} f(t)\cos\omega t \, dt\,, \quad X(\omega) = -\int_{-\infty}^{\infty} f(t)\sin\omega t \, dt \tag{3.22a,b}$$

darstellen. Hieraus ist zu erkennen, daß die Realteilfunktion $R(\omega)$ eine gerade und die Imaginärteilfunktion $X(\omega)$ eine ungerade Funktion in $\omega$ ist, d. h. $R(\omega) = R(-\omega)$ und $X(\omega) = -X(-\omega)$ gilt. Dies entspricht der bei reellem $f(t)$ direkt aus Gl. (3.20) ablesbaren Eigenschaft des Spektrums

$$F(-j\omega) = F^*(j\omega).$$

Weiterhin ist zu sehen, daß $A(\omega)$ eine gerade und $\Phi(\omega)$ eine ungerade Funktion von $\omega$ ist. Man beachte jedoch, daß die Phase nur bis auf ganzzahlige Vielfache von $2\pi$ eindeutig ist.

Aus der Umkehrformel nach Gl. (3.19) erhält man bei reellem $f(t)$ mit den in den Gln. (3.21a,b) eingeführten Bezeichnungen

$$f(t) = \frac{1}{2\pi}\int_{-\infty}^{\infty} [R(\omega)\cos\omega t - X(\omega)\sin\omega t]\, d\omega$$

oder bei Berücksichtigung von $R(\omega) = R(-\omega)$ und $X(\omega) = -X(-\omega)$

$$f(t) = \frac{1}{\pi}\int_{0}^{\infty} [R(\omega)\cos\omega t - X(\omega)\sin\omega t]\, d\omega \tag{3.23a}$$

und weiterhin

$$f(t) = \frac{1}{\pi}\int_{0}^{\infty} A(\omega)\cos[\omega t + \Phi(\omega)]\, d\omega\,. \tag{3.23b}$$

Die gewonnenen Darstellungen vereinfachen sich, wenn $f(t)$ eine *gerade* Funktion ist, d. h. $f(t) \equiv f(-t)$ gilt. Dann lauten die Gln. (3.22a,b)

$$R(\omega) = 2\int_{0}^{\infty} f(t)\cos\omega t \, dt\,; \quad X(\omega) \equiv 0\,, \tag{3.24}$$

und aus Gl. (3.23a) folgt

$$f(t) = \frac{1}{\pi}\int_{0}^{\infty} R(\omega)\cos\omega t \, d\omega\,. \tag{3.25}$$

Die Bedingung $X(\omega) \equiv 0$ ist kennzeichnend dafür, daß die reelle Zeitfunktion $f(t)$ gerade ist.

In entsprechender Weise lassen sich einfache Darstellungen angeben, wenn $f(t)$ eine *ungerade* Funktion ist, also $f(t) \equiv -f(-t)$ gilt. Aus den Gln. (3.22a,b) folgt dann

$$R(\omega) \equiv 0; \quad X(\omega) = -2\int_0^\infty f(t)\sin\omega t \, dt, \tag{3.26}$$

und aus Gl. (3.23a)

$$f(t) = -\frac{1}{\pi}\int_0^\infty X(\omega)\sin\omega t \, d\omega. \tag{3.27}$$

Die Bedingung $R(\omega) \equiv 0$ ist kennzeichnend dafür, daß die reelle Zeitfunktion $f(t)$ ungerade ist.

Man kann nun eine reelle Zeitfunktion $f(t)$, die im allgemeinen weder gerade noch ungerade ist, in die Summe von geradem und ungeradem Anteil zerlegen:

$$f(t) = f_g(t) + f_u(t). \tag{3.28a}$$

Hierbei ist

$$f_g(t) = \frac{1}{2}[f(t) + f(-t)], \tag{3.28b}$$

$$f_u(t) = \frac{1}{2}[f(t) - f(-t)]. \tag{3.28c}$$

Die Gültigkeit der Gl. (3.28a) mit den in den Gln. (3.28b,c) eingeführten Funktionen ist offensichtlich. Führt man $f(t)$ nach Gl. (3.28a) in Gl. (3.20) ein und berücksichtigt man, daß $f_g(t)$ ein reelles und $f_u(t)$ ein rein imaginäres Spektrum hat, so erhält man für die Realteilfunktion $R(\omega)$ des Spektrums von $f(t)$ und die zugehörige Imaginärteilfunktion $X(\omega)$ gemäß den Gln. (3.24) und (3.26)

$$R(\omega) = 2\int_0^\infty f_g(t)\cos\omega t \, dt, \quad X(\omega) = -2\int_0^\infty f_u(t)\sin\omega t \, dt. \tag{3.29a,b}$$

Das Spektrum des geraden Teils $f_g(t)$ liefert also die Realteilfunktion des Spektrums von $f(t)$, während die Imaginärteilfunktion durch das Spektrum des ungeraden Teiles $f_u(t)$ gegeben wird. Gemäß den Gln. (3.25) und (3.27) gewinnt man

$$f_g(t) = \frac{1}{\pi}\int_0^\infty R(\omega)\cos\omega t \, d\omega \tag{3.30a}$$

und

$$f_u(t) = -\frac{1}{\pi}\int_0^\infty X(\omega)\sin\omega t \, d\omega. \tag{3.30b}$$

Mit Hilfe der oben eingeführten symbolischen Schreibweise läßt sich damit bei einer reellen Funktion stets

$$f_g(t) \circ\!\!- R(\omega), \quad f_u(t) \circ\!\!- jX(\omega)$$

schreiben.

Ist $f(t)$ eine komplexwertige Zeitfunktion und bezeichnet $F(j\omega)$ ihre Fourier-Transformierte, dann gilt die Zuordnung

$$f^*(t) \circ\!\!- F^*(-j\omega).$$

Diese Korrespondenz ergibt sich, wenn man $F^*(-j\omega)$ gemäß Gl. (3.19) in den Zeitbereich zurücktransformiert.

Es sei noch auf folgendes hingewiesen: Die Impulsantwort $h(t)$ eines linearen, zeitinvarianten und stabilen Systems mit einem Eingang und einem Ausgang ist, wenn man von einem möglichen $\delta$-Anteil absieht, absolut integrierbar. Damit existiert die Fourier-Transformierte von $h(t)$, d. h. in Übereinstimmung mit der Aussage von Gl. (3.3) die Übertragungsfunktion $H(j\omega)$. Ist die Impulsantwort darüber hinaus stetig und stückweise glatt, dann läßt sie sich nach Satz III.1 aus $H(j\omega)$ durch Anwendung der Fourier-Umkehrformel gewinnen: [1)]

$$h(t) = \frac{1}{2\pi} \int_{-\infty}^{\infty} H(j\omega)\, e^{j\omega t}\, d\omega \tag{3.31a}$$

oder

$$h(t) = \frac{1}{\pi} \int_{0}^{\infty} A(\omega) \cos[\omega t - \Theta(\omega)]\, d\omega. \tag{3.31b}$$

## 2.2. TRANSFORMATION VON FUNKTIONEN MIT SPRUNGSTELLEN, DAS GIBBSSCHE PHÄNOMEN

Es werden jetzt Zeitfunktionen $f(t)$ mit den im Satz III.1 geforderten Eigenschaften betrachtet, wobei jedoch endlich viele Sprungstellen zugelassen sein mögen. Auch dann ändert sich an den Überlegungen, die zu den Gln. (3.19) und (3.20) führten, nichts, wenn man von den $t$-Abszissen absieht, die den Sprungstellen entsprechen. Es soll nun das Verhalten der durch die Umkehrformel nach Gl. (3.19) gelieferten Funktion an einer Sprungstelle untersucht werden, die sich im Zeitnullpunkt befinden möge (Bild 3.1). Die im Nullpunkt unstetige Funktion $f(t)$ läßt sich als Summe

$$f(t) = f_s(t) + [f(0+) - f(0-)]s(t) \tag{3.32}$$

schreiben, wobei $f_s(t)$ mit $f(t)$ für $t < 0$ übereinstimmt und für $t > 0$ gegenüber $f(t)$ nach Bild 3.1 um $[f(0+) - f(0-)]$ verschoben ist, so daß sich $f_s(t)$ im Nullpunkt stetig verhält, also $f_s(0+) = f_s(0-) = f_s(0)$ gilt. Aus Gl. (3.18b) erhält man

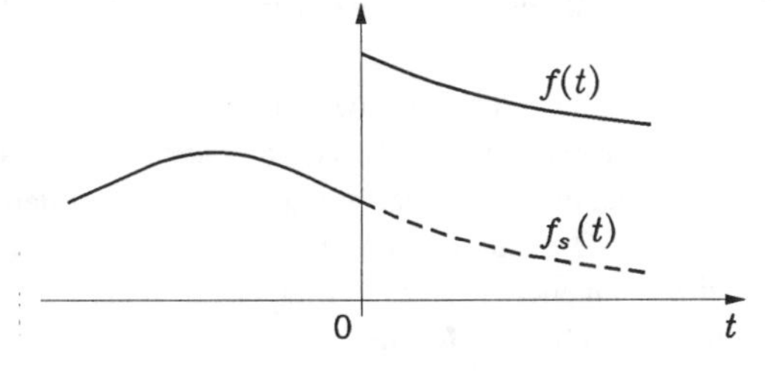


Bild 3.1: Zeitfunktion $f(t)$ mit einem Sprung im Nullpunkt. Die Funktion $f_s(t)$ stimmt für $t < 0$ mit $f(t)$ überein und unterscheidet sich von ihr um die Sprunghöhe $[f(0+) - f(0-)]$ für $t > 0$

1) Auf das Verhalten der durch die Umkehrformel gelieferten Zeitfunktion an Unstetigkeitsstellen wird im Abschnitt 2.2 eingegangen.

$$f_\Omega(t) = \frac{1}{2\pi}\int_{-\infty}^{\infty} f(\tau)\int_{-\Omega}^{\Omega} e^{j\omega(t-\tau)}\,d\omega\,d\tau = \int_{-\infty}^{\infty} f(\tau)\frac{\sin\Omega(t-\tau)}{\pi(t-\tau)}\,d\tau$$

und daraus mit Gl. (3.32)

$$f_\Omega(t) = \int_{-\infty}^{\infty} f_s(\tau)\frac{\sin\Omega(t-\tau)}{\pi(t-\tau)}\,d\tau + [f(0+) - f(0-)]\int_{-\infty}^{\infty} s(\tau)\frac{\sin\Omega(t-\tau)}{\pi(t-\tau)}\,d\tau\,. \quad (3.33)$$

Diese Funktion strebt an allen $t$-Stellen mit Ausnahme der Unstetigkeitsstellen für $\Omega \to \infty$ gegen $f(t)$. Da das erste Integral in Gl. (3.33) an allen Stetigkeitsstellen von $f_s(t)$, insbesondere an der Stelle $t = 0$, gegen diese Funktion strebt, [1] genügt es für das Studium des Verhaltens von $f_\Omega(t)$ in der Umgebung des Nullpunkts für $\Omega \to \infty$, das zweite Integral

$$s_\Omega(t) := \int_0^{\infty} \frac{\sin\Omega(t-\tau)}{\pi(t-\tau)}\,d\tau \quad (3.34a)$$

zu untersuchen.

Mit $\Omega(t-\tau) = \xi$ wird

$$s_\Omega(t) = \int_{-\infty}^{\Omega t} \frac{\sin\xi}{\pi\xi}\,d\xi = \int_{-\infty}^{0} \frac{\sin\xi}{\pi\xi}\,d\xi + \frac{1}{\pi}\int_0^{\Omega t} \frac{\sin\xi}{\xi}\,d\xi\,.$$

Unter Verwendung des Integralsinus

$$\mathrm{Si}(x) := \int_0^{x} \frac{\sin\xi}{\xi}\,d\xi\,,$$

dessen Grenzwert für $x \to \infty$ gleich $\pi/2$ ist, erhält man schließlich

$$s_\Omega(t) = \frac{1}{2} + \frac{1}{\pi}\mathrm{Si}(\Omega t)\,. \quad (3.34b)$$

Die Gl. (3.33) läßt sich jetzt auch in der Form

$$f_\Omega(t) = \int_{-\infty}^{\infty} f_s(\tau)\frac{\sin\Omega(t-\tau)}{\pi(t-\tau)}\,d\tau + [f(0+) - f(0-)]s_\Omega(t) \quad (3.35)$$

schreiben. Im Bild 3.2 ist der Verlauf der Funktion $s_\Omega(t)$ dargestellt. Mit Hilfe dieses Kurvenverlaufs kann nun das Verhalten von $f_\Omega(t)$ in der Umgebung des Zeitnullpunkts für hinreichend großes $\Omega$ nach Gl. (3.35) angegeben werden, wobei man zu beachten hat, daß in der Umgebung des Nullpunkts für genügend großes $\Omega$ das erste Integral in Gl. (3.35) hinreichend gut mit $f_s(t)$ übereinstimmt. Bild 3.3 zeigt den Kurvenverlauf von $f_\Omega(t)$.

Es soll jetzt das Verhalten von $f_\Omega(t)$ beim Grenzübergang $\Omega \to \infty$ untersucht werden. Zunächst sei festgestellt, daß eine Vergrößerung von $\Omega$ für die Funktion $s_\Omega(t)$ nach Gl. (3.34b) nur eine Maßstabsänderung der Abszissenachse bewirkt, wobei die Stelle des Maximums und die Stellen der übrigen Extrema auf den Zeitnullpunkt zuwandern, ohne daß sich dabei die Ordinaten, insbesondere das Maximum von etwa 1,09 ändern. Dies bedeutet, daß bei zunehmendem $\Omega$ die Schwingungen von $f_\Omega(t)$ in der Nähe der Sprungstelle immer näher an diese Stelle heranrücken. Obwohl die Stelle des Überschwingers, d. h. die Stelle des abso-

[1] Dies gilt, wie durch Einbeziehung von Distributionen gezeigt werden kann (Abschnitt 4), obwohl die Funktion $f_s(t)$ die Forderung der absoluten Integrierbarkeit verletzt.

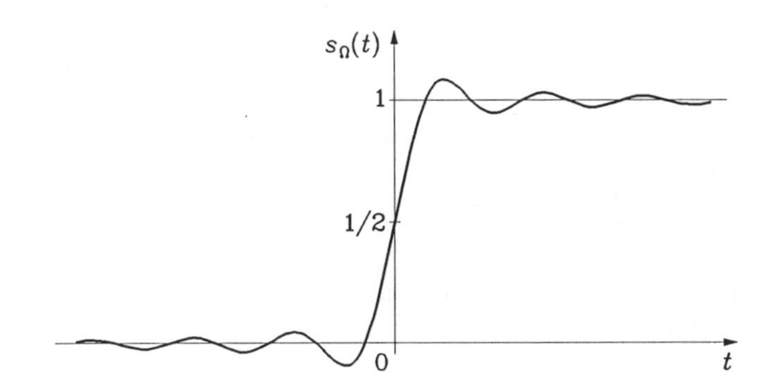


Bild 3.2: Verlauf der Funktion $s_\Omega(t)$

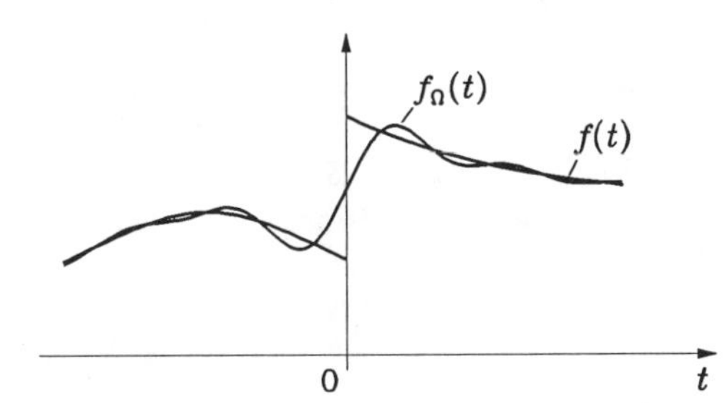


Bild 3.3: Verlauf der Funktion $f_\Omega(t)$ mit dem Gibbsschen Phänomen

luten Maximums, für $\Omega \to \infty$ gegen $t = 0$ strebt, *bleibt die Höhe des Überschwingers von etwa 9% des Funktionssprungs* $[f(0+) - f(0-)]$ *unverändert.* Diese Erscheinung ist als *Gibbssches Phänomen* bekannt.

Mit Hilfe von Gl. (3.35) stellt man weiterhin fest, daß der Funktionswert von $f_\Omega(t)$ an der Stelle $t = 0$ für $\Omega \to \infty$ gegen $f(0-) + [f(0+) - f(0-)]/2 = [f(0+) + f(0-)]/2$ strebt, da das erste Integral in Gl. (3.35) für $t = 0$ und für $\Omega \to \infty$ gegen $f(0-)$ strebt und $s_\Omega(0)$ unabhängig von $\Omega$ gleich 1/2 ist. Es ist also

$$\lim_{\Omega\to\infty} f_\Omega(0) = \frac{f(0+) + f(0-)}{2} .$$

Definiert man die Funktion $f(t)$ an den Sprungstellen durch das arithmetische Mittel der links- und rechtsseitigen Grenzwerte, so liefert die Umkehrformel nach Gl. (3.19) die Funktionswerte $f(t)$ nicht nur an den Stetigkeitsstellen, sondern *auch* an den Sprungstellen.

Die Entstehung des Gibbsschen Phänomens soll im folgenden noch etwas näher studiert werden. Man kann sich die Funktion $f_\Omega(t)$ nach Gl. (3.18b) dadurch entstanden denken, daß man das Spektrum $F(\mathrm{j}\omega)$ von $f(t)$ aus Gl. (3.20) durch eine rechteckförmige Funktion (Bild 3.4)

$$p_\Omega(\omega) = \begin{cases} 1 & \text{für} \quad |\omega| < \Omega , \\ 0 & \text{für} \quad |\omega| > \Omega \end{cases} \tag{3.36}$$

beschneidet, d. h. das Spektrum

$$F_\Omega(\mathrm{j}\omega) = p_\Omega(\omega) F(\mathrm{j}\omega) \tag{3.37a}$$

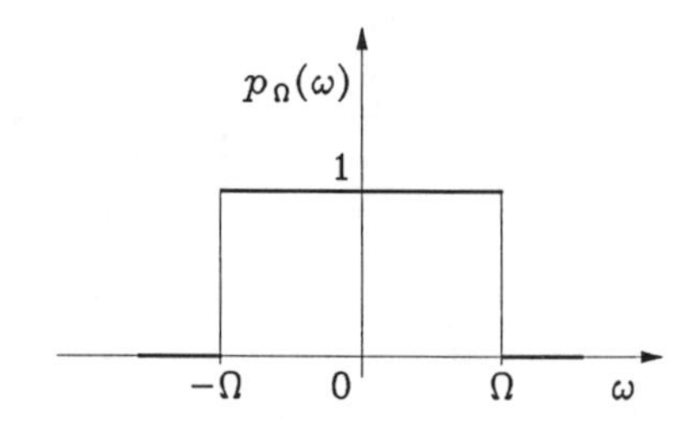


Bild 3.4: Rechteckförmige Funktion im Frequenzbereich

bildet, und sodann diese Funktion gemäß der Umkehrformel nach Gl. (3.19) in den Zeitbereich transformiert:

$$f_\Omega(t) = \frac{1}{2\pi} \int_{-\infty}^{\infty} F_\Omega(j\omega)\, e^{j\omega t}\, d\omega . \tag{3.37b}$$

Obwohl $f_\Omega(t)$ für $\Omega \to \infty$ gegen $f(t)$ strebt, vermag die Vergrößerung von $\Omega$ das Auftreten der Überschwinger an den Unstetigkeitsstellen (Gibbssches Phänomen) nicht zu verhindern. Dies liegt daran, daß das Spektrum $F_\Omega(j\omega)$ aus dem Spektrum $F(j\omega)$ nach Gl. (3.37a) durch *rechteckförmige* Beschneidung entsteht. Führt man stattdessen beispielsweise eine *dreieckförmige* Beschneidung mit Hilfe der Dreieck-Funktion (Bild 3.5)

$$q_\Omega(\omega) = \begin{cases} 1 - \dfrac{|\omega|}{\Omega} & \text{für} \quad |\omega| < \Omega , \\ 0 & \text{für} \quad |\omega| > \Omega \end{cases} \tag{3.38a}$$

durch, indem man

$$G_\Omega(j\omega) = q_\Omega(\omega)\, F(j\omega) \tag{3.39a}$$

bildet, so erhält man als entsprechende Zeitfunktion nach den Gln. (3.19) und (3.20)

$$g_\Omega(t) = \frac{1}{2\pi} \int_{-\infty}^{\infty} e^{j\omega t}\, q_\Omega(\omega) \int_{-\infty}^{\infty} f(\tau)\, e^{-j\omega\tau}\, d\tau\, d\omega$$

$$= \int_{-\infty}^{\infty} f(\tau)\, \frac{1}{\pi} \int_{0}^{\Omega} (1 - \frac{\omega}{\Omega}) \cos\omega(t-\tau)\, d\omega\, d\tau$$

oder nach Ausführung der $\omega$- Integration

$$g_\Omega(t) = \int_{-\infty}^{\infty} f(\tau)\, \frac{2\sin^2 \dfrac{\Omega(t-\tau)}{2}}{\pi\,\Omega\,(t-\tau)^2}\, d\tau . \tag{3.39b}$$

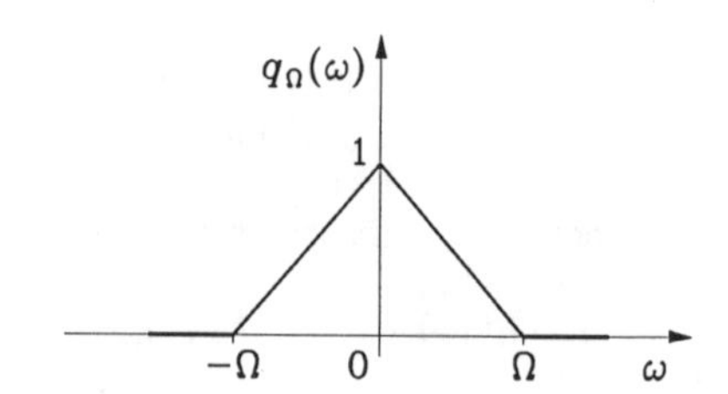


Bild 3.5: Dreieckförmige Funktion im Frequenzbereich

Da $G_\Omega(\mathrm{j}\omega)$ für $\Omega \to \infty$ nach Gl. (3.39a) gegen $F(\mathrm{j}\omega)$ strebt, muß $g_\Omega(t)$ gleichzeitig gegen $f(t)$ streben:

$$\lim_{\Omega \to \infty} g_\Omega(t) = f(t). \tag{3.40}$$

Während bei rechteckförmiger Beschneidung des Spektrums $F(\mathrm{j}\omega)$ die resultierende Zeitfunktion $f_\Omega(t)$ gemäß Gl. (3.18a) durch Faltung von $f(t)$ mit dem sogenannten *Fourierschen Kern*

$$\delta_\Omega(t) = \frac{\sin \Omega t}{\pi t}$$

gebildet wird, ergibt sich gemäß Gl. (3.39b) bei dreieckförmiger Beschneidung des Spektrums die Zeitfunktion $g_\Omega(t)$ durch Faltung von $f(t)$ mit dem sogenannten *Fejérschen Kern*

$$\varepsilon_\Omega(t) = \frac{2\sin^2 \dfrac{\Omega t}{2}}{\pi \Omega t^2}. \tag{3.38b}$$

Da nicht nur $f_\Omega(t)$, sondern nach Gl. (3.40) auch $g_\Omega(t)$ mit $\Omega \to \infty$ gegen $f(t)$ strebt, konvergiert sowohl $\delta_\Omega(t)$ als auch $\varepsilon_\Omega(t)$ mit $\Omega \to \infty$ im Sinne der Distributionentheorie gegen $\delta(t)$.

Man kann jetzt auch das Verhalten der Funktion $g_\Omega(t)$ aus Gl. (3.39b) in der Umgebung der Sprungstelle $t = 0$ für $\Omega \to \infty$ untersuchen. Entsprechend der Darstellung von $f_\Omega(t)$ nach Gl. (3.33) erhält man für $g_\Omega(t)$ eine Darstellung, wobei statt der Fourier-Kerne nunmehr Fejér-Kerne auftreten. Das dem zweiten Integral in Gl. (3.33) entsprechende Integral ist

$$u_\Omega(t) := \int_{-\infty}^{\infty} s(\tau) \frac{2\sin^2 \dfrac{\Omega(t-\tau)}{2}}{\pi \Omega (t-\tau)^2}\, \mathrm{d}\tau$$

oder nach der Substitution $\Omega(t-\tau) = \xi$

$$u_\Omega(t) = \frac{2}{\pi} \int_{-\infty}^{\Omega t} \frac{\sin^2 \dfrac{\xi}{2}}{\xi^2}\, \mathrm{d}\xi. \tag{3.41}$$

Diese Funktion $u_\Omega(t)$ ist im Gegensatz zur Funktion $s_\Omega(t)$ nach Gl. (3.34a) (man vergleiche Bild 3.6) eine monoton ansteigende Funktion, da der Integrand in Gl. (3.41) nie negativ wird. Deshalb strebt die Funktion $g_\Omega(t)$ nach Gl. (3.40) für $\Omega \to \infty$ ohne Überschwinger, d. h. ohne die Entstehung des Gibbsschen Phänomens, gegen $f(t)$ (Bild 3.6). Allerdings erfolgt die Annäherung in der Umgebung der Unstetigkeitsstelle etwas langsamer als bei Recht-

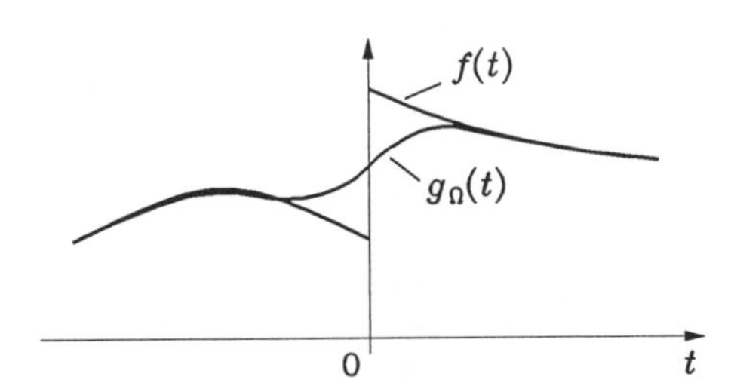


Bild 3.6: Verlauf der Funktion $g_\Omega(t)$, bei der das Gibbssche Phänomen nicht auftritt

eckbeschneidung. Da $u_\Omega(0) = 1/2$ ist, wie man der Gl. (3.41) entnehmen kann, gilt

$$\lim_{\Omega\to\infty} g_\Omega(0) = \frac{f(0+) + f(0-)}{2}\,.$$

## 2.3. DER IDEALE TIEFPASS

Zur Anwendung der bisher gewonnenen Ergebnisse soll der sogenannte *ideale Tiefpaß* diskutiert werden. Dieses System ist dadurch ausgezeichnet, daß das Spektrum $Y(\mathrm{j}\omega)$ des Ausgangssignals $y(t)$ aus dem Spektrum $X(\mathrm{j}\omega)$ des Eingangssignals $x(t)$ stets durch rechteckförmige Beschneidung mit der Funktion $A_0\, p_{\omega_g}(\omega)$ und gleichzeitiger Multiplikation mit dem nur die Phase beeinflussenden Faktor $\mathrm{e}^{-\mathrm{j}\omega t_0}$ entsteht. Beim idealen Tiefpaß gilt also

$$Y(\mathrm{j}\omega) = A_0\, p_{\omega_g}(\omega)\, \mathrm{e}^{-\mathrm{j}\omega t_0}\, X(\mathrm{j}\omega)\,. \tag{3.42}$$

Hierbei bedeutet $A_0$ eine positive Konstante, $t_0$ ($> 0$) die sogenannte Laufzeit und $\omega_g$ die Grenzkreisfrequenz. Die Funktion $p_{\omega_g}(\omega)$ ist durch Gl. (3.36) definiert. Gemäß Gl. (3.18b) erhält man unter Berücksichtigung der Faktoren $A_0$ und $\mathrm{e}^{-\mathrm{j}\omega t_0}$ als Zusammenhang zwischen Eingangs- und Ausgangsgröße

$$y(t) = \int_{-\infty}^{\infty} x(\tau) A_0 \frac{\sin\omega_g(t - t_0 - \tau)}{\pi(t - t_0 - \tau)}\, \mathrm{d}\tau\,. \tag{3.43}$$

Diese Relation entspricht der Gl. (1.52), weshalb die Impulsantwort des idealen Tiefpasses

$$h(t) = A_0 \frac{\sin\omega_g(t - t_0)}{\pi(t - t_0)} \tag{3.44a}$$

lautet (Bild 3.7 ). Da $h(t)$ für $t < 0$ nicht identisch verschwindet, stellt der ideale Tiefpaß ein nichtkausales System dar. Außerdem läßt sich zeigen, daß $h(t)$ nicht absolut integrierbar ist, so daß der ideale Tiefpaß im Sinne von Kapitel I kein stabiles System ist. Die Sprungantwort $a(t)$ des idealen Tiefpasses gewinnt man aus Gl. (3.43) für $x(\tau) \equiv s(\tau)$. Auf diese

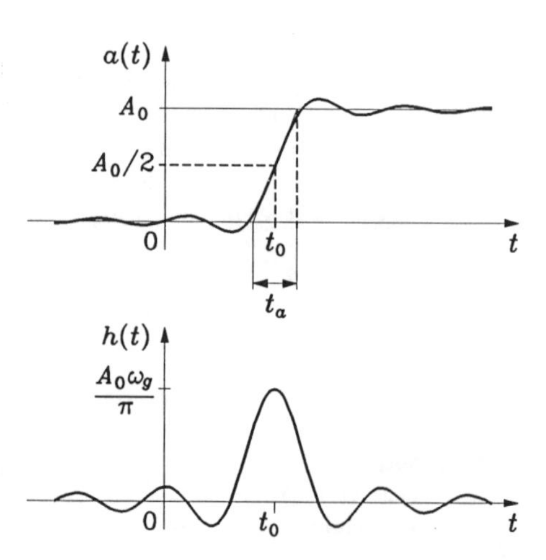


Bild 3.7: Sprung- und Impulsantwort des idealen Tiefpasses. Die Größe $t_a$ wird als Anstiegszeit bezeichnet

Weise wird

$$a(t) = A_0 \int_0^\infty \frac{\sin \omega_g (t - t_0 - \tau)}{\pi (t - t_0 - \tau)} \, d\tau$$

oder mit den Gl. (3.34a,b)

$$a(t) = \frac{A_0}{2} \left[ 1 + \frac{2}{\pi} \operatorname{Si}\{\omega_g (t - t_0)\} \right] \tag{3.44b}$$

(Bild 3.7). Wie man aus Bild 3.7 erkennen kann, darf bei hinreichend großem $t_0$ der ideale Tiefpaß näherungsweise als kausales System betrachtet werden. Als *Anstiegszeit* pflegt man die im Bild 3.7 angegebene Größe $t_a$ zu bezeichnen. Sie entspricht jener Zeit, welche die durch die Tangente im Wendepunkt approximierte Sprungantwort vom Wert Null bis zum Endwert $A_0$ benötigt. Da die Steigung der Wendetangente nach Gl. (1.43) mit $h(t_0) = A_0 \omega_g / \pi$ übereinstimmt, erhält man für $t_a$ den Wert $A_0 / h(t_0)$, also mit $\omega_g = 2\pi f_g$

$$t_a = \frac{1}{2 f_g} \tag{3.45}$$

als eine wichtige Formel. Mit Hilfe der Korrespondenz

$$\frac{\sin \omega_g t}{\pi t} \circ\!\!- p_{\omega_g}(\omega), \tag{3.46}$$

deren Gültigkeit leicht nachgewiesen werden kann, läßt sich die Impulsantwort nach Gl. (3.44a) in den Frequenzbereich transformieren, wodurch gemäß Gl. (3.3) die Übertragungsfunktion des idealen Tiefpasses entsteht:

$$H(j\omega) = A_0 \, p_{\omega_g}(\omega) \, e^{-j\omega t_0} . \tag{3.47}$$

Aus Gl. (3.47) können die Amplitudenfunktion $A(\omega)$ und die Phasenfunktion $\Theta(\omega)$ (man vergleiche die Gl. (3.11a)) abgelesen werden. Bild 3.8 zeigt die entsprechenden Kurvenver-

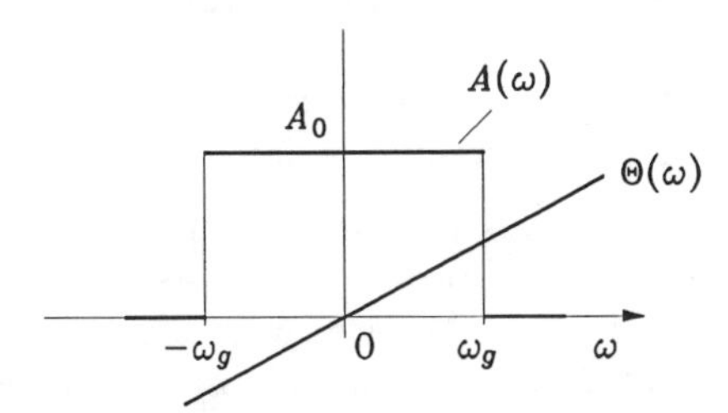


Bild 3.8: Amplituden- und Phasencharakteristik des idealen Tiefpasses

läufe. Das Frequenzintervall $(0, \omega_g)$ heißt Durchlaßbereich, das Intervall $(\omega_g, \infty)$ Sperrbereich. Mit Hilfe der Gln. (3.42) und (3.47) stellt man fest, daß die Beziehung

$$Y(j\omega) = H(j\omega) X(j\omega) \tag{3.48}$$

besteht. Diese Aussage liefert einen Zusammenhang zwischen Eingangs- und Ausgangsgröße im Frequenzbereich; sie ist, wie noch gezeigt wird, allgemein für lineare, zeitinvariante und stabile Systeme gültig und stellt die der Gl. (1.52) im Frequenzbereich entsprechende Aussage dar.

*Beispiele*: Auf einen Rechteckimpuls der Dauer $2T$

$$x(t) = p_T(t) = s(t+T) - s(t-T)$$

erhält man am Ausgang des idealen Tiefpasses wegen der Linearität das Signal

$$y(t) = a(t+T) - a(t-T).$$

Man vergleiche hierzu Bild 3.9. Die Überschwinger beim Anstieg bzw. Abfall des Ausgangssignals $y(t)$ rühren von der rechteckigen Amplitudencharakteristik $A(\omega)$ des idealen Tiefpasses her (Gibbssches Phänomen).

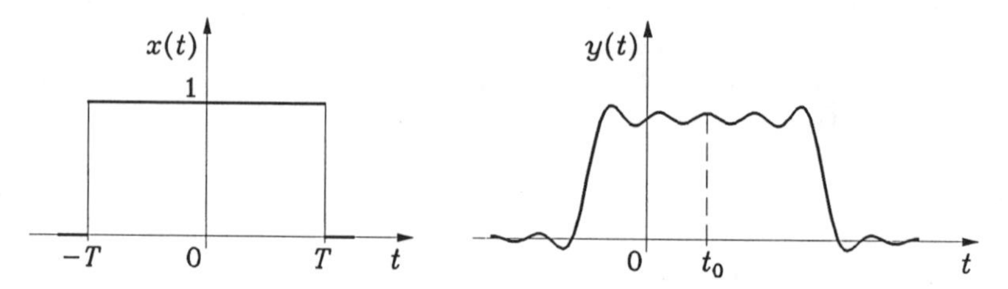


Bild 3.9: Ausgangssignal $y(t)$ eines idealen Tiefpasses als Antwort auf eine Rechteckfunktion $x(t)$

Falls das Eingangssignal $x(t)$ eines idealen Tiefpasses ein niederfrequentes Signal in dem Sinne ist, daß das Spektrum $X(\mathrm{j}\omega)$ für $|\omega| > \omega_g$ verschwindet, so erhält man mit den Gln. (3.47) und (3.48)

$$Y(\mathrm{j}\omega) = X(\mathrm{j}\omega) A_0 \, \mathrm{e}^{-\mathrm{j}\omega t_0}$$

und durch Transformation in den Zeitbereich

$$y(t) = A_0 \, x(t - t_0).$$

Der ideale Tiefpaß wirkt dann, wenn man vom Faktor $A_0$ absieht, als Verzögerungsglied.

## 2.4. KAUSALE ZEITFUNKTIONEN

Im Hinblick auf die durch die Gln. (1.13a,b) ausgedrückte Eigenschaft linearer, kausaler Systeme bezeichnet man eine Zeitfunktion $f(t)$ mit der Eigenschaft

$$f(t) \equiv 0 \quad \text{für} \quad t < 0 \tag{3.49}$$

als *kausal*. Die Impulsantwort eines linearen, zeitinvarianten und kausalen Systems mit einem Eingang und einem Ausgang stellt beispielsweise eine kausale Zeitfunktion dar. Da $f(-t)$ für $t > 0$ wegen Gl. (3.49) verschwindet, läßt sich gemäß den Gln. (3.28b,c) eine kausale Zeitfunktion folgendermaßen schreiben:

$$f(t) = 2 f_g(t) = 2 f_u(t), \quad t > 0. \tag{3.50}$$

Die Bedeutung der Gl. (3.50) geht aus Bild 3.10 hervor. Die Gln. (3.30a,b) liefern nun Darstellungen für $f_g(t)$ und $f_u(t)$ aufgrund der Realteil- bzw. Imaginärteilfunktion des Spektrums von $f(t)$. Substituiert man diese Darstellungen in Gl. (3.50), dann erhält man

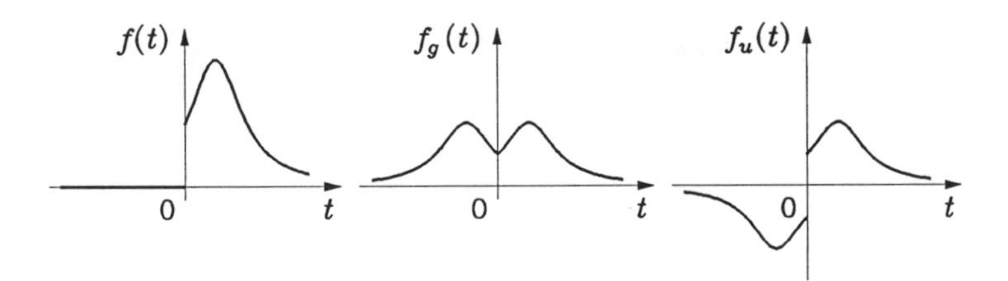


Bild 3.10: Gerader und ungerader Teil einer kausalen Zeitfunktion $f(t)$

$$f(t) = \frac{2}{\pi} \int_0^\infty R(\omega) \cos \omega t \, \mathrm{d}\omega \quad (t > 0) \tag{3.51a}$$

und

$$f(t) = -\frac{2}{\pi} \int_0^\infty X(\omega) \sin \omega t \, \mathrm{d}\omega \quad (t > 0). \tag{3.51b}$$

Es sei bemerkt, daß Gl. (3.51a) für $t = 0$ den Funktionswert $f(0+)$, also den rechtsseitigen Grenzwert an der Stelle $t = 0$ liefert. Denn nach Gl. (3.19) ergibt sich für $t = 0$ der Wert

$$\frac{1}{\pi} \int_0^\infty R(\omega) \, \mathrm{d}\omega = \frac{f(0+)}{2}.$$

Die Gln. (3.29a,b) bilden Darstellungen der Realteil- und der Imaginärteilfunktion des Spektrums einer Zeitfunktion $f(t)$ aufgrund des geraden bzw. des ungeraden Teiles von $f(t)$. Substituiert man in die Gln. (3.29a,b) über Gl. (3.50) $f(t)$ gemäß den Gln. (3.51a,b), so erhält man

$$R(\omega) = -\frac{2}{\pi} \int_0^\infty \int_0^\infty X(\eta) \sin \eta t \, \cos \omega t \, \mathrm{d}\eta \, \mathrm{d}t \tag{3.52a}$$

und

$$X(\omega) = -\frac{2}{\pi} \int_0^\infty \int_0^\infty R(\eta) \cos \eta t \, \sin \omega t \, \mathrm{d}\eta \, \mathrm{d}t. \tag{3.52b}$$

Diese Beziehungen lehren, daß im Fall kausaler Zeitfunktionen Realteil- und Imaginärteilfunktion des Spektrums miteinander gekoppelt und nicht unabhängig voneinander sind. Dies trifft insbesondere für Realteil und Imaginärteil der Übertragungsfunktion $H(\mathrm{j}\omega)$ eines linearen, zeitinvarianten, kausalen und stabilen Systems zu. Man kann umgekehrt zeigen, daß aus jeder der Gln. (3.52a,b) die Kausalität der zugehörigen Zeitfunktion folgt.

*Beispiel:* Es sei gegeben

$$R(\omega) = \frac{1}{1 + \omega^2}, \quad X(\omega) = \frac{-\omega}{1 + \omega^2}.$$

Man erhält zunächst

$$\int_0^\infty R(\eta) \cos \eta t \, \mathrm{d}\eta = \int_0^\infty \frac{\cos \eta t}{1 + \eta^2} \mathrm{d}\eta = \frac{\pi}{2} \mathrm{e}^{-t} \quad (t > 0)$$

und sodann nach Substitution in die rechte Seite von Gl. (3.52b)

$$-\frac{2}{\pi}\int_0^\infty \frac{\pi}{2}\,\mathrm{e}^{-t}\sin\omega t\;\mathrm{d}t = -\int_0^\infty \mathrm{e}^{-t}\,\frac{\mathrm{e}^{\mathrm{j}\omega t}-\mathrm{e}^{-\mathrm{j}\omega t}}{2\mathrm{j}}\,\mathrm{d}t = \frac{-\omega}{1+\omega^2}.$$

Da diese Funktion mit $X(\omega)$ übereinstimmt, ist Gl. (3.52b) erfüllt. Die entsprechende Zeitfunktion muß also kausal sein. Die Fourier-Transformierte dieser Zeitfunktion ist

$$F(\mathrm{j}\omega) = R(\omega) + \mathrm{j}X(\omega) = \frac{1-\mathrm{j}\omega}{1+\omega^2} \quad \text{oder} \quad F(\mathrm{j}\omega) = \frac{1}{1+\mathrm{j}\omega}.$$

Die Zeitfunktion lautet

$$f(t) = s(t)\,\mathrm{e}^{-t},$$

wie man durch Transformation dieser Funktion gemäß Gl. (3.20) in den Frequenzbereich bestätigt. Wie man sieht, stellt $f(t)$ tatsächlich eine kausale Zeitfunktion dar. Man kann jetzt auch die Betrags- und die Phasenfunktion des Spektrums $F(\mathrm{j}\omega)$ angeben:

$$A(\omega) = \frac{1}{\sqrt{1+\omega^2}}; \qquad \Phi(\omega) = -\arctan\omega.$$

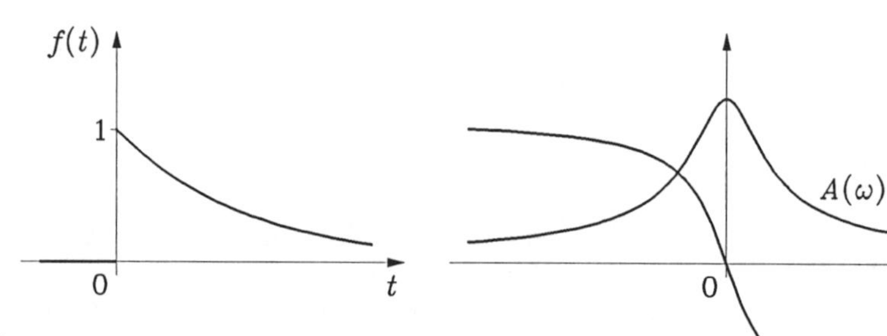


Bild 3.11: Kausale Zeitfunktion $f(t) = s(t)\,\mathrm{e}^{-t}$ und die entsprechenden Frequenzfunktionen $A(\omega)$, $\Phi(\omega)$

Bild 3.11 zeigt den Verlauf der Zeitfunktion und die Funktionen $A(\omega)$ und $\Phi(\omega)$. Da der gerade Anteil $f_g(t) = \mathrm{e}^{-|t|}/2$ die Fourier-Transformierte $R(\omega) = 1/(1+\omega^2)$ hat, erhält man noch die Korrespondenz

$$\mathrm{e}^{-|t|} \circ\!\!-\; \frac{2}{1+\omega^2}.$$

Man vergleiche hierzu das Bild 3.12.

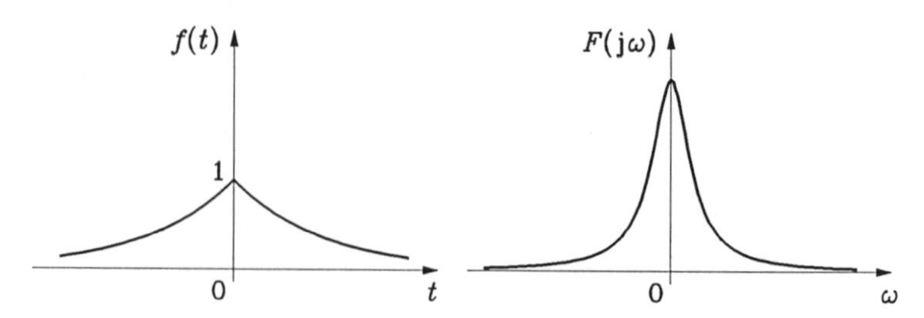


Bild 3.12: Gerade Zeitfunktion $f(t) = \mathrm{e}^{-|t|}$ und zugehöriges (reelles) Spektrum $F(\mathrm{j}\omega)$

Auf die Frage des Zusammenhangs zwischen Real- und Imaginärteil der Fourier-Transformierten kausaler Zeitfunktionen wird im Kapitel V noch ausführlich eingegangen. Dabei zeigt sich insbesondere, daß die Beziehungen der Gln. (3.52a,b) für die numerische Auswertung durch einfachere Verfahren ersetzt werden können.

# 3. Eigenschaften der Fourier-Transformation

## 3.1. ELEMENTARE EIGENSCHAFTEN

Aus den Grundgleichungen (3.19) und (3.20) der Fourier-Transformation läßt sich unmittelbar eine Reihe von Eigenschaften dieser Transformation ablesen.

**(a) Linearität**
Aus den Zuordnungen

$$f_1(t) \circ\!\!- F_1(\mathrm{j}\omega), \qquad f_2(t) \circ\!\!- F_2(\mathrm{j}\omega)$$

folgt mit willkürlichen Konstanten $a_1$ und $a_2$

$$a_1 f_1(t) + a_2 f_2(t) \circ\!\!- a_1 F_1(\mathrm{j}\omega) + a_2 F_2(\mathrm{j}\omega).$$

**(b) Zeitverschiebung**
Aus der Zuordnung

$$f(t) \circ\!\!- F(\mathrm{j}\omega)$$

folgt

$$f(t - t_0) \circ\!\!- F(\mathrm{j}\omega)\, \mathrm{e}^{-\mathrm{j}\omega t_0}.$$

Eine Verschiebung des Zeitvorganges um $t_0$ in positiver $t$-Richtung bewirkt im Frequenzbereich eine Multiplikation mit $\mathrm{e}^{-\mathrm{j}\omega t_0}$, d. h. eine reine Phasenänderung um $\Phi(\omega) = -\omega t_0$.

Zum *Beweis* bildet man das Fourier-Integral

$$\int_{-\infty}^{\infty} f(t - t_0)\, \mathrm{e}^{-\mathrm{j}\omega t}\, \mathrm{d}t = \int_{-\infty}^{\infty} f(\tau)\, \mathrm{e}^{-\mathrm{j}\omega(\tau + t_0)}\, \mathrm{d}\tau = \mathrm{e}^{-\mathrm{j}\omega t_0} F(\mathrm{j}\omega).$$

*Beispiel*: Ein System mit einem Eingang und einem Ausgang heißt verzerrungsfrei, wenn sich das Ausgangssignal $y(t)$ vom Eingangssignal $x(t)$ nur durch einen Maßstabsfaktor $A_0$ und eine zeitliche Verschiebung $t_0 \geqq 0$ unterscheidet:

$$y(t) = A_0\, x(t - t_0).$$

Im Frequenzbereich lautet diese Relation wegen der Zeitverschiebungseigenschaft

$$Y(\mathrm{j}\omega) = A_0\, \mathrm{e}^{-\mathrm{j}\omega t_0} X(\mathrm{j}\omega).$$

Im Sinne von Gl. (3.48) bedeutet dies, daß die Übertragungsfunktion eines verzerrungsfreien Systems

$$H(\mathrm{j}\omega) = A_0\, \mathrm{e}^{-\mathrm{j}\omega t_0}$$

ist. Sie hat konstante Amplitude $A_0$ und lineare Phase $\Theta(\omega) = t_0\,\omega$. Die entsprechende Impulsantwort lautet

$$h(t) = A_0\,\delta(t - t_0)\,.$$

### (c) Frequenzverschiebung

Aus der Korrespondenz

$$f(t) \circ\!\!-\, F(\mathrm{j}\omega)$$

folgt mit der reellen Konstante $\omega_0$

$$f(t)\,\mathrm{e}^{\mathrm{j}\omega_0 t} \circ\!\!-\, F[\mathrm{j}(\omega - \omega_0)]\,.$$

Eine Verschiebung des Spektrums um die Kreisfrequenz $\omega_0$ in positiver $\omega$-Richtung bedingt also eine Multiplikation der Zeitfunktion mit dem Faktor $\mathrm{e}^{\mathrm{j}\omega_0 t}$.

Zum *Beweis* wird das Fourier-Integral gebildet:

$$\int_{-\infty}^{\infty} f(t)\,\mathrm{e}^{\mathrm{j}\omega_0 t}\,\mathrm{e}^{-\mathrm{j}\omega t}\,\mathrm{d}t = \int_{-\infty}^{\infty} f(t)\,\mathrm{e}^{-\mathrm{j}(\omega-\omega_0)t}\,\mathrm{d}t = F[\mathrm{j}(\omega - \omega_0)]\,.$$

*Beispiele*: Die Frequenzverschiebungseigenschaft läßt sich zur Ermittlung der Spektren der amplitudenmodulierten Trägerschwingungen

$$f_c(t) = f(t)\cos\omega_0 t \quad \text{und} \quad f_s(t) = f(t)\sin\omega_0 t$$

aus dem Spektrum $F(\mathrm{j}\omega)$ von $f(t)$ verwenden. Man erhält

$$f_c(t) \equiv \frac{f(t)}{2}\,\mathrm{e}^{\mathrm{j}\omega_0 t} + \frac{f(t)}{2}\,\mathrm{e}^{-\mathrm{j}\omega_0 t} \circ\!\!-\, \frac{1}{2}\{F[\mathrm{j}(\omega - \omega_0)] + F[\mathrm{j}(\omega + \omega_0)]\}$$

und entsprechend

$$f_s(t) \circ\!\!-\, \frac{1}{2\mathrm{j}}\{F[\mathrm{j}(\omega - \omega_0)] - F[\mathrm{j}(\omega + \omega_0)]\}\,.$$

Wenn also ein mit $\omega_0$ verglichen niederfrequentes Signal $f(t)$, d. h. ein Signal, dessen Spektrum $F(\mathrm{j}\omega)$ für $|\omega| > \omega_g$ mit $0 < \omega_g \ll \omega_0$ gleich Null ist, mit der Funktion $\cos\omega_0 t$ multipliziert wird (man sagt auch, daß das niederfrequente Nutzsignal $f(t)$ der hochfrequenten Trägerschwingung $\cos\omega_0 t$ aufmoduliert wird), so bewirkt dies im Frequenzbereich eine Verschiebung der Amplitudenfunktion $A(\omega) = |F(\mathrm{j}\omega)|$ um $\pm\omega_0$ bei gleichzeitiger Multiplikation mit 0,5 sowie eine entsprechende Verschiebung der Phasenfunktion $\Phi(\omega)$, ohne daß dabei eine gegenseitige Überlappung der verschobenen Teilspektren auftritt (Bild 3.13). In analoger Weise kann die Modulation von $\sin\omega_0 t$ aufgrund des Spektrums von $f_s(t)$ gedeutet werden.

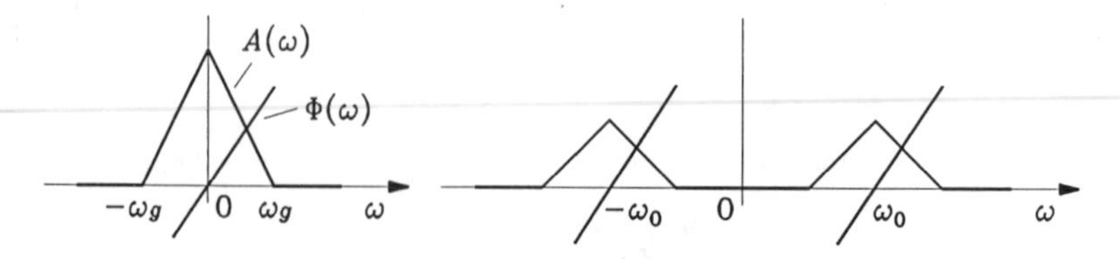


Bild 3.13: Spektrum eines niederfrequenten Signals $f(t)$ und Spektrum des Signals $f(t)\cos\omega_0 t$

Es soll das Signal $x(t) = f_c(t)$ als Eingangssignal eines linearen, zeitinvarianten und stabilen Systems mit der Übertragungsfunktion $H(\mathrm{j}\omega)$ betrachtet werden. Es sei die sogenannte Einhüllende $f(t)$ eine *schmalbandige* niederfrequente Zeitfunktion, d. h. die wesentlichen Funktionswerte des Spektrums $F(\mathrm{j}\omega)$ von $f(t)$ seien auf ein kleines Intervall $|\omega| < \Omega$ beschränkt. Außerhalb dieses Intervalls darf $F(\mathrm{j}\omega)$ mit ausreichender Genauigkeit gleich Null gesetzt werden. Das Spektrum $X(\mathrm{j}\omega) = \{F[\mathrm{j}(\omega - \omega_0)] + F[\mathrm{j}(\omega + \omega_0)]\}/2$ hat dann nur in den kleinen Intervallen $|\omega - \omega_0| < \Omega$ und $|\omega + \omega_0| < \Omega$ von Null verschiedene Werte. In diesen Intervallen darf die Übertragungsfunktion bei flachem Verlauf von $A(\omega)$ in $\omega = \omega_0$ durch

$$H(\mathrm{j}\omega) = \begin{cases} A(\omega_0)\,\mathrm{e}^{-\mathrm{j}[\Theta(\omega_0)+(\omega-\omega_0)\Theta'(\omega_0)]} & \text{für} \quad |\omega - \omega_0| < \Omega\,, \\ A(\omega_0)\,\mathrm{e}^{-\mathrm{j}[-\Theta(\omega_0)+(\omega+\omega_0)\Theta'(\omega_0)]} & \text{für} \quad |\omega + \omega_0| < \Omega \end{cases}$$

approximiert werden, wobei die Güte der Annäherung um so besser ist, je kleiner $\Omega$ ist (der Strich bezeichnet die Differentiation). Nach Gl. (3.48), die, wie noch gezeigt wird, nicht nur für den idealen Tiefpaß gilt, erhält man das Spektrum $Y(\mathrm{j}\omega)$ des Ausgangssignals in der folgenden Form:

$$Y(\mathrm{j}\omega) = \frac{1}{2}A(\omega_0)\,\mathrm{e}^{-\mathrm{j}\omega\Theta'(\omega_0)}\,\{F[\mathrm{j}(\omega - \omega_0)]\,\mathrm{e}^{-\mathrm{j}[\Theta(\omega_0)-\omega_0\Theta'(\omega_0)]} + F[\mathrm{j}(\omega + \omega_0)]\,\mathrm{e}^{\mathrm{j}[\Theta(\omega_0)-\omega_0\Theta'(\omega_0)]}\}\,.$$

Hierbei wurde die genannte Werteverteilung von $F(\mathrm{j}\omega)$ berücksichtigt. Die Zeitfunktion des in geschweiften Klammern stehenden Spektrums gewinnt man aus $f(t)$ durch Berücksichtigung der Frequenzverschiebungseigenschaft. Hieraus ergibt sich dann unmittelbar bei Beachtung der Zeitverschiebungseigenschaft das Ausgangssignal

$$y(t) = \frac{1}{2}A(\omega_0)\,\{f[t - \Theta'(\omega_0)]\,\mathrm{e}^{\mathrm{j}\omega_0[t-\Theta'(\omega_0)]}\,\mathrm{e}^{-\mathrm{j}[\Theta(\omega_0)-\omega_0\Theta'(\omega_0)]}$$

$$+ f[t - \Theta'(\omega_0)]\,\mathrm{e}^{-\mathrm{j}\omega_0[t-\Theta'(\omega_0)]}\,\mathrm{e}^{\mathrm{j}[\Theta(\omega_0)-\omega_0\Theta'(\omega_0)]}\}\,.$$

Führt man die sogenannte *Gruppenlaufzeit*

$$\frac{\mathrm{d}\Theta(\omega)}{\mathrm{d}\omega} = T_G(\omega) \tag{3.53a}$$

und die sogenannte *Phasenlaufzeit*

$$\frac{\Theta(\omega)}{\omega} = T_P(\omega) \tag{3.53b}$$

des Systems ein, dann läßt sich schließlich das Ausgangssignal als

$$y(t) = A(\omega_0)\,f[t - T_G(\omega_0)] \cdot \cos\omega_0[t - T_P(\omega_0)]$$

darstellen. Die Gruppenlaufzeit bzw. die Phasenlaufzeit eines linearen, zeitinvarianten und stabilen Systems ist also für $\omega = \omega_0$ gleich der zeitlichen Verschiebung der Einhüllenden $f(t)$ bzw. der Trägerschwingung $\cos\omega_0 t$ beim Durchgang durch das System, sofern die Einhüllende $f(t)$ ein schmalbandiges, niederfrequentes Signal darstellt. Man vergleiche hierzu Bild 3.14.

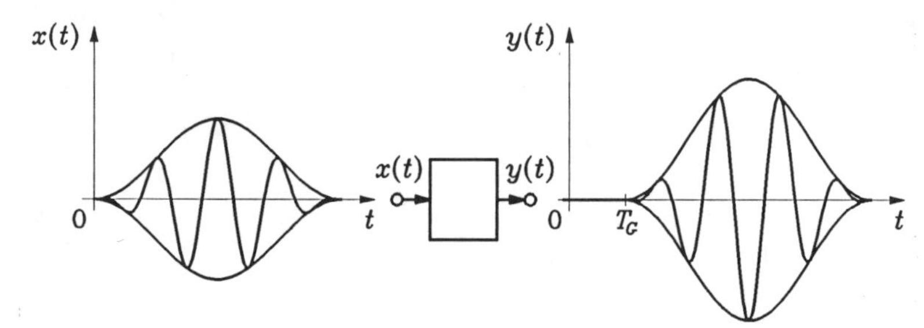


Bild 3.14: Zur Bedeutung von Gruppen- und Phasenlaufzeit

**(d) Zeitdehnung**

Aus der Korrespondenz

$$f(t) \circ\!\!- F(\mathrm{j}\omega)$$

folgt bei Wahl einer willkürlichen reellen Konstante $a \neq 0$ die Zuordnung

$$f(at) \circ\!\!- \frac{1}{|a|} F\left(\frac{\mathrm{j}\omega}{a}\right).$$

Diese Aussage ist als *Ähnlichkeitssatz* bekannt.

Zum *Beweis* bildet man für $a > 0$ das Fourier-Integral

$$\int_{-\infty}^{\infty} f(at)\, \mathrm{e}^{-\mathrm{j}\omega t}\, \mathrm{d}t = \frac{1}{a} \int_{-\infty}^{\infty} f(\tau)\, \mathrm{e}^{-\mathrm{j}\frac{\omega}{a}\tau}\, \mathrm{d}\tau = \frac{1}{a} F\left(\frac{\mathrm{j}\omega}{a}\right).$$

Für $a < 0$ tritt eine Vorzeichenumkehrung ein, da in diesem Fall der Integration in $t$ von $-\infty$ bis $\infty$ die Integration in $\tau = at$ von $\infty$ bis $-\infty$ entspricht. Damit ist der Satz bewiesen.

Der Ähnlichkeitssatz hat eine grundlegende Bedeutung für die Informationstechnik. Der Satz besagt nämlich, daß der Dehnung eines Zeitvorgangs eine Verkürzung der "Breite" des Spektrums entspricht und umgekehrt. Dies soll im Bild 3.15 veranschaulicht werden. Zeitdauer und Bandbreite verhalten sich also in reziproker Weise zueinander. Man pflegt diesen Sachverhalt qualitativ folgendermaßen auszudrücken: Vorgänge mit schmalem Spektrum haben lange Dauer; Vorgänge mit breitem Spektrum haben kurze Dauer (man vergleiche auch Abschnitt 3.3).

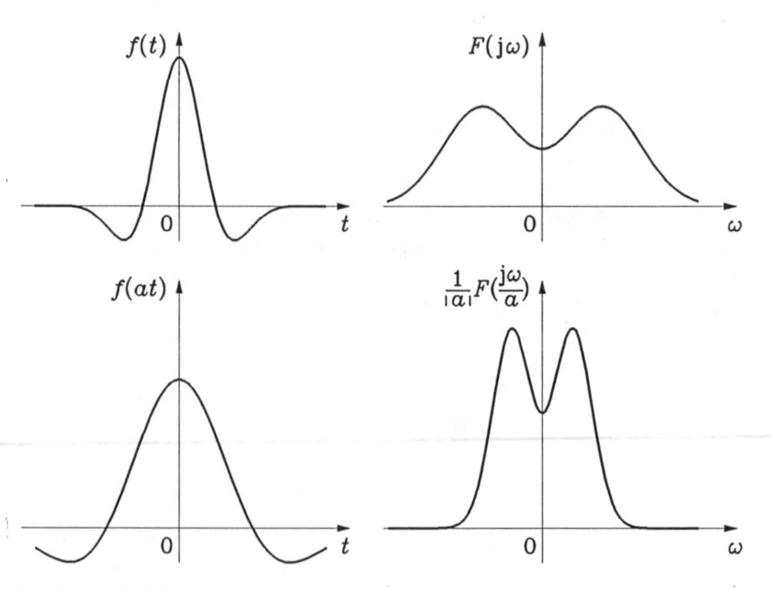


Bild 3.15: Zur Reziprozität von Zeitdauer und Bandbreite

**(e) Symmetrie**
Aus der Korrespondenz

$$f(t) \circ\!\!- F(\mathrm{j}\omega)$$

folgt die Zuordnung

$$F(\mathrm{j}t) \circ\!\!- 2\pi f(-\omega).$$

Die Richtigkeit dieser als *Vertauschungssatz* bekannten Aussage ist direkt aus den Grundgleichungen zu erkennen.

*Beispiel*: Der Rechteckimpuls $p_a(t) = s(t+a) - s(t-a)$ hat das Spektrum

$$F(\mathrm{j}\omega) = \int_{-a}^{a} \mathrm{e}^{-\mathrm{j}\omega t}\,\mathrm{d}t = \frac{2\sin a\omega}{\omega}.$$

Der Vertauschungssatz liefert dann die schon verwendete Korrespondenz

$$\frac{\sin at}{\pi t} \circ\!\!- p_a(\omega).$$

**(f) Differentiation und Integration im Zeitbereich**
Aus der Korrespondenz

$$f(t) \circ\!\!- F(\mathrm{j}\omega)$$

folgt bei Existenz des $n$-ten Differentialquotienten von $f(t)$ und dessen Fourier-Transformierten die Zuordnung

$$\frac{\mathrm{d}^n f(t)}{\mathrm{d}t^n} \circ\!\!- (\mathrm{j}\omega)^n\, F(\mathrm{j}\omega).$$

Diese Aussage kann aus den Grundgleichungen abgeleitet werden.
Es sei weiterhin das Integral

$$g(t) = \int_{-\infty}^{t} f(\tau)\,\mathrm{d}\tau$$

betrachtet. Die Funktionen $f(t)$ und $g(t)$ mögen die Fourier-Transformierten $F(\mathrm{j}\omega)$ und $G(\mathrm{j}\omega)$ besitzen, die als gewöhnliche Funktionen existieren. Dann gilt wegen $\mathrm{d}g/\mathrm{d}t = f(t)$ nach den beiden letzten Zuordnungen

$$\mathrm{j}\omega G(\mathrm{j}\omega) = F(\mathrm{j}\omega),$$

also die Korrespondenz

$$\int_{-\infty}^{t} f(\tau)\,\mathrm{d}\tau \circ\!\!- \frac{F(\mathrm{j}\omega)}{\mathrm{j}\omega}.$$

Es sei betont, daß diese Aussage nur gilt, wenn die Spektren $F(\mathrm{j}\omega)$ und $G(\mathrm{j}\omega)$ als gewöhnliche Funktionen existieren. Dies bedingt, daß $F(\mathrm{j}\omega)$ für $\omega = 0$ verschwindet. Ist $F(0) \neq 0$, so gilt die allgemeinere Korrespondenz [1])

$$\int_{-\infty}^{t} f(\tau)\,d\tau \circ\!\!- \frac{F(j\omega)}{j\omega} + \pi F(0)\,\delta(\omega).$$

Dann ist, wie man sieht, $G(j\omega)$ als Distribution aufzufassen.

**(g) Differentiation im Frequenzbereich**

Aus der Korrespondenz

$$f(t) \circ\!\!- F(j\omega)$$

folgt bei Existenz des $n$-ten Differentialquotienten von $F(j\omega)$ und der zugehörigen Zeitfunktion die Zuordnung

$$(-jt)^n f(t) \circ\!\!- \frac{d^n F(j\omega)}{d\omega^n}.$$

Diese Aussage ergibt sich aus den Grundgleichungen (3.19) und (3.20).

**(h) Momentensatz**

Aus vorstehender Korrespondenz, die sich auf die Differentiation im Frequenzbereich bezieht, kann man $d^n F(j\omega)/d\omega^n$ als Fourier-Transformierte von $(-jt)^n f(t)$ gemäß Gl. (3.20) ausdrücken und anschließend $\omega = 0$ setzen. Dadurch erhält man unmittelbar für $n = 0, 1, 2, \ldots$ die interessante Formel

$$\left.\frac{d^n F(j\omega)}{d\omega^n}\right|_{\omega=0} = (-j)^n \int_{-\infty}^{\infty} t^n f(t)\,dt\,, \tag{3.54a}$$

die als *Momentensatz* bekannt ist, da das Integral auf der rechten Seite von Gl. (3.54a) die Bedeutung des $n$-ten Momentes von $f(t)$ hat, das in der Form

$$m_f^{(n)} := \int_{-\infty}^{\infty} t^n f(t)\,dt \tag{3.54b}$$

abgekürzt wird. Man beachte, daß $m_f^{(0)}$ als Inhalt der Fläche zwischen der Kurve $f(t)$ und der $t$-Achse gedeutet werden kann; $m_f^{(1)}/m_f^{(0)}$ läßt sich als Abszisse des "Schwerpunkts" der genannten Fläche interpretieren.

Zur Anwendung des Momentensatzes sei ein lineares, zeitinvariantes System mit der differenzierbaren Übertragungsfunktion

$$H(j\omega) = A(\omega)\,e^{-j\Theta(\omega)}$$

---

[1]) Man schreibt zum Beweis dieser Korrespondenz das Integral in der Form

$$g(t) = \int_{-\infty}^{t} f(\tau)\,d\tau = \int_{-\infty}^{\infty} f(\tau)\,s(t-\tau)\,d\tau,$$

also als Faltung der Funktionen $f(t)$ und $s(t)$. Nun kann der Faltungssatz (Satz III.2, S. 215) im Bereich der Distributionen angewendet werden. Unter Berücksichtigung des durch die Zuordnung (3.74) gegebenen Spektrums der Sprungfunktion $s(t)$ erhält man unmittelbar das Ergebnis, wobei noch die Distributionenbeziehung $F(j\omega)\,\delta(\omega) = F(0)\,\delta(\omega)$ berücksichtigt werden muß. Hierbei muß $F(j\omega)$ im Nullpunkt stetig sein.

und dem daraus folgenden Differentialquotienten

$$\frac{\mathrm{d}H(\mathrm{j}\omega)}{\mathrm{d}\omega} = \frac{\mathrm{d}A(\omega)}{\mathrm{d}\omega}\,\mathrm{e}^{-\mathrm{j}\Theta(\omega)} - \mathrm{j}A(\omega)\,\frac{\mathrm{d}\Theta(\omega)}{\mathrm{d}\omega}\,\mathrm{e}^{-\mathrm{j}\Theta(\omega)}$$

betrachtet. Wendet man hierauf für $n = 1$ den Momentensatz an, so ergibt sich

$$-\mathrm{j}m_h^{(1)} = -\mathrm{j}A(0)\,\frac{\mathrm{d}\Theta(\omega)}{\mathrm{d}\omega}\bigg|_{\omega=0},$$

wobei davon ausgegangen wurde, daß sowohl der Differentialquotient von $A(\omega)$ als auch die Phase $\Theta(\omega)$ für $\omega = 0$ verschwinden (es sei daran erinnert, daß $A(\omega)$ eine gerade und $\Theta(\omega)$ eine ungerade Funktion ist). Beachtet man weiterhin, daß $A(0) = H(0) = m_h^{(0)}$ gilt, so findet man mit Gl. (3.53a)

$$T_G(0) = \frac{m_h^{(1)}}{m_h^{(0)}}. \tag{3.55a}$$

Die Schwerpunktsabszisse der Fläche zwischen Impulsantwort $h(t)$ und $t$-Achse stimmt also mit der Gruppenlaufzeit des Systems für $\omega = 0$ überein. Differenziert man die obige Formel für $\mathrm{d}H(\mathrm{j}\omega)/\mathrm{d}\omega$ noch einmal nach $\omega$, bildet man also $\mathrm{d}^2H(\mathrm{j}\omega)/\mathrm{d}\omega^2$, setzt anschließend $\omega = 0$ und geht davon aus, daß $A'(0) = \Theta(0) = \Theta''(0) = 0$ gilt, so resultiert mit den Gln. (3.54a,b) für den Differentialquotienten 2. Ordnung von $A(\omega)$ bei $\omega = 0$

$$A''(0) = \frac{(m_h^{(1)})^2}{m_h^{(0)}} - m_h^{(2)}$$

oder wegen Gl. (3.55a)

$$A''(0) = T_G(0)\,m_h^{(1)} - m_h^{(2)} \tag{3.55b}$$

(die Striche bedeuten Differentiationen). Es sei fernerhin die allgemeine Beziehung

$$Y(\mathrm{j}\omega) = H(\mathrm{j}\omega)\,X(\mathrm{j}\omega)$$

zwischen den Spektren am Eingang und Ausgang des Systems sowie der daraus folgende Zusammenhang

$$\frac{\mathrm{d}Y(\mathrm{j}\omega)}{\mathrm{d}\omega} = \frac{\mathrm{d}H(\mathrm{j}\omega)}{\mathrm{d}\omega}\,X(\mathrm{j}\omega) + \frac{\mathrm{d}X(\mathrm{j}\omega)}{\mathrm{d}\omega}\,H(\mathrm{j}\omega)$$

betrachtet. Wertet man diese beiden Gleichungen für $\omega = 0$ unter Berücksichtigung der Gln. (3.54a,b) aus, so findet man die Beziehungen

$$m_y^{(0)} = m_h^{(0)}\,m_x^{(0)} \tag{3.56}$$

und

$$-\mathrm{j}m_y^{(1)} = -\mathrm{j}m_h^{(1)}\,m_x^{(0)} - \mathrm{j}m_x^{(1)}\,m_h^{(0)}.$$

Dividiert man beide Gleichungen miteinander und kürzt man mit dem Faktor $-\mathrm{j}$, dann ergibt sich ein Zusammenhang zwischen den Schwerpunktsabszissen in der Form

$$\frac{m_y^{(1)}}{m_y^{(0)}} = \frac{m_h^{(1)}}{m_h^{(0)}} + \frac{m_x^{(1)}}{m_x^{(0)}}. \tag{3.57}$$

Man kann die Momente der Impulsantwort auch dazu verwenden, das Ausgangssignal des Systems in Form einer Reihe darzustellen. Dabei geht man davon aus, daß die Übertragungsfunktion $H(\mathrm{j}\omega)$ im Ursprung $\omega = 0$ in eine Taylor-Reihe entwickelt werden kann. Dann läßt sich diese aufgrund der Gln. (3.54a,b) in der Form

$$H(\mathrm{j}\omega) = m_h^{(0)} - \mathrm{j}\omega m_h^{(1)} + \frac{(\mathrm{j}\omega)^2}{2!}\,m_h^{(2)} - \frac{(\mathrm{j}\omega)^3}{3!}\,m_h^{(3)} + - \cdots$$

schreiben. Multipliziert man diese Reihe mit $X(\mathrm{j}\omega)$ und transformiert in den Zeitbereich zurück, so ergibt sich bei Beachtung der obigen Eigenschaft f für das Ausgangssignal die Darstellung

$$y(t) = m_h^{(0)} x(t) - m_h^{(1)} \frac{\mathrm{d}x(t)}{\mathrm{d}t} + \frac{m_h^{(2)}}{2!} \frac{\mathrm{d}^2 x(t)}{\mathrm{d}t^2} - \frac{m_h^{(3)}}{3!} \frac{\mathrm{d}^3 x(t)}{\mathrm{d}t^3} + \cdots \tag{3.58}$$

Geht die Sprungantwort $a(t)$ eines linearen, kausalen Systems für $t \to \infty$ schneller als jede Potenz von $t$ gegen Null (dies ist beispielsweise der Fall, wenn $a(t)$ exponentiell abklingt oder für $t > T$ identisch verschwindet), so besteht zwischen den Momenten $m_a^{(n)}$ der Sprungantwort $a(t)$ und jenen der Impulsantwort $h(t)$ die Beziehung

$$m_a^{(n)} = -\frac{1}{n+1} m_h^{(n+1)} ,$$

welche sich einfach dadurch beweisen läßt, daß man die Integraldarstellung für $m_a^{(n)}$ gemäß Gl. (3.54b) der partiellen Integration unterwirft und den Zusammenhang $h(t) = \mathrm{d}a(t)/\mathrm{d}t$ beachtet.

## 3.2. WEITERE SÄTZE

**(a) Der Faltungssatz**

Die Operation der Faltung ist für die Systemtheorie von grundlegender Bedeutung. Hierauf wurde im Kapitel I bereits hingewiesen. Es soll daher im folgenden untersucht werden, wie das Spektrum einer durch Faltung gebildeten Zeitfunktion durch die Spektren der an der Faltung beteiligten Funktionen dargestellt werden kann.

Unter der Faltung zweier reeller Zeitfunktionen $f_1(t)$ und $f_2(t)$, die bis auf endlich viele Sprungstellen stetig sein mögen, versteht man die Funktion

$$f(t) = \int_{-\infty}^{\infty} f_1(\tau) f_2(t-\tau)\,\mathrm{d}\tau . \tag{3.59}$$

Im Hinblick auf die weiteren Überlegungen fordert man quadratische Integrierbarkeit der Funktionen $f_1(t)$ und $f_2(t)$, d. h.

$$\int_{-\infty}^{\infty} f_\mu^2(t)\,\mathrm{d}t = K_\mu < \infty \qquad (\mu = 1, 2) .$$

Dann läßt sich nämlich das Integral in Gl. (3.59) mit Hilfe der Schwarzschen Ungleichung gleichmäßig abschätzen.[1] Es wird vorausgesetzt, daß die Funktionen $f_1(t)$ und $f_2(t)$ in den Frequenzbereich transformierbar sind. Die Spektren werden mit $F_1(\mathrm{j}\omega)$ bzw. $F_2(\mathrm{j}\omega)$ bezeichnet. Sodann wird die Fourier-Transformierte $F(\mathrm{j}\omega)$ von $f(t)$ gebildet:

$$F(\mathrm{j}\omega) = \int_{-\infty}^{\infty} \mathrm{e}^{-\mathrm{j}\omega t} \left[ \int_{-\infty}^{\infty} f_1(\tau) f_2(t-\tau)\,\mathrm{d}\tau \right] \mathrm{d}t .$$

Angesichts der für die Funktionen $f_1(t)$ und $f_2(t)$ geforderten Eigenschaften darf die Reihenfolge der Integrationen vertauscht werden. Dann erhält man

[1] Die Schwarzsche Ungleichung wird in folgender Form verwendet: Sind $g_1(t)$, $g_2(t)$ zwei im allgemeinen komplexwertige, stückweise stetige Funktionen des reellen Parameters $t$, so gilt die Relation

$$\left| \int_a^b g_1(t) g_2^*(t)\,\mathrm{d}t \right|^2 \leq \int_a^b |g_1(t)|^2\,\mathrm{d}t \int_a^b |g_2(t)|^2\,\mathrm{d}t .$$

Das Gleichheitszeichen gilt genau dann, wenn $g_1(t)$ und $g_2(t)$ proportionale Funktionen sind.

$$F(\mathrm{j}\omega) = \int_{-\infty}^{\infty} f_1(\tau)\left[\int_{-\infty}^{\infty} f_2(t-\tau)\,\mathrm{e}^{-\mathrm{j}\omega t}\,\mathrm{d}t\right]\mathrm{d}\tau = \int_{-\infty}^{\infty} f_1(\tau)\,F_2(\mathrm{j}\omega)\,\mathrm{e}^{-\mathrm{j}\omega\tau}\,\mathrm{d}\tau\,,$$

also

$$F(\mathrm{j}\omega) = F_1(\mathrm{j}\omega)\,F_2(\mathrm{j}\omega)\,. \tag{3.60}$$

Das gewonnene Ergebnis wird zusammengefaßt im

**Satz III.2:** Es seien $f_1(t)$ und $f_2(t)$ zwei reelle, quadratisch integrierbare, stetige Funktionen mit höchstens endlich vielen Sprungstellen. Die Fourier-Transformierten dieser Funktionen werden als existent vorausgesetzt und mit $F_1(\mathrm{j}\omega)$ bzw. $F_2(\mathrm{j}\omega)$ bezeichnet. Dann existiert auch die Fourier-Transformierte $F(\mathrm{j}\omega)$ des Faltungsintegrals, und es gilt die Gl. (3.60).

**Anmerkung:** Die im Satz III.2 geforderten Bedingungen sind nur hinreichende Voraussetzungen. Neben diesem Faltungssatz für den Zeitbereich gibt es einen Faltungssatz für den Frequenzbereich. Dieser besagt, daß unter bestimmten Voraussetzungen (man vergleiche insbesondere Satz III.2) die Korrespondenz

$$f_1(t)\,f_2(t) \circ\!\!-\; \frac{1}{2\pi}\int_{-\infty}^{\infty} F_1(\mathrm{j}y)\,F_2[\mathrm{j}(\omega-y)]\,\mathrm{d}y \tag{3.61}$$

besteht.

**(b) Die Parsevalsche Formel**

Die reelle, stückweise glatte Funktion $f(t)$ sei durch die Fourier-Transformierte $F(\mathrm{j}\omega)$ darstellbar. Es besitze $f^2(t)$ eine Fourier-Transformierte, $|F(\mathrm{j}\omega)|$ sei quadratisch integrierbar, und $F(\mathrm{j}\omega)$ sei stetig mit höchstens endlich vielen Sprungstellen. Dann gilt

$$\int_{-\infty}^{\infty} f^2(t)\,\mathrm{d}t = \frac{1}{2\pi}\int_{-\infty}^{\infty} |F(\mathrm{j}\omega)|^2\,\mathrm{d}\omega\,. \tag{3.62}$$

Diese als Parsevalsche Formel bekannte Aussage läßt sich mit Hilfe der Korrespondenz (3.61) beweisen. Hieraus folgt zunächst

$$\int_{-\infty}^{\infty} f_1(t)\,f_2(t)\,\mathrm{e}^{-\mathrm{j}\omega t}\,\mathrm{d}t = \frac{1}{2\pi}\int_{-\infty}^{\infty} F_1(\mathrm{j}y)\,F_2[\mathrm{j}(\omega-y)]\,\mathrm{d}y$$

oder mit $\omega = 0$ und anschließender Substitution von $y$ durch $\omega$

$$\int_{-\infty}^{\infty} f_1(t)\,f_2(t)\,\mathrm{d}t = \frac{1}{2\pi}\int_{-\infty}^{\infty} F_1(\mathrm{j}\omega)\,F_2(-\mathrm{j}\omega)\,\mathrm{d}\omega\,. \tag{3.63}$$

Wählt man nun $f_1(t) \equiv f_2(t) \equiv f(t)$, $F_1(\mathrm{j}\omega) \equiv F_2(\mathrm{j}\omega) \equiv F(\mathrm{j}\omega)$, so gewinnt man die Gl. (3.62), sofern man noch beachtet, daß $F^*(\mathrm{j}\omega) = F(-\mathrm{j}\omega)$ gilt.

Das auf der linken Seite der Parsevalschen Formel nach Gl. (3.62) stehende Integral heißt *Signalenergie*, weil es die einem ohmschen Widerstand der Größe Eins zugeführte Gesamtenergie darstellt, wenn $f(t)$ gleich der am ohmschen Widerstand wirkenden Spannung ist.

Gelegentlich wird die Gl. (3.63) Parsevalsche Formel und Gl. (3.62) Energie-Theorem genannt.

*Beispiel*: Es werden ein Signal $f_1(t) = f(t)$ mit dem Spektrum $F(\mathrm{j}\omega) = A(\omega)\,\mathrm{e}^{\mathrm{j}\Phi(\omega)}$ und das Signal $f_2(t) = t\,f(t)$ mit dem Spektrum (Abschnitt 3.1, g)

$$\mathrm{j}\,\mathrm{d}F(\mathrm{j}\omega)/\mathrm{d}\omega = \mathrm{j}[\mathrm{e}^{\mathrm{j}\Phi(\omega)}\,\mathrm{d}A(\omega)/\mathrm{d}\omega + \mathrm{j}A(\omega)\,\mathrm{e}^{\mathrm{j}\Phi(\omega)}\,\mathrm{d}\Phi(\omega)/\mathrm{d}\omega]$$

betrachtet. Wendet man hierauf Gl. (3.63) an, so entsteht die Beziehung

$$\int_{-\infty}^{\infty} t\,f^2(t)\,\mathrm{d}t = -\frac{\mathrm{j}}{2\pi}\int_{-\infty}^{\infty} A(\omega)\,\mathrm{e}^{\mathrm{j}\Phi(\omega)}\,[\mathrm{d}A(\omega)/\mathrm{d}\omega - \mathrm{j}A(\omega)\,\mathrm{d}\Phi(\omega)/\mathrm{d}\omega]\,\mathrm{e}^{-\mathrm{j}\Phi(\omega)}\,\mathrm{d}\omega$$

$$= \frac{1}{2\pi}\int_{-\infty}^{\infty}[-A^2(\omega)\,\frac{\mathrm{d}\Phi(\omega)}{\mathrm{d}\omega} - \mathrm{j}A(\omega)\,\frac{\mathrm{d}A(\omega)}{\mathrm{d}\omega}]\,\mathrm{d}\omega\,.$$

Da $A(\omega)$ gerade, also $A(\omega)\,\mathrm{d}A(\omega)/\mathrm{d}\omega$ eine ungerade Funktion ist, erhält man

$$\int_{-\infty}^{\infty} t\,f^2(t)\,\mathrm{d}t = -\frac{1}{2\pi}\int_{-\infty}^{\infty} A^2(\omega)\,\frac{\mathrm{d}\Phi(\omega)}{\mathrm{d}\omega}\,\mathrm{d}\omega\,.$$

### (c) Anwendungen

Nach Gl. (1.52) läßt sich das Ausgangssignal $y(t)$ eines linearen, zeitinvarianten und stabilen kontinuierlichen Systems mit einem Eingang und einem Ausgang durch Faltung des Eingangssignals $x(t)$ mit der Impulsantwort $h(t)$ darstellen. Setzt man die Existenz des Fourier-Integrals $X(\mathrm{j}\omega)$ von $x(t)$ im Sinne von Abschnitt 2.1 voraus, dann lautet die der Gl. (1.52) im Frequenzbereich entsprechende Aussage gemäß Satz III.2

$$Y(\mathrm{j}\omega) = H(\mathrm{j}\omega)\,X(\mathrm{j}\omega)\,. \tag{3.64a}$$

Hierbei ist $Y(\mathrm{j}\omega)$ das Spektrum von $y(t)$ und $H(\mathrm{j}\omega)$ die Übertragungsfunktion des Systems. Die Verknüpfung von Eingangs- und Ausgangsgröße nach Gl. (3.64a) ist einfacher als die entsprechende Verknüpfung im Zeitbereich. Für das Beispiel des idealen Tiefpasses (man vergleiche die Gl. (3.48)) wurde die Gültigkeit von Gl. (3.64a) bereits früher nachgewiesen. Durch Anwendung der Umkehrformel gewinnt man gemäß Satz III.1 aus Gl. (3.64a) das Ausgangssignal

$$y(t) = \frac{1}{2\pi}\int_{-\infty}^{\infty} H(\mathrm{j}\omega)\,X(\mathrm{j}\omega)\,\mathrm{e}^{\mathrm{j}\omega t}\,\mathrm{d}\omega\,. \tag{3.64b}$$

Ist das betrachtete lineare System zeitvariant, dann erhält man unter den bisherigen Voraussetzungen aus Gl. (3.6b) unter Verwendung der Umkehrformel zunächst

$$y(t) = \frac{1}{2\pi}\int_{-\infty}^{\infty}\int_{-\infty}^{\infty} X(\mathrm{j}\omega)\,\mathrm{e}^{\mathrm{j}\omega(t-\vartheta)}\,b(t,\vartheta)\,\mathrm{d}\omega\,\mathrm{d}\vartheta$$

und hieraus durch Änderung der Integrationsreihenfolge und Beachtung von Gl. (3.8)

$$y(t) = \frac{1}{2\pi}\int_{-\infty}^{\infty} H(\mathrm{j}\omega,t)\,X(\mathrm{j}\omega)\,\mathrm{e}^{\mathrm{j}\omega t}\,\mathrm{d}\omega\,. \tag{3.64c}$$

Dies ist eine Verallgemeinerung von Gl. (3.64b). Eine entsprechende Verallgemeinerung der Gl. (3.64a) ist nicht möglich.

Die im Abschnitt 2.1 eingeführte Funktion $f_\Omega(t)$ ist nach den Gln. (3.18a), (3.16b) die Faltung der Funktion $f(t)$ mit dem Fourier-Kern $\delta_\Omega(t)$. Die Fourier-Transformierte $F_\Omega(\mathrm{j}\omega)$ von $f_\Omega(t)$ muß daher nach Satz III.2 gleich dem Produkt der Fourier-Transformierten $F(\mathrm{j}\omega)$ von $f(t)$ mit der Fourier-Transformierten von $\delta_\Omega(t)$, also gemäß Korrespondenz (3.46) mit der Funktion $p_\Omega(\omega)$ sein. Diese Aussage wird bereits durch die Gl. (3.37a) geliefert.

Die im Abschnitt 2.2 eingeführte Funktion $g_\Omega(t)$ läßt sich nach Gl. (3.39b) auffassen als Faltung der Funktion $f(t)$ mit dem Fejér-Kern $\varepsilon_\Omega(t)$. Aufgrund von Satz III.2 ist daher die Fourier-Transformierte $G_\Omega(\mathrm{j}\omega)$ von $g_\Omega(t)$ gleich dem Produkt der Fourier-Transformierten $F(\mathrm{j}\omega)$ von $f(t)$ mit der Fourier-Transformierten des Fejér-Kernes $\varepsilon_\Omega(t)$ aus Gl. (3.38b), also mit der Funktion $q_\Omega(\omega)$ nach Gl. (3.38a). Diese Aussage wird bereits durch Gl. (3.39a) geliefert. Die Gültigkeit der Korrespondenz

$$\varepsilon_\Omega(t) \circ\!\!-\, q_\Omega(\omega) \tag{3.65}$$

läßt sich dadurch nachweisen, daß man die Fourier-Transformierte von $q_\Omega(t)$ ermittelt und dann den Vertauschungssatz (Eigenschaft e im Abschnitt 3.1) anwendet. Dies sei dem Leser als Übung empfohlen.

Unter einem sogenannten *Spalt*, auch Rechteck-Fenster genannt, versteht man ein System, dessen Ausgangssignal $y(t)$ durch rechteckförmige Ausblendung des Eingangssignals $x(t)$ entsteht:

$$y(t) = x(t)\,p_T(t)\,.$$

Hierbei ist $p_T(t)$ gemäß Gl. (3.36) gegeben. Mit Hilfe des Faltungssatzes im Frequenzbereich erhält man das Spektrum $Y(\mathrm{j}\omega)$ des Ausgangssignals durch Faltung des Spektrums $X(\mathrm{j}\omega)$ mit dem Spektrum von $p_T(t)/2\pi$, also mit der Funktion $(\sin\omega T)/\pi\omega$:

$$Y(\mathrm{j}\omega) = \int_{-\infty}^{\infty} X(\mathrm{j}y)\,\frac{\sin T(\omega - y)}{\pi(\omega - y)}\,\mathrm{d}y\,.$$

Man beachte, daß es sich hierbei um ein lineares, aber zeitvariantes System handelt, das auch durch seine Übertragungsfunktion

$$H(\mathrm{j}\omega,t) = p_T(t)$$

oder durch seine Impulsantwort

$$h(t,\tau) = p_T(t)\,\delta(t-\tau)$$

gekennzeichnet werden kann. Anstelle eines Rechteck-Fensters kann man ein allgemeines "Fenster" $w(t)$ mit $w(t) \equiv 0$ für $|t| > T$ betrachten, für das $y(t) = x(t)\,w(t)$ gilt. Das Spektrum des "gefensterten" Signals $y(t)$ ergibt sich dann entsprechend wie beim Rechteck-Fenster zu

$$Y(\mathrm{j}\omega) = \frac{1}{2\pi} \int_{-\infty}^{\infty} X(\mathrm{j}y)\, W[\mathrm{j}(\omega - y)]\, \mathrm{d}y\,,$$

wobei $W(\mathrm{j}\omega)$ das Spektrum von $w(t)$ bedeutet.

## 3.3. ZEITDAUER UND BANDBREITE

Für die Informationstechnik sind die Begriffe der Dauer eines Zeitvorgangs, insbesondere eines impulsförmigen Vorganges, und der Breite des zugehörigen Spektrums von großer Wichtigkeit. Es gibt verschiedene Möglichkeiten, Zeitdauer und Bandbreite eines Impulses zu definieren.

Betrachtet man ein reelles Signal $f(t)$, dessen Spektrum $F(\mathrm{j}\omega)$ rein reell und zudem nichtnegativ sei, dann ist die Funktion $f(t)$ nicht nur gerade (Abschnitt 2.1), sondern sie hat ihr Maximum im Nullpunkt, da

$$f(t) = \frac{1}{2\pi} \int_{-\infty}^{\infty} F(\mathrm{j}\omega) \cos \omega t \; \mathrm{d}\omega \leqq \frac{1}{2\pi} \int_{-\infty}^{\infty} F(\mathrm{j}\omega)\, \mathrm{d}\omega = f(0)$$

gilt (Bild 3.16). Es liegt nahe, als Zeitdauer von $f(t)$

$$T = \frac{1}{f(0)} \int_{-\infty}^{\infty} f(t)\, \mathrm{d}t \tag{3.66a}$$

und als Bandbreite

$$B = \frac{1}{F(0)} \int_{-\infty}^{\infty} F(\mathrm{j}\omega)\, \mathrm{d}\omega \tag{3.66b}$$

zu wählen. Dies bedeutet, daß das aus der Zeitdauer $T$ und dem Funktionswert $f(0)$ gebildete Rechteck den gleichen Flächeninhalt hat wie die Fläche zwischen $f(t)$ und der Zeitachse. Entsprechend läßt sich die Bandbreite interpretieren. Da das Integral über $f(t)$ in Gl. (3.66a) mit $F(0)$ und das Integral über $F(\mathrm{j}\omega)$ in Gl. (3.66b) mit $2\pi f(0)$ identisch ist, muß zwangsläufig

$$TB = 2\pi \tag{3.67}$$

gelten. Bei der Definition von Zeitdauer und Bandbreite nach den Gln. (3.66a,b) ist also für

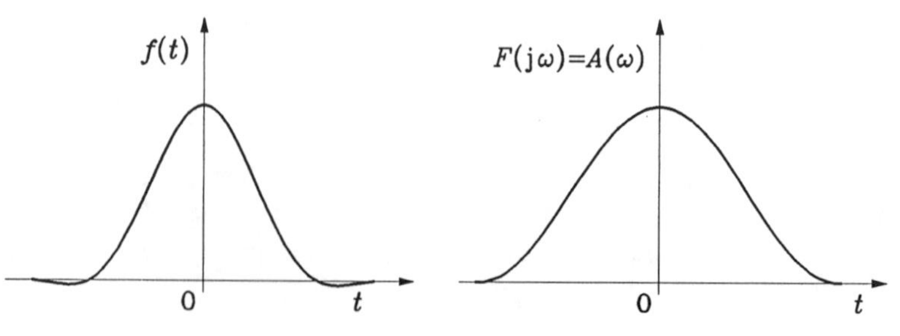


Bild 3.16: Zur Definition von Zeitdauer und Bandbreite

die betrachteten Zeitvorgänge das Produkt $TB$ nach Gl. (3.67) konstant. Je kürzer der Zeitvorgang ist, um so breiter ist das Spektrum und umgekehrt.

Man pflegt gelegentlich auch bei impulsförmigen Vorgängen als Zeitdauer

$$T = \left\{ \frac{\int_{-\infty}^{\infty} t^2 f^2(t)\,\mathrm{d}t}{\int_{-\infty}^{\infty} f^2(t)\,\mathrm{d}t} \right\}^{\frac{1}{2}} \tag{3.68a}$$

und als Bandbreite

$$B = \left\{ \frac{\int_{-\infty}^{\infty} \omega^2\, |F(\mathrm{j}\omega)|^2\,\mathrm{d}\omega}{\int_{-\infty}^{\infty} |F(\mathrm{j}\omega)|^2\,\mathrm{d}\omega} \right\}^{\frac{1}{2}} \tag{3.68b}$$

zu definieren. Setzt man voraus, daß die Signalenergie gleich $E$ ist, also

$$\int_{-\infty}^{\infty} f^2(t)\,\mathrm{d}t = E \tag{3.68c}$$

gilt, [1] dann besteht die Relation

$$TB \geqq \frac{1}{2}\,. \tag{3.69}$$

Das Gleichheitszeichen gilt genau dann, wenn

$$f(t) = \sqrt[4]{\frac{2aE^2}{\pi}}\;\mathrm{e}^{-at^2} \tag{3.70}$$

($a$ beliebige positive Konstante) gilt. Die als *Gaußsches Signal* bekannte Zeitfunktion $f(t)$ nach Gl. (3.70) ist also diejenige Funktion, welche bei Definition von Zeitdauer und Bandbreite nach den Gln. (3.68a,b) das *kleinste* Zeitdauer-Bandbreite-Produkt hat. In diesem Sinne darf das Gaußsche Signal als das für die Übertragung günstigste Signal betrachtet werden. Die Ungleichung (3.69) wird in Anlehnung an eine formale Analogie aus der Quantenmechanik Unschärferelation genannt.

Zum *Beweis* der Beziehungen (3.69) und (3.70) verwendet man die Schwarzsche Ungleichung (man vergleiche die Fußnote 1, S. 214) mit $g_1(t) \equiv t\,f(t)$ und $g_2(t) \equiv \mathrm{d}f/\mathrm{d}t =: f'(t)$ und erhält

$$\left| \int_{-\infty}^{\infty} t\,f(t)\cdot f'(t)\,\mathrm{d}t \right|^2 \leq \int_{-\infty}^{\infty} t^2 f^2(t)\,\mathrm{d}t \cdot \int_{-\infty}^{\infty} f'^2(t)\,\mathrm{d}t\,.$$

Bei Beachtung der vorausgesetzten Eigenschaften für $f(t)$ findet man für die linke Seite dieser Ungleichung nach Anwendung partieller Integration den Wert $E^2/4$. Auf der rechten Seite der Ungleichung ist das erste In-

[1] Es sind noch gewisse Voraussetzungen über $f(t)$ zu machen, die im einzelnen nicht aufgeführt werden, sich jedoch im Verlauf der Beweisführung ergeben.

tegral offensichtlich gleich $T^2 E$, und das zweite Integral ist gleich $B^2 E$, wie durch Anwendung der Parsevalschen Formel in Verbindung mit der Differentiationseigenschaft (Abschnitt 3.1, f) leicht zu erkennen ist. Damit ist die Gültigkeit der Ungleichung (3.69) nachgewiesen. Das Gleichheitszeichen gilt genau dann, wenn

$$\frac{df}{dt} = -2at\,f(t)$$

gilt (in der Schwarzschen Ungleichung $k\,g_1(t) \equiv g_2(t)$, $k = -2a$ gesetzt). Diese Differentialgleichung führt auf $f(t)$ nach Gl. (3.70), wenn man noch berücksichtigt, daß die Signalenergie gleich $E$ ist.

# 4. Die Fourier-Transformation im Bereich der verallgemeinerten Funktionen

Durch Einbeziehung von Distributionen, insbesondere der $\delta$-Funktion, in die bisherigen Betrachtungen läßt sich die Klasse der durch Fourier-Integrale darstellbaren Funktionen beträchtlich erweitern. Es wird dann möglich, zahlreiche für die Systemtheorie bedeutsame Funktionen in den Frequenzbereich zu transformieren, die bei ausschließlicher Zulassung gewöhnlicher Funktionen keine Fourier-Transformierte haben. Es zeigt sich, daß die bisher gefundenen Eigenschaften der Fourier-Transformation im wesentlichen weiter Gültigkeit haben. Man hat allerdings bei allen Operationen die Regeln der Distributionentheorie zu beachten.

## 4.1. DIE FOURIER-TRANSFORMIERTE DER DELTA-FUNKTION UND DER SPRUNGFUNKTION

Ersetzt man die Funktion $f(t)$ in Gl. (3.20) durch die Funktion $\delta(t)$, so erkennt man aufgrund der Ausblendeigenschaft der $\delta$-Funktion, daß ihre Fourier-Transformierte $F(\mathrm{j}\omega)$ unabhängig von der Kreisfrequenz gleich Eins ist ("weißes" Spektrum). Andererseits lehrt die Gl. (3.17) in Verbindung mit der Gl. (3.19), daß die $\delta$-Funktion mit Hilfe der Frequenzfunktion Eins als Fourier-Integral darstellbar ist. Daher besteht die Korrespondenz

$$\delta(t) \circ\!\!-\; 1. \tag{3.71}$$

Zur Ermittlung der Fourier-Transformierten der Sprungfunktion $s(t)$ empfiehlt es sich, zunächst die Fourier-Transformierte der Signum-Funktion

$$\operatorname{sgn} t = \begin{cases} 1 & \text{für} \quad t > 0, \\ -1 & \text{für} \quad t < 0 \end{cases}$$

zu ermitteln. Hierfür erhält man

$$F(\mathrm{j}\omega) = \lim_{T\to\infty} \int_{-T}^{T} \operatorname{sgn} t \; \mathrm{e}^{-\mathrm{j}\omega t}\, \mathrm{d}t = -2\mathrm{j} \lim_{T\to\infty} \int_{0}^{T} \sin\omega t \; \mathrm{d}t\,.$$

Wie man sieht, ist $F(0) = 0$. Verschwindet $\omega$ nicht, dann liefert die Ausführung der Integration

$$F(\mathrm{j}\omega) = \frac{2}{\mathrm{j}\omega} - \frac{2}{\mathrm{j}\omega} \lim_{T\to\infty} \cos\omega T\,.$$

Der hierbei auftretende Grenzwert ist im Sinne der Distributionentheorie gleich Null, so daß das Ergebnis lautet:

$$F(\mathrm{j}\omega) = \begin{cases} 0 & \text{für} \quad \omega = 0\,, \\ \dfrac{2}{\mathrm{j}\omega} & \text{für} \quad \omega \neq 0\,. \end{cases}$$

Setzt man diese Frequenzfunktion in die Gl. (3.19) ein, so erhält man

$$f(t) = \frac{2}{\pi} \int_0^\infty \frac{\sin \omega t}{\omega}\, \mathrm{d}\omega\,.$$

Dies liefert für $t > 0$ den Wert 1, für $t < 0$ den Wert $-1$. Denn das Integral über $\sin \xi / \xi$ von 0 bis $\infty$ ist gleich $\mathrm{Si}(\infty)$, d. h. nach Abschnitt 2.2 gleich $\pi/2$. Somit besteht die Korrespondenz

$$\operatorname{sgn} t \;\circ\!\!-\; \begin{cases} 0 & \text{für} \quad \omega = 0\,, \\ \dfrac{2}{\mathrm{j}\omega} & \text{für} \quad \omega \neq 0\,. \end{cases} \tag{3.72}$$

Mit Hilfe der Symmetrie-Eigenschaft (Eigenschaft e aus Abschnitt 3.1) folgt aus der Zuordnung (3.71) die Korrespondenz

$$1 \;\circ\!\!-\; 2\pi\delta(\omega)\,. \tag{3.73}$$

Die längs der gesamten Zeitachse konstante Funktion Eins hat demnach als Spektrum den $\delta$-Impuls im Nullpunkt mit der Stärke $2\pi$ (Linienspektrum). Da die Sprungfunktion $s(t)$ durch Überlagerung der konstanten Zeitfunktion $1/2$ und der Funktion $(\operatorname{sgn} t)/2$ erzeugt werden kann, erhält man wegen der Linearitätseigenschaft der Fourier-Transformation das Spektrum von $s(t)$ durch Addition der aus den Beziehungen (3.72) und (3.73) ablesbaren Spektren von $1/2$ und $(\operatorname{sgn} t)/2$. Es gilt also

$$s(t) \;\circ\!\!-\; \pi\delta(\omega) + \frac{1}{\mathrm{j}\omega}\,. \tag{3.74}$$

Es ist dabei noch zu beachten, daß der Imaginärteil des Spektrums an der Stelle $\omega = 0$ wegen Relation (3.72) verschwindet. Bild 3.17 möge zur Veranschaulichung von Korrespondenz (3.74) dienen.

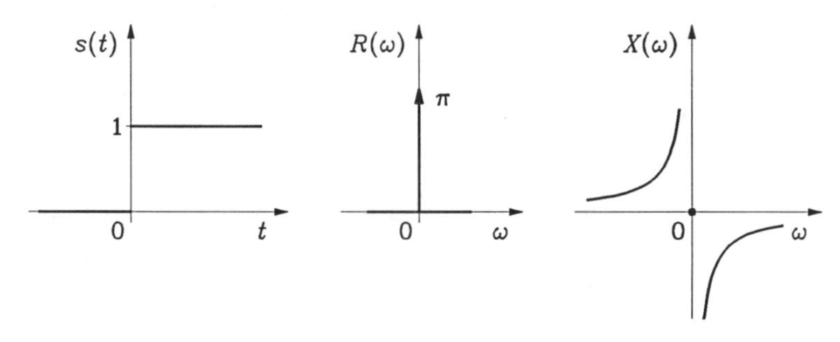


Bild 3.17: Veranschaulichung der Korrespondenz (3.74)

Durch Substitution des Spektrums von $s(t)$ in die Umkehrformel (3.19) läßt sich eine geschlossene Darstellung für $s(t)$ angeben.

Betrachtet man

$$x(t) = s(t)$$

als Eingangsfunktion eines linearen, zeitinvarianten und durch seine Übertragungsfunktion $H(\mathrm{j}\omega)$ gegebenen Systems, dann erhält man aufgrund der Korrespondenz (3.74) das Spektrum des Ausgangssignals in der Form

$$Y(\mathrm{j}\omega) = \pi H(0)\,\delta(\omega) + H(\mathrm{j}\omega)/\mathrm{j}\omega = \pi R(0)\,\delta(\omega) + \frac{X(\omega)}{\omega} - \mathrm{j}\,\frac{R(\omega)}{\omega}.$$

Hieraus lassen sich im Fall eines kausalen Systems, d. h. für den Fall, daß $y(t) = a(t)$ für $t < 0$ verschwindet, mit Hilfe der Gln. (3.51a,b) zwei einfache allgemeine Darstellungen für die Sprungantwort angeben:[1)]

$$a(t) = \frac{2}{\pi}\int_{0-}^{\infty}\left[\frac{\pi}{2}R(0)\,\delta(\omega) + \frac{X(\omega)}{\omega}\right]\cos\omega t\,\mathrm{d}\omega = R(0) + \frac{2}{\pi}\int_{0}^{\infty}\frac{X(\omega)}{\omega}\cos\omega t\,\mathrm{d}\omega \quad (t > 0),$$

$$a(t) = \frac{2}{\pi}\int_{0}^{\infty}\frac{R(\omega)}{\omega}\sin\omega t\,\mathrm{d}\omega \quad (t > 0).$$

## 4.2. WEITERE GRUNDLEGENDE KORRESPONDENZEN

Die Zeitverschiebungseigenschaft der Fourier-Transformation (Abschnitt 3.1, Teil b) führt von der Korrespondenz (3.71) auf die Zuordnung

$$\delta(t - t_0) \circ\!\!- \mathrm{e}^{-\mathrm{j}\omega t_0}. \tag{3.75}$$

Die Frequenzverschiebungseigenschaft (Abschnitt 3.1, Teil c) liefert aus Korrespondenz (3.73)

$$\mathrm{e}^{\mathrm{j}\omega_0 t} \circ\!\!- 2\pi\delta(\omega - \omega_0). \tag{3.76}$$

Zur Ermittlung der Spektren der über die gesamte Zeitachse andauernden harmonischen Signale $\cos\omega_0 t$ und $\sin\omega_0 t$ stellt man diese mit Hilfe der Exponentiellen $\mathrm{e}^{\mathrm{j}\omega_0 t}$ und $\mathrm{e}^{-\mathrm{j}\omega_0 t}$ dar, wie z. B. $\cos\omega_0 t = (\mathrm{e}^{\mathrm{j}\omega_0 t} + \mathrm{e}^{-\mathrm{j}\omega_0 t})/2$. Dann erhält man aufgrund der Linearitätseigenschaft der Fourier-Transformation und der Korrespondenz (3.76) die Zuordnungen

$$\cos\omega_0 t \circ\!\!- \pi[\delta(\omega - \omega_0) + \delta(\omega + \omega_0)], \tag{3.77a}$$

$$\sin\omega_0 t \circ\!\!- \frac{\pi}{\mathrm{j}}[\delta(\omega - \omega_0) - \delta(\omega + \omega_0)]. \tag{3.77b}$$

Will man die Spektren der erst im Zeitnullpunkt eingeschalteten harmonischen Funktionen $s(t)\cos\omega_0 t$ und $s(t)\sin\omega_0 t$ ermitteln, dann empfiehlt es sich, diese Signale ebenfalls mit Hilfe der beiden Funktionen $\mathrm{e}^{\mathrm{j}\omega_0 t}$ und $\mathrm{e}^{-\mathrm{j}\omega_0 t}$ darzustellen, wie z. B. $s(t)\cos\omega_0 t$ als $s(t)\,[\mathrm{e}^{\mathrm{j}\omega_0 t} + \mathrm{e}^{-\mathrm{j}\omega_0 t}]/2$. Unter Verwendung der Korrespondenz (3.74), der Frequenzver-

---

1) Aufgrund der Entstehung von Gl. (3.51a) muß im Integral die untere Integrationsgrenze $0-$ und der Faktor bei $\delta(\omega)$ im Integranden gleich $\pi R(0)/2$ gesetzt werden. Der Leser möge sich dies im einzelnen überlegen.

schiebungs- und der Linearitätseigenschaft ergeben sich dann die Zuordnungen

$$s(t)\cos\omega_0 t \circ\!\!-\; \frac{\pi}{2}\left[\delta(\omega-\omega_0)+\delta(\omega+\omega_0)\right]+\frac{\mathrm{j}\omega}{\omega_0^2-\omega^2}\,, \tag{3.78a}$$

$$s(t)\sin\omega_0 t \circ\!\!-\; \frac{\pi}{2\mathrm{j}}\left[\delta(\omega-\omega_0)-\delta(\omega+\omega_0)\right]+\frac{\omega_0}{\omega_0^2-\omega^2}\,. \tag{3.78b}$$

Bild 3.18 veranschaulicht die Korrespondenz (3.78b).

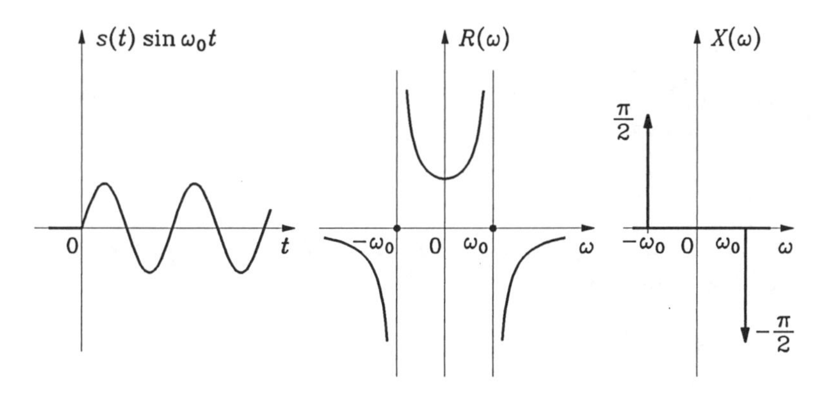


Bild 3.18: Veranschaulichung der Korrespondenz (3.78b)

Betrachtet man

$$x(t)=s(t)\sin\omega_0 t$$

als Eingangssignal eines linearen, im allgemeinen zeitvarianten, durch seine Übertragungsfunktion $H(\mathrm{j}\omega,t)$ gegebenen Systems, dann erhält man aus Gl. (3.64c) mit Hilfe der Korrespondenz (3.78b)

$$y(t)=\frac{1}{2\pi}\int_{-\infty}^{\infty}H(\mathrm{j}\omega,t)\left[\frac{\pi}{2\mathrm{j}}\left\{\delta(\omega-\omega_0)-\delta(\omega+\omega_0)\right\}+\frac{\omega_0}{\omega_0^2-\omega^2}\right]\mathrm{e}^{\mathrm{j}\omega t}\,\mathrm{d}\omega$$

$$=\frac{1}{4\mathrm{j}}\left[H(\mathrm{j}\omega_0,t)\,\mathrm{e}^{\mathrm{j}\omega_0 t}-H(-\mathrm{j}\omega_0,t)\,\mathrm{e}^{-\mathrm{j}\omega_0 t}\right]+\frac{1}{2\pi}\int_{-\infty}^{\infty}\frac{\omega_0}{\omega_0^2-\omega^2}H(\mathrm{j}\omega,t)\,\mathrm{e}^{\mathrm{j}\omega t}\,\mathrm{d}\omega\,.$$

Durch Zerlegung der Übertragungsfunktion $H(\mathrm{j}\omega,t)$ in den geraden und den ungeraden Anteil bezüglich $t$ (man vergleiche die Gln. (3.28b,c)) und bei Beachtung von Gl. (3.10) ergibt sich

$$y(t)=\frac{1}{2}\,\mathrm{Im}\left[H(\mathrm{j}\omega_0,t)\,\mathrm{e}^{\mathrm{j}\omega_0 t}\right]+\frac{1}{2\pi}\int_{-\infty}^{\infty}\frac{\omega_0}{\omega_0^2-\omega^2}\left[H_g(\mathrm{j}\omega,t)+H_u(\mathrm{j}\omega,t)\right]\mathrm{e}^{\mathrm{j}\omega t}\,\mathrm{d}\omega\,.$$

Hieraus folgt eine entsprechende Darstellung für $y(-t)$. Addiert man diese beiden Darstellungen, so erhält man im Fall eines *kausalen* Systems ($y(-t)\equiv 0$ für $t>0$) als Ausgangssignal

$$y(t)=\frac{1}{2}\,\mathrm{Im}\left[H(\mathrm{j}\omega_0,t)\,\mathrm{e}^{\mathrm{j}\omega_0 t}+H(\mathrm{j}\omega_0,-t)\,\mathrm{e}^{-\mathrm{j}\omega_0 t}\right]$$

$$+\frac{1}{\pi}\int_{-\infty}^{\infty}\frac{\omega_0}{\omega_0^2-\omega^2}\left[H_g(\mathrm{j}\omega,t)\cos\omega t+\mathrm{j}H_u(\mathrm{j}\omega,t)\sin\omega t\right]\mathrm{d}\omega\quad(t>0)\,.$$

Im zeitinvarianten Fall vereinfacht sich diese Darstellung weiter, da dann $H_u(\mathrm{j}\omega,t) \equiv 0$ ist und $H_g(\mathrm{j}\omega,t) \equiv H(\mathrm{j}\omega,t) \equiv H(\mathrm{j}\omega) = R(\omega) + \mathrm{j}X(\omega)$ gilt:

$$y(t) = X(\omega_0)\cos\omega_0 t + \frac{2}{\pi}\int_0^{\infty}\frac{\omega_0 R(\omega)\cos\omega t}{\omega_0^2 - \omega^2}\,\mathrm{d}\omega \quad (t > 0)\,.$$

Eine weitere Darstellung erhält man, wenn die früheren Darstellungen von $y(t)$ und $y(-t)$ nicht addiert, sondern subtrahiert werden.

Es soll im folgenden die Fourier-Transformierte einer periodischen Folge von $\delta$-Impulsen ermittelt werden. Eine derartige Impulsfolge der Periode $T$ läßt sich in der Form

$$d_T(t) = \sum_{\mu=-\infty}^{\infty}\delta(t - \mu T) \tag{3.79a}$$

schreiben (Bild 3.19). Mit der Korrespondenz (3.75) und $\omega_0 = 2\pi/T$ erhält man als zugehöriges Spektrum

$$D_{\omega_0}(\mathrm{j}\omega) = \sum_{\mu=-\infty}^{\infty}\mathrm{e}^{-\mathrm{j}\mu 2\pi\omega/\omega_0}\,. \tag{3.79b}$$

Wie man sieht, ist $D_{\omega_0}(\mathrm{j}\omega)$ eine in $\omega$ *periodische* Funktion mit der Periode $\omega_0$. Unter Verwendung der Abkürzung

$$q = \mathrm{e}^{-\mathrm{j}2\pi\omega/\omega_0} \tag{3.80}$$

kann Gl. (3.79b) auch in der Form

$$D_{\omega_0}(\mathrm{j}\omega) = \lim_{N\to\infty}\sum_{\mu=-N}^{N}q^{\mu} = \lim_{N\to\infty}\frac{q^{-N} - q^{N+1}}{1-q} = \lim_{N\to\infty}\frac{q^{-(N+1/2)} - q^{N+1/2}}{q^{-1/2} - q^{1/2}} \tag{3.81a}$$

geschrieben werden. In Gl. (3.81a) wurde die letzte Darstellung von $D_{\omega_0}(\mathrm{j}\omega)$ aus der vorletzten durch Multiplikation von Zähler und Nenner des Quotienten mit $q^{-1/2}$ gewonnen. Führt man jetzt in Gl. (3.81a) die Abkürzung nach Gl. (3.80) ein, dann wird

$$D_{\omega_0}(\mathrm{j}\omega) = \lim_{N\to\infty}\frac{\sin[(N + 1/2)\,2\pi\omega/\omega_0]}{\sin(\pi\omega/\omega_0)}\,. \tag{3.81b}$$

Der in Gl. (3.81b) auftretende Quotient läßt sich im Intervall $(-\omega_0,\omega_0)$, aber auch nur in diesem Intervall, durch Potenzreihenentwicklung der Nennerfunktion folgendermaßen darstellen:

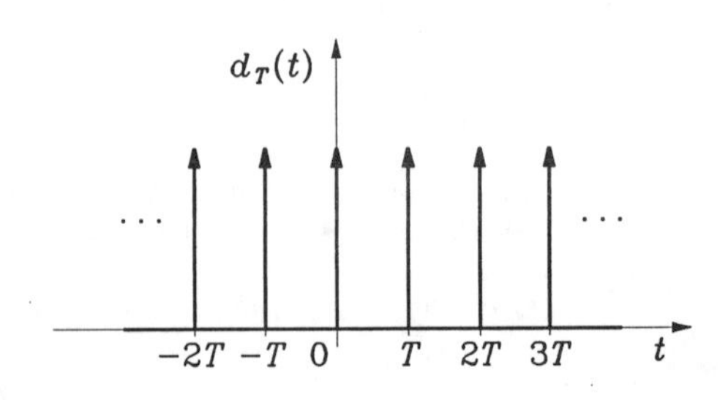


Bild 3.19: Periodische Impulsfolge

$$\frac{\sin[(N+1/2)\,2\pi\omega/\omega_0]}{\sin(\pi\omega/\omega_0)} = \frac{\sin[(N+1/2)\,2\pi\omega/\omega_0]}{(\pi\omega/\omega_0)}\,[1+\rho(\omega)]$$

$$(-\omega_0 < \omega < \omega_0).$$

Dabei gilt $\rho(0) = 0$. Dieser Ausdruck strebt für $N \to \infty$ gegen die Funktion

$$\omega_0\,\delta(\omega)\,[1+\rho(\omega)] = D_{\omega_0}(\mathrm{j}\omega) \qquad (-\omega_0 < \omega < \omega_0),$$

da im Sinne der Distributionentheorie

$$\delta(\omega) = \lim_{a\to\infty}\frac{\sin a\,\omega}{\pi\omega}$$

ist. Beachtet man noch die Beziehung $\delta(\omega)\,\rho(\omega) = \delta(\omega)\,\rho(0) = 0$, so erhält man im Intervall $-\omega_0 < \omega < \omega_0$

$$D_{\omega_0}(\mathrm{j}\omega) = \omega_0\,\delta(\omega).$$

Durch periodische Fortsetzung dieser Funktion mit der Periode $\omega_0$ ergibt sich schließlich die Fourier-Transformierte von $d_T(t)$ im gesamten Frequenzbereich:

$$D_{\omega_0}(\mathrm{j}\omega) = \omega_0 \sum_{\mu=-\infty}^{\infty} \delta(\omega - \mu\omega_0). \tag{3.82}$$

Ohne weiteres ist zu erkennen, daß in Umkehrung der soeben durchgeführten Untersuchung dem Spektrum aus Gl. (3.82) die Zeitfunktion nach Gl. (3.79a) entspricht. Somit besteht die Korrespondenz

$$\sum_{\mu=-\infty}^{\infty} \delta(t-\mu T) \circ\!\!-\, \omega_0 \sum_{\mu=-\infty}^{\infty} \delta(\omega-\mu\omega_0) \quad (\omega_0 = 2\pi/T). \tag{3.83}$$

Die periodische Folge $d_T(t)$ von $\delta$-Impulsen der Stärke Eins hat demzufolge als Spektrum $D_{\omega_0}(\mathrm{j}\omega)$ eine ebenfalls periodische Folge von $\delta$-Impulsen der Stärke $\omega_0$.

## 4.3. DIE FOURIER-TRANSFORMATION PERIODISCHER ZEITFUNKTIONEN

Es wird eine nicht notwendigerweise reelle Funktion $f(t)$ der Zeit $t$ $(-\infty < t < \infty)$ betrachtet, die mit der Periode $T$ periodisch sein möge:

$$f(t) = f(t+T).$$

Neben dieser Funktion $f(t)$ wird noch die Funktion $f_0(t)$ in die Betrachtung einbezogen, die im Intervall $[0, T]$ gleich $f(t)$ und außerhalb dieses Intervalls gleich Null sei:

$$f_0(t) = \begin{cases} f(t) & \text{für} \quad 0 \leqq t \leqq T, \\ 0 & \text{für} \quad t < 0 \quad \text{und} \quad t > T. \end{cases}$$

Im Bild 3.20 ist ein Beispiel für reelle Funktionen $f(t), f_0(t)$ dargestellt. Die Funktion $f_0(t)$ soll, abgesehen von endlich vielen Sprüngen, die im Satz III.1 geforderten Eigenschaf-

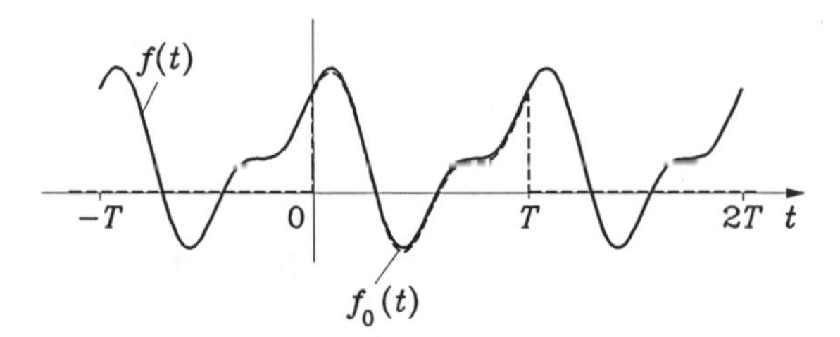


Bild 3.20: Beispiele reeller Funktionen $f(t)$ und $f_0(t)$

ten einer durch ihre Frequenzfunktion darstellbaren Zeitfunktion erfüllen, so daß die Korrespondenz

$$f_0(t) \circ\!\!- F_0(\mathrm{j}\omega) = \int_0^T f(t)\,\mathrm{e}^{-\mathrm{j}\omega t}\,\mathrm{d}t \tag{3.84}$$

besteht. Man kann nun die Funktion $f(t)$ durch Faltung der Funktion $f_0(t)$ mit der periodischen Impulsfolge $d_T(t)$ aus Gl. (3.79a) erzeugen:

$$f(t) = \int_{-\infty}^{\infty} f_0(\tau)\, d_T(t-\tau)\,\mathrm{d}\tau\,. \tag{3.85}$$

Die Richtigkeit dieser Aussage ist aus Bild 3.21 sofort zu erkennen. Mit zunehmendem $t$ verschiebt sich die Impulsfolge nach rechts. Ausgehend von $t = 0$ durchwandert der zunächst im Nullpunkt befindliche Impuls das Intervall $[0, T]$, und dabei wird durch diesen Impuls gemäß Gl. (3.85) zum Zeitpunkt $t$ $(0 \leqq t \leqq T)$, wenn man von den Unstetigkeitsstellen absieht, der Funktionswert $f_0(t) = f(t)$ ausgeblendet (Bild 3.21), während die übrigen Impulse wirkungslos sind. Wird $t > T$, so wandert der ursprünglich bei $\tau = -T$ gelegene Impuls ins Intervall $[0, T]$ und blendet in gleicher Weise bis zum Zeitpunkt $t = 2T$ aus. Dieses Ausblendspiel wiederholt sich in jedem Intervall $nT \leqq t \leqq (n+1)T$ $(n \in \mathbb{Z})$. Deshalb entsteht durch Gl. (3.85) die Funktion $f(t)$ im gesamten Zeitbereich $-\infty < t < \infty$.

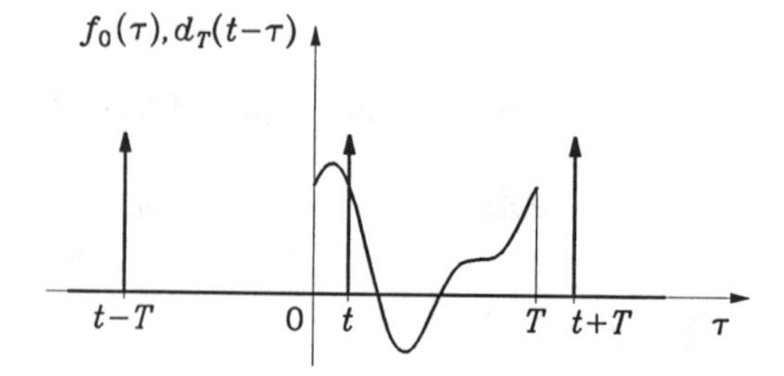


Bild 3.21: Erzeugung der Funktion $f(t)$ durch Faltung der Funktion $f_0(t)$ mit der periodischen Impulsfolge $d_T(t)$

Das Spektrum $F(\mathrm{j}\omega)$ von $f(t)$ gewinnt man, indem man die Gl. (3.85) der Fourier-Transformation unterwirft. Aufgrund des Faltungssatzes erhält man mit Hilfe des Spektrums nach Gl. (3.82) der Impulsfolge $d_T(t)$

$$F(\mathrm{j}\omega) = F_0(\mathrm{j}\omega)\,\omega_0 \sum_{\mu=-\infty}^{\infty} \delta(\omega - \mu\omega_0)$$

oder bei Beachtung der Relation $F_0(\mathrm{j}\omega)\,\delta(\omega-\mu\omega_0) = F_0(\mathrm{j}\,\mu\omega_0)\,\delta(\omega-\mu\omega_0)$ sowie bei Verwendung der Abkürzung

$$2\pi A_\mu = \omega_0 F_0(\mathrm{j}\,\mu\omega_0)\,,$$

wobei $F_0(\mathrm{j}\,\mu\omega_0)$ aus $f(t)$ nach Gl. (3.84) zu bestimmen und $\omega_0 = 2\pi/T$ ist, schließlich

$$F(\mathrm{j}\omega) = 2\pi \sum_{\mu=-\infty}^{\infty} A_\mu\,\delta(\omega-\mu\omega_0) \tag{3.86a}$$

mit

$$A_\mu = \frac{1}{T}\int_0^T f(t)\,\mathrm{e}^{-\mathrm{j}\mu 2\pi t/T}\,\mathrm{d}t\,. \tag{3.86b}$$

Wendet man jetzt auf Gl. (3.86a) die Fourier-Umkehrformel an und beachtet man, daß

$$\int_{-\infty}^{\infty} \mathrm{e}^{\mathrm{j}\omega t}\,\delta(\omega-\mu\omega_0)\,\mathrm{d}\omega = \mathrm{e}^{\mathrm{j}\mu\omega_0 t}$$

mit $\omega_0 = 2\pi/T$ ist, so ergibt sich die als Fourier-Reihenentwicklung bekannte Darstellung periodischer Funktionen:

$$f(t) = \sum_{\mu=-\infty}^{\infty} A_\mu\,\mathrm{e}^{\mathrm{j}\mu 2\pi t/T}\,. \tag{3.86c}$$

Die Fourier-Koeffizienten $A_\mu$ ($\mu = 0, \pm 1, \pm 2, \ldots$) sind durch Gl. (3.86b) gegeben und stimmen nach Gl. (3.84) bis auf den Faktor $1/T$ mit dem Wert des Fourier-Integrals $F_0(\mathrm{j}\omega)$ von $f_0(t)$ für $\omega = \mu\omega_0 = \mu 2\pi/T$ überein. Wie die Gl. (3.86b) erkennen läßt, gilt bei reeller Zeitfunktion $f(t)$

$$A_{-\mu} = A_\mu^*\,.$$

Aus Gl. (3.86a) ersieht man, daß eine periodische Funktion kein kontinuierliches Spektrum, sondern ein diskretes Linienspektrum hat. Dieses Linienspektrum besteht aus äquidistanten $\delta$-Stößen an den Stellen $\omega = \mu\omega_0$ ($\mu = 0, \pm 1, \pm 2, \ldots$) mit den Impulsstärken $2\pi A_\mu$. Eine Teilsumme

$$f_N(t) = \sum_{\mu=-N}^{N} A_\mu\,\mathrm{e}^{\mathrm{j}\mu 2\pi t/T} \tag{3.87}$$

der Fourier-Reihe von Gl. (3.86c) kann man sich entstanden denken durch rechteckförmige Beschneidung des Spektrums $F(\mathrm{j}\omega)$ von $f(t)$ gemäß Gl. (3.37a) mit $\Omega = (N + 1/2)\omega_0$. Infolgedessen trifft man bei den Teilsummen $f_N(t)$ das Gibbssche Phänomen an, d. h. das Auftreten von Überschwingern an allen Sprungstellen der Funktion $f(t)$. Diese Erscheinung läßt sich auch hier nach der im Abschnitt 2.2 gezeigten Methode dadurch beseitigen, daß man das Spektrum $F(\mathrm{j}\omega)$ nach Gl. (3.86a) nicht rechteckförmig, sondern dreieckförmig gemäß Gl. (3.39a) mit $\Omega = N\omega_0$ beschneidet. Dies bewirkt, daß in der Teilsumme in Gl. (3.87) die $A_\mu$ durch die Koeffizienten

$$B_\mu = A_\mu\left(1 - \frac{|\mu|}{N}\right)$$

zu ersetzen sind. Auf diese Weise entstehen die sogenannten Fejérschen Teilsummen.

Auch die Impulsfolge $d_T(t)$ von Gl. (3.79a) läßt sich (im Sinne der Distributionentheorie) durch eine Fourier-Reihe darstellen. Ein Vergleich der Korrespondenz (3.83) mit dem Spektrum in Gl. (3.86a) für periodische Funktionen lehrt, daß die Fourier-Koeffizienten $A_\mu$ von $d_T(t)$ durchweg $1/T$ sind.

*Beispiel*: Am Eingang eines idealen Tiefpasses mit der Übertragungsfunktion nach Gl. (3.47) wirke ein (reelles) periodisches Signal $x(t)$ mit der Periodendauer $T = 2\pi/\omega_0$ und den Fourier-Koeffizienten $\alpha_\mu$ ($\mu = 0, \pm 1, \pm 2, \ldots$). Die Grenzkreisfrequenz $\omega_g$ des Tiefpasses liege zwischen $N\omega_0$ und $(N+1)\omega_0$, wobei $N$ eine natürliche Zahl ist. Wie lautet das Ausgangssignal $y(t)$?

*Lösung*: Man erhält aus den Gln. (3.47) und (3.48) mit der Darstellung des Spektrums von $x(t)$ gemäß Gl. (3.86a) das Spektrum der Ausgangsgröße:

$$Y(\mathrm{j}\omega) = A_0\, \mathrm{e}^{-\mathrm{j}\omega t_0}\, 2\pi \sum_{\mu=-N}^{N} \alpha_\mu \delta(\omega - \mu\omega_0).$$

Hieraus folgt durch Fourier-Umkehrtransformation

$$y(t) = A_0 \sum_{\mu=-N}^{N} \alpha_\mu \mathrm{e}^{\mathrm{j}\mu 2\pi (t-t_0)/T}.$$

Diese Funktion ist ebenfalls ein periodisches Signal mit der Periodendauer $T$. Der Tiefpaß läßt nur die Teilschwingungen von $x(t)$ mit Kreisfrequenzen im Intervall $[-N\omega_0, N\omega_0]$ passieren, wobei die Amplituden dieser Schwingungen mit $A_0$ multipliziert und die Signale selbst um die Zeit $t_0$ verzögert werden. Im Fall $N = 1$ erhält man

$$y(t) = A_0[\alpha_0 + \alpha_1 \mathrm{e}^{\mathrm{j}2\pi(t-t_0)/T} + \alpha_1^* \mathrm{e}^{-\mathrm{j}2\pi(t-t_0)/T}] = A_0\{\alpha_0 + 2\,|\,\alpha_1\,|\cos[2\pi(t-t_0)/T + \arg\alpha_1]\}.$$

Wirkt das periodische Signal $x(t)$ am Eingang eines willkürlichen linearen, zeitinvarianten, stabilen Systems mit der Übertragungsfunktion $H(\mathrm{j}\omega)$, dann lautet die Fourier-Transformierte des Ausgangssignals

$$Y(\mathrm{j}\omega) = H(\mathrm{j}\omega)\, 2\pi \sum_{\mu=-\infty}^{\infty} \alpha_\mu \delta(\omega - \mu\omega_0) = 2\pi \sum_{\mu=-\infty}^{\infty} \alpha_\mu H(\mathrm{j}\mu\omega_0)\delta(\omega - \mu\omega_0)$$

und damit das Ausgangssignal selbst

$$y(t) = \sum_{\mu=-\infty}^{\infty} \alpha_\mu H\left(\mathrm{j}\mu \frac{2\pi}{T}\right) \mathrm{e}^{\mathrm{j}\mu 2\pi t/T}.$$

Diese Funktion ist auch wieder periodisch mit der Periodendauer $T$. Man beachte, daß die Fourier-Koeffizienten $\beta_\mu$ des Ausgangssignals mit $\omega_0 = 2\pi/T$ direkt in der Form

$$\beta_\mu = \alpha_\mu H(\mathrm{j}\mu\omega_0)$$

angegeben werden können. Es sei dem Leser als Übung empfohlen, unter Verwendung der Gl. (3.64c) das entsprechende Ergebnis für ein zeitvariantes, lineares, stabiles System abzuleiten.

## 4.4. SIGNALE MIT PERIODISCHEN SPEKTREN

Hat ein Signal $f(t)$ ein periodisches Spektrum $F(\mathrm{j}\omega)$ mit der Grundperiode $\omega_0(\neq 0)$ und bezeichnet man den Ausschnitt des Spektrums $F(\mathrm{j}\omega)$ im Intervall $-\omega_0/2 < \omega < \omega_0/2$ mit $F_0(\mathrm{j}\omega)$, d. h.

$$F_0(\mathrm{j}\omega) := p_{\omega_0/2}(\omega)\, F(\mathrm{j}\omega)\,,$$

so läßt sich nach dem Vorbild der Darstellung periodischer Signale

$$F(\mathrm{j}\omega) = \int_{-\infty}^{\infty} F_0(\mathrm{j}\eta)\, d_{\omega_0}(\omega - \eta)\, \mathrm{d}\eta$$

schreiben, wobei $d_{\omega_0}(\omega)$ den Impulskamm gemäß Gl. (3.79a) bedeutet. Wendet man hierauf den Faltungssatz nach Korrespondenz (3.61) an und bezeichnet mit $f_0(t)$ das zu $F_0(\mathrm{j}\omega)$ gehörende Signal, so erhält man bei Berücksichtigung der Korrespondenz (3.83) und mit $T = 2\pi/\omega_0$ die Darstellung

$$f(t) = T f_0(t) \sum_{\mu=-\infty}^{\infty} \delta(t - \mu T)$$

oder

$$f(t) = \sum_{\mu=-\infty}^{\infty} T f_0(\mu T)\, \delta(t - \mu T)\,. \tag{3.88}$$

Zu einem periodischen Spektrum gehört also ein Signal, das aus periodisch auftretenden Impulsen besteht. Eine interessante Anwendung dieses Ergebnisses soll im folgenden besprochen werden.

Wirkt auf ein lineares, zeitinvariantes kontinuierliches System mit der Übertragungsfunktion $H(\mathrm{j}\omega)$ ein Signal $x(t)$, dessen Spektrum $X(\mathrm{j}\omega)$ außerhalb des Intervalls $(-\omega_g, \omega_g)$ identisch verschwindet (derartige "bandbegrenzte" Signale werden noch ausführlich behandelt), so kann man mit der beschnittenen Übertragungsfunktion

$$H_{\omega_g}(\mathrm{j}\omega) = p_{\omega_g}(\omega)\, H(\mathrm{j}\omega) \tag{3.89}$$

das Spektrum des Ausgangssignals

$$Y(\mathrm{j}\omega) = X(\mathrm{j}\omega)\, H(\mathrm{j}\omega)$$

in der Form

$$Y(\mathrm{j}\omega) = X(\mathrm{j}\omega) \sum_{\mu=-\infty}^{\infty} H_{\omega_g}[\mathrm{j}(\omega + \mu 2\omega_g)] \tag{3.90}$$

oder

$$Y(\mathrm{j}\omega) = \left\{ \sum_{\mu=-\infty}^{\infty} X[\mathrm{j}(\omega + \mu 2\omega_g)] \right\} H_{\omega_g}(\omega) \tag{3.91}$$

ausdrücken. Man beachte, daß beide Summenausdrücke periodische Spektren repräsentieren. Es sei $h_{\omega_g}(t)$ die zu $H_{\omega_g}(\mathrm{j}\omega)$ gehörende Zeitfunktion. Dann folgt aus Gl. (3.90) nach dem Faltungssatz bei Beachtung des Ergebnisses nach Gl. (3.88)

$$y(t) = \int_{-\infty}^{\infty} x(\tau) \sum_{\mu=-\infty}^{\infty} T\, h_{\omega_g}(\mu T)\, \delta(t - \mu T - \tau)\, d\tau \qquad (3.92a)$$

oder

$$y(t) = \sum_{\mu=-\infty}^{\infty} T\, h_{\omega_g}(\mu T)\, x(t - \mu T) \qquad (3.92b)$$

mit

$$T = \pi / \omega_g .$$

Entsprechend ergibt sich aus Gl. (3.91)

$$y(t) = \int_{-\infty}^{\infty} h_{\omega_g}(\tau) \sum_{\mu=-\infty}^{\infty} T\, x(\mu T)\, \delta(t - \mu T - \tau)\, d\tau \qquad (3.93a)$$

oder

$$y(t) = \sum_{\mu=-\infty}^{\infty} T\, x(\mu T)\, h_{\omega_g}(t - \mu T) . \qquad (3.93b)$$

Man kann das Ergebnis der Gl. (3.93b) aufgrund der Gl. (3.93a) folgendermaßen interpretieren: Das Ausgangssignal $y(t)$ eines Systems mit der Übertragungsfunktion $H(j\omega)$ als Reaktion auf die Erregung mit dem (bandbegrenzten) Signal $x(t)$ erscheint auch am Ausgang des Systems mit der Übertragungsfunktion $H_{\omega_g}(j\omega)$ nach Gl. (3.89), sofern dieses mit der Impulsfolge

$$\tilde{x}(t) = \sum_{\mu=-\infty}^{\infty} T\, x(\mu T)\, \delta(t - \mu T)$$

erregt wird.

## 4.5. ZEITBEGRENZTE SIGNALE, BANDBEGRENZTE SIGNALE, DAS ABTASTTHEOREM

### (a) Zeitbegrenzte Signale

Es wird ein sogenanntes *zeitbegrenztes* Signal betrachtet, d. h. ein Signal $f(t)$ mit der Eigenschaft

$$f(t) \equiv 0 \quad \text{für} \quad |t| > T . \qquad (3.94)$$

Es sei nun vorausgesetzt, daß $f(t)$ gemäß Abschnitt 4.3 im Intervall $[-T, T]$ durch eine Fourier-Reihe darstellbar ist (man beachte, daß die Periodendauer $2T$ ist):

$$f(t) = \sum_{\mu=-\infty}^{\infty} A_\mu\, e^{j\mu\pi t/T} , \qquad (|t| < T), \qquad (3.95a)$$

$$A_\mu = \frac{1}{2T} \int_{-T}^{T} f(t)\, e^{-j\mu\pi t/T}\, dt = \frac{1}{2T} F(j\mu\pi/T) . \qquad (3.95b)$$

Hierbei bedeutet $F(\mathrm{j}\omega)$ die Fourier-Transformierte von $f(t)$. Ausgehend von Gl. (3.95a) kann nun $f(t)$ mit Hilfe der Rechteckfunktion

$$p_T(t) = \begin{cases} 1 & \text{für} \quad |t| < T, \\ 0 & \text{für} \quad |t| > T \end{cases} \tag{3.96}$$

im gesamten Intervall $-\infty < t < \infty$ dargestellt werden:

$$f(t) = \sum_{\mu=-\infty}^{\infty} A_\mu \, p_T(t) \, \mathrm{e}^{\mathrm{j}\mu\pi t/T} . \tag{3.97}$$

Für die Funktion $p_T(t)$ aus Gl. (3.96) gilt die Korrespondenz

$$p_T(t) \circ\!\!- \frac{2 \sin T\omega}{\omega} . \tag{3.98}$$

Unterwirft man die Gl. (3.97) der Fourier-Transformation, so erhält man bei Beachtung der Korrespondenz (3.98) und der Frequenzverschiebungseigenschaft sowie der Form von $A_\mu$ nach Gl. (3.95b) das Spektrum von $f(t)$ zu

$$F(\mathrm{j}\omega) = \sum_{\mu=-\infty}^{\infty} F(\mathrm{j}\mu\pi/T) \frac{\sin(T\omega - \mu\pi)}{T\omega - \mu\pi} . \tag{3.99}$$

Das Spektrum $F(\mathrm{j}\omega)$ eines nach Gl. (3.94) zeitbegrenzten Signals $f(t)$ ist also allein durch seine diskreten Werte an den Stellen $\omega = \mu\pi/T$ ($\mu = 0, \pm 1, \pm 2, \ldots$) nach Gl. (3.99) bestimmt.

Das Ergebnis nach Gl. (3.99) kann dazu verwendet werden, die Fourier-Transformierte einer zeitbegrenzten Funktion numerisch zu bestimmen. Man braucht dazu nur durch harmonische Analyse [1] die Fourier-Koeffizienten $A_\mu$ gemäß Gl. (3.95b) aus der Funktion $f(t)$ für $\mu = 0, \pm 1, \pm 2, \ldots, \pm N$ zu bestimmen und hat dann die Werte für die Koeffizienten $F(\mathrm{j}\mu\pi/T)$ in Gl. (3.99) für $\mu = 0, \pm 1, \ldots, \pm N$. Bei hinreichend großem $N$ dürfen die Koeffizienten für $|\mu| > N$ näherungsweise gleich Null gesetzt werden, so daß dann $F(\mathrm{j}\omega)$ nach Gl. (3.99) numerisch bekannt ist. Falls die Zeitfunktion $f(t)$, deren Spektrum numerisch bestimmt werden soll, zwar nicht zeitbegrenzt ist, jedoch die Grenzwerte Null für $t \to \pm\infty$ besitzt, oder falls durch geeignete Umformung die Zeitfunktion auf ein solches Signal zurückgeführt werden kann, dann darf mit im allgemeinen ausreichender Genauigkeit bei hinreichend großem $T$ für $|t| > T$ die Zeitfunktion gleich Null gesetzt werden und man erhält so eine zeitbegrenzte Funktion, deren Fourier-Transformierte mit Hilfe von Gl. (3.99) numerisch bestimmt werden kann.

*Beispiel*: Soll das Spektrum der im Bild 3.22 dargestellten Sprungantwort ("Übergangsfunktion") $a(t)$ numerisch ermittelt werden, so setzt man

$$a(t) = 0{,}5\, s(t) + b(t) .$$

Die Funktion $b(t)$ ist ebenfalls im Bild 3.22 dargestellt. Wie man sieht, dürfen die Funktionswerte $b(t)$ für $t > T = 2$ mit guter Näherung gleich Null gesetzt werden, so daß $b(t)$ als zeitbegrenztes Signal aufgefaßt werden darf. Gemäß den Gln. (3.99) und (3.95b), wobei $f(t)$ durch $b(t)$ und $F(\mathrm{j}\omega)$ durch $B(\mathrm{j}\omega)$ zu ersetzen ist, läßt sich das Spektrum $B(\mathrm{j}\omega)$ von $b(t)$ bestimmen. Das Spektrum der Funktion $0{,}5\, s(t)$ erhält man aus der Korrespondenz (3.74), so daß die gewünschte Fourier-Transformierte

[1] Hierfür gibt es verschiedene Methoden, man vergleiche auch Abschnitt 2.7 aus Kapitel IV

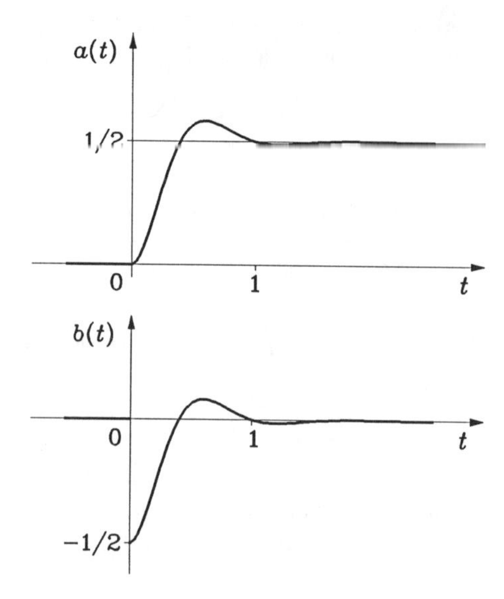


Bild 3.22: Verlauf der Sprungantwort $a(t)$ und der Funktion $b(t)$

$$A(\mathrm{j}\omega) = 0{,}5\,\pi\,\delta(\omega) + \frac{1}{2\mathrm{j}\omega} + B(\mathrm{j}\omega)$$

lautet.

**(b) Bandbegrenzte Signale**

Nunmehr wird ein sogenanntes *bandbegrenztes Signal* betrachtet, d. h. ein Signal, dessen Spektrum die Eigenschaft

$$F(\mathrm{j}\omega) \equiv 0 \quad \text{für} \quad |\,\omega\,| > \omega_g \tag{3.100}$$

hat. Es sei vorausgesetzt, daß $F(\mathrm{j}\omega)$ gemäß Abschnitt 4.3 im Intervall $[-\omega_g, \omega_g]$ durch eine Fourier-Reihe dargestellt werden kann:

$$F(\mathrm{j}\omega) = \sum_{\nu=-\infty}^{\infty} A_\nu\, \mathrm{e}^{-\mathrm{j}\nu\pi\omega/\omega_g} \qquad (|\,\omega\,| < \omega_g), \tag{3.101a}$$

$$A_\nu = \frac{1}{2\omega_g} \int_{-\omega_g}^{\omega_g} F(\mathrm{j}\omega)\, \mathrm{e}^{\mathrm{j}\nu\pi\omega/\omega_g}\, \mathrm{d}\omega = \frac{\pi}{\omega_g} f\left(\nu \frac{\pi}{\omega_g}\right). \tag{3.101b}$$

Hierbei bedeutet $f(t)$ die $F(\mathrm{j}\omega)$ entsprechende Zeitfunktion. Im Vergleich mit den Formeln aus Abschnitt 4.3 wurde der Summationsindex $\mu$ durch $-\nu$ ersetzt. Mit Hilfe der Rechteckfunktion $p_{\omega_g}(\omega)$ gemäß Gl. (3.36) läßt sich die Gültigkeit der Formel nach Gl. (3.101a) auf den gesamten Frequenzbereich ausdehnen:

$$F(\mathrm{j}\omega) = \sum_{\nu=-\infty}^{\infty} A_\nu\, p_{\omega_g}(\omega)\, \mathrm{e}^{-\mathrm{j}\nu\pi\omega/\omega_g}\,. \tag{3.102}$$

Jetzt liefert die Korrespondenz (3.46) in Verbindung mit der Zeitverschiebungseigenschaft aus Gl. (3.102) und mit Gl. (3.101b) die Zeitfunktion

$$f(t) = \sum_{\nu=-\infty}^{\infty} f\left(\nu\frac{\pi}{\omega_g}\right)\frac{\sin(\omega_g t - \nu\pi)}{\omega_g t - \nu\pi}. \tag{3.103}$$

Diese Beziehung zur Darstellung einer bandbegrenzten Zeitfunktion $f(t)$ aus ihren diskreten Werten an den Stellen $t = \nu\pi/\omega_g$ $(\nu = 0, \pm 1, \pm 2, \dots)$ ist das Gegenstück zu Gl. (3.99), mit deren Hilfe das Spektrum einer zeitbegrenzten Funktion in entsprechender Weise durch diskrete Werte dargestellt wird.

Die Gl. (3.103) ist auch dazu geeignet, die zu einem begrenzten Spektrum $F(j\omega)$ ($\equiv 0$ für $|\omega| > \omega_g$) gehörige Zeitfunktion $f(t)$ numerisch zu bestimmen. Zu diesem Zweck hat man mit Hilfe harmonischer Analyse des Spektrums $F(j\omega)$ die diskreten Funktionswerte $f(\nu\pi/\omega_g)$ nach Gl. (3.101b) zu ermitteln und erhält dann nach Gl. (3.103) die Funktion $f(t)$ im gesamten Zeitbereich, wobei die $f(\nu\pi/\omega_g)$ für $|\nu| > N$ bei hinreichend großem $N$ näherungsweise Null gesetzt werden dürfen. Ist das Spektrum nicht begrenzt, jedoch im Limes für $\omega \to \pm\infty$ Null oder läßt sich die Fourier-Transformierte, deren Zeitfunktion numerisch zu ermitteln ist, auf ein solches Spektrum reduzieren, dann kann man mit einem hinreichend großen $\omega_g$ das Spektrum für $|\omega| > \omega_g$ näherungsweise gleich Null setzen und erhält so ein begrenztes Spektrum, dessen Zeitfunktion mit Hilfe der Gl. (3.103) bestimmt ist. Nimmt man von der unendlichen Reihe in Gl. (3.103) nur eine endliche Teilsumme, so wird $f(t)$ nur näherungsweise dargestellt. Der hiermit verbundene Fehler wird im Abschnitt 4.6 diskutiert.

### (c) Abtasttheorem

Gleichung (3.103) ist die mathematische Form des *Abtasttheorems*. Es soll zusammengefaßt werden im

**Satz III.3**: Eine bezüglich der Kreisfrequenz $\omega_g$ bandbegrenzte Zeitfunktion $f(t)$ ist in eindeutiger Weise durch ihre diskreten Werte

$$f_\nu = f\left(\nu\frac{\pi}{\omega_g}\right)$$

für $\nu = 0, \pm 1, \pm 2, \dots$ nach Gl. (3.103) bestimmt (Bild 3.23).

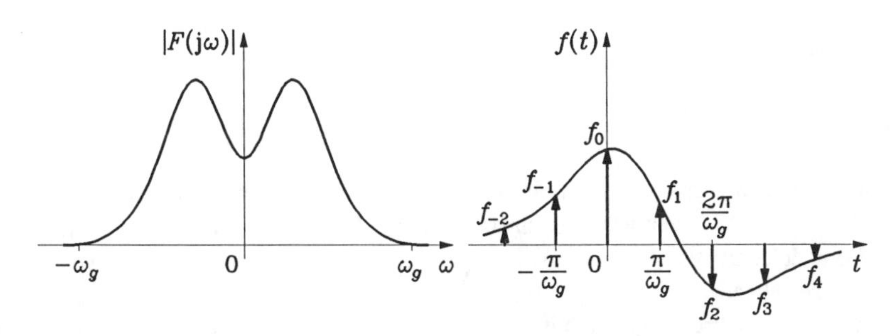


Bild 3.23: Zum Abtasttheorem. Die bandbegrenzte Zeitfunktion $f(t)$ ist durch die diskreten Werte $f_\nu$ bestimmt

Das Abtasttheorem hat für die Informationsübertragung außerordentlich große Bedeutung, da es auf die Möglichkeit hinweist, bandbegrenzte Signale durch diskrete Funktionswerte zu übertragen, die in gleichen Zeitabständen $\pi/\omega_g = 1/(2f_g)$ dem Signal zu entnehmen sind. Natürlich darf man auch mit einer kürzeren Periode, d. h. mit einer größeren Rate – man bezeichnet die kleinstmögliche Rate $\omega_g/\pi = 2f_g$ als *Nyquist-Rate* – die Funktionswerte entnehmen (abtasten). Dies bedeutet nur die Wahl einer entsprechend größeren Grenzkreisfrequenz $\omega_g$ in Gl. (3.100), was auf die Aussage des Abtasttheorems keinen Einfluß hat.

Werden die diskreten Funktionswerte in idealisierter Weise in Form äquidistanter $\delta$-Impulse übertragen, wobei die Impulsstärken gleich den abgetasteten Funktionswerten sind, dann lautet die Sendefunktion

$$x(t) = \sum_{\mu=-\infty}^{\infty} f\left(\mu\frac{\pi}{\omega_g}\right)\delta\left(t-\mu\frac{\pi}{\omega_g}\right). \tag{3.104a}$$

Das zugehörige Spektrum ist

$$X(\mathrm{j}\omega) = \sum_{\mu=-\infty}^{\infty} f\left(\mu\frac{\pi}{\omega_g}\right)\mathrm{e}^{-\mathrm{j}\mu\pi\omega/\omega_g}, \tag{3.104b}$$

wie man unmittelbar sieht. Das Spektrum $X(\mathrm{j}\omega)$ stellt eine in $\omega$ periodische Funktion mit der Periode $2\omega_g$ dar. Der Vergleich von Gl. (3.104b) mit den Gln. (3.101a,b) lehrt, daß

$$X(\mathrm{j}\omega) \equiv \frac{\omega_g}{\pi}F(\mathrm{j}\omega) \quad (-\omega_g \leqq \omega \leqq \omega_g)$$

gilt. Die Sendefunktion $x(t)$ nach Gl. (3.104a) hat also ein Spektrum $X(\mathrm{j}\omega)$, das bis auf den konstanten Faktor $\omega_g/\pi$ im Intervall $[-\omega_g, \omega_g]$ mit dem Spektrum der bandbegrenzten Funktion $f(t)$ übereinstimmt. Außerhalb dieses Intervalls hat man sich $X(\mathrm{j}\omega)$ periodisch fortgesetzt zu denken, während dort $F(\mathrm{j}\omega)$ identisch verschwindet. Die diskrete Übertragung erfordert also, etwa im Rahmen des Zeitmultiplex-Verfahrens, den gesamten Frequenzbereich $(-\infty < \omega < \infty)$. Wird nun das Signal $x(t)$ als Eingangssignal eines idealen Tiefpasses gewählt, dessen Grenzkreisfrequenz $\omega_g$ mit jener des zu übertragenden Signals $f(t)$ übereinstimmt, dann lautet das Spektrum des Ausgangssignals $y(t)$ nach Gl. (3.48) und den Gln. (3.47) und (3.36)

$$Y(\mathrm{j}\omega) = H(\mathrm{j}\omega)X(\mathrm{j}\omega) = A_0\frac{\omega_g}{\pi}F(\mathrm{j}\omega)\,\mathrm{e}^{-\mathrm{j}\omega t_0} \quad (-\infty < \omega < \infty).$$

Durch Übergang in den Zeitbereich ergibt sich

$$y(t) = A_0\frac{\omega_g}{\pi}f(t-t_0).$$

Das Ausgangssignal $y(t)$ des idealen Tiefpasses stimmt damit bis auf den Maßstabsfaktor $A_0\,\omega_g/\pi$ und die zeitliche Verschiebung $t_0$ mit dem zu übertragenden Signal überein. Die Demodulation des für die Übertragung benutzten, aus einer periodischen Folge von Impulsen bestehenden Signals $x(t)$ kann also mit einem idealen Tiefpaß durchgeführt werden, dessen Grenzkreisfrequenz mit derjenigen des zu übertragenden Signals übereinstimmt. – Auf die Demodulation des Signals $x(t)$ mit Hilfe eines idealen Tiefpasses wird man auch durch folgende Überlegung geführt. Die Antwort eines idealen Tiefpasses mit der Grenzkreisfrequenz $\omega_g$ auf einen $\delta$-Stoß zum Zeitpunkt $t = \nu\pi/\omega_g$ und mit der Stärke $f(\nu\pi/\omega_g)\,\pi/(A_0\,\omega_g)$ stimmt nach Gl. (3.44a), abgesehen von der zeitlichen Verzögerung um $t_0$, mit dem in Gl. (3.103) vorkommenden Summanden überein. Wirken zu allen Zeiten

$t = \nu\pi/\omega_g$ $(\nu = 0, \pm 1, \pm 2, \ldots)$ derartige $\delta$-Stöße am Eingang des idealen Tiefpasses, so erhält man wegen der Linearität des Systems am Ausgang die Zeitfunktion nach Gl. (3.103), wenn man von der Verzögerungszeit $t_0$ absieht. Bild 3.24 soll die Demodulation verdeutli-

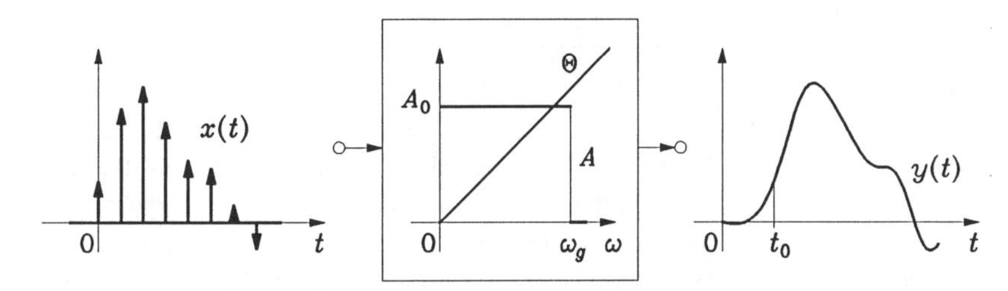


**Bild 3.24: Demodulation einer Impulsfolge mit Hilfe eines idealen Tiefpasses**

chen. – Es soll noch auf die Erzeugung der Funktion $f(t)$ gemäß Gl. (3.103) besonders hingewiesen werden. Der Summand

$$\sigma_\nu(t) = f\left(\nu\frac{\pi}{\omega_g}\right)\frac{\sin(\omega_g t - \nu\pi)}{\omega_g t - \nu\pi}, \tag{3.105}$$

wobei $\nu$ eine beliebige ganze Zahl ist, stimmt an der Stelle $t = \nu\pi/\omega_g$ mit der Funktion $f(t)$ überein, während für $t = \mu\pi/\omega_g$ $(\mu = 0, \pm 1, \pm 2, \ldots; \mu \neq \nu)$ dieser Summand gleich Null ist. Die Funktion $f(t)$ entsteht also nach Gl. (3.103) dadurch, daß an jeder Stelle $t = \nu\pi/\omega_g$ ($\nu$ ganz) der Summand $\sigma_\nu(t)$ den Funktionswert von $f(t)$ liefert, während alle anderen Summanden an dieser Stelle den Beitrag Null liefern. Zwischen den Zeitpunkten $t = \nu\pi/\omega_g$ wird durch Superposition der Summanden der Funktionswert $f(t)$ erreicht (Bild 3.25).

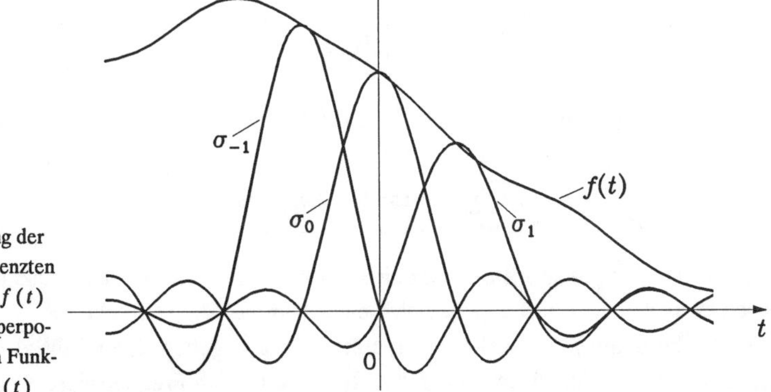


**Bild 3.25: Erzeugung der bandbegrenzten Funktion $f(t)$ durch Superposition von Funktionen $\sigma_\nu(t)$**

Die Folge der Abtastwerte $f(nT)$ mit $T = \pi/\omega_g$ kann auch als diskontinuierliches Signal betrachtet und über ein diskontinuierliches System übertragen werden. Aus dem empfangenen diskontinuierlichen Signal $f(nT)$ kann die kontinuierliche Zeitfunktion $f(t)$ gemäß Gl. (3.103) rekonstruiert werden.

**(d) Bandbegrenzte Interpolation und Abtastung**

Ist $f(t)$ eine nicht notwendigerweise bandbegrenzte Funktion, dann kann man trotzdem bei Wahl einer willkürlichen Kreisfrequenz $\omega_g$ mit Hilfe der Funktionswerte von $f(t)$ an den Stellen $t = \nu\pi/\omega_g$ $(\nu = 0, \pm 1, \pm 2, \dots)$ die Reihe nach Gl. (3.103)

$$f_i(t) = \sum_{\nu=-\infty}^{\infty} f\left(\nu\frac{\pi}{\omega_g}\right) \frac{\sin(\omega_g t - \nu\pi)}{\omega_g t - \nu\pi} \tag{3.106}$$

bilden, die aber im allgemeinen nicht mehr mit $f(t)$ identisch ist. Der Reihenwert stimmt jedoch, wie aus den Überlegungen im Abschnitt c hervorgeht, an den diskreten Stellen $t = \nu\pi/\omega_g$ $(\nu = 0, \pm 1, \pm 2, \dots)$ mit $f(t)$ überein; die Reihe $f_i(t)$ interpoliert also bezüglich dieser Stellen die Funktion $f(t)$. Da das Spektrum von $f_i(t)$ begrenzt ist, spricht man von *bandbegrenzter Interpolation* von $f(t)$ durch $f_i(t)$. Für das Spektrum $F_i(\mathrm{j}\omega)$ von $f_i(t)$ erhält man zunächst

$$F_i(\mathrm{j}\omega) = \sum_{\nu=-\infty}^{\infty} f\left(\nu\frac{\pi}{\omega_g}\right) \frac{\pi}{\omega_g} p_{\omega_g}(\omega)\, \mathrm{e}^{-\mathrm{j}\nu\pi\omega/\omega_g} . \tag{3.107}$$

Der Wert $f(\nu\pi/\omega_g)$ läßt sich mit Hilfe des Spektrums $F(\mathrm{j}\omega)$ von $f(t)$ aufgrund des Umkehrintegrals ausdrücken. Wird diese Darstellung eingeführt, dann ergibt sich weiterhin

$$F_i(\mathrm{j}\omega) = p_{\omega_g}(\omega) \sum_{\nu=-\infty}^{\infty} \frac{1}{2\omega_g} \left\{ \int_{-\infty}^{\infty} F(\mathrm{j}\eta)\, \mathrm{e}^{\mathrm{j}\nu\pi\eta/\omega_g}\, \mathrm{d}\eta \right\} \mathrm{e}^{-\mathrm{j}\nu\pi\omega/\omega_g} . \tag{3.108}$$

Das hier auftretende Integral kann bei Verwendung der periodischen Funktion

$$F_p(\mathrm{j}\omega) = \sum_{\mu=-\infty}^{\infty} F[\mathrm{j}(\omega + \mu 2\omega_g)] \tag{3.109}$$

mit der Periode $2\omega_g$ als ein Integral von $-\omega_g$ bis $\omega_g$ geschrieben werden. Auf diese Weise entsteht die Darstellung

$$F_i(\mathrm{j}\omega) = p_{\omega_g}(\omega) \sum_{\nu=-\infty}^{\infty} \frac{1}{2\omega_g} \left\{ \int_{-\omega_g}^{\omega_g} F_p(\mathrm{j}\eta)\, \mathrm{e}^{\mathrm{j}\nu\pi\eta/\omega_g}\, \mathrm{d}\eta \right\} \mathrm{e}^{-\mathrm{j}\nu\pi\omega/\omega_g} . \tag{3.110}$$

Da die Summe nichts anderes als die Fourier-Reihendarstellung von $F_p(\mathrm{j}\omega)$ darstellt, gilt also

$$F_i(\mathrm{j}\omega) = p_{\omega_g}(\omega) \sum_{\mu=-\infty}^{\infty} F[\mathrm{j}(\omega + \mu 2\omega_g)] . \tag{3.111}$$

Das bezüglich $\omega_g$ begrenzte Spektrum $F_i(\mathrm{j}\omega)$ der interpolierenden Funktion $f_i(t)$ ist demnach im Intervall $-\omega_g < \omega < \omega_g$ gleich einer Summe von Teilspektren, die aus $F(\mathrm{j}\omega)$ durch Verschiebung um $\mu 2\omega_g$ $(\mu = 0, \pm 1, \pm 2, \dots)$ hervorgehen. Man sieht also an Hand dieses Ergebnisses, wie sich die bandbegrenzte Interpolation im Frequenzbereich auswirkt.

Wird nun das Signal $f_i(t)$ im Sinne der Gl. (3.104a) an den Stellen $\nu\pi/\omega_g$ abgetastet, was gleichbedeutend mit der entsprechenden Abtastung des ursprünglichen Signals $f(t)$ ist, dann entsteht, wie aus den Überlegungen nach Abschnitt c folgt, eine Impulsfolge mit dem Spektrum $(\omega_g/\pi)\, F_p(\mathrm{j}\omega)$. Man kann sich diese wichtige Tatsache auch direkt in folgender Weise erklären: Das abgetastete Signal sei

$$\tilde{f}(t) := \sum_{\mu=-\infty}^{\infty} T\, f(\mu T)\, \delta(t - \mu T). \tag{3.112}$$

Man beachte den konstanten Faktor $T = 2\pi/\omega_0 = \pi/\omega_g$ bei den Abtastwerten, der zunächst willkürlich eingeführt wurde. Man kann nun das abgetastete Signal auch in der Form

$$\tilde{f}(t) = T\, f(t) \sum_{\mu=-\infty}^{\infty} \delta(t - \mu T) \tag{3.113}$$

schreiben. Zur Berechnung des Spektrums $\tilde{F}(\mathrm{j}\omega)$ von $\tilde{f}(t)$ lassen sich der Faltungssatz und die Korrespondenz (3.83) heranziehen. So ergibt sich direkt

$$\tilde{F}(\mathrm{j}\omega) = \frac{\omega_0 T}{2\pi} \int_{-\infty}^{\infty} F(\mathrm{j}\eta) \sum_{\mu=-\infty}^{\infty} \delta(\omega - \mu\omega_0 - \eta)\, \mathrm{d}\eta\,,$$

also

$$\tilde{F}(\mathrm{j}\omega) = \sum_{\mu=-\infty}^{\infty} F[\mathrm{j}(\omega - \mu 2\omega_g)] \tag{3.114}$$

oder

$$\tilde{F}(\mathrm{j}\omega) = F_p(\mathrm{j}\omega).$$

Wird also ein (nicht notwendigerweise bandbegrenztes) Signal $f(t)$ abgetastet, d. h. das Signal $\tilde{f}(t)$ nach Gl. (3.112) erzeugt, so bewirkt dieser (Abtast-)Vorgang im Frequenzbereich eine Periodisierung des Spektrums $F(\mathrm{j}\omega)$ nach Gl. (3.114). Ist $f(t)$ nicht bandbegrenzt oder bandbegrenzt bezüglich einer Kreisfrequenz $\Omega$, die größer als $\omega_g$ ist, so überlappen sich die Summanden auf der rechten Seite von Gl. (3.114), und es ist nicht möglich, $F(\mathrm{j}\omega)$ aus $\tilde{F}(\mathrm{j}\omega)$ herauszuschneiden, d. h. $f(t)$ aus $\tilde{f}(t)$ mit einem idealen Tiefpaß auszufiltern. Diese Erscheinung des gegenseitigen Überlappens der verschobenen Spektren ist im angelsächsischen Schrifttum als Aliasing-Effekt bekannt (Bild 3.26).

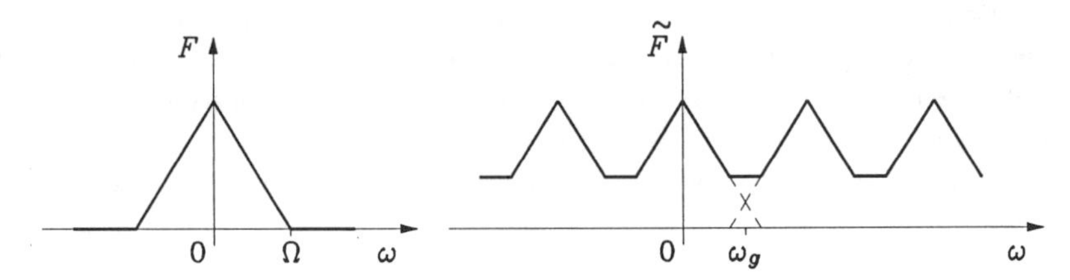


Bild 3.26: Veranschaulichung des Aliasing-Effekts mit einem reellen Spektrum

**(e) Bandbegrenzte Approximation**

Soll das nicht notwendigerweise bandbegrenzte Signal $f(t)$ durch eine bezüglich der frei wählbaren Kreisfrequenz $\omega_g$ bandbegrenzten Funktion $f_a(t)$ im Sinne des kleinsten mittleren Fehlerquadrats approximiert werden, dann muß bei festliegenden Funktionen $f(t)$ und $F(\mathrm{j}\omega)$ das unbekannte Signal $f_a(t)$ mit dem Spektrum $F_a(\mathrm{j}\omega)$, welches für $|\omega| > \omega_g$ jedenfalls verschwinden muß, derart gewählt werden, daß der Fehler

$$\Delta = \int_{-\infty}^{\infty} | f(t) - f_a(t) |^2 \, dt = \frac{1}{2\pi} \int_{-\infty}^{\infty} | F(j\omega) - F_a(j\omega) |^2 \, d\omega$$

ein Minimum wird. Da $F_a(j\omega)$ für $|\omega| > \omega_g$ verschwindet, kann

$$\Delta = \frac{1}{2\pi} \int_{|\omega| > \omega_g} | F(j\omega) |^2 \, d\omega + \frac{1}{2\pi} \int_{-\omega_g}^{\omega_g} | F(j\omega) - F_a(j\omega) |^2 \, d\omega \qquad (3.115)$$

geschrieben werden. Wie man hieraus sieht, nimmt $\Delta$ genau dann seinen kleinstmöglichen Wert an, wenn

$$F_a(j\omega) = p_{\omega_g}(\omega) \, F(j\omega)$$

gewählt wird. Das Signal $f_a(t)$, welches $f(t)$ im Sinne des kleinsten mittleren Fehlerquadrats approximiert, läßt sich also bis auf eine zeitliche Verschiebung als Ausgangssignal $y(t) = f_a(t - t_0)$ eines idealen Tiefpasses mit dem Amplitudenfaktor $A_0 = 1$, der Grenzkreisfrequenz $\omega_g$ und der Laufzeit $t_0$ erzeugen, wenn dieses System mit $x(t) = f(t)$ erregt wird.

Es sei dem Leser als Übung empfohlen nachzuweisen, daß für die Abweichung bei der bandbegrenzten Approximation die Abschätzung

$$| f(t) - f_a(t) | \leqq \frac{1}{2\pi} \int_{|\omega| > \omega_g} | F(j\omega) | \, d\omega \qquad (3.116)$$

gilt.

## 4.6. ENTWICKLUNG VON SIGNALEN NACH ORTHOGONALEN FUNKTIONEN

Die im Abschnitt 4.3 besprochene Fourier-Reihenentwicklung periodischer Funktionen und die Darstellung bandbegrenzter Signale gemäß Gl. (3.103) repräsentieren Sonderfälle von Signaldarstellungen mittels Funktionenreihen, die von großer Bedeutung sind. Im folgenden soll auf einige allgemeine Gesichtspunkte hingewiesen werden, die im Zusammenhang mit derartigen Darstellungen eine wichtige Rolle spielen.

Zwei im allgemeinen komplexen Signalen $f(t)$ und $g(t)$ kann man das sogenannte innere Produkt

$$\langle f, g \rangle := \int_{-\infty}^{\infty} f(t) g^*(t) \, dt \qquad (3.117)$$

zuordnen, wobei die Existenz vorausgesetzt wird. Wie man sieht, gilt

$$\langle f, g \rangle = \langle g, f \rangle^* .$$

Sind $F(j\omega)$ und $G(j\omega)$ die Spektren von $f(t)$ bzw. $g(t)$, so ist diesen das innere Produkt

$$\langle F, G \rangle = \int_{-\infty}^{\infty} F(j\omega) \, G^*(j\omega) \, d\omega \qquad (3.118)$$

zugewiesen. Nach Gl. (3.63) gilt

$$<f,g> \; = \; \frac{1}{2\pi} <F,G>\,, \tag{3.119}$$

d. h. die Fourier-Transformation ist in diesem Sinne eine das innere Produkt erhaltende Operation.

Man nennt die beiden Signale $f(t)$ und $g(t)$ orthogonal zueinander, wenn das innere Produkt $<f,g>$ verschwindet. Es ist zu beachten, daß die Spektren von zwei orthogonalen Signalen ebenfalls zueinander orthogonal sind, wie aus Gl. (3.119) zu sehen ist. Abgesehen vom Nullsignal haben alle Signale einen reellen, positiven Wert $<f,f>$, dessen Quadratwurzel man auch die Norm von $f$ nennt.

Es sei eine Menge von $m$ linear unabhängigen Signalen $\{\varphi_\nu(t);\ \nu = 1,\dots, m\}$ und ein weiteres Signal $f(t)$ gegeben. Dann stellt sich die grundlegende Frage nach der Wahl von Koeffizienten $a_\nu\ (\nu = 1,2,\dots, m)$, so daß die Summe

$$\hat{f}(t) := \sum_{\nu=1}^{m} a_\nu \varphi_\nu(t) \tag{3.120}$$

das gegebene Signal $f(t)$ im Sinne des kleinstmöglichen Fehlers

$$e := <f-\hat{f}, f-\hat{f}> \tag{3.121}$$

annähert. Die Lösung dieses Problems lautet folgendermaßen: Die Koeffizienten $a_\nu$ sind genau dann optimal gewählt, wenn die Funktionsabweichung $f(t) - \hat{f}(t)$ zu allen Funktionen $\varphi_\nu(t)\ (\nu = 1,2,\dots, m)$ orthogonal ist, wenn also

$$<f-\hat{f}, \varphi_\nu> = 0 \quad (\nu = 1,2,\dots, m) \tag{3.122}$$

gilt (Orthogonalitätsprinzip).

*Beweis*: Zum Beweis der Notwendigkeit soll im Widerspruch zur Gl. (3.122) angenommen werden, daß es ein Signal $\varphi_k(t)$ mit dem Normquadrat $<\varphi_k, \varphi_k> =: n_k > 0$ gibt, das nicht orthogonal zur Funktionsabweichung $f(t) - \hat{f}(t)$ ist, mit dem also $<f-\hat{f}, \varphi_k> =: r \neq 0$ gilt. Dann wäre $\overline{f}(t) = \hat{f}(t) + (r/n_k)\varphi_k(t)$ ein Signal mit kleinerem Fehler als $\hat{f}(t)$, da

$$<f-\overline{f}, f-\overline{f}> \; = \; <f-\hat{f}, f-\hat{f}> - \frac{r^* r}{n_k} - \frac{r r^*}{n_k} + \frac{r r^*}{n_k^2} n_k \; < \; <f-\hat{f}, f-\hat{f}>$$

ist. Zum Beweis der Hinlänglichkeit wird angenommen, daß die Gl. (3.122) erfüllt ist und daß $\tilde{f}(t)$ irgendeine andere Linearkombination der Signale $\varphi_\nu(t)\ (\nu = 1,\dots, m)$ darstellt. Dann gilt wegen $<f-\hat{f}, \hat{f}> \; = \; <f-\hat{f}, \tilde{f}> = 0$ unmittelbar

$$\begin{aligned} <f-\tilde{f}, f-\tilde{f}> - <f-\hat{f}, f-\hat{f}> &= <f,f> - <f,\tilde{f}> - <\tilde{f},f> + <\tilde{f},\tilde{f}> \\ &- <f,f> + <f,\hat{f}> + <\hat{f},f> - <\hat{f},\hat{f}> = - <\hat{f},\tilde{f}> - <\tilde{f},\hat{f}> \\ &+ <\tilde{f},\tilde{f}> + <\hat{f},\hat{f}> + <\hat{f},\hat{f}> - <\hat{f},\hat{f}> = <\tilde{f}-\hat{f}, \tilde{f}-\hat{f}> \; > 0\,, \end{aligned}$$

wodurch bestätigt wird, daß $\hat{f}(t)$ den Fehler minimiert.

Es soll noch der wichtige Fall betrachtet werden, daß alle Signale $\varphi_\nu(t)$ nicht nur linear unabhängig, sondern darüber hinaus auch paarweise orthogonal sind, also

$$<\varphi_\nu, \varphi_\mu> = 0 \quad \text{für} \quad \nu \neq \mu \tag{3.123}$$

gilt. Man spricht dann von der orthogonalen Basis $\{\varphi_\nu(t);\ \nu = 1,2,\ldots,m\}$. In diesem Fall kann der Fehler gemäß Gl. (3.121) mit Gl. (3.120) und bei Beachtung der Gl. (3.123) in der Form

$$e = <f,f> - \sum_{\nu=1}^{m} a_\nu <\varphi_\nu, f> - \sum_{\nu=1}^{m} a_\nu^* <\varphi_\nu, f>^* + \sum_{\nu=1}^{m} a_\nu\, a_\nu^* <\varphi_\nu,\varphi_\nu>$$

$$= <f,f> + \sum_{\nu=1}^{m} <\varphi_\nu,\varphi_\nu> \left[a_\nu - \frac{<f,\varphi_\nu>}{<\varphi_\nu,\varphi_\nu>}\right]\left[a_\nu - \frac{<f,\varphi_\nu>}{<\varphi_\nu,\varphi_\nu>}\right]^*$$

$$- \sum_{\nu=1}^{m} \frac{<f,\varphi_\nu><f,\varphi_\nu>^*}{<\varphi_\nu,\varphi_\nu>} \tag{3.124}$$

geschrieben werden. Hieraus sieht man direkt, daß der Fehler $e$ genau dann minimal wird, wenn man

$$a_\nu = \frac{<f,\varphi_\nu>}{<\varphi_\nu,\varphi_\nu>} \qquad (\nu = 1,2,\ldots,m) \tag{3.125}$$

wählt. Dieses Ergebnis erhält man unter Verwendung der Gl. (3.123) unmittelbar auch aus dem Orthogonalitätsprinzip gemäß Gl. (3.122). Fernerhin folgt aus Gl. (3.124) mit Gl. (3.125) nunmehr für den Fehler

$$e = <f,f> - \sum_{\nu=1}^{m} a_\nu\, a_\nu^* <\varphi_\nu,\varphi_\nu>. \tag{3.126}$$

Eine weitere interessante Beziehung entsteht mit Gl. (3.122):

$$<f-\hat{f},\hat{f}> = \sum_{\nu=1}^{m} a_\nu^* <f-\hat{f},\varphi_\nu> = 0. \tag{3.127}$$

Danach ist die Funktion $\hat{f}(t)$, die $e$ minimiert, die "Projektion" von $f(t)$ auf den von der Basis $\{\varphi_\nu(t);\ \nu = 1,2,\ldots,m\}$ aufgespannten Raum. Angesichts dieser Besonderheit kann man den Fehler auch als

$$e = <f-\hat{f}, f-\hat{f}> = <f-\hat{f}, f> = <f,f> - <\hat{f},f>$$

$$= <f,f> - <f,\hat{f}> = <f,f> - <\hat{f},\hat{f}>$$

schreiben.

Liegt zunächst eine Menge $\{\psi_\nu(t);\ \nu = 1,2,\ldots,m\}$ von $m$ linear unabhängigen, jedoch nicht orthogonalen Signalen vor, so lassen sich diese stets orthogonalisieren; es läßt sich also eine Menge $\{\varphi_\nu(t);\ \nu = 1,2,\ldots,m\}$ von orthogonalen Funktionen konstruieren, die von den Signalen $\psi_\nu(t)$ linear abhängen und mit denen eine gegebene Funktion $f(t)$ in der oben beschriebenen Weise approximiert werden kann. Die Orthogonalisierung kann folgendermaßen durchgeführt werden: Man wählt zunächst $\varphi_1(t) = \psi_1(t)$, dann werden induktiv für $\mu = 2,3,\ldots,m$ die Signale

$$\varphi_\mu(t) = \alpha_{1\mu}\, \varphi_1(t) + \cdots + \alpha_{\mu-1,\mu}\, \varphi_{\mu-1}(t) + \psi_\mu(t)$$

mit der Forderung

$$<\varphi_\mu, \varphi_\nu> = 0 \qquad (\nu = 1, 2, \ldots, \mu-1)$$

gebildet. Hieraus erhält man

$$\alpha_{\nu\mu} = -\frac{<\psi_\mu, \varphi_\nu>}{<\varphi_\nu, \varphi_\nu>} \qquad (\nu = 1, 2, \ldots, \mu-1). \tag{3.128}$$

Oft empfiehlt es sich, $\varphi_\mu(t)/<\varphi_\mu, \varphi_\mu>^{1/2}$ zu bilden, d. h. die orthogonalen Signale $\varphi_\mu(t)$ noch zu normieren. Die dadurch entstehenden Signale bilden eine Menge orthonormaler Funktionen, da sie nicht nur paarweise orthogonal sind, sondern jeweils auch die Norm Eins aufweisen.

Der Gl. (3.120) entspricht im Frequenzbereich die Beziehung

$$\hat{F}(\mathrm{j}\omega) = \sum_{\nu=1}^{m} a_\nu \Phi_\nu(\mathrm{j}\omega), \tag{3.129}$$

wobei die Fourier-Transformierten der entsprechenden Signale auftreten. Mit $F(\mathrm{j}\omega)$ sei die Fourier-Transformierte von $f(t)$ bezeichnet. Zwischen $F(\mathrm{j}\omega)$ und $\hat{F}(\mathrm{j}\omega)$ findet in gleicher Weise wie zwischen den Funktionen $f(t)$ und $\hat{f}(t)$ eine optimale Annäherung statt, da angesichts der Eigenschaft von Gl. (3.119) die Forderung nach Gl. (3.122) äquivalent ist zu

$$<F(\mathrm{j}\omega) - \hat{F}(\mathrm{j}\omega), \Phi_\nu(\mathrm{j}\omega)> = 0 \qquad (\nu = 1, 2, \ldots, m),$$

also das Orthogonalitätsprinzip auch im Frequenzbereich erfüllt wird.

Eine wichtige Basis von orthogonalen Signalen ist die Menge von Funktionen

$$\{\varphi_\nu(t);\ \nu = 0, \pm 1, \ldots, \pm N\} \quad \text{mit} \quad \varphi_\nu(t) = p_{T/2}(t)\, \mathrm{e}^{\mathrm{j}\nu 2\pi t/T}.$$

Es gilt

$$<\varphi_\nu, \varphi_\mu> = \begin{cases} T & \text{für} \quad \nu = \mu, \\ 0 & \text{für} \quad \nu \neq \mu. \end{cases}$$

Als Koeffizienten $a_\nu$ erhält man nach Gl. (3.125) die Fourier-Koeffizienten.

Eine weitere wichtige Basis von linear unabhängigen Signalen ist die Menge

$$\{\varphi_\nu(t);\ \nu = 0, \pm 1, \pm 2, \ldots, \pm N\} \quad \text{mit} \quad \varphi_\nu(t) = \frac{\sin(\omega_g t - \nu\pi)}{\omega_g t - \nu\pi}, \quad \Phi_\nu(\mathrm{j}\omega) = \frac{\pi}{\omega_g} p_{\omega_g}(\omega) \mathrm{e}^{-\mathrm{j}\omega\nu\pi/\omega_g}.$$

Man erhält mit $T = \pi/\omega_g$ bei Beachtung von Gl. (3.119)

$$<\varphi_\nu, \varphi_\mu> = T^2 \int_{-\infty}^{\infty} \frac{\sin\omega_g(t-\nu T)}{\pi(t-\nu T)} \frac{\sin\omega_g(t-\mu T)}{\pi(t-\mu T)}\, \mathrm{d}t = \frac{1}{2\pi} <\Phi_\nu, \Phi_\mu>$$

$$= \frac{T^2}{2\pi} \int_{-\infty}^{\infty} p_{\omega_g}(\omega)\, \mathrm{e}^{-\mathrm{j}\omega\nu T}\, \mathrm{e}^{\mathrm{j}\omega\mu T}\, \mathrm{d}\omega = \frac{T^2}{2\pi} \int_{-\omega_g}^{\omega_g} \mathrm{e}^{\mathrm{j}\omega T(\mu-\nu)}\, \mathrm{d}\omega = \begin{cases} T & \text{für} \quad \nu = \mu, \\ 0 & \text{für} \quad \nu \neq \mu. \end{cases}$$

Es handelt sich also auch hier um orthogonale Funktionen. Zur Berechnung von $a_\nu$ bildet man

$$<f, \varphi_\nu> = \frac{1}{2\pi} <F, \Phi_\nu> = \frac{T}{2\pi} \int_{-\infty}^{\infty} F(\mathrm{j}\omega)\, p_{\omega_g}(\omega)\, \mathrm{e}^{\mathrm{j}\omega\nu T}\, \mathrm{d}\omega = \frac{T}{2\pi} \int_{-\omega_g}^{\omega_g} F(\mathrm{j}\omega)\, \mathrm{e}^{\mathrm{j}\omega\nu T}\, \mathrm{d}\omega$$

und

$$<\varphi_\nu, \varphi_\nu> = T. \tag{3.130}$$

Ist jetzt $f(t)$ bezüglich $\omega_g$ bandbegrenzt, dann gilt speziell

$$<f, \varphi_\nu> = \frac{T}{2\pi} \int_{-\omega_g}^{\omega_g} F(j\omega)\, e^{j\omega\nu T}\, d\omega = \frac{T}{2\pi} \int_{-\infty}^{\infty} F(j\omega)\, e^{j\omega\nu T}\, d\omega = T\, f(\nu T).$$

Somit ergibt sich nach Gl. (3.125)

$$a_\nu = f(\nu T). \tag{3.131}$$

Weiterhin erhält man in diesem Sonderfall mit den Gln. (3.130), (3.131) gemäß Gl. (3.103)

$$<f, f> = < \sum_{\nu=-\infty}^{\infty} a_\nu \varphi_\nu, \sum_{\nu=-\infty}^{\infty} a_\nu \varphi_\nu > = \sum_{\nu=-\infty}^{\infty} T\, |f(\nu T)|^2$$

und somit nach Gl. (3.126) erneut mit den Gln. (3.130), (3.131) für den Fehler $e = <f - \hat{f}, f - \hat{f}>$

$$e = T \sum_{|\nu|>N} |f(\nu T)|^2 ,$$

wenn man

$$\hat{f}(t) = \sum_{\nu=-N}^{N} f(\nu T)\, \frac{\sin(\omega_g t - \nu\pi)}{\omega_g t - \nu\pi} \tag{3.132}$$

wählt.

## 4.7. DIE IMPULSMETHODE ZUR NUMERISCHEN DURCHFÜHRUNG DER TRANSFORMATION ZWISCHEN ZEIT- UND FREQUENZBEREICH

Es wird zunächst eine Methode diskutiert, mit deren Hilfe eine nach Gl. (3.19) darstellbare Zeitfunktion $f(t)$ mit der Eigenschaft $f(t) \equiv 0$ für $|t| > T$ näherungsweise in den Frequenzbereich transformiert werden kann. Die Funktion $f(t)$ wird gemäß Bild 3.27 durch eine aus Geradenstücken bestehende Kurve $f_0(t)$ (Polygonzug) angenähert, wobei die Abszissen $t_\mu$ $(\mu = 0, 1, 2, \ldots, N)$ nicht äquidistant verteilt zu sein brauchen. Anstelle der Funktion $f(t)$ wird nun der Polygonzug $f_0(t)$ in den Frequenzbereich transformiert. Hierzu empfiehlt es sich, die zweite Ableitung von $f_0(t)$ zu bilden. Gemäß Bild 3.27 besteht die erste Ableitung von $f_0(t)$ aus einer Treppenkurve, die zweite aus einer Folge von $\delta$-Stößen. Die $\delta$-Stöße treten an den Stellen $t_\mu$ mit den Stärken $c_\mu$ $(\mu = 0, 1, \ldots, N)$ auf. Die Impulsstärke $c_\mu$ ist gleich der Höhe des Treppensprunges von $df_0(t)/dt$ oder gleich der Änderung des Anstiegs des Polygons $f_0(t)$ an der Stelle $t = t_\mu$. Es gilt also

$$\frac{d^2 f_0(t)}{dt^2} = \sum_{\mu=0}^{N} c_\mu\, \delta(t - t_\mu). \tag{3.133a}$$

Bezeichnet man die Fourier-Transformierte von $f_0(t)$ mit $F_0(j\omega)$, dann erhält man nach der Differentiationseigenschaft der Fourier-Transformation (Abschnitt 3.1, Teil f) aus Gl. (3.133a)

$$(j\omega)^2\, F_0(j\omega) = \sum_{\mu=0}^{N} c_\mu\, e^{-j\omega t_\mu} . \tag{3.133b}$$

Da $f_0(t)$ näherungsweise mit $f(t)$ übereinstimmt, darf erwartet werden, daß $F_0(j\omega)$ das gewünschte Spektrum $F(j\omega)$ mit ausreichender Genauigkeit approximiert. Durch Auflösung von Gl. (3.133b) nach $F_0(j\omega)$ erhält man daher

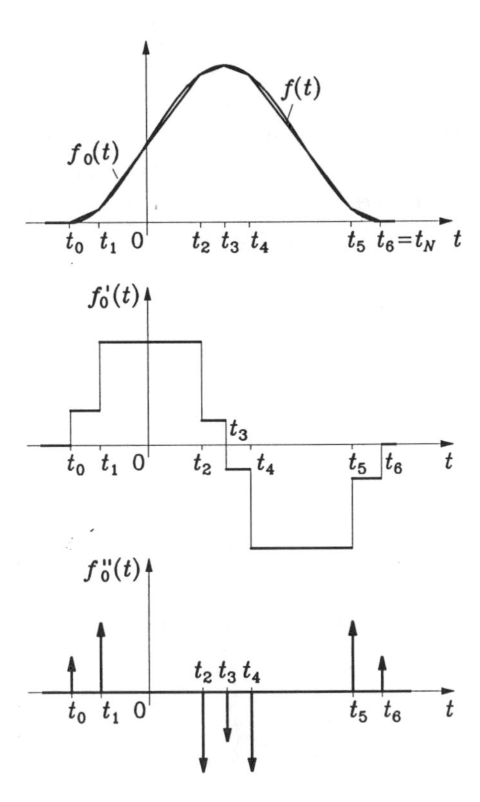


Bild 3.27: Zur näherungsweisen Transformation der Zeitfunktion $f(t)$ in den Frequenzbereich nach der Impulsmethode

$$F(\mathrm{j}\omega) \approx -\frac{1}{\omega^2}\sum_{\mu=0}^{N} c_\mu \, \mathrm{e}^{-\mathrm{j}\omega t_\mu} . \tag{3.134}$$

Die approximative Auflösung von Gl. (3.133b) nach $F(\mathrm{j}\omega)$ durch bloße Division mit $-\omega^2$ ist erlaubt, da aufgrund der Voraussetzungen über die Funktion $f(t)$ das Spektrum eine gewöhnliche Funktion darstellt. Die Gl. (3.134) liefert eine näherungsweise Darstellung des Spektrums der gegebenen Zeitfunktion $f(t)$. Die rechte Seite der Näherungsgleichung (3.134) strebt keineswegs gegen $\infty$ für $\omega \to 0$, weil die Summe über alle $c_\mu$ und die Summe über alle $c_\mu t_\mu$ aufgrund ihrer geometrischen Bedeutung verschwinden.

Nun soll auch ein Verfahren zur approximativen Ermittlung der zu einem vorgegebenen Spektrum $F(\mathrm{j}\omega)$ gehörenden Zeitfunktion $f(t)$ erörtert werden. Dabei soll lediglich angenommen werden, daß $F(\mathrm{j}\omega)$ eine gewöhnliche Funktion darstellt und das Spektrum einer *kausalen* Zeitfunktion $f(t)$ ist. Nach Gl. (3.51a) läßt sich die kausale Zeitfunktion $f(t)$ mit Hilfe der Realteilfunktion $R(\omega)$ von $F(\mathrm{j}\omega)$ für $t > 0$ in der Form

$$f(t) = \frac{2}{\pi}\int_0^\infty R(\omega)\cos\omega t \,\mathrm{d}\omega \qquad (t > 0)$$

darstellen. Die Zeitfunktion $-t^2 f(t)$ ist ebenfalls kausal. Da nach Abschnitt 3.1, g dieser Funktion die Fourier-Transformierte $\mathrm{d}^2F(\mathrm{j}\omega)/\mathrm{d}\omega^2 = \mathrm{d}^2R(\omega)/\mathrm{d}\omega^2 + \mathrm{j}\,\mathrm{d}^2X(\omega)/\mathrm{d}\omega^2$ zugeordnet ist, gilt gemäß Gl. (3.51a) die Darstellung

$$t^2 f(t) = -\frac{2}{\pi} \int_0^\infty \frac{d^2 R(\omega)}{d\omega^2} \cos \omega t \, d\omega \qquad (t > 0). \tag{3.135a}$$

Für die weiteren Betrachtungen wird angenommen, daß $R(\omega)$ für $\omega \to \infty$ gegen Null strebt. Damit darf $R(\omega)$ oberhalb einer bestimmten Kreisfrequenz $\Omega$ näherungsweise gleich Null gesetzt werden. Jetzt wird die Realteilfunktion $R(\omega)$ durch einen Polygonzug $R_0(\omega)$ approximiert, dessen Knickstellen die Abszissen $\omega_\mu$ $(\mu = 0, 1, \ldots, N)$ haben (Bild 3.28). Sodann wird $R(\omega)$ in Gl. (3.135a) durch $R_0(\omega)$ ersetzt. Hierfür hat man

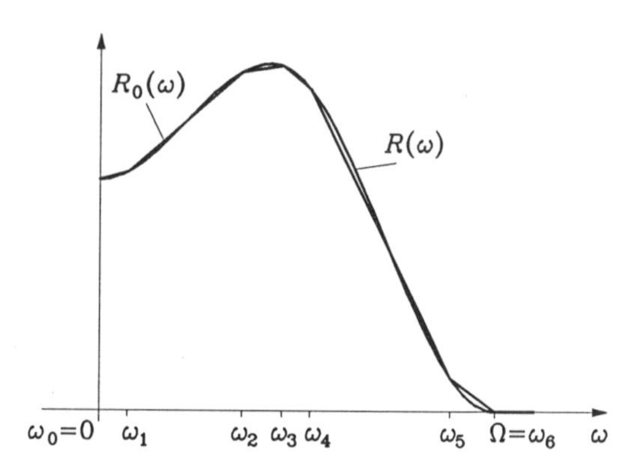


Bild 3.28: Zur approximativen Transformation einer Frequenzfunktion in den Zeitbereich

$$\frac{d^2 R_0(\omega)}{d\omega^2} = \sum_{\mu=0}^{N} d_\mu \, \delta(\omega - \omega_\mu) \tag{3.135b}$$

mit $\omega_0 = 0$ und $\omega_N = \Omega$ zu bilden. Dabei sind die $d_\mu$ die Sprungwerte der Steigung von $R_0(\omega)$ an den Knickstellen. Die Konstante $d_0$ ist die Steigung von $R_0(\omega)$ an der Stelle $\omega = \omega_0+ = 0+$, d. h. der Sprungwert der Steigung im Nullpunkt, sofern die Steigung für $\omega = 0-$ gleich Null gesetzt wird (Bild 3.28).[1] Führt man die Gl. (3.135b) in Gl. (3.135a) anstelle der zweiten Ableitung von $R(\omega)$ ein, so gewinnt man unter Berücksichtigung der Ausblendeigenschaft der $\delta$-Funktion schließlich

$$f(t) \approx -\frac{2}{\pi t^2} \sum_{\mu=0}^{N} d_\mu \cos \omega_\mu t \qquad (t > 0). \tag{3.136a}$$

Die rechte Seite von Gl. (3.136a) strebt für $t \to 0+$ keineswegs über alle Grenzen, da offensichtlich wegen des speziellen Verlaufs von $R_0(\omega)$ die Bindung

$$\sum_{\mu=0}^{N} d_\mu = 0 \tag{3.136b}$$

der Koeffizienten $d_\mu$ besteht. Das Verhalten der rechten Seite von Gl. (3.136a) für kleine positive Zeiten läßt sich durch Reihenentwicklung der cos-Funktionen bei Berücksichtigung von Gl. (3.136b) leicht angeben.

---

[1] Diese Besonderheit bezüglich des Koeffizienten $d_0$ hat ihren Grund in der Entstehung der Gl. (3.51a). Der Leser möge sich dies im einzelnen überlegen, wobei zu beachten ist, daß die untere Integrationsgrenze in Gl. (3.51a) ursprünglich $-\infty$ war, während der Faktor 2 vor dem Integral fehlte.

Die geschilderte Methode zur approximativen Ermittlung einer Zeitfunktion aus ihrem Spektrum ist insbesondere zur näherungsweisen Bestimmung der Impulsantwort $h(t)$ eines linearen, zeitinvarianten, kausalen und stabilen Systems aus der Realteilfunktion $R(\omega)$ der Übertragungsfunktion $H(\mathrm{j}\omega)$ geeignet.

## 4.8. DIE POISSONSCHE SUMMENFORMEL UND EINIGE FOLGERUNGEN

In diesem Abschnitt sollen Vorbereitungen zur späteren Beschreibung periodischer diskontinuierlicher Signale im Frequenzbereich getroffen werden.

Es wird von zwei Funktionen $f(t)$ und $F(\mathrm{j}\omega)$ ausgegangen, die durch die Grundgleichungen (3.19) und (3.20) der Fourier-Transformation miteinander verknüpft sein sollen. Aus diesen Funktionen werden mit frei wählbaren Konstanten $T_1 > 0$ und $\Omega_1 > 0$ die periodischen (im Sinne der Gln. (3.19) und (3.20) keinesfalls miteinander korrespondierenden) Funktionen

$$f_p(t) = \sum_{\nu=-\infty}^{\infty} f(t+\nu T_1), \qquad F_p(\mathrm{j}\omega) = \sum_{\nu=-\infty}^{\infty} F[\mathrm{j}(\omega+\nu\Omega_1)] \tag{3.137a,b}$$

gebildet; die Grundperioden betragen $T_1$ bzw. $\Omega_1$. Die Funktion $f_p(t)$ setzt sich aus der Summe von $f(t)$ und deren fortgesetzten Verschiebungen um jeweils $T_1$ in positiver und negativer $t$-Richtung zusammen. Die Fourier-Koeffizienten $A_\mu$ von $f_p(t)$ lassen sich mit Hilfe von Gl. (3.86b) ausdrücken, indem man in den Integranden auf der rechten Seite dieser Gleichung als Zeitfunktion die Summe von Gl. (3.137a) einsetzt und dann die Reihenfolge von Summation und Integration vertauscht. Faßt man dabei die Summe der Integrale zu einem Integral zusammen, dann ergibt sich für die Fourier-Koeffizienten

$$A_\mu = \frac{1}{T_1}\int_{-\infty}^{\infty} f(t)\,\mathrm{e}^{-\mathrm{j}\mu\frac{2\pi}{T_1}t}\,\mathrm{d}t = \frac{1}{T_1}F\left(\mathrm{j}\mu\frac{2\pi}{T_1}\right).$$

Damit kann die Zeitfunktion $f_p(t)$ als Fourier-Reihe folgendermaßen ausgedrückt werden:

$$f_p(t) = \frac{1}{T_1}\sum_{\mu=-\infty}^{\infty} F\left(\mathrm{j}\mu\frac{2\pi}{T_1}\right)\mathrm{e}^{\mathrm{j}\mu\frac{2\pi}{T_1}t}. \tag{3.138}$$

Diese Beziehung ist als *Poissonsche Summenformel* bekannt.

In gleicher Weise läßt sich auch die periodische Funktion $F_p(\mathrm{j}\omega)$ aus Gl. (3.137b) als Fourier-Reihe in der Form

$$F_p(\mathrm{j}\omega) = \frac{2\pi}{\Omega_1}\sum_{\nu=-\infty}^{\infty} f\left(\nu\frac{2\pi}{\Omega_1}\right)\mathrm{e}^{-\mathrm{j}\nu\frac{2\pi}{\Omega_1}\omega} \tag{3.139}$$

darstellen. Die Fourier-Koeffizienten entstanden gemäß Gl. (3.86b), wobei im Integranden die Zeitfunktion durch $F_p(\mathrm{j}\omega)$ nach Gl. (3.137b) und die Periode durch $\Omega_1$ zu ersetzen waren; durch Vertauschung der Reihenfolge von Summation und Integration und bei Berücksichtigung der Fourier-Umkehrformel ergab sich schließlich die Gl. (3.139). Ist $t = \nu 2\pi/\Omega_1$ eine Sprungstelle von $f(t)$, dann bedeutet $f(\nu 2\pi/\Omega_1)$ in Gl. (3.139) den arithmetischen Mittelwert von links- und rechtsseitigem Grenzwert.

Im Periodizitätsintervall $0 \leqq t < T_1$ werden jetzt $N$ äquidistante Punkte $nT$ ($n = 0, 1, \ldots, N-1$) im Abstand $T = T_1/N$ zur Auswertung der Gl. (3.138) gewählt. Auf diese Weise entsteht die diskontinuierliche Funktion

$$f_p(nT) = \frac{1}{T_1} \sum_{\mu=-\infty}^{\infty} F\left[\mathrm{j}\mu \frac{2\pi}{T_1}\right] \left(\mathrm{e}^{\mathrm{j}\frac{2\pi}{N}}\right)^{\mu n}, \tag{3.140}$$

die mit der Periode $N$ periodisch ist, wenn man $n$ alle ganzen Zahlen durchlaufen läßt. Der in Gl. (3.140) auftretende Summationsindex $\mu$ wird nun durch

$$\mu = k + \kappa N \qquad (k = 0, 1, \ldots, N-1;\ \kappa = 0, \pm 1, \pm 2, \ldots,)$$

ersetzt. Dadurch läßt sich die Gl. (3.140) auf die Form

$$f_p(nT) = \frac{1}{T_1} \sum_{k=0}^{N-1} \mathrm{e}^{\mathrm{j}\frac{2\pi}{N}kn} \sum_{\kappa=-\infty}^{\infty} F\left[\mathrm{j}\left(k \frac{2\pi}{T_1} + \kappa N \frac{2\pi}{T_1}\right)\right]$$

bringen. Setzt man nun $\Omega = \Omega_1/N$ und wählt man

$$T\Omega = \frac{2\pi}{N},$$

dann entsteht hieraus mit Gl. (3.137b)

$$f_p(nT) = \frac{1}{T_1} \sum_{k=0}^{N-1} F_p(\mathrm{j}k\Omega)\, \mathrm{e}^{\mathrm{j}\frac{2\pi}{N}nk}. \tag{3.141}$$

Betrachtet man die Gl. (3.141) für $n = 0, 1, \ldots, N-1$, dann verfügt man über $N$ Gleichungen für die Bestimmung der Werte $F_p(\mathrm{j}k\Omega)$ ($k = 0, 1, \ldots, N-1$) aus den Werten $f_p(nT)$. Zur formelmäßigen Auflösung dieser Gleichungen wird auf beiden Seiten von Gl. (3.141) mit $\exp(-\mathrm{j}2\pi n\, m/N)$ durchmultipliziert und bei festgehaltenem, ganzzahligem $m$ über $n$ von 0 bis $N-1$ summiert. Auf diese Weise erhält man zunächst die Beziehung

$$\sum_{n=0}^{N-1} f_p(nT)\, \mathrm{e}^{-\mathrm{j}\frac{2\pi}{N}nm} = \frac{1}{T_1} \sum_{k=0}^{N-1} F_p(\mathrm{j}k\Omega) \sum_{n=0}^{N-1} \left[\mathrm{e}^{\mathrm{j}\frac{2\pi}{N}(k-m)}\right]^n. \tag{3.142}$$

Die auf der rechten Seite dieser Gleichung auftretende innere Summe mit dem Index $n$ kann einfach ausgewertet werden, wenn man sich die einzelnen Summanden in der komplexen Zahlenebene veranschaulicht; man findet direkt den Summenwert 0 oder $N$, je nachdem ob $k \neq m$ oder $k = m$ gilt. Berücksichtigt man dies in der Gl. (3.142), so ergibt sich mit $T = T_1/N$

$$F_p(\mathrm{j}m\Omega) = T \sum_{n=0}^{N-1} f_p(nT)\, \mathrm{e}^{-\mathrm{j}\frac{2\pi}{N}nm}. \tag{3.143}$$

Läßt man in Gl. (3.143) nicht nur $m = 0, 1, \ldots, N-1$ zu, sondern darf $m$ alle ganzzahligen Werte durchlaufen, dann wird durch Gl. (3.143) eine (im allgemeinen komplexwertige) periodische diskontinuierliche Funktion mit der Periode $N$ definiert.

Das Gleichungspaar (3.141) und (3.143) wird sich noch als außerordentlich nützlich erweisen, insbesondere zur spektralen Beschreibung periodischer diskontinuierlicher Signale.

## 4.9. DIE ZEITVARIABLE FOURIER-TRANSFORMATION

Will man für ein kontinuierliches Signal eine Spektralbeschreibung angeben, so besteht bisher die Möglichkeit, das Signal aufgrund von Gl. (3.19) darzustellen. Dabei spielt das Spektrum eine entscheidende Rolle, welches durch Gl. (3.20) gegeben ist und vom Verlauf des Signals im gesamten Zeitbereich abhängt. Gelegentlich kommt es jedoch vor, daß im interessierenden Zeitpunkt das gesamte Signal noch gar nicht verfügbar ist. Andererseits kann das Signal auch während eines längeren Zeitraums einen unregelmäßigen Verlauf haben, wie es beispielsweise bei akustischen Signalen häufig vorkommt, so daß das Spektrum ein außerordentlich kompliziertes Aussehen besitzt und eine praktische Bestimmung unmöglich wird. In solchen Fällen empfiehlt es sich [Pa3], einen Teil des Signals auszublenden und diesen in den Frequenzbereich zu transformieren.

Dies soll für ein kontinuierliches Signal im einzelnen untersucht werden. Ausgehend von der zu transformierenden Funktion $f(t)$ wird zunächst eine Verschiebung um $-\tau$ ($\tau$ sei ein fester Parameter) vorgenommen und sodann nach Wahl einer Konstante $T_0 > 0$ mit der Rechteckfunktion $p_{T_0}(t)$ ausgeblendet. Die so entstehende Zeitfunktion $p_{T_0}(t)\, f(t+\tau)$ wird der Fourier-Transformation unterworfen, und es ergibt sich das von $\tau$ abhängige Spektrum

$$F(\tau, \mathrm{j}\omega) = \int_{-\infty}^{\infty} p_{T_0}(t)\, f(t+\tau)\, \mathrm{e}^{-\mathrm{j}\omega t}\, \mathrm{d}t\,. \tag{3.144}$$

Das zeitbegrenzte Signal $p_{T_0}(t)\, f(t+\tau)$ mit der Fourier-Transformierten $F(\tau, \mathrm{j}\omega)$ nach Gl. (3.144) kann bei festem $\tau$ gemäß Gl. (3.137a) mit $T_1 = 2T_0$ periodisiert werden, und man erhält nach Gl. (3.138) für das Intervall $|t| < T_0$ die Darstellung

$$f(t+\tau) = \frac{1}{2T_0} \sum_{\mu=-\infty}^{\infty} F\left(\tau, \frac{\mathrm{j}\mu\pi}{T_0}\right) \mathrm{e}^{\mathrm{j}\mu\pi t/T_0}\,, \tag{3.145a}$$

aus der für $t = 0$ und anschließender Substitution von $\tau$ durch $t$

$$f(t) = \frac{1}{2T_0} \sum_{\mu=-\infty}^{\infty} F\left(t, \frac{\mathrm{j}\mu\pi}{T_0}\right) \tag{3.145b}$$

folgt. Die Gl. (3.145b) ermöglicht es, die zeitvariable Fourier-Transformation umzukehren, d. h. $f(t)$ aus $F(t, \mathrm{j}\omega)$ zu berechnen. Wie man sieht, benötigt man dazu nur die diskreten Werte

$$F\left(t, \frac{\mathrm{j}\mu\pi}{T_0}\right) = \int_{-\infty}^{\infty} p_{T_0}(\tau)\, f(t+\tau)\, \mathrm{e}^{-\mathrm{j}\frac{\mu\pi}{T_0}\tau}\, \mathrm{d}\tau\,. \tag{3.146}$$

Dieses Integral soll nach dem Parameter $t$ differenziert werden. Man braucht dazu zunächst im Integral auf der rechten Seite von Gl. (3.146) nur $f(t+\tau)$ durch $\partial f(t+\tau)/\partial t = \partial f(t+\tau)/\partial\tau$ zu ersetzen. Formt man dann das Integral nach der Regel der partiellen Integration um und beachtet man, daß der integralfreie Anteil für $\tau \to \pm\infty$ verschwindet, so erhält man

$$\frac{\partial F\left(t, \frac{\mathrm{j}\mu\pi}{T_0}\right)}{\partial t} = - \int_{-\infty}^{\infty} f(\tau + t) \Big[ \delta(\tau + T_0)\, \mathrm{e}^{\mathrm{j}\mu\pi} - \delta(\tau - T_0)\, \mathrm{e}^{-\mathrm{j}\mu\pi} + p_{T_0}(\tau) \left( \mathrm{j}\frac{\mu\pi}{T_0} \right) \mathrm{e}^{-\mathrm{j}\frac{\mu\pi}{T_0}\tau} \Big] \mathrm{d}\tau$$

oder bei Beachtung der Gl. (3.146)

$$\frac{\partial F\left(t, \frac{\mathrm{j}\mu\pi}{T_0}\right)}{\partial t} = \mathrm{j}\frac{\mu\pi}{T_0} F\left(t, \frac{\mathrm{j}\mu\pi}{T_0}\right) + (-1)^{\mu} \left[ f(t + T_0) - f(t - T_0) \right]. \qquad (3.147)$$

Daraus ist zu erkennen, daß die Summanden in Gl. (3.145b) auch durch Lösung einer Differentialgleichung erster Ordnung für jedes $\mu$ gewonnen werden können.

# 5. Idealisierte Tiefpaß- und Bandpaßsysteme

Die Untersuchungen im Abschnitt 3.1 haben unter anderem gezeigt, daß verzerrungsfreie Übertragung in einem linearen, zeitinvarianten, kontinuierlichen System genau dann stattfindet, wenn die Amplitudenfunktion $A(\omega) = |H(\mathrm{j}\omega)|$ frequenzunabhängig (Allpaß-Eigenschaft) und die Phasenfunktion $\Theta(\omega)$ linear ist. Namentlich in der Informationstechnik ist die Feststellung interessant, welchen Einfluß bestimmte Abweichungen einer Übertragungsfunktion von jener eines entsprechenden verzerrungsfreien Systems auf die Übertragungseigenschaften hat. Derartige Untersuchungen lassen sich mit den in den vorausgegangenen Abschnitten geschaffenen Methoden in verhältnismäßig einfacher Weise durchführen. Dies soll im folgenden gezeigt werden.

## 5.1. AMPLITUDENVERZERRTE TIEFPASSYSTEME

Im Abschnitt 2.3 wurde der ideale Tiefpaß diskutiert. Die Phasenfunktion eines idealen Tiefpasses weist das Verhalten eines verzerrungsfreien Systems auf, dagegen nicht die Amplitudenfunktion, obgleich diese immerhin bis zur Grenzkreisfrequenz $\omega_g$ konstant ist und von dieser Kreisfrequenz an identisch verschwindet. In diesem Abschnitt sollen Tiefpaßsysteme mit linearer Phase $\Theta(\omega) = \omega t_0$ $(t_0 > 0)$ untersucht werden. Die Amplitude $A(\omega)$ möge für $\omega \to \infty$ derart rasch gegen Null streben, daß die Idealisierung

$$A(\omega) \equiv 0 \quad \text{für} \quad |\omega| > \omega_g \qquad (3.147)$$

erlaubt ist. Solche Systeme sind jedoch, wie sich noch zeigen wird, grundsätzlich nicht kausal. Der Verstoß gegen die Kausalität kann jedoch in vielen Fällen angesichts der vereinfachten Betrachtungsweise in Kauf genommen werden, namentlich dann, wenn keine allzu große Genauigkeit der Ergebnisse erwartet wird.

Eine Übertragungsfunktion

$$H(\mathrm{j}\omega) = A(\omega)\, \mathrm{e}^{-\mathrm{j}\Theta(\omega)} \qquad (3.148)$$

mit linearer Phase $\Theta(\omega) = \omega t_0$ $(t_0 > 0)$ hat nach Gl. (3.31b) die Eigenschaft, daß die zugehörige Impulsantwort $h(t)$ bezüglich der Geraden $t = t_0$ symmetrisch ist. Außerdem läßt Gl. (3.31b) erkennen, daß für $\Theta(\omega) = \omega t_0$ die Impulsantwort $h(t)$ für $t = t_0$ ihr absolutes Maximum hat:

$$h(t_0) = \frac{1}{\pi}\int_0^\infty A(\omega)\,\mathrm{d}\omega \geqq \left|\frac{1}{2\pi}\int_{-\infty}^{\infty} A(\omega)\,\mathrm{e}^{-\mathrm{j}\omega t_0}\,\mathrm{e}^{\mathrm{j}\omega t}\,\mathrm{d}\omega\right| = |h(t)|\,.$$

Die Symmetrieeigenschaft von $h(t)$ hat zur Folge, daß die Sprungantwort $a(t)$ des Systems für $t = t_0$ einen Wendepunkt mit Maximalanstieg $[\mathrm{d}a/\mathrm{d}t]_{t=t_0} = h(t_0)$ hat und bezüglich dieses Wendepunktes punktsymmetrisch ist (Bild 3.29). Multipliziert man die Übertragungsfunktion $H(\mathrm{j}\omega)$ aus Gl. (3.148), wobei voraussetzungsgemäß $\Theta(\omega) = \omega t_0$ ist, mit der Fourier-Transformierten der Sprungfunktion nach Korrespondenz (3.74) und transformiert man das Produkt in den Zeitbereich zurück, so erhält man die Sprungantwort $a(t)$, und insbesondere für $t = t_0$ ergibt sich

$$a(t_0) = A(0)/2\,.$$

Aus Symmetriegründen ist deshalb $a(\infty) = A(0)$, und die Anstiegszeit $t_a$ nach Bild 3.29 lautet

$$t_a = A(0)/h(t_0) = \frac{A(0)\,\pi}{\int_0^\infty A(\omega)\,\mathrm{d}\omega}\,.$$

Im Fall des idealen Tiefpasses geht dieser Wert in jenen nach Gl. (3.45) über, sofern man beachtet, daß das hierbei auftretende Integral gleich $A(0)\,\omega_g = A(0)\,2\pi f_g$ ist.

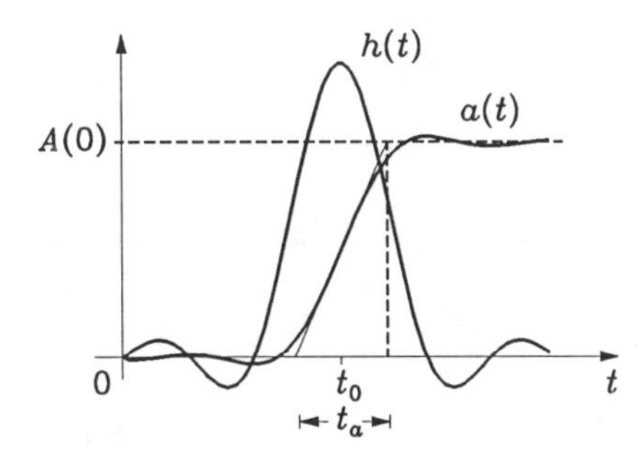


Bild 3.29: Sprung- und Impulsantwort eines Tiefpasses mit linearer Phase

Zur Untersuchung des Übertragungsverhaltens eines Tiefpasses mit linearer Phase $\Theta(\omega) = \omega t_0$ und der Eigenschaft nach Gl. (3.147) bieten sich zwei Möglichkeiten an. Man kann nämlich die Amplitudenfunktion $A(\omega)$ in $|\omega| < \omega_g$ entweder in eine Fourier-Reihe entwickeln oder durch ein Polynom approximieren und erhält dann einfache Zusammenhänge zwischen Eingangs- und Ausgangssignal.

Zunächst sei die Methode der Fourier-Reihenentwicklung betrachtet. Gemäß den Gln. (3.86b,c) läßt sich die Amplitudenfunktion durch

$$A(\omega) = \sum_{\mu=-\infty}^{\infty} A_\mu\,\mathrm{e}^{\mathrm{j}\mu\pi\omega/\omega_g} \qquad (|\omega| < \omega_g) \tag{3.149a}$$

mit

$$A_\mu = \frac{1}{2\omega_g} \int_{-\omega_g}^{\omega_g} A(\omega)\, \mathrm{e}^{-\mathrm{j}\mu\pi\omega/\omega_g}\, \mathrm{d}\omega$$

oder

$$A_\mu = \frac{1}{\omega_g} \int_{0}^{\omega_g} A(\omega) \cos(\mu\pi\omega/\omega_g)\, \mathrm{d}\omega \tag{3.149b}$$

ausdrücken. Führt man die Rechteckfunktion $p_{\omega_g}(\omega)$ nach Gl. (3.36) ein, dann läßt sich $A(\omega)$ für alle $\omega$-Werte geschlossen ausdrücken, und man erhält nach Einführung des Phasenfaktors $\mathrm{e}^{-\mathrm{j}\omega t_0}$ für die Übertragungsfunktion des betrachteten Tiefpasses

$$H(\mathrm{j}\omega) = \sum_{\mu=-\infty}^{\infty} A_\mu p_{\omega_g}(\omega)\, \mathrm{e}^{-\mathrm{j}\omega(t_0 - \mu\pi/\omega_g)} . \tag{3.150a}$$

Die $A_\mu$ sind nach Gl. (3.149b) reell, und es ist $A_{-\mu} = A_\mu$. Der allgemeine Summand in Gl. (3.150a) hat die Form der Übertragungsfunktion eines idealen Tiefpasses gemäß Gl. (3.47) mit der "Laufzeit" $t_0 - \mu\pi/\omega_g$. Man kann sich daher den Tiefpaß mit der Übertragungsfunktion nach Gl. (3.150a) als eine Parallelanordnung unendlich vieler idealer Tiefpässe mit derselben Grenzkreisfrequenz $\omega_g$ vorstellen, die sich nur im Amplitudenfaktor $A_\mu$ und in der Laufzeit $t_0 - \mu\pi/\omega_g$ unterscheiden. Bei praktischen Anwendungen genügt meist eine kleine Zahl von Tiefpässen, da die Amplitudenfaktoren $A_\mu$ bei überall $k$-mal differenzierbarem Verlauf von $A(\omega)$ für $\mu \to \infty$ mindestens wie $1/\mu^{k+2}$ gegen Null gehen und damit die Näherung $A_\mu = 0$ für $|\mu| > N$ verwendet werden kann (Bild 3.30). Da sich die einzelnen Tiefpässe in der Laufzeit nur um ganzzahlige Vielfache von $\pi/\omega_g$ und in der Größe ihrer Amplitudenfaktoren unterscheiden, läßt sich die Anordnung nach Bild 3.30 als Transversalfilter (Echoentzerrer) ausführen.

Nun soll mit $y_0(t)$ die Reaktion des idealen Tiefpasses mit der Übertragungsfunktion

$$H_0(\mathrm{j}\omega) = p_{\omega_g}(\omega)\, \mathrm{e}^{-\mathrm{j}\omega t_0} \tag{3.151}$$

auf das Eingangssignal $x(t)$ bezeichnet werden. Mit Hilfe von $H_0(\mathrm{j}\omega)$ darf

$$H(\mathrm{j}\omega) = \sum_{\mu=-\infty}^{\infty} A_\mu H_0(\mathrm{j}\omega)\, \mathrm{e}^{\mathrm{j}\mu\pi\omega/\omega_g} \tag{3.150b}$$

anstelle von Gl. (3.150a) geschrieben werden. Das Ausgangssignal $y_0(t)$ erhält man mit Hilfe von Gl. (3.43) für $A_0 = 1$. Als Antwort $y(t)$ des durch die Übertragungsfunktion $H(\mathrm{j}\omega)$ beschriebenen Tiefpasses auf die Erregung $x(t)$ ergibt sich nun unter Verwendung der Funktion $y_0(t)$ aufgrund von Gl. (3.150b) und bei Beachtung der Zeitverschiebungseigenschaft der Fourier-Transformation

$$y(t) = \sum_{\mu=-\infty}^{\infty} A_\mu y_0\left(t + \mu\frac{\pi}{\omega_g}\right). \tag{3.152}$$

Die Bedeutung des gewonnenen Ergebnisses nach Gl. (3.152) liegt darin, daß die Übertragungseigenschaften eines Tiefpasses mit linearer Phase im Rahmen der durchgeführten Näherung nach Gl. (3.147) allein bei Kenntnis der entsprechenden Eigenschaften des idealen Tiefpasses und der durch Gl. (3.149b) gegebenen Fourier-Koeffizienten der Amplitudenfunktion beurteilt werden können. Da in praktischen Fällen die Fourier-Koeffizienten $A_\mu$

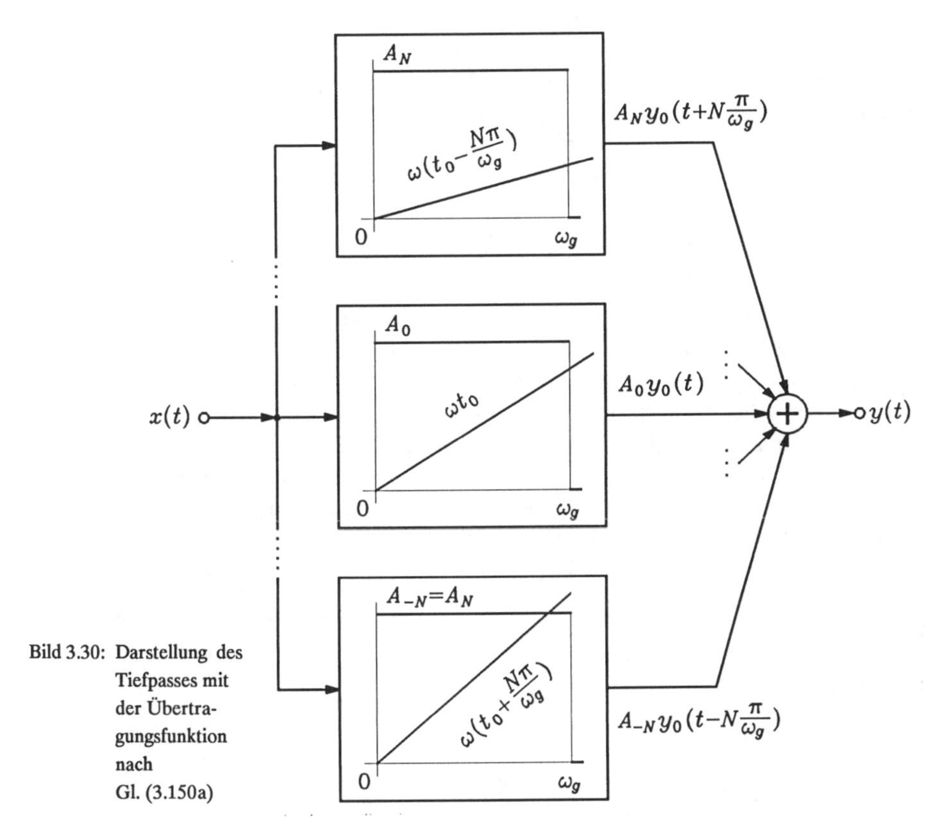


Bild 3.30: Darstellung des Tiefpasses mit der Übertragungsfunktion nach Gl. (3.150a)

dem Betrage nach mit zunehmendem $\mu$ rasch gegen Null streben, brauchen von der Reihe nach Gl. (3.152) gewöhnlich nur wenige Glieder ($\mu = 0, \pm 1, \pm 2, \ldots, \pm N; N$ klein) zur Bestimmung von $y(t)$ berücksichtigt zu werden.

Die zweite einfache Methode zur Beurteilung des Übertragungsverhaltens eines Tiefpasses mit linearer Phase und der Eigenschaft nach Gl. (3.147) beruht auf der Approximation der Amplitudenfunktion $A(\omega)$ durch ein Polynom. Ist $A(\omega)$ in $|\omega| \leqq \omega_g$ stetig, dann kann man bei hinreichend großem $N$ diese Funktion für $|\omega| \leqq \omega_g$ beliebig genau durch ein Polynom approximieren. Es darf daher

$$A(\omega) = \sum_{\mu=0}^{N} B_\mu \omega^{2\mu} \qquad (|\omega| \leqq \omega_g) \tag{3.153}$$

gesetzt werden. Hierbei wurde berücksichtigt, daß $A(\omega)$ eine gerade Funktion in $\omega$ ist. Falls sich $A(\omega)$ in $|\omega| \leqq \omega_g$ in eine Potenzreihe entwickeln läßt, besteht die Möglichkeit, das Polynom in Gl. (3.153) als Teilsumme dieser Potenzreihe zu erzeugen. Dann sind bekanntlich die $B_\mu$ im wesentlichen durch die Werte der geradzahligen Ableitungen der Funktion $A(\omega)$ 0-ter bis $2N$-ter Ordnung an der Stelle $\omega = 0$ bestimmt. Unter Verwendung der Übertragungsfunktion $H_0(j\omega)$ nach Gl. (3.151) des idealen Tiefpasses mit der Amplitude Eins im Durchlaßbereich erhält man nun aufgrund der Darstellung der Amplitude nach Gl. (3.153) die Übertragungsfunktion des Tiefpasses in der Form

$$H(\mathrm{j}\omega) = \sum_{\mu=0}^{N}(-1)^{\mu} B_{\mu}(\mathrm{j}\omega)^{2\mu} H_0(\mathrm{j}\omega). \tag{3.154}$$

Auch hier soll mit $y_0(t)$ die Reaktion des idealen Tiefpasses mit der Übertragungsfunktion $H_0(\mathrm{j}\omega)$ auf das Eingangssignal $x(t)$ verstanden werden. Dann läßt sich aufgrund von Gl. (3.154) und unter Beachtung der Differentiationseigenschaft der Fourier-Transformation die Antwort des betrachteten Tiefpasses auf das Eingangssignal $x(t)$ durch

$$y(t) = \sum_{\mu=0}^{N}(-1)^{\mu} B_{\mu} \frac{\mathrm{d}^{2\mu} y_0(t)}{\mathrm{d}t^{2\mu}} \tag{3.155}$$

ausdrücken. Hierbei ist allerdings die Existenz der Ableitungen von $y_0(t)$ und deren Spektren vorauszusetzen. Das Ergebnis der Gl. (3.155) hat ähnliche Bedeutung wie Gl. (3.152). Im Gegensatz zur Darstellung nach Gl. (3.152), in der das Signal $y_0(t)$ nur wiederholt verschoben zu werden braucht, muß $y_0(t)$ in Gl. (3.155) differenziert werden. – Wird ein niederfrequentes, schmalbandiges Signal, d. h. ein Signal, dessen Spektrum nur in der unmittelbaren Umgebung des Nullpunktes $\omega = 0$ von Null wesentlich verschiedene Werte hat, an den Eingang eines linearen, zeitinvarianten und stabilen Systems gegeben, dann läßt sich das Ausgangssignal näherungsweise aus Gl. (3.155) mit $N = 1$ bestimmen, wobei $y_0(t)$ approximativ mit $x(t - t_0)$ übereinstimmt. Der Leser möge sich dies im einzelnen überlegen.

Es sei noch erwähnt, daß Amplitudencharakteristiken von Tiefpaßsystemen gelegentlich auch durch Funktionen der Art

$$A(\omega) = A_0 \, \mathrm{e}^{-T^2\omega^2} \tag{3.156}$$

(Gaußsches Tiefpaßsystem) oder

$$A(\omega) = \frac{A_0}{\sqrt{1 + (\omega/\Omega)^{2N}}}$$

(Potenz-Tiefpaßsystem) beschrieben werden. Wählt man die Amplitude $A(\omega)$ nach Gl. (3.156) und die Phasenfunktion zu $\Theta(\omega) = \omega t_0$, dann erhält man durch Fourier-Rücktransformation als Impulsantwort

$$h(t) = \frac{A_0}{2\sqrt{\pi}\,T} \, \mathrm{e}^{-(t-t_0)^2/4T^2} . \tag{3.157}$$

Die Impulsantwort des Gaußschen Tiefpasses mit linearer Phase hat also dieselbe Form wie die Amplitude $A(\omega)$. Da $h(t)$ für negative $t$-Werte nicht verschwindet, stellt der Gaußsche Tiefpaß mit linearer Phase kein kausales System dar. Aus Gl. (1.44) erhält man mit Gl. (3.157) die Sprungantwort des Gaußschen Tiefpasses, die sich mit Hilfe des Fehlerintegrals [Ja2] geschlossen angeben läßt.

Die in den vorausgegangenen Untersuchungen betrachteten Tiefpaßsysteme sind durchweg nicht kausal, da die jeweilige Impulsantwort für $t < 0$ nicht beständig verschwindet. Falls die "Laufzeit" der Impulsantwort ($t_0$ bei $\Theta(\omega) = \omega t_0$) hinreichend groß ist, weicht $h(t)$ für $t < 0$ nur verhältnismäßig wenig von Null ab. In solchen Fällen läßt sich durch geringfügige Abänderung der Systemcharakteristiken erreichen, daß das System kausal wird. Die einfachste Art der Abänderung besteht darin, daß man $h(t)$ für $t < 0$ zu Null erklärt, während die Funktionswerte für $t > 0$ beibehalten werden. Bei Tiefpässen mit linearer Phase kann man folgenden Kunstgriff zur Erzielung der Kausalität anwenden. Die Impulsantwort $h(t)$ des nichtkausalen Tiefpasses mit linearer Phase ist, wie früher gezeigt wurde, bezüglich $t_0$ symmetrisch und wird daher mit einer bezüglich $t = t_0$ symmetrischen und für $t < 0$ verschwindenden nichtnegativen Fensterfunktion $b(t, t_0)$ mit der Eigenschaft $b(t_0, t_0) = 1$

beschnitten. Es wird also die kausale Impulsantwort

$$h_k(t) = h(t)\, b(t, t_0)$$

gebildet (Bild 3.31). Im Frequenzbereich bedeutet diese Beschneidung eine Faltung der Übertragungsfunktion $H(\mathrm{j}\omega) = A(\omega)\,\mathrm{e}^{-\mathrm{j}\omega t_0}$ des nichtkausalen Systems mit der Fourier-Transformierten $B(\mathrm{j}\omega)$ von $b(t, t_0)$, dividiert mit $2\pi$:

$$H_k(\mathrm{j}\omega) = \frac{1}{2\pi} \int\limits_{-\infty}^{\infty} H(\mathrm{j}y)\, B[\mathrm{j}(\omega - y)]\, \mathrm{d}y\,.$$

Führt man die aus $b(t, t_0)$ durch Linksverschiebung um $t_0$ entstehende Funktion $b_0(t, t_0) = b(t_0 + t, t_0)$ mit der Fourier-Transformierten $B_0(\mathrm{j}\omega) = B(\mathrm{j}\omega)\,\mathrm{e}^{\mathrm{j}\omega t_0}$ ein, so findet man nach kurzer Zwischenrechnung

$$H_k(\mathrm{j}\omega) = \frac{1}{2\pi}\, \mathrm{e}^{-\mathrm{j}\omega t_0} \left[A(\omega) * B_0(\mathrm{j}\omega)\right]. \tag{3.158}$$

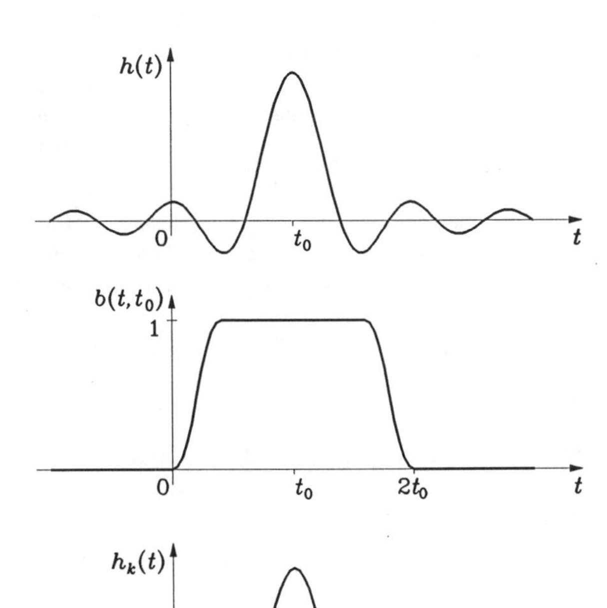


Bild 3.31: Beschneidung der nichtkausalen Impulsantwort $h(t)$ mit der Funktion $b(t, t_0)$

*Beispiele*: Als Funktion $b(t, t_0)$ verwendet man die Rechteckfunktion

$$b(t, t_0) = p_{t_0}(t - t_0) \circ\!\!-\!\!\bullet\; (2 \sin \omega t_0)\, \mathrm{e}^{-\mathrm{j}\omega t_0} / \omega \tag{3.159}$$

oder die Dreieckfunktion

$$b(t, t_0) = q_{t_0}(t - t_0) \circ\!\!-\!\!\bullet \left(4 \sin^2 \frac{\omega t_0}{2}\right) \mathrm{e}^{-\mathrm{j}\omega t_0} / (t_0\, \omega^2)\,. \tag{3.160}$$

Die Übertragungsfunktion $H_k(\mathrm{j}\omega)$ des kausalen Systems ergibt sich dann gemäß Gl. (3.158) als Faltung der Amplitudenfunktion $A(\omega)$ des nichtkausalen Systems mit dem vom Faktor $\mathrm{e}^{-\mathrm{j}\omega t_0}$ befreiten Spektrum der Korrespondenz (3.159) bzw. (3.160), multipliziert mit $\mathrm{e}^{-\mathrm{j}\omega t_0}/2\pi$.

## 5.2. AMPLITUDEN- UND PHASENVERZERRTE TIEFPASSYSTEME

Die im Abschnitt 5.1 durchgeführten Untersuchungen werden im folgenden insofern erweitert, als nunmehr Tiefpaßsysteme betrachtet werden, deren Amplitudenfunktion $A(\omega)$ zwar nach wie vor die Eigenschaft Gl. (3.147) aufweist, deren Phasenfunktion $\Theta(\omega)$ jedoch nicht mehr linear ist. Die Abweichung der Funktion $\Theta(\omega)$ von der Linearität soll aber gering sein, d. h. es soll $\Theta(\omega) = \omega t_0 + \Delta\Theta(\omega)$ mit $|\Delta\Theta(\omega)| \ll 1$ gelten. Die Übertragungsfunktion des zu untersuchenden Tiefpaßsystems läßt sich deshalb in der Form

$$H(\mathrm{j}\omega) = A(\omega)\,\mathrm{e}^{-\mathrm{j}\omega t_0}\,\mathrm{e}^{-\mathrm{j}\Delta\Theta(\omega)} \tag{3.161}$$

ausdrücken. Faßt man die Amplitudenfunktion $A(\omega)$ und den Phasenfaktor $\mathrm{e}^{-\mathrm{j}\omega t_0}$ zur Übertragungsfunktion $H_0(\mathrm{j}\omega)$ eines Tiefpaßsystems mit linearer Phase zusammen, dessen Übertragungsverhalten nach Abschnitt 5.1 bestimmt werden kann, dann erhält man bei Approximation des zur kleinen Phasenabweichung $\Delta\Theta(\omega)$ gehörenden Phasenfaktors $\mathrm{e}^{-\mathrm{j}\Delta\Theta(\omega)}$ durch die ersten zwei Glieder der Potenzreihenentwicklung nach $\Delta\Theta(\omega)$ statt Gl. (3.161)

$$H(\mathrm{j}\omega) = H_0(\mathrm{j}\omega)\,[1 - \mathrm{j}\,\Delta\Theta(\omega)]\,. \tag{3.162}$$

Nun pflegt man entweder die Phasenabweichung $\Delta\Theta(\omega)$ oder die auf $\omega$ bezogene Phasenabweichung $\Delta\Theta(\omega)/\omega$ (Abweichung der Phasenlaufzeit) gemäß den Gln. (3.86b,c) in eine Fourier-Reihe im Intervall $[-\omega_g, \omega_g]$ zu entwickeln. Auf diese Weise gewinnt man

$$\Delta\Theta(\omega) = \sum_{\mu=-\infty}^{\infty} B_\mu\,\mathrm{e}^{\mathrm{j}\mu\pi\omega/\omega_g} \qquad (|\omega| < \omega_g) \tag{3.163a}$$

mit

$$B_\mu = \frac{1}{2\omega_g}\int_{-\omega_g}^{\omega_g} \Delta\Theta(\omega)\,\mathrm{e}^{-\mathrm{j}\mu\pi\omega/\omega_g}\,\mathrm{d}\omega \tag{3.163b}$$

oder

$$\Delta\Theta(\omega) = \omega\sum_{\mu=-\infty}^{\infty} C_\mu\,\mathrm{e}^{\mathrm{j}\mu\pi\omega/\omega_g} \qquad (|\omega| < \omega_g) \tag{3.164a}$$

mit

$$C_\mu = \frac{1}{2\omega_g}\int_{-\omega_g}^{\omega_g} \frac{\Delta\Theta(\omega)}{\omega}\,\mathrm{e}^{-\mathrm{j}\mu\pi\omega/\omega_g}\,\mathrm{d}\omega\,. \tag{3.164b}$$

Da $\Delta\Theta(\omega)$ eine ungerade Funktion in $\omega$ ist, verschwindet der Fourier-Koeffizient $B_0$, und die übrigen $B_\mu$ sind rein imaginär, während die $C_\mu$ durchweg reell ausfallen. Mit $y_0(t)$ soll die (im Abschnitt 5.1 eingeführte) Reaktion des durch die Übertragungsfunktion $H_0(\mathrm{j}\omega)$ gegebenen Tiefpaßsystems auf die Erregung $x(t)$ bezeichnet werden. Dann erhält man für das Ausgangssignal $y(t)$ des zu untersuchenden Tiefpasses als Wirkung auf das Eingangssignal $x(t)$ gemäß Gl. (3.162) mit Gl. (3.163a)

$$y(t) = y_0(t) - \sum_{\mu=-\infty}^{\infty} \mathrm{j} B_\mu y_0\left(t + \mu\frac{\pi}{\omega_g}\right) \tag{3.165}$$

oder gemäß Gl. (3.162) mit Gl. (3.164a)

$$y(t) = y_0(t) - \sum_{\mu=-\infty}^{\infty} C_\mu \frac{\mathrm{d}y_0\left[t + \mu\frac{\pi}{\omega_g}\right]}{\mathrm{d}t} . \tag{3.166}$$

Der in Gl. (3.165) auftretende Koeffizient $\mathrm{j}B_\mu$ ist reell. Die Anwendung von Gl. (3.166) hat gegenüber jener von Gl. (3.165) den Vorteil, daß gewöhnlich die $C_\mu$ mit wachsendem $\mu$ schneller gegen Null streben als die $B_\mu$. Angesichts der Approximation, die aufgrund der getroffenen Voraussetzung $|\Delta\Theta(\omega)| \ll 1$ möglich war, haben die Gln. (3.165) und (3.166) nur Näherungscharakter. – Bei starker Phasenverzerrung ($|\Delta\Theta(\omega)| \not\ll 1$) empfiehlt es sich, eine der in früheren Abschnitten diskutierten Methoden zur approximativen Durchführung der Transformationen zwischen Zeit- und Frequenzbereich anzuwenden.

## 5.3. BANDPASSYSTEME

**(a) Impulsantwort**

Ein lineares, zeitinvariantes und stabiles kontinuierliches System, dessen Amplitudenfunktion $A(\omega)$ für $\omega \geqq 0$ von Null wesentlich verschiedene Werte nur in einem endlichen Intervall besitzt, das den Punkt Null nicht enthält, heißt *Bandpaßsystem*. Es sollen nun derartige Systeme untersucht werden, wobei die Idealisierung getroffen wird, daß außerhalb des genannten Intervalls, des sogenannten *Durchlaßbereichs*, und außerhalb des bezüglich des Nullpunktes $\omega = 0$ symmetrischen Intervalls in $\omega < 0$ die Amplitudenfunktion $A(\omega)$ gleich Null gesetzt wird (Bild 3.32). Die Übertragungsfunktion

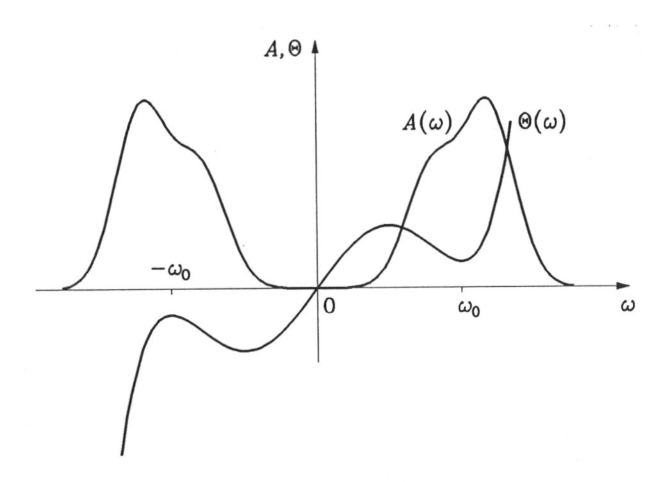


Bild 3.32: Amplituden- und Phasencharakteristik eines Bandpasses

$$H(\mathrm{j}\omega) = A(\omega)\,\mathrm{e}^{-\mathrm{j}\Theta(\omega)} \tag{3.167}$$

des Bandpaßsystems wird mit Hilfe der Sprungfunktion $s(\omega)$ additiv in zwei Teile zerlegt:

$$F_1(\mathrm{j}\omega) = s(\omega)A(\omega)\,\mathrm{e}^{-\mathrm{j}\Theta(\omega)}\,, \quad F_2(\mathrm{j}\omega) = s(-\omega)A(\omega)\,\mathrm{e}^{-\mathrm{j}\Theta(\omega)}\,. \qquad (3.168\mathrm{a,b})$$

Die Funktion $F_1(\mathrm{j}\omega)$ ist für $\omega < 0$ identisch Null und für $\omega > 0$ mit $H(\mathrm{j}\omega)$ identisch, während $F_2(\mathrm{j}\omega)$ für $\omega > 0$ beständig verschwindet und für $\omega < 0$ mit $H(\mathrm{j}\omega)$ übereinstimmt. Nach Wahl eines Kreisfrequenzwertes $\omega_0$ innerhalb des Durchlaßbereichs des Bandpasses werden zwei weitere Funktionen durch Frequenz-Verschiebung der Funktionen $F_1(\mathrm{j}\omega)$ und $F_2(\mathrm{j}\omega)$ folgendermaßen gebildet:

$$F_{t1}(\mathrm{j}\omega) = F_1[\mathrm{j}(\omega_0 + \omega)]\,, \quad F_{t2}(\mathrm{j}\omega) = F_2[\mathrm{j}(-\omega_0 + \omega)]\,. \qquad (3.169\mathrm{a,b})$$

Bild 3.33 zeigt Skizzen der Funktionen $F_{t1}(\mathrm{j}\omega)$ und $F_{t2}(\mathrm{j}\omega)$ für ein Beispiel. Wie man sieht, gilt

$$F_{t2}^*(\mathrm{j}\omega) = F_{t1}(-\mathrm{j}\omega) \quad \text{oder} \quad F_{t1}^*(\mathrm{j}\omega) = F_{t2}(-\mathrm{j}\omega)\,. \qquad (3.170\mathrm{a,b})$$

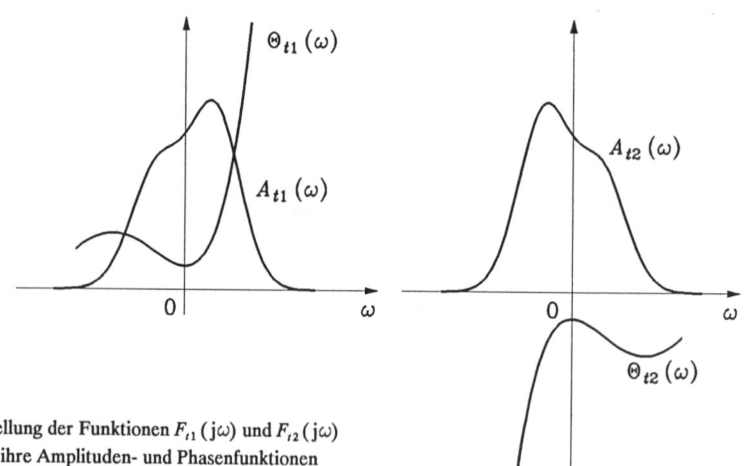


Bild 3.33: Darstellung der Funktionen $F_{t1}(\mathrm{j}\omega)$ und $F_{t2}(\mathrm{j}\omega)$ durch ihre Amplituden- und Phasenfunktionen

Angesichts der Gln. (3.170a,b) pflegt man zwei Funktionen einzuführen, welche die Eigenschaften von Übertragungsfunktionen linearer und zeitinvarianter reeller Systeme aufweisen:

$$H_1(\mathrm{j}\omega) = F_{t1}(\mathrm{j}\omega) + F_{t2}(\mathrm{j}\omega)\,, \quad H_2(\mathrm{j}\omega) = \frac{1}{\mathrm{j}}\,[F_{t1}(\mathrm{j}\omega) - F_{t2}(\mathrm{j}\omega)]\,. \qquad (3.171\mathrm{a,b})$$

Wie man aus den Gln. (3.171a,b) mit den Gln. (3.170a,b) ersieht, gilt

$$H_\mu(-\mathrm{j}\omega) = H_\mu^*(\mathrm{j}\omega) \quad (\mu = 1,2)\,.$$

Die Übertragungsfunktion $H(\mathrm{j}\omega)$ nach Gl. (3.167) des Bandpaßsystems läßt sich aufgrund der Gln. (3.168a,b) als

$$H(\mathrm{j}\omega) = F_1(\mathrm{j}\omega) + F_2(\mathrm{j}\omega) \qquad (3.172)$$

oder bei Berücksichtigung der Gln. (3.169a,b) in der Form

$$H(\mathrm{j}\omega) = F_{t1}[\mathrm{j}(\omega - \omega_0)] + F_{t2}[\mathrm{j}(\omega + \omega_0)]$$

schreiben. Mit Hilfe der Gln. (3.171a,b) erhält man weiterhin

$$H(\mathrm{j}\omega) = \frac{1}{2}\{H_1[\mathrm{j}(\omega - \omega_0)] + \mathrm{j}H_2[\mathrm{j}(\omega - \omega_0)]\}$$

$$+ \frac{1}{2}\{H_1[\mathrm{j}(\omega + \omega_0)] - \mathrm{j}H_2[\mathrm{j}(\omega + \omega_0)]\}. \qquad (3.173)$$

Man ordnet nun mit Hilfe der Fourier-Umkehrtransformation den Übertragungsfunktionen $H_\mu(\mathrm{j}\omega)$ die Impulsantworten $h_\mu(t)$ ($\mu = 1,2$) zu. Damit folgt aus der Darstellung von $H(\mathrm{j}\omega)$ nach Gl. (3.173) bei Beachtung der Frequenzverschiebungseigenschaft der Fourier-Transformation für die der Übertragungsfunktion $H(\mathrm{j}\omega)$ entsprechende Zeitfunktion, d. h. für die Impulsantwort des Bandpaßsystems die wichtige Darstellung

$$h(t) = h_1(t)\cos\omega_0 t - h_2(t)\sin\omega_0 t. \qquad (3.174)$$

Von einem *symmetrischen* Bandpaßsystem spricht man, wenn der rechte Ast ($\omega \geqq 0$) der Amplitudenfunktion $A(\omega)$ (Bild 3.32) im Durchlaßbereich bezüglich einer Geraden $\omega = \omega_M$ symmetrisch ist und wenn außerdem die Phasenfunktion $\Theta(\omega)$ im Durchlaßbereich bezüglich des Punktes $[\omega_M, \Theta(\omega_M)]$ symmetrisch ist. Die Kreisfrequenz $\omega_M$ heißt (Band-)Mittenkreisfrequenz. Bildet man mit $\omega_0 = \omega_M$ nach den Gln. (3.169a,b) die Spektren $F_{t1}(\mathrm{j}\omega)$ und $F_{t2}(\mathrm{j}\omega)$, dann kann man eine Tiefpaßübertragungsfunktion $H_t(\mathrm{j}\omega)$ einführen, so daß

$$F_{t1}(\mathrm{j}\omega) = \frac{1}{2}H_t(\mathrm{j}\omega)\,\mathrm{e}^{-\mathrm{j}\Theta(\omega_0)} \quad \text{und} \quad F_{t2}(\mathrm{j}\omega) = \frac{1}{2}H_t(\mathrm{j}\omega)\,\mathrm{e}^{\mathrm{j}\Theta(\omega_0)} \qquad (3.175\text{a,b})$$

gilt (Bild 3.34). Dann erhält man nach den Gln. (3.171a,b)

$$H_1(\mathrm{j}\omega) = H_t(\mathrm{j}\omega)\cos\Theta(\omega_0) \quad \text{und} \quad H_2(\mathrm{j}\omega) = -H_t(\mathrm{j}\omega)\sin\Theta(\omega_0). \qquad (3.176\text{a,b})$$

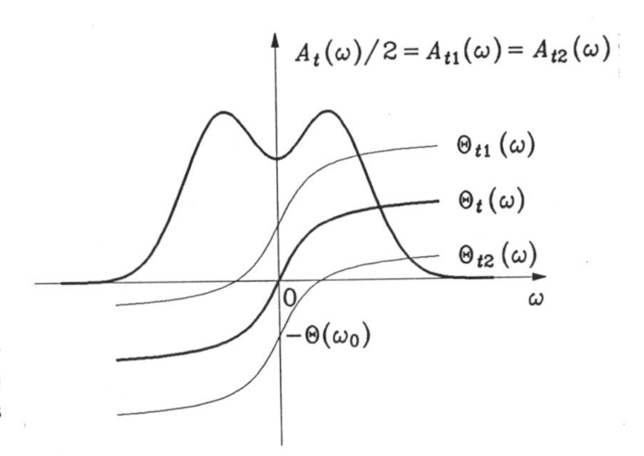


Bild 3.34: Amplituden- und Phasenfunktionen von $F_{t1}(\mathrm{j}\omega)$, $F_{t2}(\mathrm{j}\omega)$ und $H_t(\mathrm{j}\omega)$ im Fall eines symmetrischen Bandpasses

Bezeichnet man mit $h_t(t)$ die Impulsantwort des durch die Übertragungsfunktion $H_t(\mathrm{j}\omega)$ gegebenen Tiefpaßsystems, dann ergeben sich nach den Gln. (3.176a,b) die Impulsantworten $h_1(t)$ und $h_2(t)$, woraus mit Gl. (3.174)

$$h(t) = h_t(t)\,[\cos\Theta(\omega_0)\cos\omega_0 t + \sin\Theta(\omega_0)\sin\omega_0 t]$$

oder

$$h(t) = h_t(t)\cos[\omega_0 t - \Theta(\omega_0)] \qquad (3.177)$$

als Impulsantwort des symmetrischen Bandpaßsystems folgt. Die Impulsantwort $h(t)$ eines symmetrischen Bandpasses ist also nach Gl. (3.177) identisch mit der durch die Impulsantwort $h_t(t)$ amplitudenmodulierten Schwingung $\cos[\omega_0 t - \Theta(\omega_0)]$. Man vergleiche hierzu Bild 3.35.

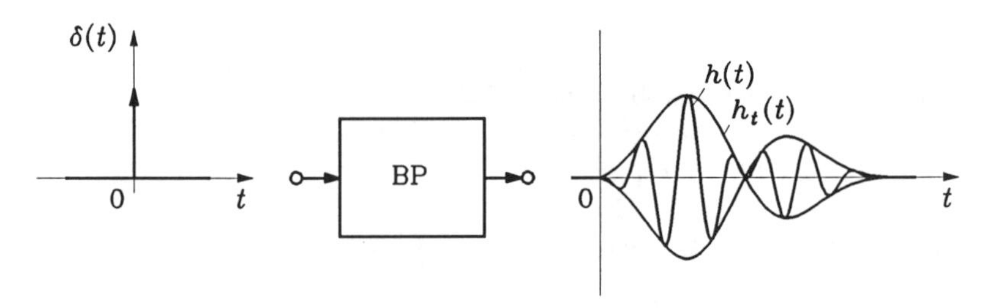


Bild 3.35: Impulsantwort eines symmetrischen Bandpasses

Von einem idealen Bandpaßsystem wird dann gesprochen, wenn der betreffende Bandpaß symmetrisch ist und wenn das im vorstehenden eingeführte Tiefpaßsystem mit der Übertragungsfunktion $H_t(\mathrm{j}\omega)$ ein idealer Tiefpaß nach Abschnitt 2.3 ist. In diesem Fall kann die Impulsantwort des Bandpaßsystems nach Gl. (3.177) direkt angegeben werden, wobei $h_t(t)$ aus Gl. (3.44a) mit $A_0 = 2A(\omega_0)$ folgt.

**(b) Zeitverhalten bei amplitudenmodulierten Eingangssignalen**

Im folgenden soll die Reaktion $y(t)$ eines Bandpaßsystems auf ein Trägersignal $\cos \Omega t$ untersucht werden, das mit einem niederfrequenten Signal $x_N(t)$ amplitudenmoduliert wird und dessen Kreisfrequenz $\Omega$ im Durchlaßbereich liegt. Das Eingangssignal lautet also

$$x(t) = x_N(t) \cos \Omega t . \tag{3.178}$$

Das zu $x(t)$ gehörende Spektrum ist nach Abschnitt 3.1 (Eigenschaft c)

$$X(\mathrm{j}\omega) = \frac{1}{2} X_N[\mathrm{j}(\omega - \Omega)] + \frac{1}{2} X_N[\mathrm{j}(\omega + \Omega)] . \tag{3.179}$$

Hierbei ist $X_N(\mathrm{j}\omega)$ das Spektrum der niederfrequenten Einhüllenden $x_N(t)$. Das Spektrum $Y(\mathrm{j}\omega)$ des Ausgangssignals $y(t)$ wird durch Multiplikation des Spektrums $X(\mathrm{j}\omega)$ nach Gl. (3.179) mit der Übertragungsfunktion $H(\mathrm{j}\omega)$ bestimmt, wobei $H(\mathrm{j}\omega)$ in der Darstellung nach Gl. (3.173) verwendet wird. Es empfiehlt sich, $\omega_0 = \Omega$ zu wählen. Dann wird

$$\begin{aligned} Y(\mathrm{j}\omega) = H(\mathrm{j}\omega) X(\mathrm{j}\omega) = \frac{1}{4} \{ & H_1[\mathrm{j}(\omega - \omega_0)] X_N[\mathrm{j}(\omega - \omega_0)] \\ & + \mathrm{j} H_2[\mathrm{j}(\omega - \omega_0)] X_N[\mathrm{j}(\omega - \omega_0)] + H_1[\mathrm{j}(\omega + \omega_0)] X_N[\mathrm{j}(\omega + \omega_0)] \\ & - \mathrm{j} H_2[\mathrm{j}(\omega + \omega_0)] X_N[\mathrm{j}(\omega + \omega_0)] \} + K(\mathrm{j}\omega) \end{aligned} \tag{3.180a}$$

mit

$$\begin{aligned} K(\mathrm{j}\omega) = \frac{1}{4} \{ & H_1[\mathrm{j}(\omega - \omega_0)] X_N[\mathrm{j}(\omega + \omega_0)] + \mathrm{j} H_2[\mathrm{j}(\omega - \omega_0)] X_N[\mathrm{j}(\omega + \omega_0)] \\ & + H_1[\mathrm{j}(\omega + \omega_0)] X_N[\mathrm{j}(\omega - \omega_0)] - \mathrm{j} H_2[\mathrm{j}(\omega + \omega_0)] X_N[\mathrm{j}(\omega - \omega_0)] \} . \end{aligned} \tag{3.180b}$$

Die Funktion $K(\mathrm{j}\omega)$ nach Gl. (3.180b) läßt sich mit Hilfe der Gln. (3.171a,b) und der Gln. (3.169a,b) als

$$K(\mathrm{j}\omega) = \frac{1}{2}\,\{F_1(\mathrm{j}\omega)X_N[\mathrm{j}(\omega+\omega_0)] + F_2(\mathrm{j}\omega)X_N[\mathrm{j}(\omega-\omega_0)]\} \tag{3.181}$$

darstellen. Die Amplitudenfunktionen der auf der rechten Seite von Gl. (3.181) auftretenden Spektren sind im Bild 3.36 für ein Beispiel veranschaulicht. Nun soll der Durchlaßbereich des Bandpasses nach Bild 3.36 mit geeignetem $\omega_g$ durch das Frequenzintervall

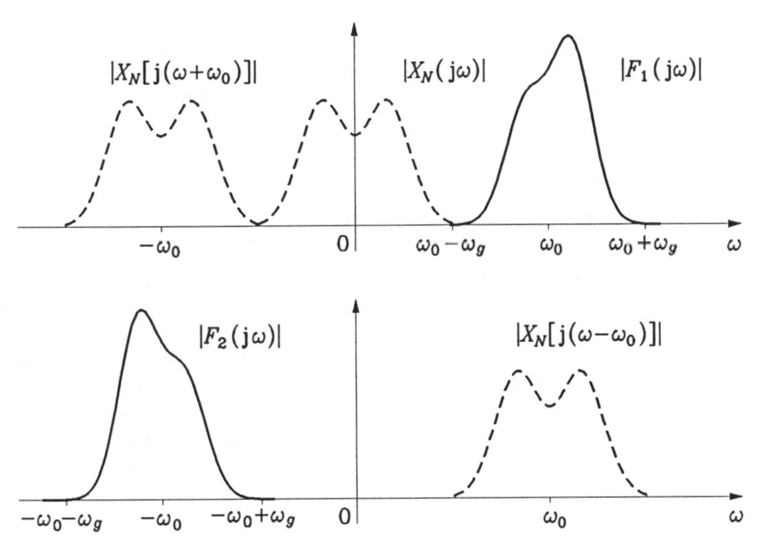


Bild 3.36: Zum Verhalten eines Bandpasses bei amplitudenmodulierten Eingangssignalen

$$\omega_0 - \omega_g \leqq \omega \leqq \omega_0 + \omega_g \tag{3.182}$$

der Breite $2\,\omega_g$ beschrieben werden. Ist die Amplitudenfunktion $|X_N[\mathrm{j}(\omega+\omega_0)]|$ mit ausreichender Genauigkeit im Durchlaßbereich (3.182) gleich Null, d. h. ist näherungsweise

$$X_N(\mathrm{j}\omega) \equiv 0 \quad \text{für} \quad \omega > 2\,\omega_0 - \omega_g\,, \tag{3.183}$$

dann sind (Bild 3.36) die auf der rechten Seite von Gl. (3.181) auftretenden Summanden Null, und damit verschwindet $K(\mathrm{j}\omega)$ für alle $\omega$-Werte. Die Reaktion der durch die Übertragungsfunktionen $H_1(\mathrm{j}\omega)$ und $H_2(\mathrm{j}\omega)$ gemäß den Gln. (3.171a,b) gegebenen Systeme auf die Einhüllende $x_N(t)$ als Eingangsgröße sollen mit $y_{1N}(t)$ bzw. $y_{2N}(t)$ bezeichnet werden. Unter der Voraussetzung der Gültigkeit von Gl. (3.183), d. h. im Fall $K(\mathrm{j}\omega) \equiv 0$, erhält man jetzt aus Gl. (3.180a) für das Ausgangssignal $y(t)$ des Bandpasses als Antwort auf das Eingangssignal $x(t)$ nach Gl. (3.178) die folgende Funktion, wobei wieder einmal die Frequenzverschiebungseigenschaft der Fourier-Transformation zu berücksichtigen ist:

$$y(t) = \frac{1}{4}\,\{y_{1N}(t)\,\mathrm{e}^{\mathrm{j}\omega_0 t} + \mathrm{j}y_{2N}(t)\,\mathrm{e}^{\mathrm{j}\omega_0 t} + y_{1N}(t)\,\mathrm{e}^{-\mathrm{j}\omega_0 t} - \mathrm{j}y_{2N}(t)\,\mathrm{e}^{-\mathrm{j}\omega_0 t}\}\,.$$

Die Beziehung läßt sich sofort vereinfachen:

$$y(t) = \frac{1}{2} y_{1N}(t) \cos \omega_0 t - \frac{1}{2} y_{2N}(t) \sin \omega_0 t . \tag{3.184}$$

Ist das Bandpaßsystem symmetrisch und stimmt die Trägerkreisfrequenz $\omega_0$ mit der Bandmittenkreisfrequenz überein, dann kann man mit Hilfe der Reaktion $y_{tN}(t)$ des durch die Übertragungsfunktion $H_t(\mathrm{j}\omega)$ gemäß den Gln. (3.175a,b) bestimmten Tiefpaßsystems auf die Eingangsfunktion $x_N(t)$ die in Gl. (3.184) auftretenden Signale $y_{1N}(t)$ und $y_{2N}(t)$ nach den Gln. (3.176a,b) als

$$y_{1N}(t) = y_{tN}(t) \cos \Theta(\omega_0) \quad \text{und} \quad y_{2N}(t) = -y_{tN}(t) \sin \Theta(\omega_0) \tag{3.185a,b}$$

schreiben. Führt man die Gln. (3.185a,b) in die Gl. (3.184) ein, so ergibt sich

$$y(t) = \frac{1}{2} y_{tN}(t) \cos[\omega_0 t - \Theta(\omega_0)] . \tag{3.186}$$

Ist die bisherige Annahme nicht gegeben, daß die Trägerkreisfrequenz $\omega_0$ mit der Bandmittenkreisfrequenz des symmetrischen Bandpasses übereinstimmt, dann muß das zunächst besprochene Verfahren für unsymmetrische Bandpässe verwendet werden. Besteht die Voraussetzung nach Gl. (3.183) über das Spektrum der Einhüllenden $x_N(t)$ nicht, dann verschwindet $K(\mathrm{j}\omega)$ nicht identisch, und man hat die Darstellung nach Gl. (3.184) für den Fall des unsymmetrischen Bandpasses bzw. Gl. (3.186) für den Fall des symmetrischen Bandpasses durch die Zeitfunktion $k(t)$ additiv zu korrigieren, die dem Spektrum $K(\mathrm{j}\omega)$ zugeordnet ist. In gewissen Fällen läßt sich für die Korrekturfunktion $k(t)$ eine einfache Näherung angeben. Ist der Durchlaßbereich (3.182) so klein oder $x_N(t)$ derart beschaffen, daß innerhalb dieses Intervalls das Spektrum $X_N[\mathrm{j}(\omega+\omega_0)]$ näherungsweise konstant ist, so dürfen in Gl. (3.181) die Funktionen $X_N[\mathrm{j}(\omega+\omega_0)]$ und $X_N[\mathrm{j}(\omega-\omega_0)]$ durch die Konstanten $X_N(2\mathrm{j}\omega_0)$ bzw. $X_N(-2\mathrm{j}\omega_0) = X_N^*(2\mathrm{j}\omega_0)$ ersetzt werden. Dann erhält man aus Gl. (3.181) unter Beachtung der Gln. (3.169a,b) sowie der Gln. (3.171a,b) und mit $X_N(2\mathrm{j}\omega_0) = a\,\mathrm{e}^{\mathrm{j}\varphi}$ $(a \geqq 0)$ für die Zeitfunktion von $K(\mathrm{j}\omega)$

$$k(t) = \frac{1}{2}\{a\,\mathrm{e}^{\mathrm{j}\varphi}\,\mathrm{e}^{\mathrm{j}\omega_0 t}\cdot\frac{1}{2}[h_1(t)+\mathrm{j}h_2(t)] + a\,\mathrm{e}^{-\mathrm{j}\varphi}\,\mathrm{e}^{-\mathrm{j}\omega_0 t}\cdot\frac{1}{2}[h_1(t)-\mathrm{j}h_2(t)]\}$$

oder

$$k(t) = \frac{a}{2}[h_1(t)\cos(\omega_0 t+\varphi) - h_2(t)\sin(\omega_0 t+\varphi)] \tag{3.187a}$$

mit

$$X_N(2\mathrm{j}\omega_0) = a\,\mathrm{e}^{\mathrm{j}\varphi} . \tag{3.187b}$$

Im Fall des symmetrischen Bandpasses lassen sich gemäß den Gln. (3.176a,b) die Impulsantworten $h_1(t)$ und $h_2(t)$ durch die Impulsantwort $h_t(t)$ des Tiefpasses ausdrücken. Dann vereinfacht sich die Gl. (3.187a) zu

$$k(t) = \frac{a}{2} h_t(t)\cos[\omega_0 t + \varphi - \Theta(\omega_0)] .$$

**Anmerkung:** Ein Bandpaß wird gewöhnlich *Schmalbandpaßsystem* genannt, wenn der Durchlaßbereich (3.182) derart klein ist, daß innerhalb dieses Intervalls und dann auch innerhalb des zum Nullpunkt symmetrischen Intervalls die Spektren $X(\mathrm{j}\omega)$ der am Systemeingang wirkenden Signale als konstant betrachtet werden dürfen. Dann läßt sich unter Verwendung der Zerlegung der Übertragungsfunktion nach Gl. (3.172) und bei Berücksichtigung der Eigenschaften der Funktionen $F_1(\mathrm{j}\omega)$ und $F_2(\mathrm{j}\omega)$ das Spektrum des Ausgangssignals als

$$Y(\mathrm{j}\omega) = F_1(\mathrm{j}\omega)X(\mathrm{j}\omega_0) + F_2(\mathrm{j}\omega)X(-\mathrm{j}\omega_0)$$

darstellen. Aufgrund dieser Darstellung kann das Ausgangssignal $y(t)$ in einfacher Weise ausgedrückt werden. Dies sei dem Leser als Übung empfohlen.

Abschließend sei noch darauf hingewiesen, daß in entsprechender Weise auch Hochpaßsysteme behandelt werden können, also Systeme, bei denen die Amplitudenfunktion für $\omega \geqq 0$ von Null wesentlich verschiedene Werte nur oberhalb einer bestimmten Grenzkreisfrequenz aufweist.

**(c) Bandpaß-Signale, Abtastung**

Eine Zeitfunktion $f(t)$, deren Spektrum $F(\mathrm{j}\omega)$ den Verlauf der Übertragungsfunktion eines Bandpaßsystems besitzt (Bild 3.32), heißt Bandpaß-Signal. Die Funktion $F(\mathrm{j}\omega)$ verschwindet also identisch mit Ausnahme von $0 < \omega_1 < |\omega| < \omega_2 < \infty$. Mit der Mittenkreisfrequenz $\omega_0 = (\omega_1 + \omega_2)/2$ läßt sich $f(t)$ gemäß Gl. (3.174) in der Form

$$f(t) = f_1(t)\cos\omega_0 t - f_2(t)\sin\omega_0 t \tag{3.188a}$$

ausdrücken. Dabei sind $f_1(t)$ und $f_2(t)$ bandbegrenzte (Tiefpaß-) Signale, deren Spektren $F_1(\mathrm{j}\omega)$ bzw. $F_2(\mathrm{j}\omega)$ für $|\omega| > \omega_g = (\omega_2 - \omega_1)/2$ identisch Null sind. Diese Signale lassen sich aufgrund des Abtasttheorems gemäß Gl. (3.103) darstellen. Führt man diese Darstellungen in die Gl. (3.188a) ein, so erhält man

$$f(t) = \sum_{\nu=-\infty}^{\infty}\left[f_1\left(\nu\frac{\pi}{\omega_g}\right)\cos\omega_0 t - f_2\left(\nu\frac{\pi}{\omega_g}\right)\sin\omega_0 t\right]\frac{\sin(\omega_g t - \nu\pi)}{\omega_g t - \nu\pi}. \tag{3.188b}$$

Das Signal $f(t)$ kann also vollständig aus den diskreten Funktionswerten von $f_1(t)$ und $f_2(t)$ an den Stellen $t = \nu\pi/\omega_g$ wiedergewonnen werden. Da das Bandpaß-Signal $f(t)$ bezüglich der oberen Grenzkreisfrequenz $\omega_2$ bandbegrenzt ist, kann $f(t)$ vollständig auch durch die Abtastwerte $f(\nu\pi/\omega_2)$ beschrieben werden. Hierbei ist jedoch die erforderliche Abtastperiode $\pi/\omega_2$ (gewöhnlich wesentlich) kleiner als bei der Abtastung von $f_1(t)$ und $f_2(t)$ im Abstand $\pi/\omega_g$.

Die beiden in den Gln. (3.188a,b) auftretenden Funktionen $f_1(t)$ und $f_2(t)$, die sogenannte Inphase- bzw. Quadratur-Komponente von $f(t)$, lassen sich aufgrund folgender aus der Gl. (3.188a) ersichtlichen Beziehungen erzeugen:

$$2f(t)\cos\omega_0 t = f_1(t) + f_1(t)\cos 2\omega_0 t - f_2(t)\sin 2\omega_0 t\,,$$

$$-2f(t)\sin\omega_0 t = f_2(t) - f_2(t)\cos 2\omega_0 t - f_1(t)\sin 2\omega_0 t\,.$$

Die Spektren der vier auf den rechten Seiten dieser Gleichungen auftretenden Signale $f_\mu(t) \cdot \cos 2\omega_0 t$ und $f_\mu(t)\sin 2\omega_0 t$ $(\mu = 1,2)$ verschwinden für alle $\omega$-Werte mit Ausnahme von $2\omega_0 - \omega_g < |\omega| < 2\omega_0 + \omega_g$, d. h. $(3/2)\omega_1 + (1/2)\omega_2 < |\omega| < (1/2)\omega_1 + (3/2)\omega_2$, und überlappen sich nicht mit den Spektren $F_1(\mathrm{j}\omega)$, $F_2(\mathrm{j}\omega)$ der übrigen auftretenden Signale $f_1(t)$ und $f_2(t)$, die für alle $\omega$-Werte mit $|\omega| > \omega_g = (1/2)\omega_2 - (1/2)\omega_1$ Null sind. Angesichts dieser Tatsachen lassen sich die Komponenten $f_1(t)$ und $f_2(t)$ mit Hilfe des Systems nach Bild 3.37 erzeugen, wobei die Teilsysteme mit der Übertragungsfunktion $H_0(\mathrm{j}\omega)$ ideale Tiefpässe mit dem Amplitudenfaktor $A_0 = 1$, der Laufzeit $t_0$ und der Grenzkreisfrequenz $\omega_g = (\omega_2 - \omega_1)/2$ bedeuten.

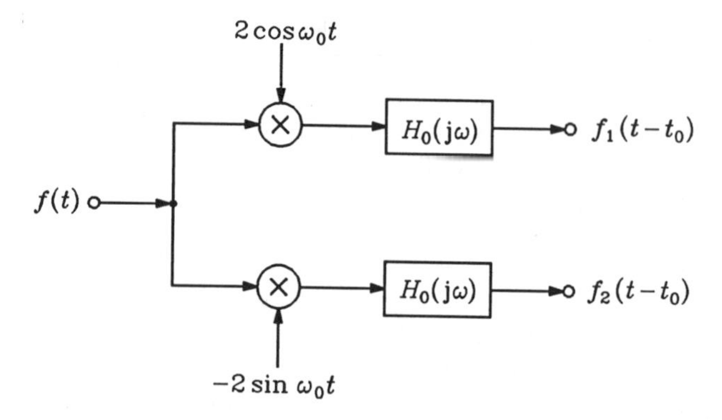


**Bild 3.37:** Erzeugung der Inphase-Komponente $f_1(t)$ und der Quadratur-Komponente $f_2(t)$ des Bandpaß-Signals $f(t)$

**(d) Das Konzept der analytischen Erweiterung eines reellen Signals**

Es sei $f(t)$ ein reelles Signal mit der Fourier-Transformierten $F(\mathrm{j}\omega) = R(\omega) + \mathrm{j}X(\omega)$, aus der das Spektrum

$$F_a(\mathrm{j}\omega) = 2s(\omega)F(\mathrm{j}\omega) \tag{3.189}$$

gebildet wird. Aufgrund von Gl. (3.19) gehört zu diesem Spektrum das Signal

$$f_a(t) = \frac{1}{\pi}\int_0^\infty F(\mathrm{j}\omega)\,\mathrm{e}^{\mathrm{j}\omega t}\,\mathrm{d}\omega = \frac{1}{\pi}\int_0^\infty [R(\omega)\cos\omega t - X(\omega)\sin\omega t]\,\mathrm{d}\omega$$

$$+\frac{\mathrm{j}}{\pi}\int_0^\infty [R(\omega)\sin\omega t + X(\omega)\cos\omega t]\,\mathrm{d}\omega\,. \tag{3.190}$$

Angesichts der Gl. (3.23a) und mit der Abkürzung

$$\hat{f}(t) := \frac{1}{\pi}\int_0^\infty [R(\omega)\sin\omega t + X(\omega)\cos\omega t]\,\mathrm{d}\omega \tag{3.191}$$

läßt sich hieraus die grundlegende Beziehung

$$f_a(t) = f(t) + \mathrm{j}\hat{f}(t) \tag{3.192}$$

angeben. Dem reellen Signal $f(t)$ wird dabei eine komplexe Zeitfunktion, die sogenannte analytische Erweiterung $f_a(t)$ zugeordnet, so daß

$$f(t) = \operatorname{Re} f_a(t) \tag{3.193}$$

gilt und $F_a(\mathrm{j}\omega)$ in $\omega < 0$ identisch verschwindet. Der durch Gl. (3.191) gegebene Imaginärteil $\hat{f}(t)$ von $f_a(t)$ heißt das zu $f(t)$ *konjugierte Signal*. Die Gl. (3.189) kann auch in der Form

$$F_a(\mathrm{j}\omega) = F(\mathrm{j}\omega) + \operatorname{sgn}(\omega)F(\mathrm{j}\omega)$$

geschrieben werden, so daß sich bei Vergleich mit Gl. (3.192) die Fourier-Transformierte von $\hat{f}(t)$ als

$$\hat{F}(\mathrm{j}\omega) = -\mathrm{j}\operatorname{sgn}(\omega)F(\mathrm{j}\omega)$$

ausdrücken läßt. Diese Beziehung wird mit Hilfe des Faltungssatzes und der zu (3.72) symmetrischen Korrespondenz, nach der $1/(\pi t)$ das Spektrum $-\mathrm{j}\,\mathrm{sgn}(\omega)$ hat, in den Zeitbereich transformiert. Auf diese Weise erhält man

$$\hat{f}(t) = \frac{1}{\pi}\int_{-\infty}^{\infty}\frac{f(\tau)}{t-\tau}\,\mathrm{d}\tau \tag{3.194a}$$

und ganz entsprechend

$$f(t) = -\frac{1}{\pi}\int_{-\infty}^{\infty}\frac{\hat{f}(\tau)}{t-\tau}\,\mathrm{d}\tau \tag{3.194b}$$

als direkte Verknüpfung zwischen der Funktion $f(t)$ und ihrer Konjugierten $\hat{f}(t)$. Der Übergang von $f(t)$ zu $\hat{f}(t)$ wird *Hilbert-Transformation* genannt, ein System, das diese Transformation realisiert, *Hilbert-Transformator*.

Mit Hilfe des eingeführten Konzepts der analytischen Erweiterung eines reellen Signals lassen sich die Ergebnisse der Erörterungen a und b dieses Abschnitts einfach ableiten. Dies soll im folgenden kurz gezeigt werden.

Man kann das durch Gl. (3.168a) gegebene Spektrum $2F_1(\mathrm{j}\omega)$ als Fourier-Transformierte $H_a(\mathrm{j}\omega)$ der analytischen Erweiterung $h_a(t)$ der Impulsantwort $h(t)$ des dort betrachteten Bandpasses auffassen. Aufgrund der Gln. (3.169a) und (3.171a,b) erhält man

$$H_a(\mathrm{j}\omega) = H_1[\mathrm{j}(\omega-\omega_0)] + \mathrm{j}H_2[\mathrm{j}(\omega-\omega_0)]. \tag{3.195}$$

Durch Transformation in den Zeitbereich ergibt sich für die analytische Erweiterung der gesuchten Impulsantwort

$$h_a(t) = h_1(t)\,\mathrm{e}^{\mathrm{j}\omega_0 t} + \mathrm{j}h_2(t)\,\mathrm{e}^{\mathrm{j}\omega_0 t}.$$

Der Realteil dieser Funktion liefert $h(t)$, und zwar in Übereinstimmung mit Gl. (3.174).

Es sei noch folgendes angemerkt: Man kann die Übertragungsfunktionen $H_1(\mathrm{j}\omega)$ und $H_2(\mathrm{j}\omega)$ statt nach Gl. (3.171a,b) in der modifizierten Form

$$\tilde{H}_1(\mathrm{j}\omega) = F_{t1}(\mathrm{j}\omega)\,\mathrm{e}^{\mathrm{j}\theta(\omega_0)} + F_{t2}(\mathrm{j}\omega)\,\mathrm{e}^{-\mathrm{j}\theta(\omega_0)},$$

$$\tilde{H}_2(\mathrm{j}\omega) = \frac{1}{\mathrm{j}}\,[F_{t1}(\mathrm{j}\omega)\,\mathrm{e}^{\mathrm{j}\theta(\omega_0)} - F_{t2}(\mathrm{j}\omega)\,\mathrm{e}^{-\mathrm{j}\theta(\omega_0)}]$$

einführen. Statt der Gl. (3.195) erhält man nun

$$H_a(\mathrm{j}\omega) = \tilde{H}_1[\mathrm{j}(\omega-\omega_0)]\,\mathrm{e}^{-\mathrm{j}\theta(\omega_0)} + \mathrm{j}\tilde{H}_2[\mathrm{j}(\omega-\omega_0)]\,\mathrm{e}^{-\mathrm{j}\theta(\omega_0)}$$

und somit

$$h_a(t) = \tilde{h}_1(t)\,\mathrm{e}^{\mathrm{j}[\omega_0 t-\theta(\omega_0)]} + \mathrm{j}\tilde{h}_2(t)\,\mathrm{e}^{\mathrm{j}[\omega_0 t-\theta(\omega_0)]},$$

also

$$h(t) = \mathrm{Re}\{h_a(t)\} = \tilde{h}_1(t)\cos[\omega_0 t - \Theta(\omega_0)] - \tilde{h}_2(t)\sin[\omega_0 t - \Theta(\omega_0)]$$

anstelle von und gleichbedeutend mit Gl. (3.174).

Zur Herleitung der Gl. (3.184) braucht man nur das aus Gl. (3.180a) folgende Spektrum der analytischen Erweiterung des Ausgangssignals

$$Y_a(\mathrm{j}\omega) = \frac{1}{2}\{H_1[\mathrm{j}(\omega-\omega_0)] + \mathrm{j}H_2[\mathrm{j}(\omega-\omega_0)]\}\,X_N[\mathrm{j}(\omega-\omega_0)]$$

bei Vernachlässigung des Beitrags von $K(\mathrm{j}\omega)$ in den Zeitbereich zu transformieren, also

$$y_a(t) = \frac{1}{2} y_{1N}(t)\, e^{j\omega_0 t} + \frac{j}{2} y_{2N}(t)\, e^{j\omega_0 t}$$

und hiervon den Realteil zu bilden.

## 5.4. EINSEITENBAND-MODULATION

Ein reelles Signal $x(t)$ mit dem Spektrum $X(j\omega)$ sei bezüglich $\omega = \omega_g$ bandbegrenzt. Seine analytische Erweiterung (man vergleiche Abschnitt 5.3, d) ist

$$x_a(t) = x(t) + j\hat{x}(t) \tag{3.196a}$$

mit dem Spektrum

$$X_a(j\omega) = 2s(\omega)X(j\omega). \tag{3.196b}$$

Nun wird das Signal

$$y_a(t) = x_a(t)\, e^{j\omega_0 t} \tag{3.197a}$$

mit $\omega_0 > 0$ eingeführt. Es hat wegen Gl. (3.196b) das Spektrum

$$Y_a(j\omega) = X_a[j(\omega - \omega_0)] = 2s(\omega - \omega_0)X[j(\omega - \omega_0)], \tag{3.197b}$$

das nur im Intervall $\omega_0 \leqq \omega \leqq \omega_0 + \omega_g$ von Null verschiedene Werte aufweist. Bildet man den Realteil von $y_a(t)$, so erhält man mit den Gln. (3.197a) und (3.196a) das Signal

$$y(t) = x(t)\cos\omega_0 t - \hat{x}(t)\sin\omega_0 t \tag{3.198}$$

oder

$$y(t) = \sqrt{x^2(t) + \hat{x}^2(t)}\cos[\omega_0 t + \varphi(t)] \tag{3.199a}$$

mit

$$\tan\varphi(t) = \frac{\hat{x}(t)}{x(t)}. \tag{3.199b}$$

Auf diese Weise wird das amplitudenmodulierte Signal $x(t)\cos\omega_0 t$ $(\omega_0 > \omega_g)$ der Bandbreite $2\omega_g$ durch das Signal $y(t)$ der Bandbreite $\omega_g$ repräsentiert (ersetzt). Die Erzeugung des (Einseitenband-) Signals $y(t)$ nach Gl. (3.198) zeigt Bild 3.38. Es ist allerdings amplituden- und phasenmoduliert.

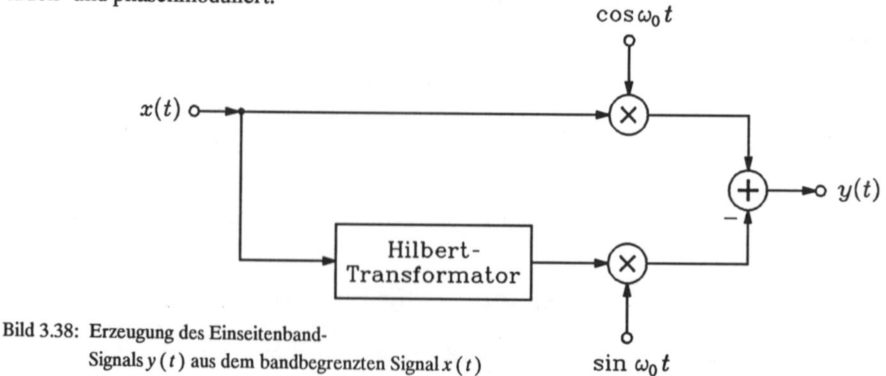


Bild 3.38: Erzeugung des Einseitenband-Signals $y(t)$ aus dem bandbegrenzten Signal $x(t)$

Das Signal $x(t)$ kann aus $y(t)$ zurückgewonnen werden, indem man $2y(t)$ mit $\cos\omega_0 t$ multipliziert, wodurch das Signal

$$2y(t)\cos\omega_0 t = x(t) + x(t)\cos 2\omega_0 t - \hat{x}(t)\sin 2\omega_0 t \tag{3.200}$$

entsteht. Dieses wird durch einen (idealen) Tiefpaß mit geeigneter Grenzfrequenz geschickt und so von der Signalkomponente $x(t)\cos 2\omega_0 t - \hat{x}(t)\sin 2\omega_0 t$ befreit. Der Leser möge sich die Wahl dieser Grenzfrequenz überlegen.

## 6. Darstellung stochastischer Prozesse im Frequenzbereich

Im Kapitel I, Abschnitt 4 wurden die Darstellung stochastischer Prozesse und die Erregung linearer, zeitinvarianter kontinuierlicher Systeme durch derartige Signale im Zeitbereich untersucht. Im folgenden sollen diese Untersuchungen durch Einbeziehung der Signalbeschreibung im Frequenzbereich fortgeführt und ergänzt werden.

### 6.1. DIE SPEKTRALE LEISTUNGSDICHTE

Die Vorteile einer Spektraldarstellung deterministischer Funktionen durch ihre Fourier-Transformierte legen ein ähnliches Vorgehen bei stochastischen Prozessen nahe. Man könnte versuchen, einfach jeder Musterfunktion $x(t)$ des betrachteten stationären Prozesses eine Fourier-Transformierte zuzuordnen. Da jedoch wegen der Stationarität des Prozesses die Musterfunktionen $x(t)$ für $t \to \infty$ nicht gegen Null gehen, wird diese Fourier-Transformierte in der Regel nicht existieren. Man kann diese Schwierigkeit umgehen, indem man die zeitlich begrenzte Musterfunktion

$$x_T(t) = \begin{cases} x(t) & \text{für} \quad |t| < T, \\ 0 & \text{für} \quad |t| > T \end{cases}$$

einführt, deren Fourier-Transformierte

$$X_T(\mathrm{j}\omega) = \int_{-\infty}^{\infty} x_T(t)\,\mathrm{e}^{-\mathrm{j}\omega t}\,\mathrm{d}t$$

sicher existiert. Aufgrund der Parsevalschen Formel von Gl. (3.62) gilt dann

$$\frac{1}{2T}\int_{-\infty}^{\infty} x_T^{\,2}(t)\,\mathrm{d}t = \frac{1}{2\pi}\cdot\frac{1}{2T}\int_{-\infty}^{\infty} |X_T(\mathrm{j}\omega)|^2\,\mathrm{d}\omega. \tag{3.201}$$

Setzt man voraus, daß die mittlere Signalleistung

$$r_{xx}(0) = \lim_{T\to\infty}\frac{1}{2T}\int_{-T}^{T} x^2(t)\,\mathrm{d}t \tag{3.202}$$

als ein für alle Musterfunktionen des Prozesses gleicher Wert vorhanden ist, dann existiert auch der Grenzwert für $T \to \infty$ auf der rechten Seite von Gl. (3.201), und es wäre naheliegend, als spektrale Beschreibung der Leistung des Prozesses die Größe

$$\lim_{T\to\infty} \frac{1}{2T} \; |X_T(\mathrm{j}\omega)|^2$$

einzuführen. Es läßt sich jedoch zeigen, daß diese Größe, die ja für jedes endliche $T$ eine Zufallsvariable darstellt, auch in der Grenze für verschiedene Musterfunktionen des Prozesses verschiedene Werte annehmen wird und sich somit zur Charakterisierung des Prozesses im allgemeinen nicht eignet.

Die Gl. (3.202) motiviert ein anderes Vorgehen. Betrachtet man nämlich die Fourier-Transformierte der Autokorrelationsfunktion (die wegen der im Kapitel I, Abschnitt 4.3.3 genannten Eigenschaften existiert und eine reelle Funktion von $\omega$ ist)

$$S_{xx}(\omega) = \int_{-\infty}^{\infty} r_{xx}(\tau)\, \mathrm{e}^{-\mathrm{j}\omega\tau}\, \mathrm{d}\tau\,, \tag{3.203}$$

dann gilt

$$r_{xx}(\tau) = \frac{1}{2\pi} \int_{-\infty}^{\infty} S_{xx}(\omega)\, \mathrm{e}^{\mathrm{j}\omega\tau}\, \mathrm{d}\omega \tag{3.204}$$

und somit wegen Gl. (3.202)

$$\lim_{T\to\infty} \frac{1}{2T} \int_{-T}^{T} x^2(t)\, \mathrm{d}t = \frac{1}{2\pi} \int_{-\infty}^{\infty} S_{xx}(\omega)\, \mathrm{d}\omega\,. \tag{3.205}$$

Aufgrund der Beziehung (3.205) heißt $S_{xx}(\omega)$ die *spektrale Leistungsdichte* des Prozesses $\boldsymbol{x}(t)$. Wegen der eindeutigen Zuordnung durch die Fourier-Transformation enthalten $r_{xx}(\tau)$ und $S_{xx}(\omega)$ die gleiche Information über die stochastischen Eigenschaften von $\boldsymbol{x}(t)$, ausgedrückt im Zeit- bzw. Frequenzbereich.

In ganz entsprechender Weise wie bei der spektralen Beschreibung eines Prozesses kann das *Kreuzleistungsspektrum* zweier (gemeinsam stationärer) stochastischer Prozesse $\boldsymbol{x}(t)$ und $\boldsymbol{y}(t)$ durch die Beziehung

$$S_{xy}(\omega) = \int_{-\infty}^{\infty} r_{xy}(\tau)\, \mathrm{e}^{-\mathrm{j}\omega\tau}\, \mathrm{d}\tau \tag{3.206}$$

mit

$$r_{xy}(\tau) = \frac{1}{2\pi} \int_{-\infty}^{\infty} S_{xy}(\omega)\, \mathrm{e}^{\mathrm{j}\omega\tau}\, \mathrm{d}\omega \tag{3.207}$$

definiert werden. Ist $\boldsymbol{x}(t)$ die Spannung und $\boldsymbol{y}(t)$ die Stromstärke an den Klemmen eines Zweipols, dann stellt $r_{xy}(0)$ den Erwartungswert der im Zweipol verbrauchten Leistung dar.

**Eigenschaften und Beispiele spektraler Leistungsdichten**

a) Da die Autokorrelationsfunktion $r_{xx}(\tau)$ reell und gerade ist, muß die spektrale Leistungsdichte $S_{xx}(\omega)$ wegen der Gl. (3.203) zwangsläufig eine reelle und gerade Funktion von $\omega$ sein.

b) Da die Kreuzkorrelierte $r_{xy}(\tau)$ nicht notwendig gerade ist, wird $S_{xy}(\omega)$ nach Gl. (3.206) im allgemeinen komplexe Werte annehmen; wegen der Eigenschaft $r_{yx}(\tau) = r_{xy}(-\tau)$ gilt $S_{yx}(\omega) = S_{xy}^*(\omega) = S_{xy}(-\omega)$.

c) Wie später noch gezeigt wird, ist $S_{xx}(\omega)$ stets eine nicht negative Funktion, und für hinreichend kleine $\Delta\omega > 0$ stellt $S_{xx}(\omega)\,\Delta\omega$ näherungsweise die mittlere Leistung des Prozesses $\boldsymbol{x}(t)$ im Frequenzintervall $(\omega, \omega + \Delta\omega)$ dar.

d) Der im Abschnitt 4.3.3 von Kapitel I behandelte stationäre stochastische Prozeß

$$\boldsymbol{v}(t) = \boldsymbol{x}(t) + \boldsymbol{p}(t)$$

mit dem periodischen Anteil $\boldsymbol{p}(t) = a \cos(\omega_0 t + \varphi)$ mit in $(0, 2\pi)$ gleichverteilter Phase $\varphi$ führte auf die Autokorrelationsfunktion

$$r_{vv}(\tau) = r_{xx}(\tau) + \frac{a^2}{2} \cos \omega_0 \tau$$

und hat somit die spektrale Leistungsdichte

$$S_{vv}(\omega) = S_{xx}(\omega) + \frac{a^2}{2}\, \pi [\delta(\omega - \omega_0) + \delta(\omega + \omega_0)].$$

e) Der (idealisierte) Fall eines Prozesses mit für alle Frequenzen konstanter Leistungsdichte

$$S(\omega) = K$$

heißt *weißes Rauschen.* Die zugehörige Autokorrelierte

$$r(\tau) = K\,\delta(\tau)$$

deutet an, daß es sich um die mathematische Abstraktion eines völlig unkorrelierten Prozesses handelt, der aber dennoch als Modell einer Systemerregung große Bedeutung besitzt.

f) Ist die spektrale Leistungsdichte über ein bestimmtes Frequenzintervall konstant und außerhalb dieses Intervalls gleich Null, d. h. gilt

$$S(\omega) = \begin{cases} K & \text{für} \quad \omega_1 < |\omega| < \omega_2 \\ 0 & \text{sonst}, \end{cases}$$

dann spricht man von *bandbegrenztem weißem* (oder *farbigem*) *Rauschen.* In diesem Fall ist die mittlere Signalleistung endlich, und es gilt

$$r(\tau) = \frac{K}{\pi} \left( \frac{\sin \omega_2 \tau}{\tau} - \frac{\sin \omega_1 \tau}{\tau} \right).$$

g) Eine wichtige Klasse der sogenannten Markoffschen Prozesse besitzt die spektrale Leistungsdichte

$$S(\omega) = \frac{2a}{\omega^2 + a^2}\, r_0\,, \qquad a > 0$$

und die Autokorrelierte

$$r(\tau) = r_0\, e^{-a|\tau|}.$$

Durch dieses Modell kann eine Reihe von Zufallsphänomenen in geeigneter Weise beschrieben werden, und wegen der mathematischen Einfachheit des Modells im Zeit- und Frequenzbereich eignen sich Markoffsche Prozesse dieser Art auch insbesondere als Signale bei der Untersuchung linearer, zeitinvarianter Systeme.

h) Eine nicht identisch verschwindende Autokorrelationsfunktion $r(\tau)$ stimme für $\tau = \tau_1 > 0$ dem Betrage nach mit $r(0)$ überein; es gelte also

$$r(\tau_1) = r(0)\, e^{j\varphi}$$

mit $\varphi = 0$ oder $\varphi = \pi$. Damit kann man

$$0 = r(0) - r(\tau_1)\, e^{-j\varphi} = \frac{1}{2\pi} \int_{-\infty}^{\infty} S(\omega)\,[1 - e^{j(\omega\tau_1 - \varphi)}]\, d\omega$$

oder

$$0 = \int_{-\infty}^{\infty} S(\omega)\,[1 - \cos(\omega\tau_1 - \varphi)]\, d\omega$$

schreiben. Da der Integrand in diesem Integral beständig nicht negativ ist, folgt hieraus

$$S(\omega)\,[1 - \cos(\omega\tau_1 - \varphi)] \equiv 0 \quad \text{für} \quad -\infty < \omega < \infty .$$

Demnach kann die spektrale Leistungsdichte im vorliegenden Fall nur die Form

$$S(\omega) = \sum_{\nu=-\infty}^{\infty} A_\nu\, \delta(\omega - \frac{2\pi\nu + \varphi}{\tau_1})$$

mit geeigneten Konstanten $A_\nu$ aufweisen. Dies bedeutet, daß die Autokorrelationsfunktion wegen Korrespondenz (3.76) die Gestalt

$$r(\tau) = \sum_{\nu=-\infty}^{\infty} (A_\nu / 2\pi)\, e^{j(2\pi\nu + \varphi)\tau/\tau_1}$$

hat. Zusammenfassend kann man also feststellen, daß die Autokorrelationsfunktion $r(\tau)$ eine periodische Funktion mit der Periode $\tau_1$ bzw. $2\tau_1$ ist, sofern $r(\tau_1) = \pm\, r(0)$ gilt.

## 6.2. SPEKTRALE LEISTUNGSDICHTEN UND LINEARE SYSTEME

Die Gln. (1.141) und (1.142) stellen Beziehungen dar, durch welche die Autokorrelationsfunktionen von Eingangs- und Ausgangsprozeß $r_{xx}(\tau)$ bzw. $r_{yy}(\tau)$ eines linearen, zeitinvarianten, stabilen und kausalen Systems mit der Kreuzkorrelierten zwischen Eingangs- und Ausgangsprozeß $r_{xy}(\tau)$ über die Impulsantwort $h(t)$ des Systems verknüpft werden. Da diese Verknüpfungen Faltungsoperationen sind, ist zu erwarten, daß sich die Zusammenhänge durch Anwendung der Fourier-Transformation im Frequenzbereich einfacher ausdrücken lassen. Auf diese Weise ergibt sich aus Gl. (1.141) für das Kreuzleistungsspektrum

$$S_{xy}(\omega) = H(j\omega)\, S_{xx}(\omega)\,, \tag{3.208}$$

und aus Gl. (1.142) erhält man mit der bekannten Eigenschaft $S_{yx}(\omega) = S_{xy}^*(\omega)$ des Kreuzleistungsspektrums und Gl. (3.208)

$$S_{yy}(\omega) = H(j\omega)\, S_{yx}(\omega) = H(j\omega)\, S_{xy}^*(\omega) = |H(j\omega)|^2\, S_{xx}(\omega)\,. \tag{3.209}$$

Die Gln. (3.208) und (3.209) stellen fundamentale Aussagen dar über den Zusammenhang der spektralen Leistungsdichten von Ausgangs- und Eingangsprozeß eines linearen, zeitinvarianten Systems. Es sei besonders hervorgehoben, daß in das Kreuzleistungsspektrum

$S_{xy}(\omega)$ die Übertragungsfunktion $H(\mathrm{j}\omega)$ nach Betrag und Phase eingeht, während im Leistungsdichtespektrum $S_{yy}(\omega)$ nur der Betrag der Übertragungsfunktion $H(\mathrm{j}\omega)$ enthalten ist. Diese Gesichtspunkte sind bei der Systemidentifikation mit Hilfe von Rauscherregungen von entscheidender Bedeutung.

*Beispiele*

a) Wird ein ideales Tiefpaßsystem mit der Übertragungsfunktion

$$H(\mathrm{j}\omega) = A_0\, p_{\omega_g}(\omega)\, \mathrm{e}^{-\mathrm{j}\omega t_0}$$

mit weißem Rauschen erregt, dann ist die mittlere Signalleistung des Ausgangssignals $\boldsymbol{y}(t)$ – d. h. das Quadrat des Effektivwerts der betrachteten Musterfunktion – aufgrund von Gl. (3.209) gegeben durch

$$y_{\text{eff}}^2 = \lim_{T\to\infty}\frac{1}{2T}\int_{-T}^{T} y^2(t)\,\mathrm{d}t = r_{yy}(0) = \frac{1}{2\pi}\int_{-\omega_g}^{\omega_g} A_0^2\, S_{xx}(\omega)\,\mathrm{d}\omega = \frac{A_0^2\,K}{2\pi}\cdot 2\omega_g\,,$$

wobei durch $K$ die spektrale Leistungsdichte des weißen Rauschens bezeichnet wurde. Für den Effektivwert einer Musterfunktion des Ausgangsprozesses gilt also

$$y_{\text{eff}} = k\,\sqrt{f_g} \quad \text{mit} \quad k = A_0\,\sqrt{2K} \quad \text{und} \quad \omega_g = 2\pi f_g\,.$$

b) Es wird ein Bandpaßsystem betrachtet, für dessen Amplitudenfunktion

$$A(\omega) = \begin{cases} 1 & \text{für} \quad \omega_0 < |\omega| < \omega_0 + \Delta\omega\,, \\ 0 & \text{sonst} \end{cases}$$

gilt und das mit dem stationären stochastischen Prozeß $\boldsymbol{x}(t)$ erregt wird und den Ausgangsprozeß $\boldsymbol{y}(t)$ liefert. Für die mittlere Leistung des Ausgangssignals gilt dann aufgrund von Gl. (3.209)

$$E[\boldsymbol{y}^2(t)] = \frac{1}{2\pi}\int_{-\infty}^{\infty} S_{yy}(\omega)\,\mathrm{d}\omega = \frac{1}{\pi}\int_{\omega_0}^{\omega_0+\Delta\omega} S_{xx}(\omega)\,\mathrm{d}\omega\,.$$

Für hinreichend kleines $\Delta\omega > 0$ stimmt das zweite Integral mit $S_{xx}(\omega_0)\,\Delta\omega$ beliebig genau überein, und daraus folgt zugleich, daß $S_{xx}(\omega_0)$ nicht negativ sein kann, da $E[\boldsymbol{y}^2(t)] \geqq 0$ gelten muß. Damit ist gezeigt, daß jede spektrale Leistungsdichte $S(\omega)$ eine nicht negative Funktion ist, da $S(\omega_0)$ mit $S_{xx}(\omega_0)$ identifiziert werden kann und $\omega_0$ eine beliebig wählbare Kreisfrequenz ist.

c) Ein elektrisches RC-Zweitor nach Bild 3.39 werde durch weißes Rauschen der Leistungsdichte $K$ erregt.

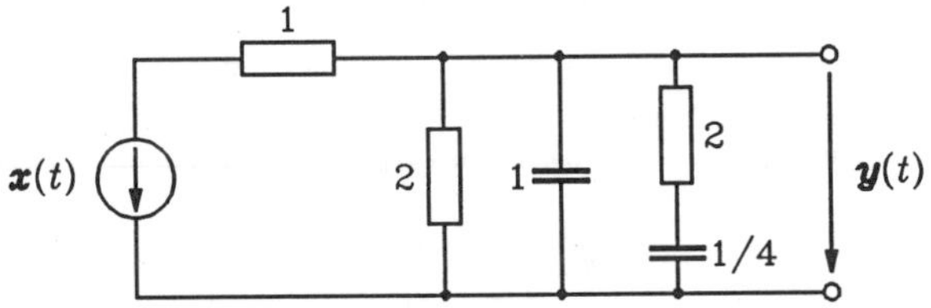

Bild 3.39: RC-Zweitor, das durch weißes Rauschen erregt wird

Gesucht wird die mittlere Signalleistung des Ausgangssignals $\boldsymbol{y}(t)$. Die Übertragungsfunktion des Systems ist

$$H(\mathrm{j}\omega) = \frac{2+\mathrm{j}\omega}{(1+\mathrm{j}\omega)(3+\mathrm{j}\omega)}\,,$$

und damit ergibt sich für die spektrale Leistungsdichte des Ausgangsprozesses nach Gl. (3.209)

$$S_{yy}(\omega) = \frac{(2+\mathrm{j}\omega)(2-\mathrm{j}\omega)}{(1+\mathrm{j}\omega)(3+\mathrm{j}\omega)(1-\mathrm{j}\omega)(3-\mathrm{j}\omega)}\,K\,.$$

Daraus resultiert dann

$$y_{\text{eff}}^2 = \frac{1}{2\pi}\int_{-\infty}^{\infty} S_{yy}(\omega)\,\mathrm{d}\omega = \frac{K}{2\pi}\int_{-\infty}^{\infty} \frac{(2+\mathrm{j}\omega)(2-\mathrm{j}\omega)}{(1+\mathrm{j}\omega)(3+\mathrm{j}\omega)(1-\mathrm{j}\omega)(3-\mathrm{j}\omega)}\,\mathrm{d}\omega\,.$$

Die Auswertung dieses Integrals kann beispielsweise dadurch erfolgen, daß man den Integranden ins Komplexe fortsetzt, indem man $\mathrm{j}\omega$ durch die komplexe Variable $p = \sigma + \mathrm{j}\omega$ ersetzt, und das so entstehende komplexe Integral

$$\frac{K}{2\pi\mathrm{j}}\int \frac{(2+p)(2-p)}{(1+p)(3+p)(1-p)(3-p)}\,\mathrm{d}p$$

längs des im Bild 3.40 dargestellten Weges $C$ für $\rho \to \infty$ auswertet.

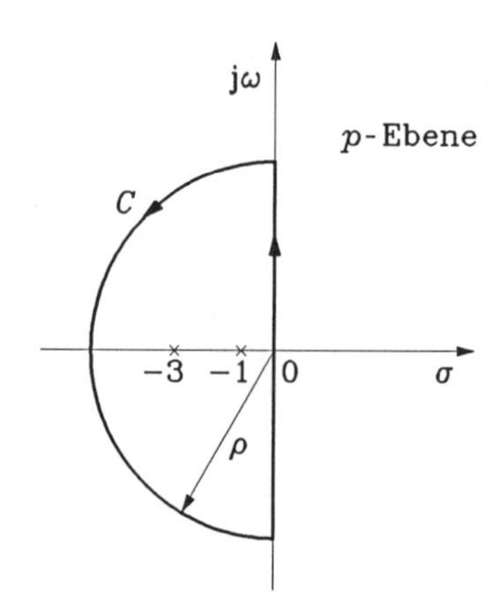


Bild 3.40: Zur Auswertung eines uneigentlichen Integrals mit Hilfe des Cauchyschen Residuensatzes

Da sich auf dem Halbkreisbogen der Integrand für $\rho \to \infty$ wie const$/p^2$, dem Betrage nach also wie const$/\rho^2$ verhält und dabei die Länge des Integrationswegs nur mit $\pi\rho$ ansteigt, verschwindet der Integralbeitrag längs des Halbkreisbogens für $\rho \to \infty$. Für $\rho \to \infty$ verbleibt also vom Integral längs $C$ genau das gesuchte Integral für $y_{\text{eff}}^2$. Da sich jedoch das Integral längs $C$ mit zunehmendem $\rho$ nicht mehr ändert, sobald alle Pole des Integranden in der linken $p$-Halbebene (d. h. die Pole $-1$ und $-3$) von $C$ umschlossen sind, erhält man auf diese Weise mit einem fest gewählten $\rho > 3$

$$y_{\text{eff}}^2 = \frac{K}{2\pi\mathrm{j}}\oint_C \frac{(2+p)(2-p)}{(1+p)(3+p)(1-p)(3-p)}\,\mathrm{d}p\,.$$

Nach dem Cauchyschen Residuensatz (Anhang D) ist ein derartiges komplexes Integral über einen geschlossenen Weg $C$ gleich dem Produkt aus $2\pi\mathrm{j}$ und der Summe der Residuen an allen von $C$ eingeschlossenen Polen des Integranden, das sind hier die Punkte $p = -1$ und $p = -3$. Damit ergibt sich

$$y_{\text{eff}}^2 = K\left(\frac{1\cdot 3}{2\cdot 2\cdot 4} + \frac{(-1)\cdot 5}{(-2)\cdot 4\cdot 6}\right) = K\cdot\frac{7}{24}\,.$$

d) Die Führungsgröße $\boldsymbol{w}(t)$ eines Regelkreises nach Bild 3.41 sei ein stochastischer Prozeß, der über ein

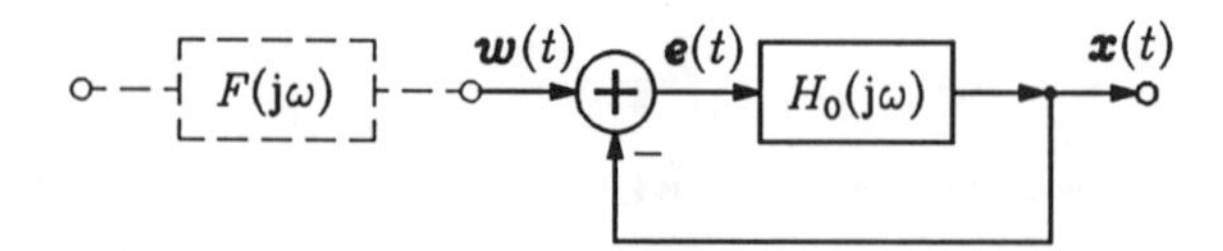


Bild 3.41: Stochastisch erregter Regelkreis

Formfilter mit der Übertragungsfunktion

$$F(\mathrm{j}\omega) = \frac{1}{c + \mathrm{j}\omega}$$

aus weißem Rauschen mit der spektralen Leistungsdichte $K$ gewonnen wurde. Die Übertragungsfunktion des offenen Regelkreises sei mit den Konstanten $V$ und $T$

$$H_0(\mathrm{j}\omega) = \frac{V}{\mathrm{j}\omega(1 + T\mathrm{j}\omega)}.$$

Gesucht wird die mittlere Signalleistung der Regelabweichung $\boldsymbol{e}(t)$.

Die Übertragungsfunktion zwischen Regelabweichung und Führungsgröße ist, wie man sich leicht überlegen kann,

$$H_e(\mathrm{j}\omega) = \frac{1}{1 + H_0(\mathrm{j}\omega)} = \frac{\mathrm{j}\omega + T(\mathrm{j}\omega)^2}{V + \mathrm{j}\omega + T(\mathrm{j}\omega)^2}.$$

Damit ist die spektrale Leistungsdichte der Regelabweichung gegeben durch

$$S_{ee}(\omega) = |H_e(\mathrm{j}\omega)|^2 S_{ww}(\omega) = |H_e(\mathrm{j}\omega)|^2 \cdot |F(\mathrm{j}\omega)|^2 \cdot K$$

$$= \frac{\mathrm{j}\omega + T(\mathrm{j}\omega)^2}{V + \mathrm{j}\omega + T(\mathrm{j}\omega)^2} \cdot \frac{-\mathrm{j}\omega + T(\mathrm{j}\omega)^2}{V - \mathrm{j}\omega + T(\mathrm{j}\omega)^2} \cdot \frac{1}{c + \mathrm{j}\omega} \cdot \frac{1}{c - \mathrm{j}\omega} \cdot K.$$

Daraus resultiert

$$e_{\mathrm{eff}}^2 = \frac{1}{2\pi} \int_{-\infty}^{\infty} S_{ee}(\omega)\, \mathrm{d}\omega,$$

und die Auswertung dieses Integrals über den Cauchyschen Residuensatz wie beim letzten Beispiel liefert

$$e_{\mathrm{eff}}^2 = \frac{1 + Tc + TV}{2(V + c + Tc^2)} K.$$

e) Für die mittlere Signalleistung am Ausgang eines linearen, zeitinvarianten Systems gilt bei Erregung mit einem stationären stochastischen Prozeß, dessen spektrale Leistungsdichte $S_{xx}(\omega)$ und Autokorrelationsfunktion $r_{xx}(\tau)$ sei, generell

$$r_{yy}(0) = \frac{1}{2\pi} \int_{-\infty}^{\infty} |H(\mathrm{j}\omega)|^2 S_{xx}(\omega)\, \mathrm{d}\omega.$$

Ist $\omega = \omega_M$ die Kreisfrequenz, bei welcher der Betrag $|H(\mathrm{j}\omega)|$ der Übertragungsfunktion des betrachteten Systems maximal wird, so ist die Abschätzung

$$r_{yy}(0) \leqq |H(\mathrm{j}\omega_M)|^2 r_{xx}(0)$$

möglich.

Es werde nun als stationäre Erregung ein sogenannter monochromatischer Prozeß gewählt, d. h. ein stochastisches Signal mit

$$r_{xx}(\tau) = A_0 \cos \omega_0 \tau$$

und damit

$$S_{xx}(\omega) = \pi A_0\, \delta(\omega - \omega_0) + \pi A_0\, \delta(\omega + \omega_0).$$

Dann erhält man aufgrund obiger Formel für die mittlere Signalleistung am Systemausgang

$$r_{yy}(0) = |H(\mathrm{j}\omega_0)|^2 A_0 \quad \text{oder} \quad r_{yy}(0) = |H(\mathrm{j}\omega_0)|^2 r_{xx}(0).$$

Wählt man hier speziell $\omega_0 = \omega_M$, so wird aus obiger Ungleichung eine Gleichung, d. h. $r_{yy}(0)$ wird maximal. Man kann also folgende Feststellung machen: Bei Zufuhr einer bestimmten mittleren Leistung $r_{xx}(0)$

entsteht am Ausgang eines linearen, zeitinvarianten Systems die maximal mögliche Signalleistung, sofern der Eingangsprozeß monochromatisch ist und $\omega_0 = \omega_M$ gewählt wird. Man spricht hier von stochastischer Resonanz.

## 6.3. EINIGE ANWENDUNGEN

Von den zahlreichen Anwendungen der Systemtheorie stochastischer Vorgänge sollen hier nur einige Problemstellungen erläutert und ihr Lösungsweg skizziert werden. Ein erstes Beispiel betrifft die Ermittlung der Systemcharakteristik eines unbekannten linearen, zeitinvarianten Systems durch die Wahl geeigneter Erregungen, ein weiteres Beispiel die Erkennung eines Nutzsignals im Rauschen.

### 6.3.1. Bestimmung von Systemcharakteristiken durch Kreuzkorrelation

In vielen Fällen ist die Messung der Impulsantwort $h(t)$ oder der Übertragungsfunktion $H(j\omega)$ über die Erregung mit bestimmten deterministischen Signalen (z. B. der Sprungfunktion bzw. einer rein harmonischen Funktion) nicht möglich oder ungeeignet, beispielsweise weil sich der Erregung eine stochastische Störgröße überlagert oder weil das System irgendwelchen zufälligen inneren Störungen ausgesetzt ist. Ein weiterer Grund kann darin bestehen, daß das zu untersuchende System, man denke etwa an ein fest installiertes Regelungssystem, auch nicht vorübergehend außer Betrieb gesetzt werden kann. In solchen Fällen erweist sich eine Messung mit stochastischen Methoden als vorteilhaft. Wählt man beispielsweise als Systemerregung weißes Rauschen (hierbei genügt es, wenn die spektrale Leistungsdichte näherungsweise konstant ist in dem Frequenzband, in dem die Übertragungsfunktion des zu untersuchenden Systems nicht verschwindet), dann liefert die Meßanordnung nach Bild 3.42 am Ausgang gerade die Impulsantwort des unbekannten Systems, sofern die spektrale Leistungsdichte des weißen Rauschens gleich 1 gewählt wird. Dies folgt unmittelbar aus Gl. (1.141). Der Vorteil dieser Methode wird deutlich, wenn man annimmt, daß auf das System noch eine stationäre Störgröße $\boldsymbol{z}(t)$ einwirkt, von der nur vorausgesetzt wird, daß sie stochastisch unabhängig von der Eingangsgröße $\boldsymbol{x}(t)$ ist. In diesem Fall wird nach Bild 3.42

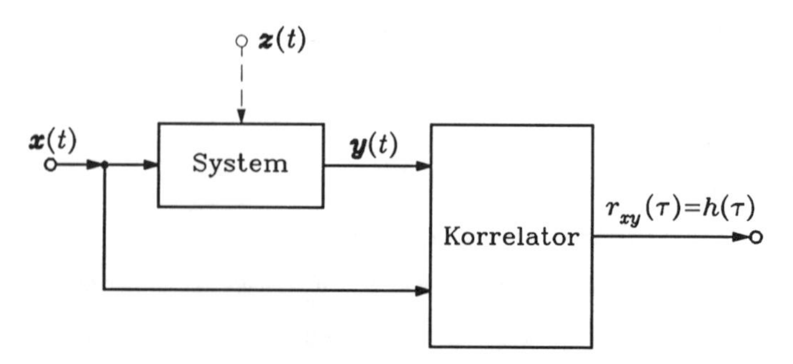


Bild 3.42: Bestimmung der Impulsantwort eines Systems mittels Kreuzkorrelationsmessung

$$\boldsymbol{y}(t) = \int_{-\infty}^{\infty} h(\sigma)\,\boldsymbol{x}(t-\sigma)\,\mathrm{d}\sigma + \int_{-\infty}^{\infty} g(\sigma)\,\boldsymbol{z}(t-\sigma)\,\mathrm{d}\sigma\,,$$

wobei $g(t)$ die Impulsantwort des Teilsystems zwischen der Eingriffsstelle des Störsignals und dem Ausgang des Systems bedeutet. Damit erhält man

$$r_{xy}(\tau) = \int_{-\infty}^{\infty} h(\sigma)\,r_{xx}(\tau-\sigma)\,\mathrm{d}\sigma + \int_{-\infty}^{\infty} g(\sigma)\,r_{xz}(\tau-\sigma)\,\mathrm{d}\sigma\,, \tag{3.210}$$

und aus der Voraussetzung, daß $\boldsymbol{x}(t)$ und $\boldsymbol{z}(t)$ stochastisch unabhängig sind, folgt (siehe Anhang B)

$$r_{xz}(\tau) = m_x \cdot m_z = \text{const}\,, \tag{3.211}$$

so daß sich die Beziehung (1.141) für das ungestörte System von der Beziehung (3.210) für das gestörte System nur durch eine additive Konstante unterscheidet, die verschwindet, wenn $\boldsymbol{x}(t)$ oder $\boldsymbol{z}(t)$ mittelwertfrei ist. Da innere Störungen des Systems (z. B. ein rauschendes Bauelement) immer in der Form von Bild 3.42 dargestellt werden können, sind auch in diesem Fall die erläuterten Vorteile der Kreuzkorrelationsmethode gegeben, sofern die Störung als stochastisch unabhängig von der Eingangsgröße vorausgesetzt werden darf.

Die Beziehung (3.210) kann auch dann zur Bestimmung von $h(t)$ herangezogen werden, wenn als Eingangsgröße $\boldsymbol{x}(t)$ kein weißes Rauschen gewählt werden darf. Um in diesem Fall die Umkehrung des Faltungsintegrals zu erleichtern, ist häufig der Übergang in den Frequenzbereich vorteilhaft, so daß mit Gl. (3.211) und der Fourier-Transformierten $G(\mathrm{j}\omega)$ von $g(t)$ die Beziehung

$$S_{xy}(\omega) = H(\mathrm{j}\omega)\,S_{xx}(\omega) + 2\pi G(0)\,m_x\,m_z\,\delta(\omega)$$

bei beliebiger Leistungsdichte $S_{xx}(\omega)$ der Erregung zur Bestimmung von $H(\mathrm{j}\omega)$ dient. Diese Beziehung verdeutlicht, daß die Phase des unbekannten Systems unmittelbar mit der Phase von $S_{xy}(\omega)$ übereinstimmt und daß die Betragsfunktion sich durch Quotientenbildung ermitteln läßt.

### 6.3.2. Signalerkennung im Rauschen

Ein wichtiges praktisches Problem der Informationsübertragung besteht darin, ein durch Rauschen verdecktes Nutzsignal wiederzugewinnen. Man spricht von *Signalerkennung*, wenn nur entschieden wird, ob das empfangene Signalgemisch ein näher spezifiziertes Nutzsignal enthält, und von *Signalschätzung*, wenn darüber hinaus möglichst weitgehend das Nutzsignal von den überlagerten Störungen befreit wird. Die Anwendung von Korrelationsmethoden zur Lösung von Problemen dieser Art soll im folgenden am Beispiel der Erkennung bzw. Schätzung eines durch Rauschen verdeckten periodischen Nutzsignals gezeigt werden.

Empfangen werde ein Gemisch

$$\boldsymbol{z}(t) = \boldsymbol{n}(t) + \boldsymbol{p}(t)$$

aus einem periodischen stochastischen Signal $\boldsymbol{p}(t)$ der Periode $T_0$ und einem überlagerten stochastischen Geräusch $\boldsymbol{n}(t)$, das mittelwertfrei ist und keine periodischen Anteile aufweist. Es wird vorausgesetzt, daß $\boldsymbol{n}(t)$ und $\boldsymbol{p}(t)$ stochastisch voneinander unabhängig sind. Dann gilt entsprechend Kapitel I, Abschnitt 4.3.3

$$r_{zz}(\tau) = r_{nn}(\tau) + r_{pp}(\tau),$$

und man kann leicht zeigen, daß $r_{pp}(\tau)$ eine periodische Funktion der Periode $T_0$ ist. Da $r_{nn}(\tau)$ für $\tau \to \infty$ gegen Null geht, wird $r_{zz}(\tau)$ für große Werte von $\tau$ weitgehend mit $r_{pp}(\tau)$ übereinstimmen, wie dies im Bild 3.43 für ein typisches Beispiel angedeutet ist. Eine Signalerkennung ist also dadurch einfach möglich, daß man die Autokorrelierte des empfangenen Signals auf einen periodischen Anteil hin überprüft. Hierbei braucht die Periode des Nutzsignals nicht bekannt zu sein.

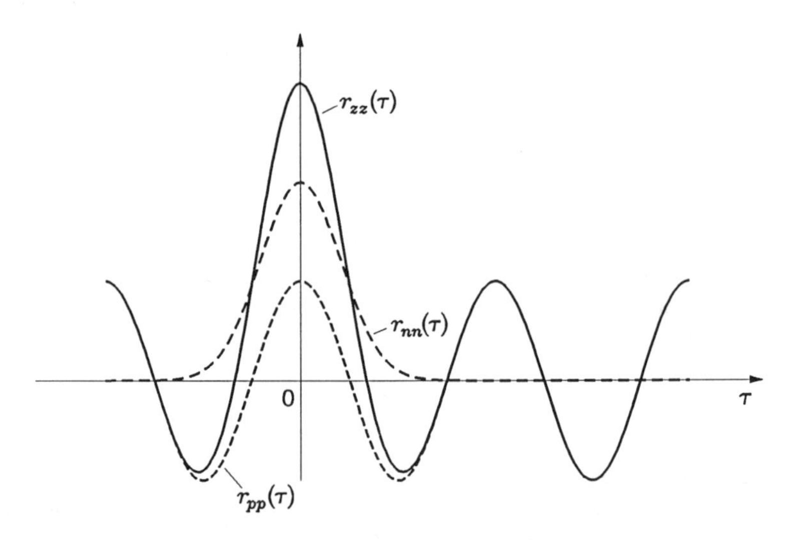


Bild 3.43: Zur Signalerkennung eines periodischen stochastischen Signals, das von einem stochastischen Geräusch überlagert ist

Ist die Periode $T_0$ des Nutzsignals a priori bekannt, dann kann auch mit der Kreuzkorrelationsfunktion eine Signalerkennung erzielt werden. Bildet man nämlich aus dem empfangenen Signal $\boldsymbol{z}(t)$ und irgendeinem periodischen Prozeß $\boldsymbol{q}(t)$ der Periode $T_0$ die Kreuzkorrelierte

$$r_{qz}(\tau) = E\{\boldsymbol{q}(t)[\boldsymbol{n}(t+\tau) + \boldsymbol{p}(t+\tau)]\} = r_{qn}(\tau) + r_{qp}(\tau),$$

dann gilt unter der sinnvollen Annahme, daß $\boldsymbol{n}(t)$ und $\boldsymbol{q}(t)$ stochastisch unabhängige Prozesse sind, $r_{qn}(\tau) \equiv 0$, und somit ist

$$r_{qz}(\tau) = r_{qp}(\tau) \tag{3.212}$$

oder $r_{qz}(\tau) = 0$, je nachdem ob ein periodisches Nutzsignal der Periode $T_0$ in $\boldsymbol{z}(t)$ enthalten ist oder nicht.

Soll darüber hinaus eine Signalschätzung durchgeführt werden, dann kann dies ebenfalls mit Hilfe der Kreuzkorrelation erfolgen. Ist nämlich $p(t)$ die im Rauschprozeß $\boldsymbol{n}(t)$ enthaltene Musterfunktion des Nutzsignals und sind die Musterfunktionen des genannten, von

$\boldsymbol{n}(t)$ stochastisch unabhängigen periodischen Prozesses $\boldsymbol{q}(t)$ von der Form

$$q_i(t) = \sum_{\nu=-\infty}^{\infty} \delta(t - \nu T_0 - t_i),$$

dann gilt wegen Gl. (3.212)

$$r_{qz}(\tau) = r_{qp}(\tau) = r_{pq}(-\tau) = \lim_{k\to\infty} \frac{1}{2kT_0} \int_{-kT_0}^{kT_0} p(t) \sum_{\nu=-\infty}^{\infty} \delta(t - \nu T_0 - t_i - \tau)\, \mathrm{d}t$$

$$= \lim_{k\to\infty} \frac{1}{2kT_0} 2k\, p(t_i + \tau) = p(\tau + t_i) \frac{1}{T_0}.$$

Am Ausgang eines Kreuzkorrelators für die Prozesse $\boldsymbol{q}(t)$ und $\boldsymbol{z}(t)$ ergibt sich also bis auf eine zeitliche Verschiebung und einen konstanten Faktor die vorliegende Musterfunktion des Nutzsignals.

### 6.3.3. Suchfilter (matched filter)

Eine besonders interessante Möglichkeit der Signalerkennung bieten die Suchfilter (matched filters), bei denen das in seiner Form bekannte Nutzsignal in geeigneter Weise verstärkt und das Rauschen unterdrückt wird, ohne daß das Nutzsignal selbst formgetreu wiedergewonnen wird. Empfangen werde das Signalgemisch

$$\boldsymbol{z}(t) = \boldsymbol{n}(t) + x(t)$$

mit einem bekannten, deterministischen Nutzsignal $x(t)$ endlicher Dauer und einem mittelwertfreien stationären Rauschprozeß $\boldsymbol{n}(t)$, dessen spektrale Leistungsdichte $S_{nn}(\omega)$ sei. Es wird einem linearen und zeitinvarianten System mit der Übertragungsfunktion $H(\mathrm{j}\omega)$ zugeführt. Die Reaktion dieses Systems auf das Nutzsignal $x(t)$ läßt sich in der Form

$$y(t) = \frac{1}{2\pi} \int_{-\infty}^{\infty} X(\mathrm{j}\omega) H(\mathrm{j}\omega)\, \mathrm{e}^{\mathrm{j}\omega t}\, \mathrm{d}\omega \tag{3.213}$$

darstellen, wobei $X(\mathrm{j}\omega)$ die Fourier-Transformierte von $x(t)$ bedeutet. Die Reaktion $\boldsymbol{v}(t)$ des Systems auf die Erregung durch $\boldsymbol{n}(t)$ läßt sich, wie aus den Ausführungen von Abschnitt 6.1 hervorgeht, nicht in entsprechender Weise beschreiben, jedoch kann die mittlere Leistung des Ausgangsprozesses in der Form

$$E[\boldsymbol{v}^2(t)] = \frac{1}{2\pi} \int_{-\infty}^{\infty} S_{nn}(\omega)\, |H(\mathrm{j}\omega)|^2\, \mathrm{d}\omega \tag{3.214}$$

dargestellt werden. Damit definiert man das *Signal-Rausch-Verhältnis* am Ausgang des Systems in einem Zeitpunkt $t_0$ durch den Quotienten

$$s = \frac{y^2(t_0)}{E[\boldsymbol{v}^2(t)]} \tag{3.215}$$

aus der Nutzsignalleistung in diesem Zeitpunkt und der mittleren Rauschleistung. Es stellt sich nun die Aufgabe, die Übertragungsfunktion $H(\mathrm{j}\omega)$ derart festzulegen, daß $s$ maximal wird. Dazu wird mit

$$g_1(\omega) := \frac{X(\mathrm{j}\omega)}{\sqrt{S_{nn}(\omega)}} \quad \text{und} \quad g_2^*(\omega) := \sqrt{S_{nn}(\omega)}\, H(\mathrm{j}\omega)\, \mathrm{e}^{\mathrm{j}\omega t_0}$$

bei Beachtung der beiden Gln. (3.213) und (3.214) der Quotient $s$ in der Form

$$s = \frac{\left| \int\limits_{-\infty}^{\infty} g_1(\omega) g_2^*(\omega)\, \mathrm{d}\omega \right|^2}{2\pi \int\limits_{-\infty}^{\infty} |g_2(\omega)|^2\, \mathrm{d}\omega}$$

geschrieben und mit Hilfe der Schwarzschen Ungleichung (Seite 214, Fußnote 1) abgeschätzt:

$$s \leqq \frac{\int\limits_{-\infty}^{\infty} |g_1(\omega)|^2\, \mathrm{d}\omega \int\limits_{-\infty}^{\infty} |g_2(\omega)|^2\, \mathrm{d}\omega}{2\pi \int\limits_{-\infty}^{\infty} |g_2(\omega)|^2\, \mathrm{d}\omega} = \frac{1}{2\pi} \int\limits_{-\infty}^{\infty} \frac{|X(\mathrm{j}\omega)|^2}{S_{nn}(\omega)}\, \mathrm{d}\omega .$$

Man erhält die Gleichheit in dieser Beziehung und damit das Maximum von $s$ genau dann, wenn $g_1(\omega)$ und $g_2(\omega)$ zueinander proportional sind. Dies liefert unmittelbar die optimale Übertragungsfunktion

$$H_0(\mathrm{j}\omega) = k\, \mathrm{e}^{-\mathrm{j}\omega t_0} \frac{X^*(\mathrm{j}\omega)}{S_{nn}(\omega)} \tag{3.216}$$

mit einer beliebigen reellen Konstante $k$. Dann erreicht also das Signal-Rausch-Verhältnis $s$ nach Gl. (3.215) seinen maximal möglichen Wert, und das System mit dieser Charakteristik heißt ein optimales Suchfilter für das Signal $x(t)$. Die Gl. (3.216) zeigt, daß das optimale Suchfilter jene Spektralanteile stark dämpft, in denen das Amplitudenspektrum des Nutzsignals klein und die spektrale Leistungsdichte des Rauschens groß ist. Die Reaktion $y_0(t)$ des optimalen Suchfilters auf die Erregung $x(t)$ hat stets ihr Betragsmaximum an der Stelle $t = t_0$, was mit den Gln. (3.213) und (3.216) gezeigt werden kann. Bei der Signalerkennung braucht daher lediglich der Wert der vorliegenden Musterfunktion des Ausgangsprozesses an der Stelle $t_0$ beobachtet zu werden.

Ist die Störung $\boldsymbol{n}(t)$ weißes Rauschen der Leistungsdichte $K$, dann folgt aus Gl. (3.216), daß das optimale Suchfilter die Impulsantwort

$$h_0(t) = \frac{k}{K} x(t_0 - t) \tag{3.217}$$

hat. Ein in dieser Weise an seine Erregung angepaßtes System heißt matched filter. Da das Nutzsignal $x(t)$ als zeitlich begrenzt vorausgesetzt wurde, läßt sich durch geeignete Wahl von $t_0$ stets dafür sorgen, daß die Impulsantwort $h(t)$ nach Gl. (3.217) durch ein kausales System realisiert werden kann.

# IV. SPEKTRALANALYSE DISKONTINUIERLICHER SIGNALE UND SYSTEME

Im Kapitel III wurde gezeigt, wie kontinuierliche Signale und Systeme mit dem Konzept der Fourier-Transformation beschrieben und behandelt werden können. Im folgenden Kapitel soll die entsprechende Darstellung und Behandlungsweise von diskontinuierlichen Signalen und Systemen im Frequenzbereich erörtert werden. Das Ziel beider Kapitel ist das gleiche, nämlich zu den Verfahren von Kapitel I alternative Möglichkeiten der Untersuchung von Signalen und Systemen zu entwickeln, die neue Einsichten in die Struktur der zu analysierenden Objekte bieten. Ein besonderes Anliegen ist es, die Parallelität der Konzepte beider Klassen von Signalen und Systemen hervorzuheben. Neben den vielen Ähnlichkeiten sollen aber auch einige wichtige Unterschiede zwischen dem kontinuierlichen und dem diskontinuierlichen Fall deutlich gemacht werden. Obwohl sich die Methoden für kontinuierliche Signale und Systeme ursprünglich unabhängig von denen für diskontinuierliche Signale und Systeme entwickelt haben, sind sie später durch den starken Einfluß der Computer und bestimmter Anwendungen, insbesondere im Zusammenhang mit Abtastsystemen weitgehend zusammengewachsen. Der folgende Abschnitt ist als Motivation für die Einführung des Spektrums diskontinuierlicher Signale gedacht.

## 1. Die Übertragungsfunktion

Es wird ein lineares diskontinuierliches System mit einem Eingang und einem Ausgang betrachtet. Im Fall der Zeitinvarianz, welcher hier näher untersucht werden soll, wird die Verknüpfung zwischen Eingangs- und Ausgangssignal durch die Gl. (1.87b) beschrieben. Betrachtet man nun als Eingangsgröße die diskontinuierliche harmonische Exponentielle

$$x[n] = \mathrm{e}^{\mathrm{j}\omega nT} \tag{4.1}$$

mit beliebigem $T > 0$, die von $n = -\infty$ an auf das als stabil vorausgesetzte System[1] einwirkt, dann erhält man als Systemantwort

$$y[n] = \sum_{\nu=-\infty}^{\infty} \mathrm{e}^{\mathrm{j}\omega(n-\nu)T} h[\nu]$$

oder

$$y[n] = \mathrm{e}^{\mathrm{j}\omega nT} \sum_{\nu=-\infty}^{\infty} h[\nu](\mathrm{e}^{\mathrm{j}\omega T})^{-\nu} . \tag{4.2}$$

Die von der diskreten Zeit $n$ unabhängige und nur von $\mathrm{e}^{\mathrm{j}\omega T}$ abhängige Summe

$$H(\mathrm{e}^{\mathrm{j}\omega T}) := \sum_{\nu=-\infty}^{\infty} h[\nu](\mathrm{e}^{\mathrm{j}\omega T})^{-\nu} \tag{4.3}$$

wird als *Übertragungsfunktion* des diskontinuierlichen Systems eingeführt. Sie kann, wie aus den Gln. (4.1), (4.2) und (4.3) hervorgeht, auch durch die Eigenschaft

[1] Siehe hierzu die Fußnote 1 auf Seite 190.

$$H(\mathrm{e}^{\mathrm{j}\omega T}) = \left.\frac{y[n]}{x[n]}\right|_{x[n]=\mathrm{e}^{\mathrm{j}\omega nT}} \tag{4.4}$$

charakterisiert werden. Diese Beziehung liefert für den Fall, daß die Eingangsgröße und die Ausgangsgröße des Systems durch die Differenzengleichung

$$y[n]+\alpha_{q-1}y[n-1]+\cdots+\alpha_0 y[n-q] = \beta_q x[n]+\beta_{q-1}x[n-1]+\cdots+\beta_0 x[n-q] \tag{4.6a}$$

miteinander verknüpft sind, mit der Abkürzung

$$z = \mathrm{e}^{\mathrm{j}\omega T} \tag{4.5}$$

die rationale Funktion

$$H(z) = \frac{\beta_q z^q + \beta_{q-1}z^{q-1} + \cdots + \beta_0}{z^q + \alpha_{q-1}z^{q-1} + \cdots + \alpha_0} \tag{4.6b}$$

als eine Darstellung der Übertragungsfunktion. Wie die Gl. (4.3) zeigt, gilt bei einem reellen System stets

$$H(\mathrm{e}^{-\mathrm{j}\omega T}) = H^*(\mathrm{e}^{\mathrm{j}\omega T}). \tag{4.7}$$

Mit Hilfe von Gl.(4.4) kann man die Systemantwort auf eine bereits von $n = -\infty$ an wirkende harmonische Erregung, etwa in der Form

$$x[n] = \cos \omega nT , \tag{4.8a}$$

angeben, indem man dieses Signal als halbe Summe von zwei diskontinuierlichen harmonischen Exponentiellen auffaßt, die entsprechenden Systemreaktionen superponiert und die Gl. (4.7) beachtet. In Analogie zum kontinuierlichen Fall ergibt sich für die Systemantwort

$$y[n] = |H(\mathrm{e}^{\mathrm{j}\omega T})| \cos[\omega nT + \arg H(\mathrm{e}^{\mathrm{j}\omega T})], \tag{4.8b}$$

also ein diskontinuierliches harmonisches Signal, das die gleiche Kreisfrequenz $\omega$ aufweist wie das Eingangssignal. Damit ist gezeigt, daß die Übertragungsfunktion das Systemverhalten bei harmonischer Erregung charakterisiert. Man spricht davon, daß die Übertragungsfunktion bei variablem $\omega$ den *Frequenzgang* beschreibt. Dieser Frequenzgang ist – im Gegensatz zum kontinuierlichen Fall – in Abhängigkeit von $\omega$ eine periodische Funktion mit der Periode $2\pi/T$. Man kann den Frequenzgang wie bei kontinuierlichen Systemen durch Realteil und Imaginärteil oder durch Betrag und Phase darstellen. Läßt sich die Übertragungsfunktion in Form von Gl. (4.6b) ausdrücken, dann kann man sich das Verhalten des Frequenzganges wie im kontinuierlichen Fall durch die Pole und Nullstellen von $H(z)$ in der komplexen $z$-Ebene veranschaulichen. Dabei ist bemerkenswert, daß alle komplexen Pole und alle komplexen Nullstellen paarweise konjugiert auftreten, da $H(z)$ eine reelle Funktion ist, d. h. für reelle $z$-Werte reelle Funktionswerte liefert.

Die Gl. (4.3), durch welche die Übertragungsfunktion $H(\mathrm{e}^{\mathrm{j}\omega T})$ eingeführt wurde, kann als eine Operation betrachtet werden, durch welche die Impulsantwort $h[n]$ aus dem Zeitbereich in den Frequenzbereich transformiert wird. Wie im nächsten Abschnitt gezeigt wird, kann unter bestimmten Voraussetzungen jedem diskontinuierlichen Signal eine Frequenzfunktion, ein Spektrum, zugeordnet werden. In diesem Sinne darf die Übertragungsfunktion als Spektrum der Impulsantwort betrachtet werden.

# 2. Spektraldarstellung diskontinuierlicher Signale

## 2.1. DIE GRUNDGLEICHUNGEN

In diesem Abschnitt soll gezeigt werden, wie man auch einem diskontinuierlichen Signal $f[n]$ ein Spektrum zuweisen kann und welche Bedeutung diese spektrale Signalbeschreibung für die Charakterisierung diskontinuierlicher Systeme im Frequenzbereich hat.

Gegeben sei das diskontinuierliche Signal $f[n]$. Die Werte $f[n]$ sollen als diskrete Funktionswerte eines bandbegrenzten kontinuierlichen Signals $\widetilde{f}(t)$ für $t = nT$ $(T > 0$ beliebig wählbar) aufgefaßt werden. Ein solches Signal $\widetilde{f}(t)$ kann gemäß Gl. (3.103) mit $\omega_g = \pi/T$ in Form der unendlichen Reihe

$$\widetilde{f}(t) = \sum_{n=-\infty}^{\infty} f[n] \frac{\sin \omega_g(t - n\pi/\omega_g)}{\omega_g(t - n\pi/\omega_g)}$$

dargestellt werden, deren Konvergenz für all $t$-Werte vorausgesetzt wird. Unterwirft man diese Darstellung der Fourier-Transformation, so ergibt sich das Spektrum

$$\widetilde{F}(\mathrm{j}\omega) = p_{\omega_g}(\omega) T \sum_{n=-\infty}^{\infty} f[n] \mathrm{e}^{-\mathrm{j}\omega nT}. \tag{4.9}$$

Durch Anwendung der Fourier-Umkehrformel (3.19) für $t = nT$ erhält man hieraus

$$f[n] = \frac{1}{2\omega_g} \int_{-\omega_g}^{\omega_g} F(\mathrm{e}^{\mathrm{j}\omega T}) \mathrm{e}^{\mathrm{j}\omega nT} \, \mathrm{d}\omega \tag{4.10a}$$

mit

$$F(\mathrm{e}^{\mathrm{j}\omega T}) = \sum_{n=-\infty}^{\infty} f[n] \mathrm{e}^{-\mathrm{j}\omega nT}. \tag{4.10b}$$

Das Gleichungspaar (4.10a,b) bildet eine umkehrbar eindeutige Korrespondenz zwischen dem diskontinuierlichen Signal $f[n]$ und dessen Frequenzfunktion (oder dem Spektrum) $F(\mathrm{e}^{\mathrm{j}\omega T})$, die in Abhängigkeit von $\omega$ periodisch ist mit der Grundperiode $2\pi/T = 2\omega_g$. Wie ein Vergleich mit den Gln. (3.86b,c) zeigt, sind die Werte $f[n]$ mit den Fourier-Koeffizienten der periodischen Funktion $F(\mathrm{e}^{\mathrm{j}\omega T})$ identisch. Die Gln. (4.10a,b) entsprechen den Gln. (3.19) und (3.20) für den Fall kontinuierlicher Signale; sie verlieren aber ihren Sinn, wenn die Reihe in Gl. (4.10b) divergiert. Eine notwendige Bedingung für die Konvergenz ist

$$f[n] \to 0 \quad \text{für} \quad n \to \pm\infty,$$

hinreichend ist die Forderung

$$\sum_{n=-\infty}^{\infty} |f[n]| < \infty. \tag{4.11}$$

Diese Forderung bedeutet die absolute Summierbarkeit des diskontinuierlichen Signals $f[n]$. Man beachte, daß die Auswertung der Rücktransformation nach Gl. (4.10a) eine Integration nur über ein endliches Intervall erfordert, während in der entsprechenden Gl. (3.19) zur Fourier-Rücktransformation die Integration über ein unendlich langes Intervall zu erstrecken ist, das Integral also dort uneigentlich ist. Hierdurch bedingte Schwierigkeiten treten in Gl. (4.10a) nicht auf.

Die durch die Gln. (4.10a,b) eingeführte Transformation soll *diskontinuierliche Fourier-Transformation* genannt und entsprechend dem kontinuierlichen Fall in der Kurzform

$$f[n] \circ\!\!-\!\!\bullet F(\mathrm{e}^{\mathrm{j}\omega T})$$

geschrieben werden. Gelegentlich wird hierbei die Kreisfrequenz in der normierten Form $\Omega = \omega T$ verwendet, wodurch $(-\pi, \pi)$ zum Grundintervall der mit $2\pi$ periodischen Funktion $F(\mathrm{e}^{\mathrm{j}\Omega})$ wird. Man beachte, daß $f[n]$ zwar häufig als reelles Signal betrachtet wird, im allgemeinen aber auch eine komplexwertige Funktion sein darf. Das Spektrum $F(\mathrm{e}^{\mathrm{j}\omega T})$ ist im allgemeinen, auch bei reellen Signalen, eine komplexwertige Funktion. Sie kann also durch Realteil- und Imaginärteilfunktion oder durch Amplituden- und Phasenfunktion ausgedrückt werden, wobei allerdings diese Komponenten im Gegensatz zur Fourier-Transformierten eines kontinuierlichen Signals periodisch in $\omega$ mit der Periode $2\pi/T$ sind.

*Beispiele*: Als erstes einfaches Beispiel für die Anwendung der Gln. (4.10a,b) sei die diskontinuierliche Impulsfunktion $\delta[n]$ nach Gl. (1.29) betrachtet. Zunächst liefert die Gl. (4.10b) das Spektrum

$$F(\mathrm{e}^{\mathrm{j}\omega T}) = 1\,, \tag{4.12a}$$

das mit dem der kontinuierlichen Impulsfunktion $\delta(t)$ identisch ist. Führt man das Spektrum in die Gl. (4.10a) ein, so erhält man mit $\omega_g T = \pi$ das Signal

$$f[n] = \frac{1}{2\omega_g}\int_{-\omega_g}^{\omega_g} \mathrm{e}^{\mathrm{j}\omega nT}\,\mathrm{d}\omega = \frac{\sin \pi n}{\pi n}\,. \tag{4.12b}$$

Dies ist aber genau $\delta[n]$. Man vergleiche die Ähnlichkeit mit den Gln. (3.16a,b) bzw. (3.17).

Die diskontinuierliche Rechteckfunktion

$$p_N[n] = \begin{cases} 1 & \text{für} \quad |n| \leqq N \\ 0 & \text{für} \quad |n| > N \end{cases} \tag{4.13a}$$

besitzt nach Gl. (4.10b) das Spektrum

$$P_N(\mathrm{e}^{\mathrm{j}\omega T}) = \sum_{n=-N}^{N} \mathrm{e}^{-\mathrm{j}\omega nT}$$

oder mit $z = \mathrm{e}^{\mathrm{j}\omega T}$

$$P_N(\mathrm{e}^{\mathrm{j}\omega T}) = \sum_{n=-N}^{N} z^{-n} = \frac{z^{N+1} - z^{-N}}{z-1} = \frac{z^{N+\frac{1}{2}} - z^{-N-\frac{1}{2}}}{z^{\frac{1}{2}} - z^{-\frac{1}{2}}}\,,$$

d. h., wenn $z$ rücksubstituiert wird,

$$P_N(\mathrm{e}^{\mathrm{j}\omega T}) = \frac{\sin[(N+\frac{1}{2})\omega T]}{\sin(\frac{1}{2}\omega T)}\,. \tag{4.13b}$$

Im Bild 4.1 sind $p_N[n]$ und $P_N(\mathrm{e}^{\mathrm{j}\omega T})$ für $N = 2$ dargestellt.

Als weiteres Beispiel sei das Signal

$$f[n] = a^n s[n] \quad \text{mit} \quad |a| < 1 \tag{4.14a}$$

gewählt. Aus Gl. (4.10b) ergibt sich

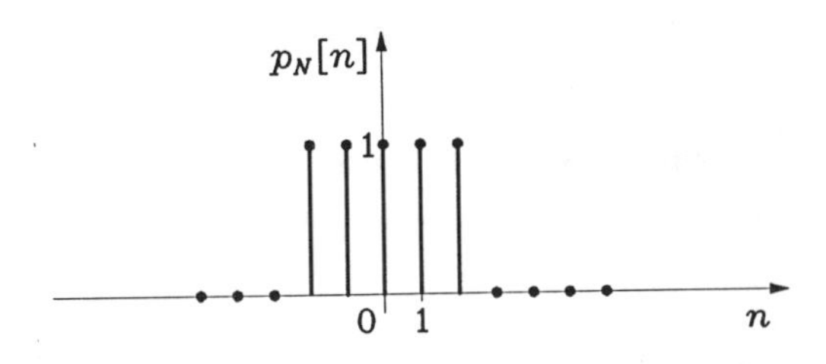


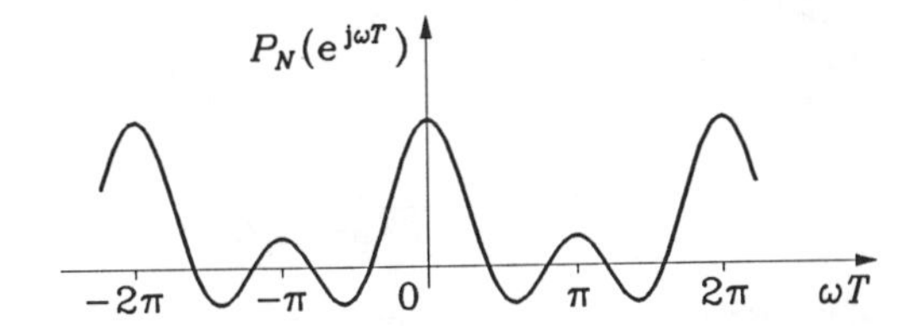


Bild 4.1: Diskontinuierliche Rechteckfunktion mit Spektrum für $N = 2$

$$F(e^{j\omega T}) = \sum_{n=0}^{\infty} a^n e^{-j\omega n T}$$

oder mit $z = e^{j\omega T}$

$$F(e^{j\omega T}) = \sum_{n=0}^{\infty} \left(\frac{a}{z}\right)^n = \frac{1}{1 - \frac{a}{z}}$$

und nach Rücksubstitution

$$F(e^{j\omega T}) = \frac{1}{1 - a\, e^{-j\omega T}}\,. \tag{4.14b}$$

Bild 4.2 zeigt die Verläufe von $f[n]$, $|F(e^{j\omega T})|$ und $\arg F(e^{j\omega T})$ für $a = 1/2$.

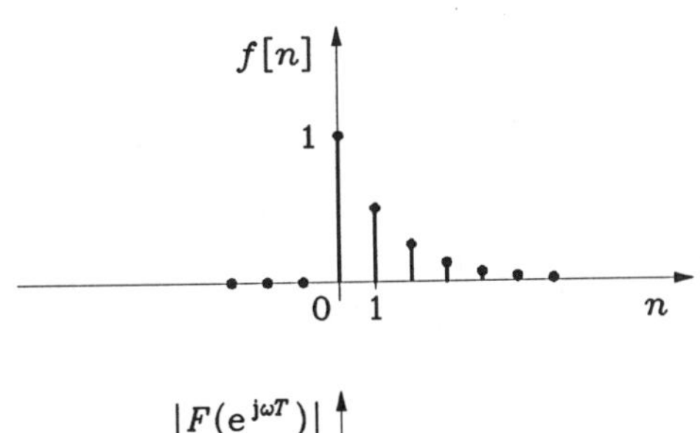


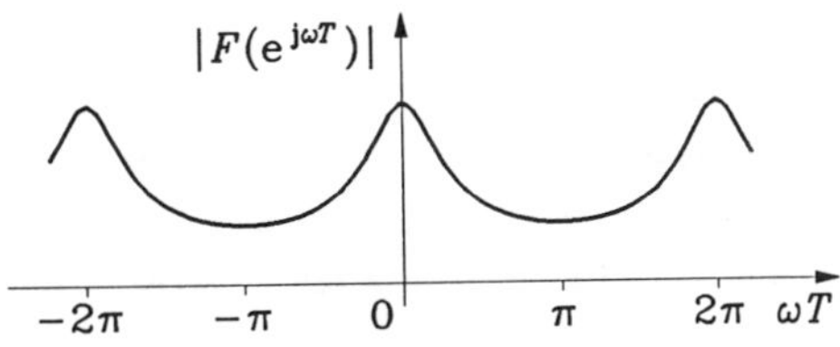


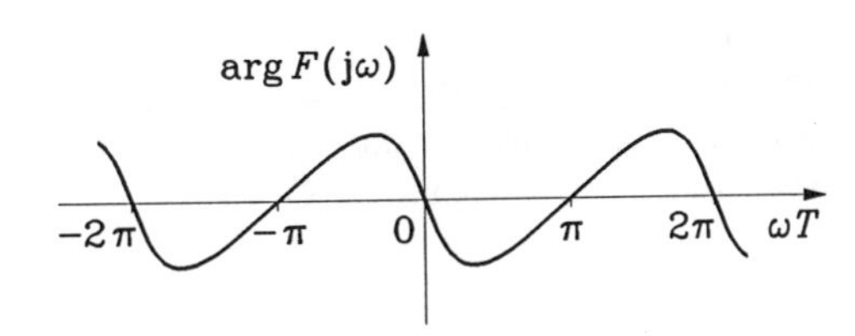


Bild 4.2: Potenzsignal mit $a = 1/2$ und Spektrum

Schließlich sei das Signal

$$f[n] = a^{|n|} \quad \text{mit} \quad |a| < 1 \tag{4.15a}$$

betrachtet. Man erhält mit Gl. (4.10b)

$$F(\mathrm{e}^{\mathrm{j}\omega T}) = \sum_{n=-\infty}^{\infty} a^{|n|}\,\mathrm{e}^{-\mathrm{j}\omega nT} = \sum_{n=0} a^n\,\mathrm{e}^{-\mathrm{j}\omega nT} + \sum_{m=1}^{\infty} a^m\,\mathrm{e}^{\mathrm{j}\omega mT}$$

oder mit $z = \mathrm{e}^{\mathrm{j}\omega T}$

$$F(\mathrm{e}^{\mathrm{j}\omega T}) = \sum_{n=0}^{\infty}\left(\frac{a}{z}\right)^n + \sum_{m=0}^{\infty}(a\,z)^m - 1 = \frac{1}{1-\frac{a}{z}} + \frac{1}{1-a\,z} - 1 = \frac{1-a^2}{1+a^2-a\left(z+\frac{1}{z}\right)}$$

und damit nach Rücksubstitution

$$F(\mathrm{e}^{\mathrm{j}\omega T}) = \frac{1-a^2}{1-2a\cos\omega T + a^2}\,. \tag{4.15b}$$

Man kann nun die im Abschnitt 1 eingeführte Übertragungsfunktion $H(\mathrm{e}^{\mathrm{j}\omega T})$ eines linearen, zeitinvarianten diskontinuierlichen Systems mit einer Eingangsgröße $x[n]$ und einer Ausgangsgröße $y[n]$ als Spektrum der Impulsantwort $h[n]$ im Sinne der Gln. (4.10a,b) auffassen, und man erhält daher neben der Gl. (4.3) als Verknüpfung von Impulsantwort und Übertragungsfunktion die Beziehung

$$h[n] = \frac{1}{2\omega_g}\int_{-\omega_g}^{\omega_g} H(\mathrm{e}^{\mathrm{j}\omega T})\,\mathrm{e}^{\mathrm{j}\omega nT}\,\mathrm{d}\omega\,. \tag{4.16}$$

Nach Gl. (1.87b) läßt sich der Zusammenhang zwischen den Signalen $x[n]$ und $y[n]$ in der Form

$$y[n] = \sum_{\mu=-\infty}^{\infty} x[n-\mu]\,h[\mu] \tag{4.17a}$$

darstellen. Führt man hier unter Verwendung des Spektrums $X(\mathrm{e}^{\mathrm{j}\omega T})$ von $x[n]$ für $x[n-\mu]$ die Darstellung gemäß der Gl. (4.10a) ein, so ergibt sich für das Ausgangssignal

$$y[n] = \sum_{\mu=-\infty}^{\infty}\frac{1}{2\omega_g}\left\{\int_{-\omega_g}^{\omega_g} X(\mathrm{e}^{\mathrm{j}\omega T})\,\mathrm{e}^{\mathrm{j}\omega[n-\mu]T}\,\mathrm{d}\omega\right\}h[\mu]$$

$$= \frac{1}{2\omega_g}\int_{-\omega_g}^{\omega_g} X(\mathrm{e}^{\mathrm{j}\omega T})\left[\sum_{\mu=-\infty}^{\infty} h[\mu]\,\mathrm{e}^{-\mathrm{j}\omega\mu T}\right]\mathrm{e}^{\mathrm{j}\omega nT}\,\mathrm{d}\omega$$

oder mit Gl. (4.3)

$$y[n] = \frac{1}{2\omega_g}\int_{-\omega_g}^{\omega_g} X(\mathrm{e}^{\mathrm{j}\omega T})\,H(\mathrm{e}^{\mathrm{j}\omega T})\,\mathrm{e}^{\mathrm{j}\omega nT}\,\mathrm{d}\omega\,. \tag{4.17b}$$

Das Spektrum $Y(\mathrm{e}^{\mathrm{j}\omega T})$ von $y[n]$ entsteht also, wie man der Gl. (4.17b) entnimmt, durch Multiplikation des Spektrums der Eingangsgröße mit der Übertragungsfunktion. Dieses Ergebnis steht in völliger Analogie zur entsprechenden Aussage für lineare, zeitinvariante *kontinuierliche* Systeme, nämlich zu Gl. (3.64b).

## 2.2. DIE SPEKTRALTRANSFORMATION IM BEREICH DER VERALLGEMEINERTEN FUNKTIONEN

Im folgenden soll gezeigt werden, wie Signale in die Klasse der transformierbaren Funktionen einbezogen werden können, denen direkt nach Gl. (4.10b) kein Spektrum im gewöhnlichen Sinn zugeordnet ist. Diese Erweiterung der Klasse transformierbarer Signale geschieht dadurch, daß in den Spektralfunktionen $F(\mathrm{e}^{\mathrm{j}\omega T})$ $\delta$-Funktionen zugelassen werden. Aus diesen Spektren gewinnt man dann durch entsprechende Auswertung der Gl. (4.10a) im Sinne der Distributionentheorie die zugehörigen Signale.

Es wird zunächst mit $\omega_g = \pi/T$ das Spektrum

$$F(\mathrm{e}^{\mathrm{j}\omega T}) = 2\omega_g \sum_{\nu=-\infty}^{\infty} \delta(\omega - \omega_0 - \nu 2\omega_g) \tag{4.18}$$

$$(-\omega_g < \omega_0 < \omega_g)$$

betrachtet. Führt man diese Funktion in die Gl. (4.10a) ein, so ergibt sich aufgrund der Ausblendeigenschaft der $\delta$-Funktion das Signal

$$f[n] = \mathrm{e}^{\mathrm{j}\omega_0 nT}.$$

Dieses Ergebnis wird zusammengefaßt in Form der Korrespondenz

$$\mathrm{e}^{\mathrm{j}\omega_0 nT} \circ\!\!-\!\!\bullet\; 2\pi \sum_{\nu=-\infty}^{\infty} \delta(\omega T - \omega_0 T - \nu 2\pi) \tag{4.19}$$

$$(-\pi < \omega_0 T < \pi).$$

Dabei wurde die Eigenschaft $\delta(ax) = \delta(x)/|a|$ $(a = \text{const} \neq 0)$ der $\delta$-Funktion und $\omega_g = \pi/T$ beachtet. Für $\omega_0 = 0$ erhält man den Sonderfall

$$1 \circ\!\!-\!\!\bullet\; 2\pi \sum_{\nu=-\infty}^{\infty} \delta(\omega T - \nu 2\pi). \tag{4.20}$$

Man kann sich die rechte Seite der Korrespondenz (4.19) auf einem Kreis $z = \mathrm{e}^{\mathrm{j}\omega T}$ $(-\infty < \omega T < \infty)$ in der komplexen $z$-Ebene durch einen $\delta$-Impuls der Stärke $2\pi$ an der Stelle $\omega = \omega_0$ veranschaulichen.

Es soll nun das Spektrum $S(\mathrm{e}^{\mathrm{j}\omega T})$ der Sprungfunktion $s[n]$ ermittelt werden. Ausgangspunkt ist die Darstellung der Sprungfunktion in der Form

$$s[n] = \frac{1}{2} + \frac{1}{2}\,\mathrm{sgn}[n] + \frac{1}{2}\,\delta[n] \tag{4.21}$$

mit der diskontinuierlichen Signumfunktion

$$\operatorname{sgn}[n] = \begin{cases} 1 & \text{für} \quad n > 0\,, \\ 0 & \text{für} \quad n = 0\,, \\ -1 & \text{für} \quad n < 0\,. \end{cases} \tag{4.22}$$

Zunächst wird das Spektrum $X(e^{j\omega T})$ der Signumfunktion ermittelt. Man erhält direkt

$$X(e^{j\omega T}) = \sum_{n=1}^{\infty} (e^{-jn\omega T} - e^{jn\omega T})$$

$$= \lim_{N \to \infty} \sum_{n=1}^{N} (e^{-jn\omega T} - e^{jn\omega T})$$

$$= \lim_{N \to \infty} \left[ \frac{e^{-j\omega T(N+1)} - e^{-j\omega T}}{e^{-j\omega T} - 1} - \frac{e^{j\omega T(N+1)} - e^{j\omega T}}{e^{j\omega T} - 1} \right].$$

Wenn man beachtet, daß $e^{\pm j\omega T(N+1)} = \cos(\omega T(N+1)) \pm j \sin(\omega T(N+1))$ im Sinne der Distributionentheorie für $N \to \infty$ verschwindet, ergibt sich weiterhin

$$X(e^{j\omega T}) = \frac{e^{-j\omega T}}{1 - e^{-j\omega T}} + \frac{e^{j\omega T}}{e^{j\omega T} - 1}$$

$$= \frac{e^{j\frac{\omega T}{2}} + e^{-j\frac{\omega T}{2}}}{e^{j\frac{\omega T}{2}} - e^{-j\frac{\omega T}{2}}}\,,$$

also schließlich die Korrespondenz

$$\operatorname{sgn}[n] \circ\!\!-\!\!\bullet \frac{1}{j \tan \frac{\omega T}{2}}\,. \tag{4.23}$$

Damit kann man bei Beachtung der Korrespondenz (4.20) die Gl. (4.21) in den Spektralbereich überführen und erhält die Zuordnung

$$s[n] \circ\!\!-\!\!\bullet \pi \sum_{\nu=-\infty}^{\infty} \delta(\omega T - \nu 2\pi) + \frac{1}{j\,2 \tan \frac{\omega T}{2}} + \frac{1}{2} \tag{4.24a}$$

oder nach Umrechnung

$$s[n] \circ\!\!-\!\!\bullet \frac{1}{1 - e^{-j\omega T}} + \pi \sum_{\nu=-\infty}^{\infty} \delta(\omega T - \nu 2\pi)\,. \tag{4.24b}$$

Man beachte, daß angesichts der Linearität der Spektraltransformation aus der Korrespondenz (4.19) direkt auch die Spektren für $\cos \omega_0 nT = [e^{j\omega_0 nT} + e^{-j\omega_0 nT}]/2$ und $\sin \omega_0 nT = [e^{j\omega_0 nT} - e^{-j\omega_0 nT}]/2j$ angegeben werden können.

Zur Vorbereitung der Spektraltransformation periodischer Signale wird noch die mit einer natürlichen Zahl $N$ periodische Impulsfolge

$$d_N[n] = \sum_{m=-\infty}^{\infty} \delta[n - mN] \tag{4.25}$$

in den Spektralbereich überführt. Man erhält bei Beachtung der Gln. (3.79b) und (3.82) direkt die Korrespondenz

$$d_N[n] \circ\!\!-\!\!\bullet \sum_{m=-\infty}^{\infty} \mathrm{e}^{-\mathrm{j}mN\omega T} = \frac{2\pi}{N} \sum_{m=-\infty}^{\infty} \delta(\omega T - m\,\frac{2\pi}{N}) \; . \tag{4.26}$$

## 2.3. EIGENSCHAFTEN DER SPEKTRALTRANSFORMATION

### 2.3.1. Elementare Eigenschaften

Im Kapitel III wurde für die Fourier-Transformation eine Reihe von Eigenschaften erörtert, die wichtige Einsichten in die Beschreibung kontinuierlicher Signale im Frequenzbereich ermöglichten und sich darüber hinaus bei der Lösung konkreter Probleme als nützlich erwiesen haben. Die entsprechenden Eigenschaften der Spektraltransformation von diskontinuierlichen Signalen sollen im folgenden besprochen werden. Soweit sie nicht ausdrücklich bewiesen werden, resultieren sie unmittelbar aus den Gln. (4.10a,b).

**(a) Linearität**
Aus den Zuordnungen

$$f_1[n] \circ\!\!-\!\!\bullet F_1(\mathrm{e}^{\mathrm{j}\omega T}), \quad f_2[n] \circ\!\!-\!\!\bullet F_2(\mathrm{e}^{\mathrm{j}\omega T})$$

folgt mit willkürlichen Konstanten $a_1$ und $a_2$ die Korrespondenz

$$a_1 f_1[n] + a_2 f_2[n] \circ\!\!-\!\!\bullet a_1 F_1(\mathrm{e}^{\mathrm{j}\omega T}) + a_2 F_2(\mathrm{e}^{\mathrm{j}\omega T}) .$$

**(b) Zeitverschiebung**
Aus der Zuordnung

$$f[n] \circ\!\!-\!\!\bullet F(\mathrm{e}^{\mathrm{j}\omega T})$$

folgt die Korrespondenz

$$f[n - n_0] \circ\!\!-\!\!\bullet \mathrm{e}^{-\mathrm{j}\omega T n_0} F(\mathrm{e}^{\mathrm{j}\omega T}) .$$

Zum *Beweis* dieser Eigenschaft braucht man nur $f[n - n_0]$ in Gl. (4.10b) einzusetzen und $m := n - n_0$ als neue Summationsvariable zu verwenden.

**(c) Frequenzverschiebung**
Aus der Korrespondenz

$$f[n] \circ\!\!-\!\!\bullet\, F(\mathrm{e}^{\mathrm{j}\omega T})$$

folgt die Zuordnung

$$f[n]\,\mathrm{e}^{\mathrm{j}\omega_0 nT} \circ\!\!-\!\!\bullet\, F(\mathrm{e}^{\mathrm{j}(\omega-\omega_0)T}).$$

Zum *Beweis* dieser Eigenschaft braucht man nur $F(\mathrm{e}^{\mathrm{j}(\omega-\omega_0)T})$ in Gl. (4.10a) einzusetzen und anschließend $\Omega := \omega - \omega_0$ zu substituieren.

**(d) Zeit- und Frequenz-Skalierung**
Aus der Korrespondenz

$$f[n] \circ\!\!-\!\!\bullet\, F(\mathrm{e}^{\mathrm{j}\omega T})$$

folgt die Zuordnung

$$f[-n] \circ\!\!-\!\!\bullet\, F(\mathrm{e}^{-\mathrm{j}\omega T}).$$

Zum *Beweis* hat man nur $f[-n]$ in Gl. (4.10b) einzusetzen und $m := -n$ zu substituieren.

Zu $f[n]$ wird nun nach Wahl einer natürlichen Zahl $k$ das Signal

$$f_{(k)}[n] := \begin{cases} f[n/k], & \text{falls } n \text{ ein ganzzahliges Vielfaches von } k \text{ ist}, \\ 0 & \text{sonst} \end{cases}$$

eingeführt. Man erhält, anschaulich gesprochen, $f_{(k)}[n]$ aus $f[n]$, indem man jeweils zwischen zwei aufeinanderfolgende Werte des ursprünglichen Signals $k-1$ Nullen schiebt. Der Übergang von $f[n]$ zu $f_{(k)}[n]$ bedeutet also gewissermaßen eine Verlangsamung des Zeitvorgangs. Führt man $f_{(k)}[n]$ in die Gl. (4.10b) ein, so ergibt sich als zugehöriges Spektrum

$$F_{(k)}(\mathrm{e}^{\mathrm{j}\omega T}) = \sum_{n=-\infty}^{\infty} f_{(k)}[n]\,\mathrm{e}^{-\mathrm{j}\omega nT} = \sum_{\nu=-\infty}^{\infty} f_{(k)}[\nu k]\,\mathrm{e}^{-\mathrm{j}\omega\nu kT} = \sum_{\nu=-\infty}^{\infty} f[\nu]\,\mathrm{e}^{-\mathrm{j}(k\omega)\nu T} = F(\mathrm{e}^{\mathrm{j}k\omega T}).$$

Es besteht also die Korrespondenz

$$f_{(k)}[n] \circ\!\!-\!\!\bullet\, F(\mathrm{e}^{\mathrm{j}k\omega T}).$$

Man beachte, daß das Spektrum $F(\mathrm{e}^{\mathrm{j}k\omega T})$ die Periode $2\pi/(kT)$ hat, im Gegensatz zur Periode $2\pi/T$ von $F(\mathrm{e}^{\mathrm{j}\omega T})$. Durch die Verlangsamung des Zeitvorgangs, die durch den Übergang von $f[n]$ zu $f_{(k)}[n]$ eintritt, erfolgt eine Kompression des Spektrums. Es handelt sich hier um eine Erscheinung, welche die Reziprozität zwischen Zeit und Frequenz (wie im kontinuierlichen Fall) ausdrückt. Diese Eigenschaft ist am Beispiel der durch die Gln. (4.15a,b) gegebenen Korrespondenz im Bild 4.3 für $k = 2$ erläutert.

**(e) Symmetrieeigenschaften der Spektraltransformation**
Ist $f[n]$ ein reelles Signal, so gilt für das Spektrum

$$F(\mathrm{e}^{\mathrm{j}\omega T}) = F^*(\mathrm{e}^{-\mathrm{j}\omega T}).$$

Hieraus folgt unmittelbar, daß $\operatorname{Re} F(\mathrm{e}^{\mathrm{j}\omega T})$ und $|F(\mathrm{e}^{\mathrm{j}\omega T})|$ gerade, dagegen $\operatorname{Im} F(\mathrm{e}^{\mathrm{j}\omega T})$ und $\arg F(\mathrm{e}^{\mathrm{j}\omega T})$ ungerade Funktionen von $\omega$ sind. Dem Signal $f[n]$ kann man seinen gera-

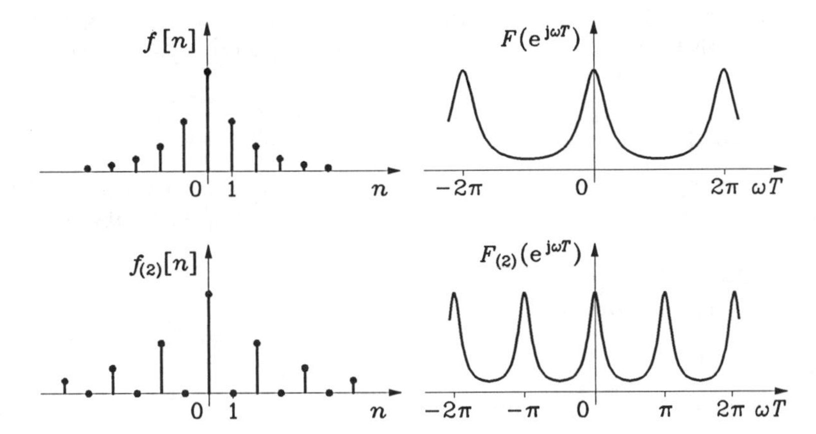


Bild 4.3: Erläuterung der Zeit- und Frequenz-Skalierung

den Teil

$$f_g[n] = \frac{1}{2}\{f[n] + f[-n]\}$$

und seinen ungeraden Teil

$$f_u[n] = \frac{1}{2}\{f[n] - f[-n]\}$$

zuordnen, so daß

$$f[n] = f_g[n] + f_u[n]$$

gilt. Dann bestehen die Korrespondenzen

$$f_g[n] \circ\!\!-\!\bullet \operatorname{Re} F(\mathrm{e}^{\mathrm{j}\omega T}) \quad \text{und} \quad f_u[n] \circ\!\!-\!\bullet \mathrm{j} \operatorname{Im} F(\mathrm{e}^{\mathrm{j}\omega T}).$$

**(f) Differenzbildung und Summation im Zeitbereich**

Es bestehe die Korrespondenz

$$f[n] \circ\!\!-\!\bullet F(\mathrm{e}^{\mathrm{j}\omega T}).$$

Durch Anwendung der Zeitverschiebungs- und der Linearitätseigenschaft erhält man die Korrespondenz für das Differenzsignal

$$f[n] - f[n-1] \circ\!\!-\!\bullet (1 - \mathrm{e}^{-\mathrm{j}\omega T}) F(\mathrm{e}^{\mathrm{j}\omega T}). \tag{4.27}$$

Es wird nun das Summensignal

$$g[n] = \sum_{\nu=-\infty}^{n} f[\nu]$$

eingeführt. Man kann es auch als Faltungssumme

$$g[n] = \sum_{\nu=-\infty}^{\infty} f[\nu] s[n-\nu] = f[n] * s[n]$$

schreiben. Nach dem noch zu erörternden Faltungssatz erhält man das Spektrum von $g[n]$ einfach als Produkt der Spektren von $f[n]$ und $s[n]$. Daher ergibt sich mit Korrespondenz (4.26)

$$\sum_{\nu=-\infty}^{n} f[\nu] \circ\!\!-\!\!\bullet \frac{1}{1-\mathrm{e}^{-\mathrm{j}\omega T}} F(\mathrm{e}^{\mathrm{j}\omega T}) + \omega_g F(1) \sum_{\nu=-\infty}^{\infty} \delta(\omega - \nu 2\omega_g). \tag{4.28}$$

Die Korrespondenzen (4.27) und (4.28) sind vergleichbar mit den Eigenschaften der Differentiation und Integration im kontinuierlichen Fall nach Kapitel III, Abschnitt 3.1, f.

**(g) Differentiation im Frequenzbereich**
Es bestehe die Korrespondenz

$$f[n] \circ\!\!-\!\!\bullet F(\mathrm{e}^{\mathrm{j}\omega T}).$$

Differenziert man die Gl. (4.10b) nach $\omega$, so folgt

$$\frac{\mathrm{d}F(\mathrm{e}^{\mathrm{j}\omega T})}{\mathrm{d}\omega} = \sum_{n=-\infty}^{\infty} \{-\mathrm{j}nT f[n]\} \mathrm{e}^{-\mathrm{j}\omega nT},$$

also die Korrespondenz

$$nf[n] \circ\!\!-\!\!\bullet \mathrm{j} \frac{\mathrm{d}F(\mathrm{e}^{\mathrm{j}\omega T})}{T\,\mathrm{d}\omega}.$$

### 2.3.2. Weitere Sätze

(a) **Der Faltungssatz**
Es mögen die Korrespondenzen

$$f_1[n] \circ\!\!-\!\!\bullet F_1(\mathrm{e}^{\mathrm{j}\omega T}) \quad \text{und} \quad f_2[n] \circ\!\!-\!\!\bullet F_2(\mathrm{e}^{\mathrm{j}\omega T})$$

bestehen. Aus den Signalen $f_1[n]$ und $f_2[n]$ wird die Faltungssumme

$$f[n] = \sum_{\nu=-\infty}^{\infty} f_1[\nu] f_2[n-\nu] \tag{4.29}$$

gebildet, die der Spektraltransformation gemäß Gl. (4.10b) unterworfen werden soll. Vertauscht man dabei die Reihenfolge der Summationen, was unter bestimmten Voraussetzungen, wie z. B. der quadratischen Summierbarkeit der beiden Signale $f_1[n]$ und $f_2[n]$ (man vergleiche auch Kapitel III, Abschnitt 3.2), erlaubt ist, so erhält man für das Spektrum $F(\mathrm{e}^{\mathrm{j}\omega T})$ von $f[n]$

$$F(\mathrm{e}^{\mathrm{j}\omega T}) = \sum_{\nu=-\infty}^{\infty} f_1[\nu] \sum_{n=-\infty}^{\infty} f_2[n-\nu] \mathrm{e}^{-\mathrm{j}\omega nT}.$$

Wird jetzt die Summationsvariable $n$ durch die Variable $\mu = n - \nu$ ersetzt, so folgt die Darstellung

$$F(\mathrm{e}^{\mathrm{j}\omega T}) = \sum_{\nu=-\infty}^{\infty} f_1[\nu] \mathrm{e}^{-\mathrm{j}\omega\nu T} \sum_{\mu=-\infty}^{\infty} f_2[\mu] \mathrm{e}^{-\mathrm{j}\omega\mu T},$$

d. h.

$$F(e^{j\omega T}) = F_1(e^{j\omega T})F_2(e^{j\omega T}). \tag{4.30}$$

Hierdurch wird der Faltungssatz ausgedrückt. Er besagt, daß das Spektrum einer Faltungssumme gleich dem Produkt der Spektren der an der Faltung beteiligten Signale ist.

Wie bei der Fourier-Transformation kontinuierlicher Signale gibt es auch hier eine entsprechende duale Aussage, die nunmehr hergeleitet werden soll. Ausgangspunkt ist das Produktsignal

$$f[n] = f_1[n]f_2[n], \tag{4.31}$$

das gemäß Gl. (4.10b) der Spektraltransformation unterworfen wird. Dadurch erhält man das Spektrum von $f[n]$ zu

$$F(e^{j\omega T}) = \sum_{n=-\infty}^{\infty} f_1[n]f_2[n]e^{-j\omega nT}.$$

In dieser Summe wird jetzt $f_1[n]$ durch die Spektraldarstellung gemäß Gl. (4.10a) ersetzt, und es wird anschließend die Reihenfolge von Summation und Integration vertauscht. So entsteht zunächst die Darstellung

$$F(e^{j\omega T}) = \frac{1}{2\omega_g}\int_{-\omega_g}^{\omega_g} F_1(e^{j\eta T})\left\{\sum_{n=-\infty}^{\infty} f_2[n]e^{-j(\omega-\eta)nT}\right\}d\eta.$$

Der in geschweiften Klammern stehende Ausdruck stimmt mit $F_2(e^{j(\omega-\eta)T})$ überein. Damit gelangt man zum Ergebnis

$$F(e^{j\omega T}) = \frac{1}{2\omega_g}\int_{-\omega_g}^{\omega_g} F_1(e^{j\eta T})F_2(e^{j(\omega-\eta)T})\,d\eta. \tag{4.32}$$

Das Spektrum des Produktsignals läßt sich also durch Faltung der Spektren der am Produkt beteiligten Signale gemäß Gl. (4.32) ausdrücken.

**(b) Parsevalsche Formel**

Für ein im allgemeinen komplexwertiges Signal $f[n]$ mit dem Spektrum $F(e^{j\omega T})$ folgt aus Gl. (4.10b)

$$f^*[n] \circ\!\!-\!\!\bullet \{F(e^{-j\omega T})\}^*.$$

Damit läßt sich der Gl. (4.32) die Beziehung

$$\sum_{n=-\infty}^{\infty} f_1[n]f_2^*[n]e^{-j\omega nT} = \frac{1}{2\omega_g}\int_{-\omega_g}^{\omega_g} F_1(e^{j\eta T})\{F_2(e^{-j(\omega-\eta)T}\}^*\,d\eta$$

entnehmen, aus der für $\omega=0$

$$\sum_{n=-\infty}^{\infty} f_1[n]f_2^*[n] = \frac{1}{2\omega_g}\int_{-\omega_g}^{\omega_g} F_1(e^{j\eta T})\{F_2(e^{j\eta T})\}^*\,d\eta \tag{4.33}$$

folgt. Wählt man speziell $f_1[n] \equiv f_2[n] \equiv f[n]$ mit $F_1(e^{j\omega T}) \equiv F_2(e^{j\omega T}) \equiv F(e^{j\omega T})$, so ergibt sich die Parsevalsche Formel

$$\sum_{n=-\infty}^{\infty} |f[n]|^2 = \frac{1}{2\omega_g} \int_{-\omega_g}^{\omega_g} |F(e^{j\omega T})|^2 d\omega = \frac{1}{2\pi} \int_{-\pi}^{\pi} |F(e^{j\Omega})|^2 d\Omega \qquad (4.34)$$

Die Summe auf der linken Seite nennt man Signalenergie und die Gleichung selbst gelegentlich Energie-Theorem, während dann Gl. (4.33) Parsevalsches Theorem heißt.

**(c) Anwendungen**

Nach Gl. (1.88) läßt sich das Ausgangssignal $y[n]$ eines linearen, zeitinvarianten und stabilen diskontinuierlichen Systems mit einem Eingang und einem Ausgang durch Faltung des Eingangssignals $x[n]$ mit der Impulsantwort $h[n]$ darstellen. Setzt man die Existenz des Spektrums $X(e^{j\omega T})$ von $x[n]$ voraus, dann lautet die der Gl. (1.88) im Frequenzbereich entsprechende Aussage gemäß dem Faltungssatz

$$Y(e^{j\omega T}) = H(e^{j\omega T}) X(e^{j\omega T}). \qquad (4.35)$$

Hierbei bedeutet $Y(e^{j\omega T})$ das Spektrum von $y[n]$ und $H(e^{j\omega T})$ die Übertragungsfunktion des Systems. Es ist zu beachten, daß die Verknüpfung zwischen Eingangs- und Ausgangsgröße nach Gl. (4.35), die im Einklang mit Gl. (4.17b) ist, wie im kontinuierlichen Fall einfacher ist als die entsprechende Verknüpfung im Zeitbereich. Die Übertragungsfunktion $H(e^{j\omega T})$ hat also bei linearen und zeitinvarianten diskontinuierlichen Systemen die gleiche Bedeutung wie die Übertragungsfunktion $H(j\omega)$ bei linearen und zeitinvarianten kontinuierlichen Systemen. Werden nun beispielsweise zwei Systeme mit den Übertragungsfunktionen $H_1(e^{j\omega T})$ bzw. $H_2(e^{j\omega T})$ rückwirkungsfrei in Kaskade zu einem Gesamtsystem verbunden, so ist dessen Übertragungsfunktion gleich dem Produkt von $H_1(e^{j\omega T})$ und $H_2(e^{j\omega T})$.

*Beispiele*: Es sei ein lineares, zeitinvariantes System mit der Impulsantwort

$$h[n] = \delta[n-N]$$

($N$ = const) betrachtet. Die Übertragungsfunktion ist

$$H(e^{j\omega T}) = \sum_{n=-\infty}^{\infty} \delta[n-N] e^{-j\omega nT} = e^{-j\omega NT}.$$

Der Zusammenhang zwischen Eingangs- und Ausgangsgröße lautet also im Frequenzbereich

$$Y(e^{j\omega T}) = X(e^{j\omega T}) e^{-j\omega NT},$$

dem im Zeitbereich die Verknüpfung

$$y[n] = x[n-N]$$

entspricht. Beim betrachteten System handelt es sich also um einen Verzögerer (um $N$ "Takte").

Die Multiplikation eines Signals $f_1[n]$, dessen Spektrum $F_1(e^{j\omega T})$ sei, mit dem speziellen Signal

$$f_2[n] = (-1)^n$$

kann in der Form

$$f[n] = f_1[n] e^{j\omega_g nT}$$

geschrieben werden. Die Auswirkung dieser Maßnahme im Frequenzbereich läßt sich entweder aufgrund der

Frequenzverschiebungseigenschaft oder mit Hilfe des durch die Gln. (4.31) und (4.32) ausgedrückten Faltungssatzes leicht angeben. In letzterem Fall muß man das Spektrum $F_1(\mathrm{e}^{\,\mathrm{j}\omega T})$ mit dem durch die Korrespondenz (4.19) gegebenen Spektrum von $\mathrm{e}^{\,\mathrm{j}\omega_g nT}$

$$F_2(\mathrm{e}^{\,\mathrm{j}\omega T}) = 2\omega_g \sum_{\nu=-\infty}^{\infty} \delta(\omega - \{2\nu + 1\}\omega_g)$$

nach Gl. (4.32) falten und erhält

$$F(\mathrm{e}^{\,\mathrm{j}\omega T}) = \int_{-\omega_g}^{\omega_g} F_1(\mathrm{e}^{\,\mathrm{j}\eta T}) \sum_{\nu=-\infty}^{\infty} \delta(\omega - \{2\nu + 1\}\,\omega_g - \eta)\,\mathrm{d}\eta = F_1(\mathrm{e}^{\,\mathrm{j}(\omega-\omega_g)T})\,.$$

Die Multiplikation (Modulation) eines Signals mit $(-1)^n$ bewirkt also eine Verschiebung des Spektrums um (die halbe Periode) $\omega_g$. Wegen der Periodizität des Spektrums bewirkt dies eine gegenseitige Vertauschung der Niederfrequenz- und Hochfrequenz-Bereiche.

## 2.4. DIGITALE SIMULATION KONTINUIERLICHER SYSTEME

Im Zusammenhang mit den Gln. (4.17b) und (3.64b) soll folgende für die digitale Simulation kontinuierlicher Systeme fundamentale Frage beantwortet werden: Wie muß zur gegebenen Übertragungsfunktion $\widetilde{H}(\mathrm{j}\omega)$ eines kontinuierlichen Systems, das zum Eingangssignal $\widetilde{x}(t)$ das Ausgangssignal $\widetilde{y}(t)$ liefert, die Übertragungsfunktion $H(\mathrm{e}^{\,\mathrm{j}\omega T})$ eines diskontinuierlichen Systems gewählt werden, damit dieses bei Erregung durch die Abtastwerte von $\widetilde{x}(t)$ stets mit den Abtastwerten von $\widetilde{y}(t)$ reagiert? Das gesuchte System soll also bei Erregung durch das diskontinuierliche Signal

$$x[n] = \widetilde{x}(nT) \tag{4.36a}$$

mit dem Signal

$$y[n] = \widetilde{y}(nT) \tag{4.36b}$$

antworten.

Die durch die Gln. (4.36a,b) ausgedrückte Simulationsbedingung läßt sich aufgrund des Abtasttheorems und angesichts der Gln. (4.17b) und (3.64b) nur dadurch erfüllen, daß ausschließlich bandbegrenzte Signale $\widetilde{x}(t)$ zugelassen werden, für die also die Einschränkung

$$\widetilde{X}(\mathrm{j}\omega) \equiv 0 \quad \text{für} \quad |\,\omega\,| > \omega_g = \frac{\pi}{T} \tag{4.37}$$

besteht. Schränkt man nun in dieser Weise die Klasse der zugelassenen Eingangssignale ein, dann wird gemäß den Gln. (4.17b) und (3.64b) die Simulationsbedingung genau dadurch erfüllt, daß man

$$H(\mathrm{e}^{\,\mathrm{j}\omega T}) \equiv \widetilde{H}(\mathrm{j}\omega) \quad \text{für} \quad |\,\omega\,| < \omega_g = \frac{\pi}{T} \tag{4.38}$$

wählt, da aufgrund der Gln. (4.9) und (4.10b)

$$\widetilde{X}(\mathrm{j}\omega) \equiv T\,X(\mathrm{e}^{\,\mathrm{j}\omega T}) \quad \text{für} \quad |\,\omega\,| < \omega_g$$

gilt. Das somit gefundene Ergebnis wird zusammengefaßt im

**Satz IV.1** (*Simulations-Theorem*): Läßt man als Eingangsgrößen eines durch die Übertragungsfunktion $\widetilde{H}(\mathrm{j}\omega)$ charakterisierten linearen, zeitinvarianten kontinuierlichen Systems mit einem Eingang und einem Ausgang nur bandbegrenzte Signale zu, die also die Einschränkung nach Gl. (4.37) erfüllen, dann kann dieses System im Sinne der Bedingungen von Gln. (4.36a,b) durch ein lineares, zeitinvariantes diskontinuierliches System mit einem Eingang und einem Ausgang simuliert werden, indem der Frequenzgang des diskontinuierlichen Systems nach Gl. (4.38) gewählt wird.

Ergänzend soll noch folgendes bemerkt werden: Erregt man das durch Gl. (4.38) gekennzeichnete diskontinuierliche System mit einem Impuls $x(n) = \delta(n)$, dessen Spektrum $X(\mathrm{e}^{\mathrm{j}\omega T})$ nach Gl. (4.10b) identisch Eins ist, dann erhält man nach Gl. (4.17b) und mit Gl. (4.38) für die Impulsantwort

$$h[n] = \frac{1}{2\omega_g} \int_{-\omega_g}^{\omega_g} \widetilde{H}(\mathrm{j}\omega)\,\mathrm{e}^{\mathrm{j}\omega nT}\,\mathrm{d}\omega = \frac{T}{2\pi} \int_{-\infty}^{\infty} p_{\omega_g}(\omega)\widetilde{H}(\mathrm{j}\omega)\,\mathrm{e}^{\mathrm{j}\omega nT}\,\mathrm{d}\omega\,,$$

d. h.

$$h[n] = T\,\widetilde{h}_{\omega_g}(nT)\,. \tag{4.39}$$

Dabei bedeutet $\widetilde{h}_{\omega_g}(t)$ die Impulsantwort des kontinuierlichen Systems mit der (rechteckförmig beschnittenen) Übertragungsfunktion $p_{\omega_g}(\omega)\widetilde{H}(\mathrm{j}\omega)$. Das Simulationssystem läßt sich also auch durch seine Impulsantwort nach Gl. (4.39) kennzeichnen.

Abschließend sei noch bemerkt, daß das kontinuierliche Ausgangssignal $\widetilde{y}(t)$ in gewohnter Weise (Kapitel III, Abschnitt 4.5) durch Demodulation von $y[n]$ gewonnen werden kann, da $\widetilde{y}(t)$ ebenfalls bandbegrenzt ist.

## 2.5. SPEKTRALDARSTELLUNG PERIODISCHER DISKONTINUIERLICHER SIGNALE

Hat ein diskontinuierliches Signal $f[n]$ die Eigenschaft der Periodizität, gilt also mit einer (kleinstmöglichen) natürlichen Zahl $N$, der (Grund-) Periode, die Identität

$$f[n] = f[n+N]\,, \tag{4.40}$$

dann läßt sich $f[n]$ nach Gl. (4.10b) direkt kein Spektrum im gewöhnlichen Sinne zuordnen, da die unendliche Reihe in dieser Gleichung divergiert. Eine entsprechende Schwierigkeit hätte es beim Versuch gegeben, einem periodischen kontinuierlichen Signal nach Gl. (3.20) ohne Einbeziehung von Distributionen eine Fourier-Transformierte zuzuweisen und das Signal aufgrund der Gl. (3.19) darzustellen. Aus diesem Grund wurden die Fourier-Reihen eingeführt, und es gelang, periodische kontinuierliche Signale mittels unendlicher trigonometrischer Polynome – man vergleiche diesbezüglich die Gln. (3.86c) und (3.86b) – darzustellen. Im folgenden soll gezeigt werden, daß in Analogie zur Fourier-Reihendarstellung periodischer kontinuierlicher Signale die Möglichkeit besteht, periodische diskontinuierliche Signale durch endliche trigonometrische Polynome auszudrücken.

Zunächst wird neben der Funktion $f[n]$ (Bild 4.4a) das diskontinuierliche Signal

$$f_0[n] = \begin{cases} f[n] & \text{für} \quad n = 0, 1, \ldots, N-1\,, \\ 0 & \text{sonst} \end{cases}$$

eingeführt. Man kann nun die Funktion $f[n]$ durch Faltung von $f_0[n]$ mit der periodischen

Impulsfolge $d_N[n]$ nach Gl. (4.25) erzeugen, d.h. es gilt

$$f[n] = \sum_{\nu=-\infty}^{\infty} f_0[\nu] d_N[n-\nu] . \tag{4.41}$$

Unterwirft man diese Beziehung der Spektraltransformation, wobei das Spektrum von $f_0[n]$ mit

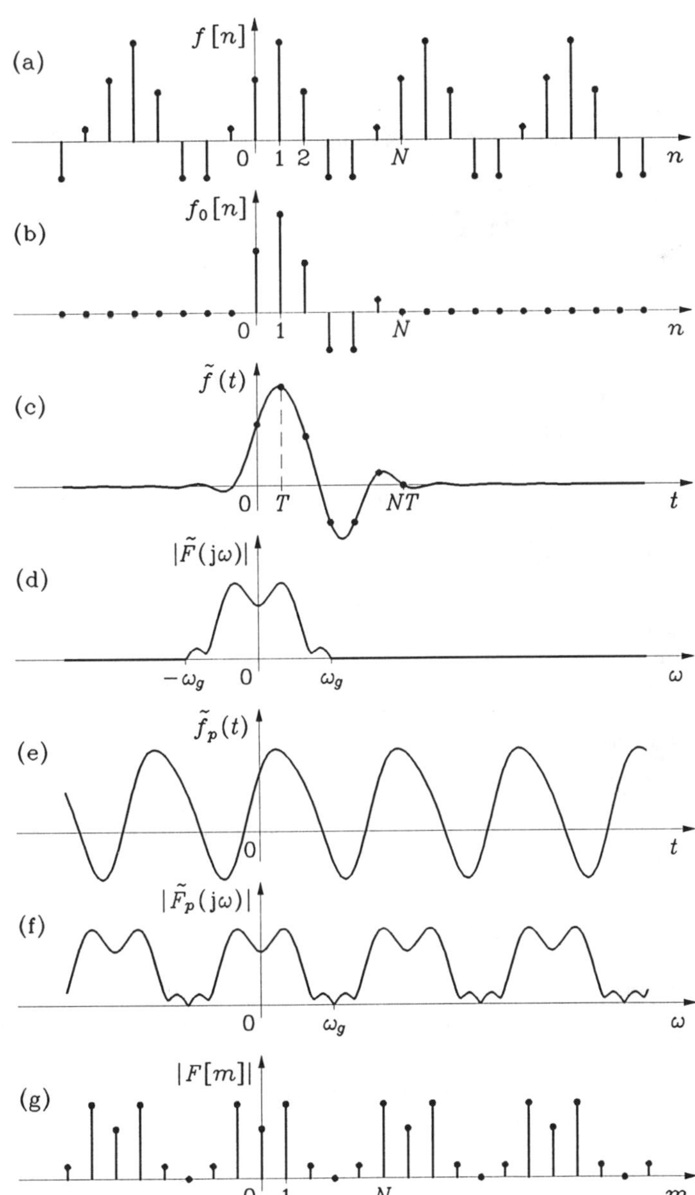


Bild 4.4: Zur Einführung des diskontinuierlichen Spektrums eines periodischen diskontinuierlichen Signals

$$F_0(e^{j\omega T}) = \sum_{n=0}^{N-1} f[n]\, e^{-jn\omega T}$$

bezeichnet wird, und beachtet den Faltungssatz, so ergibt sich mit Korrespondenz (4.26) als Spektrum von $f[n]$

$$F(e^{j\omega T}) = \frac{2\pi}{N} \sum_{m=-\infty}^{\infty} F[m]\, \delta(\omega T - \frac{2\pi}{N} m) \tag{4.42}$$

mit der Abkürzung

$$F[m] := \sum_{n=0}^{N-1} f[n]\, e^{-jnm\frac{2\pi}{N}} . \tag{4.43b}$$

Durch Anwendung der Umkehrformel (4.10a) bei modifizierter Wahl des Grundintervalls folgt

$$f[n] = \frac{T}{2\pi} \int_0^{2\pi/T} e^{j\omega nT} \frac{2\pi}{N} \sum_{m=-\infty}^{\infty} F[m]\, \delta(\omega T - \frac{2\pi}{N} m)\, d\omega$$

oder

$$f[n] = \frac{1}{N} \sum_{m=0}^{N-1} F[m]\, e^{j\frac{2\pi}{N} mn} . \tag{4.43a}$$

Aufgrund dieser Beziehungen wird nun $F[m]$ nach Gl. (4.43b) das diskrete *Spektrum* des periodischen Signals $f[n]$ genannt. Damit ist es gelungen, ein periodisches diskontinuierliches Signal $f[n]$ mit Hilfe seines durch Gl. (4.43b) gegebenen diskreten Spektrums nach Gl. (4.43a) eindeutig darzustellen. Die Gln. (4.43a,b) sind mit den Gln. (3.86c,b) für die entsprechende Darstellung periodischer kontinuierlicher Signale zu vergleichen. Der unendlichen Reihe in Gl. (3.86c) entspricht die endliche Summe in Gl. (4.43a); dem Integral in Gl. (3.86b) entspricht die Summe in Gl. (4.43b).

Die Gln. (4.43a,b) können auch dadurch begründet werden, daß man zunächst nach dem Vorbild von Abschnitt 2.1 der Funktion $f_0[n]$ ein bandbegrenztes kontinuierliches Signal $\tilde{f}(t)$ zuordnet (Bild 4.4c), das die Werte $f_0[n] = \tilde{f}(nT)$ interpoliert und dessen begrenztes Spektrum (Bild 4.4d) mit $\tilde{F}(j\omega)$ bezeichnet wird. Für die Grenzkreisfrequenz gilt dabei $\omega_g = \pi/T$. Aus $\tilde{f}(t)$ und $\tilde{F}(j\omega)$ werden gemäß den Gln. (3.137a,b) mit $T_1 = NT$ und mit $\Omega_1 = 2\omega_g = 2\pi/T = N(2\pi/T_1) = N\Omega$ die periodischen Funktionen $\tilde{f}_p(t)$ und $\tilde{F}_p(j\omega)$ (Bild 4.4e,f) konstruiert. Es gilt für alle ganzzahligen $n$

$$\tilde{f}_p(nT) = f[n] .$$

Die periodische kontinuierliche Funktion $\tilde{f}_p(t)$ interpoliert also die periodische Wertefolge $f[n]$, und es gilt $\tilde{F}_p(j\omega) \equiv \tilde{F}(j\omega)$ für $|\omega| < \omega_g$. Schließlich wird die (im allgemeinen komplexwertige) periodische diskontinuierliche Funktion

$$F[m] = \frac{\tilde{F}_p(jm\Omega)}{T}$$

betrachtet (Bild 4.4g). Da die diskontinuierlichen Funktionen $f[n] = \tilde{f}_p(nT)$ und $TF[m] = \tilde{F}_p(jm\Omega)$ im Sinne der Gl. (3.141) und (3.143) miteinander verknüpft sind, ergeben sich damit unmittelbar die Beziehungen (4.43a,b).

Im folgenden sollen die Gln. (4.43a,b) noch auf eine weitere interessante Art begründet werden. Wie im Kapitel I, Abschnitt 1.4.2 gezeigt wurde, gibt es genau $N$ voneinander verschiedene periodische Exponentialfunktionen

$$\varphi_\mu[n] = e^{j\frac{2\pi}{N}\mu n} \quad (\mu = 0, 1, \ldots, N-1) \tag{4.44}$$

mit der Periode $N$. Dabei ist zu beachten, daß $\varphi_\mu[n] = \varphi_{\mu+rN}[n]$ für beliebiges ganzzahliges $r$ gilt. Diese "Basisfunktionen" weisen die Orthogonalitätseigenschaft

$$\sum_{n=0}^{N-1} \varphi_\mu[n]\,\varphi_\nu^*[n] = N\,\delta[\mu-\nu] = \begin{cases} N & \text{für} \quad \mu = \nu\,, \\ 0 & \text{für} \quad \mu \neq \nu \end{cases} \tag{4.45}$$

auf, wobei $\mu$ und $\nu$ Werte nur aus der Menge $\{0, 1, \ldots, N-1\}$ annehmen dürfen.

Zum *Beweis* dieser Eigenschaft setzt man zunächst $\zeta := \mathrm{e}^{\,\mathrm{j}\frac{2\pi}{N}(\mu-\nu)}$. Beachtet man, daß die Beziehungen

$$1 + \zeta + \zeta^2 + \cdots + \zeta^{N-1} = \begin{cases} \dfrac{\zeta^N - 1}{\zeta - 1} & \text{falls} \quad \zeta \neq 1\,, \\ N & \text{falls} \quad \zeta = 1 \end{cases} \tag{4.46}$$

und

$$\zeta^N = \mathrm{e}^{\,\mathrm{j}2\pi(\mu-\nu)} = 1$$

bestehen, dann erkennt man die Richtigkeit der Gl. (4.45) sofort, da die linke Seite der Gl. (4.45) mit dem Ausdruck in Gl. (4.46) identisch ist; es gilt hierbei $\zeta = 1$ für $\mu = \nu$ und $\zeta \neq 1$, aber $\zeta^N = 1$, damit also $(\zeta^N - 1)/(\zeta - 1) = 0$ für $\mu \neq \nu$.

Man kann die Darstellung der periodischen Funktion $f[n]$ nach den Gln. (4.43a,b) als Entwicklung nach den orthogonalen Funktionen aus Gl. (4.44) in der Form

$$f[n] = \sum_{\mu=0}^{N-1} A_\mu \varphi_\mu[n] \tag{4.47}$$

mit $A_\mu = F[\mu]/N$ auffassen. Die Koeffizienten $A_\mu$ können nun auch dadurch gewonnen werden, daß man die Gl. (4.47) mit $\varphi_m^*[n]$ durchmultipliziert und nach $n$ von 0 bis $N-1$ summiert. Auf diese Weise ergibt sich

$$\sum_{n=0}^{N-1} f[n]\,\varphi_m^*[n] = \sum_{\mu=0}^{N-1} A_\mu \sum_{n=0}^{N-1} \varphi_\mu[n]\,\varphi_m^*[n]$$

oder, wenn man Gl. (4.45) berücksichtigt,

$$\sum_{n=0}^{N-1} f[n]\,\varphi_m^*[n] = A_m N = F[m]\,.$$

Dieses Ergebnis ist aber identisch mit Gl. (4.43b).

Man kann entsprechend zur Korrespondenz (4.19) die Zuordnung

$$\varphi_\mu[n] \circ\!\!-\!\!\bullet\; 2\pi \sum_{\nu=-\infty}^{\infty} \delta\!\left(\omega T - \frac{2\pi}{N}\mu - \nu 2\pi\right) \tag{4.48}$$

erhalten. Damit läßt sich erneut das dem periodischen Signal $f[n]$ zugeordnete (kontinuierliche) Spektrum angeben, indem man die Summe in Gl. (4.47) gliedweise gemäß Korrespondenz (4.48) transformiert. Dadurch erhält man

$$F(\mathrm{e}^{\,\mathrm{j}\omega T}) = \sum_{\mu=0}^{N-1} 2\pi A_\mu \sum_{\nu=-\infty}^{\infty} \delta\!\left(\omega T - \frac{2\pi}{N}\mu - \nu 2\pi\right) \quad \text{mit} \quad A_\mu = F[\mu]/N \tag{4.49}$$

oder, wenn man die Periodizität der Koeffizienten $A_\mu$ ausnützt, die Gl. (4.42).

Man kann das Ergebnis beispielsweise dazu verwenden, die stationäre Antwort eines diskontinuierlichen Systems mit einem Eingang, einem Ausgang und mit der Übertragungsfunktion $H(\mathrm{e}^{\,\mathrm{j}\omega T})$ bei Erregung durch ein periodisches Signal $x[n]$ mit der Periode $N$ zu ermitteln. Bezeichnet $X[m]$ das durch Gl. (4.43b) gegebene diskontinuierliche Spektrum von

$x[n]$, so ergibt sich gemäß Gl. (4.42) für das kontinuierliche Spektrum

$$X(\mathrm{e}^{\mathrm{j}\omega T}) = \sum_{\mu=-\infty}^{\infty} \frac{2\pi}{N} X[\mu]\,\delta(\omega T - \frac{2\pi}{N}\mu)$$

und nach Multiplikation mit der Übertragungsfunktion als Spektrum für das Ausgangssignal

$$Y(\mathrm{e}^{\mathrm{j}\omega T}) = \sum_{\mu=-\infty}^{\infty} \frac{2\pi}{N} X[\mu] H(\mathrm{e}^{\mathrm{j}\frac{2\pi}{N}\mu})\,\delta(\omega T - \frac{2\pi}{N}\mu),$$

also, wie aus dem Vergleich mit der Darstellung von $X(\mathrm{e}^{\mathrm{j}\omega T})$ hervorgeht, das diskontinuierliche Spektrum

$$Y[m] = X[m] H(\mathrm{e}^{\mathrm{j}\frac{2\pi}{N}m}).$$

Führt man dieses $Y[m]$ anstelle von $F[m]$ in Gl. (4.43a) ein, so folgt die Darstellung

$$y[n] = \frac{1}{N}\sum_{m=0}^{N-1} X[m] H(\mathrm{e}^{\mathrm{j}\frac{2\pi}{N}m})\,\mathrm{e}^{\mathrm{j}\frac{2\pi}{N}mn}. \tag{4.50}$$

Hieraus ist zu erkennen, daß auch $y[n]$ ein periodisches Signal mit der Periode $N$ ist.

Als *Beispiel* sei ein System mit der Übertragungsfunktion

$$H(\mathrm{e}^{\mathrm{j}\omega T}) = \frac{1}{1 - a\,\mathrm{e}^{-\mathrm{j}\omega T}} \quad (|a| < 1)$$

und dem Eingangssignal

$$x[n] = \cos\frac{2\pi n}{N} = \frac{1}{2}\mathrm{e}^{\mathrm{j}\frac{2\pi n}{N}} + \frac{1}{2}\mathrm{e}^{-\mathrm{j}\frac{2\pi n}{N}}$$

betrachtet. Hierzu gehört das Spektrum

$$X(\mathrm{e}^{\mathrm{j}\omega T}) = \pi\sum_{\nu=-\infty}^{\infty}\delta(\omega T - \frac{2\pi}{N} - \nu 2\pi) + \pi\sum_{\nu=-\infty}^{\infty}\delta(\omega T + \frac{2\pi}{N} - \nu 2\pi).$$

Damit erhält man als Spektrum für die Ausgangsgröße

$$Y(\mathrm{e}^{\mathrm{j}\omega T}) = \pi\sum_{\nu=-\infty}^{\infty} H(\mathrm{e}^{\mathrm{j}\frac{2\pi}{N}})\,\delta(\omega T - \frac{2\pi}{N} - \nu 2\pi) + \pi\sum_{\nu=-\infty}^{\infty} H(\mathrm{e}^{-\mathrm{j}\frac{2\pi}{N}})\,\delta(\omega T + \frac{2\pi}{N} - \nu 2\pi),$$

woraus sofort

$$y[n] = \frac{1}{2}H(\mathrm{e}^{\mathrm{j}\frac{2\pi}{N}})\,\mathrm{e}^{\mathrm{j}\frac{2\pi n}{N}} + \frac{1}{2}H(\mathrm{e}^{-\mathrm{j}\frac{2\pi}{N}})\,\mathrm{e}^{-\mathrm{j}\frac{2\pi n}{N}}$$

folgt. Schreibt man

$$H(\mathrm{e}^{\mathrm{j}\omega T}) = |H(\mathrm{e}^{\mathrm{j}\omega T})|\,\mathrm{e}^{-\mathrm{j}\Theta(\omega T)},$$

dann läßt sich das Ausgangssignal in der Form

$$y[n] = |H(\mathrm{e}^{\mathrm{j}\frac{2\pi}{N}})|\cos\left\{\frac{2\pi}{N}n - \Theta(\frac{2\pi}{N})\right\}$$

ausdrücken. Im Fall $N = 4$ beispielsweise ist

$$H(\mathrm{e}^{\mathrm{j}\frac{2\pi}{N}}) = \frac{1}{1 - a\,\mathrm{e}^{-\mathrm{j}2\pi/4}} = \frac{1}{1 + a\mathrm{j}} = \frac{1}{\sqrt{1+a^2}}\,\mathrm{e}^{-\mathrm{j}\arctan a},$$

d. h. $|H(\mathrm{e}^{\mathrm{j}2\pi/N})| = 1/\sqrt{1+a^2}$ und $\Theta(2\pi/N) = \arctan a$.

Zwei periodische Signale $f_1[n]$ und $f_2[n]$ mit gleicher Periode $N$ können durch Faltung zu einer $N$-periodischen Funktion

$$f[n] = \sum_{\nu=0}^{N-1} f_1[\nu] f_2[n-\nu] \tag{4.51}$$

verknüpft werden. Es wird nun in dieser Summe der Faktor $f_2[n-\nu]$ gemäß Gl. (4.47) mit den Entwicklungskoeffizienten $B_\mu$ ersetzt und dabei $\varphi_\mu[n-\nu]$ durch $\varphi_\mu[n]\varphi_\mu^*[\nu]$ substituiert. Auf diese Weise ergibt sich

$$f[n] = \sum_{\mu=0}^{N-1} B_\mu \varphi_\mu[n] \sum_{\nu=0}^{N-1} f_1[\nu] \varphi_\mu^*[\nu].$$

Jetzt wird auch noch $f_1[\nu]$ gemäß Gl. (4.47) mit den Entwicklungskoeffizienten $A_\kappa$ ($\kappa = 0, 1, \ldots, N-1$) ersetzt, wodurch die Darstellung

$$f[n] = \sum_{\mu=0}^{N-1} B_\mu \varphi_\mu[n] \sum_{\kappa=0}^{N-1} A_\kappa \sum_{\nu=0}^{N-1} \varphi_\kappa[\nu] \varphi_\mu^*[\nu]$$

entsteht. Mit der Orthogonalitätseigenschaft nach Gl. (4.45) erhält man schließlich

$$f[n] = N \sum_{\mu=0}^{N-1} A_\mu B_\mu \varphi_\mu[n]. \tag{4.52}$$

Dies ist aber wieder eine Darstellung gemäß Gl. (4.47), also die Repräsentation einer periodischen Funktion. Bezeichnet man die Entwicklungskoeffizienten der Faltung $f[n]$ mit $C_\mu$, so läßt sich das Ergebnis zusammenfassen zu

$$C_\mu = N A_\mu B_\mu \quad (\mu = 0, 1, \ldots, N-1). \tag{4.53}$$

Die diskreten Spektren von $f_1[n]$, $f_2[n]$ und $f[n]$ seien $F_1[m]$, $F_2[m]$ bzw. $F[m]$. Da $A_m = F_1[m]/N$, $B_m = F_2[m]/N$ und $C_m = F[m]/N$ gilt, kann die Gl. (4.53) auch in der Form

$$F[m] = F_1[m] F_2[m] \tag{4.54}$$

geschrieben werden. Der Faltung der periodischen Signale nach Gl. (4.51) entspricht also im Spektralbereich das Produkt der jeweiligen diskreten Spektren nach Gl. (4.54).

Aus zwei diskreten Spektren $F_1[m]$ von $f_1[n]$ und $F_2[m]$ von $f_2[n]$ kann das mit $1/N$ multiplizierte Faltungsspektrum

$$F[m] = \frac{1}{N} \sum_{\mu=0}^{N-1} F_1[\mu] F_2[m-\mu]$$

eines zugehörigen $N$-periodischen Signals $f[n]$ gebildet werden. Ersetzt man $F_1[\mu]$ und $F_2[m-\mu]$ gemäß Gl. (4.43b), dann erhält man

$$F[m] = \frac{1}{N} \sum_{n=0}^{N-1} \sum_{\nu=0}^{N-1} f_1[n] f_2[\nu] \, \mathrm{e}^{-\mathrm{j}\frac{2\pi}{N}\nu m} \sum_{\mu=0}^{N-1} \mathrm{e}^{-\mathrm{j}\frac{2\pi}{N}(n-\nu)\mu}$$

oder angesichts der Gl. (4.45)

$$F[m] = \sum_{n=0}^{N-1} \sum_{\nu=0}^{N-1} f_1[n] f_2[\nu] \mathrm{e}^{-\mathrm{j}\frac{2\pi}{N}\nu m} \delta[n-\nu] = \sum_{n=0}^{N-1} f_1[n] f_2[n] \mathrm{e}^{-\mathrm{j}\frac{2\pi}{N} n m} ,$$

d. h. dem mit $1/N$ multiplizierten Faltungsspektrum $F[m]$ entspricht das Produktsignal $f[n] = f_1[n] f_2[n]$. Dieses Resultat liefert in gewohnter Weise auch ein Parsevalsches Theorem.

## 2.6. DIE ZEITVARIABLE SPEKTRAL-TRANSFORMATION

Im Kapitel III, Abschnitt 4.9 wurde die zeitvariable Fourier-Transformation eingeführt und ihre Zweckmäßigkeit begründet. Im folgenden soll die diskontinuierliche Version dieses Konzepts vorgestellt werden.

Das zu transformierende Signal $f[n]$ wird zunächst um den Argumentwert $-\nu$ ($\nu$ sei ein fester Parameter) verschoben, daraufhin wird das Vorzeichen der diskreten Variablen $n$ geändert,[1] und sodann werden nach Wahl einer konstanten natürlichen Zahl $N$ ($>0$) die Werte des entstandenen Signals $f[\nu-n]$ außerhalb des Intervalls $n = 0, 1, \ldots, N-1$ unterdrückt (Bild 4.5). Die ausgeblendete Funktion kann nun gemäß Gl. (4.10b) in den Frequenzbereich übergeführt werden, wodurch das von $\nu$ abhängige Spektrum

$$F(\nu, \mathrm{e}^{\mathrm{j}\omega T}) = \sum_{n=0}^{N-1} f[\nu-n] \mathrm{e}^{-\mathrm{j}\omega n T} \tag{4.55}$$

entsteht. Wählt man

$$\omega T = \frac{2\pi}{N} m \qquad (m \text{ ganz}),$$

so erhält man aus Gl. (4.55) speziell

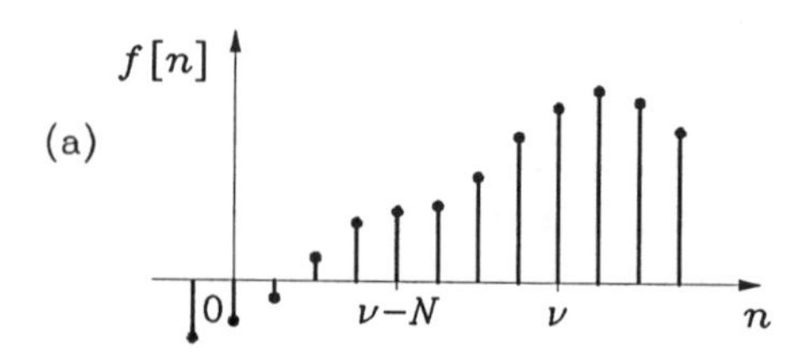


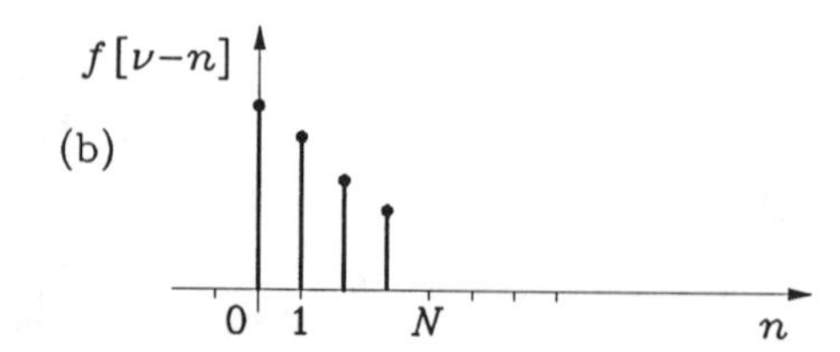


Bild 4.5: Zur Erklärung des zeitvariablen Spektrums eines diskontinuierlichen Signals nach Gl. (4.55)

[1] Die Zweckmäßigkeit des Vorzeichenwechsels ist hier nicht einsichtig. Er erweist sich aber bei der digitalen Realisierung der Inversionsformel (4.56) als erforderlich.

$$F[\nu, e^{j\frac{2\pi}{N}m}] = \sum_{n=0}^{N-1} f[\nu - n] e^{-j\frac{2\pi}{N}nm} .$$

Diese Gleichung läßt sich nach den Gln. (4.43a,b) umkehren, und es ergibt sich auf diese Weise

$$f[\nu - n] = \frac{1}{N} \sum_{m=0}^{N-1} F[\nu, e^{j\frac{2\pi}{N}m}] e^{j\frac{2\pi}{N}mn} , \tag{4.56}$$

woraus für $n = 0$ nach anschließender Substitution von $\nu$ durch $n$ die Darstellung

$$f[n] = \frac{1}{N} \sum_{m=0}^{N-1} F[n, e^{j\frac{2\pi}{N}m}] \tag{4.57}$$

folgt. Sie ermöglicht die Inversion der zeitvariablen Frequenztransformation, d. h. die Darstellung der Zeitfunktion $f[n]$ aus ihrem zeitvariablen Spektrum $F(n, e^{j\omega T})$ nach Gl. (4.55). Wie man sieht, werden hierbei nur die diskreten Werte

$$F[n, e^{j\frac{2\pi}{N}m}] = \sum_{\nu=0}^{N-1} f[n - \nu] e^{-j\frac{2\pi}{N}\nu m} \tag{4.58}$$

benötigt. Diese Formel soll noch für $n - 1$ statt für $n$ ausgewertet werden. Ändert man dazu die Gl. (4.58) entsprechend ab und ersetzt man sodann den Summationsindex $\nu$ durch $\mu = \nu + 1$, so läßt sich unter Heranziehung der unveränderten Gl. (4.58) folgende Beziehung angeben:

$$F[n-1, e^{j\frac{2\pi}{N}m}] = e^{j\frac{2\pi}{N}m} \left\{ F[n, e^{j\frac{2\pi}{N}m}] + f[n-N] - f[n] \right\} . \tag{4.59}$$

Sie stellt eine Differenzengleichung erster Ordnung dar, mit der sich die in Gl. (4.57) auftretenden Summanden für jedes $m$ ermitteln lassen.

Die Gl. (4.59) kann als Eingang-Ausgang-Beschreibung eines linearen, zeitinvarianten diskontinuierlichen Systems im Sinne von Gl. (4.6a) mit $q = N$ und der Eingangsgröße $x[n] = f[n]$ und der Ausgangsgröße $y[n] = F[n, e^{j2\pi m/N}]$ betrachtet werden, wobei allerdings komplexe Koeffizienten auftreten. Die Übertragungsfunktion lautet nach Gl. (4.6b)

$$H(z) = \frac{z^N - 1}{z^N - e^{-j\frac{2\pi}{N}m} z^{N-1}} .$$

Bild 4.6 zeigt ein Blockschaltbild für dieses System. Durch $N$ derartige Systeme für $m = 0, 1, \ldots, N-1$ lassen sich die in Gl. (4.56) auftretenden Koeffizienten realisieren, die das Spektrum des periodisierten, im Bild 4.5 dargestellten Ausschnittes von $f[\nu - n]$ repräsentieren. Dabei kann der von $m$ unabhängige Anteil des Systems im Bild 4.6 für alle $m$ Teilsysteme gemeinsam verwendet werden.

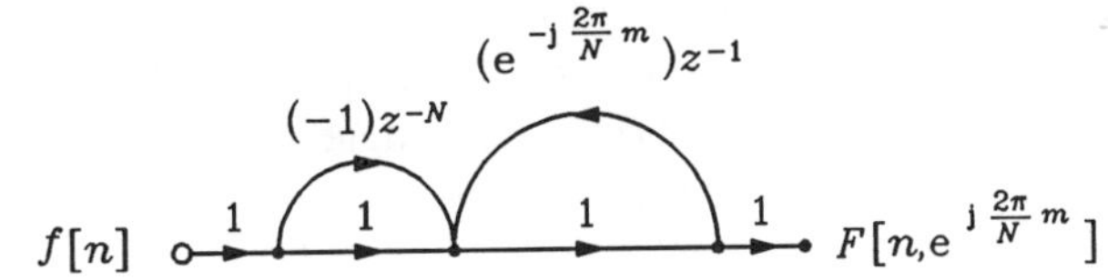

Bild 4.6: Diskontinuierliches System zur Erzeugung von $F[n, e^{j\frac{2\pi}{N}m}]$ aus $f[n]$ gemäß Gl. (4.59)

## 2.7. DISKRETISIERUNG DER FOURIER-TRANSFORMATION

In diesem Abschnitt soll gezeigt werden, wie man mit Hilfe der besprochenen Methoden zur Darstellung diskontinuierlicher Signale die Fourier-Transformation numerisch durchführen kann.

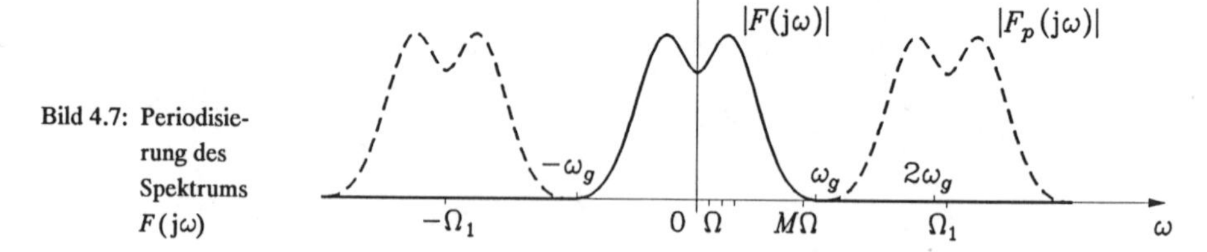


Bild 4.7: Periodisierung des Spektrums $F(\mathrm{j}\omega)$

Ausgegangen wird von einer graphisch oder tabellarisch gegebenen bandbegrenzten Zeitfunktion, d. h. von einem Signal $f(t)$, dessen Spektrum $F(\mathrm{j}\omega)$ die Eigenschaft

$$|F(\mathrm{j}\omega)| \equiv 0 \quad \text{für} \quad |\omega| > \omega_g \tag{4.60}$$

besitzt.[1] Es soll versucht werden, das Spektrum $F(\mathrm{j}\omega)$ in äquidistanten Punkten in einem Abstand $\Omega$ zu ermitteln. Hierzu wird die aus $f(t)$ zu berechnende Frequenzfunktion $F(\mathrm{j}\omega)$ nach Wahl eines Parameters $\Omega_1$ mit der Eigenschaft

$$N\,\Omega = \Omega_1 \geqq 2\omega_g$$

($N$ natürliche Zahl) gemäß Gl. (3.137b) periodisiert. Dadurch entsteht die periodische Funktion $F_p(\mathrm{j}\omega)$, welche im Intervall $-\omega_g < \omega < \omega_g$ mit $F(\mathrm{j}\omega)$ übereinstimmt. Im Bild 4.7 ist dieser Sachverhalt erläutert. Die gesuchten Werte $F(\mathrm{j}m\,\Omega)$ hängen mit den diskreten Werten der Funktion $F_p(\mathrm{j}\omega)$ im Intervall $[0, \Omega_1]$ über die Beziehungen

$$F(\mathrm{j}m\,\Omega) = F_p(\mathrm{j}m\,\Omega) \quad \text{für} \quad m = 0, 1, \ldots, M, \tag{4.60a}$$

$$F(-\mathrm{j}m\,\Omega) = F_p[\mathrm{j}(\Omega_1 - m\,\Omega)] \quad \text{für} \quad m = 1, 2, \ldots, M \tag{4.60b}$$

zusammen, wobei die natürliche Zahl $M$ durch die Ungleichung

$$M\,\Omega \leqq \omega_g < (M+1)\,\Omega$$

fixiert ist. Es liegt nahe, auch das Signal $f(t)$ gemäß Gl. (3.137a) mit dem Zeitparameter $T_1 = 2\pi/\Omega$ zu periodisieren (Bild 4.8). Dann lassen sich die diskreten Werte des gesuchten Spektrums aufgrund der Gl. (3.143) in Verbindung mit den Gln. (4.60a,b) aus den Abtastwerten $f_p(nT)$ der periodischen Zeitfunktion $f_p(t)$ berechnen; dabei gilt $T = T_1/N$ wegen der nach Kapitel III, Abschnitt 4.8 erforderlichen Wahl $T\,\Omega = 2\pi/N$. Etwas unangenehm ist hierbei, daß man sich zuerst $f_p(nT)$ aus den $f(nT + \nu NT)$ verschaffen muß. In der Regel kann aber $f(t)$ außerhalb eines endlichen Intervalls der Breite $T_0$ vernachlässigt werden. Dadurch treten bei der Auswertung der Gl. (3.137a) zur Gewinnung von $f_p(nT)$ aus $f(nT + \nu NT)$ nur endlich viele von Null verschiedene Summanden auf. Ist $T_1$ der $N_0$-te

[1] Falls $f(t)$ nicht bandbegrenzt ist, soll diese Eigenschaft näherungsweise gegeben sein.

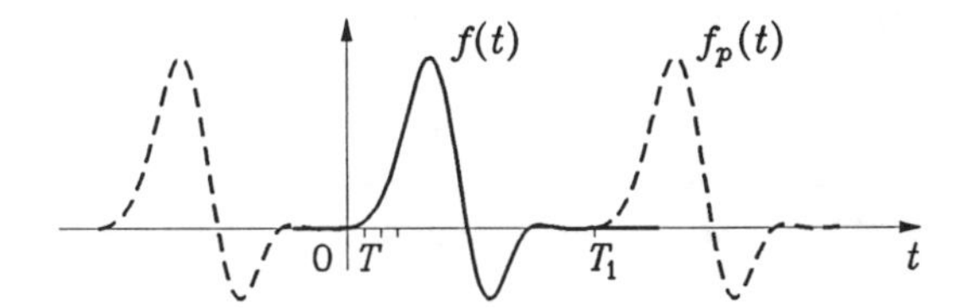


Bild 4.8: Periodisierung der Zeitfunktion $f(t)$

Teil von $T_0$, dann ist die Zahl dieser Summanden gerade $N_0$.

Die diskreten Werte der Frequenzfunktion $F(\mathrm{j}\omega)$ lassen sich also näherungsweise in den folgenden Schritten aus der Zeitfunktion $f(t)$ berechnen, wenn man voraussetzt, daß $f(t)$ für $t < 0$ und $t > T_0$ vernachlässigt werden kann und bezüglich der Grenzkreisfrequenz $\omega_g$ bandbegrenzt ist:

1. Es werden Werte für die Parameter $T_1$ und $N$ gewählt. Dadurch liegen die Parameter $\Omega = 2\pi/T_1$, $\Omega_1 = N\,\Omega$ und $T = T_1/N$ fest. Bei der Wahl von $T_1$ und $N$ muß jedenfalls beachtet werden, daß man $\Omega_1 = 2\pi N/T_1 \geqq 2\omega_g$ erfüllt. Besonders einfach läßt sich $f_p(t)$ aus $f(t)$ gewinnen, wenn $T_1 = T_0$ gewählt wird, weil dann beide Funktionen im Intervall $0 \leqq t < T_1$ übereinstimmen. Es kann jedoch auch einmal erforderlich werden, $T_1$ kleiner als $T_0$ zu wählen, um bei festliegendem Wert $N$, welcher den Rechenaufwand maßgebend bestimmt, die Bedingung $\Omega_1 \geqq 2\omega_g$, d. h. $T_1 < \pi N/\omega_g$, zu erfüllen; dann erhält man $f_p(nT)$ nach Gl. (3.137a) durch Addition von (endlich vielen) Werten der Zeitfunktion $f(t)$. Falls im Hinblick auf eine genügend gute Darstellung von $F(\mathrm{j}\omega)$ durch diskrete Funktionswerte im Abstand $\Omega$ für den Parameter $\Omega = 2\pi/T_1$ eine obere Schranke vorgeschrieben werden muß, kann es notwendig werden, $T_1$ größer als $T_0$ zu wählen. Dann gilt $f_p(t) \equiv f(t)$ für $0 \leqq t \leqq T_0$ und $f_p(t) \equiv 0$ für $T_0 < t < T_1$. Immer muß aber die Bedingung $\Omega_1 \geqq 2\omega_g$ beachtet werden.
2. Es wird die Gl. (3.143) für $m = 0, 1, \ldots, N-1$ ausgewertet. Die Gln. (4.60a,b) liefern die diskreten Werte des zu bestimmenden Spektrums.

Der Näherungscharakter der Rechnung ist letztlich darauf zurückzuführen, daß eine bandbegrenzte Funktion grundsätzlich außerhalb eines endlichen Intervalls nicht identisch verschwinden kann. Mit hinreichend großem $T_0$ läßt sich der Fehler reduzieren.

Man kann das Spektrum $F(\mathrm{j}\omega)$ noch in kleineren Frequenzabständen als $\Omega$ berechnen, ohne $\Omega$ selbst zu verkleinern, d. h. ohne $N$ bei festgehaltenem $\Omega_1$ zu vergrößern. Dazu werden neben den diskreten Funktionswerten $F(\mathrm{j}m\,\Omega)$ noch die diskreten Funktionswerte $F[\mathrm{j}(m\,\Omega + \Omega/2)]$ berechnet, indem das beschriebene Verfahren außer auf $f(t)$ auch auf die Zeitfunktion $f(t)\mathrm{e}^{-\mathrm{j}\Omega t/2}$ mit der Frequenzfunktion $F[\mathrm{j}(\omega + \Omega/2)]$ angewendet wird.

Das geschilderte Verfahren läßt sich auch dazu verwenden, aus einer zeitbegrenzten Frequenzfunktion $F(\mathrm{j}\omega)$ die Zeitfunktion $f(t)$ näherungsweise zu berechnen. Hierzu wird die Gl. (3.141) herangezogen und die Werte $F_p(\mathrm{j}k\,\Omega)$ aufgrund der Gl. (3.137b) numerisch ermittelt. Die diskreten Werte $f(nT)$ erhält man aus den $f_p(nT)$, entsprechend wie oben die $F(\mathrm{j}m\,\Omega)$ aus den $F_p(\mathrm{j}m\,\Omega)$ gewonnen wurden.

Weiterhin kann man das beschriebene Verfahren auch dazu heranziehen, die gemäß Gl. (3.86b) definierten Fourier-Koeffizienten $A_\mu$ einer periodischen Funktion $f(t)$ mit der Periode $T_1$ zu berechnen. Dazu wird die Fourier-Reihe nach Gl. (3.86c) für $t = nT$ ($n = 0$, $1, \ldots, N-1$) ausgewertet, wobei $T = T_1/N$ bedeutet. Man erhält dann Beziehungen der

Art von Gl. (3.140), wenn man $f_p(nT)$ mit $f(nT)$ und $F(\mathrm{j}\mu 2\pi/T_1)/T_1$ mit $A_\mu$ identifiziert. Damit muß $F_p(\mathrm{j}k\Omega)/T_1$ mit

$$A_p[k] := \sum_{\kappa=-\infty}^{\infty} A_{k+\kappa N} \quad (k = 0, 1, \ldots, N-1) \tag{4.61a}$$

identifiziert werden, und es ergibt sich somit entsprechend Gl. (3.143)

$$A_p[m] = \frac{1}{N}\sum_{n=0}^{N-1} f(nT)\,\mathrm{e}^{-\mathrm{j}\frac{2\pi}{N}nm} \quad (m = 0, 1, \ldots, N-1). \tag{4.61b}$$

Aus den $A_p[m]$ lassen sich die Fourier-Koeffizienten $A_\mu$ dann direkt angeben, wenn man alle $A_\mu$ für $|\mu| > M$ vernachlässigen darf und $N > 2M$ gewählt wurde. Dann folgt aus Gl. (4.61a)

$$A_\mu = \begin{cases} A_p[\mu] & \text{für} \quad |\mu| \leqq N/2, \\ 0 & \text{für} \quad |\mu| > N/2. \end{cases} \tag{4.61c}$$

Falls umgekehrt die Fourier-Koeffizienten $A_\mu$ einer periodischen Funktion $f(t)$ gegeben sind, lassen sich aufgrund von Gl. (4.61a) nach Wahl von $N$ die Koeffizienten $A_p[k]$ $(k = 0, 1, \ldots, N-1)$ berechnen. Dann erhält man diskrete Werte von $f(t)$ gemäß Gl. (3.141) durch die endliche Summe

$$f(nT) = \sum_{k=0}^{N-1} A_p[k]\,\mathrm{e}^{\mathrm{j}\frac{2\pi}{N}kn} \quad (n = 0, 1, \ldots, N-1).$$

# 3. Die diskrete Fourier-Transformation

## 3.1. DIE TRANSFORMATIONSBEZIEHUNGEN

In den vorausgegangenen Abschnitten waren die Gln. (3.141) und (3.143), welche umkehrbar eindeutige Zuordnungen zweier Zahlen-$N$-Tupel beinhalten, verschiedentlich von entscheidender Bedeutung. Diese Korrespondenz ist in der Form der Gln. (4.43a,b) als *diskrete Fourier-Transformation* (DFT) bekannt:

$$f[n] = \frac{1}{N}\sum_{m=0}^{N-1} F[m]\,\mathrm{e}^{\mathrm{j}\frac{2\pi}{N}mn} \quad (n = 0, 1, \ldots, N-1), \tag{4.62a}$$

$$F[m] = \sum_{n=0}^{N-1} f[n]\,\mathrm{e}^{-\mathrm{j}\frac{2\pi}{N}nm} \quad (m = 0, 1, \ldots, N-1). \tag{4.62b}$$

Durch die DFT werden also die Zahlen $F[m]$ $(m = 0, 1, \ldots, N-1)$ in die Zahlen $f[n]$ $(n = 0, 1, \ldots, N-1)$ und umgekehrt abgebildet. Man nennt $F[m]$ das diskrete Spektrum oder die diskrete Fourier-Transformierte der diskontinuierlichen Zeitfunktion $f[n]$. Läßt man in Gl. (4.62a) den Index $n$ und in Gl. (4.62b) den Index $m$ alle ganzen Zahlen annehmen, dann erhält man periodische Zahlenfolgen mit der Periode $N$, die durch das Gleichungspaar (4.62a,b) miteinander verknüpft sind, und die Summation in diesen Gleichungen kann dann von irgendeinem ganzzahligen $n_0$ bis $n_0 + N - 1$ geführt werden. Symbolisch soll die durch die Gln. (4.62a,b) gegebene Zuordnung kurz in der Form

$$f[n] \underset{N}{\longmapsto} F[m]$$

geschrieben werden. Die Zahl $N$ heißt die Ordnung der Transformation.

Neben den bisher mittels DFT behandelten Aufgaben läßt sich auch das folgende Problem lösen: Gesucht sind die Koeffizienten $A_m$ des Polynoms

$$P(z) = \sum_{m=0}^{N-1} A_m z^m ,$$

welches in den Punkten

$$z = z_n = e^{j\frac{2\pi}{N}n} \qquad (n = 0, 1, \dots, N-1)$$

auf dem Einheitskreis in der komplexen $z$-Ebene vorgeschriebene Werte $f_n$ annimmt. Dieses Interpolationsproblem wird aufgrund der Gln. (4.62a,b) dadurch gelöst, daß man die Koeffizienten $A_m$ mit $F[m]/N$ identifiziert und $F[m]$ nach Gl. (4.62b) aus den vorgeschriebenen Werten $f_n = f[n]$ berechnet.

Es erscheint bemerkenswert, daß die DFT mit Hilfe eines (im allgemeinen komplexen) diskontinuierlichen Systems realisierbar ist. Betrachtet man nämlich die Differenzengleichung

$$y[n] - e^{j\frac{2\pi}{N}m} y[n-1] = x[n] \tag{4.63}$$

als Verknüpfung zwischen Eingangssignal und Ausgangssignal, geht man von $y[n] \equiv 0$ für $n < 0$ aus und wählt man

$$x[n] = \begin{cases} f[n] & \text{für} \quad 0 \leqq n \leqq N-1 , \\ 0 & \text{sonst} , \end{cases} \tag{4.64}$$

dann ergibt sich, wie man durch rekursive Lösung der Gl. (4.63) bei Beachtung der Gl. (4.64) findet,

$$y[N] = \sum_{\nu=0}^{N-1} f[\nu] e^{j\frac{2\pi}{N}m(N-\nu)} = \sum_{\nu=0}^{N-1} f[\nu] e^{-j\frac{2\pi}{N}\nu m} ,$$

d. h. mit Gl. (4.62b)

$$y[N] = F[m] .$$

Das System liefert also am Ausgang zum diskreten Zeitpunkt $n = N$ den Wert $F[m]$, wenn es am Eingang mit den diskreten Werten $f[\nu]$, $\nu = 0, \dots, N-1$, erregt wird. Verwendet man für $m = 0, 1, \dots, N-1$ jeweils ein solches System, dann liefern die $N$ Ausgänge zum Zeitpunkt $n = N$ das $N$-Tupel $F[m]$ aus dem $N$-Tupel $f[n]$.

Auch die DFT ist eine lineare Transformation und besitzt eine Reihe von Eigenschaften, die mit denen der Fourier-Transformation vergleichbar sind. Diese Eigenschaften lassen sich unmittelbar den Gln. (4.62a,b) entnehmen, wobei die Zahlenfolgen für alle ganzzahligen $n$ und $m$ betrachtet werden (man vergleiche hierbei auch die Ergebnisse von Abschnitt 2.3). Als wichtigste genannt seien die folgenden Eigenschaften:

**Verschiebung**
Aus der Korrespondenz

$$f[n] \underset{N}{\longmapsto} F[m]$$

folgt mit beliebigen ganzzahligen Werten $n_0, m_0$ die Zuordnung

$$f[n] e^{\mathrm{j}\frac{2\pi}{N} n m_0} \underset{N}{\longmapsto} F[m - m_0]$$

und die Zuordnung

$$f[n - n_0] \underset{N}{\longmapsto} e^{-\mathrm{j}\frac{2\pi}{N} m n_0} F[m] .$$

**Faltung**
Aus den Korrespondenzen

$$f_1[n] \underset{N}{\longmapsto} F_1[m], \quad f_2[n] \underset{N}{\longmapsto} F_2[m]$$

folgt die Zuordnung

$$\sum_{\nu=0}^{N-1} f_1[\nu] f_2[n - \nu] \underset{N}{\longmapsto} F_1[m] F_2[m]$$

und die Zuordnung

$$f_1[n] f_2[n] \underset{N}{\longmapsto} \frac{1}{N} \sum_{\mu=0}^{N-1} F_1[\mu] F_2[m - \mu] .$$

Aus der letzten Faltungsbeziehung folgt auch unmittelbar die Parsevalsche Formel für reelles Signal $f[n]$:

$$\sum_{n=0}^{N-1} f^2[n] = \frac{1}{N} \sum_{m=0}^{N-1} |F[m]|^2 .$$

Hierbei wurde berücksichtigt, daß $F[-m] = F^*[m]$ ist.

## 3.2. BEZIEHUNG ZUR SPEKTRALTRANSFORMATION DISKONTINUIERLICHER SIGNALE

Man kann die durch Gl. (4.62b) eingeführte diskrete Fourier-Transformierte $F[m]$ von $f[n]$ $(m, n = 0, 1, \ldots, N-1)$ gemäß Gl. (4.10b) als Spektraltransformierte einer mit der rechteckförmigen Fensterfunktion

$$\psi_N[n] = s[n] - s[n - N] \tag{4.65}$$

multiplizierten diskontinuierlichen Funktion $\widetilde{f}[n]$ mit der Eigenschaft

$$\tilde{f}[n] = f[n] \quad (n = 0, 1, \ldots, N-1)$$

auffassen, sofern man für den Frequenzparameter $\omega T$ nur die diskreten Werte $2\pi m/N$ wählt. Es läßt sich also

$$F[m] = \sum_{n=-\infty}^{\infty} \psi_N[n]\tilde{f}[n]\mathrm{e}^{-\mathrm{j}\frac{2\pi}{N}nm}$$

schreiben. Nun besteht die Möglichkeit, für die Wahl der diskreten Frequenzwerte $\omega T = 2\pi m/N$ einen größeren Wert $N =: N_2$ als für die Fensterfunktion zu wählen. Bezeichnet man die Fensterbreite mit $N = N_1$, so lautet das Spektrum

$$\bar{F}[m] = \sum_{n=-\infty}^{\infty} \psi_{N_1}[n]\tilde{f}[n]\mathrm{e}^{-\mathrm{j}\frac{2\pi}{N_2}nm} \tag{4.66}$$

mit $N_2 > N_1$. Auf diese Weise ist es möglich, das Spektrum eines diskontinuierlichen Signals an nahezu beliebigen diskreten Frequenzpunkten mittels der diskreten Fourier-Transformation näherungsweise zu berechnen. Beachtet man noch, daß die diskrete Fourier-Transformation, wie im nächsten Abschnitt gezeigt wird, sehr schnell durchgeführt werden kann, dann wird verständlich, warum die meisten Verfahren zur Spektralanalyse von Signalen auf der DFT basieren. Die unterschiedliche Wahl von $N_1$ und $N_2$ ist gleichbedeutend damit, daß die Zahlenfolge $f[n]$ $(n = 0, 1, \ldots, N_1 - 1)$ der Länge $N_1$ um $N_2 - N_1$ Nullen verlängert und $N_2$ als Ordnung der Transformation gewählt wird (diese Maßnahme heißt in der angelsächsischen Literatur zero-padding). Die Verlängerung einer Zahlenfolge mit Nullen kann einerseits dazu benutzt werden, um zwei diskontinuierliche Signale unterschiedlicher endlicher Länge mittels der DFT zu falten. Auf der anderen Seite kann man durch hinreichend große Wahl von $N_2 > N_1$ erreichen, daß das interessierende Spektrum $\tilde{F}(\mathrm{e}^{\mathrm{j}\omega T})$ durch dichter beieinanderliegende Werte $\bar{F}[m]$ repräsentiert wird.

Zur Erläuterung der Faltung seien die beiden Zahlenfolgen der Länge 7

$$f_1[n] = \begin{cases} 1 & \text{falls} \quad 0 \leqq n \leqq 3 \\ 0 & \text{falls} \quad 4 \leqq n \leqq 6 \end{cases} \quad \text{und} \quad f_2[n] = \begin{cases} 0 & \text{falls} \quad 0 \leqq n \leqq 2 \\ 1 & \text{falls} \quad 3 \leqq n \leqq 6 \end{cases}$$

betrachtet. Für die Verarbeitung hat man diese Signale periodisch fortzusetzen. Man erhält nun als Faltungsfolge mit $N = N_1 = N_2 = 7$

$$f_1[n]*f_2[n] = \sum_{\nu=0}^{6} f_1[\nu]f_2[n-\nu] = \begin{cases} 3 \\ 2 \\ 1 \\ 1 \\ 2 \\ 3 \\ 4 \end{cases} \quad \text{falls} \quad n = \begin{cases} 0 \\ 1 \\ 2 \\ 3 \\ 4 \\ 5 \\ 6 \,. \end{cases}$$

Bild 4.9 dient zur Veranschaulichung dieses Sachverhalts. Nun sollen beide Folgen der Länge 7 durch Anhängen von jeweils 7 Nullen auf die Länge $N_2 = 14$ verlängert werden. Die Berechnung der Faltung liefert jetzt eine andere Zahlenfolge, nämlich die im Bild 4.10 dargestellte. Dieses Ergebnis stimmt im Intervall $0 \leqq n \leqq 14$ mit der Faltung der (nichtperiodischen) diskontinuierlichen Signale $\tilde{f}_1[n] = s[n] - s[n-4]$ und $\tilde{f}_2[n] = s[n-3] - s[n-7]$ genau überein. Die Faltung der Signale $\tilde{f}_1[n]$ und $\tilde{f}_2[n]$ gelingt also nicht bei Wahl von $N_1 = N_2 = 7$, dagegen bei Wahl von $N_1 = 7$, $N_2 = 14$. Schwierigkeiten treten auf, wenn das zu beschneidende diskontinuierliche Signal nicht endliche Dauer hat, wie es beispielsweise bei einem harmonischen Signal der Fall ist.

Die Fensterung eines diskontinuierlichen Signals $\widetilde{f}[n]$ mit $\psi_{N_1}[n]$ zur anschließenden Anwendung der DFT, die Bildung also des Signals

$$f[n] = \widetilde{f}[n]\,\psi_{N_1}[n]$$

bedeutet im Spektralbereich die Faltung der Spektraltransformierten von $\widetilde{f}[n]$ mit der Spektraltransformierten von $\psi_{N_1}[n]$. Von Interesse ist daher die Spektraltransformierte der rechteckförmigen Fensterfunktion $\psi_{N_1}[n]$. Neben einer streng linearen Phase hat sie das Amplitudenspektrum

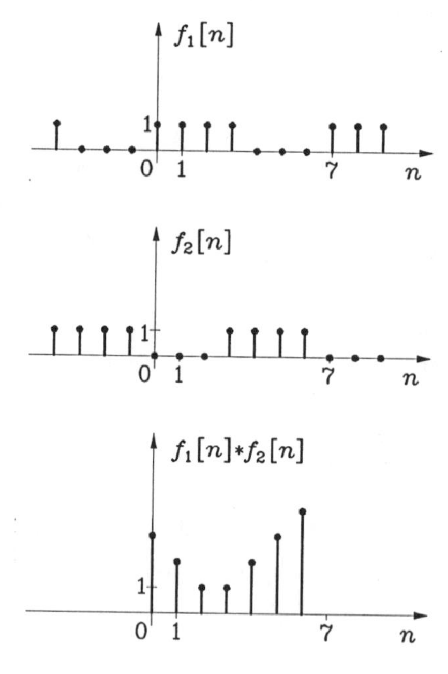


Bild 4.9: Faltung der Folgen $f_1[n]$ und $f_2[n]$ der Länge 7 eines Beispiels

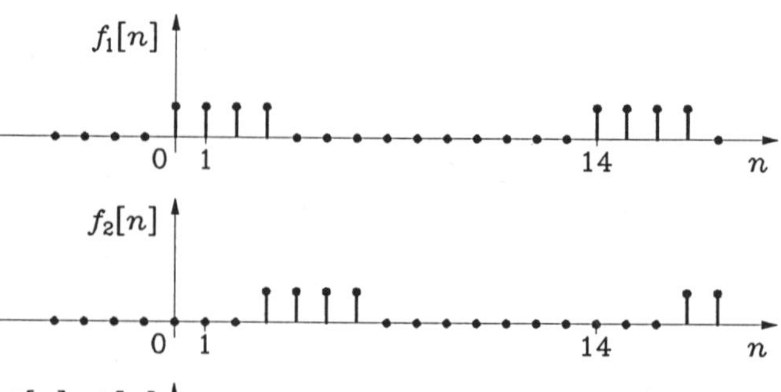


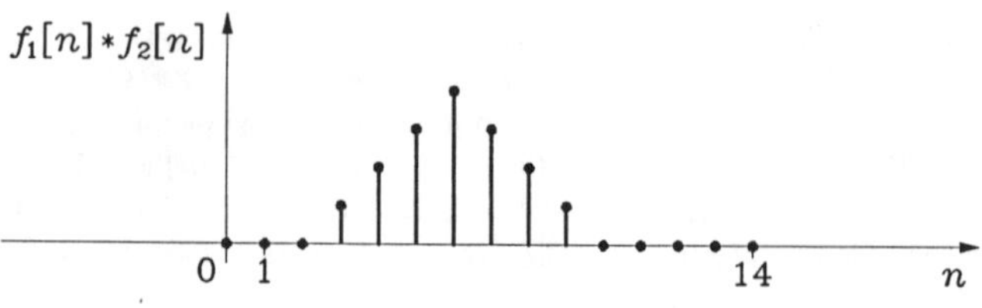


Bild 4.10: Mit Nullen verlängerte Folgen $f_1[n]$ und $f_2[n]$ sowie die Faltung der verlängerten Folgen

$$\left| \frac{\sin(\omega T N_1/2)}{\sin(\omega T/2)} \right| .$$

Betrachtet man als grobes Maß für die Bandbreite dieses Amplitudenspektrums den Betrag der beiden Nullstellen, die $\omega = 0$ am nächsten liegen, so lautet dieses $2\pi/N_1 T$. Je kleiner dieser Wert ist, [1] umso größer ist die mögliche Spektralauflösung. Wie man sieht, ist bei Erhöhung von $N_2$ (zur Interpolation des Spektrums) die Auflösbarkeit damit zwangsläufig begrenzt.

Ein wesentlicher Nachteil des Rechteckfensters $\psi_N[n]$ bei der Anwendung zur Spektralanalyse ist, daß obiges Amplitudenspektrum, wie eine nähere Untersuchung zeigt, mit zunehmender Kreisfrequenz nur relativ langsam abfällt (das erste Seitenmaximum liegt bei üblichen Werten von $N_1$ nur 13 dB unter dem absoluten Maximum in $\omega = 0$ und die weitere Abnahme der Betragsmaxima beträgt nur 6 dB/Oktave). Dies kann sich bei der Spektralanalyse dahingehend negativ auswirken, daß ein schwaches Signal bei Anwesenheit eines stärkeren Signals nicht aufgelöst werden kann. Aus diesem Grund sind alternative Vorschläge zur Fensterung vorgeschlagen worden. Die wohl gebräuchlichsten Fenster sind das Hann-Fenster

$$\varphi_N[n] = \begin{cases} \dfrac{1}{2} - \dfrac{1}{2}\cos\dfrac{2\pi n}{N} = \sin^2\dfrac{\pi n}{N} & (n = 0, 1, \ldots, N-1), \\ 0 & \text{sonst} \end{cases} \tag{4.67}$$

und das Hamming-Fenster

$$\gamma_N[n] = \begin{cases} 0{,}54 - 0{,}46\cos\dfrac{2\pi n}{N} & (n = 0, 1, \ldots, N-1), \\ 0 & \text{sonst}, \end{cases} \tag{4.68}$$

deren Amplitudenspektren mit zunehmender Kreisfrequenz wesentlich stärker abfallen, als dies beim Rechteckfenster der Fall ist. Jedoch ist die Bandbreite von $\varphi_N[n]$ und $\gamma_N[n]$ etwa doppelt so groß wie die von $\psi_N[n]$. Dies bedeutet, daß die Verbesserung der Eigenschaften des Amplitudenspektrums mit einer verringerten spektralen Auflösbarkeit bezahlt werden mußte.

Die Fensterung eines diskontinuierlichen Signals $\tilde{f}[n]$ mit dem Hann-Fenster kann aufgrund der Gl. (4.67) in der Form

$$\tilde{f}[n]\varphi_N[n] = \frac{1}{2}\tilde{f}[n]\psi_N[n]\left\{1 - \frac{1}{2}e^{j\frac{2\pi}{N}n} - \frac{1}{2}e^{-j\frac{2\pi}{N}n}\right\} \tag{4.69}$$

geschrieben werden. Führt man die Korrespondenz

$$\tilde{f}[n]\psi_N[n] \underset{N}{\longmapsto} F[m]$$

ein, so erhält man aus Gl. (4.69) bei Beachtung der Verschiebungseigenschaft die Zuordnung

$$\tilde{f}[n]\varphi_N[n] \underset{N}{\longmapsto} -\frac{1}{4}F[m-1] + \frac{1}{2}F[m] - \frac{1}{4}F[m+1]. \tag{4.70}$$

---

[1] D. h. je mehr das Amplitudenspektrum des Rechteckfensters im Grundintervall der Form einer Dirac-Funktion nahekommt und damit bei der Faltung das Spektrum von $\tilde{f}[n]$ liefert.

Bei der Berechnung der diskreten Fourier-Transformierten eines zu fensternden diskontinuierlichen Signals kann man also zunächst das rechteckförmig beschnittene Signal mittels der DFT der Ordnung $N$ transformieren. Die entstandene Transformierte $F[m]$ wird anschließend gemäß der rechten Seite der Korrespondenz (4.70) modifiziert. Dies liefert die Transformierte des mit der Hann-Funktion gefensterten Signals. Man beachte, daß es bei Verwendung der Funktion $\varphi_N[n]$ möglich ist, die eigentliche Fensterung im Frequenzbereich vorzunehmen, wobei die Koeffizientenmultiplikationen bei Verwendung binärer Operationen allein durch Verschiebungen, also ohne vollständige Multiplikationen ausgeführt werden können. Weitere Einzelheiten über Fensterfunktionen sind der Arbeit [Ha2] zu entnehmen.

## 3.3. DIE SCHNELLE FOURIER-TRANSFORMATION

Die numerische Auswertung der DFT für eine Folge der Periode $N$ erfordert $(N-1)^2$ (im allgemeinen komplexe) Multiplikationen. Da diese Zahl im wesentlichen den Rechenzeitbedarf festlegt, sind einige Verfahren entwickelt worden mit dem Ziel, die Zahl der erforderlichen Multiplikationen zu reduzieren. Hierauf soll im folgenden kurz eingegangen werden.

Es sei die Periode $N$ einer Folge $f[n]$ geradzahlig, es gelte also $N = 2N_1$ mit einer natürlichen Zahl $N_1$. Dann liefert die Gl. (4.62b) die korrespondierende Folge

$$F[m] = \sum_{n=0}^{N-1} f[n] \mathrm{e}^{-\mathrm{j}\frac{2\pi}{2N_1} n m} = \sum_{\nu=0}^{N_1-1} f[2\nu] \mathrm{e}^{-\mathrm{j}\frac{2\pi}{N_1}\nu m} + \mathrm{e}^{-\mathrm{j}\frac{\pi}{N_1} m} \sum_{\nu=0}^{N_1-1} f[2\nu+1] \mathrm{e}^{-\mathrm{j}\frac{2\pi}{N_1}\nu m} .$$

Ordnet man der Teilfolge $f[2n] =: f_1[n]$ von $f[n]$ durch die Korrespondenz

$$f_1[n] \underset{N_1}{\longmapsto} F_1[m]$$

und der Teilfolge $f[2n+1] =: f_2[n]$ durch die Korrespondenz

$$f_2[n] \underset{N_1}{\longmapsto} F_2[m]$$

ihre diskreten Spektren zu, dann läßt sich obiges Ergebnis in der Form

$$f[n] \underset{2N_1}{\longmapsto} F[m] = F_1[m] + \mathrm{e}^{-\mathrm{j}\frac{\pi}{N_1} m} F_2[m]$$

ausdrücken. Es wird zusammengefaßt im

**Satz IV.2**: Die periodische Folge $f[n]$ mit geradzahliger Periode $N$ läßt sich durch die diskrete Fourier-Transformation in die Folge $F[m]$ dadurch überführen, daß man die beiden Teilfolgen $f_1[n] = f[2n]$ und $f_2[n] = f[2n+1]$ mit der Periode $N/2$ in $F_1[m]$ bzw. $F_2[m]$ transformiert und daraus die Folge

$$F[m] = F_1[m] + \mathrm{e}^{-\mathrm{j}\frac{2\pi}{N} m} F_2[m] \qquad (4.71)$$

bildet. Die diskrete Fourier-Transformation einer Folge mit der geradzahligen Periode $N$ läßt sich also auf die Transformation zweier Folgen mit der halben Periode reduzieren.

**Anmerkung:** Man kann entsprechend zeigen, daß sich die DFT einer Folge $f[n]$ mit der Periode $N_0 N_1$ ($N_0, N_1$ natürliche Zahlen) auf die Transformation von $N_0$ Folgen mit der Periode $N_1$ reduzieren läßt.

Da $F_1[m]$ und $F_2[m]$ die Periode $N/2$ haben, folgt aus Gl. (4.71)

$$F[m+\frac{N}{2}] = F_1[m] - \mathrm{e}^{-\mathrm{j}\frac{2\pi}{N}m} F_2[m]. \tag{4.72}$$

Im Bild 4.11 sind die Gln. (4.71) und (4.72) veranschaulicht.

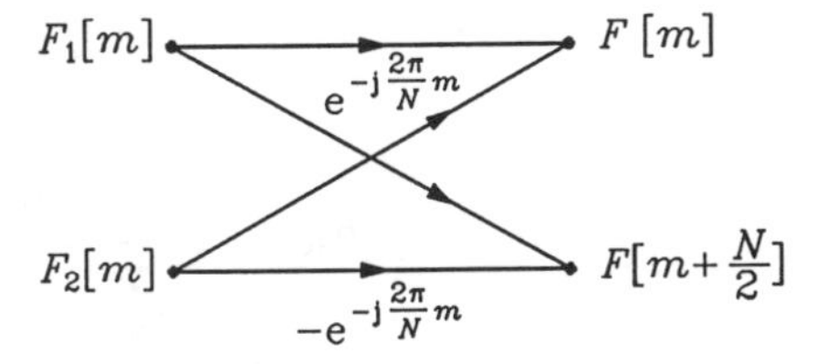


Bild 4.11: Schmetterling-Diagramm zur Veranschaulichung der Gln. (4.71) und (4.72)

Bei der numerischen Berechnung von $F[m]$ aus $F_1[m]$ und $F_2[m]$ werden zweckmässigerweise die Gln. (4.71) und (4.72) für $m = 0, 1, \ldots, (N/2) - 1$ ausgewertet. Dementsprechend muß man bei einer graphischen Veranschaulichung $N/2$ Blöcke gemäß Bild 4.11 für $m = 0, 1, \ldots, (N/2) - 1$ verwenden. Dabei sind nur $(N/2) - 1$ Multiplikationen erforderlich, da die Auswertung der Gl. (4.72) keine zusätzlichen Multiplikationen benötigt. Es wird noch eine Multiplikation hinzugerechnet, um den übrigen Rechenaufwand zu berücksichtigen; dabei wird angenommen, daß alle Exponentialfaktoren in einem Speicher (bei einer Realisierung in Hardware in einem ROM) stets verfügbar sind.

Besonders effektiv läßt sich die durch Satz IV.2 gegebene Berechnungsmöglichkeit anwenden, wenn die Periode $N$ eine Zweierpotenz ist, wenn also

$$N = 2^s$$

gilt. Dann kann durch zweimalige Anwendung von Satz IV.2 die Berechnung von $F_1[m]$ und $F_2[m]$ aus $f_1[n]$ bzw. $f_2[n]$ mit der Periode $2^{s-1}$ auf die Transformation jeweils zweier Folgen, zusammen also von vier Folgen mit der Periode $2^{s-2}$ reduziert werden. Durch Wiederholung dieser Reduktion verdoppelt sich jeweils die Zahl der zu transformierenden Folgen zugunsten einer jeweiligen Halbierung der Periode dieser Folgen, bis man schließlich bei $2^{s-1}$ Folgen mit der Periode Zwei angelangt ist. Im Rechenschema nach Bild 4.11 hat man bei der ersten Halbierung der Periode für $N$ die volle Länge $2^s$ zu wählen, bei der zweiten Halbierung der Periode ist für $N$ im Bild 4.11 dagegen $2^{s-1}$ zu verwenden usw., bis bei der letzten Halbierung im Bild 4.11 für $N$ nur 2 zu nehmen ist. Verwendet man die Abkürzung

$$W := \mathrm{e}^{-\mathrm{j}2\pi/2^s}, \tag{4.73}$$

dann treten im Diagramm nach Bild 4.11 die Faktoren $\pm W^m$ (bei der ersten Halbierung der Periode mit $m = 0, 1, \ldots, 2^{s-1} - 1$), $\pm W^{2m}$ (bei der zweiten Halbierung der Periode mit $m = 0, 1, \ldots, 2^{s-2} - 1$), ..., $\pm W^{2^{s-1}m} = \pm(-1)^m = \pm 1$ (da nur $m = 0$ vorkommt). Damit kann man den Ablauf der Gesamtrechnung durch ein Diagramm darstellen, das sich aus Blöcken nach Bild 4.11 ("Schmetterlingen") zusammensetzt. Dies ist im Bild 4.12 für $s = 3$ im einzelnen gezeigt. Man beachte, daß im Ablaufdiagramm die Eingangsdaten $f[n]$ in der

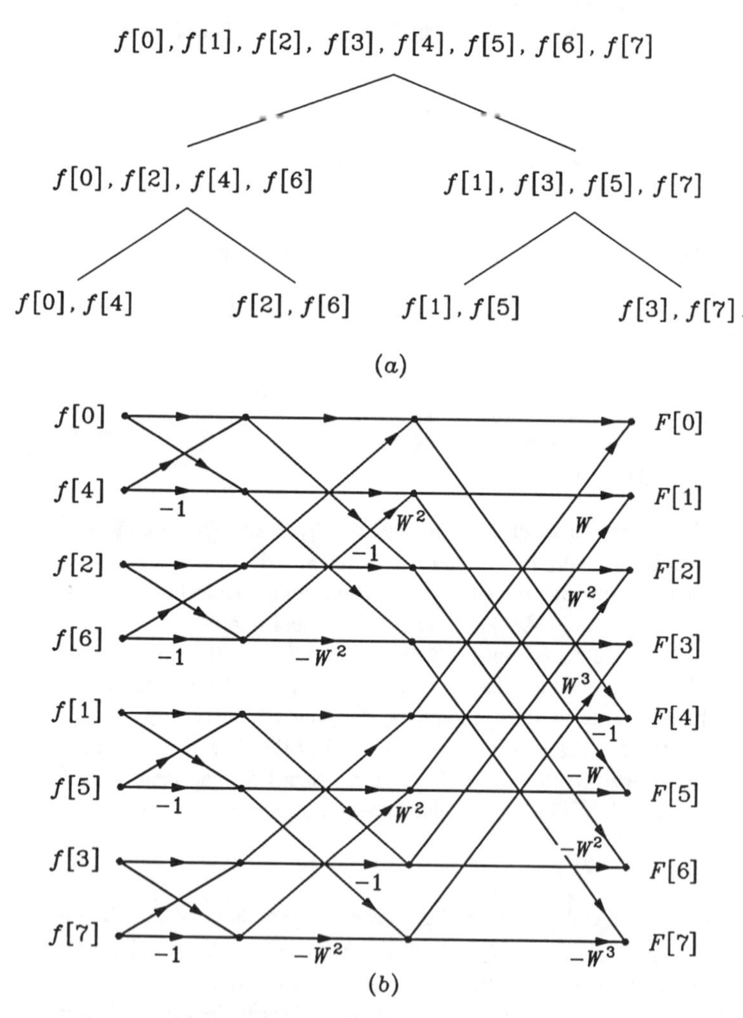


Bild 4.12: FFT für $N=8$ und $W = \mathrm{e}^{-\mathrm{j}2\pi/8}$. (a) Fortgesetzte Halbierung der Länge der Folgen; (b) Ablaufdiagramm für die Transformation

Reihenfolge der Werte (in Klammern stehen die entsprechenden binären Werte) 0 (000), 4 (100), 2 (010), 6 (110), 1 (001), 5 (101), 3 (011), 7 (111) von $n$ auftreten; werden die binären Zahlen mit umgekehrter Ziffernfolge geschrieben, so liegt die natürliche Reihenfolge $0, 1, 2, \ldots, 7$ vor.

Es soll nun der Rechenaufwand abgeschätzt werden, der für die Durchführung des beschriebenen Algorithmus erforderlich ist. Der Algorithmus besteht aus $s = \operatorname{ld} N$ Schritten (ld steht für den Logarithmus zur Basis 2). In jedem dieser Schritte werden genau $N/2$ Operationen der Art nach Bild 4.11 durchgeführt, von denen jede 1 (komplexe) Multiplikation (mit dem reinen Drehfaktor $\mathrm{e}^{-\mathrm{j}2\pi m/N}$) sowie 1 Addition und 1 Subtraktion erfordert. Dabei werden der Einfachheit wegen auch einige Multiplikationen mit Eins mitgezählt. Es sind also $(N/2) \operatorname{ld} N$ komplexe Multiplikationen und ebensoviele Additionen und Subtraktionen erforderlich, um nach dem beschriebenen Verfahren $F[m]$ aus $f[n]$ zu berechnen. Eine direkte Berechnung nach Gl. (4.62b) würde genau $(N-1)^2$ Multiplikationen und $N(N-1)$ Additionen erfordern. Die wiederholte Anwendung von Satz IV.2 (schnelle Fourier-Transformation, "F(ast) F(ourier) T(ransform)") verlangt z. B. im Fall $N=32$ $(s=5)$ etwa 80 Multiplikationen gegenüber 961 Multiplikationen bei einer direkten Berechnung nach Gl. (4.62b). Die Einsparung ist also beträchtlich.

Die Methode der schnellen Fourier-Transformation (FFT) läßt sich entsprechend auch zur Überführung von $F[m]$ in $f[n]$ verwenden. Auf Einzelheiten braucht nicht eingegangen zu werden, da Unterschiede gegenüber der Transformation von $f[n]$ in $F[m]$ gemäß den Gln. (4.62a,b) nur durch den Faktor $1/N$ vor der Summe und durch den Vorzeichenwechsel des Exponenten der e-Faktoren auftreten. Bezüglich weiterer Einzelheiten wird auf [Op1] verwiesen.

# 4. Diskontinuierliche Systeme zur digitalen Signalverarbeitung

Im Abschnitt 2.4 wurde untersucht, welchen Frequenzgang $H(\mathrm{e}^{\mathrm{j}\omega T})$ ein diskontinuierliches System aufweisen muß, damit der vorgegebene Frequenzgang $\widetilde{H}(\mathrm{j}\omega)$ eines kontinuierlichen Systems simuliert wird, und zwar derart, daß bei der Erregung des simulierenden Systems mit den Abtastwerten irgendeines bandbegrenzten Signals $\widetilde{x}(t)$ am Ausgang die Abtastwerte des durch $\widetilde{H}(\mathrm{j}\omega)$ gegebenen Ausgangssignals $\widetilde{y}(t)$ geliefert werden. Es ergab sich die Vorschrift in der Form der Gl. (4.38), wonach $H(\mathrm{e}^{\mathrm{j}\omega T})$ mit $\widetilde{H}(\mathrm{j}\omega)$ für alle $\omega$-Werte mit $|\omega| < \omega_g = \pi/T$ übereinstimmen muß; dabei bedeutet $\omega_g$ die Grenzkreisfrequenz der zulässigen Eingangssignale $\widetilde{x}(t)$, und durch $T=\pi/\omega_g$ wird die Abtastperiode vorgeschrieben. Da $H(\mathrm{e}^{\pm\mathrm{j}\omega_g T}) = H(-1)$ bei einem reellen System einen reellen Wert haben muß, kann eine, auch näherungsweise, Übereinstimmung von $H(\mathrm{e}^{\mathrm{j}\omega T})$ und $\widetilde{H}(\mathrm{j}\omega)$ nur erwartet werden, wenn für $\omega = \pm\,\omega_g$ der Imaginärteil von $\widetilde{H}(\mathrm{j}\omega)$ verschwindet. Da dies im allgemeinen nicht der Fall ist, empfiehlt es sich, in $\widetilde{H}(\mathrm{j}\omega)$ noch eine Laufzeit einzuführen, d. h. statt $\widetilde{H}(\mathrm{j}\omega)$ die Vorschrift $\mathrm{e}^{-\mathrm{j}\omega t_0}\,\widetilde{H}(\mathrm{j}\omega)$ zu wählen. Der Imaginärteil der so geänderten Vorschrift verschwindet für $\omega = \pm\,\omega_g$, wenn die Wahl

$$t_0 = \frac{1}{\omega_g} \arctan \frac{\widetilde{X}(\omega_g)}{\widetilde{R}(\omega_g)}$$

getroffen wird. Dabei bedeutet $\widetilde{X}(\omega)$ den Imaginärteil und $\widetilde{R}(\omega)$ den Realteil von $\widetilde{H}(\mathrm{j}\omega)$. Im folgenden sollen einige Möglichkeiten besprochen werden, wie man Systeme entwerfen kann, welche eine Simulation in dem genannten Sinne erlauben und für eine digitale Realisierung geeignet sind.

## 4.1. NICHTREKURSIVE SYSTEME

Verschwinden alle Parameter $\alpha_\nu$ $(\nu=0,1,\ldots,q-1)$ in der Gl. (4.6b), so erhält die Übertragungsfunktion die einfache Form

$$H(e^{j\omega T}) = \sum_{\mu=0}^{q} \beta_\mu \, e^{-j(q-\mu)\omega T}. \tag{4.74}$$

Führt man diese Darstellung in die Gl. (4.16) ein, dann zeigt sich sofort, daß die Impulsantwort $h[n]$ im vorliegenden Fall für $n < 0$ und $n > q$ identisch verschwindet, also von endlicher Dauer ist, während sonst $h[n] = \beta_{q-n}$ gilt. Wie man der Gl. (4.6a) entnimmt, läßt sich das Ausgangssignal $y[n]$ in diesem Fall durch eine Summe der mit den $\beta_\mu$ gewichteten Werte $x[n], x[n-1], \ldots, x[n-q]$ des Eingangssignals erzeugen. Dementsprechend kann der Frequenzgang $H(e^{j\omega T})$ nach Gl. (4.74) einfach durch eine Kette von $q$ Einheitsverzögerungsgliedern realisiert werden. Hierbei durchläuft $x[n]$ diese Kette, und am Ausgang der einzelnen Verzögerungsglieder können die Signale $x[n-\nu]$ $(\nu = 1, 2, \ldots, q)$ entnommen werden, die zusammen mit $x[n]$ nach Multiplikation mit $\beta_{q-\nu}$ als Summe $y[n]$ liefern (Bild 4.13). Das auf diese Weise entstandene diskontinuierliche System ist im Sinne von Kapitel I, Abschnitt 3.3 nichtrekursiv.

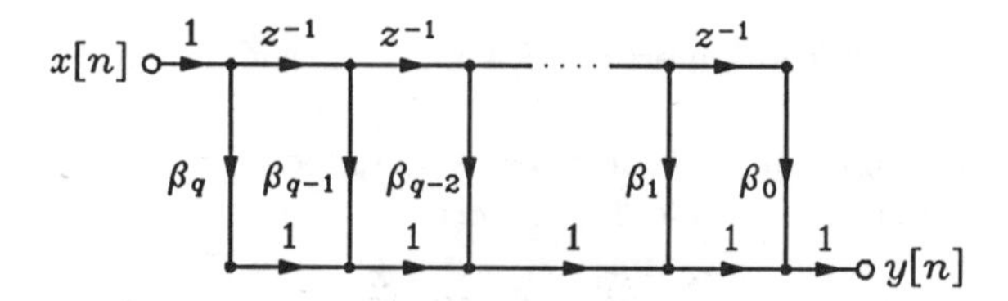


Bild 4.13: Realisierung der durch Gl. (4.74) gegebenen Übertragungsfunktion mit Hilfe eines nichtrekursiven diskontinuierlichen Systems mit $q$ Verzögerungsgliedern, die in Anlehnung an Gl. (4.5) mit $z^{-1}$ gekennzeichnet werden

Es kann nun versucht werden, die Freiheit in der Wahl der Koeffizienten $\beta_\mu$ $(\mu = 0, 1, \ldots, q)$ zur approximativen Erfüllung der Simulationsbedingung nach Gl. (4.38) auszunützen. Eine erste Möglichkeit besteht darin, die Vorschrift $\widetilde{H}(j\omega)$ in $|\omega| < \omega_g = \pi/T$ durch $H(e^{j\omega T})$ aus Gl. (4.74) im *Sinne des kleinsten mittleren Fehlerquadrats* anzunähern. Danach sind die Parameter $\beta_\mu$ so festzulegen, daß der Fehler

$$\Delta = \frac{1}{2\omega_g} \int_{-\omega_g}^{\omega_g} \left[\widetilde{H}(j\omega) - \sum_{\mu=0}^{q} \beta_\mu \, e^{-j(q-\mu)\omega T}\right]\left[\widetilde{H}^*(j\omega) - \sum_{\mu=0}^{q} \beta_\mu \, e^{j(q-\mu)\omega T}\right] d\omega \tag{4.75}$$

ein Minimum wird. Führt man zur Auswertung der Formel für $\Delta$ neben $\widetilde{H}(j\omega)$ den beschnittenen Frequenzgang $\widetilde{H}(j\omega)p_{\omega_g}(\omega)$ mit der Impulsantwort $\widetilde{h}_{\omega_g}(t)$ ein, dann erhält man nach einer Zwischenrechnung

$$\Delta = \frac{1}{2\omega_g} \int_{-\omega_g}^{\omega_g} |\widetilde{H}(j\omega)|^2 d\omega + \sum_{\mu=0}^{q} \{\beta_\mu^2 - 2T\beta_\mu \widetilde{h}_{\omega_g}[(q-\mu)T]\}$$

$$= \frac{1}{2\omega_g} \int_{-\omega_g}^{\omega_g} |\widetilde{H}(j\omega)|^2 d\omega - \sum_{\mu=0}^{q} \{T\widetilde{h}_{\omega_g}[(q-\mu)T]\}^2$$

$$+ \sum_{\mu=0}^{q} \{\beta_\mu - T\widetilde{h}_{\omega_g}[(q-\mu)T]\}^2 .$$

Dabei wurde berücksichtigt, daß $\widetilde{h}_{\omega_g}(t)$ eine reellwertige Zeitfunktion ist. Wie man unmittelbar sieht, wird der Fehler $\Delta$ in Abhängigkeit von den Parametern $\beta_\mu$ genau dann am kleinsten, wenn

$$\beta_\mu = T\,\widetilde{h}_{\omega_g}[(q-\mu)T] \quad (\mu = 0,1,\ldots,q) \tag{4.76}$$

gewählt wird, und für den kleinstmöglichen Fehler ergibt sich

$$\Delta_{\min} = \frac{1}{2\omega_g}\int_{-\omega_g}^{\omega_g} |\widetilde{H}(\mathrm{j}\omega)|^2 \mathrm{d}\omega - \sum_{\mu=0}^{q}\beta_\mu^2$$

mit $\beta_\mu$ nach Gl. (4.76).

Es kann allerdings vorkommen, daß der Fehler $\Delta_{\min}$ nur bei Wahl eines relativ großen Wertes von $q$ hinreichend klein gemacht werden kann. Jedenfalls sind durch Gl. (4.76) die Parameter $\beta_\mu = h[q-\mu]$ des im oben genannten Sinne optimalen nichtrekursiven Systems festgelegt.

Eine weitere Möglichkeit, die Simulationsbedingung näherungsweise zu erfüllen, ist die *Interpolation*, d. h. die Festlegung der Koeffizienten $\beta_\mu$ durch die Forderung

$$H(\mathrm{e}^{\mathrm{j}m\omega_0 T}) = \widetilde{H}(\mathrm{j}m\,\omega_0) \quad (m = 0,1,\ldots,N-1) \tag{4.77}$$

mit $\omega_0 = 2\omega_g/N$, $T = \pi/\omega_g$ und $N = q+1$. Mit Gl. (4.74) läßt sich diese Forderung wegen $\omega_0 T = 2\pi/N$ in der Form

$$\widetilde{H}(\mathrm{j}m\,\omega_0) = \sum_{n=0}^{N-1}\beta_{q-n}\,\mathrm{e}^{-\mathrm{j}\frac{2\pi}{N}nm} \quad (m = 0,1,\ldots,N-1)$$

ausdrücken, d. h. die Folgen $\widetilde{H}(\mathrm{j}m\,\omega_0)$ und $\beta_{q-n}$ mit der Periode $N$ müssen im Sinne der diskreten Fourier-Transformation eine Korrespondenz bilden. Aufgrund der Gl. (4.62a) erhält man mit $N-1=q$ sofort Vorschriften zur Festlegung der Parameter des nichtrekursiven Systems:

$$\beta_{q-n} = \frac{1}{q+1}\sum_{m=0}^{q}\widetilde{H}(\mathrm{j}m\,\omega_0)\,\mathrm{e}^{\mathrm{j}\frac{2\pi}{q+1}mn} \quad (n = 0,1,\ldots,q).$$

Die interpolatorische Forderung gemäß Gl. (4.77) zur Berechnung der Parameter $\beta_\mu$ läßt sich auch auf die folgende interessante Weise befriedigen: Das Polynom $z^N - 1$ besitzt die $N$ Nullstellen $z_\mu = \mathrm{e}^{\mathrm{j}2\pi\mu/N}$ $(\mu = 0,1,\ldots,N-1)$. Bedeutet $m$ eine ganze Zahl im Intervall $[0, N-1]$, dann läßt sich demnach aus dem Polynom $z^N - 1$ der Faktor $z - z_m$ mit $m \in \{0,1,\ldots,N-1\}$ ohne Rest abdividieren, und man erhält so das Polynom

$$P_m(z) = \frac{z^N - 1}{z - z_m} = \sum_{\mu=0}^{N-1} z^\mu (z_m)^{N-1-\mu}$$

mit der Eigenschaft

$$P_m(z_\mu) = \begin{cases} \dfrac{N}{z_m} & \text{für} \quad \mu = m\,, \\ 0 & \text{für} \quad \mu \neq m\,, \end{cases} \tag{4.78}$$

wobei $z_m^{N-1} = z_m^N / z_m = 1/z_m$ berücksichtigt wurde. Mit Hilfe des Polynoms $P_m(z)$ wird nun mit $T = \pi/\omega_g$ die Übertragungsfunktion

$$H_m(\mathrm{e}^{\mathrm{j}\omega T}) = \frac{P_m(\mathrm{e}^{\mathrm{j}\omega T})}{N\mathrm{e}^{\mathrm{j}\omega T(N-1)}} = \frac{1}{N}\sum_{\mu=0}^{N-1} \mathrm{e}^{\mathrm{j}\frac{2\pi}{N}m(N-1-\mu)}\,\mathrm{e}^{-\mathrm{j}(N-1-\mu)\omega T} \tag{4.79}$$

eingeführt. Sie ist entsprechend Gl. (4.6b) eine rationale Funktion in $z = \mathrm{e}^{\mathrm{j}\omega T}$ und hat wegen $\omega_0 T = 2\omega_g T/N = 2\pi/N$ und der Gl. (4.78) die besondere Eigenschaft

$$H_m(\mathrm{e}^{\mathrm{j}\mu\omega_0 T}) = \frac{P_m(\mathrm{e}^{\mathrm{j}\frac{2\pi}{N}\mu})}{N\,\mathrm{e}^{\mathrm{j}\frac{2\pi}{N}(N-1)m}} = \begin{cases} 1 & \text{für} \quad \mu = m\,, \\ 0 & \text{für} \quad \mu \neq m\,. \end{cases} \tag{4.80}$$

Außerdem verschwinden alle Parameter $\alpha_\nu$ $(\nu = 0, 1, \ldots, N-2)$, wie der Gl. (4.79) zu entnehmen ist, weshalb diese Übertragungsfunktion durch ein nichtrekursives System realisiert werden kann. Mit $H_m(\mathrm{e}^{\mathrm{j}\omega T})$ wird schließlich die Übertragungsfunktion

$$H(\mathrm{e}^{\mathrm{j}\omega T}) = \sum_{\mu=0}^{N-1} \widetilde{H}(\mathrm{j}\mu\omega_0) H_\mu(\mathrm{e}^{\mathrm{j}\omega T}) \tag{4.81}$$

gebildet, welche wegen der Gl. (4.80) die Interpolationsforderung nach Gl. (4.77) befriedigt. Bild 4.14 zeigt ein Prinzipschaltbild zur digitalen Realisierung der Übertragungsfunktion $H(\mathrm{e}^{\mathrm{j}\omega T})$ nach Gl. (4.81). Die Teilsysteme mit den Übertragungsfunktionen $H_m(\mathrm{e}^{\mathrm{j}\omega T})$, welche durch Gl. (4.79) gegeben sind, lassen sich gemäß Bild 4.13 mit

$$\beta_\mu = \frac{1}{N}\mathrm{e}^{\mathrm{j}\frac{2\pi}{N}m(N-1-\mu)}\,, \quad \mu = 0, 1, \ldots, q = N-1$$

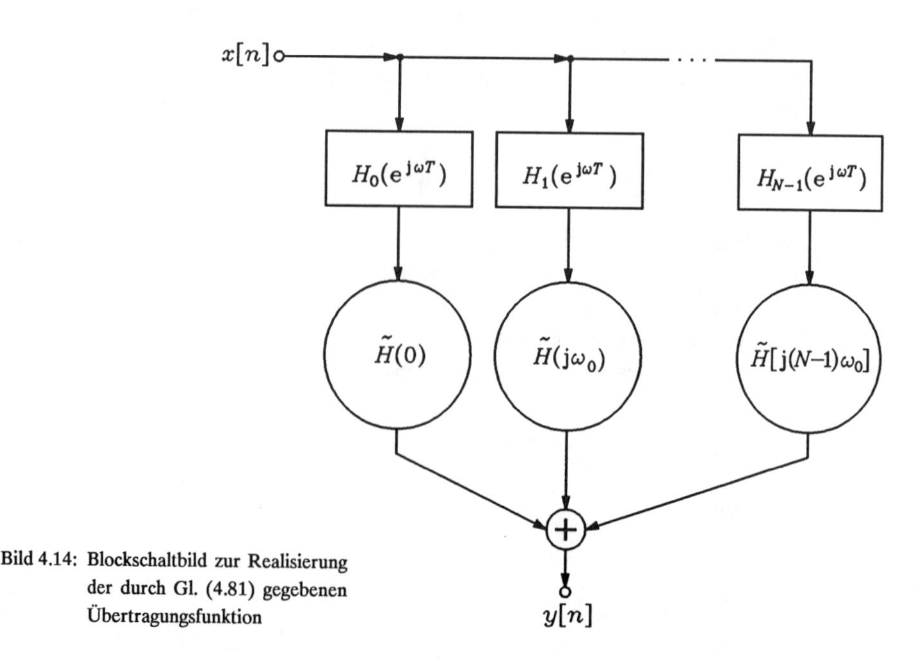


Bild 4.14: Blockschaltbild zur Realisierung der durch Gl. (4.81) gegebenen Übertragungsfunktion

für jedes $m = 0, 1, \ldots, N-1$ durch nichtrekursive – allerdings nicht reelle – Systeme verwirklichen. Diese Realisierung bietet die Möglichkeit, die vorgeschriebenen Werte des Frequenzganges an den Multiplizierern direkt einzustellen.

## 4.2. REKURSIVE SYSTEME

Für das zu simulierende kontinuierliche lineare, zeitinvariante System mit einem Eingang und einem Ausgang läßt sich die Verknüpfung zwischen der Eingangsgröße $\tilde{x}(t)$ und der Ausgangsgröße $\tilde{y}(t)$ mit Hilfe der Impulsantwort $\tilde{h}(t)$ in der Form

$$\tilde{y}(t) = \int_{-\infty}^{\infty} \tilde{x}(t-\vartheta)\tilde{h}(\vartheta)\,\mathrm{d}\vartheta \tag{4.82}$$

ausdrücken. Dem Eingangssignal $\tilde{x}(\vartheta)$ wird gemäß Gl. (3.144) seine zeitvariable Fourier-Transformierte $\tilde{X}(t, \mathrm{j}\omega)$ zugeordnet, so daß $\tilde{x}(t-\vartheta)$ als Funktion von $\vartheta$ betrachtet gemäß Gl. (3.145a) mit Hilfe diskreter Frequenzwerte von $\tilde{X}(t, \mathrm{j}\omega)$ dargestellt werden kann. Führt man diese Darstellung in Gl. (4.82) ein, so ergibt sich

$$\tilde{y}(t) = \frac{1}{2T_0} \sum_{\mu=-\infty}^{\infty} \tilde{X}(t, \mathrm{j}\mu\frac{\pi}{T_0}) \int_{-\infty}^{\infty} \tilde{h}(\vartheta)\,\mathrm{e}^{-\mathrm{j}\mu\frac{\pi}{T_0}\vartheta}\,\mathrm{d}\vartheta$$

oder, wenn man berücksichtigt, daß die Fourier-Transformierte von $\tilde{h}(t)$ die Übertragungsfunktion $\tilde{H}(\mathrm{j}\omega)$ des Systems liefert,

$$\tilde{y}(t) = \frac{1}{2T_0} \sum_{\mu=-\infty}^{\infty} \tilde{X}(t, \mathrm{j}\mu\frac{\pi}{T_0})\tilde{H}(\mathrm{j}\mu\frac{\pi}{T_0}) . \tag{4.83}$$

Diese Formel kann unter anderem dazu herangezogen werden, das Ausgangssignal zu berechnen, wenn der Zeitvorgang $\tilde{x}(t)$ extrem lange andauert und $\tilde{h}(t)$ (wenigstens näherungsweise) eine endliche Dauer $T_1$ hat. In diesem Fall wird zweckmäßigerweise $T_0 = T_1/2$ gewählt.

Betrachtet man in entsprechender Weise ein lineares, zeitinvariantes diskontinuierliches System mit einem Eingang und einem Ausgang, dann lautet der Zusammenhang zwischen Eingangssignal $x[n]$ und Ausgangssignal $y[n]$ unter Verwendung der Impulsantwort $h[n]$

$$y[n] = \sum_{\mu=-\infty}^{\infty} x[n-\mu]h[\mu] . \tag{4.84}$$

Dem Eingangssignal $x[\mu]$ wird gemäß Gl. (4.55) sein von der Variablen $n$ abhängiges Spektrum $X(n, \mathrm{e}^{\mathrm{j}\omega T})$ zugewiesen, so daß $x[n-\mu]$ als Funktion von $\mu$ betrachtet gemäß Gl. (4.56) mit Hilfe diskreter Frequenzwerte von $X(n, \mathrm{e}^{\mathrm{j}\omega T})$ dargestellt werden kann. Führt man diese Darstellung in Gl. (4.84) ein und berücksichtigt den Zusammenhang zwischen Impulsantwort $h[n]$ und Übertragungsfunktion $H(\mathrm{e}^{\mathrm{j}\omega T})$, so ergibt sich[1)]

1) In einigen der folgenden Beziehungen wird angenommen, daß $N$ gerade ist; diese Einschränkung kann jedoch durch geringfügige Modifikationen beseitigt werden.

$$y[n] = \frac{1}{N}\sum_{m=0}^{N-1} X(n, e^{j\frac{2\pi}{N}m}) H(e^{-j\frac{2\pi}{N}m}). \tag{4.85}$$

Nun soll die zeitvariable Fourier-Transformierte des Eingangssignals $\tilde{x}(t)$

$$\tilde{X}(t, j\omega) = \int_{-T_0}^{T_0} \tilde{x}(t+\tau) e^{-j\omega\tau} d\tau$$

noch etwas näher untersucht werden. Aufgrund der Beziehung $\tau = T_0 - \xi$ wird die Integrationsvariable $\tau$ durch $\xi$ ersetzt und anschließend $\omega = m\pi/T_0$ ($m$ ganz) gewählt. Auf diese Weise ergibt sich

$$\tilde{X}(t, jm\frac{\pi}{T_0}) = (-1)^m \int_0^{2T_0} \tilde{x}(t + T_0 - \xi) e^{jm\frac{\pi}{T_0}\xi} d\xi. \tag{4.86}$$

Bezeichnet man mit $A_m(t)$ gemäß Gl. (3.86b) die Fourier-Koeffizienten der periodisierten Funktion $p_{T_0}(T_0 - \xi)\tilde{x}(t + T_0 - \xi)$ von $\xi$, dann folgt aus Gl. (4.86) mit Gl. (3.86b)

$$\tilde{X}(t, -jm\frac{\pi}{T_0}) = (-1)^m 2T_0 A_m(t). \tag{4.87}$$

Aus dem Signal $\tilde{x}(t)$ wird nach der Vorschrift

$$x[n] = \tilde{x}(T_0 + nT)$$

die abgetastete Eingangsgröße $x[n]$ gebildet, der gemäß Gl. (4.55) das von $n$ abhängige Spektrum

$$X(n, e^{j\omega T}) = \sum_{\nu=0}^{N-1} x[n-\nu] e^{-j\omega\nu T}$$

mit $NT = 2T_0$ zugeordnet wird. Mit $\omega T = m(\pi/T_0)T = m2\pi/N$ erhält man

$$X(n, e^{j\frac{2\pi}{N}m}) = \sum_{\nu=0}^{N-1} \tilde{x}(T_0 + nT - \nu T) e^{-j\frac{2\pi}{N}\nu m}. \tag{4.88}$$

Nach den Gln. (4.61c,b) ist die hier auftretende Summe bis auf den fehlenden Faktor $1/N$ eine Näherungsdarstellung für den Fourier-Koeffizienten $A_m(nT)$ der periodisierten Funktion $p_{T_0}(T_0 - \xi)\tilde{x}(nT + T_0 - \xi)$. Daher kann die Gl. (4.88) für $|m| \leqq N/2$ approximativ als

$$X(n, e^{j\frac{2\pi}{N}m}) = N A_m(nT) \tag{4.89}$$

geschrieben werden. Aus den Gln. (4.87) und (4.89) folgt im Rahmen der gemachten Näherung für $|m| \leqq N/2$ die Beziehung

$$\tilde{X}(nT, jm\frac{\pi}{T_0}) = (-1)^m \frac{2T_0}{N} X(n, e^{-j\frac{2\pi}{N}m}). \tag{4.90}$$

Dieses Ergebnis ermöglicht es, die Gl. (4.83) für $t = nT$ auszuwerten. Dabei wird vorausgesetzt, daß

$$\tilde{H}(\mathrm{j}\mu \frac{\pi}{T_0}) = 0$$

für alle $\mu$ mit $|\mu| > N/2$ gilt. Mit der Forderung

$$(-1)^m \tilde{H}(\mathrm{j}\, m \frac{\pi}{T_0}) = H(\mathrm{e}^{\mathrm{j}\frac{2\pi}{N}m}) \tag{4.91}$$

für $-N/2 < m \leqq N/2$ erhält man aus den Gln. (4.83) und (4.90) die Näherungsdarstellung

$$\tilde{y}(nT) = \frac{1}{N} \sum_{m=0}^{N-1} X[n, \mathrm{e}^{-\mathrm{j}\frac{2\pi}{N}m}]\, H(\mathrm{e}^{\mathrm{j}\frac{2\pi}{N}m}). \tag{4.92}$$

Dabei ist noch zu beachten, daß die zunächst sich ergebende Summation von $m = -(N/2) + 1$ bis $N/2$ wegen der Periodizität der Summanden in Abhängigkeit von $m$ von $m = 0$ bis $N-1$ geführt werden darf. Aus dem gleichen Grund könnte in den Summanden der Gl. (4.92) auch noch $m$ durch $-m$ ersetzt werden. Ein Vergleich der Gln. (4.85) und (4.92) lehrt, daß damit das Übertragungsverhalten des kontinuierlichen Systems mit dem Frequenzgang $\tilde{H}(\mathrm{j}\omega)$ durch das eines diskontinuierlichen Systems simuliert wurde. Die Gl. (4.91) widerspricht nicht der Simulationsforderung nach Gl. (4.77), da hier nicht $x[n] = \tilde{x}(nT)$, sondern $x[n] = \tilde{x}(T_0 + nT)$ gesetzt wurde und somit nach dem Simulations-Theorem

$$H(\mathrm{e}^{\mathrm{j}\omega T}) = \mathrm{e}^{-\mathrm{j}\omega T_0} \tilde{H}(\mathrm{j}\omega), \quad \text{also} \quad H(\mathrm{e}^{\mathrm{j}\frac{2\pi}{N}m}) = \mathrm{e}^{-\mathrm{j}m\pi} \tilde{H}(\mathrm{j}m \frac{\pi}{T_0})$$

zu fordern ist.

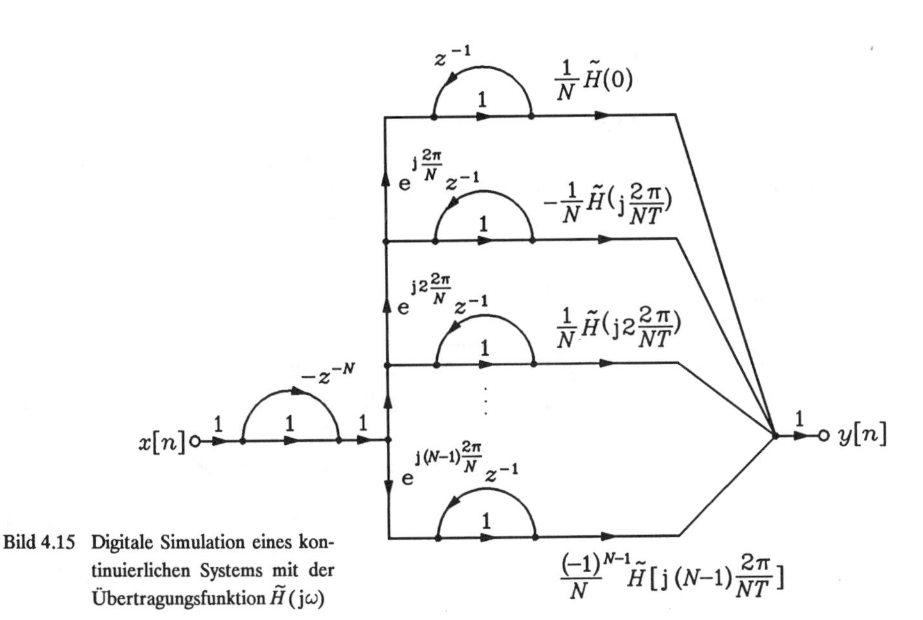


Bild 4.15 Digitale Simulation eines kontinuierlichen Systems mit der Übertragungsfunktion $\tilde{H}(\mathrm{j}\omega)$

Im Abschnitt 2.6 konnte gezeigt werden, wie das von der Variablen $n$ abhängige Spektrum $X[n, e^{j2\pi m/N}]$ des Signals $x[n] = \tilde{x}(T_0 + nT)$ digital erzeugt werden kann. Wendet man hier diese Möglichkeit an, so erhält man das im Bild 4.15 in Form eines Prinzipschaltbildes beschriebene rekursive diskontinuierliche System, welches das kontinuierliche System mit der Übertragungsfunktion $\tilde{H}(j\omega)$ näherungsweise simuliert.

# 5. Beschreibung diskontinuierlicher stochastischer Prozesse im Frequenzbereich

Die im Kapitel III, Abschnitt 6 dargestellten Konzepte zur Behandlung kontinuierlicher stochastischer Prozesse lassen sich auf diskontinuierliche Prozesse einfach übertragen. Hierauf soll im folgenden eingegangen werden.

## 5.1. GRUNDLEGENDE BEGRIFFE UND ZUSAMMENHÄNGE

Einem diskontinuierlichen stationären stochastischen (reellen) Prozeß $\boldsymbol{x}[n]$ mit der Autokorrelierten $r_{xx}[\nu]$ wird die spektrale Leistungsdichte

$$S_{xx}(\omega) := \sum_{\nu=-\infty}^{\infty} r_{xx}[\nu]\, e^{-j\omega\nu T} \tag{4.93}$$

zugeordnet. Sie ist, wie man sieht, das Spektrum von $r_{xx}[\nu]$ gemäß Gl. (4.10b) und daher eine periodische Funktion von $\omega$. Damit läßt sich aufgrund der Gl. (4.10a) die Autokorrelationsfunktion aus der spektralen Leistungsdichte in Form der Beziehung

$$r_{xx}[\nu] = \frac{1}{2\omega_g} \int_{-\omega_g}^{\omega_g} S_{xx}(\omega)\, e^{j\omega\nu T} d\omega \tag{4.94}$$

ausdrücken. In den Gln. (4.93) und (4.94) ist $T = \pi/\omega_g$ eine willkürliche positive Konstante. Sofern der Prozeß $\boldsymbol{x}[n]$ durch Abtastung eines kontinuierlichen Prozesses entstanden ist, pflegt man $T$ gleich der Abtastperiode zu wählen; andernfalls wird meistens $T = 1$ und damit $\omega_g = \pi$ gewählt. Entsprechend der Gl. (3.205) gilt hier für die mittlere Signalleistung

$$E[\boldsymbol{x}^2[n]] = r_{xx}(0) = \frac{1}{2\omega_g} \int_{-\omega_g}^{\omega_g} S_{xx}(\omega)\, d\omega\,. \tag{4.95}$$

Da die Beziehung $r_{xx}[-\nu] = r_{xx}[\nu]$ besteht (bei Zulassung komplexer Signale würde diese Beziehung $r_{xx}[-\nu] = r_{xx}^*[\nu]$ lauten), ist $S_{xx}(\omega)$ reellwertig und gerade. Wie noch gezeigt wird, gilt stets $S_{xx}(\omega) \geqq 0$.

Das Spektrum der Kreuzkorrelierten $r_{xy}[\nu]$ wird als Kreuzleistungsspektrum eingeführt:

$$S_{xy}(\omega) := \sum_{\nu=-\infty}^{\infty} r_{xy}[\nu]\, e^{-j\omega\nu T}\,. \tag{4.96}$$

Damit gilt auch

$$r_{xy}[\nu] = \frac{1}{2\omega_g} \int_{-\omega_g}^{\omega_g} S_{xy}(\omega)\, e^{j\omega\nu T}\, d\omega\,. \tag{4.97}$$

Das Kreuzleistungsspektrum $S_{xy}(\omega)$ hat im allgemeinen komplexe Werte.

Unter weißem Rauschen versteht man einen Prozeß mit der Eigenschaft $S_{xx}(\omega) \equiv 1$, d. h. $r_{xx}[\nu] = \delta[\nu]$.

Wird ein kontinuierlicher stationärer stochastischer Prozeß $\tilde{\boldsymbol{x}}(t)$ mit der Autokorrelationsfunktion $\tilde{r}_{xx}(\tau)$ und der spektralen Leistungsdichte $\tilde{S}_{xx}(\omega)$ mit der Periode $T$ abgetastet, so entsteht ein diskontinuierlicher stationärer stochastischer Prozeß $\boldsymbol{x}[n] = \tilde{\boldsymbol{x}}(nT)$ mit der Autokorrelierten $r_{xx}[\nu] = \tilde{r}_{xx}(\nu T)$ und angesichts der Gln. (3.114) und (3.112) mit der spektralen Leistungsdichte

$$S_{xx}(\omega) = \sum_{\nu=-\infty}^{\infty} \tilde{r}_{xx}(\nu T)\,\mathrm{e}^{-\mathrm{j}\omega\nu T} = \frac{1}{T}\sum_{\mu=-\infty}^{\infty} \tilde{S}_{xx}(\omega + \mu 2\omega_g). \tag{4.98}$$

Wirkt am Eingang eines linearen, zeitinvarianten, stabilen und kausalen diskontinuierlichen Systems mit der Übertragungsfunktion

$$H(\mathrm{e}^{\mathrm{j}\omega T}) = \sum_{n=-\infty}^{\infty} h[n]\,\mathrm{e}^{-\mathrm{j}\omega n T}$$

ein stationärer stochastischer Prozeß $\boldsymbol{x}[n]$, so bestehen die Gln. (1.166) und (1.167). Unterwirft man diese Gleichungen der Spektraltransformation, dann erhält man die Beziehungen

$$S_{xy}(\omega) = H(\mathrm{e}^{\mathrm{j}\omega T})\,S_{xx}(\omega) \tag{4.99}$$

und

$$S_{yy}(\omega) = H(\mathrm{e}^{-\mathrm{j}\omega T})\,S_{xy}(\omega) \tag{4.100}$$

oder durch Verbindung dieser beiden Gleichungen

$$S_{yy}(\omega) = |H(\mathrm{e}^{\mathrm{j}\omega T})|^2\,S_{xx}(\omega). \tag{4.101}$$

Hieraus folgt speziell für die mittlere Signalleistung am Ausgang des Systems

$$E\,[\mathbf{y}^2[n]] = r_{yy}(0) = \frac{1}{2\omega_g}\int_{-\omega_g}^{\omega_g} |H(\mathrm{e}^{\mathrm{j}\omega T})|^2 S_{xx}(\omega)\,\mathrm{d}\omega. \tag{4.102}$$

Wie im Kapitel III, Abschnitt 6.2 kann aus dieser Gleichung bei Wahl eines sehr schmalen Bandpaßsystems geschlossen werden, daß $S_{xx}(\omega)$ nirgends negativ werden kann, da $E\,[\mathbf{y}^2[n]] \geqq 0$ gilt. Sind $H(\mathrm{e}^{\mathrm{j}\omega T})$ und $S_{xx}(\omega)$ rationale Funktionen in $z := \mathrm{e}^{\mathrm{j}\omega T}$, so läßt sich das Integral in Gl. (4.102) durch Übergang zu einem Linienintegral in der komplexen $z$-Ebene mit Hilfe des Residuensatzes auswerten, wobei neben $\mathrm{e}^{\mathrm{j}\omega T} = z$ noch das Differential $\mathrm{d}\omega = \mathrm{d}z/[\mathrm{j}Tz]$ zu substituieren, $|H(\mathrm{e}^{\mathrm{j}\omega T})|^2$ durch $H(z)H(1/z)$ zu ersetzen und die Integration in der komplexen Ebene längs des Einheitskreises $|z| = 1$ im Gegenuhrzeigersinn zu führen ist. Darüber hinaus kann in einem solchen Fall der Integrand als Funktion von $z$ in der Form $H_0(z)\,H_0(1/z)/z$ faktorisiert werden, so daß $H_0(\mathrm{e}^{\mathrm{j}\omega T})$ die Übertragungsfunktion eines Systems repräsentiert, das bei Erregung mit weißem Rauschen am Ausgang einen Prozeß mit derselben Autokorrelierten liefert, die ursprünglich der Prozeß am Ausgang des Systems mit der Übertragungsfunktion $H(\mathrm{e}^{\mathrm{j}\omega T})$ bei Erregung mit $x[n]$ aufwies.

## 5.2. SIGNALERKENNUNG

Im Zusammenhang mit kontinuierlichen Signalen wurde im Kapitel III untersucht, auf welche Weise festgestellt werden kann, ob in einem Rauschsignal ein bekanntes Nutzsignal vorhanden ist oder nicht. Dieses grundlegende Problem soll im folgenden für diskontinuierliche Signale behandelt werden. Empfangen werde ein Signalgemisch

$$\boldsymbol{z}[n] = \boldsymbol{n}[n] + x[n] \tag{4.103}$$

mit einem bekannten deterministischen Nutzsignal $x[n]$ und einem mittelwertfreien stationären Rauschprozeß $\boldsymbol{n}[n]$, dessen spektrale Leistungsdichte mit $S_{nn}(\omega)$ bezeichnet wird. Dieses Signalgemisch wird einem linearen und zeitinvarianten System mit der Übertragungsfunktion $H(e^{j\omega T})$ zugeführt. Die Reaktion dieses Systems auf das reine Nutzsignal $x[n]$ läßt sich in der Form

$$y[n] = \frac{1}{2\omega_g} \int_{-\omega_g}^{\omega_g} X(e^{j\omega T}) H(e^{j\omega T}) e^{j\omega nT} \, d\omega \tag{4.104}$$

ausdrücken, wobei $X(e^{j\omega T})$ das Spektrum von $x[n]$ bedeutet. Für die Reaktion $\boldsymbol{v}[n]$ des Systems auf die Erregung durch $\boldsymbol{n}[n]$ erhält man die mittlere Rauschleistung

$$E[\boldsymbol{v}^2[n]] = \frac{1}{2\omega_g} \int_{-\omega_g}^{\omega_g} S_{nn}(\omega) \, |H(e^{j\omega T})|^2 \, d\omega . \tag{4.105}$$

Das Signal-Rausch-Verhältnis am Ausgang des Systems zu einem Zeitpunkt $n = n_0$ wird durch

$$s = \frac{y^2[n_0]}{E[\boldsymbol{v}^2[n]]} \tag{4.106}$$

als Quotient der Nutzsignalleistung im Zeitpunkt $n_0$ und der mittleren Rauschleistung definiert.

Es stellt sich nun die Aufgabe, die Übertragungsfunktion $H(e^{j\omega T})$ derart festzulegen, daß $s$ möglichst groß wird. Hierfür sollen zwei Lösungsmöglichkeiten angegeben werden.

Schränkt man die Übertragungsfunktion nicht ein, so kann man zunächst wie im kontinuierlichen Fall (Kapitel III, Abschnitt 6.3.3) aufgrund der Gln. (4.104), (4.105) und (4.106) mit Hilfe der Schwarzschen Ungleichung $s$ abschätzen, und man findet

$$s \leqq \frac{1}{2\omega_g} \int_{-\omega_g}^{\omega_g} \frac{|X(e^{j\omega T})|^2}{S_{nn}(\omega)} \, d\omega . \tag{4.107}$$

Darüber hinaus wird diese Ungleichung zur Gleichheit, wenn dafür gesorgt wird, daß die Funktionen $X(e^{j\omega T})/\sqrt{S_{nn}(\omega)}$ und $\sqrt{S_{nn}(\omega)}\,H(e^{-j\omega T})\,e^{-j\omega n_0 T}$ zueinander proportional werden. Dies führt auf die optimale Übertragungsfunktion

$$H_0(e^{j\omega T}) = k \, e^{-j\omega n_0 T} \frac{X(e^{-j\omega T})}{S_{nn}(\omega)} \tag{4.108}$$

mit einer beliebig reellen Konstante $k$. Sie ruft maximales Signal-Rausch-Verhältnis hervor. Im Fall, daß $\boldsymbol{n}[n]$ weißes Rauschen der Leistungsdichte $K$ repräsentiert, folgt aus Gl. (4.108) für die Impulsantwort des optimalen Systems

$$h_0[n] = \frac{k}{K} x[n_0 - n] . \tag{4.109}$$

Damit ist die diskrete Version des im Kapitel III, Abschnitt 6.3.3 erhaltenen Systems gefunden, das als matched filter bekannt ist.

Eine alternative Möglichkeit zur Minimierung von $s$ nach Gl. (4.106) besteht darin, eine spezielle Struktur für die Übertragungsfunktion zu wählen, die eine analytische Minimierung von $s$ erlaubt. Naheliegend ist es, die Übertragungsfunktion eines nichtrekursiven Systems nach Gl. (4.74) mit der Realisierung gemäß Bild 4.13 zu wählen. Nach Gl. (4.105) und mit Gl. (4.74) erhält man in diesem Fall für die mittlere Rauschleistung

$$E[\boldsymbol{v}^2[n]] = \frac{1}{2\omega_g} \int_{-\omega_g}^{\omega_g} S_{nn}(\omega) \sum_{\mu=0}^{q} \beta_\mu \, e^{-j(q-\mu)\omega T} \sum_{\nu=0}^{q} \beta_\nu \, e^{j(q-\nu)\omega T} \, d\omega$$

$$= \sum_{\mu=0}^{q} \sum_{\nu=0}^{q} \beta_\mu \beta_\nu \frac{1}{2\omega_g} \int_{-\omega_g}^{\omega_g} S_{nn}(\omega) \, e^{j(\mu-\nu)\omega T} \, d\omega$$

oder mit der Autokorrelierten $r_{nn}[\nu]$ des Rauschprozesses

$$E[\boldsymbol{v}^2[n]] = \sum_{\mu=0}^{q} \sum_{\nu=0}^{q} \beta_\mu \beta_\nu r_{nn}[\mu - \nu] . \tag{4.110}$$

Faßt man die hier auftretenden Werte $r_{nn}[\mu - \nu]$ zur Toeplitzschen Matrix

$$\boldsymbol{R} = \begin{bmatrix} r_{nn}[0] & r_{nn}[1] & \cdots & r_{nn}[q] \\ r_{nn}[1] & r_{nn}[0] & \cdots & r_{nn}[q-1] \\ \vdots & & & \\ r_{nn}[q] & r_{nn}[q-1] & \cdots & r_{nn}[0] \end{bmatrix} \tag{4.111}$$

und die gesuchten Koeffizienten $\beta_\mu$ zum Vektor

$$\boldsymbol{\beta} = [\beta_0, \beta_1, \ldots, \beta_q]^{\mathrm{T}} \tag{4.112}$$

zusammen, so kann man für die mittlere Rauschleistung

$$E[\boldsymbol{v}^2[n]] = \boldsymbol{\beta}^{\mathrm{T}} \boldsymbol{R} \boldsymbol{\beta} \tag{4.113}$$

schreiben. Weiterhin erhält man mit Gl. (4.74) aus Gl. (4.104)

$$y[n_0] = \sum_{\mu=0}^{q} \beta_\mu x[n_0 - q + \mu] . \tag{4.114}$$

Das Signal-Rausch-Verhältnis $s$ wird nun in Abhängigkeit der Koeffizienten $\beta_\mu$ genau dann maximal, wenn bei Wahl eines zunächst beliebigen nichtverschwindenden konstanten Wertes

$$y[n_0] =: y_0 \tag{4.115}$$

die mittlere Rauschleistung $E\,[\boldsymbol{v}^2[n]]$ minimal wird. Dabei ist zu beachten, daß eine Veränderung von $y_0$ $(\neq 0)$ eine Multiplikation von $H(\mathrm{e}^{\,\mathrm{j}\omega T})$ mit einer entsprechenden Konstante bedeutet, die sich aber in $s$ herauskürzt. Nach der Methode des Lagrangeschen Multiplikators läßt sich jetzt das Optimierungsproblem folgendermaßen formulieren: Es ist die Zielfunktion

$$Q := \boldsymbol{\beta}^{\mathrm{T}}\boldsymbol{R}\boldsymbol{\beta} - \lambda\{\boldsymbol{\beta}^{\mathrm{T}}\boldsymbol{x} - y_0\} \tag{4.116}$$

mit dem Vektor

$$\boldsymbol{x} := [x[n_0 - q],\ x[n_0 - q + 1], \ldots, x[n_0]]^{\mathrm{T}} \tag{4.117}$$

in Abhängigkeit der Elemente des Vektors $\boldsymbol{\beta}$ und des Parameters $\lambda$ zu minimieren. Man beachte dabei, daß $\boldsymbol{\beta}^{\mathrm{T}}\boldsymbol{x}$ nach den Gln. (4.114) und (4.115) mit $y_0$ übereinstimmen muß. Für die Minimierung ist jetzt folgendes zu verlangen:

$$\frac{\partial Q}{\partial \boldsymbol{\beta}} := \left[\frac{\partial Q}{\partial \beta_0}, \ldots, \frac{\partial Q}{\partial \beta_q}\right] = 2\boldsymbol{\beta}^{\mathrm{T}}\boldsymbol{R} - \lambda\boldsymbol{x}^{\mathrm{T}} \overset{!}{=} \boldsymbol{0} \quad \text{und} \quad \boldsymbol{\beta}^{\mathrm{T}}\boldsymbol{x} - y_0 \overset{!}{=} 0\,.$$

Hieraus erhält man – die Invertierbarkeit von $\boldsymbol{R}$ vorausgesetzt –

$$\boldsymbol{\beta} = \frac{\lambda}{2}\boldsymbol{R}^{-1}\boldsymbol{x} \quad \text{und} \quad y_0 = \boldsymbol{\beta}^{\mathrm{T}}\boldsymbol{x} = \frac{\lambda}{2}\boldsymbol{x}^{\mathrm{T}}\boldsymbol{R}^{-1}\boldsymbol{x}\,. \tag{4.118a,b}$$

Da der Multiplikator $\lambda$ nur einen Faktor der Koeffizienten von $\boldsymbol{\beta}$ und damit der Übertragungsfunktion $H(\mathrm{e}^{\,\mathrm{j}\omega T})$ darstellt, ist seine Wahl $(\neq 0)$ ohne Einfluß auf $s$. Daher wählt man einfach $\lambda = 2$, so daß für die Lösung

$$\boldsymbol{\beta} = \boldsymbol{R}^{-1}\boldsymbol{x} \tag{4.119}$$

mit $\boldsymbol{R}$ nach Gl. (4.111) und $\boldsymbol{x}$ nach Gl. (4.117) folgt. Praktisch wird $\boldsymbol{\beta}$ durch Lösung des linearen Gleichungssystems $\boldsymbol{R}\boldsymbol{\beta} = \boldsymbol{x}$ ermittelt. Ersetzt man in Gl. (4.113) $\boldsymbol{R}\boldsymbol{\beta}$ durch $\boldsymbol{x}$ und beachtet Gl. (4.118b), dann findet man

$$E\,[\boldsymbol{v}^2[n]] = y_0\,,$$

d. h. für das Signal-Rausch-Verhältnis nach Gl. (4.106) im optimalen Fall

$$s = y_0 = \boldsymbol{\beta}^{\mathrm{T}}\boldsymbol{x}\,.$$

# V. BESCHREIBUNG KONTINUIERLICHER SIGNALE UND SYSTEME IN DER KOMPLEXEN EBENE

Durch Erweiterung der Frequenzvariablen $\omega$ zu einem komplexen Frequenzparameter werden im folgenden die bisherigen Betrachtungen entscheidend erweitert, und dadurch wird es möglich, funktionentheoretische Konzepte zur Signal- und Systembeschreibung heranzuziehen. Als fundamental erweist sich die Laplace-Transformation für den kontinuierlichen Bereich, der in diesem Kapitel behandelt wird.

## 1. Die Laplace-Transformation

In diesem Abschnitt werden die Grundgleichungen und Eigenschaften der Laplace-Transformation sowie deren Zusammenhang mit der Fourier-Transformation behandelt. Dabei soll zunächst der in der Praxis überwiegende Fall zugrunde gelegt werden, daß alle betrachteten Zeitfunktionen auf der negativen $t$-Halbachse verschwinden, also kausal sind. Die entsprechende Darstellung für nichtkausale Zeitfunktionen wird im Abschnitt 1.5 besprochen.

### 1.1. DIE GRUNDGLEICHUNGEN DER LAPLACE-TRANSFORMATION

Es sei $f(t)$ eine für negative $t$-Werte verschwindende Funktion (kausale Zeitfunktion). Die Funktion $f(t)$ soll für $t \geqq 0$, abgesehen von möglichen Sprungstellen, stückweise glatt sein. Sie möge nicht schneller als eine geeignet gewählte Exponentialfunktion für $t \to \infty$ anwachsen, d. h. es soll eine Konstante $\sigma_{\min}$ existieren, so daß

$$\lim_{t \to \infty} f(t) \mathrm{e}^{-\sigma t} = 0 \quad \text{für alle} \quad \sigma > \sigma_{\min}$$

gilt, während dieser Grenzwert für alle $\sigma < \sigma_{\min}$ nicht vorhanden ist. Falls der betrachtete Grenzwert für alle $\sigma$ verschwindet, soll $\sigma_{\min}$ als $-\infty$ betrachtet werden. Für jedes $\sigma > \sigma_{\min}$ läßt sich nun die Funktion $g(t) = \mathrm{e}^{-\sigma t} f(t)$, insbesondere wegen der absoluten Integrierbarkeit, nach Satz III.1 durch das Fourier-Integral darstellen:

$$\mathrm{e}^{-\sigma t} f(t) = \frac{1}{2\pi} \int_{-\infty}^{\infty} G(\mathrm{j}\omega) \mathrm{e}^{\mathrm{j}\omega t} \, \mathrm{d}\omega , \tag{5.1}$$

$$G(\mathrm{j}\omega) = \int_{\substack{(-\infty) \\ 0}}^{\infty} \mathrm{e}^{-\sigma t} f(t) \mathrm{e}^{-\mathrm{j}\omega t} \, \mathrm{d}t . \tag{5.2}$$

Wie man sieht, bestehen beide Gleichungen für alle Konstanten $\sigma > \sigma_{\min}$. Es empfiehlt sich, Gl. (5.1) auf beiden Seiten mit $\mathrm{e}^{\sigma t}$ zu multiplizieren und dann in den Gln. (5.1) und (5.2) die Größe $\sigma + \mathrm{j}\omega$ durch die Veränderliche

$$p = \sigma + \mathrm{j}\omega \tag{5.3}$$

zu ersetzen. Auf diese Weise erhält man aus Gl. (5.2) die sogenannte einseitige *Laplace-*

*Transformierte* von $f(t)$, die zur Unterscheidung von der Fourier-Transformierten mit $F_I(p)$ bezeichnet wird:

$$F_I(p) = \int_0^\infty f(t)\,e^{-pt}\,dt\,. \tag{5.4}$$

Die Gl. (5.1) läßt sich dann mit $d\omega = dp/j$ in der Form

$$f(t) = \frac{1}{2\pi j}\int_{\sigma-j\infty}^{\sigma+j\infty} F_I(p)\,e^{pt}\,dp \tag{5.5}$$

ausdrücken. Die durch die Gln. (5.4) und (5.5) angegebene Verknüpfung zwischen den Funktionen $f(t)$ und $F_I(p)$ wird künftig in der symbolischen Form

$$f(t) \circ\!\!-\!\!\bullet\, F_I(p)$$

ausgedrückt. Die durch Gl. (5.3) eingeführte Variable $p$ kann man sich als Punkt in einer komplexen Zahlenebene mit den rechtwinkligen Koordinaten $\sigma$ und $\omega$ vorstellen (Bild 5.1). Die durch Gl. (5.4) eingeführte Laplace-Transformierte $F_I(p)$ ist eine Funktion von $p$ und existiert aufgrund der vorausgegangenen Herleitung für $\operatorname{Re} p = \sigma > \sigma_{\min}$, d. h. in einem Teil der $p$-Ebene, in der sogenannten Konvergenzhalbebene (Bild 5.1). Die Abszisse $\sigma_{\min}$ heißt Konvergenzabszisse. Für $p$-Werte mit $\operatorname{Re} p < \sigma_{\min}$ hat Gl. (5.4) keinen Sinn. Die in der Gl. (5.5) vorzunehmende Integration ist eine Wegintegration in der $p$-Ebene längs einer Parallelen $C$ zur imaginären Achse (Bild 5.1), die im Innern der Konvergenzhalbebene verlaufen muß. Aus der Begründung der Laplace-Umkehrtransformation nach Gl. (5.5) über die Umkehrformel der Fourier-Transformation folgt, daß Gl. (5.5) an einer Sprungstelle $t_s$ den arithmetischen Mittelwert $[f(t_s+) + f(t_s-)]/2$ aus rechts- und linksseitigem Grenzwert, insbesondere im Nullpunkt $[f(0+) + f(0-)]/2 = f(0+)/2$, liefert. Die bei den vorausgegangenen Untersuchungen gewonnenen Resultate sollen nun im folgenden Satz zusammengefaßt werden.

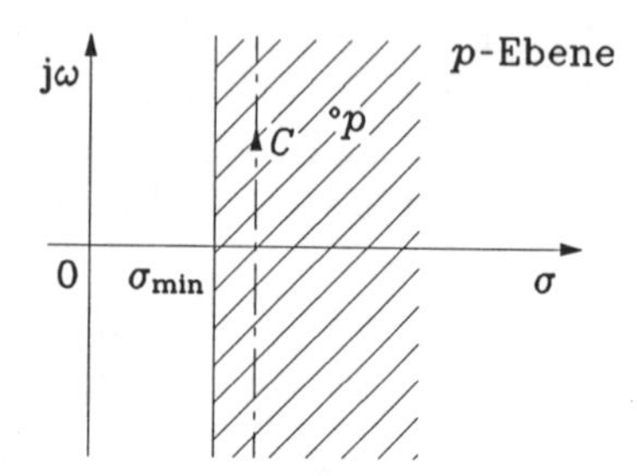


Bild 5.1: Ebene der komplexen Zahlen $p$. Die Parallele zur $j\omega$-Achse begrenzt die Konvergenzhalbebene von $F_I(p)$

**Satz V.1:** Es sei $f(t)$ eine für $t < 0$ verschwindende, für $t \geqq 0$, abgesehen von möglichen Sprungstellen, stückweise glatte Funktion. Sie soll nicht schneller als eine geeignet gewählte Exponentialfunktion für $t \to \infty$ über alle Grenzen streben, d. h. es soll für jedes $\sigma > \sigma_{\min}$ der Grenzwert von $e^{-\sigma t} f(t)$ für $t \to \infty$ verschwinden. Dann existiert die Laplace-Transformierte $F_I(p)$ nach Gl. (5.4) in einer Konvergenzhalbebene ($\operatorname{Re} p > \sigma_{\min}$) der $p$-Ebene. Weiterhin läßt sich dann $f(t)$ durch die Laplace-Umkehrtransformation nach Gl. (5.5) darstellen, wobei an den Sprungstellen von $f(t)$ der arithmetische Mittelwert der links- und rechtsseitigen Grenzwerte geliefert wird.

*Beispiele:* Es soll die Laplace-Transformierte der Funktion

$$f(t) = s(t)\,\mathrm{e}^{-kt} \qquad (k \text{ reelle Konstante})$$

bestimmt werden. Die Funktion $f(t)$ erfüllt die im Satz V.1 genannten Voraussetzungen. Nach Gl. (5.4) wird

$$F_I(p) = \int_0^\infty \mathrm{e}^{-kt}\,\mathrm{e}^{-pt}\,\mathrm{d}t = \frac{-1}{k+p}\,\mathrm{e}^{-(k+p)t}\Big|_{t=0}^{t=\infty} .$$

Wie man sieht, konvergiert das Integral nur für $\operatorname{Re} p > -k$. Damit erhält man

$$s(t)\,\mathrm{e}^{-kt} \circ\!\!-\!\!\bullet \frac{1}{k+p}, \quad \operatorname{Re} p > -k . \tag{5.6}$$

Diese Korrespondenz enthält für $k = 0$ den Sonderfall

$$s(t) \circ\!\!-\!\!\bullet \frac{1}{p}, \quad \operatorname{Re} p > 0 . \tag{5.7}$$

In entsprechender Weise können die Laplace-Transformierten der Funktionen $s(t)\cos\omega_0 t$ und $s(t)\sin\omega_0 t$ bestimmt werden, wobei es sich empfiehlt, die zu transformierenden Funktionen durch Exponentialfunktionen auszudrücken. Man erhält die Korrespondenzen

$$s(t)\cos\omega_0 t \circ\!\!-\!\!\bullet \frac{p}{p^2+\omega_0^2}, \quad \operatorname{Re} p > 0, \qquad s(t)\sin\omega_0 t \circ\!\!-\!\!\bullet \frac{\omega_0}{p^2+\omega_0^2}, \quad \operatorname{Re} p > 0 . \tag{5.8a,b}$$

Die Laplace-Transformierte $F_I(p)$ nach Gl. (5.4) kann für jeden Wert $p$ in der Konvergenzhalbebene beliebig oft differenziert werden. Deshalb stellt $F_I(p)$ eine in $\operatorname{Re} p > \sigma_{\min}$ analytische Funktion dar. Aus Gl. (5.4) folgt unmittelbar

$$\frac{\mathrm{d}^n F_I(p)}{\mathrm{d}p^n} = \int_0^\infty \mathrm{e}^{-pt}(-t)^n f(t)\,\mathrm{d}t$$

oder

$$(-t)^n f(t) \circ\!\!-\!\!\bullet \frac{\mathrm{d}^n F_I(p)}{\mathrm{d}p^n} \qquad (n = 0, 1, \ldots). \tag{5.9}$$

Hierbei durfte die Reihenfolge von Differentiation und Integration vertauscht werden.

Werden als Funktionen $f(t)$ auch Distributionen zugelassen, dann wird die Klasse der durch ihre Laplace-Transformierte darstellbaren Funktionen wesentlich erweitert. Unterwirft man beispielsweise die verallgemeinerte Funktion $\delta(t)$ der Laplace-Transformation, so hat man in Gl. (5.4) $f(t) = \delta(t)$ zu setzen und die untere Integrationsgrenze durch $0-$ zu ersetzen. Dann erhält man aufgrund der Ausblendeigenschaft $F_I(p) \equiv 1$, und nach Gl. (5.5) läßt sich mit Hilfe dieser Funktion $F_I(p)$ die (verallgemeinerte) Funktion $\delta(t)$ darstellen. Also ergibt sich die Korrespondenz

$$\delta(t) \circ\!\!-\!\!\bullet 1 . \tag{5.10}$$

## 1.2. ZUSAMMENHANG ZWISCHEN FOURIER- UND LAPLACE-TRANSFORMATION

Vergleicht man die Darstellung für die Laplace-Transformierte einer kausalen Zeitfunktion gemäß Gl. (5.4) mit der Darstellung für die Fourier-Transformierte derselben Zeitfunktion nach Gl. (3.20), so scheinen beide Darstellungen mit $p = \mathrm{j}\omega$ identisch zu sein. Die folgenden Betrachtungen mögen zeigen, welche Unterschiede zwischen beiden Transformationen bestehen.

Gilt $\sigma_{\min} > 0$ für eine gewisse, die Forderungen von Satz V.1 erfüllende Zeitfunktion, dann befindet sich die $\omega$-Achse (Bild 5.1) in jenem Teil der $p$-Ebene, für den die Laplace-Transformierte nicht besteht. Dann besitzt die genannte Zeitfunktion sicher keine Fourier-Transformierte. Als Beispiel hierfür sei die Zeitfunktion $f(t) = s(t)\mathrm{e}^{t}$ genannt, für die $\sigma_{\min} = 1$ ist. Die Laplace-Transformierte lautet nach der Korrespondenz (5.6) $F_I(p) = 1/(p-1)$. Eine Fourier-Transformierte gibt es in diesem Fall nicht.

Ist für die betrachtete Zeitfunktion $\sigma_{\min} < 0$, so befindet sich die $\omega$-Achse im Innern der Konvergenzhalbebene. Es existiert dann die Fourier-Transformierte, die offensichtlich mit der Laplace-Transformierten der betreffenden Zeitfunktion für $p = \mathrm{j}\omega$ übereinstimmt. Als Beispiel sei die Zeitfunktion $f(t) = s(t)\mathrm{e}^{-t}$ mit der Fourier-Transformierten $1/(\mathrm{j}\omega + 1)$ und der Laplace-Transformierten $1/(p+1)$ genannt.

Nicht so einfach liegen die Verhältnisse im Falle $\sigma_{\min} = 0$. Ist in diesem Falle die Laplace-Transformierte $F_I(p)$ nicht nur im Innern der rechten Halbebene $\mathrm{Re}\, p > 0$ analytisch, sondern in der abgeschlossenen Halbebene $\mathrm{Re}\, p \geqq 0$ stetig, dann stimmt $F_I(p)$ für $p = \mathrm{j}\omega$ mit der Fourier-Transformierten überein. Wenn sich dagegen im Falle $\sigma_{\min} = 0$ auf der imaginären Achse Pole von $F_I(p)$ befinden, so gilt dieser einfache Zusammenhang zwischen der Fourier- und Laplace-Transformation nicht mehr.

Es sei beispielsweise die Laplace-Transformierte

$$F_I(p) = \frac{1}{p - \mathrm{j}\omega_0}$$

betrachtet. Es handelt sich um die Transformierte der Zeitfunktion

$$f(t) = s(t)\,\mathrm{e}^{\mathrm{j}\omega_0 t}.$$

Man kann nun dieses $f(t)$ unter Verwendung von Gl. (5.5) mit $\sigma = 0$ darstellen, wobei allerdings die Integration längs der imaginären Achse gemäß Bild 5.2 in der Umgebung des Punktes $p = \mathrm{j}\omega_0$ durch einen kleinen, in der rechten Halbebene verlaufenden Halbkreis vom Radius $\varepsilon$ zu modifizieren ist. Für $\varepsilon \to 0$ erhält man dann die Darstellung

$$f(t) = \frac{1}{2\pi}\int_{-\infty}^{\infty} F_I(\mathrm{j}\omega)\,\mathrm{e}^{\mathrm{j}\omega t}\,\mathrm{d}\omega + I(t), \tag{5.11}$$

wobei $I(t)$ den Integralbeitrag in Gl. (5.5) längs des Halbkreises nach Bild 5.2 für $\varepsilon \to 0$ bedeutet und das erste Integral ein Fourier-Umkehrintegral darstellt. Man kann leicht zeigen, daß $I(t) = \mathrm{e}^{\mathrm{j}\omega_0 t}/2 \neq 0$ ist. Daher ist im vorliegenden Beispiel $F_I(\mathrm{j}\omega)$ nicht die Fourier-Transformierte $F(\mathrm{j}\omega)$ von $f(t)$. Wird jedoch jetzt auf die Summe von $F_I(\mathrm{j}\omega) = 1/(\mathrm{j}\omega - \mathrm{j}\omega_0)$ und $\pi\delta(\omega - \omega_0)$ die Fourier-Umkehrtransformation angewendet, so erhält man gerade die Darstellung von $f(t)$ nach Gl. (5.11), da bekanntlich $\pi\delta(\omega - \omega_0)$ das Fourier-Spektrum von $I(t) = \mathrm{e}^{\mathrm{j}\omega_0 t}/2$ ist. Daher gilt hier

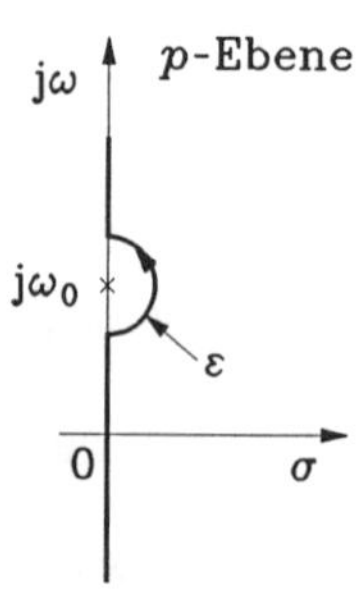


Bild 5.2: Integrationsweg zur Darstellung von $f(t)$ nach Gl. (5.11)

$$F(\mathrm{j}\omega) = \frac{1}{\mathrm{j}\omega - \mathrm{j}\omega_0} + \pi\delta(\omega - \omega_0)$$

in Übereinstimmung mit der Korrespondenz (3.74). Man erhält also im vorliegenden Fall die Fourier-Transformierte, indem man in der Laplace-Transformierten $p = \mathrm{j}\omega$ setzt und hierzu $\pi\delta(\omega - \omega_0)$ addiert. Ist der Pol bei $p = \mathrm{j}\omega_0$ mehrfach, dann entspricht der Funktion

$$F_I(p) = \frac{1}{(p - \mathrm{j}\omega_0)^n}$$

die Zeitfunktion

$$f(t) = s(t)\frac{t^{n-1}}{(n-1)!}\mathrm{e}^{\mathrm{j}\omega_0 t}.$$

Wie im vorausgegangenen Beispiel kann auch hier gezeigt werden, wie Laplace- und Fourier-Transformierte miteinander gekoppelt sind. Die Fourier-Transformierte ergibt sich hier aus der Laplace-Transformierten für $p = \mathrm{j}\omega$ bei additiver Veränderung mit dem Term $\pi\mathrm{j}^{n-1}\delta^{(n-1)}(\omega - \omega_0)/(n-1)!$:

$$F(\mathrm{j}\omega) = \frac{1}{(\mathrm{j}\omega - \mathrm{j}\omega_0)^n} + \frac{\pi\mathrm{j}^{n-1}}{(n-1)!}\delta^{(n-1)}(\omega - \omega_0).$$

Der Leser möge diese Beziehung, ausgehend vom Fall $n = 1$, mit Hilfe der im Kapitel III, Abschnitt 3.1, Teil g angegebenen Differentiationseigenschaft der Fourier-Transformation im Frequenzbereich selbst herleiten.

Liegt nun eine Laplace-Transformierte $F_I(p)$ der Form

$$F_I(p) = \sum_{\mu=1}^{N} \frac{a_\mu}{(p - \mathrm{j}\omega_\mu)^{q_\mu}} + \widetilde{F}_I(p)$$

vor, wobei die Parameter $q_\mu$ die Vielfachheiten der (nicht notwendig voneinander verschiedenen) Pole $p_\mu = \mathrm{j}\omega_\mu$ $(\mu = 1, 2, \ldots, N)$ kennzeichnen und der Summand $\widetilde{F}_I(p)$ überall in $\operatorname{Re} p \geqq 0$ analytisch ist, so erhält man aufgrund der vorausgegangenen Überlegung die entsprechende Fourier-Transformierte $F(\mathrm{j}\omega)$, indem man

$$F(\mathrm{j}\omega) = F_I(\mathrm{j}\omega) + \sum_{\mu=1}^{N} \frac{a_\mu \pi \mathrm{j}^{q_\mu - 1}}{(q_\mu - 1)!}\delta^{(q_\mu - 1)}(\omega - \omega_\mu)$$

bildet. Für diese Fourier-Transformierten ist bei der Darstellung ihrer Zeitfunktionen nach Gl. (3.19) die Integration so aufzufassen, als ob keine Pole vorhanden wären, d. h. es dürfen nach Auffindung eines unbestimmten Integrals nur die Grenzen $\pm\infty$ berücksichtigt werden.

Es soll jetzt noch eine Formel abgeleitet werden, die es erlaubt, mit Hilfe der Fourier-Transformierten $F(\mathrm{j}\omega)$ einer (reellen) kausalen Zeitfunktion die zugehörige Laplace-Transformierte $F_I(p)$ darzustellen. Es sei zunächst der Fall vorausgesetzt, daß $F_I(p)$ eine in $\operatorname{Re} p > 0$ analytische und in $\operatorname{Re} p \geqq 0$ stetige Funktion ist, so daß die Fourier-Transformierte $F(\mathrm{j}\omega)$ mit $F_I(\mathrm{j}\omega)$ übereinstimmt. Außerdem sei hier angenommen, daß $F_I(p)$ für $p \to \infty$ $(\operatorname{Re} p \geqq 0)$ gegen Null strebt, was sicher unter den Voraussetzungen von Satz IV.1 gegeben ist (man vergleiche hierzu die Gl. (5.19)). Dann wird das Integral

$$I = \int_C \frac{F_I(z)}{p - z}\,\mathrm{d}z \tag{5.12a}$$

gebildet, wobei $p$ einen im Innern der rechten $z$-Halbebene gelegenen Punkt bedeutet und $C$ den im Bild 5.3 dargestellten Integrationsweg bezeichnet. Nach dem Residuensatz der

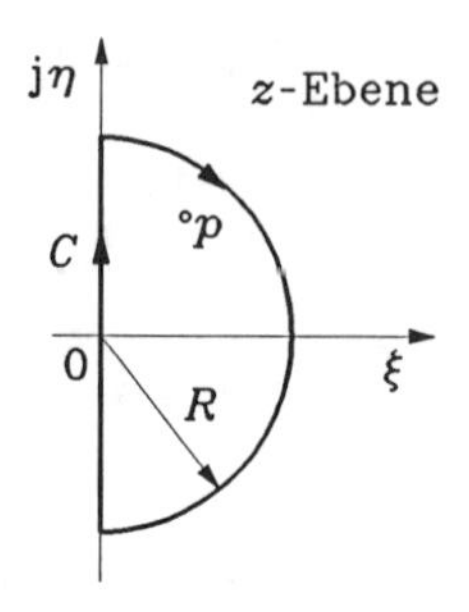


Bild 5.3: Integrationsweg für das Integral in Gl. (5.12a)

Funktionentheorie beträgt der Wert des Integrals für hinreichend großes $R$

$$I = 2\pi \mathrm{j} F_I(p) . \tag{5.12b}$$

Läßt man den Radius $R$ (Bild 5.3) über alle Grenzen anwachsen, dann verschwindet der Anteil des Integrals $I$ längs des Halbkreises, da $F_I(z)$ für $z \to \infty$ $(\operatorname{Re} z \geqq 0)$ verschwindet. Übrig bleibt dann allein der Integralanteil längs der imaginären Achse der $z$-Ebene, auf der $F_I(z) \equiv F(\mathrm{j}\eta)$ gilt. Damit erhält man aus den Gln. (5.12a,b) die Darstellung

$$F_I(p) = \frac{1}{2\pi} \int_{-\infty}^{\infty} \frac{F(\mathrm{j}\eta)}{p - \mathrm{j}\eta} \, \mathrm{d}\eta . \tag{5.13}$$

Die Darstellung von $F_I(p)$ nach Gl. (5.13) ist auch dann noch gültig, wenn, entgegen den bisherigen Voraussetzungen, die Laplace-Transformierte $F_I(p)$ Pole längs der imaginären Achse hat. Zum Beweis dieser Behauptung wird der Integrationsweg $C$ in Gl. (5.12a) derart abgeändert, daß die auf der imaginären Achse befindlichen Pole durch kleine, in der rechten $z$-Halbebene verlaufende Halbkreise umgangen werden, deren Radien gegen Null streben, während $R$ über alle Grenzen strebt. In Gl. (5.13) ist dann die Integration so zu verstehen, als ob keine Pole vorhanden wären.

Nun kann man neben dem Integral aus Gl. (5.12a) das Integral

$$I_0 = \int_C \frac{F_I(z)}{p + z} \, \mathrm{d}z$$

mit demselben $p$-Wert in $\operatorname{Re} p > 0$ und dem Integrationsweg $C$ nach Bild 5.3 betrachten. Nach dem Hauptsatz der Funktionentheorie ist $I_0 = 0$, auch für $R \to \infty$. Deshalb darf auf der rechten Seite der Gl. (5.13) das Integral $I_0$ für $R \to \infty$ addiert werden:

$$F_I(p) = \frac{1}{2\pi} \int_{-\infty}^{\infty} \frac{F(\mathrm{j}\eta)}{p - \mathrm{j}\eta} \, \mathrm{d}\eta + \frac{1}{2\pi} \int_{-\infty}^{\infty} \frac{F(\mathrm{j}\eta)}{p + \mathrm{j}\eta} \, \mathrm{d}\eta .$$

Faßt man beide Integrale zu einem Integral zusammen, ersetzt man die Funktion $F(\mathrm{j}\eta)$ durch $R(\eta) + \mathrm{j}X(\eta)$ und beachtet man, daß $X(\eta)$ eine ungerade Funktion darstellt, so erhält man schließlich

$$F_I(p) = \frac{p}{\pi} \int_{-\infty}^{\infty} \frac{R(\eta)}{p^2 + \eta^2} \, \mathrm{d}\eta \quad (\operatorname{Re} p > 0) . \tag{5.14}$$

Die Laplace-Transformierte einer kausalen Zeitfunktion läßt sich also allein aufgrund der Realteilfunktion der Fourier-Transformierten ausdrücken.

## 1.3. DIE ÜBERTRAGUNGSFUNKTION FÜR KOMPLEXE WERTE DES FREQUENZPARAMETERS

Es soll ein lineares, zeitinvariantes, stabiles, reelles und kausales kontinuierliches System mit einem Eingang und einem Ausgang betrachtet werden. Die Impulsantwort $h(t)$ sei stückweise glatt; sie enthalte keinen $\delta$-Anteil.

Aus der Theorie des Fourier-Integrals (Kapitel III) ist bekannt, daß die Fourier-Transformierte von $h(t)$, das ist die Übertragungsfunktion $H(\mathrm{j}\omega)$, als gewöhnliche Funktion existiert, weshalb $\sigma_{\min} \leqq 0$ gilt. Dies hat zur Folge, daß die Laplace-Transformierte $H_I(p)$ von $h(t)$ eine in $\operatorname{Re} p > 0$ analytische und in $\operatorname{Re} p \geqq 0$ stetige Funktion ist. Weiterhin muß nach Abschnitt 1.2 $H(\mathrm{j}\omega) \equiv H_I(\mathrm{j}\omega)$ sein. Es soll daher künftig die Übertragungsfunktion mit $H(p)$ bezeichnet werden, worunter für $\operatorname{Re} p \geqq 0$ die Laplace-Transformierte und speziell für $p = \mathrm{j}\omega$ die Fourier-Transformierte der Impulsantwort $h(t)$ zu verstehen ist. Für (nicht negatives) reelles $p$ ist natürlich die Übertragungsfunktion reell. Wegen der Impulsfreiheit von $h(t)$ strebt $H(p)$ für $p \to \infty$ $(\operatorname{Re} p \geqq 0)$ gegen Null. Enthält $h(t)$ einen $\delta$-Anteil im Nullpunkt, dann läßt sich

$$h(t) = a(0+)\,\delta(t) + h_e(t)$$

schreiben, wobei $h_e(t)$ den impulsfreien Teil der Impulsantwort darstellt und $a(0+)$ die Sprunghöhe der Sprungantwort $a(t)$ im Nullpunkt angibt. Unterwirft man diese Darstellung für $h(t)$ der Laplace-Transformation, so erhält man die Übertragungsfunktion $H(p)$ als Summe aus der Konstante $a(0+)$ und einer Funktion mit den bisher erkannten Eigenschaften der Übertragungsfunktion. Diese Eigenschaften übertragen sich durchweg auf $H(p)$ mit der Ausnahme, daß die Übertragungsfunktion $H(p)$ für $p \to \infty$ $(\operatorname{Re} p \geqq 0)$ gegen $a(0+)$ strebt.

Sind die Elemente des betrachteten Systems *konzentriert*, [1] so ist die Übertragungsfunktion nach Gl. (3.5) eine rationale Funktion.

## 1.4. EIGENSCHAFTEN DER LAPLACE-TRANSFORMATION

Die Laplace-Transformierte einer kausalen Zeitfunktion $f(t)$ hat ähnliche Eigenschaften wie die Fourier-Transformierte nach Kapitel III, Abschnitt 3.1. Die Beweise hierfür lassen sich in entsprechender Weise wie für die Fourier-Transformation führen. Im folgenden sei ein Teil der Eigenschaften aufgeführt:

**(a) Linearität**

Aus den Korrespondenzen

$$f(t) \circ\!\!-\!\!\bullet\, F_I(p), \quad g(t) \circ\!\!-\!\!\bullet\, G_I(p)$$

[1] Systeme mit konzentrierten Elementen lassen sich durch gewöhnliche Differentialgleichungen beschreiben.

folgt mit willkürlichen Konstanten $c_1$ und $c_2$ die Zuordnung

$$c_1 f(t) + c_2 g(t) \circ\!\!-\!\!\bullet\, c_1 F_I(p) + c_2 G_I(p) .$$

Existieren $F_I(p)$ und $G_I(p)$ für $\operatorname{Re} p > \sigma_1$ bzw. $\operatorname{Re} p > \sigma_2$, dann existiert die Funktion $c_1 F_I(p) + c_2 G_I(p)$ in $\operatorname{Re} p > \max(\sigma_1, \sigma_2)$.

**(b) Zeitverschiebung**

Aus der Korrespondenz

$$f(t) \circ\!\!-\!\!\bullet\, F_I(p)$$

folgt mit $t_0 > 0$ die Zuordnung

$$f(t - t_0) \circ\!\!-\!\!\bullet\, F_I(p)\,\mathrm{e}^{-p t_0}$$

(Bild 5.4).

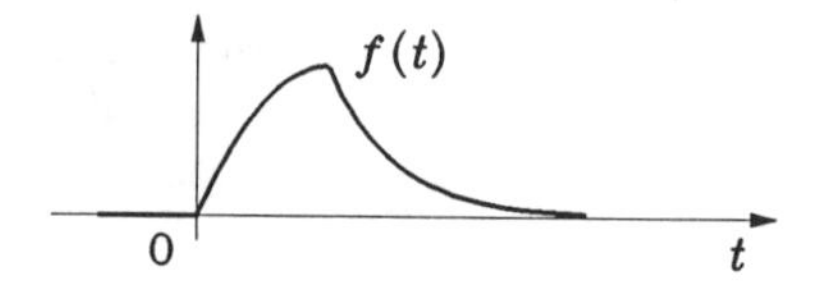


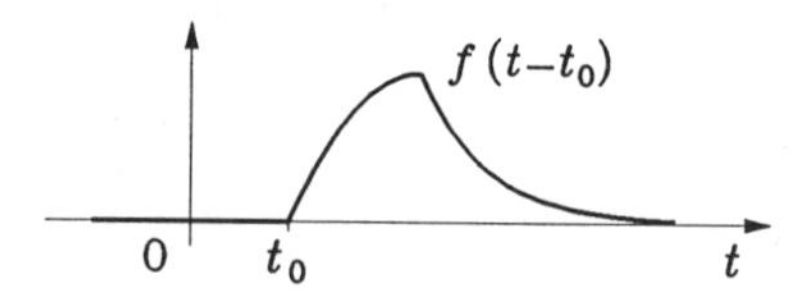


Bild 5.4: Zur Zeitverschiebungseigenschaft der Laplace-Transformation

**(c) Frequenzverschiebung**

Aus der Korrespondenz

$$f(t) \circ\!\!-\!\!\bullet\, F_I(p) \quad (\operatorname{Re} p > \sigma_{\min})$$

folgt mit einer Konstante $p_0 = \sigma_0 + \mathrm{j}\omega_0$ die Zuordnung

$$f(t)\,\mathrm{e}^{p_0 t} \circ\!\!-\!\!\bullet\, F_I(p - p_0) \quad (\operatorname{Re} p > \sigma_{\min} + \sigma_0) .$$

**(d) Differentiation im Zeitbereich**

Betrachtet wird eine überall differenzierbare Zeitfunktion $f(t)$ und der zugehörige kausale Anteil $s(t) f(t)$, dem die Laplace-Transformierte $F_I(p)$ zugeordnet ist. Die Umkehrformel (5.5) der Laplace-Transformation liefert dann

$$s(t) f(t) = \frac{1}{2\pi \mathrm{j}} \int_{\sigma - \mathrm{j}\infty}^{\sigma + \mathrm{j}\infty} F_I(p)\,\mathrm{e}^{p t}\,\mathrm{d}p ,$$

und durch Differentiation beider Seiten dieser Beziehung nach $t$ erhält man

$$\frac{\mathrm{d}}{\mathrm{d}t}[s(t) f(t)] = \frac{1}{2\pi \mathrm{j}} \int_{\sigma - \mathrm{j}\infty}^{\sigma + \mathrm{j}\infty} p F_I(p)\,\mathrm{e}^{p t}\,\mathrm{d}p , \tag{5.15}$$

also die Korrespondenz

$$\frac{\mathrm{d}}{\mathrm{d}t}[s(t)f(t)] \circ\!\!-\!\!\bullet \, pF_I(p). \tag{5.16a}$$

Durch Anwendung der Produktregel der Differentialrechnung auf die linke Seite von Gl. (5.15) ergibt sich mit Gl. (A-15) von Anhang A

$$\delta(t)f(0) + s(t)\frac{\mathrm{d}}{\mathrm{d}t}f(t) = \frac{1}{2\pi\mathrm{j}}\int_{\sigma-\mathrm{j}\infty}^{\sigma+\mathrm{j}\infty} pF_I(p)\,\mathrm{e}^{pt}\,\mathrm{d}p\,,$$

und daraus folgt bei Beachtung der Korrespondenz (5.10) die wichtige Zuordnung

$$s(t)\frac{\mathrm{d}}{\mathrm{d}t}f(t) \circ\!\!-\!\!\bullet \, pF_I(p) - f(0). \tag{5.16b}$$

Der Unterschied der in den Korrespondenzen (5.16a,b) auftretenden Zeitfunktionen ist im Bild 5.5 veranschaulicht. In entsprechender Weise lassen sich die Laplace-Transformierten der höheren Ableitungen des kausalen Anteils von $f(t)$ bzw. des kausalen Anteils der höheren Ableitungen von $f(t)$ bestimmen, wobei die Laplace-Transformierten der letzteren neben der mit einer Potenz von $p$ multiplizierten Funktion $F_I(p)$ auch noch die Werte $f(0)$, $f'(0), \ldots$ (mit Potenzen von $p$ multipliziert) enthalten. Falls die Funktion $f(t)$ und ihre Ableitungen nur für $t > 0$ bekannt sind, werden anstelle von $f(0), f'(0), \ldots$ die Grenzwerte $f(0+), f'(0+), \ldots$ verwendet, also insbesondere auch in Korrespondenz (5.16b).

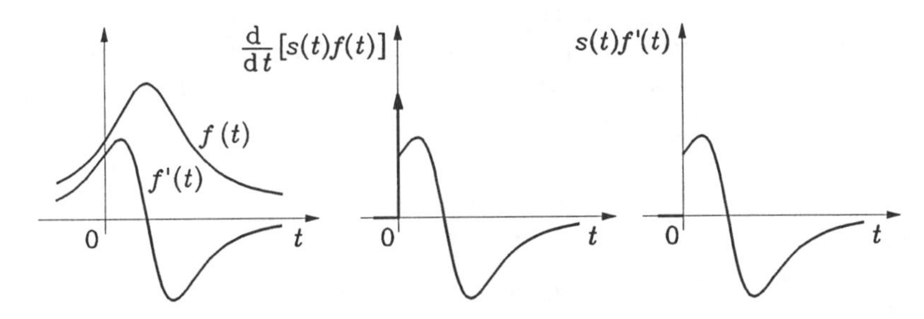


Bild 5.5: Ableitung des kausalen Anteils und kausaler Anteil der Ableitung von $f(t)$

**(e) Faltungssatz**

Es seien $f(t)$ und $g(t)$ zwei kausale Zeitfunktionen, die im Sinne von Satz V.1 mit Hilfe ihrer Laplace-Transformierten $F_I(p)$ und $G_I(p)$ dargestellt werden können. Die Funktionen $f(t)$ und $g(t)$ werden durch die Faltung

$$k(t) = f(t) * g(t) = \int_0^t f(\tau)g(t-\tau)\,\mathrm{d}\tau \tag{5.17a}$$

miteinander verknüpft. Die Laplace-Transformierte von $k(t)$ sei mit $K_I(p)$ bezeichnet. Ähnlich wie beim Beweis von Satz III.2 (Faltungssatz für Fourier-Integrale) kann nun gezeigt werden, daß die Beziehung

$$K_I(p) = F_I(p)\,G_I(p) \tag{5.17b}$$

in $\operatorname{Re} p > \max\ (\sigma_1, \sigma_2)$ gilt, wobei $\sigma_1, \sigma_2$ die Konvergenzabszissen von $F_I(p)$ bzw. $G_I(p)$ sind. Durch Laplace-Umkehrung des durch Gl. (5.17b) gegebenen Produkts erhält man die Faltungsfunktion $k(t)$ nach Gl. (5.17a). [1]

Der Faltungssatz ist für die Systemtheorie vor allem deshalb so wichtig, weil mit seiner Hilfe im Frequenzbereich der Zusammenhang zwischen Eingangs- und Ausgangsgröße bei einem linearen, zeitinvarianten, stabilen und kausalen kontinuierlichen System in einfacher Weise angegeben werden kann, sofern das Eingangssignal $x(t)$ kausal ist und nach Satz V.1 durch seine Laplace-Transformierte $X(p)$ darstellbar ist. Unterwirft man nämlich unter diesen Voraussetzungen die Darstellung für das Ausgangssignal $y(t)$ nach Gl. (1.55) der Laplace-Transformation, so erhält man für die Laplace-Transformierte des Ausgangssignals aufgrund des Faltungssatzes

$$Y(p) = \left[a(0+) + \int_0^\infty h_e(t)\,\mathrm{e}^{-pt}\,\mathrm{d}t\right] X(p).$$

Der in eckigen Klammern stehende Ausdruck ist die im Abschnitt 1.3 eingeführte Übertragungsfunktion $H(p)$, so daß sich die einfache Beziehung

$$Y(p) = H(p)\,X(p) \tag{5.18}$$

ergibt. Durch Rücktransformation der nach Gl. (5.18) bestimmten Laplace-Transformierten in den Zeitbereich gewinnt man das Ausgangssignal $y(t)$.

Ähnlich wie bei der Fourier-Transformation gibt es auch bei der Laplace-Transformation einen Faltungssatz im Frequenzbereich. Werden zwei kausale Zeitfunktionen $f(t)$ und $g(t)$, die nach Satz V.1 durch ihre Laplace-Transformierten $F_I(p)$ und $G_I(p)$ für $\operatorname{Re} p > \sigma_1$ bzw. $\operatorname{Re} p > \sigma_2$ darstellbar sind, miteinander multipliziert, so entspricht dem Produkt $k(t) = f(t)g(t)$ die Laplace-Transformierte

$$K_I(p) = \frac{1}{2\pi \mathrm{j}} \int_{\sigma_0 - \mathrm{j}\infty}^{\sigma_0 + \mathrm{j}\infty} F_I(s)\, G_I(p-s)\,\mathrm{d}s\,.$$

Dabei muß der Realteil von $p$ so groß gewählt werden, daß die $s$-Konvergenzhalbebenen der beiden Funktionen $F_I(s)$ und $G_I(p-s)$ sich teilweise überdecken. Die Abszisse $\sigma_0$ der Integrationsgeraden muß im Intervall $[\sigma_1, \operatorname{Re} p - \sigma_2]$ liegen, so daß diese Gerade ganz im Innern des gemeinsamen Konvergenzbereichs von $F_I(s)$ und $G_I(p-s)$ verläuft.

**(f) Anfangswert-Theorem**

Mit Hilfe dieses Theorems kann direkt aus der Laplace-Transformierten $F_I(p)$ einer kausalen Zeitfunktion $f(t)$, die im Nullpunkt keinen $\delta$-Anteil aufweist und nach Satz V.1 darstellbar ist, der (als existent vorausgesetzte) Grenzwert $f(0+)$ gewonnen werden. Die Zeitfunktion $f(t)$ braucht dabei nicht bestimmt zu werden. Es gilt:

$$f(0+) = \lim_{p\to\infty} pF_I(p) \qquad (\operatorname{Re} p \to \infty). \tag{5.19}$$

---

[1] Streng genommen muß man nachweisen, daß die durch Rücktransformation aus $K_I(p)$ gewonnene Zeitfunktion $k(t)$ als Laplace-Transformierte $K_I(p)$ hat ("Darstellungsproblem" nach G. Doetsch).

Zum *Beweis* dieser Gleichung bildet man mit einem kleinen $\delta > 0$

$$pF_I(p) = \int_0^\infty f(t)\,\mathrm{e}^{-pt} p\,\mathrm{d}t = \int_0^\delta \cdots + \int_\delta^\infty \cdots ,$$

woraus

$$pF_I(p) = f(0+)\,[1 - \mathrm{e}^{-\delta p}] + \varepsilon(\delta, p)$$

folgt. Wählt man $p = 1/\delta^2$ und läßt man $\delta \to 0$ streben, so erhält man Gl. (5.19), da hierbei $\varepsilon(\delta, p)$ gegen Null strebt. Der Grenzübergang braucht nicht längs der reellen $p$-Achse durchgeführt zu werden. Es muß jedoch die Bedingung $\mathrm{Re}\, p \to \infty$ eingehalten werden.

Als *Beispiel* sei die Laplace-Transformierte $F_I(p) = 1/p$ der Sprungfunktion $s(t)$ genannt. Nach Gl. (5.19) erhält man $s(0+) = 1$. Für die als weiteres Beispiel zu betrachtende Funktion

$$F_I(p) = \frac{p+2}{p+1}$$

existiert der Grenzwert nach Gl. (5.19) nicht. Dies liegt daran, daß die entsprechende Zeitfunktion

$$f(t) = \delta(t) + s(t)\,\mathrm{e}^{-t}$$

im Nullpunkt einen $\delta$-Anteil hat.

### (g) Endwert-Theorem

Mit Hilfe dieses Theorems kann für eine kausale Zeitfunktion der Grenzwert von $f(t)$ für $t \to \infty$ direkt aus ihrer Laplace-Transformierten $F_I(p)$ bestimmt werden. Vorausgesetzt sei, daß die Ableitung $f'(t)$ für $t > 0$ sowie deren Laplace-Transformierte existieren. Die Laplace-Transformierte $F_I(p)$ sei in $\mathrm{Re}\, p \geqq 0$ analytisch, abgesehen von einem möglichen einfachen Pol im Nullpunkt $p = 0$. Nach Korrespondenz (5.16b) gilt

$$\lim_{p \to 0} \int_{0+}^\infty \frac{\mathrm{d}f}{\mathrm{d}t}\,\mathrm{e}^{-pt}\,\mathrm{d}t = \lim_{p \to 0}\,[pF_I(p) - f(0+)]\,. \tag{5.20a}$$

Die Grenzwerte existieren wegen der getroffenen Voraussetzungen. Durch Vertauschung der Reihenfolge von Limes-Operation und Integration auf der linken Seite von Gl. (5.20a) erhält man nach Durchführung der Integration die Differenz $f(\infty) - f(0+)$ und damit die Aussage des Endwert-Theorems:

$$\lim_{t \to \infty} f(t) = \lim_{p \to 0} pF_I(p)\,. \tag{5.20b}$$

Als *Beispiel* sei die Laplace-Transformierte $F_I(p) = 1/(p+1)$ betrachtet. Die entsprechende Zeitfunktion ist $f(t) = s(t)\,\mathrm{e}^{-t}$. Nach Gl. (5.20b) erhält man $f(\infty) = 0$. Auf $F_I(p) = p/(p^2+1)$ als Laplace-Transformierte der Funktion $f(t) = s(t)\cos t$ darf das Endwert-Theorem in der formulierten Weise nicht angewendet werden, da $F_I(p)$ entgegen den geforderten Voraussetzungen für die Anwendung der Gl. (5.20b) bei $p = \pm \mathrm{j}$ Polstellen hat. Auch die Laplace-Transformierte $1/p^2$ von $s(t)\,t$ erfüllt die Voraussetzungen nicht.

## 1.5. DIE ZWEISEITIGE LAPLACE-TRANSFORMATION

Im Abschnitt 1.1 wurde die einseitige Laplace-Transformation für kausale Zeitfunktionen eingeführt. Die Voraussetzung der Kausalität hatte zur Folge, daß in der Gl. (5.4) zur Festlegung der Laplace-Transformierten nur von $t = 0$ bis $t = \infty$ integriert zu werden brauchte und daß sich für die Existenz des Laplace-Integrals eine rechte Halbebene für den Frequenzparameter $p$ ergab. Im folgenden soll diese Transformation auf im allgemeinen nichtkausale Zeitfunktionen $f(t)$ durch Einführung der *zweiseitigen* Laplace-Transformierten

$$F_{II}(p) = \int_{-\infty}^{\infty} f(t)\,\mathrm{e}^{-pt}\,\mathrm{d}t \tag{5.21}$$

erweitert werden. Dieses Integral kann in zwei Teile aufgespalten werden, indem

$$\begin{aligned} F_{II}(p) &= \int_{0}^{\infty} f(t)\,\mathrm{e}^{-pt}\,\mathrm{d}t + \int_{-\infty}^{0} f(t)\,\mathrm{e}^{-pt}\,\mathrm{d}t \\ &= \int_{0}^{\infty} s(t)f(t)\,\mathrm{e}^{-pt}\,\mathrm{d}t + \int_{0}^{\infty} s(t)f(-t)\,\mathrm{e}^{-(-p)t}\,\mathrm{d}t \end{aligned} \tag{5.22}$$

geschrieben wird. Die zweiseitige Laplace-Transformierte $F_{II}(p)$ kann also als Summe zweier einseitiger Laplace-Transformierten $F_I^+(p)$ der Zeitfunktion $s(t)f(t)$ in der $p$-Ebene bzw. $F_I^-(p)$ von $s(t)f(-t)$ in der $(-p)$-Ebene aufgefaßt werden. Das zweiseitige Laplace-Integral nach Gl. (5.21) konvergiert für solche $p$-Werte, für die beide Integrale auf der rechten Seite von Gl. (5.22) existieren. Zur Sicherstellung der Existenz dieser beiden Integrale wird einerseits vorausgesetzt, daß es eine Konstante $\sigma_{\min}$ gibt, so daß

$$\lim_{t\to\infty} f(t)\,\mathrm{e}^{-\sigma t} = 0 \quad \text{für alle} \quad \sigma > \sigma_{\min}$$

gilt, während dieser Grenzwert für $\sigma < \sigma_{\min}$ nicht existieren soll; andererseits wird angenommen, daß eine Konstante $\sigma_{\max}$ vorhanden ist, mit welcher

$$\lim_{\tau\to\infty} f(-\tau)\,\mathrm{e}^{-\tilde{\sigma}\tau} = 0 \quad \text{für} \quad \tilde{\sigma} > -\sigma_{\max}\,,$$

d. h.

$$\lim_{t\to-\infty} f(t)\,\mathrm{e}^{-\sigma t} = 0 \quad \text{für} \quad \sigma < \sigma_{\max}$$

gilt (wobei $\tilde{\sigma} = -\sigma$ und $\tau = -t$ gesetzt wurde), während dieser Grenzwert für $\sigma > \sigma_{\max}$ nicht existieren soll. Nach den Überlegungen von Abschnitt 1.1 konvergiert dann $F_I^+(p)$ in der $p$-Halbebene $\operatorname{Re} p = \sigma > \sigma_{\min}$ und $F_I^-(p)$ in der $(-p)$-Halbebene $\operatorname{Re}(-p) = -\sigma > -\sigma_{\max}$ bzw. in der $p$-Halbebene $\operatorname{Re} p = \sigma < \sigma_{\max}$. Angesichts dieser Tatsachen existiert die durch die Gl. (5.21) definierte zweiseitige Laplace-Transformierte $F_{II}(p)$, wenn sich die beiden genannten $p$-Halbebenen überlappen, d. h. unter der Voraussetzung $\sigma_{\min} < \sigma_{\max}$ im Parallelstreifen

$$\sigma_{\min} < \operatorname{Re} p < \sigma_{\max}\,,$$

dem sogenannten Konvergenzstreifen (Bild 5.6). Dort ist $F_{II}(p)$ eine analytische Funktion. Außerhalb dieses Streifens hat die Gl. (5.21) im allgemeinen keinen Sinn; über das Verhalten auf dem Rand des Gebietes kann allgemein nichts ausgesagt werden. Durch analytische Fortsetzung läßt sich allerdings die Funktion $F_{II}(p)$ im allgemeinen auch auf Gebiete außerhalb des Konvergenzstreifens ausdehnen. Mit $p = \sigma + \mathrm{j}\omega$ und bei Wahl von $\sigma$ im Intervall $(\sigma_{\min}, \sigma_{\max})$ lautet Gl. (5.21)

$$F_{II}(\sigma + \mathrm{j}\omega) = \int_{-\infty}^{\infty} f(t)\,\mathrm{e}^{-\sigma t}\,\mathrm{e}^{-\mathrm{j}\omega t}\,\mathrm{d}t\,,$$

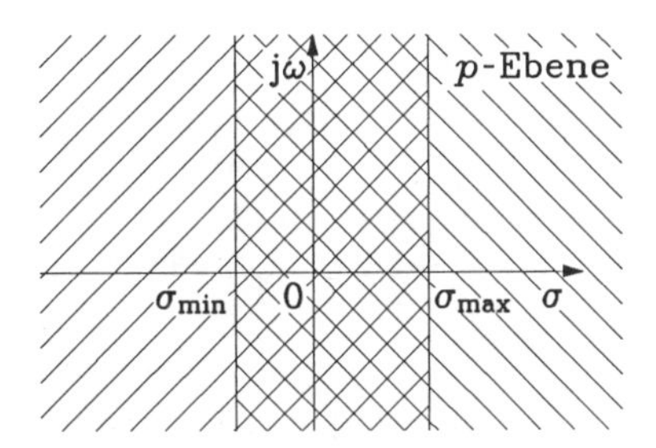


Bild 5.6: $p$-Ebene mit Konvergenzstreifen $\sigma_{\min} < \operatorname{Re} p < \sigma_{\max}$

d. h. $F_{II}(\sigma + j\omega)$ stellt die Fourier-Transformierte der Zeitfunktion $f(t)\,e^{-\sigma t}$ dar. Daher läßt sich die Umkehrformel nach Gl. (3.19) heranziehen, welche nach Multiplikation mit $e^{\sigma t}$ und Rücksubstitution von $\sigma + j\omega = p$ die Umkehrung der zweiseitigen Laplace-Transformation

$$f(t) = \frac{1}{2\pi j} \int_{\sigma - j\infty}^{\sigma + j\infty} F_{II}(p)\,e^{pt}\,dp \qquad (\sigma_{\min} < \sigma < \sigma_{\max}) \tag{5.23}$$

liefert. Das Integral in Gl. (5.23) ist wie in der entsprechenden Gl. (5.5) für die einseitige Laplace-Transformation als Linienintegral in der $p$-Ebene aufzufassen; der geradlinige Integrationsweg muß im Innern des Konvergenzstreifens parallel zur imaginären Achse verlaufen.

Abschließend sei noch bemerkt, daß die zweiseitige Laplace-Transformierte $F_{II}(p)$ von $f(t)$ für $p = j\omega$ mit der Fourier-Transformierten $F(j\omega)$ von $f(t)$ identisch ist, sofern die imaginäre Achse im Konvergenzstreifen liegt oder die imaginäre Achse Rand des Konvergenzgebietes ist und $F_{II}(p)$ in diesem Gebiet einschließlich der imaginären Achse stetig ist.

Als *Beispiel* sei die Zeitfunktion

$$f(t) = s(t)\,e^{\alpha t} + s(-t)\,e^{\beta t} \tag{5.24}$$

mit reellen Konstanten $\alpha$ und $\beta$ betrachtet. Man kann sich sofort davon überzeugen, daß

$$\sigma_{\min} = \alpha \quad \text{und} \quad \sigma_{\max} = \beta$$

gilt. Daher konvergiert das zweiseitige Laplace-Integral nur im Fall $\alpha < \beta$. Läßt man bei festem Wert $\alpha$ die Größe $\beta \to \infty$ streben, dann entfällt der zweite Term auf der rechten Seite von Gl. (5.24), und die zweiseitige Laplace-Transformierte geht in eine einseitige mit der Konvergenzhalbebene $\operatorname{Re} p > \alpha$ über. Dies ist zu erwarten, weil die Funktion $f(t)$ für $\beta \to \infty$ kausal wird. Läßt man dagegen bei festem Wert $\beta$ die Größe $\alpha \to -\infty$ streben, dann entfällt der erste Term auf der rechten Seite von Gl. (5.24), und der Konvergenzstreifen entartet zur Konvergenzhalbebene $\operatorname{Re} p < \beta$.

## 2. Verfahren zur Umkehrung der Laplace-Transformation

Die Bestimmung der Zeitfunktion $f(t)$ aus der Laplace-Transformierten durch direkte Integration gemäß Gl. (5.5) bzw. Gl. (5.23) längs einer Parallelen zur imaginären Achse ist im allgemeinen kompliziert. Man kann jedoch in vielen, gerade für die Systemtheorie bedeutsamen Fällen die Transformation von $F_I(p)$ oder $F_{II}(p)$ in den Zeitbereich dadurch ausführen, daß man die Laplace-Transformierte in eine Summe elementarer Funktionen zerlegt, die dann direkt in einfacher Weise in den Zeitbereich überführt werden können. Weiterhin kann der Residuensatz der Funktionentheorie häufig zur praktischen Auswertung von Gl. (5.5) bzw. Gl. (5.23) herangezogen werden. Dies soll zunächst für den Fall der einseitigen Laplace-Transformation dargestellt werden.

## 2.1. DER FALL RATIONALER FUNKTIONEN

Die in den Zeitbereich zu transformierende Funktion $F_I(p)$ sei als Quotient zweier teilerfremder Polynome $F_I(p) = M(p)/N(p)$ darstellbar, wobei der Grad von $M(p)$ nicht größer als jener von $N(p)$ sei. Bezeichnet man die Pole von $F_I(p)$, d. h. die Nullstellen von $N(p)$, mit $p_\mu$ und deren Vielfachheiten mit $r_\mu$ ($\mu = 1, 2, \ldots, l$), dann kann für $F_I(p)$ die Partialbruchentwicklung

$$F_I(p) = A_0 + \sum_{\mu=1}^{l} \sum_{\nu=1}^{r_\mu} \frac{A_{\mu\nu}}{(p - p_\mu)^\nu} \tag{5.25a}$$

geschrieben werden. Aufgrund der Eigenschaften der Laplace-Transformation (Abschnitt 1.4) ist leicht zu erkennen, daß die Korrespondenz

$$s(t)\mathrm{e}^{p_\mu t} A_{\mu\nu} \frac{t^{\nu-1}}{(\nu-1)!} \circ\!\!-\!\!\bullet \frac{A_{\mu\nu}}{(p-p_\mu)^\nu}$$

besteht. Hieraus erhält man unter Beachtung der Korrespondenz (5.10) für die zu $F_I(p)$ aus Gl. (5.25a) gehörende Zeitfunktion

$$f(t) = A_0 \delta(t) + s(t) \sum_{\mu=1}^{l} \mathrm{e}^{p_\mu t} \sum_{\nu=1}^{r_\mu} \frac{A_{\mu\nu} t^{\nu-1}}{(\nu-1)!} . \tag{5.25b}$$

Die Koeffizienten $A_{\mu\nu}$ werden aus der Funktion $F_I(p)$ dadurch bestimmt, daß man zunächst $A_0 = \lim_{p\to\infty} F_I(p)$ ermittelt. Ist $p_u$ ein einfacher Pol ($r_u = 1$), so erhält man

$$A_{u1} = \frac{M(p_u)}{N'(p_u)} .$$

Ist dagegen $p_w$ ein mehrfacher Pol mit der Vielfachheit $r_w$, so wird

$$A_{w\nu} = \frac{1}{(r_w - \nu)!} \frac{\mathrm{d}^{(r_w-\nu)}}{\mathrm{d}p^{(r_w-\nu)}} [F_I(p)(p-p_w)^{r_w}]_{p=p_w} \qquad (\nu = 1, 2, \ldots, r_w).$$

*Beispiel:* Es sei

$$F_I(p) = \frac{1}{p^2(p+1)} .$$

Die hierzu gehörende Partialbruchentwicklung lautet

$$F_I(p) = \frac{1}{p+1} + \frac{(-1)}{p} + \frac{1}{p^2} .$$

Aufgrund der Gln. (5.25a,b) erhält man als entsprechende Zeitfunktion

$$f(t) = s(t)[\mathrm{e}^{-t} - 1 + t] .$$

## 2.2. DER FALL MEROMORPHER FUNKTIONEN

Eine Funktion $F_I(p)$, die als Singularitäten in der *endlichen* $p$-Ebene nur endlich viele Pole mit einem möglichen Häufungspunkt in $p = \infty$ besitzt, heißt *meromorph*. In der Systemtheorie sind insbesondere solche meromorphen Funktionen $F_I(p)$ von Interesse, deren Pole $p_\mu$ $(\mu = 1, 2, \ldots)$ ausschließlich auf der imaginären Achse liegen, einfach sind und sich gegen Unendlich häufen. Im folgenden sollen derartige Funktionen betrachtet werden, wobei noch die Annahme getroffen wird, daß die von Null verschiedenen Pole paarweise konjugiert komplex auftreten. Es wird vorausgesetzt, daß eine Folge von Kreisen $K_\mu$ $(\mu = 1, 2, 3, \ldots)$ um den Nullpunkt mit den Radien $\rho_\mu$ und den folgenden Eigenschaften existiert:

a) Auf $K_\mu$ $(\mu = 1, 2, \ldots)$ befinden sich keine Pole von $F_I(p)$. Der Kreis $K_{\mu+1}$ umschließt zwei Pole von $F_I(p)$ mehr als der Kreis $K_\mu$. Im Bild 5.7 sind die linken Hälften solcher Kreise für ein Beispiel angedeutet.

b) Es gilt $F_I(p) \to 0$ für alle $p$-Werte auf $K_\mu$ $(\mu \to \infty)$.

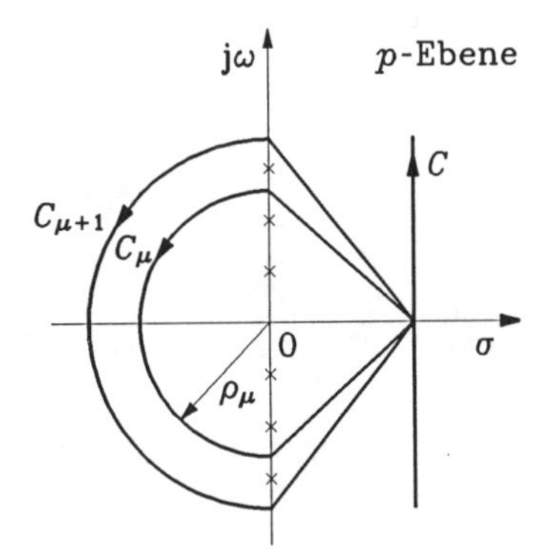


Bild 5.7: Integrationswege $C_\mu$ zur Laplace-Umkehrtransformation meromorpher Funktionen. Kreuzchen bedeuten Polstellen

Unter diesen Voraussetzungen läßt sich zur praktischen Auswertung der Laplace-Umkehrformel nach Gl. (5.5) bei Funktionen $F_I(p)$ der oben genannten Art die Residuenmethode der Funktionentheorie anwenden. Zu diesem Zweck muß jedoch der Integrationsweg nach Bild 5.1 zu einem geschlossenen Weg abgeändert werden. Es werden daher die im Bild 5.7 dargestellten geschlossenen, jeweils aus einem Halbkreisbogen, der Teil des Kreises $K_\mu$ ist, und zwei Geradenstücken bestehenden Wege $C_\mu$ $(\mu = 1, 2, \ldots)$ betrachtet. Für $\mu \to \infty$ streben die geradlinigen Teile von $C_\mu$ gegen den Weg $C$. [1] Man kann nun zeigen, daß das Integral

$$I_{I\mu} = \int F_I(p)\,e^{pt}\,dp\,, \tag{5.26}$$

das nur längs des halbkreisförmigen Teils von $C_\mu$ zu erstrecken ist, für $t > 0$ und $\mu \to \infty$ gegen Null strebt.

---

[1] Bei diesem Grenzübergang gehen die Teilintegrale über $F_I(p)\,e^{pt}$ längs der zwei genannten Geradenstücke in das Linienintegral längs $C$ über, da die Differenz zwischen dem Integral über die beiden Geradenstücke und dem Integral längs $C$ für $\mu \to \infty$ verschwindet, wie gezeigt werden kann (Jordansches Lemma).

Zum *Beweis* dieser Behauptung bezeichnet man das Maximum von $|F_I(p)|$ längs des halbkreisförmigen Teils von $C_\mu$ mit $M_\mu$. Dann erhält man mit $p = \rho_\mu \, e^{j\varphi}$ und $|dp| = \rho_\mu \, |d\varphi|$ die Abschätzung

$$|I_{I\mu}| \leqq M_\mu \rho_\mu \int_{\pi/2}^{3\pi/2} e^{t\rho_\mu \cos\varphi} d\varphi$$

oder nach der Variablenänderung $\psi = \varphi - \pi/2$

$$|I_{I\mu}| \leqq 2 M_\mu \rho_\mu \int_0^{\pi/2} e^{-t\rho_\mu \sin\psi} d\psi .$$

Da im Intervall $0 \leqq \psi \leqq \pi/2$ die Ungleichung $\sin\psi \geqq 2\psi/\pi$ besteht, ergibt sich schließlich

$$|I_{I\mu}| \leqq 2 M_\mu \rho_\mu \int_0^{\pi/2} e^{-2\psi t\rho_\mu/\pi} d\psi = \frac{\pi M_\mu}{t} (1 - e^{-\rho_\mu t}) .$$

Da laut Voraussetzung $M_\mu \to 0$ ($\mu \to \infty$) strebt, ist $\lim I_{I\mu}$ für $\mu \to \infty$ und $t > 0$ gleich Null. Dies war zu beweisen.

Weil das Teilintegral $I_{I\mu}$ aus Gl. (5.26) für $\mu \to \infty$ verschwindet, erhält man die im einzelnen noch auszuwertende Darstellung

$$f(t) = \frac{1}{2\pi j} \lim_{\mu \to \infty} \int_{C_\mu} F_I(p) e^{pt} dp \qquad (t > 0) . \tag{5.27}$$

In ähnlicher Weise kann man zeigen, daß $f(t)$ für $t < 0$ gleich Null ist. Hierzu betrachtet man geschlossene Wege $C_\mu$, die sich von jenen nach Bild 5.7 nur dadurch unterscheiden, daß die halbkreisförmigen Anteile jetzt in der rechten Hälfte der $p$-Ebene liegen. Es ergibt sich dann eine der Gl. (5.27) entsprechende Darstellung für $f(t)$ in $t < 0$, wobei allerdings die auftretenden Integrale für alle Werte $\mu$ nach dem Residuensatz verschwinden.

Es wird nun Gl. (5.27) mit Hilfe der Residuenmethode ausgewertet. Man erhält dann insgesamt

$$f(t) = s(t) \sum_{\mu=1}^{\infty} R_\mu . \tag{5.28}$$

Dabei bedeuten die $R_\mu$ die Residuen der Funktion $e^{pt} F_I(p)$ an den Polstellen $p_\mu$. Im Fall einer rationalen Funktion $F_I(p)$ läßt sich die Umkehrformel in entsprechender Weise mit Hilfe der Residuenmethode auswerten, indem man den Integrationsweg nach Bild 5.1 "im Limes" zu einem geschlossenen Weg modifiziert, der für $t > 0$ einen in der linken $p$-Halbebene und für $t < 0$ einen in der rechten Hälfte der $p$-Ebene liegenden halbkreisförmigen Teil umfaßt. Das hierdurch entstehende Ergebnis stimmt mit Gl. (5.25b) überein.

*Beispiel:* Es sei die Funktion

$$F_I(p) = \frac{1}{p \cosh p}$$

betrachtet. Die Nullstellen der Nennerfunktion $p \cosh p = p(e^p + e^{-p})/2$ sind

$$p_1 = 0 , \quad p_{2\nu} = j \frac{(2\nu - 1)\pi}{2} , \quad p_{2\nu+1} = -j \frac{(2\nu - 1)\pi}{2} \qquad (\nu = 1, 2, 3, \ldots) .$$

Die gemäß Bild 5.8 gewählten Kreise $K_\mu$ erfüllen die zur Anwendung der Gl. (5.28) erforderlichen Voraussetzungen. Damit wird mit [1])

$$F_I(p) = \frac{1}{p} + \frac{1 - \cosh p}{p \cosh p}$$

$$= \frac{1}{p} + \sum_{\nu=1}^{\infty} \left[ \frac{(1-\cosh p_{2\nu})/(p_{2\nu}\sinh p_{2\nu})}{p - p_{2\nu}} + \frac{(1-\cosh p_{2\nu+1})/(p_{2\nu+1}\sinh p_{2\nu+1})}{p - p_{2\nu+1}} \right]$$

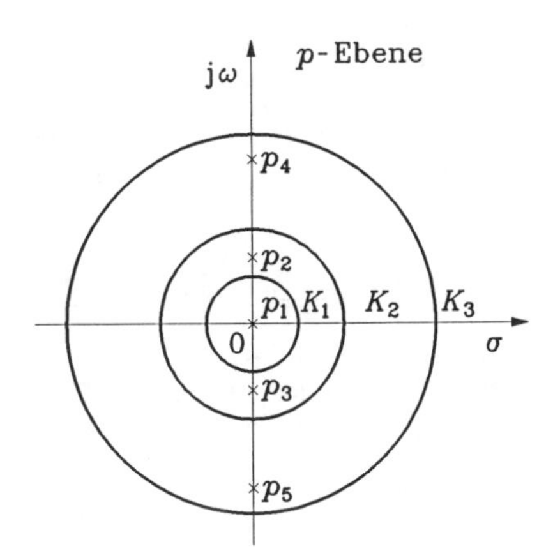


Bild 5.8: Kreise $K_\mu$ mit den zur Anwendung der Gl. (5.28) erforderlichen Eigenschaften

gemäß Gl. (5.28) die entsprechende Zeitfunktion

$$f(t) = s(t)\left[1 + \sum_{\nu=1}^{\infty}\left\{e^{p_{2\nu}t}\,\frac{2(-1)^{\nu}}{(2\nu-1)\pi} + e^{p_{2\nu+1}t}\,\frac{2(-1)^{\nu}}{(2\nu-1)\pi}\right\}\right]$$

oder

$$f(t) = s(t)\left[1 + \frac{4}{\pi}\sum_{\nu=1}^{\infty}\frac{(-1)^{\nu}}{2\nu-1}\cos\left\{(2\nu-1)\frac{\pi}{2}t\right\}\right].$$

Wie man sieht, ist $f(t)$ eine in $t > 0$ periodische Funktion. Wie ein Vergleich mit der Fourier-Reihenentwicklung zeigt, handelt es sich um die Funktion $f(t) = 2\sum_{\nu=1}^{\infty} p_1(t - 4\nu + 2)$ mit $p_1$ gemäß Gl. (3.36).

## 2.3. WEITERE ANWENDUNG DER RESIDUENMETHODE

Falls die in den Zeitbereich zu transformierende Laplace-Transformierte $F_I(p)$ Verzweigungspunkte in der endlichen $p$-Ebene besitzt, [2]) läßt sich nach Einführung von Verzweigungsschnitten die Residuenmethode anwenden. Durch geeignete Verzweigungsschnitte kann nämlich eine eindeutige Funktion erzeugt werden, für die der bei der Umkehrformel nach Gl. (5.5) auftretende Integrationsweg zu einem geschlossenen Weg abgeändert wird, so daß die Möglichkeit besteht, den Residuensatz anzuwenden. Als typisches Beispiel sei die Funktion

---

[1]) Es handelt sich hierbei um die aus der Funktionentheorie [Sm1] bekannte Mittag-Lefflersche Partialbruchentwicklung für $F_I(p)$. Sie erlaubt die Entwicklung allgemeiner meromorpher Funktionen.

[2]) Derartige Laplace-Transformierte treten beispielsweise als Übertragungsfunktionen bei Systemen mit verteilten Parametern auf.

$$F_I(p) = \frac{1}{\sqrt{p^2+1}} \tag{5.29}$$

betrachtet. Diese Funktion hat bei $p = \pm \mathrm{j}$ zwei Verzweigungspunkte, und man führt einen Verzweigungsschnitt auf der imaginären Achse vom Punkt j zum Punkt $-$j. Deshalb wird der Integrationsweg $C_0$ nach Bild 5.9 gewählt. Da $F_I(p)$ nach Gl. (5.29) für $p \to \infty$ gegen Null strebt, verschwindet der Integralanteil von

$$\int \frac{\mathrm{e}^{pt}}{\sqrt{p^2+1}}\,\mathrm{d}p$$

für $t > 0$ längs des Halbkreisbogens von $C_0$ mit Radius $\rho$ für $\rho \to \infty$ (man vergleiche diesbezüglich die Beweisführung im Abschnitt 2.2). Für den Kreis mit Radius $\rho_0$ um den Punkt $p = \mathrm{j}$ gilt bei $t > 0$

$$\left|\frac{\mathrm{e}^{pt}}{\sqrt{p^2+1}}\right| = \left|\frac{\mathrm{e}^{t\,\mathrm{Re}\,p}}{\sqrt{(p-\mathrm{j})(p+\mathrm{j})}}\right| < \frac{\mathrm{e}^{t\rho_0}}{\sqrt{\rho_0}\,\sqrt{2-\rho_0}}\,.$$

Hieraus folgt für den Integralanteil längs dieses Kreises

$$\left|\int \frac{\mathrm{e}^{pt}}{\sqrt{p^2+1}}\,\mathrm{d}p\right| < \frac{\mathrm{e}^{t\rho_0}}{\sqrt{\rho_0}\,\sqrt{2-\rho_0}}\,2\pi\rho_0 \to 0 \quad \text{für} \quad \rho_0 \to 0\,.$$

Entsprechend kann man zeigen, daß auch der Integralbeitrag längs des Kreises vom Radius $\rho_0$ um $p = -\mathrm{j}$ für $\rho_0 \to 0$ verschwindet. Da sich $p^2+1 = (p-\mathrm{j})(p+\mathrm{j})$ längs $AB$ und $GH$ in der Phase um $4\pi$ unterscheidet, ist $\sqrt{p^2+1}$ auf beiden Geradenstücken wertegleich, und die entsprechenden Integralanteile heben sich auf. Damit erhält man für $\rho \to \infty$, $\rho_0 \to 0$ nach

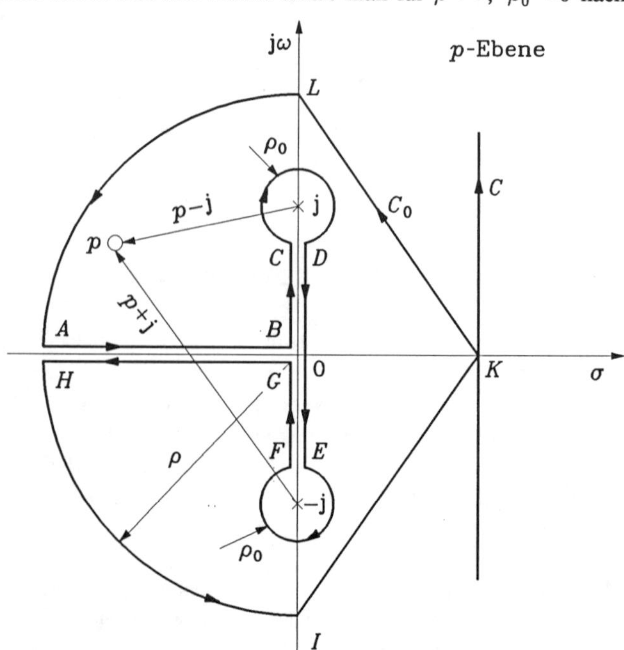


Bild 5.9: Integrationsweg zur Rücktransformation der Funktion $F_I(p)$ nach Gl. (5.29)

dem Residuensatz

$$\frac{1}{2\pi \mathrm{j}} \int_{C_0} \frac{\mathrm{e}^{pt}}{\sqrt{p^2+1}} \mathrm{d}p = 0 = f(t) + \frac{1}{2\pi \mathrm{j}} \int_F^C \frac{\mathrm{e}^{pt}}{\sqrt{p^2+1}} \mathrm{d}p + \frac{1}{2\pi \mathrm{j}} \int_D^E \frac{\mathrm{e}^{pt}}{\sqrt{p^2+1}} \mathrm{d}p$$

oder [1])

$$f(t) = \frac{\mathrm{j}}{2\pi \mathrm{j}} \int_1^{-1} \frac{\mathrm{e}^{\mathrm{j}\omega t}}{-\sqrt{1-\omega^2}} \mathrm{d}\omega + \frac{\mathrm{j}}{2\pi \mathrm{j}} \int_{-1}^{1} \frac{\mathrm{e}^{\mathrm{j}\omega t}}{\sqrt{1-\omega^2}} \mathrm{d}\omega .$$

Hieraus folgt schließlich

$$f(t) = \frac{1}{\pi} \int_{-1}^{1} \frac{\cos \omega t}{\sqrt{1-\omega^2}} \mathrm{d}\omega . \tag{5.30}$$

Diese Funktion ist die Bessel-Funktion $J_0(t)$, wie Gl. (5.30) nach der Substitution $\omega = \sin \varphi$ erkennen läßt [Ja2].

In entsprechender Weise kann man andere Funktionen $F_I(p)$ mit Verzweigungspunkten in den Zeitbereich transformieren. Dem Leser sei als Übung empfohlen, die Funktionen $p^{-1/2}$, $p^{-3/2}$ in den Zeitbereich zu transformieren.

Wenn die in diesem und den vorausgegangenen Abschnitten beschriebenen Verfahren nicht zum Ziele führen, muß die Zeitfunktion auf andere Weise ermittelt werden, etwa wie am Ende von Abschnitt 5.3 gezeigt wird.

## 2.4. UMKEHRUNG DER ZWEISEITIGEN LAPLACE-TRANSFORMATION

Die Umkehrformel nach Gl. (5.23) läßt sich ähnlich auswerten wie im Fall der einseitigen Laplace-Transformation. Allerdings liefert im Gegensatz zur einseitigen Laplace-Transformation die Anwendung der Residuenmethode auch für $t < 0$ im allgemeinen von Null verschiedene Funktionswerte $f(t)$.

Nimmt man, wie das häufig der Fall ist, an, daß $F_{II}(p)$ eine rationale Funktion mit einem endlichen Wert in $p = \infty$ darstellt, dann läßt sich $F_{II}(p)$ gemäß Gl. (5.25a) als Partialbruchsumme ausdrücken. Dabei ist nun, abgesehen vom Absolutglied $A_0$ mit der Zeitfunktion $A_0\,\delta(t)$, für jeden Partialbruchsummanden wesentlich, ob der zugehörige Pol in der Halbebene $\operatorname{Re} p \geqq \sigma_{\max}$, d. h. rechts vom Konvergenzstreifen oder in der Halbebene $\operatorname{Re} p \leqq \sigma_{\min}$, d. h. links vom Konvergenzstreifen liegt. Gemäß Abschnitt 2.1 gehört zu dem allgemeinen Summanden $A_{\lambda\nu}/(p-p_\lambda)^\nu$ mit einem Pol links vom Konvergenzgebiet, also mit der Eigenschaft $\operatorname{Re} p_\lambda \leqq \sigma_{\min}$ die Zeitfunktion

$$f_\lambda(t) = s(t) A_{\lambda\nu}\, \mathrm{e}^{p_\lambda t} \frac{t^{\nu-1}}{(\nu-1)!} ,$$

und ganz entsprechend ergibt sich für einen Term $A_{\rho\nu}/(p-p_\rho)^\nu$ mit einem Pol rechts vom Konvergenzgebiet, also mit $\operatorname{Re} p_\rho \geqq \sigma_{\max}$ die Zeitfunktion

---

[1]) Man beachte, daß $\sqrt{p^2+1}$ längs der Verbindung von $F$ nach $C$ gleich $-\sqrt{1-\omega^2}$ und längs der Verbindung von $D$ nach $E$ gleich $\sqrt{1-\omega^2}$ ist, da, wie aus Bild 5.9 ersichtlich, $p^2+1$ im einen Fall das Argument $2\pi$, im anderen Fall das Argument 0 hat.

$$f_\rho(t) = -s(-t) A_{\rho\nu} e^{p_\rho t} \frac{t^{\nu-1}}{(\nu-1)!} .$$

Durch Superposition aller somit gewonnenen Zeitfunktionen läßt sich dann die zu $F_{II}(p)$ gehörende Funktion $f(t)$ angeben.

Als *Beispiel* sei die zweiseitige Laplace-Transformierte

$$F_{II}(p) = \frac{1}{(p-1)(p+1)(p+2)} = \frac{1/6}{p-1} + \frac{-1/2}{p+1} + \frac{1/3}{p+2}$$

betrachtet. Sie ist erst vollständig spezifiziert, wenn der Konvergenzstreifen bekannt ist. Gilt $\sigma_{\min} = -1$ und $\sigma_{\max} = 1$, dann ergibt sich aufgrund obiger Überlegung als Zeitfunktion

$$f(t) = s(t)\left(-\frac{1}{2}\right)e^{-t} + s(t)\frac{1}{3}e^{-2t} - s(-t)\frac{1}{6}e^{t} .$$

Ist dagegen $\sigma_{\min} = -2$ und $\sigma_{\max} = -1$, dann erhält man

$$f(t) = s(t)\frac{1}{3}e^{-2t} + s(-t)\frac{1}{2}e^{-t} + s(-t)\left(-\frac{1}{6}\right)e^{t} .$$

Das Beispiel macht deutlich, daß die Lage des Konvergenzstreifens das Aussehen der Zeitfunktion wesentlich beeinflußt.

Will man allgemein die Umkehrformel nach Gl. (5.23) aufgrund der Residuenmethode mit Hilfe der Gl. (5.27) auswerten, dann erhält man die im allgemeinen von Null verschiedenen Funktionswerte $f(t)$ für $t < 0$, indem man die Integrationswege $C_\mu$ für $t < 0$ über kreisförmige Anteile schließt, die in der rechten $p$-Halbebene verlaufen. Dabei muß man beachten, daß $C_\mu$ dann im Uhrzeigersinn durchlaufen wird und schließlich alle Polstellen $p_\mu$ mit $\operatorname{Re} p_\mu \geqq \sigma_{\max}$ umfaßt. Die Funktionswerte $f(t)$ für $t > 0$ erhält man wie im Abschnitt 2.2, wobei $C_\mu$ alle Pole $p_\mu$ mit $\operatorname{Re} p_\mu \leqq \sigma_{\min}$ einschließt.

# 3. Anwendungen der Laplace-Transformation

Die Laplace-Transformation läßt sich bei der Behandlung zahlreicher systemtheoretischer Aufgaben mit Vorteil anwenden. Im folgenden soll auf die Behandlung einiger typischer Probleme eingegangen werden.

## 3.1. ANALYSE VON LINEAREN, ZEITINVARIANTEN NETZWERKEN MIT KONZENTRIERTEN ELEMENTEN

Zur Untersuchung von elektrischen Netzwerken, die aus linearen, zeitinvarianten, konzentrierten Elementen aufgebaut sind und durch Spannungen erregt werden, wendet man häufig die Methode der Maschenströme an. Diese Methode erfordert zunächst die Wahl eines maximalen Satzes von untereinander unabhängigen Maschenströmen sowie eines maximalen Satzes von untereinander unabhängigen Kapazitätsspannungen. Diese Größen werden als die Variablen oder Koordinaten $w_\mu(t)$ ($\mu = 1, 2, \ldots, \tilde{m}$) des Netzwerks betrachtet.

Als Beispiel sei das im Bild 5.10 dargestellte Netzwerk mit vier Maschenströmen und zwei Kapazitätsspannungen genannt. Durch Anwendung der Maschenregel in den ausgewählten Maschen und durch Aufstellung der Strom-Spannungs-Beziehungen für die ausgewählten

Kapazitäten erhält man $\widetilde{m}$ gekoppelte lineare Differentialgleichungen zur Bestimmung der Variablen $w_\mu(t)$ $(\mu = 1,2,\ldots,\widetilde{m})$ der Form

$$\sum_{\mu=1}^{\widetilde{m}} \left[ m_{\nu\mu} w_\mu + n_{\nu\mu} \frac{\mathrm{d}w_\mu}{\mathrm{d}t} \right] = u_\nu(t) \qquad (\nu = 1,2,\ldots,\widetilde{m}). \tag{5.31}$$

Gesucht wird der zeitliche Verlauf der Variablen $w_\mu(t)$ für $t > 0$. Bei Vorgabe der Ströme in den Induktivitäten und der Spannungen an den Kapazitäten zur Zeit $t = 0$ sind die Anfangswerte $w_\mu(0+)$ der ausgewählten Variablen gegeben. Da man die Differentialgleichungen (5.31) nur für $t > 0$ betrachtet, werden diese zunächst mit $s(t)$ multipliziert, so daß die resultierenden Gleichungen für alle $t$ gelten und dann der einseitigen Laplace-Transformation unterworfen werden können. Mit Korrespondenz (5.16b) erhält man danach in Matrizenschreibweise

$$\boldsymbol{M}\boldsymbol{W}(p) + p\boldsymbol{N}\boldsymbol{W}(p) = \boldsymbol{U}(p) + \boldsymbol{V}. \tag{5.32}$$

Dabei sind $\boldsymbol{M}$, $\boldsymbol{N}$ die aus den Koeffizienten $m_{\nu\mu}$, $n_{\nu\mu}$ gebildeten Matrizen, während $\boldsymbol{W}(p)$ und $\boldsymbol{U}(p)$ die Laplace-Transformierten der Spaltenmatrizen mit den Elementen $w_\mu(t)$ $(\mu = 1,2,\ldots,\widetilde{m})$ bzw. $u_\nu(t)$ $(\nu = 1,2,\ldots,\widetilde{m})$ darstellen. Die Spaltenmatrix $\boldsymbol{V}$ hat die Elemente

$$v_\nu = \sum_{\mu=1}^{\widetilde{m}} n_{\nu\mu} w_\mu(0+) \qquad (\nu = 1,2,\ldots,\widetilde{m}).$$

Aus Gl. (5.32) erhält man die Lösung im Frequenzbereich

$$\boldsymbol{W}(p) = [\boldsymbol{M} + p\boldsymbol{N}]^{-1}\,[\boldsymbol{U}(p) + \boldsymbol{V}]. \tag{5.33}$$

Durch Rücktransformation in den Zeitbereich lassen sich die Funktionen $w_\mu(t)$ gewinnen.

Nach dem Vorbild der im vorstehenden beschriebenen Methode können allgemeine lineare, zeitinvariante, kontinuierliche Systeme mit konzentrierten Parametern analysiert werden.

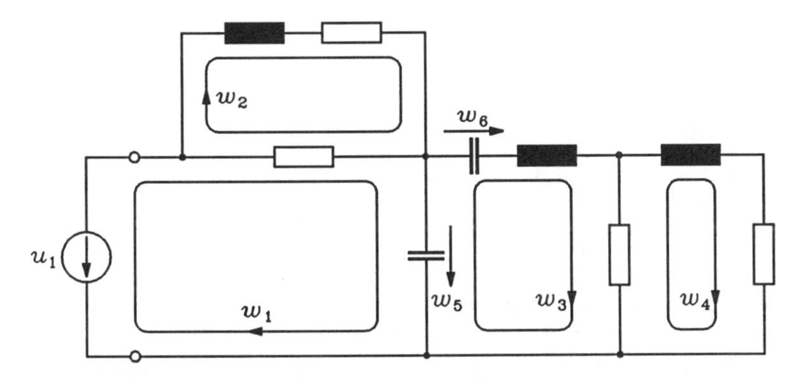


Bild 5.10: Beispiel eines Netzwerks mit vier Maschenströmen und zwei Kapazitätsspanungen

## 3.2. BESTIMMUNG DES STATIONÄREN ANTEILS EINER ZEITFUNKTION

Es soll gezeigt werden, wie der stationäre Anteil einer kausalen Zeitfunktion $f(t)$ bestimmt werden kann, d. h. jene Funktion $f_s(t)$, gegen die $f(t)$ für $t \to \infty$ strebt. Vorausgesetzt wird, daß $f(t)$ im Sinne von Satz V.1 durch die Laplace-Transformierte $F_I(p)$ darstellbar ist. Die Funktion $F_I(p)$ sei bekannt, sie möge meromorph sein und in $\operatorname{Re} p > 0$ keine Singularitäten haben. Im Falle einer Singularität von $F_I(p)$ in der rechten Halbebene $\operatorname{Re} p > 0$ würde $f(t)$ für $t \to \infty$ über alle Grenzen wachsen. $F_I(p)$ möge im Sinne der Methode nach Abschnitt 2.2 in den Zeitbereich transformierbar sein. Die Pole von $F_I(p)$ werden mit

$$p_\mu \quad (\mu = 1, 2, \ldots, \tilde{m}), \qquad \operatorname{Re} p_\mu < 0,$$

$$q_\mu \quad (\mu = 1, 2, \ldots, \tilde{n}), \qquad \operatorname{Re} q_\mu = 0,$$

bezeichnet. Die Größen $\tilde{m}$ und $\tilde{n}$ dürfen auch Unendlich sein. Wie im Abschnitt 2 ausgeführt wurde, läßt sich dann die Funktion $f(t)$ als

$$f(t) = s(t) \left[ \sum_{\mu=1}^{\tilde{m}} a_\mu e^{p_\mu t} + \sum_{\mu=1}^{\tilde{n}} b_\mu e^{q_\mu t} \right] \tag{5.34}$$

schreiben. [1]

Die erste in Gl. (5.34) auftretende Summe stellt den sogenannten flüchtigen Anteil dar, der für $t \to \infty$ verschwindet, da die Realteile der entsprechenden Exponentialfaktoren $p_\mu$ negativ sind. Die zweite Summe liefert den gesuchten stationären Anteil $f_s(t)$. Häufig treten unendlich viele Pole $q_\mu$ in konjugiert komplexen Paaren auf, die äquidistant auf der imaginären Achse verteilt sind. In einem derartigen Fall darf damit gerechnet werden, daß der stationäre Anteil eine *periodische* Funktion ist. Eine in $t \geqq 0$ periodische Funktion $g(t)$, die im Periodizitätsintervall der Länge $T$ stückweise glatt ist, besitzt nämlich die Laplace-Transformierte

$$G_I(p) = \int_0^\infty g(t) e^{-pt} \mathrm{d}t = \int_0^T \cdots + \int_T^{2T} \cdots + \int_{2T}^{3T} \cdots + \cdots$$

$$= \int_0^T g(t) e^{-pt} \mathrm{d}t \left[ 1 + e^{-pT} + e^{-2pT} + \cdots \right]$$

oder

$$G_I(p) = \frac{G_0(p)}{1 - e^{-pT}}. \tag{5.35}$$

Dabei ist $G_0(p)$ die Laplace-Transformierte der Funktion $g_0(t)$, die im Intervall $0 \leqq t \leqq T$ mit $g(t)$ übereinstimmt und außerhalb dieses Intervalls gleich Null ist; $G_0(p)$ hat in der endlichen $p$-Ebene keine Singularitäten. Aus Gl. (5.35) ersieht man damit, daß die Funktion $G_I(p)$ in der endlichen $p$-Ebene nur die einfachen Pole $p = \pm 2\pi\mu \mathrm{j}/T \ (\mu = 0, 1, 2, \ldots)$ hat, sofern diese sich nicht gegen Nullstellen von $G_0(p)$ wegkürzen.

---

[1] Die Pole $q_\mu$ werden als einfach vorausgesetzt, damit $f_s(t)$ für $t \to \infty$ nicht über alle Grenzen wächst. Ist $p_\mu$ ein mehrfacher Pol, so stellt $a_\mu$ ein Polynom in $t$ dar.

Eine Funktion $G_I(p)$ ist also die Laplace-Transformierte einer in $t \geqq 0$ periodischen Zeitfunktion $g(t)$ mit der Grundperiode $T$, sofern $G_I(p)$ nur einfache Pole von der Form $\pm 2\pi\mu \mathrm{j}/T$ ($\mu$ natürliche Zahl) hat und falls die dem Produkt $G_I(p)(1 - \mathrm{e}^{-pT})$ entsprechende Zeitfunktion außerhalb des Intervalls $0 \leqq t \leqq T$ verschwindet.

Aufgrund der vorausgegangenen Überlegungen wird man die oben genannte Funktion $F_I(p)$ zur Bestimmung ihres stationären Zeitanteils zerlegen in die Summe einer Funktion, die alle Pole von $F_I(p)$ in $\operatorname{Re} p < 0$ umfaßt, und die Restfunktion mit Polen auf $\operatorname{Re} p = 0$. Diese Restfunktion liefert nach vorstehenden Gesichtspunkten den stationären Zeitanteil.

*Beispiel:* An der Reihenschaltung eines ohmschen Widerstands $R$ und einer Kapazität $C$ (Bild 5.11) wirke die Sägezahnspannung

$$x(t) = \begin{cases} 0 & \text{für} \quad t < 0 \\ x_0 t & \text{für} \quad 0 \leqq t < T \end{cases}, \qquad x(t+T) \equiv x(t) \quad \text{für} \quad t \geqq 0 .$$

Es soll der stationäre Zustand der Spannung $y(t)$ an der Kapazität bestimmt werden. Die Übertragungsfunktion der Schaltung lautet mit der Abkürzung $a = 1/RC$

$$H(p) = \frac{a}{a+p}, \tag{5.36}$$

wie man der Schaltung direkt entnehmen kann. Nach einigen Zwischenrechnungen erhält man gemäß Gl. (5.35) für die Laplace-Transformierte der Eingangsgröße

$$X(p) = \frac{x_0}{p^2}[1 - \mathrm{e}^{-pT}(1 + pT)]\frac{1}{1 - \mathrm{e}^{-pT}}. \tag{5.37}$$

Mit Hilfe der Gln. (5.36) und (5.37) wird die Laplace-Transformierte des Ausgangssignals

$$Y(p) = H(p)X(p) = \frac{x_0 a}{p^2(a+p)} - \frac{x_0 aT\,\mathrm{e}^{-pT}}{p(a+p)(1 - \mathrm{e}^{-pT})}. \tag{5.38}$$

Diese Funktion läßt sich in der Form

$$Y(p) = \frac{A}{p+a} + Y_s(p) \qquad \text{mit} \qquad A = \frac{x_0[1 - \mathrm{e}^{aT}(1 - aT)]}{a(1 - \mathrm{e}^{aT})} \tag{5.39a,b}$$

darstellen. Dabei ist $Y_s(p)$ die Laplace-Transformierte des stationären Anteils $y_s(t)$ von $y(t)$. Sie weist die Eigenschaft der Laplace-Transformierten einer periodischen Funktion mit der Periode $T$ auf. Aus den Gln. (5.38) und (5.39a) erhält man

$$Y_s(p) = \frac{x_0 a}{p^2(a+p)} - \frac{A}{p+a} - \{\cdots\}\mathrm{e}^{-pT}.$$

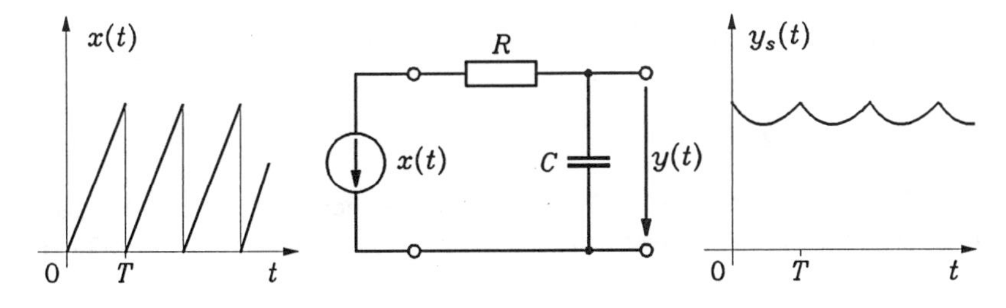


Bild 5.11: Reihenschaltung eines ohmschen Widerstands und einer Kapazität. Die Reaktion auf die Sägezahnspannung $x(t)$ ist $y(t)$. Dargestellt ist nur der stationäre Anteil von $y(t)$

Nur die ersten beiden Summanden auf der rechten Seite dieser Gleichung liefern im Zeitbereich einen Beitrag zur Funktion $y_s(t)$ im Periodizitätsintervall $0 \leqq t \leqq T$, während die Zeitfunktion des mit dem Faktor $e^{-pT}$ behafteten Summanden in diesem Intervall verschwindet. Auf diese Weise ergibt sich

$$y_s(t) = -\frac{x_0}{a} + x_0 t + \left(\frac{x_0}{a} - A\right) e^{-at}, \quad 0 \leqq t \leqq T.$$

Diese Funktion hat man sich periodisch nach rechts fortgesetzt zu denken.

## 3.3. ANWENDUNG DER LAPLACE-TRANSFORMATION BEI DER SYSTEMANALYSE IM ZUSTANDSRAUM

Es sollen die Grundgleichungen (2.12) und (2.13) für den zeitinvarianten kontinuierlichen Fall ($\boldsymbol{A}$, $\boldsymbol{B}$, $\boldsymbol{C}$, $\boldsymbol{D}$ zeitunabhängig) der Laplace-Transformation unterworfen werden. Entsprechend den Überlegungen von Abschnitt 3.1 erhält man auf diese Weise die Beziehungen

$$p\,\boldsymbol{Z}(p) - \boldsymbol{z}(0+) = \boldsymbol{A}\,\boldsymbol{Z}(p) + \boldsymbol{B}\,\boldsymbol{X}(p), \tag{5.40a}$$

$$\boldsymbol{Y}(p) = \boldsymbol{C}\,\boldsymbol{Z}(p) + \boldsymbol{D}\,\boldsymbol{X}(p). \tag{5.40b}$$

Dabei sind $\boldsymbol{X}(p)$, $\boldsymbol{Y}(p)$, $\boldsymbol{Z}(p)$ die Laplace-Transformierten der Spaltenvektoren $\boldsymbol{x}(t)$, $\boldsymbol{y}(t)$, $\boldsymbol{z}(t)$. Durch Auflösung der Gl. (5.40a) nach $\boldsymbol{Z}(p)$ ergibt sich

$$\boldsymbol{Z}(p) = (p\mathbf{E} - \boldsymbol{A})^{-1}\boldsymbol{z}(0+) + (p\mathbf{E} - \boldsymbol{A})^{-1}\boldsymbol{B}\,\boldsymbol{X}(p), \tag{5.41}$$

wobei $\mathbf{E}$ die $q$-reihige Einheitsmatrix bedeutet. Durch Substitution von Gl. (5.41) in Gl. (5.40b) gewinnt man

$$\boldsymbol{Y}(p) = \boldsymbol{C}(p\mathbf{E} - \boldsymbol{A})^{-1}\boldsymbol{z}(0+) + [\boldsymbol{C}(p\mathbf{E} - \boldsymbol{A})^{-1}\boldsymbol{B} + \boldsymbol{D}]\boldsymbol{X}(p). \tag{5.42}$$

Von besonderem Interesse ist der Fall, daß der Anfangszustand $\boldsymbol{z}(0+)$ verschwindet. Dann lautet der Zusammenhang zwischen Eingangs- und Ausgangsgrößen im Frequenzbereich

$$\boldsymbol{Y}(p) = [\boldsymbol{C}(p\mathbf{E} - \boldsymbol{A})^{-1}\boldsymbol{B} + \boldsymbol{D}]\boldsymbol{X}(p). \tag{5.43}$$

Andererseits entspricht diesem Fall nach Gl. (2.96) im Zeitbereich der Zusammenhang

$$\boldsymbol{y}(t) = \int_0^{t+} \boldsymbol{H}(t-\tau)\boldsymbol{x}(\tau)\,\mathrm{d}\tau, \tag{5.44}$$

wobei $\boldsymbol{H}(t)$ die Matrix der Impulsantworten des Systems ist. Unterwirft man die Gl. (5.44) der Laplace-Transformation, so erhält man

$$\boldsymbol{Y}(p) = \hat{\boldsymbol{H}}(p)\boldsymbol{X}(p). \tag{5.45}$$

Dabei ist $\hat{\boldsymbol{H}}(p)$ die aus den Laplace-Transformierten der Elemente der Matrix $\boldsymbol{H}(t)$ gebildete Matrix. Sie soll *Übertragungsmatrix* genannt werden. Ein Vergleich der Gln. (5.43) und (5.45) liefert die Darstellung

$$\hat{\boldsymbol{H}}(p) = \boldsymbol{C}(p\mathbf{E} - \boldsymbol{A})^{-1}\boldsymbol{B} + \boldsymbol{D}. \tag{5.46a}$$

Andererseits gilt gemäß Gl. (2.98)

$$\hat{\boldsymbol{H}}(p) = \boldsymbol{C}\,\hat{\boldsymbol{\Phi}}(p)\boldsymbol{B} + \boldsymbol{D}\,. \tag{5.46b}$$

Dabei ist $\hat{\boldsymbol{\Phi}}(p)$ die Laplace-Transformierte der mit $s(t)$ multiplizierten Übergangsmatrix $\boldsymbol{\Phi}(t)$, welche *charakteristische Frequenzmatrix* des Systems heißen soll. Ein Vergleich der Gln. (5.46a,b) lehrt nun, daß

$$\hat{\boldsymbol{\Phi}}(p) = (p\mathbf{E} - \boldsymbol{A})^{-1} \tag{5.47}$$

sein muß. Die Übergangsmatrix $\boldsymbol{\Phi}(t)$ erhält man also für $t > 0$ durch Laplace-Rücktransformation der Matrix $(p\mathbf{E} - \boldsymbol{A})^{-1}$.

*Beispiel:* Für das im Bild 2.1 dargestellte elektrische Netzwerk ist die Matrix $\boldsymbol{A}$ nach Gl. (2.54) gegeben. Entsprechend Gl. (5.47) erhält man

$$\hat{\boldsymbol{\Phi}}(p) = \begin{bmatrix} p+1 & 1 \\ -1 & p+1 \end{bmatrix}^{-1} = \frac{1}{p^2+2p+2}\begin{bmatrix} p+1 & -1 \\ 1 & p+1 \end{bmatrix} = \begin{bmatrix} \dfrac{p+1}{p^2+2p+2} & \dfrac{-1}{p^2+2p+2} \\ \dfrac{1}{p^2+2p+2} & \dfrac{p+1}{p^2+2p+2} \end{bmatrix}.$$

Dieses Ergebnis stimmt mit der Laplace-Transformierten der Matrix $s(t)\,\boldsymbol{\Phi}(t)$ aus Gl. (2.58) überein.

Es soll jetzt noch für die Matrix $\hat{\boldsymbol{\Phi}}(p)$ eine aus Gl. (5.47) folgende Partialbruchentwicklung angegeben werden, aus welcher für die Übergangsmatrix $\boldsymbol{\Phi}(t)$ eine wichtige Darstellung folgt. Bezeichnet man mit $D(p)$ das charakteristische Polynom

$$D(p) = \det(p\mathbf{E} - \boldsymbol{A}) = p^q + a_1 p^{q-1} + a_2 p^{q-2} + \cdots + a_q \tag{5.48}$$

und mit

$$\boldsymbol{K}^{\mathrm{T}}(p) = \boldsymbol{K}_1^{\mathrm{T}} p^{q-1} + \boldsymbol{K}_2^{\mathrm{T}} p^{q-2} + \cdots + \boldsymbol{K}_q^{\mathrm{T}}$$

die Matrix der algebraischen Komplemente der Matrix $p\mathbf{E} - \boldsymbol{A}$, dann läßt sich, wie aus der Matrizenalgebra bekannt ist, die Matrix $\hat{\boldsymbol{\Phi}}(p)$ aus Gl. (5.47) folgendermaßen ausdrücken:

$$\hat{\boldsymbol{\Phi}}(p) = \frac{\boldsymbol{K}(p)}{D(p)} = \frac{\boldsymbol{K}_1 p^{q-1} + \boldsymbol{K}_2 p^{q-2} + \cdots + \boldsymbol{K}_q}{p^q + a_1 p^{q-1} + \cdots + a_q}\,. \tag{5.49}$$

Die Matrizen $\boldsymbol{K}_\mu$ $(\mu = 1, 2, \ldots, q)$ sind quadratisch und $q$-reihig. Es ist $\boldsymbol{K}_1 = \mathbf{E}$, wie man leicht sieht. Nun sollen mit $p_\mu$ $(\mu = 1, 2, \ldots, l)$ die Nullstellen des charakteristischen Polynoms $D(p)$ aus Gl. (5.48) und mit $r_\mu$ die entsprechenden Vielfachheiten bezeichnet werden. Dann läßt sich $\hat{\boldsymbol{\Phi}}(p)$ nach Gl. (5.49) in die Partialbruchdarstellung

$$\hat{\boldsymbol{\Phi}}(p) = \sum_{\mu=1}^{l} \sum_{\nu=1}^{r_\mu} \frac{\boldsymbol{A}_{\mu\nu}}{(p - p_\mu)^\nu} \tag{5.50a}$$

entwickeln. Durch Rücktransformation in den Zeitbereich erhält man

$$s(t)\,\boldsymbol{\Phi}(t) = s(t) \sum_{\mu=1}^{l} \mathrm{e}^{p_\mu t} \sum_{\nu=1}^{r_\mu} \boldsymbol{A}_{\mu\nu} \frac{t^{\nu-1}}{(\nu-1)!}\,. \tag{5.50b}$$

Wie man aufgrund der Zeitinvarianz des betrachteten Systems zeigen kann, darf der Faktor $s(t)$ auf beiden Seiten der Gl. (5.50b) weggelassen werden. Das gewonnene Ergebnis steht im Einklang mit Gl. (2.41).

Man kann die charakteristische Frequenzmatrix $\hat{\boldsymbol{\Phi}}(p)$ in der Darstellung nach Gl. (5.47) um $p = \infty$ in die Potenzreihe

$$\hat{\boldsymbol{\Phi}}(p) = \mathbf{E}p^{-1} + \boldsymbol{A}\,p^{-2} + \boldsymbol{A}^2 p^{-3} + \cdots \tag{5.51}$$

entwickeln. Die Richtigkeit dieser Darstellung ist dadurch zu erkennen, daß man die rechte Seite der Gl. (5.51) mit $\hat{\boldsymbol{\Phi}}^{-1}(p) = (p\,\mathbf{E} - \boldsymbol{A})$ multipliziert und dann alle Terme zur Einheitsmatrix zusammenfaßt. Damit läßt sich aufgrund der Gln. (5.46a) und (5.51) für die Übertragungsmatrix die Reihenentwicklung

$$\hat{\boldsymbol{H}}(p) = \boldsymbol{D} + \sum_{\mu=0}^{\infty} \boldsymbol{C}\,\boldsymbol{A}^{\mu}\boldsymbol{B}\,p^{-(\mu+1)} \tag{5.52}$$

mit $\boldsymbol{A}^0 = \mathbf{E}$ angeben. Setzt man die rechten Seiten der Gln. (5.49) und (5.51) einander gleich, multipliziert die entstandene Beziehung mit dem charakteristischen Polynom $D(p)$ aus Gl. (5.48) und identifiziert die Koeffizienten, die zu gleichen Potenzen von $p$ gehören, so erhält man die Gleichungen

$$\left.\begin{aligned}
\boldsymbol{K}_1 &= \mathbf{E}, \\
\boldsymbol{K}_2 &= \boldsymbol{A} + a_1\mathbf{E}, \\
\boldsymbol{K}_3 &= \boldsymbol{A}^2 + a_1\boldsymbol{A} + a_2\mathbf{E}, \\
&\ \vdots \\
\boldsymbol{K}_q &= \boldsymbol{A}^{q-1} + a_1\boldsymbol{A}^{q-2} + \cdots + a_{q-1}\mathbf{E}, \\
\mathbf{0} &= \boldsymbol{A}^{q+\mu} + a_1\boldsymbol{A}^{q+\mu-1} + \cdots + a_q\boldsymbol{A}^{\mu} \\
&\quad (\mu = 0, 1, 2, \ldots).
\end{aligned}\right\} \tag{5.53}$$

Die $r$ Zeilen der Matrix $\boldsymbol{C}$ seien mit $\boldsymbol{C}_\mu$ $(\mu = 1, 2, \ldots, r)$ und die $r$ Zeilen der Übertragungsmatrix $\hat{\boldsymbol{H}}(p)$ mit $\boldsymbol{H}_\mu(p)$ $(\mu = 1, 2, \ldots, r)$ bezeichnet. Entsprechend seien $\boldsymbol{D}_\mu$ die Zeilen der Matrix $\boldsymbol{D}$. Dann kann man die aus den Gln. (5.46b) und (5.49) resultierende Darstellung von $\hat{\boldsymbol{H}}(p)$ in der Form

$$\boldsymbol{H}_\mu(p) = \frac{\boldsymbol{C}_\mu[\boldsymbol{K}_1 p^{q-1} + \boldsymbol{K}_2 p^{q-2} + \cdots + \boldsymbol{K}_q]\boldsymbol{B}}{p^q + a_1 p^{q-1} + \cdots + a_q} + \boldsymbol{D}_\mu \tag{5.54}$$

$$(\mu = 1, 2, \ldots, r)$$

schreiben. Im weiteren sei nur der Fall

$$\boldsymbol{D}_\mu = \mathbf{0} \quad (\mu = 1, 2, \ldots, r)$$

betrachtet. Die Elemente der Zeilenmatrizen $\boldsymbol{H}_\mu(p)$ seien dann mit

$$H_{\mu\nu}(p) = \frac{Z_{\mu\nu}(p)}{N_{\mu\nu}(p)} \quad (\mu = 1, 2, \ldots, r;\ \nu = 1, 2, \ldots, m)$$

bezeichnet, wobei $Z_{\mu\nu}(p)$ und $N_{\mu\nu}(p)$ Polynome bedeuten. Außerdem seien die Größen

$$\delta_{\mu\nu} := \operatorname{gr} N_{\mu\nu}(p) - \operatorname{gr} Z_{\mu\nu}(p) \tag{5.55a}$$

und

$$\delta_\mu := \min\{\delta_{\mu 1}, \delta_{\mu 2}, \ldots, \delta_{\mu m}\} \tag{5.55b}$$

eingeführt; dabei bezeichnet gr den Grad des betreffenden Polynoms. Dann erhält man die von $p$ unabhängigen Zeilenmatrizen

$$\boldsymbol{\Delta}_\mu = \lim_{p\to\infty} p^{\delta_\mu} \boldsymbol{H}_\mu(p) \tag{5.56}$$

für $\mu = 1, 2, \ldots, r$, die zur Matrix

$$\boldsymbol{\Delta} = \begin{bmatrix} \boldsymbol{\Delta}_1 \\ \boldsymbol{\Delta}_2 \\ \vdots \\ \boldsymbol{\Delta}_r \end{bmatrix} \tag{5.57}$$

zusammengefaßt werden. Aus den Gln. (5.54) und (5.56) folgen nun die Beziehungen

$$\left.\begin{aligned} \boldsymbol{C}_\mu \boldsymbol{K}_1 \boldsymbol{B} &= \boldsymbol{0} \\ \boldsymbol{C}_\mu \boldsymbol{K}_2 \boldsymbol{B} &= \boldsymbol{0} \\ &\vdots \\ \boldsymbol{C}_\mu \boldsymbol{K}_{\delta_\mu - 1} \boldsymbol{B} &= \boldsymbol{0} \\ \boldsymbol{C}_\mu \boldsymbol{K}_{\delta_\mu} \boldsymbol{B} &= \boldsymbol{\Delta}_\mu \neq \boldsymbol{0}, \end{aligned}\right\} \tag{5.58}$$

aus denen durch Einführung der Gln. (5.53) für $\mu = 1, 2, \ldots, r$ die wichtigen Gleichungen

$$\boldsymbol{C}_\mu \boldsymbol{A}^\kappa \boldsymbol{B} = \boldsymbol{0} \quad (\kappa = 0, 1, \ldots, \delta_\mu - 2) \tag{5.59}$$

und

$$\boldsymbol{C}_\mu \boldsymbol{A}^{\delta_\mu - 1} \boldsymbol{B} = \boldsymbol{\Delta}_\mu \tag{5.60}$$

mit $\boldsymbol{A}^0 = \mathbf{E}$ folgen. Damit kann man $\delta_\mu$ auch als kleinste natürliche Zahl definieren, für die $\boldsymbol{C}_\mu \boldsymbol{A}^{\delta_\mu - 1} \boldsymbol{B}$ ungleich $\mathbf{0}$ ist.

## 3.4. REALISIERUNG VON LINEAREN, ZEITINVARIANTEN SYSTEMEN IM ZUSTANDSRAUM

Ist eine rationale, reelle Matrix $\hat{\boldsymbol{H}}(p)$ mit $m$ Zeilen und $r$ Spalten gegeben, so stellt sich die Aufgabe, diese Matrix als Übertragungsmatrix eines linearen, zeitinvarianten Systems mit dem Matrizenquadrupel $(\boldsymbol{A}, \boldsymbol{B}, \boldsymbol{C}, \boldsymbol{D})$ zu realisieren. Es ist also ein (reelles) Quadrupel $(\boldsymbol{A}, \boldsymbol{B}, \boldsymbol{C}, \boldsymbol{D})$ gesucht, so daß gemäß Gl. (5.46a)

$$\boldsymbol{C}(p\mathbf{E} - \boldsymbol{A})^{-1}\boldsymbol{B} + \boldsymbol{D} = \hat{\boldsymbol{H}}(p) \tag{5.61}$$

gilt. Eine solche Realisierung ist oft nützlich, um das durch $\hat{\boldsymbol{H}}(p)$ charakterisierte System mit Methoden des Zustandsraums untersuchen zu können. Auch zur Computer-Simulation des Systems kann die Realisierung von $\hat{\boldsymbol{H}}(p)$ im Zustandsraum nützlich sein. In aller Regel strebt man eine Realisierung $(\boldsymbol{A}, \boldsymbol{B}, \boldsymbol{C}, \boldsymbol{D})$ niedrigster Ordnung an, d. h. es ist eine Darstellung mit einem Minimum an Zustandsvariablen gesucht. Eine solche Darstellung zeichnet sich durch Steuerbarkeit und Beobachtbarkeit aus, wie die Ergebnisse von Kapitel II, Abschnitt 3.4 lehren. Sie ist, wie man sagt, irreduzibel.

Von der zu realisierenden Übertragungsmatrix $\hat{\boldsymbol{H}}(p)$ wird vorausgesetzt, daß sie für $p=\infty$ einen endlichen Wert $\hat{\boldsymbol{H}}(\infty)$ hat. Aus $\hat{\boldsymbol{H}}(p)$ können alle Minoren (die Determinanten sämtlicher in $\hat{\boldsymbol{H}}(p)$ enthaltenen quadratischen Teilmatrizen mindestens erster Ordnung) gebildet werden. Diese sind rationale Funktionen, welche auf ein gemeinsames Nennerpolynom gebracht werden können. Das gradniedrigste gemeinsame normierte Nennerpolynom heißt *charakteristisches Polynom* von $\hat{\boldsymbol{H}}(p)$. Dessen Grad ist der Grad von $\hat{\boldsymbol{H}}(p)$. Das Quadrupel $(\boldsymbol{A},\boldsymbol{B},\boldsymbol{C},\boldsymbol{D})$ repräsentiert genau dann ein minimales, d. h. ein steuerbares und beobachtbares System, wenn das charakteristische Polynom der gemäß Gl. (5.61) gegebenen Übertragungsmatrix $\hat{\boldsymbol{H}}(p)$ gleich dem charakteristischen Polynom

$$D(p)=\det(p\,\mathbf{E}-\boldsymbol{A}) \tag{5.62}$$

der Matrix $\boldsymbol{A}$ ist [Ch5].

### 3.4.1. Der skalare Fall

Zunächst soll der Fall $m=r=1$ untersucht werden. Die Gl. (5.46a) hat dann die spezielle Form

$$H(p)=\boldsymbol{c}^{\mathrm{T}}(p\mathbf{E}-\boldsymbol{A})^{-1}\boldsymbol{b}+d\,. \tag{5.63}$$

Die Aufgabe der Realisierung besteht nun darin, zu einer gegebenen Übertragungsfunktion

$$H(p)=\frac{\beta_{q-1}p^{q-1}+\cdots+\beta_1 p+\beta_0}{p^q+\alpha_{q-1}p^{q-1}+\cdots+\alpha_1 p+\alpha_0}+d \tag{5.64}$$

$q$-ten Grades ein Quadrupel $(\boldsymbol{A},\boldsymbol{b},\boldsymbol{c}^{\mathrm{T}},d)$ zu finden, so daß $H(p)$ hiermit nach Gl. (5.63) dargestellt werden kann. Die spezielle Form von $H(p)$ nach Gl. (5.64) kann stets, gegebenenfalls durch Division des Zählerpolynoms mit dem Nennerpolynom, erzeugt werden, vorausgesetzt $H(\infty)$ ist endlich. Außerdem wird davon ausgegangen, daß Zähler- und Nennerpolynom in Gl. (5.64) keine gemeinsame Nullstelle haben.

Der von $p$ abhängige Teil von $H(p)$ in Gl. (5.64) entspricht der Differentialgleichung (2.14). Damit kann man für $H(p)$ direkt die Darstellung $(\boldsymbol{A},\boldsymbol{b},\boldsymbol{c}^{\mathrm{T}},d)$ mit $\boldsymbol{A},\boldsymbol{b},\boldsymbol{c}^{\mathrm{T}}$ gemäß den Gln. (2.18a-c) angeben. Dementsprechend wird $H(p)$ durch das Signalflußdiagramm von Bild 2.4 verwirklicht, wenn man noch einen direkten Pfad $d$ vom Eingang zum Ausgang einführt. Außer dieser Darstellung existiert die duale Realisierung $(\boldsymbol{A}^{\mathrm{T}},\boldsymbol{c},\boldsymbol{b}^{\mathrm{T}},d)$ mit dem (durch einen Direktpfad $d$ zu ergänzenden) Signalflußdiagramm nach Bild 2.5. Eine weitere Möglichkeit der Darstellung der gegebenen Übertragungsfunktion $H(p)$ durch ein Quadrupel $(\boldsymbol{A},\boldsymbol{b},\boldsymbol{c}^{\mathrm{T}},d)$ besteht darin, die Matrizen $\boldsymbol{A},\boldsymbol{b},\boldsymbol{c}^{\mathrm{T}}$ gemäß den Gln. (2.21a-c) zu wählen, d. h. $H(p)$ durch das im Bild 2.6 dargestellte (und durch einen Direktpfad $d$ zu ergänzende) Signalflußdiagramm zu verwirklichen. Schließlich liefert auch die hierzu duale Realisierung (Bild 2.7 mit Direktpfad $d$) eine Verwirklichung von $H(p)$.

Eine andere Realisierungsmöglichkeit bietet jede Faktorisierung von $H(p)$ in der Form

$$H(p)=\prod_{\mu=1}^{M}H_\mu(p)\quad\text{mit}\quad H_\mu(p)=\frac{\beta_{2\mu}p^2+\beta_{1\mu}p+\beta_{0\mu}}{\alpha_{2\mu}p^2+\alpha_{1\mu}p+\alpha_{0\mu}}\,, \tag{5.65a,b}$$

so daß die Gesamtheit der Pole und Nullstellen aller $H_\mu(p)$ $(\mu = 1, 2, \ldots, M)$ mit der Gesamtheit aller Pole bzw. Nullstellen von $H(p)$ identisch ist, stets unter Beachtung der Vielfachheiten. Es gelte hierbei $H_\mu(\infty) \neq \infty$ $(\mu = 1, 2, \ldots, M)$. Man kann nun jede Teilübertragungsfunktion $H_\mu(p)$ durch ein Quadrupel $(\boldsymbol{A}_\mu, \boldsymbol{b}_\mu, \boldsymbol{c}_\mu^{\mathrm{T}}, d_\mu)$ realisieren, etwa nach einem der vier oben erwähnten Konzepte. Werden sämtliche dieser Teilrealisierungen rückwirkungsfrei in Kaskade verbunden (Bild 5.12), dann liefert die Gesamtrealisierung eine Verwirklichung von $H(p)$. Man kann aus den Zustandsdarstellungen $(\boldsymbol{A}_\mu, \boldsymbol{b}_\mu, \boldsymbol{c}_\mu^{\mathrm{T}}, d_\mu)$ $(\mu = 1, 2, \ldots, M)$ der Teilsysteme eine Zustandsdarstellung $(\boldsymbol{A}, \boldsymbol{b}, \boldsymbol{c}^{\mathrm{T}}, d)$ des Gesamtsystems sukzessive ermitteln, indem man zunächst für die Kaskade der beiden ersten Systeme, welche die Teilübertragungsfunktionen $H_1(p)$ und $H_2(p)$ realisieren, eine Darstellung angibt. Man erhält für diese Kaskade die Systemmatrizen

$$\begin{bmatrix} \boldsymbol{A}_1 & \boldsymbol{0} \\ \boldsymbol{b}_2 \boldsymbol{c}_1^{\mathrm{T}} & \boldsymbol{A}_2 \end{bmatrix}, \begin{bmatrix} \boldsymbol{b}_1 \\ \boldsymbol{b}_2 d_1 \end{bmatrix}, [d_2 \boldsymbol{c}_1^{\mathrm{T}} \quad \boldsymbol{c}_2^{\mathrm{T}}], \ d_1 d_2 .$$

Sie lassen sich dadurch ermitteln, daß man die Systemgleichungen der beiden ersten Systeme zusammenfaßt, indem man das Ausgangssignal des ersten Systems mit dem Eingangssignal des zweiten Systems identifiziert und das Eingangssignal des ersten Systems als Eingangssignal der Kaskade, das Ausgangssignal des zweiten Systems als Ausgangssignal der Kaskade betrachtet. Im übrigen werden die Zustandsvektoren der Teilsysteme zum Zustandsvektor der Kaskade vereinigt. Entsprechend kann man jetzt die dargestellte Kaskade mit dem dritten Teilsystem, das $H_3(p)$ realisiert, zusammenfassen und für das so resultierende System die Systemmatrizen angeben. In dieser Weise fährt man sukzessive fort, bis eine Zustandsbeschreibung für das Gesamtsystem entstanden ist.

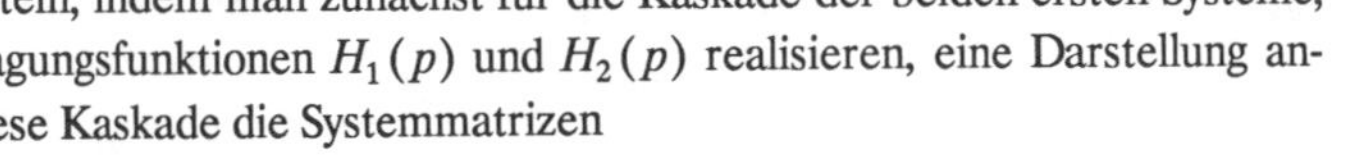

$X(p)$ → $H_1(p)$ → $H_2(p)$ → ... → $H_M(p)$ → $Y(p)$

Bild 5.12: Kaskadierung von Teilrealisierungen ersten und zweiten Grades

Man kann statt der Produktzerlegung von $H(p)$ nach Gln. (5.65a,b) durch Partialbruchentwicklung der Übertragungsfunktion auch eine Summenzerlegung in der Form

$$H(p) = d + \sum_{\mu=1}^{l} H_\mu(p) \tag{5.66}$$

mit

$$H_\mu(p) = \sum_{\nu=1}^{r_\mu} \frac{A_{\mu\nu}}{(p - p_\mu)^\nu} \qquad (\mu = 1, 2, \ldots, l) \tag{5.67}$$

durchführen, wobei mit $r_\mu$ $(\mu = 1, 2, \ldots, l)$ die Vielfachheiten der Pole $p_\mu$ von $H(p)$ bezeichnet werden. Die aus der Summenzerlegung nach Gl. (5.66) folgende Realisierungsstruktur zeigt Bild 5.13. Die eigentliche Aufgabe der Realisierung besteht in der Verwirklichung der Teilübertragungsfunktionen $H_\mu(p)$ nach Gl. (5.67). Bild 5.14 zeigt eine erste Darstellung der Übertragungsfunktion $H_\mu(p)$; dabei können die Basisblöcke mit der Übertragungsfunktion $1/(p - p_\mu)$ nach Bild 5.15 realisiert werden. Eine weitere Realisierungsmöglichkeit der Teilübertragungsfunktion $H_\mu(p)$ nach Gl. (5.67) zeigt Bild 5.16. Man kann zur Zustandsraumbeschreibung des Diagramms aus Bild 5.14 mit den Basisblöcken nach

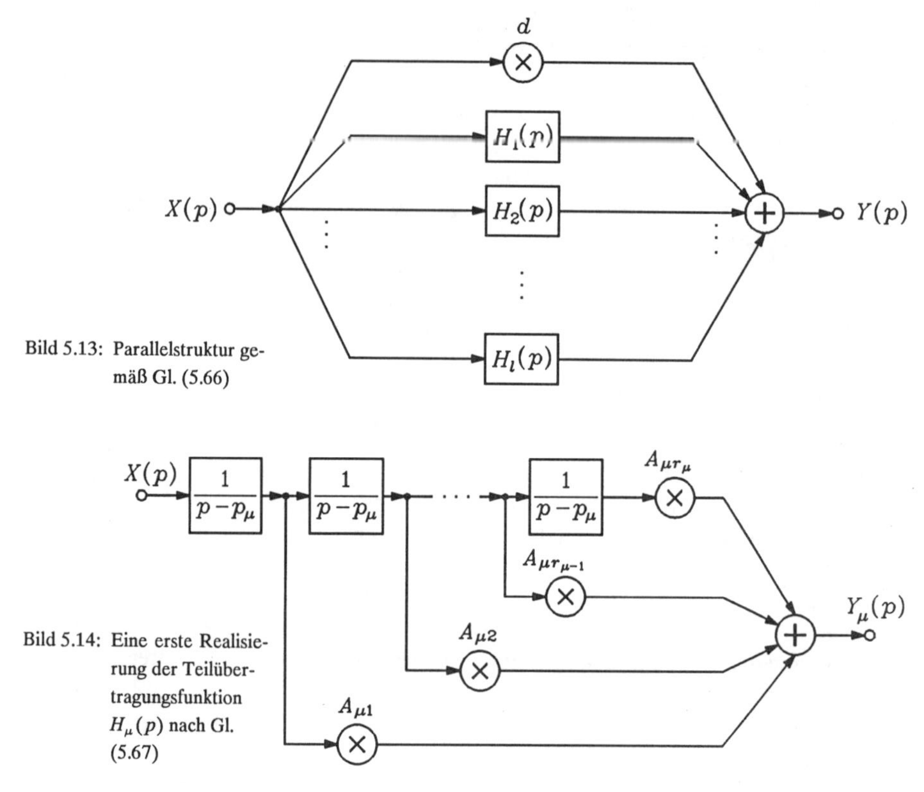


Bild 5.13: Parallelstruktur gemäß Gl. (5.66)

Bild 5.14: Eine erste Realisierung der Teilübertragungsfunktion $H_\mu(p)$ nach Gl. (5.67)

Bild 5.15 als Zustandsgrößen die $r_\mu$ Signale am Ausgang der Integrierer $(1/p)$ einführen und zum Zustandsvektor $\boldsymbol{z}_\mu$ zusammenfassen. Wie man dem Diagramm in Verbindung mit der Äquivalenz der Basisblöcke direkt entnimmt, lautet die Zustandsdarstellung

$$\frac{\mathrm{d}\boldsymbol{z}_\mu(t)}{\mathrm{d}t} = \begin{bmatrix} p_\mu & 0 & \cdots & & 0 \\ 1 & p_\mu & & & \vdots \\ 0 & 1 & p_\mu & & \\ \vdots & & & & \\ 0 & 0 & \cdots & 1 & p_\mu \end{bmatrix} \boldsymbol{z}_\mu(t) + \begin{bmatrix} 1 \\ 0 \\ \vdots \\ \\ 0 \end{bmatrix} x(t) \;, \tag{5.68a}$$

$$y_\mu(t) = [A_{\mu 1} \quad A_{\mu 2} \cdots A_{\mu r_\mu}]\, \boldsymbol{z}_\mu(t) \quad (\mu = 1, 2, \ldots, l). \tag{5.68b}$$

Die $l$ Gln. (5.68a) können ebenso wie die $l$ Gln. (5.68b) je zu einer Gleichung zusammen-

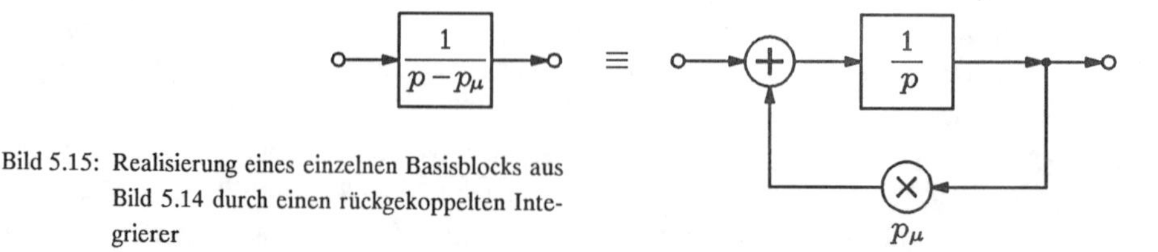


Bild 5.15: Realisierung eines einzelnen Basisblocks aus Bild 5.14 durch einen rückgekoppelten Integrierer

gefaßt werden, wodurch eine Zustandsdarstellung für das gesamte Netzwerk nach Bild 5.13 resultiert.

In ganz entsprechender Weise kann man das Netzwerk von Bild 5.16 im Zustandsraum beschreiben. Numeriert man die Zustandsvariablen (Ausgangssignale der Integrierer) von rechts nach links durch, so erhält man die zu den Gln. (5.68a,b) duale Darstellung mit dem Matrizenquadrupel $(\boldsymbol{A}_\mu^{\mathrm{T}}, \boldsymbol{c}_\mu, \boldsymbol{b}_\mu^{\mathrm{T}}, 0)$, wenn $(\boldsymbol{A}_\mu, \boldsymbol{b}_\mu, \boldsymbol{c}_\mu^{\mathrm{T}}, 0)$ die Gln. (5.68a,b) kennzeichnet. Auch hier lassen sich die $l$ Zustandsdarstellungen der Teilsysteme zu einer Darstellung des Gesamtsystems zusammenfassen.

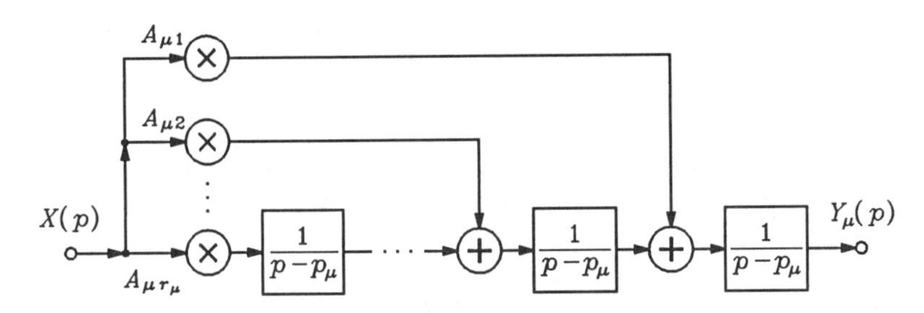


Bild 5.16: Eine zweite Realisierung der Teilübertragungsfunktion $H_\mu(p)$ nach Gl. (5.67)

Schwierigkeiten können bei den Realisierungen aufgrund der Strukturen nach den Bildern 5.14 und 5.16 auftreten, wenn nichtreelle Pole $p_\mu$ vorhanden sind. In einem solchen Fall kommen jedoch die nichtreellen Pole stets paarweise konjugiert komplex vor, und zwar unter Berücksichtigung der jeweiligen Vielfachheit, da die zu realisierende Übertragungsfunktion eine reelle Funktion ist. Gehört beispielsweise zum Teilsystem $(\boldsymbol{A}_1, \boldsymbol{b}_1, \boldsymbol{c}_1^{\mathrm{T}}, 0)$ mit dem Zustandsvektor $\boldsymbol{z}_1$ ein nichtreeller Eigenwert $p_1$, dann lassen sich die übrigen Teilsysteme durch passende Numerierung und Anordnung der Zustandsvariablen so darstellen, daß das zweite Teilsystem mit dem Zustandsvektor $\boldsymbol{z}_2$ konjugiert komplex zum ersten Teilsystem ist. Man kann diese beiden Systeme zusammenfassen und durch die Gleichungen

$$\frac{\mathrm{d}}{\mathrm{d}t}\begin{bmatrix}\boldsymbol{z}_1\\ \boldsymbol{z}_2\end{bmatrix} = \begin{bmatrix}\boldsymbol{A}_1 & \mathbf{0}\\ \mathbf{0} & \boldsymbol{A}_1^*\end{bmatrix}\begin{bmatrix}\boldsymbol{z}_1\\ \boldsymbol{z}_2\end{bmatrix} + \begin{bmatrix}\boldsymbol{b}_1\\ \boldsymbol{b}_1^*\end{bmatrix} x\,, \qquad y_{12} = [\boldsymbol{c}_1^{\mathrm{T}} \quad \boldsymbol{c}_1^{*\mathrm{T}}]\begin{bmatrix}\boldsymbol{z}_1\\ \boldsymbol{z}_2\end{bmatrix} \tag{5.69a,b}$$

beschreiben. Nun wird die Ähnlichkeitstransformation

$$\begin{bmatrix}\boldsymbol{\zeta}_1\\ \boldsymbol{\zeta}_2\end{bmatrix} = \begin{bmatrix}\mathbf{E} & \mathbf{E}\\ \mathrm{j}\mathbf{E} & -\mathrm{j}\mathbf{E}\end{bmatrix}\begin{bmatrix}\boldsymbol{z}_1\\ \boldsymbol{z}_2\end{bmatrix} \tag{5.70a}$$

mit der inversen Transformationsmatrix

$$\boldsymbol{T}^{-1} = \frac{1}{2}\begin{bmatrix}\mathbf{E} & -\mathrm{j}\mathbf{E}\\ \mathbf{E} & \mathrm{j}\mathbf{E}\end{bmatrix} \tag{5.70b}$$

auf das durch die Gln. (5.69a,b) repräsentierte System angewendet, und man erhält dadurch das reelle Subsystem

$$\frac{\mathrm{d}}{\mathrm{d}t}\begin{bmatrix}\boldsymbol{\zeta}_1\\ \boldsymbol{\zeta}_2\end{bmatrix} = \begin{bmatrix}\mathrm{Re}\,\boldsymbol{A}_1 & \mathrm{Im}\,\boldsymbol{A}_1\\ -\mathrm{Im}\,\boldsymbol{A}_1 & \mathrm{Re}\,\boldsymbol{A}_1\end{bmatrix}\begin{bmatrix}\boldsymbol{\zeta}_1\\ \boldsymbol{\zeta}_2\end{bmatrix} + \begin{bmatrix}2\,\mathrm{Re}\,\boldsymbol{b}_1\\ -2\,\mathrm{Im}\,\boldsymbol{b}_1\end{bmatrix} x\,, \tag{5.71a}$$

$$y_{12} = [\operatorname{Re} \boldsymbol{c}_1^{\mathrm{T}} \quad \operatorname{Im} \boldsymbol{c}_1^{\mathrm{T}}] \begin{bmatrix} \zeta_1 \\ \zeta_2 \end{bmatrix}. \tag{5.71b}$$

Auf diese Weise lassen sich alle Subsysteme mit nichtreellen Eigenwerten im Zustandsraum unter alleiniger Verwendung von reellen Koeffizienten darstellen.

Eine alternative Möglichkeit, das System mit komplexen Koeffizienten in ein äquivalentes System mit ausschließlich reellen Koeffizienten umzuwandeln, besteht darin, zunächst die Übertragungsfunktionen $H_\mu(p)$ konjugiert komplexer Teilsysteme paarweise jeweils zu einem System mit einer reellen Übertragungsfunktion zusammenzufassen. Sind beispielsweise $H_1(p)$ und $H_2(p)$ Übertragungsfunktionen von zwei Teilsystemen mit konjugiert komplexen Eigenwerten, so stellt

$$H_{12}(p) = H_1(p) + H_2(p)$$

die Übertragungsfunktion eines reellen Systems dar, welches etwa gemäß den Gln. (2.18a-c) im Zustandsraum realisiert werden kann. In dieser Weise läßt sich schließlich das gesamte System unter alleiniger Verwendung von reellen Koeffizienten im Zustandsraum beschreiben und durch eine Schaltung realisieren.

Da voraussetzungsgemäß Zähler- und Nennerpolynom in Gl. (5.64) teilerfremd sind, stimmt bei allen beschriebenen Realisierungen das charakteristische Polynom von $\boldsymbol{A}$ mit dem Nennerpolynom von $H(p)$ überein, die Realisierungen sind also minimal.

### 3.4.2. Der Matrix-Fall

Im folgenden soll der Fall betrachtet werden, daß eine rationale, reelle und für $p = \infty$ endliche Matrix $\hat{\boldsymbol{H}}(p)$ mit $r$ Zeilen und $m$ Spalten vorliegt, die durch eine Zustandsdarstellung $(\boldsymbol{A}, \boldsymbol{B}, \boldsymbol{C}, \boldsymbol{D})$ zu realisieren ist. Es sind also Zustandsmatrizen $\boldsymbol{A}, \boldsymbol{B}, \boldsymbol{C}, \boldsymbol{D}$ zu ermitteln, so daß die Beziehung gemäß Gl. (5.46a) gilt.

Man kann jetzt die Matrix $\hat{\boldsymbol{H}}(p)$ einerseits um $p = \infty$ direkt in die Potenzreihe

$$\hat{\boldsymbol{H}}(p) = \hat{\boldsymbol{H}}(\infty) + \boldsymbol{H}_0 p^{-1} + \boldsymbol{H}_1 p^{-2} + \cdots \tag{5.72}$$

entwickeln, andererseits besteht eine solche Entwicklung gemäß Gl. (5.52). Ein Vergleich der Gln. (5.52) und (5.72) liefert die Forderungen

$$\boldsymbol{D} = \hat{\boldsymbol{H}}(\infty), \quad \boldsymbol{C}\boldsymbol{A}^\mu \boldsymbol{B} = \boldsymbol{H}_\mu \quad (\mu = 0, 1, \ldots) \tag{5.73a,b}$$

zur Bestimmung der Matrizen $\boldsymbol{A}, \boldsymbol{B}, \boldsymbol{C}, \boldsymbol{D}$; dabei ist $\boldsymbol{A}^0 = \mathbf{E}$.

Die zu lösende Aufgabe kann jetzt folgendermaßen formuliert werden: Gegeben sind die Matrizen $\boldsymbol{H}_\mu$ $(\mu = 0, 1, \ldots)$. Zu bestimmen sind die Matrizen $\boldsymbol{A}, \boldsymbol{B}, \boldsymbol{C}$ aufgrund der Gln. (5.73b), so daß das resultierende System steuerbar und beobachtbar ist.

Zur Lösung der Aufgabe werden die Elemente der gegebenen Matrix zunächst auf den gradniedrigsten gemeinsamen Nenner gebracht, so daß ($s \geqq 1$ angenommen)

$$\hat{\boldsymbol{H}}(p) = \hat{\boldsymbol{H}}(\infty) + \frac{\boldsymbol{R}_1 p^{s-1} + \boldsymbol{R}_2 p^{s-2} + \cdots + \boldsymbol{R}_{s-1} p + \boldsymbol{R}_s}{p^s + a_1 p^{s-1} + \cdots + a_{s-1} p + a_s} \tag{5.74}$$

gilt. Setzt man die rechten Seiten der Gln. (5.72) und (5.74) einander gleich, multipliziert die entstandene Beziehung mit dem Nennerpolynom von $\hat{\boldsymbol{H}}(p)$ aus Gl. (5.74) durch und vergleicht dann die Koeffizienten bei gleichen Potenzen von $p$, dann erhält man die folgenden wichtigen Beziehungen:

$$\left.\begin{aligned} &\boldsymbol{H}_0 = \boldsymbol{R}_1 , \\ &\boldsymbol{H}_1 + a_1 \boldsymbol{H}_0 = \boldsymbol{R}_2 , \\ &\boldsymbol{H}_2 + a_1 \boldsymbol{H}_1 + a_2 \boldsymbol{H}_0 = \boldsymbol{R}_3 , \\ &\vdots \\ &\boldsymbol{H}_{s-1} + a_1 \boldsymbol{H}_{s-2} + \cdots + a_{s-1} \boldsymbol{H}_0 = \boldsymbol{R}_s , \\ &\boldsymbol{H}_{s+\mu} + a_1 \boldsymbol{H}_{s+\mu-1} + \cdots + a_s \boldsymbol{H}_\mu = \mathbf{0} \\ &\qquad (\mu = 0,1,2,\ldots) . \end{aligned}\right\} \tag{5.75}$$

Für die weitere Vorgehensweise, die sich am Verfahren von Ho und Kalman [Ho1] orientiert, werden einige Matrizen benötigt, die nun vorgestellt werden. Mit

$$\boldsymbol{F}_\mu := \begin{bmatrix} \mathbf{0} & \mathbf{E} & \mathbf{0} \cdots & \mathbf{0} \\ \vdots & \mathbf{0} & \mathbf{E} \cdots & \vdots \\ \mathbf{0} & \vdots & & \mathbf{E} \\ -a_s \mathbf{E} & \cdots & & -a_1 \mathbf{E} \end{bmatrix} \tag{5.76}$$

wird eine quadratische Frobenius-Block-Matrix eingeführt, die Einheitsmatrizen $\mathbf{E}$ und Nullmatrizen $\mathbf{0}$ nur der Ordnung $\mu$ enthält, so daß die Matrix $\boldsymbol{F}_\mu$ insgesamt $s\,\mu$ Zeilen und $s\,\mu$ Spalten aufweist. Es werden speziell die Frobenius-Block-Matrizen $\boldsymbol{F}_r$ und $\boldsymbol{F}_m^{\mathrm{T}}$ benötigt. Mit den Matrizen $\boldsymbol{H}_\mu$ aus Gl. (5.72) wird die symmetrische quadratische Block-Matrix

$$\boldsymbol{M}_\mu := \begin{bmatrix} \boldsymbol{H}_\mu & \boldsymbol{H}_{\mu+1} & \cdots & \boldsymbol{H}_{\mu+s-1} \\ \boldsymbol{H}_{\mu+1} & \boldsymbol{H}_{\mu+2} & \cdots & \\ \vdots & & \vdots & \\ \boldsymbol{H}_{\mu+s-1} & & & \boldsymbol{H}_{\mu+2s-2} \end{bmatrix} \tag{5.77}$$

gebildet, die eine sogenannte Hankel-Matrix darstellt. Eine besondere Rolle spielen die Matrizen $\boldsymbol{M}_0$ und $\boldsymbol{M}_1$.

Man kann sich bei Beachtung der Gln. (5.75) direkt von der Gültigkeit der Beziehungen

$$\boldsymbol{M}_\mu = \boldsymbol{F}_r^\mu \boldsymbol{M}_0 = \boldsymbol{M}_0 (\boldsymbol{F}_m^{\mathrm{T}})^\mu , \tag{5.78}$$

insbesondere für $\mu = 1$

$$\boldsymbol{M}_1 = \boldsymbol{F}_r \boldsymbol{M}_0 = \boldsymbol{M}_0 \boldsymbol{F}_m^{\mathrm{T}} \tag{5.79}$$

überzeugen. Wie man sieht, wird $\boldsymbol{M}_1$ durch Multiplikation der Matrix $\boldsymbol{M}_0$ mit $\boldsymbol{F}_r$ von links oder mit $\boldsymbol{F}_m^{\mathrm{T}}$ von rechts erzeugt. Als weitere Matrix wird

$$\boldsymbol{E}_{\mu\nu} := [\mathbf{E} \quad \mathbf{0}] \tag{5.80}$$

benötigt, die aus der Einheitsmatrix $\mathbf{E}$ der Ordnung $\mu$ und der Nullmatrix $\mathbf{0}$ mit $\nu - \mu$ Spalten ($\nu \geqq \mu$) sowie $\mu$ Zeilen gebildet wird. Von dieser Matrix werden speziell

$$\boldsymbol{E}_1 := \boldsymbol{E}_{m,ms} , \qquad \boldsymbol{E}_2 := \boldsymbol{E}_{r,rs} , \qquad \boldsymbol{E}_3 := \boldsymbol{E}_{q,ms} , \qquad \boldsymbol{E}_4 := \boldsymbol{E}_{q,rs} \tag{5.81a-d}$$

gebraucht, wobei $q$ den Rang der Matrix $\boldsymbol{M}_0$ bedeutet.

Man kann leicht erkennen, daß $\boldsymbol{H}_\mu$ durch Linksmultiplikation von $\boldsymbol{M}_\mu$ nach Gl. (5.77) mit $\boldsymbol{E}_2$ und Rechtsmultiplikation mit $\boldsymbol{E}_1^{\mathrm{T}}$ erzeugt werden kann. Daher erhält man aufgrund von Gl. (5.78)

$$\boldsymbol{H}_\mu = \boldsymbol{E}_2 \boldsymbol{F}_r^\mu \boldsymbol{M}_0 \boldsymbol{E}_1^{\mathrm{T}} = \boldsymbol{E}_2 \boldsymbol{M}_0 (\boldsymbol{F}_m^{\mathrm{T}})^\mu \boldsymbol{E}_1^{\mathrm{T}} . \tag{5.82}$$

Vergleicht man diese Beziehungen mit den Gln. (5.73b), so sieht man, daß die Matrizen

$$\boldsymbol{A} = \boldsymbol{F}_r , \quad \boldsymbol{B} = \boldsymbol{M}_0 \boldsymbol{E}_1^{\mathrm{T}} , \quad \boldsymbol{C} = \boldsymbol{E}_2$$

oder

$$\boldsymbol{A} = \boldsymbol{F}_m^{\mathrm{T}} , \quad \boldsymbol{B} = \boldsymbol{E}_1^{\mathrm{T}} , \quad \boldsymbol{C} = \boldsymbol{E}_2 \boldsymbol{M}_0$$

Realisierungen der durch Gl. (5.74) gegebenen Übertragungsmatrix $\hat{\boldsymbol{H}}(p)$ sind. Da jedoch hierbei Irreduzibilität nicht garantiert werden kann, soll im folgenden eine alternative Realisierungsmöglichkeit abgeleitet werden.

Die Matrix $\boldsymbol{M}_0$ nach Gl. (5.77) für $\mu = 0$ kann durch elementare Zeilen- und Spaltenumformungen[1] derart transformiert werden, daß eine Diagonalmatrix entsteht, die nur in der Hauptdiagonalen von Null verschiedene Elemente hat. Diese können auf den Wert Eins gebracht werden. Die Transformation läßt sich in der Form

$$\boldsymbol{P} \boldsymbol{M}_0 \boldsymbol{Q} = \begin{bmatrix} \mathbf{E} & \mathbf{0} \\ \mathbf{0} & \mathbf{0} \end{bmatrix} = \boldsymbol{E}_4^{\mathrm{T}} \boldsymbol{E}_3 \tag{5.83}$$

schreiben, wobei $\boldsymbol{P}$ und $\boldsymbol{Q}$ nichtsinguläre quadratische Matrizen der Ordnung $rs$ bzw. $ms$ sind und $\mathbf{E}$ die Einheitsmatrix der Ordnung $q$ bedeutet; $q$ ist, wie bereits gesagt, der Rang von $\boldsymbol{M}_0$. Da $\boldsymbol{M}_0$ genau $rs$ Zeilen und $ms$ Spalten aufweist, gilt $q \leqq \min(rs, ms)$. Es kann nun folgende Aussage gemacht werden.

**Satz V.2:** Die drei Matrizen

$$\boldsymbol{A} = \boldsymbol{E}_4 \boldsymbol{P} \boldsymbol{M}_1 \boldsymbol{Q} \boldsymbol{E}_3^{\mathrm{T}} , \tag{5.84}$$

$$\boldsymbol{B} = \boldsymbol{E}_4 \boldsymbol{P} \boldsymbol{M}_0 \boldsymbol{E}_1^{\mathrm{T}} \tag{5.85}$$

und

$$\boldsymbol{C} = \boldsymbol{E}_2 \boldsymbol{M}_0 \boldsymbol{Q} \boldsymbol{E}_3^{\mathrm{T}} , \tag{5.86}$$

deren Faktormatrizen aufgrund der Gln. (5.81a-d), (5.77) und (5.83) gegeben sind, stellen eine irreduzible Realisierung der gegebenen Matrix $\hat{\boldsymbol{H}}(p)$ dar.

*Beweis:* Zunächst wird die Matrix

$$\boldsymbol{W} := \boldsymbol{Q} \boldsymbol{E}_3^{\mathrm{T}} \boldsymbol{E}_4 \boldsymbol{P} \tag{5.87}$$

eingeführt. Mit der aus Gl. (5.83) folgenden Beziehung

$$\boldsymbol{M}_0 = \boldsymbol{P}^{-1} \boldsymbol{E}_4^{\mathrm{T}} \boldsymbol{E}_3 \boldsymbol{Q}^{-1}$$

[1] Hierunter versteht man das Multiplizieren einer Zeile oder Spalte mit einer nichtverschwindenden Konstante, das Hinzuaddieren einer Zeile oder Spalte zu einer anderen, das Vertauschen einer Zeile oder Spalte mit einer anderen. Alle diese Umformungen lassen sich durch Multiplikation der betreffenden Matrix mit einer geeignet zu wählenden nichtsingulären Matrix einfach ausdrücken.

erhält man aus Gl. (5.87)

$$\boldsymbol{M}_0 \boldsymbol{W} \boldsymbol{M}_0 = \boldsymbol{M}_0 \, , \tag{5.88}$$

wobei berücksichtigt wurde, daß nach Gln. (5.81c,d) $\boldsymbol{E}_3 \boldsymbol{E}_3^{\mathrm{T}} = \mathbf{E}$ und $\boldsymbol{E}_4 \boldsymbol{E}_4^{\mathrm{T}} = \mathbf{E}$ mit der Einheitsmatrix $\mathbf{E}$ der Ordnung $q$ gilt. Nun wird Gl. (5.88) in Gl. (5.82) eingeführt. Dadurch ergibt sich

$$\boldsymbol{H}_\mu = \boldsymbol{E}_2 \boldsymbol{F}_r^\mu \boldsymbol{M}_0 \boldsymbol{W} \boldsymbol{M}_0 \boldsymbol{E}_1^{\mathrm{T}}$$

oder mit Gl. (5.78)

$$\boldsymbol{H}_\mu = \boldsymbol{E}_2 \boldsymbol{M}_0 (\boldsymbol{F}_m^{\mathrm{T}})^\mu \boldsymbol{W} \boldsymbol{M}_0 \boldsymbol{E}_1^{\mathrm{T}}$$

und mit Gl. (5.88)

$$\boldsymbol{H}_\mu = \boldsymbol{E}_2 \boldsymbol{M}_0 \boldsymbol{W} \boldsymbol{M}_0 (\boldsymbol{F}_m^{\mathrm{T}})^\mu \boldsymbol{W} \boldsymbol{M}_0 \boldsymbol{E}_1^{\mathrm{T}} \, .$$

Nach erneuter Anwendung von Gl. (5.78) wird

$$\boldsymbol{H}_\mu = \boldsymbol{E}_2 \boldsymbol{M}_0 \boldsymbol{W} \boldsymbol{F}_r^\mu \boldsymbol{M}_0 \boldsymbol{W} \boldsymbol{M}_0 \boldsymbol{E}_1^{\mathrm{T}} \, .$$

In dieser Beziehung wird $\boldsymbol{W}$ an beiden Stellen gemäß Gl. (5.87) ersetzt. Dadurch entsteht die Gleichung

$$\boldsymbol{H}_\mu = (\boldsymbol{E}_2 \boldsymbol{M}_0 \boldsymbol{Q} \, \boldsymbol{E}_3^{\mathrm{T}}) (\boldsymbol{E}_4 \boldsymbol{P} \, \boldsymbol{F}_r^\mu \boldsymbol{M}_0 \boldsymbol{Q} \, \boldsymbol{E}_3^{\mathrm{T}}) (\boldsymbol{E}_4 \boldsymbol{P} \, \boldsymbol{M}_0 \boldsymbol{E}_1^{\mathrm{T}}) \, . \tag{5.89}$$

Wegen Gl. (5.79) und mit Gl. (5.88), mit Gl. (5.87) sowie nochmals Gl. (5.79) ergibt sich

$$\begin{aligned} \boldsymbol{E}_4 \boldsymbol{P} \, \boldsymbol{F}_r^\mu \boldsymbol{M}_0 \boldsymbol{Q} \, \boldsymbol{E}_3^{\mathrm{T}} &= \boldsymbol{E}_4 \boldsymbol{P} \, \boldsymbol{F}_r^{\mu-1} \boldsymbol{M}_0 \boldsymbol{F}_m^{\mathrm{T}} \boldsymbol{Q} \, \boldsymbol{E}_3^{\mathrm{T}} = \boldsymbol{E}_4 \boldsymbol{P} \, \boldsymbol{F}_r^{\mu-1} \boldsymbol{M}_0 \boldsymbol{W} \boldsymbol{M}_0 \boldsymbol{F}_m^{\mathrm{T}} \boldsymbol{Q} \, \boldsymbol{E}_3^{\mathrm{T}} \\ &= (\boldsymbol{E}_4 \boldsymbol{P} \, \boldsymbol{F}_r^{\mu-1} \boldsymbol{M}_0 \boldsymbol{Q} \, \boldsymbol{E}_3^{\mathrm{T}}) \cdot (\boldsymbol{E}_4 \boldsymbol{P} \, \boldsymbol{F}_r \boldsymbol{M}_0 \boldsymbol{Q} \, \boldsymbol{E}_3^{\mathrm{T}}) \, . \end{aligned}$$

Wendet man diese Hilfsformel wiederholt an, so erhält Gl. (5.89) schließlich die Gestalt

$$\boldsymbol{H}_\mu = (\boldsymbol{E}_2 \boldsymbol{M}_0 \boldsymbol{Q} \, \boldsymbol{E}_3^{\mathrm{T}}) (\boldsymbol{E}_4 \boldsymbol{P} \, \boldsymbol{F}_r \boldsymbol{M}_0 \boldsymbol{Q} \, \boldsymbol{E}_3^{\mathrm{T}})^\mu (\boldsymbol{E}_4 \boldsymbol{P} \, \boldsymbol{M}_0 \boldsymbol{E}_1^{\mathrm{T}}) \, , \tag{5.90}$$

wobei noch $\boldsymbol{F}_r \boldsymbol{M}_0$ gemäß Gl. (5.79) durch $\boldsymbol{M}_1$ ersetzt werden darf. Damit ist an Hand der Gl. (5.90) zu erkennen, daß die Gln. (5.84), (5.85) und (5.86) im Einklang mit den zu erfüllenden Gln. (5.73b) sind. Der Beweis der Behauptung, daß die Matrizen $\boldsymbol{A}, \boldsymbol{B}, \boldsymbol{C}$ aus Satz V.2 die Matrix $\hat{\boldsymbol{H}}(p)$ realisieren, ist damit abgeschlossen.

Man kann jetzt noch zeigen, daß die gefundene Realisierung der gegebenen Übertragungsmatrix $\hat{\boldsymbol{H}}(p)$ irreduzibel, d. h. steuerbar und beobachtbar ist. Dazu werden die Matrizen

$$\boldsymbol{U}_\mu = [\boldsymbol{B}, \boldsymbol{A}\boldsymbol{B}, \ldots, \boldsymbol{A}^\mu \boldsymbol{B}] \quad \text{und} \quad \boldsymbol{V}_\mu = \begin{bmatrix} \boldsymbol{C} \\ \boldsymbol{C}\boldsymbol{A} \\ \vdots \\ \boldsymbol{C}\boldsymbol{A}^\mu \end{bmatrix}$$

eingeführt. Man erhält für $\mu = s - 1$ bei Beachtung der Gln. (5.73b) die Produktmatrix

$$\boldsymbol{V}_{s-1} \boldsymbol{U}_{s-1} = \begin{bmatrix} \boldsymbol{H}_0 & \boldsymbol{H}_1 & \cdots & \boldsymbol{H}_{s-1} \\ \boldsymbol{H}_1 & \boldsymbol{H}_2 & \cdots & \boldsymbol{H}_s \\ \vdots & & & \\ \boldsymbol{H}_{s-1} & \boldsymbol{H}_s & \cdots & \boldsymbol{H}_{2s-2} \end{bmatrix} = \boldsymbol{M}_0 \, . \tag{5.91}$$

Man beachte, daß $\boldsymbol{U}_{s-1}$ genau $q$ Zeilen und $ms$ Spalten, $\boldsymbol{V}_{s-1}$ dagegen $rs$ Zeilen und $q$ Spalten hat, wobei, wie bereits erwähnt, $q \leqq \min\{rs, ms\}$ gilt. Da aus Gl. (5.91) nach der Sylvesterschen Ungleichung der Algebra

$$\operatorname{rg} \boldsymbol{M}_0 \leqq \min\{\operatorname{rg} \boldsymbol{U}_{s-1}, \operatorname{rg} \boldsymbol{V}_{s-1}\}$$

folgt und $q$ gleich dem Rang von $\boldsymbol{M}_0$ ist, gilt

$$\operatorname{rg} \boldsymbol{U}_{s-1} = \operatorname{rg} \boldsymbol{V}_{s-1} = q \,.$$

Damit aber müssen auch die Steuerbarkeitsmatrix $\boldsymbol{U}_{q-1}$ und die Beobachtbarkeitsmatrix $\boldsymbol{V}_{q-1}$ diesen Rang haben, da sie von allen Matrizen $\boldsymbol{U}_\mu$ und $\boldsymbol{V}_\mu$ maximalen Rang haben und dieser nicht größer als $q$ sein kann.

Abschließend sei noch bemerkt, daß $q$ mit dem Grad der Matrix $\hat{\boldsymbol{H}}(p)$ übereinstimmt. Daher besteht die Möglichkeit, den Grad einer Matrix $\hat{\boldsymbol{H}}(p)$ durch Ermittlung des Ranges der aus $\hat{\boldsymbol{H}}(p)$ gemäß Gl. (5.77) angebbaren Matrix $\boldsymbol{M}_0$ zu bestimmen.

## 3.5. SYSTEMENTKOPPLUNG

Dieser Abschnitt ist dem Problem der Entkopplung eines im Zustandsraum dargestellten linearen, zeitinvarianten Systems mit der gleichen Anzahl von Eingangssignalen und Ausgangssignalen gewidmet. Dabei wird unter Entkopplung eine Ergänzung des gegebenen Systems in der Weise verstanden, daß jedes Ausgangssignal $y_\mu(t)$ nur von einem einzigen Eingangssignal $x_\mu(t)$ beeinflußt wird. Es hat sich als zweckmäßig erwiesen, die Aufgabe im $p$-Bereich zu lösen.

Im folgenden spielt die Systemstruktur nach Bild 5.17 eine besondere Rolle. Die Eingangsgröße $\boldsymbol{X}(p)$ und Ausgangsgröße $\boldsymbol{Y}(p)$ werden je durch einen Vektor mit $r$ Komponenten repräsentiert; der Vektor $\boldsymbol{Z}(p)$ hat $q$ Komponenten; $\boldsymbol{A}, \boldsymbol{B}, \boldsymbol{C}, \boldsymbol{R}$ und $\boldsymbol{S}$ sind $(q \times q)$-, $(q \times r)$-, $(r \times q)$-, $(r \times q)$- bzw. $(r \times r)$- Matrizen. Man entnimmt dem Diagramm in Bild 5.17 die Beziehungen

$$\boldsymbol{Z}(p) = (p\,\mathbf{E} - \boldsymbol{A})^{-1} \boldsymbol{B} [\boldsymbol{R}\,\boldsymbol{Z}(p) + \boldsymbol{S}\,\boldsymbol{X}(p)] \quad \text{und} \quad \boldsymbol{Y}(p) = \boldsymbol{C}\,\boldsymbol{Z}(p) \,.$$

Durch Elimination des Vektors $\boldsymbol{Z}(p)$ entsteht der Zusammenhang

$$\boldsymbol{Y}(p) = \hat{\boldsymbol{H}}(p;\, \boldsymbol{R}, \boldsymbol{S}) \boldsymbol{X}(p) \tag{5.92}$$

mit der Übertragungsmatrix

$$\hat{\boldsymbol{H}}(p;\, \boldsymbol{R}, \boldsymbol{S}) := \boldsymbol{C} (p\,\mathbf{E} - \boldsymbol{A} - \boldsymbol{B}\,\boldsymbol{R})^{-1} \boldsymbol{B}\,\boldsymbol{S} \,. \tag{5.93}$$

Man beachte, daß speziell

$$\hat{\boldsymbol{H}}(p;\, \mathbf{0}, \mathbf{E}) = \boldsymbol{C} (p\,\mathbf{E} - \boldsymbol{A})^{-1} \boldsymbol{B} =: \hat{\boldsymbol{H}}(p) \tag{5.94}$$

gilt.

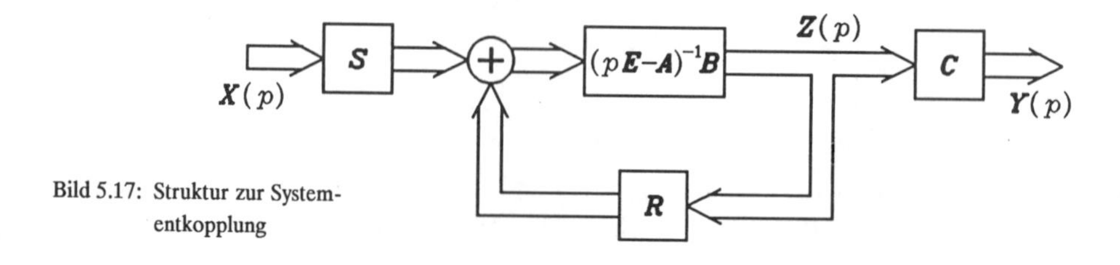


Bild 5.17: Struktur zur Systementkopplung

Die zu lösende Aufgabe besteht jetzt darin, das durch die Matrizen $\boldsymbol{A}, \boldsymbol{B}, \boldsymbol{C}$ gegebene System mit der quadratischen Übertragungsmatrix $\hat{\boldsymbol{H}}(p)$ nach Gl. (5.94) durch die Blöcke $\boldsymbol{R}$ und $\boldsymbol{S}$ derart zu erweitern, daß die Übertragungsmatrix $\hat{\boldsymbol{H}}(p; \boldsymbol{R}, \boldsymbol{S})$ des Gesamtsystems nach Gl. (5.93) eine nichtsinguläre Diagonalmatrix wird, d. h. eine Diagonalmatrix, deren Determinante nicht identisch veschwindet. Dies hat zur Folge, daß jedes der $r$ Ausgangssignale $y_\mu(t)$ allein durch eines der $r$ Eingangssignale $x_\mu(t)$ ($\mu = 1, 2, \ldots, r$) beeinflußt wird und jedes Eingangssignal nur ein Ausgangssignal beeinflußt. Man nennt diese Maßnahme Entkopplung; das System zerfällt gewissermaßen in $r$ voneinander unabhängige Systeme mit jeweils einem Eingang und einem Ausgang.

Man kann sowohl für das gegebene System $(\boldsymbol{A}, \boldsymbol{B}, \boldsymbol{C}, \boldsymbol{0})$ als auch für das erweiterte System

$$(\widetilde{\boldsymbol{A}}, \widetilde{\boldsymbol{B}}, \widetilde{\boldsymbol{C}}, \boldsymbol{0}) := (\boldsymbol{A} + \boldsymbol{BR}, \boldsymbol{BS}, \boldsymbol{C}, \boldsymbol{0})$$

gemäß Abschnitt 3.3, insbesondere Gl. (5.55b), die Parameter $\delta_1, \delta_2, \ldots, \delta_r$ bzw. $\widetilde{\delta}_1$, $\widetilde{\delta}_2, \ldots, \widetilde{\delta}_r$, die Matrix $\boldsymbol{\Delta}$ bzw. $\widetilde{\boldsymbol{\Delta}}$ gemäß Gl. (5.57), ebenso die Beziehungen gemäß Gln. (5.59) und (5.60) angeben.

Es ist nun interessant, daß

$$\widetilde{\delta}_\mu = \delta_\mu \tag{5.95}$$

für $\mu = 1, 2, \ldots, r$ und

$$\widetilde{\boldsymbol{\Delta}} = \boldsymbol{\Delta S} \tag{5.96}$$

gilt.

Multipliziert man die Produkte $\boldsymbol{C}_\mu(\boldsymbol{A} + \boldsymbol{BR})^\kappa$ für $\kappa = 2, 3, \ldots$ sukzessive aus und beachtet die Gln. (5.59), so gelangt man zu den Beziehungen

$$\boldsymbol{C}_\mu(\boldsymbol{A} + \boldsymbol{BR})^\kappa = \boldsymbol{C}_\mu \boldsymbol{A}^\kappa \quad (\kappa = 0, 1, \ldots, \delta_\mu - 1) \tag{5.97}$$

und

$$\boldsymbol{C}_\mu(\boldsymbol{A} + \boldsymbol{BR})^\kappa = \boldsymbol{C}_\mu \boldsymbol{A}^{\delta_\mu - 1}(\boldsymbol{A} + \boldsymbol{BR})^{\kappa - \delta_\mu + 1} \quad (\kappa = \delta_\mu, \delta_\mu + 1, \ldots). \tag{5.98}$$

Hieraus erhält man weiterhin mit Gln. (5.59) und (5.60)

$$\boldsymbol{C}_\mu(\boldsymbol{A} + \boldsymbol{BR})^\kappa \boldsymbol{BS} = \boldsymbol{C}_\mu \boldsymbol{A}^\kappa \boldsymbol{BS} = \boldsymbol{0} \quad (\kappa = 0, 1, \ldots, \delta_\mu - 2) \tag{5.99}$$

und

$$\boldsymbol{C}_\mu(\boldsymbol{A} + \boldsymbol{BR})^{\delta_\mu - 1} \boldsymbol{BS} = \boldsymbol{C}_\mu \boldsymbol{A}^{\delta_\mu - 1} \boldsymbol{BS} = \boldsymbol{\Delta}_\mu \boldsymbol{S}. \tag{5.100}$$

Geht man davon aus, daß $\boldsymbol{S}$ eine nichtsinguläre Matrix ist, dann folgt wegen $\boldsymbol{\Delta}_\mu \neq \boldsymbol{0}$ für $\mu = 1, 2, \ldots, r$ aus den Gln. (5.99) und (5.100)

$$\widetilde{\boldsymbol{C}}_\mu \widetilde{\boldsymbol{A}}^\kappa \widetilde{\boldsymbol{B}} = \boldsymbol{0} \quad (\kappa = 0, 1, \ldots, \delta_\mu - 2) \quad \text{und} \quad \widetilde{\boldsymbol{C}}_\mu \widetilde{\boldsymbol{A}}^{\delta_\mu - 1} \widetilde{\boldsymbol{B}} \neq \boldsymbol{0} \tag{5.101a,b}$$

für $\mu = 1, 2, \ldots, r$, d. h. es gilt die Beziehung $\widetilde{\delta}_\mu = \delta_\mu$ und angesichts der Gln. (5.99) und (5.100) $\widetilde{\boldsymbol{\Delta}}_\mu := \widetilde{\boldsymbol{C}}_\mu \widetilde{\boldsymbol{A}}^{\delta_\mu - 1} \widetilde{\boldsymbol{B}} = \boldsymbol{\Delta}_\mu \boldsymbol{S}$. Damit sind die Gln. (5.95) und (5.96) bewiesen.

Es kann nun folgende Aussage gemacht werden.

**Satz V.3**: Gegeben sei das System $(\boldsymbol{A}, \boldsymbol{B}, \boldsymbol{C}, \boldsymbol{0})$ mit $r$ Eingängen, $r$ Ausgängen und mit der Übertragungsmatrix $\hat{\boldsymbol{H}}(p)$ nach Gl. (5.94). Das System läßt sich aufgrund der Struktur nach Bild 5.17 genau dann entkoppeln, wenn die dem System zugewiesene Matrix $\boldsymbol{\Delta}$ nichtsingulär ist und

$$\boldsymbol{R} = -\boldsymbol{\Delta}^{-1}\boldsymbol{G} \ , \quad \boldsymbol{S} = \boldsymbol{\Delta}^{-1} \tag{5.102a,b}$$

mit

$$\boldsymbol{G} = \begin{bmatrix} \boldsymbol{C}_1\boldsymbol{A}^{\delta_1} \\ \boldsymbol{C}_2\boldsymbol{A}^{\delta_2} \\ \vdots \\ \boldsymbol{C}_r\boldsymbol{A}^{\delta_r} \end{bmatrix} \tag{5.103}$$

gewählt wird. Es gilt dann

$$\hat{\boldsymbol{H}}(p;\boldsymbol{R},\boldsymbol{S}) = \mathrm{diag}(p^{-\delta_1}, p^{-\delta_2}, \ldots, p^{-\delta_r}). \tag{5.104}$$

*Beweis:* Die Gln. (5.60), (5.98), (5.102a), (5.103) und $\boldsymbol{\Delta}_\mu \boldsymbol{\Delta}^{-1} = \boldsymbol{e}_\mu^{\mathrm{T}}$ liefern, wenn man die $\mu$-te Zeile von $\boldsymbol{G}$ mit $\boldsymbol{G}_\mu$ bezeichnet,

$$\boldsymbol{C}_\mu(\boldsymbol{A} + \boldsymbol{B}\boldsymbol{R})^{\delta_\mu} = \boldsymbol{C}_\mu\boldsymbol{A}^{\delta_\mu-1}(\boldsymbol{A} + \boldsymbol{B}\boldsymbol{R}) = \boldsymbol{C}_\mu\boldsymbol{A}^{\delta_\mu} + \boldsymbol{C}_\mu\boldsymbol{A}^{\delta_\mu-1}\boldsymbol{B}\boldsymbol{R} = \boldsymbol{G}_\mu - \boldsymbol{C}_\mu\boldsymbol{A}^{\delta_\mu-1}\boldsymbol{B}\boldsymbol{\Delta}^{-1}\boldsymbol{G}$$

$$= \boldsymbol{G}_\mu - \boldsymbol{\Delta}_\mu\boldsymbol{\Delta}^{-1}\boldsymbol{G} = \boldsymbol{G}_\mu - \boldsymbol{e}_\mu^{\mathrm{T}}\boldsymbol{G} = \boldsymbol{G}_\mu - \boldsymbol{G}_\mu = \boldsymbol{0}.$$

Hieraus folgt

$$\boldsymbol{C}_\mu(\boldsymbol{A} + \boldsymbol{B}\boldsymbol{R})^{\delta_\mu+\kappa} = \boldsymbol{0} \quad (\kappa = 0,1,\ldots) \tag{5.104a}$$

oder mit $\boldsymbol{A} + \boldsymbol{B}\boldsymbol{R} = \widetilde{\boldsymbol{A}}$

$$\boldsymbol{C}_\mu\widetilde{\boldsymbol{A}}^{\delta_\mu+\kappa} = \boldsymbol{0} \quad (\kappa = 0,1,\ldots). \tag{5.104b}$$

Für die Zeilen der Übertragungsmatrix des Systems $(\widetilde{\boldsymbol{A}}, \widetilde{\boldsymbol{B}}, \widetilde{\boldsymbol{C}}, \boldsymbol{0})$ erhält man gemäß Gln. (5.46a), (5.49), (5.58) und wegen $\widetilde{\delta}_\mu = \delta_\mu$, $\widetilde{\boldsymbol{C}}_\mu = \boldsymbol{C}_\mu$ und $\widetilde{\boldsymbol{B}} = \boldsymbol{B}\boldsymbol{S}$

$$\widetilde{\boldsymbol{H}}_\mu = \frac{1}{\widetilde{D}(p)}\left[\boldsymbol{C}_\mu\widetilde{\boldsymbol{K}}_1\boldsymbol{B}\,p^{q-1} + \boldsymbol{C}_\mu\widetilde{\boldsymbol{K}}_2\boldsymbol{B}\,p^{q-2} + \cdots + \boldsymbol{C}_\mu\widetilde{\boldsymbol{K}}_q\boldsymbol{B}\right]\boldsymbol{S}$$

$$= \frac{1}{\widetilde{D}(p)}\left[\boldsymbol{C}_\mu\widetilde{\boldsymbol{K}}_{\delta_\mu}\boldsymbol{B}\,p^{q-\delta_\mu} + \cdots + \boldsymbol{C}_\mu\widetilde{\boldsymbol{K}}_q\boldsymbol{B}\right]\boldsymbol{S}\,. \tag{5.105}$$

Entsprechend Gln. (5.53) gilt mit $\widetilde{\boldsymbol{A}} = \boldsymbol{A} + \boldsymbol{B}\boldsymbol{R}$

$$\widetilde{\boldsymbol{K}}_\nu = \widetilde{\boldsymbol{A}}^{\nu-1} + \widetilde{a}_1\widetilde{\boldsymbol{A}}^{\nu-2} + \cdots + \widetilde{a}_{\nu-1}\mathbf{E} \quad (\nu = 1,2,\ldots,q).$$

Da $\boldsymbol{C}_\mu\widetilde{\boldsymbol{A}}^{\delta_\mu-1}\boldsymbol{B}$ wegen Gln. (5.97), (5.60) mit $\boldsymbol{\Delta}_\mu$ übereinstimmt und weil die Matrizen $\boldsymbol{C}_\mu\widetilde{\boldsymbol{A}}^{\delta_\mu+\kappa}\boldsymbol{B}$ für $\kappa = 0,1,\ldots$ wegen Gl. (5.104b), für $\kappa = -2,-3,\ldots$ wegen Gln. (5.97), (5.59) gleich der Nullmatrix sind, ergibt sich aus vorstehender Beziehung

$$\left.\begin{aligned} \boldsymbol{C}_\mu\widetilde{\boldsymbol{K}}_{\delta_\mu}\boldsymbol{B} &= \boldsymbol{C}_\mu[\widetilde{\boldsymbol{A}}^{\delta_\mu-1} + \cdots]\boldsymbol{B} = \boldsymbol{\Delta}_\mu\,, \\ \boldsymbol{C}_\mu\widetilde{\boldsymbol{K}}_{\delta_\mu+1}\boldsymbol{B} &= \boldsymbol{C}_\mu[\widetilde{\boldsymbol{A}}^{\delta_\mu} + \widetilde{a}_1\widetilde{\boldsymbol{A}}^{\delta_\mu-1} + \cdots]\boldsymbol{B} = \widetilde{a}_1\boldsymbol{\Delta}_\mu\,, \\ &\vdots \\ \boldsymbol{C}_\mu\widetilde{\boldsymbol{K}}_q\boldsymbol{B} &= \widetilde{a}_{q-\delta_\mu}\boldsymbol{\Delta}_\mu\,. \end{aligned}\right\} \tag{5.106}$$

Führt man die Gln. (5.106) in Gl. (5.105) ein, so erhält man

$$\widetilde{\boldsymbol{H}}_\mu = \frac{1}{\widetilde{D}(p)}\left[p^{q-\delta_\mu} + \widetilde{a}_1\,p^{q-\delta_\mu-1} + \cdots + \widetilde{a}_{q-\delta_\mu}\right]\boldsymbol{\Delta}_\mu\boldsymbol{S}\,. \tag{5.107}$$

Schließlich kann noch gezeigt werden, daß

$$\widetilde{D}(p) = p^q + \widetilde{a}_1 p^{q-1} + \cdots + \widetilde{a}_q = p^{\delta_\mu}(p^{q-\delta_\mu} + \widetilde{a}_1 p^{q-\delta_\mu-1} + \cdots + \widetilde{a}_{q-\delta_\mu}) \tag{5.108}$$

gilt. Das Cayley-Hamilton-Theorem liefert nämlich zunächst die Gleichung

$$\widetilde{\boldsymbol{A}}^q + \widetilde{a}_1 \widetilde{\boldsymbol{A}}^{q-1} + \cdots + \widetilde{a}_q \mathbf{E} = \mathbf{0},$$

aus der durch Linksmultiplikation mit $\boldsymbol{C}_\mu \widetilde{\boldsymbol{A}}^{\delta_\mu-1} \neq \mathbf{0}$ angesichts der Gl. (5.104b) $\widetilde{a}_q \boldsymbol{C}_\mu \widetilde{\boldsymbol{A}}^{\delta_\mu-1} = \mathbf{0}$, also $\widetilde{a}_q = 0$ folgt. Entsprechend stellt man dann durch Linksmultiplikation mit $\boldsymbol{C}_\mu \widetilde{\boldsymbol{A}}^{\delta_\mu-2}$ fest, daß $\widetilde{a}_{q-1} = 0$ gilt, usw. Auf diese Weise gelangt man zur Gl. (5.108). Die Gln. (5.107) und (5.108) ergeben mit Gl. (5.102b)

$$\widetilde{\boldsymbol{H}}_\mu = \frac{1}{p^{\delta_\mu}} \boldsymbol{\Delta}_\mu \boldsymbol{S} = \frac{1}{p^{\delta_\mu}} \boldsymbol{\Delta}_\mu \boldsymbol{\Delta}^{-1} = \frac{1}{p^{\delta_\mu}} \boldsymbol{e}_\mu^{\mathrm{T}} .$$

Damit ist die Hinlänglichkeit der Aussage von Satz V.3 gezeigt. Für den Beweis der Notwendigkeit wird angenommen, daß die Matrizen $\boldsymbol{R}$ und $\boldsymbol{S}$ existieren, so daß $\hat{\boldsymbol{H}}$ diagonal und nichtsingulär ist. Damit ist $\widetilde{\boldsymbol{\Delta}}$ per definitionem diagonal und nichtsingulär. Wegen der Beziehung $\widetilde{\boldsymbol{\Delta}} = \boldsymbol{\Delta S}$ und der Nichtsingularität von $\boldsymbol{S}$ muß auch $\boldsymbol{\Delta}$ notwendigerweise nichtsingulär sein.

Es ist zu beachten, daß alle Pole des entkoppelten Systems im Ursprung $p = 0$ liegen. Soweit diese steuerbar sind, kann man durch Einführung zusätzlicher Zustandsgrößenrückkopplung die Pole an gewünschte Stellen verschieben, ohne daß die Entkopplung gestört würde.

## 3.6. DAS POLPLAZIERUNGSPROBLEM

Im Kapitel II, Abschnitt 5.2 wurde gezeigt, wie durch Zustandsgrößenrückkopplung eines linearen, zeitinvarianten und im Zustandsraum dargestellten Systems dessen Eigenwerte verschoben werden können. Dieses Problem wird erneut aufgegriffen und mit dem Konzept des $p$-Bereichs behandelt. Es werden sich Vorteile bei dieser Art von Lösung zeigen. Es erfolgt allerdings eine Einschränkung insofern, als ein System mit nur einem Eingang, aber mehreren, vorzugsweise zwei Ausgängen vorausgesetzt wird. Grundlage für das zu besprechende Verfahren ist eine Systemerweiterung mittels eines Kompensators, dem sowohl das Eingangssignal als auch die Ausgangssignale des ursprünglichen Systems zugeführt werden und der in der im Bild 5.18 gezeigten Weise wirkt. Die Übertragungsfunktionen des gegebenen Systems mit einem Eingang und zwei Ausgängen sind $H_1(p)$ und $H_2(p)$. Der Kompensator

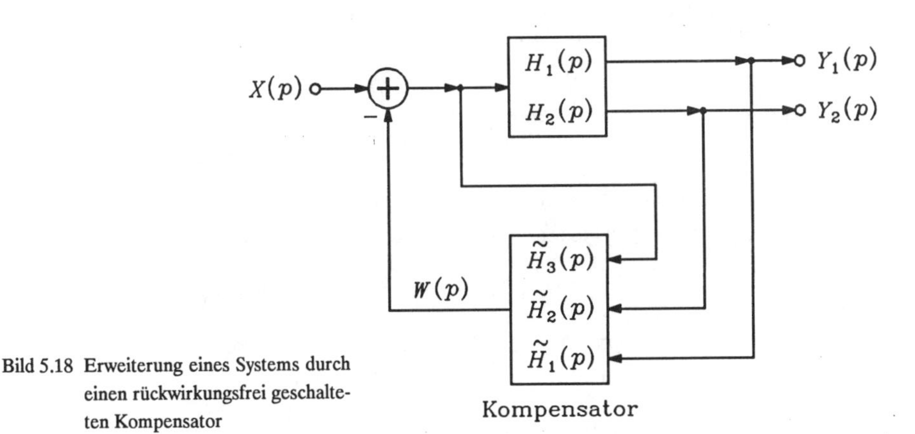


Bild 5.18 Erweiterung eines Systems durch einen rückwirkungsfrei geschalteten Kompensator

mit drei Eingängen und einem Ausgang wird durch die drei zu bestimmenden rationalen, reellen Übertragungsfunktionen $\widetilde{H}_\mu(p)$ ($\mu = 1,2,3$) gekennzeichnet.

Dem Diagramm aus Bild 5.18 entnimmt man bei Verwendung der Laplace-Transformierten der Signale direkt die Beziehungen

$$Y_1(p) = H_1(p)[X(p) - W(p)], \quad Y_2(p) = H_2(p)[X(p) - W(p)] \tag{5.109a,b}$$

und

$$W(p) = \widetilde{H}_1(p)Y_1(p) + \widetilde{H}_2(p)Y_2(p) + \widetilde{H}_3(p)[X(p) - W(p)]. \tag{5.109c}$$

Die Gl. (5.109c) liefert bei Auflösung nach $W(p)$ die Beziehung

$$W(p) = \frac{\widetilde{H}_1(p)Y_1(p) + \widetilde{H}_2(p)Y_2(p) + \widetilde{H}_3(p)X(p)}{1 + \widetilde{H}_3(p)}.$$

Führt man diese Darstellung in die Gln. (5.109a,b) ein, dann gelangt man zu den Beziehungen

$$[1 + \widetilde{H}_3(p) + H_1(p)\widetilde{H}_1(p)]Y_1(p) + H_1(p)\widetilde{H}_2(p)Y_2(p) = H_1(p)X(p)$$

und

$$H_2(p)\widetilde{H}_1(p)Y_1(p) + [1 + \widetilde{H}_3(p) + H_2(p)\widetilde{H}_2(p)]Y_2(p) = H_2(p)X(p),$$

die durch Auflösung nach $Y_1(p)$ und $Y_2(p)$ die Beziehung

$$\begin{bmatrix} Y_1(p) \\ Y_2(p) \end{bmatrix} = \frac{1}{1 + \widetilde{H}_3(p) + H_1(p)\widetilde{H}_1(p) + H_2(p)\widetilde{H}_2(p)} \begin{bmatrix} H_1(p) \\ H_2(p) \end{bmatrix} X(p) \tag{5.110}$$

ergeben.

Die vorkommenden Übertragungsfunktionen werden mit Hilfe gradniedrigster Polynome in folgender Weise geschrieben:

$$H_1(p) = \frac{N_1(p)}{D(p)}, \quad H_2(p) = \frac{N_2(p)}{D(p)}, \tag{5.111a,b}$$

$$\widetilde{H}_1(p) = \frac{\widetilde{N}_1(p)}{\widetilde{D}(p)}, \quad \widetilde{H}_2(p) = \frac{\widetilde{N}_2(p)}{\widetilde{D}(p)}, \quad \widetilde{H}_3(p) = \frac{\widetilde{N}_3(p)}{\widetilde{D}(p)}. \tag{5.112a-c}$$

Dann kann die Übertragungsmatrix des Gesamtsystems aufgrund der Gl. (5.110) mit den Gln. (5.111a,b) und (5.112a-c) in der Form

$$\hat{\boldsymbol{H}}(p) = \frac{\widetilde{D}(p)}{D(p)\widetilde{D}(p) + \widetilde{N}_3(p)D(p) + N_1(p)\widetilde{N}_1(p) + N_2(p)\widetilde{N}_2(p)} \begin{bmatrix} N_1(p) \\ N_2(p) \end{bmatrix} \tag{5.113}$$

ausgedrückt werden. Schreibt man die Pole dieser Matrix vor, dann ist der Nenner der Matrix durch ein bestimmtes Polynom $\Delta(p)$ spezifiziert, so daß die Gleichung

$$\Delta(p) = D(p)\widetilde{D}(p) + \widetilde{N}_3(p)D(p) + N_1(p)\widetilde{N}_1(p) + N_2(p)\widetilde{N}_2(p)$$

zur Bestimmung der Polynome $\widetilde{N}_1(p)$, $\widetilde{N}_2(p)$, $\widetilde{N}_3(p)$ und $\widetilde{D}(p)$ besteht.

Zur Lösung dieser Gleichung schreibt man sie in der Form

$$\Delta(p) = D(p)F_1(p) + N_{12}(p)F_2(p) \tag{5.114}$$

mit den Abkürzungen

$$F_1(p) = \widetilde{D}(p) + \widetilde{N}_3(p)\,, \quad F_2(p) = \widetilde{N}_1(p)\overline{N}_1(p) + \widetilde{N}_2(p)\overline{N}_2(p)\,, \tag{5.115a,b}$$

wobei $N_{12}(p)$ das bekannte gradhöchste Polynom bedeutet, das als Faktor sowohl in $N_1(p)$ als auch in $N_2(p)$ enthalten ist, so daß $N_1(p) = N_{12}(p)\overline{N}_1(p)$ und $N_2(p) = N_{12}(p)\overline{N}_2(p)$ gilt und $\overline{N}_1(p)$, $\overline{N}_2(p)$ keine gemeinsame Nullstelle haben. Für die Grade der vorkommenden Polynome werden die folgenden Notationen eingeführt:

$$\delta := \operatorname{gr} D(p)\,, \quad \widetilde{\delta} := \operatorname{gr} \widetilde{D}(p)\,,$$

$$\delta_1 := \operatorname{gr} N_1(p)\,, \quad \delta_2 := \operatorname{gr} N_2(p)\,, \quad \delta_{12} := \operatorname{gr} N_{12}(p)\,.$$

Um die Stabilität der Übertragungsfunktionen $H_1(p)$, $H_2(p)$, $\widetilde{H}_1(p)$, $\widetilde{H}_2(p)$, $\widetilde{H}_3(p)$ zu gewährleisten, müssen somit die Forderungen

$$\max\{\delta_1, \delta_2\} \leqq \delta\,, \quad \operatorname{gr} \widetilde{N}_1(p) \leqq \widetilde{\delta}\,, \quad \operatorname{gr} \widetilde{N}_2(p) \leqq \widetilde{\delta}\,, \quad \operatorname{gr} F_1(p) \leqq \widetilde{\delta}$$

erfüllt sein. Außerdem gelte

$$\operatorname{gr} \Delta(p) = \delta + \widetilde{\delta}\,,$$

was bedeutet, daß im Nenner von Gl. (5.113) die Koeffizienten bei der höchsten $p$-Potenz sich bei der Summenbildung nicht auslöschen sollen.

Zur Ermittlung von $F_1(p)$ und $F_2(p)$ wird die Gl. (5.114) auf die Form

$$\frac{\Delta(p)}{D(p)N_{12}(p)} = \frac{F_1(p)}{N_{12}(p)} + \frac{F_2(p)}{D(p)} \tag{5.116}$$

gebracht. Bei gegebenen Polynomen $\Delta(p)$, $D(p)$, $N_1(p)$, $N_2(p)$ und damit auch $N_{12}(p)$ lassen sich nun die Polynome $F_1(p)$ und $F_2(p)$ gemäß Gl. (5.116) durch Partialbruchentwicklung der rationalen Funktion $\Delta(p)/[D(p)N_{12}(p)]$ berechnen. Dabei ist zu beachten, daß $N_{12}(p)$ und $D(p)$ keine gemeinsamen Nullstellen haben können. Es wird im Blick auf die Gln. (5.115a,b) $F_1(p)$ als Polynom vom Grad $\widetilde{\delta}$ und $F_2(p)$ als Polynom vom Grad

$$\widetilde{\delta} + \max\{\delta_1 - \delta_{12}, \delta_2 - \delta_{12}\} = \widetilde{\delta} - \delta_{12} + \max\{\delta_1, \delta_2\}$$

angesetzt. (Die tatsächlichen Grade können kleiner werden, wenn sich die Koeffizienten bei den höchsten $p$-Potenzen zu Null ergeben.) Somit entspricht die Auswertung der Gl. (5.116) durch Partialbruchentwicklung (oder auch der Koeffizientenvergleich gemäß Gl. (5.114)) der Lösung von $\delta + \widetilde{\delta} + 1$ linearen Gleichungen in den insgesamt $2\widetilde{\delta} - \delta_{12} + \max\{\delta_1, \delta_2\} + 2$ Koeffizienten der Polynome $F_1(p)$ und $F_2(p)$. Aus diesem Grund wird verlangt, daß die Zahl der Unbekannten nicht kleiner als die Zahl der Bindungen (Gleichungen) ist, d. h., daß die Ungleichung

$$\widetilde{\delta} \geqq \delta + \delta_{12} - 1 - \max\{\delta_1, \delta_2\} \tag{5.117}$$

eingehalten wird.

Ist der Grad von $\Delta(p)$ kleiner als der von $D(p)N_{12}(p)$, d. h. gilt $\widetilde{\delta} < \delta_{12}$, so folgt aus Ungleichung (5.117) und der Forderung $\max\{\delta_1, \delta_2\} \leqq \delta$ zunächst $\delta = \max\{\delta_1, \delta_2\}$ und damit $\widetilde{\delta} = \delta_{12} - 1$. Führt man jetzt eine Partialbruchentwicklung von $\Delta(p)/[D(p)N_{12}(p)]$

durch und faßt alle Brüche, deren Pole zugleich Nullstellen des Polynoms $N_{12}(p)$ sind, zu $F_1(p)/N_{12}(p)$ und alle übrigen Partialbrüche zu $F_2(p)/D(p)$ zusammen, dann ergibt sich für den Grad von $F_1(p)$ maximal $\widetilde{\delta}$ und für den von $F_2(p)$ maximal $\delta - 1$.

Ist der Grad von $\Delta(p)$ mindestens gleich dem von $D(p)N_{12}(p)$, d. h. gilt $\widetilde{\delta} \geqq \delta_{12}$, dann wird zunächst die Partialbruchentwicklung

$$\frac{\Delta(p)}{D(p)N_{12}(p)} = \frac{A(p)}{N_{12}(p)} + \frac{B(p)}{D(p)} + C(p) \tag{5.118}$$

mit

$$\text{gr}\,A(p) < \text{gr}\,N_{12}(p)\,, \quad \text{gr}\,B(p) < \text{gr}\,D(p) \quad \text{und} \quad \text{gr}\,C(p) = \widetilde{\delta} - \delta_{12}$$

durchgeführt. Dabei umfaßt der Bruch $A(p)/N_{12}(p)$ alle Partialbruchsummanden, deren Pole Nullstellen von $N_{12}(p)$ sind, und $B(p)/D(p)$ alle Partialbruchsummanden, deren Pole Nullstellen von $D(p)$ sind. Das Polynom $C(p)$ erhält man durch Division von $\Delta(p)$ durch $D(p)N_{12}(p)$ als ganzen Anteil. Es wird jetzt das Polynom $C(p)$ in die Summe

$$C(p) = C_a(p) + C_b(p) \tag{5.119}$$

der Polynome $C_a(p)$ und $C_b(p)$ zerlegt, so daß

$$\text{gr}\,C_a(p) \leqq \widetilde{\delta} - \delta_{12}\,, \quad \text{gr}\,C_b(p) \leqq \max\{\delta_1, \delta_2\} - \delta_{12} + \widetilde{\delta} - \delta \tag{5.120a,b}$$

gilt. Die rechte Seite von Ungleichung (5.120b) ist wegen Ungleichung (5.117) mindestens gleich $(-1)$. Ist sie gleich $(-1)$, dann wird $C_b(p) = 0$ gewählt. Nun wird $C(p)$ nach Gl. (5.119) in Gl. (5.118) eingesetzt, und man erhält

$$\frac{\Delta(p)}{D(p)N_{12}(p)} = \frac{A(p) + C_a(p)N_{12}(p)}{N_{12}(p)} + \frac{B(p) + C_b(p)D(p)}{D(p)}\,,$$

woraus

$$F_1(p) = A(p) + C_a(p)N_{12}(p) \quad \text{und} \quad F_2(p) = B(p) + C_b(p)D(p)$$

gewonnen werden kann. Damit ergibt sich auch hier für den Grad von $F_1(p)$ maximal $\widetilde{\delta}$ und für den von $F_2(p)$ höchstens $\max\{\delta_1, \delta_2\} + \widetilde{\delta} - \delta_{12}$.

Nach Bestimmung der Polynome $F_1(p)$ und $F_2(p)$ ist die Gl. (5.115b) nach $\widetilde{N}_1(p)$ und $\widetilde{N}_2(p)$ zu lösen. Dazu wird diese Gleichung in der Form

$$\frac{F_2(p)}{\overline{N}_1(p)\overline{N}_2(p)} = \frac{\widetilde{N}_1(p)}{\overline{N}_2(p)} + \frac{\widetilde{N}_2(p)}{\overline{N}_1(p)} \tag{5.121}$$

geschrieben. Da $\overline{N}_1(p)$ und $\overline{N}_2(p)$ teilerfremd sind, können so durch Partialbruchentwicklung der rationalen Funktion $F_2(p)/[\overline{N}_1(p)\overline{N}_2(p)]$ die Polynome $\widetilde{N}_1(p)$ und $\widetilde{N}_2(p)$ berechnet werden. Hierbei ist die Zahl der Bindungen gleich dem um Eins erhöhten Grad des Polynoms $F_2(p)$, d. h. höchstens gleich $1 + \widetilde{\delta} - \delta_{12} + \max\{\delta_1, \delta_2\}$. Auf der anderen Seite sind $2 + 2\widetilde{\delta}$ Unbekannte zu ermitteln, nämlich die Koeffizienten von $\widetilde{N}_1(p)$ und $\widetilde{N}_2(p)$, die beide als Polynome vom Grad $\widetilde{\delta}$ angesetzt werden. Damit ergibt sich als weitere Bedingung für $\widetilde{\delta}$ die Forderung, daß auch hier die Zahl der Unbekannten nicht kleiner als die Zahl der Bindungen sein darf; dies ist sicher dann erfüllt, wenn

$$\tilde{\delta} \geqq \max\{\delta_1, \delta_2\} - \delta_{12} - 1 \tag{5.122}$$

gilt. Entsprechend der Berechnung von $F_1(p)$ und $F_2(p)$ aus der Zerlegung nach Gl. (5.116) können also auch die Polynome $\tilde{N}_1(p)$ und $\tilde{N}_2(p)$ aufgrund der Gl. (5.121) bei passender Wahl von $\tilde{\delta}$ unter Beachtung der Bedingungen (5.117) und (5.122) ermittelt werden. Man wird versuchen, $\tilde{\delta}$ möglichst klein zu wählen, um den Realisierungsaufwand für den Kompensator möglichst niedrig zu halten. Aus dem ermittelten Polynom $F_1(p)$ kann man durch beliebige additive Zerlegung gemäß Gl. (5.115a) in eine Summe eines Hurwitz-Polynoms vom Grad $\tilde{\delta}$ und eines Polynoms, dessen Grad höchstens $\tilde{\delta}$ ist, $\tilde{D}(p)$ und $\tilde{N}_3(p)$ erhalten. Damit sind gemäß den Gln. (5.112a-c) alle Elemente der Übertragungsmatrix des Kompensators bekannt, so daß eine Realisierung möglich ist.

Das beschriebene Verfahren zur Polplazierung läßt sich direkt erweitern auf den Fall, daß das System drei Ausgänge besitzt und ein Kompensator mit vier Eingängen verwendet wird. Die Gl. (5.113) ist entsprechend zu erweitern. Die der Gl. (5.114) entsprechende Beziehung enthält dann fünf zu bestimmende Polynome $\tilde{D}(p)$ und $\tilde{N}_\mu(p)$ ($\mu = 1,2,3,4$), die aufgrund von jetzt drei Partialbruchentwicklungen berechnet werden können. In dieser Weise läßt sich das Verfahren auch auf Systeme mit vier oder mehr Ausgängen erweitern. Eine Lösung des Polplazierungsproblems im Frequenzbereich für allgemeine Systeme mit $m$ Eingängen und $r$ Ausgängen ist ebenfalls möglich [Ka2].

## 4. Graphische Stabilitätsmethoden

Ein rückgekoppeltes System, das nach Bild 5.19 aus zwei linearen, zeitinvarianten und kausalen Teilsystemen mit den Übertragungsfunktionen $F_1(p)$ bzw. $F_2(p)$ besteht, hat die Übertragungsfunktion

$$H(p) = \frac{F_1(p)}{1 + F_1(p)F_2(p)} . \tag{5.123}$$

Diese Darstellung von $H(p)$ erhält man, wenn man nach Bild 5.19 die Beziehung

$$[X(p) - F_2(p)Y(p)]F_1(p) = Y(p)$$

aufstellt und diese nach $Y(p)/X(p) =: H(p)$ auflöst. Dabei sind $X(p)$ und $Y(p)$ die Laplace-Transformierten von $x(t)$ bzw. $y(t)$, und es wurde davon ausgegangen, daß das Übertragungsverhalten der beiden Teilsysteme sich durch die Zusammenschaltung nicht ändert.

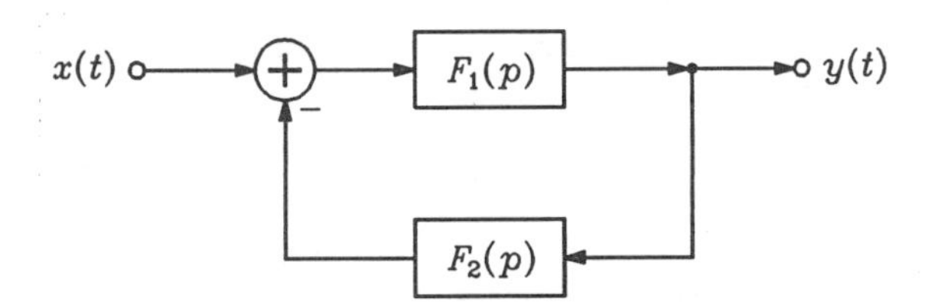


Bild 5.19: Rückgekoppeltes System

Die Stabilität des Systems wird durch die Lage der Pole von $H(p)$ bestimmt. Das System ist bekanntermaßen genau dann stabil, wenn die Pole seiner Übertragungsfunktion ausnahmslos in der linken Halbebene $\operatorname{Re} p < 0$ liegen. Die Pole von $H(p)$ sind identisch mit den Polen von $F_1(p)$ und den Nullstellen der Funktion $1 + F_1(p)F_2(p)$. Normalerweise werden sich jedoch die Pole von $F_1(p)$ gegen Pole von $1 + F_1(p)F_2(p)$ kürzen. Weiterhin können sich Nullstellen von $F_1(p)$ gegen Nullstellen von $1 + F_1(p)F_2(p)$ wegkürzen, was aber erfahrungsgemäß bei praktischen Anwendungen nur selten vorkommt. Daher genügt es gewöhnlich, die Nullstellen der Funktion $1 + F_1(p)F_2(p)$ zu untersuchen, und es soll im folgenden festgestellt werden, unter welchen Bedingungen sämtliche Nullstellen der Funktion $1 + F_1(p)F_2(p)$ in der offenen linken Halbebene $\operatorname{Re} p < 0$ liegen. Dabei spielt der funktionentheoretische Satz vom logarithmischen Residuum eine fundamentale Rolle. Er läßt sich folgendermaßen formulieren.

**Satz V.4** (*Prinzip des Arguments*): Es sei $G$ ein einfach zusammenhängendes, nicht notwendig endliches Gebiet in der $p$-Ebene, dessen Rand $C$ ein einfach geschlossener Weg ist. Im ausgearteten Fall, daß auf $C$ der Punkt $\infty$ liegt, muß der Weg $C$ gegen $\infty$ schließlich geradlinig verlaufen. Die meromorphe Funktion $F(p)$ besitze auf $C$ weder Nullstellen noch Pole, während genau $N$ Nullstellen und $P$ Pole, jeweils ihrer Vielfachheit entsprechend gezählt, in $G$ liegen. Dann gilt für die Umlaufzahl $Z$ von $F(p)$ um den Ursprung beim einmaligen Durchlaufen von $C$ im (vom Innern des Gebietes $G$ aus gezählten) Gegenuhrzeigersinn:

$$Z = N - P .$$

Das heißt: Das Argument von $F(p)$ ändert sich als stetige Funktion längs $C$ genau um $2\pi(N - P)$.

**Bemerkung:** Dieser Satz wird in der funktionentheoretischen Literatur bewiesen. Ist $F(p)$ eine rationale Funktion, so kann man die Aussage des Satzes anschaulich mit Hilfe des Pol-Nullstellen-Diagramms [Un4] erklären. Dies sei dem Leser als Übung empfohlen. Im übrigen sind Nullstellen und Pole stets entsprechend ihrer Vielfachheit zu zählen; d. h. ein doppelter Pol beispielsweise wird wie zwei einfache Pole gezählt.

## 4.1. DAS KRITERIUM VON H. NYQUIST

Es wird die Funktion

$$F(p) = 1 + F_1(p)F_2(p) \tag{5.124}$$

und die hierdurch gegebene Abbildung der imaginären Achse der $p$-Ebene betrachtet (Bild 5.20). Die in der $F$-Ebene entstehende Bildkurve heißt *Ortskurve*. Sie ist symmetrisch zur reellen Achse, weshalb es genügt, nur das dem Intervall $0 \leqq \omega \leqq \infty$ entsprechende Teilbild zu bestimmen. Die Funktion $F(p)$ darf als meromorph vorausgesetzt werden. Sie soll jedoch in der abgeschlossenen rechten Halbebene $\operatorname{Re} p \geqq 0$ keine Pole aufweisen. Weiterhin wird angenommen, daß $F(p)$ auf der imaginären Achse $p = \mathrm{j}\omega$ keine Nullstellen hat. Dann besitzt $F(p)$ nach Satz V.4 in der rechten $p$-Halbebene $\operatorname{Re} p \geqq 0$ genau dann keine Nullstellen, wenn die Zahl der Umläufe der Ortskurve $F(\mathrm{j}\omega)$ $(-\infty \leqq \omega \leqq \infty)$ um den Nullpunkt in der $F$-Ebene gleich Null ist. Dabei wird als Gebiet $G$ die rechte $p$-Halbebene betrachtet, deren Rand $C$ sich aus der imaginären Achse und einem in $\operatorname{Re} p > 0$ verlaufenden Halbkreis um 0 mit unendlich großem Radius zusammensetzt. Bei der im Bild 5.20 gewählten Orientierung wird der Rand $C$ im Uhrzeigersinn durchlaufen.

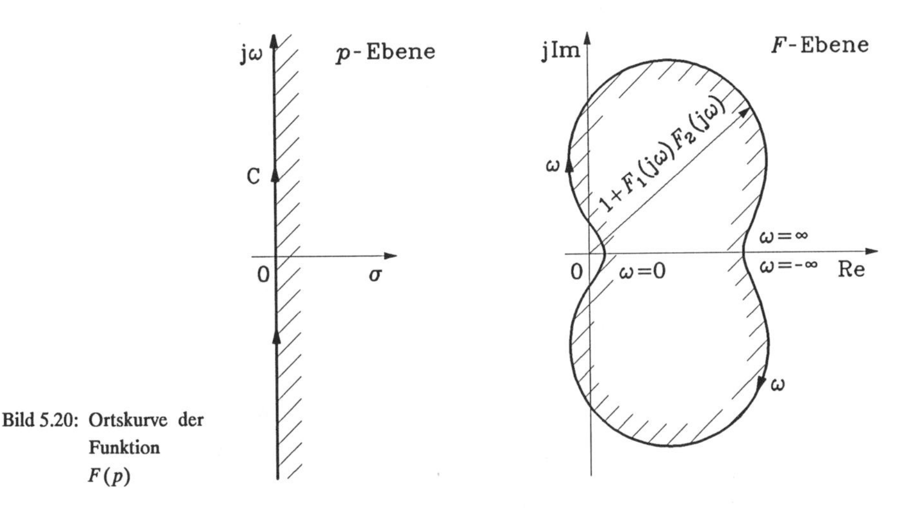


Bild 5.20: Ortskurve der Funktion $F(p)$

Hat $F(p)$ und damit $F_1(p)F_2(p)$ im Gegensatz zur bisherigen Voraussetzung auch Pole auf der imaginären Achse, dann werden bei der Bestimmung der Ortskurve als Bild der imaginären Achse die Polstellen durch Halbkreise umgangen, die in der rechten $p$-Halbebene verlaufen und deren Radien gegen Null streben (Bild 5.21). Auch in diesem Fall befinden sich genau dann keine Nullstellen von $F(p)$ in der rechten Halbebene, wenn die Ortskurve den Nullpunkt in obigem Sinne nicht umschließt. Nullstellen auf der imaginären Achse $\operatorname{Re} p = 0$ hätten zur Folge, daß die Ortskurve den Nullpunkt passiert und damit die Umlaufzahl nicht definiert ist. Da nach Gl. (5.124) der wesentliche Bestandteil der Funktion $F(p)$ die Übertragungsfunktion $F_1(p)F_2(p)$ des aufgeschnittenen (offenen) Systems ist (Bild 5.19), genügt es, diese Funktion $F_1(p)F_2(p)$ zu betrachten. Ihre Ortskurve unterscheidet sich von jener der Funktion $F(p)$ durch eine rein reelle Translation um $-1$. Unter der Annahme, daß durch die Pole der Teilübertragungsfunktion $F_1(p)$ keine Instabilität des rückgekoppelten Systems (Bild 5.19) hervorgerufen wird, lautet das auf H. Nyquist (1932) zurückgehende Stabilitätskriterium folgendermaßen:

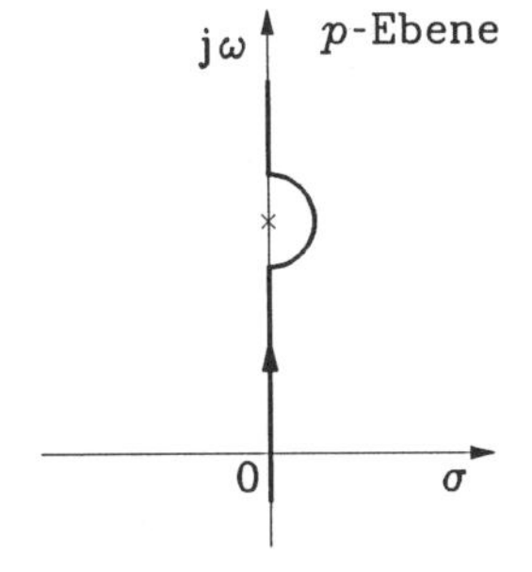


Bild 5.21: Umgehung eines Poles auf der imaginären Achse durch einen kleinen Halbkreis in der rechten $p$-Halbebene

**Satz V.5:** Das System nach Bild 5.19 ist unter der Voraussetzung, daß $F_1(p)F_2(p)$ in der Halbebene $\operatorname{Re} p > 0$ keine Pole aufweist, genau dann stabil, wenn die Ortskurve des offenen Systems, d. h. das Bild der Funktion $F_1(j\omega)F_2(j\omega)$ für $-\infty \leqq \omega \leqq \infty$, bezüglich des Punktes $-1$ die Umlaufzahl Null hat (Bild 5.22).

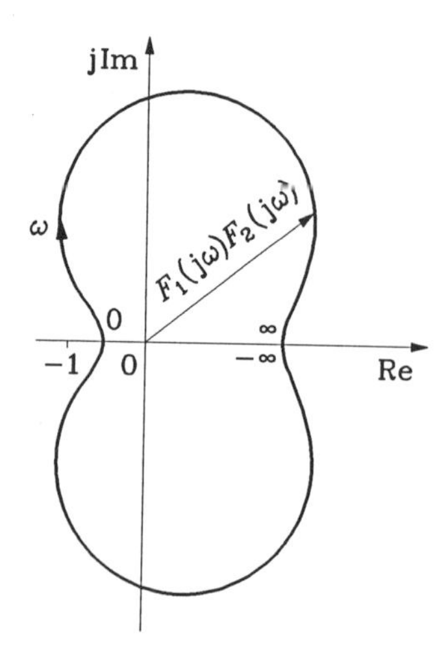


Bild 5.22: Ortskurve $F_1(j\omega)F_2(j\omega)$

**Ergänzung:** Besitzt die Funktion $F_1(p)F_2(p)$ im Innern der rechten Halbebene $P$ Pole, so ist das rückgekoppelte System nach Satz V.4 genau dann stabil, wenn die Ortskurve $F_1(j\omega)F_2(j\omega)$ den Punkt $-1$ bei zunehmendem $\omega$ genau $P$-mal im Gegenuhrzeigersinn umläuft. Man beachte, daß bei der Erzeugung der Ortskurve der Parameter $\omega$ zunehmend von $-\infty$ bis $+\infty$ läuft und dadurch der Rand des nach Satz V.4 zu wählenden Gebiets, nämlich die imaginäre Achse, im Uhrzeigersinn überstrichen wird, weshalb $Z = P - N$, d. h. im Fall $N = 0$ tatsächlich $Z = P$ gilt.

Ist speziell, wie das bei regelungstechnischen Problemen häufig auftritt, die Funktion $F_2(p)$ eine Konstante $K$, dann läßt sich das Kriterium in folgender für die praktische Handhabung günstigen Form ausdrücken: Das rückgekoppelte System ist genau dann stabil, wenn die Ortskurve $F_1(j\omega)$ $(-\infty \leqq \omega \leqq \infty)$ den Punkt $-1/K$ bei zunehmendem $\omega$ genau $P$-mal im Gegenuhrzeigersinn umläuft, wobei $P$ die Zahl der Pole von $F_1(p)$ in $\operatorname{Re} p > 0$ bedeutet.

Hat man anstelle $F_1(p)$ die Übertragungsfunktion $K\,F_1(p)$ mit dem konstanten Faktor $K$, dann liegt Stabilität genau dann vor, wenn die Ortskurve $F_1(j\omega)F_2(j\omega)$ den Punkt $-1/K$ bei zunehmendem $\omega$ genau $P$-mal im Gegenuhrzeigersinn umläuft. Dabei ist $P$ die Zahl der Pole von $F_1(p)F_2(p)$ in $\operatorname{Re} p > 0$.

Der Vorteil des Nyquist-Kriteriums liegt vor allem darin, daß nur die Werte der Übertragungsfunktion $F_1(p)F_2(p)$ des offenen Systems für $p = j\omega$ $(0 \leqq \omega \leqq \infty)$ bestimmt werden müssen. Weiterhin kann an Hand der Ortskurve von $F_1(j\omega)F_2(j\omega)$ meist auch der "Grad der Stabilität" aufgrund des Abstandes der Kurve vom Punkt $-1$ beurteilt werden. Es sei noch darauf hingewiesen, daß die Übertragungsfunktionen $F_1(p)$ und $F_2(p)$ nicht rational zu sein brauchen.

*Beispiel 1:* Es wird ein rückgekoppeltes System nach Bild 5.19 mit

$$F_1(p) = \frac{p + 1{,}5}{p + b} \quad \text{und} \quad F_2(p) = \frac{p + 2}{p + 1}$$

betrachtet. Die Ortskurve $F_1(j\omega)F_2(j\omega)$ des offenen Systems ist für verschiedene Werte $b$ im Bild 5.23 dargestellt. Man beachte, daß bei den dargestellten Ortskurven der Frequenzparameter nur im Intervall $0 \leqq \omega \leqq \infty$ variiert. Die vollständigen Ortskurven für $-\infty \leqq \omega \leqq \infty$ entstehen durch Ergänzung mit dem Spiegelbild der jeweils dargestellten Kurve bezüglich der reellen Achse. Wie man sieht, ist für $b \geqq 0$ das rückgekoppelte System stabil, da der Punkt $-1$ nicht umlaufen wird. Für den Parameterbereich $-3 < b < 0$ wird der Punkt $-1$ genau einmal im Gegenuhrzeigersinn umlaufen, und die Funktion $F_1(p)F_2(p)$ hat genau einen Pol in der rechten Halbebene $\operatorname{Re} p > 0$. Daher ist auch für diese Parameterwerte das rückgekoppelte System stabil (man vergleiche hierzu die obige Anmerkung). Für $b \leqq -3$ ist das System instabil, wie man direkt sieht ($P = 1$, jedoch Umlaufzahl Null).

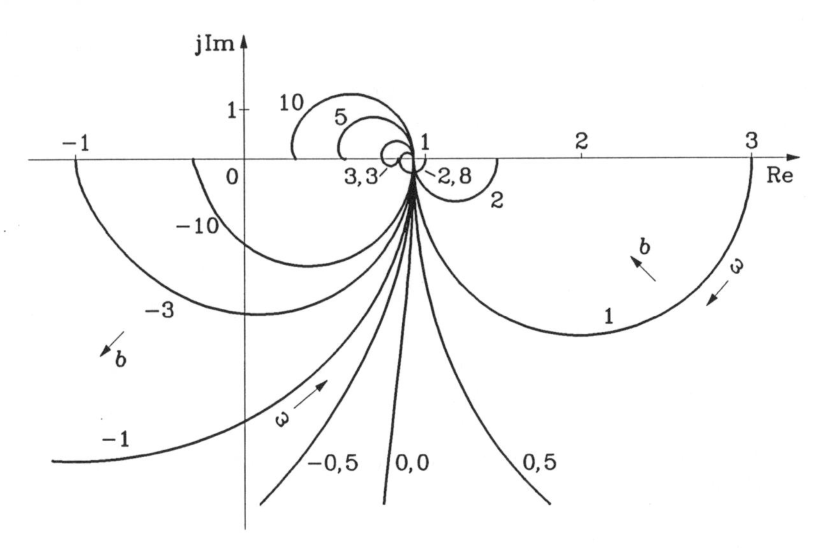


Bild 5.23: Ortskurvenschar zur Anwendung des Nyquist-Kriteriums

*Beispiel 2:* Es wird ein weiteres rückgekoppeltes System nach Bild 5.19 mit

$$F_1(p) = e^{-pT} \quad \text{und} \quad F_2(p) = K$$

betrachtet, wobei $T$ eine positive Laufzeitkonstante bedeutet. Die Ortskurve $F_1(j\omega)$ $(-\infty \leqq \omega \leqq \infty)$ durchfährt einen Kreis vom Radius Eins (Bild 5.24) um den Ursprung im Uhrzeigersinn. Dabei wird der Kreis stets einmal durchlaufen, wenn $\omega$ um $2\pi/T$ zunimmt. Da $F_1(p)F_2(p)$ keinen Pol hat, ist nach Satz V.5 Stabilität genau dann gegeben, wenn $-1/K$ außerhalb des Einheitskreises liegt, d. h. $K$ im Intervall

$$-1 < K < 1$$

auftritt.

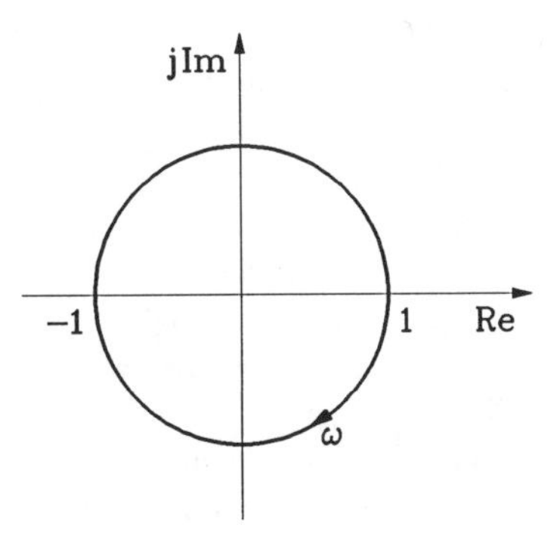


Bild 5.24: Nyquist-Ortskurve für Beispiel 2

Bei der praktischen Auswertung des Nyquist-Kriteriums pflegt man auch den Logarithmus der Betragsfunktion und die Phasenfunktion von $F_1(j\omega)F_2(j\omega)$ in Abhängigkeit von $\log \omega$ je in einem kartesischen Koordinatensystem darzustellen. Derartige Diagramme, die eine alternative Darstellung zur Ortskurve bieten, sind unter dem Namen *Bode-Diagramm* bekannt.

## 4.2. DIE METHODE DER WURZELORTSKURVE

Es wird der Fall betrachtet, daß die Übertragungsfunktion $F_0(p) = F_1(p)F_2(p)$ des offenen Systems (Bild 5.19) eine rationale Funktion

$$F_0(p) = K \frac{\prod_{\mu=1}^{\tilde{m}} (p - q_\mu)}{\prod_{\nu=1}^{\tilde{n}} (p - p_\nu)} \tag{5.125}$$

mit positiver, reeller Konstante $K$ und $\tilde{m} \leqq \tilde{n}$ darstellt. Dabei sind die $q_\mu$ die (endlichen) Nullstellen und die $p_\nu$ die Polstellen der Übertragungsfunktion, sie werden als bekannt und jeweils spiegelbildlich zur reellen Achse liegend vorausgesetzt. Die Konstante $K$ ist in vielen Fällen der einstellbare Wert eines Verstärkers im Regelkreis.

Unter der *Wurzelortskurve* des Systems nach Bild 5.19 versteht man die Gesamtheit aller Punkte, welche die Nullstellen der Funktion

$$F(p) = 1 + F_0(p), \tag{5.126}$$

also die Eigenwerte des rückgekoppelten Systems in der $p$-Ebene durchlaufen, wenn der Parameter $K$ das Intervall $0 < K < \infty$ kontinuierlich überstreicht. [1]) Wie den Gln. (5.125) und (5.126) direkt zu entnehmen ist, streben die Nullstellen von $F(p)$ für $K \to 0$ gegen die Punkte $p_\nu$ ($\nu = 1, 2, \dots, \tilde{n}$) und für $K \to \infty$ gegen die Punkte $q_\mu$ ($\mu = 1, 2, \dots, \tilde{m}$) bzw. gegen den Punkt $p = \infty$. Da die Nullstellen eines Polynoms stetig von den Koeffizienten des Polynoms abhängen, entfernen sich die $\tilde{n}$ Nullstellen von $F(p)$ in stetiger Weise von den Punkten $p_\nu$ ($\nu = 1, 2, \dots, \tilde{n}$), wenn $K$ vom Wert Null bis zum Wert Unendlich zunimmt. Genau $\tilde{m}$ der Nullstellen von $F(p)$ erreichen schließlich die Punkte $q_\mu$ ($\mu = 1, 2, \dots, \tilde{m}$), während die übrigen $\tilde{n} - \tilde{m}$ Nullstellen nach $p = \infty$ wandern. Wie man sieht, setzt sich die Wurzelortskurve aus $\tilde{n}$ Ästen zusammen. Auf jedem dieser Äste bewegt sich ein Eigenwert. Da die Eigenwerte für jeden reellen Wert $K$ spiegelbildlich zur reellen Achse in der $p$-Ebene auftreten, müssen auch die $\tilde{n}$ Äste der Wurzelortskurve symmetrisch zur reellen Achse liegen.

Die Wurzelortskurve erlaubt es, für jeden festen Wert $K$ alle Eigenwerte des rückgekoppelten Systems anzugeben. Da die Eigenwerte das zeitliche Verhalten des Systems wesentlich kennzeichnen, lassen sich damit der Wurzelortskurve charakteristische Eigenschaften etwa für den praktischen Entwurf entnehmen. So kann beispielsweise jenes Intervall reeller $K$-Werte angegeben werden, für welche die Nullstellen von $F(p)$ in der linken $p$-Halbebene liegen, für die also das rückgekoppelte System stabil ist. Aus der Wurzelortskurve können für einen bestimmten $K$-Wert auch die "Stabilitätsgüte" und das Einschwingverhalten abgeschätzt werden, die bestimmt werden durch den Abstand der einzelnen Eigenwerte von der imaginären Achse und durch ihren Winkel gegenüber der reellen Achse. Weiterhin

[1]) Falls $K$ das Intervall $-\infty < K < 0$ überstreicht, kann eine entsprechende Betrachtung angestellt werden.

lassen sich die $K$-Werte ablesen, für welche ein bestimmter Eigenwert einen vorgeschriebenen Realteil bzw. Winkel aufweist.

Im folgenden soll auf die Frage der Konstruktion einer Wurzelortskurve eingegangen werden. Meistens kann man sich mit einer Skizze aufgrund bestimmter Punkte, einiger Tangenten und der Asymptoten begnügen. Gemäß den Gln. (5.125) und (5.126) sind die Punkte $p$ der Wurzelortskurve für einen bestimmten Wert $K$ als Lösungen der Gleichung

$$\frac{\prod_{\nu=1}^{\tilde{n}} (p - p_\nu)}{\prod_{\mu=1}^{\tilde{m}} (p - q_\mu)} = -K \tag{5.127}$$

oder der Polynomgleichung

$$\prod_{\nu=1}^{\tilde{n}} (p - p_\nu) + K \prod_{\mu=1}^{\tilde{m}} (p - q_\mu) = 0 \tag{5.128}$$

bestimmt. Schreibt man mit $k = 0, \pm 1, \pm 2, \ldots$ in Polarkoordinatenform

$$-K = K\,\mathrm{e}^{\,\mathrm{j}(\pi + k2\pi)}, \quad p - q_\mu = \rho_{0\mu} \mathrm{e}^{\,\mathrm{j}\varphi_\mu}, \quad p - p_\nu = \rho_{\infty\nu} \mathrm{e}^{\,\mathrm{j}\psi_\nu},$$

so läßt sich die Gl. (5.127) in die Phasen- und Betragsbedingung

$$\sum_{\nu=1}^{\tilde{n}} \psi_\nu - \sum_{\mu=1}^{\tilde{m}} \varphi_\mu = \pi + k2\pi \quad \text{bzw.} \quad \frac{\prod_{\nu=1}^{\tilde{n}} \rho_{\infty\nu}}{\prod_{\mu=1}^{\tilde{m}} \rho_{0\mu}} = K \tag{5.129a,b}$$

aufspalten. Die Größen $\varphi_\mu$, $\psi_\nu$, $\rho_{0\mu}$, $\rho_{\infty\nu}$ kann man sich in einem Pol-Nullstellen-Diagramm für die Funktion $F_0(p)$ veranschaulichen (Bild 5.25). Die Gl. (5.129a) definiert die Punkte $p$, welche die Gl. (5.127) für $K$-Werte im Intervall $0 < K < \infty$ erfüllen, kann also als *Ortskurvengleichung* betrachtet werden. Die verschiedenen Äste ergeben sich durch unterschiedliche ganzzahlige Werte für $k$. Die Gl. (5.129b) liefert jeweils für einen bestimmten

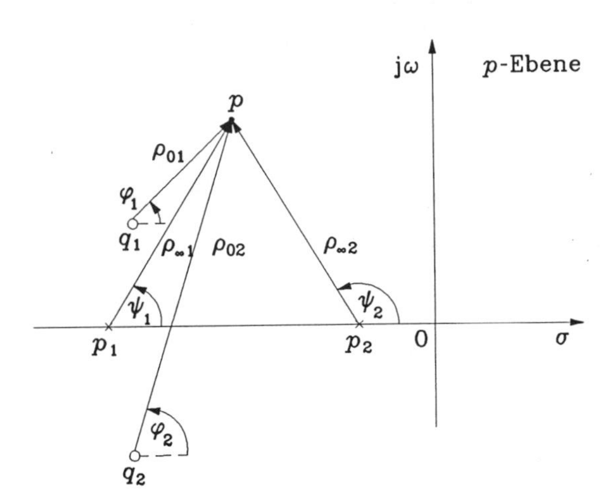


Bild 5.25: Geometrische Veranschaulichung der auf der linken Seite von Gl. (5.127) auftretenden Faktoren

Punkt den entsprechenden $K$-Wert, sie stellt also die *Bezifferungsgleichung* dar.

Mit Hilfe der Gln. (5.129a,b) kann man auf einfache geometrische Weise einzelne Punkte der Wurzelortskurve ermitteln. Dazu empfiehlt es sich, in der $p$-Ebene eine horizontale Linie ($\omega$ = const) zu durchlaufen und dabei beständig die linke Seite von Gl. (5.129a) zu bilden. Man findet gewöhnlich schnell Punkte, in denen – bei einem bestimmten Wert $k$ – die linke Seite von Gl. (5.129a) etwas kleiner ist als die rechte Seite, und zu diesen Punkten benachbarte Stellen, in denen umgekehrt die linke Seite etwas größer als die rechte Seite ist. Auf diese Weise kann man sich auf der gewählten Horizontalen $\omega$ = const einer Lösung von Gl. (5.129a), also einem Punkt der Wurzelortskurve, durch Einschachtelung nähern. Den zugehörigen $K$-Wert liefert die Gl. (5.129b). Durch systematisches Durchlaufen verschiedener Horizontalen lassen sich Punkte auf allen Ästen der Wurzelortskurve ermitteln.

Man kann in dieser Weise vor allem die Punkte der Wurzelortskurve auf der reellen Achse ($\omega = 0$) einfach bestimmen, indem man, beginnend mit irgendeinem Punkt, diese Achse durchläuft. Dabei ist zu beachten, daß nur die reellen $q_\mu$ und $p_\nu$ zur linken Seite der Gl. (5.129a) beim Durchlaufen der reellen Achse beitragen und die beiden Winkelsummen sich dabei nur ändern können, wenn man ein reelles $q_\mu$ oder ein reelles $p_\nu$ durchwandert. Hieraus folgt unmittelbar, daß ein Punkt $p = \sigma$ auf der reellen Achse Wurzelort ist, wenn die Anzahl reeller $q_\mu$ und $p_\nu$ rechts von $\sigma$ ungerade ist.

Im folgenden soll gezeigt werden, wie man einige charakteristische Kernstücke einer Wurzelortskurve erhalten kann.

**(a) Asymptoten**

Ist $\tilde{n} > \tilde{m}$, dann reichen, wie bereits festgestellt, $\tilde{n} - \tilde{m}$ Ortskurvenäste für $K \to \infty$ ins Unendliche. Nach Gl. (5.127) gilt dann für $p = \rho\, e^{j\varphi} \to \infty$

$$p^{\tilde{n}-\tilde{m}} = -K$$

also $(\tilde{n} - \tilde{m})\,\varphi = \pi + k2\pi$ mit $k = 0, \pm 1, \pm 2, \ldots$ . Hieraus erhält man die *Winkel*

$$\varphi = \frac{\pi}{\tilde{n}-\tilde{m}} + k\,\frac{2\pi}{\tilde{n}-\tilde{m}}\,, \tag{5.130}$$

unter denen die Asymptoten gegenüber der positiv reellen Achse verlaufen. Der ganzzahlige Parameter $k$ liefert die verschiedenen Winkelwerte für die einzelnen Asymptoten.

Mit $p = \sigma_a$ sei der Schnittpunkt einer Asymptote mit der reellen Achse bezeichnet. Da für $p \to \infty$ alle Faktoren $(p - q_\mu)$ und $(p - p_\nu)$ mit $(p - \sigma_a)$ übereinstimmen, erhält man aus Gl. (5.127) für $p \to \infty$

$$-K = (p - \sigma_a)^{\tilde{n}-\tilde{m}} = p^{\tilde{n}-\tilde{m}} - \sigma_a(\tilde{n}-\tilde{m})\,p^{\tilde{n}-\tilde{m}-1} + \cdots .$$

Andererseits folgt aus Gl. (5.127) für $p \to \infty$

$$-K = \frac{p^{\tilde{n}} - p^{\tilde{n}-1}\sum\limits_{\nu=1}^{\tilde{n}} p_\nu + \cdots}{p^{\tilde{m}} - p^{\tilde{m}-1}\sum\limits_{\mu=1}^{\tilde{m}} q_\mu + \cdots} = p^{\tilde{n}-\tilde{m}} - \left(\sum_{\nu=1}^{\tilde{n}} p_\nu - \sum_{\mu=1}^{\tilde{m}} q_\mu\right) p^{\tilde{n}-\tilde{m}-1} + \cdots .$$

Ein Vergleich der beiden letzten Beziehungen liefert den Wert

$$p = \sigma_a = \frac{\sum\limits_{\nu=1}^{\tilde{n}} p_\nu - \sum\limits_{\mu=1}^{\tilde{m}} q_\mu}{\tilde{n} - \tilde{m}}, \tag{5.131}$$

und damit ist zugleich gezeigt, daß sich alle Asymptoten auf der reellen Achse im Punkt $\sigma_a$ nach Gl. (5.131) schneiden. [1]

**(b) Verzweigungspunkte**

Ein Punkt, in dem sich verschiedene Äste einer Wurzelortskurve schneiden, heißt Verzweigungspunkt. Entwickelt man in einem solchen Punkt $p_r$ ($\neq q_\mu$) die linke Seite der Gl. (5.127) in eine Taylorsche Reihe, so erhält man

$$K = K_r + A_2(p - p_r)^2 + A_3(p - p_r)^3 + \cdots . \tag{5.132}$$

Dabei ist wesentlich, daß der Summand $A_1(p - p_r)$ nicht auftritt. Denn sonst würde in hinreichend kleiner Umgebung von $p_r$ für $\Delta K = K - K_r$ mit $A_1 \neq 0$ die Beziehung

$$\Delta K = A_1(p - p_r)$$

gelten. Wenn man den Winkel von $A_1$ mit $\alpha_1$ und den von $p - p_r$ mit $\varphi_r$ bezeichnet, folgt hieraus als Wurzelortskurvengleichung in der unmittelbaren Umgebung von $p_r$ die Winkelbeziehung

$$\alpha_1 + \varphi_r = \begin{cases} 0 + k2\pi & (\text{für } \Delta K > 0) \\ \pi + k2\pi & (\text{für } \Delta K < 0) \end{cases} \quad (k = 0, \pm 1, \pm 2, \ldots).$$

Hieraus resultiert nur eine Richtung, nämlich

$$\varphi_r = -\alpha_1$$

bzw. die Gegenrichtung $\varphi_r = -\alpha_1 + \pi$. Verschwindet dagegen $A_1$, gilt aber $A_2 \neq 0$ und bezeichnet man den Winkel von $A_2$ mit $\alpha_2$, so erhält man zunächst in unmittelbarer Umgebung von $p_r$ aus Gl. (5.132)

$$\Delta K = A_2(p - p_r)^2$$

und hieraus als Wurzelortskurvengleichung in der unmittelbaren Umgebung von $p_r$ die Winkelbeziehung

$$\alpha_2 + 2\varphi_r = \begin{cases} 0 + k2\pi & (\text{für } \Delta K > 0) \\ \pi + k2\pi & (\text{für } \Delta K < 0) \end{cases} \quad (k = 0, \pm 1, \pm 2, \ldots).$$

Hieraus folgen die beiden zueinander orthogonalen Richtungen

$$\varphi_r = -\frac{\alpha_2}{2} \quad \text{und} \quad \varphi_r = -\frac{\alpha_2}{2} + \frac{\pi}{2}$$

bzw. die Gegenrichtungen $\varphi_r = -\alpha_2/2 + \pi$, $\varphi_r = -\alpha_2/2 + 3\pi/2$.

Aufgrund der Gl. (5.132) kann die Forderung, daß der Entwicklungskoeffizient $A_1$ verschwindet, auch in der Form $\mathrm{d}K/\mathrm{d}p = 0$ ausgedrückt werden, so daß sich als Bedingung für Verzweigungspunkte neben der Grundgleichung (5.128) noch

$$\left[\frac{\mathrm{d}}{\mathrm{d}p} \prod_{\nu=1}^{\tilde{n}} (p - p_\nu)\right] \prod_{\mu=1}^{\tilde{m}} (p - q_\mu) - \prod_{\nu=1}^{\tilde{n}} (p - p_\nu) \left[\frac{\mathrm{d}}{\mathrm{d}p} \prod_{\mu=1}^{\tilde{m}} (p - q_\mu)\right] = 0 \tag{5.133a}$$

ergibt oder nach einer kurzen Zwischenrechnung

---

[1] Der Punkt $p = \sigma_a$ wird gelegentlich "Wurzelschwerpunkt" genannt.

$$\sum_{\nu=1}^{\tilde{n}} \frac{1}{p - p_\nu} = \sum_{\mu=1}^{\tilde{m}} \frac{1}{p - q_\mu} . \tag{5.133b}$$

Die Lage der Verzweigungspunkte, insbesondere auf der reellen Achse, läßt sich anhand einer Skizze gewöhnlich näherungsweise angeben. Wenn die Bestimmung der genauen Lage durch explizite Lösung der Gln. (5.128) und (5.133b) nicht möglich ist, kann man die Näherungswerte durch Newton-Iteration verbessern.

**(c) Tangentenrichtungen in den Start- und Endpunkten**

Wie bereits bemerkt, beginnen die $\tilde{n}$ Äste der Wurzelortskurve für $K \to 0$ in den Punkten $p_\nu$; $\tilde{m}$ dieser Ortskurvenäste enden für $K \to \infty$ in den Punkten $q_\mu$, und die übrigen $\tilde{n} - \tilde{m}$ Äste gehen nach Unendlich. Läßt man einen Punkt $p$ auf der Wurzelortskurve mit $K \to 0$ gegen einen Startpunkt $p_s$ gehen, dann strebt $\psi_s = \arg(p - p_s)$ gegen den Winkel $\gamma_s$ zwischen der Tangente an die Ortskurve im Punkt $p_s$ und der positiven reellen Achse. Damit resultiert aus Gl. (5.129a) für den Tangentenwinkel im Startpunkt $p_s$ die Beziehung

$$\gamma_s = \pi + \sum_{\mu=1}^{\tilde{m}} \varphi_{\mu s} - \sum_{\substack{\nu=1 \\ \nu \neq s}}^{\tilde{n}} \psi_{\nu s} , \tag{5.134a}$$

wobei mit $\varphi_{\mu s}$ der Winkel der komplexen Zahl $p_s - q_\mu$ $(\mu = 1, 2, \ldots, \tilde{m})$ und mit $\psi_{\nu s}$ der Winkel von $p_s - p_\nu$ $(\nu = 1, 2, \ldots, \tilde{n};\ \nu \neq s)$ bezeichnet wurde. Ganz entsprechend findet man für den Tangentenwinkel im Endpunkt $p = q_t$

$$\delta_t = \pi + \sum_{\nu=1}^{\tilde{n}} \psi_{\nu t} - \sum_{\substack{\mu=1 \\ \mu \neq t}}^{\tilde{m}} \varphi_{\mu t} . \tag{5.134b}$$

Dabei bedeutet $\varphi_{\mu t}$ den Winkel von $q_t - q_\mu$ $(\mu = 1, 2, \ldots, \tilde{m};\ \mu \neq t)$ und $\psi_{\nu t}$ den Winkel von $q_t - p_\nu$ $(\nu = 1, 2, \ldots, \tilde{n})$.

**(d) Schnittpunkte mit der imaginären Achse**

Auf das Polynom, welches durch die linke Seite von Gl. (5.128) gegeben ist und mit $D(p)$ bezeichnet werden soll, läßt sich gemäß Kapitel II, Abschnitt 3.5.4 der Routhsche Algorithmus anwenden. Sind für einen bestimmten Wert $K = K_0$ alle Koeffizienten $a_1, b_1, \ldots, e_1, f_1, g_1$ der ersten Spalte des Routh-Schemas positiv, dann liegen die zugehörigen Wurzelorte alle in der linken Halbebene. Wird durch schrittweise Änderung von $K$ ausgehend von $K_0$ der Koeffizient $f_1$ zum ersten Male für $K = K_1$ gleich Null, ohne daß die übrigen Koeffizienten der ersten Spalte des Routh-Schemas ihr Vorzeichen ändern, dann liegt für $K = K_1$ erstmalig ein Paar rein imaginärer Wurzelorte $\pm \mathrm{j} \sqrt{e_2 / e_1}$ vor [Ma1]. Auf diese Weise lassen sich Schnittpunkte der Wurzelortskurve mit der imaginären Achse bestimmen.

*Beispiel:* Es sei

$$F_1(p) = \frac{1}{(p+1)(p^2 + 6p + 13)} , \quad F_2(p) = K(p+4) ,$$

also die Übertragungsfunktion des offenen Systems

$$F_0(p) = \frac{K(p+4)}{(p+1)(p+3-2\mathrm{j})(p+3+2\mathrm{j})} . \tag{5.135}$$

Die Wurzelortskurve hat demnach drei Äste, die an den Stellen $p_1 = -1$, $p_{2/3} = -3 \pm 2\,\mathrm{j}$ beginnen und in $q_1 = -4$ bzw. in $p = \infty$ enden. Zur Wurzelortskurve gehören auf der reellen Achse nur die Punkte im Intervall $(-4, -1)$.

Nach Gl. (5.130) erhält man mit $\tilde{m} = 1$ und $\tilde{n} = 3$ die beiden Asymptotenwinkel

$$\varphi = \frac{\pi}{2}, \quad \varphi = \frac{3\pi}{2}.$$

Die Gl. (5.131) liefert den Asymptotenschnittpunkt

$$p = \sigma_a = -1{,}5.$$

Schließlich ergibt sich mit

$$\varphi_{12} = \arctan 2 = 63{,}43°, \quad \psi_{12} = 135°, \quad \psi_{32} = 90°$$

nach Gl. (5.134a) der Tangentenwinkel im Startpunkt $p_2 = -3 + 2\,\mathrm{j}$ zu

$$\gamma_2 = 18{,}43°.$$

Auf der Grundlage der vorstehend berechneten Größen ist die im Bild 5.26 dargestellte Wurzelortskurve unter Berücksichtigung der Symmetrie zur reellen Achse skizziert worden. Für $K = 3$ und $K = 10$ sind zusätzlich die Punkte eingetragen.

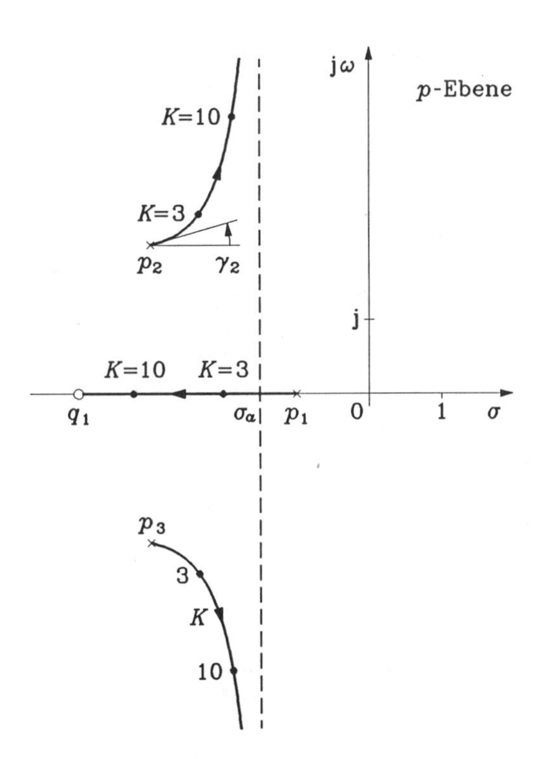


Bild 5.26: Wurzelortskurve für das rückgekoppelte System mit $F_0(p)$ nach Gl. (5.135)

Es sei hier noch folgendes bemerkt. Soll der Parameter $K$ das Intervall $-\infty < K < 0$ überstreichen, dann ändern sich die bisherigen Überlegungen nur insoweit, als in der Ortskurvengleichung (5.129a) und in der Asymptotengleichung (5.130) jeweils der erste Term $\pi$ bzw. $\pi/(\tilde{n} - \tilde{m})$ auf der rechten Seite entfällt und die Tangentenwinkel $\gamma_s$ und $\delta_t$ aus den Gln. (5.134a,b) um jeweils $\pi$ zu verringern sind.

Es besteht noch die Möglichkeit, die Wurzelortskurve in kartesischen Koordinaten $(\sigma, \omega)$ in Form einer algebraischen Gleichung zu beschreiben. Dazu wird die komplexe Variable $p$ in Gl. (5.128) durch $\sigma + \mathrm{j}\omega$ ersetzt und die linke Seite nach Real- und Imaginärteil zusammengefaßt. Dadurch läßt sich diese Gleichung in der Form

$$R(\sigma, \omega; K) + \mathrm{j}\, X(\sigma, \omega; K) = 0$$

schreiben. Hieraus folgt

$$R(\sigma, \omega; K) = 0 \quad \text{und} \quad X(\sigma, \omega; K) = 0 .$$

Die zweite dieser Gleichungen zerfällt, wie aufgrund ihrer Entstehung zu erkennen ist, in die Gleichungen

$$\omega = 0 \quad \text{und} \quad \widetilde{X}(\sigma, \omega; K) = 0 ,$$

wobei $\widetilde{X}(\sigma, \omega; K)$ den Faktor $\omega$ nicht enthält. Die Ortskurvenäste auf der reellen Achse sind jetzt durch die Beziehung

$$R(\sigma, 0; K) = 0$$

gegeben, diejenigen im Komplexen durch das Gleichungspaar

$$R(\sigma, \omega; K) = 0 , \quad \widetilde{X}(\sigma, \omega; K) = 0 ,$$

aus dem durch Elimination von $K$ eine einzige algebraische Gleichung gewonnen werden kann.

*Beispiel:* Es sei

$$F_0(p) = \frac{K(p + \sigma_0)}{(p + \sigma_1)(p + \sigma_2)} \quad (\sigma_0 \neq \sigma_1, \sigma_2) \tag{5.136}$$

die Übertragungsfunktion des offenen Systems mit reellen Parametern $K, \sigma_0, \sigma_1, \sigma_2$. Die Gl. (5.128) hat hier das Aussehen

$$(p + \sigma_1)(p + \sigma_2) + K(p + \sigma_0) = 0 .$$

Führt man $p = \sigma + \mathrm{j}\omega$ ein, so erhält man

$$\sigma^2 + \sigma(\sigma_1 + \sigma_2) + \sigma_1 \sigma_2 - \omega^2 + K(\sigma + \sigma_0) + \mathrm{j}\omega(2\sigma + \sigma_1 + \sigma_2 + K) = 0$$

und hieraus die beiden Gleichungen

$$R(\sigma, \omega; K) \equiv \sigma^2 + \sigma(\sigma_1 + \sigma_2) + \sigma_1 \sigma_2 - \omega^2 + K(\sigma + \sigma_0) = 0 \tag{5.137a}$$

und

$$X(\sigma, \omega; K) \equiv \omega(2\sigma + \sigma_1 + \sigma_2 + K) = 0 . \tag{5.137b}$$

Für $\omega = 0$ ist Gl. (5.137b) erfüllt und Gl. (5.137a) reduziert sich auf

$$K = -\sigma - (\sigma_1 + \sigma_2 - \sigma_0) - \frac{(\sigma_1 - \sigma_0)(\sigma_2 - \sigma_0)}{\sigma + \sigma_0} . \tag{5.138}$$

Hieraus lassen sich die Teilintervalle auf der reellen Achse angeben, für welche $K > 0$ ist, also die reellen Zweige der Wurzelortskurve.

Für $\omega \neq 0$ lassen sich die Gln. (5.137a,b) nach $K$ direkt auflösen, und man kann dann $K$ eliminieren. Nach einer Zwischenrechnung ergibt sich

$$(\sigma + \sigma_0)^2 + \omega^2 = (\sigma_0 - \sigma_1)(\sigma_0 - \sigma_2). \tag{5.139}$$

Wie man sieht, handelt es sich um einen Kreis, sofern

$$(\sigma_0 - \sigma_1)(\sigma_0 - \sigma_2) > 0 \tag{5.140}$$

gilt. Der Mittelpunkt liegt in $p = -\sigma_0$ und der Radius ist $\sqrt{(\sigma_0 - \sigma_1)(\sigma_0 - \sigma_2)}$. Es muß noch anhand der Gln. (5.137a,b) geprüft werden, ob dieser Kreis für $K > 0$ oder $K < 0$ durchlaufen wird. Wird die Ungleichung (5.140) nicht befriedigt, dann sind nur Äste der Ortskurve auf der reellen Achse vorhanden. Nach Gl. (5.133a) müssen die Verzweigungspunkte neben der Ortskurvengleichung noch die Beziehung

$$(2p + \sigma_1 + \sigma_2)(p + \sigma_0) - (p + \sigma_1)(p + \sigma_2) = 0$$

erfüllen. Nach einer Zwischenrechnung erhält man hieraus mit $p = \sigma + \mathrm{j}\omega$ die beiden Forderungen

$$(\sigma + \sigma_0)^2 - \omega^2 = (\sigma_0 - \sigma_1)(\sigma_0 - \sigma_2) \quad \text{und} \quad \omega(\sigma + \sigma_0) = 0.$$

Als Lösungen kommen nur die Punkte

$$\omega_r = 0, \quad \sigma_r = -\sigma_0 \pm \sqrt{(\sigma_0 - \sigma_1)(\sigma_0 - \sigma_2)} \tag{5.141}$$

in Frage, wobei vorausgesetzt werden muß, daß Ungleichung (5.140) erfüllt ist. Diese Punkte sind die Schnittpunkte des durch Gl. (5.139) beschriebenen Kreises mit der reellen Achse. Als Zahlenwerte seien $\sigma_0 = 4$, $\sigma_1 = 0$, $\sigma_2 = 2$ gewählt. Die Gl. (5.138) lautet dann

$$K = -\sigma + 2 - \frac{8}{\sigma + 4},$$

woraus leicht zu erkennen ist, daß $K > 0$ gilt für $\sigma < -4$ und $-2 < \sigma < 0$. Die Kreisgleichung (5.139) lautet

$$(\sigma + 4)^2 + \omega^2 = 8.$$

Nach Gl. (5.141) befinden sich Verzweigungspunkte auf der reellen Achse an den Stellen $p_r = -4 \pm \sqrt{8}$. Aus Gl. (5.137b) erhält man $K = -2\sigma - 2$, womit eine Bezifferung möglich ist, z. B. $K = 6$ für $\sigma = -4$. Im Bild 5.27 sind die Ergebnisse skizziert.

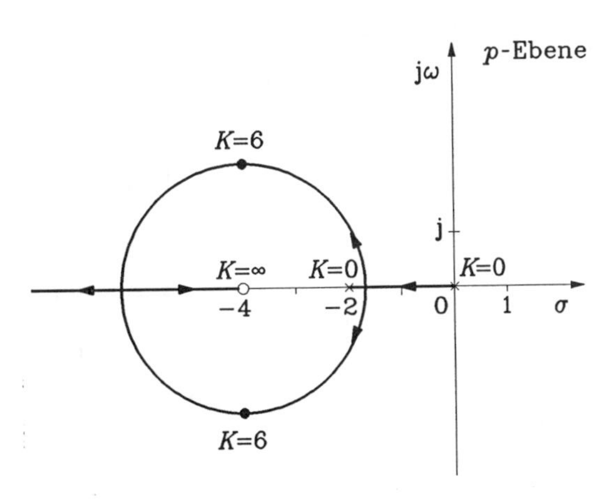


Bild 5.27: Wurzelortskurve mit $F_0(p)$ nach Gl. (5.136) und $\sigma_0 = 4$, $\sigma_1 = 0$, $\sigma_2 = 2$

## 4.3. NICHTLINEARE RÜCKKOPPLUNG, POPOW-KRITERIUM UND KREISKRITERIUM

In diesem Abschnitt wird die im Zusammenhang mit dem Nyquist-Kriterium und der Wurzelortskurven-Methode behandelte Frage der Stabilität dadurch modifiziert, daß zunächst anstelle des durch $F_2(p)$ beschriebenen linearen Teilsystems zur Rückkopplung ein gedächtnisloses nichtlineares Teilsystem zugelassen wird.

Bei den folgenden Erörterungen wird der Begriff der "positiven" Funktion verwendet. Eine Funktion heißt positiv, wenn ihr Realteil in jedem Punkt der rechten Halbebene $\operatorname{Re} p > 0$ positiv ist. Reelle, rationale, positive Funktionen spielen als sogenannte Zweipolfunktionen in der Netzwerksynthese eine ganz fundamentale Rolle [Un5]. Von dort her bekannt ist der

**Satz V.6:** Die Funktion $Z(p) = P_1(p)/P_2(p)$ sei rational und reell, wobei $P_1(p)$, $P_2(p)$ Polynome sind, die keine gemeinsamen Nullstellen haben. Notwendig und hinreichend dafür, daß $Z(p)$ eine Zweipolfunktion ist, sind die folgenden zwei Bedingungen:

(a) Es gilt $\operatorname{Re} Z(\mathrm{j}\omega) \geqq 0$ für alle positiven $\omega$-Werte, für die $Z(\mathrm{j}\omega)$ endlich ist.

(b 1) $Z(p)$ hat in der Halbebene $\operatorname{Re} p > 0$ keine Pole und auf der imaginären Achse $\operatorname{Re} p = 0$ (einschließlich $p = \infty$), wenn überhaupt, dann nur einfache Pole mit positiven Entwicklungskoeffizienten. [1)]

*Oder*

(b 2) Das Polynom $P_1(p) + P_2(p)$ ist ein Hurwitz-Polynom.

Den nun folgenden Betrachtungen liegt das im Bild 5.28 dargestellte rückgekoppelte System zugrunde. Die rationale, in $p = \infty$ verschwindende Übertragungsfunktion $F_1(p)$ des linearen Teilsystems sei im Zustandsraum durch die steuerbaren und beobachtbaren Gleichungen

$$\frac{\mathrm{d}\boldsymbol{z}}{\mathrm{d}t} = \boldsymbol{A}\,\boldsymbol{z} + \boldsymbol{b}\,u\,, \quad y = \boldsymbol{c}^{\mathrm{T}}\boldsymbol{z}\,, \tag{5.142a,b}$$

beschrieben, wobei die Matrix $\boldsymbol{A}$ keine Eigenwerte in der offenen rechten Halbebene aufweist. Für den Rückkopplungsteil gelte

$$u = -f_1(y)\,. \tag{5.143}$$

Die Funktion $f_1(y)$ sei stetig und habe die Eigenschaft $f_1(0) = 0$. Der Zustand $\boldsymbol{z} = \boldsymbol{0}$ ist damit ein Gleichgewichtszustand. Von Popow stammt aus dem Jahre 1959 das folgende hinreichende Stabilitätskriterium.

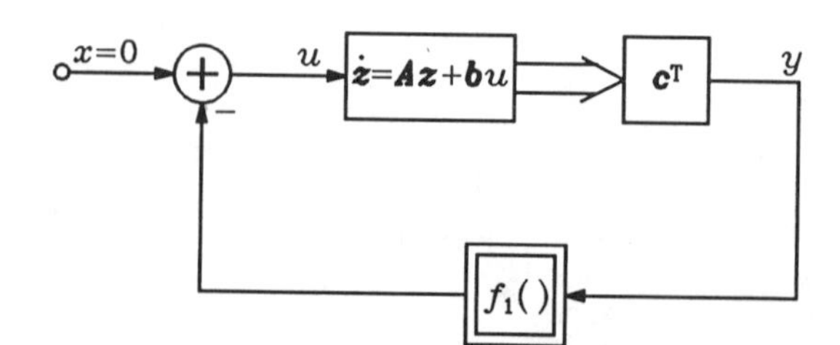


Bild 5.28: Ein erstes nichtlinear rückgekoppeltes System

---

1) Unter dem Entwicklungskoeffizienten von $Z(p)$ in einem einfachen endlichen Pol versteht man das Pol-Residuum. Liegt im Unendlichen ein einfacher Pol, dann verhält sich $Z(p)$ für $p \to \infty$ wie $Cp$, und dann bedeutet die Konstante $C$ den Entwicklungskoeffizienten von $Z(p)$ in $p = \infty$.

**Satz V.7:** Das durch die Gln. (5.142a,b) und (5.143) beschriebene System, dessen linearer Teil die Übertragungsfunktion $F_1(p)$ besitzt, ist im Gleichgewichtszustand $\boldsymbol{z} = \mathbf{0}$ asymptotisch stabil im Großen, wenn die folgenden Bedingungen erfüllt sind:

(a) Es existiert eine positive Konstante $k$, so daß

$$0 < \frac{f_1(y)}{y} < k \quad \text{für alle} \quad y \neq 0 \tag{5.144}$$

gilt.

(b) Es existiert eine reelle Zahl $\alpha$, so daß

$$Z_1(p) = (1 + \alpha p) F_1(p) + \frac{1}{k} \tag{5.145}$$

eine Zweipolfunktion ist.

Der *Beweis* dieses Satzes soll in einer einfachen Form hier kurz angegeben werden. Dabei wird zunächst der Fall $\alpha \geqq 0$ behandelt, also angenommen, daß $Z_1(p)$ nach Gl. (5.145) für ein $\alpha \geqq 0$ Zweipolfunktion ist. Wie sich leicht bestätigen läßt, kann $Z_1(p)$, als Übertragungsfunktion eines Systems aufgefaßt, im Zustandsraum mit den in den Gln. (5.142a,b) verwendeten Größen in der Form

$$\frac{\mathrm{d}\boldsymbol{z}}{\mathrm{d}t} = \boldsymbol{A}\,\boldsymbol{z} + \boldsymbol{b}\,u\,, \quad \tilde{y} = (\boldsymbol{c}^{\mathrm{T}} + \alpha \boldsymbol{c}^{\mathrm{T}}\boldsymbol{A})\boldsymbol{z} + (\alpha \boldsymbol{c}^{\mathrm{T}}\boldsymbol{b} + \frac{1}{k})u$$

dargestellt werden, und es gilt

$$\tilde{y} = y + \alpha \frac{\mathrm{d}y}{\mathrm{d}t} + \frac{1}{k} u\,.$$

Da $Z_1(p)$ eine Zweipolfunktion ist, muß dieses System passiv sein, d. h. die zeitliche Änderung der im System gespeicherten Energie kann höchstens gleich der von außen zugeführten Leistung sein. Dies ist gleichbedeutend mit der Existenz einer positiv-definiten, zeitunabhängigen Matrix $\boldsymbol{P}$, für die stets

$$\frac{\mathrm{d}}{\mathrm{d}t} \boldsymbol{z}^{\mathrm{T}} \boldsymbol{P}\,\boldsymbol{z} \leqq u\,\tilde{y} = u\left[y + \alpha \frac{\mathrm{d}y}{\mathrm{d}t} + \frac{1}{k} u\right]$$

gilt. Nun wird zur Stabilitätsprüfung des Systems nach Bild 5.28 die Lyapunov-Funktion

$$V(\boldsymbol{z}) = \boldsymbol{z}^{\mathrm{T}} \boldsymbol{P}\,\boldsymbol{z} + \alpha \int_0^{\boldsymbol{c}^{\mathrm{T}}\boldsymbol{z}} f_1(\eta)\,\mathrm{d}\eta$$

gewählt, die im gesamten Zustandsraum positiv-definit ist und für $\|\,\boldsymbol{z}\,\| \to \infty$ gegen Unendlich strebt. Dann gilt für die zeitliche Ableitung dieser Funktion

$$\frac{\mathrm{d}V}{\mathrm{d}t} = \frac{\mathrm{d}}{\mathrm{d}t} \boldsymbol{z}^{\mathrm{T}} \boldsymbol{P}\,\boldsymbol{z} + \alpha f_1(\boldsymbol{c}^{\mathrm{T}}\boldsymbol{z}) \cdot \frac{\mathrm{d}\boldsymbol{c}^{\mathrm{T}}\boldsymbol{z}}{\mathrm{d}t}\,,$$

und hieraus ergibt sich auf den Lösungen von Gln. (5.142a,b) mit Gl. (5.143) bei Beachtung obiger Leistungsbilanz

$$\frac{\mathrm{d}V}{\mathrm{d}t} \leqq -f_1(y)\left[y + \alpha \frac{\mathrm{d}y}{\mathrm{d}t} - \frac{1}{k} f_1(y)\right] + \alpha f_1(y) \frac{\mathrm{d}y}{\mathrm{d}t} = -\frac{f_1(y)\,y}{k}\left[k - \frac{f_1(y)}{y}\right] \leqq 0\,.$$

Die Ableitung $\mathrm{d}V/\mathrm{d}t$ kann nur für $y \equiv 0$ identisch verschwinden, und dies ist wegen der vorausgesetzten Beobachtbarkeit des Systems (5.142a,b) nur für $\boldsymbol{z} \equiv \mathbf{0}$ möglich. Damit sind alle Bedingungen der Ergänzung von Satz II.15 erfüllt, und Satz V.7 ist für $\alpha \geqq 0$ bewiesen. Ist $Z_1(p)$ für ein $\alpha < 0$ Zweipolfunktion, dann wird die Substitution

$$f_2(y) = k\,y - f_1(y)$$

verwendet, mit der einerseits die Charakteristik der Nichtlinearität in Bild 5.28 durch die Funktion $f_2(y)$ ersetzt wird und andererseits die Übertragungsfunktion des linearen Teilsystems von Bild 5.28 übergeht in die neue Funktion

$$F_2(p) = \frac{-F_1(p)}{1 + k F_1(p)},$$

für welche sich unter den vorliegenden Bedingungen zeigen läßt, daß

$$Z_2(p) = (1 - \alpha p) F_2(p) + \frac{1}{k}$$

Zweipolfunktion ist. Durch die genannte Substitution wird der ursprüngliche Regelkreis nur in eine andere, äquivalente Form übergeführt, so daß sich insbesondere sein Stabilitätsverhalten nicht ändert. Da $f_2(y)$ die Forderung (5.144) erfüllt und $-\alpha > 0$ ist, wird wiederum die obige Beweisführung anwendbar, und Satz V.7 ist vollständig bewiesen.

Die Ungleichung (5.144) läßt sich geometrisch interpretieren. Danach muß die Funktion $f_1(y)$ im Winkelraum zwischen der Geraden $ky$ und der $y$-Achse verlaufen (Bild 5.29).

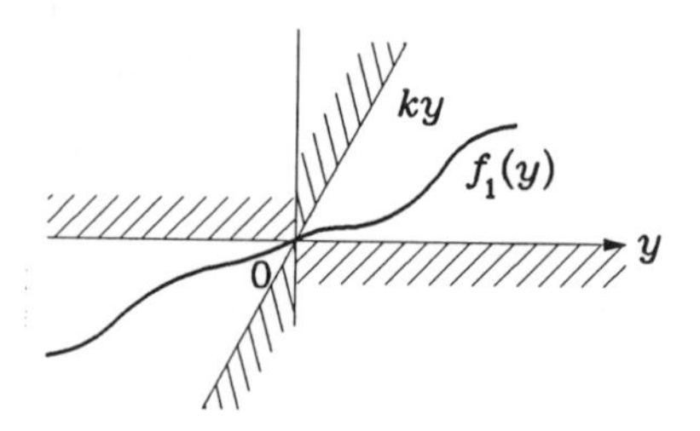


Bild 5.29: Zulässiger Winkelraum für die Kennlinie $f_1(y)$ des Rückkopplungssystems

Die Frage, ob die Funktion $Z_1(p)$ nach Gl. (5.145) eine Zweipolfunktion ist, wird zweckmäßigerweise mit Hilfe von Satz V.6 beantwortet. Nimmt man an, daß $Z_1(p)$ jedenfalls die Forderung (b1) oder (b2) dieses Satzes erfüllt, was sicher der Fall ist, wenn das lineare Teilsystem mit der Übertragungsfunktion $F_1(p)$ asymptotisch stabil ist, die Systemmatrix $\boldsymbol{A}$ also nur Eigenwerte in $\operatorname{Re} p < 0$ hat, dann muß zur Prüfung der Bedingung (b) von Satz V.7 festgestellt werden, ob

$$\operatorname{Re} Z_1(\mathrm{j}\omega) \equiv \operatorname{Re}\left[(1 + \alpha \mathrm{j}\omega) F_1(\mathrm{j}\omega) + \frac{1}{k}\right] \geqq 0$$

für alle positiven $\omega$-Werte gilt, für welche $Z_1(\mathrm{j}\omega)$ endlich ist. Diese Ungleichung läßt sich mit den Abkürzungen

$$R_0(\omega) = \operatorname{Re} F_1(\mathrm{j}\omega) \quad \text{und} \quad X_0(\omega) = \omega \operatorname{Im} F_1(\mathrm{j}\omega) \tag{5.146a,b}$$

in der Form

$$\alpha X_0(\omega) - R_0(\omega) \leqq \frac{1}{k} \tag{5.147}$$

ausdrücken. Es wird nun in ein kartesisches $(R, X)$-Koordinatensystem einerseits die aufgrund der Gln. (5.146a,b) gegebene (Orts-) Kurve $K_0$

$$R = R_0(\omega), \quad X = X_0(\omega)$$

und andererseits die sogenannte Popow-Gerade $g_P$

$$\alpha X - R = \frac{1}{k}$$

eingetragen (Bild 5.30). Verläuft die Kurve $K_0$ ganz außerhalb der von der Popow-Geraden begrenzten, im Bild 5.30 schraffierten, offenen Halbebene, dann ist sicher die Ungleichung (5.147) erfüllt, und damit befriedigt $Z_1(p)$ nach Gl. (5.145) jedenfalls die Bedingung (a) von Satz V.6. Man beachte, daß dabei über den Parameter $\alpha$ verfügt werden kann. Im Bild 5.30 ist noch die Popow-Gerade mit dem größtmöglichen Wert $k = k_{\max}$ skizziert, mit der die Ungleichung (5.147) gerade noch von den Punkten der Kurve $K_0$ erfüllt wird.

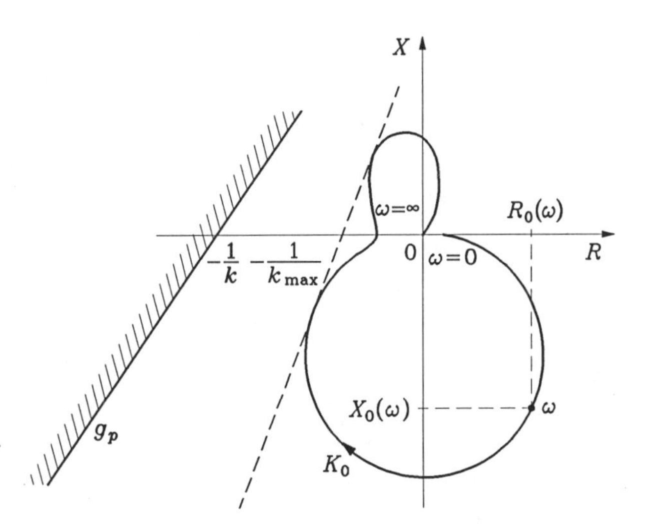


Bild 5.30: Darstellung der Ortskurve $K_0$ und der Popow-Geraden $g_P$

Wählt man im Winkelbereich von Bild 5.29 eine lineare Funktion $f_1(y) = \kappa y$ als spezielle Charakteristik des Rückkopplungsteils ($0 < \kappa < k$), dann erhält man für die Laplace-Transformierte $U(p)$ des Signals $u(t)$ die homogene Gleichung

$$[1 + \kappa F_1(p)]\, U(p) = 0\,. \tag{5.148}$$

Notwendig und hinreichend für asymptotische Stabilität ist nun, daß die Nullstellen der zwischen den eckigen Klammern von Gl. (5.148) stehenden Funktion in der offenen linken Halbebene $\operatorname{Re} p < 0$ liegen. Dies läßt sich nach Abschnitt 4.1 prüfen. Wenn das nichtlinear rückgekoppelte System für alle $f_1(y)$ mit der Eigenschaft gemäß Gl. (5.144) asymptotisch stabil sein soll, muß auch das linear rückgekoppelte System für jedes $\kappa$ im Intervall $0 < \kappa < k$ asymptotisch stabil sein und daher das Nyquist-Kriterium für $F(p) = 1 + \kappa F_1(p)$ für alle $\kappa$-Werte mit $0 < \kappa < k$ erfüllen. Man beachte jedoch, daß die Umkehrung dieser Aussagen nicht gilt.

Das bisher betrachtete System wird jetzt dahingehend abgeändert, daß statt der Rückkopplung $u = -f_1(y)$ nach Gl. (5.143) nunmehr die Rückführung

$$u = -h(\boldsymbol{z})\, y \tag{5.149}$$

verwendet wird. Auch für dieses im Bild 5.31 dargestellte System kann ein hinreichendes Stabilitätskriterium, ein sogenanntes *Kreiskriterium*, formuliert werden, nämlich als

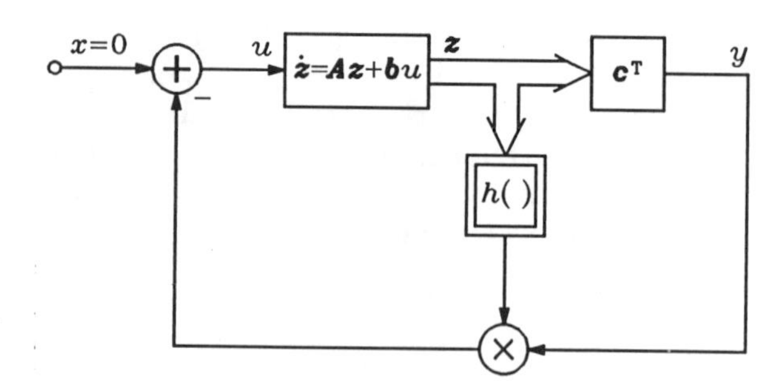


Bild 5.31: Ein zweites nichtlinear rückgekoppeltes System

**Satz V.8:** Das durch die Gln. (5.142a,b) und (5.149) beschriebene System, dessen linearer Teil die Übertragungsfunktion $F_1(p)$ besitzt, ist im Gleichgewichtszustand $\boldsymbol{z} = \boldsymbol{0}$ asymptotisch stabil im Großen, wenn die folgenden Bedingungen erfüllt sind:

(a) Es existieren zwei von Null verschiedene Konstanten $k_1$ und $k_2$, so daß

$$k_1 < h(\boldsymbol{z}) < k_2$$

für beliebiges $\boldsymbol{z}$ gilt.

(b) Die Funktion

$$Z(p) = \frac{1 + k_1 F_1(p)}{1 + k_2 F_1(p)} \tag{5.150}$$

ist Zweipolfunktion.

*Beweis:* Wie sich leicht bestätigen läßt, kann $Z(p)$ nach Gl. (5.150), als Übertragungsfunktion eines Systems aufgefaßt, im Zustandsraum mit den in den Gln. (5.142a,b) verwendeten Größen in der Form

$$\frac{\mathrm{d}\boldsymbol{z}}{\mathrm{d}t} = (\boldsymbol{A} - k_2\boldsymbol{b}\boldsymbol{c}^{\mathrm{T}})\boldsymbol{z} + \boldsymbol{b}x\,, \quad \hat{y} = (k_1 - k_2)\boldsymbol{c}^{\mathrm{T}}\boldsymbol{z} + x$$

dargestellt werden, und dieses System reagiert auf das Eingangssignal $x = u + k_2 y$ mit dem Ausgangssignal $\hat{y} = u + k_1 y$. Wenn $Z(p)$ eine Zweipolfunktion ist, existiert (man vergleiche den Beweis von Satz V.7) eine positiv-definite Matrix $\boldsymbol{P}$, so daß stets

$$\frac{\mathrm{d}}{\mathrm{d}t}\boldsymbol{z}^{\mathrm{T}}\boldsymbol{P}\,\boldsymbol{z} \leqq x\,\hat{y}$$

gilt. Zur Stabilitätsprüfung des Systems nach Bild 5.31 wird nun die Lyapunov-Funktion $V(\boldsymbol{z}) = \boldsymbol{z}^{\mathrm{T}}\boldsymbol{P}\,\boldsymbol{z}$ gewählt, die im gesamten Zustandsraum positiv-definit ist und für $\|\boldsymbol{z}\| \to \infty$ gegen Unendlich strebt. Dann gilt für die zeitliche Ableitung dieser Funktion auf den Lösungen der Gln. (5.142a,b) mit Gl. (5.149) und $x = u + k_2 y$, $\hat{y} = u + k_1 y$

$$\frac{\mathrm{d}V}{\mathrm{d}t} \leqq [-h(\boldsymbol{z})y + k_2 y][-h(\boldsymbol{z})y + k_1 y] = -[k_2 - h(\boldsymbol{z})][h(\boldsymbol{z}) - k_1]y^2 \leqq 0\,,$$

und diese Funktion kann nur für $y \equiv 0$ verschwinden, was wegen der vorausgesetzten Beobachtbarkeit des Systems (5.142a,b) nur für $\boldsymbol{z} \equiv \boldsymbol{0}$ möglich ist. Damit sind alle Bedingungen der Ergänzung von Satz II.15 erfüllt, und Satz V.8 ist vollständig bewiesen.

Die Frage, ob $Z(p)$ nach Gl. (5.150) eine Zweipolfunktion ist, wird auch hier zweckmäßigerweise mit Hilfe von Satz V.6 beantwortet. Danach muß jedenfalls mit

$$F_1(\mathrm{j}\omega) = R_1(\omega) + \mathrm{j}X_1(\omega)$$

die Ungleichung $\operatorname{Re} Z(\mathrm{j}\omega) \geqq 0$, also

$$k_1 k_2 [R_1^2(\omega) + X_1^2(\omega)] + (k_1 + k_2) R_1(\omega) + 1 \geqq 0 \tag{5.151}$$

für alle positiven $\omega$-Werte erfüllt sein. Es wird nun in einem kartesischen $(R, X)$-Koordinatensystem einerseits die (Orts-) Kurve $K_1$

$$R = R_1(\omega), \quad X = X_1(\omega) \quad (\omega > 0)$$

und andererseits im Hinblick auf die Ungleichung (5.151) der Kreis $C$

$$\left[R + \frac{k_1 + k_2}{2k_1 k_2}\right]^2 + X^2 = \left[\frac{k_2 - k_1}{2k_1 k_2}\right]^2$$

eingetragen. Befindet sich ein Punkt von $K_1$ auf dem Kreis $C$, so befriedigen die Koordinaten dieses Punktes die Ungleichung (5.151) mit dem Gleichheitszeichen. Die Koordinaten eines Punktes von $K_1$ innerhalb von $C$ erfüllen die Ungleichung (5.151) nur, wenn $k_1 k_2 < 0$ gilt. Die Koordinaten eines Punktes von $K_2$ außerhalb von $C$ befriedigen die Ungleichung (5.151) nur im Fall $k_1 k_2 > 0$.

Die Funktion $Z(p)$ nach Gl. (5.150) genügt also der Forderung (a) von Satz V.6 genau dann, wenn die Kurve $K_1$ im Fall $k_1 k_2 > 0$ ganz außerhalb des Kreises $C$ und im Fall $k_1 k_2 < 0$ ganz innerhalb von $C$, jeweils den Rand $C$ eingeschlossen, verläuft. Man vergleiche hierzu Bild 5.32.

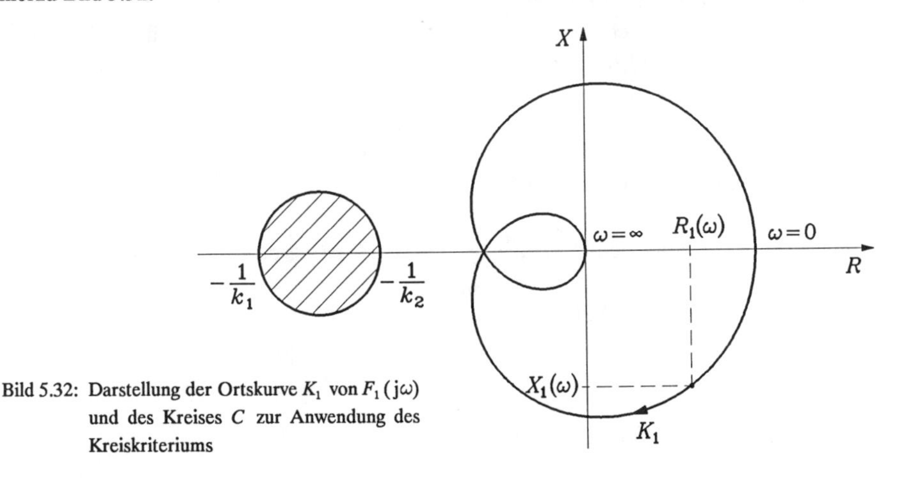


Bild 5.32: Darstellung der Ortskurve $K_1$ von $F_1(\mathrm{j}\omega)$ und des Kreises $C$ zur Anwendung des Kreiskriteriums

Zur Prüfung der Forderung (b) von Satz V.6 stellt man $F_1(p)$ als Quotient $A(p)/B(p)$ zweier Polynome dar, die keine gemeinsamen Nullstellen haben. Die Funktion $Z(p)$ nach Gl. (5.150) erfüllt genau dann die genannte Forderung, wenn

$$(k_1 + k_2)A(p) + 2B(p)$$

ein Hurwitz-Polynom ist. Die Nullstellen dieses Polynoms sind die Pole der Funktion

$$\frac{2B(p)}{(k_1+k_2)A(p)+2B(p)} = \frac{1}{1+\dfrac{k_1+k_2}{2}F_1(p)},$$

so daß damit zur Prüfung, ob obiges Polynom ein Hurwitz-Polynom ist, das Nyquist-Kriterium herangezogen werden kann. Da der kritische Punkt $-2/(k_1+k_2)$ im Fall $k_1k_2>0$ innerhalb des Kreises $C$ liegt, folgt aus der Ergänzung zum Nyquist-Kriterium, daß die Ortskurve $K_1$ von $F_1(\mathrm{j}\omega)$ den Kreis $C$ genau $P$-mal im Gegenuhrzeigersinn umlaufen muß, wenn $F_1(p)$ in der rechten Halbebene $P$ Pole hat. Im Fall $k_1k_2<0$ kommt wegen der Beziehung $F_1(p)=[1-Z(p)]/[k_2Z(p)-k_1]$ nur $P=0$ in Betracht, und die Bedingung (b) wird erfüllt, wenn die Ortskurve $K_1$ den Kreis $C$ nicht verläßt, da der kritische Punkt jetzt außerhalb von $C$ liegt.

# 5. Die Verknüpfung von Realteil und Imaginärteil einer Übertragungsfunktion

Wie an früherer Stelle festgestellt wurde, ist die Übertragungsfunktion $H(p)$ eines linearen, zeitinvarianten, stabilen und kausalen kontinuierlichen Systems mit einem Eingang und einem Ausgang eine in der offenen rechten Halbebene $\operatorname{Re}p>0$ analytische (holomorphe) und in $\operatorname{Re}p \geqq 0$ stetige Funktion. Diese Eigenschaft der Übertragungsfunktion hat zur Folge, daß zwischen Realteilfunktion und Imaginärteilfunktion von $H(p)$ für $p=\mathrm{j}\omega$ eine Kopplung besteht. Diese Kopplung soll zunächst für den wichtigen Fall untersucht werden, daß $H(p)$ eine rationale Funktion ist. In diesem Fall ist die Übertragungsfunktion sogar in der abgeschlossenen rechten Halbebene $\operatorname{Re}p \geqq 0$ analytisch. Im Abschnitt 5.2 wird auf die Einschränkung verzichtet, daß $H(p)$ rational ist.

## 5.1. BEZIEHUNG ZWISCHEN REALTEIL UND IMAGINÄRTEIL BEI RATIONALEN ÜBERTRAGUNGSFUNKTIONEN

Ausgehend von der rationalen Übertragungsfunktion $H(p)$ werden der gerade Teil

$$G(p) = \frac{1}{2}[H(p)+H(-p)] \tag{5.152a}$$

und der ungerade Teil

$$U(p) = \frac{1}{2}[H(p)-H(-p)] \tag{5.152b}$$

eingeführt. Die Summe dieser Funktionen liefert, wie man sieht, die Übertragungsfunktion $H(p)$. Da $H(p)$ eine für reelle $p$-Werte reellwertige Funktion ist, sind $H(\mathrm{j}\omega)$ und $H(-\mathrm{j}\omega)$ zueinander konjugiert komplex. Aus diesem Grund stimmt der gerade Teil $G(p)$ nach Gl. (5.152a) für $p=\mathrm{j}\omega$ mit der Realteilfunktion $R(\omega)$ von $H(\mathrm{j}\omega)$ überein, und ebenso ist $U(\mathrm{j}\omega)/\mathrm{j}$ nach Gl. (5.152b) identisch mit der Imaginärteilfunktion $X(\omega)$ von $H(\mathrm{j}\omega)$:

$$R(\omega) \equiv G(\mathrm{j}\omega), \quad X(\omega) \equiv \frac{1}{\mathrm{j}} U(\mathrm{j}\omega). \tag{5.153a,b}$$

Zunächst soll gezeigt werden, wie sich bei Kenntnis der Funktion $R(\omega)$, die notwendigerweise für reelle $\omega$-Werte endlich und in $\omega$ gerade sein muß, die Imaginärteilfunktion $X(\omega)$ bestimmen läßt. Mit Hilfe der Gl. (5.153a) erhält man aus $R(\omega)$

$$G(p) = R\left(\frac{p}{\mathrm{j}}\right).$$

Unter der Annahme, daß $G(p)$ nur einfache Polstellen hat, wobei die in der linken $p$-Halbebene liegenden mit $p_\mu$ ($\mu = 1, 2, \ldots, \tilde{m}$) bezeichnet werden sollen, läßt sich folgende Partialbruchdarstellung angeben:

$$G(p) = \frac{1}{2}\left[A_0 + \sum_{\mu=1}^{\tilde{m}} \frac{A_\mu}{p - p_\mu} + A_0 + \sum_{\mu=1}^{\tilde{m}} \frac{-A_\mu}{p + p_\mu}\right]. \tag{5.154}$$

Da $H(p)$ in der abgeschlossenen rechten $p$-Halbebene keine Polstellen haben darf, führt ein Vergleich von Gl. (5.152a) mit Gl. (5.154) zur Darstellung

$$H(p) = A_0 + \sum_{\mu=1}^{\tilde{m}} \frac{A_\mu}{p - p_\mu}. \tag{5.155}$$

Nach Gl. (5.154) sind die Werte $A_\mu$ ($\mu = 1, 2, \ldots, \tilde{m}$) die mit dem Faktor Zwei multiplizierten Residuen der Funktion $G(p)$ an den Polen $p_\mu$. Sie lassen sich aus $G(p)$ nach bekannten Methoden ermitteln. Besitzt $G(p)$ mehrfache Polstellen, so ist die Partialbruchentwicklung in Gl. (5.154) entsprechend abzuändern. Man erhält dann allerdings für $H(p)$ einen gegenüber Gl. (5.155) komplizierteren Ausdruck. Nach Ermittlung der Übertragungsfunktion $H(p)$ gemäß Gl. (5.155) läßt sich entsprechend Gl. (5.152b) die Funktion $U(p)$ und hieraus nach Gl. (5.153b) die gesuchte Imaginärteilfunktion $X(\omega)$ bestimmen. Bezüglich weiterer Möglichkeiten zur Bestimmung von $H(p)$ aus $R(\omega)$ sei auf die Arbeit [Un1] verwiesen.

Ist die Funktion $X(\omega)$, die notwendigerweise für reelles $\omega$ endlich und in $\omega$ ungerade sein muß, gegeben und $R(\omega)$ gesucht, so erhält man nach Gl. (5.153b) die ungerade Funktion

$$U(p) = \mathrm{j}X\left(\frac{p}{\mathrm{j}}\right).$$

Unter der Voraussetzung, daß $U(p)$ nur einfache Polstellen hat, wobei die in der linken $p$-Halbebene liegenden mit $p_\mu$ ($\mu = 1, 2, \ldots, \tilde{m}$) bezeichnet werden sollen, läßt sich folgende Darstellung durch Partialbruchentwicklung von $U(p)/p$ angeben:

$$U(p) = \frac{1}{2}\left[p\sum_{\mu=1}^{\tilde{m}} \frac{B_\mu}{p - p_\mu} + p\sum_{\mu=1}^{\tilde{m}} \frac{-B_\mu}{p + p_\mu}\right]. \tag{5.156}$$

Da die Übertragungsfunktion $H(p)$ in der abgeschlossenen rechten $p$-Halbebene keine Polstellen haben darf, führt ein Vergleich von Gl. (5.152b) mit Gl. (5.156) zur Darstellung

$$H(p) = B_0 + p\sum_{\mu=1}^{\tilde{m}} \frac{B_\mu}{p - p_\mu}. \tag{5.157}$$

Dabei ist $B_0$ eine willkürliche reelle Konstante. Besitzt $U(p)$ mehrfache Pole, so ist die Darstellung nach Gl. (5.156) entsprechend abzuändern. Man erhält dann für $H(p)$ einen gegenüber Gl. (5.157) komplizierteren Ausdruck. Aus $H(p)$ von Gl. (5.157) läßt sich $G(p)$ gemäß Gl. (5.152a) und sodann $R(\omega)$ nach Gl. (5.153a) bestimmen. Wie man sieht, ist $R(\omega)$ aus $X(\omega)$ nur bis auf eine additive Konstante bestimmt.

*Beispiel:* Es sei

$$R(\omega) = \frac{2 + \omega^2 + \omega^4}{1 + \omega^4} \tag{5.158}$$

gegeben. Man erhält zunächst

$$G(p) = R(p/\mathrm{j}) = \frac{2 - p^2 + p^4}{1 + p^4} = 1 + \frac{1 - p^2}{1 + p^4}.$$

Die Polstellen von $G(p)$ sind die Nullstellen des Polynoms $1 + p^4$, d.h. die Werte

$$p_1 = \mathrm{e}^{\mathrm{j}3\pi/4}, \quad p_2 = \mathrm{e}^{\mathrm{j}5\pi/4}$$

und $-p_1$, $-p_2$ (Bild 5.33). Gemäß den Gln. (5.154) und (5.155) ergibt sich

$$H(p) = 1 + \frac{A_1}{p - p_1} + \frac{A_2}{p - p_2}$$

mit $A_\mu = (1 - p_\mu^2)/2p_\mu^3$ $(\mu = 1,2)$. Anhand der Lage von $p_1$ und $p_2$ nach Bild 5.33 erkennt man, daß $A_1 = A_2 = 1/\sqrt{2}$ gilt. Somit erhält man

$$H(p) = \frac{p^2 + 2\sqrt{2}\,p + 2}{p^2 + \sqrt{2}\,p + 1},$$

woraus

$$X(\omega) = \frac{-\sqrt{2}\,\omega^3}{1 + \omega^4} \tag{5.159}$$

folgt.

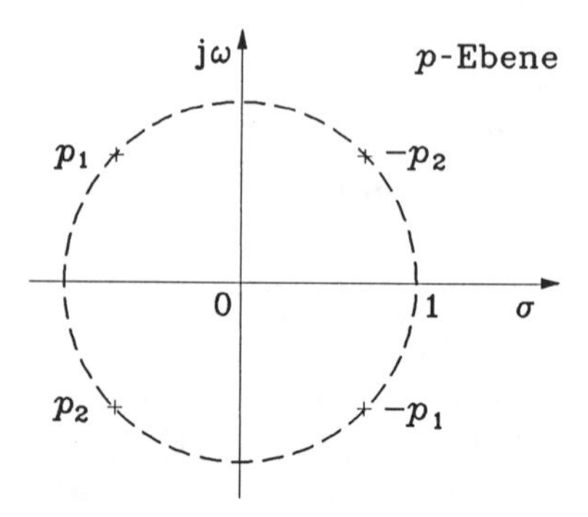


Bild 5.33: Darstellung der Polstellen $\pm p_1$, $\pm p_2$ in der komplexen $p$-Ebene für das Beispiel

Es soll nunmehr $X(\omega)$ nach Gl. (5.159) als gegeben betrachtet werden. Dann gewinnt man zunächst nach Gl. (5.153b)

$$U(p) = \frac{\sqrt{2}\,p^3}{1 + p^4}.$$

Aufgrund der Gln. (5.156) und (5.157) erhält man hieraus

$$H(p) = B_0 + \frac{pB_1}{p - p_1} + \frac{pB_2}{p - p_2}$$

mit $B_\mu = (-1)^{\mu+1} p_\mu \mathrm{j}/\sqrt{2}$ $(\mu = 1,2)$ und den $p_\mu$ nach Bild 5.33, also

$$H(p) = B_0 + \frac{-p^2}{p^2 + \sqrt{2}\,p + 1}.$$

Dieser Funktion entspricht die Realteilfunktion

$$R(\omega) = B_0 + \frac{\omega^2 - \omega^4}{1 + \omega^4}.$$

## 5.2. DIE HILBERT-TRANSFORMATION

Es soll nun der Zusammenhang zwischen Realteil und Imaginärteil der Übertragungsfunktion $H(p)$ eines linearen, zeitinvarianten, stabilen und kausalen kontinuierlichen Systems ohne die Einschränkung untersucht werden, daß $H(p)$ rational sei. Wie bereits erwähnt wurde, ist $H(p)$ in der abgeschlossenen rechten Halbebene $\operatorname{Re} p \geqq 0$ stetig und in der offenen Halbebene $\operatorname{Re} p > 0$ analytisch.

Es wird das Integral

$$I = \int_C \frac{H(p)}{p - \mathrm{j}\omega_0}\,\mathrm{d}p \tag{5.160}$$

längs des im Bild 5.34 dargestellten geschlossenen Weges $C$ betrachtet. Der Weg $C$ setzt sich zusammen aus zwei geradlinigen Stücken längs der imaginären Achse, einem Halbkreisbogen $C_0$ um die Stelle $\mathrm{j}\omega_0$ mit beliebigem reellem $\omega_0$ und dem Radius $\rho_0$ sowie aus dem Halbkreisbogen $C_1$ um $p = 0$ mit Radius $\rho_1 > |\omega_0| + \rho_0$. Aufgrund der genannten Eigenschaften von $H(p)$ verschwindet das Integral $I$ aus Gl. (5.160) nach dem Cauchyschen Hauptsatz der Funktionentheorie (Anhang D). Wegen der Beziehung $\lim_{p\to\infty} H(p) = R(\infty)$ ($\operatorname{Re} p \geqq 0$), wobei $H(\mathrm{j}\omega) = R(\omega) + \mathrm{j}X(\omega)$ gesetzt wurde, wird das Teilintegral längs $C_1$ für $\rho_1 \to \infty$

$$\lim_{\rho_1\to\infty} \int_{C_1} \frac{H(p)}{p - \mathrm{j}\omega_0}\,\mathrm{d}p = R(\infty) \lim_{\rho_1\to\infty} \int_{C_1} \frac{\mathrm{d}p}{p - \mathrm{j}\omega_0} = R(\infty)\,(-\mathrm{j}\pi). \tag{5.161a}$$

Das Teilintegral über den kleinen Halbkreisbogen $C_0$ wird für $\rho_0 \to 0$

$$\lim_{\rho_0\to 0} \int_{C_0} \frac{H(p)}{p - \mathrm{j}\omega_0}\,\mathrm{d}p = H(\mathrm{j}\omega_0)\,\mathrm{j}\pi. \tag{5.161b}$$

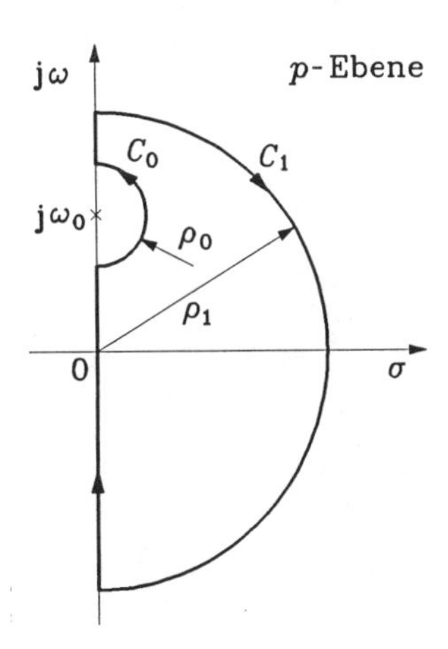


Bild 5.34: Integrationsweg zu Gl. (5.160)

Unter Berücksichtigung der Gln. (5.161a,b) erhält man aus Gl. (5.160) wegen $I = 0$ im Grenzfall $\rho_0 \to 0$, $\rho_1 \to \infty$ die Beziehung

$$\lim_{\substack{\rho_0 \to 0 \\ \rho_1 \to \infty}} \int_C \frac{H(p)}{p - \mathrm{j}\omega_0} \mathrm{d}p \equiv -\mathrm{j}\,\pi R(\infty) + \mathrm{j}\,\pi [R(\omega_0) + \mathrm{j}X(\omega_0)] + \int_{-\infty}^{\infty} \frac{R(\omega) + \mathrm{j}X(\omega)}{\omega - \omega_0} \mathrm{d}\omega = 0 .$$

Setzt man den gesamten Realteil und ebenso den gesamten Imaginärteil auf der linken Seite dieser Beziehung gleich Null und ändert man die Bezeichnungen für die vorkommenden Variablen, dann erhält man schließlich die Darstellungen

$$R(\omega) = R(\infty) + \frac{1}{\pi} \int_{-\infty}^{\infty} \frac{X(\eta)}{\omega - \eta} \mathrm{d}\eta , \tag{5.162}$$

$$X(\omega) = -\frac{1}{\pi} \int_{-\infty}^{\infty} \frac{R(\eta)}{\omega - \eta} \mathrm{d}\eta . \tag{5.163}$$

Die Gln. (5.162) und (5.163) stellen Kopplungen dar zwischen der Realteilfunktion $R(\omega)$ und der Imaginärteilfunktion $X(\omega)$ von $H(\mathrm{j}\omega)$. Man spricht bei diesen Beziehungen von der *Hilbert-Transformation.* Funktionen, die im Sinne der Gln. (5.162) und (5.163) miteinander gekoppelt sind, heißen *konjugierte Funktionen.* Die in den Gln. (5.162) und (5.163) auftretenden Integrale sind als Cauchysche Hauptwerte [1)] zu verstehen. Diese Integrale lassen sich noch umformen, indem man ausnützt, daß $R(\omega)$ gerade und $X(\omega)$ ungerade ist. Auf diese Weise gewinnt man die Ausdrücke

$$R(\omega) = R(\infty) + \frac{2}{\pi} \int_{0}^{\infty} \frac{\eta X(\eta)}{\omega^2 - \eta^2} \mathrm{d}\eta ,$$

$$X(\omega) = -\frac{2\omega}{\pi} \int_{0}^{\infty} \frac{R(\eta)}{\omega^2 - \eta^2} \mathrm{d}\eta .$$

*Beispiel:* Die Realteilfunktion $R(\omega)$ einer Übertragungsfunktion $H(p)$ $(p = \mathrm{j}\omega)$ sei als Rechteckfunktion

$$R(\omega) = R_0 p_{\omega_g}(\omega)$$

gemäß Bild 5.35 vorgeschrieben. Nach Gl. (5.163) erhält man für die entsprechende Imaginärteilfunktion

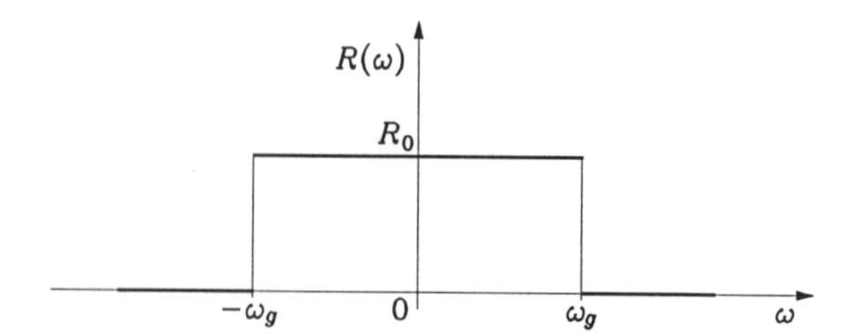


Bild 5.35: Realteilfunktion $R(\omega)$ für das Beispiel

1) Dies bedeutet, wie aus der Herleitung der Hilbert-Transformation hervorgeht, daß z.B. die Gl. (5.163) ausführlich $X(\omega) = -\frac{1}{\pi} \lim_{\substack{\varepsilon \to 0 \\ Y \to \infty}} \left[ \int_{-Y}^{\omega - \varepsilon} \frac{R(\eta)}{\omega - \eta} \mathrm{d}\eta + \int_{\omega + \varepsilon}^{Y} \frac{R(\eta)}{\omega - \eta} \mathrm{d}\eta \right]$ lautet.

$$X(\omega) = -\frac{1}{\pi}\int_{-\omega_g}^{\omega_g}\frac{R_0}{\omega-\eta}\,\mathrm{d}\eta = \frac{R_0}{\pi}\ln\left|\frac{\omega-\omega_g}{\omega+\omega_g}\right| .$$

Ihr Verlauf ist im Bild 5.36 dargestellt. Mit Ausnahme der Unstetigkeiten an den Stellen $\omega = \pm\omega_g$ liefert die Hilbert-Transformation eine Übertragungsfunktion mit den eingangs beschriebenen Eigenschaften.

Betrachtet man die Impulsantwort $h(t)$ eines stabilen und kausalen kontinuierlichen Systems mit der Übertragungsfunktion $H(p)$, dann besteht auf der imaginären Achse zwischen dem Realteil $R(\omega)$ und dem Imaginärteil $X(\omega)$ der Übertragungsfunktion die Kopplung entsprechend den Gln. (5.162) und (5.163). Man kann umgekehrt aus dem Bestehen der Gln. (5.162) und (5.163) schließen, daß die Impulsantwort des betreffenden stabilen Systems kausal ist. (Hierbei wird stillschweigend die Existenz der Impulsantwort vorausgesetzt. Man vergleiche hierzu das Darstellungsproblem der Laplace-Transformation [Do1].) Insoweit bilden die Gln. (5.162) und (5.163) notwendige und hinreichende Bedingungen für die Kausalität eines stabilen Systems.

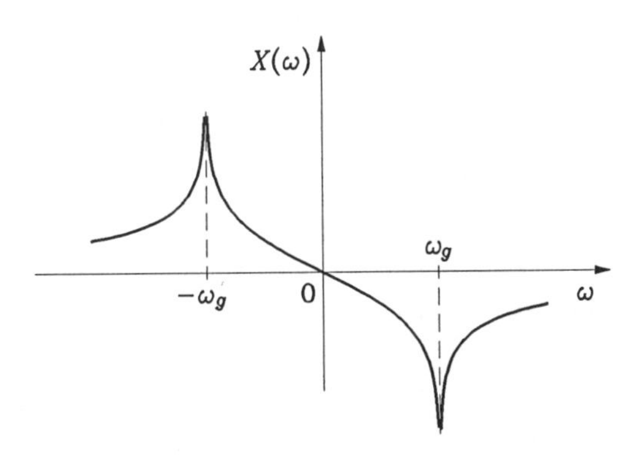


Bild 5.36: Imaginärteil $X(\omega)$, der aufgrund der Hilbert-Transformation dem Realteil $R(\omega)$ nach Bild 5.35 zugeordnet ist

Man beachte hierbei, daß die Integrale in den Gln. (5.162) und (5.163) als Faltungsintegrale interpretiert werden können. In diesem Sinne läßt sich

$$R(\omega) = R(\infty) + \frac{1}{2\pi}\left[\mathrm{j}X(\omega) * \frac{2}{\mathrm{j}\omega}\right]$$

und

$$\mathrm{j}X(\omega) = \frac{1}{2\pi}\left[R(\omega) * \frac{2}{\mathrm{j}\omega}\right]$$

schreiben. Da die Realteilfunktion $R(\omega)$ mit dem geraden Teil $h_g(t)$ der Impulsantwort $h(t)$ und die rein imaginäre Komponente $\mathrm{j}X(\omega)$ mit dem ungeraden Teil $h_u(t)$ korrespondiert, kann man obige Grundgleichungen der Hilbert-Transformation bei Beachtung der Korrespondenzen (3.61) und (3.72) folgendermaßen im Zeitbereich ausdrücken:

$$h_g(t) = R(\infty)\,\delta(t) + h_u(t)\,\mathrm{sgn}\,t\,, \qquad h_u(t) = h_g(t)\,\mathrm{sgn}\,t\,.$$

Diese Beziehungen sind offensichtlich charakteristisch für kausale Zeitfunktionen.

## 5.3. EINE METHODE ZUR PRAKTISCHEN DURCHFÜHRUNG DER HILBERT-TRANSFORMATION

Durch die gebrochen lineare Transformation

$$s = \frac{1-p}{1+p} \tag{5.164}$$

wird die $p$-Ebene derart in die $s$-Ebene abgebildet, daß die rechte Halbebene $\mathrm{Re}\,p \geqq 0$ in den Einheitskreis $|s| \leqq 1$ übergeht (Bild 5.37). Die Punkte $p = \mathrm{j}\omega$ der imaginären Achse gehen bei der Abbildung nach Gl. (5.164) in die Punkte des Einheitskreises $|s| = 1$ über:

$$s = \frac{1-\mathrm{j}\omega}{1+\mathrm{j}\omega} = \mathrm{e}^{\mathrm{j}\vartheta}.$$

Hieraus folgt durch Auflösung nach $\mathrm{j}\omega$ zunächst

$$\mathrm{j}\omega = \frac{1-\mathrm{e}^{\mathrm{j}\vartheta}}{1+\mathrm{e}^{\mathrm{j}\vartheta}} = -\frac{\mathrm{e}^{\mathrm{j}\vartheta/2}-\mathrm{e}^{-\mathrm{j}\vartheta/2}}{\mathrm{e}^{\mathrm{j}\vartheta/2}+\mathrm{e}^{-\mathrm{j}\vartheta/2}} = -\mathrm{j}\tan\frac{\vartheta}{2}$$

oder schließlich

$$\omega = -\tan\frac{\vartheta}{2}. \tag{5.165}$$

Aufgrund der Abbildung nach Gl. (5.164) geht die Übertragungsfunktion $H(p)$ in die Funktion $F(s)$ über. Diese Funktion $F(s)$ ist in $|s| < 1$ analytisch und in $|s| \leqq 1$ stetig, da die Übertragungsfunktion $H(p)$ entsprechend den getroffenen Voraussetzungen in $\mathrm{Re}\,p > 0$ analytisch und in $\mathrm{Re}\,p \geqq 0$ stetig sein muß. Nun ist die Potenzreihendarstellung

$$F(s) = \alpha_0 + \alpha_1 s + \alpha_2 s^2 + \cdots \tag{5.166}$$

mit reellen Koeffizienten $\alpha_\mu$ ($\mu = 0, 1, \ldots$) für $|s| \leqq 1$ möglich. Für $s = \mathrm{e}^{\mathrm{j}\vartheta}$ gilt speziell

$$F(\mathrm{e}^{\mathrm{j}\vartheta}) = [\alpha_0 + \alpha_1\cos\vartheta + \alpha_2\cos 2\vartheta + \cdots] + \mathrm{j}[\alpha_1\sin\vartheta + \cdots]. \tag{5.167a}$$

Mit $H(\mathrm{j}\omega) = R(\omega) + \mathrm{j}X(\omega)$ und Gl. (5.165) erhält man

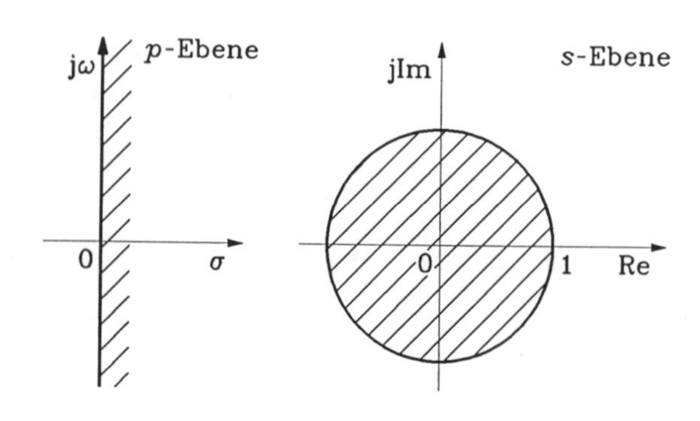


Bild 5.37: Abbildung der rechten $p$-Halbebene in den Einheitskreis der $s$-Ebene nach Gl. (5.164)

$$F(\mathrm{e}^{\mathrm{j}\vartheta}) = R(\tan\frac{\vartheta}{2}) - \mathrm{j}X(\tan\frac{\vartheta}{2}) . \tag{5.167b}$$

Ein Vergleich der beiden Gln. (5.167a,b) liefert

$$R(\tan\frac{\vartheta}{2}) = \alpha_0 + \alpha_1 \cos\vartheta + \alpha_2 \cos 2\vartheta + \cdots , \tag{5.168a}$$

$$X(\tan\frac{\vartheta}{2}) = -\alpha_1 \sin\vartheta - \alpha_2 \sin 2\vartheta - \cdots . \tag{5.168b}$$

Diese Gleichungen können dazu verwendet werden, die Hilbert-Transformation numerisch in einfacher Weise durchzuführen oder die Kausalität linearer, zeitinvarianter, stabiler kontinuierlicher Systeme zu prüfen.

Ist die Realteilfunktion $R(\omega)$ als stückweise stetig differenzierbare Funktion bekannt und die Imaginärteilfunktion $X(\omega)$ gesucht, so bildet man zunächst die Funktion $R(\tan(\vartheta/2))$. Das Intervall $-\infty \leqq \omega \leqq \infty$ geht dabei in das Intervall $-\pi \leqq \vartheta \leqq \pi$ über. In diesem $\vartheta$-Intervall wird die transformierte Realteilfunktion $R(\tan(\vartheta/2))$ (Bild 5.38) in eine Fouriersche Kosinusreihe nach Gl. (5.168a) entwickelt, wodurch man die Koeffizienten $\alpha_\mu$ erhält. Damit gewinnt man nach Gl. (5.168b) die transformierte Imaginärteilfunktion und durch Übergang zur $\omega$-Variablen gemäß Gl. (5.165) schließlich $X(\omega)$. In entsprechender Weise läßt sich aus $X(\omega)$ die Realteilfunktion $R(\omega)$ bis auf eine additive Konstante bestimmen.

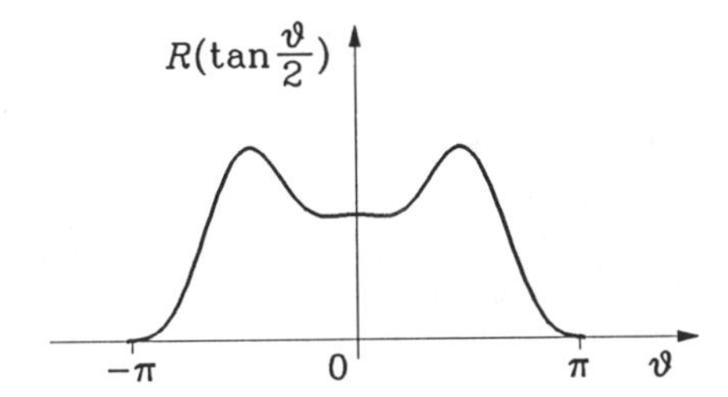


Bild 5.38: Transformierte Realteilfunktion $R(\tan(\vartheta/2))$

Mit Hilfe der Fourier-Koeffizienten $\alpha_\mu$ ($\mu = 0,1,2,\ldots$) läßt sich die Übertragungsfunktion in der Variablen $s$ als Potenzreihe nach Gl. (5.166) darstellen. Substituiert man $s$ nach Gl. (5.164), so erhält man die Übertragungsfunktion

$$H(p) = \sum_{\mu=0}^{\infty} \alpha_\mu \left(\frac{1-p}{1+p}\right)^\mu . \tag{5.169}$$

Diese Darstellung gilt für $\mathrm{Re}\,p \geqq 0$. Durch Laplace-Umkehrtransformation gewinnt man aus Gl. (5.169) auch eine Darstellung der Impulsantwort. Aufgrund der Korrespondenz

$$s(t)\frac{t^{\mu-1}}{(\mu-1)!} \circ\!\!-\!\!\bullet \frac{1}{p^\mu} \qquad (\mu \geqq 1)$$

erhält man

$$s(t)\frac{t^{\mu-1}}{(\mu-1)!}\,\mathrm{e}^{-2t} \circ\!\!-\!\!\bullet \frac{1}{(p+2)^\mu}$$

sowie

$$\frac{\mathrm{d}^\mu}{\mathrm{d}t^\mu}\left[s(t)\frac{t^{\mu-1}}{(\mu-1)!}\,\mathrm{e}^{-2t}\right]\mathrm{e}^{t} \circ\!\!-\!\!\bullet \left(\frac{p-1}{p+1}\right)^\mu .$$

Aus dieser Korrespondenz und Gl. (5.169) folgt nach Umformung[1]

$$h(t) = \alpha_0\,\delta(t) + \sum_{\mu=1}^{\infty}\alpha_\mu(-1)^\mu\left\{\delta(t) + s(t)\frac{1}{(\mu-1)!}\,\mathrm{e}^{t}\,\frac{\mathrm{d}^\mu}{\mathrm{d}t^\mu}\left[t^{\mu-1}\,\mathrm{e}^{-2t}\right]\right\}.$$

Unter Verwendung der Laguerre-Polynome

$$L_\mu(t) = \frac{1}{\mu!}\,\mathrm{e}^{t}\,\frac{\mathrm{d}^\mu}{\mathrm{d}t^\mu}\left[t^\mu\,\mathrm{e}^{-t}\right] \quad (\mu = 0,1,2,\ldots)$$

ergibt sich, wie in einfacher Weise gezeigt werden kann, schließlich

$$h(t) = \alpha_0\,\delta(t) + \sum_{\mu=1}^{\infty}\alpha_\mu(-1)^\mu\left\{\delta(t) + \mathrm{e}^{-t}s(t)\frac{\mathrm{d}}{\mathrm{d}t}L_\mu(2t)\right\}. \tag{5.170}$$

Die vorausgegangenen Ergebnisse kann man auch zur Rücktransformation einer Laplace-Transformierten $F_I(p)$ in den Zeitbereich verwenden, was besonders dann bedeutsam ist, wenn die im Abschnitt 2 beschriebenen Methoden nicht zum Ziel führen. Hierzu wird die Konvergenzhalbebene $\mathrm{Re}\,p > \sigma_{\min}$ von $F_I(p)$ durch

$$s = \frac{1-p+\sigma_{\min}}{1+p-\sigma_{\min}}$$

in den Einheitskreis $|s| < 1$ abgebildet, wobei $F_I(p)$ in $F(s)$ übergeht. Nun wird $F(s)$ in eine Potenzreihe nach Gl. (5.166) entwickelt, aus der eine Darstellung von $F_I(p)$ nach Gl. (5.169) folgt. Hierbei ist allerdings $p$ durch $p-\sigma_{\min}$ zu ersetzen. Beim Übergang in den Zeitbereich wird das Ergebnis nach Gl. (5.170) lediglich mit dem Faktor $\mathrm{e}^{\sigma_{\min}t}$ multipliziert.

# 6. Die Verknüpfung von Dämpfung und Phase

Bei einem linearen, zeitinvarianten, stabilen und kausalen kontinuierlichen System mit einem Eingang und einem Ausgang sind nicht nur Realteilfunktion $R(\omega)$ und Imaginärteilfunktion $X(\omega)$ der Übertragungsfunktion $H(\mathrm{j}\omega)$ miteinander verknüpft, sondern darüber hinaus unter bestimmten Voraussetzungen auch die Dämpfung $\alpha(\omega) = -\ln|H(\mathrm{j}\omega)|$ und die Phase $\Theta(\omega) = -\{\ln[H(\mathrm{j}\omega)/H(-\mathrm{j}\omega)]\}/2\mathrm{j}$. Dies soll zunächst für rationale Übertragungsfunktionen $H(p)$ untersucht werden.[2]

---

[1] Hierbei wird stillschweigend vorausgesetzt, daß in Gl. (5.169) eine gliedweise Rücktransformation gemäß Korrespondenz (5.170) erlaubt ist. Dies müßte von Fall zu Fall noch untersucht werden. Nach Doetsch ist hinreichend für die gliedweise Rücktransformation, daß die aus den Betragsquadraten $|\alpha_\mu|^2$ gebildete Reihe konvergiert.

[2] Im folgenden sei für die Logarithmusfunktion $\ln z = \ln|z| + \mathrm{j}\arg z$ stets jener Zweig gewählt, für den bei reellem positivem $z$ das Argument $\arg z$ verschwindet. Weiterhin gelte künftig $H(0) \geqq 0$, was durch Wahl der Bezugsrichtung für das Eingangs- oder Ausgangssignal stets erreicht werden kann. Bei Anwendungen verwendet man als Dämpfung häufig $-20\lg|H(\mathrm{j}\omega)|$ (in dB), wobei lg den Zehnerlogarithmus bedeutet.

## 6.1. DER FALL RATIONALER ÜBERTRAGUNGSFUNKTIONEN

Die Übertragungsfunktion des betrachteten Systems sei

$$H(p) = \frac{Z(p)}{N(p)}, \tag{5.171}$$

wobei $Z(p)$ und $N(p)$ teilerfremde Polynome mit reellen Koeffizienten darstellen. Die Nullstellen des Nennerpolynoms $N(p)$ müssen sich wegen der vorausgesetzten Stabilität des Systems im Innern der linken $p$-Halbebene befinden; $N(p)$ muß also ein Hurwitz-Polynom sein.

Ist $Z(p) = N(-p)$, so bezeichnet man die Funktion $H(p)$ als Allpaß-Übertragungsfunktion. Derartige Übertragungsfunktionen haben also die Eigenschaft, daß die Nullstellen bezüglich der imaginären Achse symmetrisch zu den Polstellen liegen (Bild 5.39). Hieraus läßt sich die für Allpaß-Übertragungsfunktionen typische Eigenschaft ableiten, daß die Amplitudenfunktion $A(\omega) = |H(j\omega)| = |N(-j\omega)/N(j\omega)| = |N^*(j\omega)/N(j\omega)|$ für alle reellen Kreisfrequenzen $\omega$ beständig Eins ist. Multipliziert man also irgendeine Übertragungsfunktion $H(p)$ nach Gl. (5.171) mit einer Allpaß-Übertragungsfunktion, so ändert sich dadurch der Verlauf der Dämpfungsfunktion nicht, dagegen im allgemeinen die Phase.

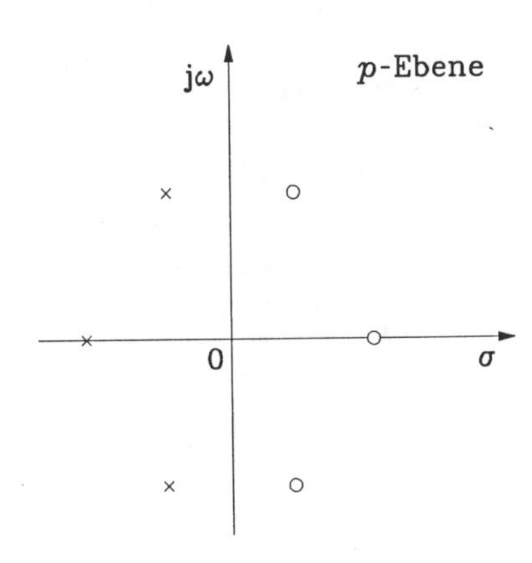


Bild 5.39: Pol- und Nullstellenverteilung einer Allpaß-Übertragungsfunktion

Weiterhin kann jede Übertragungsfunktion $H(p)$ nach Gl. (5.171) als Produkt

$$H(p) = H_m(p)H_a(p) \tag{5.172}$$

dargestellt werden, wobei $H_a(p)$ eine Allpaß-Übertragungsfunktion und $H_m(p)$ die Übertragungsfunktion eines sogenannten Mindestphasensystems darstellt. Die Übertragungsfunktion eines Mindestphasensystems besitzt keine Nullstellen in der offenen rechten Halbebene $\operatorname{Re} p > 0$. Die Darstellung einer Übertragungsfunktion nach Gl. (5.172) erhält man dadurch, daß man das Zählerpolynom $Z(p)$ in Form eines Produkts $Z_m(p)Z_a(p)$ darstellt. Diejenigen Nullstellen von $Z(p)$, die in der linken Halbebene $\operatorname{Re} p \leqq 0$ liegen, sollen mit jenen von $Z_m(p)$ übereinstimmen, und die in der offenen rechten Halbebene $\operatorname{Re} p > 0$ liegenden Nullstellen von $Z(p)$ sollen mit jenen von $Z_a(p)$ identisch sein. Dann setzt man

$$H_m(p) = \frac{Z_m(p)Z_a(-p)}{N(p)}, \quad H_a(p) = \frac{Z_a(p)}{Z_a(-p)}.$$

Die Übertragungsfunktion $H_m(p)$ des Mindestphasensystems erhält man also aus der Übertragungsfunktion $H(p)$, indem man die in der rechten Halbebene $\text{Re}\,p > 0$ liegenden Nullstellen an der imaginären Achse spiegelt und die übrigen Nullstellen sowie alle Pole beibehält (Bild 5.40).

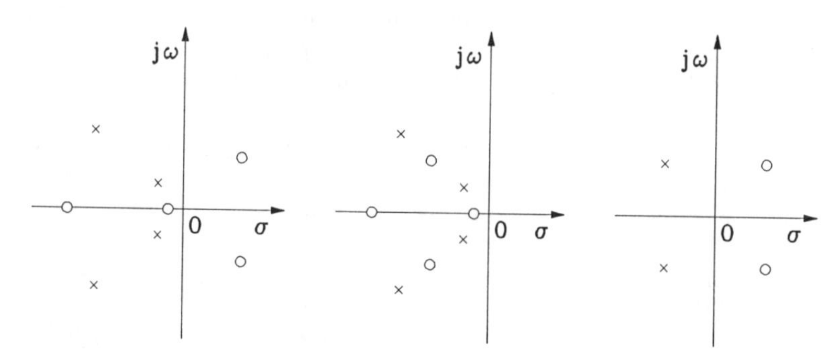


Bild 5.40: Zur Darstellung einer rationalen Übertragungsfunktion $H(p)$ als Produkt der Übertragungsfunktion eines Mindestphasensystems und jener eines Allpasses gemäß Gl. (5.172)

Aus der Produktdarstellung einer Übertragungsfunktion $H(p)$ gemäß Gl. (5.172) folgt die Realisierung von $H(p)$ in Form einer (rückwirkungsfreien) Kettenverbindung eines Mindestphasensystems und eines Allpasses mit der Übertragungsfunktion $H_m(p)$ bzw. $H_a(p)$.

Man kann sich leicht davon überzeugen, daß die Phase $\Theta(\omega)$ einer Allpaß-Übertragungsfunktion monoton ansteigt. Daher zeichnet sich die eingeführte Übertragungsfunktion $H_m(p)$ eines Mindestphasensystems dadurch aus, daß ihre Phase im Vergleich zu allen Funktionen $H(p)$ mit gleicher Amplitude (die sich also nur um Allpaß-Übertragungsfunktionen $H_a(p)$ multiplikativ unterscheiden) für jeden $\omega$-Wert die kleinste Ableitung und mit der in Fußnote 2, Seite 392 getroffenen Vereinbarung auch den kleinsten Ordinatenwert hat. Damit erklärt sich die Bezeichnung "Mindestphasensystem".

Betrachtet man einen Allpaß mit der Übertragungsfunktion $H_a(p)$, dem (reellen) Eingangssignal $x(t)$ und dem Ausgangssignal $y(t)$, so erhält man mit den Spektren $X(\mathrm{j}\omega)$ und $Y(\mathrm{j}\omega)$ von $x(t)$ bzw. $y(t)$ nach dem Parsevalschen Theorem und wegen $|H_a(\mathrm{j}\omega)| \equiv 1$

$$\int_{-\infty}^{\infty} y^2(t)\,\mathrm{d}t = \frac{1}{2\pi}\int_{-\infty}^{\infty} |Y(\mathrm{j}\omega)|^2 \mathrm{d}\omega = \frac{1}{2\pi}\int_{-\infty}^{\infty} |X(\mathrm{j}\omega)|^2 \mathrm{d}\omega = \int_{-\infty}^{\infty} x^2(t)\,\mathrm{d}t\,,$$

d. h. die Signalenergien am Eingang und Ausgang sind identisch. Wirkt am Eingang des Allpasses statt $x(t)$ ein Signal $x_1(t)$, das bis zu einem fixierten Zeitpunkt $t_1$ mit $x(t)$ übereinstimmt und für $t > t_1$ identisch verschwindet, und bezeichnet man mit $y_1(t)$ das zugehörige Ausgangssignal, so stimmen $y(t)$ und $y_1(t)$ im gesamten Intervall $-\infty < t \leqq t_1$ überein, so daß

$$\int_{-\infty}^{t_1} x^2(t)\,\mathrm{d}t = \int_{-\infty}^{\infty} x_1^2(t)\,\mathrm{d}t = \int_{-\infty}^{\infty} y_1^2(t)\,\mathrm{d}t = \int_{-\infty}^{t_1} y^2(t)\,\mathrm{d}t + \int_{t_1}^{\infty} y_1^2(t)\,\mathrm{d}t\,,$$

also

$$\int_{-\infty}^{t_1} x^2(t)\,\mathrm{d}t \geqq \int_{-\infty}^{t_1} y^2(t)\,\mathrm{d}t$$

gilt. Die bis zu einem endlichen Zeitpunkt $t_1$ vom Allpaß abgegebene Energie ist also höchstens gleich der bis zu diesem Zeitpunkt am Eingang zugeführten Energie. Schaltet man dem Allpaß ein Mindestphasensystem mit der Übertragungsfunktion $H_m(p)$ vor, bezeichnet man mit $y(t)$ das Signal, welches das Mindestphasensystem an den Allpaß abgibt, und mit $\tilde{y}(t)$ das Ausgangssignal der Kaskade, dann gilt nach obiger Überlegung

$$\int_{-\infty}^{t_1} y^2(t)\,\mathrm{d}t \geqq \int_{-\infty}^{t_1} \tilde{y}^2(t)\,\mathrm{d}t\,.$$

Dieses Ergebnis besagt im Blick auf die Möglichkeit der Zerlegung nach Gl. (5.172): Wirkt ein Signal am Eingang eines Systems mit der Übertragungsfunktion $H(p)$ und wirkt dasselbe Signal auch am Eingang eines Mindestphasensystems, dessen Übertragungsfunktion $H_m(p)$ für alle $p = \mathrm{j}\omega$ $(-\infty < \omega < \infty)$ denselben Betrag wie $H(\mathrm{j}\omega)$ hat, dann ist die bis zu einem beliebigen Zeitpunkt $t_1$ vom Mindestphasensystem abgegebene Energie nicht kleiner als die vom System mit der Übertragungsfunktion $H(p)$ bis $t = t_1$ abgegebene Energie.

Da eine Übertragungsfunktion $H(p)$ mit Nullstellen in der rechten Halbebene $\mathrm{Re}\,p > 0$ gemäß den vorausgegangenen Überlegungen für alle reellen $\omega$-Werte die gleiche Dämpfung hat wie die Übertragungsfunktion $H_m(p)$ des entsprechenden Mindestphasensystems – während die Phasenfunktionen beider Übertragungsfunktionen sich unterscheiden –, kann eine eindeutige Bestimmung der Phase aus der Dämpfung nur für eine Übertragungsfunktion erwartet werden, die einem Mindestphasensystem entspricht. Daher sollen im folgenden nur Mindestphasensysteme betrachtet werden.

Es sei $A(\omega) = |H(\mathrm{j}\omega)|$ bekannt, und gesucht sei die zugehörige Phasenfunktion $\Theta(\omega)$. Es gilt dann

$$A^2(\omega) = H(\mathrm{j}\omega)H(-\mathrm{j}\omega)\,,$$

also

$$A^2\left(\frac{p}{\mathrm{j}}\right) = H(p)H(-p) \tag{5.173}$$

für alle $p$ in der komplexen Ebene. Daher ist die Funktion $A^2(p/\mathrm{j})$ rational, reell und gerade, so daß alle Pole und Nullstellen spiegelbildlich zur imaginären Achse liegen, wobei keine Pole auf der imaginären Achse (einschließlich $p = \infty$) auftreten und rein imaginäre Nullstellen von gerader Vielfachheit sein müssen, da $A^2(p/\mathrm{j})$ für $p = \mathrm{j}\omega$ nicht negativ ist. Es werden die Pole der Funktion $A^2(p/\mathrm{j})$ in $\mathrm{Re}\,p < 0$ mit $p_1, p_2, \ldots, p_s$, ihre Vielfachheiten mit $k_1, \ldots, k_s$ bezeichnet. Durch $q_1, \ldots, q_l$ sollen die Nullstellen in $\mathrm{Re}\,p < 0$ mit den Vielfachheiten $n_1, \ldots, n_l$ dargestellt werden, und $\mathrm{j}\omega_1, \ldots, \mathrm{j}\omega_\lambda$ seien die Nullstellen auf der imaginären Achse mit den Vielfachheiten $2m_1, \ldots, 2m_\lambda$. Dann muß die Übertragungsfunktion $H(p)$ eines zugeordneten Mindestphasensystems von der Form sein

$$H(p) = c\,\frac{\prod\limits_{\nu=1}^{l}(p-q_\nu)^{n_\nu}\prod\limits_{\mu=1}^{\lambda}(p-\mathrm{j}\omega_\mu)^{m_\mu}}{\prod\limits_{\kappa=1}^{s}(p-p_\kappa)^{k_\kappa}} \tag{5.174}$$

mit einer reellen Konstante $c$. Zur Bestimmung von $c$ wird das asymptotische Verhalten der gegebenen Amplitudenfunktion $A(\omega)$ herangezogen. Durch Betrachtung der Terme höchster $\omega$-Potenz im Zähler und Nenner von $A^2(\omega)$ ergibt sich für $\omega \to \infty$

$$A^2(\omega) \to \frac{a^2}{\omega^{2r}} > 0$$

mit einem ganzzahligen $r \geqq 0$, und einem reellen $a > 0$, und wegen Gl. (5.174) folgt hieraus unmittelbar, daß $c^2 = a^2$, also $c = \pm a$ sein muß.

Aus $H(p)$ nach Gl. (5.174) kann für $p = \mathrm{j}\omega$ die zu $A(\omega)$ gehörende Phasenfunktion $\Theta(\omega)$ bestimmt werden. Damit ist gezeigt, daß im Falle einer rationalen Übertragungsfunktion $H(p)$ die Phasenfunktion $\Theta(\omega)$ aus der Dämpfung $\alpha(\omega)$ in eindeutiger Weise hergeleitet werden kann, sofern das entsprechende System ein Mindestphasensystem ist (man beachte hierzu die in Fußnote 2, Seite 392, getroffene Vereinbarung). Gleichzeitig wurde gezeigt, daß auf diese Weise jeder reellen, rationalen, geraden und für alle $\omega$ (einschließlich $\omega = \infty$) beschränkten, nichtnegativen Funktion $A^2(\omega)$ eine Übertragungsfunktion $H(p)$ zugeordnet werden kann, die ein stabiles System beschreibt. Insofern sind die genannten Bedingungen notwendige und hinreichende Forderungen an die Amplitudencharakteristik eines Systems.

Es kann weiterhin für den Fall eines Mindestphasensystems mit rationaler Übertragungsfunktion $H(p)$ gezeigt werden, daß die Dämpfung $\alpha(\omega)$ bis auf eine additive Konstante in eindeutiger Weise aus der Phase $\Theta(\omega)$ folgt. Hierzu wird zunächst angenommen, daß $H(p)$ keine Nullstellen auf der imaginären Achse aufweist. Aus der Phasenfunktion $\Theta(\omega)$ erhält man nämlich die Darstellung

$$\mathrm{e}^{2\mathrm{j}\Theta(\omega)} = \frac{H(-\mathrm{j}\omega)}{H(\mathrm{j}\omega)} = \frac{Z(-\mathrm{j}\omega)N(\mathrm{j}\omega)}{Z(\mathrm{j}\omega)N(-\mathrm{j}\omega)}, \tag{5.175}$$

wobei $H(p)$ als Quotient zweier Polynome nach Gl. (5.171) dargestellt und berücksichtigt wurde, daß $H(\mathrm{j}\omega) = A(\omega)\mathrm{e}^{-\mathrm{j}\Theta(\omega)}$ gilt. Aus Gl. (5.175) ist zu erkennen, daß die Nullstellen der rationalen Funktion $\mathrm{e}^{2\mathrm{j}\Theta(p/\mathrm{j})}$ in der linken Halbebene $\operatorname{Re} p < 0$ mit den Polen der Übertragungsfunktion übereinstimmen und daß die Nullstellen von $\mathrm{e}^{2\mathrm{j}\Theta(p/\mathrm{j})}$ in der offenen rechten Halbebene $\operatorname{Re} p > 0$ nach Umkehrung des Vorzeichens die Nullstellen der Übertragungsfunktion liefern. Damit wird deutlich, daß sich aus $\Theta(\omega)$ die Übertragungsfunktion $H(p)$ mit Hilfe ihrer aus $\mathrm{e}^{2\mathrm{j}\Theta(p/\mathrm{j})}$ erhaltenen Pole und Nullstellen bis auf einen konstanten Faktor sofort aufbauen läßt. Die Phasenfunktion $\Theta(\omega)$ bestimmt also die Dämpfungsfunktion $\alpha(\omega) = -\ln|H(\mathrm{j}\omega)|$ bis auf eine additive Konstante. Falls die Übertragungsfunktion $H(p)$ entgegen der bisherigen Annahme Nullstellen auch auf der imaginären Achse enthält, treten in $\Theta(\omega)$ an den entsprechenden Stellen Phasensprünge von der Höhe $r\pi$ auf, wenn $r$ die Vielfachheit der betreffenden Nullstelle bezeichnet. Damit lassen sich die Nullstellen von $H(p)$ auf der imaginären Achse einschließlich ihrer Vielfachheit aus dem Verlauf von $\Theta(\omega)$ direkt angeben; bei der Bestimmung der übrigen Nullstellen und Pole wird wie oben vorgegangen.

## 6.2. ALLGEMEINE MINDESTPHASENSYSTEME

Es sei $H(p)$ die Übertragungsfunktion eines linearen, zeitinvarianten, stabilen und kausalen kontinuierlichen Systems. $H(p)$ besitze in der offenen rechten Halbebene $\operatorname{Re} p > 0$ keine Nullstellen (Mindestphasensystem), jedoch auf der imaginären Achse einschließlich $p = \infty$ möglicherweise endlich viele Nullstellen.

Es wird die Funktion

$$T(p) = \frac{\ln H(p)}{p^2 + \omega_0^2} \tag{5.176}$$

betrachtet. Die Übertragungsfunktion $H(p)$ soll an den frei wählbaren Stellen $\pm j\omega_0$ nicht verschwinden. Wie die Gl. (5.176) lehrt, ist die Funktion $T(p)$ in $\mathrm{Re}\,p > 0$ analytisch und in $\mathrm{Re}\,p \geqq 0$ stetig, wenn man längs $\mathrm{Re}\,p = 0$ von den Nullstellen der Übertragungsfunktion $H(p)$ und den Stellen $\pm j\omega_0$ absieht. Nun wird die Funktion $T(p)$ längs des geschlossenen Weges $C$ nach Bild 5.41 integriert. Der Weg setzt sich aus Geradenstücken längs der imaginären Achse, aus kleinen Halbkreisen mit den Radien $\rho$ um die Punkte $\pm j\omega_0$ und um die Nullstellen von $H(p)$ auf der imaginären Achse sowie aus einem den Punkt $p = \infty$ ausschließenden Halbkreis zusammen, dessen Radius $\Omega$ so groß gewählt sei, daß in $|\,p\,| \geqq \Omega$ keine Nullstellen von $H(p)$ auf der imaginären Achse liegen. Nach dem Cauchyschen Integralsatz der Funktionentheorie (Anhang D) gilt

$$\int_C T(p)\,\mathrm{d}p = 0\,. \tag{5.177}$$

Da $pT(p) \to 0$ strebt für $p \to \infty$ ($\mathrm{Re}\,p \geqq 0$), verschwindet der Integralbeitrag in Gl. (5.177) längs des großen Halbkreises für $\Omega \to \infty$. Die entsprechenden Integralbeiträge längs der kleinen Halbkreise um die Nullstellen von $H(p)$ verschwinden ebenfalls für $\rho \to 0$, da längs dieser Halbkreise $\rho T(p) \to 0$ für $\rho \to 0$ strebt. Damit kann Gl. (5.177) mit Gl. (5.176) folgendermaßen geschrieben werden:

$$j\int_{-\infty}^{\infty} \frac{\ln H(j\omega)}{\omega_0^2 - \omega^2}\,\mathrm{d}\omega + \lim_{\rho\to 0}\left[\frac{\ln H(j\omega_0)}{j\omega_0 + j\omega_0}\int \frac{\mathrm{d}p}{p - j\omega_0} + \frac{\ln H(-j\omega_0)}{-j\omega_0 - j\omega_0}\int \frac{\mathrm{d}p}{p + j\omega_0}\right] = 0\,. \tag{5.178}$$

Das erste in der eckigen Klammer stehende Integral ist längs des Halbkreises um $j\omega_0$ zu erstrecken; es ist daher gleich $j\pi$. Das zweite in der eckigen Klammer stehende Integral ist längs des Halbkreises um $-j\omega_0$ zu erstrecken; es ist ebenfalls gleich $j\pi$. Damit erhält man aus Gl. (5.178) mit $\ln H(j\omega) = -\alpha(\omega) - j\,\Theta(\omega)$

$$j\int_{-\infty}^{\infty} \frac{\alpha(\omega)}{\omega^2 - \omega_0^2}\,\mathrm{d}\omega + \frac{\pi}{2\omega_0}\left[-\alpha(\omega_0) - j\,\Theta(\omega_0) + \alpha(\omega_0) - j\,\Theta(\omega_0)\right] = 0\,.$$

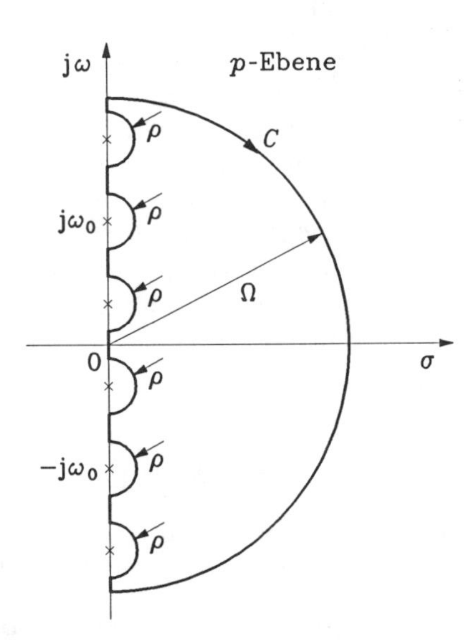


Bild 5.41: Integrationsweg für die Funktion $T(p)$ nach Gl. (5.176)

Hieraus folgt, wenn man noch die bisherige Integrationsvariable $\omega$ durch $\eta$ und die Kreisfrequenz $\omega_0$ durch $\omega$ ersetzt,

$$\Theta(\omega) = \frac{\omega}{\pi} \int_{-\infty}^{\infty} \frac{\alpha(\eta)}{\eta^2 - \omega^2} \, d\eta . \tag{5.179}$$

Diese Beziehung erlaubt es, die Phase $\Theta(\omega)$ eines Mindestphasensystems aus der Dämpfung $\alpha(\omega)$ zu ermitteln. Aus der Herleitung der Gl. (5.179) geht hervor, daß das Integral in Gl. (5.179) im Sinne des Cauchyschen Hauptwertes aufzufassen ist. [1)]

Führt man die vorausgegangenen Untersuchungen statt mit der Funktion $T(p)$ nach Gl. (5.176) nunmehr mit Hilfe der Funktion

$$T(p) = \frac{\ln H(p)}{p^\nu (p^2 + \omega_0^2)}$$

für $H(0) \neq 0$ in entsprechender Weise durch, wobei $\nu$ eine ungerade Zahl (1, 3, . . .) ist und der Nullpunkt bei der Integration durch einen kleinen Halbkreis in $\mathrm{Re}\, p \geqq 0$ umgangen werden muß, dann erhält man die Beziehung

$$\alpha(\omega) = \alpha(0) + \frac{\omega^2}{2!} \alpha''(0) + \cdots + \frac{\omega^{\nu-1}}{(\nu-1)!} \alpha^{(\nu-1)}(0) - \frac{\omega^{\nu+1}}{\pi} \int_{-\infty}^{\infty} \frac{\Theta(\eta)}{\eta^\nu (\eta^2 - \omega^2)} \, d\eta . \tag{5.180}$$

Sie liefert für $\nu = 1$ die Formel

$$\alpha(\omega) = \alpha(0) - \frac{\omega^2}{\pi} \int_{-\infty}^{\infty} \frac{\Theta(\eta)}{\eta(\eta^2 - \omega^2)} \, d\eta ,$$

also eine Möglichkeit, die Dämpfung $\alpha(\omega)$ bis auf eine additive Konstante aus der Phasenfunktion $\Theta(\omega)$ eines Mindestphasensystems zu bestimmen. Das Integral in Gl. (5.180) ist für $\nu = 1$ im Sinne des Cauchyschen Hauptwertes, für $\nu > 1$ als Hakenintegral aufzufassen.

**Anmerkung:** Besitzt die Übertragungsfunktion $H(p)$ eines Mindestphasensystems auf der imaginären Achse einschließlich $p = \infty$ keine Nullstellen, so existieren zwischen $\alpha(\omega)$ und $\Theta(\omega)$ neben den Gln. (5.179) und (5.180) auch Beziehungen der Art der Gln. (5.162) und (5.163), da in diesem Fall auf die Funktion $\ln H(p)$ die Überlegungen von Abschnitt 5.2 anwendbar sind. Außerdem gilt dann Gl. (5.180) auch für $\nu = -1$, sofern man die Summe vor dem Integral durch $\alpha(\infty)$ ersetzt. Weiterhin kann in diesem Fall die Methode von Abschnitt 5.3 zur praktischen Bestimmung der Phase aus der Dämpfung und umgekehrt angewendet werden.

*Beispiel:* Die Funktion

$$A(\omega) = \begin{cases} 1 & \text{für} \quad |\omega| < \omega_g \\ A_1 > 0 & \text{für} \quad |\omega| > \omega_g \end{cases}$$

wird als Amplitudencharakteristik eines Mindestphasensystems (idealisiertes, kausales Tiefpaßsystem, Bild 5.42) betrachtet. Für die entsprechende Phasenfunktion erhält man nach Gl. (5.179)

---

1) Man kann statt Gl. (5.179) eine allgemeinere Darstellung zur Bestimmung von $\Theta(\omega)$ aus $\alpha(\omega)$ angeben, indem man im Nenner der rechten Seite von Gl. (5.176) den Faktor $p^\mu$ mit geradem $\mu$ (0, 2, 4, . . .) einführt. Dies hat zur Folge, daß in Gl. (5.179) der Faktor $\omega/\pi$ durch $\omega^{\mu+1}/\pi$ zu ersetzen ist und im Nenner des Integranden zusätzlich der Faktor $\eta^\mu$ auftritt. Das Integral selbst ist als sogenanntes Hakenintegral [Do1] aufzufassen, d. h. bei der Integration ist der Nullpunkt $\eta = 0$ durch einen kleinen Halbkreis in der rechten $(\xi + j\eta)$-Halbebene zu umgehen. Zusätzlich erscheint auf der rechten Seite von Gl. (5.179) die Summe $\omega\Theta'(0)/1! + \cdots + \omega^{\mu-1}\Theta^{(\mu-1)}(0)/(\mu-1)!$. Hierbei wurde angenommen, daß $H(0) \neq 0$ ist.

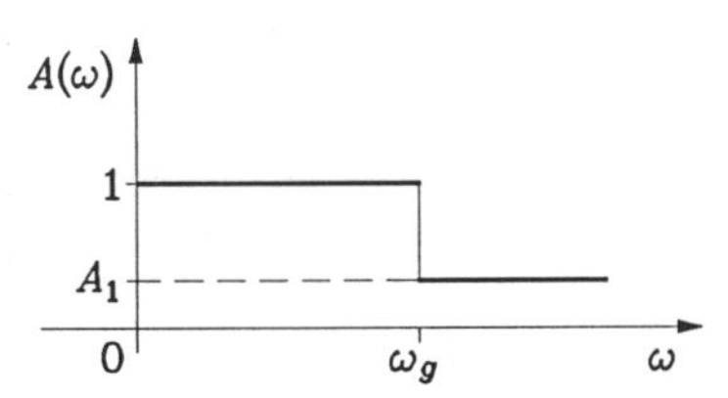


Bild 5.42: Amplitudencharakteristik eines Tiefpaßsystems

$$\Theta(\omega) = \frac{\omega}{\pi}\left[\int_{-\infty}^{-\omega_g} \frac{-\ln A_1}{\eta^2-\omega^2}\,\mathrm{d}\eta + \int_{\omega_g}^{\infty} \frac{-\ln A_1}{\eta^2-\omega^2}\,\mathrm{d}\eta\right] = -\frac{\ln A_1}{\pi}\int_{\omega_g}^{\infty}\left[\frac{1}{\eta-\omega} - \frac{1}{\eta+\omega}\right]\mathrm{d}\eta\,,$$

also

$$\Theta(\omega) = \frac{\ln A_1}{\pi} \ln\left|\frac{\omega_g-\omega}{\omega_g+\omega}\right|.$$

Die Funktion $\Theta(\omega)$ ist für $\omega \geqq 0$ im Bild 5.43 dargestellt.

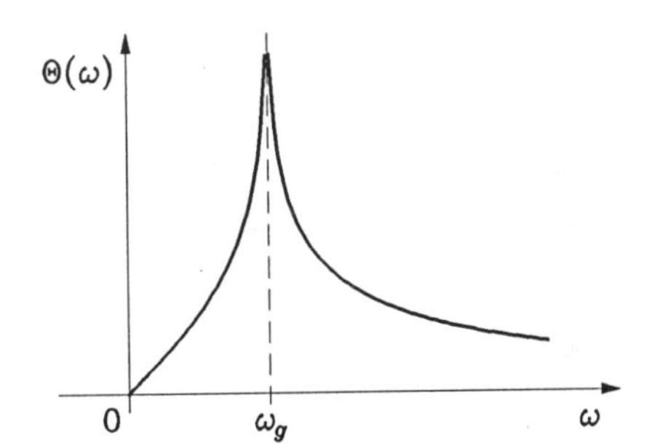


Bild 5.43: Phasenfunktion des Mindestphasensystems mit Amplitude nach Bild 5.42

## 6.3. DIE FRAGE DER REALISIERBARKEIT EINER AMPLITUDENCHARAKTERISTIK, DAS PALEY-WIENER-KRITERIUM

Im Anschluß an die im letzten Abschnitt durchgeführten Untersuchungen ist die folgende Frage von grundsätzlicher Bedeutung: Unter welchen Voraussetzungen kann einer geraden, nichtnegativen und beschränkten Amplitudenfunktion $A(\omega)$, deren Grenzwert für $\omega \to \infty$ eine nichtnegative endliche Konstante darstellt, eine Phasenfunktion $\Theta(\omega)$ nach Abschnitt 6.2 zugeordnet werden, so daß die hieraus resultierende Funktion $H(\mathrm{j}\omega) = A(\omega)\mathrm{e}^{-\mathrm{j}\Theta(\omega)}$ die Übertragungsfunktion eines linearen, zeitinvarianten und *kausalen* Systems darstellt?

Zur Erleichterung des Studiums dieses Problems empfiehlt es sich, die $p$-Ebene nach Gl. (5.164) in die $s$-Ebene abzubilden, wodurch die rechte $p$-Halbebene in den Einheitskreis der $s$-Ebene übergeht (Bild 5.37). Dadurch erhält man unter Verwendung von Gl. (5.165) aus der Dämpfung $\alpha(\omega) = -\ln A(\omega)$ die $2\pi$-periodische Funktion $\hat{\alpha}(\vartheta)$.

Neben den Eigenschaften von $\hat{\alpha}(\vartheta)$, die sich aus den Voraussetzungen über $A(\omega)$ ergeben, soll zusätzlich verlangt werden, daß die Funktion $\hat{\alpha}(\vartheta)$ im Intervall $-\pi \leqq \vartheta \leqq \pi$ stückweise glatt und absolut integrierbar ist:

$$\int_{-\pi}^{\pi} | \hat{\alpha}(\vartheta) | \, d\vartheta < \infty . \tag{5.181}$$

Für $A(\omega)$ bedeutet dies: Abgesehen von endlich vielen $\omega$-Stellen soll $A(\omega)$ überall einen stetigen Differentialquotienten haben, und es möge

$$\int_{-\infty}^{\infty} \frac{| \ln A(\omega) |}{1+\omega^2} \, d\omega < \infty \tag{5.182}$$

sein. Die Ungleichung (5.182) folgt unmittelbar aus Ungleichung (5.181) aufgrund von Gl. (5.165), aus der sich $d\vartheta$ zu $-2d\omega/(1+\omega^2)$ ergibt. Nun läßt sich $\hat{\alpha}(\vartheta)$ wegen der Bedingung (5.181) in die Fourier-Reihe

$$\hat{\alpha}(\vartheta) = \alpha_0 + \alpha_1 \cos\vartheta + \alpha_2 \cos 2\vartheta + \cdots$$

entwickeln, wobei die Summe an allen $\vartheta$-Stellen mit $\hat{\alpha}(\vartheta)$ übereinstimmt, an denen $\hat{\alpha}(\vartheta)$ stetig ist [To1]. Damit kann man die Funktion

$$\hat{H}(s) = e^{-\alpha_0 - \alpha_1 s - \alpha_2 s^2 - \cdots}$$

und weiterhin

$$H(p) = \hat{H}\left(\frac{1-p}{1+p}\right) \tag{5.183}$$

bilden. Man erkennt, daß

$$| H(j\omega) | = | \hat{H}(e^{j\vartheta}) | = e^{-\hat{\alpha}(\vartheta)} = A(\omega) \tag{5.184}$$

gilt und die Funktion $H(p)$ in $\mathrm{Re}\,p > 0$ analytisch und in $\mathrm{Re}\,p \geqq 0$ endlich sowie, abgesehen von endlich vielen Stellen auf $\mathrm{Re}\,p = 0$, stetig ist. Damit $H(p)$ als Übertragungsfunktion eines kausalen Systems aufgefaßt werden kann, muß jetzt noch verlangt werden, daß eine für negative $t$-Werte verschwindende Zeitfunktion $h(t)$ (Impulsantwort des Systems) existiert, deren Laplace-Transformierte mit $H(p)$ nach Gl. (5.183) identisch ist. Diese Frage betrifft das Darstellungsproblem der Laplace-Transformation. Nach Doetsch [Do1] reichen die bis jetzt festgestellten Eigenschaften von $H(p)$ noch nicht aus, um die Existenz einer Funktion $h(t)$ der genannten Art zu garantieren. Ist jedoch die Funktion $H(j\omega) - H(\infty)$ in $(-\infty, \infty)$ absolut integrierbar, dann läßt sich $H(j\omega)$ gemäß Kapitel III als Fourier-Transformierte einer Zeitfunktion $h(t)$ darstellen. Diese Funktion verschwindet für $t < 0$, wie leicht dadurch gezeigt werden kann, daß man $h(t) - H(\infty)\,\delta(t)$ für $t < 0$ durch

$$\lim_{R \to \infty} \frac{1}{2\pi j} \int_{C_R} [H(p) - H(\infty)] \, e^{pt} \, dp$$

darstellt, wobei $C_R$ einen geschlossenen Weg bedeutet, der sich aus einem endlichen Stück der imaginären Achse und einem in $\mathrm{Re}\,p \geqq 0$ gelegenen Halbkreis um den Nullpunkt mit Radius $R$ zusammensetzt. Gemäß den Überlegungen im Abschnitt 2.2 verschwindet das Teilintegral längs des Halbkreisbogens für $t < 0$ und $R \to \infty$. Wenn man also neben den genannten Voraussetzungen für $A(\omega)$ einschließlich jener, die durch Ungleichung (5.182) ausgedrückt wird, fordert, daß die durch Gl. (5.183) gegebene Funktion $H(j\omega) - H(\infty)$ absolut integrierbar ist, dann stellt $H(p)$ die Übertragungsfunktion eines linearen, zeitinvarianten und kausalen kontinuierlichen Systems dar, und es gilt $A(\omega) \equiv |H(\mathrm{j}\omega)|$. Dann kann also der Amplitude $A(\omega)$ eine Phase $\Theta(\omega)$ derart zugeordnet werden, daß die resultierende Funktion $H(\mathrm{j}\omega) = A(\omega)\,\mathrm{e}^{-\mathrm{j}\Theta(\omega)}$ Übertragungsfunktion eines kausalen Systems ist.

Nach einem Vorschlag von Paley und Wiener [Pa1] soll für das Folgende nur vorausgesetzt werden, daß die Amplitudenfunktion $A(\omega)$ quadratisch integrierbar ist, daß also

$$\int_{-\infty}^{\infty} A^2(\omega)\,\mathrm{d}\omega < \infty \tag{5.185}$$

gilt. Dann läßt sich folgende, als *Paley-Wiener-Kriterium* bekannte Aussage machen:

**Satz V.9:** Zu einer geraden, nichtnegativen Amplitudenfunktion $A(\omega)$ mit der Eigenschaft nach Gl. (5.185) gibt es genau dann eine Phasenfunktion $\Theta(\omega)$, so daß die resultierende Übertragungsfunktion $H(\mathrm{j}\omega)$ ein kausales System beschreibt, wenn die Bedingung (5.182) erfüllt ist.

Im folgenden soll das Paley-Wiener-Kriterium, teilweise nur skizzenhaft, bewiesen werden. Zur Vereinfachung der Beweisführung werden allerdings hierbei die eingangs gemachten Voraussetzungen über $A(\omega)$ verwendet; auf die absolute Integrierbarkeit von $H(\mathrm{j}\omega) - H(\infty)$ kann dabei verzichtet werden.

(a) Es läßt sich zeigen, daß für die Funktion $H(p)$, die gemäß Gl. (5.183) wegen Bedingung (5.182) existiert, aufgrund der Ungleichung (5.185) für $\sigma > 0$ die Beziehung

$$\int_{-\infty}^{\infty} |H(\sigma + \mathrm{j}\omega)|^2\,\mathrm{d}\omega < \infty$$

besteht. Angesichts dieser Eigenschaft von $H(p)$ gibt es eine für negative $t$-Werte verschwindende Zeitfunktion $h_\sigma(t)$, die im Sinne von Plancherel [Wi2] die Fourier-Transformierte der Funktion $H(\sigma + \mathrm{j}\omega)$ ist:

$$\lim_{T\to\infty} \int_{-\infty}^{\infty} \left| H(\sigma + \mathrm{j}\omega) - \int_{-T}^{T} h_\sigma(t)\,\mathrm{e}^{-\mathrm{j}\omega t}\,\mathrm{d}t \right|^2 \mathrm{d}\omega = 0 .$$

Man sagt, daß die Funktion, welche durch das von $-T$ bis $T$ erstreckte Integral gegeben ist, im *quadratischen Mittel* gegen $H(\sigma + \mathrm{j}\omega)$ konvergiert. Als Symbol für diese Konvergenzart wird l.i.m. (Limes im Mittel) benutzt. Nach [Pa1] erhält man die Aussage

$$\underset{\sigma\to 0}{\mathrm{l.i.m.}}\, H(\sigma + \mathrm{j}\omega) = \underset{T\to\infty}{\mathrm{l.i.m.}} \int_0^T h(t)\,\mathrm{e}^{-\mathrm{j}\omega t}\,\mathrm{d}t . \tag{5.186}$$

Hierbei bedeutet $h(t)$ den Grenzwert von $h_\sigma(t)$ für $\sigma \to 0$. Da aber $H(\sigma + \mathrm{j}\omega)$ für $\sigma \to 0$ im gewöhnlichen Sinne einen Grenzwert hat, nämlich $H(\mathrm{j}\omega)$, besitzt auch das Integral auf der rechten Seite von Gl. (5.186) einen gewöhnlichen, mit $H(\mathrm{j}\omega)$ übereinstimmenden Grenzwert [Pa1]. Damit gilt

$$H(\mathrm{j}\omega) = \int_0^{\infty} h(t)\,\mathrm{e}^{-\mathrm{j}\omega t}\,\mathrm{d}t ,$$

wobei $\mathrm{j}\omega$ durch $p = \sigma + \mathrm{j}\omega$ mit $\sigma \geqq 0$ ersetzt werden darf. Da $|H(\mathrm{j}\omega)| \equiv A(\omega)$ gilt, ist ein Teil des Kriteriums bewiesen.

(b) Nimmt man jetzt eine Übertragungsfunktion $H(p)$ an, die zu einem kausalen System gehört, dann läßt sich in Umkehrung der Schlußweise von (a) zeigen, daß unter den getroffenen Voraussetzungen die Amplitudenfunktion $A(\omega)$ die Paley-Wiener-Bedingung (5.182) erfüllt. Dazu kann man folgendermaßen vorgehen. Zunächst sei $H(p)$ durch faktorielle Abspaltung einer Allpaßübertragungsfunktion auf eine Mindestphasenfunktion reduziert, wobei keine Veränderung der Amplitude erfolgt. Nach Übergang in die $s$-Ebene gemäß Gl. (5.164) erhält man aus $H(p)$ die Funktion $F(s)$, welche in $|s| < 1$ analytisch und nullstellenfrei ist. Danach wird das Integral

$$I = \frac{1}{2} \int_{|s| = \rho < 1} \frac{\ln F(s)}{s} \, \mathrm{d}s$$

längs des Kreises $|s| = \rho < 1$ im Gegenuhrzeigersinn gebildet. Nach dem Residuensatz wird

$$I = \pi \mathrm{j} \ln F(0) \,,$$

da der Integrand überall in $|s| \leqq \rho$ analytisch ist, abgesehen von der Polstelle $s = 0$, die das Residuum $\ln F(0)$ hat. Führt man den Grenzübergang $\rho \to 1$ durch und berücksichtigt man, daß sich dabei $\ln F(s)$ der Funktion $\ln F(\mathrm{e}^{\mathrm{j}\vartheta})$ stetig nähert und $s = \mathrm{e}^{\mathrm{j}\vartheta}$ wird, so erhält man

$$\frac{\mathrm{j}}{2} \int_{-\pi}^{\pi} \ln F(\mathrm{e}^{\mathrm{j}\vartheta}) \, \mathrm{d}\vartheta = \pi \mathrm{j} \ln F(0) \,,$$

und hieraus folgt

$$\int_{-\pi}^{\pi} \ln |F(\mathrm{e}^{\mathrm{j}\vartheta})| \, \mathrm{d}\vartheta = 2\pi \ln |F(0)| \,. \tag{5.187}$$

Nun wird der Integrand $\ln |F(\mathrm{e}^{\mathrm{j}\vartheta})|$ als Summe $\ln^+ |F(\mathrm{e}^{\mathrm{j}\vartheta})| + \ln^- |F(\mathrm{e}^{\mathrm{j}\vartheta})|$ dargestellt, wobei der Term $\ln^+ |F(\mathrm{e}^{\mathrm{j}\vartheta})|$ sämtliche nichtnegativen Funktionswerte von $\ln |F(\mathrm{e}^{\mathrm{j}\vartheta})|$ umfaßt:

$$\ln^+ |F(\mathrm{e}^{\mathrm{j}\vartheta})| = \begin{cases} \ln |F(\mathrm{e}^{\mathrm{j}\vartheta})| & \text{für} \quad |F(\mathrm{e}^{\mathrm{j}\vartheta})| \geqq 1 \,, \\ 0 & \text{für} \quad |F(\mathrm{e}^{\mathrm{j}\vartheta})| < 1 \,. \end{cases}$$

In entsprechender Weise umfaßt $\ln^- |F(\mathrm{e}^{\mathrm{j}\vartheta})|$ sämtliche negativen Funktionswerte von $\ln |F(\mathrm{e}^{\mathrm{j}\vartheta})|$. Damit läßt sich schreiben

$$\int_{-\pi}^{\pi} \ln |F(\mathrm{e}^{\mathrm{j}\vartheta})| \, \mathrm{d}\vartheta = \int_{-\pi}^{\pi} \ln^+ |F(\mathrm{e}^{\mathrm{j}\vartheta})| \, \mathrm{d}\vartheta + \int_{-\pi}^{\pi} \ln^- |F(\mathrm{e}^{\mathrm{j}\vartheta})| \, \mathrm{d}\vartheta \,,$$

$$\int_{-\pi}^{\pi} |\ln |F(\mathrm{e}^{\mathrm{j}\vartheta})|| \, \mathrm{d}\vartheta = \int_{-\pi}^{\pi} \ln^+ |F(\mathrm{e}^{\mathrm{j}\vartheta})| \, \mathrm{d}\vartheta - \int_{-\pi}^{\pi} \ln^- |F(\mathrm{e}^{\mathrm{j}\vartheta})| \, \mathrm{d}\vartheta \,.$$

Aus diesen Gleichungen folgt mit Gl. (5.187) die Beziehung

$$\int_{-\pi}^{\pi} |\ln |F(\mathrm{e}^{\mathrm{j}\vartheta})|| \, \mathrm{d}\vartheta = 2 \int_{-\pi}^{\pi} \ln^+ |F(\mathrm{e}^{\mathrm{j}\vartheta})| \, \mathrm{d}\vartheta - 2\pi \ln |F(0)| \,. \tag{5.188}$$

Da $|F(\mathrm{e}^{\mathrm{j}\vartheta})| \geqq \ln^+ |F(\mathrm{e}^{\mathrm{j}\vartheta})|$ und $|F(\mathrm{e}^{\mathrm{j}\vartheta})|^2 \geqq 2 \ln^+ |F(\mathrm{e}^{\mathrm{j}\vartheta})|$ gilt, läßt sich die Gl. (5.188) in die Ungleichung

$$\int_{-\pi}^{\pi} |\ln |F(\mathrm{e}^{\mathrm{j}\vartheta})|| \, \mathrm{d}\vartheta \leqq \int_{-\pi}^{\pi} |F(\mathrm{e}^{\mathrm{j}\vartheta})|^2 \mathrm{d}\vartheta - 2\pi \ln |F(0)| \tag{5.189}$$

überführen. Das auf der rechten Seite von Ungleichung (5.189) auftretende Integral hat einen endlichen Wert; denn es ist identisch mit dem Integral über $A^2(\omega)/(1 + \omega^2)$ von $-\infty$ bis $\infty$, das wegen der quadratischen Integrierbarkeit von $A(\omega)$ einen endlichen Wert besitzt. Also erhält man aus der Ungleichung (5.189) die Eigenschaft

$$\int_{-\pi}^{\pi} |\ln |F(\mathrm{e}^{\mathrm{j}\vartheta})|| \, \mathrm{d}\vartheta < \infty \,,$$

die durch Übergang in die $p$-Ebene direkt die Paley-Wiener-Bedingung (5.182) liefert.

Aus dem Paley-Wiener-Kriterium lassen sich einige interessante Folgerungen ziehen: Betrachtet man ein Tiefpaßsystem mit quadratisch integrierbarer Amplitudenfunktion, dessen Dämpfung $\alpha(\omega)$ für $\omega \to \infty$ sich wie const$\cdot\,\omega^n$ verhält, dann ist die Amplitude im Sinne des Paley-Wiener-Kriteriums sicher dann nicht realisierbar, wenn $n \geqq 1$ ist. Der lineare Anstieg mit der Frequenz ist also eine obere Grenze für das asymptotische Verhalten jeder realisierbaren Tiefpaß-Dämpfungsfunktion. Kein realisierbares System mit quadratisch integrierbarer Amplitude liefert eine Dämpfung, die asymptotisch wie const$\cdot\,\omega$ oder schneller ansteigt. Der Gaußsche Tiefpaß mit der quadratisch integrierbaren Amplitude $A(\omega) = \mathrm{e}^{-\omega^2}$ hat die Dämpfung $\alpha(\omega) = \omega^2$. Er ist also nicht realisierbar. – Verschwindet die quadratisch integrierbare Amplitudenfunktion $A(\omega)$ in einem $\omega$-Intervall von nicht verschwindender Länge, dann ist das Paley-Wiener-Kriterium offensichtlich nicht erfüllt, die Amplitude nicht realisierbar. Als Beispiel sei die Amplitudenfunktion $A(\omega)$ des idealen Tiefpasses (Kapitel III, Abschnitt 2.3) genannt, die quadratisch integrierbar ist, jedoch für $|\omega| > \omega_g$ identisch verschwindet. Das Paley-Wiener-Integral in Ungleichung (5.182) divergiert. Der ideale Tiefpaß ist also kein kausales System. Abschließend sei bemerkt, daß die Frage der Realisierbarkeit einer nicht quadratisch integrierbaren Amplitudencharakteristik (z.B. Bild 5.42) durch das Paley-Wiener-Kriterium nicht beantwortet wird.

## 7. Optimalfilter

Im folgenden sollen Möglichkeiten zur Charakterisierung von Systemen skizziert werden, welche zur Signalschätzung dienen, also zur möglichst genauen Bestimmung eines durch Rauschen oder sonstige Störungen überlagerten Nutzsignals. Das Nutzsignal wird hierbei als Musterfunktion eines stochastischen Prozesses verstanden. Da das Prinzip der Signalschätzung auf der Extraktion des Nutzsignals aus dem empfangenen Signalgemisch beruht, bezeichnet man die resultierenden Systeme als Filter.

### 7.1. DAS WIENERSCHE OPTIMALFILTER

Von dem empfangenen stochastischen Prozeß $\boldsymbol{x}(t)$ werden nur bestimmte stochastische Kenngrößen als bekannt vorausgesetzt. Dieser Prozeß setze sich additiv zusammen aus dem Nachrichtensignal $\boldsymbol{m}(t)$ und einer Störung $\boldsymbol{n}(t)$, die als reelle, mittelwertfreie, nicht korrelierte, stationäre stochastische Prozesse betrachtet werden dürfen. Es gilt also

$$\boldsymbol{x}(t) = \boldsymbol{m}(t) + \boldsymbol{n}(t). \tag{5.190}$$

Bekannt seien also die beiden Autokorrelierten $r_{mm}(\tau)$ und $r_{nn}(\tau)$, deren Fourier-Transformierte als gewöhnliche Funktionen existieren sollen, und es sei $r_{mn}(\tau) \equiv 0$.

Die zu lösende Aufgabe besteht darin, die Impulsantwort $h(t)$ bzw. die Übertragungsfunktion $H(\mathrm{j}\omega)$ eines linearen, zeitinvarianten und kausalen kontinuierlichen Systems zu ermitteln, dessen Reaktion

$$\boldsymbol{y}(t) = \int_0^\infty h(\sigma)\boldsymbol{x}(t-\sigma)\,\mathrm{d}\sigma \tag{5.191}$$

auf die Erregung $\boldsymbol{x}(t)$ nach Gl. (5.190) für alle $t$ im Sinne des kleinsten mittleren Fehlerquadrates möglichst wenig vom Nutzsignal $\boldsymbol{m}(t)$ abweicht. Es soll also eine Impulsantwort $h(t)$ mit der Eigenschaft $h(t) = 0$ für alle $t < 0$ gefunden werden, so daß der Fehler

$$\Delta = E\{[\boldsymbol{m}(t) - \boldsymbol{y}(t)]^2\} \tag{5.192}$$

minimal wird. Dabei bezeichnet $E$ den Erwartungswert, und $\boldsymbol{y}(t)$ ist durch die Gl. (5.191) erklärt.

Das Minimum des Fehlers $\Delta$ in Abhängigkeit von $h(t)$ erhält man aufgrund des *Orthogonalitätsprinzips*, welches hier besagt, daß in jedem Zeitpunkt $t$ die Abweichung des Nutzsignals $\boldsymbol{m}(t)$ von seiner durch Gl. (5.191) gegebenen bestmöglichen Schätzung $\boldsymbol{y}(t)$ orthogonal sein muß zu allen vorausgegangenen Werten des empfangenen Signals $\boldsymbol{x}(t)$. Es muß also

$$E\{[\boldsymbol{m}(t) - \boldsymbol{y}(t)]\boldsymbol{x}(t-\tau)\} = 0 \quad \text{für alle } \tau \geqq 0 \tag{5.193}$$

gefordert werden.

Die Richtigkeit dieser Bedingung soll kurz bewiesen werden. Zu diesem Zweck wird $\boldsymbol{y}(t)$ in Gl. (5.192) durch eine Näherungssumme, die das Integral in Gl. (5.191) approximiert, ersetzt, so daß man für den Fehler mit beliebiger Genauigkeit die Darstellung

$$\Delta = E\left\{[\boldsymbol{m}(t) - \sum_{\mu=0}^{M} h(\sigma_\mu)\boldsymbol{x}(t-\sigma_\mu)\Delta\sigma_\mu]^2\right\}$$

erhält. Diese Größe ist in Abhängigkeit von den Werten $h(\sigma_\mu)$ $(\mu = 0, 1, \ldots, M)$ zum Minimum zu machen. Dazu wird $\Delta$ nach $h(\sigma_\nu)$ $(\nu = 0, 1, \ldots, M$; fest) partiell differenziert, wobei Differentiation und Erwartungswertbildung vertauscht werden dürfen, und sodann ist der Differentialquotient gleich Null zu setzen. Auf diese Weise entsteht die Gleichung

$$E\left\{2[\boldsymbol{m}(t) - \sum_{\mu=0}^{M} h(\sigma_\mu)\boldsymbol{x}(t-\sigma_\mu)\Delta\sigma_\mu][-\boldsymbol{x}(t-\sigma_\nu)\Delta\sigma_\nu]\right\} = 0 \quad (\nu = 0, 1, \ldots, M),$$

in der die Faktoren 2 und $-\Delta\sigma_\nu$ gekürzt werden dürfen. Macht man die Diskretisierung des Integrals rückgängig und ersetzt dabei $\sigma_\nu$ durch den Parameter $\tau$, dann ergibt sich die Gl. (5.193) für $\tau > 0$. Läßt man in $h(t)$ einen Impulsanteil für $t = 0$ zu, dann zeigt sich, daß das Orthogonalitätsprinzip auch für $\tau = 0$ gefordert werden muß.

Wenn man die Gl. (5.193) mit $h(\tau)$ multipliziert und dann von $\tau = 0$ bis $\tau = \infty$ integriert, wobei Integration und Erwartungswertbildung vertauscht werden dürfen, dann erhält man die Beziehung

$$E\{\boldsymbol{m}(t)\boldsymbol{y}(t)\} = E\{\boldsymbol{y}^2(t)\},$$

mit welcher jetzt der Fehler $\Delta$ nach Gl. (5.192) in der Form

$$\Delta = E\{\boldsymbol{m}^2(t)\} - E\{\boldsymbol{m}(t)\boldsymbol{y}(t)\} = E\{\boldsymbol{m}^2(t)\} - E\{\boldsymbol{y}^2(t)\} \tag{5.194a,b}$$

angegeben werden kann.

Die Gln. (5.193) und (5.194a) lassen sich jetzt unter Beachtung der Gl. (5.191) mit Hilfe von Korrelationsfunktionen ausdrücken. Auf diese Weise erhält man die *Wiener-Hopfsche Integralgleichung*

$$r_{xm}(\tau) - \int_0^\infty h(\sigma) r_{xx}(\tau - \sigma) \, \mathrm{d}\sigma = 0 \quad \text{für alle } \tau \geqq 0 \tag{5.195}$$

zur Bestimmung der optimalen Impulsantwort $h(t)$, und für den zugehörigen Fehler

$$\Delta = r_{mm}(0) - \int_0^\infty h(\sigma) r_{xm}(\sigma) \, \mathrm{d}\sigma . \tag{5.196}$$

Zur Lösung der Wiener-Hopfschen Integralgleichung, die nur für $\tau \geqq 0$ besteht, führt man gemäß Gl. (5.195) für alle $\tau$

$$q(\tau) := r_{xm}(\tau) - \int_0^\infty h(\sigma) r_{xx}(\tau - \sigma) \, \mathrm{d}\sigma \tag{5.197}$$

ein, und man hat damit zu fordern, daß $h(\tau)$ eine kausale und $q(\tau)$ eine akausale Funktion bedeutet, daß also

$$h(\tau) = 0 \quad \text{für alle } \tau < 0 , \qquad q(\tau) = 0 \quad \text{für alle } \tau \geqq 0 \tag{5.198a,b}$$

gilt. Nun wird die Gl. (5.197) der (zweiseitigen) Laplace-Transformation unterworfen, wobei die Transformierten von $q(\tau)$ und $h(\tau)$ mit $Q(p)$ bzw. $H(p)$ bezeichnet werden. Es ergibt sich so

$$Q(p) = R_{xm}(p) - H(p) R_{xx}(p) . \tag{5.199}$$

Die Funktionen $R_{xm}(p)$ und $R_{xx}(p)$ sind die Laplace-Transformierten von $r_{xm}(\tau)$ bzw. $r_{xx}(\tau)$; sie sind in eindeutiger Weise durch die spektralen Leistungsdichten $S_{xm}(\omega)$ und $S_{xx}(\omega)$ bestimmt; denn es gilt $R_{xm}(\mathrm{j}\omega) = S_{xm}(\omega)$ und $R_{xx}(\mathrm{j}\omega) = S_{xx}(\omega)$. Es sei an dieser Stelle daran erinnert, daß stets $S_{xx}(\omega) \geqq 0$ ist, und für das Folgende wird vorausgesetzt, daß $S_{xx}(\omega)$ im Sinne des Paley-Wiener-Kriteriums als Quadrat einer Amplitudenfunktion aufgefaßt werden kann. Die Funktionen $R_{xm}(p)$ und $R_{xx}(p)$ existieren in einem zur imaginären Achse parallelen Streifen der $p$-Ebene, dem diese Achse angehört. Da $r_{xx}(\tau)$ eine reellwertige und gerade Funktion ist, muß die Transformierte $R_{xx}(p)$ ebenfalls gerade und für reelle $p$ reellwertig sein. Die beiden Transformierten $H(p)$ und $Q(p)$ existieren wegen der Gln. (5.198a,b) jeweils in einer Halbebene, und zwar

$$Q(p) \text{ in } \operatorname{Re} p < 0 , \qquad H(p) \text{ in } \operatorname{Re} p > 0 .$$

In diesen Gebieten ist die jeweilige Funktion analytisch. Die gesuchte Funktion $H(p)$ läßt sich durch Lösung der Gl. (5.199) folgendermaßen ermitteln:
Zuerst ist die Transformierte $R_{xx}(p)$ als Produkt

$$R_{xx}(p) = A_+(p) A_-(p) \tag{5.200}$$

derart darzustellen, daß $A_+(p)$ sowie $1/A_+(p)$ in der Halbebene $\operatorname{Re} p > 0$ und $A_-(p)$ sowie $1/A_-(p)$ in der Halbebene $\operatorname{Re} p < 0$ analytisch sind. Damit hat $A_+(p)$ die charakteristische Eigenschaft einer Mindestphasen-Übertragungsfunktion (man vergleiche Abschnitt 6.2). Falls $R_{xx}(p)$ eine rationale Funktion in $p$ ist, läßt sich die nach Gl. (5.200) erforderliche Faktorisierung gemäß Abschnitt 6.1 durchführen.

Nun wird die Gl. (5.199) durch die Funktion $A_-(p)$ dividiert. Der dabei auftretende Quotient $R_{xm}(p)/A_-(p)$ ist als Summe

$$\frac{R_{xm}(p)}{A_-(p)} = B^+(p) + B^-(p) \tag{5.201}$$

derart darzustellen, daß $B^+(p)$ in $\text{Re}\,p > 0$ und $B^-(p)$ in $\text{Re}\,p < 0$ analytisch ist; bis zum Rand ihres Regularitätsgebietes müssen die Funktionen stetig sein, und es soll $B^-(\infty) = 0$ sein. Ist die linke Seite der Gl. (5.201) rational in $p$, dann läßt sich die Zerlegung gemäß Gl. (5.201) durch Partialbruchentwicklung von $R_{xm}(p)/A_-(p)$ durchführen, ähnlich wie im Abschnitt 5.1 verfahren wurde. Falls aber die mit $B(p)$ abgekürzte linke Seite der Gl. (5.201) nicht rational ist, kann man durch Rücktransformation aus $B(p)$ die Zeitfunktion $b(t)$ ermitteln, deren additiver Zerlegung in $b^+(t) = s(t)b(t)$ und $b^-(t) = s(-t)b(t)$ die Zerlegung von $B(p)$ nach Gl. (5.201) entspricht. Dies bedeutet, daß $b^+(t)$ im Frequenzbereich $B^+(p)$ und $b^-(t)$ die Funktion $B^-(p)$ liefert.

Mit Hilfe der aus den Gln. (5.200) und (5.201) gewonnenen Funktionen wählt man

$$Q(p) = A_-(p)B^-(p) \quad \text{und} \quad H(p) = \frac{B^+(p)}{A_+(p)}, \tag{5.202a,b}$$

so daß $Q(p)$ in $\text{Re}\,p < 0$ und $H(p)$ in $\text{Re}\,p > 0$ analytisch ist. [1)]

Führt man die Gln. (5.200), (5.201) und (5.202a,b) in Gl. (5.199) ein, so zeigt sich sofort die Richtigkeit der Beziehungen. Das durch Gl. (5.202b) charakterisierte System löst die gestellte Aufgabe und heißt *Wienersches Optimalfilter.*

Als *Beispiel* seien gegeben

$$S_{mm}(\omega) = \frac{2}{1+\omega^2}, \quad S_{nn}(\omega) = 1, \quad S_{mn}(\omega) = 0.$$

Zunächst ergibt sich

$$S_{xx}(\omega) = S_{mm}(\omega) + S_{nn}(\omega) = \frac{3+\omega^2}{1+\omega^2} \quad \text{und} \quad S_{xm}(\omega) = S_{mm}(\omega) = \frac{2}{1+\omega^2}.$$

Gemäß Gl. (5.200) ist die Funktion

$$R_{xx}(p) = \frac{3-p^2}{1-p^2}$$

zu faktorisieren. Man erhält sofort

$$A_+(p) = \frac{p+\sqrt{3}}{p+1} \quad \text{und} \quad A_-(p) = \frac{p-\sqrt{3}}{p-1}.$$

Gemäß Gl. (5.201) wird die Funktion

$$\frac{R_{xm}(p)}{A_-(p)} = \frac{-2}{(p+1)(p-\sqrt{3})}$$

in die Summe von

$$B^+(p) = \frac{2}{1+\sqrt{3}}\,\frac{1}{p+1} \quad \text{und} \quad B^-(p) = \frac{-2}{1+\sqrt{3}}\,\frac{1}{p-\sqrt{3}}$$

---

1) Hierbei wird angenommen, daß die aus $H(p)$ durch Rücktransformation gewonnene Zeitfunktion $h(t)$ als Laplace-Transformierte $H(p)$ besitzt. Entsprechendes gilt für $Q(p)$.

aufgespalten. Die Gl. (5.202b) liefert jetzt

$$H(p) = \frac{2}{1+\sqrt{3}}\,\frac{1}{p+\sqrt{3}}\,, \qquad \text{also} \qquad h(t) = s(t)\,\frac{2}{1+\sqrt{3}}\,\mathrm{e}^{-\sqrt{3}t}\,.$$

Dem Leser sei als Übung die Berechnung des Fehlers nach Gl. (5.196) empfohlen.

Abschließend sollen noch zwei Bemerkungen gemacht werden:

1. Verzichtet man auf die Kausalität des Filters, dann ist die Wiener-Hopfsche Integralgleichung (5.195) sowohl für $\tau \geqq 0$ wie auch für $\tau < 0$ gültig. Damit läßt sich durch Anwendung der Fourier-Transformation auf Gl.(5.195) sofort die optimale Lösung $H(\mathrm{j}\omega) = S_{xm}(\omega)/S_{xx}(\omega)$ angeben, die allerdings im allgemeinen nicht realisierbar ist.
2. Das behandelte Filterproblem kann dadurch noch erweitert werden, daß $\boldsymbol{m}(t)$ im Fehler $\Delta$ nach Gl. (5.192) durch $\boldsymbol{m}(t+\delta)$ ersetzt wird. Auf diese Weise wird versucht, das um eine bestimmte Zeitspanne $\delta$ verschobene Nutzsignal zu ermitteln. Die Lösung erfolgt ganz entsprechend wie oben. In der Gl. (5.195) ist nur $r_{xm}(\tau)$ durch $r_{xm}(\tau+\delta)$ zu ersetzen, in den Gln. (5.199) und (5.201) braucht $R_{xm}(p)$ nur mit dem Faktor $\mathrm{e}^{p\delta}$ versehen zu werden. Für $\delta \leqq 0$ spricht man vom Fall des *Glättungsfilters*, und vom reinen *Vorhersagefilter* wird gesprochen, falls $\delta > 0$ und $\boldsymbol{x}(t) = \boldsymbol{m}(t)$ gilt.

## 7.2. KALMAN-FILTER

Eine entscheidende Weiterentwicklung der beschriebenen Optimalfilter-Theorie, die im wesentlichen auf Kolmogoroff und Wiener zurückgeht, gelang Bucy und Kalman, worauf im folgenden eingegangen wird. Dadurch lassen sich insbesondere auch instationäre Prozesse einbeziehen, und es wird möglich, mit endlichen Beobachtungszeiten für die stochastischen Prozesse auszukommen. Das Nutzsignal wird hierbei statt durch eine Autokorrelierte durch eine Zustandsgleichung beschrieben, wobei die Systemmatrizen als bekannt vorausgesetzt oder aus einer vorgegebenen Autokorrelationsfunktion des Prozesses in geeigneter Form bestimmt werden, was unter wenig einschränkenden Voraussetzungen möglich ist.

Die folgenden Erörterungen bestehen aus einer Vorbetrachtung, der Beschreibung des Nutzsignalmodells, der Vorstellung des Zustandsschätzers und dessen Entwurf.

**Vorbetrachtung**

Es wird von einem im Zustandsraum dargestellten linearen, im allgemeinen zeitvarianten System

$$\frac{\mathrm{d}\boldsymbol{\zeta}(t)}{\mathrm{d}t} = \widetilde{\boldsymbol{A}}(t)\,\boldsymbol{\zeta}(t) + \widetilde{\boldsymbol{B}}(t)\,\widetilde{\boldsymbol{x}}(t)\,, \qquad (5.203)$$

$$\widetilde{\boldsymbol{y}}(t) = \widetilde{\boldsymbol{C}}(t)\,\boldsymbol{\zeta}(t) \qquad (5.204)$$

ausgegangen. Die zugehörige Übergangsmatrix $\widetilde{\boldsymbol{\Phi}}(t,t_0)$ kann nach Gl. (2.72) durch die Differentialgleichung

$$\frac{\partial\widetilde{\boldsymbol{\Phi}}(t,t_0)}{\partial t} = \widetilde{\boldsymbol{A}}(t)\,\widetilde{\boldsymbol{\Phi}}(t,t_0) \quad \text{mit} \quad \widetilde{\boldsymbol{\Phi}}(t_0,t_0) = \mathbf{E} \qquad (5.205)$$

gekennzeichnet werden. Außerdem erlaubt die Übergangsmatrix nach Gl. (2.82) die Lösung der Gl. (5.203) in der Form

$$\boldsymbol{\zeta}(t) = \tilde{\boldsymbol{\Phi}}(t,t_0)\,\boldsymbol{\zeta}(t_0) + \int_{t_0}^{t} \tilde{\boldsymbol{\Phi}}(t,\tau)\tilde{\boldsymbol{B}}(\tau)\tilde{\boldsymbol{x}}(\tau)\,\mathrm{d}\tau . \tag{5.206}$$

Das Eingangssignal $\tilde{\boldsymbol{x}}(t)$ wird als vektorieller mittelwertfreier, im allgemeinen nichtstationärer weißer Rauschprozeß mit $m$ Komponenten und der quadratischen Kovarianzmatrix

$$E\,[\tilde{\boldsymbol{x}}(t_1)\tilde{\boldsymbol{x}}^{\mathrm{T}}(t_2)] = \tilde{\boldsymbol{Q}}\,(t_1)\,\delta(t_1 - t_2) =: \tilde{\boldsymbol{Q}}(t_1,t_2) \tag{5.207}$$

der Ordnung $m$ vorausgesetzt. Der Anfangszustand $\boldsymbol{\zeta}(t_0)$ repräsentiere eine vektorielle mittelwertfreie Zufallsvariable mit $q$ Komponenten, die mit dem Eingangssignal nicht korreliert sind. Der $q$-dimensionale Vektor $\boldsymbol{\zeta}(t)$ stellt dann angesichts der Gl. (5.206) ebenfalls einen mittelwertfreien stochastischen Prozeß mit der quadratischen Kovarianzmatrix

$$\tilde{\boldsymbol{P}}(t_1,t_2) := E\,[\boldsymbol{\zeta}(t_1)\,\boldsymbol{\zeta}^{\mathrm{T}}(t_2)] \tag{5.208}$$

der Ordnung $q$ dar. Es wird jetzt Gl. (5.206) in Gl. (5.208) eingeführt. Dadurch erhält man die Beziehung

$$\begin{aligned}\tilde{\boldsymbol{P}}(t_1,t_2) &= E\,[\tilde{\boldsymbol{\Phi}}(t_1,t_0)\,\boldsymbol{\zeta}(t_0)\,\boldsymbol{\zeta}^{\mathrm{T}}(t_0)\,\tilde{\boldsymbol{\Phi}}^{\mathrm{T}}(t_2,t_0)] \\ &\quad + E\left[\int_{t_0}^{t_1}\int_{t_0}^{t_2} \tilde{\boldsymbol{\Phi}}(t_1,\tau)\tilde{\boldsymbol{B}}(\tau)\tilde{\boldsymbol{x}}(\tau)\tilde{\boldsymbol{x}}^{\mathrm{T}}(\sigma)\tilde{\boldsymbol{B}}^{\mathrm{T}}(\sigma)\,\tilde{\boldsymbol{\Phi}}^{\mathrm{T}}(t_2,\sigma)\,\mathrm{d}\sigma\,\mathrm{d}\tau\right],\end{aligned} \tag{5.209}$$

in der zwei zusätzliche Summanden nicht aufgeführt sind. Diese verschwinden aber, da voraussetzungsgemäß $E\,[\,\boldsymbol{\zeta}(t_0)\tilde{\boldsymbol{x}}^{\mathrm{T}}(t)] \equiv \boldsymbol{0}$ gilt, d. h. keine Korrelation zwischen Anfangszustand und Eingangsprozeß besteht. Führt man noch die Kovarianzmatrix $\tilde{\boldsymbol{Q}}(t_1,t_2)$ nach Gl. (5.207) ein und verwendet die aus Gl. (5.208) für $t_1 = t_2 = t$ folgende Kovarianzmatrix

$$\tilde{\boldsymbol{P}}(t) := \tilde{\boldsymbol{P}}(t,t) = E[\boldsymbol{\zeta}(t)\,\boldsymbol{\zeta}^{\mathrm{T}}(t)], \tag{5.210}$$

so erhält man mit $t_m = \min\{t_1,t_2\}$

$$\begin{aligned}\tilde{\boldsymbol{P}}(t_1,t_2) &= \tilde{\boldsymbol{\Phi}}(t_1,t_0)\tilde{\boldsymbol{P}}(t_0)\,\tilde{\boldsymbol{\Phi}}^{\mathrm{T}}(t_2,t_0) \\ &\quad + \int_{t_0}^{t_m} \tilde{\boldsymbol{\Phi}}(t_1,\sigma)\tilde{\boldsymbol{B}}(\sigma)\tilde{\boldsymbol{Q}}(\sigma)\tilde{\boldsymbol{B}}^{\mathrm{T}}(\sigma)\,\tilde{\boldsymbol{\Phi}}^{\mathrm{T}}(t_2,\sigma)\,\mathrm{d}\sigma .\end{aligned} \tag{5.211}$$

Da die Auswertung der Gl. (5.211) insbesondere wegen des Auftretens der Übergangsmatrix aufwendig ist, begnügt man sich mit der Ermittlung der durch Gl. (5.210) definierten Kovarianzmatrix, für die sich zunächst die Darstellung

$$\tilde{\boldsymbol{P}}(t) = \tilde{\boldsymbol{\Phi}}(t,t_0)\tilde{\boldsymbol{P}}(t_0)\,\tilde{\boldsymbol{\Phi}}^{\mathrm{T}}(t,t_0) + \int_{t_0}^{t} \tilde{\boldsymbol{\Phi}}(t,\sigma)\tilde{\boldsymbol{B}}(\sigma)\tilde{\boldsymbol{Q}}(\sigma)\tilde{\boldsymbol{B}}^{\mathrm{T}}(\sigma)\,\tilde{\boldsymbol{\Phi}}^{\mathrm{T}}(t,\sigma)\,\mathrm{d}\sigma \tag{5.212}$$

ergibt. Für den gemäß Gl. (5.204) aus $\boldsymbol{\zeta}(t)$ entstehenden vektoriellen stochastischen Prozeß $\tilde{\boldsymbol{y}}(t)$ mit $r$ Komponenten erhält man die Kovarianzmatrix

$$E[\tilde{\boldsymbol{y}}(t)\,\tilde{\boldsymbol{y}}^{\mathrm{T}}(t)] = E[\,\tilde{\boldsymbol{C}}(t)\,\boldsymbol{\zeta}(t)\,\boldsymbol{\zeta}^{\mathrm{T}}(t)\,\tilde{\boldsymbol{C}}^{\mathrm{T}}(t)] = \tilde{\boldsymbol{C}}(t)E[\boldsymbol{\zeta}(t)\,\boldsymbol{\zeta}^{\mathrm{T}}(t)]\,\tilde{\boldsymbol{C}}^{\mathrm{T}}(t)$$

oder mit Gl. (5.210)

$$E[\tilde{\boldsymbol{y}}(t)\tilde{\boldsymbol{y}}^{\mathrm{T}}(t)] = \tilde{\boldsymbol{C}}(t)\tilde{\boldsymbol{P}}(t)\tilde{\boldsymbol{C}}^{\mathrm{T}}(t). \tag{5.213}$$

In dieser Gleichung kann $\tilde{\boldsymbol{P}}(t)$ noch durch Gl. (5.212) substituiert werden.

Da das Ergebnis nach Gl. (5.212) relativ kompliziert ist, wird die Beziehung nach $t$ differenziert. Berücksichtigt man dabei die Gl. (5.205), dann erhält man

$$\begin{aligned}\frac{\mathrm{d}\tilde{\boldsymbol{P}}(t)}{\mathrm{d}t} &= \tilde{\boldsymbol{A}}(t)\tilde{\boldsymbol{\Phi}}(t,t_0)\tilde{\boldsymbol{P}}(t_0)\tilde{\boldsymbol{\Phi}}^{\mathrm{T}}(t,t_0) + \tilde{\boldsymbol{\Phi}}(t,t_0)\tilde{\boldsymbol{P}}(t_0)\tilde{\boldsymbol{\Phi}}^{\mathrm{T}}(t,t_0)\tilde{\boldsymbol{A}}^{\mathrm{T}}(t)\\ &+ \tilde{\boldsymbol{\Phi}}(t,t)\tilde{\boldsymbol{B}}(t)\tilde{\boldsymbol{Q}}(t)\tilde{\boldsymbol{B}}^{\mathrm{T}}(t)\tilde{\boldsymbol{\Phi}}^{\mathrm{T}}(t,t)\\ &+ \int_{t_0}^{t}\tilde{\boldsymbol{A}}(t)\tilde{\boldsymbol{\Phi}}(t,\sigma)\tilde{\boldsymbol{B}}(\sigma)\tilde{\boldsymbol{Q}}(\sigma)\tilde{\boldsymbol{B}}^{\mathrm{T}}(\sigma)\tilde{\boldsymbol{\Phi}}^{\mathrm{T}}(t,\sigma)\,\mathrm{d}\sigma\\ &+ \int_{t_0}^{t}\tilde{\boldsymbol{\Phi}}(t,\sigma)\tilde{\boldsymbol{B}}(\sigma)\tilde{\boldsymbol{Q}}(\sigma)\tilde{\boldsymbol{B}}^{\mathrm{T}}(\sigma)\tilde{\boldsymbol{\Phi}}^{\mathrm{T}}(t,\sigma)\tilde{\boldsymbol{A}}^{\mathrm{T}}(t)\,\mathrm{d}\sigma.\end{aligned} \tag{5.214}$$

Wird jetzt in Gl. (5.214) $\tilde{\boldsymbol{\Phi}}(t,t)$ gemäß Gl. (5.205) durch die Einheitsmatrix ersetzt und auf der rechten Seite von Gl. (5.214) der erste Summand mit dem ersten Integral gemäß Gl. (5.212) und ebenso der zweite Summand mit dem zweiten Integral zusammengefaßt, so erhält man die lineare Differentialgleichung

$$\frac{\mathrm{d}\tilde{\boldsymbol{P}}(t)}{\mathrm{d}t} = \tilde{\boldsymbol{A}}(t)\tilde{\boldsymbol{P}}(t) + \tilde{\boldsymbol{P}}(t)\tilde{\boldsymbol{A}}^{\mathrm{T}}(t) + \tilde{\boldsymbol{B}}(t)\tilde{\boldsymbol{Q}}(t)\tilde{\boldsymbol{B}}^{\mathrm{T}}(t) \tag{5.215}$$

für die symmetrische Matrix $\tilde{\boldsymbol{P}}(t) = \tilde{\boldsymbol{P}}^{\mathrm{T}}(t)$. Diese Gleichung kann numerisch mit der Anfangsbedingung

$$\tilde{\boldsymbol{P}}(t_0) = E[\boldsymbol{\zeta}(t_0)\boldsymbol{\zeta}^{\mathrm{T}}(t_0)] =: \tilde{\boldsymbol{P}}_0 \tag{5.216}$$

gelöst werden, wobei $\tilde{\boldsymbol{P}}_0$ als gegebene Anfangsbedingung vorausgesetzt wird. Wenn man davon ausgeht, daß die Matrizen $\tilde{\boldsymbol{A}}(t)$, $\tilde{\boldsymbol{B}}(t)$, $\tilde{\boldsymbol{Q}}(t)$ und $\tilde{\boldsymbol{P}}_0$ bekannt sind, ist die Berechnung von $\boldsymbol{P}(t)$ durch numerische Integration der Differentialgleichung (5.215) in der Regel einfacher als durch Auswertung der Gl. (5.212), da diese zunächst die Bestimmung der Übergangsmatrix erfordert. Sobald $\tilde{\boldsymbol{P}}(t)$ verfügbar ist, kann auch die Kovarianzmatrix der Ausgangsgröße gemäß Gl. (5.213) unmittelbar angegeben werden.

Hat $\tilde{\boldsymbol{x}}(t)$ oder $\boldsymbol{\zeta}(t_0)$ entgegen der bisherigen Voraussetzung einen von Null verschiedenen Mittelwert, dann kann man die Reaktion des Systems auf diesen getrennt berechnen. Aufgrund des Superpositionsprinzips wird dann die Gesamtreaktion gewonnen.

**Signalmodell**

Das Nutzsignal wird, wie eingangs bereits hervorgehoben, durch ein im Zustandsraum dargestelltes System beschrieben, und zwar durch

$$\frac{\mathrm{d}\boldsymbol{z}(t)}{\mathrm{d}t} = \boldsymbol{A}(t)\boldsymbol{z}(t) + \boldsymbol{B}(t)\boldsymbol{x}(t), \tag{5.217}$$

$$y(t) = \boldsymbol{c}^{\mathrm{T}}(t)\boldsymbol{z}(t) \tag{5.218}$$

mit bekannten Matrizen $\boldsymbol{A}(t)$, $\boldsymbol{B}(t)$ und $\boldsymbol{c}^{\mathrm{T}}(t)$. Der vektorielle Eingangsprozeß sei mittelwertfreies weißes Rauschen, es sei also

$$E[\boldsymbol{x}(t)] = \boldsymbol{0} \tag{5.219}$$

und

$$E[\boldsymbol{x}(t)\boldsymbol{x}^{\mathrm{T}}(\tau)] = \boldsymbol{Q}(t)\,\delta(t-\tau) \tag{5.220}$$

bei bekannter Matrix $\boldsymbol{Q}(t)$. Für den Anfangszustand seien

$$E[\boldsymbol{z}(t_0)] = \overline{\boldsymbol{z}}_0 \quad \text{und} \quad E[(\boldsymbol{z}(t_0) - \overline{\boldsymbol{z}}_0)(\boldsymbol{z}(t_0) - \overline{\boldsymbol{z}}_0)^{\mathrm{T}}] = \boldsymbol{P}_0 \tag{5.221a,b}$$

bekannt. Außerdem sei die zukünftige Erregung nicht mit dem derzeitigen Zustandsvektor korreliert, es gelte also

$$E[\boldsymbol{z}(t)\boldsymbol{x}^{\mathrm{T}}(\tau)] = \boldsymbol{0} \quad (\tau > t). \tag{5.222}$$

Die Aufgabe besteht nun darin, den Zustand $\boldsymbol{z}(t)$ zu schätzen, wenn angenommen wird, daß nur das stochastische Signal

$$\boldsymbol{w}(t) = \boldsymbol{F}(t)\boldsymbol{z}(t) + \boldsymbol{v}(t) \tag{5.223}$$

verfügbar ist. Es setzt sich also aus dem durch die gegebene Matrix $\boldsymbol{F}(t)$ modulierten Zustandsprozeß $\boldsymbol{z}(t)$ und einem weißen Störprozeß $\boldsymbol{v}(t)$ zusammen. Dabei gelte

$$E[\boldsymbol{v}(t)] = \boldsymbol{0}, \quad E[\boldsymbol{v}(t)\boldsymbol{v}^{\mathrm{T}}(\tau)] = \boldsymbol{R}(t)\,\delta(t-\tau), \tag{5.224a,b}$$

$$E[\boldsymbol{v}(t)\boldsymbol{x}^{\mathrm{T}}(\tau)] = \boldsymbol{0}, \quad E[\boldsymbol{v}(t)\boldsymbol{z}^{\mathrm{T}}(t_0)] = \boldsymbol{0} \tag{5.225a,b}$$

und damit

$$E[\boldsymbol{v}(t)\boldsymbol{z}^{\mathrm{T}}(\tau)] = \boldsymbol{0} \tag{5.225c}$$

für alle $t$ und $\tau$.

**Zustandsschätzer**

Gesucht wird ein Zustandsschätzer für $\boldsymbol{z}(t)$ in Form eines Filters, das durch die Differentialgleichung

$$\frac{\mathrm{d}\hat{\boldsymbol{z}}(t)}{\mathrm{d}t} = \boldsymbol{G}(t)\hat{\boldsymbol{z}}(t) + \boldsymbol{K}(t)[\boldsymbol{F}(t)\boldsymbol{z}(t) + \boldsymbol{v}(t)] \tag{5.226}$$

charakterisiert ist. Es wird zunächst die Übereinstimmung der Erwartungswerte

$$E[\hat{\boldsymbol{z}}(t)] = E[\boldsymbol{z}(t)] =: \overline{\boldsymbol{z}}(t) \tag{5.227}$$

gefordert. Bildet man auf beiden Seiten der Gl. (5.226) den Erwartungswert, so erhält man mit den Gln. (5.224a) und (5.227) als Differentialgleichung für den mittleren Systemzustand

$$\frac{\mathrm{d}\overline{\boldsymbol{z}}(t)}{\mathrm{d}t} = [\boldsymbol{G}(t) + \boldsymbol{K}(t)\boldsymbol{F}(t)]\overline{\boldsymbol{z}}(t). \tag{5.228}$$

Andererseits ergibt sich aus Gl. (5.217) durch Bildung des Erwartungswerts

$$\frac{\mathrm{d}\overline{\boldsymbol{z}}(t)}{\mathrm{d}t} = \boldsymbol{A}(t)\overline{\boldsymbol{z}}(t). \tag{5.229}$$

Ein Vergleich der Gln. (5.228) und (5.229) liefert die Vorschrift

$$\boldsymbol{G}(t) = \boldsymbol{A}(t) - \boldsymbol{K}(t)\boldsymbol{F}(t). \tag{5.230}$$

Aus Gl. (5.227) erhält man mit Gl. (5.221a) die weitere Bedingung

$$\overline{\boldsymbol{z}}(t_0) = E[\hat{\boldsymbol{z}}(t_0)] = E[\boldsymbol{z}(t_0)] = \overline{\boldsymbol{z}}_0\,. \tag{5.231}$$

Nun wird die Darstellung von $\boldsymbol{G}(t)$ nach Gl. (5.230) in Gl. (5.226) eingeführt. So ergibt sich

$$\frac{\mathrm{d}\hat{\boldsymbol{z}}(t)}{\mathrm{d}t} = \boldsymbol{A}(t)\hat{\boldsymbol{z}}(t) + \boldsymbol{K}(t)[\boldsymbol{F}(t)\boldsymbol{z}(t) + \boldsymbol{v}(t) - \boldsymbol{F}(t)\hat{\boldsymbol{z}}(t)]\,, \tag{5.232}$$

und es wird die Anfangsbedingung

$$\hat{\boldsymbol{z}}(t_0) = \overline{\boldsymbol{z}}_0 \tag{5.233}$$

festgelegt. Die Gln. (5.232) und (5.233) repräsentieren die Beschreibung des Zustandsschätzers.

**Entwurf des Zustandsschätzers**

Es soll jetzt die Aufgabe gelöst werden, die Matrix $\boldsymbol{K}(t)$ so zu bestimmen, daß für die Komponenten $\boldsymbol{z}_i(t)$ des Zustandsvektors $\boldsymbol{z}(t)$ und die Komponenten $\hat{\boldsymbol{z}}_i(t)$ des Schätzvektors $\hat{\boldsymbol{z}}(t)$ der Fehler

$$\Delta = \sum_{i=1}^{q} E[\{\boldsymbol{z}_i(t) - \hat{\boldsymbol{z}}_i(t)\}^2]$$

minimal wird. Mit Hilfe der Fehlerkovarianzmatrix

$$\boldsymbol{P}(t) := E[(\boldsymbol{z}(t) - \hat{\boldsymbol{z}}(t))(\boldsymbol{z}^{\mathrm{T}}(t) - \hat{\boldsymbol{z}}^{\mathrm{T}}(t))] \tag{5.234}$$

läßt sich dies auch dadurch ausdrücken, daß die Zielfunktion

$$J(t) := \mathrm{sp}\boldsymbol{P}(t) \tag{5.235}$$

minimal wird; dabei bedeutet sp die Spur der Matrix. Als Abkürzung wird für den Fehler die Bezeichnung

$$\tilde{\boldsymbol{z}}(t) := \boldsymbol{z}(t) - \hat{\boldsymbol{z}}(t) \tag{5.236}$$

eingeführt. Aus den Gln. (5.217) und (5.232) erhält man nun

$$\frac{\mathrm{d}\tilde{\boldsymbol{z}}(t)}{\mathrm{d}t} = [\boldsymbol{A}(t) - \boldsymbol{K}(t)\boldsymbol{F}(t)]\,\tilde{\boldsymbol{z}}(t) + \boldsymbol{u}(t) \tag{5.237}$$

mit

$$\boldsymbol{u}(t) := \boldsymbol{B}(t)\boldsymbol{x}(t) - \boldsymbol{K}(t)\boldsymbol{v}(t). \tag{5.238}$$

Aus Gl. (5.238) folgt mit den Gln. (5.220) und (5.224b), (5.225a)

$$E[\boldsymbol{u}(t)\boldsymbol{u}^{\mathrm{T}}(\tau)] = [\boldsymbol{B}(t)\boldsymbol{Q}(t)\boldsymbol{B}^{\mathrm{T}}(t) + \boldsymbol{K}(t)\boldsymbol{R}(t)\boldsymbol{K}^{\mathrm{T}}(t)]\,\delta(t-\tau) \tag{5.239}$$

d. h. $\boldsymbol{u}(t)$ repräsentiert einen weißen stochastischen Prozeß. Außerdem läßt sich aufgrund der Gln. (5.236), (5.238) und mit Hilfe der Gln. (5.222) und (5.225c) sowie der Gl. (5.206) entsprechenden Lösung $\hat{\boldsymbol{z}}(t)$ von Gl. (5.232) zeigen, daß

$$E[\tilde{\boldsymbol{z}}(t)\boldsymbol{u}^{\mathrm{T}}(\tau)] = E[\tilde{\boldsymbol{z}}(t)\boldsymbol{x}^{\mathrm{T}}(\tau)]\boldsymbol{B}^{\mathrm{T}}(\tau) - E[\tilde{\boldsymbol{z}}(t)\boldsymbol{v}^{\mathrm{T}}(\tau)]\boldsymbol{K}^{\mathrm{T}}(\tau)$$
$$= \boldsymbol{0} \quad (\tau > t) \tag{5.240}$$

gilt. Für die Kovarianzmatrix $\boldsymbol{P}(t)$ des durch Gl. (5.237) gegebenen Prozesses $\tilde{\boldsymbol{z}}(t)$ kann man nun eine Differentialgleichung aufstellen. Dazu identifiziert man Gl. (5.237) mit Gl. (5.203) und erhält dann gemäß Gl. (5.215)

$$\frac{\mathrm{d}\boldsymbol{P}(t)}{\mathrm{d}t} = [\boldsymbol{A}(t) - \boldsymbol{K}(t)\boldsymbol{F}(t)]\boldsymbol{P}(t) + \boldsymbol{P}(t)[\boldsymbol{A}^{\mathrm{T}}(t) - \boldsymbol{F}^{\mathrm{T}}(t)\boldsymbol{K}^{\mathrm{T}}(t)]$$
$$+ \boldsymbol{B}(t)\boldsymbol{Q}(t)\boldsymbol{B}^{\mathrm{T}}(t) + \boldsymbol{K}(t)\boldsymbol{R}(t)\boldsymbol{K}^{\mathrm{T}}(t). \tag{5.241}$$

Dabei wurde $\boldsymbol{A}(t) - \boldsymbol{K}(t)\boldsymbol{F}(t)$ mit $\tilde{\boldsymbol{A}}(t)$, die Einheitsmatrix mit $\tilde{\boldsymbol{B}}(t)$, $\boldsymbol{u}(t)$ mit $\tilde{\boldsymbol{x}}(t)$ und damit der Ausdruck in eckigen Klammern in Gl. (5.239) mit $\tilde{\boldsymbol{Q}}(t)$ identifiziert. Als Anfangsbedingung ergibt sich aufgrund von Gln. (5.236) und (5.221a,b)

$$\boldsymbol{P}(t_0) = E[\tilde{\boldsymbol{z}}(t_0)\tilde{\boldsymbol{z}}^{\mathrm{T}}(t_0)] = E[\boldsymbol{z}(t_0)\boldsymbol{z}^{\mathrm{T}}(t_0)] - \bar{\boldsymbol{z}}_0\bar{\boldsymbol{z}}_0^{\mathrm{T}} = \boldsymbol{P}_0 \; . \tag{5.242}$$

Hierbei wurde berücksichtigt, daß $\hat{\boldsymbol{z}}(t_0)$ eine deterministische Größe, nämlich $\bar{\boldsymbol{z}}_0$ nach Gl. (5.233) ist.

Die eigentliche Aufgabe besteht nun darin, die Zielfunktion $J(t)$ nach Gl. (5.235) für jeden Zeitpunkt $t$ durch passende Wahl von $\boldsymbol{K}(t)$ zu minimieren. Man kann zeigen, daß dies im vorliegenden Fall durch Minimierung der skalaren Größe

$$\frac{\mathrm{d}J(t)}{\mathrm{d}t} = \mathrm{sp}\,\frac{\mathrm{d}\boldsymbol{P}(t)}{\mathrm{d}t} =: S(t) \tag{5.243}$$

erreicht wird, wobei $\mathrm{d}\boldsymbol{P}(t)/\mathrm{d}t$ durch Gl. (5.241) ausgedrückt ist. Zur Minimierung von $S(t)$ bezüglich $\boldsymbol{K}(t)$ sei daran erinnert, daß für alle Elemente $k_{ij}(t)$ von $\boldsymbol{K}(t)$ die notwendige (und im vorliegenden Fall auch hinreichende) Bedingung $\mathrm{d}S(t)/\,\mathrm{d}k_{ij}(t) = 0$ erfüllt sein muß. Bezeichnet $\mathrm{d}S(t)/\,\mathrm{d}\boldsymbol{K}(t)$ die Matrix mit dem Element $\mathrm{d}S(t)/\,\mathrm{d}k_{ij}(t)$ in der $i$-ten Zeile und $j$-ten Spalte und beachtet man die Matrizenformeln[1])

$$\frac{\mathrm{d}}{\mathrm{d}\boldsymbol{K}}\,\mathrm{sp}(\boldsymbol{K}\boldsymbol{M}) = \boldsymbol{M}^{\mathrm{T}}\,, \qquad \frac{\mathrm{d}}{\mathrm{d}\boldsymbol{K}}\,\mathrm{sp}(\boldsymbol{M}\boldsymbol{K}^{\mathrm{T}}) = \boldsymbol{M}\,, \tag{5.244a,b}$$

$$\frac{\mathrm{d}}{\mathrm{d}\boldsymbol{K}}\,\mathrm{sp}(\boldsymbol{K}\boldsymbol{N}\boldsymbol{K}^{\mathrm{T}}) = 2\boldsymbol{K}\boldsymbol{N}\,, \quad \boldsymbol{N} = \boldsymbol{N}^{\mathrm{T}}\,, \tag{5.244c}$$

dann liefert die Bedingung $\mathrm{d}[\mathrm{sp}\,\mathrm{d}\boldsymbol{P}/\mathrm{d}t]/\,\mathrm{d}\boldsymbol{K}(t) = \boldsymbol{0}$ mit Gl. (5.241) die Forderung $\boldsymbol{K}\boldsymbol{R} = \boldsymbol{P}\boldsymbol{F}^{\mathrm{T}}$, also gilt für die bestmögliche Matrix $\boldsymbol{K}(t)$

$$\hat{\boldsymbol{K}}(t) := \boldsymbol{P}(t)\boldsymbol{F}^{\mathrm{T}}(t)\boldsymbol{R}^{-1}(t). \tag{5.245}$$

---

1) Bezeichnet $\boldsymbol{k}_i^{\mathrm{T}}$ die $i$-te Zeile von $\boldsymbol{K}$ und $\boldsymbol{m}_j$ die $j$-te Spalte von $\boldsymbol{M}$, so gilt $\mathrm{sp}(\boldsymbol{K}\boldsymbol{M}) = \sum_i \boldsymbol{k}_i^{\mathrm{T}}\boldsymbol{m}_i$ und $\mathrm{sp}(\boldsymbol{K}\boldsymbol{N}\boldsymbol{K}^{\mathrm{T}}) = \sum_i \boldsymbol{k}_i^{\mathrm{T}}\boldsymbol{N}\,\boldsymbol{k}_i$, woraus die Gln. (5.244a,c) unmittelbar folgen; Gl. (5.244b) findet man analog.

Führt man schließlich in Gl. (5.241) für $\boldsymbol{K}(t)$ die optimale Lösung nach Gl. (5.245) ein, so erhält man bei Berücksichtigung der Symmetrie der Matrizen $\boldsymbol{P}$, $\boldsymbol{Q}$, $\boldsymbol{R}$ für $\boldsymbol{P}(t)$ die Differentialgleichung

$$\frac{\mathrm{d}\boldsymbol{P}(t)}{\mathrm{d}t} = \boldsymbol{A}(t)\boldsymbol{P}(t) + \boldsymbol{P}(t)\boldsymbol{A}^{\mathrm{T}}(t) - \boldsymbol{P}(t)\boldsymbol{F}^{\mathrm{T}}(t)\boldsymbol{R}^{-1}(t)\boldsymbol{F}(t)\boldsymbol{P}(t) + \boldsymbol{B}(t)\boldsymbol{Q}(t)\boldsymbol{B}^{\mathrm{T}}(t) \tag{5.246}$$

vom Riccatischen Typ mit der Anfangsbedingung $\boldsymbol{P}(t_0) = \boldsymbol{P}_0$.

Im konkreten Fall muß bei bekannten Matrizen $\boldsymbol{A}(t)$, $\boldsymbol{B}(t)$, $\boldsymbol{F}(t)$, $\boldsymbol{Q}(t)$, $\boldsymbol{R}(t)$ und $\boldsymbol{P}_0$ zunächst die nichtlineare Differentialgleichung (5.246) nach $\boldsymbol{P}(t)$ mit dem Anfangswert $\boldsymbol{P}(t_0) = \boldsymbol{P}_0$ numerisch gelöst werden. Sodann liefert die Gl. (5.245) die optimale Matrix $\boldsymbol{K}(t) = \hat{\boldsymbol{K}}(t)$. Die Schätzung $\hat{\boldsymbol{z}}(t)$ wird schließlich durch Lösung von Gl. (5.232) geliefert. Interessiert das Nutzsignal $\boldsymbol{c}^{\mathrm{T}}(t)\boldsymbol{z}(t)$ nach Gl. (5.218), dann erhält man hierfür als optimale Schätzung $\hat{y}(t) = \boldsymbol{c}^{\mathrm{T}}(t)\hat{\boldsymbol{z}}(t)$.

Im Bild 5.44 wird das Ergebnis der vorausgegangenen Überlegungen zusammengefaßt.

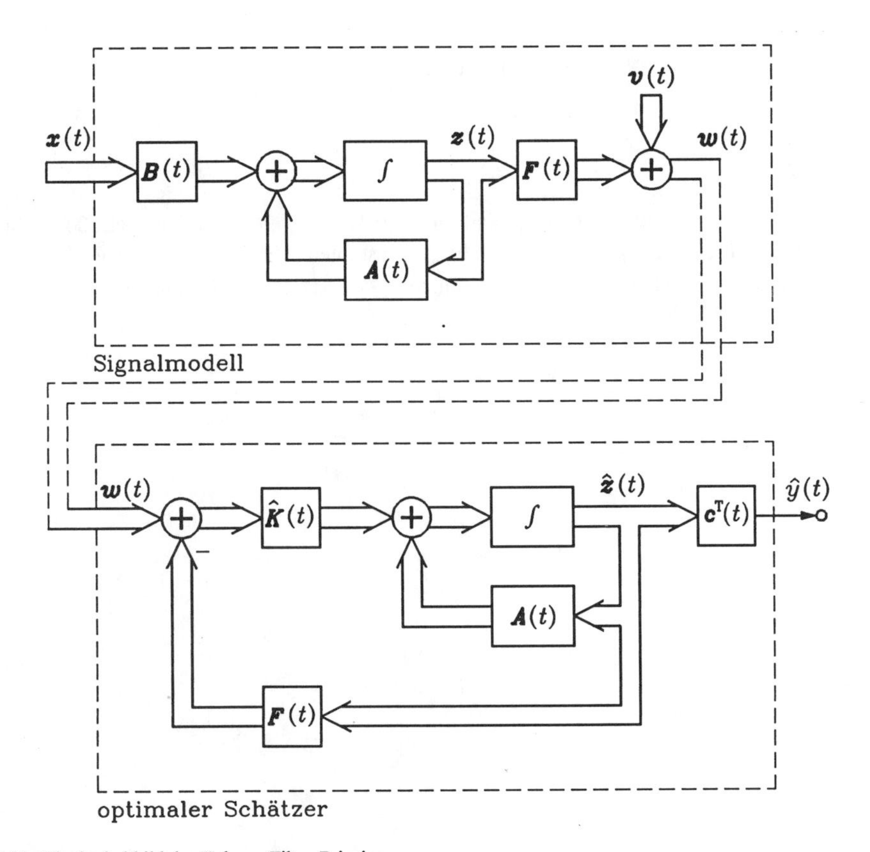


Bild 5.44: Blockschaltbild des Kalman-Filter-Prinzips

*Beispiel:* Im folgenden einfachen Beispiel seien alle Signale Skalare. Es sei das Signalmodell beschrieben durch

$$\frac{\mathrm{d}\boldsymbol{z}(t)}{\mathrm{d}t} = 0\,, \quad E[\boldsymbol{z}(0)] = 1\,, \quad E[\boldsymbol{z}^2(0)] = 5\,,$$

$$\boldsymbol{w}(t) = \boldsymbol{z}(t) + \boldsymbol{v}(t)\,,$$

$$E[\boldsymbol{v}(t)] = 0\,, \quad E[\boldsymbol{v}(t)\boldsymbol{v}(\tau)] = 2\,\delta(t-\tau)\,.$$

Hierfür soll ein Kalman-Filter entworfen werden.

Man stellt direkt fest, daß

$$\boldsymbol{A}(t) = \boldsymbol{B}(t) = 0\,, \quad \boldsymbol{F}(t) = 1\,, \quad \boldsymbol{R}(t) = 2\,, \quad \bar{\boldsymbol{z}}_0 = 1\,, \quad \boldsymbol{P}(0) = 5 - 1 = 4$$

gilt. Nach Gl. (5.246) erhält man für $\boldsymbol{P}(t) =: P(t)$

$$\frac{\mathrm{d}P(t)}{\mathrm{d}t} = -\frac{1}{2}P^2(t)\,.$$

Diese Differentialgleichung hat die Lösung

$$P(t) = \frac{4}{1+2t}$$

unter Berücksichtigung der Anfangsbedingung. Nach Gl. (5.245) folgt

$$\hat{K}(t) = \frac{2}{1+2t}\,.$$

Damit ergibt sich nach Gl. (5.232) die Filtergleichung

$$\frac{\mathrm{d}\hat{\boldsymbol{z}}(t)}{\mathrm{d}t} = \frac{2}{1+2t}\left[\boldsymbol{w}(t) - \hat{\boldsymbol{z}}(t)\right]$$

mit $\hat{\boldsymbol{z}}(0) = 1$.

Abschließend sei noch erwähnt, daß sich bei stationärem Nutzsignal als Sonderfall des Kalman-Filters mit $t_0 = -\infty$ und zeitlich konstanten Matrizen das Wiener-Filter ergibt. Hauptschwierigkeit ist dabei die Bestimmung der stationären Lösung $\boldsymbol{P}$ der Riccatischen Differentialgleichung (5.246).

# VI. BESCHREIBUNG DISKONTINUIERLICHER SIGNALE UND SYSTEME IN DER KOMPLEXEN EBENE

In Analogie zur Erweiterung der Frequenzvariablen $\omega$ zum komplexen Frequenzparameter $p$ für die Behandlung kontinuierlicher Signale und Systeme wird die Frequenzvariable $\omega$ im diskontinuierlichen Bereich zu einer komplexen Variablen $z$ erweitert. Dies und die damit verbundenen Konsequenzen sowie systemtheoretischen Möglichkeiten sind Gegenstand des folgenden Kapitels.

## 1. Die Z-Transformation

Im Kapitel V wurde die Laplace-Transformation als nützliches Hilfsmittel zur Beschreibung kontinuierlicher Signale und Systeme eingeführt. Die entsprechende Methode im diskontinuierlichen Fall ist die Z-Transformation. Sie wird im folgenden wie die Laplace-Transformation aus der (hier diskontinuierlichen) Fourier-Transformation begründet, und sie besitzt, wie sich zeigen wird, ähnliche Eigenschaften.

### 1.1. DIE GRUNDGLEICHUNGEN DER Z-TRANSFORMATION

Im Kapitel IV wurde aufgrund der Gl. (4.10b) das Spektrum $F(\mathrm{e}^{\mathrm{j}\omega T})$ einer diskontinuierlichen Zeitfunktion $f[n]$ eingeführt und zugleich gezeigt, daß mit Hilfe der Gl. (4.10a) die Werte $f[n]$ aus $F(\mathrm{e}^{\mathrm{j}\omega T})$ gewonnen werden können. Hierbei wurde, um die Existenz der Beziehungen zu gewährleisten, die absolute Summierbarkeit von $f[n]$ vorausgesetzt.

Es sei nun $f[n]$ eine beliebige, diskontinuierliche Zeitfunktion, von der folgendes vorausgesetzt wird: Es existiere eine positive Konstante $\rho_{\min}$, mit welcher

$$\lim_{n\to\infty} \rho^{-n} f[n] = 0 \quad \text{für} \quad \rho > \rho_{\min} \tag{6.1a}$$

gilt, während dieser Grenzwert für $0 < \rho < \rho_{\min}$ nicht vorhanden ist, und es existiere eine zweite positive Konstante $\rho_{\max}$, mit der

$$\lim_{\nu\to\infty} \widetilde{\rho}^{\,-\nu} f[-\nu] = 0 \quad \text{für} \quad \widetilde{\rho} > \frac{1}{\rho_{\max}} \,,$$

d. h.

$$\lim_{n\to-\infty} \rho^{-n} f[n] = 0 \quad \text{für} \quad 0 < \rho < \rho_{\max} \tag{6.1b}$$

($\rho = 1/\widetilde{\rho}$ und $n = -\nu$ gesetzt) gilt, während für $\rho > \rho_{\max}$ dieser Grenzwert nicht vorhanden ist. Ist $f[n] = 0$ für $n > N$, dann wird $\rho_{\min} = 0$ gesetzt, und entsprechend ist $\rho_{\max} = \infty$, falls $f[n] = 0$ für $n < -M$ gilt. Besteht die Beziehung $\rho_{\min} < \rho_{\max}$, so läßt sich im Intervall $(\rho_{\min}, \rho_{\max})$ irgendein $\rho$ wählen, mit dem die diskontinuierliche Zeitfunktion

$$g[n] = \rho^{-n} f[n]$$

gebildet werden kann, und angesichts der Gln. (6.1a,b) ist $g[n]$ absolut summierbar. Die spektrale Beschreibung von $g[n]$ gemäß den Gln. (4.10a,b) konvergiert damit. Man erhält deshalb für $g[n]$ das Spektrum

$$G(\mathrm{e}^{\mathrm{j}\omega T}) = \sum_{n=-\infty}^{\infty} \rho^{-n} f[n] \mathrm{e}^{-\mathrm{j}\omega n T}, \tag{6.2}$$

und $g[n] = \rho^{-n} f[n]$ läßt sich durch die Beziehung

$$\rho^{-n} f[n] = \frac{T}{2\pi} \int_{-\omega_g}^{\omega_g} G(\mathrm{e}^{\mathrm{j}\omega T}) \mathrm{e}^{\mathrm{j}\omega n T} \mathrm{d}\omega \tag{6.3}$$

mit $\omega_g = \pi / T$ ausdrücken. Die Gl. (6.3) wird auf beiden Seiten mit $\rho^n$ durchmultipliziert und sodann die variable Kreisfrequenz $\omega$ durch die komplexwertige Variable

$$z = \rho \mathrm{e}^{\mathrm{j}\omega T}$$

ersetzt. Dann lassen sich die Gln. (6.2) und (6.3) mit der Abkürzung $G(z/\rho) = F(z)$ und $\mathrm{d}z = \mathrm{j} T \rho \mathrm{e}^{\mathrm{j}\omega T} \mathrm{d}\omega$ auf die Form

$$F(z) = \sum_{n=-\infty}^{\infty} f[n] z^{-n} \tag{6.4}$$

bzw.

$$f[n] = \frac{1}{2\pi \mathrm{j}} \oint_{|z|=\rho} F(z) z^{n-1} \mathrm{d}z \qquad (\rho_{\min} < \rho < \rho_{\max}) \tag{6.5}$$

bringen. In Gl. (6.5) ist zu beachten, daß die Variable $z$ als Punkt in einer komplexen Ebene den Kreis um den Ursprung mit Radius $\rho$ einmal im Gegenuhrzeigersinn durchläuft, wenn $\omega$ das Intervall von $-\omega_g = -\pi/T$ bis $\omega_g = \pi/T$ überstreicht, d. h. das Integral in Gl. (6.5) ist längs des Kreises $|z| = \rho$ im Gegenuhrzeigersinn zu erstrecken. Die Gln. (6.4) und (6.5) bilden die Grundgleichungen der Z-Transformation. Die Funktion $F(z)$ heißt *Z-Transformierte* von $f[n]$; sie existiert, wenn die durch die Gln. (6.1a,b) erklärten Konstanten die Bedingung

$$0 \leqq \rho_{\min} < \rho_{\max} \leqq \infty$$

erfüllen, und zwar für alle komplexen $z$-Werte mit der Eigenschaft

$$\rho_{\min} < |z| < \rho_{\max} . \tag{6.6}$$

In der komplexen $z$-Ebene existiert also die Z-Transformierte $F(z)$ in dem durch die Ungleichung (6.6) gegebenen Ringgebiet (Bild 6.1), und sie stellt dort eine analytische Funktion dar. Außerhalb dieses Ringgebietes konvergiert die Reihe aus Gl. (6.4) allgemein nicht, weshalb dort die Gl. (6.4) ihren Sinn verliert. Allerdings kann die Funktion $F(z)$ durch analytische Fortsetzung im allgemeinen auch auf ein größeres Gebiet ausgedehnt werden. In der Sprache der Funktionentheorie ist $F(z)$ nach Gl. (6.4) in Form einer Laurent-Reihe um $z = 0$ dargestellt. Der Integrationsweg in der Gl. (6.5), welche die Umkehrung der Z-Transformation leistet, muß ganz innerhalb des Ringgebietes (6.6) verlaufen.

Die durch die Z-Transformation gegebene Zuordnung soll künftig in der symbolischen Form

$$f[n] \circ\!\!-\!\!\bullet F(z)$$

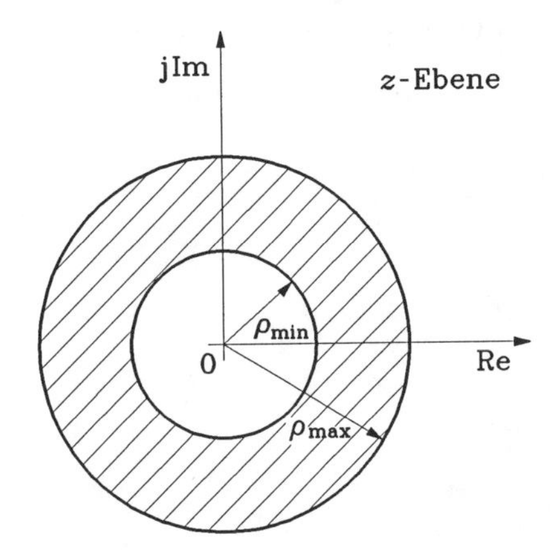


Bild 6.1: Ebene der komplexen Zahlen $z$. Im schraffierten Gebiet $\rho_{\min} < |z| < \rho_{\max}$ konvergiert die Z-Transformierte nach Gl. (6.4)

ausgedrückt werden.

Im Sonderfall einer kausalen Zeitfunktion $f[n]$, die also für $n < 0$ verschwindet, ist gemäß Gl. (6.1b) $\rho_{\max} = \infty$, und das Konvergenzgebiet entartet zum Kreisgebiet $|z| > \rho_{\min}$, das den Punkt $z = \infty$ enthält. In diesem Fall spricht man in Analogie zur einseitigen Laplace-Transformation von der einseitigen Z-Transformation, wobei in Gl. (6.4) die Summation erst bei $n = 0$ beginnt. Die (zweiseitige) Z-Transformierte einer Funktion $f[n]$ kann immer in der Form

$$F(z) = F^+(z) + F^-(z)$$

geschrieben werden, wobei

$$F^+(z) = \sum_{n=0}^{\infty} f[n] z^{-n} \quad , \qquad |z| > \rho_{\min}$$

und

$$F^-(z) = \sum_{n=-\infty}^{-1} f[n] z^{-n} \quad , \qquad |z| < \rho_{\max}$$

gilt, so daß $F^+(z)$ dem kausalen Anteil und $F^-(z)$ dem akausalen Anteil von $f[n]$ zugeordnet ist.

Als *Beispiele* für die Z-Transformation seien zunächst die folgenden leicht zu verifizierenden Korrespondenzen aufgeführt; hierbei bedeutet $a$ eine von Null verschiedene Konstante:

$$\delta[n] \circ\!\!-\!\!\bullet\, 1 \qquad (0 \leqq |z| \leqq \infty) \;, \tag{6.7}$$

$$s[n] \circ\!\!-\!\!\bullet \sum_{n=0}^{\infty} z^{-n} = \frac{1}{1-\frac{1}{z}} = \frac{z}{z-1} \qquad (|z| > 1) \;, \tag{6.8}$$

$$s[n]a^n \circ\!\!-\!\!\bullet \sum_{n=0}^{\infty} \left(\frac{z}{a}\right)^{-n} = \frac{z}{z-a} \qquad (|z| > |a|) \;. \tag{6.9}$$

Stellt man $s[n]a^n$ mit Hilfe seiner Z-Transformierten $z/(z-a)$ aufgrund von Gl. (6.5) dar, dann erhält man

$$s[n]a^n = \frac{1}{2\pi \mathrm{j}} \oint_{|z| = \rho > |a|} \frac{z}{z-a} z^{n-1} \mathrm{d}z \;.$$

Diese Gleichung wird auf beiden Seiten $m$ -mal nach $a$ differenziert. Dadurch ergibt sich

$$s[n]n(n-1)\cdots(n-m+1)a^{n-m} = \frac{1}{2\pi j} \oint_{|z|=\rho>|a|} \frac{m!z}{(z-a)^{m+1}} z^{n-1} dz \ .$$

Dieser Beziehung entnimmt man direkt die Korrespondenz

$$s[n]\binom{n}{m}a^{n-m} \circ\!\!-\!\!\bullet \frac{z}{(z-a)^{m+1}} \qquad (|z|>|a|) \ . \tag{6.10}$$

Entsprechend lassen sich die weiteren Korrespondenzen begründen:

$$s[-n-1]a^n \circ\!\!-\!\!\bullet \sum_{n=-\infty}^{-1} a^n z^{-n} = \frac{-z}{z-a} \qquad (|z|<|a|) \ , \tag{6.11}$$

$$s[-n-1]\binom{n}{m}a^{n-m} \circ\!\!-\!\!\bullet \frac{-z}{(z-a)^{m+1}} \qquad (|z|<|a|) \ . \tag{6.12}$$

Man beachte, daß die Funktionen $s[n]a^n$ und $-s[-n-1]a^n$ dieselbe Z-Transformierte aufweisen, allerdings mit wesentlich unterschiedlichen Konvergenzgebieten. Insbesondere in den Fällen, in denen nicht a priori bekannt ist, ob die zugehörige Zeitfunktion kausal oder akausal ist, muß daher unbedingt das Konvergenzgebiet spezifiziert sein. Abschließend sei noch bemerkt, daß die Grundgleichungen (6.4) und (6.5) der Z-Transformation für $z = e^{j\omega T}$ in die Gln. (4.10a,b) übergehen, sofern der Einheitskreis $|z| = 1$ im Konvergenzgebiet enthalten ist oder der Einheitskreis Rand des Konvergenzgebietes ist und $F(z)$ in diesem Gebiet einschließlich des Einheitskreises $|z| = 1$ stetig ist.

## 1.2. EIGENSCHAFTEN DER Z-TRANSFORMATION

Die Z-Transformation besitzt ähnliche Eigenschaften wie die Laplace-Transformation, deren wichtigste direkt den Grundgleichungen (6.4) und (6.5) entnommen werden können. Soweit die Beweise besonders einfach sind, werden sie dem Leser zur Übung überlassen.

**(a) Linearität**
Aus den Korrespondenzen

$$f_1[n] \circ\!\!-\!\!\bullet F_1(z) \ , \quad f_2[n] \circ\!\!-\!\!\bullet F_2(z)$$

folgt, sofern sich die Konvergenzgebiete $G_1$ und $G_2$ der beiden Z-Transformierten überlappen, mit willkürlichen Konstanten $c_1$ und $c_2$ die Zuordnung

$$c_1 f_1[n] + c_2 f_2[n] \circ\!\!-\!\!\bullet c_1 F_1(z) + c_2 F_2(z) \ ,$$

wobei diese Z-Transformierte im Durchschnittsgebiet von $G_1$ und $G_2$ konvergiert.

**(b) Verschiebung**
Aus der Korrespondenz

$$f[n] \circ\!\!-\!\!\bullet F(z)$$

folgt mit einem beliebigen ganzzahligen $m$ die Zuordnung

$$f[n-m] \circ\!\!-\!\!\bullet\, z^{-m} F(z) \,. \tag{6.13a}$$

Ist $f[n]$ kausal und damit $F(z)$ einseitige Z-Transformierte, dann ist die rechte Seite der Korrespondenz (6.13a) nur für $m > 0$ eine einseitige Z-Transformierte; für $m < 0$ ist sie als eine zweiseitige Z-Transformierte zu betrachten. Ist $f[n]$ eine nicht notwendig kausale Zeitfunktion, dann folgen aus der Zuordnung

$$s[n] f[n] \circ\!\!-\!\!\bullet\, F^+(z) \,,$$

also mit Hilfe der einseitigen Z-Transformierten $F^+(z)$ von $f[n]$ für $m > 0$ die Korrespondenzen

$$s[n] f[n-m] \circ\!\!-\!\!\bullet\, z^{-m} F^+(z) + f[-1] z^{-m+1} + f[-2] z^{-m+2} + \cdots + f[-m] \tag{6.13b}$$

und

$$s[n] f[n+m] \circ\!\!-\!\!\bullet\, z^{m} F^+(z) - f[0] z^{m} - f[1] z^{m-1} - \cdots - f[m-1] z \,. \tag{6.13c}$$

**(c) Multiplikation mit $n$**

Durch Differentiation der Gl. (6.4) nach $z$ und anschließende Multiplikation des Resultats mit $-z$ entsteht die nützliche Korrespondenz

$$n\, f[n] \circ\!\!-\!\!\bullet\, -z \frac{\mathrm{d}F(z)}{\mathrm{d}z} \,. \tag{6.14}$$

**(d) Faltung**

Aus den Korrespondenzen

$$f_1[n] \circ\!\!-\!\!\bullet\, F_1(z) \,, \quad f_2[n] \circ\!\!-\!\!\bullet\, F_2(z)$$

folgt, sofern sich die Konvergenzgebiete $G_1$ und $G_2$ der Z-Transformierten $F_1(z)$ bzw. $F_2(z)$ überlappen,

$$\sum_{\nu=-\infty}^{\infty} f_1[\nu] f_2[n-\nu] \circ\!\!-\!\!\bullet\, F_1(z) F_2(z) \,, \tag{6.15}$$

wobei diese Z-Transformierte im Durchschnitt von $G_1$ und $G_2$ konvergiert.

**(e) Produkt**

Für das Produkt zweier Zeitfunktionen $f_1[n]$ und $f_2[n]$ mit den zugehörigen Z-Transformierten $F_1(z)$ bzw. $F_2(z)$ gilt die Korrespondenz

$$f_1[n] f_2[n] \circ\!\!-\!\!\bullet\, \frac{1}{2\pi \mathrm{j}} \oint F_1(\zeta)\, F_2\!\left(\frac{z}{\zeta}\right) \frac{\mathrm{d}\zeta}{\zeta} \,. \tag{6.16}$$

Hierbei ist das zulässige Gebiet für $z$ dadurch festgelegt, daß sich die Konvergenzgebiete von $F_1(\zeta)$ und $F_2(z/\zeta)$ in der $\zeta$-Ebene überlappen, und das Integral ist dort auf einem Kreis um den Ursprung im Überdeckungsbereich auszuwerten.

Zum *Beweis* schreibt man die Z-Transformierte $F(z)$ von $f_1[n] f_2[n]$ in der Form

$$F(z) = \sum_{n=-\infty}^{\infty} f_1[n] f_2[n] z^{-n} = \sum_{n=-\infty}^{\infty} f_2[n] \left[ \frac{1}{2\pi \mathrm{j}} \oint F_1(\zeta) \zeta^{n-1} \mathrm{d}\zeta \right] z^{-n} \,.$$

Vertauscht man nun die Reihenfolge von Summation und Integration, dann ergibt sich

$$F(z) = \frac{1}{2\pi j} \oint F_1(\zeta) \sum_{n=-\infty}^{\infty} f_2[n] \left(\frac{z}{\zeta}\right)^{-n} \frac{d\zeta}{\zeta} ,$$

und hieraus resultiert die angegebene Korrespondenz.

**(f) Spiegelung**
Aus der Korrespondenz

$$f[n] \circ\!\!-\!\!\bullet F(z) \qquad (\rho_{\min} < |z| < \rho_{\max})$$

folgt die Zuordnung

$$f^*[-n] \circ\!\!-\!\!\bullet F^*\left(\frac{1}{z^*}\right) \qquad \left(\frac{1}{\rho_{\max}} < |z| < \frac{1}{\rho_{\min}}\right) .$$

Ist $f[n]$ eine reelle Zeitfunktion, so gilt $F^*(1/z^*) = F(1/z)$. Dabei bezeichnen $f^*[-n]$ und $F^*(1/z^*)$ die konjugiert komplexen Werte von $f[-n]$ bzw. $F(1/z^*)$.

**(g) Parsevalsche Formel**
Aus den Korrespondenzen

$$f_1[n] \circ\!\!-\!\!\bullet F_1(z) \qquad (\rho_{1,\min} < 1 < \rho_{1,\max})$$

und

$$f_2[n] \circ\!\!-\!\!\bullet F_2(z) \qquad (\rho_{2,\min} < 1 < \rho_{2,\max})$$

folgt mit $\omega_g = \pi/T$

$$\sum_{n=-\infty}^{\infty} f_1[n] f_2^*[n] = \frac{1}{2\omega_g} \int_{-\omega_g}^{\omega_g} F_1(e^{j\omega T}) F_2^*(e^{j\omega T}) \, d\omega .$$

Zum *Beweis* dieser Formel wird in der Faltungskorrespondenz $f_2[n]$ durch $f_2^*[-n]$ ersetzt und die Spiegelungseigenschaft berücksichtigt. Dadurch erhält man

$$\sum_{\nu=-\infty}^{\infty} f_1[\nu] f_2^*[-n+\nu] \circ\!\!-\!\!\bullet F_1(z) F_2^*\left(\frac{1}{z^*}\right) .$$

Wendet man auf diese Korrespondenz die Umkehrformel gemäß Gl. (6.5) für $z = 1/z^* = e^{j\omega T}$ und $n = 0$ an, so ergibt sich obiges Ergebnis.

Liegt (wie im vorliegenden Fall) der Einheitskreis im Konvergenzbereich der in Korrespondenz (6.16) angegebenen Z-Transformierten, dann ergibt sich durch Auswertung dieser Korrespondenz für $z = 1$ und Übergang von $f_2[n]$ zu $f_2^*[n]$ die Beziehung

$$\sum_{n=-\infty}^{\infty} f_1[n] f_2^*[n] = \frac{1}{2\pi j} \oint F_1(\zeta) F_2^*\left(\frac{1}{\zeta^*}\right) \frac{d\zeta}{\zeta} ,$$

aus der man ebenfalls die Parsevalsche Formel sofort entnehmen kann, sofern als Integrationsweg der Einheitskreis gewählt und $\zeta = e^{j\omega T}$ gesetzt wird.

**(h) Anfangs- und Endwerteigenschaften**
Die Z-Transformierte $F(z)$ einer Zeitfunktion $f[n]$ konvergiere im offenen Kreisgebiet $|z| > \rho_{\min}$ abgesehen von einem möglichen Pol in $z = \infty$, es gelte also $\rho_{\max} = \infty$. Dann exi-

stiert mit einem geeigneten, ganzzahligen $m$ der Grenzwert

$$\lim_{z \to \infty} z^m F(z) = A \quad , \tag{6.17a}$$

und es gilt

$$f[m] = A \; . \tag{6.17b}$$

Zum *Beweis* dieser Beziehung braucht man nur zu beachten, daß angesichts der Voraussetzungen über $F(z)$ in der Darstellung nach Gl. (6.4) die Summation nicht von $n = -\infty$, sondern erst von $n = -M$ an zu führen ist, wobei dieser Index den ersten nicht verschwindenden Summanden kennzeichnet. Ist $M > 0$, so hat $F(z)$ in $z = \infty$ einen Pol der Ordnung $M$; andernfalls ist $F(\infty)$ endlich. Bildet man mit der so reduzierten Summendarstellung von $F(z)$ den Grenzwert in Gl. (6.17a) mit $m = -M$, dann ergibt sich direkt $f[m]$.

Ist insbesondere $f[n]$ ein kausales Signal, dann gilt

$$f[0] = \lim_{z \to \infty} F(z) \; . \tag{6.17c}$$

Befindet sich der Einheitskreis $|z| = 1$ innerhalb des Konvergenzgebietes der Z-Transformierten $F(z)$ von $f[n]$, so haben die Grundgleichungen (6.4) und (6.5) für $z = e^{j\omega T}$ die Form der Gln. (4.10a,b); die Reihe in Gl. (4.10b) kann aber nur konvergieren, wenn

$$f(n) \to 0 \qquad \text{für} \qquad n \to \pm\infty$$

gilt. Ist $f[n]$ kausal und gilt $\rho_{\min} = 1$, wobei $F(z)$ abgesehen von einem möglichen einfachen Pol an der Stelle $z = 1$ in $|z| \geqq 1$ analytisch sei, dann gilt die Endwertformel

$$\lim_{n \to \infty} f[n] = \lim_{z \to 1} \left[ F(z) - \frac{1}{z} F(z) \right] = \lim_{z \to 1} [F(z)(z-1)] \; .$$

Dies läßt sich unmittelbar aus der Beziehung

$$F(z) - \frac{1}{z} F(z) = \lim_{N \to \infty} \sum_{n=0}^{N} \{ f[n] - f[n-1] \} z^{-n}$$

ableiten, wenn man den Grenzübergang $z \to 1$ durchführt und dabei auf der rechten Seite die Reihenfolge der Limes-Operationen vertauscht, was erlaubt ist, da $F(z) - F(z)/z$ überall in $|z| \geqq 1$ analytisch ist.

Ist demnach die Z-Transformierte $F(z)$ einer kausalen Zeitfunktion $f[n]$ rational und liegen alle Pole in $|z| < 1$, dann strebt $f[n]$ für $n \to \infty$ gegen Null.

## 1.3. UMKEHRUNG DER Z-TRANSFORMATION

Grundsätzlich läßt sich eine diskontinuierliche Zeitfunktion $f[n]$ aus ihrer Z-Transformierten $F(z)$ mit Hilfe der Umkehrformel gemäß Gl. (6.5) ausdrücken. Das hierbei auftretende komplexe Integral kann in vielen Fällen mit Hilfe der Residuenmethode entsprechend wie bei der Laplace-Transformation ausgewertet werden, wobei der Integrationsweg $|z| = \rho$ nicht abgeändert zu werden braucht. Sind alle Singularitäten von $F(z)$ Pole und sind $A_\mu$ die Residuen an den endlichen Polen von $F(z)z^{n-1}$ innerhalb und $B_\nu$ die Residuen an den endlichen Polen von $F(z)z^{n-1}$ außerhalb des Integrationsweges, dann gilt (Anhang D)

$$f[n] = \sum_{\mu} A_{\mu} \quad \text{oder} \quad f[n] = -\sum_{\nu} B_{\nu} - B_{\infty} \ ,$$

wobei $B_{\infty}$ das Residuum der Funktion $F(z)z^{n-1}$ an der Stelle $z = \infty$ bedeutet und die erste Beziehung durch Anwendung des Residuensatzes auf das Innere des Integrationsweges und die zweite Beziehung durch Anwendung des Residuensatzes auf das Äußere des Integrationsweges entsteht. Es empfiehlt sich, im Einzelfall zu entscheiden, welche der beiden Formeln günstiger ausgewertet werden kann. Prinzipiell kann das Umkehrintegral auch numerisch berechnet werden.

Besonders einfach läßt sich die Z-Transformation ohne direkte Verwendung der Umkehrformel invertieren, wenn die Z-Transformierte $F(z)$ in Form einer Laurent-Reihe

$$F(z) = \sum_{n=-\infty}^{\infty} a_n z^{-n} \tag{6.18}$$

vorliegt, welche im Konvergenzgebiet von $F(z)$ erklärt ist. Dann gilt, wie ein Vergleich mit Gl. (6.4) lehrt,

$$f[n] = a_n \ .$$

Ist $F(z)$ nicht unmittelbar in Form der Gl. (6.18) gegeben, dann muß die zugehörige Zeitfunktion $f[n]$, wenn die Umkehrformel nicht direkt ausgewertet werden soll, dadurch ermittelt werden, daß $F(z)$ unter Berücksichtigung des Konvergenzgebietes $\rho_{\min} < |z| < \rho_{\max}$ geeignet umgeformt wird. Auf zwei derartige Möglichkeiten wird im folgenden eingegangen.

Eine *erste* Möglichkeit, $f[n]$ aus $F(z)$ einfach zu ermitteln, ist die *Laurent-Reihenentwicklung* von $F(z)$ im Konvergenzgebiet. Die hierbei entstehenden Koeffizienten liefern dann direkt $f[n]$.

Als *Beispiel* sei die Z-Transformierte

$$F(z) = \frac{-1}{(z-1)(z-2)} \qquad (1 < |z| < 2) \tag{6.19}$$

betrachtet. Schreibt man $F(z)$ als Partialbruchsumme

$$F(z) = \frac{1}{z-1} - \frac{1}{z-2} \ ,$$

so muß der erste Summand $1/(z-1)$ mit dem Pol $z = 1$, um Konvergenz im Konvergenzgebiet $1 < |z| < 2$ zu erzielen, um $z = \infty$, d. h. als Potenzreihe in Potenzen von $1/z$, entwickelt werden. Man erhält

$$\frac{1}{z-1} = \frac{1/z}{1-\dfrac{1}{z}} = \sum_{n=1}^{\infty} \frac{1}{z^n} \ .$$

Der zweite Partialbruchsummand $-1/(z-2)$ mit dem Pol $z = 2$ muß, um Konvergenz im Konvergenzgebiet $1 < |z| < 2$ zu erzielen, um $z = 0$, d. h. als Potenzreihe in Potenzen von $z$, entwickelt werden. Man erhält

$$\frac{-1}{z-2} = \frac{1/2}{1-\dfrac{z}{2}} = \sum_{\nu=0}^{\infty} \frac{1}{2^{\nu+1}} z^{\nu} \ .$$

Substituiert man bei der Entwicklung des zweiten Summanden $\nu$ durch $-n$, dann kann zusammenfassend

$$F(z) = \sum_{n=-\infty}^{0} 2^{n-1} z^{-n} + \sum_{n=1}^{\infty} z^{-n}$$

geschrieben werden. Hieraus folgt

$$f[n]=\begin{cases}2^{n-1} & \text{für } n\leqq 0\ ,\\ 1 & \text{für } n>0\ .\end{cases}$$

Ist das Konvergenzgebiet von $F(z)$ nach Gl. (6.19) der Kreis $|z|>2$, dann ist der Z-Transformierten $F(z)$ eine andere Zeitfunktion $f[n]$ zugeordnet, weil dann der Partialbruchsummand $-1/(z-2)$ nach Potenzen von $1/z$, also in der Form

$$\frac{-1}{z-2}=\frac{-1/z}{1-\dfrac{2}{z}}=-\frac{1}{z}\left(1+\frac{2}{z}+\frac{2^2}{z^2}+\cdots\right)$$

entwickelt werden muß. Ist das Konvergenzgebiet von $F(z)$ der Kreis $|z|<1$, dann müssen beide Partialbruchsummanden von $F(z)$ nach Potenzen von $z$ entwickelt werden. Man sieht also, wie $f[n]$ außer von $F(z)$ wesentlich noch vom Konvergenzgebiet abhängt.

Eine *zweite* Möglichkeit, $f[n]$ aus $F(z)$ zu ermitteln, ist die Verwendung bekannter *Korrespondenzen.* Dazu muß man $F(z)$ als Summe von Funktionen $\Phi_\kappa(z)$ darstellen, deren Zeitfunktionen $\varphi_\kappa[n]$ aufgrund bekannter Korrespondenzen angegeben werden können. Dann ergibt sich $f[n]$ als Summe der Funktionen $\varphi_\kappa[n]$. Diese Methode läßt sich besonders elegant anwenden, wenn $F(z)$ eine rationale Funktion ist. Dabei darf angenommen werden, daß der Grad des Zählerpolynoms nicht größer ist als der Grad des Nennerpolynoms. Andernfalls läßt sich dies durch Division dieser Polynome erreichen, wobei das zusätzlich auftretende Polynom direkt in den Zeitbereich transformiert werden kann. Unter dieser Voraussetzung kann dann $F(z)/z$, dessen Polstellen mit $z_\mu$ $(\mu=1,2,\ldots,l)$ bezeichnet werden, in Form einer Partialbruchdarstellung geschrieben werden (man vergleiche Kapitel V, Abschnitt 2.1), und man erhält dann $F(z)$ als Summe von Termen der Art

$$\Phi_\kappa(z)=\frac{A_{\mu\nu}z}{(z-z_\mu)^\nu}\qquad(\nu=1,2,\ldots,r_\mu;\ \mu=1,2,\ldots,l)\ ,$$

deren entsprechende Zeitfunktion $\varphi_\kappa[n]$ für $z_\mu\neq 0$ aus den Korrespondenzen (6.10) bzw. (6.12) folgen, je nachdem ob der betreffende Pol $z_\mu$ dem Betrage nach nicht größer als $\rho_{\min}$ oder nicht kleiner als $\rho_{\max}$ ist. Im Falle $z_\mu=0$ hat $\Phi_\kappa(z)$ die Form $A_{\mu\nu}/z^{\nu-1}$, und die entsprechende Zeitfunktion $\varphi_\kappa[n]$ ist $A_{\mu\nu}\,\delta[n-\nu+1]$.

Als *Beispiel* sei die Z-Transformierte

$$F(z)=\frac{-2z^3-3z^2+11z}{(z+2)(z-1)^2}\ ,\qquad 1<|z|<2\ ,$$

gewählt. Man erhält zunächst

$$\frac{F(z)}{z}=\frac{1}{z+2}+\frac{2}{(z-1)^2}-\frac{3}{z-1}\ .$$

Mit den Korrespondenzen

$$\frac{z}{z+2}\ \bullet\!\!-\!\!\circ\ -s[-n-1](-2)^n\quad(|z|<2)\ ,\qquad \frac{2z}{(z-1)^2}\ \bullet\!\!-\!\!\circ\ 2s[n]\binom{n}{1}1^{n-1}\quad(|z|>1)\ ,$$

$$\frac{-3z}{z-1}\ \bullet\!\!-\!\!\circ\ -3s[n]1^n\quad(|z|>1)$$

erhält man damit als Inverse von $F(z)$ die Zeitfunktion

$$f[n]=s[n](2n-3)-s[-n-1](-2)^n\ .$$

### 1.4. DIE ÜBERTRAGUNGSFUNKTION FÜR KOMPLEXE Z-WERTE

Es wird ein lineares, zeitinvariantes, stabiles und kausales diskontinuierliches System mit einem Eingang und einem Ausgang betrachtet. Als Eingangsgrößen seien nur kausale Signale $x[n]$ zugelassen. Nach Gl. (4.3) ist die Übertragungsfunktion $H(\mathrm{e}^{\mathrm{j}\omega T})$ aus der Impulsantwort $h[n]$ aufgrund der Beziehung

$$H(\mathrm{e}^{\mathrm{j}\omega T}) = \sum_{n=0}^{\infty} h[n]\,\mathrm{e}^{-\mathrm{j}\omega nT} \tag{6.20a}$$

gegeben, und die Reihe auf der rechten Seite von Gl. (6.20a) konvergiert wegen der vorausgesetzten Stabilität, da nach Ungleichung (1.94)

$$\sum_{n=0}^{\infty} |h[n]| < \infty$$

gilt. Aus Gl. (6.20a) entsteht, wenn man $\mathrm{e}^{\mathrm{j}\omega T}$ durch die Variable $z$ substituiert, die Z-Transformierte der Impulsantwort $h[n]$, nämlich

$$H(z) = \sum_{n=0}^{\infty} h[n] z^{-n} \quad , \tag{6.20b}$$

welche jedenfalls für $|z| \geqq 1$ konvergiert und damit im Gebiet $|z| > 1$ analytisch und in $|z| \geqq 1$ stetig ist. Es ist möglich, daß das Konvergenzkreisgebiet $|z| > \rho_{\min}$ einen Radius $\rho_{\min} < 1$ besitzt. Die Übertragungsfunktion $H(\mathrm{e}^{\mathrm{j}\omega T})$ von Gl. (6.20a) kann demzufolge als Sonderfall der Z-Transformierten $H(z)$ von Gl. (6.20b) mit $z = \mathrm{e}^{\mathrm{j}\omega T}$ betrachtet werden. Anders ausgedrückt heißt dies, daß die Z-Transformierte $H(z)$ als Fortsetzung der Funktion $H(\mathrm{e}^{\mathrm{j}\omega T})$ vom Einheitskreis in die $z$-Ebene aufgefaßt werden kann. Man nennt daher $H(z)$ bei Zulassung auch von Werten $z \neq \mathrm{e}^{\mathrm{j}\omega T}$ weiterhin Übertragungsfunktion des Systems.

Unterwirft man die Gln. (1.87a,b), welche das Ausgangssignal $y[n]$ des vorliegenden Systems als Faltung des Eingangssignals $x[n]$ mit der Impulsantwort $h[n]$ ausdrücken, der Z-Transformation, so erhält man aufgrund der Faltungseigenschaft der Z-Transformation

$$Y(z) = H(z)X(z) \quad , \tag{6.21}$$

wobei $X(z)$ die Z-Transformierte von $x[n]$ und $Y(z)$ die von $y[n]$ bedeutet. Läßt man Eingangssignale $x[n]$ zu, die nicht notwendig kausal zu sein brauchen, so konvergiert $Y(z)$ im Ringgebiet, das als Durchschnitt des Konvergenzkreisgebiets von $H(z)$ und des Konvergenzringgebietes von $X(z)$ entsteht.

Von einem *realisierbaren* diskontinuierlichen System spricht man hier, wenn sein durch $H(z)$ charakterisiertes Übertragungsverhalten durch eine Anordnung aus endlich vielen Verzögerungsgliedern mit gleicher Verzögerungszeit $T$, Multiplizierern und Addierern verwirklicht werden kann. Ein realisierbares diskontinuierliches System muß demnach kausal sein und als Übertragungsfunktion eine rationale, reelle Funktion

$$H(z) = \frac{\beta_q + \beta_{q-1} z^{-1} + \cdots + \beta_0 z^{-q}}{1 + \alpha_{q-1} z^{-1} + \cdots + \alpha_0 z^{-q}} \tag{6.22}$$

besitzen. Wegen der vorausgesetzten Stabilität müssen die Pole von $H(z)$ im Kreisgebiet $|z| < 1$ liegen. Transformiert man $H(z)$ in den Zeitbereich, dann erhält man die Impulsantwort $h[n]$. Dazu lassen sich die Verfahren von Abschnitt 1.3 heranziehen. Demnach kann man $H(z)$ insbesondere mit Hilfe seiner Partialbruchdarstellung in den Zeitbereich überführen. Nimmt man an, daß alle Pole $z_\mu$ ($\mu = 1, 2, \ldots, q$) von $H(z)$ einfach sind, so ergibt sich die Impulsantwort $h[n]$ in der Form

$$h[n] = A_0 \delta[n] + A_1 s[n] z_1^n + \cdots + A_q s[n] z_q^n$$

mit den bei der Partialbruchentwicklung von $H(z)/z$ entstehenden Koeffizienten $A_0, A_1, \ldots, A_q$. Bei mehrfachen Polen ist die Darstellung entsprechend zu modifizieren.

Die Systembeschreibung gemäß Gl. (6.21) mit Hilfe der rationalen Übertragungsfunktion $H(z)$ nach Gl. (6.22) ist äquivalent der Systemdarstellung aufgrund der Differenzengleichung (2.189). Insofern kann $H(z)$ nach den im Kapitel II, Abschnitt 4.1 entwickelten Signalflußdiagrammen realisiert werden. Daneben besteht auch die Möglichkeit, $H(z)$ aufgrund der Besonderheiten rationaler Funktionen zu verwirklichen. Hierauf soll noch kurz eingegangen werden.

Wählt man in Gl. (6.22) zunächst den Zähler gleich Eins, so läßt sich gemäß Gl. (6.21)

$$Y(z) = X(z) - \alpha_{q-1} Y(z) z^{-1} - \alpha_{q-2} Y(z) z^{-2} - \cdots - \alpha_0 Y(z) z^{-q}$$

schreiben. Diese Beziehung kann man direkt durch das im Bild 6.2 in Form eines Signalflußdiagramms angegebene System realisieren. Wie man sieht, lassen sich unmittelbar die Signale $y[n], y[n-1], \ldots, y[n-q+1], y[n-q]$ abgreifen. Multipliziert man diese Signale mit $\beta_q, \beta_{q-1}, \ldots, \beta_1$ bzw. $\beta_0$ und addiert die Produkte, dann erhält man ein System mit der Übertragungsfunktion

$$\beta_q \frac{1}{1 + \alpha_{q-1} z^{-1} + \cdots + \alpha_0 z^{-q}} + \beta_{q-1} \frac{z^{-1}}{1 + \alpha_{q-1} z^{-1} + \cdots + \alpha_0 z^{-q}} + \cdots$$
$$+ \beta_0 \frac{z^{-q}}{1 + \alpha_{q-1} z^{-1} + \cdots + \alpha_0 z^{-q}} ,$$

also mit $H(z)$ aus Gl. (6.22). Die entsprechende Realisierung zeigt Bild 6.3, die im wesentlichen mit der von Bild 2.19 übereinstimmt.

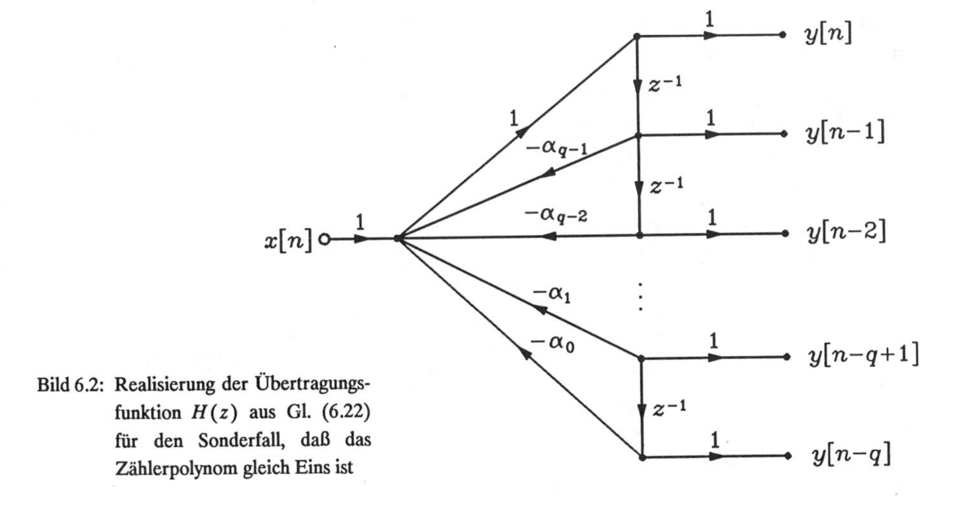


Bild 6.2: Realisierung der Übertragungsfunktion $H(z)$ aus Gl. (6.22) für den Sonderfall, daß das Zählerpolynom gleich Eins ist

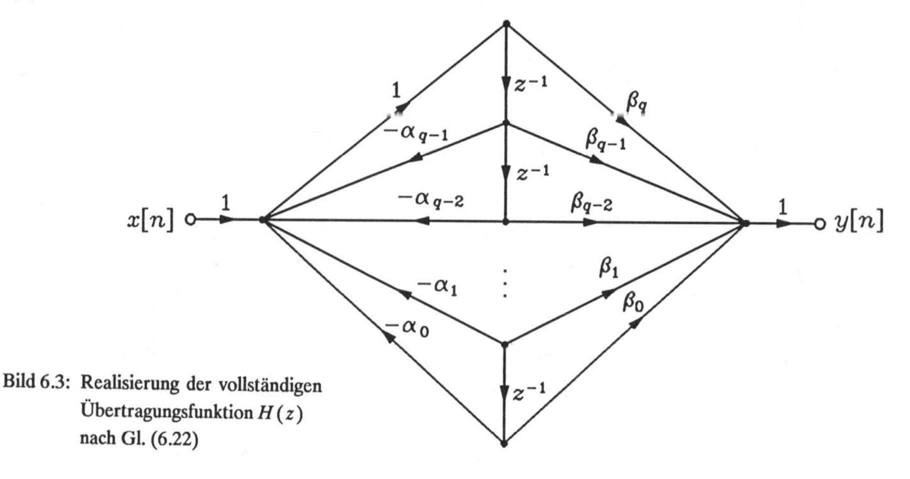


Bild 6.3: Realisierung der vollständigen Übertragungsfunktion $H(z)$ nach Gl. (6.22)

Man kann die Übertragungsfunktion $H(z)$ stets in der Pol-Nullstellen-Form

$$H(z) = K \frac{(z-\zeta_1)(z-\zeta_2)\cdots(z-\zeta_l)}{(z-z_1)(z-z_2)\cdots(z-z_q)}$$

darstellen, wobei $K$ eine Konstante, die $\zeta_\mu$ ($\mu = 1, 2, \ldots, l \leqq q$) die Nullstellen und die $z_\nu$ ($\nu = 1, 2, \ldots, q$) die Pole bedeuten. Hiermit läßt sich durch geeignete Zusammenfassung der auftretenden Faktoren $(z-\zeta_\mu)$ und $(z-z_\nu)$ die Produktform

$$H(z) = H_1(z) H_2(z) \cdots H_k(z)$$

angeben, wobei die $H_\mu(z)$ ($\mu = 1, 2, \ldots, k$) reelle, rationale und in $z = \infty$ polfreie Funktionen ersten oder zweiten Grades sind. Die $H_\mu(z)$ werden gebildet, indem man in jede dieser Funktionen maximal zwei Nullstellen und maximal zwei Pole von $H(z)$ aufnimmt. Dabei müssen zueinander konjugiert komplexe Pole bzw. Nullstellen stets zu Paaren zusammengefaßt werden, und jede Funktion $H_\mu(z)$ darf im Endlichen nicht mehr Nullstellen als Pole haben. Die $H_\mu(z)$ können als Übertragungsfunktionen von Teilsystemen aufgefaßt werden, deren Ketten- (Kaskaden-)anordnung nach Bild 6.4 die Übertragungsfunktion $H(z)$ hat. Dies ist leicht einzusehen, wenn man beachtet, daß für das $\mu$-te Teilsystem im Bild 6.4 die Z-Transformierte der Ausgangsgröße mit der Z-Transformierten der Eingangsgröße gemäß Gl. (6.21) durch die Beziehung

$$Y_\mu(z) = H_\mu(z) Y_{\mu-1}(z)$$

verknüpft ist. Damit gilt für das System nach Bild 6.4

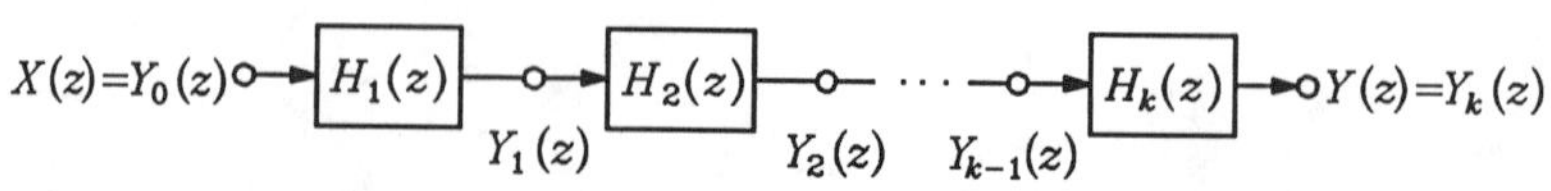

$X(z) = Y_0(z)$ → $H_1(z)$ → $Y_1(z)$ → $H_2(z)$ → $Y_2(z)$ ··· $Y_{k-1}(z)$ → $H_k(z)$ → $Y(z) = Y_k(z)$

Bild 6.4: Realisierung einer Übertragungsfunktion $H(z)$ durch eine Kaskadenanordnung aus Systemen erster oder zweiter Ordnung

$$Y(z) = H_k(z) Y_{k-1}(z) = H_k(z) H_{k-1}(z) Y_{k-2}(z) = \cdots = H_k(z) H_{k-1}(z) \cdots H_1(z) X(z).$$

Jedes der Teilsysteme $H_\mu(z)$ kann beispielsweise nach Bild 6.3 in einfacher Weise realisiert werden. Dadurch wird das Gesamtsystem in Form einer Kettenanordnung von Digitalfiltern realisiert, die jeweils maximal zwei Verzögerungsglieder enthalten. Bei der Realisierung der Kettenanordnung muß darauf geachtet werden, daß sich die Übertragungseigenschaften aller Teilsysteme durch die Zusammenschaltung nicht ändern, daß also jedes Teilsystem von den nachfolgenden Teilsystemen nicht beeinflußt wird. Man spricht dann von einer rückwirkungsfreien Kettenanordnung. Läßt man bei der Realisierung der Teilsysteme gemäß Bild 6.3 auch komplexe Faktoren zu, dann kann $k = q$ gewählt werden und alle Teilübertragungsfunktionen $H_\mu(z)$ haben den Grad Eins.

Die Übertragungsfunktion $H(z)$ kann auch aufgrund einer Partialbruchentwicklung als *Summe* von einfachen Teilübertragungsfunktionen dargestellt und auf diese Weise in Form einer Parallelanordnung der entsprechenden Teilsysteme niederer Ordnung realisiert werden.

Abschließend sei noch darauf hingewiesen, daß die im Kapitel II genannte Transformation

$$z = \frac{p+1}{p-1}$$

es ermöglicht, rationale Übertragungsfunktionen $H(z)$ in rationale Übertragungsfunktionen $\widetilde{H}(p)$ kontinuierlicher Systeme überzuführen. Entsprechend lassen sich rationale Übertragungsfunktionen $H(z)$ aus rationalen Übertragungsfunktionen $\widetilde{H}(p)$ durch die inverse Transformation

$$p = \frac{z+1}{z-1}$$

erzeugen. Da hierbei die linke $p$-Halbebene und das Innere des Einheitskreises der $z$-Ebene ineinander übergehen, entstehen bei der Transformation aus stabilen Systemen jeweils stabile Systeme. Gelegentlich wird diese Übergangsmöglichkeit zwischen diskontinuierlichen und kontinuierlichen Systemen bei der Behandlung von Entwurfsproblemen (z. B. für die Frequenzselektion) ausgenützt.

## 2. Anwendung der Z-Transformation bei der Systembeschreibung im Zustandsraum

Es werden die Zustandsgleichungen (2.202) und (2.203) für die Beschreibung eines linearen, zeitinvarianten diskontinuierlichen Systems, das mit einem kausalen Eingangssignal erregt wird, der einseitigen Z-Transformation unterworfen. Auf diese Weise ergeben sich bei Beachtung der Korrespondenz (6.13c) für $m = 1$

$$z\,\boldsymbol{Z}(z) - z\,\boldsymbol{z}[0] = \boldsymbol{A}\,\boldsymbol{Z}(z) + \boldsymbol{B}\,\boldsymbol{X}(z) \tag{6.23}$$

und

$$\boldsymbol{Y}(z) = \boldsymbol{C}\,\boldsymbol{Z}(z) + \boldsymbol{D}\,\boldsymbol{X}(z)\ . \tag{6.24}$$

Dabei bedeutet der Vektor $\boldsymbol{Z}(z)$ die Z-Transformierte des Zustandsvektors $\boldsymbol{z}[n]$, $\boldsymbol{X}(z)$ und $\boldsymbol{Y}(z)$ bedeuten die Z-Transformierten des Eingangssignals $\boldsymbol{x}[n]$ bzw. des Ausgangssignals $\boldsymbol{y}[n]$. Durch Elimination von $\boldsymbol{Z}(z)$ in den Gln. (6.23) und (6.24) erhält man

$$\boldsymbol{Y}(z) = \boldsymbol{C}(z\,\mathbf{E}-\boldsymbol{A})^{-1} z\,\boldsymbol{z}[0] + [\boldsymbol{C}(z\,\mathbf{E}-\boldsymbol{A})^{-1}\boldsymbol{B}+\boldsymbol{D}]\,\boldsymbol{X}(z)\ . \tag{6.25}$$

Dabei ist $\mathbf{E}$ die $q$-reihige Einheitsmatrix. Es wird jetzt der Fall betrachtet, daß die Erregung des Systems vom Nullzustand $\boldsymbol{z}[0]=\mathbf{0}$ aus erfolgt. Dann erhält man aus Gl. (6.25) die Beziehung

$$\boldsymbol{Y}(z) = [\boldsymbol{C}(z\,\mathbf{E}-\boldsymbol{A})^{-1}\boldsymbol{B}+\boldsymbol{D}]\,\boldsymbol{X}(z)\ . \tag{6.26}$$

Sie entspricht im Falle, daß das System *einen* Eingang und *einen* Ausgang hat, d. h. $\boldsymbol{C}$ ein Zeilenvektor $\boldsymbol{c}^{\mathrm{T}}$, $\boldsymbol{B}$ ein Spaltenvektor $\boldsymbol{b}$ und $\boldsymbol{D}$ ein Skalar $d$ ist, der Gl. (6.21). Ein Vergleich der Gln. (6.26) und (6.21) liefert in diesem Fall die folgende Darstellung der Übertragungsfunktion eines durch die Zustandsgleichungen (2.202) und (2.203) beschriebenen Systems:

$$H(z) = \boldsymbol{c}^{\mathrm{T}}(z\,\mathbf{E}-\boldsymbol{A})^{-1}\boldsymbol{b}+d\ . \tag{6.27}$$

Die Gl. (6.25) stellt die allgemeine Lösung der Zustandsgleichungen (2.202) und (2.203) im $z$-Bereich dar. Es soll nun gezeigt werden, wie durch Rücktransformation der Gl. (6.25) die Lösung der Zustandsgleichungen im Zeitbereich gewonnen werden kann. Beachtet man zunächst, daß der Matrizenfunktion

$$(z\,\mathbf{E}-\boldsymbol{A})^{-1}z = \mathbf{E}+\frac{1}{z}\boldsymbol{A}+\frac{1}{z^2}\boldsymbol{A}^2+\cdots \qquad (\,|\,z\,|>\rho_{\min}(\boldsymbol{A})) \tag{6.28}$$

als Zeitfunktion für $n \geqq 0$ die Übergangsmatrix $\boldsymbol{\Phi}[n]=\boldsymbol{A}^n$ entspricht, dann erhält man durch Rücktransformation der Gl. (6.25) bei Beachtung der Eigenschaften der Z-Transformation für $n \geqq 0$

$$\boldsymbol{y}[n] = \boldsymbol{C}\,\boldsymbol{\Phi}[n]\boldsymbol{z}[0] + \boldsymbol{C}\,s[n-1]\sum_{\nu=0}^{n-1}\boldsymbol{\Phi}[n-1-\nu]\boldsymbol{B}\,\boldsymbol{x}[\nu]+\boldsymbol{D}\,\boldsymbol{x}[n]\ .$$

Die *charakteristische Frequenzmatrix* $\hat{\boldsymbol{\Phi}}(z)$ des Systems ist als einseitige Z-Transformierte der Übergangsmatrix $\boldsymbol{\Phi}[n]$ definiert, und es gilt damit nach Gl. (6.28)

$$\hat{\boldsymbol{\Phi}}(z) = (z\,\mathbf{E}-\boldsymbol{A})^{-1}z\ . \tag{6.29}$$

Somit kann die Übertragungsfunktion $H(z)$ aus Gl. (6.27) in der Form

$$H(z) = \boldsymbol{c}^{\mathrm{T}}z^{-1}\hat{\boldsymbol{\Phi}}(z)\boldsymbol{b}+d$$

ausgedrückt werden. Ausgehend von Gl. (6.29) kann man die charakteristische Frequenzmatrix, ähnlich wie im Kapitel V, Abschnitt 3.3 bei kontinuierlichen Systemen, durch Partialbruchentwicklung von $\hat{\boldsymbol{\Phi}}(z)/z$ auf die Form

$$\hat{\boldsymbol{\Phi}}(z) = \sum_{\mu=1}^{l}\sum_{\lambda=1}^{r_\mu}\boldsymbol{A}_{\mu\lambda}\frac{z}{(z-z_\mu)^\lambda}$$

bringen. Dabei sind offensichtlich die $z_\mu$ $(\mu=1,2,\ldots,l)$ mit den Eigenwerten der Matrix $\boldsymbol{A}$ identisch. Durch Rücktransformation in den Zeitbereich erhält man angesichts der Korrespondenz (6.10) für die Übergangsmatrix die Darstellung

$$\mathbf{\Phi}[n] = \sum_{\mu=1}^{l} z_\mu^n \boldsymbol{A}_\mu[n] ,$$

in der $\boldsymbol{A}_\mu[n]$ ein Matrizenpolynom in $n$ bedeutet, dessen Grad nicht größer als $r_\mu - 1$ ist. Ist $z_\mu$ ein einfacher Eigenwert, dann ist das zugehörige Polynom $\boldsymbol{A}_\mu$ eine von $n$ unabhängige Matrix.

# 3. Beziehung zwischen Realteil und Imaginärteil bei Übertragungsfunktionen diskontinuierlicher Systeme

## 3.1. RATIONALER FALL

Bevor das Problem der Verknüpfung von Real- und Imaginärteil der rationalen Übertragungsfunktion $H(z)$ eines linearen, zeitinvarianten, stabilen und kausalen diskontinuierlichen Systems für $z = e^{j\omega T}$ behandelt wird, sollen einige Bemerkungen zu sogenannten *selbstreziproken Polynomen* gemacht werden.

Es wird ein reelles Polynom $P(z)$ betrachtet, dessen Nullstellen $\zeta_\mu$ $(\mu = 1, 2, \ldots, m)$ also symmetrisch zur reellen Achse liegen. Darüber hinaus sollen alle Nullstellen zunächst von Null verschieden und jedenfalls auch zum Einheitskreis $|z| = 1$ symmetrisch angeordnet sein. Das heißt: Jede Nullstelle $\zeta_a$ außerhalb des Einheitskreises $(|\zeta_a| > 1)$ hat als Partner eine Nullstelle $\zeta_i = 1/\zeta_a$ im Innern des Einheitskreises $(|\zeta_i| < 1)$ und umgekehrt; bei den Nullstellen $\zeta_e$ auf dem Einheitskreis $(|\zeta_e| = 1)$ wird zwischen zwei eventuell gleichzeitig gegebenen Möglichkeiten unterschieden, nämlich erstens der Möglichkeit, daß eine zu sich selbst reziproke Nullstelle im Punkt $\zeta_e = 1$ oder (und) $\zeta_e = -1$ vorhanden ist, und zweitens der Möglichkeit, daß nichtreelle Nullstellen paarweise konjugiert komplex und damit paarweise zu sich selbst reziprok sind, also mit $\zeta_e$ auch $\zeta_e^* = 1/\zeta_e$ existiert. Demzufolge muß das Polynom $P(z)$ mit einer reellen Konstante $c$ einerseits in der Form

$$P(z) = c \prod_{\mu=1}^{m} (z - \zeta_\mu) \tag{6.30}$$

(mehrfache Nullstellen sind entsprechend ihrer Vielfachheit berücksichtigt) und andererseits in der Form

$$P(z) = c \prod_{\mu=1}^{m} \left(z - \frac{1}{\zeta_\mu}\right) = c\, z^m \prod_{\mu=1}^{m} \left(-\frac{1}{\zeta_\mu}\right) \prod_{\mu=1}^{m} \left(\frac{1}{z} - \zeta_\mu\right) = \gamma z^m P\left(\frac{1}{z}\right) \tag{6.31}$$

darstellbar sein mit der Konstante

$$\gamma = \prod_{\mu=1}^{m} \left(-\frac{1}{\zeta_\mu}\right) .$$

In diesem Produkt liefern alle Nullstellen, die von Eins verschieden sind, keinen Beitrag, da jede Nullstelle $\zeta_\mu \neq \pm 1$ einen reziproken Nullstellenpartner $1/\zeta_\mu$ hat und eine Nullstelle $\zeta_\mu = -1$ ohnedies den Produktwert nicht beeinflußt. Daher gilt $\gamma = \pm 1$, je nachdem, ob $P(z)$ in $z = 1$ eine Nullstelle geradzahliger oder ungeradzahliger Vielfachheit hat. Dabei sei vereinbart, daß im Falle $P(1) \neq 0$ in $z = 1$ eine Nullstelle der Vielfachheit Null vorhanden ist.

Aufgrund der Gl. (6.31) ist damit

$$P(z) = \pm z^m P\left(\frac{1}{z}\right)$$

oder, wenn man $P(z)$ in der Summenform

$$P(z) = a_0 + a_1 z + \cdots + a_m z^m$$

anschreibt, gilt für die Koeffizienten

$$a_\mu = \pm a_{m-\mu} \qquad (\mu = 0, 1, \ldots, m) .$$

Hat das Polynom zusätzlich eine $s$-fache Nullstelle im Ursprung, dann läßt sich

$$P(z) = c\, z^s \prod_{\mu=1}^{m} (z - \zeta_\mu)$$

schreiben, und mit $l = m + s$, dem Polynomgrad, wird

$$P(z) = \pm z^{l+s} P(1/z) .$$

Polynome mit Nullstellen, welche in der genannten Weise symmetrisch sind, heißen *selbstreziprok* (Bild 6.5).

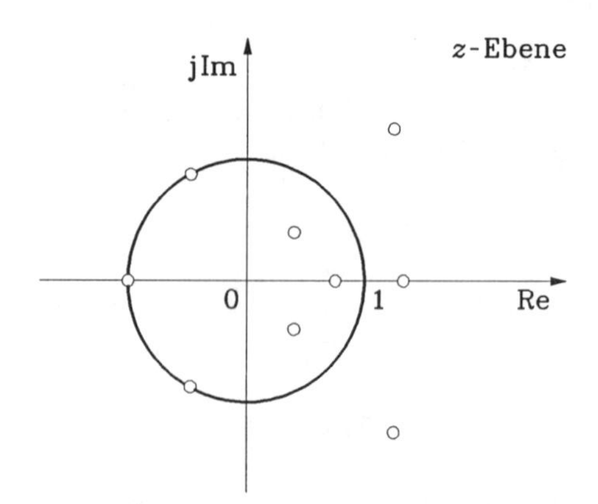


Bild 6.5: Nullstellenverteilung eines selbstreziproken Polynoms

Nach dieser Vorbemerkung wird die rationale Übertragungsfunktion $H(z)$ vom Grad $q$ eines diskontinuierlichen Systems betrachtet. Aus dieser Funktion läßt sich ihre sogenannte kreissymmetrische Komponente

$$R(z) = \frac{1}{2}[H(z) + H(1/z)] \tag{6.32}$$

und die kreisantimetrische Komponente

$$I(z) = \frac{1}{2}[H(z) - H(1/z)] \tag{6.33}$$

bilden. Offensichtlich kann $H(z)$ als Summe dieser beiden Komponenten dargestellt werden:

$$H(z) = R(z) + I(z) .$$

Sowohl $R(z)$ als auch $I(z)$ besitzen, wie aus ihren Definitionsgleichungen hervorgeht, überall dort einen Pol, wo auch $H(z)$ einen Pol hat, und außerdem noch in allen zu diesen Polstellen bezüglich $|z| = 1$ symmetrischen Punkten. Dabei ist $z = \infty$ der Spiegelpunkt von $z = 0$. Da für $z = \mathrm{e}^{\mathrm{j}\omega T}$ die beiden komplexen Zahlen $z$ und $1/z$ konjugiert komplex zueinander sind, folgt aus den Gln. (6.32) und (6.33)

$$R(\mathrm{e}^{\mathrm{j}\omega T}) = \mathrm{Re}[H(\mathrm{e}^{\mathrm{j}\omega T})] \quad \text{und} \quad \frac{1}{\mathrm{j}} I(\mathrm{e}^{\mathrm{j}\omega T}) = \mathrm{Im}[H(\mathrm{e}^{\mathrm{j}\omega T})] . \tag{6.34a,b}$$

Zunächst soll gezeigt werden, wie man aus dem Realteil $R(\mathrm{e}^{\mathrm{j}\omega T})$ von $H(\mathrm{e}^{\mathrm{j}\omega T})$ den Imaginärteil ermitteln kann. Dazu wird $\mathrm{e}^{\mathrm{j}\omega T}$ durch $z$ ersetzt. Nach Gl. (6.32) müssen die Nullstellen und die Pole der rationalen Funktion

$$R(z) = \frac{C(z)}{D(z)}$$

zum Einheitskreis $|z| = 1$ symmetrisch liegen, weshalb die Polynome $C(z)$ und $D(z)$, welche keine gemeinsamen Nullstellen haben sollen, die Symmetrieeigenschaft

$$C(z) = z^{2q} C(1/z) \quad \text{und} \quad D(z) = z^{2q} D(1/z) \tag{6.35a,b}$$

erfüllen. Dabei ist zu beachten, daß wegen der vorausgesetzten Stabilität des Systems die Funktion $R(z)$ auf $|z| = 1$ keinen Pol besitzt und daß sie in den Punkten $z = \pm 1$, wenn überhaupt, dann je eine Nullstelle geradzahliger Vielfachheit aufweist; denn $R(\mathrm{e}^{\mathrm{j}\omega T})$ ist in $\omega$ gerade und mit der Periode $2\pi/T$ periodisch, und $\omega = 0$ bzw. $\omega = \pi/T$ entsprechen den Punkten $z = 1$ bzw. $z = -1$. Man beachte auch, daß $R(z)$ in $z = \infty$ eine $r$-fache Nullstelle hat, wenn in $z = 0$ eine $r$-fache Nullstelle vorhanden ist; dabei äußert sich die $r$-fache Nullstelle in $z = \infty$ darin, daß der Zählergrad um $r$ kleiner ist als der Nennergrad.

Die Koeffizienten der Polynome $C(z)$ und $D(z)$ seien mit $c_\mu$ bzw. $d_\nu$ bezeichnet, und es gilt dann angesichts der Gln. (6.35a,b)

$$c_\mu = c_{2q-\mu} \quad (\mu = 0, 1, \ldots, 2q), \quad d_\nu = d_{2q-\nu} \quad (\nu = 0, 1, \ldots, 2q). \tag{6.36a,b}$$

Es wird zunächst angenommen, daß $R(z)$ nur einfache Pole in der gesamten $z$-Ebene einschließlich $z = \infty$ hat. Die im Innern des Einheitskreises $|z| < 1$ liegenden, von Null verschiedenen Pole werden mit $z_\nu$ $(\nu = 1, 2, \ldots, q')$ bezeichnet. Mit jedem dieser Pole kann

$$R(z) = \frac{C(z)}{D_\nu(z)(z - z_\nu)[z - (1/z_\nu)]}$$

geschrieben werden. Damit läßt sich das Residuum $\rho_\nu$ von $R(z)$ im Pol $z_\nu$ in der Form

$$\rho_\nu = \frac{C(z_\nu)}{D_\nu(z_\nu)[z_\nu - (1/z_\nu)]} \tag{6.37a}$$

ausdrücken. Entsprechend erhält man für das Residuum $\rho_{-\nu}$ im Pol $1/z_\nu$

$$\rho_{-\nu} = \frac{C(1/z_\nu)}{D_\nu(1/z_\nu)[(1/z_\nu) - z_\nu]} . \tag{6.37b}$$

Aufgrund der Gln. (6.35a,b) gilt

$$z_\nu^{2q}\,C(1/z_\nu) = C(z_\nu) \quad \text{und} \quad z_\nu^{2q-2}\,D_\nu(1/z_\nu) = D_\nu(z_\nu)\ .$$

Hiermit kann die Gl. (6.37a) als

$$\rho_\nu = \frac{z_\nu^2\,C(1/z_\nu)}{D_\nu(1/z_\nu)\,[z_\nu - (1/z_\nu)]}$$

oder bei Berücksichtigung der Gl. (6.37b) auch als

$$\rho_\nu = -z_\nu^2\rho_{-\nu} \tag{6.38}$$

geschrieben werden. Falls $R(z)$ einen (einfachen) Pol in $z = 0$ und damit auch in $z = \infty$ aufweist, verhält sich diese Funktion in der unmittelbaren Umgebung von $z = 0$ bzw. $z = \infty$ wie $(c_0/d_1)/z$ bzw. $(c_{2q}/d_{2q-1})z$. Dabei gilt $c_0/d_1 = c_{2q}/d_{2q-1}$ gemäß den Gln. (6.36a,b).

Aufgrund der vorausgegangenen Überlegungen existiert für $R(z)$ im Falle einfacher Pole die folgende modifizierte Partialbruchentwicklung:

$$R(z) = \frac{1}{2}\left[A_\infty + \frac{2A_0}{z} + \sum_{\nu=1}^{q'}\frac{2A_\nu}{z-z_\nu} + A_\infty + 2A_0 z + \sum_{\nu=1}^{q'}\frac{2A_\nu z}{1-z_\nu z}\right]. \tag{6.39}$$

Dabei ist bereits die Aussage von Gl. (6.38) berücksichtigt. Die Residuen $A_\nu$ ($\nu = 0, 1, \ldots, q'$; $z_0 = 0$) gewinnt man aufgrund der Beziehung

$$A_\nu = \lim_{z\to z_\nu}(z - z_\nu)R(z) = \frac{C(z_\nu)}{D'(z_\nu)} \quad (\nu = 0, 1, \ldots, q') \tag{6.40a}$$

(der Strich bei $D$ bezeichnet den Differentialquotienten). Weiterhin gilt

$$A_\infty = \lim_{z\to\infty}[R(z) - A_0 z] + \sum_{\nu=1}^{q'}\frac{A_\nu}{z_\nu}\ . \tag{6.40b}$$

Ein Vergleich der Gln. (6.32) und (6.39) liefert die Übertragungsfunktion

$$H(z) = A_\infty + \frac{2A_0}{z} + \sum_{\nu=1}^{q'}\frac{2A_\nu}{z-z_\nu}\ . \tag{6.41}$$

Die auftretenden Koeffizienten sind durch die Gln. (6.40a,b) bestimmt. Mit Hilfe der Gl. (6.33) ergibt sich $I(z)$ und daraus nach Gl. (6.34b) der Imaginärteil Im $[H(\mathrm{e}^{\mathrm{j}\omega T})]$, welcher dem vorgeschriebenen Realteil zugeordnet ist.

Falls $R(z)$ mehrfache Pole aufweist, muß die modifizierte Partialbruchentwicklung gemäß Gl. (6.39) entsprechend erweitert werden.

Soll aus dem Imaginärteil $I(\mathrm{e}^{\mathrm{j}\omega T})/\mathrm{j}$ von $H(\mathrm{e}^{\mathrm{j}\omega T})$ der zugehörige Realteil ermittelt werden, dann kann man entsprechend der obigen Vorgehensweise verfahren, sofern wieder einfache Pole vorausgesetzt werden. Im folgenden soll kurz auf die wesentlichen Unterschiede hingewiesen werden. Schreibt man $I(z)$ als Quotient des Zählerpolynoms $E(z)$ mit den Koeffizienten $e_\mu$ ($\mu = 0, 1, \ldots, 2q$) und des Nennerpolynoms $D(z)$, welches mit dem von $R(z)$ identisch ist, so gilt

$$E(z) = -z^{2q}E(1/z) \ . \tag{6.42}$$

Denn $E(z)$ besitzt in $z = 1$ (und in $z = -1$) eine Nullstelle ungerader Vielfachheit, weil $I(\mathrm{e}^{\mathrm{j}\omega T})/\mathrm{j}$ in $\omega$ ungerade und mit der Periode $2\pi/T$ periodisch ist. Die Residuen $r_\nu$ und $r_{-\nu}$ in den Polen $z_\nu$ bzw. $1/z_\nu$ von $I(z)$ ergeben sich gemäß den Gln. (6.37a,b), wobei allerdings das Polynom $C(z)$ durch $E(z)$ zu ersetzen ist. Angesichts der Gl. (6.42), die im Gegensatz zu Gl. (6.35a) steht, ergibt sich statt der Gl. (6.38) nun

$$r_\nu = z_\nu^2 r_{-\nu} \ .$$

Weiterhin verhält sich $I(z)$ in der unmittelbaren Umgebung von $z = 0$, wenn dort ein (einfacher) Pol auftritt, wie $(e_0/d_1)/z$ und bei $z = \infty$ wie $(e_{2q}/d_{2q-1})z$. Hier gilt aber wegen Gl. (6.42) $e_0/d_1 = -e_{2q}/d_{2q-1}$. Damit ergibt sich die modifizierte Partialbruchdarstellung

$$I(z) = \frac{1}{2}\left[\frac{2A_0}{z} + \sum_{\nu=1}^{q'} \frac{2A_\nu}{z - z_\nu} - 2A_0 z - \sum_{\nu=1}^{q'} \frac{2A_\nu z}{1 - z_\nu z}\right] , \tag{6.43}$$

wobei die Koeffizienten $A_\nu$ ($\nu = 0, 1, 2, \ldots, q'$) entsprechend Gl. (6.40a), in der $R(z)$ durch $I(z)$ und $C(z)$ durch $E(z)$ zu ersetzen sind, berechnet werden. Ein Absolutglied tritt hier nicht auf, weil nach Gl. (6.33) $I(1) = 0$ gilt. Der Gl. (6.43) läßt sich $H(z)$ und damit aufgrund der Gl. (6.34a) die Realteilfunktion $R(\mathrm{e}^{\mathrm{j}\omega T})$ entnehmen, allerdings nur bis auf eine beliebig wählbare additive Konstante $A_\infty$. Weitere Möglichkeiten zur Lösung des hier behandelten Problems sind in der Arbeit [Un3] beschrieben.

*Beispiel*: Gegeben sei

$$R(z) = \frac{0{,}5z^4 + 2{,}75z^3 + 3{,}25z^2 + 2{,}75z + 0{,}5}{z(z + 0{,}5)(1 + 0{,}5z)} \ .$$

Mit $D(z) = 0{,}5z^3 + 1{,}25z^2 + 0{,}5z$, $D'(z) = 1{,}5z^2 + 2{,}5z + 0{,}5$ und $z_0 = 0$, $z_1 = -0{,}5$ liefert die Gl. (6.40a)

$$A_0 = 1 \quad \text{und} \quad A_1 = 1 \ .$$

Weiterhin ergibt sich aufgrund von Gl. (6.40b)

$$A_\infty = 3 + \frac{1}{-0{,}5} = 1 \ .$$

Damit folgt aus Gl. (6.41)

$$H(z) = 1 + \frac{2}{z} + \frac{2}{z + 0{,}5} = \frac{z^2 + 4{,}5z + 1}{z^2 + 0{,}5z} \ .$$

Schließlich erhält man nach Gl. (6.33)

$$I(z) = \frac{-0{,}5z^4 - 2{,}25z^3 + 2{,}25z + 0{,}5}{0{,}5z^3 + 1{,}25z^2 + 0{,}5z} \ .$$

Abschließend soll noch auf eine grundsätzliche Möglichkeit zur Kennzeichnung der Realteil- bzw. Imaginärteilfunktion von $H(\mathrm{e}^{\mathrm{j}\omega T})$ in Abhängigkeit von $\omega$ eingegangen werden. Aufgrund der erkannten Nullstellen- und Poleigenschaften der kreissymmetrischen Komponente $R(z)$ läßt sich diese Funktion in der Form

$$R(z) = k \frac{z^r \prod_{\mu=1}^{q-r} (z - \zeta_\mu) \left(z - \frac{1}{\zeta_\mu}\right)}{\prod_{\nu=1}^{q} (z - z_\nu) \left(z - \frac{1}{z_\nu}\right)} \tag{6.44}$$

ausdrücken, wobei $k$ eine reelle Konstante bedeutet. Die hier auftretenden Nullstellen- bzw. Polfaktoren können nach der Beziehung

$$(z - z')\left(z - \frac{1}{z'}\right) = 2z\left[\frac{1}{2}\left(z + \frac{1}{z}\right) - \frac{1}{2}\left(z' + \frac{1}{z'}\right)\right]$$

umgeschrieben werden. Wendet man dabei noch die Abbildung

$$w = \frac{1}{2}\left(z + \frac{1}{z}\right) \tag{6.45}$$

an, dann geht $R(z)$ aus Gl. (6.44) über in die rationale Funktion

$$\widetilde{R}(w) = \frac{k}{2^r} \frac{\prod_{\mu=1}^{q-r} (w - v_\mu)}{\prod_{\nu=1}^{q} (w - w_\nu)} . \tag{6.46}$$

Dabei bedeuten

$$v_\mu = \frac{1}{2}\left(\zeta_\mu + \frac{1}{\zeta_\mu}\right), \quad w_\nu = \frac{1}{2}\left(z_\nu + \frac{1}{z_\nu}\right) \tag{6.47a,b}$$

$$(\mu = 1, 2, \ldots, q - r; \nu = 1, 2, \ldots, q) .$$

Durch die Transformation nach Gl. (6.45) wird die $z$-Ebene auf eine zweiblättrige $w$-Ebene abgebildet, deren Blätter man sich längs des reellen Intervalls $-1 \leqq w \leqq 1$ kreuzweise verheftet denken kann. Dieses zweifach durchlaufene reelle Intervall entspricht dem Einheitskreis $|z| = 1$ (Bild 6.6). Es gilt nämlich nach Gl. (6.45)

$$w = \cos \omega T \quad \text{für} \quad z = e^{j\omega T} \quad \left(-\frac{\pi}{T} \leqq \omega \leqq \frac{\pi}{T}\right) .$$

Zusammen mit Gl. (6.46) zeigt dies, daß die Realteilfunktion Re $[H(e^{j\omega T})]$ eine gebrochen

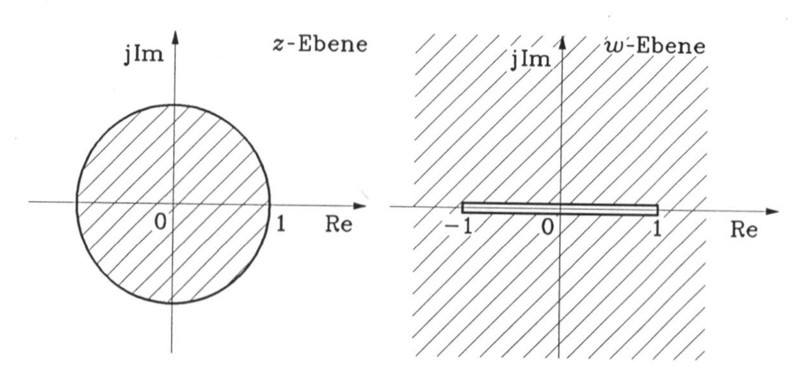


Bild 6.6: Abbildung der $z$- in die $w$-Ebene aufgrund der Transformation nach Gl. (6.45)

rationale Funktion in $\cos \omega T$ sein muß. Auf diese Weise läßt sich die Realteilfunktion charakterisieren.

Betrachtet man neben der kreisantimetrischen Komponente $I(z)$ noch die Funktion

$$J(z) = \frac{2z}{z^2 - 1} I(z) \ , \tag{6.48}$$

dann gilt mit Gl. (6.34b)

$$J(\mathrm{e}^{\mathrm{j}\omega T}) = \frac{\mathrm{Im}\,[H(\mathrm{e}^{\mathrm{j}\omega T})]}{\sin \omega T} \ . \tag{6.49}$$

Die Funktion $J(z)$ ist kreissymmetrisch und hat die gleichen Nullstellen- und Poleigenschaften wie $R(z)$. Wenn man daher auch $J(z)$ nach Gl. (6.48) der Transformation von Gl. (6.45) unterwirft, ergibt sich die rationale Funktion $\widetilde{J}(w)$ entsprechend der Gl. (6.46), weshalb angesichts der Gl. (6.49) die Imaginärteilfunktion Im $[H(\mathrm{e}^{\mathrm{j}\omega T})]$ stets dargestellt werden kann als Produkt aus $\sin \omega T$ und einer gebrochen rationalen Funktion von $\cos \omega T$. Auf diese Weise läßt sich die Imaginärteilfunktion kennzeichnen.

## 3.2. INTEGRAL-TRANSFORMATIONEN

Im folgenden soll der Zusammenhang zwischen Realteil und Imaginärteil der Übertragungsfunktion $H(z)$ eines linearen, zeitinvarianten, stabilen und kausalen diskontinuierlichen Systems für $z = \mathrm{e}^{\mathrm{j}\omega T}$ untersucht werden, wobei $H(z)$ nicht rational zu sein braucht. Wie bereits festgestellt wurde, ist $H(z)$ im abgeschlossenen Kreisgebiet $|z| \geqq 1$ stetig und im offenen Kreisgebiet $|z| > 1$ analytisch; zu beiden Gebieten wird der Punkt $z = \infty$ gezählt. Angesichts dieser Eigenschaften besteht, wie unten bewiesen wird, für alle $\omega$-Werte im Intervall $-\omega_g \leqq \omega \leqq \omega_g$ $(\omega_g = \pi/T)$ die Beziehung

$$H(\mathrm{e}^{\mathrm{j}\omega T}) - H(\infty) = \frac{1}{2\pi \mathrm{j}} \int\limits_{|\zeta|=1} H(\zeta) \frac{\zeta + \mathrm{e}^{\mathrm{j}\omega T}}{\zeta - \mathrm{e}^{\mathrm{j}\omega T}} \frac{\mathrm{d}\zeta}{\zeta} \ . \tag{6.50a}$$

Bei diesem Integral, welches längs des Einheitskreises $|\zeta| = 1$ im Uhrzeigersinn zu führen ist und wegen der Singularität $\zeta = \mathrm{e}^{\mathrm{j}\omega T}$ des Integranden uneigentlich ist, muß der Hauptwert genommen werden, d. h. die Gl. (6.50a) lautet ausführlich (Bild 6.7)

$$H(\mathrm{e}^{\mathrm{j}\omega T}) - H(\infty) = \frac{1}{2\pi \mathrm{j}} \lim_{\varepsilon_n \to 0} \int\limits_{\substack{P_n \\ |\zeta|=1}}^{Q_n} H(\zeta) \frac{\zeta + \mathrm{e}^{\mathrm{j}\omega T}}{\zeta - \mathrm{e}^{\mathrm{j}\omega T}} \frac{\mathrm{d}\zeta}{\zeta} \ . \tag{6.50b}$$

Zur Herleitung von Gl. (6.50a) wird das Integral unter dem Limeszeichen in Gl. (6.50b) als Differenz zweier Integrale $J_1 - J_2$ mit

$$J_1 = \int\limits_{C_n} H(\zeta) \frac{\zeta + \mathrm{e}^{\mathrm{j}\omega T}}{\zeta - \mathrm{e}^{\mathrm{j}\omega T}} \frac{\mathrm{d}\zeta}{\zeta} \quad \text{und} \quad J_2 = \int\limits_{w_n} H(\zeta) \frac{\zeta + \mathrm{e}^{\mathrm{j}\omega T}}{\zeta - \mathrm{e}^{\mathrm{j}\omega T}} \frac{\mathrm{d}\zeta}{\zeta} \tag{6.51a,b}$$

ausgedrückt. Der Weg $C_n$ bedeutet die gesamte Randkurve des im Bild 6.7 dargestellten, den Ursprung umschließenden Kreisbogenzweiecks $P_n Q_n$, während $w_n$ den kleinen Kreisbogen zwischen den Punkten $P_n$ und $Q_n$ dieses Zweiecks bezeichnet. Aufgrund des Residuensatzes gilt

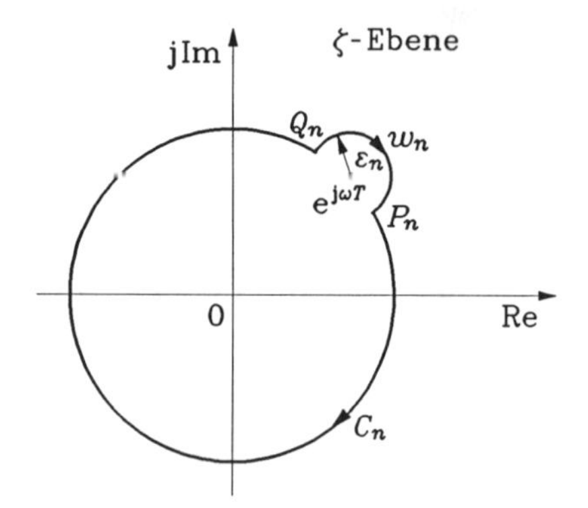


Bild 6.7: Kreisbogenzweieck $P_n Q_n$; mit $C_n$ wird der gesamte Rand bezeichnet, mit $w_n$ nur das kleine Kreisbogenstück zwischen $Q_n$ und $P_n$ auf dem Kreis um $e^{j\omega T}$ mit Radius $\varepsilon_n$

$$J_1 = -2\pi j\, H(\infty) , \tag{6.52a}$$

wobei beachtet wurde, daß der Integrand von $J_1$ außerhalb von $C_n$ überall analytisch ist und sich in der unmittelbaren Umgebung von Unendlich wie $H(\infty)/\zeta$ verhält, sein Residuum im Punkt $\zeta = \infty$ also durch $-H(\infty)$ gegeben ist. Zur Berechnung von $J_2$ kann man für $\zeta$-Werte auf dem kleinen Kreisbogen $w_n$

$$H(\zeta)\,\frac{\zeta + e^{j\omega T}}{\zeta} = H(e^{j\omega T}) \cdot 2 + \Delta_n(\zeta) \tag{6.53}$$

schreiben. Infolge der Stetigkeit von $H(\zeta)$ strebt $\Delta_n(\zeta)$ für $\varepsilon_n \to 0$ gegen Null, so daß man für Gl. (6.51b)

$$J_2 = 2H(e^{j\omega T}) \int_{w_n} \frac{d\zeta}{\zeta - e^{j\omega T}} + R_1 \qquad (R_1 \to 0 \quad \text{für} \quad \varepsilon_n \to 0)$$

erhält. Das verbleibende Integral läßt sich auswerten, und es entsteht so

$$J_2 = 2H(e^{j\omega T})(-\pi j) + R_1 + R_2 \qquad (R_1, R_2 \to 0 \quad \text{für} \quad \varepsilon_n \to 0) . \tag{6.52b}$$

Bildet man mit Hilfe der Gln. (6.52a,b) die Differenz $J_1 - J_2$, dividiert anschließend mit $2\pi j$ und führt schließlich den Grenzübergang $\varepsilon_n \to 0$ aus, so ergibt sich $H(e^{j\omega T}) - H(\infty)$, womit die Gültigkeit der Gl. (6.50b) bzw. (6.50a) bewiesen ist.

Durch Einführung von $\zeta = e^{j\Omega T}$ wird nun die Gl. (6.50a) umgeschrieben. Mit

$$\frac{\zeta + e^{j\omega T}}{\zeta - e^{j\omega T}} = \frac{1 + e^{j(\omega - \Omega)T}}{1 - e^{j(\omega - \Omega)T}} = j \cot \frac{(\omega - \Omega)T}{2}$$

und $d\zeta = jT\zeta\, d\Omega$ sowie $\omega_g = \pi/T$ erhält man

$$H(e^{j\omega T}) - H(\infty) = \frac{jT}{2\pi} \int_{\omega_g}^{-\omega_g} H(e^{j\Omega T}) \cot \frac{(\omega - \Omega)T}{2}\, d\Omega .$$

Ersetzt man in dieser Gleichung die Übertragungsfunktion gemäß der Darstellung

$$H(e^{j\omega T}) = R(e^{j\omega T}) + jX(e^{j\omega T})$$

durch ihren Real- und Imaginärteil, vergleicht dann Real- und Imaginärteil beider Seiten der Gleichung und vertauscht schließlich die Integrationsgrenzen, so entstehen, wenn man noch beachtet, daß $H(\infty)$ rein reell ist, die beiden fundamentalen Beziehungen

$$R(\mathrm{e}^{\mathrm{j}\omega T}) = R(\infty) + \frac{T}{2\pi} \int_{-\omega_g}^{\omega_g} X(\mathrm{e}^{\mathrm{j}\Omega T}) \cot \frac{(\omega - \Omega)T}{2} \,\mathrm{d}\Omega \tag{6.54}$$

und

$$X(\mathrm{e}^{\mathrm{j}\omega T}) = -\frac{T}{2\pi} \int_{-\omega_g}^{\omega_g} R(\mathrm{e}^{\mathrm{j}\Omega T}) \cot \frac{(\omega - \Omega)T}{2} \,\mathrm{d}\Omega \,. \tag{6.55}$$

Damit sind zwei Verknüpfungen zwischen Realteil und Imaginärteil der Übertragungsfunktion $H(\mathrm{e}^{\mathrm{j}\omega T})$ gefunden. Sie entsprechen der Hilbert-Transformation im kontinuierlichen Fall. Man bezeichnet Funktionen, welche durch die Gln. (6.54) und (6.55) gekoppelt sind, als *konjugiert* im Sinne dieser Verknüpfung.

Beachtet man, daß die Forderung der Kausalität eines Systems mit Hilfe des geraden Teils $h_g[n]$ und des ungeraden Teils $h_u[n]$ seiner Impulsantwort $h[n]$ auch in der Form

$$h_u[n] = h_g[n]\,\mathrm{sgn}\,n \;, \qquad h_g[n] = h[0]\,\delta[n] + h_u[n]\,\mathrm{sgn}\,n$$

geschrieben werden kann, wobei die diskontinuierliche Signum-Funktion

$$\mathrm{sgn}\,n = \begin{cases} 1 & \text{für } n > 0 \,, \\ 0 & \text{für } n = 0 \,, \\ -1 & \text{für } n < 0 \end{cases}$$

mit dem Spektrum

$$\sum_{n=-\infty}^{\infty} \mathrm{sgn}\,n \; \mathrm{e}^{-\mathrm{j}\omega nT} = \frac{\mathrm{e}^{\mathrm{j}\omega T} + 1}{\mathrm{e}^{\mathrm{j}\omega T} - 1}$$

verwendet wurde, so folgt aus der Produkteigenschaft der Z-Transformation nach Gl. (6.16) mit $z = \mathrm{e}^{\mathrm{j}\omega T}$ und $\zeta = \mathrm{e}^{\mathrm{j}\Omega T}$

$$\mathrm{j}X(\mathrm{e}^{\mathrm{j}\omega T}) = \frac{T}{2\pi} \int_{-\omega_g}^{\omega_g} R(\mathrm{e}^{\mathrm{j}\Omega T}) \frac{\mathrm{e}^{\mathrm{j}(\omega - \Omega)T} + 1}{\mathrm{e}^{\mathrm{j}(\omega - \Omega)T} - 1} \,\mathrm{d}\Omega \;,$$

$$R(\mathrm{e}^{\mathrm{j}\omega T}) = h(0) + \frac{\mathrm{j}T}{2\pi} \int_{-\omega_g}^{\omega_g} X(\mathrm{e}^{\mathrm{j}\Omega T}) \frac{\mathrm{e}^{\mathrm{j}(\omega - \Omega)T} + 1}{\mathrm{e}^{\mathrm{j}(\omega - \Omega)T} - 1} \,\mathrm{d}\Omega \;.$$

Hierbei wurde ausgenützt, daß die Realteilfunktion $R(\mathrm{e}^{\mathrm{j}\omega T})$ mit dem geraden Teil $h_g[n]$ und die mit j multiplizierte Imaginärteilfunktion $X(\mathrm{e}^{\mathrm{j}\omega T})$ mit dem ungeraden Teil $h_u[n]$ korrespondiert. Aus den somit gewonnenen Beziehungen lassen sich unmittelbar die Gln. (6.54) und (6.55) gewinnen, wenn man noch die Anfangswerteigenschaft nach Gl. (6.17c) berücksichtigt.

Da jede Funktion $1/z^\nu$ ($\nu = 0, 1, 2, \ldots$) die eingangs genannten Eigenschaften einer Übertragungsfunktion besitzt, müssen Real- und Imaginärteil für $z = \mathrm{e}^{\mathrm{j}\omega T}$, d. h.

$$\frac{1}{2}(\mathrm{e}^{-\mathrm{j}\nu\omega T} + \mathrm{e}^{\mathrm{j}\nu\omega T}) = \cos \nu\omega T \quad \text{und} \quad \frac{1}{2\mathrm{j}}(\mathrm{e}^{-\mathrm{j}\nu\omega T} - \mathrm{e}^{\mathrm{j}\nu\omega T}) = -\sin \nu\omega T$$

konjugierte Funktionen sein. Man kann angesichts dieser Tatsache die Gln. (6.54) und (6.55) auf numerische Weise auswerten. Ist beispielsweise die Realteilfunktion $R(\mathrm{e}^{\mathrm{j}\omega T})$ im Intervall $-\omega_g \leqq \omega \leqq \omega_g$ als gerade, stückweise glatte Funktion, etwa graphisch oder tabellarisch, gegeben, so läßt sich $R(\mathrm{e}^{\mathrm{j}\omega T})$ in eine Fourier-Reihe

$$R(\mathrm{e}^{\mathrm{j}\omega T}) = \sum_{\nu=0}^{\infty} \alpha_\nu \cos \nu\omega T \tag{6.56}$$

entwickeln, wobei die Fourier-Koeffizienten $\alpha_\nu$ in bekannter Weise bestimmt werden. Hieraus folgt direkt dann der zugehörige Imaginärteil

$$X(\mathrm{e}^{\mathrm{j}\omega T}) = -\sum_{\nu=1}^{\infty} \alpha_\nu \sin \nu\omega T \ .$$

Entsprechend kann man vorgehen, wenn $X(\mathrm{e}^{\mathrm{j}\omega T})$ bekannt und $R(\mathrm{e}^{\mathrm{j}\omega T})$ gesucht ist.

Nimmt man an, daß die Realteilfunktion $R(\mathrm{e}^{\mathrm{j}\omega T})$ und die Imaginärteilfunktion $X(\mathrm{e}^{\mathrm{j}\omega T})$ im Intervall $-\omega_g \leqq \omega \leqq \omega_g$ als gerade bzw. ungerade stetige und stückweise differenzierbare Funktionen von $\omega$ gegeben sind, wobei $X(-1) = 0$ ist und beide Funktionen durch die Gln. (6.54), (6.55) gekoppelt sind, dann erhält man auf der Basis der Fourier-Reihenentwicklung von $R(\mathrm{e}^{\mathrm{j}\omega T})$ gemäß Gl. (6.56) die Übertragungsfunktion

$$H(z) = \sum_{\nu=0}^{\infty} \alpha_\nu / z^\nu \ ,$$

welche notwendig in $|z| > 1$ analytisch und in $|z| \geqq 1$ stetig sein muß. Die Koeffizienten $\alpha_n$ $(n = 0, 1, 2, \dots)$ liefern direkt die Impulsantwort $h[n]$, und man sieht, daß das System kausal ist. Insofern bilden die Gln. (6.54) und (6.55) notwendige und hinreichende Bedingungen für die Kausalität eines linearen, zeitinvarianten und stabilen diskontinuierlichen Systems. Dabei genügt die Prüfung nur einer dieser Bedingungen.

# 4. Die Verknüpfung von Dämpfung und Phase

## 4.1. DER FALL RATIONALER ÜBERTRAGUNGSFUNKTIONEN

Die Übertragungsfunktion des betrachteten diskontinuierlichen Systems sei

$$H(z) = \frac{Z(z)}{N(z)} \ . \tag{6.57}$$

Hierbei bedeuten

$$Z(z) = a_s \prod_{\mu=1}^{s} (z - \zeta_\mu) \ , \qquad N(z) = \prod_{\nu=1}^{q} (z - z_\nu) \qquad (s \leqq q) \tag{6.58a,b}$$

zwei Polynome, die keine gemeinsamen Nullstellen haben sollen. Alle nichtreellen Nullstellen $\zeta_\mu$ und $z_\nu$ müssen paarweise konjugiert komplex auftreten, aus Stabilitätsgründen gilt $|z_\nu| < 1$ $(\nu = 1, 2, \dots, q)$.

Stimmen $s$ und $q$ überein, und besteht die Beziehung

$$z^q N(1/z) = Z(z) \ , \tag{6.59}$$

so besitzt die Übertragungsfunktion die Eigenschaft

$$|H(\mathrm{e}^{\mathrm{j}\omega T})|^2 = H(\mathrm{e}^{\mathrm{j}\omega T})H(\mathrm{e}^{-\mathrm{j}\omega T}) = \frac{\mathrm{e}^{\mathrm{j}q\omega T}N(\mathrm{e}^{-\mathrm{j}\omega T})}{N(\mathrm{e}^{\mathrm{j}\omega T})} \cdot \frac{\mathrm{e}^{-\mathrm{j}q\omega T}N(\mathrm{e}^{\mathrm{j}\omega T})}{N(\mathrm{e}^{-\mathrm{j}\omega T})} = 1 \quad (6.60)$$

für alle $\omega$. Ein System mit einer derartigen Übertragungsfunktion heißt *Allpaß*. Ein Allpaß zeichnet sich, wie aus Gl. (6.59) hervorgeht, dadurch aus, daß die Nullstellen und Pole der Übertragungsfunktion bezüglich des Einheitskreises $|z| = 1$ symmetrisch angeordnet sind (Bild 6.8). Man kann unter den genannten Voraussetzungen ($|z_\nu| < 1$ und $s = q$) umgekehrt zeigen, daß aus der durch Gl. (6.60) beschriebenen Eigenschaft die genannte Symmetrie der Pole und Nullstellen folgt; denn aus der Forderung

$$|H(\mathrm{e}^{\mathrm{j}\omega T})|^2 = \frac{Z(\mathrm{e}^{\mathrm{j}\omega T})Z(\mathrm{e}^{-\mathrm{j}\omega T})}{N(\mathrm{e}^{\mathrm{j}\omega T})N(\mathrm{e}^{-\mathrm{j}\omega T})} \equiv 1$$

erhält man die Gleichung

$$Z(z)Z(1/z) = N(z)N(1/z)\ , \quad (6.61)$$

welche zunächst für alle $z$-Werte auf dem Kreis $|z| = 1$ Gültigkeit hat, jedoch auch in der gesamten $z$-Ebene ($z \neq 0$) gelten muß, da beide Seiten von Gl. (6.61) rationale Funktionen sind. Das Polynom $Z(z)$ kann, wie der Gl. (6.61) zu entnehmen ist, nur dort eine Nullstelle $\zeta_\mu$ haben, wo entweder $N(z)$ oder $N(1/z)$ verschwindet, d. h. an einer Stelle $z_\nu$ oder $1/z_\nu$. Da stets $z_\nu \neq \zeta_\mu$ gilt und $Z(z)$ und $N(z)$ gleichen Grad haben, ist obige Behauptung bewiesen.

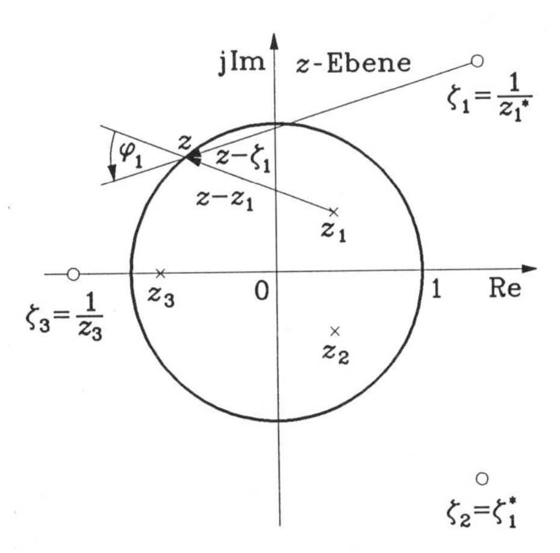


Bild 6.8: Pol- und Nullstellenverteilung eines Allpasses

Mit $\varphi_\nu$ ($\nu = 1, 2, \ldots, q$) soll der Winkel des Quotienten $(z - \zeta_\nu)/(z - z_\nu)$ mit $\zeta_\nu = 1/z_\nu^*$ für $|z| = 1$ bezeichnet werden. Im Bild 6.8 ist dieser Winkel für das dortige Beispiel und $\nu = 1$ eingezeichnet. Wie man sieht, nimmt der Winkel $\varphi_\nu$ beim Durchlaufen des Einheitskreises im Gegenuhrzeigersinn monoton ab. Daher muß auch die Summe aller dieser Winkel $\varphi_1 + \varphi_2 + \cdots + \varphi_q$ beim Durchlaufen des Einheitskreises monoton abnehmen. Da diese Summe gemäß den Gln. (6.57) und (6.58a,b), abgesehen vom Winkel 0 oder $\pi$ des Faktors $a_s$, mit dem Winkel der Übertragungsfunktion übereinstimmt, kann folgendes festgestellt werden: Die Phase eines jeden Allpasses

$$\Theta(\omega) = -\arg H(e^{j\omega T})$$

ist eine monoton steigende Funktion von $\omega$. Wie man anhand des Bildes 6.8 leicht sieht, beträgt die Winkeländerung von $\Theta(\omega)$ beim Durchlaufen des Intervalls $[-\pi/T, \pi/T]$ genau $2\pi q$. Das Konzept des Allpasses wird noch insoweit etwas erweitert, als ein $r$-facher Pol $z = 0$ in der Übertragungsfunktion zugelassen werden kann. Dann läßt sich die Allpaß-Übertragungsfunktion in der Form

$$H_a(z) = z^{-r} H(z)$$

schreiben, wobei $H(z)$ durch die oben genannten Eigenschaften gekennzeichnet ist. Der zusätzliche Faktor $z^{-r}$ trägt nur zur Phase des Allpasses, und zwar mit einem rein linearen Anteil $r\,\omega T$ additiv bei.

Es kann nun jede Übertragungsfunktion $H(z)$ nach Gl. (6.57) als Produkt

$$H(z) = H_m(z)\, H_a(z) \tag{6.62}$$

aus den Übertragungsfunktionen eines sogenannten Mindestphasensystems und eines Allpasses dargestellt werden. Unter einem Mindestphasensystem wird ein System verstanden, dessen Übertragungsfunktion außerhalb des Einheitskreises, also im gesamten Gebiet $|z| > 1$ einschließlich $z = \infty$, keine Nullstellen hat. Die Darstellung nach Gl. (6.62) erhält man dadurch, daß man das Zählerpolynom $Z(z)$ von $H(z)$ als Produkt

$$Z(z) = Z_m(z)\, Z_a(z)$$

schreibt. In $Z_m(z)$ werden neben der Konstante $a_s$ alle $s_1$ Faktoren $(z - \zeta_\mu)$ aus Gl. (6.58a) mit der Eigenschaft $|\zeta_\mu| \leqq 1$ und in $Z_a(z)$ alle übrigen $s_2 = s - s_1$ Faktoren mit $|\zeta_\mu| > 1$ aufgenommen. Dann wählt man

$$H_m(z) = \frac{z^{q-s} Z_m(z)\, z^{s_2} Z_a(1/z)}{N(z)}\,, \qquad H_a(z) = \frac{Z_a(z)}{z^{q-s} z^{s_2} Z_a(1/z)} \tag{6.63a,b}$$

$$(s = s_1 + s_2 \leqq q)\,.$$

Die Nullstellen der Mindestphasen-Übertragungsfunktion $H_m(z)$ erhält man also, wie die Gl. (6.63a) zeigt, indem man alle Nullstellen von $H(z)$ außerhalb des Einheitskreises (auch die in $z = \infty$ möglichen) am Einheitskreis spiegelt und die Nullstellen von $H(z)$ innerhalb des Einheitskreises $|z| \leqq 1$ beibehält. Die Pole von $H_m(z)$ sind, soweit sie sich nicht durch die am Einheitskreis gespiegelten Nullstellen aufheben, identisch mit den Polen von $H(z)$. Die Funktion $H_a(z)$ nach Gl. (6.63b) erfüllt die Bedingungen einer Allpaß-Übertragungsfunktion, und das Produkt $H_m(z)\, H_a(z)$ stimmt mit $H(z)$ aus Gl. (6.57) überein.

Da eine Übertragungsfunktion $H(z)$ mit Nullstellen in $|z| > 1$ nach obiger Überlegung für $z = e^{j\omega T}$ $(-\pi/T \leqq \omega \leqq \pi/T)$ das gleiche Betragsverhalten aufweist wie die gemäß Gl. (6.63a) zugeordnete Mindestphasen-Übertragungsfunktion $H_m(z)$, während die Phasen beider Übertragungsfunktionen sich unterscheiden, kann eine eindeutige Bestimmung der Phase aus der Amplitude nur für eine Mindestphasen-Übertragungsfunktion erwartet werden. Dies wird im folgenden besprochen.

Gegeben sei die nicht negative Betragsquadratfunktion

$$Q(\mathrm{e}^{\,\mathrm{j}\omega T}) = |H(\mathrm{e}^{\,\mathrm{j}\omega T})|^{2} \tag{6.64}$$

einer Mindestphasen-Übertragungsfunktion $H(z)$. Gesucht wird die Funktion $H(z)$, aus der dann direkt die Phase $\Theta(\omega)$ angegeben werden kann. Angesichts der Gl. (6.64) besteht die Identität

$$Q(z) = H(z)\,H(1/z) \tag{6.65}$$

in der gesamten $z$-Ebene (mit Ausnahme der auftretenden Pole). Die Funktion $Q(z)$ hat nach Gl. (6.65) genau $q$ Pole, jeweils ihrer Vielfachheit entsprechend gezählt, innerhalb des Einheitskreises $|z| = 1$ und genau $q$ Pole, die außerhalb $|z| = 1$ zu den erstgenannten spiegelbildlich bezüglich des Einheitskreises liegen. Dabei treten alle nichtreellen Pole paarweise konjugiert komplex auf. Weitere Polstellen hat $Q(z)$ nicht. Die Zahl der Nullstellen von $Q(z)$ in der gesamten $z$-Ebene einschließlich des Punktes $z = \infty$ ist $2q$. Die auf $|z| = 1$ liegenden Nullstellen sind von gerader Ordnung, da $Q(\mathrm{e}^{\,\mathrm{j}\omega T}) \geqq 0$ für alle $\omega$-Werte gilt. Die übrigen Nullstellen sind spiegelbildlich bezüglich $|z| = 1$ angeordnet. Alle nichtreellen Nullstellen treten paarweise symmetrisch zur reellen Achse auf.

Zur Bestimmung der Übertragungsfunktion $H(z)$ hat man die Gl. (6.65) bei bekanntem $Q(z)$ nach $H(z)$ aufzulösen. Dies geschieht durch Aufteilung der (gewöhnlich numerisch zu bestimmenden) Pole und Nullstellen von $Q(z)$ auf $H(z)$ und $H(1/z)$, so daß Gl. (6.65) erfüllt wird. Dabei müssen aus Stabilitätsgründen alle in $|z| < 1$ liegenden Pole $z_\nu$ in die Übertragungsfunktion $H(z)$, genauer gesagt in das Nennerpolynom $N(z)$ von $H(z)$ gemäß Gl. (6.58b), alle in $|z| > 1$ liegenden Pole $1/z_\nu$ in die Funktion $H(1/z)$ aufgenommen werden. Bei der Aufteilung der Nullstellen von $Q(z)$ muß beachtet werden, daß $H(z)$ Mindestphasen-Übertragungsfunktion werden soll. Andernfalls würde es mehrere Lösungen geben. Die in $|z| < 1$ liegenden Nullstellen von $Q(z)$ müssen $H(z)$, die in $|z| > 1$ liegenden Nullstellen müssen $H(1/z)$ zugewiesen werden. Die auf $|z| = 1$ liegenden Nullstellen von $Q(z)$ werden, soweit solche vorhanden sind, stets mit jeweils halber Vielfachheit beiden Faktorfunktionen $H(z)$ und $H(1/z)$ zugewiesen. Auf diese Weise ergibt sich das Produkt von $Z(z)$ gemäß Gl. (6.58a). Nach Bestimmung der Pole und Nullstellen der Übertragungsfunktion $H(z)$ ist diese Funktion bis auf einen konstanten Faktor bestimmt. Dieser Faktor $a_s$ kann bis auf sein Vorzeichen dadurch ermittelt werden, daß man für ein beliebiges $z$, etwa auf dem Einheitskreis (beispielsweise für $z = 1$ oder $z = -1$), das keine Nullstelle von $Q(z)$ sein darf, die linke und die rechte Seite der Gl. (6.65) unter Beachtung der Tatsache berechnet, daß $H(z)$ und $H(1/z)$ durch ihre Nullstellen und Pole gemäß den Gln. (6.57) und (6.58a,b) bis auf den gesuchten Faktor bekannt sind.

Werden bei der Aufteilung der Nullstellen von $Q(z)$ auf $H(z)$ und $H(1/z)$ nicht alle in $|z| < 1$ liegenden Nullstellen der Übertragungsfunktion $H(z)$ zugeteilt, so ergibt sich eine Lösung der Gl. (6.65), die keine Mindestphasen-Übertragungsfunktion ist, sich aber von dieser gemäß Gl. (6.62) um eine Allpaß-Übertragungsfunktion unterscheidet. Da die Phase eines jeden Allpasses eine monoton steigende Funktion ist, muß die Ableitung der Phasenfunktion der so gewonnenen Übertragungsfunktion für jeden $\omega$-Wert größer sein als die Ableitung der Phasenfunktion der Mindestphasen-Übertragungsfunktion. Die Mindestphasen-Übertragungsfunktion zeichnet sich also unter allen Übertragungsfunktionen gleichen Betragsquadrates $Q(\mathrm{e}^{\,\mathrm{j}\omega T})$ dadurch aus, daß der Differentialquotient der Phasenfunktion und bei der auf Seite 392 in Fußnote 2 für die Logarithmusfunktion getroffenen Vereinbarung sowie der üblichen Forderung $H(1) \geqq 0$ auch die Phasenfunktion selbst für jede Kreisfrequenz $\omega$ den kleinsten Wert hat. Es sei noch bemerkt, daß durch Multiplikation der

Mindestphasen-Lösung von Gl. (6.65) mit irgendeiner Allpaß-Übertragungsfunktion weitere, insgesamt also unendlich viele Lösungen der Gl. (6.65) erhalten werden können.

Interessant erscheint, daß die Funktion $Q(z)$ angesichts der symmetrischen Lage ihrer Pole und Nullstellen in der $z$-Ebene durch Anwendung der Abbildung nach Gl. (6.45) analog zur Transformation von $R(z)$ in eine rationale Funktion

$$\widetilde{Q}(w) = k \frac{\prod_{\mu=1}^{s}(w - v_\mu)}{\prod_{\nu=1}^{q}(w - w_\nu)} \tag{6.66}$$

übergeht, wobei die $v_\mu$ und $w_\nu$ die Bilder der Nullstellen $\zeta_\mu$ bzw. Pole $z_\nu$ bedeuten. Dies zeigt, daß für $z = \mathrm{e}^{\mathrm{j}\omega T}$, d. h. für $w = \cos \omega T$ die Betragsquadratfunktion $Q(\mathrm{e}^{\mathrm{j}\omega T})$ eine rationale Funktion in $\cos \omega T$ ist, die für alle $\omega$-Werte nicht negativ sein darf. Auf die Weise läßt sich $Q(\mathrm{e}^{\mathrm{j}\omega T})$ kennzeichnen.

*Beispiel:* Es sei als Betragsquadratfunktion

$$Q(\mathrm{e}^{\mathrm{j}\omega T}) = \frac{5 - 4\cos \omega T}{10 - 6 \cos \omega T} \tag{6.67}$$

gewählt. Ersetzt man $\cos \omega T$ durch $w$, dann erhält man entsprechend Gl. (6.66) die transformierte Betragsquadratfunktion

$$\widetilde{Q}(w) = \frac{2}{3} \frac{w - \frac{5}{4}}{w - \frac{5}{3}} .$$

Die Nullstelle $v_1 = 5/4$ liefert aufgrund der Gl. (6.47a) die Nullstellen $\zeta_1 = 1/2$ und $1/\zeta_1$; der Pol $w_1 = 5/3$ ergibt nach Gl. (6.47b) die Pole $z_1 = 1/3$ und $1/z_1$. Damit lautet die Mindestphasen-Übertragungsfunktion

$$H(z) = c\,\frac{z - 1/2}{z - 1/3} . \tag{6.68}$$

Die Konstante $c$ erhält man mit den Gln. (6.67) und (6.68) durch Auswertung der Gl. (6.65) für $z = 1$ ($\omega = 0$). Es ergibt sich direkt

$$\frac{5-4}{10-6} = c^2 \left(\frac{1 - 1/2}{1 - 1/3}\right)^2 , \quad \text{also} \quad c = \pm \frac{2}{3} .$$

Nimmt man statt der Nullstelle $\zeta_1 = 1/2$ die Nullstelle $1/\zeta_1 = 2$ in $H(z)$ auf, dann ergibt sich keine Mindestphasen-Übertragungsfunktion.

Abschließend soll jetzt gezeigt werden, daß für den Fall einer rationalen Mindestphasen-Übertragungsfunktion $H(z)$ (in der ein Pol im Nullpunkt zugelassen ist) die Betragsfunktion aus der Phasenfunktion für $z = \mathrm{e}^{\mathrm{j}\omega T}$ bis auf einen konstanten Faktor eindeutig ermittelt werden kann. Dazu werden die kreisantimetrische Funktion

$$K(z) = \frac{H(z) - H(1/z)}{H(z) + H(1/z)} \tag{6.69}$$

sowie die kreissymmetrische Funktion

$$L(z) = \frac{2z}{z^2 - 1} K(z) \tag{6.70}$$

eingeführt. Diese Funktionen haben in bezug auf ihre Nullstellen und Pole die gleichen Eigenschaften wie die Funktionen $I(z)$ bzw. $R(z)$ aus Abschnitt 3.1. Aus den Gln. (6.69) und (6.70) folgt unmittelbar für $z = \mathrm{e}^{\mathrm{j}\omega T}$

$$\tan[\arg H(\mathrm{e}^{\mathrm{j}\omega T})] = \frac{1}{\mathrm{j}} K(\mathrm{e}^{\mathrm{j}\omega T}) = (\sin\omega T)\, L(\mathrm{e}^{\mathrm{j}\omega T}) \ . \tag{6.71}$$

Wendet man die Transformation nach Gl. (6.45) an, dann zeigt sich in gewohnter Weise, daß $\widetilde{L}(w)$ eine rationale Funktion sein muß. Das heißt: Der Tangens der Phasenfunktion $\Theta(\omega)$ muß darstellbar sein als Produkt einer rationalen Funktion in $\cos\omega T$ mit der Funktion $\sin\omega T$. Aus dieser Funktion kann durch Substitution von $\cos\omega T$ durch $(z+1/z)/2$ und von $\sin\omega T$ durch $(z-1/z)/2\mathrm{j}$ die rationale Funktion $K(z)$ gewonnen werden. Nun wird gezeigt, wie bei gegebener Phase $\Theta(\omega) = -\arg H(\mathrm{e}^{\mathrm{j}\omega T})$ und damit gemäß Gl. (6.71) gegebener Funktion $K(z)$ die Mindestphasen-Übertragungsfunktion $H(z)$ ermittelt werden kann. Dazu muß die Gl. (6.69) nach $H(z)$ aufgelöst werden. Zunächst soll dabei vorausgesetzt werden, daß $H(z)$ keine Nullstellen auf dem Einheitskreis aufweist. Schreibt man

$$K(z) = \frac{a(z)}{b(z)} \ , \tag{6.72}$$

indem man Zähler- und Nennerausdruck auf der rechten Seite von Gl. (6.69) mit dem gemeinsamen gradniedrigsten Nennerpolynom von $H(z)$ und $H(1/z)$ multipliziert, dann können die Polynome $a(z)$ und $b(z)$ keine gemeinsamen Nullstellen aufweisen, was aus Gl. (6.69) folgt, wenn $H(z)$ als Mindestphasen-Übertragungsfunktion angenommen wird, welche zunächst auf $|z| = 1$ nullstellenfrei sei. Da $K(z)$ kreisantimetrisch ist, gilt im Einklang mit Gl. (6.69)

$$a(z) = -z^{2q} a(1/z) \quad \text{und} \quad b(z) = z^{2q} b(1/z) \ ,$$

wobei $q$ den Grad von $H(z)$ bedeutet. Die Gln. (6.69) und (6.72) lassen sich durch die Beziehungen

$$\frac{1}{2}[H(z) - H(1/z)] = \frac{a(z)}{g(z)} \tag{6.73a}$$

und

$$\frac{1}{2}[H(z) + H(1/z)] = \frac{b(z)}{g(z)} \tag{6.73b}$$

ersetzen. Dabei stellt $g(z)$ ein noch unbekanntes selbstreziprokes Polynom dar mit der Eigenschaft

$$z^{2q} g(1/z) = g(z) \ . \tag{6.74}$$

Durch Addition der Gln. (6.73a,b) erhält man

$$H(z) = \frac{a(z) + b(z)}{g(z)} \ . \tag{6.75}$$

Mit $\zeta_1, \zeta_2, \ldots, \zeta_l$ sollen die in $|z| > 1$ liegenden Nullstellen des Polynoms $a(z) + b(z)$ bezeichnet werden. Alle übrigen Nullstellen dieses Polynoms müssen in $|z| < 1$ liegen, da längs des Einheitskreises $|z| = 1$ keine Nullstellen auftreten können; denn für $|z| = 1$ ist

$K(z)$ rein imaginär, und in einer Nullstelle von $a(z)+b(z)$ gilt nach Gl. (6.72) generell $K(z) = -1$. Da die Übertragungsfunktion in $|z| \geqq 1$ polfrei sein muß und $g(z)$ ein selbstreziprokes Polynom ist, erhält man mit einer willkürlichen, von Null verschiedenen, reellen Konstante $k$ zwangsläufig mit (wegen der Mindestphaseneigenschaft) $l \leqq q$

$$g(z) = k\, z^{q-l}(z-\zeta_1)(z-\zeta_2)\cdots(z-\zeta_l)(z-1/\zeta_1)\cdots(z-1/\zeta_l)\,. \quad (6.76)$$

Die Gln. (6.75) und (6.76) liefern die Lösung $H(z)$ explizit, wobei die Nullstellen von $H(z)$ mit den Nullstellen von $a(z)+b(z)$ in $|z|<1$ und die Pole von $H(z)$ außerhalb des Ursprungs mit den am Einheitskreis gespiegelten Nullstellen von $a(z)+b(z)$ in $|z|>1$ übereinstimmen. Die Phase von $H(\mathrm{e}^{\mathrm{j}\omega T})$ stimmt mit der vorgeschriebenen Phasenfunktion überein, und die Betragsfunktion $|H(\mathrm{e}^{\mathrm{j}\omega T})|$ kann ausgehend von $H(z)$ bis auf die willkürliche Konstante $k$ direkt angegeben werden. Im Fall $l=0$ wird $g(z) = k\, z^q$.

Sind in $H(z)$ auch Nullstellen außerhalb des Einheitskreises zugelassen, dann können die Nullstellen von $a(z)+b(z)$ in $|z|>1$ einerseits herrühren von Nullstellen des Zählerpolynoms von $H(z)$ und andererseits von gespiegelten Nullstellen des Nennerpolynoms von $H(z)$. In diesem Fall kann die gesuchte Übertragungsfunktion aus der wie oben gewonnenen Mindestphasen-Übertragungsfunktion durch Multiplikation mit einem geeigneten selbstreziproken Polynom und Division mir einer geeigneten Potenz von $z$ gewonnen werden.

**Ergänzung:** Geht man davon aus, daß $K(z)$ stets als Quotient zweier Polynome ohne gemeinsame Nullstellen dargestellt ist, so muß man beachten, daß mögliche Nullstellen von $H(z)$ auf dem Einheitskreis und zum Einheitskreis symmetrisch gelegene Nullstellen keinen Beitrag zur Funktion $K(z)$ leisten und daher bei der Konstruktion von $H(z)$ aus $K(z)$ grundsätzlich nicht erhalten werden. Derartige Nullstellen sind jedoch an der Phase $\Theta(\omega)$ nur mit linearen additiven Beiträgen beteiligt, worauf im nächsten Abschnitt eingegangen wird. Im Fall einer Nullstelle auf dem Einheitskreis tritt in $\Theta(\omega)$ noch ein Phasensprung von der Höhe $r\,\pi$ bei der entsprechenden Kreisfrequenz auf, wobei $r$ die Vielfachheit der betreffenden Nullstelle bezeichnet. Damit lassen sich Nullstellen von $H(z)$ auf dem Einheitskreis einschließlich ihrer Vielfachheit aus dem Verlauf von $\Theta(\omega)$ direkt ablesen. Die Bestimmung der übrigen zum Einheitskreis nicht symmetrischen Nullstellen und der Pole erfolgt wie oben beschrieben.

## 4.2. DISKONTINUIERLICHE SYSTEME MIT STRENG LINEARER PHASE

In diesem Abschnitt soll gezeigt werden, daß es Übertragungsfunktionen $H(z)$ diskontinuierlicher Systeme gibt, die sich durch eine streng lineare Phase auszeichnen und nichtrekursiv realisieren lassen. Dabei wird auf die Ergebnisse von Abschnitt 4.1 zurückgegriffen.

Die Funktionen $K(z)$ aus Gl. (6.69) und $L(z)$ aus Gl. (6.70) können allgemein zu jeder rationalen Übertragungsfunktion $H(z)$ angegeben werden, wobei die Gl. (6.71) nach wie vor besteht. Auch die im Abschnitt 4.1 genannte Eigenschaft, daß $L(\mathrm{e}^{\mathrm{j}\omega T})$ eine rationale Funktion in $\cos\omega T$ sein muß, bleibt bestehen. Wenn also die Winkelfunktion $\arg H(\mathrm{e}^{\mathrm{j}\omega T})$ einer rationalen Übertragungsfunktion $H(z)$ vorgeschrieben wird, muß gemäß Gl. (6.71) beachtet werden, daß $\{\tan[\arg H(\mathrm{e}^{\mathrm{j}\omega T})]\}/\sin\omega T$ eine rationale Funktion in $\cos\omega T$ ist. Verlangt man nun, daß $\Phi(\omega) := \arg H(\mathrm{e}^{\mathrm{j}\omega T})$ einen linearen Funktionsverlauf hat, dann lautet die Forderung für die Winkelfunktion

$$\Phi(\omega) = \Phi_0 + k\,T\omega\ . \tag{6.77}$$

Dabei bedeuten $\Phi_0$ und $k$ noch zu spezifizierende Konstanten. Mit Gl. (6.77) erhält man aus Gl. (6.71)

$$K(\mathrm{e}^{\,\mathrm{j}\omega T}) = \mathrm{j}\,\frac{\sin(\Phi_0 + k\,T\omega)}{\cos(\Phi_0 + k\,T\omega)} = \frac{\mathrm{e}^{\,\mathrm{j}\Phi_0}\,\mathrm{e}^{\,\mathrm{j}k\,T\omega} - \mathrm{e}^{\,-\mathrm{j}\Phi_0}\,\mathrm{e}^{\,-\mathrm{j}k\,T\omega}}{\mathrm{e}^{\,\mathrm{j}\Phi_0}\,\mathrm{e}^{\,\mathrm{j}k\,T\omega} + \mathrm{e}^{\,-\mathrm{j}\Phi_0}\,\mathrm{e}^{\,-\mathrm{j}k\,T\omega}}$$

oder, wenn man $\mathrm{e}^{\,\mathrm{j}\omega T}$ durch $z$ ersetzt,

$$K(z) = \frac{z^{2k} - \mathrm{e}^{\,-\mathrm{j}2\Phi_0}}{z^{2k} + \mathrm{e}^{\,-\mathrm{j}2\Phi_0}}\ . \tag{6.78}$$

Diese Funktion $K(z)$ muß, wenn ihr im Sinne von Gl. (6.69) eine rationale Übertragungsfunktion $H(z)$ zugeordnet sein soll, rational und reell sein. Daher muß notwendigerweise $2k$ eine ganze Zahl und $\Phi_0 = 0,\ \pm\pi/2,\ \pm\pi,\ \pm 3\pi/2, \ldots$ sein, wobei nur die Fälle $\Phi_0 = 0$ und $\Phi_0 = \pi/2$ von Interesse sind. Die gesuchte Übertragungsfunktion wird in der teilerfreien Form

$$H(z) = \frac{Z_1(z)\,Z_2(z)}{N(z)}$$

angesetzt mit dem Nennerpolynom $N(z)$ vom Grad $q$ und den Polynomen $Z_1(z), Z_2(z)$ vom Grad $l_1$ bzw. $l_2$ ($l_1 + l_2 \leqq q$), wobei $Z_2(z)$ die Eigenschaft

$$Z_2(z) = \pm z^{l_2}\,Z_2(1/z)$$

haben soll und damit alle Nullstellen von $H(z)$ auf dem Einheitskreis und alle zum Einheitskreis symmetrischen Nullstellen enthält, während in $Z_1(z)$ die übrigen Nullstellen von $H(z)$ auftreten. Hieraus resultiert mit Gl. (6.69) nach einer kurzen Zwischenrechnung

$$K(z) = \frac{z^q N(1/z)\,Z_1(z) \mp z^{q-l_2} N(z) Z_1(1/z)}{z^q N(1/z)\,Z_1(z) \pm z^{q-l_2} N(z) Z_1(1/z)}\ , \tag{6.79}$$

wobei bemerkenswert erscheint, daß das selbstreziproke Polynom $Z_2(z)$ in $K(z)$ nicht enthalten ist. Mit Gl. (6.72) erhält man aus Gl. (6.79) die Beziehung

$$a(z) + b(z) = 2z^q\,N(1/z)\,Z_1(z)\ . \tag{6.80}$$

Andererseits ergibt sich im vorliegenden Fall aus Gl. (6.78) der Zusammenhang

$$a(z) + b(z) = \begin{cases} 2z^{2k} & \text{für}\quad k \geqq 0\ , \\ 2 & \text{für}\quad k < 0\ . \end{cases}$$

Ein Vergleich mit Gl. (6.80) zeigt, daß $N(z)$ und $Z_1(z)$ nur Nullstellen im Nullpunkt haben können. Da $Z_1(z)$ und $N(z)$ als teilerfremd vorausgesetzt wurden und $N(z)$ vom Grad $q$ ist, muß offensichtlich $Z_1(z)$ konstant sein und damit $k < 0$ gelten. Als Lösung für die Übertragungsfunktion ergibt sich damit gemäß dem oben gemachten Ansatz

$$H(z) = \frac{Z(z)}{z^q} , \tag{6.81}$$

mit einem selbstreziproken Zählerpolynom

$$Z(z) = \pm z^l Z(1/z)$$

und $l \leqq q$. Setzt man dies in Gl. (6.79) ein, dann ergibt sich

$$K(z) = \frac{1 \mp z^{2q-l}}{1 \pm z^{2q-l}} ,$$

woraus mit Gl. (6.78) $k = -(q - l/2)$ resultiert. Dabei gilt stets das +-Zeichen für $\Phi_0 = 0$, das −-Zeichen für $\Phi_0 = \pi/2$. Die Ergebnisse werden zusammengefaßt im

**Satz VI.1:** Ein stabiles diskontinuierliches System mit der rationalen Übertragungsfunktion $H(z)$ hat genau dann streng lineare Phase, wenn alle Nullstellen symmetrisch zum Einheitskreis auftreten und die Pole ausnahmslos im Nullpunkt liegen. Ist $q$ der Grad von $H(z)$ und $l$ die Zahl der Nullstellen, dann ist die Phase $\Theta(\omega)$, wenn man von einem additiven ganzzahligen Vielfachen von $\pi$ absieht, gegeben entweder durch $(q - l/2)\,\omega T$ oder durch $(q - l/2)\,\omega T + \pi/2$.

Bezeichnet man die Koeffizienten des Polynoms $Z(z)$ mit $a_\lambda$ $(\lambda = 0, 1, \ldots, l)$, dann drückt sich die Eigenschaft der Selbstreziprozität des Polynoms in der Beziehung $a_\lambda = a_{l-\lambda}$ oder $a_\lambda = -a_{l-\lambda}$ $(\lambda = 0, 1, \ldots, l)$ aus. Man beachte, daß sich die Übertragungsfunktion $H(z)$ nach Gl. (6.81) durch ein nichtrekursives System (Digitalfilter) nach Kapitel IV, Abschnitt 4.1 realisieren läßt.

Für das Folgende wird angenommen, daß Zählergrad und Nennergrad der Übertragungsfunktion aus Gl. (6.81) übereinstimmen, daß also $l = q$ gilt. Das Zählerpolynom der Übertragungsfunktion wird dann in der Form

$$Z(z) = a_q (z-1)^{q_1} (z+1)^{q_2} \prod_{\mu=1}^{q_3} (z - \zeta_\mu)\left(z - \frac{1}{\zeta_\mu}\right) \tag{6.82}$$

dargestellt. Dabei ist $q_1 = 0$ oder 1 und $q_2 = 0$ oder 1, weiterhin gilt $q = q_1 + q_2 + 2q_3$. Gerade Potenzen von $(z-1)$ und $(z+1)$ seien, soweit solche überhaupt vorhanden sind, im Produktterm der Gl. (6.82) enthalten. Mit Hilfe der Transformation nach Gl. (6.45) läßt sich die Gl. (6.82) jetzt umschreiben, so daß für Gl. (6.81) die Darstellung

$$H(z) = 2^{q_3} a_q (z-1)^{q_1} (z+1)^{q_2} z^{-q_1 - q_2 - q_3} \prod_{\mu=1}^{q_3} (w - w_\mu) \tag{6.83}$$

mit $w_\mu = (\zeta_\mu + 1/\zeta_\mu)/2$ angegeben werden kann.

Die Gl. (6.83) kann als Basis für den Entwurf eines nichtrekursiven Digitalfilters mit streng linearer Phase verwendet werden, wenn man eine gerade, nichtnegative Funktion $A_0(\omega)$ für den Verlauf des Betrags von $H(\mathrm{e}^{\mathrm{j}\omega T})$ im Frequenzintervall $-\pi/T \leqq \omega \leqq \pi/T$ vorschreibt. Da, wie eine kurze Zwischenrechnung zeigt,

$$\mathrm{e}^{\mathrm{j}\omega T} - 1 = 2\mathrm{j}\sin\frac{\omega T}{2}\,\mathrm{e}^{\mathrm{j}\frac{\omega T}{2}} \quad \text{und} \quad \mathrm{e}^{\mathrm{j}\omega T} + 1 = 2\cos\frac{\omega T}{2}\,\mathrm{e}^{\mathrm{j}\frac{\omega T}{2}} \tag{6.84a,b}$$

gilt, läßt sich die Gl. (6.83) für $z = \mathrm{e}^{\,\mathrm{j}\omega T}$ auf die Form

$$H(\mathrm{e}^{\,\mathrm{j}\omega T}) = \mathrm{j}^{\,q_1}\, 2^{q_1+q_2+q_3}\, a_q\, \mathrm{e}^{\,-\mathrm{j}\omega T(q_1/2+q_2/2+q_3)} \left(\sin\frac{\omega T}{2}\right)^{q_1} \left(\cos\frac{\omega T}{2}\right)^{q_2} \prod_{\mu=1}^{q_3} (\cos\omega T - w_\mu) \tag{6.85}$$

bringen. Das Betragsverhalten der in den Gln. (6.84a,b) beschriebenen Funktionen zeigt Bild 6.9. Neben der Vorschrift $A_0(\omega)$ für den Verlauf des Betrags von $H(\mathrm{e}^{\,\mathrm{j}\omega T})$ wird noch die Funktion

$$B_0(\omega) = \frac{A_0(\omega)}{\left|\sin\dfrac{\omega T}{2}\right|^{q_1} \left|\cos\dfrac{\omega T}{2}\right|^{q_2}} \tag{6.86}$$

eingeführt. Das Entwurfsproblem läßt sich jetzt folgendermaßen formulieren: Man bestimme die Parameter der Übertragungsfunktion $H(z)$ von Gl. (6.83), also $q_1, q_2, q_3, a_q$ und $w_\mu$ ($\mu = 1, 2, \ldots, q_3$) derart, daß der Betrag von $H(z)$ für $z = \mathrm{e}^{\,\mathrm{j}\omega T}$ die vorgeschriebene Amplitudenfunktion $A_0(\omega)$ "möglichst gut" im Intervall $-\pi/T \leqq \omega \leqq \pi/T$ annähert. Für $q_1$ und $q_2$ kommen nur die Werte 0 und 1 in Frage. Aufgrund des Betragsverhaltens der beiden in den Gln. (6.84a,b) angegebenen Funktionen (Bild 6.9) ergibt sich folgende sinnvolle Wahl für $q_1$ und $q_2$: Man wählt $q_1 = 1$ oder $q_1 = 0$, je nachdem ob $|H(\mathrm{e}^{\,\mathrm{j}\omega T})|$ für $\omega = 0$ verschwindet und dabei dort verschiedene links- und rechtsseitige Ableitungen hat oder ob dies nicht der Fall ist. Man wählt $q_2 = 1$ oder $q_2 = 0$, je nachdem ob $|H(\mathrm{e}^{\,\mathrm{j}\omega T})|$ für $\omega = \pm\pi/T$ verschwindet und dabei für $\pi/T$ und $-\pi/T$ unterschiedliche links- bzw. rechtsseitige Ableitungen besitzt oder ob dies nicht der Fall ist. Nachdem die Parameter $q_1, q_2$ festgelegt sind, kann man die noch zu lösende Aufgabe mit Blick auf die Gln. (6.85) und (6.86) und der Abkürzung $k = 2^{q_1+q_2+q_3} a_q$ folgendermaßen vereinfachen: Es sind die Parameter des Polynoms

$$P(w) = k \prod_{\mu=1}^{q_3} (w - w_\mu) \tag{6.87}$$

nach Wahl eines geeigneten Wertes für $q_3$ so zu bestimmen, daß $P(\cos\omega T)$ die bekannte Funktion $B_0(\omega)$ im Intervall $-\pi/T \leqq \omega \leqq \pi/T$ dem Betrage nach bestmöglich approximiert. Ersetzt man $\cos\omega T$ durch $w$, d. h. $\omega$ durch $(\arccos w)/T$, dann besteht die Aufgabe darin, $P(w)$ nach Gl. (6.87) so zu bestimmen, daß

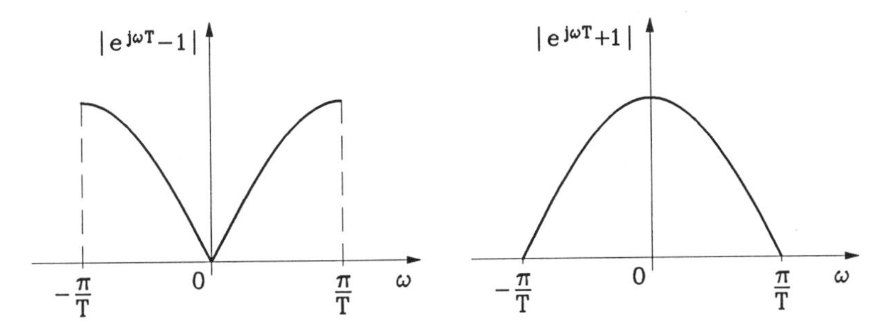


Bild 6.9: Verlauf der Beträge der in den Gln. (6.84a,b) angegebenen Funktionen

$$P(w) \approx \pm B_0\left(\frac{1}{T}\arccos w\right) \tag{6.88}$$

im Intervall $-1 \leqq w \leqq 1$ mit möglichst guter Annäherung gilt. Die Wahl zwischen den beiden Vorzeichen in Gl. (6.88) besteht für jeden Punkt $w$. In der Regel wird man das Vorzeichen beim Durchlaufen des $w$-Intervalls, wenn überhaupt, nur an einer Nullstelle von $B_0$ wechseln. Nullstellen von $P(w)$ im Intervall $-1 \leqq w \leqq 1$ bedeuten Nullstellen der Übertragungsfunktion $H(\mathrm{e}^{\mathrm{j}\omega T})$ im Intervall $-\pi/T \leqq \omega \leqq \pi/T$ und damit des Zählerpolynoms $Z(z)$ auf dem Einheitskreis $|z| = 1$. In einer solchen Nullstelle springt die Phase der Übertragungsfunktion, und zwar um $r\pi$, wenn $r$ die Vielfachheit der Nullstelle bezeichnet. Will man jedenfalls für $0 < \omega < \pi/T$ (und $-\pi/T < \omega < 0$) Phasensprünge um ungeradzahlige Vielfache von $\pi$ vermeiden, dann darf das Polynom $P(w)$ im Intervall $-1 < w < 1$ sein Vorzeichen nicht wechseln und in Gl. (6.88) muß auf die Vorzeichenalternative verzichtet werden.

Die eigentliche Aufgabe des vorliegenden Entwurfsproblems liegt in der Approximation der modifizierten Betragsvorschrift $B_0(T^{-1}\arccos w)$ nach Gl. (6.86) durch ein Polynom $P(w)$ nach Gl. (6.87), das auch in Koeffizientenform verwendet werden kann. Für diese Approximation stehen einschlägige numerische Verfahren zur Verfügung. Sobald $P(w)$ bestimmt ist, erhält man mit Hilfe der Gl. (6.83) bei Anwendung der Rücktransformation gemäß Gl. (6.45) die Übertragungsfunktion $H(z)$, die durch ein nichtrekursives Digitalfilter einfach realisiert werden kann. Durch Erhöhung des Parameters $q_3$ (Grad des Polynoms $P$) läßt sich gewöhnlich die Approximationsgüte verbessern, allerdings auf Kosten eines erhöhten Realisierungsaufwandes. Diesbezüglich muß letztlich ein Kompromiß gefunden werden.

## 5. Die diskontinuierliche Version des Wiener-Filters

Es wird hier in Analogie zu Kapitel V, Abschnitt 7.1 ein empfangenes diskontinuierliches Signal als stochastischer Prozeß $\boldsymbol{x}[n]$ betrachtet, der sich additiv aus dem zu schätzenden diskontinuierlichen Nutzsignal $\boldsymbol{m}[n]$ und einer Störung $\boldsymbol{n}[n]$ zusammensetzt:

$$\boldsymbol{x}[n] = \boldsymbol{m}[n] + \boldsymbol{n}[n] . \tag{6.89}$$

Die Prozesse $\boldsymbol{m}$ und $\boldsymbol{n}$ seien reell, mittelwertfrei und stationär. Bekannt seien die beiden Autokorrelierten

$$r_{mm}[\nu] = E[\boldsymbol{m}[n]\,\boldsymbol{m}[n+\nu]] , \qquad r_{nn}[\nu] = E[\boldsymbol{n}[n]\,\boldsymbol{n}[n+\nu]] ,$$

und für die Kreuzkorrelierte gelte $r_{mn}[\nu] \equiv 0$.

Hiermit sind auch die spektralen Leistungsdichten als periodische Funktionen

$$S_{mm}(\omega) = \sum_{\nu=-\infty}^{\infty} r_{mm}[\nu]\,\mathrm{e}^{-\mathrm{j}\nu\omega T} , \qquad S_{nn}(\omega) = \sum_{\nu=-\infty}^{\infty} r_{nn}[\nu]\,\mathrm{e}^{-\mathrm{j}\nu\omega T}$$

bekannt. Die Umkehrung der hier benützten Transformation ist durch Gl. (4.10a) gegeben.

Die zu lösende Aufgabe besteht darin, die Impulsantwort $h[n]$ bzw. die Übertragungsfunktion $H(z)$ eines linearen, zeitinvarianten und kausalen diskontinuierlichen Systems zu ermitteln, dessen Reaktion

$$\boldsymbol{y}[n] = \sum_{\mu=0}^{\infty} h[\mu]\boldsymbol{x}[n-\mu] \tag{6.90}$$

auf die Erregung $\boldsymbol{x}[n]$ von Gl. (6.89) für alle $n$ im Sinne des kleinsten mittleren Fehlerquadrates möglichst wenig vom Nutzsignal $\boldsymbol{m}[n]$ abweicht. Es wird also eine Impulsantwort $h[n]$ mit $h[n] = 0$ für alle $n < 0$ gesucht, so daß der Fehler

$$\Delta = E[(\boldsymbol{m}[n] - \boldsymbol{y}[n])^2] \tag{6.91}$$

minimal wird. Dabei ist $\boldsymbol{y}[n]$ durch Gl. (6.90) gegeben.

Das Minimum des Fehlers $\Delta$ in Abhängigkeit von $h[n]$ erhält man auch hier aufgrund des Orthogonalitätsprinzips, also durch die Forderung

$$E[(\boldsymbol{m}[n] - \boldsymbol{y}[n])\boldsymbol{x}[n-\nu]] = 0 \quad \text{für alle} \quad \nu \geqq 0\ . \tag{6.92}$$

Der Beweis dieser Bedingung erfolgt wie der von Gl. (5.193). Ebenso wie dort ergibt sich für den Fehler

$$\Delta = E[\boldsymbol{m}^2[n]] - E[\boldsymbol{m}[n]\boldsymbol{y}[n]] = E[\boldsymbol{m}^2[n]] - E[\boldsymbol{y}^2[n]]\ . \tag{6.93a,b}$$

Die Gln. (6.92) und (6.93a) lassen sich unter Beachtung der Gl. (6.90) mit Hilfe von Korrelationsfunktionen ausdrücken. So entsteht die diskrete Form

$$r_{xm}[\nu] - \sum_{\mu=0}^{\infty} h[\mu] r_{xx}[\nu-\mu] = 0 \quad \text{für alle} \quad \nu \geqq 0 \tag{6.94}$$

der Wiener-Hopfschen Integralgleichung zur Bestimmung der gesuchten optimalen Impulsantwort $h[n]$, und der zugehörige Fehler ist

$$\Delta = r_{mm}[0] - \sum_{\mu=0}^{\infty} h[\mu] r_{xm}[\mu]\ . \tag{6.95}$$

Zur Lösung der Gl. (6.94) schreibt man diese für alle $\nu$ als

$$q[\nu] = r_{xm}[\nu] - \sum_{\mu=0}^{\infty} h[\mu] r_{xx}[\nu-\mu]\ . \tag{6.96}$$

Man muß damit fordern, daß $h[\nu]$ eine kausale und $q[\nu]$ eine akausale Funktion bedeutet, daß also gilt:

$$h[\nu] = 0 \quad \text{für alle} \quad \nu < 0\ , \qquad q[\nu] = 0 \quad \text{für alle} \quad \nu \geqq 0\ . \tag{6.97a,b}$$

Nun wird die Gl. (6.96) der (zweiseitigen) Z-Transformation unterworfen, wobei die Transformierten von $q[\nu]$ und $h[\nu]$ mit $Q(z)$ bzw. $H(z)$ bezeichnet werden. Es ergibt sich somit

$$Q(z) = R_{xm}(z) - H(z) R_{xx}(z)\ . \tag{6.98}$$

Die Funktionen $R_{xm}(z)$ und $R_{xx}(z)$ sind die Z-Transformierten von $r_{xm}[\nu]$ bzw. $r_{xx}[\nu]$; sie sind in eindeutiger Weise durch die spektralen Leistungsdichten $S_{xm}(\omega)$ und $S_{xx}(\omega)$ bestimmt, denn es gilt $R_{xm}(\mathrm{e}^{\mathrm{j}\omega T}) = S_{xm}(\omega)$ und $R_{xx}(\mathrm{e}^{\mathrm{j}\omega T}) = S_{xx}(\omega)$. Die Funktionen $R_{xm}(z)$ und $R_{xx}(z)$ existieren in einem zum Einheitskreis $|z| = 1$ konzentrischen Kreisring der $z$-Ebene, dem dieser Kreis angehört. Da $r_{xx}[\nu]$ eine reellwertige und gerade Funktion ist, muß die Transformierte $R_{xx}(z)$ kreissymmetrisch (vgl. Abschnitt 3.1) und für reelle $z$ reellwertig sein. Die Transformierten $H(z)$ und $Q(z)$ existieren wegen der Gln. (6.97a,b) in Kreisgebieten, und zwar

$$Q(z) \text{ in } |z| < 1 , \qquad H(z) \text{ in } |z| > 1 .$$

In diesen Gebieten ist die jeweilige Transformierte analytisch. Die beiden Funktionen $H(z)$ und $Q(z)$ lassen sich durch die Lösung der Gl. (6.98) folgendermaßen ermitteln, wobei zu beachten ist, daß in völliger Analogie zum kontinuierlichen Fall stets $S_{xx}(\omega) \geqq 0$ für alle $\omega$-Werte gilt: [1)]
Zuerst ist die Transformierte $R_{xx}(z)$ als Produkt

$$R_{xx}(z) = A_+(z) A_-(z) \tag{6.99}$$

derart darzustellen, daß $A_+(z)$ sowie $1/A_+(z)$ im Kreisgebiet $|z| > 1$ und $A_-(z)$ sowie $1/A_-(z)$ im Kreisgebiet $|z| < 1$ analytisch sind. Falls $R_{xx}(z)$ eine rationale Funktion in $z$ ist, läßt sich die nach Gl. (6.99) erforderliche Faktorisierung gemäß Abschnitt 4.1 durchführen.

Nun ist der Quotient $R_{xm}(z)/A_-(z)$ als Summe

$$\frac{R_{xm}(z)}{A_-(z)} = B^+(z) + B^-(z) \tag{6.100}$$

derart zu zerlegen, daß $B^+(z)$ in $|z| > 1$ und $B^-(z)$ in $|z| < 1$ analytisch ist; bis zum Rand ihres Regularitätsgebietes müssen die Funktionen stetig sein, und es soll $B^-(0) = 0$ gelten. Ist die linke Seite der Gl. (6.100) rational in $z$, dann läßt sich die Zerlegung gemäß Gl. (6.100) durch Partialbruchentwicklung von $R_{xm}(z)/A_-(z)$ durchführen, ähnlich wie im Abschnitt 3.1 verfahren wurde. Falls aber die mit $B(z)$ abgekürzte linke Seite der Gl. (6.100) nicht rational ist, kann man durch Rücktransformation die Funktion $b[n]$ ermitteln, deren additiver Zerlegung in $b^+[n] = s[n]b[n]$ und $b^-[n] = (1 - s[n])b[n]$ die Zerlegung von $B(z)$ nach Gl. (6.100) entspricht. Dies bedeutet, daß $b^+[n]$ im Frequenzbereich $B^+(z)$ und $b^-[n]$ die Funktion $B^-(z)$ liefert.

Mit Hilfe der aus den Gln. (6.99) und (6.100) gewonnenen Funktionen wählt man

$$Q(z) = A_-(z) B^-(z) \quad \text{und} \quad H(z) = \frac{B^+(z)}{A_+(z)} , \tag{6.101a,b}$$

so daß $Q(z)$ in $|z| < 1$ und $H(z)$ in $|z| > 1$ analytisch ist.

Führt man die Gln. (6.99), (6.100) und (6.101a,b) in Gl. (6.98) ein, so zeigt sich sofort die Richtigkeit der Beziehungen. Das durch Gl. (6.101b) charakterisierte System löst die gestellte Aufgabe und ist die diskrete Version des Wiener-Filters.

*Beispiel:* Es sei

$$S_{mm}(\omega) = \frac{1}{2 + \cos \omega T} , \quad S_{nn}(\omega) = 1 , \quad S_{mn}(\omega) = 0 .$$

---

1) Für die Faktorisierung nach Gl. (6.99) ist entsprechend dem kontinuierlichen Fall noch vorauszusetzen, daß $S_{xx}(\omega)$ als Betragsquadrat eines durch ein diskontinuierliches System realisierbaren Frequenzganges aufgefaßt werden kann. Dies bedeutet, daß der Logarithmus dieser Funktion über eine Periode absolut integrierbar sein muß (vgl. Kapitel V, Abschnitt 6.3).

Zunächst erhält man

$$S_{xx}(\omega) = S_{mm}(\omega) + S_{nn}(\omega) = \frac{3 + (e^{j\omega T} + e^{-j\omega T})/2}{2 + (e^{j\omega T} + e^{-j\omega T})/2}$$

und

$$S_{xm}(\omega) = S_{mm}(\omega) = \frac{1}{2 + (e^{j\omega T} + e^{-j\omega T})/2} .$$

Gemäß Gl. (6.99) ist die Funktion

$$R_{xx}(z) = \frac{z^2 + 6z + 1}{z^2 + 4z + 1} = \frac{(z - \zeta_1)(z - \zeta_2)}{(z - z_1)(z - z_2)}$$

mit

$$\zeta_1 = -3 + 2\sqrt{2} , \quad \zeta_2 = -3 - 2\sqrt{2} = \frac{1}{\zeta_1} , \quad z_1 = -2 + \sqrt{3} , \quad z_2 = -2 - \sqrt{3} = \frac{1}{z_1}$$

zu faktorisieren. Dabei ergibt sich

$$A_+(z) = \frac{z - \zeta_1}{z - z_1} \quad \text{und} \quad A_-(z) = \frac{z - \zeta_2}{z - z_2} .$$

Gemäß Gl. (6.100) ist die Funktion

$$B(z) = \frac{R_{xm}(z)}{A_-(z)} = \frac{2z}{z^2 + 4z + 1} \frac{z - z_2}{z - \zeta_2} = \frac{2z}{(z - z_1)(z - \zeta_2)}$$

in die Summe von

$$B^+(z) = \frac{2z/(z_1 - \zeta_2)}{z - z_1} \quad \text{und} \quad B^-(z) = \frac{2z/(\zeta_2 - z_1)}{z - \zeta_2}$$

zu zerlegen. Schließlich ergibt sich nach Gl. (6.101b) die Übertragungsfunktion

$$H(z) = \frac{2z/(z_1 - \zeta_2)}{z - \zeta_1} , \tag{6.102}$$

also die Impulsantwort

$$h[n] = s[n] \frac{2}{1 + 2\sqrt{2} + \sqrt{3}} (-3 + 2\sqrt{2})^n .$$

Die Übertragungsfunktion aus Gl. (6.102) ist im Bild 6.10 realisiert.

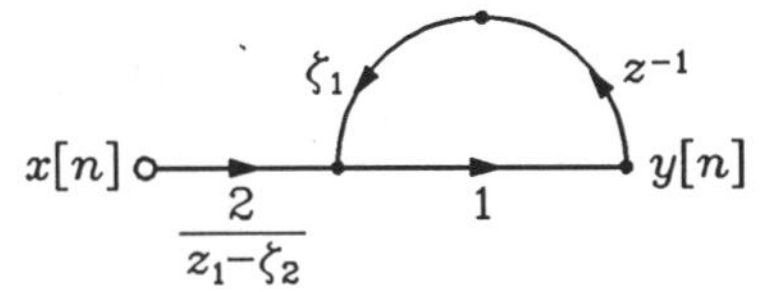


Bild 6.10: Optimalfilter des Beispiels

Die am Ende von Kapitel V, Abschnitt 7.1 zu findenden Bemerkungen können sinngemäß auch für das diskontinuierliche Wiener-Filter gemacht werden.

## 6. Das Nyquist-Verfahren zur Stabilitätsprüfung

Das im Kapitel V, Abschnitt 4.1 behandelte Nyquist-Verfahren zur Stabilitätsprüfung kontinuierlicher rückgekoppelter Systeme kann unmittelbar auf diskontinuierliche Systeme übertragen werden. Bild 6.11 zeigt die Konfiguration des diskontinuierlichen Systems mit

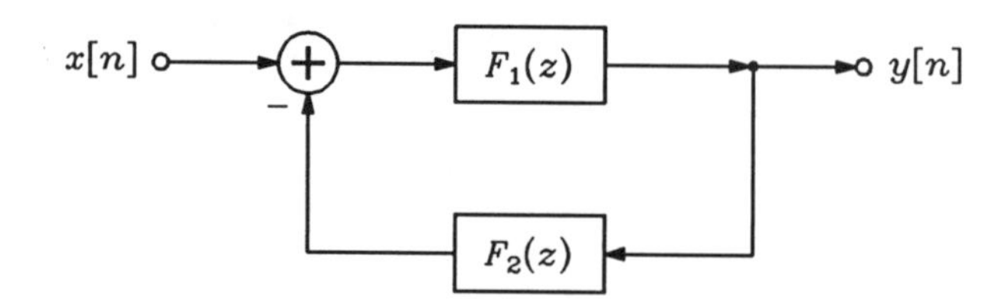


Bild 6.11: Rückgekoppeltes diskontinuierliches System

der Übertragungsfunktion

$$H(z) = \frac{F_1(z)}{1+F_1(z)\,F_2(z)} \,. \tag{6.103}$$

Zur Sicherstellung der Stabilität des Systems ist zu fordern, daß alle Pole von $H(z)$ im Einheitskreis $|z| < 1$ liegen. Geht man wie im kontinuierlichen Fall davon aus, daß durch die Pole von $F_1(z)$ keine Instabilitäten hervorgerufen werden und Nullstellen von $F_1(z)$ sich nicht gegen Nullstellen der Nennerfunktion

$$F(z) = 1+F_1(z)\,F_2(z) \tag{6.104}$$

kürzen lassen, so ist zur Sicherstellung der Stabilität zu prüfen, ob alle Nullstellen von $F(z)$ aus Gl. (6.104) in $|z| < 1$ liegen. Dabei wird $F(z)$ als rationale Funktion vorausgesetzt.

Es wird nun die Ortskurve

$$F(\mathrm{e}^{\mathrm{j}\omega T}) = 1+F_1(\mathrm{e}^{\mathrm{j}\omega T})\,F_2(\mathrm{e}^{\mathrm{j}\omega T}) \tag{6.105}$$

für $-\pi \leqq \omega T < \pi$ betrachtet. Sie stellt in der komplexen $F$-Ebene das Bild des Einheitskreises $|z| = 1$ dar. Es wird vorausgesetzt, daß $F(z)$ längs $|z| = 1$ keine Pole und Nullstellen aufweist. Wendet man nun Satz V.4 auf das Äußere des Einheitskreises $|z| > 1$ an, so ist die Umlaufzahl $Z$ von $F(\mathrm{e}^{\mathrm{j}\omega T})$ um den Ursprung gleich $P - N$, wenn $\omega T$ von 0 bis $2\pi$ zunimmt (man beachte, daß hier der Rand $|z| = 1$ des nach Satz V.4 zu wählenden Gebiets, vom Innern aus gezählt, im Uhrzeigersinn durchlaufen wird und daher $Z = P - N$ gilt). Damit kann folgendes Stabilitätskriterium ausgesprochen werden.

**Satz VI.2:** Unter der Voraussetzung, daß $F(z)$ nach Gl. (6.104) längs $|z| = 1$ weder Nullstellen noch Pole hat, ist das System von Bild 6.11 genau dann stabil, wenn die Ortskurve des offenen Systems, d. h. das Bild der Funktion $F_1(\mathrm{e}^{\mathrm{j}\omega T})F_2(\mathrm{e}^{\mathrm{j}\omega T})$ für $-\pi \leqq \omega T < \pi$, bezüglich des Punktes $-1$ die (im Gegenuhrzeigersinn zu zählende) Umlaufzahl $P$ hat, wenn $P$ die Zahl der Pole von $F_1(z)F_2(z)$ – jeweils der Vielfachheit entsprechend oft gezählt – in $|z| > 1$ einschließlich $z = \infty$ ist.

**Anmerkung:** Die Voraussetzung, daß $F(z)$ längs $|z| = 1$ weder Nullstellen noch Pole hat, läßt sich bei der Konstruktion von $F_1(\mathrm{e}^{\mathrm{j}\omega T})F_2(\mathrm{e}^{\mathrm{j}\omega T})$ direkt prüfen. Eine Nullstelle von $F(z)$ längs $|z| = 1$ zeigt sich darin, daß die Ortskurve $F_1(\mathrm{e}^{\mathrm{j}\omega T})F_2(\mathrm{e}^{\mathrm{j}\omega T})$ durch den Punkt $-1$ läuft und damit die Umlaufzahl bezüglich $-1$ nicht definiert ist; einen Pol von $F(z)$ auf $|z| = 1$ erkennt man daran, daß sich die Ortskurve über alle Grenzen entfernt.

Analog zum kontinuierlichen Fall können auch noch Pole von $F(z)$ auf $|z| = 1$ zugelassen werden, wenn man bei der Konstruktion der Ortskurve als Bild des Einheitskreises $|z| = 1$

vermöge $F_1(z)F_2(z)$ die Pole auf $|z| = 1$ durch kleine Wegstücke in $|z| > 1$ umgeht. An der Aussage des Satzes ändert sich dann nichts.

Hat man in der durch Gl. (6.104) gegebenen Funktion $F(z)$ statt $F_2(z)$ die Übertragungsfunktion $K\,F_2(z)$, so kann man Satz VI.2 folgendermaßen modifizieren: Das rückgekoppelte System ist genau dann stabil, wenn die Ortskurve $F_1(\mathrm{e}^{\mathrm{j}\omega T})F_2(\mathrm{e}^{\mathrm{j}\omega T})$ mit wachsendem $\omega$ $(-\pi \leqq \omega T < \pi)$ den Punkt $-1/K$ genau $P$-mal im Gegenuhrzeigersinn umläuft, wenn $P$ die Zahl der Pole von $F_1(z)F_2(z)$ in $|z| > 1$ bedeutet.

*Beispiel:* Es wird nun ein rückgekoppeltes System nach Bild 6.11 mit

$$F_1(z) = \frac{1}{z(z - \frac{1}{2})} \quad \text{und} \quad F_2(z) = K$$

betrachtet, wobei $K$ eine reelle Konstante bedeutet. Die numerisch errechnete Ortskurve $F_1(\mathrm{e}^{\mathrm{j}\omega T})$ zeigt Bild 6.12. Wie man sieht, liegen alle Pole von $F_1(z)$ in $|z| < 1$. Es gilt also $P = 0$. Stabilität des rückgekoppelten Systems ist daher genau dann gegeben, wenn die Ortskurve den Punkt $-1/K$ nicht umschlingt. Dies ist dann und nur dann der Fall, wenn

$$-1/K < -1 \quad \text{oder} \quad -1/K > 2 \;, \quad \text{d.h.} \quad -\frac{1}{2} < K < 1$$

gilt.

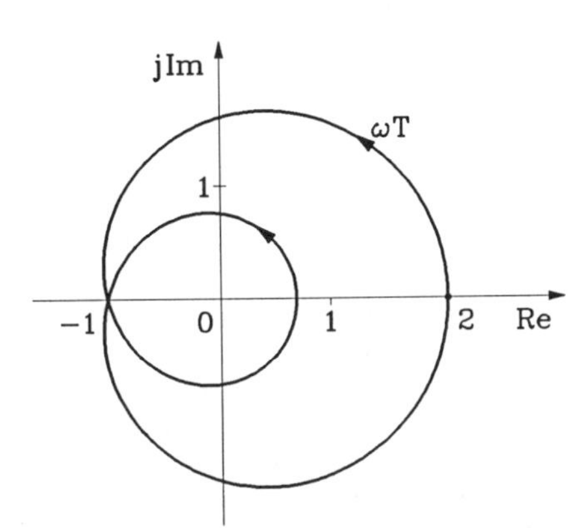


Bild 6.12: Ortskurvenverlauf $F_1(\mathrm{e}^{\mathrm{j}\omega T})$ für das Beispiel

Wie bereits im Kapitel V, Abschnitt 4.1 erwähnt wurde, kann die Nyquist-Ortskurve nicht nur zur Stabilitätsprüfung verwendet werden, sondern im Fall der Stabilität auch zur Beurteilung des Stabilitätsgrades. Dazu verwendet man häufig graphische Darstellungen des Betrags und der Phase (Winkelfunktion) von $F_1(\mathrm{e}^{\mathrm{j}\omega T})F_2(\mathrm{e}^{\mathrm{j}\omega T})$ in Abhängigkeit von $\omega$. Der Betrag wird dabei meistens durch die Dämpfung

$$\alpha(\omega) := -20\lg |F_1(\mathrm{e}^{\mathrm{j}\omega T})F_2(\mathrm{e}^{\mathrm{j}\omega T})|$$

in dB beschrieben (lg bedeutet den Logarithmus zur Basis 10). Man kann die Dämpfung $\alpha(\omega)$ und die Phase $\Phi(\omega)$ auch in *einem* Diagramm zusammenfassen, das die wesentliche Information über den Stabilitätsgrad enthält und die Punkte mit der Abszisse $\Phi(\omega)$ und Ordinate $\alpha(\omega)$ für jeweils gleiches $\omega$ repräsentiert. Dabei ist die Abhängigkeit vom Parameter $\omega$ in der Regel uninteressant. Einzelheiten der Vorgehensweise sollen anhand des nachfolgenden Beispiels erläutert werden. Ganz entsprechend verfährt man übrigens auch bei der

Stabilitätsanalyse kontinuierlicher Systeme, wobei in den Diagrammen für $\alpha(\omega)$ und $\Phi(\omega)$ als Abszisse statt $\omega$ meistens lg $\omega$ verwendet wird.

*Beispiel:* Es sei

$$F_1(z)F_2(z) = \frac{16z}{5 - 8z + 6z^2} .$$

Hierfür wurde mit $z = e^{j\omega T}$ sowohl die Dämpfung $\alpha(\omega)$ als auch die Phase $\Phi(\omega)$ berechnet. Das Ergebnis ist

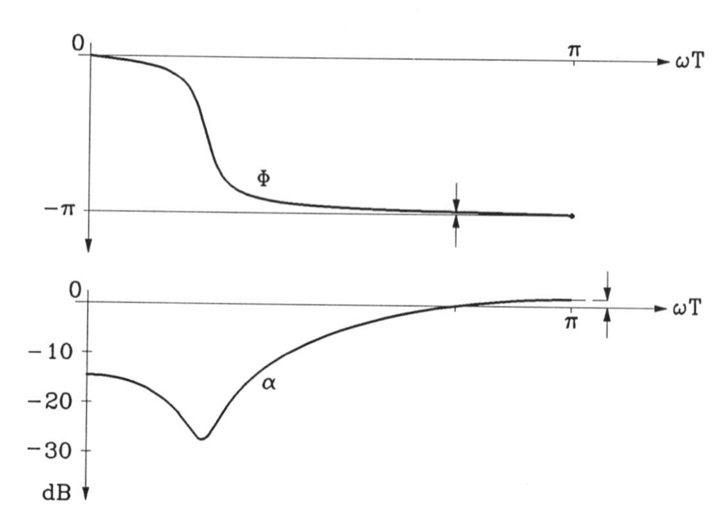


Bild 6.13: Dämpfungs- und Phasenverlauf für das Beispiel

im Bild 6.13 dargestellt. Wie man hieraus sieht, ist das System stabil, da der Punkt $-1$ nicht umlaufen wird. Dies folgt insbesondere daraus, daß für die (normierte) Frequenz $\omega T = \pi$, für welche die Phase $\Phi$ den Wert $-\pi$ erreicht, die Dämpfung $\alpha$ einen positiven Wert hat, d. h. $|F_1 \; F_2|$ kleiner als Eins ist. Der "Dämpfungsüberschuß" ist im Bild 6.13 angezeigt. Weiterhin zeigt das Bild die "Phasenreserve" bei der Frequenz, für welche $\alpha$ verschwindet, d. h. $|F_1 F_2| = 1$ ist. Die beiden Diagramme im Bild 6.13 können zu einer Kurvendarstellung zusammengefaßt werden, indem $\alpha$ in Abhängigkeit von $\Phi$ beschrieben wird. Dieses im Bild 6.14 gezeigte Diagramm enthält die für die Beurteilung der Qualität der Stabilität maßgebende Information, wobei die Abhängigkeit von $\omega T$ sekundäre Bedeutung hat.

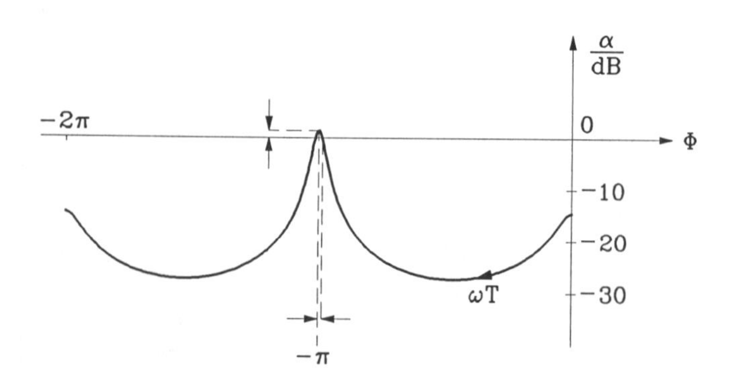


Bild 6.14: Dämpfungs-Phasen-Diagramm für das Beispiel

# VII. MEHRDIMENSIONALE DISKONTINUIERLICHE SIGNALE UND SYSTEME

Von einem mehrdimensionalen Signal spricht man, wenn das Signal eine Funktion von mehreren unabhängigen Variablen ist. Beispiele hierfür sind Bildsignale, die von zwei Ortskoordinaten und im Fall eines bewegten Bildes auch noch von der Zeit abhängen, oder geophysikalische Daten, die über ein bestimmtes Zeitintervall von verschiedenen örtlich verteilten Sensoren empfangen werden. Derartige Signale werden meistens ihrer Natur entsprechend mehrdimensional behandelt und mit Hilfe mehrdimensionaler Systeme verarbeitet. Hierauf wird im folgenden eingegangen, wobei mit Blick auf die Bedeutung für die Signalverarbeitung im wesentlichen nur diskontinuierliche Signale und Systeme betrachtet werden. Es erfolgt eine Beschränkung auf zweidimensionale Signale und Systeme. Die meisten Konzepte, die für den zweidimensionalen Fall beschrieben werden, lassen sich direkt auf höherdimensionale Signale und Systeme übertragen. Es wird sich immer wieder die große Ähnlichkeit zum eindimensionalen Fall zeigen. Man muß jedoch beachten, daß der Übergang vom eindimensionalen zum zweidimensionalen bzw. mehrdimensionalen Fall oft grundsätzlich neue Überlegungen und Verfahrensweisen erfordert. Ein wesentlicher Aspekt in diesem Zusammenhang ist, daß mehrdimensionale Polynome im Gegensatz zu eindimensionalen Polynomen im allgemeinen nicht in Elementarfaktorpolynome zerlegt werden können. (Der Hauptsatz der Algebra ist auf eindimensionale Polynome beschränkt.)

## 1. Zweidimensionale Signale

Unter einem zweidimensionalen diskontinuierlichen Signal $f$, auch zweidimensionale Folge oder zweidimensionales Feld genannt, versteht man eine Funktion in Abhängigkeit eines geordneten Wertepaares $(n_1, n_2)$, wobei $n_1$ und $n_2$ ganzzahlige Werte sind. Man schreibt gelegentlich für eine solche Funktion

$$f\,:\;(n_1, n_2) \longmapsto f[n_1, n_2]\;;\quad (n_1, n_2) \in \mathbb{Z}\times\mathbb{Z}\,.$$

Die Funktionswerte $f[n_1, n_2]$ können reell oder komplex sein. In der ingenieurwissenschaftlichen Literatur bezeichnet man mit $f[n_1, n_2]$ meistens die komplette Funktion. Es ist zweckmäßig, ein zweidimensionales Signal über der vollständigen Menge $\mathbb{Z}\times\mathbb{Z}$ zu definieren, selbst wenn es zunächst nur auf einer Teilmenge spezifiziert ist. In einem solchen Fall erklärt man die Funktionswerte außerhalb der Teilmenge zu Null. Man kann eine reelle zweidimensionale Funktion als Stabdiagramm über der $(n_1, n_2)$-Ebene nach Bild 7.1a oder der besseren Anschauung wegen durch Punkte auf einer Fläche über der $(n_1, n_2)$-Ebene im dreidimensionalen Raum geometrisch darstellen (Bild 7.1b). Die Wertepaare $(n_1, n_2)$ werden dabei durch diskrete Punkte in der $(n_1, n_2)$-Ebene dargestellt, die Achsen für die Koordinaten $n_1$ und $n_2$ stehen orthogonal zueinander.

Die beiden unabhängigen ganzzahligen Variablen $n_1$ und $n_2$ können unterschiedliche physikalische Bedeutung haben. Sie können eine Ortskoordinate, die Zeit, die Geschwindigkeit etc. bedeuten.

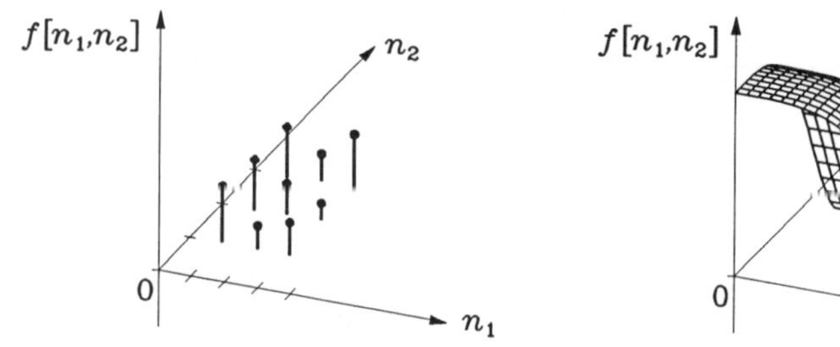


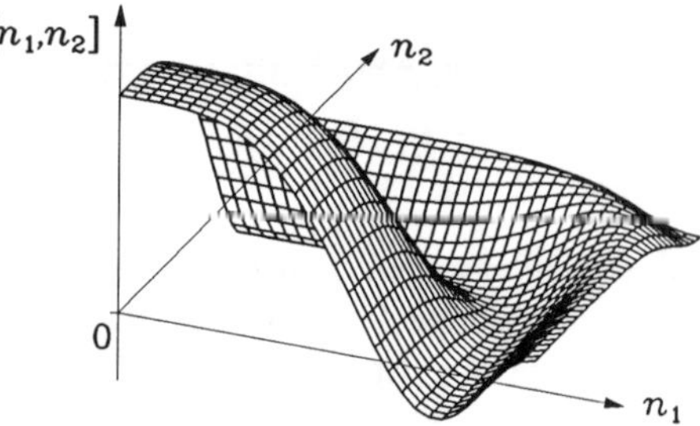


Bild 7.1: Darstellung zweidimensionaler Signale: (a) Stabdiagramm, (b) Fläche

## 1.1. STANDARDSIGNALE

In diesem Abschnitt werden einige Standardsignale eingeführt, die im weiteren von Wichtigkeit sind.

**(a) Die harmonische Exponentielle**

Dieses zweidimensionale Signal ist durch die Folge

$$f[n_1, n_2] := \mathrm{e}^{\mathrm{j}(\omega_1 n_1 + \omega_2 n_2)} = \mathrm{e}^{\mathrm{j}\omega_1 n_1}\,\mathrm{e}^{\mathrm{j}\omega_2 n_2} = \cos(\omega_1 n_1 + \omega_2 n_2) + \mathrm{j}\,\sin(\omega_1 n_1 + \omega_2 n_2) \quad (7.1)$$

erklärt. Sie hat ähnliche Bedeutung wie die eindimensionale harmonische Exponentielle und kann als Sonderfall der Exponentialfolge $a^{n_1} b^{n_2}$ für $a = \mathrm{e}^{\mathrm{j}\omega_1}$ und $b = \mathrm{e}^{\mathrm{j}\omega_2}$ betrachtet werden.

**(b) Die Sprungfunktion**

Unter der zweidimensionalen Sprungfunktion, auch Einheitssprung genannt, versteht man die Folge

$$s[n_1, n_2] := \begin{cases} 1 & \text{für } n_1 \geqq 0 \text{ und } n_2 \geqq 0\,, \\ 0 & \text{sonst}\,. \end{cases} \quad (7.2)$$

Man kann $s[n_1, n_2]$ mit Hilfe der eindimensionalen Sprungfunktion $s[n]$ in der Form $s[n_1]\,s[n_2]$ erzeugen. Im Bild 7.2 ist der Verlauf der zweidimensionalen Sprungfunktion gezeigt.

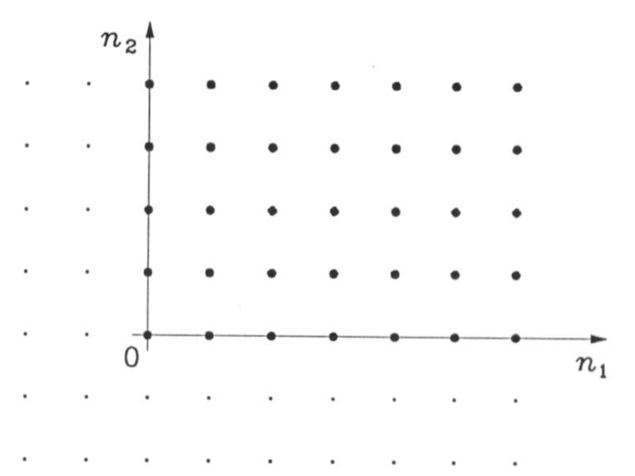


Bild 7.2: Graphische Veranschaulichung der zweidimensionalen Sprungfunktion $s[n_1, n_2]$. In allen durch einen kleinen Kreis (•) markierten Punkten des ersten Quadranten hat die Funktion den Wert 1, an den übrigen mit einem Punkt (·) gekennzeichneten Stellen den Wert Null

**(c) Die Impulsfunktion**

Die zweidimensionale Impulsfunktion, auch Einheitsimpuls genannt, wird durch die Folge

$$\delta[n_1, n_2] := \begin{cases} 1 & \text{für } n_1 = n_2 = 0, \\ 0 & \text{sonst} \end{cases} \tag{7.3}$$

erklärt. Man kann $\delta[n_1, n_2]$ mit Hilfe der eindimensionalen Impulsfunktion $\delta[n]$ als Produkt $\delta[n_1]\,\delta[n_2]$ erzeugen. Dabei wird $\delta[n_1]$ als eine zweidimensionale von der Variablen $n_2$ unabhängige Folge $\delta_1[n_1, n_2]$ und $\delta[n_2]$ als eine von der Variablen $n_1$ unabhängige Folge $\delta_2[n_1, n_2]$ aufgefaßt. Das Bild 7.3 zeigt die Signale $\delta_1[n_1, n_2]$, $\delta_2[n_1, n_2]$ und das Produktsignal $\delta[n_1, n_2] = \delta_1[n_1, n_2]\,\delta_2[n_1, n_2]$.

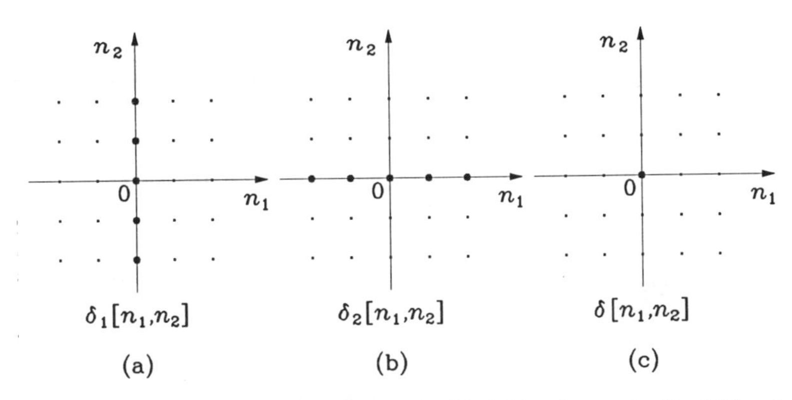


Bild 7.3: Graphische Veranschaulichung der Folgen $\delta_1[n_1, n_2] = \delta[n_1]$ (a) , $\delta_2[n_1, n_2] = \delta[n_2]$ (b) und $\delta[n_1, n_2]$ (c)

Im Abschnitt 1.3 wird gezeigt, wie sich allgemeine Signale $f[n_1, n_2]$ mit Hilfe der Sprungfunktion oder der Impulsfunktion darstellen lassen. Wie Signale mittels der harmonischen Exponentiellen oder der Exponentialfolge beschrieben werden können, wird im Zusammenhang mit der Fourier- bzw. Z-Transformation erklärt.

## 1.2. WEITERE SPEZIELLE SIGNALE

Ein zweidimensionales Signal, das sich als Produkt von zwei eindimensionalen Signalen, d. h. in der Form

$$f[n_1, n_2] = f_1[n_1]\, f_2[n_2] \tag{7.4}$$

ausdrücken läßt, heißt *separabel.* Beispiele dafür sind die im Abschnitt 1.1 eingeführten Standardsignale. Im Abschnitt 1.3 wird gezeigt, daß jedes Signal als im allgemeinen unendliche Summe von separablen Signalen geschrieben werden kann.

Von besonderer Bedeutung sind zweidimensionale Signale, die überall außerhalb eines endlichen zweidimensionalen Gebiets verschwinden. Man spricht dabei von Signalen endlicher Ausdehnung. Als Beispiel eines solchen Signals sei die Folge

$$p_{N_1,N_2}[n_1,n_2] = s[n_1+N_1,n_2+N_2] + s[n_1-N_1-1,n_2-N_2-1]$$
$$- s[n_1+N_1,n_2-N_2-1] - s[n_1-N_1-1,n_2+N_2] \qquad (7.5)$$

mit positiven ganzzahligen Konstanten $N_1, N_2$ genannt. Es handelt sich um ein Signal, dessen Werte im Rechteckintervall

$$R_{N_1,N_2} = \{(n_1,n_2); -N_1 \leqq n_1 \leqq N_1, -N_2 \leqq n_2 \leqq N_2\}$$

gleich Eins und überall sonst gleich Null sind. Es ist im Bild 7.4 veranschaulicht.

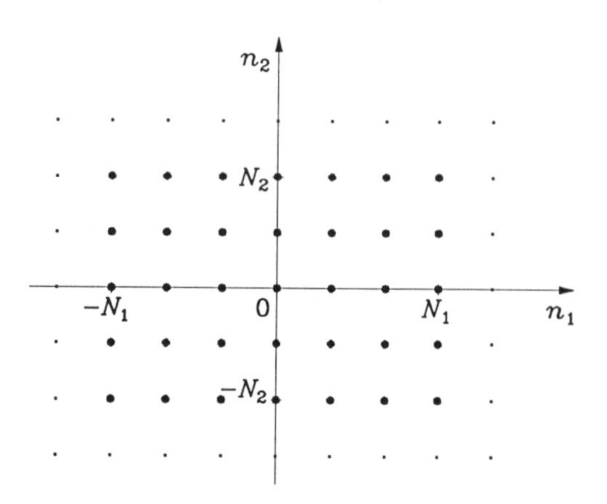


Bild 7.4: Graphische Veranschaulichung des Signals $p_{N_1,N_2}[n_1,n_2]$ nach Gl. (7.5) mit $N_1 = 3, N_2 = 2$

Existieren zu einem zweidimensionalen Signal $f[n_1,n_2]$ zwei linear unabhängige Vektoren mit ganzzahligen Komponenten

$$\boldsymbol{N}_1 = \begin{bmatrix} N_{11} \\ N_{21} \end{bmatrix} \quad \text{und} \quad \boldsymbol{N}_2 = \begin{bmatrix} N_{12} \\ N_{22} \end{bmatrix}, \qquad (7.6)$$

so daß

$$f[n_1+N_{11}, n_2+N_{21}] = f[n_1,n_2] \qquad (7.7a)$$

und

$$f[n_1+N_{12}, n_2+N_{22}] = f[n_1,n_2] \qquad (7.7b)$$

gilt, so heißt $f[n_1,n_2]$ *periodisch.* Betrachtet man $\boldsymbol{N}_1$ und $\boldsymbol{N}_2$ als Vektoren in der $(n_1,n_2)$-Ebene, dann repräsentiert das vom Ursprung aus durch diese Vektoren aufgespannte Parallelogrammgebiet eine sogenannte Periode des Signals. Alle Signalwerte in Punkten $(n_1,n_2)$ außerhalb dieses Parallelogramms sind durch die Werte, welche im Parallelogrammgebiet spezifiziert sind, gegeben. Ein häufig auftretender Sonderfall ist $N_{21} = N_{12} = 0$. Dann wird durch die Vektoren $\boldsymbol{N}_1$ und $\boldsymbol{N}_2$ ein Rechteckgebiet aufgespannt. Im Bild 7.5 ist dieser Sonderfall durch ein Beispiel erläutert.

Es sei noch bemerkt, daß zweidimensionale Signale in gleicher Weise wie eindimensionale Signale durch Addition, Multiplikation oder Verschiebung miteinander verknüpft werden können. Hiervon wird im folgenden Gebrauch gemacht.

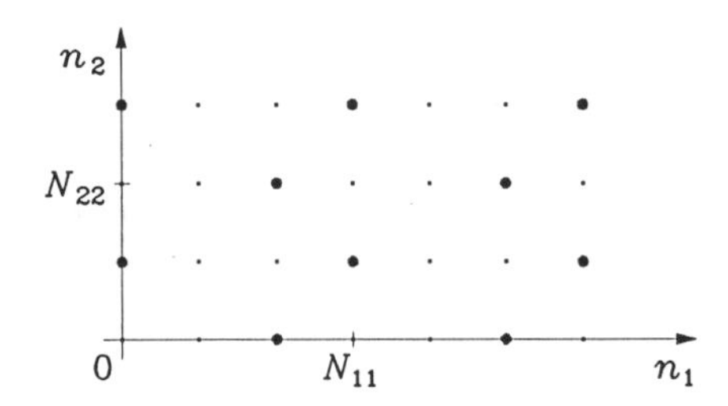


Bild 7.5: Beispiel einer periodischen Funktion mit $N_{11} = 3, N_{21} = 0, N_{12} = 0, N_{22} = 2$

## 1.3. DARSTELLUNG ALLGEMEINER SIGNALE MITTELS SPRUNG- ODER IMPULSFUNKTION

Betrachtet man irgendein zweidimensionales Signal $f[n_1, n_2]$, das für $n_1 \to -\infty$ und jedes $n_2 \in \mathbb{Z}$, für $n_2 \to -\infty$ und jedes $n_1 \in \mathbb{Z}$ sowie für $n_1 \to -\infty$ und $n_2 \to -\infty$ verschwindet, so besteht die Darstellung

$$f[n_1, n_2] = \sum_{\nu_1=-\infty}^{\infty} \sum_{\nu_2=-\infty}^{\infty} (f[\nu_1, \nu_2] + f[\nu_1 - 1, \nu_2 - 1]$$

$$- f[\nu_1, \nu_2 - 1] - f[\nu_1 - 1, \nu_2]) s[n_1 - \nu_1, n_2 - \nu_2] \,. \qquad (7.8)$$

Dies ergibt sich, wenn man $f[n_1, n_2]$ zunächst als Funktion von $n_1$ gemäß Gl. (1.28) darstellt und anschließend diese Darstellung als Funktion von $n_2$ nach Gl. (1.28) ausdrückt, wobei noch $s[n_1 - \nu_1] s[n_2 - \nu_2]$ durch $s[n_1 - \nu_1, n_2 - \nu_2]$ zu ersetzen ist.

Die zweidimensionale Impulsfunktion erlaubt, jede diskontinuierliche Funktion $f[n_1, n_2]$ in der Form

$$f[n_1, n_2] = \sum_{\nu_1=-\infty}^{\infty} \sum_{\nu_2=-\infty}^{\infty} f[\nu_1, \nu_2] \delta[n_1 - \nu_1, n_2 - \nu_2] \qquad (7.9)$$

auszudrücken. Ersetzt man $\delta[n_1 - \nu_1, n_2 - \nu_2]$ durch $\delta[n_1 - \nu_1] \delta[n_2 - \nu_2]$ und führt als Abkürzungen

$$g_{\nu_1}[n_1] = \delta[n_1 - \nu_1]$$

und

$$f_{\nu_1}[n_2] = \sum_{\nu_2=-\infty}^{\infty} f[\nu_1, \nu_2] \delta[n_2 - \nu_2] = f[\nu_1, n_2]$$

ein, so kann auch

$$f[n_1, n_2] = \sum_{\nu_1=-\infty}^{\infty} g_{\nu_1}[n_1] f_{\nu_1}[n_2] \qquad (7.10)$$

geschrieben werden. Dies zeigt, wie sich jedes Signal $f[n_1, n_2]$ als unendliche Summe separabler Signale schreiben läßt.

## 2. Zweidimensionale Systeme

Das zweidimensionale diskontinuierliche System wird in Analogie zum eindimensionalen System eingeführt. Bei den mit dem Konzept des Systems verbundenen Signalen unterscheidet man die Gruppe der $m$ Eingangssignale und die der $r$ Ausgangssignale. Da bereits für $m = r = 1$ das Wesentliche erklärt werden kann und die Erweiterung auf Systeme mit mehreren Eingängen und Ausgängen naheliegend ist, beziehen sich die folgenden Definitionen und die meisten späteren Betrachtungen auf den Fall $m = r = 1$. Das Eingangssignal wird mit $x[n_1, n_2]$, das Ausgangssignal mit $y[n_1, n_2]$ bezeichnet. Dann wird das System durch eine Verknüpfung zwischen $x[n_1, n_2]$ und $y[n_1, n_2]$ in Form einer Operatorbeziehung

$$y[n_1, n_2] = T[x[n_1, n_2]] \tag{7.11}$$

eingeführt. Jedem Eingangssignal wird damit ein bestimmtes Ausgangssignal zugeordnet. Die im Kapitel I an entsprechender Stelle gemachten Bemerkungen über diese Verknüpfung bei eindimensionalen Systemen sind direkt zu übertragen. Bild 7.6 soll zur Veranschaulichung der Gl. (7.11) dienen.

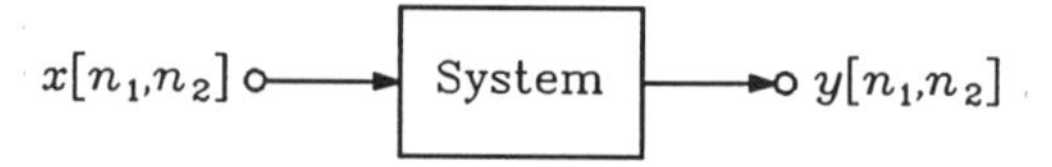


Bild 7.6: Schematische Darstellung des zweidimensionalen Systems

### 2.1. SYSTEMEIGENSCHAFTEN

Es werden nun verschiedene Systemeigenschaften eingeführt, die im weiteren verwendet werden. Dabei wird in Analogie zu den eindimensionalen Systemen verfahren.

Man betrachtet zwei beliebige Eingangssignale $x_1[n_1, n_2]$ und $x_2[n_1, n_2]$, die am Ausgang eines Systems die Reaktionen $y_1[n_1, n_2]$ bzw. $y_2[n_1, n_2]$ hervorrufen. Wird als Erregung irgendeine Linearkombination $k_1 x_1[n_1, n_2] + k_2 x_2[n_1, n_2]$ der Signale $x_1[n_1, n_2]$ und $x_2[n_1, n_2]$ gewählt und antwortet das betrachtete System stets mit der Linearkombination $k_1 y_1[n_1, n_2] + k_2 y_2[n_1, n_2]$, so heißt das System *linear*. Andernfalls spricht man von einem nichtlinearen System. Ein lineares System antwortet auf das Nullsignal $x[n_1, n_2] \equiv 0$ stets mit dem Nullsignal $y[n_1, n_2] \equiv 0$. Wie im eindimensionalen Fall wird bei einem linearen zweidimensionalen System vorausgesetzt, daß jeder Nullfolge von Eingangssignalen $\{x[n_1, n_2]\} \to 0$ eine Nullfolge $\{y[n_1, n_2]\} \to 0$ der entsprechenden Ausgangssignale zugeordnet ist. Dadurch wird es möglich, die durch die Linearität gegebene Superpositionseigenschaft auf die Überlagerung unendlich vieler Signale zu erweitern.

Es wird irgendein Eingangssignal $x[n_1, n_2]$ betrachtet, das am Ausgang eines Systems das Signal $y[n_1, n_2]$ hervorruft. Nun wählt man mit beliebigen festen Werten $m_1, m_2 \in \mathbb{Z}$ die Folge $x[n_1 - m_1, n_2 - m_2]$ als Eingangssignal. Reagiert das betrachtete System stets mit dem Signal $y[n_1 - m_1, n_2 - m_2]$, so heißt das System *verschiebungsinvariant*. Andernfalls spricht man von einem verschiebungsvarianten System.

Falls ein System auf zwei beliebige Eingangssignale $x_1[n_1, n_2]$ und $x_2[n_1, n_2]$ mit der Eigenschaft

$$x_1[n_1, n_2] \equiv x_2[n_1, n_2] \quad \text{für} \quad n_1 \leqq N_1 \quad \text{und} \quad n_2 \leqq N_2$$

bei willkürlichen $(N_1, N_2)$ stets mit Ausgangssignalen $y_1[n_1, n_2]$ bzw. $y_2[n_1, n_2]$ antwortet, für die gilt

$$y_1[n_1, n_2] \equiv y_2[n_1, n_2] \quad \text{für} \quad n_1 \leqq N_1 \quad \text{und} \quad n_2 \leqq N_2 ,$$

so heißt das System *kausal*. Gilt diese Eigenschaft nur für eine der Variablen $n_1, n_2$, dann spricht man von Semikausalität. Die Gedächtnislosigkeit wird in ganz entsprechender Weise wie bei eindimensionalen Systemen definiert.

Ein zweidimensionales System heißt (Eingang-Ausgang-) *stabil*, wenn es auf jede beschränkte Eingangsfolge $x[n_1, n_2]$ mit einer ebenfalls beschränkten Ausgangsfolge $y[n_1, n_2]$ reagiert, d. h., wenn aus der für alle $(n_1, n_2)$ bestehenden Bedingung $|x[n_1, n_2]| \leqq S_1 < \infty$ stets $|y[n_1, n_2]| \leqq S_2 < \infty$ für alle $(n_1, n_2)$ folgt. Man spricht hier auch von BIBO-Stabilität ("*b*ounded-*i*nput *b*ounded-*o*utput"-Stabilität).

Man nennt ein System *reell*, wenn jedes reelle Eingangssignal ein reelles Ausgangssignal bewirkt.

Es sei

$$x[n_1, n_2] = x_1[n_1] x_2[n_2] \tag{7.12a}$$

ein beliebiges separables Eingangssignal eines Systems. Gilt für das zugehörige Ausgangssignal stets

$$y[n_1, n_2] = y_1[n_1] y_2[n_2] , \tag{7.12b}$$

so spricht man von einem *separierbaren* System.

## 2.2. SYSTEMCHARAKTERISIERUNG DURCH DIE IMPULSANTWORT

Wie im eindimensionalen Fall empfiehlt es sich, zur Kennzeichnung des Eingang-Ausgang-Verhaltens linearer zweidimensionaler Systeme die *Impulsantwort*

$$h[n_1, n_2; \nu_1, \nu_2] = T[\delta[n_1 - \nu_1, n_2 - \nu_2]] \tag{7.13}$$

einzuführen, d. h. die Systemreaktion auf die Eingangsfolge $\delta[n_1 - \nu_1, n_2 - \nu_2]$. Schreibt man nun das Eingangssignal $x[n_1, n_2]$ eines linearen Systems in der Form von Gl. (7.9) und unterwirft diese Darstellung der T-Operation, dann erhält man mit Gl. (7.13) für die Ausgangsfolge

$$y[n_1, n_2] = \sum_{\nu_1 = -\infty}^{\infty} \sum_{\nu_2 = -\infty}^{\infty} x[\nu_1, \nu_2] h[n_1, n_2; \nu_1, \nu_2] . \tag{7.14}$$

Neben der Linearität wird jetzt noch die Verschiebungsinvarianz vorausgesetzt. Damit kann Gl. (7.13) in der Form

$$h[n_1 - \nu_1, n_2 - \nu_2] := h[n_1 - \nu_1, n_2 - \nu_2; 0, 0] \tag{7.15}$$

geschrieben werden. Die Impulsantwort eines linearen, verschiebungsinvarianten zweidimensionalen Systems ist also nur von den Differenzen $n_1 - \nu_1$ und $n_2 - \nu_2$ abhängig. Berücksichtigt man Gl. (7.15) in Gl. (7.14), so erhält man als Verknüpfung zwischen Eingangs- und Ausgangsfolge eines linearen, verschiebungsinvarianten zweidimensionalen Systems die zweidimensionale Faltungssumme

$$y[n_1, n_2] = \sum_{\nu_1=-\infty}^{\infty} \sum_{\nu_2=-\infty}^{\infty} x[\nu_1, \nu_2] h[n_1 - \nu_1, n_2 - \nu_2] \ . \tag{7.16}$$

Das Ausgangssignal wird also als Superposition von mit dem Eingangssignal gewichteten, gegeneinander verschobenen Impulsantworten erzeugt. Wie man sieht, läßt sich das Eingang-Ausgang-Verhalten eines linearen, verschiebungsinvarianten zweidimensionalen Systems vollständig durch die Impulsantwort $h[n_1, n_2]$ charakterisieren.

Ersetzt man die Summationsvariablen $\nu_1$ und $\nu_2$ durch die Variablen $\mu_1 := n_1 - \nu_1$ bzw. $\mu_2 := n_2 - \nu_2$, so läßt sich die Gl. (7.16) in der Form

$$y[n_1, n_2] = \sum_{\mu_1=-\infty}^{\infty} \sum_{\mu_2=-\infty}^{\infty} h[\mu_1, \mu_2] x[n_1 - \mu_1, n_2 - \mu_2] \tag{7.17}$$

schreiben. Die Gln. (7.16) und (7.17) zeigen, daß die Faltung eine kommutative Operation ist. Als Kurzschreibweise für die Faltung wird ein Doppelstern (**) verwendet. Damit lauten die Gln. (7.16) und (7.17) kurz

$$y[n_1, n_2] = x[n_1, n_2] ** h[n_1, n_2] = h[n_1, n_2] ** x[n_1, n_2] \ . \tag{7.18}$$

Man kann sich die zweidimensionale Faltung nach Gl. (7.17) in der Weise veranschaulichen, daß man sich $h[\mu_1, \mu_2]$ über einer ersten $(\mu_1, \mu_2)$-Ebene und $x[n_1 - \mu_1, n_2 - \mu_2]$ bei fest gewähltem Wertepaar $(n_1, n_2)$ über einer zweiten $(\mu_1, \mu_2)$-Ebene denkt. Dabei läßt sich zunächst $x[-\mu_1, -\mu_2]$ durch Drehung von $x[\mu_1, \mu_2]$ um 180° bezüglich des Ursprungs der $(\mu_1, \mu_2)$-Ebene und dann $x[n_1 - \mu_1, n_2 - \mu_2]$ durch Translation des Signals $x[-\mu_1, -\mu_2]$ um $n_1$ in $\mu_1$-Richtung, um $n_2$ in $\mu_2$-Richtung erzeugen. Legt man beide Ebenen übereinander, so daß die Koordinatenachsen zur Deckung gelangen, und bildet in jedem Punkt $(\mu_1, \mu_2) \in \mathbb{Z} \times \mathbb{Z}$ das Produkt der beiden betrachteten Signale, so liefert die Summe aller dieser Produkte für das gewählte Wertepaar $(n_1, n_2)$ den Wert $y[n_1, n_2]$. Diese Operation kann für andere Wertepaare $(n_1, n_2)$ wiederholt werden, indem zuerst die beiden $(\mu_1, \mu_2)$-Ebenen entsprechend der veränderten Wahl von $n_1$ und $n_2$ gegeneinander verschoben werden. Es handelt sich hier einfach um die naheliegende zweidimensionale Erweiterung einer Vorgehensweise, die im Kapitel I auf eindimensionale Signale bereits angewendet wurde.

Man kann leicht zeigen, daß die zweidimensionale Faltung wie die eindimensionale Faltung nicht nur, wie bereits bewiesen, kommutativ, sondern auch assoziativ und distributiv (bezüglich der Addition) ist. Zwei lineare, verschiebungsinvariante Systeme mit den Impulsantworten $h_1[n_1, n_2]$ und $h_2[n_1, n_2]$ liefern in *Kettenverbindung* ein Gesamtsystem mit der Impulsantwort

$$h[n_1, n_2] = h_1[n_1, n_2] ** h_2[n_1, n_2] \tag{7.19}$$

und in *Parallelverbindung* ein Gesamtsystem mit der Impulsantwort

$$h[n_1, n_2] = h_1[n_1, n_2] + h_2[n_1, n_2] \ . \tag{7.20}$$

Bei der Kettenverbindung (auch Kaskadenschaltung genannt), die dadurch gekennzeichnet ist, daß der Ausgang des einen Systems mit dem Eingang des anderen Systems verbunden sein muß, ist angesichts der Kommutativität der Faltung die Reihenfolge der beiden Systeme ohne Einfluß auf die Impulsantwort des Gesamtsystems. Die Parallelverbindung ist wie bei eindimensionalen Systemen dadurch gekennzeichnet, daß beiden Systemen dasselbe Eingangssignal zugeführt wird und die beiden Ausgangssignale der Teilsysteme zur Ausgangsfolge des Gesamtsystems addiert werden.

Die Impulsantwort $h[n_1, n_2]$ eines linearen, verschiebungsinvarianten Systems kann auch zur Stabilitätsprüfung herangezogen werden. Stabilität eines linearen, verschiebungsinvarianten Systems im oben eingeführten Sinn ist genau dann gegeben, wenn die Impulsantwort $h[n_1, n_2]$ absolut summierbar ist, d. h. wenn

$$\sum_{n_1=-\infty}^{\infty} \sum_{n_2=-\infty}^{\infty} |h[n_1, n_2]| = S < \infty \tag{7.21}$$

gilt. Der Beweis kann wie im Kapitel I für den eindimensionalen Fall geführt werden.

Die Kausalität hat für zweidimensionale Systeme andere Bedeutung als für eindimensionale Systeme, da die unabhängigen Variablen häufig nicht die Bedeutung eines Zeitparameters haben. In Analogie zum eindimensionalen Fall ist ein zweidimensionales System kausal, wenn seine Impulsantwort außerhalb des ersten Quadranten verschwindet. Dann ist der abgeschlossene erste Quadrant der $(n_1, n_2)$-Ebene ein sogenannter *Träger* der Impulsantwort. Allgemein versteht man unter dem Träger einer zweidimensionalen Funktion ein Gebiet in der $(n_1, n_2)$-Ebene, außerhalb dem die Funktion identisch verschwindet. Ein Träger braucht nicht ganz im Endlichen zu liegen. Eine wichtige Klasse von Systemen ist dadurch gekennzeichnet, daß ein abgeschlossenes Keilgebiet gemäß Bild 7.7 mit einem Öffnungswinkel, der zwischen 0° und 180° liegt, Träger der Impulsantwort ist. Die Richtungen der geradlinigen Begrenzungen des Keilgebiets werden durch zwei linear unabhängige Vektoren

$$\boldsymbol{n}_1 = [n_{11}, n_{21}]^{\mathrm{T}} \quad \text{und} \quad \boldsymbol{n}_2 = [n_{12}, n_{22}]^{\mathrm{T}} \tag{7.22a,b}$$

mit ganzzahligen Komponenten beschrieben. Diese Vektoren mögen kleinstmögliche Länge haben. Nun kann die $(n_1, n_2)$-Ebene gemäß

$$\begin{bmatrix} m_1 \\ m_2 \end{bmatrix} = \pm \begin{bmatrix} n_{22} & -n_{12} \\ -n_{21} & n_{11} \end{bmatrix} \begin{bmatrix} n_1 \\ n_2 \end{bmatrix} \tag{7.23}$$

in eine $(m_1, m_2)$-Ebene abgebildet werden. Man kann sich leicht davon überzeugen, daß die

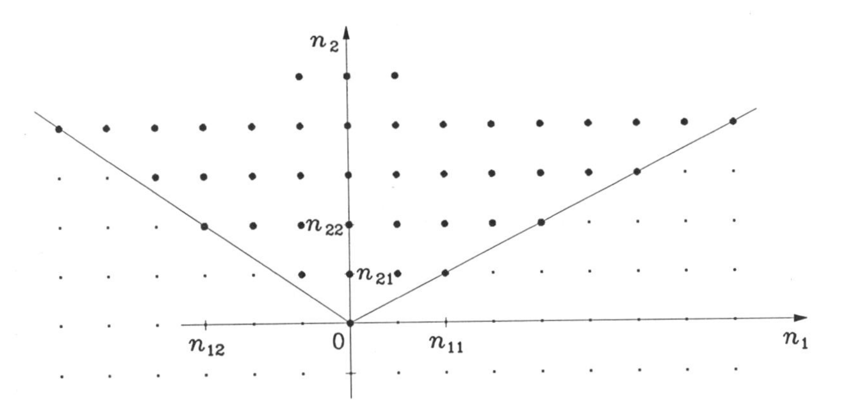


Bild 7.7: Keilförmiger Träger mit $\Delta = 7$

Vektoren $\boldsymbol{n}_1$ und $\boldsymbol{n}_2$ in die Vektoren

$$\boldsymbol{m}_1 = [\pm\Delta, 0]^{\mathrm{T}} \quad \text{bzw.} \quad \boldsymbol{m}_2 = [0, \pm\Delta]^{\mathrm{T}}$$

mit $\Delta = n_{11}n_{22} - n_{12}n_{21} \neq 0$ der $(m_1, m_2)$-Ebene transformiert werden. Durch geeignete Wahl des Vorzeichens $(\pm)$ in Gl. (7.23) läßt sich stets erreichen, daß die Komponenten beider Vektoren $\boldsymbol{m}_1$ und $\boldsymbol{m}_2$ gleichzeitig entweder nichtnegativ oder nichtpositiv werden. Im einen Fall wird der Träger in den ersten Quadranten der $(m_1, m_2)$-Ebene, im zweiten Fall in den dritten Quadranten abgebildet. In allen Punkten $(m_1, m_2)$, denen keine Trägerpunkte $(n_1, n_2)$ entsprechen, werden die Signalwerte zu Null erklärt.

Abschließend sei noch auf die Besonderheit eines separierbaren linearen und verschiebungsinvarianten Systems hingewiesen. Wählt man in Gl. (7.12a) speziell $x_1[n_1] = \delta[n_1]$ und $x_2[n_2] = \delta[n_2]$, so erhält man gemäß Gl. (7.12b) für die Impulsantwort

$$h[n_1, n_2] = h_1[n_1]h_2[n_2] \,, \tag{7.24}$$

d. h. eine separierbare Funktion. Führt man die Gl. (7.24) in die Gl. (7.17) ein, so ergibt sich

$$y[n_1, n_2] = \sum_{\mu_1=-\infty}^{\infty} h_1[\mu_1]g[n_1 - \mu_1, n_2] \tag{7.25}$$

mit

$$g[n_1, n_2] := \sum_{\mu_2=-\infty}^{\infty} h_2[\mu_2]x[n_1, n_2 - \mu_2] \,. \tag{7.26}$$

Wie man sieht, kann das Signal $g[n_1, n_2]$ für jedes feste $n_1$, aber bei variablem $n_2$ durch eindimensionale Faltung zwischen der Folge $x[n_1, n_2]$ und $h_2[n_2]$ erzeugt werden. Danach erhält man das Signal $y[n_1, n_2]$ für jedes feste $n_2$, aber bei variablem $n_1$ durch eindimensionale Faltung von $g[n_1, n_2]$ und $h_1[n_1]$. Man kann stattdessen auch zuerst $x[n_1, n_2]$ bei festem $n_2$ mit $h_1[n_1]$ falten und das so entstehende Signal bei festem $n_1$ mit $h_2[n_2]$ falten, um $y[n_1, n_2]$ zu generieren. Interessant ist jedenfalls, daß $y[n_1, n_2]$ im vorliegenden Fall allein durch eindimensionale Faltungen gewonnen werden kann.

## 2.3. SYSTEMBESCHREIBUNG MITTELS DIFFERENZENGLEICHUNG

Das Eingang-Ausgang-Verhalten eines linearen, verschiebungsinvarianten Systems läßt sich häufig durch eine Differenzengleichung endlicher Ordnung

$$\sum_{\nu_1=-M_1}^{N_1} \sum_{\nu_2=-M_2}^{N_2} \beta_{\nu_1\nu_2} y[n_1 - \nu_1, n_2 - \nu_2] = \sum_{\nu_1=-K_1}^{L_1} \sum_{\nu_2=-K_2}^{L_2} \alpha_{\nu_1\nu_2} x[n_1 - \nu_1, n_2 - \nu_2] \tag{7.27}$$

ausdrücken bei in der Regel vorgegebenen Anfangswerten. Derartige Systeme heißen *Digitalfilter.* Nur solche Systeme werden hier betrachtet, und es wird $\beta_{00} \neq 0$ vorausgesetzt. Durch Normierung kann stets dafür gesorgt werden, daß $\beta_{00} = 1$ ist, und Gl. (7.27) kann in der Form

$$y[n_1, n_2] = \sum_{\nu_1=-K_1}^{L_1} \sum_{\nu_2=-K_2}^{L_2} \alpha_{\nu_1\nu_2} x[n_1 - \nu_1, n_2 - \nu_2] - \sum_{\substack{\nu_1=-M_1 \\ (\nu_1,\nu_2)\neq(0,0)}}^{N_1} \sum_{\nu_2=-M_2}^{N_2} \beta_{\nu_1\nu_2} y[n_1 - \nu_1, n_2 - \nu_2] \tag{7.28}$$

geschrieben werden. Der Sonderfall $\beta_{\nu_1 \nu_2} \equiv 0$, falls $(\nu_1, \nu_2) \neq (0, 0)$ gilt, repräsentiert die Klasse der nichtrekursiven (FIR-) Filter.

Die Form der Differenzengleichung nach Gl. (7.28) ist dazu geeignet, den Wert $y[n_1, n_2]$ des Ausgangssignals zu berechnen, vorausgesetzt das Eingangssignal und die auf der rechten Seite der Gl. (7.28) auftretenden Werte des Ausgangssignals sind verfügbar. Wenn auf diese Weise alle Werte des Ausgangssignals eines Systems für beliebig vorgegebenes Eingangssignal gewonnen werden können, heißt das System *rekursiv berechenbar*. Ob ein System rekursiv berechenbar ist oder nicht, hängt wesentlich vom Koeffizientenfeld $\beta_{\nu_1 \nu_2}$, von der Lage der Anfangswerte für das Ausgangssignal und der Reihenfolge der Berechnung der Ausgangssignalwerte ab. Dies soll im folgenden näher besprochen werden.

Zunächst wird die Gl. (7.28) etwas umgeschrieben, und zwar in der Form

$$y[n_1, n_2] = \sum_{\mu_1 = n_1 - L_1}^{n_1 + K_1} \sum_{\mu_2 = n_2 - L_2}^{n_2 + K_2} \alpha_{n_1 - \mu_1, n_2 - \mu_2} x[\mu_1, \mu_2]$$

$$- \sum_{\substack{\kappa_1 = n_1 - N_1 \\ (\kappa_1, \kappa_2) \neq (n_1, n_2)}}^{n_1 + M_1} \sum_{\kappa_2 = n_2 - N_2}^{n_2 + M_2} \beta_{n_1 - \kappa_1, n_2 - \kappa_2} y[\kappa_1, \kappa_2] \,. \tag{7.29}$$

Aufgrund dieser Darstellung liegt es nahe, sich über einer $(\mu_1, \mu_2)$-Ebene das Eingangssignal $x[\mu_1, \mu_2]$ und über einer $(\kappa_1, \kappa_2)$-Ebene das Ausgangssignal $y[\kappa_1, \kappa_2]$ vorzustellen. Es werden die Fensterfunktionen

$$W_x[\mu_1, \mu_2] = \begin{cases} 1, & \text{falls } n_1 - L_1 \leqq \mu_1 \leqq n_1 + K_1 \\ & \text{und } n_2 - L_2 \leqq \mu_2 \leqq n_2 + K_2 \,, \\ 0 & \text{sonst} \end{cases} \tag{7.30a}$$

und

$$W_y[\kappa_1, \kappa_2] = \begin{cases} 1, & \text{falls } n_1 - N_1 \leqq \kappa_1 \leqq n_1 + M_1 \\ & \text{und } n_2 - N_2 \leqq \kappa_2 \leqq n_2 + M_2 \,, \\ & \text{aber } (\kappa_1, \kappa_2) \neq (n_1, n_2) \,, \\ 0 & \text{sonst} \end{cases} \tag{7.30b}$$

eingeführt. Das Fenster $W_x[\mu_1, \mu_2]$ wird nun auf die $(\mu_1, \mu_2)$-Ebene des Eingangssignals, das Fenster $W_y[\kappa_1, \kappa_2]$ auf die $(\kappa_1, \kappa_2)$-Ebene des Ausgangssignals gelegt. Dadurch erfolgt in der $(\mu_1, \mu_2)$-Ebene die Ausblendung eines Teils des Eingangssignals. Nun werden die ausgeblendeten Werte $x[\mu_1, \mu_2]$ mit $\alpha_{n_1 - \mu_1, n_2 - \mu_2}$ gewichtet. Sodann wird die Summe der gewichteten Werte des Eingangssignals gebildet, was der ersten Doppelsumme auf der rechten Seite der Gl. (7.29) entspricht. In analoger Weise läßt sich die zweite Doppelsumme auf der rechten Seite der Gl. (7.29) erzeugen, indem man in der $(\kappa_1, \kappa_2)$-Ebene einen Teil der Werte $y[\kappa_1, \kappa_2]$ mit $W_y[\kappa_1, \kappa_2]$ ausblendet, mit $\beta_{n_1 - \kappa_1, n_2 - \kappa_2}$ gewichtet und anschließend die Summe der gewichteten Werte des Ausgangssignals bildet. Die Differenz der beiden Doppelsummen liefert schließlich den Wert $y[n_1, n_2]$. Dies ist im Bild 7.8 schematisch angedeutet. Die Größe der beiden Fenster wird durch $K_1, K_2, L_1, L_2$ bzw. $M_1, M_2, N_1, N_2$ bestimmt; ihre genaue Position hängt von $(n_1, n_2)$ ab. Die Fenster heißen auch Eingangs- bzw. Ausgangsmaske. Mit variierenden Wertepaaren $(n_1, n_2)$ werden die zwei Masken über

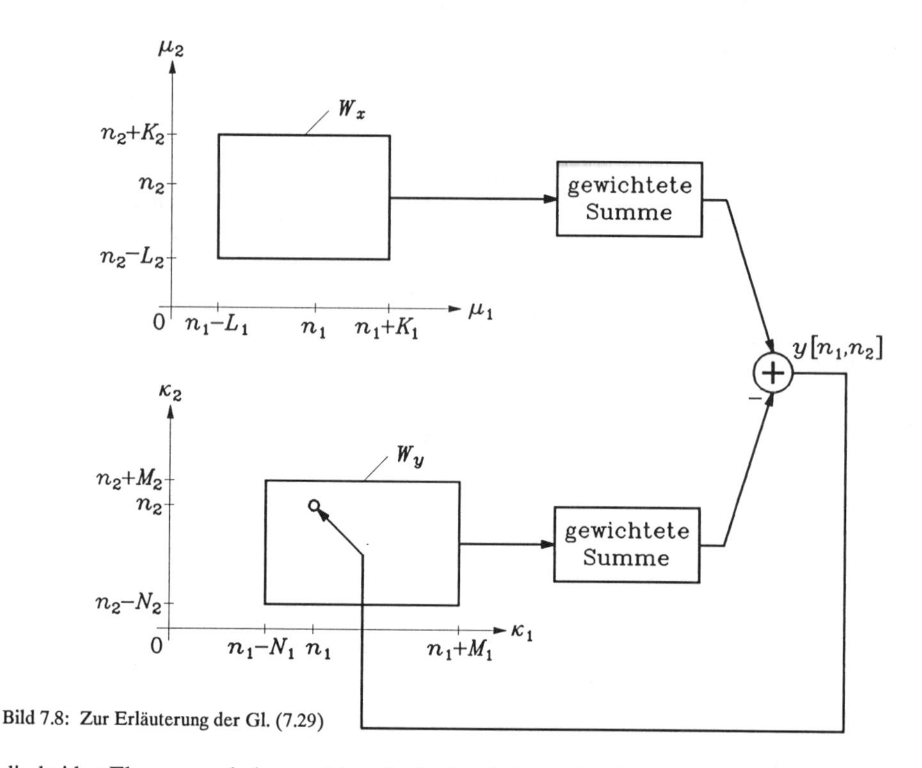


Bild 7.8: Zur Erläuterung der Gl. (7.29)

die beiden Ebenen geschoben und jeweils der beschriebene Rechenprozeß wiederholt. Ziel des Vorgangs ist es, die Gesamtheit aller Werte des Ausgangssignals $y[n_1, n_2]$ zu erzeugen. Eine Schwierigkeit entsteht dann, wenn die durch das Fenster $W_y[\kappa_1, \kappa_2]$ in der $(\kappa_1, \kappa_2)$-Ebene ausgeblendeten $y$-Werte nicht verfügbar sind. Dabei ist zu beachten, daß $y$-Werte nur entweder als spezifizierte Anfangswerte oder als Resultate vorausgegangener Berechnungen bereitstehen. Dabei spielt offenbar die Reihenfolge für die Wahl der Wertepaare $(n_1, n_2)$ zur Berechnung des Ausgangssignals eine entscheidende Rolle. Es kann vorkommen, daß infolge der Beschaffenheit der Ausgangsmaske eine rekursive Berechnung grundsätzlich unmöglich ist.

Als einfaches Beispiel für eine Ausgangsmaske sei $W_y[\kappa_1, \kappa_2]$ nach Gl. (7.30b) mit $M_1 = M_2 = 0$ genannt. Bild 7.9 zeigt diese Maske in der $(\kappa_1, \kappa_2)$-Ebene. Falls die Werte des Ausgangssignals $y[\kappa_1, \kappa_2]$ im Bereich, der im Bild 7.9 durch offene Kreise gekennzeichnet ist, gegeben sind, können die Werte von $y[n_1, n_2]$ berechnet werden, indem man beispielsweise zuerst $n_1 = 0, n_2 = 0, 1, 2, \ldots$ und dann $n_1 = 1, n_2 = 0, 1, 2, \ldots$ usw. wählt. Dabei wird die Ausgangsmaske Spalte für Spalte von unten nach oben bewegt und alle $y$-Werte nach und nach berechnet – beginnend mit der $\kappa_2$-Achse –, ohne daß jemals ein unbekannter $y$-Wert im Fenster erscheint. Die $y$-Werte können auch zeilenweise berechnet werden, indem man $n_2 = 0, n_1 = 0, 1, 2, \ldots$ und dann $n_2 = 1, n_1 = 0, 1, 2, \ldots$ usw. wählt. Das Fenster wird dabei Zeile für Zeile von links nach rechts bewegt, wobei die "Nord-Ost-Ecke" des Fensters zunächst entlang der nichtnegativen $\kappa_1$-Achse streicht. Die $y$-Werte können auch durch diagonale Bewegung des Fensters berechnet werden. Man kann sich leicht davon überzeugen, daß die Ausgangswerte unabhängig von der Art der Fensterbewegung sind.

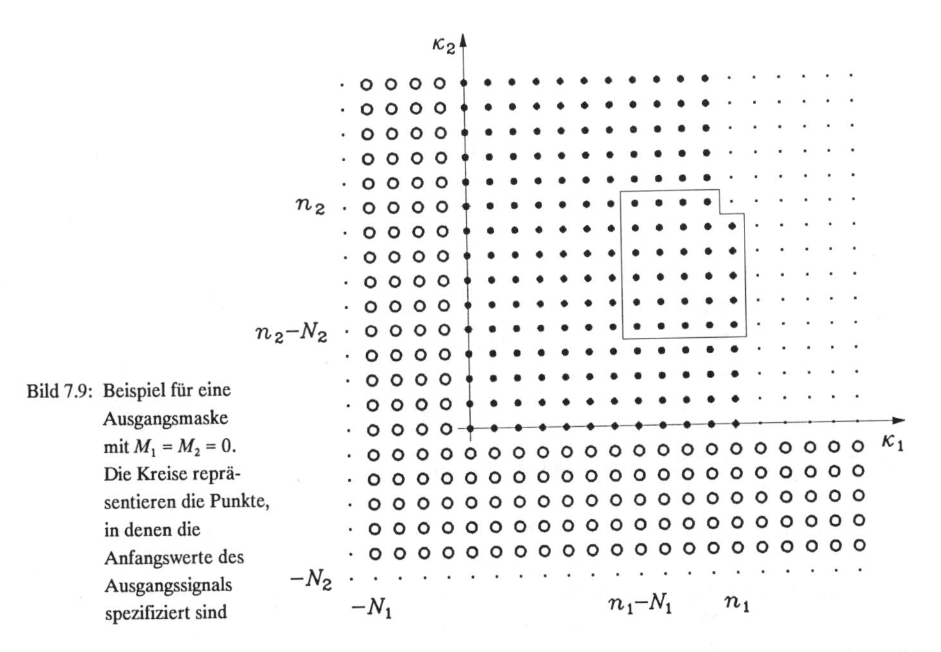


Bild 7.9: Beispiel für eine Ausgangsmaske mit $M_1 = M_2 = 0$. Die Kreise repräsentieren die Punkte, in denen die Anfangswerte des Ausgangssignals spezifiziert sind

Im folgenden seien zwei Ausgangsmasken gemäß Gl. (7.30b) genannt, die (für sinnvoll vorgegebene Anfangswerte) zu keinem rekursiv berechenbaren System gehören:

(i) $M_1 = 1, M_2 = 0, N_1 = 3, N_2 = 4$;
(ii) $M_1 = 2, M_2 = 1, N_1 = 3, N_2 = 4$.

Der Unterschied zwischen der im Bild 7.9 dargestellten Ausgangsmaske und den Masken (i), (ii) liegt darin, daß der Punkt $(n_1, n_2)$ die Maske nach Bild 7.9 an der Nord-Ost-Ecke zu einem vollständigen Rechteckbereich ergänzt, während dieser Punkt die beiden anderen Masken längs einer Kante zwischen zwei Ecken bzw. im Innern zu einem Rechteckbereich vervollständigt.

Eine zu einem rekursiv berechenbaren System gehörende Ausgangsmaske (Bild 7.10) ist

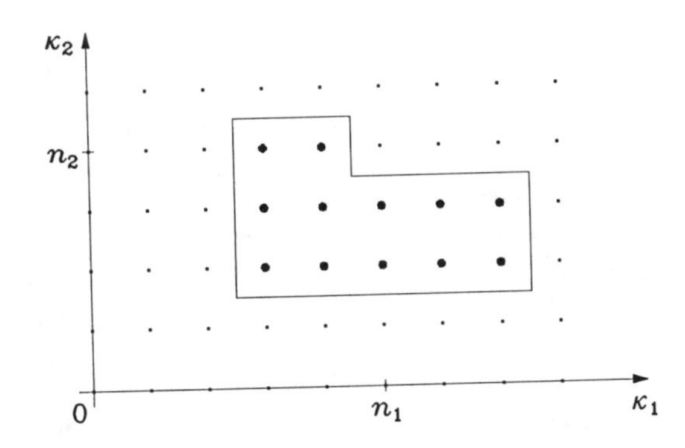


Bild 7.10: Beispiel für eine Ausgangsmaske mit $N_1 = N_2 = M_1 = 2$

$$W_y[\kappa_1,\kappa_2]=\begin{cases}1, & \text{falls} \quad n_1-N_1 \leqq \kappa_1 \leqq n_1+M_1 \quad \text{und} \\ & \qquad n_2-N_2 \leqq \kappa_2 \leqq n_2-1, \quad \text{oder} \\ & \qquad n_1-N_1 \leqq \kappa_1 \leqq n_1-1 \quad \text{und} \quad \kappa_2=n_2, \\ 0 & \text{sonst}\end{cases}$$

mit $N_1>1, M_1>0, N_2>1$. Bei entsprechender Wahl der Eingangsmaske ist ein Sektor in der $(n_1, n_2)$-Ebene (Keilgebiet), dessen Öffnungswinkel kleiner als 180° und durch $M_1$ bestimmt ist, Träger der Impulsantwort. Ein derartiges System heißt unsymmetrisches Halbebenenfilter. Anfangswerte sind in einem Streifen der $(\kappa_1, \kappa_2)$-Ebene unterhalb der Halbachse $\kappa_1 \geqq 0$, $\kappa_2=0$ und der Halbgeraden $\kappa_2=-(1/M_1)\kappa_1$, $\kappa_1<0$ mit der vertikalen Ausdehnung $N_2$ bzw. $N_2+N_1/M_1$ vorzuschreiben. Die Ausgangswerte $y[n_1, n_2]$ lassen sich zeilenweise zunächst für alle Punkte mit $n_2=0$, dann für alle Punkte mit $n_2=1$ usw. im Keilgebiet berechnen. Sie können aber auch dadurch ermittelt werden, daß man mit den Punkten auf der genannten Halbgeraden beginnt und dann auf den Parallelen zu dieser Halbgeraden fortfährt, wobei der Abstand dieser Parallelen zur Halbgeraden sukzessive zunimmt.

Falls durch die Differenzengleichung (7.29) ein lineares, verschiebungsinvariantes System beschrieben werden soll, sind die Anfangsbedingungen eingeschränkt. Wie bereits früher erwähnt, reagiert ein lineares System auf die Erregung Null mit der Nullfolge. Daher müssen alle Anfangswerte Null sein, damit die Linearität des Systems gewährleistet ist. Um auch die Verschiebungsinvarianz des Systems zu sichern, ist zu gewährleisten, daß die Anfangswerte des Systems parallel zum Eingangssignal mitverschoben werden. Dazu müssen überall außerhalb des Trägers $T_y$ des Ausgangssignals die Anfangswerte Null vorgeschrieben werden. Dabei bildet den Träger $T_y$ des Ausgangssignals die Gesamtheit aller Punkte $(n_1, n_2)$, auf denen das Ausgangssignal vom Eingangssignal $x[n_1, n_2]$ direkt oder indirekt beeinflußt wird. Zur Ermittlung von $T_y$ wird zweckmäßigerweise zunächst der Träger $T_h$ der Impulsantwort ermittelt, d. h. die Gesamtheit aller Punkte $(n_1, n_2)$, auf denen das Ausgangssignal vom speziell gewählten Eingangssignal $x[n_1, n_2]=\delta[n_1, n_2]$ beeinflußt wird. Schließlich wird $T_y$ aus $T_h$ und $x[n_1, n_2]$ aufgrund der Tatsache ermittelt, daß sich das Ausgangssignal durch Faltung aus der Impulsantwort und dem Eingangssignal ergibt.

Bei der Realisierung eines linearen, verschiebungsinvarianten rekursiven Systems kann zwischen verschiedenen Reihenfolgen für die Berechnung der Ausgangswerte gewählt werden. Im konkreten Fall muß eine bestimmte Reihenfolge festgelegt werden. Die verschiedenen Reihenfolgen unterscheiden sich gewöhnlich durch einen unterschiedlichen Bedarf an Speicherplätzen und die Möglichkeit, bestimmte Ausgangswerte gleichzeitig zu berechnen.

## 3. Signal- und Systembeschreibung im Bildbereich

Wie im eindimensionalen Fall hat es sich auch bei zwei- und mehrdimensionalen Systemen als zweckmäßig erwiesen, die Signale und Systemcharakteristiken nicht nur im Originalbereich, d. h. als Funktionen der Variablen $n_1$ und $n_2$ zu betrachten, sondern zusätzlich in einem Bildbereich. Als Bildbereiche kommen zunächst der Bereich der Z-Transformation und jener der Fourier-Transformation in Betracht. Für die praktische Handhabung der Fourier-Transformation spielt auch hier die diskrete Fourier-Transformation (DFT), insbesondere in der schnellen Version (FFT), eine besondere Rolle. Für die Behandlung spezieller Aufgaben hat sich die Verwendung des (komplexen) Cepstrums als recht vorteilhaft herausgestellt. Damit ist der Inhalt dieses Abschnitts angedeutet.

## 3.1. DIE ZWEIDIMENSIONALE Z-TRANSFORMATION

Einem zweidimensionalen Signal $f[n_1, n_2]$ wird seine Z-Transformierte

$$F(z_1, z_2) = \sum_{n_1=-\infty}^{\infty} \sum_{n_2=-\infty}^{\infty} f[n_1, n_2] z_1^{-n_1} z_2^{-n_2} \tag{7.31}$$

zugeordnet. Dabei bedeuten $z_1$ und $z_2$ komplexwertige Variablen. Das offene Gebiet aller Wertepaare $(z_1, z_2)$, für welche die Z-Transformierte konvergiert, bildet in der $(z_1, z_2)$-Hyperebene das sogenannte Konvergenzgebiet von $F(z_1, z_2)$. Innerhalb dieses Gebiets ist $F(z_1, z_2)$ bezüglich $z_1$ und $z_2$ eine analytische Funktion, und es gilt dort

$$\sum_{n_1=-\infty}^{\infty} \sum_{n_2=-\infty}^{\infty} |f[n_1, n_2]| \; |z_1|^{-n_1} \; |z_2|^{-n_2} < \infty \, . \tag{7.32}$$

Diese Bedingung sichert die Existenz von $F(z_1, z_2)$. Aus der Ungleichung (7.32) geht folgendes hervor: Ist das Wertepaar $(z_1, z_2) = (z_{10}, z_{20})$ im Konvergenzgebiet enthalten, so gehören alle Wertepaare $(z_1, z_2)$ mit $|z_1| = |z_{10}|$, $|z_2| = |z_{20}|$ zum Konvergenzgebiet. Das Konvergenzgebiet kann daher allein in Abhängigkeit von den Beträgen $|z_1|$ und $|z_2|$ in einem zweidimensionalen Koordinatensystem beschrieben werden. Dies soll durch die Skizze im Bild 7.11 angedeutet werden. Alle Wertepaare $(z_1, z_2)$, deren Beträge im schraffierten Gebiet liegen, bilden das Konvergenzgebiet.

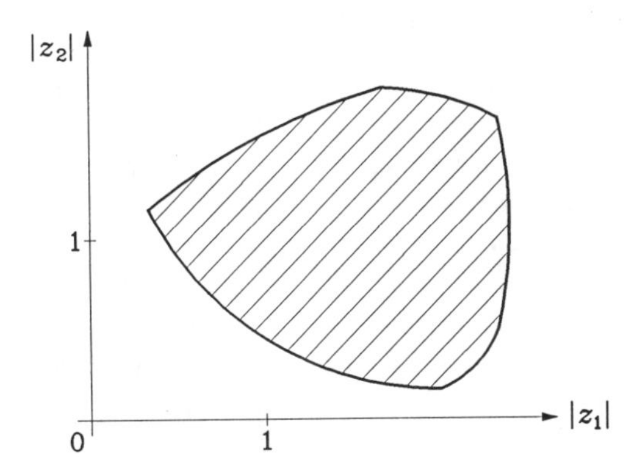


Bild 7.11: Graphische Darstellung des Konvergenzgebiets einer zweidimensionalen Z-Transformierten

Die Z-Transformierte eines zweidimensionalen Signals, dessen Träger endliche Ausdehnung hat, besteht nach Gl. (7.31) aus endlich vielen Summanden. Sie konvergiert für alle endlichen Werte von $z_1$ und $z_2$, möglicherweise mit Ausnahme von $z_1 = 0$ oder $z_2 = 0$.

Falls der Träger eines Signals $f[n_1, n_2]$ nur den ersten Quadranten der $(n_1, n_2)$-Ebene umfaßt – man spricht dann von einem kausalen Signal –, brauchen die Summen in Gl. (7.31) erst von $n_1 = 0$ bzw. $n_2 = 0$ an geführt zu werden. Dies bedeutet folgendes: Liegt $(z_{10}, z_{20})$ im Konvergenzgebiet, so gehören alle Punkte $(z_1, z_2)$ mit $|z_1| \geqq |z_{10}|$ und

$|z_2| \geqq |z_{20}|$ zum Konvergenzgebiet. Ist der zweite, dritte oder vierte Quadrant Träger eines Signals $f[n_1, n_2]$, so können ähnliche Besonderheiten für das Konvergenzgebiet von $F(z_1, z_2)$ festgestellt werden.

Im Fall, daß der Träger eines Signals $f[n_1, n_2]$ ein Keilgebiet ist, können die Summationsvariablen $n_1$ und $n_2$ in Gl. (7.31) gemäß Gl. (7.23) durch $m_1$ und $m_2$ ersetzt werden. Dadurch braucht, wenn man das Vorzeichen in Gl. (7.23) entsprechend wählt, nur über den ersten Quadranten der $(m_1, m_2)$-Ebene summiert zu werden, und es wird möglich, das Konvergenzgebiet wie oben zu spezifizieren.

*Beispiel*: Hat man in der $(n_1, n_2)$-Ebene ein Keilgebiet mit $n_{11} = 1, n_{21} = 0, n_{12} = -3, n_{22} = 1$, dann lauten die Umrechnungsbeziehungen

$$\begin{bmatrix} m_1 \\ m_2 \end{bmatrix} = \begin{bmatrix} 1 & 3 \\ 0 & 1 \end{bmatrix} \begin{bmatrix} n_1 \\ n_2 \end{bmatrix} \quad \text{oder} \quad \begin{bmatrix} n_1 \\ n_2 \end{bmatrix} = \begin{bmatrix} 1 & -3 \\ 0 & 1 \end{bmatrix} \begin{bmatrix} m_1 \\ m_2 \end{bmatrix},$$

woraus

$$F(z_1, z_2) = \sum_{m_1=0}^{\infty} \sum_{m_2=0}^{\infty} f[m_1 - 3m_2, m_2] z_1^{-m_1} (z_1^{-3} z_2)^{-m_2}$$

folgt. Konvergiert diese Reihe absolut für $(z_{10}, z_{20})$, dann konvergiert sie für alle $(z_1, z_2)$ mit

$$|z_1| \geqq |z_{10}| \quad \text{und} \quad |z_1^{-3} z_2| \geqq |z_{10}^{-3} z_{20}| \;.$$

Die zweite Ungleichung kann auch in der Form $|z_2| \geqq |z_{10}^{-3} z_{20}| \; |z_1|^3$ geschrieben werden. Wenn die beiden Ungleichungen logarithmiert werden, läßt sich das Gebiet in einer $(\ln|z_1|, \ln|z_2|)$-Ebene leicht veranschaulichen.

Im allgemeinen ergibt sich hierdurch in der $(\ln|z_1|, \ln|z_2|)$-Ebene als Konvergenzgebiet ein keilförmiges Gebiet. Im weiteren wird daher, wenn nicht explizit etwas anderes gesagt ist, als Konvergenzgebiet einer Z-Transformierten ein keilförmiges Gebiet vorausgesetzt.

Wichtig sind auch Signale mit der oberen Halbebene als Träger. Ein solches Signal verschwindet also für alle $n_2 < 0$ und $-\infty < n_1 < \infty$. In Gl. (7.31) braucht dann die Summation über $n_2$ erst von Null an geführt zu werden. Liegt ein Wertepaar $(z_{10}, z_{20})$ im Konvergenzgebiet, so gehören jedenfalls alle Wertepaare $(z_1, z_2)$ hierzu, für welche $|z_1| = |z_{10}|$ und $|z_2| \geqq |z_{20}|$ gilt.

Man kann ein Signal $f[n_1, n_2]$, dessen Träger über die gesamte $(n_1, n_2)$-Ebene reicht, in eine Summe von vier Signalen $f_i[n_1, n_2]$ $(i = 1, 2, 3, 4)$ zerlegen, von denen jedes einen der vier Quadranten als Träger hat. Die Z-Transformierte $F(z_1, z_2)$ von $f[n_1, n_2]$ setzt sich dann aus der Summe der vier Z-Transformierten $F_i(z_1, z_2)$ der $f_i[n_1, n_2]$ zusammen. Jede Funktion $F_i(z_1, z_2)$ $(i = 1, 2, 3, 4)$ hat ein individuelles Konvergenzgebiet; der Durchschnitt sämtlicher vier Konvergenzgebiete liefert das Konvergenzgebiet von $F(z_1, z_2)$. Dabei ist es möglich, daß dieses die gesamte Hyperebene umfaßt, einen Teil hiervon oder auch leer ist.

Wie im eindimensionalen Fall läßt sich aus einer Z-Transformierten $F(z_1, z_2)$ das Originalsignal $f[n_1, n_2]$ durch eine Inversionsoperation erzeugen. Diese lautet

$$f[n_1, n_2] = \frac{1}{(2\pi \mathrm{j})^2} \oint_{C_1} \oint_{C_2} F(z_1, z_2) z_1^{n_1 - 1} z_2^{n_2 - 1} \, \mathrm{d}z_1 \, \mathrm{d}z_2 \;. \tag{7.33}$$

Dabei bedeuten $C_1$ und $C_2$ beliebige geschlossene Wege, die aber vollständig innerhalb des Konvergenzgebiets von $F(z_1, z_2)$ liegen und den jeweiligen Ursprung einmal im Gegenuhrzeigersinn umlaufen müssen.

*Beispiel*: Es sei das Signal

$$f[n_1,n_2] = a^{n_1} b^{n_2} \binom{n_1+n_2}{n_1} s[n_1,n_2]$$

mit den Konstanten $a$ und $b$ betrachtet. Man erhält als Z-Transformierte

$$F(z_1,z_2) = \sum_{n_1=0}^{\infty} \sum_{n_2=0}^{\infty} \left(\frac{a}{z_1}\right)^{n_1} \left(\frac{b}{z_2}\right)^{n_2} \binom{n_1+n_2}{n_1} = \sum_{n_1=0}^{\infty} \left(\frac{a}{z_1}\right)^{n_1} \sum_{n_2=0}^{\infty} \binom{n_1+n_2}{n_1} \left(\frac{b}{z_2}\right)^{n_2}$$

oder unter der Annahme $|b/z_2| < 1$ und bei Beachtung, daß die unendliche Reihe $\sum_{\nu=0}^{\infty} \binom{n+\nu}{n} z^{\nu}$ für $|z| < 1$ mit $1/(1-z)^{n+1}$ übereinstimmt,

$$F(z_1,z_2) = \sum_{n_1=0}^{\infty} \left(\frac{a}{z_1}\right)^{n_1} \frac{1}{(1-\frac{b}{z_2})^{n_1+1}} = \frac{1}{1-\frac{b}{z_2}} \cdot \frac{1}{1-\frac{a/z_1}{1-b/z_2}} = \frac{1}{1-\frac{a}{z_1}-\frac{b}{z_2}} ,$$

sofern $|a/z_1| < |1-b/z_2|$ gilt. Der Konvergenzbereich ist also durch die Punktmenge

$$K := \{ (z_1,z_2);\ |b/z_2| < 1 \text{ und } |a/z_1| < |1-b/z_2| \}$$

bestimmt. Setzt man $|a| + |b| < 1$ voraus, dann liegen alle Wertepaare $(z_1,z_2)$ mit $|z_1| = |z_2| = 1$, das sind alle Punkte auf der zweidimensionalen Einheitshyperfläche, im Konvergenzgebiet $K$.

Es soll jetzt noch gezeigt werden, wie man aus dem erhaltenen $F(z_1,z_2)$ durch Umkehrtransformation nach Gl. (7.33) das ursprünglich vorgelegte Signal wieder erhalten kann. Dabei wird $|a| + |b| < 1$ vorausgesetzt, so daß die Wege $C_1$ und $C_2$ auf die Hyperfläche $|z_1| = 1$, $|z_2| = 1$ gelegt werden können. Man erhält zunächst

$$f[n_1,n_2] = \frac{1}{(2\pi j)^2} \oint_{C_1} \oint_{C_2} \frac{z_1^{n_1} z_2^{n_2}}{z_1 z_2 - a z_2 - b z_1} \, dz_1 \, dz_2 = \frac{1}{(2\pi j)^2} \oint_{|z_2|=1} \frac{z_2^{n_2}}{z_2 - b} \left[ \oint_{|z_1|=1} \frac{z_1^{n_1} \, dz_1}{z_1 - \frac{a z_2}{z_2 - b}} \right] dz_2 .$$

Das innere Integral kann bei festgehaltenem $z_2$ (mit $|z_2| = 1$) als eindimensionales Umkehrintegral aufgefaßt werden, wobei der Pol $az_2/(z_2-b)$ innerhalb des Einheitskreises $|z_1| < 1$ liegt, da $|z_2| = 1$ gewählt wurde und deshalb

$$\left| \frac{a z_2}{z_2 - b} \right| = \left| \frac{a}{1 - \frac{b}{z_2}} \right| < \frac{|a|}{1-|b|} < 1$$

gilt. Somit erhält man

$$f[n_1,n_2] = \frac{1}{2\pi j} s[n_1] \oint_{|z_2|=1} \frac{z_2^{n_2}}{z_2 - b} \left(\frac{a z_2}{z_2 - b}\right)^{n_1} dz_2 = \frac{a^{n_1}}{2\pi j} s[n_1] \oint_{|z_2|=1} \frac{z_2^{n_1+n_2}}{(z_2-b)^{n_1+1}} dz_2 .$$

Auch das hier auftretende Integral kann als eindimensionales Umkehrintegral einfach ausgewertet werden. Man gelangt so zur Ausgangsfunktion $f[n_1,n_2]$, wenn man $1/(1-b/z_2)^{n_1+1}$ gemäß der oben genannten unendlichen Reihe ausdrückt.

Im allgemeinen ist die Umkehrformel nach Gl. (7.33) selbst für rationale Funktionen analytisch nicht auswertbar. Dies ist insbesondere darauf zurückzuführen, daß zweidimensionale Polynome im Gegensatz zu eindimensionalen Polynomen allgemein nicht in Elementarfaktoren zerlegbar sind und dadurch Partialbruchentwicklungen von rationalen zweidimensionalen Funktionen im allgemeinen nicht möglich sind.

## 3.2. EIGENSCHAFTEN DER ZWEIDIMENSIONALEN Z-TRANSFORMATION

Die zweidimensionale Z-Transformation besitzt eine Reihe nützlicher Eigenschaften, die den Grundgleichungen (7.31) und (7.33) direkt entnommen werden können. Auf sie wird im folgenden näher eingegangen. Die Zuordnung zwischen einem Signal $f[n_1, n_2]$ und seiner Z-Transformierten $F(z_1, z_2)$ wird symbolisch in der Form

$$f[n_1, n_2] \circ\!\!-\!\!\bullet\ F(z_1, z_2)$$

geschrieben.

**(a) Linearität**

Aus zwei Korrespondenzen

$$f_1[n_1, n_2] \circ\!\!-\!\!\bullet\ F_1(z_1, z_2), \quad f_2[n_1, n_2] \circ\!\!-\!\!\bullet\ F_2(z_1, z_2)$$

folgt mit beliebigen Konstanten $c_1$ und $c_2$ die Zuordnung

$$c_1 f_1[n_1, n_2] + c_2 f_2[n_1, n_2] \circ\!\!-\!\!\bullet\ c_1 F_1(z_1, z_2) + c_2 F_2(z_1, z_2) ,$$

wobei das Konvergenzgebiet dieser Transformierten gleich dem Durchschnitt der Konvergenzgebiete von $F_1(z_1, z_2)$ und $F_2(z_1, z_2)$ ist.

**(b) Verschiebung**

Aus der Korrespondenz

$$f[n_1, n_2] \circ\!\!-\!\!\bullet\ F(z_1, z_2)$$

folgt mit beliebigen ganzzahligen $m_1$ und $m_2$ die Zuordnung

$$f[n_1 - m_1, n_2 - m_2] \circ\!\!-\!\!\bullet\ z_1^{-m_1} z_2^{-m_2} F(z_1, z_2) . \tag{7.34}$$

Durch die Verschiebung wird das Konvergenzgebiet nicht verändert; eventuell muß man von Wertepaaren $(z_1, z_2)$ mit $z_1 = 0$ oder $z_2 = 0$ absehen.

**(c) Multiplikation mit $n_1 n_2$ oder $a^{n_1} b^{n_2}$**

Aus der Korrespondenz

$$f[n_1, n_2] \circ\!\!-\!\!\bullet\ F(z_1, z_2)$$

folgt

$$n_1 n_2\, f[n_1, n_2] \circ\!\!-\!\!\bullet\ z_1 z_2 \frac{\partial^2 F(z_1, z_2)}{\partial z_1\, \partial z_2} \tag{7.35}$$

und

$$a^{n_1} b^{n_2} f[n_1, n_2] \circ\!\!-\!\!\bullet\ F(z_1/a, z_2/b) . \tag{7.36}$$

Die Änderung des Konvergenzgebiets ist offensichtlich.

**(d) Faltungssatz**

Aus den Korrespondenzen

$$f_1[n_1, n_2] \circ\!\!-\!\!\bullet\ F_1(z_1, z_2), \quad f_2[n_1, n_2] \circ\!\!-\!\!\bullet\ F_2(z_1, z_2)$$

folgt, sofern sich die Konvergenzgebiete $G_1$ und $G_2$ von $F_1(z_1, z_2)$ bzw. $F_2(z_1, z_2)$ überlappen, für die Faltung der beiden Signale (Abschnitt 2.2) die Zuordnung

$$f_1[n_1,n_2] ** f_2[n_1,n_2] \circ\!\!-\!\!\bullet F_1(z_1,z_2)\,F_2(z_1,z_2)\ , \tag{7.37}$$

wobei die entstandene Z-Transformierte im Durchschnitt von $G_1$ und $G_2$ konvergiert.

**(e) Produkt**
Für das Produkt zweier Signale $f_1[n_1,n_2]$ und $f_2[n_1,n_2]$ mit den zugehörigen Z-Transformierten $F_1(z_1,z_2)$ bzw. $F_2(z_1,z_2)$ gilt die Korrespondenz

$$f_1[n_1,n_2]\,f_2[n_1,n_2] \circ\!\!-\!\!\bullet \frac{1}{(2\pi\mathrm{j})^2}\oint_{C_1}\oint_{C_2} F_1(\zeta_1,\zeta_2)\,F_2\left(\frac{z_1}{\zeta_1},\frac{z_2}{\zeta_2}\right)\frac{\mathrm{d}\zeta_1}{\zeta_1}\,\frac{\mathrm{d}\zeta_2}{\zeta_2}\,. \tag{7.38}$$

Hierbei ist das zulässige Gebiet der Wertepaare $(z_1,z_2)$ dadurch festgelegt, daß sich die Konvergenzgebiete von $F_1(\zeta_1,\zeta_2)$ und $F_2(z_1/\zeta_1, z_2/\zeta_2)$ in der $(\zeta_1,\zeta_2)$-Hyperebene überlappen. In diesem Überlappungsgebiet ist die Integration auf geschlossenen Wegen $C_1$ und $C_2$ einmal um den Ursprung im Gegenuhrzeigersinn zu führen.

**(f) Spiegelung**
Aus der Korrespondenz

$$f[n_1,n_2] \circ\!\!-\!\!\bullet F(z_1,z_2)$$

folgt

$$f[-n_1,n_2] \circ\!\!-\!\!\bullet F(1/z_1,z_2),\quad f[n_1,-n_2] \circ\!\!-\!\!\bullet F(z_1,1/z_2), \tag{7.39a,b}$$

$$f[-n_1,-n_2] \circ\!\!-\!\!\bullet F(1/z_1,1/z_2),\quad f^*[n_1,n_2] \circ\!\!-\!\!\bullet F^*(z_1^*,z_2^*)\,. \tag{7.39c,d}$$

Änderungen des Konvergenzgebiets sind direkt zu erkennen.

**(g) Parsevalsche Formel**
Aus den Korrespondenzen

$$f_1[n_1,n_2] \circ\!\!-\!\!\bullet F_1(z_1,z_2)\ ,\quad f_2[n_1,n_2] \circ\!\!-\!\!\bullet F_2(z_1,z_2)$$

folgt wegen der Zuordnungen (7.38) und (7.39d)

$$\sum_{n_1=-\infty}^{\infty}\ \sum_{n_2=-\infty}^{\infty} f_1[n_1,n_2]\,f_2^*[n_1,n_2] =$$

$$= \frac{1}{(2\pi\mathrm{j})^2}\oint_{C_1}\oint_{C_2} F_1(z_1,z_2)\,F_2^*\left(\frac{1}{z_1^*},\frac{1}{z_2^*}\right)\frac{\mathrm{d}z_1}{z_1}\,\frac{\mathrm{d}z_2}{z_2}\,. \tag{7.40}$$

Die Integrationswege müssen geschlossen sein, den betreffenden Ursprung einmal im Gegenuhrzeigersinn umlaufen und ganz im Konvergenzgebiet des Integranden liegen.

**(h) Anfangswerte**
Gilt $f[n_1,n_2] \equiv 0$ außerhalb des ersten Quadranten und ist $F(z_1,z_2)$ die Z-Transformierte von $f[n_1,n_2]$, dann bestehen die Beziehungen

$$\sum_{n_1=0}^{\infty} f[n_1,0]\,z_1^{-n_1} = \lim_{z_2\to\infty} F(z_1,z_2)\ , \tag{7.41}$$

$$\sum_{n_2=0}^{\infty} f[0,n_2] z_2^{-n_2} = \lim_{z_1 \to \infty} F(z_1,z_2) \;, \tag{7.42}$$

$$f[0,0] = \lim_{\substack{z_1 \to \infty \\ z_2 \to \infty}} F(z_1,z_2) \;. \tag{7.43}$$

**(i) Lineare Abbildung**
Bestehen die Korrespondenzen

$$f_1[n_1,n_2] \circ\!\!-\!\!\bullet\; F_1(z_1,z_2), \quad f_2[n_1,n_2] \circ\!\!-\!\!\bullet\; F_2(z_1,z_2)$$

und die zweidimensionale diskrete Abbildungsbeziehung

$$f_1[n_1,n_2] = \begin{cases} f_2[m_1,m_2] & \text{für} \quad n_1 = \alpha m_1 + \beta m_2, n_2 = \gamma m_1 + \delta m_2, \\ 0 & \text{sonst} \end{cases}$$

zwischen den Signalen $f_1[n_1,n_2], f_2[n_1,n_2]$ mit $\alpha$, $\beta$, $\gamma$, $\delta \in \mathbb{N}$ und $\alpha\,\delta - \beta\,\gamma \neq 0$, dann gilt

$$F_1(z_1,z_2) = F_2(z_1^{\alpha} z_2^{\gamma}, z_1^{\beta} z_2^{\delta}) \;.$$

## 3.3. DIE ZWEIDIMENSIONALE FOURIER-TRANSFORMATION

Ist die Konvergenzbedingung (7.32) für $|z_1| = |z_2| = 1$ erfüllt, gilt also

$$\sum_{n_1=-\infty}^{\infty} \sum_{n_2=-\infty}^{\infty} |f[n_1,n_2]| = S < \infty \;, \tag{7.44}$$

so existieren die Grundgleichungen (7.31) und (7.33) für $z_1 = e^{j\omega_1}$ und $z_2 = e^{j\omega_2}$ mit variablen $\omega_1$ und $\omega_2$ $(-\pi \leqq \omega_1 \leqq \pi, -\pi \leqq \omega_2 \leqq \pi)$. Auf diese Weise gelangt man zur zweidimensionalen Fourier-Transformation mit den Grundbeziehungen

$$F(e^{j\omega_1}, e^{j\omega_2}) = \sum_{n_1=-\infty}^{\infty} \sum_{n_2=-\infty}^{\infty} f[n_1,n_2] e^{-j(\omega_1 n_1 + \omega_2 n_2)} \tag{7.45}$$

und

$$f[n_1,n_2] = \frac{1}{4\pi^2} \int_{-\pi}^{\pi} \int_{-\pi}^{\pi} F(e^{j\omega_1}, e^{j\omega_2}) e^{j(\omega_1 n_1 + \omega_2 n_2)} d\omega_1 d\omega_2 \;. \tag{7.46}$$

Symbolisch soll die Transformation in der Form

$$f[n_1,n_2] \circ\!\!-\; F(e^{j\omega_1}, e^{j\omega_2})$$

ausgedrückt werden. Wie man sieht, ist das Spektrum $F(e^{j\omega_1}, e^{j\omega_2})$ in $\omega_1$ und $\omega_2$ periodisch mit der Grundperiode $2\pi$.

Man kann aus den Eigenschaften der Z-Transformation direkt entsprechende Eigenschaften der Fourier-Transformation entnehmen. Diese sollen im folgenden kurz aufgeführt werden, wobei die Korrespondenzen

$$f[n_1,n_2] \circ\!\!-\; F(e^{j\omega_1}, e^{j\omega_2}) \;,$$

$$f_1[n_1,n_2] \circ\!\!-\!\!\bullet F_1(e^{j\omega_1},e^{j\omega_2}), \quad f_2[n_1,n_2] \circ\!\!-\!\!\bullet F_2(e^{j\omega_1},e^{j\omega_2})$$

vorausgesetzt werden:

**(a) Linearität**

$$c_1 f_1[n_1,n_2] + c_2 f_2[n_1,n_2] \circ\!\!-\!\!\bullet c_1 F_1(e^{j\omega_1},e^{j\omega_2}) + c_2 F_2(e^{j\omega_1},e^{j\omega_2}),$$

**(b) Verschiebung**

$$f[n_1-m_1,n_2-m_2] \circ\!\!-\!\!\bullet e^{-j(m_1\omega_1+m_2\omega_2)} F(e^{j\omega_1},e^{j\omega_2}), \tag{7.47}$$

**(c) Multiplikation mit $n_1 n_2$ oder $e^{j(\varphi_1 n_1+\varphi_2 n_2)}$**

$$n_1 n_2 f[n_1,n_2] \circ\!\!-\!\!\bullet -\frac{\partial^2 F(e^{j\omega_1},e^{j\omega_2})}{\partial\omega_1\,\partial\omega_2}, \tag{7.48}$$

$$e^{j(\varphi_1 n_1+\varphi_2 n_2)} f[n_1,n_2] \circ\!\!-\!\!\bullet F(e^{j(\omega_1-\varphi_1)},e^{j(\omega_2-\varphi_2)}), \tag{7.49}$$

**(d) Faltungssatz**

$$f_1[n_1,n_2] ** f_2[n_1,n_2] \circ\!\!-\!\!\bullet F_1(e^{j\omega_1},e^{j\omega_2}) F_2(e^{j\omega_1},e^{j\omega_2}), \tag{7.50}$$

**(e) Produkt**

$$f_1[n_1,n_2] f_2[n_1,n_2] \circ\!\!-\!\!\bullet \frac{1}{4\pi^2}\int_{-\pi}^{\pi}\int_{-\pi}^{\pi} F_1(e^{j\varphi_1},e^{j\varphi_2}) \, F_2(e^{j(\omega_1-\varphi_1)},e^{j(\omega_2-\varphi_2)})\,d\varphi_1\,d\varphi_2, \tag{7.51}$$

**(f) Spiegelung**

$$f[-n_1,n_2] \circ\!\!-\!\!\bullet F(e^{-j\omega_1},e^{j\omega_2}), \quad f[n_1,-n_2] \circ\!\!-\!\!\bullet F(e^{j\omega_1},e^{-j\omega_2}), \tag{7.52a,b}$$

$$f[-n_1,-n_2] \circ\!\!-\!\!\bullet F(e^{-j\omega_1},e^{-j\omega_2}), \quad f^*[n_1,n_2] \circ\!\!-\!\!\bullet F^*(e^{-j\omega_1},e^{-j\omega_2}), \tag{7.52c,d}$$

**(g) Parsevalsche Formel**

$$\sum_{n_1=-\infty}^{\infty}\sum_{n_2=-\infty}^{\infty} f_1[n_1,n_2] f_2^*[n_1,n_2] =$$

$$= \frac{1}{4\pi^2}\int_{-\pi}^{\pi}\int_{-\pi}^{\pi} F_1(e^{j\omega_1},e^{j\omega_2}) F_2^*(e^{j\omega_1},e^{j\omega_2})\,d\omega_1\,d\omega_2 \tag{7.53}$$

(für $f_1[n_1,n_2] \equiv f_2[n_1,n_2]$ erhält man den wichtigen Sonderfall des Energie-Theorems).

Man beachte, daß die Bedingung (7.44) nur eine hinreichende Bedingung für die Existenz der Grundgleichungen (7.45) und (7.46) darstellt. In Analogie zum eindimensionalen Fall kann die Klasse der transformierbaren Funktionen erweitert werden.

### 3.4. LINEARE, VERSCHIEBUNGSINVARIANTE SYSTEME IM FREQUENZBEREICH

Es wird ein lineares, verschiebungsinvariantes und stabiles System mit der Impulsantwort $h[n_1, n_2]$ betrachtet. Die Z-Transformierte der Impulsantwort

$$H(z_1, z_2) = \sum_{n_1=-\infty}^{\infty} \sum_{n_2=-\infty}^{\infty} h[n_1, n_2] z_1^{-n_1} z_2^{-n_2} \tag{7.54}$$

heißt *Übertragungsfunktion* des Systems. Für $z_1 = e^{j\omega_1}$ und $z_2 = e^{j\omega_2}$ erhält man den *Frequenzgang*

$$H(e^{j\omega_1}, e^{j\omega_2}) ,$$

der eine in $\omega_1$ und $\omega_2$ doppelperiodische Funktion mit den Grundperioden $2\pi$ ist. Durch inverse Z-Transformation kann aus $H(z_1, z_2)$ die Impulsantwort $h[n_1, n_2]$ gewonnen werden; ebenso läßt sich aus dem Frequenzgang durch inverse Fourier-Transformation die Impulsantwort gewinnen.

Das betrachtete System werde nun mit einem Eingangssignal $x[n_1, n_2]$ erregt, das die Z-Transformierte $X(z_1, z_2)$ habe. Unter der Voraussetzung, daß sich die Konvergenzgebiete der Z-Transformierten $X(z_1, z_2)$ und $H(z_1, z_2)$ überlappen, erhält man, wenn Gl. (7.16) der Z-Transformation unterworfen wird, für die Z-Transformierte des Ausgangssignals nach der Faltungskorrespondenz (7.37)

$$Y(z_1, z_2) = H(z_1, z_2) X(z_1, z_2) . \tag{7.55}$$

Dieser Zusammenhang ergibt sich auch, wenn man speziell die Differenzengleichung (7.27) der Z-Transformation unterwirft und die Verschiebungseigenschaft (Korrespondenz (7.34)) anwendet. Dabei erhält man für die Übertragungsfunktion $Y(z_1, z_2)/X(z_1, z_2)$ die Darstellung

$$H(z_1, z_2) =: \frac{A(z_1, z_2)}{B(z_1, z_2)} = \frac{\sum\limits_{\nu_1=-K_1}^{L_1} \sum\limits_{\nu_2=-K_2}^{L_2} \alpha_{\nu_1\nu_2} z_1^{-\nu_1} z_2^{-\nu_2}}{\sum\limits_{\nu_1=-M_1}^{N_1} \sum\limits_{\nu_2=-M_2}^{N_2} \beta_{\nu_1\nu_2} z_1^{-\nu_1} z_2^{-\nu_2}} . \tag{7.56}$$

Mit $A(z_1, z_2)$ wird der Zähler, mit $B(z_1, z_2)$ der Nenner bezeichnet. Für ein Filter, dessen Impulsantwort den ersten Quadranten als Träger hat, d. h. ein kausales Filter, gilt speziell $K_1 = K_2 = M_1 = M_2 = 0$.

Man nennt den Punkt $(z_{10}, z_{20})$ eine Nullstelle der Übertragungsfunktion $H(z_1, z_2)$, wenn $A(z_{10}, z_{20}) = 0$ und $B(z_{10}, z_{20}) \neq 0$ gilt. Entsprechend spricht man von einer Singularität (einem Pol) $(z_{1\infty}, z_{2\infty})$ der Übertragungsfunktion $H(z_1, z_2)$, wenn die Eigenschaft $B(z_{1\infty}, z_{2\infty}) = 0$ besteht. Die Singularität heißt *unwesentlich* und von *erster Art*, wenn zusätzlich noch $A(z_{1\infty}, z_{2\infty}) \neq 0$ gilt. An einer unwesentlichen Singularität *zweiter Art* verschwinden sowohl Zähler als auch Nenner der Übertragungsfunktion (vorausgesetzt wird, daß $A(z_1, z_2)$ und $B(z_1, z_2)$ keinen gemeinsamen Teiler haben, der an der Singularität verschwindet).

Im Gegensatz zu eindimensionalen Übertragungsfunktionen treten die Nullstellen und Singularitäten von zweidimensionalen Übertragungsfunktionen in der Regel nicht isoliert auf. Dies ist folgendermaßen zu verstehen: Man kann, ein kausales Filter vorausgesetzt, $A(z_1, z_2)$ und $B(z_1, z_2)$ als Polynome in $z_1^{-1}$ auffassen, deren Koeffizienten Polynome in $z_2^{-1}$ sind. Ebenso können beide Funktionen als Polynome in $z_2^{-1}$ aufgefaßt werden mit Koeffizienten, die Polynome in $z_1^{-1}$ sind. Wählt man nun für $z_1$ einen beliebigen festen Wert, so erhält man $N_2$ Nullstellen von $B(z_1, z_2)$ in der $z_2$-Ebene. Wird $z_1$ wenig verändert, dann aber wieder festgehalten, so ergeben sich erneut $N_2$ Nullstellen von $B(z_1, z_2)$ in der $z_2$-Ebene. Damit ist zu erkennen, daß die Pole von $H(z_1, z_2)$, ebenso die Nullstellen, bezüglich $z_2$ als Funktionen von $z_1$ stetig variieren. Ebenso variieren die Nullstellen und Pole von $H(z_1, z_2)$ bezüglich $z_1$ als Funktionen von $z_2$.

Existiert die Fourier-Transformierte des Eingangssignals, dann besteht auch der Zusammenhang

$$Y(e^{j\omega_1}, e^{j\omega_2}) = H(e^{j\omega_1}, e^{j\omega_2}) X(e^{j\omega_1}, e^{j\omega_2}) \,. \tag{7.57}$$

Dabei existiert der Frequenzgang wegen der vorausgesetzten Stabilität. Durch Rücktransformation von $Y(z_1, z_2)$ oder $Y(e^{j\omega_1}, e^{j\omega_2})$ kann das Ausgangssignal $y[n_1, n_2]$ erhalten werden.

Wählt man als Eingangssignal

$$x[n_1, n_2] = z_1^{n_1} z_2^{n_2} \,,$$

wobei das Wertepaar $(z_1, z_2)$ im Konvergenzgebiet der Übertragungsfunktion liegen möge, und führt dieses Signal in Gl. (7.17) ein, dann erhält man für das Ausgangssignal

$$y[n_1, n_2] = \sum_{\mu_1=-\infty}^{\infty} \sum_{\mu_2=-\infty}^{\infty} h[\mu_1, \mu_2] z_1^{n_1-\mu_1} z_2^{n_2-\mu_2}$$

oder mit Gl. (7.54)

$$y[n_1, n_2] = z_1^{n_1} z_2^{n_2} H(z_1, z_2) \,.$$

Dieses Ergebnis besagt, daß $z_1^{n_1} z_2^{n_2}$ Eigenfunktionen des Systems sind und die Übertragungsfunktion den zugehörigen Eigenwert repräsentiert.

Der Frequenzgang $H(e^{j\omega_1}, e^{j\omega_2})$ ist im allgemeinen eine komplexwertige Funktion von $\omega_1$ und $\omega_2$. Man kann daher sowohl den Betrag (die Amplitude) als auch den Winkel (die Phase) über einer kartesischen $(\omega_1, \omega_2)$-Ebene auftragen und je als Fläche veranschaulichen (Bild 7.12).

Ist die Impulsantwort $h[n_1, n_2]$ eines linearen, verschiebungsinvarianten und stabilen Systems eine separierbare Funktion

$$h[n_1, n_2] = h_1[n_1] h_2[n_2] \,, \tag{7.58a}$$

dann erhält man den Frequenzgang gemäß Gl. (7.54) mit $z_1 = e^{j\omega_1}$ und $z_2 = e^{j\omega_2}$ als Produkt

$$H(e^{j\omega_1}, e^{j\omega_2}) = H_1(e^{j\omega_1}) H_2(e^{j\omega_2}) \,, \tag{7.58b}$$

der als existent vorausgesetzten Spektren $H_1(e^{j\omega_1})$ und $H_2(e^{j\omega_2})$ von $h_1[n_1]$ bzw. $h_2[n_2]$.

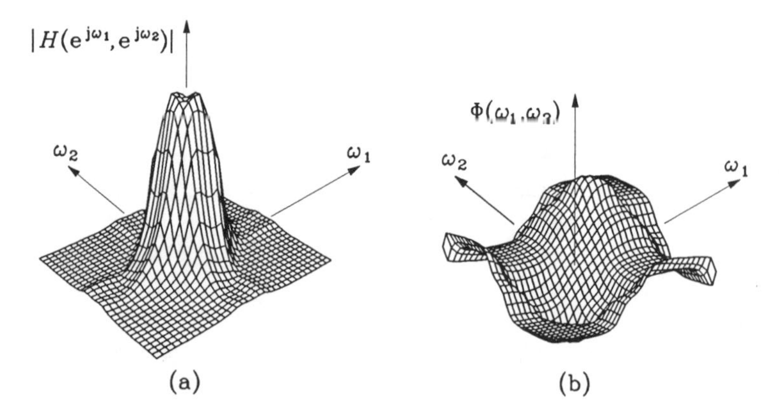


Bild 7.12: Betrag (a) und Phase (b) eines Frequenzgangs

*Beispiel*: Es sei die separierbare Impulsantwort

$$h[n_1, n_2] = \frac{\sin(\Omega_1 n_1)}{\pi n_1} \cdot \frac{\sin(\Omega_2 n_2)}{\pi n_2}$$

mit $0 < \Omega_1 < \pi$ und $0 < \Omega_2 < \pi$ gegeben. Da das eindimensionale diskontinuierliche Signal

$$f[n] = \frac{\sin(\Omega n)}{\pi n} \qquad (0 < \Omega < \pi)$$

das in $\omega$ periodische Spektrum

$$F(e^{j\omega}) = \begin{cases} 1 & \text{falls} \quad 0 \leqq |\omega| < \Omega, \\ 0 & \text{falls} \quad \Omega < |\omega| \leqq \pi \end{cases}$$

mit der Periode $2\pi$ hat, erhält man als Frequenzgang zur gegebenen Impulsantwort $h[n_1, n_2]$ die doppel-periodische Funktion

$$H(e^{j\omega_1}, e^{j\omega_2}) = \begin{cases} 1 & \text{falls} \quad |\omega_1| < \Omega_1 \quad \text{und} \quad |\omega_2| < \Omega_2, \\ 0 & \text{falls} \quad \Omega_1 < |\omega_1| \leqq \pi \quad \text{oder} \quad \Omega_2 < |\omega_2| \leqq \pi. \end{cases}$$

Es handelt sich hier also um den zweidimensionalen idealen rechteckförmigen Tiefpaß mit Phase Null.

## 3.5. ZWEIDIMENSIONALE ABTASTUNG, ABTASTTHEOREM

Ein mit einem zweidimensionalen System zu verarbeitendes Signal ist häufig zunächst als kontinuierliches Signal zweier (reeller) Variablen $f_a(t_1, t_2)$ verfügbar und muß in geeigneter Form in ein diskontinuierliches Signal $f[n_1, n_2]$ umgewandelt werden. Die einfachste Art einer solchen Umwandlung ist die gleichförmige Abtastung

$$f[n_1, n_2] = f_a(n_1 T_1, n_2 T_2) \tag{7.59}$$

mit geeigneten positiven Abtastperioden $T_1$ und $T_2$, wobei $f_a(t_1, t_2)$ als in beiden Variablen stetige Funktion vorausgesetzt wird. Man spricht hierbei von Abtastung mit Rechteck-geometrie, wenn $t_1, t_2$ als kartesische Koordinaten zu betrachten sind. Die Abtastpunkte

$(n_1 T_1, n_2 T_2)$ bilden dann ein Rechteckgitter auf der $(t_1, t_2)$-Ebene. Die Frage stellt sich, wie $T_1$ und $T_2$ zweckmäßig gewählt werden, damit durch das diskontinuierliche Signal $f[n_1, n_2]$ das kontinuierliche Signal $f_a(t_1, t_2)$ vorteilhaft beschrieben werden kann.

In Analogie zu eindimensionalen kontinuierlichen Signalen kann einem zweidimensionalen kontinuierlichen Signal $f_a(t_1, t_2)$ unter bestimmten Voraussetzungen das Spektrum

$$F_a(\mathrm{j}\,\widetilde{\omega}_1, \mathrm{j}\,\widetilde{\omega}_2) = \int_{-\infty}^{\infty} \int_{-\infty}^{\infty} f_a(t_1, t_2)\, \mathrm{e}^{-\mathrm{j}(\widetilde{\omega}_1 t_1 + \widetilde{\omega}_2 t_2)}\, \mathrm{d}t_1\, \mathrm{d}t_2 \tag{7.60}$$

zugeordnet werden, aus dem durch Rücktransformation das Originalsignal

$$f_a(t_1, t_2) = \frac{1}{4\pi^2} \int_{-\infty}^{\infty} \int_{-\infty}^{\infty} F_a(\mathrm{j}\,\widetilde{\omega}_1, \mathrm{j}\,\widetilde{\omega}_2)\, \mathrm{e}^{\mathrm{j}(\widetilde{\omega}_1 t_1 + \widetilde{\omega}_2 t_2)}\, \mathrm{d}\widetilde{\omega}_1\, \mathrm{d}\widetilde{\omega}_2 \tag{7.61}$$

gewonnen wird. Mit zwei positiven Konstanten $T_1$ und $T_2$ läßt sich $F_a(\mathrm{j}\,\widetilde{\omega}_1, \mathrm{j}\,\widetilde{\omega}_2)$ folgendermaßen periodisieren:

$$F_p(\mathrm{j}\omega_1, \mathrm{j}\omega_2) := \frac{1}{T_1 T_2} \sum_{\nu_1=-\infty}^{\infty} \sum_{\nu_2=-\infty}^{\infty} F_a[\frac{\mathrm{j}}{T_1}(\omega_1 + \nu_1 2\pi), \frac{\mathrm{j}}{T_2}(\omega_2 + \nu_2 2\pi)] \ . \tag{7.62}$$

Diese Funktion ist in $\omega_1$ und $\omega_2$ jeweils $2\pi$-periodisch und kann somit als Spektrum eines diskontinuierlichen Signals $f_d[n_1, n_2]$ aufgefaßt werden, so daß nach Gl. (7.46)

$$f_d[n_1, n_2] = \frac{1}{4\pi^2} \int_{-\pi}^{\pi} \int_{-\pi}^{\pi} F_p(\mathrm{j}\omega_1, \mathrm{j}\omega_2)\, \mathrm{e}^{\mathrm{j}(\omega_1 n_1 + \omega_2 n_2)}\, \mathrm{d}\omega_1\, \mathrm{d}\omega_2 \tag{7.63}$$

folgt. Jetzt wird die Gl. (7.62) in Gl. (7.63) eingeführt und die Periodizität der im Integranden auftretenden Exponentialfunktion in $\omega_1$ und $\omega_2$ mit der jeweiligen Periode $2\pi$ berücksichtigt. Auf diese Weise erhält man

$$f_d[n_1, n_2] = \frac{1}{4\pi^2} \sum_{\nu_1=-\infty}^{\infty} \sum_{\nu_2=-\infty}^{\infty} \int_{-\pi}^{\pi} \int_{-\pi}^{\pi} F_a[\frac{\mathrm{j}}{T_1}(\omega_1 + \nu_1 2\pi), \frac{\mathrm{j}}{T_2}(\omega_2 + \nu_2 2\pi)] \cdot$$
$$\cdot\, \mathrm{e}^{\mathrm{j}(\omega_1 n_1 + \nu_1 2\pi n_1 + \omega_2 n_2 + \nu_2 2\pi n_2)} \frac{\mathrm{d}\omega_1}{T_1} \frac{\mathrm{d}\omega_1}{T_2}$$

oder

$$f_d[n_1, n_2] = \frac{1}{4\pi^2} \int_{-\infty}^{\infty} \int_{-\infty}^{\infty} F_a\left(\mathrm{j}\,\frac{\omega_1}{T_1}, \mathrm{j}\,\frac{\omega_2}{T_2}\right) \mathrm{e}^{\mathrm{j}(\omega_1 n_1 + \omega_2 n_2)} \frac{\mathrm{d}\omega_1}{T_1} \frac{\mathrm{d}\omega_2}{T_2} \ .$$

Ein Vergleich mit Gl. (7.61) liefert mit $\widetilde{\omega}_1 = \omega_1 / T_1$ und $\widetilde{\omega}_2 = \omega_2 / T_2$ schließlich

$$f_d[n_1, n_2] = f_a(n_1 T_1, n_2 T_2) \ ,$$

also die abgetastete Folge nach Gl. (7.59).

Damit ist folgendes Ergebnis gefunden: Die Abtastung eines kontinuierlichen Signals $f_a(t_1, t_2)$ mit der Periode $T_1$ in $t_1$-Richtung und der Periode $T_2$ in $t_2$-Richtung liefert ein Signal $f[n_1, n_2]$, dessen Spektrum $F(\mathrm{e}^{\mathrm{j}\omega_1}, \mathrm{e}^{\mathrm{j}\omega_2})$ gemäß Gl. (7.62) aus dem Spektrum $F_a(\mathrm{j}\,\widetilde{\omega}_1, \mathrm{j}\,\widetilde{\omega}_2)$ von $f_a(t_1, t_2)$ durch Periodisierung entsteht. Hat dieses Spektrum die Eigenschaft

$$F_a(\mathrm{j}\,\tilde{\omega}_1, \mathrm{j}\,\tilde{\omega}_2) \equiv 0 \tag{7.64}$$

außerhalb des Rechtecks $|\,\tilde{\omega}_1\,| \leqq \pi/T_1$, $|\,\tilde{\omega}_2\,| \leqq \pi/T_2$, d. h. ist $f_a(t_1, t_2)$ bezüglich der Kreisfrequenz $\pi/T_1$ bzw. $\pi/T_2$ bandbegrenzt, dann gilt

$$\frac{1}{T_1 T_2} F_a\left(\mathrm{j}\,\frac{\omega_1}{T_1}, \mathrm{j}\,\frac{\omega_2}{T_2}\right) \equiv F_p(\mathrm{j}\omega_1, \mathrm{j}\omega_2) \equiv F(\mathrm{e}^{\,\mathrm{j}\omega_1}, \mathrm{e}^{\,\mathrm{j}\omega_2}) \tag{7.65}$$

im Rechteckintervall

$$-\pi < \omega_1 < \pi \quad \text{und} \quad -\pi < \omega_2 < \pi$$

oder

$$-\pi/T_1 < \tilde{\omega}_1 < \pi/T_1 \quad \text{und} \quad -\pi/T_2 < \tilde{\omega}_2 < \pi/T_2 \, .$$

Dies besagt, daß aus dem Signal $f[n_1, n_2]$ über das Spektrum $F(\mathrm{e}^{\,\mathrm{j}\omega_1}, \mathrm{e}^{\,\mathrm{j}\omega_2})$ das Spektrum von $f_a(t_1, t_2)$ verfügbar ist und damit das kontinuierliche Signal gewonnen werden kann. Darüber hinaus besteht der Zusammenhang

$$f_a(t_1, t_2) = \sum_{n_1=-\infty}^{\infty} \sum_{n_2=-\infty}^{\infty} f[n_1, n_2] \, \frac{\sin\left(\dfrac{\pi}{T_1} t_1 - \pi n_1\right)}{\dfrac{\pi}{T_1} t_1 - \pi n_1} \, \frac{\sin\left(\dfrac{\pi}{T_2} t_2 - \pi n_2\right)}{\dfrac{\pi}{T_2} t_2 - \pi n_2} \, . \tag{7.66}$$

*Beweis*: Zunächst erhält man

$$f_a(t_1, t_2) = \frac{1}{4\pi^2} \int_{-\infty}^{\infty} \int_{-\infty}^{\infty} F_a(\mathrm{j}\,\tilde{\omega}_1, \mathrm{j}\,\tilde{\omega}_2) \, \mathrm{e}^{\,\mathrm{j}(\tilde{\omega}_1 t_1 + \tilde{\omega}_2 t_2)} \, \mathrm{d}\tilde{\omega}_1 \, \mathrm{d}\tilde{\omega}_2$$

und mit den Gln. (7.64) und (7.65)

$$f_a(t_1, t_2) = \frac{T_1 T_2}{4\pi^2} \int_{-\pi/T_1}^{\pi/T_1} \int_{-\pi/T_2}^{\pi/T_2} F(\mathrm{e}^{\,\mathrm{j}T_1\tilde{\omega}_1}, \mathrm{e}^{\,\mathrm{j}T_2\tilde{\omega}_2}) \, \mathrm{e}^{\,\mathrm{j}(\tilde{\omega}_1 t_1 + \tilde{\omega}_2 t_2)} \, \mathrm{d}\tilde{\omega}_2 \, \mathrm{d}\tilde{\omega}_1 \, .$$

Ersetzt man das Spektrum im Integranden gemäß Gl. (7.45), so ergibt sich

$$f_a(t_1, t_2) = \frac{T_1 T_2}{4\pi^2} \sum_{n_1=-\infty}^{\infty} \sum_{n_2=-\infty}^{\infty} f[n_1, n_2] \int_{-\pi/T_1}^{\pi/T_1} \int_{-\pi/T_2}^{\pi/T_2} \mathrm{e}^{\,\mathrm{j}\tilde{\omega}_1(t_1 - T_1 n_1)} \, \mathrm{e}^{\,\mathrm{j}\tilde{\omega}_2(t_2 - T_2 n_2)} \, \mathrm{d}\tilde{\omega}_2 \, \mathrm{d}\tilde{\omega}_1$$

oder nach Ausführung der Integration die Gl. (7.66).

Das Ergebnis wird zusammengefaßt im

**Satz VII.1** *(Abtasttheorem)*: Ein bezüglich der Kreisfrequenz $\tilde{\omega}_{g1}$ in $\tilde{\omega}_1$-Richtung und bezüglich $\tilde{\omega}_{g2}$ in $\tilde{\omega}_2$-Richtung rechteckförmig bandbegrenztes zweidimensionales Signal $f_a(t_1, t_2)$ ist in eindeutiger Weise durch seine diskreten Werte

$$f[n_1, n_2] = f_a(n_1 T_1, n_2 T_2)$$

für alle $(n_1, n_2) \in \mathbb{Z} \times \mathbb{Z}$ nach Gl. (7.66) vollständig bestimmt, sofern

$$T_1 \leqq \pi/\tilde{\omega}_{g1} \quad \text{und} \quad T_2 \leqq \pi/\tilde{\omega}_{g2}$$

gewählt wird.

**Anmerkung:** Ein nicht bandbegrenztes stetiges Signal kann natürlich abgetastet werden, jedoch gilt dann Gl. (7.66) nicht. Dies ist wie im eindimensionalen Fall auf den Aliasing-Effekt zurückzuführen, bei dem gemäß Gl. (7.62) Teile des Spektrums $F_a(\mathrm{j}\,\widetilde{\omega}_1, \mathrm{j}\,\widetilde{\omega}_2)$ von Bereichen außerhalb des zweidimensionalen Basisbandes $-\pi/T_1 < \widetilde{\omega}_1 < \pi/T_1$, $-\pi/T_2 < \widetilde{\omega}_2 < \pi/T_2$ in das Basisband gelangen.

Man kann auf ein zweidimensionales kontinuierliches Signal $f_a(t_1, t_2)$ eine Abtastung auch mit einer anderen als der oben besprochenen Rechteckgeometrie anwenden. Dazu betrachtet man die lineare Transformation

$$\boldsymbol{t} = \boldsymbol{M}\boldsymbol{n}$$

mit

$$\boldsymbol{t} = [t_1, t_2]^{\mathrm{T}}\,,\quad \boldsymbol{n} = [n_1, n_2]^{\mathrm{T}}\,,\quad \boldsymbol{M} = \begin{bmatrix} m_{11} & m_{12} \\ m_{21} & m_{22} \end{bmatrix},$$

wobei $\det \boldsymbol{M} \neq 0$ vorausgesetzt wird und das Wertepaar $(n_1, n_2)$ alle Elemente von $\mathbf{Z}\times\mathbf{Z}$ durchlaufe. Auf diese Weise entsteht das zweidimensionale diskontinuierliche Signal

$$f[n_1, n_2] := f_a(m_{11}n_1 + m_{12}n_2, m_{21}n_1 + m_{22}n_2)\ .$$

Diesem Signal sei das Spektrum $F(\mathrm{e}^{\mathrm{j}\omega_1}, \mathrm{e}^{\mathrm{j}\omega_2})$ und der Funktion $f_a(t_1, t_2)$ das Spektrum $F_a(\mathrm{j}\,\widetilde{\omega}_1, \mathrm{j}\,\widetilde{\omega}_2)$ zugeordnet. Es werden die Frequenzparameter durch die Beziehung

$$[\omega_1, \omega_2]^{\mathrm{T}} = \boldsymbol{M}^{\mathrm{T}}[\widetilde{\omega}_1, \widetilde{\omega}_2]^{\mathrm{T}}$$

miteinander verknüpft, und das Spektrum $F_a(\mathrm{j}\,\widetilde{\omega}_1, \mathrm{j}\,\widetilde{\omega}_2)$ wird gemäß

$$F_p(\mathrm{j}\omega_1, \mathrm{j}\omega_2) = \frac{1}{|\det \boldsymbol{M}|}\sum_{\nu_1=-\infty}^{\infty}\sum_{\nu_2=-\infty}^{\infty} F_a[\mathrm{j}(\widetilde{\omega}_1 + n_{11}\nu_1 + n_{12}\nu_2), \mathrm{j}(\widetilde{\omega}_2 + n_{21}\nu_1 + n_{22}\nu_2)] \tag{7.67}$$

periodisiert, wobei die Koeffizienten $n_{11}, n_{12}, n_{21}, n_{22}$ als Elemente der Matrix $\boldsymbol{N}$ gegeben sind, die durch

$$\boldsymbol{N}^{\mathrm{T}}\boldsymbol{M} = 2\pi\mathbf{E}$$

definiert ist. Man kann in der Darstellung von $f_a(t_1, t_2)$ gemäß Gl. (7.61) $\widetilde{\omega}_1 t_1 + \widetilde{\omega}_2 t_2 = [\widetilde{\omega}_1, \widetilde{\omega}_2]\boldsymbol{t}$ aufgrund obiger Beziehungen durch $[\omega_1, \omega_2]\boldsymbol{n} = \omega_1 n_1 + \omega_2 n_2$ und außerdem $\mathrm{d}\widetilde{\omega}_1\,\mathrm{d}\widetilde{\omega}_2$ durch $\mathrm{d}\omega_1\,\mathrm{d}\omega_2 / |\det \boldsymbol{M}|$ ersetzen. Dadurch läßt sich die Integration in Gl. (7.61) über die gesamte $(\widetilde{\omega}_1, \widetilde{\omega}_2)$-Ebene durch eine unendliche Doppelsumme von Integralen über Quadrate der Länge $2\pi$ in der $(\omega_1, \omega_2)$-Ebene ersetzen. Hierbei wird wegen der Beziehung

$$[\widetilde{\omega}_1, \widetilde{\omega}_2]^{\mathrm{T}} = (\boldsymbol{M}^{\mathrm{T}})^{-1}[\omega_1, \omega_2]^{\mathrm{T}} = \frac{1}{2\pi}\boldsymbol{N}\,[\omega_1, \omega_2]^{\mathrm{T}}$$

das durch $[\widetilde{\omega}_1, \widetilde{\omega}_2]^{\mathrm{T}}$ gegebene Paar von Kreisfrequenzen im Spektrum $F_a(\mathrm{j}\widetilde{\omega}_1, \mathrm{j}\,\widetilde{\omega}_2)$ durch $[\widetilde{\omega}_1, \widetilde{\omega}_2]^{\mathrm{T}} + \boldsymbol{N}[\nu_1, \nu_2]^{\mathrm{T}}$ substituiert, wobei $(\nu_1, \nu_2)$ die Menge $\mathbf{Z}\times\mathbf{Z}$ durchläuft und nunmehr $\omega_1$ und $\omega_2$ bloß zwischen $-\pi$ und $\pi$ variieren. Führt man in die Darstellung von $f_a(t_1, t_2)$ noch die Funktion $F_p(\mathrm{j}\omega_1, \mathrm{j}\omega_2)$ aus Gl. (7.67) ein und berücksichtigt die $2\pi$-Periodizität der Exponentiellen $\mathrm{e}^{\mathrm{j}(\omega_1 n_1 + \omega_2 n_2)}$ bezüglich $\omega_1$ und $\omega_2$, so gelangt man schließlich zu einer Darstellung von $f_a(t_1, t_2)$ und damit von $f[n_1, n_2]$ in einer Form gemäß der Gl. (7.63). Dabei zeigt sich, daß $F_p(\mathrm{j}\omega_1, \mathrm{j}\omega_2)$ nach Gl. (7.67) im Fall der Bandbegrenzung von $f_a(t_1, t_2)$ und bei passender Wahl der Elemente der Matrix $\boldsymbol{M}$ mit dem Spektrum $F(\mathrm{e}^{\mathrm{j}\omega_1}, \mathrm{e}^{\mathrm{j}\omega_2})$ übereinstimmt. Damit kann man das Abtasttheorem in erweiterter Form aussprechen. Durch geeignete Wahl der Matrix $\boldsymbol{N}$ bzw. $\boldsymbol{M}$ kann die Zahl der zur vollständigen Darstellung erforderlichen Abtastwerte pro Fläche minimiert werden.

Die oben besprochene Abtastung mit einer Rechteckgeometrie ist durch

$$\boldsymbol{M} = \begin{bmatrix} T_1 & 0 \\ 0 & T_2 \end{bmatrix},\quad \boldsymbol{N} = \begin{bmatrix} 2\pi/T_1 & 0 \\ 0 & 2\pi/T_2 \end{bmatrix},\quad |\det \boldsymbol{M}| = T_1 T_2$$

gekennzeichnet. Ein weiterer interessanter Fall ist die durch

$$\boldsymbol{M} = \begin{bmatrix} T_1 & T_1 \\ T_2 & -T_2 \end{bmatrix}, \quad \boldsymbol{N} = \begin{bmatrix} \pi/T_1 & \pi/T_1 \\ \pi/T_2 & -\pi/T_2 \end{bmatrix}, \quad |\det \boldsymbol{M}| = 2T_1 T_2$$

charakterisierte Hexagonalabtastung.

## 3.6. DIE DISKRETE FOURIER-TRANSFORMATION

### 3.6.1. Definition und Eigenschaften

Ein wichtiges Hilfsmittel zur praktischen Durchführung der Transformationen zwischen Original- und Spektralbereich ist die diskrete Fourier-Transformation (DFT), die in diesem Abschnitt für zweidimensionale Funktionen vorgestellt werden soll.

Es wird ein rechteckig periodisches Signal $f[n_1, n_2]$ mit der Eigenschaft

$$f[n_1, n_2] \equiv f[n_1 + N_1, n_2] \quad \text{und} \quad f[n_1, n_2] \equiv f[n_1, n_2 + N_2] \tag{7.68a,b}$$

betrachtet. Das zweidimensionale Intervall

$$D = \{(n_1, n_2); 0 \leqq n_1 \leqq N_1 - 1, 0 \leqq n_2 \leqq N_2 - 1\} \subset \mathbb{Z} \times \mathbb{Z} \tag{7.69}$$

heißt Grundperiode von $f[n_1, n_2]$.

Es ist nun möglich, die periodische Funktion $f[n_1, n_2]$ in der Form

$$f[n_1, n_2] = \frac{1}{N_1 N_2} \sum_{m_1=0}^{N_1-1} \sum_{m_2=0}^{N_2-1} F[m_1, m_2] \mathrm{e}^{\mathrm{j}2\pi(\frac{n_1 m_1}{N_1} + \frac{n_2 m_2}{N_2})} \tag{7.70}$$

mit

$$F[m_1, m_2] = \sum_{n_1=0}^{N_1-1} \sum_{n_2=0}^{N_2-1} f[n_1, n_2] \mathrm{e}^{-\mathrm{j}2\pi(\frac{n_1 m_1}{N_1} + \frac{n_2 m_2}{N_2})} \tag{7.71}$$

darzustellen. Dies sind die Grundgleichungen der diskreten Fourier-Transformation.

Die Verknüpfung gemäß den Gln. (7.70) und (7.71) läßt sich dadurch beweisen, daß man $F[m_1, m_2]$ gemäß Gl. (7.71) in die Gl. (7.70) einsetzt. Dadurch erhält man

$$f[n_1, n_2] = \frac{1}{N_1 N_2} \sum_{\mu_1=0}^{N_1-1} \sum_{\mu_2=0}^{N_2-1} f[\mu_1, \mu_2] \sum_{m_1=0}^{N_1-1} \mathrm{e}^{\mathrm{j}2\pi\frac{m_1(n_1-\mu_1)}{N_1}} \sum_{m_2=0}^{N_2-1} \mathrm{e}^{\mathrm{j}2\pi\frac{m_2(n_2-\mu_2)}{N_2}} .$$

Die innere Summe über $m_1$ ist gemäß den Gln. (4.44), (4.45) nur im Fall $\mu_1 = n_1$ von Null verschieden, und zwar gleich $N_1$; ebenso verschwindet die Summe über $m_2$ nur für $\mu_2 = n_2$ nicht, und sie liefert dann $N_2$. Damit ergibt sich insgesamt tatsächlich $f[n_1, n_2]$.

Die durch die Gln. (7.70) und (7.71) gegebene diskrete Fourier-Transformation ist in folgendem Sinne zu verstehen: Es werden die $N_1 N_2$ Zahlen $f[n_1, n_2]$ $(0 \leqq n_1 \leqq N_1 - 1, 0 \leqq n_2 \leqq N_2 - 1)$ in die $N_1 N_2$ Zahlen $F[m_1, m_2]$ $(0 \leqq m_1 \leqq N_1 - 1,\ 0 \leqq m_2 \leqq N_2 - 1)$ transformiert und umgekehrt. Insofern spielt die vorausgesetzte Periodizität von $f[n_1, n_2]$ und die ersichtliche Periodizität von $F[m_1, m_2]$ keine Rolle. Nur wenn Verschiebungen von $f[n_1, n_2]$ oder $F[m_1, m_2]$ erfolgen (wie sie vor allem bei Faltungen vorkommen), sollen entsprechende Werte aus der betreffenden periodischen Fortsetzung in das Intervall $D$ nach Gl. (7.69) gelangen. Die durch die Gln. (7.70) und (7.71) gegebene Zuordnung sei kurz in der Form

$$f[n_1, n_2] \underset{N_1, N_2}{\longmapsto} F[m_1, m_2]$$

geschrieben; das Zahlenpaar $(N_1, N_2)$ kennzeichnet die Ordnung der Transformation.

Hat ein Signal $f[n_1, n_2]$ von Null verschiedene Werte ausschließlich im Intervall $D$ nach Gl. (7.69), dann stimmt sein Spektrum $F(e^{j\omega_1}, e^{j\omega_2})$ nach Gl. (7.45) an den diskreten Stellen $\omega_1 = 2\pi m_1/N_1$, $\omega_2 = 2\pi m_2/N_2$ $(0 \leqq m_1 \leqq N_1 - 1, 0 \leqq m_2 \leqq N_2 - 1)$ mit $F[m_1, m_2]$ nach Gl. (7.71) überein.[1] Betrachtet man die Abtastwerte des Spektrums $F(e^{j\omega_1}, e^{j\omega_2})$ für $\omega_1 = 2\pi m_1/N_1$, $\omega_2 = 2\pi m_2/N_2$ $(0 \leqq m_1 \leqq N_1 - 1, 0 \leqq m_2 \leqq N_2 - 1)$ eines nicht auf das Intervall $D$ begrenzten Signals $f[n_1, n_2]$ als diskrete Fourier-Transformierte $F[m_1, m_2]$, so entspricht dieser nach Gl. (7.70) nicht das Signal $f[n_1, n_2]$, sondern vielmehr eine Funktion $\tilde{f}[n_1, n_2]$, die durch Superposition aller Signale $f[n_1 + \nu_1 N_1, n_2 + \nu_2 N_2]$ $(-\infty < \nu_1 < \infty,$ $-\infty < \nu_2 < \infty)$ erzeugt werden kann, wie sich durch eine kurze Rechnung zeigen läßt. Die Abweichung von $\tilde{f}[n_1, n_2]$ gegenüber $f[n_1, n_2]$ ist also auf den Aliasing-Effekt zurückzuführen.

Die DFT besitzt eine Reihe von Eigenschaften, die den Grundgleichungen (7.70) und (7.71) direkt entnommen werden können. Hierauf soll nun kurz eingegangen werden.

**(a) Linearität**

Aus

$$f_1[n_1, n_2] \underset{N_1, N_2}{\longmapsto} F_1[m_1, m_2], \quad f_2[n_1, n_2] \underset{N_1, N_2}{\longmapsto} F_2[m_1, m_2]$$

folgt mit beliebigen Konstanten $c_1$ und $c_2$ stets

$$c_1 f_1[n_1, n_2] + c_2 f_2[n_1, n_2] \underset{N_1, N_2}{\longmapsto} c_1 F_1[m_1, m_2] + c_2 F_2[m_1, m_2].$$

**(b) Verschiebung**

Aus

$$f[n_1, n_2] \underset{N_1, N_2}{\longmapsto} F[m_1, m_2]$$

folgt

$$f[n_1 - k_1, n_2 - k_2] \underset{N_1, N_2}{\longmapsto} e^{-j2\pi\left(\frac{m_1 k_1}{N_1} + \frac{m_2 k_2}{N_2}\right)} F[m_1, m_2] \tag{7.72}$$

und

$$e^{j2\pi\left(\frac{n_1 k_1}{N_1} + \frac{n_2 k_2}{N_2}\right)} f[n_1, n_2] \underset{N_1, N_2}{\longmapsto} F[m_1 - k_1, m_2 - k_2]. \tag{7.73}$$

**(c) Faltungssatz**

Aus

$$f_1[n_1, n_2] \underset{N_1, N_2}{\longmapsto} F_1[m_1, m_2], \quad f_2[n_1, n_2] \underset{N_1, N_2}{\longmapsto} F_2[m_1, m_2]$$

folgt

---

[1] Man beachte, daß das Symbol $F$ zur Bezeichnung von zwei verschiedenen Funktionen verwendet wird. Diese Vereinfachungsmaßnahme dürfte jedoch kaum zu Verwechslungen führen.

$$\sum_{\nu_1=0}^{N_1-1}\sum_{\nu_2=0}^{N_2-1} f_1[\nu_1,\nu_2]f_2[n_1-\nu_1,n_2-\nu_2] \underset{N_1,N_2}{\longmapsto} F_1[m_1,m_2]F_2[m_1,m_2] \quad (7.74)$$

und

$$f_1[n_1,n_2]f_2[n_1,n_2] \underset{N_1,N_2}{\longmapsto} \frac{1}{N_1N_2}\sum_{\mu_1=0}^{N_1-1}\sum_{\mu_2=0}^{N_2-1} F_1[\mu_1,\mu_2]F_2[m_1-\mu_1,m_2-\mu_2]. \quad (7.75)$$

Aus der Korrespondenz (7.75) kann in der üblichen Weise ein Parsevalsches Theorem abgeleitet werden. Von den weiteren Eigenschaften der DFT seien noch die folgenden Korrespondenzen genannt.

Ist $f[n_1,n_2]$ reell und $F[m_1,m_2]$ die zugehörige diskrete Fourier-Transformierte der Ordnung $(N_1,N_2)$, so gilt

$$F^*[m_1,m_2] = F[N_1-m_1,N_2-m_2] .$$

Aus der Korrespondenz

$$f[n_1,n_2] \underset{N_1,N_2}{\longmapsto} F[m_1,m_2]$$

folgt

$$f[n_2,n_1] \underset{N_2,N_1}{\longmapsto} F[m_2,m_1] ,$$

$$f[N_1-n_1,n_2] \underset{N_1,N_2}{\longmapsto} F[N_1-m_1,m_2] ,$$

$$f[n_1,N_2-n_2] \underset{N_1,N_2}{\longmapsto} F[m_1,N_2-m_2] ,$$

$$F^*[n_1,n_2] \underset{N_1,N_2}{\longmapsto} N_1N_2f^*[m_1,m_2] .$$

**Bemerkung:** Sollen zwei Signale $f_1[n_1,n_2]$ und $f_2[n_1,n_2]$ mit Träger $\{(n_1,n_2);0\leqq n_1 \leqq N_1^{(1)}-1,\ 0\leqq n_2\leqq N_2^{(1)}-1\}$ bzw. $\{(n_1,n_2);0\leqq n_1\leqq N_1^{(2)}-1,\ 0\leqq n_2\leqq N_2^{(2)}-1\}$ gefaltet werden, so kann man sich der DFT bedienen. Man muß jedoch für die Durchführung der DFT die Ordnung $(N_1,N_2)$ hinreichend groß wählen, und zwar

$$N_1 \geqq N_1^{(1)}+N_1^{(2)}-1 , \quad N_2 \geqq N_2^{(1)}+N_2^{(2)}-1 .$$

### 3.6.2. Praktische Durchführung

Die Berechnung der diskreten Fourier-Transformierten $F[m_1,m_2]$ eines Signals $f[n_1,n_2]$ kann durch direkte Auswertung der Gl. (7.71) erfolgen. Ebenso ist es möglich, die inverse Transformation durch Auswertung der Gl. (7.70) durchzuführen. Geht man davon aus, daß die Exponentialfaktoren verfügbar sind, dann benötigt man für die Berechnung von $N_1N_2$ Werten von $F[m_1,m_2]$ genau $(N_1N_2)^2$ Multiplikationen im allgemeinen komplexer Zahlen und eine ähnliche Anzahl von Additionen.

Man kann die Gl. (7.71) auch auf die Form

$$F[m_1, m_2] = \sum_{n_1=0}^{N_1-1} G[n_1, m_2]\, e^{-j2\pi \frac{n_1 m_1}{N_1}} \tag{7.76a}$$

mit

$$G[n_1, m_2] = \sum_{n_2=0}^{N_2-1} f[n_1, n_2]\, e^{-j2\pi \frac{n_2 m_2}{N_2}} \tag{7.76b}$$

bringen. Die Gln. (7.76a,b) lassen sich als eindimensionale DFT auffassen, d. h. als

$$f[n_1, n_2] \underset{N_2}{\longmapsto} G[n_1, m_2] \quad (n_1 \text{ fest}) \ ,$$

$$G[n_1, m_2] \underset{N_1}{\longmapsto} F[m_1, m_2] \quad (m_2 \text{ fest}) \ .$$

Damit läßt sich $F[m_1, m_2]$ dadurch gewinnen, daß man zunächst der Reihe nach für $n_1 = 0, 1, \ldots, N_1 - 1$ das Signal $f[n_1, n_2]$ bezüglich der Variablen $n_2$ eindimensional transformiert. Auf diese Weise entsteht das Feld $G[n_1, m_2]$. Jetzt wird diese Folge der Reihe nach für $m_2 = 0, 1, \ldots, N_2 - 1$ bezüglich der Variablen $n_1$ eindimensional transformiert. So entsteht die Funktion $F[m_1, m_2]$ durch alleinige Anwendung eindimensionaler DFT. Anstelle der Gln. (7.76a,b) kann eine ähnliche Darstellung von $F[m_1, m_2]$ verwendet werden, bei deren praktischer Auswertung $f[n_1, n_2]$ zunächst für $n_2 = 0, 1, \ldots, N_2 - 1$ der Transformation bezüglich $n_1$ unterworfen wird. In beiden Fällen sind $N_2^2 N_1 + N_1^2 N_2 = N_1 N_2 (N_1 + N_2)$ Multiplikationen erforderlich. Man kann diesen Aufwand erheblich reduzieren, wenn man die erforderlichen DFT mittels FFT durchführt. Gilt $N_1 = N_2 = N = 2^s$ und wendet man bei den eindimensionalen Transformationen die FFT gemäß Kapitel IV an, dann braucht man insgesamt $N^2 s$ komplexe Multiplikationen.

Es gibt noch eine weitere Möglichkeit, die zweidimensionale DFT aufwandsparend durchzuführen. Dabei wird im einfachsten Fall vorausgesetzt, daß $N_1$ und $N_2$ miteinander übereinstimmen und durch 2 teilbar sind. Man kann dann $F[m_1, m_2]$ mit $N_1 = N_2 = N$ als Summe

$$F[m_1, m_2] = F_{00}[m_1, m_2] + F_{01}[m_1, m_2]\, e^{-j\frac{2\pi}{N} m_2} + F_{10}[m_1, m_2]\, e^{-j\frac{2\pi}{N} m_1} + F_{11}[m_1, m_2]\, e^{-j\frac{2\pi}{N}(m_1 + m_2)} \tag{7.77}$$

darstellen, wobei die Grundfunktionen

$$F_{00}[m_1, m_2] := \sum_{\nu_1=0}^{N/2-1} \sum_{\nu_2=0}^{N/2-1} f[2\nu_1, 2\nu_2]\, e^{-j\frac{4\pi}{N}(\nu_1 m_1 + \nu_2 m_2)} \ , \tag{7.78a}$$

$$F_{01}[m_1, m_2] := \sum_{\nu_1=0}^{N/2-1} \sum_{\nu_2=0}^{N/2-1} f[2\nu_1, 2\nu_2 + 1]\, e^{-j\frac{4\pi}{N}(\nu_1 m_1 + \nu_2 m_2)} \ , \tag{7.78b}$$

$$F_{10}[m_1, m_2] := \sum_{\nu_1=0}^{N/2-1} \sum_{\nu_2=0}^{N/2-1} f[2\nu_1 + 1, 2\nu_2]\, e^{-j\frac{4\pi}{N}(\nu_1 m_1 + \nu_2 m_2)} \ , \tag{7.78c}$$

$$F_{11}[m_1,m_2]:=\sum_{\nu_1=0}^{N/2-1}\sum_{\nu_2=0}^{N/2-1} f[2\nu_1+1,2\nu_2+1]\,\mathrm{e}^{-\mathrm{j}\frac{4\pi}{N}(\nu_1 m_1+\nu_2 m_2)} \tag{7.78d}$$

in beiden Variablen $m_1$ und $m_2$ periodisch mit der Grundperiode $N/2$ sind. Hat man die Basisfunktionen $F_{00}$, $F_{01}$, $F_{10}$ und $F_{11}$, von denen jede in den vier Punkten $(m_1,m_2)$, $(m_1+N/2,m_2)$, $(m_1,m_2+N/2)$ und $(m_1+N/2,m_2+N/2)$ den gleichen Wert hat, für $(m_1,m_2)$ berechnet, so ergibt sich der Funktionswert für $F$ im Punkt $(m_1,m_2)$ und zugleich in den Punkten $(m_1+N/2,m_2)$, $(m_1,m_2+N/2)$, $(m_1+N/2,m_2+N/2)$ direkt nach Gl. (7.77) durch gewichtete Additionen, wobei zu beachten ist, daß $\mathrm{e}^{-\mathrm{j}\pi}=-1$ gilt. Damit kann man sich bei der Berechnung von $F[m_1,m_2]$ im wesentlichen auf die Auswertung von vier DFT der Ordnung $(N/2,N/2)$, nämlich der Gln. (7.78a-d) beschränken.

Man kann sich leicht davon überzeugen, daß die Berechnung von $F$ an den vier Stellen $(m_1,m_2)$, $(m_1+N/2,m_2)$, $(m_1,m_2+N/2)$, $(m_1+N/2,m_2+N/2)$ aus den Werten $F_{00}$, $F_{01}$, $F_{10}$, $F_{11}$ an der Stelle $(m_1,m_2)$ durch drei komplexe Multiplikationen und acht komplexe Additionen möglich ist. Diese Berechnung ist insgesamt an $(N/2)^2$ Stellen $(m_1,m_2)$ auszuführen.

Ist $N$ eine Zweierpotenz, dann kann jede der vier Funktionen $F_{00}[m_1,m_2]$, $F_{01}[m_1,m_2]$, $F_{10}[m_1,m_2]$ und $F_{11}[m_1,m_2]$ durch vier Transformationen der Ordnung $(N/4,N/4)$ dargestellt werden, und man kann in dieser Weise fortfahren, bis schließlich nur noch DFT der Ordnung $(2,2)$ durchzuführen sind, die keine Multiplikation erfordern. Gilt $N=2^s$, dann liegen $s$ Berechnungsstufen vor. In jeder Stufe müssen $(N/2)^2$ Operationen ausgeführt werden, die, wie bereits gesagt, jeweils drei komplexe Multiplikationen und acht komplexe Additionen umfassen. Insgesamt benötigt man so $3(N/2)^2 s$ komplexe Multiplikationen und $8(N/2)^2 s$ komplexe Additionen. Im Fall der Verwendung der eindimensionalen FFT braucht man $N^2 s$ komplexe Multiplikationen im Vergleich zu nur $(3/4)N^2 s$ Multiplikationen hier. Die schnelle Durchführung der DFT kann verschiedentlich modifiziert werden. Gilt beispielsweise $N_1=b_1^s$ und $N_2=b_2^s$ mit $b_1$, $b_2\in\mathbb{N}$, dann kann die DFT der Ordnung $(N_1,N_2)$ auf Transformationen der Ordnung $(b_1,b_2)$ zurückgeführt werden.

Es ist offenkundig, daß die beschriebenen Verfahren zur schnellen Berechnung der diskreten Fourier-Transformierten nicht nur für die Auswertung der Gl. (7.71) geeignet sind, sondern auch zur Berechnung von $f[n_1,n_2]$ aus $F[m_1,m_2]$ nach Gl. (7.70) verwendet werden können.

## 3.7. DAS KOMPLEXE CEPSTRUM

Im Zusammenhang mit der Behandlung verschiedener systemtheoretischer Probleme (Filterung, Entfaltung, Stabilisierung, Faktorisierung) ist das Konzept des Cepstrums ein nützliches Werkzeug (auch im eindimensionalen Fall).

### 3.7.1. Grundlegende Beziehungen

Es sei $f[n_1,n_2]$ ein zweidimensionales Signal mit der Z-Transformierten $F(z_1,z_2)$, die ein bestimmtes Konvergenzgebiet $G$ besitze. Das zweidimensionale (komplexe) Cepstrum von $f[n_1,n_2]$ ist die Funktion $\hat{f}[n_1,n_2]$, deren Z-Transformierte mit $\ln F(z_1,z_2)$ übereinstimmt.[1]) Es gilt also

$$\hat{f}[n_1, n_2] = \frac{1}{(2\pi j)^2} \oint \oint \ln F(z_1, z_2)\, z_1^{n_1-1} z_2^{n_2-1}\, dz_1\, dz_2 \ . \tag{7.79}$$

Zur Sicherung der Existenz von $\hat{f}[n_1, n_2]$ muß ein Gebiet existieren, in dem $\ln F(z_1, z_2)$ eindeutig und analytisch ist, und die Integration muß dort so geführt werden können, daß der jeweilige Ursprung einmal positiv umlaufen wird und $\ln F(z_1, z_2)$ beim mehrmaligen Durchlaufen periodisch ist.

Entsteht ein Signal $f[n_1, n_2]$ durch Faltung

$$f[n_1, n_2] = f_1[n_1, n_2] ** f_2[n_1, n_2]$$

zweier Signale $f_1[n_1, n_2]$ und $f_2[n_1, n_2]$ mit den Z-Transformierten $F_1(z_1, z_2)$ bzw. $F_2(z_1, z_2)$ und besitzt $f[n_1, n_2]$ selbst die Z-Transformierte $F(z_1, z_2)$, so gilt

$$F(z_1, z_2) = F_1(z_1, z_2)\, F_2(z_1, z_2) \tag{7.80a}$$

und damit

$$\ln F(z_1, z_2) = \ln F_1(z_1, z_2) + \ln F_2(z_1, z_2) \ ,$$

also für die Cepstren

$$\hat{f}[n_1, n_2] = \hat{f}_1[n_1, n_2] + \hat{f}_2[n_1, n_2] \ . \tag{7.80b}$$

Der Faltung im Originalbereich entspricht also die Addition im Cepstralbereich. Dies ist eine wichtige Eigenschaft des Cepstrums.

Ein separierbares Signal

$$f[n_1, n_2] = f[n_1]\, g[n_2]$$

besitzt, wie man zeigen kann, das Cepstrum

$$\hat{f}[n_1, n_2] = \hat{f}[n_1]\, \delta[n_2] + \hat{g}[n_2]\, \delta[n_1] \ ,$$

wobei $\hat{f}[n_1]$ und $\hat{g}[n_2]$ die eindimensionalen Cepstren von $f[n_1]$ bzw. $g[n_2]$ bedeuten.

Die Z-Transformierte $F(z_1, z_2)$ eines Signals $f[n_1, n_2]$ sei auf $|z_1| = |z_2| = 1$ analytisch und von Null verschieden. Dann kann für das Cepstrum

$$\hat{f}[n_1, n_2] = \frac{1}{(2\pi)^2} \int_0^{2\pi} \int_0^{2\pi} \ln F(e^{j\omega_1}, e^{j\omega_2})\, e^{j(\omega_1 n_1 + \omega_2 n_2)}\, d\omega_1\, d\omega_2 \tag{7.81}$$

geschrieben werden, sofern $\ln F(e^{j\omega_1}, e^{j\omega_2})$ eine in $\omega_1$ und $\omega_2$ doppelperiodische stetige Funktion ist. Letzteres ist gegeben, wenn die sogenannte *entrollte* ("unwrapped") Phase von $F(e^{j\omega_1}, e^{j\omega_2})$ eine in $\omega_1$, $\omega_2$ doppelperiodische stetige Funktion ist.

Der Begriff der entrollten Phase soll für den eindimensionalen Fall erläutert werden. Eine Übertragung auf den zweidimensionalen Fall ist naheliegend. Es sei $F(e^{j\omega}) = A(\omega) e^{j\Phi(\omega)}$ das als stetige, endliche und nirgends verschwindende Funktion angenommene Spektrum eines reellen diskontinuierlichen Signals $f[n]$. Mit $\Phi(0) = 0$ soll $\Phi(\omega)$ zunächst als eine in $\omega$ stetige Funktion verstanden werden. Schränkt man den Wertebereich von

---

[1]) Das eindimensionale Cepstrum wird ganz entsprechend definiert.

$$\Phi_h(\omega) := \mathrm{Im}\{\ln F(\mathrm{e}^{\mathrm{j}\omega})\}$$

auf das Intervall $[-\pi, \pi)$ ein, das dem Hauptwert der Logarithmusfunktion entspricht, dann treten an den Kreisfrequenzen Phasensprünge auf, bei denen die Ortskurve $F(\mathrm{e}^{\mathrm{j}\omega})$ die negativ reelle Achse der komplexen $F$-Ebene überschreitet. In diesem Sinne spricht man von der *eingerollten* Phase des Spektrums. Schränkt man den Wertebereich der Phase nicht ein, dann können die möglichen Phasensprünge beseitigt werden, so daß $\Phi(\omega)$ überall stetig wird. Man erreicht dies dadurch, daß man an den Sprungstellen der eingerollten Phase den Zweig der ln-Funktion wechselt, mit der $\Phi_h(\omega)$ dargestellt wurde. Die so entstandene Phasenfunktion $\Phi(\omega)$ heißt *entrollt*. Da die entrollte Phase durch die Abbildung des Einheitskreises vermöge $F(\mathrm{e}^{\mathrm{j}\omega})$ geliefert wird, unterscheidet sich der Kurvenverlauf von $\Phi(\omega)$ im $\omega$-Intervall $[2\pi, 4\pi)$ von dem im Intervall $[0, 2\pi)$ nur um eine Konstante $2\pi Z$ mit $Z \in \mathbf{Z}$. Dieselbe Differenz tritt zwischen dem Verlauf im Intervall $[4\pi, 6\pi)$ und dem Intervall $[2\pi, 4\pi)$ auf usw. Dabei ist $Z$ nach Satz V.4 gleich $N - P$, wobei $N$ die Zahl der Nullstellen und $P$ die Zahl der Pole von $F(z)$ in $|z| < 1$ bedeutet. Damit kann die entrollte Phase stets in einen $2\pi$-periodischen stetigen Anteil $\Phi_p(\omega)$ und einen linearen Anteil $Z\omega$ gemäß

$$\Phi(\omega) = \Phi_p(\omega) + Z\omega$$

zerlegt werden. Praktisch erhält man $Z$ aus der Beziehung

$$Z 2\pi = \Phi(2\pi) - \Phi(0).$$

Die entrollte Phase läßt sich in der Form

$$\Phi(\omega) = \Phi(0) + \int_0^{\omega} \frac{\mathrm{d}\Phi_h(\xi)}{\mathrm{d}\xi}\, \mathrm{d}\xi$$

schreiben, wobei die Ableitung im Integral an den Sprungstellen der Phase undefiniert bleibt.

Angesichts der Voraussetzung, daß $F(z_1, z_2)$ auf $|z_1| = |z_2| = 1$ analytisch und von Null verschieden ist, folgt, daß dort auch $\ln F(z_1, z_2)$ analytisch ist und damit $f[n_1, n_2]$ und $\hat{f}[n_1, n_2]$ absolut summierbar sind. Außerdem ist das mit $1/F(z_1, z_2)$ korrespondierende Signal absolut summierbar. Alle drei Signale haben einen identischen Träger.

Mit

$$\hat{F}(\mathrm{e}^{\mathrm{j}\omega_1}, \mathrm{e}^{\mathrm{j}\omega_2}) := \ln F(\mathrm{e}^{\mathrm{j}\omega_1}, \mathrm{e}^{\mathrm{j}\omega_2}) \tag{7.82a}$$

erhält man

$$\frac{\partial \hat{F}(\mathrm{e}^{\mathrm{j}\omega_1}, \mathrm{e}^{\mathrm{j}\omega_2})}{\partial \omega_1} = \frac{1}{F(\mathrm{e}^{\mathrm{j}\omega_1}, \mathrm{e}^{\mathrm{j}\omega_2})} \frac{\partial F(\mathrm{e}^{\mathrm{j}\omega_1}, \mathrm{e}^{\mathrm{j}\omega_2})}{\partial \omega_1} . \tag{7.82b}$$

Überträgt man diese Beziehung in den Originalbereich, so folgt

$$n_1 \hat{f}[n_1, n_2] = \sum_{\mu_1} \sum_{\mu_2} \mu_1 f[\mu_1, \mu_2]\, i[n_1 - \mu_1, n_2 - \mu_2] . \tag{7.83a}$$

Dabei bedeutet $i[n_1, n_2]$ die Originalfunktion (Rücktransformierte) von $1/F(\mathrm{e}^{\mathrm{j}\omega_1}, \mathrm{e}^{\mathrm{j}\omega_2})$. Sie heißt Inverse von $f[n_1, n_2]$. Entsprechend erhält man

$$n_2 \hat{f}[n_1, n_2] = \sum_{\mu_1} \sum_{\mu_2} \mu_2 f[\mu_1, \mu_2]\, i[n_1 - \mu_1, n_2 - \mu_2] . \tag{7.83b}$$

Die Gln. (7.83a,b) zeigen, daß der Träger von $\hat{f}[n_1, n_2]$ durch die Träger des Signals $f[n_1, n_2]$ und des inversen Signals $i[n_1, n_2]$ bestimmt wird. Ist der erste Quadrant der $(n_1, n_2)$-Ebene Träger von $f[n_1, n_2]$ und von $i[n_1, n_2]$, dann stellt dieser Quadrant auch einen Träger von $\hat{f}[n_1, n_2]$ dar. Entsprechende Zusammenhänge bestehen auch für die anderen Quadranten, für die Halbebenen und für Keilgebiete. Umgekehrt werden die Träger von $f[n_1, n_2]$ und $i[n_1, n_2]$ durch den Träger von $\hat{f}[n_1, n_2]$ bestimmt. Nach Gl. (7.82a) läßt sich nämlich $F(e^{j\omega_1}, e^{j\omega_2})$ als Exponentielle von $\hat{F}(e^{j\omega_1}, e^{j\omega_2})$ ausdrücken und in eine unendliche Reihe entwickeln, die in den Originalbereich übertragen werden kann. Auf diese Weise wird $f[n_1, n_2]$ durch eine unendliche Reihe dargestellt, deren Summanden im wesentlichen iterierte Faltungen von $\hat{f}[n_1, n_2]$ sind. Deshalb ergibt sich der Träger von $f[n_1, n_2]$ als Träger des Signals, das man erhält, wenn $\hat{f}[n_1, n_2]$ unendlich oft mit sich selbst gefaltet wird. Ebenso kann $1/F(e^{j\omega_1}, e^{j\omega_2})$ durch $\hat{F}(e^{j\omega_1}, e^{j\omega_2})$ ausgedrückt und in den Originalbereich übertragen werden.

Falls die Periodizität von $F(e^{j\omega_1}, e^{j\omega_2})$ nicht gegeben ist, setzt sich die Phase additiv aus einem doppelperiodischen Anteil und einem rein linearen Teil zusammen. Durch Translation von $f[n_1, n_2]$ läßt sich der rein lineare Anteil beseitigen, so daß dann das Cepstrum gebildet werden kann. Dies läßt sich für ein Signal $f[n_1, n_2]$ endlicher Ausdehnung leicht zeigen. In diesem Fall ist $F(z_1, z_2)$ ein durch einen Term der Art $z_1^K z_2^L$ dividiertes Polynom, von dem vorausgesetzt wird, daß es auf der Fläche $|z_1| = |z_2| = 1$ nicht verschwindet. Für ein festes $\tilde{\omega}_2$ sei $Z_1(\tilde{\omega}_2)$ die Umlaufzahl von $F(z_1, e^{j\tilde{\omega}_2})$ beim einmaligen Durchlaufen des Einheitskreises $|z_1| = 1$ im Gegenuhrzeigersinn. Diese hängt nach Satz V.4 von der Zahl der Nullstellen von $F(z_1, e^{j\tilde{\omega}_2})$ in $|z_1| < 1$ ab. Man beachte, daß $Z_1(\tilde{\omega}_2)$ von $\tilde{\omega}_2$ $(0 \leqq \tilde{\omega}_2 < 2\pi)$ unabhängig ist. Denn eine Änderung von $Z_1(\tilde{\omega}_2)$ bei Variation von $\tilde{\omega}_2$ im Intervall $[0, 2\pi)$ ist deshalb ausgeschlossen, weil dies sonst eine Nullstelle von $F(z_1, z_2)$ auf $|z_1| = |z_2| = 1$ implizieren würde. Entsprechend muß die Umlaufzahl $Z_2(\tilde{\omega}_1)$ von $F(e^{j\tilde{\omega}_1}, z_2)$ beim Durchlaufen des Einheitskreises $|z_2| = 1$ im Gegenuhrzeigersinn von $\tilde{\omega}_1$ unabhängig sein. Damit kann man für die entrollte Phase $\Phi(\omega_1, \omega_2)$ von $F(e^{j\omega_1}, e^{j\omega_2})$ die Beziehungen

$$\Phi(2\pi, \omega_2) = \Phi(0, \omega_2) + 2\pi Z_1 \tag{7.84}$$

und

$$\Phi(\omega_1, 2\pi) = \Phi(\omega_1, 0) + 2\pi Z_2 \tag{7.85}$$

angeben. Betrachtet man nun die Z-Transformierte

$$G(z_1, z_2) = F(z_1, z_2) z_1^{-Z_1} z_2^{-Z_2} \tag{7.86}$$

und damit das Signal

$$g[n_1, n_2] = f[n_1 - Z_1, n_2 - Z_2] , \tag{7.87}$$

so ist zu erkennen, daß die Phase $\Psi(\omega_1, \omega_2)$ von $G(e^{j\omega_1}, e^{j\omega_2})$ eine stetige und doppelperiodische Funktion darstellt und damit $g[n_1, n_2]$ ein Cepstrum $\hat{g}[n_1, n_2]$ besitzt.

Unter Verwendung der oben genannten Reihendarstellung von $F(e^{j\omega_1}, e^{j\omega_2})$ und Gl. (7.86) läßt sich $g[n_1, n_2]$ durch eine unendliche Reihe darstellen, aus der sich ergibt, daß der Träger von $g[n_1, n_2]$, von einer Verschiebung abgesehen, wie der von $f[n_1, n_2]$ mit dem Träger von $\hat{f}[n_1, n_2]$ verknüpft ist.

Mit Hilfe der oben eingeführten Begriffe des Cepstrums und des inversen Signals läßt sich ein sogenanntes Mindestphasensignal auch für den zweidimensionalen Fall einführen. Hierunter versteht man eine Funktion $f[n_1, n_2]$, die absolut summierbar ist und deren Inverse sowie deren Cepstrum ebenfalls absolut summierbar sind und den gleichen Träger wie $f[n_1, n_2]$ haben. Es wird davon ausgegangen, daß dieser Träger ein konvexes Gebiet ist, wie beispielsweise ein Quadrant, eine Halbebene oder ein Keilgebiet.

Das zweidimensionale Cepstrum findet eine wichtige Anwendung bei der Behandlung des sogenannten Faktorisierungsproblems. Dabei geht es um die Lösung der folgenden Aufgabe: Es sei $R(e^{j\omega_1}, e^{j\omega_2})$ ein reelles beständig positives Spektrum, das zu einer reellen, symmetrischen Folge $r[n_1, n_2]$ endlicher Ausdehnung gehört. Gesucht wird ein reelles Mindestphasensignal $b[n_1, n_2]$ möglichst endlicher Ausdehnung, so daß

$$r[n_1, n_2] = b[n_1, n_2] ** b[-n_1, -n_2] , \tag{7.88}$$

d. h. im Frequenzbereich

$$R(e^{j\omega_1}, e^{j\omega_2}) = B(e^{j\omega_1}, e^{j\omega_2}) B(e^{-j\omega_1}, e^{-j\omega_2}) = |B(e^{j\omega_1}, e^{j\omega_2})|^2 \tag{7.89}$$

gilt. Dabei bedeutet $B(e^{j\omega_1}, e^{j\omega_2})$ das Spektrum von $b[n_1, n_2]$. Im allgemeinen ist es nicht möglich, das Faktorisierungsproblem gemäß Gl. (7.88) mit Hilfe eines Signals $b[n_1, n_2]$ endlicher Ausdehnung zu lösen. Jedoch ist eine transzendente Faktorisierung möglich, wie im folgenden gezeigt wird.

Es wird zu $r[n_1, n_2]$ das Cepstrum $\hat{r}[n_1, n_2]$ ermittelt und entsprechend der früher erkannten Eigenschaft additiv zerlegt in

$$\hat{r}[n_1, n_2] = \hat{b}[n_1, n_2] + \hat{b}[-n_1, -n_2] . \tag{7.90a}$$

Dabei wird durch die Wahl

$$\hat{b}[n_1, n_2] = \begin{cases} \hat{r}[n_1, n_2] & \text{für } n_1 \in \mathbb{Z},\ n_2 \in \mathbb{N} \text{ sowie } n_1 \in \mathbb{N},\ n_2 = 0 , \\ \frac{1}{2}\hat{r}[0, 0] & \text{für } n_1 = n_2 = 0 , \\ 0 & \text{sonst} \end{cases} \tag{7.90b}$$

erreicht, daß die dem Cepstrum $\hat{b}[n_1, n_2]$ entsprechende Originalfolge $b[n_1, n_2]$ ein Mindestphasensignal repräsentiert, wobei eine unsymmetrische Halbebene Träger ist. Eine endliche Ausdehnung von $b[n_1, n_2]$ kann jedoch im allgemeinen nicht gewährleistet werden. Jedoch erfüllt $b[n_1, n_2]$ die Beziehung (7.88).

### 3.7.2. Numerische Berechnung

Eine erste Möglichkeit der numerischen Berechnung des zweidimensionalen Cepstrums besteht in der direkten Auswertung der Gl. (7.81) unter Verwendung der zweidimensionalen DFT. Dabei kann man in der Regel davon ausgehen, daß das Signal $f[n_1, n_2]$, dessen Cepstrum berechnet werden soll, endliche Ausdehnung hat. Träger von $f[n_1, n_2]$ sei das Rechteck $0 \leqq n_1 < M_1$, $0 \leqq n_2 < M_2$. Die Ordnung der anzuwendenden diskreten Fourier-Transformation sei $(N_1, N_2)$, wobei $M_1 \leqq N_1$ und $M_2 \leqq N_2$ gelte. Der Träger von $f[n_1, n_2]$ kann auf das Rechteck $0 \leqq n_1 < N_1$, $0 \leqq n_2 < N_2$ erweitert werden, indem die Funktionswerte an neu hinzugekommenen Stellen zu Null erklärt werden. Im erweiterten Träger werden $N_1 N_2$ Werte der Fourier-Transformierten $F(e^{j\omega_1}, e^{j\omega_2})$ für die Kreisfrequenzen $\omega_1 = 2\pi m_1 / N_1$, $\omega_2 = 2\pi m_2 / N_2$ mit $m_1 = 0, 1, \ldots, N_1 - 1$ und $m_2 = 0, 1, \ldots, N_2 - 1$ berechnet. Sie seien mit $F[m_1, m_2]$ bezeichnet. Zur korrekten Berechnung der Werte $\ln F[m_1, m_2]$ ist die entrollte Phase $\Phi[m_1, m_2]$ von $F[m_1, m_2]$ erforderlich. Sofern diese lineare Terme enthält, müssen sie entfernt werden. Gemäß Gl. (7.71) erhält man $F[0, 0]$ und daraus den Wert $\Phi[0, 0]$, der eindeutig festzulegen ist. Bei einem reellen Signal $f[n_1, n_2]$ wählt man üblicherweise $\Phi[0, 0] = 0$ oder $\pi$. Nun wird gemäß Gl. (7.71) für $m_2 = 0$ die entrollte Phase von

$$F[m_1, 0] = \sum_{n_1=0}^{N_1-1} e^{-j2\pi\frac{n_1 m_1}{N_1}} \sum_{n_2=0}^{N_2-1} f[n_1, n_2] \tag{7.91}$$

unter Berücksichtigung des Anfangswertes $\Phi[0, 0]$ ermittelt. So erhält man $\Phi[m_1, 0]$ für $m_1 = 0, 1, \ldots, N_1 - 1, N_1$. Hieraus ergibt sich die Umlaufzahl um den Ursprung

$$Z_1 = (\Phi[N_1, 0] - \Phi[0, 0])/2\pi \ . \tag{7.92}$$

Weiterhin wird die entrollte Phase von

$$F[k_1, m_2] = \sum_{n_2=0}^{N_2-1} e^{-j2\pi\frac{n_2 m_2}{N_2}} \sum_{n_1=0}^{N_1-1} f[n_1, n_2]\, e^{-j2\pi\frac{n_1 k_1}{N_1}} \tag{7.93}$$

unter Verwendung der Anfangsphase $\Phi[k_1, 0]$ für jedes feste $k_1$ von 0 bis $N_1 - 1$ berechnet. Man erhält $\Phi[k_1, m_2]$ für $m_2 = 0, 1, \ldots, N_2 - 1, N_2$ und daraus die Umlaufzahl um den Ursprung

$$Z_2 = (\Phi[k_1, N_2] - \Phi[k_1, 0])/2\pi \tag{7.94}$$

unabhängig von $k_1$. Es darf gewöhnlich vorausgesetzt werden, daß $F(e^{j\omega_1}, e^{j\omega_2})$ nirgends verschwindet. Damit ergibt sich die Phasenfunktion

$$\Psi[m_1, m_2] = \Phi[m_1, m_2] - \frac{2\pi m_1}{N_1} Z_1 - \frac{2\pi m_2}{N_2} Z_2 \tag{7.95}$$

und außerdem

$$\ln |G[m_1, m_2]| = \ln |F[m_1, m_2]| \ . \tag{7.96}$$

Wendet man nun die inverse zweidimensionale DFT an, dann gelangt man schließlich zur Folge

$$\hat{g}_a[n_1, n_2] = \frac{1}{N_1 N_2} \sum_{m_1=0}^{N_1-1} \sum_{m_2=0}^{N_2-1} \Big[\ln |G[m_1, m_2]| + j\Psi[m_1, m_2]\Big] e^{j2\pi(\frac{n_1 m_1}{N_1} + \frac{n_2 m_2}{N_2})} . \tag{7.97}$$

Diese Formel stellt eine diskrete Näherung von Gl. (7.81) dar und liefert eine Approximation für das Cepstrum $\hat{g}[n_1, n_2]$. Es besteht der Zusammenhang

$$\hat{g}_a[n_1, n_2] = \sum_{\nu_1=-\infty}^{\infty} \sum_{\nu_2=-\infty}^{\infty} \hat{g}[n_1 + \nu_1 N_1, n_2 + \nu_2 N_2] \ .$$

Dabei ist zu beachten, daß der Träger von $\hat{g}[n_1, n_2]$ unendliche Ausdehnung hat.

Eine weitere Möglichkeit zur (exakten) Berechnung des Cepstrums bietet ein Rekursionsalgorithmus, der im folgenden beschrieben wird. Dabei ist vorauszusetzen, daß $f[n_1, n_2]$ ein Mindestphasensignal mit dem ersten Quadranten als Träger ist. Zur Herleitung der Rekursion schreibt man die Gl. (7.82b) in der Form

$$F(e^{j\omega_1}, e^{j\omega_2})\,\frac{\partial \hat{F}(e^{j\omega_1}, e^{j\omega_2})}{\partial \omega_1} = \frac{\partial F(e^{j\omega_1}, e^{j\omega_2})}{\partial \omega_1} .$$

Durch Überführung dieser Beziehung in den Originalbereich erhält man

$$\sum_{\nu_1=-\infty}^{\infty} \sum_{\nu_2=-\infty}^{\infty} f[n_1-\nu_1, n_2-\nu_2]\,\nu_1\,\hat{f}[\nu_1,\nu_2] = n_1 f[n_1, n_2]$$

oder, wenn man beachtet, daß $f[n_1, n_2]$ ein Mindestphasensignal mit dem ersten Quadranten als Träger ist und damit der erste Quadrant auch einen Träger von $\hat{f}[n_1, n_2]$ darstellt,

$$\sum_{\nu_1=0}^{n_1} \sum_{\nu_2=0}^{n_2} f[n_1-\nu_1, n_2-\nu_2]\,\nu_1\,\hat{f}[\nu_1,\nu_2] = n_1 f[n_1, n_2] . \tag{7.98}$$

Zieht man den Summanden für $(\nu_1, \nu_2) = (n_1, n_2)$ aus der Summe heraus, so liefert die Gl. (7.98)

$$\hat{f}[n_1, n_2] = \frac{1}{f[0,0]}\Big\{f[n_1,n_2] - \frac{1}{n_1}\sum_{\substack{\nu_1=0 \\ (\nu_1,\nu_2)\neq(n_1,n_2)}}^{n_1} \sum_{\nu_2=0}^{n_2} f[n_1-\nu_1, n_2-\nu_2]\,\nu_1\,\hat{f}[\nu_1,\nu_2]\Big\} \tag{7.99}$$

$(n_1 \neq 0)$. Entsprechend ergibt sich

$$\hat{f}[n_1, n_2] = \frac{1}{f[0,0]}\Big\{f[n_1,n_2] - \frac{1}{n_2}\sum_{\substack{\nu_1=0 \\ (\nu_1,\nu_2)\neq(n_1,n_2)}}^{n_1} \sum_{\nu_2=0}^{n_2} f[n_1-\nu_1, n_2-\nu_2]\,\nu_2\,\hat{f}[\nu_1,\nu_2]\Big\} \tag{7.100}$$

$(n_2 \neq 0)$. Den Wert $\hat{f}[0,0]$ erhält man mittels des zweidimensionalen Anfangswertsatzes als

$$\hat{f}[0,0] = \lim_{z_1, z_2 \to \infty} \ln F(z_1, z_2) = \ln f[0,0] .$$

Der Imaginärteil von $\hat{f}[0,0]$ ist nur bis auf ein ganzzahliges Vielfaches von $2\pi$ bestimmt. Mit Hilfe der Gl. (7.100) lassen sich nun sukzessiv die Werte $\hat{f}[0, n_2]$ und mit Hilfe der Gl. (7.99) die Werte $\hat{f}[n_1, 0]$ ermitteln. Anschließend erhält man die Werte von $\hat{f}[n_1, n_2]$ für $n_1 > 0$ und $n_2 > 0$ mittels einer der Formeln (7.99) und (7.100). Außerhalb des ersten Quadranten verschwindet $\hat{f}[n_1, n_2]$ identisch. Wenn die Voraussetzung, daß $f[n_1, n_2]$ ein Mindestphasensignal mit erstem Quadranten als Träger ist, nicht zutrifft, streben die Werte des Cepstrums im Verlauf der Rekursion über alle Grenzen.

## 3.8. STABILITÄTSANALYSE

Im Abschnitt 2 wurde der Begriff der Stabilität eines Systems eingeführt, und es wurde als Stabilitätskriterium zur Prüfung linearer, verschiebungsinvarianter Systeme die Forderung der absoluten Summierbarkeit der Impulsantwort gefunden. Da die Anwendung dieses Kriteriums die Kenntnis der Impulsantwort voraussetzt, sollen im folgenden weitere Möglichkeiten zur Stabilitätsprüfung besprochen werden.

Träger der Impulsantwort $h[n_1, n_2]$ eines rekursiv berechenbaren Systems ist ein Keilgebiet. Im Abschnitt 2.2 wurde gezeigt, wie eine solche Funktion linear in eine andere Funktion abgebildet werden kann, so daß der erste Quadrant Träger der abgebildeten Funktion ist. Es kann gezeigt werden, daß $h[n_1, n_2]$ absolut summierbar, das betreffende System also stabil ist, wenn das abgebildete Signal absolut summierbar ist. Die Stabilitätsprüfung eines Filters, dessen Impulsantwort einen keilförmigen Träger hat, läßt sich also auf die Stabilitätsprüfung eines Filters zurückführen, dessen Impulsantwort den ersten Quadranten als Träger besitzt. Daher sei die Stabilitätsanalyse auf Filter mit einer derartigen Impulsantwort, d. h. auf kausale Filter beschränkt, und es wird eine rationale Übertragungsfunktion vorausgesetzt.

Die Stabilität eines kausalen Filters wird wesentlich durch die Nullstellen des Nenners $B(z_1, z_2)$ der Übertragungsfunktion $H(z_1, z_2)$ nach Gl. (7.56) (mit $M_1 = M_2 = 0$) bestimmt. In gewissen Fällen beeinflußt auch noch der Zähler $A(z_1, z_2)$ die Stabilität.

Eliminiert man zunächst den Einfluß des Zählers $A(z_1, z_2)$ von $H(z_1, z_2)$, indem man sich auf den Sonderfall $A(z_1, z_2) \equiv 1$ beschränkt, dann ist ein kausales Filter genau dann stabil, wenn $B(z_1, z_2) \neq 0$ für alle Punkte $(z_1, z_2)$ mit $|z_1| \geqq 1$, $|z_2| \geqq 1$ gilt (Bild 7.13).

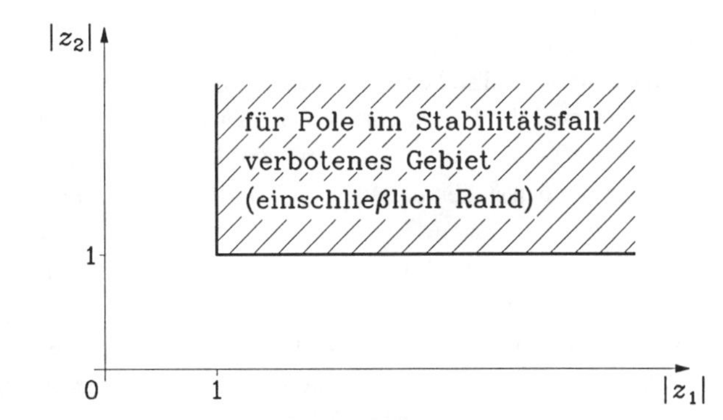


Bild 7.13: Veranschaulichung des Stabilitätskriteriums für zweidimensionale Filter

Diese Tatsache läßt sich folgendermaßen beweisen. Entwickelt man $H(z_1, z_2) = 1/B(z_1, z_2)$ in eine Potenzreihe nach $z_1^{-1}$ und $z_2^{-1}$, d. h. in

$$H(z_1, z_2) = \sum_{n_1=0}^{\infty} \sum_{n_2=0}^{\infty} h[n_1, n_2] z_1^{-n_1} z_2^{-n_2} ,$$

so konvergiert diese überall im Hyperkreisgebiet $|z_1| \geqq 1$, $|z_2| \geqq 1$, insbesondere für $|z_1| = |z_2| = 1$ absolut, vorausgesetzt $B(z_1, z_2) \neq 0$ gilt für $|z_1| \geqq 1$, $|z_2| \geqq 1$. Hieraus folgt unmittelbar die absolute Summierbarkeit der Impulsantwort $h[n_1, n_2]$. Andererseits impliziert die absolute Summierbarkeit von $h[n_1, n_2]$ die Konvergenz der Potenzreihe und damit $B(z_1, z_2) \neq 0$ für alle $(z_1, z_2)$ im Gebiet $|z_1| \geqq 1$, $|z_2| \geqq 1$.

Eine direkte Prüfung dieser Eigenschaft ist schwierig. Im folgenden werden einige Möglichkeiten zur praktischen Stabilitätsprüfung vorgestellt. Die Beweise sind im Schrifttum zu finden [Hu1, Oc1, Sh1, St2].

**Satz VII.2**: Ein zweidimensionales kausales System mit der vorgegebenen Übertragungsfunktion $H(z_1, z_2) = 1/B(z_1, z_2)$ ist genau dann stabil, wenn eines der folgenden äquivalenten Kriterien (a), (b) oder (c) erfüllt ist:

(a) Shanks-Kriterium
   (ai) $B(z_1, z_2) \neq 0$, für alle $z_1, z_2$ mit $|z_1| \geqq 1$, $|z_2| = 1$ und
   (aii) $B(z_1, z_2) \neq 0$, für alle $z_1, z_2$ mit $|z_1| = 1$, $|z_2| \geqq 1$ ;

(b) Huang-Kriterium

(bi) $B(z_1, z_2) \neq 0$, für alle $z_1, z_2$ mit $|z_1| \geqq 1$, $|z_2| = 1$ und

(bii) $B(a, z_2) \neq 0$, für alle $z_2$ mit $|z_2| \geqq 1$ und für ein beliebiges, aber festes $a$ mit $|a| \geqq 1$ ;

(c) DeCarlo-Strintzis-Kriterium

(ci) $B(z_1, z_2) \neq 0$, für alle $z_1, z_2$ mit $|z_1| = 1$, $|z_2| = 1$ und

(cii) $B(a, z_2) \neq 0$, für alle $z_2$ mit $|z_2| \geqq 1$, $a$ beliebig, aber fest mit $|a| = 1$ und

(ciii) $B(z_1, b) \neq 0$, für alle $z_1$ mit $|z_1| \geqq 1$, $b$ beliebig, aber fest mit $|b| = 1$.

Man beachte, daß es sich bei den Forderungen (bii), (cii) und (ciii) um eindimensionale Prüfbedingungen handelt. Dabei kann man $a = 1$ und $b = 1$ wählen. Die Anwendung der Bedingung (ci) erfordert zu prüfen, ob $B(\mathrm{e}^{\mathrm{j}\omega_1}, \mathrm{e}^{\mathrm{j}\omega_2})$ für $0 \leqq \omega_1 < 2\pi$ und $0 \leqq \omega_2 < 2\pi$ nicht verschwindet. Außerdem ist zu beachten, daß alle Betragsbedingungen "$\geqq 1$" den Punkt Unendlich umfassen.

Man kann die Nullstellen des Polynoms $B(z_1, \mathrm{e}^{\mathrm{j}\omega_2})$ bei festem $\omega_2$ berechnen. Läßt man $\omega_2$ das Intervall $[0, 2\pi)$ durchlaufen, so bewegen sich die Nullstellen des Polynoms auf bestimmten Ortskurven in der $z_1$-Ebene, wobei $\omega_2$ als Ortskurvenparameter auftritt. Ebenso kann man die Nullstellen des Polynoms $B(\mathrm{e}^{\mathrm{j}\omega_1}, z_2)$ für jedes feste $\omega_1$ ermitteln. Läßt man $\omega_1$ das Intervall $[0, 2\pi)$ durchlaufen, dann bewegen sich die Nullstellen des Polynoms auf bestimmten Ortskurven in der $z_2$-Ebene. Auf diese Weise erhält man Wurzelortskurven in der $z_1$-Ebene und in der $z_2$-Ebene.

Wenn keine der Wurzelortskurven in der $z_1$-Ebene und keine der Wurzelortskurven in der $z_2$-Ebene den Einheitskreis schneidet oder erreicht, ist die Bedingung (ci) erfüllt. Die Bedingungen (cii) und (ciii) verlangen, daß die Wurzelortskurven in beiden Ebenen ausschließlich innerhalb des Einheitskreises liegen. Wenn im Rahmen der Prüfung von Bedingung (ci) festgestellt wurde, daß die Wurzelortskurven den Einheitskreis nicht schneiden, genügt es zu prüfen, ob alle Wurzeln der zwei eindimensionalen Polynome $B(z_1, 1)$ und $B(1, z_2)$ innerhalb des Einheitskreises liegen.

Die Bedingungen (bi) und (bii) sind erfüllt, wenn die Wurzelortskurven in beiden Ebenen innerhalb des Einheitskreises verlaufen.

Das Kriterium (c) von Satz VII.2 läßt sich unter Verwendung des Satzes vom logarithmischen Residuum (Satz V.4) praktisch anwenden. Dazu werden zunächst die Ortskurven

$$B(1, \mathrm{e}^{\mathrm{j}\omega_2}) \quad (0 \leqq \omega_2 < 2\pi) \; ; \quad B(\mathrm{e}^{\mathrm{j}\omega_1}, 1) \quad (0 \leqq \omega_1 < 2\pi)$$

untersucht. Ist ihre Umlaufzahl um den Ursprung jeweils Null, dann befinden sich alle Nullstellen von $B(1, z_2)$ in $|z_2| < 1$ und alle Nullstellen von $B(z_1, 1)$ in $|z_1| < 1$; die Bedingungen (cii) und (ciii) von Satz VII.2 sind dann erfüllt. Zur Prüfung der Bedingung (ci) untersucht man die Ortskurvenschar von $B(\mathrm{e}^{\mathrm{j}\omega_1}, \mathrm{e}^{\mathrm{j}\omega_2})$ mit $\omega_2$ als Ortskurvenparameter und $\omega_1$ als dem Scharparameter. Es werden dabei $S_1$ solche Ortskurven für $\omega_1 = 2\pi\nu/S_1$ mit $\nu = 1, 2, \ldots, S_1$ untersucht. Ist die Umlaufzahl jeder dieser Ortskurven bezüglich des Ursprungs Null und $S_1$ hinreichend groß gewählt, so befinden sich alle Nullstellen von $B(\mathrm{e}^{\mathrm{j}\omega_1}, z_2)$ in $|z_2| < 1$ (man beachte, daß $B(\mathrm{e}^{\mathrm{j}\omega_1}, z_2)$ ein Polynom in $1/z_2$ ist), und zwar für jeden Wert von $\omega_1$ im Intervall $0 \leqq \omega_1 < 2\pi$. Damit ist die Bedingung (ci) von Satz VII.2 erfüllt.

Soll die geschilderte Stabilitätsprüfmethode aufgrund des Satzes vom logarithmischen Residuum *numerisch* angewendet werden, dann muß die Phase von $B(e^{j\omega_1}, e^{j\omega_2})$ bei konstantem $\omega_1$, aber variablem $\omega_2$ $(0 \leqq \omega_2 < 2\pi)$ bzw. bei konstantem $\omega_2$, aber variablem $\omega_1$ $(0 \leqq \omega_1 < 2\pi)$ berechnet werden, d. h. unter der Voraussetzung $B(e^{j\omega_1}, e^{j\omega_2}) \neq 0$

$$\Phi(\omega_1, \omega_2) := \arg B(e^{j\omega_1}, e^{j\omega_2}) = \arctan \frac{\operatorname{Im} B(e^{j\omega_1}, e^{j\omega_2})}{\operatorname{Re} B(e^{j\omega_1}, e^{j\omega_2})} . \tag{7.101}$$

Eine Schwierigkeit hierbei stellt die Mehrdeutigkeit der arctan-Funktion dar. Zur eindeutigen Festlegung der Phasenfunktion wird vereinbart, daß $\Phi(0,0)$ gleich Null ist und $\Phi(\omega_1, \omega_2)$ stetig von $\omega_1, \omega_2$ abhängt. Es besteht nun die Möglichkeit, aufgrund von Gl. (7.101) aus der Funktion $B(e^{j\omega_1}, e^{j\omega_2})$ die partiellen Ableitungen $\partial\Phi(\omega_1, \omega_2)/\partial\omega_1$ und $\partial\Phi(\omega_1, \omega_2)/\partial\omega_2$ zu berechnen, wobei die Ableitungen an möglichen Sprungstellen undefiniert bleiben. Dann kann man für feste Parameter $\widetilde{\omega}_1$ und $\widetilde{\omega}_2$ die stetigen Funktionen

$$\Phi(\omega_1, \widetilde{\omega}_2) = \Phi(0, \widetilde{\omega}_2) + \int_0^{\omega_1} \frac{\partial\Phi(\xi_1, \widetilde{\omega}_2)}{\partial\xi_1} d\xi_1 , \tag{7.102}$$

$$\Phi(\widetilde{\omega}_1, \omega_2) = \Phi(\widetilde{\omega}_1, 0) + \int_0^{\omega_2} \frac{\partial\Phi(\widetilde{\omega}_1, \xi_2)}{\partial\xi_2} d\xi_2 \tag{7.103}$$

und

$$\Phi(\omega_1, \omega_2) = \Phi(0,0) + \int_0^{\omega_1} \frac{\partial\Phi(\xi_1, 0)}{\partial\xi_1} d\xi_1 + \int_0^{\omega_2} \frac{\partial\Phi(\omega_1, \xi_2)}{\partial\xi_2} d\xi_2 \tag{7.104}$$

numerisch ermitteln. Sie repräsentieren die Phase in der entrollten Form.

Die oben formulierte Prüfung des Kriteriums (c) von Satz VII.2 kann jetzt folgendermaßen zusammengefaßt werden: Die entrollten Funktionen

$$\Phi(\omega_1, 0) , \quad \Phi(0, \omega_2) , \quad \Phi(2\pi\nu/S_1, \omega_2) \quad (\nu = 1, 2, \ldots, S_1)$$

müssen bei hinreichend großem $S_1$ *stetige periodische* Funktionen sein. Dies ist äquivalent mit der Forderung, daß die entrollte Phase $\Phi(\omega_1, \omega_2)$ eine stetige, doppelperiodische Funktion darstellt [Oc1, Oc2].

Hat ein zweidimensionales kausales System, dessen Stabilität analysiert werden soll, eine Übertragungsfunktion $H(z_1, z_2) = A(z_1, z_2)/B(z_1, z_2)$, die sich von der im Satz VII.2 genannten Funktion dadurch unterscheidet, daß das Zählerpolynom $A(z_1, z_2)$ nicht speziell gleich Eins ist, dann wird die Stabilität des Systems im allgemeinen nicht nur durch das Polynom $B(z_1, z_2)$, sondern auch durch $A(z_1, z_2)$ bestimmt. In [Go3] werden drei Beispiele von Übertragungsfunktionen angegeben, deren gemeinsamer Nenner $B(z_1, z_2) = 2 - z_1^{-1} - z_2^{-1}$ im Punkt $z_1 = z_2 = 1$ eine Nullstelle hat, die sich aber im Zähler wesentlich dadurch unterscheiden, daß eine der Übertragungsfunktionen mit $A(z_1, z_2) = 1$ in $z_1 = z_2 = 1$ im Zähler nicht verschwindet, während die anderen Übertragungsfunktionen mit dem Zähler $A(z_1, z_2) = (1 - z_1^{-1})^8(1 - z_2^{-1})^8$ bzw. dem Zähler $A(z_1, z_2) = (1 - z_1^{-1})(1 - z_2^{-1})$ an der Stelle $z_1 = z_2 = 1$ eine *unwesentliche Singularität zweiter Art* auf dem zweidimensionalen Hypereinheitskreis aufweisen. Nur das System mit $(1 - z_1^{-1})^8(1 - z_2^{-1})^8$ als dem Zählerpolynom ist stabil. Wenn für das Zählerpolynom $A(z_1, z_2) \neq$ const gilt, stellen die Bedingungen nach Satz VII.2 nur hinreichende Bedingungen dar. Falls keine unwesentliche Singularität zweiter Art in $|z_1| \geqq 1,\ |z_2| \geqq 1$ vorhanden ist, repräsentieren die Bedingungen nach Satz VII.2 auch notwendige Stabilitätsbedingungen.

## 4. Strukturen zweidimensionaler Digitalfilter

Die Impulsantwort und die Übertragungsfunktion sind Systemcharakteristiken, welche Eingangs- und Ausgangssignal eines Filters analytisch miteinander verknüpfen. Liegt eine Übertragungsfunktion explizit vor, so stellt sich die Frage nach ihrer Realisierung durch ein Digitalfilter, d. h. durch ein System, das aus einer Zusammenschaltung von Konstantmultiplizierern, Verzögerern, Addierern und Verteilknoten besteht. Im folgenden werden einige Möglichkeiten zur Verwirklichung von Übertragungsfunktionen beschrieben. Durch Anwendung des Dualitätsprinzips läßt sich analog zum eindimensionalen Fall (Kapitel II und [Un5]) zu jeder Realisierung eine äquivalente duale Verwirklichung der betreffenden Übertragungsfunktion angeben.

### 4.1. VIERTELEBENEN- UND HALBEBENENFILTER

Unter einem Viertelebenenfilter wird hier ein System mit der Übertragungsfunktion

$$H(z_1,z_2) = \frac{\sum\limits_{\nu_1=0}^{L_1} \sum\limits_{\nu_2=0}^{L_2} \alpha_{\nu_1\nu_2} z_1^{-\nu_1} z_2^{-\nu_2}}{\sum\limits_{\nu_1=0}^{N_1} \sum\limits_{\nu_2=0}^{N_2} \beta_{\nu_1\nu_2} z_1^{-\nu_1} z_2^{-\nu_2}} \tag{7.105}$$

mit $\beta_{00} \neq 0$ verstanden, so daß die Impulsantwort des Systems nur im ersten Quadranten ($n_1 \geqq 0, n_2 \geqq 0$) von Null verschiedene Funktionswerte aufweist. Ein Halbebenenfilter sei durch die Übertragungsfunktion

$$H(z_1,z_2) = \frac{\sum\limits_{\nu_1=0}^{L_1} \sum\limits_{\nu_2=-K_2}^{L_2} \alpha_{\nu_1\nu_2} z_1^{-\nu_1} z_2^{-\nu_2}}{\sum\limits_{\nu_1=0}^{N_1} \sum\limits_{\nu_2=-M_2}^{N_2} \beta_{\nu_1\nu_2} z_1^{-\nu_1} z_2^{-\nu_2}} \tag{7.106}$$

mit $\beta_{00} \neq 0$ und

$$\alpha_{0\nu_2} = \beta_{0\nu_2} = 0 \quad \text{für} \quad \nu_2 < 0$$

charakterisiert, so daß die Impulsantwort nur in einer Halbebene von Null verschiedene Funktionswerte besitzt. Eingangs- und Ausgangsmaske des Halbebenenfilters sind also Keilgebiete. Im folgenden wird gezeigt, daß durch Einführung verallgemeinerter Verzögerungsglieder ein Halbebenenfilter wie ein Viertelebenenfilter behandelt werden kann.

Mit

$$M = \max(K_2, M_2) \tag{7.107}$$

werden die (verallgemeinerten) Verzögerungen

$$\zeta_1^{-1} := z_1^{-1} z_2^M \quad , \quad \zeta_2^{-1} := z_2^{-1} \tag{7.108a,b}$$

eingeführt. Damit kann für die kombinierte Verzögerung

$$z_1^{-\nu_1} z_2^{-\nu_2} = \zeta_1^{-\nu_1} \zeta_2^{-(\nu_1 M + \nu_2)} \tag{7.109}$$

oder bei Verwendung der neuen Bezeichnungen

$$\mu_1 := \nu_1 \quad , \quad \mu_2 := \nu_1 M + \nu_2 \tag{7.110a,b}$$

oder

$$\nu_1 = \mu_1 \quad , \quad \nu_2 = \mu_2 - \mu_1 M \tag{7.111a,b}$$

auch

$$z_1^{-\nu_1} z_2^{-\nu_2} = \zeta_1^{-\mu_1} \zeta_2^{-\mu_2} \tag{7.112}$$

geschrieben werden. Es werden die weiteren Bezeichnungen

$$a_{\mu_1 \mu_2} := \alpha_{\mu_1 (\mu_2 - \mu_1 M)} \quad , \quad b_{\mu_1 \mu_2} := \beta_{\mu_1 (\mu_2 - \mu_1 M)} \tag{7.113a,b}$$

eingeführt. Dann läßt sich die Übertragungsfunktion $H(z_1, z_2)$ nach Gl. (7.106) auf die Form

$$H(\zeta_1, \zeta_2) = \frac{\sum\limits_{\mu_1=0}^{L_1} \sum\limits_{\mu_2=0}^{\mu_1 M + L_2} a_{\mu_1 \mu_2} \zeta_1^{-\mu_1} \zeta_2^{-\mu_2}}{\sum\limits_{\mu_1=0}^{N_1} \sum\limits_{\mu_2=0}^{\mu_1 M + N_2} b_{\mu_1 \mu_2} \zeta_1^{-\mu_1} \zeta_2^{-\mu_2}} \tag{7.114}$$

eines Viertelebenenfilters umschreiben (der Einfachheit wegen wurde das Funktionszeichen $H$ beibehalten). Die auftretenden Koeffizienten $a_{\mu_1 \mu_2}$ und $b_{\mu_1 \mu_2}$ erhält man gemäß den Gln. (7.113a,b) aus den $\alpha_{\nu_1 \nu_2}$ und $\beta_{\nu_1 \nu_2}$, jedoch nur insoweit, als die Indizes in den Intervallen $0 \leqq \nu_1 \leqq L_1$, $-K_2 \leqq \nu_2 \leqq L_2$ bzw. $0 \leqq \nu_1 \leqq N_1$, $-M_2 \leqq \nu_2 \leqq N_2$ liegen. Andernfalls haben die Koeffizienten den Wert Null.

*Beispiel*: Es sei $L_1 = K_2 = L_2 = 0$, $\alpha_{00} = 1$, $N_1 = 2$, $M_2 = 2$, $N_2 = 2$. Dann ergibt sich $M = 2$ und die Übertragungsfunktion

$$H(\zeta_1, \zeta_2) = \frac{1}{B(\zeta_1, \zeta_2)}$$

mit

$$B(\zeta_1, \zeta_2) = \beta_{00} + \beta_{01} \zeta_2^{-1} + \beta_{02} \zeta_2^{-2} + \beta_{1(-2)} \zeta_1^{-1} + \beta_{1(-1)} \zeta_1^{-1} \zeta_2^{-1} + \beta_{10} \zeta_1^{-1} \zeta_2^{-2} + \beta_{11} \zeta_1^{-1} \zeta_2^{-3}$$
$$+ \beta_{12} \zeta_1^{-1} \zeta_2^{-4} + \beta_{2(-2)} \zeta_1^{-2} \zeta_2^{-2} + \beta_{2(-1)} \zeta_1^{-2} \zeta_2^{-3} + \beta_{20} \zeta_1^{-2} \zeta_2^{-4} + \beta_{21} \zeta_1^{-2} \zeta_2^{-5} + \beta_{22} \zeta_1^{-2} \zeta_2^{-6} .$$

Da nunmehr Halbebenenfilter wie Viertelebenenfilter behandelt werden können, werden im folgenden vorzugsweise Viertelebenenfilter betrachtet.

## 4.2. NICHTREKURSIVE FILTER

Die Übertragungsfunktion eines nichtrekursiven (FIR-) Viertelebenenfilters hat die Form

$$H(z_1,z_2) = \sum_{\nu_1=0}^{L_1} \sum_{\nu_2=0}^{L_2} \alpha_{\nu_1\nu_2} z_1^{-\nu_1} z_2^{-\nu_2} . \tag{7.115}$$

Grundsätzlich haben FIR- ("*f*inite *i*mpulse *r*esponse") Filter den großen Vorteil, daß sie stets stabil sind. Ist $X(z_1,z_2)$ die Z-Transformierte des Eingangssignals und $Y(z_1,z_2)$ die des Ausgangssignals, dann besteht die Beziehung

$$Y(z_1,z_2) = \sum_{\nu_1=0}^{L_1} \sum_{\nu_2=0}^{L_2} \alpha_{\nu_1\nu_2} z_1^{-\nu_1} z_2^{-\nu_2} X(z_1,z_2) . \tag{7.116}$$

Aus dieser läßt sich direkt eine Realisierung der Übertragungsfunktion erhalten. Dazu konstruiert man für alle in der Übertragungsfunktion vorkommenden Verzögerungsterme $z_1^{-\nu_1} z_2^{-\nu_2}$ einen Verzögerungsbaum für $X(z_1,z_2)$. Die Zweige des Verzögerungsbaumes bestehen aus Elementarverzögerern $z_1^{-1}$ bzw. $z_2^{-1}$. Den Enden dieses Baumes entnimmt man sämtliche Terme $z_1^{-\nu_1} z_2^{-\nu_2} X(z_1,z_2)$, die Multiplizierern $\alpha_{\nu_1\nu_2}$ zugeführt werden. Die Produkte übergibt man einem Addierer, der schließlich $Y(z_1,z_2)$ liefert. Liegen mehreren Multiplizierern gleiche Elementarverzögerer in Kaskade, so lassen sich Verzögerer einsparen. Durch unterschiedliche, jedoch bezüglich der erforderlichen Verzögerungsterme äquivalente Verzögerungsbäume kann man unterschiedliche Realisierungen der Übertragungsfunktion erhalten.

*Beispiel*: Es sei

$$H(z_1,z_2) = \alpha_{00} + \alpha_{01} z_2^{-1} + \alpha_{10} z_1^{-1} + \alpha_{11} z_1^{-1} z_2^{-1} + \alpha_{21} z_1^{-2} z_2^{-1} \tag{7.117}$$

gegeben. Die Realisierung erfolgt in drei Schritten, die im Bild 7.14 in Form von Signalflußdiagrammen beschrieben sind. Im ersten Schritt (Bild 7.14a) wird der Verzögerungsbaum gebildet, im zweiten Schritt (Bild 7.14b) erfolgt die Erweiterung des Baumes zum Gesamtfilter, und im dritten Schritt (Bild 7.14c) werden zwei Verzögerer eingespart. Die Signalflußdiagramme bestehen aus den gleichen Elementen wie im eindimensionalen Fall, allerdings kommen zwei Arten von Verzögerungen ($z_1^{-1}, z_2^{-1}$) vor.

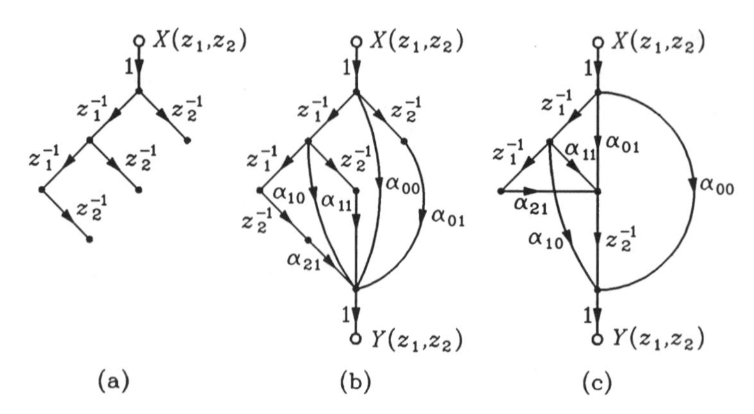


Bild 7.14: Realisierung der Übertragungsfunktion nach Gl. (7.117)

Man kann die Übertragungsfunktion $H(z_1,z_2)$ nach Gl. (7.115) auch in der Form

$$H(z_1, z_2) = \sum_{\nu_1=0}^{L_1} z_1^{-\nu_1} H_{\nu_1}(z_2) \tag{7.118a}$$

mit

$$H_{\nu_1}(z_2) = \sum_{\nu_2=0}^{L_2} \alpha_{\nu_1 \nu_2} z_2^{-\nu_2} \qquad (\nu_1 = 0, 1, \ldots, L_1) \tag{7.118b}$$

schreiben. Die Teilübertragungsfunktionen $H_{\nu_1}(z_2)$ lassen sich durch eindimensionale FIR-Filter realisieren. Die Gesamtübertragungsfunktion $H(z_1, z_2)$ wird dann gemäß dem Signalflußdiagramm nach Bild 7.15 verwirklicht. Eine ähnliche Realisierung erhält man, wenn man Teilübertragungsfunktionen $H_{\nu_2}(z_1)$ $(\nu_2 = 0, 1, \ldots, L_2)$ verwendet. Es werden jedenfalls $(L_1 + 1)(L_2 + 1)$ Multiplikationen und $(L_1 + 1)(L_2 + 1) - 1 = L_1 L_2 + L_1 + L_2$ Additionen benötigt.

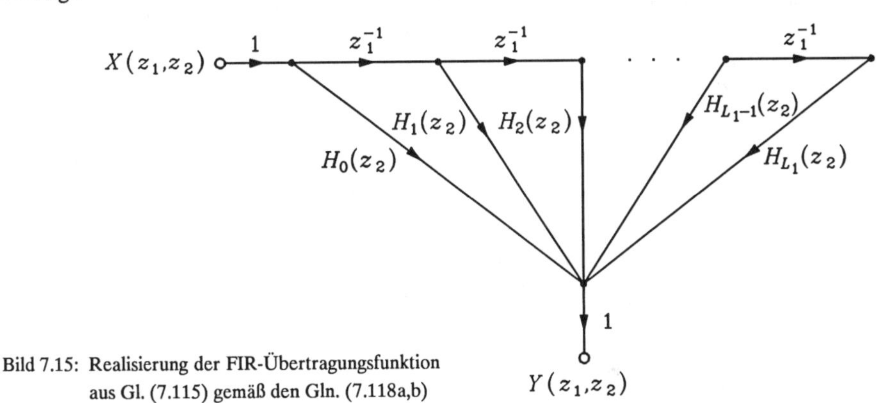


Bild 7.15: Realisierung der FIR-Übertragungsfunktion aus Gl. (7.115) gemäß den Gln. (7.118a,b)

Für bestimmte Anwendungen sind FIR-Systeme von Bedeutung, die einen rein reellen Frequenzgang haben. Man spricht in diesem Fall von Nullphasen-Filtern (obwohl die Phase dort den Wert $\pi$ hat, wo der Frequenzgang einen negativen reellen Wert besitzt). Der Frequenzgang eines solchen Systems ist also dadurch ausgezeichnet, daß für alle reellen $\omega_1$- und $\omega_2$-Werte $H(\mathrm{e}^{\mathrm{j}\omega_1}, \mathrm{e}^{\mathrm{j}\omega_2})$ jeweils mit $[H(\mathrm{e}^{\mathrm{j}\omega_1}, \mathrm{e}^{\mathrm{j}\omega_2})]^*$ übereinstimmt. Nach den Eigenschaften der Fourier-Transformation gemäß den Korrespondenzen (7.52c,d) bedeutet diese Besonderheit für die Impulsantwort die Eigenschaft

$$h[n_1, n_2] = h^*[-n_1, -n_2] \, . \tag{7.119}$$

Sie setzt einen Träger der Impulsantwort in der $(n_1, n_2)$-Ebene mit Zentrum im Ursprung voraus, etwa ein Rechteckgebiet

$$\{(n_1, n_2)\, ;\; |n_1| \leqq L_1 \, , \; |n_2| \leqq L_2\} \, .$$

Ist die Impulsantwort eines Nullphasen-Filters rein reell, dann stimmen die Werte von $h[n_1, n_2]$ und $h[-n_1, -n_2]$ überein. Damit kann man auf der rechten Seite der Gl. (7.17), die im vorliegenden Fall des FIR-Filters nur aus endlich vielen Summanden besteht, abgesehen vom Summanden $h[0, 0]x[n_1, n_2]$, alle Summanden paarweise an den Stellen $(\mu_1, \mu_2)$ und $(-\mu_1, -\mu_2)$ im Träger zusammenfassen. Dadurch läßt sich die Zahl der Multiplikationen bei der Berechnung von $y[n_1, n_2]$ nahezu halbieren.

Geht man davon aus, daß alle zugelassenen Eingangssignale $x[n_1, n_2]$ eines FIR-Filters mit der Impulsantwort $h[n_1, n_2]$ einen gemeinsamen endlichen Träger haben, so läßt sich die Faltung zwischen dem jeweiligen Eingangssignal $x[n_1, n_2]$ und der Impulsantwort $h[n_1, n_2]$ mit Hilfe der zweidimensionalen DFT, insbesondere einer schnellen Version, durchführen, wobei die Ordnung $(N_1, N_2)$ entsprechend groß (aber fest) zu wählen ist. Dazu muß man zunächst die diskrete Fourier-Transformierte $X[m_1, m_2]$ von $x[n_1, n_2]$ und anschließend das Produkt $X[m_1, m_2]H[m_1, m_2]$ bilden, wobei angenommen wird, daß die diskrete Fourier-Transformierte $H[m_1, m_2]$ im voraus berechnet wurde. Die inverse DFT dieses Produkts liefert bei Wahl einer genügend großen Ordnung das Ausgangssignal $y[n_1, n_2]$ exakt. Auf diese Weise lassen sich FIR-Filter durch zwei DFT realisieren. Diese Art der Realisierung, die durch ein Signalflußdiagramm beschrieben werden kann, ist durch einen verhältnismäßig großen Speicherplatzbedarf gekennzeichnet. Diese Schwierigkeit kann durch sogenannte Blockfaltung gemildert werden, allerdings auf Kosten eines Verlusts an Effektivität.

Die Realisierung eines FIR-Filters mittels Blockfaltung beruht auf der additiven Zerlegung des Eingangssignals $x[n_1, n_2]$ in eine Summe

$$x[n_1, n_2] = \sum_{\mu} x_{\mu}[n_1, n_2] \tag{7.120}$$

von Signalen $x_{\mu}[n_1, n_2]$, Blöcke genannt, deren Träger ausnahmslos disjunkt sind, sich also nicht überlappen. Ist $h[n_1, n_2]$ die Impulsantwort des Filters, dann erhält man aufgrund der Linearität des Filters das Ausgangssignal als Summe

$$y[n_1, n_2] = \sum_{\mu} x_{\mu}[n_1, n_2] ** h[n_1, n_2] . \tag{7.121}$$

Man kann jetzt zwischen zwei verschiedenen Vorgehensweisen unterscheiden. Zum einen lassen sich die Summanden in Gl. (7.121) exakt mittels (schneller) DFT ermitteln, indem man die Ordnung der DFT genügend groß wählt. Dabei werden sich allerdings die Träger der Summanden in Gl. (7.121) überlappen. Durch geeignete Zerlegung von $x[n_1, n_2]$ in Blöcke nach Gl. (7.120) läßt sich die Ordnung der erforderlichen DFT begrenzen und so der Speicherbedarf reduzieren. Eine andere Verfahrensweise ist die folgende: Führt man die Blockzerlegung von $x[n_1, n_2]$ nach Gl. (7.120) derart durch, daß die Träger dieser Blöcke durchweg Rechteckgestalt gleicher Breite $N_1$ und Höhe $N_2$ haben und im übrigen wesentlich größer sind als der Träger der Impulsantwort $h[n_1, n_2]$, und wählt man als Ordnung der DFT zur Berechnung der Summanden auf der rechten Seite von Gl. (7.121) $(N_1, N_2)$, dann liefert die DFT zwar nicht die exakten Summanden, jedoch Blöcke, die im Zentrum ihres jeweiligen Trägers mit den korrekten Werten des betreffenden Summanden aus Gl. (7.121) übereinstimmen. Dieses Zentrum kann man leicht angeben, indem man überlegt, wo die Erscheinung des Aliasing auftritt (wenn der Träger des $x$-Blocks die Länge $N_1$ und die Breite $N_2$ hat und der Träger der Impulsantwort die Länge $M_1$ und die Breite $M_2$ aufweist, dann findet bei Anwendung der DFT der Ordnung $(N_1, N_2)$ in einem Bereich der Länge $N_1 - M_1 + 1$ und der Breite $N_2 - M_2 + 1$ kein Aliasing statt; dort werden also exakte Ausgangswerte geliefert). Wenn die Blockzerlegung von $x[n_1, n_2]$ sorgfältig durchgeführt wird, lassen sich auf diese Weise sämtliche Werte des Ausgangssignals $y[n_1, n_2]$ exakt erhalten, wobei man allerdings Blocküberlappungen zulassen muß.

## 4.3. REKURSIVE FILTER

### 4.3.1. Getrennte Realisierung von Zähler und Nenner

Die Übertragungsfunktion nach Gl. (7.105), in der ohne Einschränkung der Allgemeinheit $\beta_{00} = 1$ vorausgesetzt werden darf, kann man in der Form

$$H(z_1, z_2) = A(z_1, z_2)\frac{1}{1+\hat{B}(z_1, z_2)} \tag{7.122}$$

darstellen. Sie beschreibt das Eingang-Ausgang-Verhalten eines rekursiven Filters, auch IIR- ("*i*nfinite *i*mpulse *r*esponse") Filter genannt. Dabei bedeuten $A(z_1, z_2)$ und $\hat{B}(z_1, z_2)$ Übertragungsfunktionen von FIR-Filtern. Sie können nach Abschnitt 4.2 verwirklicht werden. Die Gesamtfunktion $H(z_1, z_2)$ aus Gl. (7.122) läßt sich dann gemäß Bild 7.16 realisieren. Eine alternative Verwirklichung ergibt sich, wenn man in der Struktur nach Bild 7.16 den Block $A(z_1, z_2)$ dem Rückkopplungsteil mit der Rückführung $\hat{B}(z_1, z_2)$ nachschaltet.

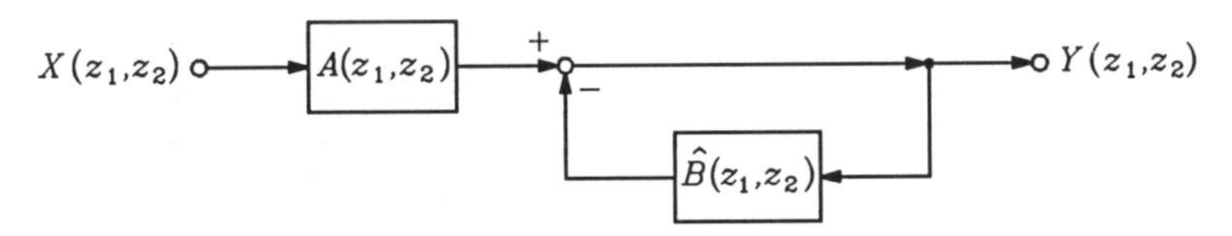


Bild 7.16: Realisierung einer IIR-Übertragungsfunktion durch zwei FIR-Filter

**Eine erste Struktur**

Für $Y(z_1, z_2)/X(z_1, z_2) = H(z_1, z_2)$ folgt aus Gl. (7.122) bei Berücksichtigung der Gl. (7.105) unmittelbar die Darstellung

$$Y(z_1, z_2) = A(z_1, z_2) \cdot X(z_1, z_2)\frac{1}{1+\hat{B}(z_1, z_2)} = A(z_1, z_2) \cdot W(z_1, z_2)$$

und somit

$$Y(z_1, z_2) = \sum_{\nu_1=0}^{L_1} A_{\nu_1}(z_2) z_1^{-\nu_1} W(z_1, z_2) \,, \tag{7.123a}$$

$$W(z_1, z_2) = X(z_1, z_2) - \sum_{\nu_1=0}^{N_1} \hat{B}_{\nu_1}(z_2) z_1^{-\nu_1} W(z_1, z_2) \tag{7.123b}$$

mit den eindimensionalen FIR-Übertragungsfunktionen

$$A_{\nu_1}(z_2) = \sum_{\nu_2=0}^{L_2} \alpha_{\nu_1\nu_2} z_2^{-\nu_2} \qquad (\nu_1 = 0, 1, \ldots, L_1) \,, \tag{7.124a}$$

$$\hat{B}_{\nu_1}(z_2) = \sum_{\substack{\nu_2=0 \\ (\nu_1,\nu_2)\neq(0,0)}}^{N_2} \beta_{\nu_1\nu_2} z_2^{-\nu_2} \qquad (\nu_1 = 0, 1, \ldots, N_1) \tag{7.124b}$$

und der Hilfsfunktion $W(z_1, z_2)$. Den Gln. (7.123a,b) entnimmt man unmittelbar die im Bild 7.17 dargestellte Struktur. Die Pfade mit den eindimensionalen FIR-Übertragungsfunktionen lassen sich auf verschiedene Weise mit Hilfe bekannter Verfahren (Kapitel IV, VI) realisieren. Man kann Verzögerungselemente $z_2^{-1}$ einsparen, wenn die eindimensionalen Übertragungsfunktionen paarweise zusammen realisiert werden, nämlich $A_0(z_2)$, $-\hat{B}_0(z_2)$ und $A_1(z_2)$, $-\hat{B}_1(z_2)$ etc. Im Bild 7.18 ist diese Zusammenfassung für $A_0(z_2)$, $-\hat{B}_0(z_2)$ gezeigt.

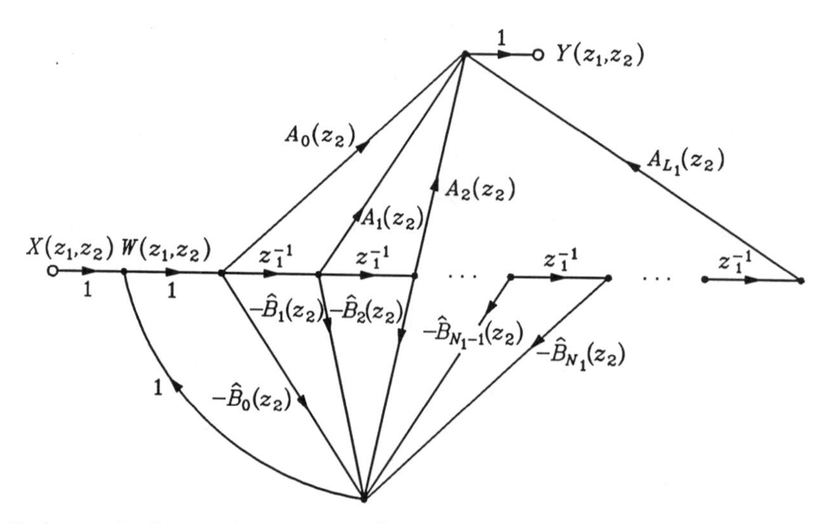


Bild 7.17: Struktur zur Realisierung einer allgemeinen Übertragungsfunktion. Es wurde $L_1 \geqq N_1$ vorausgesetzt. Andernfalls ist die Struktur zu modifizieren

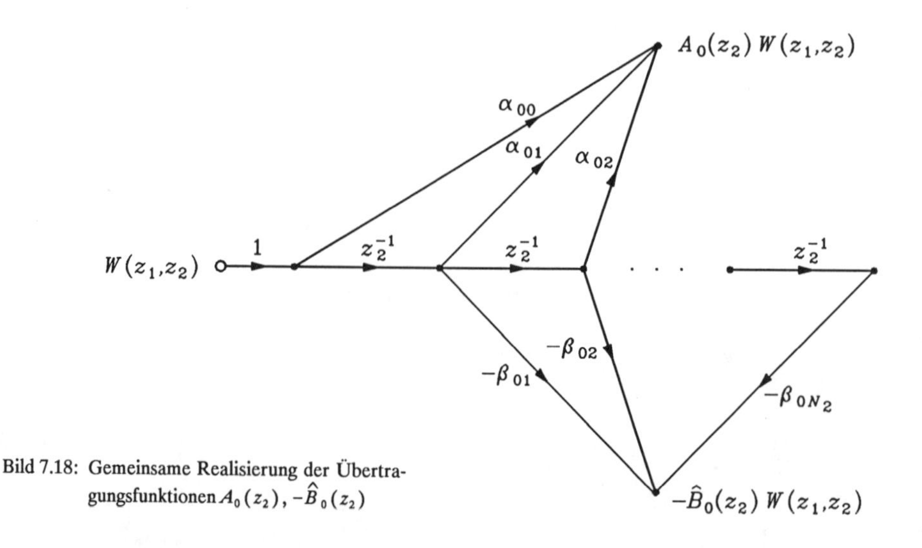


Bild 7.18: Gemeinsame Realisierung der Übertragungsfunktionen $A_0(z_2)$, $-\hat{B}_0(z_2)$

**Eine zweite Struktur**

Eine weitere interessante Filterstruktur entsteht, wenn man zunächst die in der Gl. (7.122) auftretenden FIR-Übertragungsfunktionen $A(z_1, z_2)$ und $-\hat{B}(z_1, z_2)$ aufgrund der Darstellungen

$$A(z_1, z_2) = \sum_{\nu_2=0}^{L_2} z_2^{-\nu_2} \sum_{\nu_1=0}^{L_1} \alpha_{\nu_1 \nu_2} z_1^{-\nu_1} \tag{7.125}$$

und

$$-\hat{B}(z_1, z_2) = \sum_{\substack{\nu_2=0 \\ (\nu_1, \nu_2) \neq (0,0)}}^{N_2} z_2^{-\nu_2} \sum_{\nu_1=0}^{N_1} (-\beta_{\nu_1 \nu_2}) z_1^{-\nu_1} \tag{7.126}$$

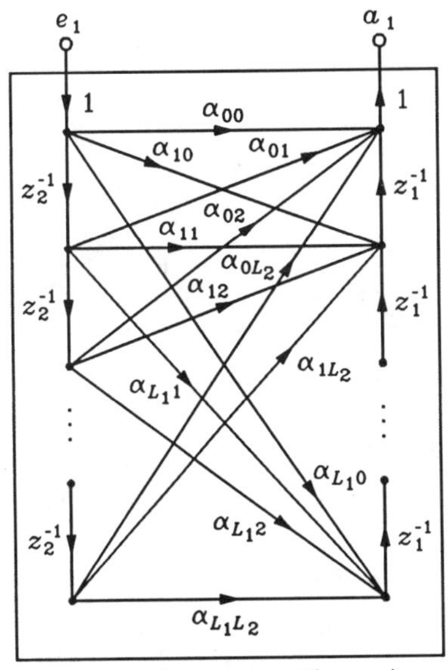


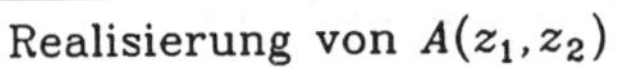


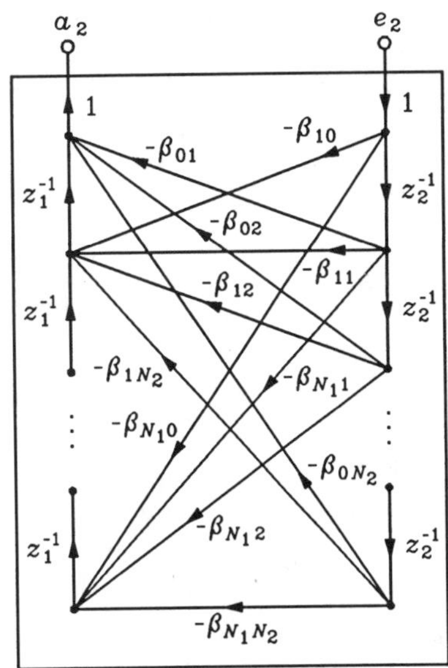


Bild 7.19: Realisierung von FIR-Übertragungsfunktionen

gemäß Bild 7.19 realisiert. Diese beiden FIR-Filter werden nun gemäß Bild 7.16 zusammengeschaltet. Die Zusammenschaltung liefert eine Realisierung der Übertragungsfunktion $H(z_1, z_2)$ und ist im Bild 7.20 angedeutet, wobei die Komponenten durch Bild 7.19 beschrieben werden. Da im Knoten $a_2$ eine Addition der Signale aus den beiden Teilfiltern stattfindet, können die beiden $z_1^{-1}$-Verzögerungsketten zusammengefaßt werden, und damit besteht die Möglichkeit einer erheblichen Einsparung von Verzögerungselementen. Dies soll durch den gestrichelten Teil im Bild 7.20 angedeutet werden. Man kann die beiden Teilsysteme aus Bild 7.19 auch in umgekehrter Reihenfolge zusammenschalten, d. h. $e_2$ und die Summe aus $a_2$ und dem Eingangssignal mit $e_1$ verbinden und $a_1$ als Ausgang verwenden. Auch damit wird $H(z_1, z_2)$ realisiert, wobei jetzt die $z_2^{-1}$-Verzögerungsketten zusammengefaßt werden können.

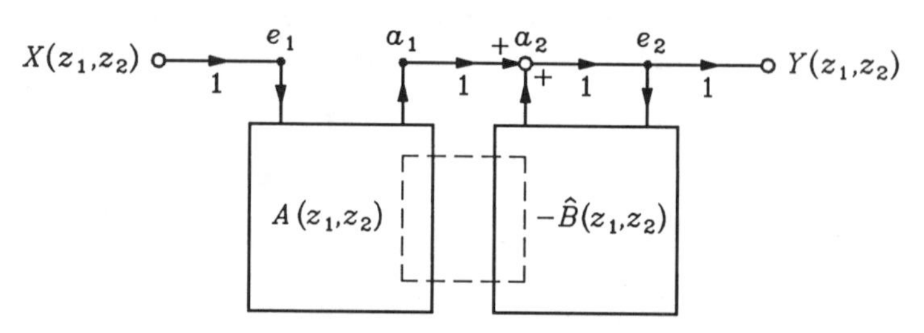


Bild 7.20: Zusammenfassung der FIR-Filter zu einem IIR-Filter. Die $z_1^{-1}$-Verzögerungsketten innerhalb des gestrichelten Teils können zu einer Kette vereinigt werden

**Eine dritte Struktur**

Eine Vielzahl weiterer Realisierungsmöglichkeiten bietet die folgende Überlegung. Man kann den Zähler $A(z_1, z_2)$ in Gl. (7.122) in der Form

$$A(z_1, z_2) = \boldsymbol{Z}_{1\alpha}^{\mathrm{T}} \boldsymbol{\alpha} \boldsymbol{Z}_{2\alpha} \tag{7.127}$$

mit den Matrizen

$$\boldsymbol{Z}_{1\alpha} = \begin{bmatrix} 1 \\ z_1^{-1} \\ \vdots \\ z_1^{-L_1} \end{bmatrix}, \quad \boldsymbol{\alpha} = \begin{bmatrix} \alpha_{00} & \cdots & \alpha_{0L_2} \\ \vdots & & \\ \alpha_{L_1 0} & \cdots & \alpha_{L_1 L_2} \end{bmatrix}, \quad \boldsymbol{Z}_{2\alpha} = \begin{bmatrix} 1 \\ z_2^{-1} \\ \vdots \\ z_2^{-L_2} \end{bmatrix} \tag{7.128a-c}$$

ausdrücken. (Entsprechend kann auch der Nenner in Gl. (7.56) oder der Nenneranteil $\hat{B}(z_1, z_2)$ in Gl. (7.122) geschrieben werden.) Die Matrix $\boldsymbol{\alpha}$ soll nun in ein Produkt

$$\boldsymbol{\alpha} = \boldsymbol{\beta} \boldsymbol{\gamma} \tag{7.129}$$

zerlegt werden, wobei $\boldsymbol{\beta}$ eine Matrix mit $L_1 + 1$ Zeilen, $M + 1$ Spalten und $\boldsymbol{\gamma}$ eine Matrix mit $M + 1$ Zeilen, $L_2 + 1$ Spalten bedeutet. Weiterhin werden die Vektoren

$$\boldsymbol{Z}_{1\alpha}^{\mathrm{T}} \boldsymbol{\beta} = \begin{bmatrix} \beta_0(z_1) \\ \vdots \\ \beta_M(z_1) \end{bmatrix}^{\mathrm{T}}, \quad \boldsymbol{\gamma} \boldsymbol{Z}_{2\alpha} = \begin{bmatrix} \gamma_0(z_2) \\ \vdots \\ \gamma_M(z_2) \end{bmatrix} \tag{7.130a,b}$$

eingeführt. Damit kann man nach Gl. (7.127) mit den Gln. (7.129) und (7.130a,b)

$$A(z_1, z_2) = \boldsymbol{Z}_{1\alpha}^{\mathrm{T}} \boldsymbol{\beta} \boldsymbol{\gamma} \boldsymbol{Z}_{2\alpha} = \sum_{\mu=0}^{M} \beta_\mu(z_1) \gamma_\mu(z_2) \tag{7.131}$$

schreiben, wobei alle $\beta_\mu(z_1)$ und $\gamma_\mu(z_2)$ eindimensionale FIR-Übertragungsfunktionen sind. Aufgrund von Gl. (7.131) läßt sich die Übertragungsfunktion $A(z_1, z_2)$ als Parallelschaltung von $M + 1$ Filtern verwirklichen, von denen sich jedes aus einer Kaskade zweier eindimensionaler Filter mit den Übertragungsfunktionen $\beta_\mu(z_1)$ bzw. $\gamma_\mu(z_2)$ ($\mu = 0, 1, \ldots, M$) zusammensetzt. Dies ist im Bild 7.21 gezeigt. Wird entsprechend $\hat{B}(z_1, z_2)$ realisiert, so erhält man nach Bild 7.16 eine Verwirklichung der kompletten Übertragungsfunktion $H(z_1, z_2)$. Die Verschiedenheit der Lösungsstrukturen hängt von der Produktzerlegung der Matrix $\boldsymbol{\alpha}$ nach Gl. (7.129) ab. In Frage kommen die Jordan-Zerlegung (nach vorheriger Ergänzung der betreffenden Matrix zu einer quadratischen Matrix durch Einführung von Nullelementen), die Singulärwert-Zerlegung, die LU-Zerlegung etc. [Go2]. Eine triviale Zerlegung von $\boldsymbol{\alpha}$ entsteht, wenn man $\boldsymbol{\beta} = \mathbf{E}$ (d. h. gleich der $(L_1 + 1)$-dimensionalen Einheitsmatrix) und zwangsläufig $\boldsymbol{\gamma} = \boldsymbol{\alpha}$ wählt. Dann entspricht Gl. (7.131) der Darstellung einer FIR-Übertragungsfunktion nach Gln. (7.118a,b). Vorteile der Struktur nach Bild 7.21 sind die hohe Parallelität und die Möglichkeit der Faktorisierung der eindimensionalen Teilübertragungsfunktionen. Ein Nachteil der Zerlegungsstruktur kann darin bestehen, daß sich die Zahl der Multiplizierer infolge der Produktzerlegung nach Gl. (7.129) erhöht. Bei den vorhergehenden Realisierungen benötigt man nur die Minimalzahl von Multiplizierern, die durch die Anzahl der Koeffizienten in der Übertragungsfunktion gegeben ist.

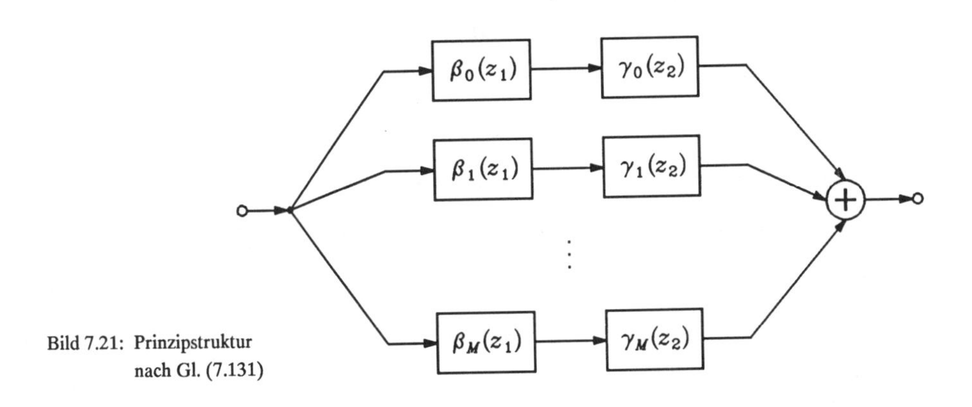


Bild 7.21: Prinzipstruktur nach Gl. (7.131)

## 4.3.2. Gemeinsame Realisierung von Zähler und Nenner

Die Übertragungsfunktion nach Gl. (7.105) kann in der Form

$$H(z_1, z_2) = \frac{\sum\limits_{\nu_1 = 0}^{L_1} A_{\nu_1}(z_2)\, z_1^{-\nu_1}}{\sum\limits_{\nu_1 = 0}^{N_1} B_{\nu_1}(z_2)\, z_1^{-\nu_1}}$$

geschrieben werden, wobei die $A_{\nu_1}(z_2)$ durch Gl. (7.124a) und die $B_{\nu_1}(z_2)$ durch entsprechende Summen gegeben sind. Betrachtet man zunächst alle $A_{\nu_1}(z_2)$ und $B_{\nu_1}(z_2)$ als Konstanten, so läßt sich die obige Übertragungsfunktion als eindimensionale Übertragungsfunktion in der Variablen $z_1$ durch ein Digitalfilter realisieren, in dem die $A_{\nu_1}(z_2)$ und $B_{\nu_1}(z_2)$ als Koeffizienten (Multiplizierer) auftreten. Hierfür gibt es zahlreiche Realisierungen, insbesondere diejenigen in Kapitel II. Anschließend werden alle "Koeffizienten" $A_{\nu_1}(z_2)$ und $B_{\nu_1}(z_2)$ als Übertragungsfunktionen in $z_2$ durch nichtrekursive eindimensionale Strukturen verwirklicht. Auch hierfür stehen zahlreiche Realisierungen zur Verfügung, so daß schließlich eine Vielzahl von Möglichkeiten zur Verwirklichung von $H(z_1, z_2)$ existiert. Weitere

Realisierungen lassen sich dadurch auffinden, daß man $H(z_1, z_2)$ zunächst als eindimensionale Übertragungsfunktion in $z_2$ mit Koeffizienten in Abhängigkeit von $z_1$ realisiert und dann letztere durch FIR-Filter verwirklicht.

## 4.4. ZUSTANDSRAUM-DARSTELLUNG

Ähnlich wie im eindimensionalen Fall lassen sich zweidimensionale Signalflußdiagramme in Zustandsraum-Darstellungen überführen, die dann als zusätzliche Modelle für zweidimensionale Filter betrachtet werden dürfen. Im folgenden soll das von Roesser [Ro2] eingeführte und von Kung et al. [Ku2] weiterentwickelte Modell kurz vorgestellt werden. Diese Zustandsraum-Beschreibung basiert auf zwei Arten von Zustandsvariablen: Zustandsvariable mit horizontaler Fortschreitung

$$z_{h1}[n_1, n_2]\ , \quad z_{h2}[n_1, n_2]\ , \ldots, \ z_{hq_h}[n_1, n_2]\ ,$$

die zum Zustandsvektor

$$\boldsymbol{z}_h[n_1, n_2] = [z_{h1}[n_1, n_2] \ \cdots \ z_{hq_h}[n_1, n_2]]^{\mathrm{T}}$$

zusammengefaßt werden, und Zustandsvariable mit vertikaler Fortschreitung

$$z_{v1}[n_1, n_2]\ , \quad z_{v2}[n_1, n_2]\ , \ldots, \ z_{vq_v}[n_1, n_2]\ ,$$

die zum Zustandsvektor

$$\boldsymbol{z}_v[n_1, n_2] = [z_{v1}[n_1, n_2] \ \cdots \ z_{vq_v}[n_1, n_2]]^{\mathrm{T}}$$

zusammengefaßt werden. Die Zustandsgleichungen lauten nun für ein System mit einem Eingang und einem Ausgang

$$\begin{bmatrix} \boldsymbol{z}_h[n_1+1, n_2] \\ \boldsymbol{z}_v[n_1, n_2+1] \end{bmatrix} = \begin{bmatrix} \boldsymbol{A}_{11} & \boldsymbol{A}_{12} \\ \boldsymbol{A}_{21} & \boldsymbol{A}_{22} \end{bmatrix} \begin{bmatrix} \boldsymbol{z}_h[n_1, n_2] \\ \boldsymbol{z}_v[n_1, n_2] \end{bmatrix} + \begin{bmatrix} \boldsymbol{b}_1 \\ \boldsymbol{b}_2 \end{bmatrix} x[n_1, n_2]\ , \tag{7.132a}$$

$$y[n_1, n_2] = [\boldsymbol{c}_1^{\mathrm{T}} \ \ \boldsymbol{c}_2^{\mathrm{T}}] \begin{bmatrix} \boldsymbol{z}_h[n_1, n_2] \\ \boldsymbol{z}_v[n_1, n_2] \end{bmatrix} + d\, x[n_1, n_2]\ . \tag{7.132b}$$

Dabei ist $\boldsymbol{A}_{11}$ eine $(q_h, q_h)$-Matrix, $\boldsymbol{A}_{12}$ eine $(q_h, q_v)$-Matrix, $\boldsymbol{A}_{21}$ eine $(q_v, q_h)$-Matrix, $\boldsymbol{A}_{22}$ eine $(q_v, q_v)$-Matrix; $\boldsymbol{b}_1, \boldsymbol{b}_2, \boldsymbol{c}_1, \boldsymbol{c}_2$ sind Vektoren mit $q_h$ bzw. $q_v$ Komponenten und $d$ ist ein Skalar. Die Gln. (7.132a,b) haben Ähnlichkeit zur Zustandsbeschreibung eindimensionaler Systeme. Man kann als Zustandsvariable $z_{h1}[n_1, n_2]$, $z_{h2}[n_1, n_2]$,... alle Ausgangssignale der $z_1^{-1}$-Verzögerer und als Zustandsvariable $z_{v1}[n_1, n_2]$, $z_{v2}[n_1, n_2]$,... alle Ausgangssignale der $z_2^{-1}$-Verzögerer wählen. Die Werte $z_{h1}[n_1+1, n_2]$, $z_{h2}[n_1+1, n_2]$,... treten dann an den Eingängen der $z_1^{-1}$-Verzögerer auf, die Werte $z_{v1}[n_1, n_2+1]$, $z_{v2}[n_1, n_2+1]$,... an den Eingängen der $z_2^{-1}$-Verzögerer. Die Teilmatrizen $\boldsymbol{A}_{11}, \boldsymbol{A}_{12}, \boldsymbol{A}_{21}$ und $\boldsymbol{A}_{22}$ sowie die Vektoren $\boldsymbol{b}_1, \boldsymbol{b}_2$ erhält man dann, indem man das Eingangssignal eines jeden Verzögerers durch die Ausgangssignale aller Verzögerer und das System-Eingangssignal ausdrückt. Dabei müssen im Signalflußdiagramm alle verzögerungsfreien Wege von Verzögerer-Ausgängen zu Verzögerer-Eingängen und vom System-Eingang zu Verzögerer-Eingängen berücksichtigt werden. Die Vektoren $\boldsymbol{c}_1$ und $\boldsymbol{c}_2$ werden entsprechend ermittelt.

*Beispiel*: Bild 7.22 zeigt ein Signalflußdiagramm, das eine Übertragungsfunktion gemäß dem Verfahren nach den Bildern 7.19 und 7.20 realisiert. Das Eingangssignal des einzigen $z_1^{-1}$-Verzögerers ist $z_{h1}[n_1+1, n_2]$, die Eingangssignale der drei $z_2^{-1}$-Verzögerer sind $z_{v1}[n_1, n_2+1]$, $z_{v2}[n_1, n_2+1]$, $z_{v3}[n_1, n_2+1]$. Damit kann man die Zustandsgleichungen (7.132a,b) direkt dem Signalflußdiagramm entnehmen:

$$\begin{bmatrix} z_{h1}[n_1+1, n_2] \\ z_{v1}[n_1, n_2+1] \\ z_{v2}[n_1, n_2+1] \\ z_{v3}[n_1, n_2+1] \end{bmatrix} = \begin{bmatrix} -\beta_{10} & -\alpha_{01}\beta_{10}+\alpha_{11} & \beta_{10}\beta_{01}-\beta_{11} & \beta_{10}\beta_{02}-\beta_{12} \\ 0 & 0 & 0 & 0 \\ 1 & \alpha_{01} & -\beta_{01} & -\beta_{02} \\ 0 & 0 & 1 & 0 \end{bmatrix} \begin{bmatrix} z_{h1}[n_1, n_2] \\ z_{v1}[n_1, n_2] \\ z_{v2}[n_1, n_2] \\ z_{v3}[n_1, n_2] \end{bmatrix}$$

$$+ \begin{bmatrix} -\alpha_{00}\beta_{10}+\alpha_{10} \\ 1 \\ \alpha_{00} \\ 0 \end{bmatrix} x[n_1, n_2] \,,$$

$$y[n_1, n_2] = [1 \quad \alpha_{01} \quad -\beta_{01} \quad -\beta_{02}] \begin{bmatrix} z_{h1}[n_1, n_2] \\ z_{v1}[n_1, n_2] \\ z_{v2}[n_1, n_2] \\ z_{v3}[n_1, n_2] \end{bmatrix} + \alpha_{00}\, x[n_1, n_2] \,.$$

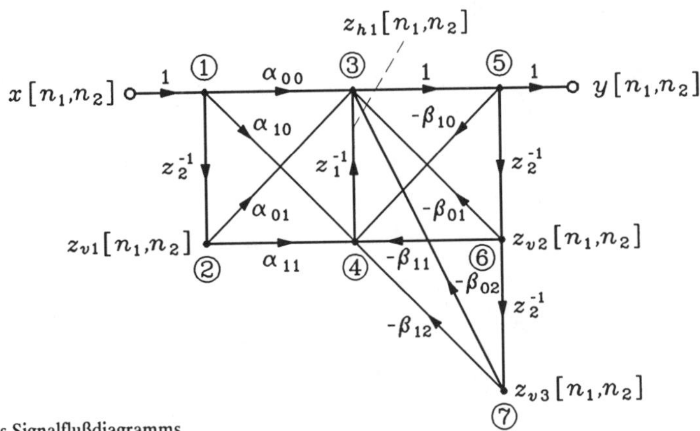


Bild 7.22: Beispiel eines Signalflußdiagramms

Die Gln. (7.132a,b) liefern einen zweidimensionalen Rekursionsalgorithmus zur Berechnung des Ausgangssignals aus dem Eingangssignal. Betrachtet man (wie beispielsweise in der Bildverarbeitung) nur Zustände für $n_1 \geqq 0$ und $n_2 \geqq 0$ und nimmt man an, daß die Anfangszustände $\mathbf{z}_h[0, n_2]$ $(n_2 = 0, 1, 2, \ldots)$ und $\mathbf{z}_v[n_1, 0]$ $(n_1 = 0, 1, 2, \ldots)$ vorgegeben sind, so kann man zunächst die Zustände $\mathbf{z}_v[0, n_2]$ $(n_2 = 1, 2, \ldots)$, dann die Zustände $\mathbf{z}_h[n_1, 0]$ $(n_1 = 1, 2, \ldots)$, weiterhin die Zustandspaare $\mathbf{z}_v[1, n_2]$, $\mathbf{z}_h[1, n_2]$ $(n_2 = 1, 2, \ldots)$, $\mathbf{z}_v[2, n_2]$, $\mathbf{z}_h[2, n_2]$ $(n_2 = 1, 2, \ldots)$ usw. berechnen. Gleichzeitig lassen sich die Werte des Ausgangssignals ermitteln. Dieser Algorithmus kann auch durch ein spezifisches Signalflußdiagramm dargestellt werden. Im Hinblick auf eine möglichst effektive Zustandsraum-Darstellung einer gegebenen Übertragungsfunktion muß man bestrebt sein, möglichst wenige Zustandsvariablen zu verwenden.

Es wird nun eine Übergangsmatrix $\boldsymbol{\Phi}[n_1, n_2]$ als quadratische Matrix von der Ordnung $q_h + q_v$ eingeführt. Sie soll die Differenzengleichung

$$\boldsymbol{\Phi}[n_1+1, n_2+1] = \boldsymbol{\Phi}[1,0]\,\boldsymbol{\Phi}[n_1, n_2+1] + \boldsymbol{\Phi}[0,1]\,\boldsymbol{\Phi}[n_1+1, n_2] \qquad (7.133)$$

erfüllen, wobei

$$\boldsymbol{\Phi}[0,0] = \mathbf{E} \;, \qquad (7.134a)$$

$$\boldsymbol{\Phi}[n_1, n_2] = \mathbf{0} \quad \text{für} \quad n_1 < 0 \quad \text{oder} \quad n_2 < 0 \qquad (7.134b)$$

und

$$\boldsymbol{\Phi}[1,0] = \begin{bmatrix} \boldsymbol{A}_{11} & \boldsymbol{A}_{12} \\ \mathbf{0} & \mathbf{0} \end{bmatrix}, \quad \boldsymbol{\Phi}[0,1] = \begin{bmatrix} \mathbf{0} & \mathbf{0} \\ \boldsymbol{A}_{21} & \boldsymbol{A}_{22} \end{bmatrix} \qquad (7.134c,d)$$

definiert wird. Man kann dann feststellen, daß

$$\boldsymbol{z}[n_1, n_2] = \boldsymbol{\Phi}[n_1 - k_1, n_2 - k_2]\,\boldsymbol{z}[k_1, k_2] \quad (k_1 \leqq n_1, k_2 \leqq n_2) \qquad (7.135)$$

für einen festen Punkt $(k_1, k_2)$ in der $(n_1, n_2)$-Ebene bei beliebigem $\boldsymbol{z}[k_1, k_2]$ eine Lösung der homogenen Zustandsgleichung (7.132a) ($x[n_1, n_2] \equiv 0$) darstellt, wobei

$$\boldsymbol{z}[n_1, n_2] := \begin{bmatrix} \boldsymbol{z}_h[n_1, n_2] \\ \boldsymbol{z}_v[n_1, n_2] \end{bmatrix} \qquad (7.136)$$

bedeutet. Um dies zu zeigen, wird Gl. (7.133) auf beiden Seiten von rechts mit $\boldsymbol{z}[0,0]$ durchmultipliziert. Auf diese Weise erhält man mit Gl. (7.135) und Gln. (7.134c,d) die Beziehung

$$\boldsymbol{z}[n_1+1, n_2+1] = \begin{bmatrix} \boldsymbol{A}_{11} & \boldsymbol{A}_{12} \\ \mathbf{0} & \mathbf{0} \end{bmatrix} \boldsymbol{z}[n_1, n_2+1] + \begin{bmatrix} \mathbf{0} & \mathbf{0} \\ \boldsymbol{A}_{21} & \boldsymbol{A}_{22} \end{bmatrix} \boldsymbol{z}[n_1+1, n_2] \;,$$

die mit der homogenen Zustandsgleichung (7.132a) inhaltlich völlig identisch ist.

Als Lösung der inhomogenen Zustandsgleichung (7.132a) erhält man nunmehr für $n_1 > 0$, $n_2 > 0$

$$\begin{aligned} \boldsymbol{z}[n_1, n_2] = {} & \sum_{\nu_2=0}^{n_2} \boldsymbol{\Phi}[n_1, n_2 - \nu_2] \begin{bmatrix} \boldsymbol{z}_h[0, \nu_2] \\ \mathbf{0} \end{bmatrix} + \sum_{\nu_1=0}^{n_1} \boldsymbol{\Phi}[n_1 - \nu_1, n_2] \begin{bmatrix} \mathbf{0} \\ \boldsymbol{z}_v[\nu_1, 0] \end{bmatrix} \\ & + \sum_{\nu_1=0}^{n_1} \sum_{\nu_2=0}^{n_2} \Bigg\{ \boldsymbol{\Phi}[n_1 - \nu_1 - 1, n_2 - \nu_2] \begin{bmatrix} \boldsymbol{b}_1 \\ \mathbf{0} \end{bmatrix} \\ & + \boldsymbol{\Phi}[n_1 - \nu_1, n_2 - \nu_2 - 1] \begin{bmatrix} \mathbf{0} \\ \boldsymbol{b}_2 \end{bmatrix} \Bigg\} x[\nu_1, \nu_2] \;, \end{aligned} \qquad (7.137)$$

was sich durch Einsetzen in die Gl. (7.132a) leicht bestätigen läßt. Die beiden ersten Summanden bilden die allgemeine Lösung der homogenen Zustandsgleichung (7.132a), die der Gl. (7.135) entnommen werden kann. Dabei bestimmen $\boldsymbol{z}_h[0, \nu_2]$ ($\nu_2 = 0, 1, 2, \ldots, n_2$) und $\boldsymbol{z}_v[\nu_1, 0]$ ($\nu_1 = 0, 1, \ldots, n_1$) den Anfangszustand (Anfangsbedingungen) des Systems. Die Doppelsumme stellt eine partikuläre Lösung der Zustandsgleichung dar, die man analog zum eindimensionalen Fall, d. h. analog der partikulären Lösung in Gl. (2.207), in Verbindung mit Gl (7.135) erhält. Diese partikuläre Lösung der Gl. (7.132a) setzt sich aus einem "horizontalen" und einem "vertikalen" Anteil zusammen. Der "horizontale" Anteil besteht aus der Summe

$$\mathbf{z}_{hp}[n_1,n_2] = \sum_{\nu_2=0}^{n_2} \mathbf{z}_{\nu_2}[n_1,n_2]$$

mit

$$\mathbf{z}_{\nu_2}[n_1,n_2] = \sum_{\nu_1=0}^{n_1} \mathbf{\Phi}[n_1-\nu_1-1, n_2-\nu_2]\begin{bmatrix}\mathbf{b}_1\\ \mathbf{0}\end{bmatrix} x[\nu_1,\nu_2] \ .$$

Entsprechend läßt sich der "vertikale" Anteil interpretieren. Führt man Gl. (7.137) in die Gl. (7.132b) ein, dann erhält man auch die explizite Lösung für $y[n_1,n_2]$.

Man kann die Gln. (7.132a,b) der Z-Transformation unterwerfen. Dadurch entstehen bei verschwindenden Anfangsbedingungen die Beziehungen

$$\begin{bmatrix} z_1\mathbf{E}_{q_h} & \mathbf{0}\\ \mathbf{0} & z_2\mathbf{E}_{q_v}\end{bmatrix}\mathbf{Z}(z_1,z_2) = \begin{bmatrix}\mathbf{A}_{11} & \mathbf{A}_{12}\\ \mathbf{A}_{21} & \mathbf{A}_{22}\end{bmatrix}\mathbf{Z}(z_1,z_2) + \begin{bmatrix}\mathbf{b}_1\\ \mathbf{b}_2\end{bmatrix}X(z_1,z_2)$$

und

$$Y(z_1,z_2) = [\mathbf{c}_1^{\mathrm{T}} \ \ \mathbf{c}_2^{\mathrm{T}}]\,\mathbf{Z}(z_1,z_2) + d\,X(z_1,z_2) \ ,$$

wobei $\mathbf{E}_{q_h}$ und $\mathbf{E}_{q_v}$ Einheitsmatrizen der Ordnung $q_h$ bzw. $q_v$ bedeuten. Löst man die erste Gleichung nach dem Vektor $\mathbf{Z}(z_1,z_2)$ der in den Z-Bereich transformierten Zustandvariablen auf, führt diese Darstellung in die zweite Gleichung ein und bildet schließlich den Quotienten $Y(z_1,z_2)/X(z_1,z_2)$, so erhält man für die Übertragungsfunktion die Darstellung

$$H(z_1,z_2) = [\mathbf{c}_1^{\mathrm{T}} \ \ \mathbf{c}_2^{\mathrm{T}}]\left\{\begin{bmatrix} z_1\mathbf{E}_{q_h} & \mathbf{0}\\ \mathbf{0} & z_2\mathbf{E}_{q_v}\end{bmatrix} - \begin{bmatrix}\mathbf{A}_{11} & \mathbf{A}_{12}\\ \mathbf{A}_{21} & \mathbf{A}_{22}\end{bmatrix}\right\}^{-1}\begin{bmatrix}\mathbf{b}_1\\ \mathbf{b}_2\end{bmatrix} + d \ . \qquad (7.138)$$

Auch hier ist eine Ähnlichkeit zum eindimensionalen Fall erkennbar.

## 4.5. STUFENFORM

Es hat sich bisher gezeigt, daß zu einer gegebenen Übertragungsfunktion verhältnismäßig leicht ein Signalflußdiagramm angegeben werden kann. Für eine praktische Implementierung der Übertragungsfunktion ist es notwendig festzustellen, in welcher Reihenfolge die Knotensignale zu berechnen sind. Dies geht aus dem Signalflußdiagramm nicht unmittelbar hervor. Aus diesem Grund wurde vorgeschlagen, das Signalflußdiagramm in ein sogenanntes Stufenform-Modell umzuwandeln, welches die gewünschte Information enthält. Diese Umwandlungsprozedur wird im folgenden nach dem Vorbild von [Le1] besprochen.

Es sei das Signalflußdiagramm eines zweidimensionalen Filters gegeben. In diesem seien weder isolierte Knoten noch verzögerungsfreie Schleifen enthalten. Das Signalflußdiagramm wird in folgenden Schritten verändert.

(1) Jedes Knotenpaar $k_1, k_2$, das nur durch einen Zweig mit dem Übertragungsfaktor 1 (Einheitszweig) verbunden ist ($k_1 \to k_2$), verschmelze man zu einem Knoten, wenn $k_1$ nur von diesem Einheitszweig verlassen oder/und $k_2$ nur von diesem Einheitszweig gespeist wird.

(2) Es sind gegebenenfalls zusätzliche Knoten und Zweige mit von 1 verschiedenen Übertragungsfaktoren einzuführen, so daß Verzögerungszweige nur in der Form $z_1^{-1}$ oder $z_2^{-1}$ auftreten, d. h. ohne von 1 verschiedene konstante Faktoren.

(3) Es werden weitere (jedoch möglichst wenige) Knoten und Einheitszweige eingeführt, um folgendes zu erreichen:
   (a) Jeder Knoten, der von einem Verzögerungs- oder Ausgangssignalzweig verlassen wird, darf keine weiteren Ausgänge haben.
   (b) Jeder Knoten, der von einem Verzögerungs- oder Eingangssignalzweig gespeist wird, darf keine weiteren Eingänge haben.
   (c) Jeder Knoten, der von einem Verzögerungs- oder Eingangssignalzweig gespeist wird, darf von keinem Verzögerungs- oder Ausgangssignalzweig verlassen werden.

(4) Man teile alle Knoten in die nachfolgend definierten disjunkten Mengen $S_0, S_1, \ldots, S_L$ ein.
   $S_0$: Alle Endknoten von Verzögerungs- und Eingangszweigen,
   $S_\mu$ $(\mu = 1, 2, \ldots, L)$ : Alle Knoten, die nur von Zweigen gespeist werden, die jeweils von einem Knoten der Menge $\{S_0, S_1, \ldots, S_{\mu-1}\}$ ausgehen.
   Sobald jeder Knoten des Diagramms Element einer der Mengen $S_0, S_1, \ldots, S_L$ ist, endet die rekursive Vorgehensweise mit der letzten Menge $S_L$. Die Anfangsknoten der Ausgangszweige werden der Menge $S_L$ zugewiesen. Wenn die Prozedur deshalb endet, weil Knoten übrig bleiben, die keiner der Mengen $S_\mu$ zugeordnet werden können, ist dies ein Zeichen dafür, daß isolierte Knoten oder/und verzögerungsfreie Schleifen vorhanden sind. Beides wurde jedoch zu Beginn ausgeschlossen.

(5) Durch Einführung einer weiteren Menge $S_{L+1} = S_0$ kann erreicht werden, daß nunmehr für jeden Zweig vom Knoten $k_1$ zum Knoten $k_2$ gilt:

$$(k_1 \in S_\mu\,,\ k_2 \in S_\nu) \implies (\mu < \nu)\,.$$

(6) Man füge Knoten und Einheitszweige derart ein, daß jeder Zweig nur von einem Knoten einer Menge $S_\mu$ zu einem Knoten der Menge $S_{\mu+1}$ führt $(\mu = 0, \ldots, L\,; S_{L+1} = S_0)$. Durch diese Maßnahme wird erreicht, daß alle Signale in Knoten einer der Mengen $S_\mu$ nur aus den Werten der Signale in Knoten der vorausgehenden Menge $S_{\mu-1}$ $(\mu = 1, 2, \ldots, L)$ berechnet werden. Dies ist eine wesentliche Eigenschaft der entwickelten Stufenform.

(7) Es werden die Knoten jeder Menge $S_\mu$ neu numeriert.
   (a) $S_0$ und $S_L$: Die Knoten desselben Verzögerungszweigs erhalten die gleiche Nummer. Die Numerierung erfolgt in aufsteigender Reihenfolge beginnend mit allen $z_1^{-1}$-Verzögerern. Anschließend werden alle $z_2^{-1}$-Verzögerer durchnumeriert. Die höchste Nummer erhalten die Eingangs- bzw. Ausgangssignalknoten.
   (b) $S_\mu$ $(\mu = 1, 2, \ldots, L-1)$: Die Knoten jeder Menge werden separat durchnumeriert, stets beginnend mit 1. Die Reihenfolge der Knoten ist dabei in jeder Menge beliebig.
   (c) Zur besseren Anschaulichkeit ordnet man die Knoten jeder Menge $S_\mu$ in jeweils separate senkrechte Spalten entsprechend der Numerierung.

(8) Man kann jetzt dem entstandenen Diagramm die sogenannten Chan-Matrizen $\boldsymbol{P}_\mu$ $(\mu = 1, 2, \ldots, L)$ entnehmen. Das Element $(i, j)$ der Matrix $\boldsymbol{P}_\mu$ ist der Faktor des Zweigs, der vom Knoten $j$ der Menge $S_{\mu-1}$ zum Knoten $i$ der Menge $S_\mu$ führt. Parallel verlaufende Zweige müssen dabei zu einem Zweig zusammengefaßt, d. h. die Übertragungsfaktoren müssen addiert werden.

Die gewonnene Stufenform liefert dann zugleich eine Zustandsraum-Darstellung, nämlich

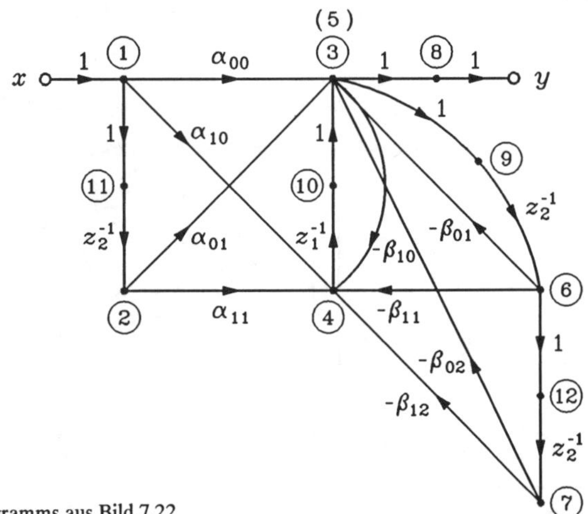


Bild 7.23: Modifikation des Signalflußdiagramms aus Bild 7.22

$$\begin{bmatrix} \boldsymbol{z}_h[n_1+1,n_2] \\ \boldsymbol{z}_v[n_1,n_2+1] \\ y[n_1,n_2] \end{bmatrix} = \boldsymbol{P}_L \boldsymbol{P}_{L-1} \cdots \boldsymbol{P}_1 \begin{bmatrix} \boldsymbol{z}_h[n_1,n_2] \\ \boldsymbol{z}_v[n_1,n_2] \\ x[n_1,n_2] \end{bmatrix} . \tag{7.139}$$

Dabei enthalten die Vektoren $\boldsymbol{z}_h[n_1+1,n_2]$ und $\boldsymbol{z}_v[n_1,n_2+1]$ die Signale, welche von den Knoten der Menge $S_L$ in die Verzögerungszweige fließen. Die Vektoren $\boldsymbol{z}_h[n_1,n_2]$ und $\boldsymbol{z}_v[n_1,n_2]$ enthalten die Signale, welche über die Verzögerungszweige an die Knoten der Menge $S_0$ geliefert werden.

Zwischen der Zustandsdarstellung in Form des Roesser-Modells und der Stufenform besteht die Beziehung

$$\boldsymbol{P}_L \boldsymbol{P}_{L-1} \cdots \boldsymbol{P}_1 = \begin{bmatrix} \boldsymbol{A}_{11} & \boldsymbol{A}_{12} & \boldsymbol{b}_1 \\ \boldsymbol{A}_{21} & \boldsymbol{A}_{22} & \boldsymbol{b}_2 \\ \boldsymbol{c}_1^{\mathrm{T}} & \boldsymbol{c}_2^{\mathrm{T}} & d \end{bmatrix} .$$

Die einzelnen Matrizen $\boldsymbol{P}_\mu$ $(\mu = 1,2,\ldots,L)$ enthalten die Strukturinformation des Signalflußdiagramms. Diese Information geht beim Ausmultiplizieren (Roesser-Modell) verloren.

*Beispiel*: Es wird das im Bild 7.22 beschriebene Signalflußdiagramm betrachtet. Entsprechend Schritt 1 werden die Knoten 3 und 5 verschmolzen. Schritt 2 entfällt. Im Rahmen von Schritt 3 werden fünf neue Knoten (8 bis 12) mit entsprechenden Einheitszweigen eingeführt, wie im Bild 7.23 gezeigt wird. Entsprechend den Schritten 4 und 5 kann nun das bis jetzt erhaltene und im Bild 7.23 dargestellte Diagramm in die Darstellung nach Bild 7.24 mit den Knotenmengen $S_0$, $S_1$ und $S_2$ $(L = 2)$ überführt werden. Entsprechend den Schritten 6 und 7 erhält man schließlich die Stufenform mit umnumerierten Knoten. Das Ergebnis zeigt Bild 7.25. Der Stufenform (Bild 7.25) kann man nun direkt die Chan-Matrizen entnehmen. Sie lauten

$$\boldsymbol{P}_1 = \begin{bmatrix} 0 & 1 & 0 & 0 & 0 \\ 0 & 0 & 1 & 0 & 0 \\ 0 & 0 & 0 & 0 & 1 \\ 0 & 0 & 0 & 1 & 0 \\ 1 & -\beta_{02} & -\beta_{01} & \alpha_{01} & \alpha_{00} \end{bmatrix} ,$$

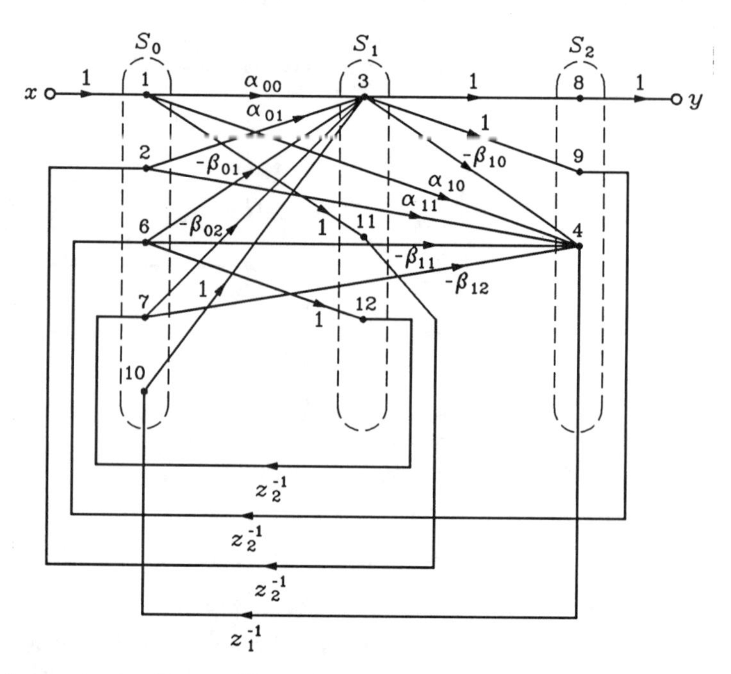


Bild 7.24: Weitere Umformung des Signalflußdiagramms aus Bild 7.22

$$\boldsymbol{P}_2 = \begin{bmatrix} -\beta_{12} & -\beta_{11} & \alpha_{10} & \alpha_{11} & -\beta_{10} \\ 0 & 1 & 0 & 0 & 0 \\ 0 & 0 & 0 & 0 & 1 \\ 0 & 0 & 1 & 0 & 0 \\ 0 & 0 & 0 & 0 & 1 \end{bmatrix} .$$

Hieraus folgt die Produktmatrix

$$\boldsymbol{P}_2\boldsymbol{P}_1 = \begin{bmatrix} -\beta_{10} & -\beta_{12}+\beta_{10}\beta_{02} & -\beta_{11}+\beta_{10}\beta_{01} & \alpha_{11}-\alpha_{01}\beta_{10} & \alpha_{10}-\alpha_{00}\beta_{10} \\ 0 & 0 & 1 & 0 & 0 \\ 1 & -\beta_{02} & -\beta_{01} & \alpha_{01} & \alpha_{00} \\ 0 & 0 & 0 & 0 & 1 \\ 1 & -\beta_{02} & -\beta_{01} & \alpha_{01} & \alpha_{00} \end{bmatrix} .$$

Diese Matrix liefert direkt eine Zustandsraum-Darstellung des Systems, welche (abgesehen von Zeilen- und Spaltenvertauschungen) mit der aus Abschnitt 4.4 übereinstimmt. Hiervon kann man sich leicht überzeugen.

Die eingeführte Stufenform für die Beschreibung von Signalflußdiagrammen läßt sich unmittelbar auf Systeme mit mehreren Eingängen und Ausgängen erweitern. Diese seien $x_\kappa[n_1, n_2]$ ($\kappa = 1, \ldots, m$) bzw. $y_\kappa[n_1, n_2]$ ($\kappa = 1, \ldots, r$) und zu den Vektoren $\boldsymbol{x}[n_1, n_2]$ und $\boldsymbol{y}[n_1, n_2]$ zusammengefaßt. Darüber hinaus lassen sich die Knotenvektoren $\boldsymbol{v}_\mu[n_1, n_2]$ für jede Berechnungsstufe einführen; die Komponenten dieser Vektoren bedeuten die einzelnen Knotensignale in der jeweiligen Stufe. Die Knotenvektoren können mittels der Matrizen $\boldsymbol{P}_\mu$ ($\mu = 1, 2, \ldots, L$) direkt ausgedrückt werden. Hierzu werden die Matrizen

$$\boldsymbol{\Omega}_\mu = \boldsymbol{P}_\mu \boldsymbol{P}_{\mu-1} \cdots \boldsymbol{P}_1 \quad (\mu = 1, 2, \ldots, L) \tag{7.140}$$

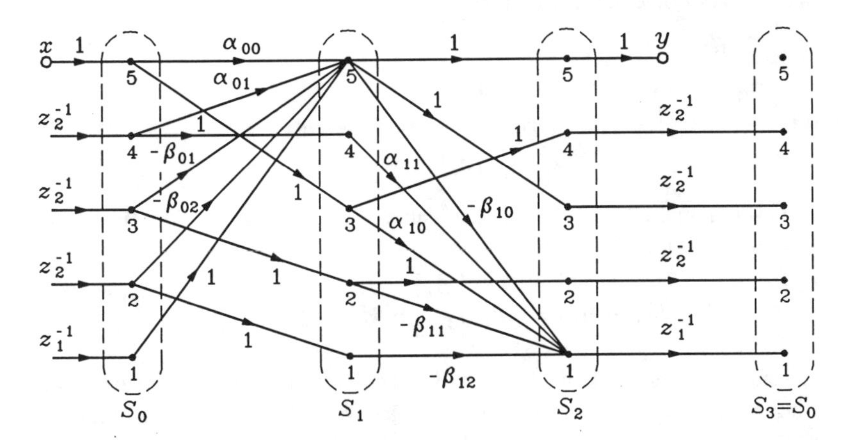


Bild 7.25: Stufenform für das Signalflußdiagramm aus Bild 7.22

verwendet, die noch gemäß

$$\mathbf{\Omega}_{\mu} = [\,\mathbf{\Omega}_{\mu z}, \mathbf{\Omega}_{\mu x}] \tag{7.141}$$

in zwei Teilmatrizen $\mathbf{\Omega}_{\mu z}$ und $\mathbf{\Omega}_{\mu x}$ mit $q_h + q_v$ bzw. $m$ Spalten aufgeteilt werden. Mit

$$\boldsymbol{v}_0[n_1, n_2] := \begin{bmatrix} \boldsymbol{z}[n_1, n_2] \\ \boldsymbol{x}[n_1, n_2] \end{bmatrix}$$

erhält man

$$\boldsymbol{v}_{\mu}[n_1, n_2] = \mathbf{\Omega}_{\mu}\boldsymbol{v}_0[n_1, n_2] = \mathbf{\Omega}_{\mu z}\boldsymbol{z}[n_1, n_2] + \mathbf{\Omega}_{\mu x}\boldsymbol{x}[n_1, n_2] \tag{7.142}$$

für $\mu = 1, 2, \dots, L$ mit

$$\boldsymbol{v}_L[n_1, n_2] = \mathbf{\Omega}_L\boldsymbol{v}_0[n_1, n_2] = \begin{bmatrix} \boldsymbol{z}_h[n_1+1, n_2] \\ \boldsymbol{z}_v[n_1, n_2+1] \\ \boldsymbol{y}[n_1, n_2] \end{bmatrix}. \tag{7.143}$$

Außerdem gilt

$$\boldsymbol{v}_{\mu}[n_1, n_2] = \boldsymbol{P}_{\mu}\boldsymbol{v}_{\mu-1}[n_1, n_2]\,.$$

Für verschiedene Anwendungen (Skalierung, Rauschoptimierung etc.) ist es zweckmäßig, die Knotenvektoren zu transformieren, ohne daß das Übertragungsverhalten des Systems verändert wird. Dies ist möglich mittels nichtsingulärer Matrizen $\boldsymbol{T}_{\mu}$ ($\mu = 0, 1, \dots, L$) mit

$$\boldsymbol{T}_0 = \begin{bmatrix} \boldsymbol{M} & \mathbf{0} \\ \mathbf{0} & \mathbf{E}_x \end{bmatrix} \quad \text{und} \quad \boldsymbol{T}_L = \begin{bmatrix} \boldsymbol{M} & \mathbf{0} \\ \mathbf{0} & \mathbf{E}_y \end{bmatrix}$$

geeigneter Ordnung, wobei $\mathbf{E}_x$ und $\mathbf{E}_y$ Einheitsmatrizen der Ordnung $m$ bzw. $r$ bedeuten. Dann erhält man als neue Knotenvektoren

$$\tilde{\boldsymbol{v}}_{\mu}[n_1, n_2] = \boldsymbol{T}_{\mu}^{-1}\,\boldsymbol{v}_{\mu}[n_1, n_2] \qquad (\mu = 0, 1, \dots, L) \tag{7.144}$$

und als transformierte Chan-Matrizen

$$\widetilde{\boldsymbol{P}}_\mu = \boldsymbol{T}_\mu^{-1}\boldsymbol{P}_\mu \boldsymbol{T}_{\mu-1} \qquad (\mu = 1,2,\ldots,L) \tag{7.145a}$$

mit der Eigenschaft

$$\widetilde{\boldsymbol{v}}_\mu[n_1,n_2] = \widetilde{\boldsymbol{P}}_\mu \widetilde{\boldsymbol{v}}_{\mu-1}[n_1,n_2] \ . \tag{7.145b}$$

Es wird nun die Gl. (7.137) für den Fall $\boldsymbol{z}_h[0,\nu_2] \equiv \boldsymbol{0}$, $\boldsymbol{z}_v[\nu_1,0] \equiv \boldsymbol{0}$ betrachtet und zur Abkürzung die Matrix

$$\boldsymbol{\Psi}[n_1,n_2] = \boldsymbol{\Phi}[n_1-1,n_2]\begin{bmatrix}\boldsymbol{B}_1\\ \boldsymbol{0}\end{bmatrix} + \boldsymbol{\Phi}[n_1,n_2-1]\begin{bmatrix}\boldsymbol{0}\\ \boldsymbol{B}_2\end{bmatrix} \tag{7.146}$$

eingeführt, wobei mit den Matrizen $\boldsymbol{B}_1$ und $\boldsymbol{B}_2$ dem Fall eines Systems mit mehreren Eingängen und Ausgängen Rechnung getragen wird. Damit erhält man mit Gl. (7.142) für $n_1 \geqq 0, n_2 \geqq 0$

$$\boldsymbol{v}_\mu[n_1,n_2] = \sum_{\nu_1=0}^{n_1}\sum_{\nu_2=0}^{n_2} \boldsymbol{\Omega}_{\mu z}\boldsymbol{\Psi}[n_1-\nu_1,n_2-\nu_2]\boldsymbol{x}[\nu_1,\nu_2] + \boldsymbol{\Omega}_{\mu x}\boldsymbol{x}[n_1,n_2] \ . \tag{7.147}$$

Bei der Realisierung eines Digitalfilters in Festkomma-Arithmetik ist der Zahlenbereich (Dynamikbereich) auf das Intervall $[-1, 1]$ beschränkt. Daher ist für eine Implementierung eine Skalierung erforderlich, so daß alle Knotensignale den Dynamikbereich nicht verlassen. Dabei wird vorausgesetzt, daß $|x_\kappa[n_1,n_2]| \leqq 1$ für $\kappa = 1,\ldots, m$ gilt. An Hand der Gl. (7.147) kann man dann mit $|x_\kappa[n_1,n_2]| \leqq 1$ den maximalen Betrag jedes Knotensignals abschätzen. Unter Verwendung dieser Schranken können dann mit Hilfe von Diagonal-Transformationsmatrizen $\boldsymbol{T}_\mu$ Skalierungen einfach in der Weise durchgeführt werden, daß die transformierten Knotensignale den Dynamikbereich nicht verlassen.

Die Stufenform ermöglicht es, lineare, zeitinvariante mehrdimensionale Systeme einschließlich Halbebenenfilter bei beliebiger Anzahl von Eingängen und Ausgängen zu beschreiben. Sie liefert eine übersichtliche Darstellung bestimmter Strukturmerkmale, z. B. der Parallelität und der Anzahl von Berechnungsstufen, was für Echtzeit-Realisierungen von Bedeutung ist. Es ist möglich, strukturabhängige Eigenschaften realer Systeme durch geschlossene mathematische Ausdrücke zu erfassen, z. B. das Rundungsrauschen, die Stabilität, die Übersteuerungseffekte und die Empfindlichkeit. Dies spielt für die Realisierung in Festkomma-Arithmetik eine große Rolle. Es ist weiterhin möglich, Systemeigenschaften durch Skalierung, durch Strukturtransformation, durch eine Optimierung des Verhaltens bezüglich des Rundungsrauschens etc. mittels Matrixmethoden zu verbessern bzw. verändern. Schließlich sei auf die Möglichkeit hingewiesen, gängige Zustandsraummethoden anzuwenden, z. B. zur Berechnung von Übergangsmatrizen, Übertragungsfunktionen und Impulsantworten.

Die Analyse des realen Systems mit Hilfe der Chan-Matrizen bietet eine mathematisch fundierte Alternative zur häufig angewendeten Methode der Systemsimulation. Insbesondere können auch eindimensionale Digitalfilter in eleganter Weise analysiert werden.

# 5. Entwurfskonzepte

## 5.1. ENTWURF VON FIR-FILTERN

Dem Entwurf eines nichtrekursiven (FIR-) Filters liegt in der Regel eine Wunschvorschrift $H_0(e^{j\omega_1}, e^{j\omega_2})$ für den Frequenzgang $H(e^{j\omega_1}, e^{j\omega_2})$ oder eine Forderung $h_0[n_1, n_2]$ für die Impulsantwort $h[n_1, n_2]$ des Systems zugrunde. Dabei wird für das zu entwerfende FIR-Filter gewöhnlich ein Trägergebiet in der $(n_1, n_2)$-Ebene spezifiziert. Die Vorschrift $H_0(e^{j\omega_1}, e^{j\omega_2})$ kann z. B. der Frequenzgang eines idealen Tiefpasses sein.

**Fensterung**

Eine häufig benutzte Methode zur Ermittlung eines realisierbaren Frequenzganges oder einer realisierbaren Impulsantwort besteht darin, die gewünschte Impulsantwort $h_0[n_1, n_2]$ oder bei Vorgabe von $H_0(e^{j\omega_1}, e^{j\omega_2})$ die Rücktransformierte $h_0[n_1, n_2]$ dieser Frequenzfunktion mit einer Fensterfunktion $w[n_1, n_2]$ zu multiplizieren und das Produkt der beiden Funktionen als $h[n_1, n_2]$ bzw. die Fourier-Transformierte des Produkts als $H(e^{j\omega_1}, e^{j\omega_2})$ zu wählen. Dabei versteht man unter einer Fensterfunktion ein Signal $w[n_1, n_2]$ mit (in der Regel endlichem) Träger $R$. Die so entstehende Übertragungsfunktion kann nach der Korrespondenz (7.51) in der Form

$$H(z_1, z_2) = \frac{1}{4\pi^2} \int_{-\pi}^{\pi} \int_{-\pi}^{\pi} W(e^{j\varphi_1}, e^{j\varphi_2}) H_0(z_1 e^{-j\varphi_1}, z_2 e^{-j\varphi_2})\, d\varphi_1 d\varphi_2 \tag{7.148}$$

ausgedrückt werden, wobei $W(e^{j\omega_1}, e^{j\omega_2})$ das zur Fensterfunktion $w[n_1, n_2]$ gehörende Spektrum bedeutet. Um bei der Fensterung eine möglichst gute Übereinstimmung zwischen $H(e^{j\omega_1}, e^{j\omega_2})$ und $H_0(e^{j\omega_1}, e^{j\omega_2})$ zu erzielen, wird man angesichts der Gl. (7.148) versuchen, $w[n_1, n_2]$ derart zu wählen, daß $W(e^{j\omega_1}, e^{j\omega_2})$ die zweidimensionale Impulsfunktion $4\pi^2 \delta(\omega_1, \omega_2)$ im Grundintervall möglichst genau annähert. Sofern das zu entwerfende FIR-Filter die Eigenschaft eines Nullphasen-Systems erhalten soll, wird noch verlangt, daß $w[n_1, n_2]$ überall mit $w^*[-n_1, -n_2]$ übereinstimmt. Fensterfunktionen lassen sich einfach aus eindimensionalen Fensterfunktionen $w[n]$ erzeugen, und zwar durch die Transformation $n = \sqrt{n_1^2 + n_2^2}$ oder als Produkt zweier Fensterfunktionen $w_1[n_1]$ und $w_2[n_2]$.

**Fehlerminimierung**

Ein FIR-Frequenzgang $H(e^{j\omega_1}, e^{j\omega_2})$ kann aufgrund einer vorgeschriebenen Charakteristik $H_0(e^{j\omega_1}, e^{j\omega_2})$ auch dadurch bestimmt werden, daß der mittlere quadratische Fehler

$$E_2 = \frac{1}{4\pi^2} \int_{-\pi}^{\pi} \int_{-\pi}^{\pi} | H(e^{j\omega_1}, e^{j\omega_2}) - H_0(e^{j\omega_1}, e^{j\omega_2}) |^2 \, d\omega_1 d\omega_2 \tag{7.149}$$

eingeführt wird (der Faktor $1/4\pi^2$ hat im Hinblick auf spätere Betrachtungen nur formale Bedeutung), wobei

$$H(e^{j\omega_1}, e^{j\omega_2}) = \sum_{(n_1, n_2)\in S}\sum h[n_1, n_2]\, e^{-j(\omega_1 n_1 + \omega_2 n_2)} \tag{7.150}$$

die FIR-Übertragungsfunktion mit den gesuchten Koeffizienten $h[n_1, n_2]$ (Impulsantwort) und dem zugehörigen Träger $S$ bedeutet. Die Gln. (7.149) und (7.150) lassen erkennen, daß $E_2$ eine in den Parametern $h[n_1, n_2]$ quadratische Funktion ist. Durch Minimierung von $E_2$ in bezug auf diese Parameter erhält man eine optimale Übertragungsfunktion, und zwar im wesentlichen aufgrund der Lösung eines linearen Gleichungssystems. Da angesichts der Gl. (7.53) der mittlere quadratische Fehler mit der Rücktransformierten $h_0[n_1, n_2]$ der Vorschrift $H_0(e^{j\omega_1}, e^{j\omega_2})$ auch in der Form

$$E_2 = \sum_{(n_1, n_2)\in S}\sum |h[n_1, n_2] - h_0[n_1, n_2]|^2 + \sum_{(n_1, n_2)\notin S}\sum |h_0[n_1, n_2]|^2 \tag{7.151}$$

ausgedrückt werden kann, sieht man, daß die optimale Lösung in der Wahl

$$h[n_1, n_2] = \begin{cases} h_0[n_1, n_2] & \text{für } (n_1, n_2)\in S \\ 0 & \text{für } (n_1, n_2)\notin S \end{cases}$$

besteht. Die Einführung des mittleren quadratischen Fehlers nach Gl. (7.149) hat den Vorteil, daß im Rahmen der Minimierung auch Nebenbedingungen einfach berücksichtigt werden können.

Soll die gesuchte Übertragungsfunktion $H(e^{j\omega_1}, e^{j\omega_2})$ Nullphasen-Eigenschaft erhalten und die Impulsantwort $h[n_1, n_2]$ reell werden, so schreibt man Gl. (7.150) wegen $h[n_1, n_2] = h[-n_1, -n_2]$ zunächst als

$$H(e^{j\omega_1}, e^{j\omega_2}) = h[0, 0] + \sum_{(n_1, n_2)\in \widetilde{S}}\sum 2h[n_1, n_2]\cos(\omega_1 n_1 + \omega_2 n_2)\ , \tag{7.152}$$

wobei $\widetilde{S}$ aus dem Teil des gewünschten Trägers $S$ besteht, für welchen $n_1 > 0$ gilt, und den Punkten $(0, n_2)$ mit $n_2 > 0$ von $S$. Jetzt wird Gl. (7.152) in Gl. (7.149) eingeführt und die Integration ausgeführt, so daß $E_2$ als ein quadratischer Ausdruck in den unbekannten Parametern $h[0, 0]$ und $h[n_1, n_2]$ $((n_1, n_2)\in \widetilde{S})$ und mit bekannten Koeffizienten erscheint. Bildet man die partiellen Differentialquotienten dieser Darstellung von $E_2$ nach den einzelnen Parametern und setzt sie gleich Null, so erhält man ein lineares algebraisches Gleichungssystem zur Berechnung der unbekannten Parameter. Anstelle des mittleren quadratischen Fehlers kann auch ein anderer Fehler verwendet werden, z. B. $E_p$, der sich von $E_2$ dadurch unterscheidet, daß in Gl. (7.149) der Exponent 2 durch $p \in \mathbb{N}$ ersetzt wird. Der Grenzübergang $p \to \infty$ liefert die Tschebyscheff-Norm

$$E_\infty := \sup_{(\omega_1, \omega_2)} |H(e^{j\omega_1}, e^{j\omega_2}) - H_0(e^{j\omega_1}, e^{j\omega_2})|\ . \tag{7.153}$$

Man kann insbesondere zur Ermittlung des kleinsten Fehlers $E_\infty$ in Abhängigkeit der Parameter ein Iterationsverfahren heranziehen. In der Definitionsgleichung (7.153) ist das Supremum über einem kompakten Gebiet der $(\omega_1, \omega_2)$-Ebene, bei einem frequenzselektiven Filter über dem Durchlaß- und dem Sperrbereich einschließlich der Ränder zu bestimmen. In diesem kompakten Gebiet kann man in praktisch bedeutsamen Fällen endlich viele (geeignet auszusuchende) Punkte wählen und die Berechnung des Fehlers bezüglich dieser Punkte beschränken. Dadurch läßt sich der Rechenaufwand wesentlich reduzieren.

**Kaskadenansatz**

Im Gegensatz zu eindimensionalen Filtern ist es bei mehrdimensionalen Systemen allgemein nicht möglich, eine Übertragungsfunktion, speziell eine FIR-Übertragungsfunktion, durch eine Kaskade von elementaren Teilfiltern zu realisieren. Eine Kaskaden-Realisierung läßt sich jedoch erreichen, wenn man von vornherein die Übertragungsfunktion des zu ermittelnden Filters als Produkt mehrerer Übertragungsfunktionen ansetzt und die Parameter dieser Teilübertragungsfunktionen nach einem numerischen Verfahren derart ermittelt, daß die Gesamtübertragungsfunktion die geforderten Spezifikationen erfüllt. Die Kaskadenanordnung der Systeme, welche die Teilübertragungsfunktionen realisieren, liefert dann eine Verwirklichung der Gesamtübertragungsfunktion, die jedoch zu einer eingeschränkten Klasse realisierbarer Übertragungsfunktionen gehört.

**Singulärwertzerlegung**

Eine weitere Möglichkeit, ein FIR-Filter aufgrund einer Vorschrift $h_0[n_1,n_2]$ für die Impulsantwort zu ermitteln, beruht auf der aus der Algebra bekannten Singulärwertzerlegung (SVD, "*s*ingular *v*alue *d*ecomposition") einer Matrix. Hierauf soll im folgenden eingegangen werden. Es wird angenommen, daß $h_0[n_1,n_2]$ einen rechteckigen Träger ($0 \leqq n_1 \leqq N_1-1$; $0 \leqq n_2 \leqq N_2-1$) der Länge $N_1$ und der Breite $N_2 \geqq N_1$ besitzt. Die in diesem Träger auftretenden Funktionswerte der Vorschrift für die Impulsantwort werden zu einer Matrix

$$\boldsymbol{H}_0 = [h_0[n_1,n_2]] \qquad (7.154)$$

mit $N_1$ Spalten und $N_2$ Zeilen zusammengefaßt, so daß $h_0[n_1,n_2]$ in der $(n_1+1)$-ten Spalte und $(n_2+1)$-ten Zeile steht. Der Rang von $\boldsymbol{H}_0$ sei $N_1$. Nun werden die Eigenwerte $\lambda_1, \lambda_2, \ldots, \lambda_{N_1}$ der positiv-definiten quadratischen Matrix $\boldsymbol{H}_0^{\mathrm{T}}\boldsymbol{H}_0$ mit der Anordnung

$$\lambda_1 \geqq \lambda_2 \geqq \cdots \geqq \lambda_{N_1} > 0$$

sowie hierzu gehörende Eigenvektoren $\boldsymbol{h}_1, \boldsymbol{h}_2, \ldots, \boldsymbol{h}_{N_1}$ ermittelt; letztere müssen so bestimmt werden, daß sie ein Orthonormalsystem bilden. Weiterhin werden die Vektoren

$$\boldsymbol{g}_\mu = \frac{1}{\sqrt{\lambda_\mu}}\boldsymbol{H}_0\boldsymbol{h}_\mu \qquad (\mu = 1,2,\ldots,N_1) \qquad (7.155)$$

mit $\| \boldsymbol{g}_\mu \| = \sqrt{\boldsymbol{g}_\mu^{\mathrm{T}}\boldsymbol{g}_\mu} = 1$ eingeführt. Damit ist es möglich, die Matrix $\boldsymbol{H}_0$ in der Form

$$\boldsymbol{H}_0 = \sum_{\mu=1}^{N_1} \sqrt{\lambda_\mu}\,\boldsymbol{g}_\mu\boldsymbol{h}_\mu^{\mathrm{T}} \qquad (7.156)$$

auszudrücken. Ein einzelner Summand in Gl. (7.156) kann als Kaskade eines FIR-Systems mit der Impulsantwort $\sqrt{\lambda_\mu}\,g_\mu[n_2]$ und eines FIR-Systems mit der Impulsantwort $h_\mu[n_1]$ realisiert werden, wobei der Funktionswert von $g_\mu[n_2]$ ($0 \leqq n_2 \leqq N_2-1$) als $(n_2+1)$-te Komponente des Vektors $\boldsymbol{g}_\mu$ und der von $h_\mu[n_1]$ ($0 \leqq n_1 \leqq N_1-1$) durch die $(n_1+1)$-te Komponente des Vektors $\boldsymbol{h}_\mu$ gegeben ist, so daß im Einklang mit Gl. (7.156)

$$h_0[n_1,n_2] = \sum_{\mu=1}^{N_1} \sqrt{\lambda_\mu}\,g_\mu[n_2]\,h_\mu[n_1] \qquad (7.157)$$

gilt mit $h_\mu[n_1] = g_\mu[n_2] = 0$ für $n_1 \notin \{0,1,\ldots,N_1-1\}$, $n_2 \notin \{0,1,\ldots,N_2-1\}$. Die vorgeschriebene Impulsantwort wird dann insgesamt durch die Parallelanordnung der genannten Kaskaden nach Bild 7.26 realisiert. Es handelt sich um eine Parallelschaltung von separierbaren Einzelfiltern. Besonders interessant wird dieses Verfahren, wenn Summanden in Gl. (7.157) vernachlässigbar sind, etwa solche, die zu vergleichsweise kleinen Eigenwerten $\lambda_\mu$ gehören.

**Transformation eindimensionaler FIR-Filter**

Zweidimensionale FIR-Filter können auch durch Transformation eindimensionaler FIR-Filter erzeugt werden. Soll ein Nullphasen-FIR-System ermittelt werden, so geht man von einem eindimensionalen Nullphasen-FIR-Filter aus, dessen Impulsantwort $h[n]$ die Eigenschaft

$$h[n] = h^*[-n]$$

für alle $n \in \mathbb{Z}$ hat. Beschränkt man sich auf eine reelle Impulsantwort, dann bedeutet dies, daß die Übertragungsfunktion des eindimensionalen Filters die Form

$$H(\mathrm{e}^{\mathrm{j}\omega}) = h[0] + h[1](\mathrm{e}^{-\mathrm{j}\omega} + \mathrm{e}^{\mathrm{j}\omega}) + h[2](\mathrm{e}^{-\mathrm{j}2\omega} + \mathrm{e}^{\mathrm{j}2\omega}) + \cdots + h[q](\mathrm{e}^{-\mathrm{j}q\omega} + \mathrm{e}^{\mathrm{j}q\omega})$$

oder

$$H(\mathrm{e}^{\mathrm{j}\omega}) = \sum_{n=0}^{q} A_n \cos n\omega \tag{7.158}$$

besitzt. Da $\cos n\omega$ als ein Polynom $n$-ten Grades in $\cos\omega$ ausgedrückt werden kann, läßt sich auch

$$H(\mathrm{e}^{\mathrm{j}\omega}) = \sum_{n=0}^{q} B_n \cos^n \omega \tag{7.159}$$

schreiben. In dieser Form wird die Übertragungsfunktion mittels einer geeigneten Transformationsfunktion

$$\cos\omega = F(\omega_1, \omega_2) \tag{7.160}$$

in eine zweidimensionale FIR-Übertragungsfunktion überführt. Als Transformationsfunktionen $F(\omega_1, \omega_2)$ kommen FIR-Nullphasen-Übertragungsfunktionen mit der Eigenschaft

$$|F(\omega_1, \omega_2)| \leqq 1 \qquad (-\pi \leqq \omega_\nu \leqq \pi; \nu = 1, 2)$$

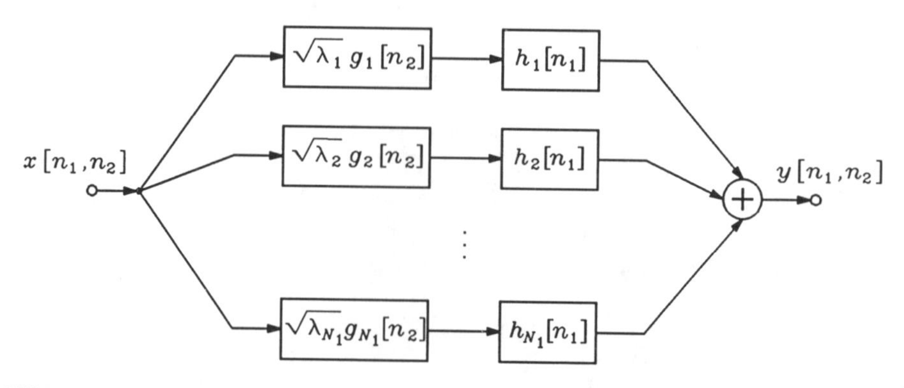


Bild 7.26: Realisierung einer Impulsantwort aufgrund von Singulärwertzerlegung

in Betracht. Bei der Wahl einer solchen Funktion müssen die Forderungen an die gewünschte Übertragungsfunktion $H(e^{j\omega_1}, e^{j\omega_2})$ und die Eigenschaften der vorhandenen eindimensionalen Übertragungsfunktion $H(e^{j\omega})$ berücksichtigt werden. Wählt man beispielsweise $S = \{(n_1, n_2);\ -1 \leqq n_1 \leqq 1,\ -1 \leqq n_2 \leqq 1\}$ als Träger für die Impulsantwort eines zur Transformation zu verwendenden Nullphasen-Filters, so erhält man als Übertragungsfunktion

$$F(\omega_1, \omega_2) = A + B\cos\omega_1 + C\cos\omega_2 + D\cos(\omega_1 - \omega_2) + E\cos(\omega_1 + \omega_2), \quad (7.161)$$

die bei geeigneter Wahl der Parameter $A, B, C, D, E$ als Transformationsfunktion verwendet werden kann (McClellan-Transformation). Man kann nach der Wahl einer Funktion $F(\omega_1, \omega_2)$ in der $(\omega_1, \omega_2)$-Ebene die Kurven

$$F(\omega_1, \omega_2) = c = \text{const}$$

ermitteln. Längs jeder von diesen Kurven weist die transformierte Übertragungsfunktion $H(e^{j\omega_1}, e^{j\omega_2})$ einen konstanten Wert auf, und zwar den durch $H(e^{j\omega})$ nach Gl. (7.159) für $\cos\omega = c$ resultierenden Wert. Der Verlauf dieser Kurven kann durch die Wahl der Parameter $A, B, C, D, E$ beeinflußt werden. Hierbei strebt man häufig kreisförmige oder elliptische Verläufe an. Falls das eindimensionale Referenzfilter ein Tiefpaß ist, muß die Transformationsfunktion derart gewählt werden, daß sie dort den Wert 1 annähert, wo das zu ermittelnde zweidimensionale Filter Durchlaßverhalten aufweisen soll, und den Wert $-1$ dort, wo Sperrverhalten gewünscht wird. Falls die Werte der ermittelten Funktion $F(\omega_1, \omega_2)$ im Intervall $-\pi \leqq \omega_1 \leqq \pi$, $-\pi \leqq \omega_2 \leqq \pi$ nicht ausschließlich zwischen $-1$ und 1 liegen, kann man mittels zweier Konstanten $\alpha$ und $\beta$ eine Modifikation der Transformationsfunktion in der Form $\alpha F(\omega_1, \omega_2) + \beta$ vornehmen, ohne daß sich die Kurven konstanten Funktionswerts ändern. Ist nun $F_{\max}$ der Maximalwert und weiterhin $F_{\min}$ der Minimalwert von $F$ in $-\pi \leqq \omega_1 \leqq \pi$, $-\pi \leqq \omega_2 \leqq \pi$, und bezeichnet man die Summe von $F_{\max}$ und $F_{\min}$ mit $\sigma$ und die Differenz mit $\delta$, so liefert die Wahl $\alpha = 2/\delta$ und $\beta = -\sigma/\delta$ eine modifizierte Transformationsfunktion, welche ihre Werte nur im Intervall $[-1, 1]$ hat.

Aufgrund der Gln. (7.159) und (7.160) kann jetzt die zweidimensionale Übertragungsfunktion in der Horner-Form

$$H(e^{j\omega_1}, e^{j\omega_2}) = \{\cdots\{B_q F(\omega_1, \omega_2) + B_{q-1}\}F(\omega_1, \omega_2) + B_{q-2}\}F(\omega_1, \omega_2) + \cdots \quad (7.162)$$

geschrieben werden. Daraus folgt die Realisierung nach Bild 7.27. Man beachte, daß es sich hierbei um eine modulare Struktur handelt. Eine Änderung des eindimensionalen Prototypfilters erfordert nur die Änderung der Koeffizienten $B_0, B_1, \ldots, B_q$. Ein Wechsel der Transformationsfunktion $F(\omega_1, \omega_2)$ verlangt eine entsprechende Änderung der Teilsysteme.

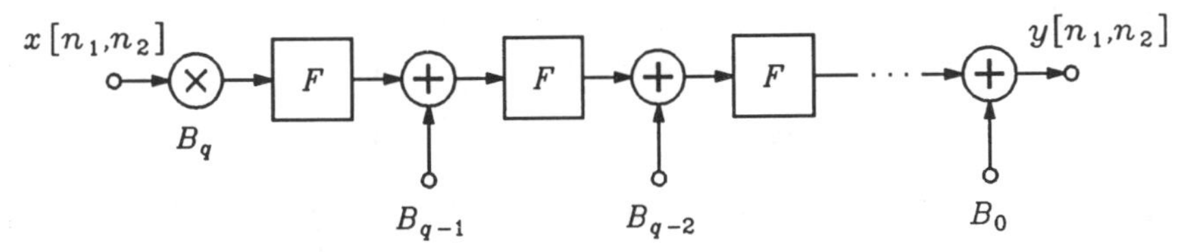


Bild 7.27: Realisierung eines zweidimensionalen nichtrekursiven Filters, das durch Transformation aus einem eindimensionalen Filter entstanden ist

## 5.2. ENTWURF VON IIR-FILTERN

Auch beim Entwurf rekursiver (IIR-) Filter ist gewöhnlich entweder für die Impulsantwort $h[n_1, n_2]$ eine bestimmte Vorschrift $h_0[n_1, n_2]$ oder für den Frequenzgang $H(\mathrm{e}^{\mathrm{j}\omega_1}, \mathrm{e}^{\mathrm{j}\omega_2})$ eine Vorschrift $H_0(\mathrm{e}^{\mathrm{j}\omega_1}, \mathrm{e}^{\mathrm{j}\omega_2})$ gegeben. Falls für ein bestimmtes Eingangssignal $x_0[n_1, n_2]$ ein spezifiziertes Ausgangssignal $y_0[n_1, n_2]$ verlangt wird, kann eine solche Forderung auf eine entsprechende Vorschrift $h_0[n_1, n_2]$ für die Impulsantwort oder eine zu erfüllende Spezifikation $H_0(\mathrm{e}^{\mathrm{j}\omega_1}, \mathrm{e}^{\mathrm{j}\omega_2})$ für die Übertragungsfunktion zurückgeführt werden. Es seien im folgenden nur reelle Systeme betrachtet. Das Ziel ist die Ermittlung der Koeffizienten

$$\alpha[n_1, n_2] := \alpha_{n_1 n_2} \qquad (-K_1 \leqq n_1 \leqq L_1 \, ; -K_2 \leqq n_2 \leqq L_2)$$

und

$$\beta[n_1, n_2] := \beta_{n_1 n_2} \qquad (-M_1 \leqq n_1 \leqq N_1 \, ; -M_2 \leqq n_2 \leqq N_2)$$

der Filter-Übertragungsfunktion nach Gl. (7.56) aufgrund der Vorschrift.

Wie beim Entwurf eindimensionaler Systeme pflegt man bestimmte Fehlerfunktionen im Original- und Bildbereich einzuführen, nämlich

$$\Delta h[n_1, n_2] := h[n_1, n_2] - h_0[n_1, n_2] \, , \tag{7.163}$$

$$\Delta H(\mathrm{e}^{\mathrm{j}\omega_1}, \mathrm{e}^{\mathrm{j}\omega_2}) := H(\mathrm{e}^{\mathrm{j}\omega_1}, \mathrm{e}^{\mathrm{j}\omega_2}) - H_0(\mathrm{e}^{\mathrm{j}\omega_1}, \mathrm{e}^{\mathrm{j}\omega_2}) \, . \tag{7.164}$$

Mit der Darstellung

$$H(\mathrm{e}^{\mathrm{j}\omega_1}, \mathrm{e}^{\mathrm{j}\omega_2}) = \frac{A(\mathrm{e}^{\mathrm{j}\omega_1}, \mathrm{e}^{\mathrm{j}\omega_2})}{B(\mathrm{e}^{\mathrm{j}\omega_1}, \mathrm{e}^{\mathrm{j}\omega_2})}$$

gemäß Gl. (7.56) und mit

$$C(\mathrm{e}^{\mathrm{j}\omega_1}, \mathrm{e}^{\mathrm{j}\omega_2}) := \frac{1}{B(\mathrm{e}^{\mathrm{j}\omega_1}, \mathrm{e}^{\mathrm{j}\omega_2})} \tag{7.165}$$

kann die Fehlerfunktion im Bildbereich auch in der Form

$$\Delta H(\mathrm{e}^{\mathrm{j}\omega_1}, \mathrm{e}^{\mathrm{j}\omega_2}) = C(\mathrm{e}^{\mathrm{j}\omega_1}, \mathrm{e}^{\mathrm{j}\omega_2})\{A(\mathrm{e}^{\mathrm{j}\omega_1}, \mathrm{e}^{\mathrm{j}\omega_2}) - H_0(\mathrm{e}^{\mathrm{j}\omega_1}, \mathrm{e}^{\mathrm{j}\omega_2})B(\mathrm{e}^{\mathrm{j}\omega_1}, \mathrm{e}^{\mathrm{j}\omega_2})\} \tag{7.166}$$

bzw. die entsprechende Originalfunktion

$$\Delta h[n_1, n_2] = \gamma[n_1, n_2] ** \{\alpha[n_1, n_2] - h_0[n_1, n_2] ** \beta[n_1, n_2]\} \tag{7.167}$$

verwendet werden, wobei $\gamma[n_1, n_2]$ die zu $C(\mathrm{e}^{\mathrm{j}\omega_1}, \mathrm{e}^{\mathrm{j}\omega_2})$ aus Gl. (7.165) gehörende Originalfunktion ist. Eine weitere interessante Fehlerfunktion erhält man durch Gewichtung von $\Delta H(\mathrm{e}^{\mathrm{j}\omega_1}, \mathrm{e}^{\mathrm{j}\omega_2})$ mit $B(\mathrm{e}^{\mathrm{j}\omega_1}, \mathrm{e}^{\mathrm{j}\omega_2})$. So ergibt sich

$$\begin{aligned}\Delta \widetilde{H}(\mathrm{e}^{\mathrm{j}\omega_1}, \mathrm{e}^{\mathrm{j}\omega_2}) &:= B(\mathrm{e}^{\mathrm{j}\omega_1}, \mathrm{e}^{\mathrm{j}\omega_2})\, \Delta H(\mathrm{e}^{\mathrm{j}\omega_1}, \mathrm{e}^{\mathrm{j}\omega_2}) \\ &= A(\mathrm{e}^{\mathrm{j}\omega_1}, \mathrm{e}^{\mathrm{j}\omega_2}) - H_0(\mathrm{e}^{\mathrm{j}\omega_1}, \mathrm{e}^{\mathrm{j}\omega_2})B(\mathrm{e}^{\mathrm{j}\omega_1}, \mathrm{e}^{\mathrm{j}\omega_2})\end{aligned} \tag{7.168}$$

oder die entsprechende Originalfunktion

$$\Delta\widetilde{h}[n_1,n_2] = \alpha[n_1,n_2] - h_0[n_1,n_2] ** \beta[n_1,n_2] \ , \tag{7.169}$$

womit erreicht wird, daß die Fehlerfunktion in $\alpha[n_1,n_2]$ und $\beta[n_1,n_2]$ linear ist. Dies hat Vorteile für die Fehlerminimierung.

Aus den genannten Fehlerfunktionen werden nun geeignete Normen gebildet und so (globale) Fehler eingeführt, die zum eigentlichen Entwurf verwendet werden. Benützt man die $L_2$-Norm, dann stimmen die entsprechenden Fehler aufgrund des Parsevalschen Theorems im Original- und Bildbereich im wesentlichen überein. So kann der $L_2$-Fehler

$$E_2 = \sum_{n_1=-\infty}^{\infty} \sum_{n_2=-\infty}^{\infty} \Delta h^2[n_1,n_2] \tag{7.170}$$

auch als

$$E_2 = \frac{1}{4\pi^2} \int_{-\pi}^{\pi}\int_{-\pi}^{\pi} |\Delta H(e^{j\omega_1}, e^{j\omega_2})|^2 d\omega_1 d\omega_2 \tag{7.171}$$

ausgedrückt werden. Schreibt man den Integranden als Produkt von $\Delta H(e^{j\omega_1}, e^{j\omega_2})$ mit $\Delta H(e^{-j\omega_1}, e^{-j\omega_2})$ und ersetzt beide Funktionen gemäß Gl. (7.164), wobei $H(e^{\pm j\omega_1}, e^{\pm j\omega_2})$ durch $A(e^{\pm j\omega_1}, e^{\pm j\omega_2})/B(e^{\pm j\omega_1}, e^{\pm j\omega_2})$ substituiert wird, so läßt sich auch

$$\begin{aligned} E_2 = & \frac{1}{4\pi^2} \int_{-\pi}^{\pi}\int_{-\pi}^{\pi} \frac{A(e^{j\omega_1}, e^{j\omega_2})A(e^{-j\omega_1}, e^{-j\omega_2})}{B(e^{j\omega_1}, e^{j\omega_2})B(e^{-j\omega_1}, e^{-j\omega_2})} d\omega_1 d\omega_2 \\ & - \frac{1}{4\pi^2} \int_{-\pi}^{\pi}\int_{-\pi}^{\pi} \frac{A(e^{j\omega_1}, e^{j\omega_2})}{B(e^{j\omega_1}, e^{j\omega_2})} H_0^*(e^{j\omega_1}, e^{j\omega_2}) d\omega_1 d\omega_2 \\ & - \frac{1}{4\pi^2} \int_{-\pi}^{\pi}\int_{-\pi}^{\pi} \frac{A(e^{-j\omega_1}, e^{-j\omega_2})}{B(e^{-j\omega_1}, e^{-j\omega_2})} H_0(e^{j\omega_1}, e^{j\omega_2}) d\omega_1 d\omega_2 \\ & + \frac{1}{4\pi^2} \int_{-\pi}^{\pi}\int_{-\pi}^{\pi} |H_0(e^{j\omega_1}, e^{j\omega_2})|^2 d\omega_1 d\omega_2 \end{aligned} \tag{7.172}$$

schreiben. Wird im Integranden in Gl. (7.171) der Exponent 2 durch eine natürliche Zahl $p$ ersetzt, so erhält man den $L_p$-Fehler. Bei Wahl eines genügend großen $p$ (etwa 20) hat der Fehler eine die Tschebyscheff-Norm nach Gl. (7.153) annähernde Wirkung.

Da sich die in den Gln. (7.171) und (7.172) auftretenden Integrale im allgemeinen analytisch nicht auswerten lassen, wird häufig das zweidimensionale Integrationsintervall $-\pi \leqq \omega_1 \leqq \pi$, $-\pi \leqq \omega_2 \leqq \pi$ diskretisiert, so daß die Integrale durch endliche Summen angenähert werden können. Entsprechend führt man in Gl. (7.170) endliche, aber dem Betrage nach hinreichend große Summationsgrenzen ein, so daß $E_2$ genügend genau durch eine endliche Summe angenähert wird.

Man kann den Fehler nach Gl. (7.170) ebenso wie den nach Gl. (7.171) dadurch modifizieren, daß man den Summanden in Gl. (7.170) bzw. den Integranden in Gl. (7.171) noch mit einer nichtnegativen reellen Gewichtsfunktion multipliziert, um die jeweilige Fehlerfunktion in verschiedenen Teilen des Summations- bzw. Integrationsbereichs unterschiedlich zu bewerten.

Bei Verwendung der Gl. (7.166) erhält man für $E_2$ nach Gl. (7.171)

$$E_2 = \frac{1}{4\pi^2} \int_{-\pi}^{\pi} \int_{-\pi}^{\pi} C(e^{j\omega_1}, e^{j\omega_2})\, C(e^{-j\omega_1}, e^{-j\omega_2}) [A(e^{j\omega_1}, e^{j\omega_2}) A(e^{-j\omega_1}, e^{-j\omega_2})$$

$$- H_0(e^{j\omega_1}, e^{j\omega_2}) A(e^{-j\omega_1}, e^{-j\omega_2}) B(e^{j\omega_1}, e^{j\omega_2})$$

$$- H_0(e^{-j\omega_1}, e^{-j\omega_2}) A(e^{j\omega_1}, e^{j\omega_2}) B(e^{-j\omega_1}, e^{-j\omega_2})$$

$$+ |H_0(e^{j\omega_1}, e^{j\omega_2})|^2 B(e^{j\omega_1}, e^{j\omega_2}) B(e^{-j\omega_1}, e^{-j\omega_2})]\, d\omega_1 d\omega_2 \,. \tag{7.173}$$

In den Gln. (7.172) und (7.173), durch welche der $L_2$-Fehler im Frequenzbereich ausgedrückt wird, sind die Koeffizienten $\alpha[n_1, n_2]$ und $\beta[n_1, n_2]$ direkter zugänglich als in Gl. (7.170), durch die der Fehler $E_2$ im Originalbereich beschrieben wird.

Die eigentliche Aufgabe besteht jetzt darin, den gewählten Fehler, beispielsweise $E_2$, in Abhängigkeit der Koeffizienten $\alpha[n_1, n_2]$ und $\beta[n_1, n_2]$ möglichst klein zu machen. Im Gegensatz zu FIR-Filtern tritt bei IIR-Filtern die Schwierigkeit auf, daß bei uneingeschränkter Änderung der Koeffizienten $\beta[n_1, n_2]$ die Stabilität des Systems nicht garantiert werden kann. Meistens nimmt man an, daß alle Funktionen $\alpha[n_1, n_2]$, $\beta[n_1, n_2]$, $h_0[n_1, n_2]$, $h[n_1, n_2]$ den ersten Quadranten als Träger haben, jedoch können auch andere Gebiete als Träger auftreten.

Zur Minimierung des gewählten Fehlers müssen dessen partielle Differentialquotienten bezüglich der Parameter $\alpha[n_1, n_2]$ und $\beta[n_1, n_2]$ gleich Null gesetzt werden. Es gibt einige grundsätzlich verschiedene Vorgehensweisen zur Fehlerminimierung, die im folgenden kurz beschrieben werden sollen.

Man erzeugt den Fehler $\widetilde{E}_2$ als $L_2$-Norm der Fehlerfunktion $\Delta\widetilde{H}(e^{j\omega_1}, e^{j\omega_2})$ aus Gl. (7.168), d. h. als das mit $(1/4\pi^2)$ multiplizierte Integral über das Betragsquadrat der Fehlerfunktion bezüglich des Intervalls $-\pi \leqq \omega_1 \leqq \pi$, $-\pi \leqq \omega_2 \leqq \pi$, oder als entsprechende Summe über das Quadrat von $\Delta\widetilde{h}[n_1, n_2]$ aus Gl. (7.169). Man sieht, daß $\widetilde{E}_2$ eine quadratische Funktion der Parameter $\alpha[n_1, n_2]$ und $\beta[n_1, n_2]$ ist. Bildet man dann sämtliche partiellen Differentialquotienten von $\widetilde{E}_2$ nach diesen Parametern und setzt sie gleich Null, dann erhält man ein lineares Gleichungssystem zur Berechnung der optimalen $\alpha[n_1, n_2]$ und $\beta[n_1, n_2]$. Dies ist zwar eine sehr einfache Vorgehensweise, man muß jedoch beachten, daß sich der Fehler $\widetilde{E}_2$ wesentlich vom Fehler $E_2$ unterscheidet: Es ist $|B(e^{j\omega_1}, e^{j\omega_2})|^2$ gewissermaßen als Gewichtsfunktion in $E_2$ nach Gl. (7.172) zusätzlich eingeführt worden.

Eine weitere Möglichkeit besteht darin, als Fehler die Norm $E_2$ nach Gl. (7.173) zu verwenden. Der Fehler $E_2$ ist zwar keine quadratische Funktion der Parameter $\alpha[n_1, n_2]$ und $\beta[n_1, n_2]$, da neben $B(e^{j\omega_1}, e^{j\omega_2})$ auch $C(e^{j\omega_1}, e^{j\omega_2})$ von den $\beta[n_1, n_2]$ abhängt. Betrachtet man jedoch $C(e^{j\omega_1}, e^{j\omega_2})$ als Funktion von $\omega_1$ und $\omega_2$ vorübergehend mit festen Koeffizienten, indem man in $C(e^{j\omega_1}, e^{j\omega_2})$ bestimmte feste Werte für alle $\beta[n_1, n_2]$ wählt, dann ist $E_2$ aufgrund von $A(e^{j\omega_1}, e^{j\omega_2})$ und $B(e^{j\omega_1}, e^{j\omega_2})$ eine quadratische Funktion der Koeffizienten $\alpha[n_1, n_2]$ und $\beta[n_1, n_2]$. Deren Werte werden als Lösung des linearen Gleichungssystems ermittelt, das man erhält, wenn alle partiellen Differentialquotienten von $E_2$ nach den Koeffizienten gleich Null gesetzt werden. Diese Differentialquotienten lassen sich leicht angeben. Mit den dabei erhaltenen Werten für $\beta[n_1, n_2]$ wird nun die Funktion $C(e^{j\omega_1}, e^{j\omega_2})$ korrigiert und dann die Prozedur wiederholt, um neue Koeffizientenwerte, insbesondere für alle $\beta[n_1, n_2]$ zu gewinnen. In dieser Weise kann iterativ verfahren werden, bis praktisch keine weiteren Verbesserungen mehr möglich sind. Man kann in der Regel $E_2$ noch weiter reduzieren, indem man jetzt bei der Berechnung der partiellen Differentialquotienten von $E_2$ nach den $\beta[n_1, n_2]$ auch die Abhängigkeit des im Integranden in Gl. (7.173) auftretenden Faktors $C(e^{j\omega_1}, e^{j\omega_2})\, C(e^{-j\omega_1}, e^{-j\omega_2})$ von diesen Koeffizienten berücksichtigt, für die Werte von $\beta[n_1, n_2]$ in $C(e^{j\omega_1}, e^{j\omega_2})$ und den Differentialquotienten aber wieder die zuletzt erhaltenen Werte wählt, so daß erneut ein lineares Gleichungssystem zur Ermittlung der Koeffizienten entsteht. Über die Konvergenz des Verfahrens kann allgemein nichts ausgesagt werden. Die Stabilität der Lösung ist generell nicht gesichert.

Schließlich sei noch die Möglichkeit erwähnt, den Fehler $E_2$ als Funktion aller Koeffizienten $\alpha[n_1, n_2]$ und $\beta[n_1, n_2]$ mit Hilfe eines numerischen Optimierungsverfahrens zu minimieren. Dabei können Optimierungsverfahren verwendet werden, die den Gradienten der Zielfunktion bezüglich der Optimierungsparameter $\alpha[n_1, n_2]$ und $\beta[n_1, n_2]$ erfordern, da sich die Differentialquotienten analytisch berechnen lassen. Die Stabilität der Lösung kann durch entsprechende Nebenbedingungen bei der Optimierung berücksichtigt werden. Eine gewisse Schwierigkeit bildet die Wahl geeigneter Startwerte für die Optimierungsparameter und die Überwindung eventueller Nebenminima.

Gelegentlich ist nur der Betrag der Übertragungsfunktion $|H(e^{j\omega_1}, e^{j\omega_2})|$ durch eine nichtnegative Funktion $A_0(\omega_1, \omega_2)$ $(-\pi \leqq \omega_1 \leqq \pi,\ -\pi \leqq \omega_2 \leqq \pi)$ vorgeschrieben; das Phasenverhalten ist dabei belanglos. Als Fehler wird eine Norm der Differenz zwischen $|H(e^{j\omega_1}, e^{j\omega_2})|$ und $A_0(\omega_1, \omega_2)$ eingeführt, die als Funktion der Koeffizienten der Übertragungsfunktion $H(e^{j\omega_1}, e^{j\omega_2})$ minimiert wird. Auch hier ergibt sich die Schwierigkeit, daß die Lösung $H(e^{j\omega_1}, e^{j\omega_2})$ möglicherweise nicht stabil ist. Man kann dann versuchen, nachträglich eine Stabilisierung durchzuführen. Hierunter versteht man die folgende Maßnahme. Ist

$$H(e^{j\omega_1}, e^{j\omega_2}) = \frac{A(e^{j\omega_1}, e^{j\omega_2})}{B(e^{j\omega_1}, e^{j\omega_2})}$$

eine im Rahmen einer Approximationsprozedur erhaltene Übertragungsfunktion, welche ein instabiles System kennzeichnet, dann ist eine Übertragungsfunktion $H_s(z_1, z_2)$ zu ermitteln, welche für $z_1 = e^{j\omega_1}$, $z_2 = e^{j\omega_2}$ und alle reellen Wertepaare $(\omega_1, \omega_2)$ die Bedingung

$$|H_s(e^{j\omega_1}, e^{j\omega_2})| = |H(e^{j\omega_1}, e^{j\omega_2})| \tag{7.174}$$

und zugleich die Forderung der Stabilität erfüllt. Verschwindet der Nenner $B(e^{j\omega_1}, e^{j\omega_2})$ von $H(e^{j\omega_1}, e^{j\omega_2})$ für kein reelles Wertepaar $(\omega_1, \omega_2)$, dann kann durch Faktorisierung von

$$R(e^{j\omega_1}, e^{j\omega_2}) := B(e^{j\omega_1}, e^{j\omega_2})\, B(e^{-j\omega_1}, e^{-j\omega_2}) \tag{7.175}$$

mit Hilfe des komplexen Cepstrums nach Abschnitt 3.7 ein Nenner $B_s(e^{j\omega_1}, e^{j\omega_2})$ gleichen Betrags wie $B(e^{j\omega_1}, e^{j\omega_2})$ ermittelt werden, dessen Originalfunktion $b_s[n_1, n_2]$ ein Mindestphasensignal ist, das allerdings keinen endlichen Träger hat. Wenn man nun in der Übertragungsfunktion $B(e^{j\omega_1}, e^{j\omega_2})$ durch $B_s(e^{j\omega_1}, e^{j\omega_2})$ ersetzt, erreicht man eine Stabilisierung unter Einhaltung der Bedingung nach Gl. (7.174). Der Preis für die Stabilisierung ist ein Träger von $b_s[n_1, n_2]$ mit unendlicher Ausdehnung. Es ist daher notwendig, $b_s[n_1, n_2]$ nachträglich durch geeignete Fensterung in ein Signal mit endlicher Ausdehnung überzuführen, ohne daß die Bedingung (7.174) wesentlich verletzt wird, die Stabilität aber jedenfalls gewahrt bleibt.

Auch beim Entwurf von rekursiven Filtern kann bei bestimmten Anwendungen verlangt sein, daß die Phase der Übertragungsfunktion nur den Wert 0 ( oder $\pi$) haben soll. In einem solchen Fall wird gefordert, daß sowohl der Zähler $A(e^{j\omega_1}, e^{j\omega_2})$ als auch der Nenner $B(e^{j\omega_1}, e^{j\omega_2})$ der Übertragungsfunktion die Form gemäß Gl. (7.152) aufweist, wobei das Absolutglied im Nenner zweckmäßigerweise auf den Wert 1 normiert wird. Wie üblich kann dann ein $L_2$- (oder anderer) Fehler zwischen $H(e^{j\omega_1}, e^{j\omega_2})$ und der Vorschrift eingeführt und dieser in Abhängigkeit der Zähler- und Nennerkoeffizienten mittels eines Optimierungsverfahrens minimiert werden.

Eine alternative Möglichkeit zum Entwurf eines rekursiven Nullphasenfilters bietet die Transformation eines eindimensionalen Filters, beispielsweise mit Hilfe der McClellan-Transformation. Zu diesem Zweck ermittelt man zunächst ein eindimensionales Nullphasenfilter als Referenzsystem mit einer Übertragungsfunktion der – im Vergleich zu Gl. (7.159) erweiterten – Form

$$H(z) = \frac{\sum_{\nu=0}^{N} a_\nu w^\nu}{\sum_{\nu=0}^{M} b_\nu w^\nu}, \tag{7.176}$$

wobei die (komplexe) Variable

$$w = \frac{1}{2}(z + \frac{1}{z}) \tag{7.177}$$

eingeführt wurde (Kapitel VI). Durch geeignete Wahl der Koeffizienten $a_\nu$ und $b_\nu$ (oder der Nullstellen und Pole in der $w$-Ebene) kann ein gewünschter Funktionsverlauf im reellen Intervall $-1 \leqq w \leqq 1$ erzeugt werden [Un2]. Führt man die weiteren Variablen

$$w_1 = \frac{1}{2}(z_1 + \frac{1}{z_1}) \quad , \quad w_2 = \frac{1}{2}(z_2 + \frac{1}{z_2}) \tag{7.178a,b}$$

ein, welche für $z_1 = e^{j\omega_1}$, $z_2 = e^{j\omega_2}$ speziell die Werte $w_1 = \cos\omega_1$ bzw. $w_2 = \cos\omega_2$ liefern, so läßt sich durch Anwendung der Transformation

$$w = \frac{1}{2}[-1 + w_1 + w_2 + w_1 w_2] \tag{7.179}$$

aus der Übertragungsfunktion $H(z)$ nach Gl. (7.176) eine zweidimensionale Nullphasen-Übertragungsfunktion erhalten. Im Bild 7.28 sind die Kurven $w = \text{const}$ im zweidimensionalen Intervall $-1 \leqq w_1 \leqq 1$, $-1 \leqq w_2 \leqq 1$, das dem Frequenzintervall $-\pi \leqq \omega_1 \leqq \pi$, $-\pi \leqq \omega_2 \leqq \pi$ entspricht, dargestellt. Andererseits zeigt Bild 7.29 die Abbildung der Kreise $\omega_1^2 + \omega_2^2 = r^2$ (für Werte $0 \leqq r \leqq \pi$) aus der $(\omega_1, \omega_2)$-Ebene in die $(w_1, w_2)$-Ebene. Hieraus kann man Nieder- und Hochfrequenzbereiche in der $(w_1, w_2)$-Ebene deutlich erkennen. Zusammen mit Bild 7.28 kann man den Bezug zum Verhalten des eindimensionalen Referenzfilters herstellen, was für den Entwurf wichtig ist.

Es ist möglich, die Filterstruktur der späteren Realisierung bereits in der Entwurfsphase zu beeinflussen, indem man die Übertragungsfunktion in spezieller Form ansetzt. In Frage kommen vor allem die Produktform

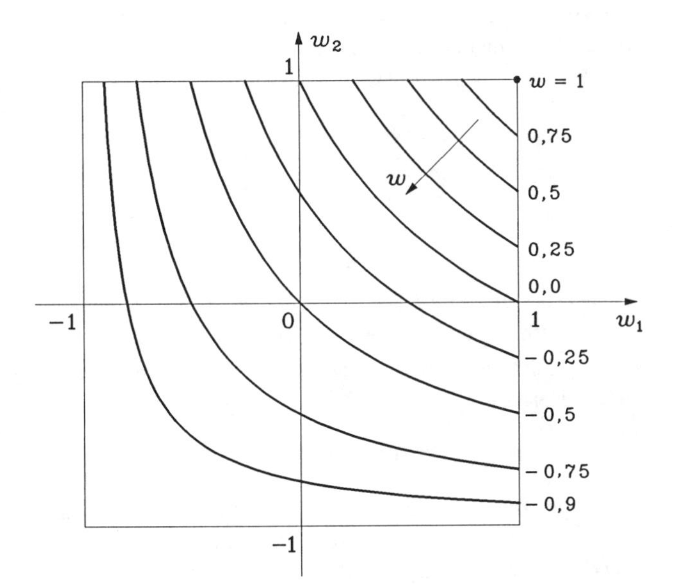


Bild 7.28: Darstellung der Kurven $w = \text{const}$

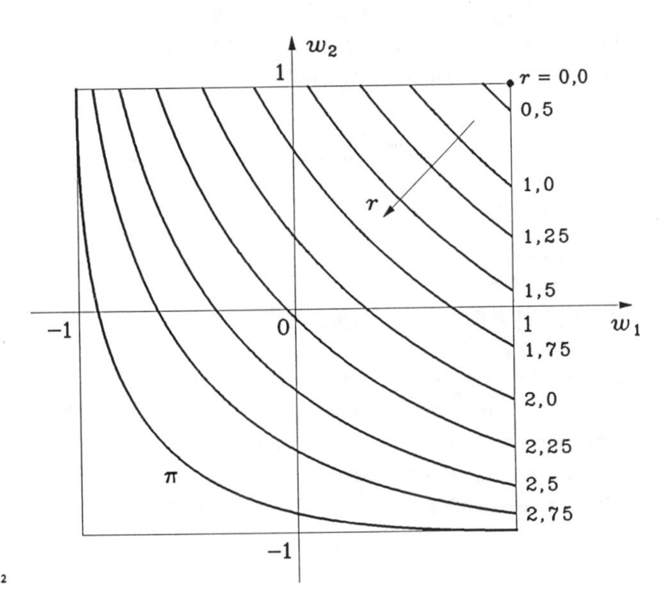


Bild 7.29: Bildkurven der Kreise $\omega_1^2 + \omega_2^2 = r^2$

$$H(z_1, z_2) = K \prod_{\kappa=1}^{q} H_\kappa(z_1, z_2) \tag{7.180}$$

($K$ = const) und die Übertragungsfunktion mit separierbarem Nenner

$$H(z_1, z_2) = \frac{A(z_1, z_2)}{B_1(z_1)\, B_2(z_2)} \tag{7.181}$$

$(B_1(\infty) = B_2(\infty) = 1)$. In beiden Fällen wird keinesfalls die Gesamtheit aller zweidimensionalen Übertragungsfunktionen erfaßt.

Im Fall der Produktform wählt man gewöhnlich als Teilübertragungsfunktionen

$$H_\kappa(z_1, z_2) = \frac{\sum\limits_{\nu_1=0}^{L_1^{(\kappa)}} \sum\limits_{\nu_2=0}^{L_2^{(\kappa)}} \alpha_{\nu_1\nu_2}^{(\kappa)} z_1^{-\nu_1} z_2^{-\nu_2}}{\sum\limits_{\nu_1=0}^{N_1^{(\kappa)}} \sum\limits_{\nu_2=0}^{N_2^{(\kappa)}} \beta_{\nu_1\nu_2}^{(\kappa)} z_1^{-\nu_1} z_2^{-\nu_2}}$$

mit kleinen Werten für $L_1^{(\kappa)}, L_2^{(\kappa)}, N_1^{(\kappa)}, N_2^{(\kappa)}$, vorzugsweise 1 oder 2, und auf 1 normierten Absolutkoeffizienten im Zähler und Nenner. Die Koeffizienten $\alpha_{\nu_1\nu_2}^{(\kappa)}$, $\beta_{\nu_1\nu_2}^{(\kappa)}$ und der Faktor $K$ werden mittels eines Optimierungsverfahrens numerisch ermittelt, so daß eine zu wählende Fehlernorm

$$\| H(\mathrm{e}^{\mathrm{j}\omega_1}, \mathrm{e}^{\mathrm{j}\omega_2}) - H_0(\mathrm{e}^{\mathrm{j}\omega_1}, \mathrm{e}^{\mathrm{j}\omega_2}) \|$$

in Abhängigkeit der genannten Koeffizienten und des Faktors möglichst klein wird. Die Teilübertragungsfunktionen lassen sich nach einem der Verfahren aus Abschnitt 4 als Grundblöcke realisieren, so daß die Gesamtfunktion $H(z_1, z_2)$ als Kaskade dieser Blöcke nach Bild 7.30 verwirklicht wird; die Reihenfolge der Blöcke darf beliebig gewählt werden. Die Produktform hat den Vorteil, daß bei der Optimierung die Stabilität leicht geprüft werden kann, da hierbei nur einfache Teilübertragungsfunktionen zu testen sind. Bei der Optimierung können die Teilübertragungsfunktionen nacheinander einzeln optimiert werden.

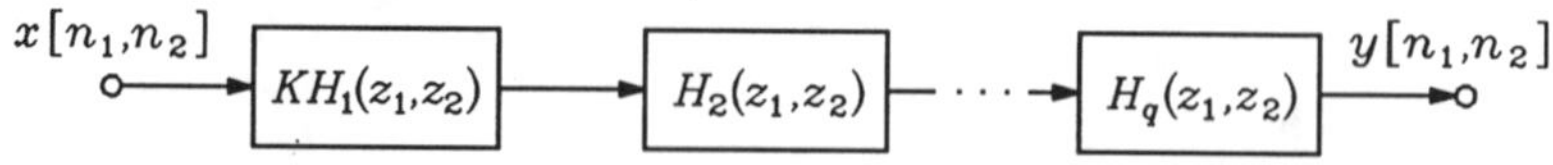

$x[n_1,n_2]$ → $KH_1(z_1,z_2)$ → $H_2(z_1,z_2)$ → · · · → $H_q(z_1,z_2)$ → $y[n_1,n_2]$

Bild 7.30: Kaskade von Grundblöcken

Bei Verwendung der Übertragungsfunktion in der Form nach Gl. (7.181) dienen die Koeffizienten der drei Polynome $A(z_1, z_2)$, $B_1(z_1)$ und $B_2(z_2)$ in $z_1^{-1}$ und/bzw. $z_2^{-1}$ als Approximationsparameter. Es muß dann wieder eine geeignete Fehlernorm gewählt und diese minimiert werden. Die Realisierung erfolgt dadurch, daß man ein FIR-Filter mit der Übertragungsfunktion $A(z_1, z_2)$ in Kaskade zu zwei eindimensionalen Filtern mit den (sogenannten Allpol-) Übertragungsfunktionen $1/B_1(z_1)$ bzw. $1/B_2(z_2)$ gemäß Bild 7.31 schaltet. Die Reihenfolge dieser Teilfilter bei der Kaskadierung ist willkürlich.

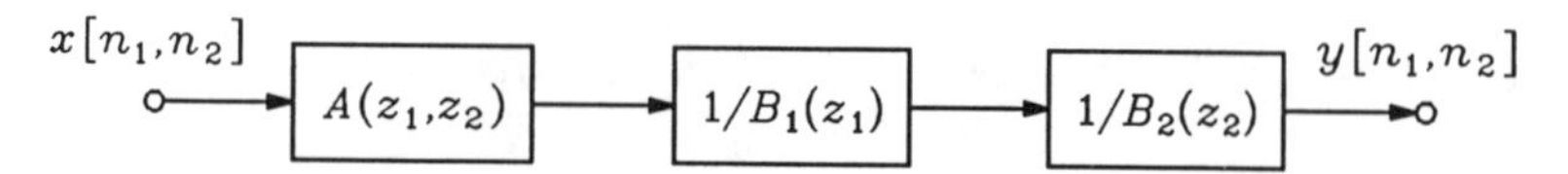


Bild 7.31: Realisierungskonzept für eine Übertragungsfunktion mit separierbarem Nenner

# VIII. ADAPTIVE SYSTEME

Unter einem adaptiven System – meistens adaptives Filter genannt – versteht man ein System, dessen Charakteristik im Laufe der Zeit verändert wird. Diese Veränderung erfolgt dadurch, daß die Systemparameter (z. B. die Koeffizienten der Übertragungsfunktion) aufgrund eines zweckgebundenen Kriteriums mittels eines geeigneten Algorithmus angeglichen (adaptiert) werden. Dabei ist aber zu beachten, daß das Gesamtsystem nicht die Eigenschaft der Linearität aufweist. Auf bei der Adaption auftretende Probleme und Lösungsmöglichkeiten wird in diesem Kapitel eingegangen. Dabei werden ausschließlich diskontinuierliche Systeme betrachtet. Zunächst soll die der adaptiven Filterung zugrundeliegende Aufgabe an Hand von Beispielen präzisiert werden. Bei den einzelnen Überlegungen wird insbesondere von den in den Kapiteln I und VI behandelten diskontinuierlichen stochastischen Prozessen Gebrauch gemacht. Abweichend von den dortigen Bezeichnungen werden jedoch stochastische Signale nicht durch Fettbuchstaben bezeichnet.

## 1. Einleitung

Bild 8.1 zeigt die Struktur einer wichtigen Klasse von adaptiven Filtern. Wie zu erkennen ist, empfängt das System ein Eingangssignal $x[n]$, und es entsteht ein Ausgangssignal $\hat{y}[n]$. Weiterhin wird von außen ein gewünschtes Signal (Referenzsignal) $y[n]$ zugeführt. Aus dem Differenzsignal $e[n]$ und dem Eingangssignal erzeugt der installierte adaptive Algorithmus die aktuellen Koeffizienten $a_0, a_1, \ldots, a_q$ des Systems, die ihrerseits den weiteren Verlauf des Ausgangssignals beeinflussen. Das Ziel der Adaption ist, ein aus dem Differenzsignal gebildetes Fehlermaß möglichst klein zu machen. Welche Art von Problemen sich auf diese Weise lösen läßt, soll an Hand von Beispielen im folgenden erläutert werden. Dabei spielt

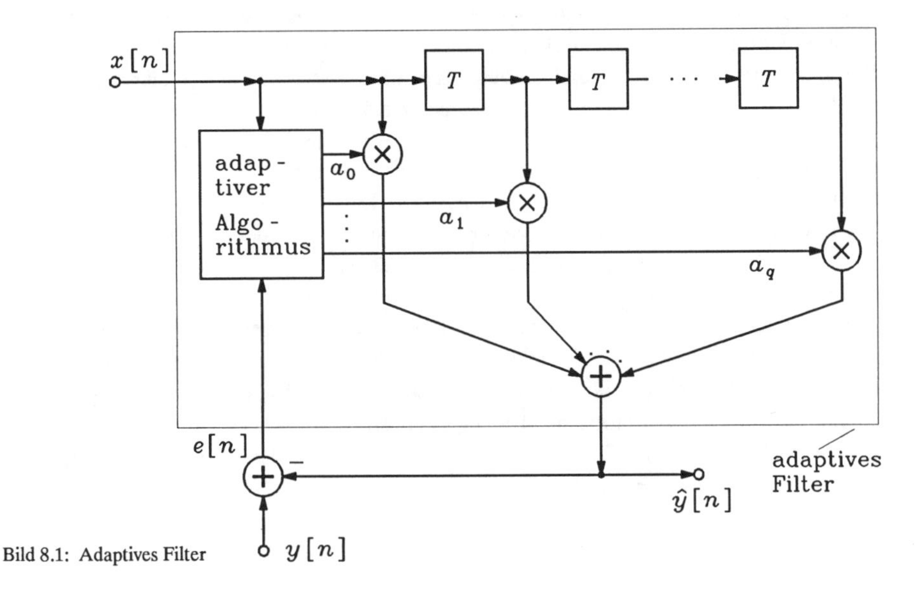


Bild 8.1: Adaptives Filter

das adaptive Filter nur als Ganzes eine Rolle, d. h. das im Bild 8.1 umrahmte System. Der innere Teil ohne den adaptiven Algorithmus wird stets als lineares, zeitinvariantes diskontinuierliches System betrachtet, dessen Parameter einstellbar sind.

Bei vielen technischen Anwendungen liegt ein (lineares, zeitinvariantes diskontinuierliches) System mit unbekannter Struktur, aber vorgegebenem Eingangssignal $x[n]$ und bekanntem zugehörigen Ausgangssignal $y[n]$ vor. Eine Möglichkeit zur Ermittlung der Impulsantwort (oder einer anderen Charakteristik) des vorliegenden Systems ist die Verwendung eines adaptiven Filters. Dies ist im Bild 8.2 gezeigt. Eine aus dem Fehlersignal $e[n]$ zu bildende Norm muß im Rahmen der Adaption minimiert werden. So nähert die Impulsantwort des adaptiven Filters die des unbekannten Systems an, da das Filter und das System bei Erregung mit demselben Eingangssignal $x[n]$ näherungsweise gleiche Ausgangssignale liefern. Auf diese Weise ist die Modellierung eines Systems mit Hilfe eines adaptiven Filters möglich.

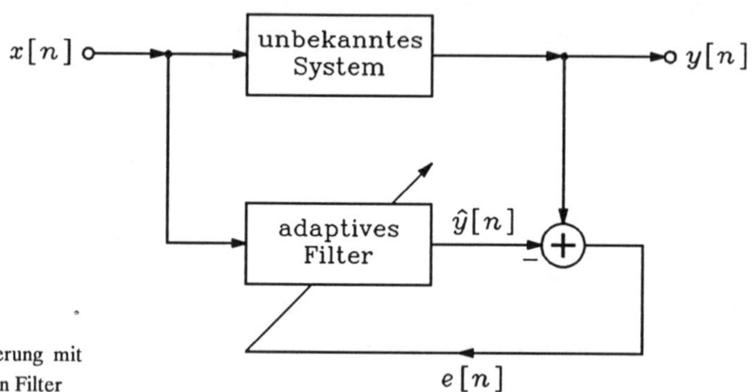


Bild 8.2: Systemmodellierung mit einem adaptiven Filter

Man kann künftige Werte eines zeitlich korrelierten diskontinuierlichen Signals aus dem gegenwärtigen Wert und den vergangenen Werten des Signals schätzen. Eine Möglichkeit hierfür bietet – als Alternative zum Wiener-Filter (man vergleiche Kapitel V und VI) – die adaptive Filterung. Dies ist im Bild 8.3 skizziert. Das Eingangssignal $x[n]$ wird um $m$ Einheiten verzögert einem adaptiven Filter zugeführt. Das unverzögerte Signal $x[n]$ dient als Referenz für das adaptive Filter. Die Parameter des adaptiven Filters stellen sich durch Minimierung einer Norm von $e[n]$ derart ein, daß $\hat{y}[n]$ als Näherung von $x[n]$ und somit das Ausgangssignal des adaptiven Filters als Schätzung seines um $m$ Zeiteinheiten vorauseilenden Eingangssignals aufgefaßt werden kann. Die optimalen Parameter des adaptiven Filters werden in ein "Slave-Filter" (gleicher Struktur) kopiert, dessen Eingangssignal $x[n]$ ist. Damit repräsentiert das Ausgangssignal $w[n]$ des "Slave-Filters" eine Prädiktion des um $m$ Takteinheiten in die Zukunft verschobenen Eingangssignals $x[n]$.

Bild 8.4 zeigt das Prinzip der adaptiven Befreiung eines Signals von Rauschen. Allerdings verlangt die Anwendung dieser Methode eine zusätzliche Rauschquelle, deren Prozeß $n_1[n]$ mit dem Rauschsignal $n_0[n]$ korreliert ist. Dabei bedeutet $n_0[n]$ das dem Nutzsignal $m[n]$ überlagerte stochastische Störsignal. Die Signale $m[n]$, $n_0[n]$, $n_1[n]$, $\nu[n]$ werden als stationäre stochastische und mittelwertfreie Prozesse betrachtet. Es sei $m[n]$ nicht korreliert mit $n_0[n]$ und $n_1[n]$. Das Ausgangssignal ist

$$e[n] = m[n] + n_0[n] - \nu[n]. \tag{8.1}$$

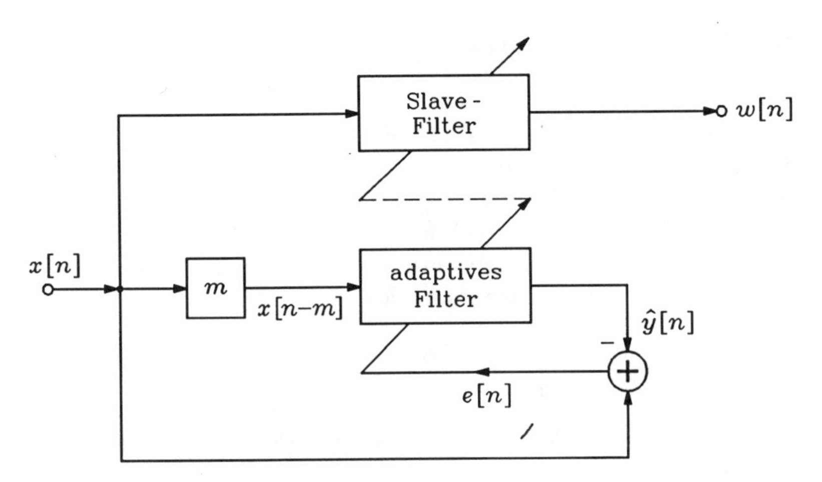


Bilde 8.3: Signalprädiktion mittels eines adaptiven Filters

Hieraus folgt

$$e^2[n] = m^2[n] + (n_0[n] - \nu[n])^2 + 2m[n](n_0[n] - \nu[n]).$$

Bildet man auf beiden Seiten dieser Gleichung den Erwartungswert und beachtet, daß $m[n]$ mit $n_0[n]$ und $\nu[n]$ nicht korreliert und zudem mittelwertfrei ist, so erhält man

$$E[e^2[n]] = E[m^2[n]] + E[(n_0[n] - \nu[n])^2]. \tag{8.2}$$

Die Adaption bewirkt, daß dieser Erwartungswert und damit der zweite Summand auf der rechten Seite der Gl. (8.2) minimiert wird. Daher wird gemäß Gl. (8.1) auch der Erwartungswert von $(e[n] - m[n])^2$ minimiert. Somit kann $e[n]$ als Näherung des Nutzsignals $m[n]$ betrachtet werden. Der wesentliche Unterschied zur klassischen Rauschbefreiung von Signalen (Kapitel V und VI) ist, daß hier die Störung subtrahiert und nicht *aus*gefiltert wird.

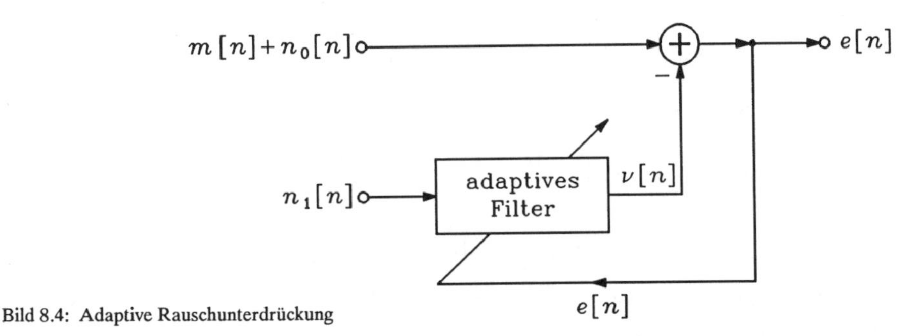


Bild 8.4: Adaptive Rauschunterdrückung

## 2. Das Kriterium des kleinsten mittleren Fehlerquadrats

### 2.1. DIE NORMALGLEICHUNG

Den folgenden Überlegungen sei die im Bild 8.5 dargestellte Anordnung zur Modellierung eines unbekannten linearen, zeitinvarianten diskontinuierlichen Systems durch ein nicht-rekursives (FIR-) Filter zugrundegelegt. Die Aufgabe besteht darin, die Impulsantwort

$$h[n] = \begin{cases} a_n\,, & \text{falls } n \in \{0,1,\ldots,q\} \\ 0 & \text{sonst} \end{cases} \tag{8.3}$$

des FIR-Filters zu ermitteln, so daß dieses das unbekannte System möglichst genau nachbildet.

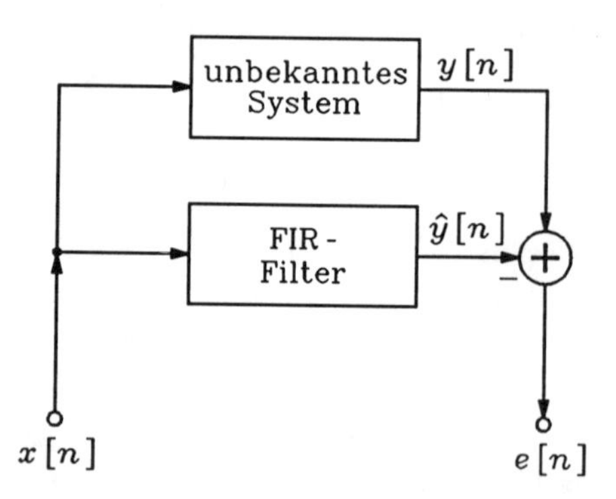


Bild 8.5: Zur Modellierung eines Systems durch ein FIR-Filter

Das Ausgangssignal des FIR-Filters läßt sich nach Gl. (1.87b) in der Form

$$\hat{y}[n] = \sum_{\mu=0}^{q} a_\mu x[n-\mu] \tag{8.4a}$$

oder

$$\hat{y}[n] = \boldsymbol{a}^{\mathrm{T}} \boldsymbol{x}[n] \quad \text{bzw.} \quad \hat{y}[n] = \boldsymbol{x}^{\mathrm{T}}[n]\,\boldsymbol{a} \tag{8.4b,c}$$

ausdrücken, wobei

$$\boldsymbol{a} := [a_0, a_1, \ldots, a_q]^{\mathrm{T}} \tag{8.5}$$

und

$$\boldsymbol{x}[n] := [x[n],\ x[n-1], \ldots, x[n-q]]^{\mathrm{T}} \tag{8.6}$$

bedeutet. Das Fehlersignal kann als Differenz

$$e[n] = y[n] - \hat{y}[n] \tag{8.7a}$$

oder mit den Gln. (8.4b,c) als

$$e[n] = y[n] - \boldsymbol{a}^{\mathrm{T}} \boldsymbol{x}[n] \quad \text{oder} \quad e[n] = y[n] - \boldsymbol{x}^{\mathrm{T}}[n]\,\boldsymbol{a} \tag{8.7b,c}$$

geschrieben werden. Es sei $x[n]$ ein stationäres stochastisches Signal. Damit sind auch $y[n]$, $\hat{y}[n]$ und $e[n]$ stationäre stochastische Signale. Als Maß für die Abweichung des FIR-Filters vom unbekannten System wird der Fehler $\varepsilon$ in Form des Erwartungswerts von $e^2[n]$ eingeführt. Dieser Fehler ist von $\boldsymbol{a}$ abhängig, weshalb

$$\varepsilon(\boldsymbol{a}) = E[e^2[n]] \tag{8.8}$$

geschrieben wird. Durch Multiplikation der beiden Gln. (8.7b,c) erhält man eine Darstellung für $e^2[n]$, die der Operation $E[\cdot]$ unterworfen wird. Auf diese Weise ergibt sich

$$\varepsilon(\boldsymbol{a}) = E[y^2[n]] - 2\,\boldsymbol{a}^{\mathrm{T}} E[y[n]\,\boldsymbol{x}[n]] + \boldsymbol{a}^{\mathrm{T}} E[\boldsymbol{x}[n]\,\boldsymbol{x}^{\mathrm{T}}[n]]\,\boldsymbol{a}\,. \tag{8.9}$$

Mit Hilfe der Autokorrelierten $r_{xx}[n]$ und der Kreuzkorrelierten $r_{xy}[n]$ lassen sich zwei der in Gl. (8.9) auftretenden Erwartungswerte folgendermaßen ausdrücken:

$$\boldsymbol{R} := E[\boldsymbol{x}[n]\,\boldsymbol{x}^{\mathrm{T}}[n]] = \begin{bmatrix} r_{xx}[0] & r_{xx}[1] & \cdots & r_{xx}[q] \\ r_{xx}[1] & r_{xx}[0] & \cdots & r_{xx}[q-1] \\ \vdots & & & \\ r_{xx}[q] & r_{xx}[q-1] & \cdots & r_{xx}[0] \end{bmatrix}, \tag{8.10}$$

$$\boldsymbol{r} := E[y[n]\,\boldsymbol{x}[n]] = \begin{bmatrix} r_{xy}[0] \\ r_{xy}[1] \\ \vdots \\ r_{xy}[q] \end{bmatrix}. \tag{8.11}$$

Schreibt man noch

$$y_{\mathrm{eff}}^2 = E[y^2[n]] \tag{8.12}$$

und führt dann die Gln. (8.10), (8.11) und (8.12) in Gl. (8.9) ein, so erhält man für den Fehler

$$\varepsilon(\boldsymbol{a}) = y_{\mathrm{eff}}^2 - 2\boldsymbol{a}^{\mathrm{T}}\boldsymbol{r} + \boldsymbol{a}^{\mathrm{T}}\boldsymbol{R}\,\boldsymbol{a}\,. \tag{8.13}$$

Da $\varepsilon(\boldsymbol{a})$ stets nichtnegativ ist, insbesondere auch für $y[n] = 0$, folgt aus Gl. (8.9) für die Autokorrelationsmatrix $\boldsymbol{R}$ aus Gl. (8.10) die Eigenschaft

$$\boldsymbol{a}^{\mathrm{T}}\boldsymbol{R}\,\boldsymbol{a} \geqq 0 \tag{8.14}$$

für beliebige Vektoren $\boldsymbol{a}$. Es soll angenommen werden, daß $\boldsymbol{R}$ darüber hinaus nichtsingulär ist. Dann stellt die Autokorrelationsmatrix eine positiv-definite Matrix dar; sie ist eine Toeplitz-Matrix (alle Elemente in der Hauptdiagonalen sind gleich, ebenso in sämtlichen Nebendiagonalen parallel zur Hauptdiagonalen).

Beiläufig sei bemerkt, daß die Elemente von $\boldsymbol{R}$ und $\boldsymbol{r}$ auf der Basis der Ergodenhypothese durch zeitliche Mittelwertbildung gewonnen werden können.

Die Aufgabe der Systemmodellierung wird nun dadurch gelöst, daß die durch den Vektor $\boldsymbol{a}$ gekennzeichnete Impulsantwort des FIR-Filters durch die Forderung

$$\varepsilon(\boldsymbol{a}) \overset{!}{=} \mathrm{Min} \tag{8.15}$$

festgelegt wird. Hierfür muß notwendigerweise die Bedingung

$$\frac{\partial \varepsilon}{\partial \boldsymbol{a}} = \boldsymbol{0} \tag{8.16}$$

erfüllt werden, wobei

$$\frac{\partial \varepsilon}{\partial \boldsymbol{a}} := [\partial \varepsilon / \partial a_0, \ldots, \partial \varepsilon / \partial a_q]^{\mathrm{T}}$$

den Gradienten von $\varepsilon$ bedeutet. Mit Gl. (8.13) erhält man zunächst

$$\frac{\partial \varepsilon}{\partial \boldsymbol{a}} = -2\boldsymbol{r} + 2\boldsymbol{R}\,\boldsymbol{a}\,. \tag{8.17}$$

Führt man Gl. (8.17) in die Gl. (8.16) ein, so ergibt sich die Normalgleichung

$$\boldsymbol{R}\,\boldsymbol{a} = \boldsymbol{r} \tag{8.18}$$

zur Bestimmung der optimalen Impulsantwort $\boldsymbol{a} =: \boldsymbol{a}_{\text{opt}}$. Da $\boldsymbol{R}$ nichtsingulär ist, erhält man

$$\boldsymbol{a}_{\text{opt}} = \boldsymbol{R}^{-1}\boldsymbol{r}\,. \tag{8.19}$$

Man beachte, daß die Lösung des Optimierungsproblems eindeutig ist. Es wird davon ausgegangen, daß $\boldsymbol{r} \neq \boldsymbol{0}$ gilt, da sonst die Filterung wirkungslos ist. Angesichts der Symmetrie der Autokorrelationsmatrix folgt aus Gl. (8.19)

$$\boldsymbol{a}_{\text{opt}}^{\mathrm{T}}\,\boldsymbol{R}\,\boldsymbol{a}_{\text{opt}} = \boldsymbol{r}^{\mathrm{T}}\boldsymbol{R}^{-1}\boldsymbol{r} = \boldsymbol{r}^{\mathrm{T}}\boldsymbol{a}_{\text{opt}}\,. \tag{8.20}$$

Aus den Gl.(8.13) und (8.20) ergibt sich damit

$$\varepsilon_{\min} := \varepsilon(\boldsymbol{a}_{\text{opt}}) = y_{\text{eff}}^2 - \boldsymbol{a}_{\text{opt}}^{\mathrm{T}}\boldsymbol{r} = y_{\text{eff}}^2 - \boldsymbol{r}^{\mathrm{T}}\boldsymbol{R}^{-1}\boldsymbol{r}\,. \tag{8.21}$$

Weiterhin erhält man aus Gl. (8.17) die Hessenberg-Matrix

$$\frac{\partial^2 \varepsilon}{\partial \boldsymbol{a}^2} := \left[\frac{\partial^2 \varepsilon}{\partial a_\mu\, \partial a_\nu}\right] = 2\boldsymbol{R}\,. \tag{8.22}$$

Da sie positiv-definit ist, liefert $\boldsymbol{a}_{\text{opt}}$ tatsächlich ein Minimum des Fehlers.

Die Darstellung der Lösung nach Gl. (8.19) eignet sich wegen des hiermit verbundenen hohen Rechenaufwands für eine praktische Anwendung zur adaptiven Filterung nicht. In Betracht zu ziehen sind dagegen die iterative Methode des steilsten Abstiegs und der Durbin-Algorithmus, der in endlich vielen gleichartigen Schritten die Lösung liefert. Auf diese Verfahren wird noch ausführlich eingegangen.

## 2.2. EIGENSCHAFTEN DER LÖSUNG

Man kann die Bedingungsgleichung (8.16) für die optimale Lösung des im letzten Abschnitt behandelten Minimumproblems mit Gl. (8.8) auch in der Form

$$2E\left[e[n]\,\frac{\partial e[n]}{\partial \boldsymbol{a}}\right] = \boldsymbol{0}$$

oder mit Gl. (8.7b) als

$$E\,[e[n]\boldsymbol{x}[n]] = \boldsymbol{0}\,,$$

d. h.

$$E\,[e[n]x[n-\mu]] = 0\,, \quad \mu = 0, 1, \ldots, q \tag{8.23}$$

ausdrücken. Dies ist eine charakteristische Eigenschaft des Optimums, die Orthogonalitätsprinzip genannt wird (man vergleiche hierzu auch Kapitel III, Abschnitt 4.6). Ist $\boldsymbol{x}[n]$ oder $e[n]$ mittelwertfrei, so gilt weiterhin

$$E\,[e[n]]\,E[x[n-\mu]] = 0\,, \quad \mu = 0, 1, \ldots, q\,. \tag{8.24}$$

Aus der Gleichheit der linken Seiten der Gln. (8.23) und (8.24) ist zu erkennen, daß $e[n]$ und $x[n-\mu]$ nicht korreliert sind. Das Optimum zeichnet sich also dadurch aus, daß $e[n]$ und $x[n-\mu]$ orthogonal und nicht korreliert sind, vorausgesetzt daß mindestens einer der beiden Prozesse mittelwertfrei ist. – Man kann aus der Orthogonalitätseigenschaft auch die Normalgleichung ableiten.

Einen weiteren interessanten Einblick in die Lösung des Minimumproblems bietet die Hauptachsentransformation des Fehlers $\varepsilon(\boldsymbol{a})$ von Gl. (8.13). Hierzu wird zunächst die Koordinatentranslation

$$\boldsymbol{b} = \boldsymbol{a} - \boldsymbol{a}_{\text{opt}}\,, \tag{8.25a}$$

d. h. mit Gl. (8.19)

$$\boldsymbol{a} = \boldsymbol{b} + \boldsymbol{R}^{-1}\boldsymbol{r} \tag{8.25b}$$

durchgeführt. Ersetzt man nun in Gl. (8.13) den Vektor $\boldsymbol{a}$ gemäß Gl. (8.25b), dann ergibt sich

$$\varepsilon = y_{\text{eff}}^2 - 2\boldsymbol{b}^{\text{T}}\boldsymbol{r} - 2\boldsymbol{r}^{\text{T}}\boldsymbol{R}^{-1}\boldsymbol{r} + (\boldsymbol{b}^{\text{T}} + \boldsymbol{r}^{\text{T}}\boldsymbol{R}^{-1})\boldsymbol{R}\,(\boldsymbol{b} + \boldsymbol{R}^{-1}\boldsymbol{r})$$

oder wegen $\boldsymbol{b}^{\text{T}}\boldsymbol{r} = \boldsymbol{r}^{\text{T}}\boldsymbol{b}$

$$\varepsilon = y_{\text{eff}}^2 - \boldsymbol{r}^{\text{T}}\boldsymbol{R}^{-1}\boldsymbol{r} + \boldsymbol{b}^{\text{T}}\boldsymbol{R}\,\boldsymbol{b}$$

und mit Gl. (8.21) schließlich

$$\varepsilon - \varepsilon_{\min} = \boldsymbol{b}^{\text{T}}\boldsymbol{R}\,\boldsymbol{b}\,. \tag{8.26}$$

Wegen der positiven Definitheit von $\boldsymbol{R}$ ist die rechte Seite von Gl. (8.26) eine positiv-definite quadratische Form. Daher gilt

$$\varepsilon \geqq \varepsilon_{\min}\,,$$

wobei das Gleichheitszeichen für (und nur für) $\boldsymbol{b} = \boldsymbol{0}$, d. h. $\boldsymbol{a} = \boldsymbol{a}_{\text{opt}}$ gilt. Die Eigenwerte der Matrix $\boldsymbol{R}$ sind ausschließlich positiv reell; sie seien mit $\lambda_\mu$ ($\mu = 0, 1, \ldots, q$) bezeichnet. Es kann aus den Eigenvektoren von $\boldsymbol{R}$ eine Modalmatrix $\boldsymbol{M}$ angegeben werden (Anhang C), die orthonormal ist, für die also $\boldsymbol{M}^{-1} = \boldsymbol{M}^{\text{T}}$ gilt, und mit der sich $\boldsymbol{R}$ auf Diagonalform transformieren läßt. Mit dieser Matrix wird eine weitere (Dreh-) Transformation

$$\boldsymbol{b} = \boldsymbol{M}\,\boldsymbol{\beta} \tag{8.27}$$

durchgeführt. Führt man Gl. (8.27) in Gl. (8.26) ein, so entsteht die Beziehung

$$\varepsilon - \varepsilon_{\min} = \boldsymbol{\beta}^{T}\boldsymbol{D}\,\boldsymbol{\beta} \tag{8.28}$$

mit der Diagonalmatrix

$$\boldsymbol{D} = \operatorname{diag}(\lambda_0, \lambda_1, \ldots, \lambda_q) = \boldsymbol{M}^{\mathrm{T}} \boldsymbol{R} \boldsymbol{M} . \tag{8.29}$$

Wie man nun sieht, sind die Flächen $\varepsilon = \text{const}\ (\geqq \varepsilon_{\min})$ Hyper-Ellipsoide. Der Leser möge sich dies an Hand der Gl. (8.28) für $q = 1$ vorstellen. Mit abnehmendem $\varepsilon$ ziehen sich diese Ellipsoide auf einen Punkt ($\boldsymbol{\beta} = \mathbf{0}$) zusammen.

# 3. Die Methode des steilsten Abstiegs

## 3.1. DIE ITERATION UND IHRE KONVERGENZ

Zur Lösung der Normalgleichung (8.18) kann man $\varepsilon$ als skalare Funktion des Vektors $\boldsymbol{a}$ auffassen und ausgehend von einem Anfangsvektor – zu dem ein bestimmter Wert $\varepsilon \neq \varepsilon_{\min}$ gehört – diesen schrittweise derart verändern, daß $\varepsilon$ sukzessive kleiner wird. Eine derartige Veränderung führt man vorzugsweise in Richtung des negativen Gradienten von $\varepsilon$ durch, d. h. in Richtung von $-\partial\varepsilon/\partial\boldsymbol{a}$. Diese Verfahrensweise ist im Bild 8.6 für den Fall $q = 1$ angedeutet. Sie läßt sich folgendermaßen analytisch beschreiben:

$$\boldsymbol{a}[k+1] = \boldsymbol{a}[k] - \mu \frac{\partial\varepsilon}{\partial\boldsymbol{a}}\bigg|_k \quad (k = 0,1,2,\ldots). \tag{8.30}$$

Dabei bedeutet $\boldsymbol{a}[k]$ den Näherungsvektor von $\boldsymbol{a}_{\mathrm{opt}}$ zu Beginn des $k$-ten Iterationsschrittes, $\partial\varepsilon/\partial\boldsymbol{a}|_k$ den Gradienten für $\boldsymbol{a} = \boldsymbol{a}[k]$ und $\mu$ eine geeignet zu wählende positive Konstante; ein Startvektor $\boldsymbol{a}[0]$ ist ebenfalls zu wählen. Mit Gl. (8.17) und der Abkürzung

$$\alpha = 2\mu \tag{8.31}$$

läßt sich Gl. (8.30) auf die Form

$$\boldsymbol{a}[k+1] = (\mathbf{E} - \alpha\boldsymbol{R})\boldsymbol{a}[k] + \alpha\boldsymbol{r} \tag{8.32}$$

bringen ($\mathbf{E} \neq \alpha\boldsymbol{R}$ vorausgesetzt). Wie man sieht, benötigt man für die praktische Anwendung der Iterationsvorschrift nach Gl. (8.32) die Autokorrelationsmatrix $\boldsymbol{R}$ und den Kreuz-

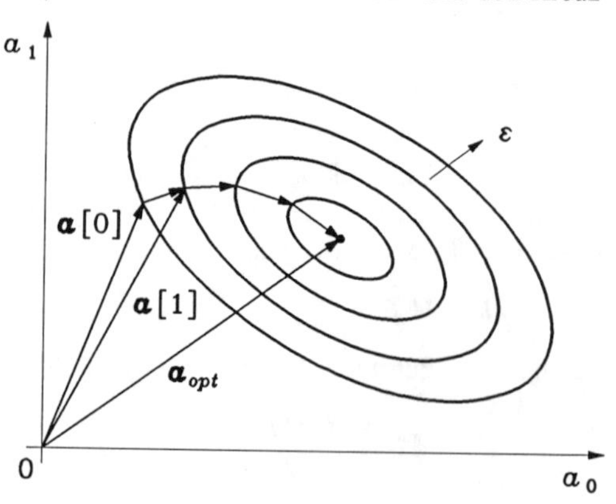


Bild 8.6: Veranschaulichung der Auffindung des optimalen Lösungsvektors durch die Methode des steilsten Abstiegs

korrelationsvektor $\boldsymbol{r}$. Für beide ließen sich durch Schätzungen Näherungen angeben.

Es stellt sich nun die Frage, ob die aus der Gl. (8.32) resultierende Folge $\boldsymbol{a}[0], \boldsymbol{a}[1], \boldsymbol{a}[2], \ldots$ gegen die Lösung der Normalgleichung strebt. Zur Beantwortung dieser Frage wird für $\boldsymbol{a}[k]$ aus Gl. (8.32) eine explizite Lösung ermittelt. Man kann die Gl. (8.32) als eine Zustandsgleichung entsprechend Gl. (2.202) auffassen und demzufolge eine Lösung gemäß der Gl. (2.207) angeben, wobei die Matrix $\mathbf{E} - \alpha\boldsymbol{R}$ der Systemmatrix $\boldsymbol{A}$ und daher die Matrix $(\mathbf{E} - \alpha\boldsymbol{R})^k$ der Übergangsmatrix $\boldsymbol{\Phi}[k]$ entspricht. So gelangt man zur Lösung

$$\boldsymbol{a}[k] = (\mathbf{E} - \alpha\boldsymbol{R})^k \boldsymbol{a}[0] + \alpha \sum_{\nu=0}^{k-1} (\mathbf{E} - \alpha\boldsymbol{R})^{\nu} \boldsymbol{r}. \tag{8.33}$$

Der Summenausdruck läßt sich als eine geometrische Summe auffassen und somit in der geschlossenen Form $\{\mathbf{E} - (\mathbf{E} - \alpha\boldsymbol{R})^k\}(\alpha\boldsymbol{R})^{-1}\boldsymbol{r}$ ausdrücken, so daß man

$$\boldsymbol{a}[k] = (\mathbf{E} - \alpha\boldsymbol{R})^k \boldsymbol{a}[0] + \{\mathbf{E} - (\mathbf{E} - \alpha\boldsymbol{R})^k\}\boldsymbol{R}^{-1}\boldsymbol{r} \tag{8.34}$$

oder

$$\boldsymbol{a}[k] = \boldsymbol{R}^{-1}\boldsymbol{r} + (\mathbf{E} - \alpha\boldsymbol{R})^k\{\boldsymbol{a}[0] - \boldsymbol{R}^{-1}\boldsymbol{r}\} \tag{8.35}$$

erhält. Die Gl. (8.35) läßt nun erkennen, daß das Iterationsverfahren im Fall $\boldsymbol{a}[0] \neq \boldsymbol{a}_{\text{opt}}$ für $k \to \infty$ genau dann konvergiert, wenn die Matrix $(\mathbf{E} - \alpha\boldsymbol{R})^k$ für $k \to \infty$ gegen die Nullmatrix strebt;[1] der Grenzwert $\boldsymbol{a}[\infty]$ ist dann $\boldsymbol{R}^{-1}\boldsymbol{r} = \boldsymbol{a}_{\text{opt}}$. Dies ist aber nach den Überlegungen von Kapitel II dann und nur dann der Fall, wenn alle Eigenwerte der Matrix $\mathbf{E} - \alpha\boldsymbol{R}$ dem Betrag nach kleiner als 1 sind. Die Eigenwerte von $\mathbf{E} - \alpha\boldsymbol{R}$ sind aber die Größen

$$1 - \alpha\lambda_\kappa \quad (\kappa = 0, 1, \ldots, q),$$

wobei $\lambda_\kappa$ die Eigenwerte der Autokorrelationsmatrix bezeichnen. Die Konvergenzforderung läßt sich damit in der Form

$$|1 - \alpha\lambda_\kappa| < 1 \quad (\kappa = 0, 1, \ldots, q) \tag{8.36}$$

oder

$$-1 < 1 - \alpha\lambda_\kappa < 1 \quad (\kappa = 0, 1, \ldots, q)$$

ausdrücken. Da alle Eigenwerte positiv reell sind, muß $\alpha$ die Bedingung

$$0 < \alpha < \frac{2}{\lambda_\kappa} \quad (\kappa = 0, 1, \ldots, q)$$

erfüllen. Mit $\lambda_{\max} = \max\{\lambda_0, \lambda_1, \ldots, \lambda_q\}$ kann man diese Forderung auch als

$$0 < \alpha < \frac{2}{\lambda_{\max}} \tag{8.37}$$

schreiben. Um die Konvergenz der Iteration sicherzustellen, muß also der Adaptionsparameter $\alpha$ zwischen 0 und $2/\lambda_{\max}$ gewählt werden. Man wählt ihn aus praktischen Gründen als eine ganzzahlige Zweierpotenz deutlich unterhalb der oberen Schranke.

---

1) Hierbei wurde stillschweigend angenommen, daß $\boldsymbol{a}[0] - \boldsymbol{R}^{-1}\boldsymbol{r}$ nicht im Nullraum der Matrix $\mathbf{E} - \alpha\boldsymbol{R}$ liegt, der im Regelfall ohnehin nur aus dem Nullvektor besteht.

## 3.2. ZEITKONSTANTEN DER ADAPTION

Mit der bereits im Abschnitt 2 eingeführten Modalmatrix $\boldsymbol{M}$ von $\boldsymbol{R}$ wird die Gl. (8.35) umgeformt, und zwar durch Linksmultiplikation mit der Matrix $\boldsymbol{M}^{\mathrm{T}} = \boldsymbol{M}^{-1}$ und Einführung von $\mathbf{E} = \boldsymbol{M}^{\mathrm{T}}\boldsymbol{M}$. Auf diese Weise erhält man die Darstellung

$$\boldsymbol{M}^{\mathrm{T}}\boldsymbol{a}[k] = \boldsymbol{M}^{\mathrm{T}}\boldsymbol{R}^{-1}\boldsymbol{r} + \boldsymbol{M}^{\mathrm{T}}(\mathbf{E} - \alpha\boldsymbol{R})^{k}\boldsymbol{M}\{\boldsymbol{M}^{\mathrm{T}}\boldsymbol{a}[0] - \boldsymbol{M}^{\mathrm{T}}\boldsymbol{R}^{-1}\boldsymbol{r}\}.$$

Berücksichtigt man, daß $\boldsymbol{M}^{\mathrm{T}}(\mathbf{E} - \alpha\boldsymbol{R})^{k}\boldsymbol{M}$ mit $(\mathbf{E} - \alpha\boldsymbol{D})^{k}$ übereinstimmt, und schreibt man zur Abkürzung für den gedrehten Vektor

$$\boldsymbol{\alpha}[k] = \boldsymbol{M}^{\mathrm{T}}\boldsymbol{a}[k],$$

so lautet obige Gleichung

$$\boldsymbol{\alpha}[k] = \boldsymbol{\alpha}[\infty] + (\mathbf{E} - \alpha\boldsymbol{D})^{k}\{\boldsymbol{\alpha}[0] - \boldsymbol{\alpha}[\infty]\}. \tag{8.38}$$

Vom Übergangsanteil $(\mathbf{E} - \alpha\boldsymbol{D})^{k}\{\boldsymbol{\alpha}[0] - \boldsymbol{\alpha}[\infty]\}$ wird nun eine Komponente

$$(1 - \alpha\lambda_{\kappa})^{k}\{\alpha_{\kappa}[0] - \alpha_{\kappa}[\infty]\}$$

herausgegriffen, die für $k = 0$ den Wert $\alpha_{\kappa}[0] - \alpha_{\kappa}[\infty]$ besitzt. Damit dieser (als von Null verschieden vorausgesetzte) Wert auf den e-ten Teil zurückgeht, muß

$$\frac{\alpha_{\kappa}[0] - \alpha_{\kappa}[\infty]}{\mathrm{e}} = (1 - \alpha\lambda_{\kappa})^{\tau_{\kappa}}\{\alpha_{\kappa}[0] - \alpha_{\kappa}[\infty]\}$$

verlangt werden. Diese Beziehung liefert die Forderung

$$-\ln \mathrm{e} = \tau_{\kappa}\ln(1 - \alpha\lambda_{\kappa})$$

oder, wenn man durch Wahl von $\alpha$ alle $\alpha\lambda_{\kappa}$ hinreichend klein gemacht hat, mit der Näherung $\ln(1-x) = -x$ für $0 < x \ll 1$

$$\tau_{\kappa} \cong \frac{1}{\alpha\lambda_{\kappa}} \quad (\kappa = 0, 1, \ldots, q). \tag{8.39}$$

Die so eingeführten Größen $\tau_0, \tau_1, \ldots, \tau_q$ heißen Zeitkonstanten der Adaption. Die maximale und damit für die Adaptionsgeschwindigkeit maßgebende Zeitkonstante ist damit

$$\tau_{\max} = \frac{1}{\alpha\lambda_{\min}} \tag{8.40}$$

mit $\lambda_{\min} = \min\{\lambda_0, \lambda_1, \ldots, \lambda_q\}$. Mit Gl. (8.40) kann man den Parameter $\alpha$ in der Ungleichung (8.37) eliminieren und erhält sofort

$$\tau_{\max} > \frac{\lambda_{\max}}{2\lambda_{\min}}. \tag{8.41}$$

Dieses Ergebnis lehrt, daß die Konvergenzgeschwindigkeit durch das Verhältnis $\lambda_{\max}/\lambda_{\min}$ bestimmt wird.

# 4. Der Algorithmus des kleinsten mittleren Quadrats (LMS)

Im folgenden wird davon ausgegangen, daß die bei der Adaption durchzuführenden Iterationen stets im Zeitraster vollzogen werden, d. h. es wird $k = n$ angenommen.

## 4.1. DAS VERFAHREN

Der durch Gl. (8.32) gekennzeichnete Algorithmus zur Lösung der Normalgleichung wird in dieser Form selten angewendet, da $\boldsymbol{R}$ und $\boldsymbol{r}$ meistens nicht verfügbar sind.

Ein Ansatz zur Vermeidung dieser Schwierigkeit ist eine zur Gl. (8.17) alternative Darstellung des Gradienten $\partial\varepsilon/\partial\boldsymbol{a}$. Aus Gl. (8.8) erhält man nämlich

$$\frac{\partial\varepsilon}{\partial\boldsymbol{a}} = 2E\left[e[n]\frac{\partial e[n]}{\partial\boldsymbol{a}}\right]$$

oder mit Gl. (8.7b), d. h. mit $\partial e[n]/\partial\boldsymbol{a} = -\boldsymbol{x}[n]$

$$\frac{\partial\varepsilon}{\partial\boldsymbol{a}} = -2E[e[n]\boldsymbol{x}[n]]. \tag{8.42}$$

Ersetzt man nun in Gl. (8.30) den Gradienten mittels Gl. (8.42) und $2\mu$ gemäß Gl. (8.31) durch $\alpha$, dann ergibt sich die Iterationsvorschrift

$$\boldsymbol{a}[n+1] = \boldsymbol{a}[n] + \alpha E[e[n]\boldsymbol{x}[n]]. \tag{8.43}$$

Für $E[e[n]\boldsymbol{x}[n]]$ wird eine Schätzung $\hat{E}[e[n]\boldsymbol{x}[n]]$ verwendet, so daß aus Gl. (8.43) die Vorschrift

$$\boldsymbol{a}[n+1] = \boldsymbol{a}[n] + \alpha\hat{E}[e[n]\boldsymbol{x}[n]] \tag{8.44}$$

resultiert. Eine naheliegende Möglichkeit ist, den Erwartungswert durch eine zeitliche Mittelung zu schätzen. Dies liefert den Algorithmus

$$\boldsymbol{a}[n+1] = \boldsymbol{a}[n] + \frac{\alpha}{M}\sum_{\nu=0}^{M-1} e[n-\nu]\boldsymbol{x}[n-\nu], \tag{8.45}$$

der bei großem $M$ jedoch einen wesentlichen Rechenaufwand erfordert. Besonders interessant erscheint nun die Wahl $M = 1$. Man erhält so den sehr einfachen Algorithmus

$$\boldsymbol{a}[n+1] = \boldsymbol{a}[n] + \alpha e[n]\boldsymbol{x}[n], \tag{8.46}$$

der sich besonders durch geringen Speicherbedarf auszeichnet. Diese Wahl bedeutet eine Schätzung des Gradienten durch $-2e[n]\boldsymbol{x}[n]$ und impliziert, daß nun auch $\boldsymbol{a}[n]$ als stochastische Größe aufgefaßt wird. Man spricht im Zusammenhang mit Gl. (8.46) vom Algorithmus des kleinsten mittleren Quadrats (LMS, *l*east *m*ean *s*quares).

Im folgenden soll die Konvergenz des LMS-Algorithmus untersucht werden. Zu diesem Zweck ersetzt man in Gl. (8.46) $e[n]$ gemäß Gl. (8.7c) und erhält so, wenn man noch die leicht zu verifizierende Übereinstimmung von $(\boldsymbol{x}^{\mathrm{T}}[n]\boldsymbol{a}[n])\boldsymbol{x}[n]$ mit $(\boldsymbol{x}[n]\boldsymbol{x}^{\mathrm{T}}[n])\boldsymbol{a}[n]$ beachtet,

$$\boldsymbol{a}[n+1] = (\mathbf{E} - \alpha \boldsymbol{x}[n]\boldsymbol{x}^{\mathrm{T}}[n])\,\boldsymbol{a}[n] + \alpha y[n]\boldsymbol{x}[n]. \tag{8.47}$$

Ein Vergleich von Gl. (8.47) mit Gl. (8.32) zeigt die große Ähnlichkeit zwischen dem LMS-Algorithmus und dem Verfahren des steilsten Abstiegs. In Gl. (8.47) treten Augenblickswerte auf, nämlich $\boldsymbol{x}[n]\boldsymbol{x}^{\mathrm{T}}[n]$ und $y[n]\boldsymbol{x}[n]$, wo in Gl. (8.32) entsprechende Erwartungswerte vorkommen. Insofern ist der LMS-Algorithmus eine Approximation des steilsten Abstiegs. Das Verfahren des steilsten Abstiegs ist deterministisch, während der LMS-Algorithmus ein stochastisches Verfahren darstellt. Bei letzterem wird für den Gradienten eine stochastische Approximation verwendet.

Unterwirft man die Gl. (8.47) der Operation $E[\cdot]$, dann erfüllt der Mittelwert mit der Abkürzung

$$\overline{\boldsymbol{a}}[n] = E[\boldsymbol{a}[n]]$$

die Differenzengleichung

$$\overline{\boldsymbol{a}}[n+1] = (\mathbf{E} - \alpha \boldsymbol{R})\,\overline{\boldsymbol{a}}[n] + \alpha \boldsymbol{r}. \tag{8.48}$$

Dies bedeutet, daß sich $\overline{\boldsymbol{a}}[n]$ des LMS-Algorithmus genau gleich verhält wie $\boldsymbol{a}[n]$ beim Verfahren des steilsten Abstiegs. Die Ergebnisse aus Abschnitt 3, insbesondere die Konvergenzbedingung (8.37) und die Bedingung (8.41) für die Zeitkonstante lassen sich direkt auf $\overline{\boldsymbol{a}}[n]$ beim LMS-Algorithmus übertragen. Insofern ist eine diesbezügliche Analyse des Algorithmus nicht erforderlich.

Bild 8.7 zeigt eine direkte Realisierung der Gl. (8.46). Jeder Koeffizient $a_\mu[n]$ ($\mu = 0, 1, \ldots, q$) wird in Übereinstimmung mit Gl. (8.46) aus $a_\mu[n-1]$ durch Addition von

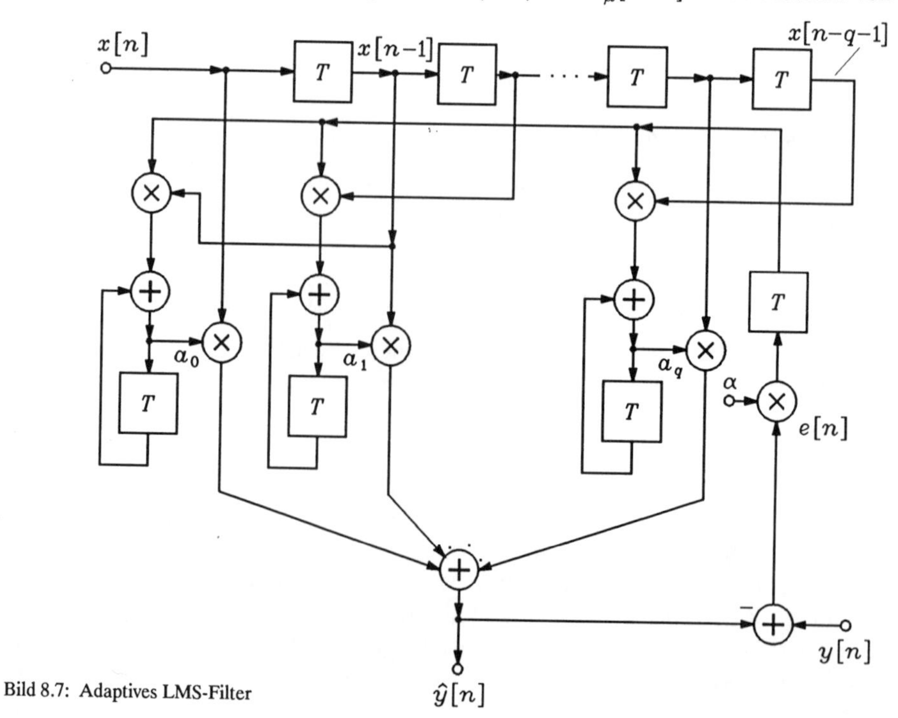


Bild 8.7: Adaptives LMS-Filter

$\alpha e[n-1]x[n-\mu-1]$ gebildet, wie unmittelbar zu erkennen ist. Man kann die Koeffizienten $a_0, a_1, \ldots, a_q$ statt an den Eingängen auch an den Ausgängen der entsprechenden Verzögerer entnehmen, sofern man den oberen Multiplizierern sämtliche Signale einen Takt früher zuführt. Auf diese Weise lassen sich im Netzwerk von Bild 8.7 zwei (die beiden rechten) Verzögerer einsparen.

## 4.2. DER RESTFEHLER

Sobald die LMS-Adaption praktisch einen stationären Zustand erreicht hat, schwanken die Filterkoeffizienten um ihren optimalen Wert. Dies ist darauf zurückzuführen, daß der Gradient nur geschätzt wird und der Adaptionsparameter $\alpha$ konstant gehalten wird. Der Differenzenvektor zwischen dem theoretischen Fehlergradienten, den man nach Gl. (8.17) und nach Gl. (8.18) (in der $\boldsymbol{a} = \boldsymbol{a}_{\text{opt}}$ ist) als

$$\frac{\partial \varepsilon}{\partial \boldsymbol{a}} = 2\boldsymbol{R}(\boldsymbol{a}[n] - \boldsymbol{a}_{\text{opt}})$$

oder mit Gl. (8.25a) in der Form

$$\frac{\partial \varepsilon}{\partial \boldsymbol{a}} = 2\boldsymbol{R}\,\boldsymbol{b}[n] \tag{8.49}$$

beschreiben kann, und dem Näherungsgradienten $-2e[n]\boldsymbol{x}[n]$ des LMS-Gradienten wird nun durch

$$\boldsymbol{f}[n] = 2\boldsymbol{R}\,\boldsymbol{b}[n] + 2e[n]\boldsymbol{x}[n] \tag{8.50}$$

ausgedrückt und als stochastischer Prozeß aufgefaßt. Man nennt ihn gelegentlich Gradientenrauschen und betrachtet dabei $\boldsymbol{b}[n]$ als Rauschprozeß, der $\boldsymbol{a}_{\text{opt}}$ überlagert ist, so daß

$$\boldsymbol{a}[n] = \boldsymbol{a}_{\text{opt}} + \boldsymbol{b}[n] \tag{8.51}$$

in Übereinstimmung mit Gl. (8.25a) gilt. Für das Filterausgangssignal folgt demnach

$$\hat{y}[n] = \boldsymbol{x}^{\mathrm{T}}[n]\,\boldsymbol{a}_{\text{opt}} + \boldsymbol{x}^{\mathrm{T}}[n]\,\boldsymbol{b}[n] = \hat{y}_i[n] + g[n]\,. \tag{8.52}$$

Hierbei bedeutet $\hat{y}_i[n]$ das im Fall des optimalen Filters erwartete Ausgangssignal, und $g[n]$ ist das auf das Koeffizientenrauschen $\boldsymbol{b}[n]$ zurückzuführende Ausgangsrauschen.

Führt man die aus Gl. (8.50) folgende Darstellung von $e[n]\boldsymbol{x}[n]$ in Gl. (8.46) ein und subtrahiert auf beiden Seiten den Vektor $\boldsymbol{a}_{\text{opt}}$, so erhält man mit Gl. (8.25a) die Differenzengleichung

$$\boldsymbol{b}[n+1] = \boldsymbol{b}[n] - \alpha(\boldsymbol{R}\,\boldsymbol{b}[n] - \frac{1}{2}\boldsymbol{f}[n])\,. \tag{8.53}$$

Mittels der (Dreh-) Transformation nach Gl. (8.27) ergibt sich hieraus weiterhin

$$\boldsymbol{\beta}[n+1] = \boldsymbol{\beta}[n] - \alpha(\boldsymbol{D}\,\boldsymbol{\beta}[n] - \frac{1}{2}\boldsymbol{M}^{\mathrm{T}}\boldsymbol{f}[n])$$

oder

$$\boldsymbol{\beta}[n+1] = (\mathbf{E} - \alpha \boldsymbol{D})\,\boldsymbol{\beta}[n] + \frac{1}{2}\,\alpha \boldsymbol{M}^{\mathrm{T}} \boldsymbol{f}[n]\,, \tag{8.54}$$

wobei wie früher $\boldsymbol{M}$ eine orthonormale Modalmatrix der Autokorrelationsmatrix $\boldsymbol{R}$ und $\boldsymbol{D}$ die Diagonalmatrix mit den Eigenwerten der Autokorrelationsmatrix bedeutet. Es wird aus Gl. (8.54) die Matrix $\boldsymbol{\beta}[n+1]\ \boldsymbol{\beta}^{\mathrm{T}}[n+1]$ und anschließend deren Erwartungswert gebildet, wobei die Unabhängigkeit der Prozesse $\boldsymbol{b}[n]$ und $\boldsymbol{f}[n]$ unterstellt wird. Auf diese Weise entsteht die Beziehung

$$E[\boldsymbol{\beta}[n+1]\,\boldsymbol{\beta}^{\mathrm{T}}[n+1]] = (\mathbf{E}-\alpha\boldsymbol{D})E[\boldsymbol{\beta}[n]\,\boldsymbol{\beta}^{\mathrm{T}}[n]](\mathbf{E}-\alpha\boldsymbol{D}) + \frac{1}{4}\,\alpha^2 \boldsymbol{M}^{\mathrm{T}} E[\boldsymbol{f}[n]\,\boldsymbol{f}^{\mathrm{T}}[n]]\boldsymbol{M}\,. \tag{8.55a}$$

Wenn man auf der rechten Seite der Gl. (8.50) angesichts der unmittelbaren Umgebung des Optimums den ersten Summanden unterdrückt, erhält man die Matrix

$$E[\boldsymbol{f}[n]\,\boldsymbol{f}^{\mathrm{T}}[n]] = 4E[e[n]\,\boldsymbol{x}[n]\,\boldsymbol{x}^{\mathrm{T}}[n]\,e[n]]\,. \tag{8.55b}$$

Nun wird in den Gln. (8.55a,b) der Grenzübergang $n \to \infty$ durchgeführt, wodurch nur noch Diagonalmatrizen verbleiben. Faßt man die so vereinfachten Gln. (8.55a,b) zusammen, so resultiert die Beziehung

$$\mathrm{diag}(\beta_0^2, \ldots, \beta_q^2) = (\mathbf{E} - \alpha\boldsymbol{D})^2\,\mathrm{diag}(\beta_0^2, \ldots, \beta_q^2) + \alpha^2\,\mathrm{diag}(\lambda_0, \ldots, \lambda_q)\varepsilon_{\min} \tag{8.56}$$

mit $\varepsilon_{\min} = E[e^2[n]]$ für $n \to \infty$. Dabei wurde Unabhängigkeit von $e[n]$ und $\boldsymbol{x}[n]$ angenommen, und mit $\beta_\nu^2\ (\nu = 0, \ldots, q)$ werden die Erwartungswerte der quadrierten Komponenten des Vektors $\boldsymbol{\beta}$ bezeichnet. Für ein einzelnes Element lautet Gl. (8.56)

$$\beta_\nu^2 = (1 - \alpha\lambda_\nu)^2 \beta_\nu^2 + \alpha^2 \lambda_\nu \varepsilon_{\min}\ .$$

Hieraus folgt

$$\beta_\nu^2 = \frac{\alpha\varepsilon_{\min}}{2 - \alpha\lambda_\nu} \cong \frac{\alpha\varepsilon_{\min}}{2}\ . \tag{8.57}$$

Die Näherung gilt für kleines $\alpha$. Andererseits liefert Gl. (8.26) mit Gl. (8.27)

$$\varepsilon - \varepsilon_{\min} = \sum_{\nu=0}^{q} \beta_\nu^2 \lambda_\nu\ . \tag{8.58}$$

Führt man Gl. (8.57) in Gl. (8.58) ein, dann gelangt man zum Restfehler

$$\varepsilon \cong \varepsilon_{\min}\left[1 + \frac{\alpha}{2}\sum_{\nu=0}^{q}\lambda_\nu\right]. \tag{8.59}$$

Die Gl. (8.59) lehrt, daß der Restfehler größer ist als der Minimalfehler und diesen um so mehr erreicht, je kleiner $\alpha$ ist.

## 4.3. VARIANTEN DES LMS-ALGORITHMUS

Es wurden verschiedene Varianten des durch Gl. (8.46) beschriebenen LMS-Algorithmus vorgeschlagen, bei denen der Verbesserungsvektor $\alpha e[n]\boldsymbol{x}[n]$ modifiziert wird. Im folgenden sollen zwei Möglichkeiten kurz vorgestellt werden.

Für den Adaptionsparameter $\alpha$ wurde eine Einschränkung gemäß Ungleichung (8.37) gefunden. Beachtet man, daß

$$\lambda_{\max} \leqq \sum_{\nu=0}^{q} \lambda_\nu = E[\boldsymbol{x}^{\mathrm{T}}[n]\boldsymbol{x}[n]] \tag{8.60}$$

gilt, wobei die $\lambda_\nu$ nach wie vor die Eigenwerte der Autokorrelationsmatrix $E[\boldsymbol{x}[n]\boldsymbol{x}^{\mathrm{T}}[n]]$ bedeuten und der Spur-Satz aus der Algebra auf diese Matrix angewendet wurde, dann läßt sich Ungleichung (8.37) in der verschärften Form

$$0 < \alpha < \frac{2}{E[\boldsymbol{x}^{\mathrm{T}}[n]\boldsymbol{x}[n]]} \tag{8.61}$$

ausdrücken. Dies motiviert eine Normierung von $\alpha$ mit dem Faktor $\boldsymbol{x}^{\mathrm{T}}[n]\boldsymbol{x}[n]$, so daß die Iterationsvorschrift

$$\boldsymbol{a}[n+1] = \boldsymbol{a}[n] + \frac{\alpha e[n]\boldsymbol{x}[n]}{\boldsymbol{x}^{\mathrm{T}}[n]\boldsymbol{x}[n]} \tag{8.62}$$

mit $0 < \alpha < 2$ entsteht. Man fügt meistens noch im Nenner dem Produkt $\boldsymbol{x}^{\mathrm{T}}[n]\boldsymbol{x}[n]$ einen kleinen positiven Summanden hinzu, um zu verhindern, daß sich der Nenner zeitweise der Null nähert. Der mit dieser Modifikation verbundene Mehraufwand an Rechnung läßt sich in Grenzen halten, wenn man die Beziehung

$$\boldsymbol{x}^{\mathrm{T}}[n+1]\boldsymbol{x}[n+1] = \boldsymbol{x}^{\mathrm{T}}[n]\boldsymbol{x}[n] + x^2[n+1] - x^2[n-q]$$

rekursiv auswertet.

Ein weiterer Vorschlag lautet

$$\boldsymbol{a}[n+1] = \boldsymbol{a}[n] + \Delta\boldsymbol{a}[n] \tag{8.63}$$

mit

$$\Delta\boldsymbol{a}[n] = \alpha(\operatorname{sgn} e[n])\boldsymbol{x}[n] \tag{8.64a}$$

oder

$$\Delta\boldsymbol{a}[n] = \alpha e[n]\operatorname{sgn}\boldsymbol{x}[n] \tag{8.64b}$$

oder

$$\Delta\boldsymbol{a}[n] = \alpha(\operatorname{sgn} e[n])\operatorname{sgn}\boldsymbol{x}[n]. \tag{8.64c}$$

Dabei bedeutet $\operatorname{sgn}\boldsymbol{x}[n]$, daß die Signum-Operation auf sämtliche Komponenten des Vektors $\boldsymbol{x}[n]$ anzuwenden ist. Auf diese Weise läßt sich die Zahl der erforderlichen Multiplikationen drastisch reduzieren. Wie bereits vorgeschlagen, empfiehlt es sich, den Adaptionsparameter $\alpha$ als Zweierpotenz zu wählen. Der zu zahlende Preis ist eine im Vergleich zum LMS-Algorithmus schlechtere Konvergenz. Der Parameter $\alpha$ sollte sehr klein gewählt werden.

## 5. Rekursionsalgorithmus der kleinsten Quadrate

Der im vorausgegangenen Abschnitt beschriebene LMS-Algorithmus, welcher den Vektor der Impulsantwort $\boldsymbol{a}$ sukzessive in seine optimale Lage bringt, zeichnet sich durch seine Einfachheit aus. Der Nachteil des Verfahrens liegt darin, daß die Konvergenz möglicherweise sehr langsam erfolgt und der Vektor $\boldsymbol{a}$ in der Nähe des Optimums mehr um die optimale Lösung "pendelt" als gegen diese Lösung strebt. Zur Überwindung solcher Schwierigkeiten wird ein neuer Algorithmus vorgestellt. Dabei wird an die im Bild 8.5 dargestellte Situation angeknüpft und die bisherigen Bezeichnungen beibehalten. Es wird wieder $k = n$ angenommen. Aus der Gl. (8.4a), welche das Ausgangssignal des FIR-Filters beschreibt, erhält man mit der Impulsantwort $a_\mu[n]$ ($\mu = 0, 1, \ldots, q$) für $\nu = 0, 1, \ldots, n$ die Werte des Ausgangssignals

$$\hat{y}[\nu] = \sum_{\mu=0}^{q} a_\mu[n]\, x[\nu - \mu] \tag{8.65}$$

oder

$$\hat{y}[\nu] = \boldsymbol{a}^{\mathrm{T}}[n]\,\boldsymbol{x}[\nu] = \boldsymbol{x}^{\mathrm{T}}[\nu]\,\boldsymbol{a}[n] \tag{8.66}$$

mit dem Vektor der Eingangssignalwerte

$$\boldsymbol{x}[\nu] := [x[\nu],\ x[\nu-1], \ldots,\ x[\nu-q]]^{\mathrm{T}} \tag{8.67}$$

und dem Vektor der Filter-Koeffizienten (Werte der Impulsantwort) zum Zeitpunkt $n$

$$\boldsymbol{a}[n] := [a_0[n],\ a_1[n], \ldots,\ a_q[n]]^{\mathrm{T}}\,. \tag{8.68}$$

Hieraus erhält man eine Folge von Fehlern

$$e[\nu|n] := y[\nu] - \hat{y}[\nu] \quad (\nu = 0, 1, \ldots)\,, \tag{8.69}$$

wobei das Zeichen $n$ darauf hinweist, daß $\hat{y}[\nu]$ das Ausgangssignal des Filters mit den zum Zeitpunkt $n$ erreichten Koeffizienten bedeutet. Diese Folge von Fehlern dient nun dazu, ein kumulatives quadratisches Fehlersignal

$$\varepsilon[n] := \sum_{\nu=0}^{n} \lambda^{n-\nu} e^2[\nu|n] \tag{8.70}$$

einzuführen. Dabei bedeutet $\lambda$ einen festen Parameter, der im Intervall $0 < \lambda \leqq 1$ zu wählen ist und dazu verwendet wird, die einzelnen Summanden in $\varepsilon[n]$ unterschiedlich zu bewerten, und zwar um so schwächer, je weiter ihr Argument $\nu$ gegenüber $n$ zurückliegt. Mit dem Parameter $\lambda$ kann man also erreichen, daß die zurückliegenden Summanden mit zunehmender Zeit $n$ mehr und mehr "in Vergessenheit" geraten. Dieser Effekt tritt nicht auf, wenn, was oft geschieht, $\lambda = 1$ gewählt wird.

Die zu lösende Aufgabe besteht darin, die Filterkoeffizienten $a_\mu[n]$ so zu bestimmen, daß $\varepsilon[n]$ minimal wird. Es wird daher der Gradient des Fehlersignals gleich Null gesetzt:

$$\frac{\partial \varepsilon[n]}{\partial \boldsymbol{a}[n]} = \mathbf{0}\,. \tag{8.71}$$

Dabei ist $\boldsymbol{a}[n]$ durch Gl. (8.68) definiert. Führt man Gl. (8.70) in Gl. (8.71) ein, substituiert $e[\nu|n]$ gemäß den Gln. (8.69), (8.66) und verwendet man aufgrund derselben Gleichungen

$$\frac{\partial e[\nu|n]}{\partial \boldsymbol{a}[n]} = -\boldsymbol{x}[\nu] , \qquad (8.72)$$

dann entsteht die Forderung

$$\boldsymbol{0} = -2\sum_{\nu=0}^{n}\lambda^{n-\nu}y[\nu]\boldsymbol{x}[\nu] + 2\sum_{\nu=0}^{n}\lambda^{n-\nu}\boldsymbol{x}[\nu]\boldsymbol{x}^{\mathrm{T}}[\nu]\boldsymbol{a}[n]$$

oder mit den Abkürzungen

$$\boldsymbol{R}[n] := \sum_{\nu=0}^{n}\lambda^{n-\nu}\boldsymbol{x}[\nu]\boldsymbol{x}^{\mathrm{T}}[\nu] \qquad (8.73)$$

und

$$\boldsymbol{r}[n] := \sum_{\nu=0}^{n}\lambda^{n-\nu}y[\nu]\boldsymbol{x}[\nu] \qquad (8.74)$$

die Gleichung

$$\boldsymbol{R}[n]\boldsymbol{a}[n] = \boldsymbol{r}[n] \qquad (8.75)$$

mit der Lösung

$$\boldsymbol{a}[n] = \boldsymbol{R}^{-1}[n]\boldsymbol{r}[n]. \qquad (8.76)$$

Es wird vorausgesetzt, daß $\boldsymbol{R}[n]$ für hinreichend großes $n$ nichtsingulär und damit positiv-definit ist. Man beachte, daß die durch Gl. (8.73) definierte Matrix und der Vektor $\boldsymbol{r}[n]$ nach Gl. (8.74) korrelationsartige Größen sind, die aus Mustersignalen gebildet werden. Auf der Basis der Ergodenhypothese erhält man für $\lambda = 1$ durch

$$\lim_{n\to\infty}\frac{1}{n}\boldsymbol{R}[n] = \boldsymbol{R}$$

die Autokorrelationsmatrix gemäß Gl. (8.10).

Ein wesentliches Merkmal des zu entwickelnden Algorithmus ist eine rekursive Ermittlung der inversen Matrix

$$\boldsymbol{S}[n] := \boldsymbol{R}^{-1}[n]. \qquad (8.77)$$

Eine direkte Inversion wäre nämlich zu aufwendig. Zur rekursiven Inversion der Matrix $\boldsymbol{R}[n]$ schreibt man gemäß Gl. (8.73)

$$\boldsymbol{R}[n] = \lambda\sum_{\nu=0}^{n-1}\lambda^{n-1-\nu}\boldsymbol{x}[\nu]\boldsymbol{x}^{\mathrm{T}}[\nu] + \boldsymbol{x}[n]\boldsymbol{x}^{\mathrm{T}}[n]$$

oder

$$\boldsymbol{R}[n] = \lambda\boldsymbol{R}[n-1] + \boldsymbol{x}[n]\boldsymbol{x}^{\mathrm{T}}[n]. \qquad (8.78)$$

Diese Beziehung stellt eine Rekursion für die Berechnung der Matrix $\boldsymbol{R}[n]$ dar. Aus ihr läßt sich unmittelbar auch eine Rekursion für die inverse Matrix $\boldsymbol{S}[n]$ gewinnen. Durch Anwendung der Matrizenbeziehung

$$(\boldsymbol{A} + \boldsymbol{B}\,\boldsymbol{C}\,\boldsymbol{D})^{-1} = \boldsymbol{A}^{-1} - \boldsymbol{A}^{-1}\boldsymbol{B}(\boldsymbol{C}^{-1} + \boldsymbol{D}\boldsymbol{A}^{-1}\boldsymbol{B})^{-1}\boldsymbol{D}\boldsymbol{A}^{-1}$$

auf die rechte Seite der Gl. (8.78) mit

$$\boldsymbol{A} = \lambda \boldsymbol{R}[n-1], \quad \boldsymbol{B} = \boldsymbol{x}[n], \quad \boldsymbol{C} = 1, \quad \boldsymbol{D} = \boldsymbol{x}^{\mathrm{T}}[n]$$

erhält man

$$\boldsymbol{S}[n] = \frac{1}{\lambda}\left\{\boldsymbol{S}[n-1] - \frac{\boldsymbol{S}[n-1]\boldsymbol{x}[n]\boldsymbol{x}^{\mathrm{T}}[n]\boldsymbol{S}[n-1]}{\lambda + \mu[n]}\right\}. \tag{8.79}$$

Dabei bedeutet

$$\mu[n] := \boldsymbol{x}^{\mathrm{T}}[n]\,\boldsymbol{S}[n-1]\,\boldsymbol{x}[n]. \tag{8.80}$$

Diese Größe stellt ein Maß für die Eingangssignalleistung mit einer Gewichtung durch $\boldsymbol{S}[n-1]$ dar und ist stets positiv, vorausgesetzt $\boldsymbol{x}[n] \neq \mathbf{0}$, da als Folge der positiven Definitheit von $\boldsymbol{R}[n-1]$ auch die Inverse $\boldsymbol{S}[n-1]$ diese Eigenschaft aufweist. Damit kann man aus $\boldsymbol{S}[n-1]$ mit $\boldsymbol{x}[n]$, d. h. mit einem neuen Eingangssignalwert $x[n]$, nach den Gln. (8.79) und (8.80) $\boldsymbol{S}[n]$ berechnen. Es ist also nicht erforderlich, $\boldsymbol{R}[n]$ zu ermitteln und zu invertieren. Man pflegt als Abkürzung den Vektor

$$\boldsymbol{g}[n] = \frac{\boldsymbol{S}[n-1]\boldsymbol{x}[n]}{\lambda + \mu[n]} \tag{8.81}$$

einzuführen. Damit erhält Gl. (8.79) die übersichtliche Form

$$\boldsymbol{S}[n] = \frac{1}{\lambda}\{\boldsymbol{S}[n-1] - \boldsymbol{g}[n]\boldsymbol{x}^{\mathrm{T}}[n]\boldsymbol{S}[n-1]\}\,. \tag{8.82}$$

Bei der Anwendung von Gl. (8.82) zur rekursiven Berechnung von $\boldsymbol{S}[n]$ muß man zunächst $\boldsymbol{S}[0]$ als nichtsinguläre quadratische Matrix der Ordnung $q+1$ vorgeben, worauf noch einzugehen ist. Dann werden sukzessive $\boldsymbol{S}[1], \boldsymbol{S}[2], \ldots, \boldsymbol{S}[n]$ ermittelt. Der erforderliche Rechenaufwand ist wesentlich geringer (von der Ordnung $(q+1)^2$) als bei einer direkten Inversion (von der Ordnung $(q+1)^3$). Dies wirkt sich entsprechend auf die Berechnung von $\boldsymbol{a}[n]$ aus.

Aus Gl. (8.74) folgt die weitere Rekursion

$$\boldsymbol{r}[n] = \lambda\boldsymbol{r}[n-1] + y[n]\boldsymbol{x}[n]. \tag{8.83}$$

Mit den Gln. (8.77), (8.82), (8.83) und (8.76) erhält man

$$\boldsymbol{a}[n] = \frac{1}{\lambda}\{\boldsymbol{S}[n-1] - \boldsymbol{g}[n]\boldsymbol{x}^{\mathrm{T}}[n]\boldsymbol{S}[n-1]\}\{\lambda\boldsymbol{r}[n-1] + y[n]\boldsymbol{x}[n]\}$$

$$= \boldsymbol{S}[n-1]\boldsymbol{r}[n-1] - \boldsymbol{g}[n]\boldsymbol{x}^{\mathrm{T}}[n]\boldsymbol{S}[n-1]\boldsymbol{r}[n-1]$$

$$+ \frac{1}{\lambda}\{\boldsymbol{S}[n-1]\boldsymbol{x}[n] - \boldsymbol{g}[n]\boldsymbol{x}^{\mathrm{T}}[n]\boldsymbol{S}[n-1]\boldsymbol{x}[n]\}\,y[n]$$

und hieraus mit den Gln. (8.76), (8.81), (8.80)

$$\boldsymbol{a}[n] = \boldsymbol{a}[n-1] - \boldsymbol{g}[n]\boldsymbol{x}^{\mathrm{T}}[n]\boldsymbol{a}[n-1] + \frac{1}{\lambda}\{\lambda\boldsymbol{g}[n] + \mu[n]\boldsymbol{g}[n] - \boldsymbol{g}[n]\mu[n]\}\,y[n]$$

oder

$$\boldsymbol{a}[n] = \boldsymbol{a}[n-1] + \boldsymbol{g}[n]\{y[n] - \boldsymbol{x}^{\mathrm{T}}[n]\boldsymbol{a}[n-1]\} \ . \qquad (8.84)$$

Mit Gl. (8.69) kann man auch

$$\boldsymbol{a}[n] = \boldsymbol{a}[n-1] + \boldsymbol{g}[n]e[n|n-1] \qquad (8.85)$$

schreiben. Damit ist in Gestalt der Gl. (8.84) oder Gl. (8.85) der Rekursionsalgorithmus der kleinsten Quadrate (der RLS-Algorithmus) gefunden. Der Vektor $\boldsymbol{g}[n]$ wird aufgrund von Gl. (8.81) bei der Rekursion von $\boldsymbol{S}[n]$ gemäß Gl. (8.82) ermittelt.

Den in Gl. (8.85) auftretenden Term

$$e[n|n-1] = y[n] - \boldsymbol{x}^{\mathrm{T}}[n]\boldsymbol{a}[n-1]$$

kann man als "a priori"- Fehler interpretieren. Denn $\boldsymbol{x}^{\mathrm{T}}[n]\boldsymbol{a}[n-1]$ ist das "a priori"- Ausgangssignal mit dem neuen Datenvektor $\boldsymbol{x}^{\mathrm{T}}[n]$, jedoch mit dem zur Zeit $n-1$ ermittelten optimalen Koeffizientenvektor, in dem die Komponente $x[n]$ des Vektors $\boldsymbol{x}^{\mathrm{T}}[n]$ noch nicht berücksichtigt ist.

Die beschriebene rekursive Berechnung der inversen Matrix $\boldsymbol{S}[n] = \boldsymbol{R}^{-1}[n]$ erfordert einen Anfangswert. Man kann zunächst die Matrix $\boldsymbol{R}$ gemäß Gl. (8.78) und zugleich den Vektor $\boldsymbol{r}$ nach Gl. (8.83) sukzessive aufbauen, bis $\boldsymbol{R}$ nichtsingulär ist, und dann invertieren. Von da an kann das rekursive Verfahren starten. Man bewahrt so bei jedem Schritt die Optimalität; der Preis ist aber beachtlich, da die einmalige Matrix-Inversion Berechnungen der Größenordnung $(q+1)^3$ erfordert. Daher verfährt man häufig anders, d. h. die Rekursion wird einfach mit einer Diagonalmatrix $\eta\,\mathbf{E}$ ($\eta \gg 1$) als Anfangsmatrix von $\boldsymbol{S}$ initialisiert. Die dadurch entstehende Ungenauigkeit beeinflußt allerdings letztlich den Vektor $\boldsymbol{a}[n]$. In der Praxis hat es sich als günstig erwiesen, den Parameter $\eta$ möglichst groß zu wählen.

Die Ähnlichkeit zum LMS-Algorithmus zeigt sich, wenn man dessen Iterationsvorschrift in der Form

$$\boldsymbol{a}[n] = \boldsymbol{a}[n-1] + \alpha\boldsymbol{x}[n-1]e[n-1|n-1]$$

schreibt und mit Gl. (8.85) vergleicht. Zu beachten ist, daß der RLS-Algorithmus an jeder Stelle der Iteration die optimale Lösung liefert, der LMS-Algorithmus liefert die optimale Lösung erst asymptotisch.

## 6. Prädiktion durch Kreuzglied-Filter

Auch hier werden die im Rahmen der adaptiven Algorithmen durchzuführenden Iterationen im Zeitraster vollzogen.

### 6.1. DER DURBIN-ALGORITHMUS

Im Abschnitt 2.1 wurde die Normalgleichung (8.18) zur Bestimmung der optimalen Impulsantwort $\boldsymbol{a}$ für das FIR-Filter aus Bild 8.5 aufgestellt. Im Abschnitt 3.1 konnte gezeigt werden, wie unter Umgehung einer direkten Lösung, die einer Inversion der Koeffizientenmatrix

(Autokorrelationsmatrix) entspricht, der optimale Vektor $\boldsymbol{a}$ iterativ nach der Methode des steilsten Abstiegs ermittelt werden kann. Für den Fall der einfachen Prädiktion (Bild 8.8)

$$y[n] = x[n] \; , \quad \hat{y}[n] = \sum_{\mu=0}^{q} a_\mu x[n-\mu-1] = \boldsymbol{a}^{\mathrm{T}} \boldsymbol{x}[n-1] \tag{8.86a,b}$$

bietet der Durbin-Algorithmus eine alternative Möglichkeit zur Auflösung der Normalgleichung. Dieser Algorithmus ist wegen der Toeplitz-Struktur der Autokorrelationsmatrix $\boldsymbol{R}$, die als nichtsingulär vorausgesetzt wird, und der gemäß den Gln. (8.86a,b) folgenden besonderen Form des Kreuzkorrelationsvektors

$$\boldsymbol{r} = E[x[n]\boldsymbol{x}[n-1]] = [r_{xx}[1], \ldots, r_{xx}[q+1]]^{\mathrm{T}} \tag{8.87}$$

anwendbar. Der Durbin-Algorithmus ist ein rekursives Verfahren, das nach endlich vielen Schritten die exakte Lösung liefert. Diese Vorgehensweise hat, wie sich zeigen wird, den großen Vorteil, daß neben der Abzweigstruktur des FIR-Filters, welche direkt dem Lösungsvektor $\boldsymbol{a}$ entspricht, eine weitere Realisierungsmöglichkeit in Form der Kaskade von einfachen Kreuzgliedern mit günstigem Verhalten angegeben werden kann.

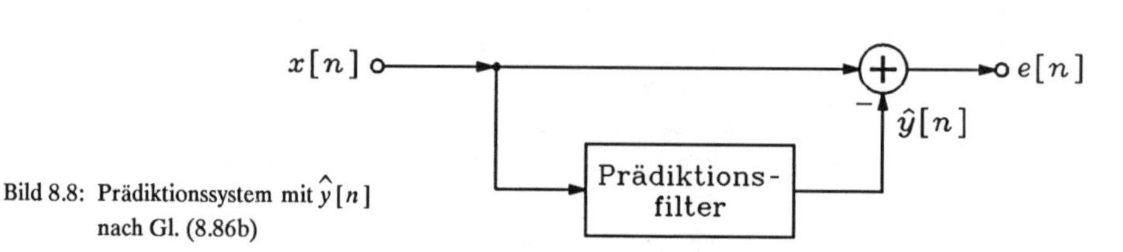


Bild 8.8: Prädiktionssystem mit $\hat{y}[n]$ nach Gl. (8.86b)

Zur Erklärung des Durbin-Algorithmus wird die Normalgleichung in der Form

$$\boldsymbol{R}^{(\kappa)} \boldsymbol{a}^{(\kappa)} = \boldsymbol{r}^{(\kappa)} \tag{8.88}$$

geschrieben, wobei $\boldsymbol{R}^{(\kappa)}$ die symmetrische Autokorrelationsmatrix der Ordnung $\kappa$ gemäß Gl. (8.10) mit Toeplitz-Form und der ersten Zeile

$$r_{xx}[0] \, , \; r_{xx}[1], \ldots, \; r_{xx}[\kappa-1]$$

bedeutet, $\boldsymbol{r}^{(\kappa)}$ ist der spezielle Kreuzkorrelationsvektor der Dimension $\kappa$ gemäß Gl. (8.87), d. h.

$$\boldsymbol{r}^{(\kappa)} = [r_{xx}[1], \; r_{xx}[2], \ldots, \; r_{xx}[\kappa]]^{\mathrm{T}} \; , \tag{8.89}$$

und $\boldsymbol{a}^{(\kappa)}$ bezeichnet den zugehörigen optimalen Koeffizientenvektor eines FIR-Filters vom Grad $\kappa-1$. Die interessierende Lösung $\boldsymbol{a}_{\mathrm{opt}}$ nach Gl. (8.19) erhält man dann als $\boldsymbol{a}^{(q+1)}$.

Der Durbin-Algorithmus beruht darauf, daß die Lösung $\boldsymbol{a}^{(\kappa-1)}$ der Normalgleichung

$$\boldsymbol{R}^{(\kappa-1)} \boldsymbol{a}^{(\kappa-1)} = \boldsymbol{r}^{(\kappa-1)} \tag{8.90}$$

als bekannt betrachtet wird und die Lösung $\boldsymbol{a}^{(\kappa)}$ der Gl. (8.88) aus jener einfach ermittelt wird. Es ist zweckmäßig, die Komponentenschreibweise

$$\boldsymbol{a}^{(\kappa)} = [a_0^{(\kappa)}, \; a_1^{(\kappa)}, \ldots, \; a_{\kappa-1}^{(\kappa)}]^{\mathrm{T}} \tag{8.91}$$

zu verwenden und neben diesem Vektor noch die Vektoren

$$\overline{\boldsymbol{a}}^{(\kappa)} = [\, a_{\kappa-1}^{(\kappa)},\ a_{\kappa-2}^{(\kappa)}, \ldots,\ a_0^{(\kappa)}\,]^{\mathrm{T}} \tag{8.92}$$

und

$$\overline{\boldsymbol{r}}^{(\kappa)} = [\, r_{xx}[\kappa],\ r_{xx}[\kappa-1], \ldots,\ r_{xx}[1]]^{\mathrm{T}} \tag{8.93}$$

einzuführen, die sich von $\boldsymbol{a}^{(\kappa)}$ bzw. $\boldsymbol{r}^{(\kappa)}$ durch inverse Anordnung der Komponenten unterscheiden. Damit kann die Normalgleichung (8.88) auch in der Form

$$\boldsymbol{R}^{(\kappa)}\overline{\boldsymbol{a}}^{(\kappa)} = \overline{\boldsymbol{r}}^{(\kappa)} \tag{8.94}$$

geschrieben werden. Für die weiteren Betrachtungen wird noch der Vektor

$$\boldsymbol{a}_1^{(\kappa)} = [\, a_0^{(\kappa)},\ a_1^{(\kappa)}, \ldots,\ a_{\kappa-2}^{(\kappa)}]^{\mathrm{T}} \tag{8.95}$$

der Dimension $\kappa-1$ benötigt. Damit läßt sich die Normalgleichung (8.88) als

$$\begin{bmatrix} \boldsymbol{R}^{(\kappa-1)} & \overline{\boldsymbol{r}}^{(\kappa-1)} \\ \overline{\boldsymbol{r}}^{(\kappa-1)\mathrm{T}} & r_{xx}[0] \end{bmatrix} \begin{bmatrix} \boldsymbol{a}_1^{(\kappa)} \\ k_\kappa \end{bmatrix} = \begin{bmatrix} \boldsymbol{r}^{(\kappa-1)} \\ r_{xx}[\kappa] \end{bmatrix} \tag{8.96}$$

ausdrücken. Dabei ist

$$k_\kappa := a_{\kappa-1}^{(\kappa)} \tag{8.97}$$

der sogenannte $\kappa$-te Reflexionskoeffizient. Die Gl. (8.96) läßt sich in die zwei Beziehungen

$$\boldsymbol{R}^{(\kappa-1)}\boldsymbol{a}_1^{(\kappa)} + k_\kappa \overline{\boldsymbol{r}}^{(\kappa-1)} = \boldsymbol{r}^{(\kappa-1)} \tag{8.98a}$$

und

$$\overline{\boldsymbol{r}}^{(\kappa-1)\mathrm{T}}\boldsymbol{a}_1^{(\kappa)} + k_\kappa r_{xx}[0] = r_{xx}[\kappa] \tag{8.98b}$$

aufspalten. Zur Lösung dieser Gleichungen multipliziert man zunächst Gl. (8.98a) auf beiden Seiten von links mit $(\boldsymbol{R}^{(\kappa-1)})^{-1}$ und erhält angesichts der Gln. (8.88) und (8.94) (mit $\kappa-1$ statt $\kappa$)

$$\boldsymbol{a}_1^{(\kappa)} = \boldsymbol{a}^{(\kappa-1)} - k_\kappa \overline{\boldsymbol{a}}^{(\kappa-1)}\,. \tag{8.99}$$

Führt man diese Darstellung in Gl. (8.98b) ein, dann folgt

$$k_\kappa \{\, r_{xx}[0] - \boldsymbol{r}^{(\kappa-1)\mathrm{T}}\boldsymbol{a}^{(\kappa-1)} \} = r_{xx}[\kappa] - \overline{\boldsymbol{r}}^{(\kappa-1)\mathrm{T}}\boldsymbol{a}^{(\kappa-1)}\,, \tag{8.100}$$

wobei noch $\overline{\boldsymbol{r}}^{(\kappa-1)\mathrm{T}}\overline{\boldsymbol{a}}^{(\kappa-1)}$ durch $\boldsymbol{r}^{(\kappa-1)\mathrm{T}}\boldsymbol{a}^{(\kappa-1)}$ ersetzt wurde und $\overline{\boldsymbol{r}}^{(\kappa-1)\mathrm{T}}\boldsymbol{a}^{(\kappa-1)}$ durch $\boldsymbol{r}^{(\kappa-1)\mathrm{T}}\overline{\boldsymbol{a}}^{(\kappa-1)}$ ersetzt werden könnte. Nach Gl. (8.21) ist mit $y_{\mathrm{eff}}^2 = x_{\mathrm{eff}}^2 = r_{xx}[0]$ der Ausdruck in geschweiften Klammern in Gl. (8.100) gleich dem minimalen Prädiktionsfehler $\varepsilon_{\kappa-1}$, so daß man für den Reflexionskoeffizienten

$$k_\kappa = \frac{1}{\varepsilon_{\kappa-1}} \{\, r_{xx}[\kappa] - \boldsymbol{r}^{(\kappa-1)\mathrm{T}}\overline{\boldsymbol{a}}^{(\kappa-1)} \} \tag{8.101}$$

erhält. Gemäß Gl. (8.21) folgt weiterhin die Beziehung

$$\varepsilon_\kappa = r_{xx}[0] - \boldsymbol{r}^{(\kappa)\mathrm{T}}\boldsymbol{a}^{(\kappa)} \tag{8.102}$$

oder mit Gl. (8.89) und den Gln. (8.91), (8.95), (8.97), (8.99)

$$\varepsilon_\kappa = r_{xx}[0] - \left[\boldsymbol{r}^{(\kappa-1)\mathrm{T}},\ r_{xx}[\kappa]\right] \begin{bmatrix} \boldsymbol{a}^{(\kappa-1)} - k_\kappa \overline{\boldsymbol{a}}^{(\kappa-1)} \\ k_\kappa \end{bmatrix}$$

oder

$$\varepsilon_\kappa = r_{xx}[0] - \boldsymbol{r}^{(\kappa-1)\mathrm{T}} \boldsymbol{a}^{(\kappa-1)} - k_\kappa \{ r_{xx}[\kappa] - \boldsymbol{r}^{(\kappa-1)\mathrm{T}} \overline{\boldsymbol{a}}^{(\kappa-1)} \} .$$

Bei Berücksichtigung der Gln. ( 8.100) und (8.102) ergibt sich schließlich

$$\varepsilon_\kappa = \varepsilon_{\kappa-1} \{1 - k_\kappa^2\} . \tag{8.103}$$

Wegen der vorausgesetzten Nichtsingularität der Autokorrelationsmatrix $\boldsymbol{R} = \boldsymbol{R}^{(q+1)}$ müssen $\varepsilon_1, \varepsilon_2, \ldots, \varepsilon_q$ von Null verschieden sein, so daß die Reflexionskoeffizienten $k_\kappa$ existieren.

Der Durbin-Algorithmus läßt sich nun folgendermaßen zusammenfassen:
Man wähle $k_1 = r_{xx}[1]/r_{xx}[0]$, $\boldsymbol{a}^{(1)} = \overline{\boldsymbol{a}}^{(1)} = k_1$, $\varepsilon_1 = r_{xx}[0](1-k_1^2)$ und berechne für $\kappa = 2, 3, \ldots, q+1$

$k_\kappa$ nach Gl. (8.101) bei Beachtung der Gln. (8.89) und (8.92),

$\boldsymbol{a}_1^{(\kappa)}$ nach Gl. (8.99), $a_{\kappa-1}^{(\kappa)} = k_\kappa$ ,

$\boldsymbol{a}^{(\kappa)} = [\, \boldsymbol{a}_1^{(\kappa)\mathrm{T}},\ a_{\kappa-1}^{(\kappa)} \,]^{\mathrm{T}}$ ,

$\varepsilon_\kappa$ nach Gl. (8.103).

Als Resultat erhält man $\boldsymbol{a}_{\mathrm{opt}} = \boldsymbol{a}^{(q+1)}$.

## 6.2. REALISIERUNG DURCH KREUZGLIEDER

Nach Ausführung des Durbin-Algorithmus liegt die optimale Impulsantwort $\boldsymbol{a}_{\mathrm{opt}}$ vor, so daß eine FIR-Filter-Realisierung in Transversalstruktur unmittelbar möglich ist. Die im Verlauf des Durbin-Algorithmus entstandenen Reflexionskoeffizienten erlauben aber auch eine alternative Realisierung, die gegenüber dem Transversalfilter beachtliche Vorteile bietet. Hierauf soll im folgenden eingegangen werden.

Da das FIR-Filter zur Prädiktion von $x[n]$ verwendet wird, schreibt man $\hat{x}[n]$ statt $\hat{y}[n]$ und erhält gemäß Gl. (8.86b)

$$\hat{x}[n] = \boldsymbol{x}^{\mathrm{T}}[n-1]\, \boldsymbol{a}_{\mathrm{opt}} . \tag{8.104}$$

Die Komponenten des Vektors $\boldsymbol{a}_{\mathrm{opt}}$ sind $a_\mu^{(q+1)}$ $(\mu = 0, 1, \ldots, q)$. Das Fehlersignal ist

$$e_{q+1}^f[n] = x[n] - \hat{x}[n] , \tag{8.105a}$$

also

$$e_{q+1}^f[n] = x[n] - \sum_{\mu=0}^{q} a_\mu^{(q+1)} x[n-\mu-1] . \tag{8.105b}$$

Man nennt $e_{q+1}^f[n]$ den zum Prädiktionsfilter $q$-ten Grades gehörenden Vorwärtsvorhersagefehler (FPE: "forward prediction error"), da der zu schätzende Wert $x[n]$ im Vergleich zu den zur Schätzung verwendeten Werten $x[n-1], x[n-2], \ldots, x[n-q-1]$ zu einem vorausliegenden Zeitpunkt auftritt.

Man kann die Gl. (8.105b) als Eingang-Ausgang-Beziehung eines linearen, zeitinvarianten diskontinuierlichen Systems auffassen, dessen Eingangssignal $x[n]$ und dessen Ausgangssignal $e_{q+1}^f[n]$ ist. Es wird vom FPE-Filter gesprochen. Dieses System besitzt die Übertragungsfunktion

$$H_{q+1}^f(z) = 1 - \sum_{\mu=0}^{q} a_\mu^{(q+1)} z^{-\mu-1} \tag{8.106}$$

Man kann die Gl. (8.104) verallgemeinern, indem man dort statt $\boldsymbol{a}_{\text{opt}}$ die Impulsantwort $\boldsymbol{a}^{(\kappa)}$ für $\kappa = 2, 3, \ldots, q+1$ zur Prädiktion verwendet. Als Fehlersignal ergibt sich dann

$$e_\kappa^f[n] = x[n] - \sum_{\mu=0}^{\kappa-1} a_\mu^{(\kappa)} x[n-\mu-1] \tag{8.107}$$

und als Übertragungsfunktion

$$H_\kappa^f(z) = 1 - \sum_{\mu=0}^{\kappa-1} a_\mu^{(\kappa)} z^{-\mu-1} \tag{8.108}$$

des FPE-Filters der Ordnung $\kappa$. Nach Gl. (8.99) erhält man

$$a_\mu^{(\kappa)} = a_\mu^{(\kappa-1)} - k_\kappa a_{\kappa-\mu-2}^{(\kappa-1)} \quad (\mu = 0, 1, \ldots, \kappa-2) \tag{8.109a}$$

und nach Gl. (8.97)

$$a_{\kappa-1}^{(\kappa)} = k_\kappa \, . \tag{8.109b}$$

Mit

$$H_{\kappa-1}^f(z) = 1 - \sum_{\mu=0}^{\kappa-2} a_\mu^{(\kappa-1)} z^{-\mu-1} \tag{8.110}$$

folgt nun aus den Gln. (8.108), (8.109a,b)

$$H_\kappa^f(z) = H_{\kappa-1}^f(z) - k_\kappa \left\{ z^{-\kappa} - \sum_{\mu=0}^{\kappa-2} a_{\kappa-\mu-2}^{(\kappa-1)} z^{-\mu-1} \right\}. \tag{8.111}$$

Die der Übertragungsfunktion $H_\kappa^f(z)$ nach Gl. (8.108) entsprechende Impulsantwort wird durch den Vektor

$$\boldsymbol{h}_\kappa^f = [1, -a_0^{(\kappa)}, -a_1^{(\kappa)}, \ldots, -a_{\kappa-1}^{(\kappa)}]^{\mathrm{T}} \tag{8.112}$$

zusammengefaßt.

Durch die Impulsantwort

$$\boldsymbol{h}_\kappa^b = [-a_{\kappa-1}^{(\kappa)}, -a_{\kappa-2}^{(\kappa)}, \ldots, -a_0^{(\kappa)}, 1]^{\mathrm{T}} \tag{8.113}$$

wird das BPE-Filter (BPE: "backward prediction error") definiert. Die Antwort des BPE-Filters der Ordnung $\kappa$ lautet

$$e_\kappa^b[n] := \boldsymbol{x}^{\mathrm{T}}[n] \, \boldsymbol{h}_\kappa^b = x[n-\kappa] - \hat{x}[n-\kappa] \tag{8.114a}$$

mit

$$\hat{x}[n-\kappa] = a_0^{(\kappa)} x[n-\kappa+1] + a_1^{(\kappa)} x[n-\kappa+2] + \cdots + a_{\kappa-1}^{(\kappa)} x[n]. \qquad (8.114b)$$

Die auf der rechten Seite von Gl. (8.107) auftretende Summe repräsentiert die Antwort des FIR-Filters mit der Impulsantwort

$$h[n] = \begin{cases} a_n^{(\kappa)}, & \text{falls } n \in \{0,1,\ldots,\kappa-1\} \\ 0 & \text{sonst} \end{cases}$$

auf die Erregung durch die Folge $x[n-\kappa]$, $x[n-\kappa+1], \ldots, x[n-1]$. Dagegen stellt die Summe in Gl. (8.114b) die Reaktion desselben Filters auf die Erregung durch die Zahlenfolge $x[n], x[n-1], \ldots, x[n-\kappa+1]$ dar. Es ist daher sinnvoll, das Ergebnis im ersten Fall zur Approximation von $x[n]$ und das Ergebnis im zweiten Fall zur Annäherung von $x[n-\kappa]$ zu verwenden.

Aus Gl. (8.113) folgt als Übertragungsfunktion

$$H_\kappa^b(z) = -a_{\kappa-1}^{(\kappa)} - a_{\kappa-2}^{(\kappa)} z^{-1} - \cdots - a_0^{(\kappa)} z^{-\kappa+1} + z^{-\kappa}. \qquad (8.115)$$

Mit Gl.(8.110) und Gl. (8.115) erhält man sofort

$$H_{\kappa-1}^f(1/z) = z^{\kappa-1} H_{\kappa-1}^b(z) \qquad (8.116a)$$

und hieraus

$$H_\kappa^f(z) = z^{-\kappa} H_\kappa^b(1/z). \qquad (8.116b)$$

Weiterhin erhält man aus Gl. (8.111) mit Gl. (8.115) für $\kappa-1$ statt $\kappa$ die Rekursionsbeziehung

$$H_\kappa^f(z) = H_{\kappa-1}^f(z) - k_\kappa z^{-1} H_{\kappa-1}^b(z) \qquad (8.117)$$

für die Übertragungsfunktion des FPE-Filters. Eliminiert man in Gl. (8.117) die beiden FPE-Übertragungsfunktionen gemäß Gl. (8.116b), ersetzt dann $z$ durch $1/z$, multipliziert die erhaltene Beziehung mit $z^{-\kappa}$ durch und wendet schließlich Gl. (8.116a) bei Substitution von $z$ durch $1/z$ an, so erhält man die Rekursionsbeziehung

$$H_\kappa^b(z) = z^{-1} H_{\kappa-1}^b(z) - k_\kappa H_{\kappa-1}^f(z) \qquad (8.118)$$

für die Übertragungsfunktion des BPE-Filters. Durch die Gln. (8.117) und (8.118) lassen sich die Übertragungsfunktionen des Prädiktors der Ordnung $\kappa$ rekursiv erzeugen. Im $z$-Bereich bestehen (formal) die Zusammenhänge

$$E_\kappa^f(z) = X(z) H_\kappa^f(z), \qquad (8.119)$$

$$E_\kappa^b(z) = X(z) H_\kappa^b(z) \qquad (8.120)$$

oder, wenn man die Gln. (8.117) und (8.118) einführt,

$$E_\kappa^f(z) = X(z) H_{\kappa-1}^f(z) - k_\kappa z^{-1} X(z) H_{\kappa-1}^b(z), \qquad (8.121)$$

$$E_\kappa^b(z) = z^{-1} X(z) H_{\kappa-1}^b(z) - k_\kappa X(z) H_{\kappa-1}^f(z). \qquad (8.122)$$

Unter Verwendung der Gln. (8.119) und (8.120) mit $\kappa-1$ statt $\kappa$ lassen sich die Gln. (8.121), (8.122) in der Form

$$E^f_\kappa(z) = E^f_{\kappa-1}(z) - k_\kappa z^{-1} E^b_{\kappa-1}(z)\,, \tag{8.123}$$

$$E^b_\kappa(z) = z^{-1} E^b_{\kappa-1}(z) - k_\kappa E^f_{\kappa-1}(z) \tag{8.124}$$

schreiben. Diese Beziehungen werden nun in den Zeitbereich übertragen, wodurch man für $\kappa = 2, 3, \ldots, q+1$ die Rekursionsbeziehungen

$$e^f_\kappa[n] = e^f_{\kappa-1}[n] - k_\kappa e^b_{\kappa-1}[n-1]\,, \tag{8.125}$$

$$e^b_\kappa[n] = e^b_{\kappa-1}[n-1] - k_\kappa e^f_{\kappa-1}[n] \tag{8.126}$$

erhält. Man kann sich an Hand der vorausgegangenen Betrachtungen leicht klarmachen, daß

$$k_1 = r_{xx}[1]/r_{xx}[0] = a_0^{(1)}$$

und damit gemäß den Gln. (8.107) bzw. (8.114a,b)

$$e^f_1[n] = x[n] - k_1 x[n-1]\,, \tag{8.127}$$

$$e^b_1[n] = x[n-1] - k_1 x[n] \tag{8.128}$$

gilt. Aufgrund der Gln. (8.125) bis (8.128) erhält man damit die Realisierung des Prädiktionsfilters gemäß Bild 8.9, wobei $e^f_{q+1}[n]$ mit $e[n]$ von Bild 8.8 bei optimaler Wahl der Filterparameter identisch ist.

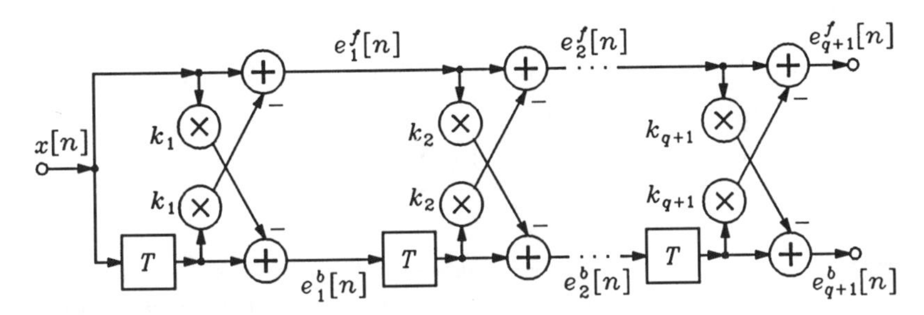


Bild 8.9: Prädiktionsfilter in Form einer Kaskade von Kreuzgliedern

In der Praxis werden diese Prädiktionsfilter in der Weise verwendet, daß man aus den verfügbaren Daten zunächst die Werte der Autokorrelationsfunktion $r_{xx}[\nu]$ für $\nu = 0, 1, \ldots, q+1$ aufgrund der Ergodenhypothese mittels zeitlicher Mittelung schätzt und dann den Durbin-Algorithmus zur Berechnung der Reflexionskoeffizienten $k_1, \ldots, k_{q+1}$ anwendet. Damit kann das Filter nach Bild 8.9 realisiert werden. Eine äquivalente Realisierung mit einem Transversalfilter ist möglich, und zwar aufgrund des ebenfalls durch den Durbin-Algorithmus gelieferten Vektors $\boldsymbol{a}_{\text{opt}}$. Das Filter kann adaptiv betrieben werden, indem man das Signal $x[n]$ in Abschnitte bestimmter Länge (z. B. 200) unterteilt. Jeder dieser Datenblöcke dient dazu, die Koeffizienten $k_\kappa$ neu zu berechnen (beispielsweise 40 mal pro Sekunde).

## 6.3. OPTIMIERUNG DER REFLEXIONSKOEFFIZIENTEN

Die bei der Anwendung des Durbin-Algorithmus erforderliche Schätzung der Autokorrelationsfunktion $r_{xx}[\nu]$ hat Fehler in den Koeffizienten $k_\kappa$ zur Folge. Es liegt daher nahe zu versuchen, diese Koeffizienten direkt zu schätzen und gegebenenfalls adaptiv zu verändern.

Im optimalen Prädiktionsfilter nach Bild 8.9 sind die Koeffizienten $k_\kappa$ so festgelegt, daß die mittlere Leistung sowohl von $e_\kappa^f[n]$ als auch von $e_\kappa^b[n]$ am Ausgang jeder Stufe $(\kappa = 1, \ldots, q+1)$ minimal ist. Zur direkten Ermittlung der Reflexionskoeffizienten kann man daher als Kriterium fordern, daß der Erwartungswert von $(e_\kappa^f[n])^2$ oder von $(e_\kappa^b[n])^2$ für $\kappa = 1, \ldots, q+1$ minimal ist. Häufig wird verlangt, daß der Erwartungswert

$$E[(e_\kappa^f[n])^2 + (e_\kappa^b[n])^2]$$

für $\kappa = 1, \ldots, q+1$ möglichst klein wird. Dies führt zur Forderung

$$\frac{\partial}{\partial k_\kappa} E[(e_\kappa^f[n])^2 + (e_\kappa^b[n])^2] = 0, \tag{8.129a}$$

d. h.

$$E\left[e_\kappa^f[n]\frac{\partial e_\kappa^f[n]}{\partial k_\kappa} + e_\kappa^b[n]\frac{\partial e_\kappa^b[n]}{\partial k_\kappa}\right] = 0 \tag{8.129b}$$

oder mit Gln. (8.125) und (8.126)

$$E[e_\kappa^f[n]e_{\kappa-1}^b[n-1] + e_\kappa^b[n]e_{\kappa-1}^f[n]] = 0. \tag{8.129c}$$

Ersetzt man $e_\kappa^f[n]$ nach Gl. (8.125) und $e_\kappa^b[n]$ nach Gl. (8.126), so erhält man eine Bestimmungsgleichung für $k_\kappa$. Sie liefert für $\kappa = 1, \ldots, q+1$

$$k_\kappa = \frac{2E[e_{\kappa-1}^f[n]e_{\kappa-1}^b[n-1]]}{E[\{e_{\kappa-1}^b[n-1]\}^2] + E[\{e_{\kappa-1}^f[n]\}^2]}, \tag{8.130}$$

wobei $e_0^b[n] = e_0^f[n] = x[n]$ zu berücksichtigen ist. Da nur in seltenen Fällen die genaue Statistik der hier auftretenden Fehlersignale bekannt ist, müssen die Erwartungswerte geschätzt werden:

$$\hat{E}[e_{\kappa-1}^f[n]e_{\kappa-1}^b[n-1]] = \frac{1}{N}\sum_{\nu=1}^{N} e_{\kappa-1}^f[\nu]e_{\kappa-1}^b[\nu-1], \tag{8.131a}$$

$$\hat{E}[\{e_{\kappa-1}^b[n-1]\}^2] = \frac{1}{N}\sum_{\nu=1}^{N}\{e_{\kappa-1}^b[\nu-1]\}^2, \tag{8.131b}$$

$$\hat{E}[\{e_{\kappa-1}^f[n]\}^2] = \frac{1}{N}\sum_{\nu=1}^{N}\{e_{\kappa-1}^f[\nu]\}^2. \tag{8.131c}$$

Allerdings muß bei dieser Art der Schätzung von $k_\kappa (\kappa = 1, \ldots, q+1)$ jeweils die Berechnung eines Blocks von $N$ Werten der Fehlersignale abgewartet werden, bis ein Reflexionskoeffizient berechnet werden kann. Da diese Verzögerung $(q+1)$-mal auftritt, wird diese Verfahrensweise nur selten angewendet.

Oft ist es notwendig, die Reflexionskoeffizienten adaptiv nachzuführen, insbesondere wenn das Signal $x[n]$ nicht stationär ist. Da die blockweise Ermittlung der Korrelationsfunktionen hierbei meistens zu langsam erfolgt, ist es häufig erforderlich, die Reflexionskoeffizienten zu jedem Zeitpunkt nachzuführen. Dabei hat es sich als zweckmäßig erwiesen, die Korrektur der $k_\kappa$ aufgrund des Verlaufs der Fehler vorzunehmen. Verbreitet ist die durch die Vorschrift

$$k_\kappa[n+1] = k_\kappa[n] - \mu_\kappa \frac{\partial(\{e_\kappa^f[n]\}^2 + \{e_\kappa^b[n]\}^2)}{\partial k_\kappa} \tag{8.132}$$

gekennzeichnete Gradientenmethode mit der geeignet zu wählenden positiven Konstante $\mu_\kappa$. Mit den Gln. (8.125) und (8.126) sowie $\alpha_\kappa := 2\mu_\kappa$ ergibt sich aus Gl. (8.132) die Form

$$k_\kappa[n+1] = k_\kappa[n] + \alpha_\kappa \{e_\kappa^f[n]e_{\kappa-1}^b[n-1] + e_{\kappa-1}^f[n]e_\kappa^b[n]\} \tag{8.133}$$

für die Vorschrift. Der Parameter $\alpha_\kappa$ ist so zu wählen, daß sich der Algorithmus stabil verhält. Oft läßt man $\alpha_\kappa = \alpha_\kappa[n]$ mit der Zeit variieren, um Stabilität zu erzielen.

Die in Gl. (8.130) auftretenden Erwartungswerte können statt nach Gln. (8.131a-c) auch durch

$$\frac{Z_\kappa[n]}{n} := \frac{1}{n}\sum_{\nu=1}^{n} e_{\kappa-1}^f[\nu]e_{\kappa-1}^b[\nu-1], \tag{8.134}$$

$$\frac{N_\kappa[n]}{n} := \frac{1}{n}\sum_{\nu=1}^{n}\left(\{e_{\kappa-1}^b[\nu-1]\}^2 + \{e_{\kappa-1}^f[\nu]\}^2\right) \tag{8.135}$$

angenähert werden, wodurch man

$$k_\kappa[n] = 2Z_\kappa[n]/N_\kappa[n] \tag{8.136}$$

erhält. Damit kann man aufgrund der Gl. (8.136)

$$k_\kappa[n+1] = 2\frac{Z_\kappa[n+1]}{N_\kappa[n+1]} = k_\kappa[n]\frac{N_\kappa[n]}{N_\kappa[n+1]} \cdot \frac{Z_\kappa[n+1]}{Z_\kappa[n]}$$

schreiben oder mit Gl. (8.134)

$$k_\kappa[n+1] = k_\kappa[n]\frac{N_\kappa[n]}{N_\kappa[n+1]}\left(1 + \frac{e_{\kappa-1}^f[n+1]e_{\kappa-1}^b[n]}{Z_\kappa[n]}\right)$$

oder, wenn man die Klammer ausmultipliziert und nochmals Gl. (8.136) heranzieht,

$$k_\kappa[n+1] = k_\kappa[n]\frac{N_\kappa[n]}{N_\kappa[n+1]} + 2\frac{e_{\kappa-1}^f[n+1]e_{\kappa-1}^b[n]}{N_\kappa[n+1]}\ . \tag{8.137}$$

Es darf davon ausgegangen werden, daß in praktischen Fällen $e_{\kappa-1}^f[n]$ und $e_{\kappa-1}^b[n-1]$ niemals gleichzeitig verschwinden. Daher ist einerseits $N_\kappa[n+1]$ immer positiv, andererseits $N_\kappa[n]/N_\kappa[n+1]$ kleiner als Eins, $N_\kappa[n]$ nimmt also mit wachsendem $n$ ständig zu. Bezüglich der Frage nach der Konvergenz des durch Gl. (8.137) gegebenen Algorithmus sei auf die Arbeit [Ho2] verwiesen.

## 6.4. BEISPIEL: IDENTIFIKATION EINES SYSTEMS

Bild 8.10 zeigt ein kausales System mit der Übertragungsfunktion

$$H_1(z) = \frac{1}{1 - \sum_{\mu=0}^{q} a_\mu z^{-\mu-1}}, \tag{8.138}$$

deren Koeffizienten $a_\mu (\mu = 0, 1, \ldots, q)$ geschätzt werden sollen. Dazu wird das System durch Zwischenschaltung eines Verzögerungselements mit weißem Rauschen $v[n]$ der spektralen Leistungsdichte Eins erregt, und das Ausgangssignal $x[n]$ wird einem Prädiktionsfilter zugeführt, dessen Ordnung mit der des zu identifizierenden Systems übereinstimmt.

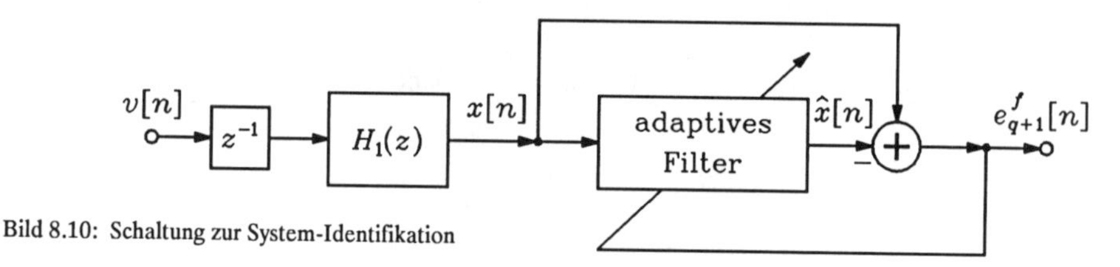


Bild 8.10: Schaltung zur System-Identifikation

Aufgrund von Gl. (8.138) gilt

$$x[n] = \sum_{\mu=0}^{q} a_\mu x[n-\mu-1] + v[n-1]$$

oder

$$x[n] = \boldsymbol{a}^{\mathrm{T}} \boldsymbol{x}[n-1] + v[n-1] \tag{8.139}$$

mit

$$\boldsymbol{a} := [a_0, a_1, \ldots, a_q]^{\mathrm{T}} \tag{8.140a}$$

und

$$\boldsymbol{x}[n-1] := [x[n-1], \ldots, x[n-q-1]]^{\mathrm{T}}. \tag{8.140b}$$

Weiterhin gilt

$$\hat{x}[n] = \hat{\boldsymbol{a}}^{\mathrm{T}} \boldsymbol{x}[n-1], \tag{8.141}$$

wobei der Vektor $\hat{\boldsymbol{a}} = [\hat{a}_0, \hat{a}_1, \ldots, \hat{a}_q]^{\mathrm{T}}$ die Impulsantwort des adaptiven Filters mit der Übertragungsfunktion

$$\hat{H}(z) = \sum_{\mu=0}^{q} \hat{a}_\mu z^{-\mu-1}$$

repräsentiert. Für den Fehler am Ausgang des Systems erhält man

$$e_{q+1}^{f}[n] := x[n] - \hat{x}[n],$$

d. h. mit den Gln. (8.139) und (8.141)

$$e_{q+1}^f[n] = (\boldsymbol{a} - \hat{\boldsymbol{a}})^{\mathrm{T}} \boldsymbol{x}[n-1] + v[n-1]. \tag{8.142}$$

Der Erwartungswert des Fehlerquadrats wird damit

$$\begin{aligned}\varepsilon := E[(e_{q+1}^f[n])^2] &= (\boldsymbol{a} - \hat{\boldsymbol{a}})^{\mathrm{T}} E[\boldsymbol{x}[n-1]\boldsymbol{x}^{\mathrm{T}}[n-1]](\boldsymbol{a} - \hat{\boldsymbol{a}}) \\ &+ 2E[v[n-1]\boldsymbol{x}^{\mathrm{T}}[n-1]](\boldsymbol{a} - \hat{\boldsymbol{a}}) + E[v^2[n-1]].\end{aligned} \tag{8.143}$$

Die Komponenten des Vektors $\hat{\boldsymbol{a}}$ sind durch die Forderung $\partial\varepsilon/\partial\hat{\boldsymbol{a}} = \mathbf{0}$ festgelegt. Dadurch ergibt sich die Gleichung

$$E[\boldsymbol{x}[n-1]\boldsymbol{x}^{\mathrm{T}}[n-1]](\boldsymbol{a} - \hat{\boldsymbol{a}}) + E[v[n-1]\boldsymbol{x}[n-1]] = \mathbf{0}.$$

Sie liefert

$$\hat{\boldsymbol{a}} = \boldsymbol{a},$$

da die Beziehung

$$E[v[n-1]\boldsymbol{x}[n-1]] = \mathbf{0} \tag{8.144}$$

besteht. Bezeichnet man nämlich die Impulsantwort des aus dem zu identifizierenden System und dem Verzögerungsglied bestehenden Teils im Bild 8.10 mit $h[n]$, so folgt aus der Faltungssumme

$$x[n-\mu] = \sum_{\nu=-\infty}^{n-\mu} v[\nu]\, h[n-\mu-\nu] \quad (\mu = 1, 2, \ldots, q+1)$$

sofort

$$E[v[n-1]x[n-\mu]] = \sum_{\nu=-\infty}^{n-\mu} h[n-\mu-\nu]\, E[v[n-1]v[\nu]] = h[1-\mu]. \tag{8.145}$$

Denn $E[v[n-1]v[\nu]]$ hat voraussetzungsgemäß für $\nu = n-1$ den Wert 1, sonst den Wert 0. Da aber $h[1-\mu]$ für $\mu = 1, 2, \ldots$ verschwindet, sind alle Komponenten des Vektors auf der linken Seite von Gl. (8.144) Null.

Im folgenden soll gezeigt werden, wie die Koeffizienten $\hat{a}_0, \hat{a}_1, \ldots$ durch die Reflexionskoeffizienten, die im Prädiktionsfilter auftreten, ausgedrückt werden können. Als Beispiel sei $q = 1$ gewählt. Nach Gl. (8.125) erhält man für $\kappa = 2$

$$e_2^f[n] = e_1^f[n] - k_2[n]\, e_1^b[n-1]$$

oder, wenn man $e_1^f[n]$ nach Gl. (8.125) und $e_1^b[n-1]$ nach Gl. (8.126) substituiert,

$$e_2^f[n] = e_0^f[n] - k_1[n]e_0^b[n-1] - k_2[n]\{e_0^b[n-2] - k_1[n-1]e_0^f[n-1]\}$$

oder, wenn man gemäß Bild 8.9 $e_0^f[n] \equiv e_0^b[n] \equiv x[n]$ berücksichtigt,

$$e_2^f[n] = x[n] - \Big(k_1[n] - k_1[n-1]\, k_2[n]\Big) x[n-1] - k_2[n]\, x[n-2]. \tag{8.146a}$$

Gemäß Gl. (8.107) folgt mit $a_\mu^{(2)} = \hat{a}_\mu$ $(\mu = 0, 1)$

$$e_2^f[n] = x[n] - \hat{a}_0 x[n-1] - \hat{a}_1 x[n-2]. \tag{8.146b}$$

Ein Vergleich der Gln. (8.146a,b) lehrt, daß

$$\hat{a}_0[n] = k_1[n] - k_1[n-1]\,k_2[n]\,, \qquad \hat{a}_1[n] = k_2[n] \tag{8.147a,b}$$

gilt. Es kann erwartet werden, daß im praktischen Experiment die durch die Gln. (8.147a,b) gegebenen Koeffizienten für $n \to \infty$ die Koeffizienten $a_0$ und $a_1$ des zu identifizierenden Systems approximieren.

# 7. Der LS-Algorithmus für Kreuzglied-Filter

In diesem Abschnitt wird ein Algorithmus zur Implementierung von Kreuzglied-Prädiktionsfiltern beschrieben. Dieser Algorithmus basiert auf Konzepten der linearen Vektorräume und zeichnet sich durch eine hohe Leistungsfähigkeit aus. Zur Vorbereitung der eigentlichen Untersuchungen werden zunächst einige Betrachtungen in linearen Vektorräumen durchgeführt.

## 7.1. LINEARE VEKTORRÄUME FÜR ADAPTIVE FILTER

Es wird ein linearer Vektorraum betrachtet, der von den $m$ linear unabhängigen Vektoren $\boldsymbol{b}_\mu$ $(\mu = 1, 2, \ldots, m)$ gleicher Dimension $l > m$ aufgespannt wird. Diese Vektoren werden zur Matrix

$$\boldsymbol{B} = [\,\boldsymbol{b}_1, \ldots, \boldsymbol{b}_m\,] \tag{8.148}$$

zusammengefaßt. Zu ermitteln ist ein Vektor $\hat{\boldsymbol{x}}$ im gegebenen Vektorraum $\{\boldsymbol{B}\}$, d. h. eine Repräsentation $\boldsymbol{a}$, so daß

$$\hat{\boldsymbol{x}} = \boldsymbol{B}\,\boldsymbol{a} \tag{8.149}$$

einen vorgegebenen Vektor $\boldsymbol{x}$ der Dimension $l$, der nicht im Vektorraum $\{\boldsymbol{B}\}$ liegt, im Sinne minimalen Abstandsquadrats[1])

$$\varepsilon = \langle \boldsymbol{e}, \boldsymbol{e} \rangle := \boldsymbol{e}^{\mathrm{T}}\boldsymbol{e} \tag{8.150}$$

mit

$$\boldsymbol{e} := \boldsymbol{x} - \hat{\boldsymbol{x}} \tag{8.151}$$

approximiert. Aus der Literatur (beispielsweise [Go2], auch [Un5]) ist die Lösung in der Form

$$\hat{\boldsymbol{x}} = \boldsymbol{P}\,\boldsymbol{x} \tag{8.152}$$

bekannt mit der sogenannten *Projektionsmatrix*

$$\boldsymbol{P} := \boldsymbol{B}(\boldsymbol{B}^{\mathrm{T}}\boldsymbol{B})^{-1}\boldsymbol{B}^{\mathrm{T}}\,. \tag{8.153}$$

Aus den Gln. (8.151) und (8.152) folgt

---

1) Das innere Produkt zweier Vektoren $\boldsymbol{x}$ und $\boldsymbol{y}$ gleicher Dimension, d. h. $\boldsymbol{x}^{\mathrm{T}}\boldsymbol{y}$, wird hier mit $\langle \boldsymbol{x}, \boldsymbol{y} \rangle$ bezeichnet.

$$\boldsymbol{e} = \boldsymbol{Q}\,\boldsymbol{x} \tag{8.154}$$

mit der *orthogonalen Projektionsmatrix*

$$\boldsymbol{Q} := \mathbf{E} - \boldsymbol{P}\,. \tag{8.155}$$

Aus der Gl. (8.153) geht unmittelbar hervor, daß die Projektionsmatrix die Eigenschaften

$$\boldsymbol{PP} = \boldsymbol{P} \quad \text{und} \quad \boldsymbol{P}^{\mathrm{T}} = \boldsymbol{P} \tag{8.156a,b}$$

besitzt. Aufgrund von Gl. (8.156a) und der Gl. (8.155) findet man sofort die wichtige Beziehung

$$\boldsymbol{PQ} = \boldsymbol{0}\,. \tag{8.157}$$

Außerdem sind die Eigenschaften

$$\boldsymbol{QQ} = \boldsymbol{Q} \quad \text{und} \quad \boldsymbol{Q}^{\mathrm{T}} = \boldsymbol{Q} \tag{8.158a,b}$$

direkt zu erkennen.

Man spricht im Zusammenhang mit Gl. (8.152) davon, daß $\hat{\boldsymbol{x}}$ die Projektion von $\boldsymbol{x}$ in den Vektorraum $\{\boldsymbol{B}\}$ darstellt. Der durch Gl. (8.154) gegebene Fehlervektor $\boldsymbol{e}$ heißt orthogonal zu $\{\boldsymbol{B}\}$, denn es gilt wegen Gl. (8.157)

$$\boldsymbol{Pe} = \boldsymbol{0} \tag{8.159}$$

(man vergleiche hierzu auch Kapitel III, Abschnitt 4.6). Generell gilt für jeden Vektor $\boldsymbol{\xi}$ der Dimension $l$ wegen Gl. (8.157)

$$<\boldsymbol{Q}\boldsymbol{\xi},\, \boldsymbol{P}\boldsymbol{\xi}> = \boldsymbol{\xi}^{\mathrm{T}}\boldsymbol{QP}\boldsymbol{\xi} = 0\,,$$

d. h. Projektion und orthogonale Projektion eines jeden Vektors stehen senkrecht aufeinander. Im übrigen läßt sich $\boldsymbol{\xi}$, wie aus Gl. (8.155) hervorgeht, als Summe der Projektion $\boldsymbol{P}\boldsymbol{\xi}$ und der orthogonalen Projektion $\boldsymbol{Q}\boldsymbol{\xi}$ darstellen.

Es soll nun der Vektorraum $\{\boldsymbol{B}\}$ um einen Basisvektor $\boldsymbol{b}_{m+1}$ der Dimension $l$ erweitert werden. Es wird angenommen, daß $\boldsymbol{b}_{m+1}$ nicht in $\{\boldsymbol{B}\}$ liegt. Die Spalten der Matrix

$$\widetilde{\boldsymbol{B}} := [\,\boldsymbol{b}_1, \ldots, \boldsymbol{b}_m, \boldsymbol{b}_{m+1}] \tag{8.160}$$

kennzeichnen einen Vektorraum $\{\widetilde{\boldsymbol{B}}\}$, der $\{\boldsymbol{B}\}$ als Teilraum enthält. Die zu $\{\widetilde{\boldsymbol{B}}\}$ gehörende Projektionsmatrix $\widetilde{\boldsymbol{P}}$ ist gegeben durch

$$\widetilde{\boldsymbol{P}} = \widetilde{\boldsymbol{B}}\,(\widetilde{\boldsymbol{B}}^{\mathrm{T}}\widetilde{\boldsymbol{B}})^{-1}\widetilde{\boldsymbol{B}}^{\mathrm{T}}\,, \tag{8.161}$$

die orthogonale Matrix ist

$$\widetilde{\boldsymbol{Q}} := \mathbf{E} - \widetilde{\boldsymbol{P}}\,. \tag{8.162}$$

Der Vektor $\boldsymbol{b}_{m+1}$ hat als senkrechte Projektion zum Vektorraum $\{\boldsymbol{B}\}$ den Vektor

$$\boldsymbol{s} := \boldsymbol{Q}\,\boldsymbol{b}_{m+1}\,. \tag{8.163}$$

Dieser Vektor definiert den linearen Vektorraum $\{\boldsymbol{s}\}$ mit der Projektionsmatrix

$$\boldsymbol{P}_s := \boldsymbol{s}\,(\boldsymbol{s}^{\mathrm{T}}\boldsymbol{s})^{-1}\boldsymbol{s}^{\mathrm{T}} = \boldsymbol{Q}\,\boldsymbol{b}_{m+1}(\boldsymbol{b}_{m+1}^{\mathrm{T}}\,\boldsymbol{Q}\,\boldsymbol{b}_{m+1})^{-1}\boldsymbol{b}_{m+1}^{\mathrm{T}}\,\boldsymbol{Q}\,. \tag{8.164}$$

Da die Projektion eines jeden Vektors der Dimension $l$ ($l > m+1$ vorausgesetzt) in den Vektorraum $\{\widetilde{\boldsymbol{B}}\}$ als Summe der Projektion dieses Vektors in den Vektorraum $\{\boldsymbol{B}\}$ und der Projektion des Vektors in $\{\boldsymbol{s}\}$ erzeugt werden kann, gilt die Beziehung

$$\widetilde{\boldsymbol{P}} = \boldsymbol{P} + \boldsymbol{P}_s \,, \tag{8.165}$$

also mit Gl. (8.164)

$$\widetilde{\boldsymbol{P}} = \boldsymbol{P} + \boldsymbol{Q}\,\boldsymbol{b}_{m+1}(\boldsymbol{b}_{m+1}^{\mathrm{T}}\,\boldsymbol{Q}\,\boldsymbol{b}_{m+1})^{-1}\boldsymbol{b}_{m+1}^{\mathrm{T}}\,\boldsymbol{Q} \,. \tag{8.166}$$

Aufgrund der Gl. (8.162) erhält man weiterhin

$$\widetilde{\boldsymbol{Q}} = \boldsymbol{Q} - \boldsymbol{Q}\,\boldsymbol{b}_{m+1}(\boldsymbol{b}_{m+1}^{\mathrm{T}}\,\boldsymbol{Q}\,\boldsymbol{b}_{m+1})^{-1}\boldsymbol{b}_{m+1}^{\mathrm{T}}\,\boldsymbol{Q} \,. \tag{8.167}$$

Es seien $\boldsymbol{y}$ und $\boldsymbol{z}$ zwei $l$-dimensionale Vektoren. Aufgrund der Gln. (8.166) und (8.167) können damit die folgenden wichtigen Formeln angegeben werden:

$$\boldsymbol{z}^{\mathrm{T}}\widetilde{\boldsymbol{P}}\boldsymbol{y} = \boldsymbol{z}^{\mathrm{T}}\boldsymbol{P}\boldsymbol{y} + \boldsymbol{z}^{\mathrm{T}}\boldsymbol{Q}\,\boldsymbol{b}_{m+1}(\boldsymbol{b}_{m+1}^{\mathrm{T}}\,\boldsymbol{Q}\,\boldsymbol{b}_{m+1})^{-1}\boldsymbol{b}_{m+1}^{\mathrm{T}}\,\boldsymbol{Q}\boldsymbol{y} \,, \tag{8.168}$$

$$\boldsymbol{z}^{\mathrm{T}}\widetilde{\boldsymbol{Q}}\boldsymbol{y} = \boldsymbol{z}^{\mathrm{T}}\boldsymbol{Q}\boldsymbol{y} - \boldsymbol{z}^{\mathrm{T}}\boldsymbol{Q}\,\boldsymbol{b}_{m+1}(\boldsymbol{b}_{m+1}^{\mathrm{T}}\,\boldsymbol{Q}\,\boldsymbol{b}_{m+1})^{-1}\boldsymbol{b}_{m+1}^{\mathrm{T}}\,\boldsymbol{Q}\boldsymbol{y} \,. \tag{8.169}$$

Bei den späteren Anwendungen treten $\boldsymbol{B}$-Matrizen der Art

$$\boldsymbol{B}[l] := [\boldsymbol{b}_0[l], \ldots, \boldsymbol{b}_{m-1}[l]] \tag{8.170}$$

auf, wobei für $\mu = 0, 1, \ldots, m-1$

$$\boldsymbol{b}_\mu[l] := [0, \ldots, 0, b[1], b[2], \ldots, b[l-\mu]]^{\mathrm{T}} \tag{8.171}$$

einen $l$-dimensionalen Vektor mit $\mu$ Nullelementen bedeutet. Es sei $l > m$. Die zur Basismatrix $\boldsymbol{B}[l]$ gehörende Projektionsmatrix sei $\boldsymbol{P}[l]$, die orthogonale Projektionsmatrix $\boldsymbol{Q}[l]$. Mit dem Vektor

$$\boldsymbol{u}[l] := [0, \ldots, 0, 1]^{\mathrm{T}} \tag{8.172}$$

der Dimension $l$ wird die Matrix

$$\widetilde{\boldsymbol{B}}[l] := [\boldsymbol{B}[l], \boldsymbol{u}[l]] \tag{8.173}$$

gebildet. Zu dem durch die Spalten der Matrix $\widetilde{\boldsymbol{B}}[l]$ definierten linearen Vektorraum gehören die Projektionsmatrix $\widetilde{\boldsymbol{P}}[l]$ und die orthogonale Projektionsmatrix $\widetilde{\boldsymbol{Q}}[l]$. Der durch die Spalten der Matrix $\widetilde{\boldsymbol{B}}[l]$ gegebene Vektorraum läßt sich offensichtlich auch durch die Spalten der Matrix

$$\begin{bmatrix} \boldsymbol{B}[l-1] & \boldsymbol{0} \\ \boldsymbol{0}^{\mathrm{T}} & 1 \end{bmatrix}$$

aufspannen ($\boldsymbol{0}$ bedeutet eine Nullspalte der Dimension $l-1$, $\boldsymbol{0}^{\mathrm{T}}$ eine Nullzeile mit $m$ Elementen). Diese Tatsache bedeutet, daß ein jeder Vektor $[v_1, \ldots, v_l]^{\mathrm{T}}$ in den Vektorraum $\{\widetilde{\boldsymbol{B}}[l]\}$ dadurch projiziert werden kann, daß man den Vektor $[v_1, \ldots, v_{l-1}]^{\mathrm{T}}$ in den Vektorraum $\{\boldsymbol{B}[l-1]\}$ projiziert, den Projektionsvektor durch eine Nullkomponente zum Vektor $[w_1, \ldots, w_{l-1}, 0]^{\mathrm{T}}$ erweitert und schließlich noch den Vektor $[0, \ldots, 0, v_l]^{\mathrm{T}}$ addiert. Daher erhält man für die Projektionsmatrix die Darstellung

$$\tilde{\boldsymbol{P}}[l] = \begin{bmatrix} \boldsymbol{P}[l-1] & \boldsymbol{0} \\ \boldsymbol{0}^{\mathrm{T}} & 1 \end{bmatrix} \tag{8.174}$$

und für die orthogonale Projektionsmatrix

$$\tilde{\boldsymbol{Q}}[l] = \begin{bmatrix} \boldsymbol{Q}[l-1] & \boldsymbol{0} \\ \boldsymbol{0}^{\mathrm{T}} & 0 \end{bmatrix}. \tag{8.175}$$

## 7.2. DER ALGORITHMUS

### 7.2.1. Vorbereitungen

Im folgenden werden zwei Prädiktionen durchgeführt, die an Hand geeigneter Systeme erläutert werden. Sie dienen zur Herleitung der Rekursionsformeln des Adaptionsalgorithmus.

**Vorwärtsprädiktion (Forward Prediction: FP)**
Den folgenden Überlegungen liegt das Prädiktionssystem nach Bild 8.11 zugrunde. Gemäß Gl. (8.86b) erhält man für den Vektor

$$\hat{\boldsymbol{y}}_0[n] := [\hat{y}[1], \hat{y}[2], \ldots, \hat{y}[n]]^{\mathrm{T}} \tag{8.176}$$

des Ausgangssignals des nichtrekursiven (Vorwärts-) Prädiktionsfilters

$$\hat{\boldsymbol{y}}_0[n] = \boldsymbol{X}^f \boldsymbol{a}\,. \tag{8.177}$$

Dabei bedeutet $\boldsymbol{X}^f$ eine Matrix mit $n$ Zeilen und $m\,(< n)$ Spalten, nämlich

$$\boldsymbol{X}^f := [\boldsymbol{x}_1[n], \boldsymbol{x}_2[n], \ldots, \boldsymbol{x}_m[n]], \tag{8.178}$$

und $\boldsymbol{a}$ ist der Vektor

$$\boldsymbol{a} := [a_0, a_1, \ldots, a_{m-1}]^{\mathrm{T}} \tag{8.179}$$

der Impulsantwort. Die Spalten der Matrix $\boldsymbol{X}^f$ bedeuten die Vektoren

$$\boldsymbol{x}_\mu[n] := [0, \ldots, 0, x[1], \ldots, x[n-\mu]]^{\mathrm{T}} \quad (\mu = 1, \ldots, m), \tag{8.180a}$$

die $\mu$ Nullelemente enthalten. Dabei wird $x[\nu] \equiv 0$ für $\nu \leqq 0$ und $x[1] \neq 0$ gefordert. Zusätzlich ist im folgenden noch der Vektor

$$\boldsymbol{x}_0[n] := [x[1], \ldots, x[n]]^{\mathrm{T}} \tag{8.180b}$$

erforderlich.

Es wird nun der FP-Fehlervektor

$$\boldsymbol{e}_0^f[n] := \boldsymbol{x}_0[n] - \hat{\boldsymbol{y}}_0[n] \tag{8.181}$$

eingeführt. Der Vektor $\hat{\boldsymbol{y}}_0[n]$ wird jetzt durch die Forderung festgelegt, daß der Fehler

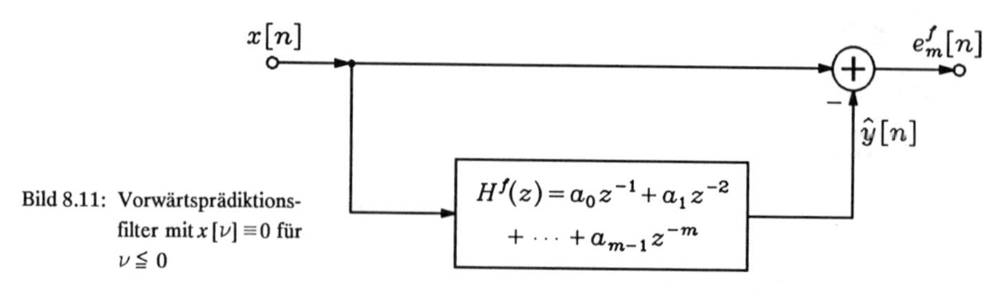


Bild 8.11: Vorwärtsprädiktionsfilter mit $x[\nu] \equiv 0$ für $\nu \leqq 0$

$$\varepsilon_m^f[n] = \langle \boldsymbol{e}_0^f[n],\ \boldsymbol{e}_0^f[n] \rangle \tag{8.182}$$

minimiert wird. Diese Forderung führt gemäß Abschnitt 7.1 (man vergleiche insbesondere die Gl. (8.152)) zur Lösung

$$\hat{\boldsymbol{y}}_0[n] = \boldsymbol{P}^f \boldsymbol{x}_0[n], \tag{8.183}$$

wobei $\boldsymbol{P}^f$ die Projektionsmatrix des Vektorraumes $\{\boldsymbol{X}^f\}$ bedeutet und gemäß Gl. (8.153) erhalten werden kann, indem die Matrix $\boldsymbol{B}$ durch $\boldsymbol{X}^f$ substituiert wird. Der Fehlervektor lautet gemäß Gl. (8.154)

$$\boldsymbol{e}_0^f[n] = \boldsymbol{Q}^f \boldsymbol{x}_0[n], \tag{8.184}$$

wobei $\boldsymbol{Q}^f = \mathbf{E} - \boldsymbol{P}^f$ die orthogonale Projektionsmatrix von $\{\boldsymbol{X}^f\}$ bedeutet. Mit dem $n$-dimensionalen Vektor

$$\hat{\boldsymbol{y}}_\mu[n] := [0, \ldots, 0, \hat{y}[1], \ldots, \hat{y}[n-\mu]]^{\mathrm{T}} \quad (\mu = 0, 1, \ldots, m), \tag{8.185}$$

der $\mu$ Nullelemente enthält, wird zunächst in Erweiterung von Gl. (8.181) der Fehlervektor

$$\boldsymbol{e}_\mu^f[n] := \boldsymbol{x}_\mu[n] - \hat{\boldsymbol{y}}_\mu[n] \tag{8.186}$$

und damit der Fehler

$$\varepsilon_m^f[n-\mu] = \langle \boldsymbol{e}_\mu^f[n],\ \boldsymbol{e}_\mu^f[n] \rangle \tag{8.187}$$

eingeführt. Den momentanen Fehler $x[n] - \hat{y}[n]$ erhält man als

$$e_m^f[n] := \langle \boldsymbol{u}[n],\ \boldsymbol{e}_0^f[n] \rangle = \langle \boldsymbol{u}[n],\ \boldsymbol{Q}^f \boldsymbol{x}_0[n] \rangle \tag{8.188}$$

mit $\boldsymbol{u}[n]$ gemäß Gl. (8.172).

**Rückwärtsprädiktion (Backward Prediction: BP)**

Den weiteren Überlegungen liegt das Prädiktionssystem nach Bild 8.12 zugrunde, wobei $m$ zunächst eine feste natürliche Zahl ist. Man kann jetzt für den $n$-dimensionalen Vektor

$$\hat{\boldsymbol{y}}_{m+\mu}^b[n] = [\hat{y}[1-m-\mu], \ldots, \hat{y}[n-m-\mu]]^{\mathrm{T}} \tag{8.189}$$

mit

$$\hat{y}[n-m] = \sum_{\nu=0}^{m-1} x[n-\nu] a_{m-1-\nu},$$

speziell im Fall $\mu=0$ die Darstellung

$$\hat{\boldsymbol{y}}_m^b[n] = \boldsymbol{X}^b \overline{\boldsymbol{a}} \tag{8.190}$$

angeben, wobei

$$\boldsymbol{X}^b := [\boldsymbol{x}_0[n], \boldsymbol{x}_1[n], \ldots, \boldsymbol{x}_{m-1}[n]] \tag{8.191}$$

und

$$\overline{\boldsymbol{a}} := [a_{m-1}, a_{m-2}, \ldots, a_0]^{\mathrm{T}} \tag{8.192}$$

bedeutet.

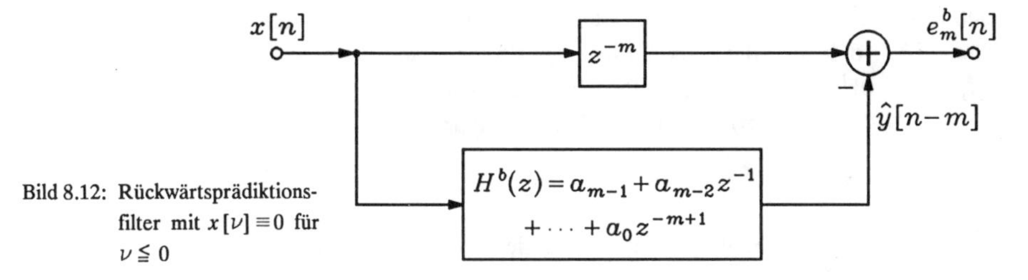


Bild 8.12: Rückwärtsprädiktionsfilter mit $x[\nu] \equiv 0$ für $\nu \leqq 0$

Als zugehöriger BP-Fehlervektor wird

$$\boldsymbol{e}_0^b[n] := \boldsymbol{x}_m[n] - \hat{\boldsymbol{y}}_m^b[n], \tag{8.193}$$

generell

$$\boldsymbol{e}_\mu^b[n] := \boldsymbol{x}_{m+\mu}[n] - \hat{\boldsymbol{y}}_{m+\mu}^b[n] \qquad (\mu = 0, 1, \ldots, n-m) \tag{8.194}$$

verwendet. Hierzu gehört der Fehler

$$\varepsilon_m^b[n-\mu] := < \boldsymbol{e}_\mu^b[n], \boldsymbol{e}_\mu^b[n] >. \tag{8.195}$$

Der Vektor $\hat{\boldsymbol{y}}_m^b[n]$ wird durch die Forderung festgelegt, daß $\varepsilon_m^b[n]$ nach Gl. (8.195) minimal wird. Dabei wird der Vektor $\boldsymbol{x}_m[n]$ als gegeben und $\hat{\boldsymbol{y}}_m^b[n]$ als Element des linearen Vektorraums $\{\boldsymbol{X}^b\}$ gemäß Gl. (8.190) betrachtet. Daher erhält man nach Abschnitt 7.1

$$\hat{\boldsymbol{y}}_m^b[n] = \boldsymbol{P}^b \boldsymbol{x}_m[n], \tag{8.196}$$

wobei $\boldsymbol{P}^b$ die Projektionsmatrix des Vektorraumes $\{\boldsymbol{X}^b\}$ bedeutet und gemäß Gl. (8.153) erhalten werden kann, indem man die Matrix $\boldsymbol{B}$ durch $\boldsymbol{X}^b$ substituiert. Der Fehlervektor wird gemäß Gl. (8.154)

$$\boldsymbol{e}_0^b[n] = \boldsymbol{Q}^b \boldsymbol{x}_m[n], \tag{8.197}$$

wobei $\boldsymbol{Q}^b = \mathbf{E} - \boldsymbol{P}^b$ die orthogonale Projektionsmatrix von $\{\boldsymbol{X}^b\}$ bedeutet. Der momentane Fehler $x[n-m] - \hat{y}[n-m]$ ist

$$e_m^b[n] := < \boldsymbol{u}[n], \boldsymbol{e}_0^b[n] > = < \boldsymbol{u}[n], \boldsymbol{Q}^b \boldsymbol{x}_m[n] >. \tag{8.198}$$

Allgemein ist

$$e_m^b[n-\mu] = < \boldsymbol{u}[n], \boldsymbol{e}_\mu^b[n] >. \tag{8.199}$$

Mit der Beziehung $\boldsymbol{Q}^f = \mathbf{E} - \boldsymbol{P}^f$ und $\boldsymbol{x}_{m+1}[n]$ gemäß Gl. (8.180a) für $\mu = m+1$ erhält man zunächst

$$\boldsymbol{Q}^f \boldsymbol{x}_{m+1}[n] = \boldsymbol{x}_{m+1}[n] - \boldsymbol{P}^f \boldsymbol{x}_{m+1}[n]. \tag{8.200a}$$

Es wird der Vektorraum $\{\widetilde{\boldsymbol{X}}\}$ mit $\widetilde{\boldsymbol{X}} = [\boldsymbol{x}_0[n], \ldots, \boldsymbol{x}_m[n]]$ betrachtet, der mit dem Vektorraum $\{\boldsymbol{X}^b\}$ mit $\boldsymbol{X}^b$ gemäß Gl. (8.191) übereinstimmt, wenn man $m$ durch $m+1$ ersetzt. Dieser Vektorraum kann als Vereinigung der Räume $\{\boldsymbol{X}^f\}$ und $\{\boldsymbol{x}_0[n]\}$ mit $\boldsymbol{X}^f$ gemäß Gl. (8.178) und $\boldsymbol{x}_0[n]$ gemäß Gl. (8.180a) aufgefaßt werden. Wegen der speziellen Struktur der Spalten von $\widetilde{\boldsymbol{X}}$ – man vergleiche Gl. (8.180a) – kann $\{\widetilde{\boldsymbol{X}}\}$ auch als Vereinigung von $\{\boldsymbol{X}^f\}$ und $\{[1, 0, \ldots, 0]^{\mathrm{T}}\}$ erzeugt werden. Diese Teilräume sind zueinander orthogonal, wovon man sich leicht überzeugen kann. Damit erhält man die Projektion von $\boldsymbol{x}_{m+1}[n]$ auf den Raum $\{\widetilde{\boldsymbol{X}}\}$, d. h. $\hat{\boldsymbol{y}}^b_{m+1}[n]$, als Summe der Projektionen dieses Vektors auf $\{\boldsymbol{X}^f\}$ und auf $\{[1, 0, \ldots, 0]^{\mathrm{T}}\}$. Da die zweite Projektion verschwindet (die ersten $m+1$ Komponenten von $\boldsymbol{x}_{m+1}[n]$ sind Nullen), ergibt sich die Darstellung

$$\hat{\boldsymbol{y}}^b_{m+1}[n] = \boldsymbol{P}^f \boldsymbol{x}_{m+1}[n]. \tag{8.200b}$$

Die Gln. (8.194) und (8.200a,b) liefern nun die wichtige Gleichung

$$\boldsymbol{Q}^f \boldsymbol{x}_{m+1}[n] = \boldsymbol{e}^b_1[n]. \tag{8.200c}$$

Im folgenden werden Formeln zur rekursiven Berechnung der Fehler und von hiermit zusammenhängenden Größen entwickelt. Dabei spielt die Gl. (8.169) eine wichtige Rolle. Man beachte, daß diese auch in der Form

$$< \boldsymbol{z}, \widetilde{\boldsymbol{Q}} \boldsymbol{y} > \; = \; < \boldsymbol{z}, \boldsymbol{Q} \boldsymbol{y} > - \frac{< \boldsymbol{z}, \boldsymbol{Q} \boldsymbol{b}_{m+1} > < \boldsymbol{b}_{m+1}, \boldsymbol{Q} \boldsymbol{y} >}{< \boldsymbol{Q} \boldsymbol{b}_{m+1}, \boldsymbol{Q} \boldsymbol{b}_{m+1} >} \tag{8.201}$$

geschrieben werden kann.

### 7.2.2. Erste Rekursionsformeln

Zunächst werden Rekursionsformeln hergeleitet, die eine Graderhöhung der Prädiktoren von $m-1$ auf $m$ beschreiben. Die Realisierung der Formeln erfolgt durch ein Kreuzglied.

Wählt man zur Anwendung der Gl. (8.201) die Spalten der Matrix $\boldsymbol{X}^f$ von Gl. (8.178) als Basis $\{\boldsymbol{B}\}$, also $\boldsymbol{Q} = \boldsymbol{Q}^f$, weiterhin $\boldsymbol{b}_{m+1} = \boldsymbol{x}_{m+1}[n]$, $\boldsymbol{y} = \boldsymbol{x}_0[n]$, $\boldsymbol{z} = \boldsymbol{u}[n]$, beachtet man die Gln. (8.188), (8.195), (8.200c) und die Möglichkeit, $< \boldsymbol{x}_{m+1}[n], \boldsymbol{Q}^f \boldsymbol{x}_0[n] >$ durch $< \boldsymbol{Q}^f \boldsymbol{x}_{m+1}[n], \boldsymbol{x}_0[n] >$ zu ersetzen, dann erhält man, wenn man $\{\boldsymbol{X}^f, \boldsymbol{x}_{m+1}[n]\}$ als Basis $\{\boldsymbol{X}^f\} = \{\boldsymbol{x}_1[n], \ldots, \boldsymbol{x}_{m+1}[n]\}$ mit $m+1$ Spalten auffaßt,

$$e^f_{m+1}[n] = e^f_m[n] - \frac{< \boldsymbol{u}[n], \boldsymbol{e}^b_1[n] > < \boldsymbol{e}^b_1[n], \boldsymbol{x}_0[n] >}{\varepsilon^b_m[n-1]} \,. \tag{8.202}$$

Die im Zähler des Bruches in Gl. (8.202) auftretenden inneren Produkte werden nun vereinfacht. Nach Gl. (8.199) wird

$$< \boldsymbol{u}[n], \boldsymbol{e}^b_1[n] > \; = e^b_m[n-1]. \tag{8.203a}$$

Weiterhin erhält man, wenn man $\boldsymbol{x}_0[n]$ aufgrund der Gl. (8.181) darstellt und dann $\hat{\boldsymbol{y}}_0[n]$ nach Gl. (8.183) ersetzt,

$$< \boldsymbol{e}_1^b[n],\ \boldsymbol{x}_0[n] > \; = \; < \boldsymbol{e}_1^b[n],\ \boldsymbol{e}_0^f[n] > , \tag{8.203b}$$

da $< \boldsymbol{e}_1^b[n],\ \boldsymbol{P}^f \boldsymbol{x}_0[n] >$ verschwindet; denn nach Gl. (8.200c) findet man mit Gl. (8.157)

$$< \boldsymbol{e}_1^b[n],\ \boldsymbol{P}^f \boldsymbol{x}_0[n] > \; = \; < \boldsymbol{Q}^f \boldsymbol{x}_{m+1}[n],\ \boldsymbol{P}^f \boldsymbol{x}_0[n] > \; = 0 .$$

Verwendet man als Abkürzung

$$\Delta_{m+1}[n] := \; < \boldsymbol{e}_1^b[n],\ \boldsymbol{e}_0^f[n] > \tag{8.204}$$

und führt die Gln. (8.203a,b,) in Gl. (8.202) ein, so erhält man die Rekursion

$$e_{m+1}^f[n] = e_m^f[n] - k_{m+1}^b[n] e_m^b[n-1] \tag{8.205a}$$

mit dem Rückwärts-Reflexionskoeffizienten

$$k_{m+1}^b[n] := \frac{\Delta_{m+1}[n]}{\varepsilon_m^b[n-1]} . \tag{8.205b}$$

Es wird erneut die Gl. (8.201) angewendet, und dabei werden wieder die Spalten der Matrix $\boldsymbol{X}^f$ als Basis $\{\boldsymbol{B}\}$, also $\boldsymbol{Q} = \boldsymbol{Q}^f$, nun aber $\boldsymbol{b}_{m+1} = \boldsymbol{x}_0[n]$, $\boldsymbol{y} = \boldsymbol{x}_{m+1}[n]$ und $\boldsymbol{z} = \boldsymbol{u}[n]$ gewählt. Man beachte, daß die Basis $\{\boldsymbol{X}^f,\ \boldsymbol{x}_0[n]\}$ als $\{\boldsymbol{X}^b\} = \{\boldsymbol{x}_0[n], \ldots, \boldsymbol{x}_m[n]\}$ mit $m+1$ Spalten aufgefaßt werden kann. Entsprechend bedeutet $\widetilde{\boldsymbol{Q}}$ die Matrix $\boldsymbol{Q}^b$ mit um 1 erhöhtem $m$. Berücksichtigt man, daß $<\boldsymbol{u}[n],\ \boldsymbol{Q}^f \boldsymbol{x}_{m+1}[n]>$ nach Gl. (8.200c) mit $<\boldsymbol{u}[n],\ \boldsymbol{e}_1^b[n]>$, d. h. angesichts der Gl. (8.199) mit $e_m^b[n-1]$ übereinstimmt, beachtet man ferner die Gl. (8.198) mit um 1 erhöhtem $m$ und schließlich die Gln. (8.184), (8.187), so erhält man

$$e_{m+1}^b[n] = e_m^b[n-1] - \frac{< \boldsymbol{u}[n],\ \boldsymbol{e}_0^f[n] > < \boldsymbol{x}_{m+1}[n],\ \boldsymbol{e}_0^f[n] >}{\varepsilon_m^f[n]} . \tag{8.206}$$

Die im Zähler des Bruches in Gl.(8.206) auftretenden inneren Produkte lassen sich nun vereinfachen. Gemäß Gl. (8.188) darf das erste Produkt durch $e_m^f[n]$ ersetzt werden. Zur Auswertung des zweiten Produkts wird $\boldsymbol{x}_{m+1}[n]$ gemäß Gl. (8.194) ersetzt, wodurch sich $< \boldsymbol{e}_1^b[n],\ \boldsymbol{e}_0^f[n]> = \Delta_{m+1}[n]$ ergibt, sofern man beachtet, daß mit Gl. (8.184) und der Gl. (8.200b) wegen Gl. (8.157)

$$< \hat{\boldsymbol{y}}_{m+1}^b[n],\ \boldsymbol{e}_0^f[n] > \; = \boldsymbol{x}_{m+1}^{\mathrm{T}}[n] \boldsymbol{P}^f \boldsymbol{Q}^f \boldsymbol{x}_0[n] = 0$$

folgt. Damit ergibt sich aus Gl. (8.206)

$$e_{m+1}^b[n] = e_m^b[n-1] - k_{m+1}^f[n] e_m^f[n] \tag{8.207a}$$

mit dem Vorwärts-Reflexionskoeffizienten

$$k_{m+1}^f[n] := \frac{\Delta_{m+1}[n]}{\varepsilon_m^f[n]} . \tag{8.207b}$$

Dabei ist $\Delta_{m+1}[n]$ durch Gl. (8.204) gegeben. Die Gln. (8.205a) und (8.207a) beschreiben die Kreuzgliedstruktur nach Bild 8.13.

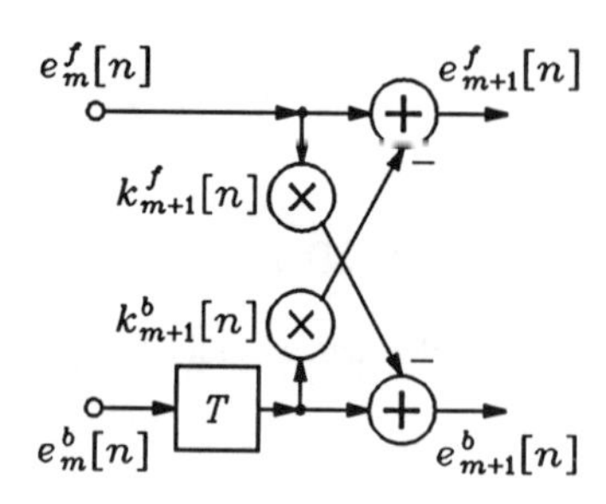


Bild 8.13: Kreuzglied zur Realisierung der Gln. (8.205a) und (8.207a)

### 7.2.3. Weitere Rekursionsformeln

Zur Gewinnung weiterer rekursiver Beziehungen werden zunächst zwei Hilfsformeln entwickelt. Ersetzt man in Gl. (8.187) mit $\mu = 0$ die beiden Vektoren $\boldsymbol{e}_0^f[n]$ gemäß Gl. (8.184) jeweils durch $\boldsymbol{Q}^f \boldsymbol{x}_0[n]$ und dann in einem dieser Vektoren die Matrix $\boldsymbol{Q}^f$ durch $\mathbf{E} - \boldsymbol{P}^f$, so erhält man wegen Gl. (8.157)

$$\varepsilon_m^f[n] = \langle \boldsymbol{x}_0[n],\ \boldsymbol{Q}^f \boldsymbol{x}_0[n] \rangle . \tag{8.208}$$

Man kann in Gl. (8.195) mit $\mu = 0$ die beiden Vektoren $\boldsymbol{e}_0^b[n]$ gemäß Gl. (8.197) durch $\boldsymbol{Q}^b \boldsymbol{x}_m[n]$ und dann in einem dieser Vektoren die Matrix $\boldsymbol{Q}^b$ durch $\mathbf{E} - \boldsymbol{P}^b$ ersetzen. Dann ergibt sich wegen Gl. (8.157) die zweite Formel

$$\varepsilon_m^b[n] = \langle \boldsymbol{x}_m[n],\ \boldsymbol{Q}^b \boldsymbol{x}_m[n] \rangle . \tag{8.209}$$

Es soll nun erneut Gl. (8.201) mit $\boldsymbol{B} = \boldsymbol{X}^f$, $\boldsymbol{b}_{m+1} = \boldsymbol{x}_{m+1}[n]$, $\boldsymbol{y} = \boldsymbol{z} = \boldsymbol{x}_0[n]$ angewendet werden. Mit Gl. (8.208) erhält man dann, wenn man $\{\boldsymbol{X}^f, \boldsymbol{x}_{m+1}[n]\}$ als Basis $\{\boldsymbol{X}^f\} = \{\boldsymbol{x}_1[n], \ldots, \boldsymbol{x}_{m+1}[n]\}$ mit $m+1$ Spalten auffaßt,

$$\varepsilon_{m+1}^f[n] = \varepsilon_m^f[n] - \frac{\langle \boldsymbol{x}_0[n],\ \boldsymbol{Q}^f \boldsymbol{x}_{m+1}[n] \rangle^2}{\langle \boldsymbol{Q}^f \boldsymbol{x}_{m+1}[n],\ \boldsymbol{Q}^f \boldsymbol{x}_{m+1}[n] \rangle} . \tag{8.210}$$

Mit den Gln. (8.200c), (8.195), (8.203b), (8.204) folgt schließlich

$$\varepsilon_{m+1}^f[n] = \varepsilon_m^f[n] - \frac{\Delta_{m+1}^2[n]}{\varepsilon_m^b[n-1]} . \tag{8.211}$$

Eine erneute Anwendung der Gl. (8.201) mit $\boldsymbol{B} = \boldsymbol{X}^f$, $\boldsymbol{b}_{m+1} = \boldsymbol{x}_0[n]$, $\boldsymbol{y} = \boldsymbol{z} = \boldsymbol{x}_{m+1}[n]$ liefert aufgrund der Gl. (8.209), wenn man $\{\boldsymbol{X}^f, \boldsymbol{x}_0[n]\}$ als Basis $\{\boldsymbol{X}^b\} = \{\boldsymbol{x}_0[n], \ldots, \boldsymbol{x}_m[n]\}$ mit $m+1$ Spalten auffaßt, zunächst

$$\varepsilon_{m+1}^b[n] = \langle \boldsymbol{x}_{m+1}[n],\ \boldsymbol{Q}^f \boldsymbol{x}_{m+1}[n] \rangle - \frac{\langle \boldsymbol{x}_{m+1}[n],\ \boldsymbol{Q}^f \boldsymbol{x}_0[n] \rangle^2}{\langle \boldsymbol{Q}^f \boldsymbol{x}_0[n],\ \boldsymbol{Q}^f \boldsymbol{x}_0[n] \rangle} . \tag{8.212}$$

Das erste innere Produkt auf der rechten Seite von Gl. (8.212) stimmt mit dem inneren Produkt $<\boldsymbol{Q}^f\boldsymbol{x}_{m+1}[n],\ \boldsymbol{Q}^f\boldsymbol{x}_{m+1}[n]>$ und damit wegen den Gln. (8.200c) und (8.195) mit $\varepsilon_m^b[n-1]$ überein. Andererseits ist der Nennerausdruck in Gl. (8.212) wegen Gln. (8.184), (8.187) gleich $\varepsilon_m^f[n]$, und im Zähler steht der Ausdruck $<\boldsymbol{x}_{m+1}[n],\ \boldsymbol{e}_0^f[n]>$, der, wie an früherer Stelle beim Übergang von Gl. (8.206) zu Gl. (8.207a) bereits gezeigt wurde, mit $<\boldsymbol{e}_1^b[n],\ \boldsymbol{e}_0^f[n]> = \Delta_{m+1}[n]$ übereinstimmt. Somit erhält Gl. (8.212) die Form

$$\varepsilon_{m+1}^b[n] = \varepsilon_m^b[n-1] - \frac{\Delta_{m+1}^2[n]}{\varepsilon_m^f[n]}. \tag{8.213}$$

Zur Herleitung einer weiteren Rekursionsformel wird in der Gl. (8.201) $\boldsymbol{B} = \boldsymbol{X}^f$, d. h. $\boldsymbol{Q} = \boldsymbol{Q}^f[n]$, $\boldsymbol{b}_{m+1} = \boldsymbol{u}[n]$, $\boldsymbol{y} = \boldsymbol{x}_{m+1}[n]$ und $\boldsymbol{z} = \boldsymbol{x}_0[n]$ gewählt. Für die zum linearen Vektorraum $\{\boldsymbol{X}^f,\ \boldsymbol{u}[n]\}$ gehörende orthogonale Projektionsmatrix $\widetilde{\boldsymbol{Q}} = \widetilde{\boldsymbol{Q}}^f[n]$ gilt wegen Gl. (8.175)

$$\widetilde{\boldsymbol{Q}}^f[n] = \begin{bmatrix} \boldsymbol{Q}^f[n-1] & \boldsymbol{0} \\ \boldsymbol{0}^{\mathrm{T}} & 0 \end{bmatrix}.$$

Damit erhält man für die linke Seite der Gl. (8.201)

$$\begin{aligned} <\boldsymbol{x}_0[n],\ \widetilde{\boldsymbol{Q}}^f[n]\boldsymbol{x}_{m+1}[n]> &= <\boldsymbol{x}_0[n-1],\ \boldsymbol{Q}^f[n-1]\boldsymbol{x}_{m+1}[n-1]> \\ &= <\boldsymbol{Q}^f[n-1]\boldsymbol{x}_0[n-1],\ \boldsymbol{Q}^f[n-1]\boldsymbol{x}_{m+1}[n-1]> \\ &= <\boldsymbol{e}_0^f[n-1],\ \boldsymbol{e}_1^b[n-1]> = \Delta_{m+1}[n-1], \end{aligned}$$

wobei die Gln. (8.184), (8.200c) und (8.204) verwendet wurden. Entsprechend findet man, daß der erste Summand auf der rechten Seite der Gl. (8.201) $\Delta_{m+1}[n]$ ist. Unter Verwendung der Gln. (8.184) und (8.200c) ergibt die Gl. (8.201) somit

$$\Delta_{m+1}[n] = \Delta_{m+1}[n-1] + \frac{<\boldsymbol{e}_0^f[n],\ \boldsymbol{u}[n]><\boldsymbol{e}_1^b[n],\ \boldsymbol{u}[n]>}{<\boldsymbol{Q}^f[n]\boldsymbol{u}[n],\ \boldsymbol{Q}^f[n]\boldsymbol{u}[n]>}. \tag{8.214}$$

Hieraus folgt mit den Gln. (8.188), (8.199) und (8.158a) sowie der Abkürzung

$$\gamma_m[n-1] := <\boldsymbol{u}[n],\ \boldsymbol{Q}^f[n]\boldsymbol{u}[n]> \tag{8.215}$$

schließlich

$$\Delta_{m+1}[n] = \Delta_{m+1}[n-1] + \frac{e_m^f[n]\,e_m^b[n-1]}{\gamma_m[n-1]}. \tag{8.216}$$

Für $\gamma_m[n-1]$ kann man aus Gl. (8.201) eine Rekursionsformel gewinnen, wenn man $\boldsymbol{B} = \boldsymbol{X}^f$, $\boldsymbol{b}_{m+1} = \boldsymbol{x}_{m+1}[n]$, $\boldsymbol{y} = \boldsymbol{z} = \boldsymbol{u}[n]$ wählt; $\widetilde{\boldsymbol{Q}}^f$ bedeutet dann die zum linearen Vektorraum $\{\boldsymbol{x}_1[n], \ldots, \boldsymbol{x}_{m+1}[n]\}$ gehörende orthogonale Projektionsmatrix, $\boldsymbol{Q}^f$ gehört nach wie vor zu $\{\boldsymbol{x}_1[n], \ldots, \boldsymbol{x}_m[n]\}$. Damit erhält man mit den Gln. (8.195), (8.199), (8.200c) und (8.215) die Rekursion

$$\gamma_{m+1}[n-1] = \gamma_m[n-1] - \frac{(e_m^b[n-1])^2}{\varepsilon_m^b[n-1]}. \tag{8.217}$$

### 7.2.4. Zusammenfassung

Entsprechend Bild 8.9 werden nun $q+1$ Kreuzglieder aus Bild 8.13 mit $m = 0, 1, \ldots, q$ in Kette geschaltet und der Eingang des Gesamtfilters mit dem Signal $x[n]$ durch Verbindung der Eingänge des ersten Kreuzglieds erzeugt.

Aus den Gln. (8.216), (8.205a,b), (8.207a,b), (8.211), (8.213), (8.217) lassen sich jetzt insbesondere $e^f_{q+1}[n]$ und $e^b_{q+1}[n]$ für $n > q$ iterativ berechnen, indem man diese Gleichungen für $n = q+1, q+2, \ldots$ und $m = 0, 1, \ldots, q$ auswertet. Die dabei erforderlichen Anfangswerte für $\Delta_{m+1}$, $e^f_m$, $e^b_m$, $\gamma_m$, $\varepsilon^f_m$, $\varepsilon^b_m$ können aus den einschlägigen Definitionsformeln gewonnen werden. Da der Algorithmus jedoch sehr robust ist, darf die Iteration in der Weise durchgeführt werden, daß die oben genannten Gleichungen zunächst für $n = 1$ und $m = 0, 1, \ldots, q$, dann für $n = 2$ und $m = 0, 1, \ldots, q$ usw. bis zum aktuellen Zeitpunkt $n$ und $m = 0, 1, \ldots, q$ ausgewertet werden. Zur Initialisierung kann man [Al1]

$$e^b_m[0] = \Delta_{m+1}[0] = 0\,, \qquad \gamma_m[0] = 1\,, \qquad \varepsilon^f_m[0] = \varepsilon^b_m[0] = \delta$$

(wobei $\delta$ weitgehend willkürlich gewählt werden darf) verwenden, außerdem für beliebige $n \geqq 1$

$$e^f_0[n] = e^b_0[n] = x[n]\,,$$

$$\varepsilon^b_0[n] = \varepsilon^f_0[n] = \varepsilon^f_0[n-1] + x^2[n]\,,$$

$$\gamma_0[n] = 1\,.$$

Auf diese Weise wird das Kreuzgliedfilter realisiert.

## 8. Adaptive rekursive Filter

Obwohl die Mehrzahl der adaptiven Filteraufgaben mit nichtrekursiven (FIR-) Filtern gelöst wird, empfiehlt sich doch in bestimmten Fällen, rekursive (IIR-) Filter heranzuziehen, um den Aufwand an Multiplizierern und Verzögerern drastisch zu reduzieren. Zu bezahlen ist dieser Vorteil allerdings, wie bei nichtadaptiven IIR-Systemen, durch mögliche Stabilitätsprobleme, die bei FIR-Filtern grundsätzlich nicht auftreten. Im folgenden soll auf die Möglichkeit eingegangen werden, rekursive Systeme zur adaptiven Filterung zu verwenden.

Als adaptive rekursive Filter wählt man solche, die durch eine Eingang-Ausgang-Beschreibung der Art (ARMA-Modell)

$$\hat{y}[n] = \sum_{\nu=1}^{q} a_\nu[n]\hat{y}[n-\nu] + \sum_{\nu=0}^{q} b_\nu[n]x[n-\nu] \tag{8.218}$$

gekennzeichnet sind. Man beachte, daß nicht alle aufgeführten Koeffizienten $a_\nu[n]$ und $b_\nu[n]$ von Null verschieden sein müssen. Verschwindet mindestens einer der Koeffizienten $a_\nu[n]$ nicht, so ist die Impulsantwort des Systems (bei vorübergehend konstant gehaltenen Koeffizienten) unendlich lang. In der Regel verlangt man, daß $\hat{y}[n]$ einem verfügbaren Signal $y[n]$ im Sinne der kleinsten Fehlerquadratsumme nachgeführt wird. Zu diesem Zweck wählt man mit den Vektoren

$$\boldsymbol{a} := [\,a_1,\, a_2\,, \ldots,\, a_q]^{\mathrm{T}} \quad \text{und} \quad \boldsymbol{b} := [\,b_0,\, b_1\,, \ldots,\, b_q\,]^{\mathrm{T}} \tag{8.219a,b}$$

den Fehler

$$\varepsilon(\boldsymbol{a}\,,\,\boldsymbol{b}) = \sum_{\nu=1}^{M}(y[\nu] - \hat{y}[\nu])^2\,, \tag{8.220}$$

und die Aufgabe besteht darin, die Komponenten der Vektoren $\boldsymbol{a}$ und $\boldsymbol{b}$ der Gln. (8.219a,b) so zu wählen, daß $\varepsilon$ möglichst klein wird. Zur Lösung dieser Aufgabe kann man wie bei adaptiven FIR-Filtern das Gradientenkonzept heranziehen. Zur Vereinfachung pflegt man den Gradienten des Fehlers $\varepsilon(\boldsymbol{a}, \boldsymbol{b})$ dadurch zu approximieren, daß man den Gradienten des *momentanen* Fehlerquadrats $(y[n] - \hat{y}[n])^2$ verwendet. Dadurch entsteht der Algorithmus

$$\boldsymbol{a}[n+1] = \boldsymbol{a}[n] - \frac{1}{2}\,\boldsymbol{\Delta}_1\,\frac{\partial(y[n] - \hat{y}[n])^2}{\partial \boldsymbol{a}[n]} \tag{8.221a}$$

und

$$\boldsymbol{b}[n+1] = \boldsymbol{b}[n] - \frac{1}{2}\,\boldsymbol{\Delta}_2\,\frac{\partial(y[n] - \hat{y}[n])^2}{\partial \boldsymbol{b}[n]} \tag{8.221b}$$

mit

$$\boldsymbol{\Delta}_1 = \operatorname{diag}(\,\alpha_1\,,\,\alpha_2\,, \ldots,\,\alpha_q) \quad (\alpha_\nu \geqq 0) \tag{8.222a}$$

und

$$\boldsymbol{\Delta}_2 = \operatorname{diag}(\,\beta_0\,,\,\beta_1\,, \ldots,\,\beta_q) \quad (\,\beta_\nu \geqq 0)\,. \tag{8.222b}$$

Dabei sind die Faktoren $1/2$ unwesentlich und dienen nur zur Vereinfachung der weiteren Darstellung; $\alpha_\nu$ und $\beta_\nu$ sind Null zu wählen, soweit die entsprechenden Koeffizienten derart festgelegt sind, daß sie beständig verschwinden. Im weiteren werden die Beziehungen

$$\frac{\partial(y[n] - \hat{y}[n])^2}{\partial \boldsymbol{a}[n]} = -2\,(y[n] - \hat{y}[n])\,\frac{\partial \hat{y}[n]}{\partial \boldsymbol{a}[n]} \tag{8.223a}$$

und

$$\frac{\partial(y[n] - \hat{y}[n])^2}{\partial \boldsymbol{b}[n]} = -2\,(y[n] - \hat{y}[n])\,\frac{\partial \hat{y}[n]}{\partial \boldsymbol{b}[n]} \tag{8.223b}$$

sowie die Abkürzungen

$$\boldsymbol{x}[n] = [\,x[n], \ldots,\, x[n-q]]^{\mathrm{T}}\,, \tag{8.224}$$

$$\hat{\boldsymbol{y}}[n] = [\hat{y}[n-1], \ldots,\, \hat{y}[n-q]]^{\mathrm{T}}\,, \tag{8.225}$$

$$\frac{\partial \hat{\boldsymbol{y}}[n]}{\partial \boldsymbol{a}[n]} = \left[\,\frac{\partial \hat{y}[n-1]}{\partial \boldsymbol{a}[n]},\ \frac{\partial \hat{y}[n-2]}{\partial \boldsymbol{a}[n]}, \ldots,\ \frac{\partial \hat{y}[n-q]}{\partial \boldsymbol{a}[n]}\,\right], \tag{8.226}$$

$$\frac{\partial \hat{\boldsymbol{y}}[n]}{\partial \boldsymbol{b}[n]} = \left[\,\frac{\partial \hat{y}[n-1]}{\partial \boldsymbol{b}[n]},\ \frac{\partial \hat{y}[n-2]}{\partial \boldsymbol{b}[n]}, \ldots,\ \frac{\partial \hat{y}[n-q]}{\partial \boldsymbol{b}[n]}\,\right] \tag{8.227}$$

benötigt. Zu beachten ist, daß alle Koeffizienten $a_\nu[n]$ und $b_\nu[n]$ in Form von Funktionen mit den $\hat{y}[n-\mu]$ $(\mu = 1, \ldots, q)$ verknüpft sind. Aufgrund der Gl. (8.218) kann man nun die in den Gln. (8.223a,b) auftretenden Differentialquotienten in der Form

$$\begin{bmatrix} \dfrac{\partial \hat{y}[n]}{\partial \boldsymbol{a}[n]} \\ \dfrac{\partial \hat{y}[n]}{\partial \boldsymbol{b}[n]} \end{bmatrix} = \begin{bmatrix} \hat{\boldsymbol{y}}[n] \\ \boldsymbol{x}[n] \end{bmatrix} + \begin{bmatrix} \dfrac{\partial \hat{\boldsymbol{y}}[n]}{\partial \boldsymbol{a}[n]} \\ \dfrac{\partial \hat{\boldsymbol{y}}[n]}{\partial \boldsymbol{b}[n]} \end{bmatrix} \boldsymbol{a}[n] \tag{8.228}$$

ausdrücken. Man darf annehmen, daß die Adaptionsparameter $\alpha_\nu$ und $\beta_\nu$ sehr klein gewählt werden und damit näherungsweise

$$\frac{\partial \hat{y}[n-\mu]}{\partial a_\nu[n]} \cong \frac{\partial \hat{y}[n-\mu]}{\partial a_\nu[n-\mu]} \qquad (\mu = 1, 2, \ldots, q\,; \quad \nu = 1, 2, \ldots, q) \tag{8.229a}$$

und

$$\frac{\partial \hat{y}[n-\mu]}{\partial b_\nu[n]} \cong \frac{\partial \hat{y}[n-\mu]}{\partial b_\nu[n-\mu]} \qquad (\mu = 1, 2, \ldots, q\,; \quad \nu = 0, 1, \ldots, q) \tag{8.229b}$$

gilt. Führt man nun die weiteren Abkürzungen

$$\boldsymbol{\psi}[n] = \begin{bmatrix} \dfrac{\partial \hat{y}[n]}{\partial \boldsymbol{a}[n]} \\ \dfrac{\partial \hat{y}[n]}{\partial \boldsymbol{b}[n]} \end{bmatrix}, \qquad \boldsymbol{\xi}[n] = \begin{bmatrix} \hat{\boldsymbol{y}}[n] \\ \boldsymbol{x}[n] \end{bmatrix} \tag{8.230a,b}$$

ein, dann läßt sich unter Verwendung der Näherungsgleichungen (8.229a,b) die Gl. (8.228) in der Form

$$\boldsymbol{\psi}[n] = \boldsymbol{\xi}[n] + [\,\boldsymbol{\psi}[n-1], \ldots, \boldsymbol{\psi}[n-q]]\,\boldsymbol{a}[n] \tag{8.231}$$

ausdrücken. Diese Beziehung kann dazu verwendet werden, die partiellen Ableitungen des Ausgangssignals bezüglich der Filterparameter näherungsweise rekursiv zu berechnen. Faßt man die Koeffizientenvektoren zum Parametervektor

$$\boldsymbol{p}[n] = \begin{bmatrix} \boldsymbol{a}[n] \\ \boldsymbol{b}[n] \end{bmatrix} \tag{8.232}$$

zusammen und führt die Diagonalmatrix

$$\boldsymbol{\Delta} = \operatorname{diag}(\alpha_1, \ldots, \alpha_q, \beta_0, \ldots, \beta_q) \tag{8.233}$$

sowie das Fehlersignal

$$e[n] = y[n] - \hat{y}[n] \tag{8.234}$$

ein, so lassen sich die Gln. (8.221a,b) unter Beachtung der Gln. (8.223a,b), (8.230a) als

$$\boldsymbol{p}[n+1] = \boldsymbol{p}[n] + \boldsymbol{\Delta}\,\boldsymbol{\psi}[n]\,e[n] \tag{8.235}$$

schreiben, wobei $\boldsymbol{\psi}[n]$ durch Gl. (8.231) gegeben ist.

Die Eingang-Ausgang-Beziehung (8.218) kann jetzt in der Form

$$\hat{y}[n+1] = \boldsymbol{\xi}^{\mathrm{T}}[n+1]\,\boldsymbol{p}[n+1] \tag{8.236}$$

dargestellt werden.

Die Ermittlung des Vektors $\boldsymbol{\psi}[n]$ der partiellen Ableitungen von $\hat{y}[n]$ bezüglich der aktuellen Filterparameter nach Gl. (8.232) erfordert einen beachtlichen Aufwand an Rechnung und Speicherung. Wenn dieser vermieden werden soll, kann man Gl. (8.231) radikal vereinfachen und den Vektor der partiellen Ableitungen einfach durch

$$\boldsymbol{\psi}[n] = \boldsymbol{\xi}[n] \tag{8.237}$$

annähern. Wählt man zusätzlich alle Adaptionsparameter gleich $\alpha$, so vereinfacht sich die Grundgleichung (8.235) zu

$$\boldsymbol{p}[n+1] = \boldsymbol{p}[n] + \alpha \boldsymbol{\xi}[n] e[n] . \tag{8.238}$$

Dementsprechend erhält man das adaptive IIR-Filter gemäß Bild 8.14.

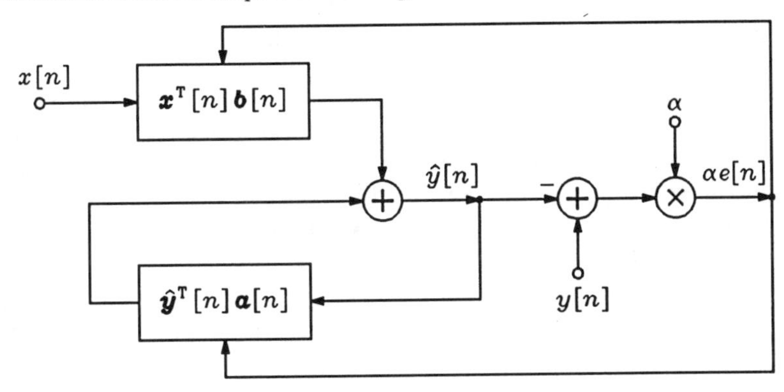


Bild 8.14: Adaptives rekursives Filter

Wie bereits erwähnt, ist bei der Adaption von IIR-Filtern mit Instabilität zu rechnen. Zur Überwachung der Stabilität eines IIR-Filters empfiehlt es sich, das Filter als Kettenschaltung (Kaskade) von Blöcken zweiten Grades zu bilden. Damit wird die Übertragungsfunktion ($H(\infty) \neq 0$ vorausgesetzt) als Produkt von Teilübertragungsfunktionen realisiert, d. h. in der Form

$$H(z) = K \prod_{\nu=1}^{m} \frac{1 + b_1^{(\nu)} z^{-1} + b_2^{(\nu)} z^{-2}}{1 - a_1^{(\nu)} z^{-1} - a_2^{(\nu)} z^{-2}} . \tag{8.239}$$

Die Stabilität kann überwacht werden, indem nach Kapitel II, Abschnitt 4.5 die Bedingung

$$|a_2^{(\nu)}| < 1, \quad |a_1^{(\nu)}| < 1 - a_2^{(\nu)} \quad (\nu = 1, 2, \ldots, m) \tag{8.240}$$

eingehalten wird. Die partiellen Ableitungen des mittels der Übertragungsfunktion $H(z)$ und der Z-Transformierten $X(z)$ des Eingangssignals $x[n]$ nach Kapitel VI in der Form

$$\hat{y}[n] = \frac{1}{2\pi \mathrm{j}} \oint z^{n-1} H(z) X(z) \, \mathrm{d}z \tag{8.241}$$

darstellbaren Ausgangssignals bezüglich der aktuellen Filterparameter erhält man aufgrund der Gln. (8.239) und (8.241) als

$$\frac{\partial \hat{y}[n]}{\partial a_\mu^{(\nu)}} = \frac{1}{2\pi \mathrm{j}} \oint z^{n-1} \frac{z^{-\mu} H(z) X(z)\,\mathrm{d}z}{1 - a_1^{(\nu)} z^{-1} - a_2^{(\nu)} z^{-2}} \tag{8.242a}$$

bzw.

$$\frac{\partial \hat{y}[n]}{\partial b_\mu^{(\nu)}} = \frac{1}{2\pi \mathrm{j}} \oint z^{n-1} \frac{z^{-\mu} H(z) X(z)\,\mathrm{d}z}{1 + b_1^{(\nu)} z^{-1} + b_2^{(\nu)} z^{-2}} \; . \tag{8.242b}$$

Man beachte, daß $\hat{Y}(z) = H(z)X(z)$ die Z-Transformierte des Ausgangssignals $\hat{y}[n]$ ist. Die Gln. (8.242a,b) lassen folgendes erkennen: Die partiellen Ableitungen des Ausgangssignals $\hat{y}[n]$ bezüglich der Koeffizienten $a_\mu^{(\nu)}$ $(\mu = 1,2)$ erhält man am Ausgang des Filters mit der Übertragungsfunktion $z^{-\mu}/(1 - a_1^{(\nu)} z^{-1} - a_2^{(\nu)} z^{-2})$, dem man das Signal $\hat{y}[n]$ zuführt; entsprechend ergeben sich die partiellen Ableitungen bezüglich der Koeffizienten $b_\mu^{(\nu)}$ am Ausgang des Filters mit $z^{-\mu}/(1 + b_1^{(\nu)} z^{-1} + b_2^{(\nu)} z^{-2})$ als Übertragungsfunktion, dem man das Signal $\hat{y}[n]$ zuführt. Im Bild 8.15 ist die Realisierung des Filters in Kettenform dargestellt. Besonders einfach wird diese Verfahrensweise, wenn man sich auf ein sogenanntes Allpol-Filter (den autoregressiven Fall) beschränkt, d. h. auf den Fall $b_1^{(\nu)} = b_2^{(\nu)} = 0$. In jedem Fall ist die Stabilität ständig gemäß der Bedingung (8.240) zu überwachen. Abschließend sei noch bemerkt, daß die hier verwendete Art der Realisierung der partiellen Ableitungen von $\hat{y}[n]$ entsprechend auch anwendbar ist, wenn das Filter nicht in Kettenform realisiert, vielmehr durch die Koeffizientenvektoren $\boldsymbol{a}$ und $\boldsymbol{b}$ nach den Gln. (8.219a,b) charakterisiert wird.

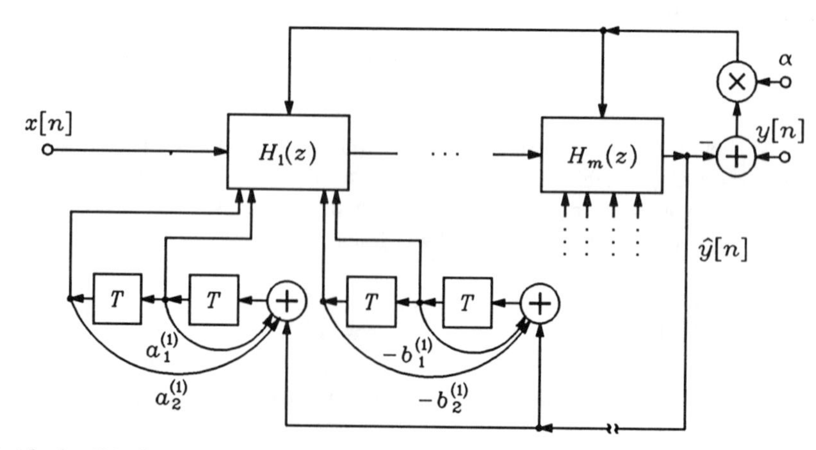


Bild 8.15: Adaptives IIR-Filter in Kettenform

# IX. NICHTLINEARE SYSTEME

Die vorausgegangenen Kapitel waren der Behandlung linearer Systeme verschiedenster Art gewidmet, nichtlineare Systeme wurden nur gestreift. In den folgenden Abschnitten sollen einige ausgewählte Konzepte der Theorie der nichtlinearen Systeme kurz vorgestellt werden, nämlich die Beschreibung im Zustandsraum, die Methode der harmonischen Balance und die Darstellung mit Hilfe von Volterra-Reihen. Eine ausführliche Behandlung des Themas würde den Rahmen des Buches sprengen. Interessierte Leser seien auf die weiterführende Literatur verwiesen.

## 1. Beschreibung im Zustandsraum

### 1.1. GRUNDLAGEN

Bereits im Kapitel II wurde auf die Beschreibung nichtlinearer kontinuierlicher Systeme im Zustandsraum in der Normalform

$$\frac{\mathrm{d}\boldsymbol{z}(t)}{\mathrm{d}t} = \boldsymbol{f}(\boldsymbol{z}(t), \boldsymbol{x}(t), t) \; , \qquad \boldsymbol{y}(t) = \boldsymbol{g}(\boldsymbol{z}(t), \boldsymbol{x}(t), t) \tag{9.1a,b}$$

mit dem Vektor $\boldsymbol{x}(t)$ der $m$ Eingangssignale, dem Vektor $\boldsymbol{y}(t)$ der $r$ Ausgangssignale und dem Vektor $\boldsymbol{z}(t)$ der $q$ Zustandsvariablen hingewiesen; $\boldsymbol{f}$ und $\boldsymbol{g}$ sind vektorielle Funktionen. Letztere seien derart beschaffen, daß bei Vorgabe eines Anfangszustands $\boldsymbol{z}(t_0)$ und bei Kenntnis des Vektors $\boldsymbol{x}(t)$ eine eindeutige Lösung $\boldsymbol{z}(t)$ für $t \geqq t_0$ in einem bestimmten Gebiet des Zustandsraumes existiert.

Oft lassen sich nichtlineare Systeme in ausreichender Weise durch lineare Systeme approximieren. Dies soll im folgenden erläutert werden.

Es sei $\boldsymbol{z} = \hat{\boldsymbol{z}}(t)$ die Lösung zum Anfangszustand $\boldsymbol{z}(t_0) = \boldsymbol{z}_0$ und zum Eingangssignal $\boldsymbol{x} = \hat{\boldsymbol{x}}(t)$; es gelte also

$$\frac{\mathrm{d}\hat{\boldsymbol{z}}}{\mathrm{d}t} = \boldsymbol{f}(\hat{\boldsymbol{z}}, \hat{\boldsymbol{x}}, t) \quad \text{mit} \quad \hat{\boldsymbol{z}}(t_0) = \boldsymbol{z}_0 \quad \text{und} \quad \hat{\boldsymbol{y}} = \boldsymbol{g}(\hat{\boldsymbol{z}}, \hat{\boldsymbol{x}}, t) \; .$$

Werden Anfangszustand und Eingangssignal nur geringfügig geändert, so darf erwartet werden, daß sich auch die Lösung $\hat{\boldsymbol{z}}, \hat{\boldsymbol{y}}$ nur geringfügig ändert. Um dies genauer zu formulieren, setzt man $\boldsymbol{z}(t_0) = \boldsymbol{z}_0 + \boldsymbol{\zeta}_0$ und

$$\boldsymbol{x} = \hat{\boldsymbol{x}} + \boldsymbol{\xi} \; , \quad \boldsymbol{y} = \hat{\boldsymbol{y}} + \boldsymbol{\eta} \; , \quad \boldsymbol{z} = \hat{\boldsymbol{z}} + \boldsymbol{\zeta} \; , \tag{9.2}$$

wobei $\boldsymbol{\zeta}_0$, $\boldsymbol{\xi}$, $\boldsymbol{\eta}$ und $\boldsymbol{\zeta}$ jeweils die Änderungen bedeuten. Nun wird angenommen, daß eine Taylor-Entwicklung der Form

$$\frac{\mathrm{d}\boldsymbol{z}}{\mathrm{d}t} = \boldsymbol{f}(\hat{\boldsymbol{z}} + \boldsymbol{\zeta}, \hat{\boldsymbol{x}} + \boldsymbol{\xi}, t) = \boldsymbol{f}(\hat{\boldsymbol{z}}, \hat{\boldsymbol{x}}, t) + \frac{\partial \boldsymbol{f}}{\partial \boldsymbol{z}}\bigg|_{\boldsymbol{z}=\hat{\boldsymbol{z}}, \boldsymbol{x}=\hat{\boldsymbol{x}}} \cdot \boldsymbol{\zeta}(t) +$$

$$+ \frac{\partial \boldsymbol{f}}{\partial \boldsymbol{x}} \bigg|_{\boldsymbol{z}=\hat{\boldsymbol{z}}, \boldsymbol{x}=\hat{\boldsymbol{x}}} \cdot \boldsymbol{\xi}(t) + \boldsymbol{r}_1(\boldsymbol{\zeta}, \boldsymbol{\xi}, t)$$

angegeben werden kann. Dabei ist $\partial \boldsymbol{f} / \partial \boldsymbol{z}$ die Jacobi-Matrix von $\boldsymbol{f}$ auf der Lösung $\hat{\boldsymbol{z}}$ und dem Eingangssignal $\hat{\boldsymbol{x}}$. Eine analoge Bedeutung hat $\partial \boldsymbol{f} / \partial \boldsymbol{x}$, und das Restglied $\boldsymbol{r}_1(\boldsymbol{\zeta}, \boldsymbol{\xi}, t)$ geht in höherer Ordnung mit $\boldsymbol{\zeta}$, $\boldsymbol{\xi}$ gegen Null. Eine weitere Taylor-Entwicklung liefert

$$\boldsymbol{y} = \boldsymbol{g}(\hat{\boldsymbol{z}} + \boldsymbol{\zeta}, \hat{\boldsymbol{x}} + \boldsymbol{\xi}, t) = \boldsymbol{g}(\hat{\boldsymbol{z}}, \hat{\boldsymbol{x}}, t) + \frac{\partial \boldsymbol{g}}{\partial \boldsymbol{z}} \bigg|_{\boldsymbol{z}=\hat{\boldsymbol{z}}, \boldsymbol{x}=\hat{\boldsymbol{x}}} \cdot \boldsymbol{\zeta}(t)$$

$$+ \frac{\partial \boldsymbol{g}}{\partial \boldsymbol{x}} \bigg|_{\boldsymbol{z}=\hat{\boldsymbol{z}}, \boldsymbol{x}=\hat{\boldsymbol{x}}} \cdot \boldsymbol{\xi}(t) + \boldsymbol{r}_2(\boldsymbol{\zeta}, \boldsymbol{\xi}, t) \, .$$

Da $\boldsymbol{f}(\hat{\boldsymbol{z}}, \hat{\boldsymbol{x}}, t)$ mit $\mathrm{d}\hat{\boldsymbol{z}}/\mathrm{d}t$ und $\boldsymbol{g}(\hat{\boldsymbol{z}}, \hat{\boldsymbol{x}}, t)$ mit $\hat{\boldsymbol{y}}$ übereinstimmt, erhält man aus den beiden Taylor-Entwicklungen die zu den Gln. (9.1a,b) äquivalenten Beziehungen

$$\frac{\mathrm{d}\boldsymbol{\zeta}}{\mathrm{d}t} = \frac{\partial \boldsymbol{f}}{\partial \boldsymbol{z}} \bigg|_{\boldsymbol{z}=\hat{\boldsymbol{z}}, \boldsymbol{x}=\hat{\boldsymbol{x}}} \cdot \boldsymbol{\zeta} + \frac{\partial \boldsymbol{f}}{\partial \boldsymbol{x}} \bigg|_{\boldsymbol{z}=\hat{\boldsymbol{z}}, \boldsymbol{x}=\hat{\boldsymbol{x}}} \cdot \boldsymbol{\xi} + \boldsymbol{r}_1(\boldsymbol{\zeta}, \boldsymbol{\xi}, t)$$

und

$$\boldsymbol{\eta} = \frac{\partial \boldsymbol{g}}{\partial \boldsymbol{z}} \bigg|_{\boldsymbol{z}=\hat{\boldsymbol{z}}, \boldsymbol{x}=\hat{\boldsymbol{x}}} \cdot \boldsymbol{\zeta} + \frac{\partial \boldsymbol{g}}{\partial \boldsymbol{x}} \bigg|_{\boldsymbol{z}=\hat{\boldsymbol{z}}, \boldsymbol{x}=\hat{\boldsymbol{x}}} \cdot \boldsymbol{\xi} + \boldsymbol{r}_2(\boldsymbol{\zeta}, \boldsymbol{\xi}, t) \, .$$

Vernachlässigt man nun um den "Arbeitspunkt" $(\hat{\boldsymbol{x}}, \hat{\boldsymbol{y}}, \hat{\boldsymbol{z}})$ die Terme $\boldsymbol{r}_1$ und $\boldsymbol{r}_2$, so erhält man das lineare Näherungssystem

$$\frac{\mathrm{d}\boldsymbol{\zeta}}{\mathrm{d}t} = \boldsymbol{A}\boldsymbol{\zeta} + \boldsymbol{B}\boldsymbol{\xi} \, , \qquad \boldsymbol{\eta} = \boldsymbol{C}\boldsymbol{\zeta} + \boldsymbol{D}\boldsymbol{\xi} \, . \tag{9.3a,b}$$

Diese Gleichungen bilden das auf der Lösung $\hat{\boldsymbol{z}}$ und dem Eingangssignal $\hat{\boldsymbol{x}}$ linearisierte System. Dabei sind die Systemmatrizen durch die Beziehungen

$$\boldsymbol{A} = \frac{\partial \boldsymbol{f}}{\partial \boldsymbol{z}} \bigg|_{\boldsymbol{z}=\hat{\boldsymbol{z}}, \, \boldsymbol{x}=\hat{\boldsymbol{x}}} , \qquad \boldsymbol{B} = \frac{\partial \boldsymbol{f}}{\partial \boldsymbol{x}} \bigg|_{\boldsymbol{z}=\hat{\boldsymbol{z}}, \, \boldsymbol{x}=\hat{\boldsymbol{x}}} , \tag{9.4a,b}$$

$$\boldsymbol{C} = \frac{\partial \boldsymbol{g}}{\partial \boldsymbol{z}} \bigg|_{\boldsymbol{z}=\hat{\boldsymbol{z}}, \, \boldsymbol{x}=\hat{\boldsymbol{x}}} , \qquad \boldsymbol{D} = \frac{\partial \boldsymbol{g}}{\partial \boldsymbol{x}} \bigg|_{\boldsymbol{z}=\hat{\boldsymbol{z}}, \, \boldsymbol{x}=\hat{\boldsymbol{x}}} \tag{9.4c,d}$$

gegeben. Hierbei bedeutet $\partial \boldsymbol{f} / \partial \boldsymbol{z}$ die (Jacobi-) Matrix mit dem Element $\partial f_\mu / \partial z_\nu$ in der $\mu$-ten Zeile und $\nu$-ten Spalte, wenn $f_\mu$ die $\mu$-te Komponente von $\boldsymbol{f}$ ist. Entsprechende Bedeutung haben die anderen partiellen Ableitungen in den Gln. (9.4a-d). Man beachte, daß die Vektorfunktionen $\hat{\boldsymbol{x}}$, $\hat{\boldsymbol{y}}$ und $\hat{\boldsymbol{z}}$ die Gln. (9.1a,b) erfüllen.

Außerdem sei hervorgehoben, daß das lineare System $(\boldsymbol{A}, \boldsymbol{B}, \boldsymbol{C}, \boldsymbol{D})$ auch dann zeitvariant sein kann, wenn das entsprechende nichtlineare System zeitinvariant ist, d. h. die rechten Seiten der Gln. (9.1a,b) nicht explizit von der Zeit $t$ abhängig sind. Wenn jedoch im betrachteten Fall eines zeitinvarianten nichtlinearen Systems $\hat{\boldsymbol{x}}$ ein zeitunabhängiges Signal ist und $\hat{\boldsymbol{z}}$ einen Gleichgewichtszustand darstellt, ist auch das linearisierte System zeitinvariant.

Wenn die rechte Seite der Gl. (9.1a) außer über $\boldsymbol{z}(t)$ nicht von der Zeit abhängt, spricht man von einem *autonomen* System. Ein nicht erregtes zeitinvariantes System ist also autonom. Derartige Systeme kommen oft auch in der Gestalt vor, daß auf der rechten Seite von Gl. (9.1a) $t$ explizit nicht auftritt und $\boldsymbol{x}$ als konstanter Vektor festgehalten wird. Als Eingangssignale können auch allgemeinere Funktionen, wie eine Sinusfunktion, zugelassen werden, sofern man entsprechende Funktionsgeneratoren (d. h. Teilsysteme zur Erzeugung von Funktionen) mit jeweils einem konstanten Eingangssignal in das System einbezieht. Damit lassen sich autonome Systeme durch Zustandsgleichungen der Art

$$\frac{\mathrm{d}\boldsymbol{z}}{\mathrm{d}t} = \boldsymbol{f}(\boldsymbol{z}, \hat{\boldsymbol{x}}) \tag{9.5}$$

mit zeitunabhängigem $\hat{\boldsymbol{x}}$ charakterisieren. Zu einem derartigen System gehören bestimmte Gleichgewichtszustände $\hat{\boldsymbol{z}}$ als Lösung der Bedingung $\boldsymbol{f}(\hat{\boldsymbol{z}}, \hat{\boldsymbol{x}}) = \boldsymbol{0}$. Linearisiert man das System bezüglich eines bestimmten Vektorpaares $(\hat{\boldsymbol{x}}, \hat{\boldsymbol{z}})$, dann werden die Systemmatrizen im allgemeinen wesentlich von diesen beiden Vektoren abhängen. Häufig wird die Abhängigkeit vom Parameter $\hat{\boldsymbol{x}}$ explizit nicht angegeben und einfach

$$\frac{\mathrm{d}\boldsymbol{z}}{\mathrm{d}t} = \boldsymbol{f}(\boldsymbol{z}) \tag{9.6}$$

geschrieben. Im weiteren werden zunächst nur noch autonome Systeme betrachtet.

Die Gesamtheit aller Lösungstrajektorien $\boldsymbol{z}(t)$ der Gl. (9.6) bildet eine Repräsentation des Systems. Man spricht hierbei vom Phasenporträt. Dieser Darstellung bedient man sich vorzugsweise im Fall von Systemen zweiter Ordnung, d. h. dem Fall, daß der Zustandsraum eine Ebene ist.

Ein Gleichgewichtszustand $\hat{\boldsymbol{z}}$ eines durch Gl. (9.6) beschriebenen autonomen Systems ist durch die Eigenschaft

$$\boldsymbol{f}(\hat{\boldsymbol{z}}) = \boldsymbol{0} \tag{9.7}$$

als stationärer (auch singulärer) Punkt ausgezeichnet. Die Linearisierung des Systems bezüglich $\hat{\boldsymbol{z}}$ sei durch

$$\frac{\mathrm{d}\boldsymbol{\zeta}}{\mathrm{d}t} = \boldsymbol{A}\boldsymbol{\zeta} \tag{9.8}$$

mit $\boldsymbol{A} = \partial \boldsymbol{f}/\partial \boldsymbol{z}$ $(\boldsymbol{z} = \hat{\boldsymbol{z}})$ beschrieben. Dabei wird angenommen, daß $\boldsymbol{A}$ nichtsingulär ist, um sicherzustellen, daß das Trajektorienverhalten in der unmittelbaren Umgebung von $\hat{\boldsymbol{z}}$ näherungsweise durch Gl. (9.8) beschrieben wird. Andernfalls wäre in der Taylor-Entwicklung von $\boldsymbol{f}$ der lineare Term nicht dominant. Im Fall eines Systems zweiter Ordnung pflegt man an Hand der reellen Matrix $\boldsymbol{A}$ folgende Klassifizierung von Gleichgewichtszuständen (singulären Punkten) vorzunehmen:

(i) Sind die beiden Eigenwerte von $\boldsymbol{A}$ negativ reell, so spricht man von einem stabilen Knoten, da die Trajektorien auf den Gleichgewichtszustand zulaufen und sich dort schneiden.

(ii) Sind die beiden Eigenwerte von $\boldsymbol{A}$ positiv reell, dann heißt der Gleichgewichtszustand instabiler Knoten.

(iii) Von einem Sattelpunkt spricht man, wenn die beiden Eigenwerte von $\boldsymbol{A}$ reell sind, jedoch unterschiedliche Vorzeichen haben.

(iv) Sind die beiden Eigenwerte von $\boldsymbol{A}$ konjugiert komplex zueinander und haben sie negativen Realteil, so heißt der Gleichgewichtszustand stabiler Fokus oder stabiler Strudelpunkt.

(v) Im Fall eines Paares konjugiert komplexer Eigenwerte von $\boldsymbol{A}$ mit positivem Realteil spricht man von einem instabilen Fokus oder instabilen Strudelpunkt.

(vi) Ein Gleichgewichtszustand heißt Zentrum oder Wirbelpunkt, wenn die beiden Eigenwerte von $\boldsymbol{A}$ rein imaginär sind.

Auch für Systeme höherer Ordnung führt man die Gleichgewichtszustände als singuläre Punkte des Systems ein. Sie lassen sich ähnlich wie im Fall des Systems zweiter Ordnung diskutieren.

***Beispiel:*** Es sei eine gedämpfte Schwingung betrachtet, welche durch die nichtlineare Differentialgleichung

$$\frac{\mathrm{d}^2 y(t)}{\mathrm{d}t^2} + \alpha \frac{\mathrm{d}y(t)}{\mathrm{d}t} + \beta \sin y(t) = x(t) \tag{9.9}$$

beschrieben wird; $\alpha \geqq 0$ und $\beta > 0$ seien Konstanten. Zur Beschreibung im Zustandsraum werden die Variablen

$$z_1 = y \quad \text{und} \quad z_2 = \frac{\mathrm{d}y}{\mathrm{d}t} \tag{9.10a,b}$$

eingeführt. Damit erhält man die Zustandsdarstellung

$$\frac{\mathrm{d}z_1}{\mathrm{d}t} = z_2 , \quad \frac{\mathrm{d}z_2}{\mathrm{d}t} = -\beta \sin z_1 - \alpha z_2 + x , \quad y = z_1 . \tag{9.11a-c}$$

Führt man um einen "Arbeitspunkt" $z_1 = \hat{z}_1$, $z_2 = \hat{z}_2$, $x = \hat{x}$ gemäß den Gln. (9.3a,b) und (9.4a-d) eine Linearisierung durch, so ergeben sich die Systemmatrizen

$$\boldsymbol{A} = \begin{bmatrix} 0 & 1 \\ -\beta \cos \hat{z}_1 & -\alpha \end{bmatrix} ; \quad \boldsymbol{B} = \begin{bmatrix} 0 \\ 1 \end{bmatrix} ; \quad \boldsymbol{C} = [1 \quad 0] ; \quad \boldsymbol{D} = 0 . \tag{9.12a-d}$$

Als Gleichgewichtszustände liefern die Gln. (9.11a,b) bei Wahl einer zeitunabhängigen Erregung $x = \hat{x}$ (die im weiteren beibehalten wird) mit

$$0 \leqq \hat{x} < \beta \tag{9.13}$$

direkt die von $\alpha$ unabhängigen singulären Punkte

$$\hat{z}_2 = 0 \quad \text{und} \quad \hat{z}_1 = \arcsin \frac{\hat{x}}{\beta} \quad \text{oder} \quad \hat{z}_1 = \pi - \arcsin \frac{\hat{x}}{\beta} , \tag{9.14a-c}$$

wobei arcsin den Hauptwert bedeutet. Für $\hat{z}_1$ erhält man noch weitere Lösungen, die sich aber von den in den Gln. (9.14b,c) angegebenen Werten nur um ganzzahlige Vielfache von $2\pi$ unterscheiden. Sie gehören zu Gleichgewichtszuständen, deren Eigenschaften sich nicht von denjenigen der durch die Gln. (9.14a-c) gegebenen Punkte unterscheidet.

Für den Gleichgewichtszustand $\hat{z}_1 = \arcsin(\hat{x}/\beta)$, $\hat{z}_2 = 0$ ergibt sich aus Gl. (9.12a) die Systemmatrix

$$\boldsymbol{A} = \begin{bmatrix} 0 & 1 \\ -\sqrt{\beta^2 - \hat{x}^2} & -\alpha \end{bmatrix} \tag{9.15a}$$

und damit die Eigenwerte

$$p_{1,2} = -\frac{\alpha}{2} \pm \sqrt{\frac{\alpha^2}{4} - \sqrt{\beta^2 - \hat{x}^2}} , \tag{9.15b}$$

die beide keinen positiven Realteil haben. Der Gleichgewichtszustand ist also entweder ein stabiler Knoten oder ein stabiler Fokus oder ein Zentrum. Für $\hat{z}_1 = \pi - \arcsin(\hat{x}/\beta)$, $\hat{z}_2 = 0$ findet man sofort

$$\boldsymbol{A} = \begin{bmatrix} 0 & 1 \\ \sqrt{\beta^2 - \hat{x}^2} & -\alpha \end{bmatrix} \tag{9.16a}$$

und als Eigenwerte

$$p_{1,2} = -\frac{\alpha}{2} \pm \sqrt{\frac{\alpha^2}{4} + \sqrt{\beta^2 - \hat{x}^2}} , \tag{9.16b}$$

von denen der eine positiv reell, der andere negativ reell ist. Der Gleichgewichtszustand ist also ein Sattelpunkt.

Die Trajektorien lassen sich im dämpfungsfreien Fall $\alpha = 0$ einfach konstruieren. Es existiert nämlich eine "Energiefunktion"

$$V := \frac{1}{2} z_2^2 - \hat{x}\, z_1 - \beta \cos z_1 \ , \tag{9.17}$$

für die mit den Gln. (9.11a,b) und $x = \hat{x}$

$$\frac{\mathrm{d}V}{\mathrm{d}t} = -\alpha z_2^2$$

gilt, insbesondere $\mathrm{d}V/\mathrm{d}t = 0$ für $\alpha = 0$. Damit ist im Fall $\alpha = 0$ längs einer jeden Trajektorie $V$ zeitunabhängig. Die Schar der Kurven $V = \gamma =$ const mit $V$ nach Gl. (9.17) und $\gamma$ als Scharparameter repräsentiert also die Trajektorien im Fall $\alpha = 0$. Diese sind im Bild 9.1 skizziert. Man beachte die $2\pi$-Periodizität des Porträts in $z_1$-Richtung.

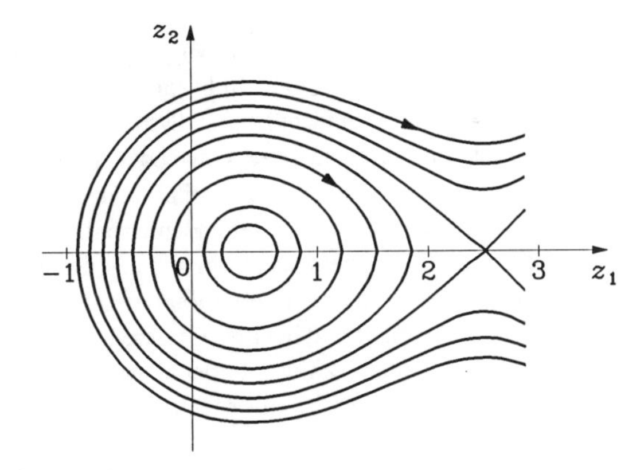


Bild 9.1: Phasenporträt für ein ungedämpftes nichtlineares Schwingungssystem ($\hat{x} = 1/2$; $\beta = 1$)

Die Ermittlung der Trajektorien eines nichtlinearen Systems erfordert in der Regel die Verwendung zeitaufwendiger numerischer Verfahren zur Integration von Differentialgleichungen. Häufig genügt es, sich nur einen Überblick über den Trajektorienverlauf zu verschaffen. Dazu kann man sich im Fall autonomer Systeme sogenannter Isoklinen bedienen. Unter einer Isokline versteht man eine Kurve, die von Trajektorien stets unter demselben charakteristischen Winkel geschnitten wird. Verschiedene Isoklinen unterscheiden sich durch verschiedene charakteristische Winkel. Bezeichnet man die Komponenten des Vektors $\boldsymbol{f}(\boldsymbol{z})$ auf der rechten Seite der Gl. (9.6) mit $f_\mu(\boldsymbol{z})$ ($\mu = 1, 2, \ldots, q$), so erhält man aus

$$[\mathrm{d}z_1, \mathrm{d}z_2, \ldots, \mathrm{d}z_q] = [f_1(\boldsymbol{z}), f_2(\boldsymbol{z}), \ldots, f_q(\boldsymbol{z})]\, \mathrm{d}t \ ,$$

$f_1(\boldsymbol{z}) \neq 0$ vorausgesetzt, die Differentialgleichungen

$$\frac{\mathrm{d}z_\mu}{\mathrm{d}z_1} = \frac{f_\mu(\boldsymbol{z})}{f_1(\boldsymbol{z})} \quad (\mu = 2, \ldots, q) \ . \tag{9.18}$$

Setzt man die rechte Seite der Gl. (9.18) gleich einer Konstante $c_\mu$ ($\mu = 2, \ldots, q$), so erhält man $q - 1$ Gleichungen für eine Isokline im Zustandsraum. Die verschiedenen Isoklinen unterscheiden sich dann durch unterschiedliche Zahlen-Tupel $(c_2, \ldots, c_q)$. Bei Systemen zweiter Ordnung stellen die Isoklinen eine Schar ebener Kurven dar, die durch die Beziehung

$$f_2(\boldsymbol{z}) = c\, f_1(\boldsymbol{z}) \tag{9.19}$$

gegeben sind, wobei $c$ der Scharparameter ist. Trägt man diese Isoklinen in die Zustandsebene ein, dann kann man sich zumindest einen qualitativen Verlauf der Trajektorien verschaffen.

## 1.2. GRENZZYKLEN

Nichtlineare autonome Systeme weisen oft spezielle Trajektorien in Form geschlossener Kurven auf. Man spricht hierbei von Grenzzyklen. Sie repräsentieren periodische Lösungen der Zustandsgleichungen, wenn der Zustand nach endlicher Zeit zum Anfangszustand zurückkehrt, so daß sich die "Bewegung" ständig wiederholt. Die Komponenten des Zustandsvektors stellen dann periodische Schwingungen dar, die dem System nicht von außen aufgezwungen werden. Während auch in linearen Systemen periodische Lösungen auftreten können, sind Grenzzyklen in nichtlinearen Systemen häufig besondere Erscheinungen, und zwar isolierte Phänomene, da in ihrer Umgebung keine weiteren Grenzzyklen vorhanden sind. Man kann einen Grenzzyklus als (orbital) stabil oder instabil klassifizieren, je nachdem ob die Nachbartrajektorien den betreffenden Grenzzyklus asymptotisch erreichen oder sich von ihm entfernen. Ein System kann ein stabiles Grenzzyklusverhalten annehmen, wenn beispielsweise das System durch interne Veränderungen einen zunächst angenommenen Gleichgewichtszustand verläßt und in einen Grenzzyklus übergeht. Obwohl Grenzzyklen für nichtlineare autonome Systeme zweiter Ordnung typisch sind, treten sie durchaus auch in Systemen höherer Ordnung auf. Es ist zu beachten, daß die Analyse von Grenzzyklen aufgrund der linearisierten Zustandsgleichungen aufwendig ist, da eine formelmäßige Beschreibung des Grenzzyklus häufig nicht bekannt ist und zudem diese Gleichungen zeitabhängige Parameter enthalten.

Zur Ermittlung von Grenzzyklen in nichtlinearen autonomen Systemen zweiter Ordnung kann das *Poincaré-Bendixson-Theorem* nützlich sein. Es besagt: Enthält ein abgeschlossenes endliches Gebiet in der Zustandsebene keinen singulären Punkt und existiert eine Trajektorie, die innerhalb dieses Gebiets beginnt und das Gebiet nicht verläßt, so muß mindestens ein Grenzzyklus in dem betrachteten Gebiet existieren. – Dieses Theorem wird z. B. in der Weise angewendet, daß man ein abgeschlossenes Gebiet in der Phasenebene sucht, bei dem alle Trajektorien, welche die Berandung überschreiten, ins Innere des Gebiets verlaufen. Falls nun im Gebiet kein Gleichgewichtszustand existiert, muß mindestens ein (stabiler) Grenzzyklus innerhalb des Gebiets vorhanden sein.

*Beispiel*: Die Van der Polsche Differentialgleichung

$$\frac{\mathrm{d}^2 y}{\mathrm{d}t^2} + \varepsilon\left[\left(\frac{\mathrm{d}y}{\mathrm{d}t}\right)^3 - \frac{\mathrm{d}y}{\mathrm{d}t}\right] + y = 0\ , \quad \varepsilon > 0 \tag{9.20}$$

entspricht einem nichtlinearen autonomen System, das sich mit den Zustandsvariablen

$$z_1 := y \quad \text{und} \quad z_2 := \frac{\mathrm{d}y}{\mathrm{d}t} \tag{9.21}$$

in der Normalform

$$\frac{\mathrm{d}z_1}{\mathrm{d}t} = z_2\ , \qquad \frac{\mathrm{d}z_2}{\mathrm{d}t} = -z_1 - \varepsilon(z_2^3 - z_2) \tag{9.22a,b}$$

darstellen läßt. Der einzige Gleichgewichtszustand ist der Nullzustand. Das um diesen Nullzustand linearisierte System besitzt die Systemmatrix

$$\boldsymbol{A} = \begin{bmatrix} 0 & 1 \\ -1 & \varepsilon \end{bmatrix}$$

mit der charakteristischen Gleichung

$$p^2 - \varepsilon p + 1 = 0 \ .$$

Da $\varepsilon$ ein positiver Parameter ist, stellt der Nullzustand einen instabilen Gleichgewichtszustand dar. Gemäß Gl. (9.19) erhält man aus den Gln. (9.22a,b) für die Isoklinenschar die Gleichung

$$z_1 = (\varepsilon - c)z_2 - \varepsilon z_2^3 \qquad (-\infty < c < \infty) \tag{9.23}$$

mit dem Scharparameter $c$. Diese Kurvenschar ist für den Fall $\varepsilon = 1$ im Bild 9.2 angedeutet. Man kann sich hieraus einen Überblick über den Verlauf der Trajektorien verschaffen. Es ist möglich, im Sinne des Poincaré-Bendixson-Theorems ein Ringgebiet anzugeben, innerhalb dem ein Grenzzyklus auftritt.

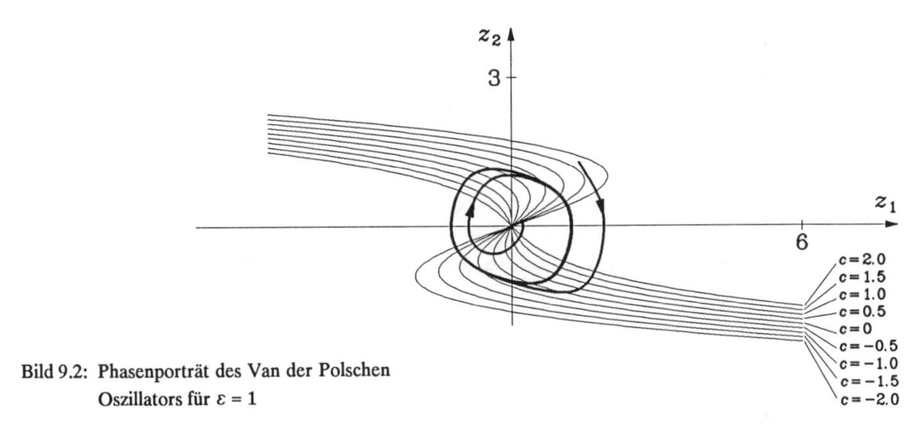


Bild 9.2: Phasenporträt des Van der Polschen Oszillators für $\varepsilon = 1$

Die von Poincaré eingeführte *Methode der Kontaktkurven* ist gelegentlich nützlich, mögliche Grenzzyklen zu lokalisieren. Zu diesem Zweck betrachtet man eine Schar konzentrischer Kreise um einen singulären Punkt der Zustandsebene. Es wird dann in der $(z_1, z_2)$-Ebene der geometrische Ort aller Punkte bestimmt, in denen diese Kreise die Trajektorien des betreffenden Systems tangieren. Dieser Ort ist die Kontaktkurve. Es wird davon ausgegangen, daß die Kontaktkurve in einem begrenzten Gebiet der $(z_1, z_2)$-Ebene liegt. Falls ein Grenzzyklus existiert, muß er notwendigerweise in einem Ringgebiet mit Mittelpunkt in der gewählten Singularität liegen, dessen Ränder der innerste berührende Kreis mit Radius $r_{\min}$ und der äußerste berührende Kreis mit Radius $r_{\max}$ sind. Man kann eventuell die Grenzzyklen enger lokalisieren, wenn man statt der konzentrischen Kreise andere geeignete geschlossene Kurven verwendet.

*Beispiel*: Es wird das System

$$\frac{dz_1}{dt} = -z_1(z_1^2 + z_1 z_2 + z_2^2 - 1) + z_2 \ , \qquad \frac{dz_2}{dt} = -z_1 - z_2(z_1^2 + z_1 z_2 + z_2^2 - 1)$$

betrachtet. Da der Nullpunkt singulärer Punkt ist, wird die Kreisschar

$$z_1^2 + z_2^2 = \rho^2$$

gewählt. Aus den Systemgleichungen erhält man die Steigung

$$\frac{dz_2}{dz_1} = \frac{z_1 + z_2(z_1^2 + z_1 z_2 + z_2^2 - 1)}{z_1(z_1^2 + z_1 z_2 + z_2^2 - 1) - z_2} ,$$

aus der Gleichung für die Kreisschar die Steigung

$$\frac{dz_2}{dz_1} = -\frac{z_1}{z_2} .$$

Setzt man beide Steigungen gleich, dann ergibt sich die Kontaktkurve in der Form

$$z_1^2 + z_1 z_2 + z_2^2 - 1 = 0 ,$$

nachdem man mit $z_1^2 + z_2^2$ gekürzt hat. Führt man Polarkoordinaten

$$z_1 = r\cos\varphi , \quad z_2 = r\sin\varphi$$

ein, so erhält die Gleichung für die Kontaktkurve die Form

$$r^2 = \frac{1}{1 + 0{,}5\sin 2\varphi} ,$$

d. h. die einer Ellipse. Wie man sieht, gilt

$$r_{\min} = \sqrt{\frac{2}{3}} , \quad r_{\max} = \sqrt{2} .$$

Es existiert also ein zum Ursprung konzentrisches Ringgebiet, dessen Randkreise die Radien $r_{\min}$ und $r_{\max}$ haben. Diese berühren die Kontaktkurve. Alle Grenzzyklen sind im Ringgebiet enthalten. Bild 9.3 zeigt die Kontaktkurve, das Ringgebiet und den allein vorhandenen Grenzzyklus.

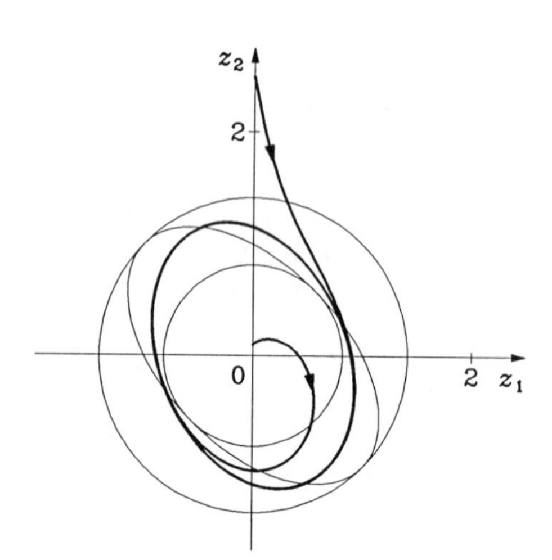


Bild 9.3: Kontaktkurve, Ringgebiet und Grenzzyklus eines Beispiels

Oft reicht es aus zu wissen, daß kein Grenzzyklus existiert. In manchen Fällen ist dabei das *Bendixson-Kriterium* nützlich, das eine Bedingung für die Nichtexistenz von Grenzzyklen in ebenen Gebieten liefert. Das Bendixson-Kriterium lautet folgendermaßen: Wechselt der Ausdruck

$$\operatorname{div}\boldsymbol{f} := \frac{\partial f_1(z_1, z_2)}{\partial z_1} + \frac{\partial f_2(z_1, z_2)}{\partial z_2}$$

mit der Funktion $\boldsymbol{f}(\boldsymbol{z}) = [f_1(z_1, z_2), f_2(z_1, z_2)]^{\mathrm{T}}$ aus Gl. (9.6) innerhalb eines Gebiets $D$ der $(z_1, z_2)$-Ebene sein Vorzeichen nicht und verschwindet $\operatorname{div}\boldsymbol{f}$ in keinem Teilgebiet von $D$ identisch, dann existiert keine geschlossene Trajektorie in diesem Gebiet.

*Beweis*: Es sei $\gamma$ eine geschlossene Trajektorie innerhalb $D$, welche das Gebiet $D_\gamma \subset D$ umschließt. Nach der zweidimensionalen Version des Gaußschen Integralsatzes erhält man

$$\iint_{D_\gamma} \operatorname{div}\boldsymbol{f} \; \mathrm{d}z_1 \, \mathrm{d}z_2 = \oint_\gamma \boldsymbol{f}^{\mathrm{T}} \cdot \mathrm{d}\boldsymbol{n}$$

mit $\mathrm{d}\boldsymbol{n} = [\mathrm{d}z_2/\mathrm{d}t, \; -\mathrm{d}z_1/\mathrm{d}t]^{\mathrm{T}} \mathrm{d}t$. Da nach Gl. (9.6) $\mathrm{d}\boldsymbol{z}/\mathrm{d}t = \boldsymbol{f}(\boldsymbol{z})$, also $\boldsymbol{f}^{\mathrm{T}} \cdot \mathrm{d}\boldsymbol{n} \equiv 0$ gilt, kann $\operatorname{div}\boldsymbol{f}$ in $D_\gamma$ nicht nur *ein* Vorzeichen aufweisen; denn $\operatorname{div}\boldsymbol{f}$ ist in $D_\gamma$ nicht identisch Null.

## 1.3. CHAOTISCHES VERHALTEN

Bei nichtlinearen autonomen Systemen zweiter Ordnung bilden singuläre Punkte und Grenzzyklen normalerweise die einzige Art asymptotischen Verhaltens beschränkter Trajektorien. Darüber hinaus sind noch Zustandsmengen in Form von geschlossenen Kurven denkbar, die jeweils aus einer oder mehreren durch singuläre Punkte begrenzten vollständigen Trajektorien bestehen (als Beispiel seien drei durch singuläre Punkte begrenzte Trajektorien genannt, die zusammen eine geschlossene Kurve bilden). Die genannten Mengen kennzeichnen Sonderfälle von Verhaltensweisen, die man unter dem Begriff *positive Grenzmengen* zusammenfaßt. Unter der positiven Grenzmenge einer Trajektorie $\boldsymbol{z}(t)$ eines nichtlinearen autonomen Systems versteht man allgemein die Menge $\Omega$ aller Punkte $\tilde{\boldsymbol{z}}$, für die eine gegen $\infty$ strebende Folge $t_1, t_2, \ldots$ von Zeitpunkten existiert, so daß für jedes $\varepsilon > 0$

$$\| \tilde{\boldsymbol{z}} - \boldsymbol{z}(t_\mu) \| < \varepsilon$$

für alle $\mu > N(\varepsilon)$ gilt. Beiläufig sei erwähnt, daß sich die Definition der negativen Grenzmenge von derjenigen der positiven lediglich dadurch unterscheidet, daß $t_\mu$ gegen $-\infty$ strebt.

Bei einer beschränkten Trajektorie $\boldsymbol{z}(t)$ gibt es immer eine Konstante $k$ mit $\| \boldsymbol{z}(t) \| < k$ für alle $t > 0$, weshalb nach dem Bolzano-Weierstraßschen Satz der Analysis stets eine konvergente Teilfolge $\boldsymbol{z}(t_\mu)$ vorhanden sein muß. Die positive Grenzmenge ist in diesem Fall also nicht leer. Außerdem ist zu erkennen, daß eine beschränkte Trajektorie ihre Grenzmenge $\Omega$ asymptotisch im Sinne

$$\inf_{\tilde{\boldsymbol{z}} \in \Omega} \| \tilde{\boldsymbol{z}} - \boldsymbol{z}(t) \| \longrightarrow 0 \quad \text{für} \quad t \longrightarrow \infty$$

erreicht. Es kann gezeigt werden, daß $\Omega$ abgeschlossen, beschränkt und zusammenhängend ist.

Wenn man einen (stabilen oder instabilen) singulären Zustand oder Grenzzyklus selbst als Trajektorie betrachtet, stimmt die Trajektorie mit der positiven Grenzmenge überein. Stellt man bei der positiven Grenzmenge $\Omega$ einer Trajektorie $\boldsymbol{z}(t)$ fest, daß sämtliche Nachbartrajektorien (das sind Trajektorien, die ihren Anfangszustand in einer hinreichend kleinen Umgebung von $\Omega$ haben) für $t \to \infty$ gegen $\Omega$ streben (also Stabilität gegeben ist), so heißt die Grenzmenge *Attraktor*. Der Name rührt daher, daß die Nachbartrajektorien asymptotisch "angezogen" werden.

Gewisse nichtlineare autonome Systeme, deren Ordnung größer als Zwei ist, weisen ein Verhalten auf, das unter dem Begriff *seltsame* (chaotische) *Grenzmengen* bekannt geworden ist. Falls diese ihre Nachbartrajektorien anziehen, spricht man von *seltsamen* (chaotischen) *Attraktoren*. Sie sind dadurch ausgezeichnet, daß eine starke Abhängigkeit des Verlaufs der Trajektorien vom Anfangszustand besteht, d. h. Trajektorien, die zunächst durch benachbarte Punkte des Attraktors verlaufen, streben im weiteren (lokal) exponentiell auseinander, ohne daß der Attraktor verlassen wird. Weiterhin gibt es zu jedem Zeitpunkt $t = t_0$ einen Zustand $\boldsymbol{z}_0$ im Attraktor, so daß die Trajektorie $\boldsymbol{z}(t)$ mit $\boldsymbol{z}(t_0) = \boldsymbol{z}_0$ jedem anderen Punkt des Attraktors für ein bestimmtes $t > t_0$ beliebig nahekommt. Ein solches Verhalten nennt man *Chaos*.

*Beispiel*: Als Modell zur Beschreibung bestimmter Strömungserscheinungen wurden von Lorenz die Differentialgleichungen

$$\frac{\mathrm{d}z_1(t)}{\mathrm{d}t} = -\sigma z_1(t) + \sigma z_2(t) , \quad \frac{\mathrm{d}z_2(t)}{\mathrm{d}t} = [r - z_3(t)]z_1(t) - z_2(t) , \tag{9.24a,b}$$

$$\frac{\mathrm{d}z_3(t)}{\mathrm{d}t} = z_1(t)z_2(t) - b\, z_3(t) \tag{9.24c}$$

angegeben. Dabei bedeuten $\sigma, r(\neq 1), b$ positive Konstanten. Als Gleichgewichtszustand erhält man den Nullzustand und zusätzlich die beiden Zustände

$$\boldsymbol{z}_1 = [\sqrt{b(r-1)}, \sqrt{b(r-1)}, r-1]^{\mathrm{T}} ; \quad \boldsymbol{z}_2 = [-\sqrt{b(r-1)}, -\sqrt{b(r-1)}, r-1]^{\mathrm{T}} , \tag{9.25a,b}$$

sofern $r > 1$ ist. Für den Nullzustand ergibt sich gemäß Gl. (9.4a) die (Jacobi-) Matrix

$$\boldsymbol{A}_0 = \begin{bmatrix} -\sigma & \sigma & 0 \\ r & -1 & 0 \\ 0 & 0 & -b \end{bmatrix} \tag{9.26}$$

mit dem charakteristischen Polynom

$$P(p) = (p+b)\,[p^2 + (1+\sigma)p + \sigma(1-r)]$$

und damit den Eigenwerten

$$p_1 = -b , \quad p_{2,3} = -\frac{1+\sigma}{2} \pm \frac{1}{2}\sqrt{(1+\sigma)^2 + 4(r-1)\sigma} . \tag{9.27a,b}$$

Für $0 < r < 1$ liegen die Eigenwerte ausnahmslos in der linken Halbebene, die Ruhelage ist also asymptotisch stabil. Wird $r > 1$, so sind alle Eigenwerte reell, jedoch haben $p_2$ und $p_3$ unterschiedliche Vorzeichen; der Nullzustand geht in einen Sattelpunkt über. Gleichzeitig entstehen die neuen Gleichgewichtszustände $\boldsymbol{z}_{1,2}$ nach den Gln. (9.25a,b). Die Jacobi-Matrizen für $\boldsymbol{z}_1$ und $\boldsymbol{z}_2$ lauten

$$\boldsymbol{A}_1 = \begin{bmatrix} -\sigma & \sigma & 0 \\ 1 & -1 & -c \\ c & c & -b \end{bmatrix} \tag{9.28}$$

bzw.

$$\boldsymbol{A}_2 = \begin{bmatrix} -\sigma & \sigma & 0 \\ 1 & -1 & c \\ -c & -c & -b \end{bmatrix} , \tag{9.29}$$

wobei

$$c := \sqrt{b(r-1)}$$

bedeutet. Für beide Matrizen $\boldsymbol{A}_1$ und $\boldsymbol{A}_2$ erhält man dasselbe charakteristische Polynom

$$P(p) = p^3 + (\sigma + 1 + b)p^2 + b(\sigma + r)p + 2b\,\sigma(r-1) . \tag{9.30}$$

Damit alle Nullstellen dieses Polynoms in der linken $p$-Halbebene liegen, muß nach Kapitel II (neben der ohnedies gestellten Forderung $r > 1$) die Bedingung

$$(\sigma + 1 + b)\, b\, (\sigma + r) > 2 b\, \sigma (r - 1) \ ,$$

d. h.

$$1 < r < r_c := \frac{\sigma(\sigma + b + 3)}{\sigma - 1 - b} \tag{9.31}$$

erfüllt sein. Dann sind die Gleichgewichtszustände $\boldsymbol{z}_1$ und $\boldsymbol{z}_2$ asymptotisch stabil. Eine Trajektorie $\boldsymbol{z}(t)$ strebt gegen $\boldsymbol{z}_1$ bzw. $\boldsymbol{z}_2$, je nachdem ob der Anfangszustand $\boldsymbol{z}_0$ im Anziehungsbereich von $\boldsymbol{z}_1$ oder $\boldsymbol{z}_2$ liegt. Wird $r = r_c$, so erhält man zwei rein imaginäre Eigenwerte und einen negativ reellen Eigenwert. Für $r > r_c$ sind alle Gleichgewichtszustände instabil. Unter diesen Umständen zeigt das System ein kompliziertes Verhalten. Eine Trajektorie, die in der Nähe eines der Gleichgewichtszustände $\boldsymbol{z}_1$ oder $\boldsymbol{z}_2$ startet, dreht sich zunächst eine Zeit nach außen und geht dann auf den anderen Gleichgewichtszustand zu, um den sie eine ähnliche Bewegung ausführt. In dieser Weise wiederholt sich ständig die Bewegung, wobei die Trajektorie stets beschränkt bleibt. Einen Hinweis auf die Existenz eines seltsamen Attraktors liefert die Beobachtung, daß die Trajektorie aus einer Folge von alternierenden Bewegungen um $\boldsymbol{z}_1$ und $\boldsymbol{z}_2$ besteht, von denen jede eine zufällig erscheinende Anzahl von Oszillationen umfaßt. Bild 9.4 zeigt eine Trajektorie der genannten Art für die Parameterwerte $\sigma = 3, b = 1, r = 26$, welche die Ungleichung (9.31) nicht erfüllen.

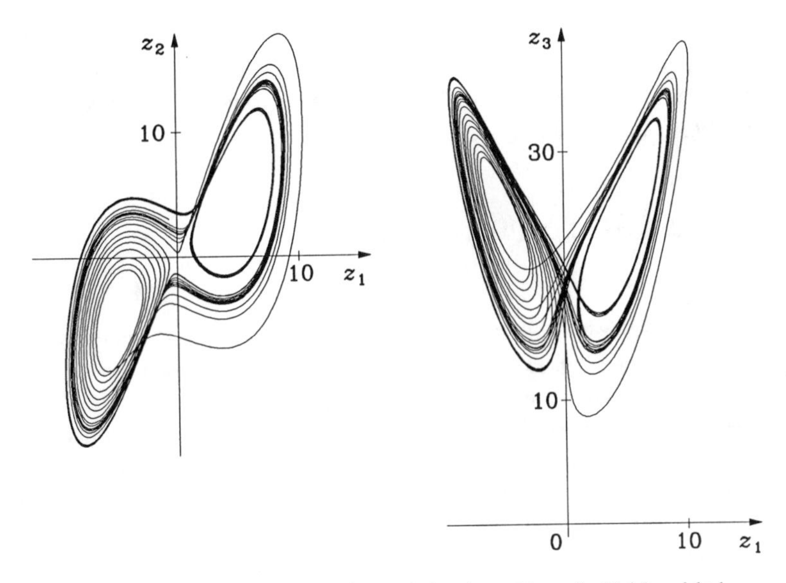


Bild 9.4: Verlauf einer Trajektorie des Lorenz-Attraktors für $\sigma = 3, b = 1, r = 26$ um die Gleichgewichtslagen $[\pm 5, \pm 5, 25]^T$

## 1.4. STÜCKWEISE LINEARE DARSTELLUNGEN

Bei praktischen Anwendungen treten oft Systeme mit einem einzigen nichtlinearen Systemelement auf, das stückweise als linear und zeitinvariant approximiert werden kann. Wenn die restlichen Systemkomponenten linear und zeitinvariant sind, läßt sich das Gesamtsystem mit den Methoden des Zustandsraums nach Kapitel II untersuchen. Dabei wird der Zustandsraum in einzelne Teilgebiete unterteilt, innerhalb denen das System jeweils linear und zeitinvariant beschrieben wird. Sobald eine Trajektorie in ein neues Teilgebiet mündet, müssen die Zustandsgleichungen entsprechend geändert werden. Das heißt, daß die Lösungen in den verschiedenen Teilgebieten an den Grenzen aneinander angepaßt werden müssen. Wenn nun eine Trajektorie durch mehrere Teilgebiete verläuft, genügt es häufig, beispielsweise zur Beurteilung der Stabilität oder der Periodizitat, das Systemverhalten allein durch die Zustände an den Grenzen zu charakterisieren. Bezeichnet man diese Grenzzustände mit $\boldsymbol{z}^{(1)}, \boldsymbol{z}^{(2)}, \ldots$ und startet die betrachtete Trajektorie in $\boldsymbol{z}^{(1)}$, so stellt $\boldsymbol{z}^{(2)}$ eine Funktion von $\boldsymbol{z}^{(1)}$ dar, $\boldsymbol{z}^{(3)}$ eine Funktion von $\boldsymbol{z}^{(2)}$ usw.:

$$\boldsymbol{z}^{(2)} = \boldsymbol{\Psi}_1(\boldsymbol{z}^{(1)}), \quad \boldsymbol{z}^{(3)} = \boldsymbol{\Psi}_2(\boldsymbol{z}^{(2)}), \ldots \tag{9.32}$$

Erreicht die Trajektorie im Punkt $\boldsymbol{z}^{(l)}$ dieselbe Grenzfläche, auf der sich der Anfangszustand $\boldsymbol{z}^{(1)}$ befindet, dann läßt sich aus den Gln. (9.32) eine Abbildung

$$\boldsymbol{z}^{(l)} = \boldsymbol{\Psi}(\boldsymbol{z}^{(1)}) \tag{9.33}$$

gewinnen. Bedingung für einen Grenzzyklus ist dann die Forderung

$$\boldsymbol{z}^{(l)} = \boldsymbol{z}^{(1)} . \tag{9.34}$$

Es sei nun der wichtige Fall eines Systems der Ordnung Zwei betrachtet, bei dem der Zustandsraum eben ist und die Grenzen Kurven darstellen. Die Zustände $\boldsymbol{z}^{(1)}, \boldsymbol{z}^{(2)}, \ldots$ können dann durch reelle Parameter $p_1, p_2, \ldots$ gekennzeichnet werden, und damit entspricht der Gl. (9.33) eine Beziehung

$$p_l = \varphi(p_1) , \tag{9.35}$$

der Forderung nach Gl. (9.34) die Bedingung

$$p_l = p_1 . \tag{9.36}$$

Dieser Sachverhalt ist im Bild 9.5 veranschaulicht. Derartige Darstellungen sind als Lemeré-Diagramme bekannt. Der Schnittpunkt der beiden Kurven nach den Gln. (9.35) und (9.36) liefert den Parameterwert $p_1$ und damit den speziellen Zustand $\boldsymbol{z}^{(1)}$, in dem ein Grenzzyklus beginnt. Das Lemeré-Diagramm erlaubt es auch festzustellen, ob der Grenzzyklus stabil oder instabil ist. Schneidet nämlich die Kurve $p_l = \varphi(p_1)$ die Winkelhalbierende $p_l = p_1$ mit einer Steigung, die betraglich kleiner als Eins ist, so ist der Grenzzyklus stabil. Ist die Steigung betraglich größer als Eins, dann liegt ein instabiler Grenzzyklus vor. Diese Tatsache ergibt sich gemäß Gl. (9.35) aus der Beziehung

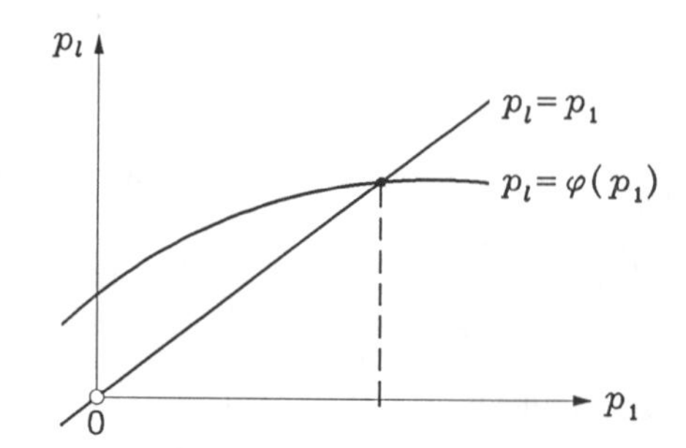


Bild 9.5: Ermittlung eines Grenzzyklus. Im vorliegenden Fall ist der Grenzzyklus stabil

$$\mathrm{d}p_l = \varphi'(p_1)\,\mathrm{d}p_1 \ ,$$

wobei $\varphi'$ den Differentialquotienten von $\varphi$ bedeutet. Eine kleine Änderung $\mathrm{d}p_1$ führt zu einer Änderung $\mathrm{d}p_l$ mit $|\,\mathrm{d}p_l\,| < |\,\mathrm{d}p_1\,|$ oder $|\,\mathrm{d}p_l\,| > |\,\mathrm{d}p_1\,|$, je nachdem ob die Bedingung $|\,\varphi'(p_1)\,| < 1$ oder $|\,\varphi'(p_1)\,| > 1$ gilt.

*Beispiel*: Es wird das im Bild 9.6 dargestellte rückgekoppelte System betrachtet. Es besteht aus einem linearen Teilsystem mit der Übertragungsfunktion

$$F(p) = \frac{k + lp}{p(p+a)} \qquad (a > 0) \tag{9.37}$$

zweiten Grades und einem gedächtnislosen Übertragungsglied mit der stückweise linearen Charakteristik

$$f(u) = \begin{cases} h & \text{falls} \quad u > b \ , \\ 0 & \text{falls} \quad |\,u\,| < b \ , \\ -h & \text{falls} \quad u < -b \ . \end{cases} \tag{9.38}$$

Dabei bedeuten $a$, $b$, $h$, $k$ und $l$ Konstanten.

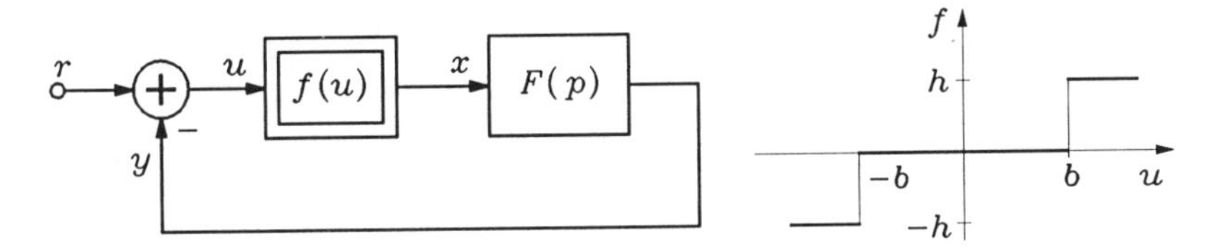


Bild 9.6: Rückgekoppeltes System

Zur Untersuchung des Systems wird die Übertragungsfunktion $F(p)$ von Gl. (9.37) als Partialbruchsumme

$$F(p) = \frac{k/a}{p} - \frac{\frac{k}{a} - l}{p + a}$$

geschrieben. Entsprechend dieser Zerlegung kann man im Frequenzbereich zwischen der Ausgangsgröße und der Eingangsgröße des linearen Teilsystems die Beziehung

$$Y(p) = V(p) - W(p) \quad \text{mit} \quad p\,V(p) = \frac{k}{a} X(p) \ , \quad (p+a)\,W(p) = (\frac{k}{a} - l)X(p)$$

herstellen. Mit der als konstant zu betrachtenden Erregung $r$ und $x = f(u)$ folgen hieraus bei Wahl der Zustandsvariablen $z_1 = v - r$ und $z_2 = w$ im Zeitbereich die Zustandsgleichungen

$$\frac{\mathrm{d}z_1(t)}{\mathrm{d}t} = \frac{k}{a} f(u) \ , \qquad \frac{\mathrm{d}z_2(t)}{\mathrm{d}t} + a\,z_2(t) = (\frac{k}{a} - l) f(u) \tag{9.39a,b}$$

und

$$y(t) = z_1(t) - z_2(t) + r \tag{9.40}$$

mit

$$u(t) = r - y(t) = z_2(t) - z_1(t) \ . \tag{9.41}$$

Weiterhin erhält man aus Gl. (9.41) mit den Gln. (9.39a,b)

$$\frac{\mathrm{d}u(t)}{\mathrm{d}t} = -\,a\,z_2(t) - l\,f(u) \ . \tag{9.42}$$

Die Zustandsebene kann nun, wie im Bild 9.7 zu erkennen ist, in drei Teilgebiete I, II und III zerlegt werden, welche durch die beiden Geraden

$$z_2 - z_1 = b \,, \qquad z_2 - z_1 = -b \tag{9.43a,b}$$

getrennt sind. Da $z_2 - z_1 = u$ ist, gilt gemäß Gl. (9.38) im Teilgebiet I $f = h$, in II $f = 0$ und in III $f = -h$. Erreicht eine Trajektorie aus dem Teilgebiet I die Grenzgerade nach Gl. (9.43a), so bewegt sie sich in das Gebiet II hinein, wenn an der Schnittstelle der Trajektorie mit der Grenzgerade $z_2 > 0$ ist, wie Gl. (9.42) lehrt. Entsprechend setzt sich eine Trajektorie in das Teilgebiet III fort, wenn sie aus dem Gebiet II kommend die Grenzgerade nach Gl. (9.43b) an einer Stelle erreicht, wo $z_2 > hl/a$ ist. Die Grenzgerade zwischen den Gebieten II und III wird von einer Trajektorie in Richtung des Teilgebiets II überschritten, wenn dort $z_2 < 0$ gilt. Beim Überschreiten der Grenzgerade von Gebiet II zu Gebiet I muß $-z_2 > hl/a$ gelten.

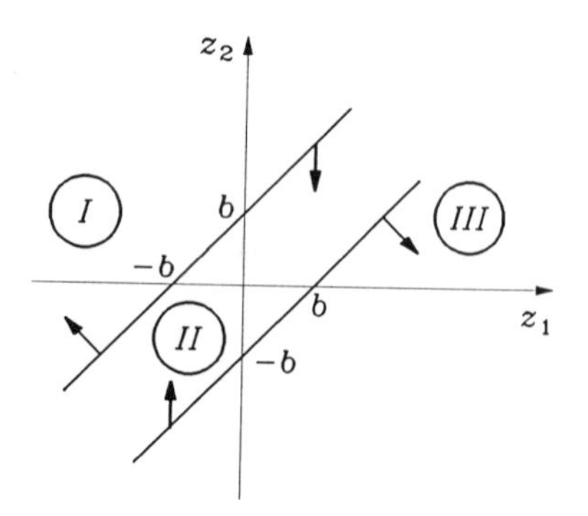


Bild 9.7: Einteilung der Zustandsebene in drei Teilgebiete

Es soll nun der Verlauf einer Trajektorie ermittelt werden, die zum Zeitpunkt $t = 0$ in einem Punkt

$$z_1^{(1)} < -b \,, \quad z_2^{(1)} = b + z_1^{(1)} < 0 \quad \text{mit} \quad -z_2^{(1)} > hl/a$$

startet. Sie bewegt sich zunächst in das Gebiet I gemäß den Gleichungen

$$\frac{dz_1(t)}{dt} = \frac{kh}{a} \,, \qquad \frac{dz_2(t)}{dt} = -a\,z_2(t) + \left(\frac{k}{a} - l\right)h \,. \tag{9.44a,b}$$

Als Lösung erhält man

$$z_1(t) = z_1^{(1)} + \frac{kh}{a}t \,, \quad z_2(t) = \left(b + z_1^{(1)} - \frac{(k-al)h}{a^2}\right)e^{-at} + \frac{(k-al)h}{a^2} \,. \tag{9.45a,b}$$

Für den Schnittpunkt $\boldsymbol{z}^{(2)} = [z_1^{(2)}, z_2^{(2)}]^{\mathrm{T}}$ der Trajektorie mit der Grenzgerade nach Gl. (9.43a) zum Zeitpunkt $\tau$ erhält man nun aus den Gln. (9.45a,b)

$$z_1^{(2)} - z_1^{(1)} = \frac{kh}{a}\tau \quad \text{und} \quad z_2^{(2)} = \left(b + z_1^{(1)} - \frac{(k-al)h}{a^2}\right)e^{-a\tau} + \frac{(k-al)h}{a^2} \tag{9.46a,b}$$

sowie nach Gl. (9.43a)

$$z_2^{(2)} - z_1^{(2)} = b \,, \tag{9.46c}$$

also drei Gleichungen für die drei Unbekannten $z_1^{(2)}, z_2^{(2)}$ und $\tau$. Es wird angenommen, daß $z_2^{(2)} > 0$ ist. Dann tritt die Trajektorie in das Gebiet II ein, und zwar gemäß den Gleichungen

$$\frac{dz_1(t)}{dt} = 0 \,, \qquad \frac{dz_2(t)}{dt} = -a\,z_2(t) \,. \tag{9.47a,b}$$

Als Lösung erhält man

$$z_1(t) = z_1^{(2)} \,, \qquad z_2(t) = z_2^{(2)}e^{-a(t-\tau)} \,. \tag{9.48a,b}$$

Dieser Teil der Trajektorie verläuft also parallel zur $z_2$-Achse. Es wird jetzt angenommen, daß $z_1^{(2)} > b$ ist. Dann erreicht diese Trajektorie die Grenzgerade nach Gl. (9.43b) in einem Punkt $\boldsymbol{z}^{(3)} = [z_1^{(3)}, z_2^{(3)}]^{\mathrm{T}}$ zu einem

Zeitpunkt $\tau'$. Es gilt nach den Gln. (9.48a,b)

$$z_1^{(3)} = z_1^{(2)}, \quad z_2^{(3)} = z_2^{(2)} e^{-a(\tau'-\tau)} \tag{9.49a,b}$$

und nach Gl. (9.43b)

$$z_2^{(3)} - z_1^{(3)} = -b \ . \tag{9.49c}$$

Aus den drei Gln. (9.49a-c) lassen sich die drei Unbekannten $z_1^{(3)}$, $z_2^{(3)}$ und $\tau'$ ermitteln. Im Fall $z_1^{(2)} \leqq b$ würde die Trajektorie erst nach unendlich langer Zeit die $z_1$-Achse erreichen. Im Fall $z_1^{(2)} > b$ und $z_2^{(3)}\, a > h\, l$ setzt sich die Trajektorie in das Gebiet III fort und erreicht auf der unteren Grenzgeraden den Punkt $\boldsymbol{z}^{(4)} = [z_1^{(4)}, z_2^{(4)}]^{\mathrm{T}}$; diese Bewegung ist symmetrisch zu der im Gebiet I. Die anschließende Bewegung im Gebiet II erfolgt wieder parallel zur $z_2$-Achse bis zu einem Punkt $\boldsymbol{z}^{(5)}$.

Ein Grenzzyklus tritt auf, wenn $\boldsymbol{z}^{(5)}$ mit $\boldsymbol{z}^{(1)}$ übereinstimmt. Dies ist angesichts der Symmetrie der Bewegung in den Gebieten I und III dann der Fall, wenn

$$z_1^{(2)} = -z_1^{(1)}$$

gilt. Bild 9.8 zeigt das Lemeré-Diagramm für $a = 0,5$, $h = 1$, $b = 0,6$, $k = 0,5$ und $l = -0,2$. Im Bild 9.9 ist der hieraus zu entnehmende Grenzzyklus dargestellt, soweit er im Gebiet I verläuft.

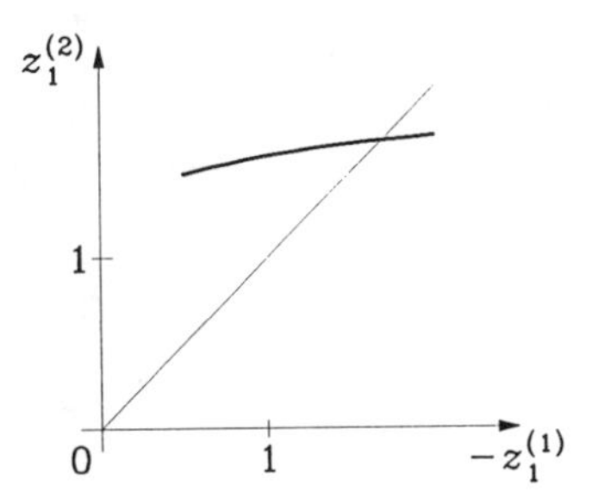


Bild 9.8: Lemeré-Diagramm für das Beispiel

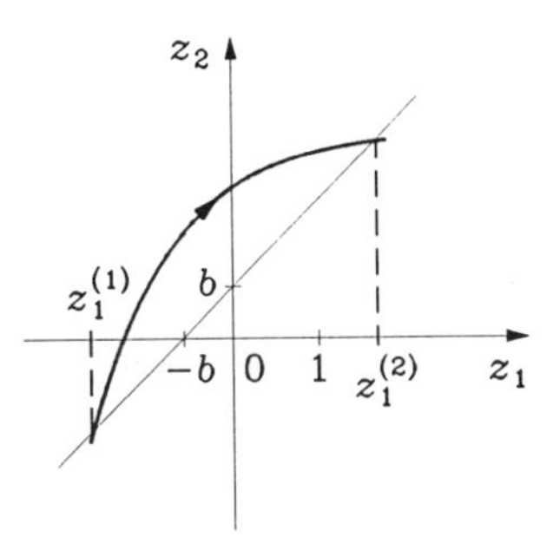


Bild 9.9: Grenzzyklus für das Beispiel

Abschließend sei noch erwähnt, daß in der gleichen Weise wie oben beschrieben das Verhalten von Systemen untersucht werden kann, bei denen die Systemparameter in verschiedenen Teilgebieten des Zustandsraums unterschiedliche Werte haben.

## 1.5. STABILITÄT

Bereits in früheren Teilen des Buches wurden grundlegende Konzepte der Stabilität nichtlinearer Systeme behandelt. So findet man im Kapitel II, Abschnitt 3.5.2 die Einführung des Gleichgewichtszustands eines nichtlinearen im Zustandsraum beschriebenen Systems ohne Erregung und fernerhin die Definition der Stabilität eines solchen Zustands im Lyapunovschen Sinn. Desweiteren wurde dort unter anderem der Bereich der Anziehung erklärt. Der Abschnitt 3.5.5 von Kapitel II behandelt die auf Lyapunov zurückgehende sogenannte direkte Methode zur Stabilitätsprüfung nichtlinearer Systeme ohne Erregung. Schließlich sei auf Kapitel V, Abschnitt 4.3 hingewiesen, wo das Popow-Kriterium und das Kreiskriterium zur Stabilitätsprüfung von Systemen mit einer nichtlinearen Rückkopplung beschrieben wurden. Ergänzend hierzu soll im folgenden auf einige weitere Aspekte der Stabilität nichtlinearer Systeme hingewiesen werden.

Im Zusammenhang mit der direkten Methode von Lyapunov hat sich gezeigt, daß die Anwendung dieses Stabilitätskriteriums eine Lyapunov-Funktion erfordert. Liegt nun ein nichtlineares autonomes System vor, das nach Gl. (9.6) im Zustandsraum beschrieben wird, und ist $\boldsymbol{A}$ die (nichtsinguläre) $(q \times q)$-Systemmatrix gemäß Gl. (9.4a) des in einem Gleichgewichtszustand $\boldsymbol{z}_e$ linearisierten Systems, dann läßt sich im Fall der asymptotischen Stabilität des linearen Systems nach Satz II.16 mit einer beliebig wählbaren positiv-definiten, symmetrischen $(q \times q)$-Matrix $\boldsymbol{Q}$ eine ebenfalls positiv-definite, symmetrische $(q \times q)$-Matrix $\boldsymbol{P}$ aufgrund der Lyapunov-Gleichung (2.168)

$$\boldsymbol{A}^{\mathrm{T}}\boldsymbol{P} + \boldsymbol{P}\boldsymbol{A} = -\boldsymbol{Q} \tag{9.50}$$

ermitteln. Mit $\boldsymbol{\zeta} = \boldsymbol{z} - \boldsymbol{z}_e$ wird die Funktion

$$V(\boldsymbol{\zeta}) = \boldsymbol{\zeta}^{\mathrm{T}}\boldsymbol{P}\boldsymbol{\zeta} \tag{9.51}$$

eingeführt. Hieraus und mit der Zustandsgleichung (9.3a) ($\boldsymbol{\xi} = \boldsymbol{0}$) folgt

$$\frac{\mathrm{d}V}{\mathrm{d}t} = \boldsymbol{\zeta}^{\mathrm{T}}(\boldsymbol{A}^{\mathrm{T}}\boldsymbol{P} + \boldsymbol{P}\boldsymbol{A})\boldsymbol{\zeta} , \tag{9.52}$$

also wegen Gl. (9.50)

$$\frac{\mathrm{d}V}{\mathrm{d}t} = -\boldsymbol{\zeta}^{\mathrm{T}}\boldsymbol{Q}\boldsymbol{\zeta} ,$$

woraus zu ersehen ist, daß

$$V > 0 \quad \text{und} \quad \frac{\mathrm{d}V}{\mathrm{d}t} < 0 \tag{9.53}$$

für alle $\boldsymbol{\zeta} \neq \boldsymbol{0}$ gilt. Betrachtet man jetzt $V(\boldsymbol{\zeta})$ nach Gl. (9.51) für das ursprüngliche nichtlineare System, so gelten die Bedingungen (9.53) zwar nicht unbedingt für alle $\boldsymbol{\zeta} \neq \boldsymbol{0}$, jedoch in einem bestimmten offenen Gebiet um $\boldsymbol{z}_e$. Damit kann $V(\boldsymbol{\zeta})$ nach Gl. (9.51) als Lyapunov-Funktion des betrachteten nichtlinearen autonomen Systems verwendet werden, und es ist in der Regel auch möglich, einen Anziehungsbereich (der jedoch im allgemeinen nicht maximal ist) an Hand von Satz II.15 anzugeben. Dies soll an einem Beispiel erläutert werden.

*Beispiel*: Gegeben sei das System

$$\frac{\mathrm{d}z_1}{\mathrm{d}t} = -\alpha z_1 + \beta z_2 + z_1 z_2 , \quad \frac{\mathrm{d}z_2}{\mathrm{d}t} = -\beta z_1 - \alpha z_2 + \frac{z_1^2}{\beta} \tag{9.54a,b}$$

mit $\alpha^2 + \beta^2 = 1$ und $\alpha > 0, \beta > 0$. Offensichtlich ist der Ursprung $\boldsymbol{z} = [0, 0]^{\mathrm{T}}$ ein stabiler Fokus. Die Matrix

$$\boldsymbol{A} = \begin{bmatrix} -\alpha & \beta \\ -\beta & -\alpha \end{bmatrix}$$

ist die Systemmatrix des bezüglich des Ursprungs linearisierten Systems. Führt man diese Matrix in die Lyapunov-Gleichung (9.50) ein und wählt als $\boldsymbol{Q}$ die Einheitsmatrix, so erhält man

$$\boldsymbol{P} = \frac{1}{2\alpha}\mathbf{E} ,$$

damit nach Gl. (9.51) wegen $\boldsymbol{\zeta} = \boldsymbol{z}$ ($\boldsymbol{z}_e = \mathbf{0}$) die Lyapunov-Funktion

$$V(\boldsymbol{z}) = \frac{1}{2\alpha}(z_1^2 + z_2^2) \tag{9.55a}$$

und hieraus mit den Gln. (9.54a,b)

$$\frac{\mathrm{d}V}{\mathrm{d}t} = -(z_1^2 + z_2^2) + \frac{1+\beta}{\alpha\beta} z_1^2 z_2 . \tag{9.55b}$$

Somit sind $V(\boldsymbol{z})$ und $-\mathrm{d}V/\mathrm{d}t$ in einem gewissen Gebiet $U$ um den Nullpunkt positiv-definit, und die Ruhelage des Systems ist nach Satz II.15 asymptotisch stabil. Sicher zum Anziehungsbereich gehört nun die größtmögliche Kreisscheibe $V(\boldsymbol{z}) < V_m$, die ganz in $U$ liegt und im folgenden bestimmt werden soll.

Die Gleichung $\mathrm{d}V/\mathrm{d}t = 0$ definiert eine Kurve im Zustandsraum. Sie läßt sich nach $z_1^2$ auflösen. Verwendet man diese Darstellung in Gl. (9.55a) zur Substitution von $z_1^2$, dann ergibt sich

$$V = \frac{(1+\beta) z_2^3}{2\alpha[(1+\beta) z_2 - \alpha\beta]} \tag{9.56}$$

längs der genannten Kurve, die nur für $z_2 > \alpha\beta/(1+\beta)$ existiert. Auf dieser Kurve wird das Minimum von $V$ ermittelt, indem $V$ aus Gl. (9.56) nach $z_2$ differenziert und der Differentialquotient gleich Null gesetzt wird. Man erhält $z_2 = 3\alpha\beta/[2(1+\beta)]$ und als Wert der Lyapunov-Funktion $V_m = 27\alpha\beta^2/[8(1+\beta)^2]$. Somit liefert die Forderung $V(\boldsymbol{z}) < V_m$, welche $\mathrm{d}V/\mathrm{d}t < 0$ längs der Trajektorien außerhalb des Ursprungs garantiert, mit Gl. (9.55a) die Bedingung

$$z_1^2 + z_2^2 < \frac{27\alpha^2\beta^2}{4(1+\beta)^2}$$

für einen (wenn auch nicht maximalen) Anziehungsbereich.

Betrachtet man einen Gleichgewichtszustand $\boldsymbol{z}_e$ eines nichtlinearen autonomen Systems, so nennt man die Gesamtheit aller Trajektorien, die für $t \to \infty$ den Zustand $\boldsymbol{z}_e$ erreichen, *stabile Mannigfaltigkeit* von $\boldsymbol{z}_e$. Die Gesamtheit aller Trajektorien, die für $t \to -\infty$ gegen $\boldsymbol{z}_e$ streben, heißt *instabile Mannigfaltigkeit* von $\boldsymbol{z}_e$.

Zur näheren Erklärung sei ein Gleichgewichtszustand $\boldsymbol{z}_e$ eines nach Gl. (9.6) beschriebenen autonomen Systems betrachtet, dessen bezüglich $\boldsymbol{z}_e$ linearisiertes System eine (nichtsinguläre) Matrix $\boldsymbol{A}$ besitzen möge, von deren Eigenwerten vorausgesetzt wird, daß einer positiv reell ist, während die übrigen ausnahmslos negativen Realteil haben. Als Basis für die Beschreibung des Zustandsraums werden die Eigenvektoren $\boldsymbol{v}_\mu$ $(\mu = 1, 2, \ldots)$ und erforderlichenfalls verallgemeinerte Eigenvektoren der Matrix $\boldsymbol{A}^{\mathrm{T}}$ mit $\|\boldsymbol{v}_\mu\| = 1$ als Normierung und den Eigenwerten $p_\mu$ $(\mu = 1, 2, \ldots)$, $p_1 > 0$, $\mathrm{Re}\, p_\mu < 0$, $\mu = 2, 3, \ldots,$ verwendet. Dann gilt speziell

$$\boldsymbol{A}^{\mathrm{T}}\boldsymbol{v}_1 = p_1\boldsymbol{v}_1 \ , \qquad \boldsymbol{v}_1^{\mathrm{T}}\boldsymbol{A} = p_1\boldsymbol{v}_1^{\mathrm{T}} \ ,$$

und es folgt damit aus der linearisierten Zustandsgleichung $\mathrm{d}\boldsymbol{\zeta}/\mathrm{d}t = \boldsymbol{A}\,\boldsymbol{\zeta}$ die Differentialgleichung

$$\frac{\mathrm{d}}{\mathrm{d}t}(\boldsymbol{v}_1^{\mathrm{T}}\boldsymbol{\zeta}) = p_1(\boldsymbol{v}_1^{\mathrm{T}}\boldsymbol{\zeta}) \ ,$$

also die Lösung

$$\boldsymbol{v}_1^{\mathrm{T}}\boldsymbol{\zeta} = K_1\,\mathrm{e}^{p_1 t} \tag{9.57}$$

für die Komponente der Trajektorie $\boldsymbol{\zeta}$ des linearisierten Systems in Richtung $\boldsymbol{v}_1$, wobei $K_1$ eine Konstante bedeutet. Entsprechend lassen sich die Komponenten von $\boldsymbol{\zeta}$ bezüglich der anderen Basisvektoren ausdrücken. Es werden jetzt die Punkte der Hyperebene

$$\boldsymbol{v}_1^{\mathrm{T}}\boldsymbol{\zeta} = 0 \tag{9.58}$$

als Anfangszustände betrachtet. Alle von diesen Punkten ausgehenden Trajektorien haben keine Komponente in Richtung $\boldsymbol{v}_1$, da aus Gl. (9.58) zwangsläufig $K_1 = 0$ folgt. Dies bedeutet, daß alle in der Ebene nach Gl. (9.58) beginnenden Trajektorien diese Ebene nicht verlassen und damit nur Komponenten aufweisen, die für $t \to \infty$ verschwinden. Nur Trajektorien, die in Punkten außerhalb der Ebene nach Gl. (9.58) starten, enthalten eine Komponente nach Gl. (9.57). Die Gesamtheit aller Trajektorien, die in Punkten der Ebene nach Gl. (9.58) beginnen, bilden die stabile Mannigfaltigkeit von $\boldsymbol{z}_e$ des linearisierten Systems. Ihre Dimension ist um Eins kleiner als die des Zustandraums. Eine Trajektorie, die von einem Punkt $\boldsymbol{\zeta}(0) = \boldsymbol{w}_1$ ausgeht, wobei $\boldsymbol{w}_1$ Eigenvektor der Matrix $\boldsymbol{A}$ zum Eigenwert $p_1$ ist, wird durch $\boldsymbol{\zeta}(t) = \boldsymbol{w}_1 \exp(p_1 t)$ beschrieben, da $\mathrm{d}\boldsymbol{\zeta}/\mathrm{d}t = p_1\boldsymbol{w}_1 \exp(p_1 t) = \boldsymbol{A}\boldsymbol{w}_1 \exp(p_1 t) = \boldsymbol{A}\,\boldsymbol{\zeta}$ gilt. Damit ist zu erkennen, daß die Gesamtheit aller Trajektorien, die in einem Punkt auf der Ursprungsgeraden in Richtung des Vektors $\boldsymbol{w}_1$ starten, für $t \to -\infty$ gegen $\boldsymbol{\zeta} = \boldsymbol{0}$, d. h. $\boldsymbol{z} = \boldsymbol{z}_e$ streben. Sie bilden die instabile Mannigfaltigkeit von $\boldsymbol{z}_e$ des linearisierten Systems.

Die stabile Mannigfaltigkeit des nichtlinearen Systems bezüglich $\boldsymbol{z}_e$, die durch die stabile Mannigfaltigkeit des linearisierten Systems approximiert wird, trennt Teilräume mit verschiedenem dynamischem Verhalten. Daher spricht man von Separatrix.

Man kann den Begriff der Stabilität eines Gleichgewichtszustands auf allgemeine Trajektorien erweitern. Es sei $\boldsymbol{z}_0(t)$ eine Trajektorie eines durch Gl. (9.6) beschriebenen autonomen Systems und $\boldsymbol{z}_0(t) + \boldsymbol{\zeta}(t)$ sei eine Nachbartrajektorie des Systems, so daß die Differentialgleichung

$$\frac{\mathrm{d}\boldsymbol{\zeta}(t)}{\mathrm{d}t} = \boldsymbol{f}_0(\boldsymbol{\zeta}, t) \qquad \text{mit} \qquad \boldsymbol{f}_0(\boldsymbol{\zeta}, t) = \boldsymbol{f}(\boldsymbol{z}_0 + \boldsymbol{\zeta}) - \boldsymbol{f}(\boldsymbol{z}_0) \tag{9.59a,b}$$

besteht. Die Trajektorie $\boldsymbol{z}_0(t)$ entspricht dem Gleichgewichtspunkt $\boldsymbol{\zeta} = \boldsymbol{0}$ des nichtautonomen Systems nach Gl. (9.59a).

Die Trajektorie $\boldsymbol{z}_0(t)$ heißt stabil, wenn für irgendein $t_0$ und $\varepsilon > 0$ ein $\delta(t_0, \varepsilon) > 0$ existiert, so daß aus $\|\,\boldsymbol{\zeta}(t_0)\,\| < \delta$ zwangsläufig $\|\,\boldsymbol{\zeta}(t)\,\| < \varepsilon$ für alle $t \geqq t_0$ folgt. Falls $\delta$ von $t_0$ unabhängig ist, spricht man von gleichmäßiger Stabilität. Entsprechend kann die asymptotische Stabilität einer Trajektorie erklärt werden.

Ein Grenzzyklus repräsentiert eine geschlossene Kurve $C$ im Zustandsraum. Die Entfernung $d_c(\boldsymbol{z})$ eines beliebigen Punktes $\boldsymbol{z}$ von $C$ wird als

$$d_c(\boldsymbol{z}) = \inf_{\boldsymbol{q} \in C} \| \boldsymbol{z} - \boldsymbol{q} \|$$

definiert, wobei $\boldsymbol{q}$ alle Punkte von $C$ durchläuft. Der Grenzzyklus $C$ eines autonomen Systems wird *orbital stabil* genannt, wenn für jedes $\varepsilon > 0$ ein $\delta > 0$ existiert, so daß für jede Trajektorie $\boldsymbol{z}(t)$ mit der Eigenschaft

$$d_c(\boldsymbol{z}(0)) < \delta \qquad \text{stets} \qquad d_c(\boldsymbol{z}(t)) < \varepsilon$$

für alle $t \geqq 0$ gilt. Wenn zusätzlich $d_c(\boldsymbol{z}(t)) \to 0$ für $t \to \infty$ gilt, spricht man davon, daß der Grenzzyklus *asymptotisch orbital stabil* ist. Für einen nicht orbital stabilen Grenzzyklus kann eine stabile und instabile Mannigfaltigkeit wie bei einem statischen Gleichgewichtszustand definiert werden.

Man kann wie üblich ein System um eine Trajektorie $\boldsymbol{z}_0(t)$ linearisieren und erhält

$$\frac{\mathrm{d}\boldsymbol{\zeta}(t)}{\mathrm{d}t} = \boldsymbol{A}(t)\boldsymbol{\zeta}(t)$$

mit $\boldsymbol{A}(t) = \partial \boldsymbol{f} / \partial \boldsymbol{z}$ $(\boldsymbol{z} = \boldsymbol{z}_0(t))$. Wenn die Trajektorie ein Grenzzyklus ist und die Periode $T$ hat, so ist auch $\boldsymbol{A}(t)$ in $t$ periodisch mit der Periode $T$. Mit der Übergangsmatrix $\boldsymbol{\Phi}(t, t_0)$ aus Kapitel II, für die im vorliegenden Fall $\boldsymbol{\Phi}(t + nT, t_0 + nT) = \boldsymbol{\Phi}(t, t_0)$ mit $n \in \mathbb{N}$ gilt, erhält man als Lösung zu den Zeitpunkten $t = nT + T$ $(n \in \mathbb{N})$

$$\boldsymbol{\zeta}(nT + T) = \boldsymbol{\Phi}(T, 0)\,\boldsymbol{\zeta}(nT) \qquad \text{oder} \qquad \boldsymbol{\zeta}(nT) = [\boldsymbol{\Phi}(T, 0)]^n\, \boldsymbol{\zeta}(0) \; .$$

Wie aus den Erörterungen von Kapitel II folgt, ist das linearisierte System genau dann stabil, wenn alle Eigenwerte der Matrix $\boldsymbol{\Phi}(T, 0)$ im abgeschlossenen Einheitskreis liegen, wobei auf dem Einheitskreis nur einfache Nullstellen des Minimalpolynoms zugelassen sind. Eine von diesen befindet sich stets im Punkt Eins und entspricht einer Bewegung auf dem Grenzzyklus. Wenn alle übrigen Nullstellen des Minimalpolynoms im Innern des Einheitskreises auftreten, dann ist der Grenzzyklus asymptotisch orbital stabil [Co1].

## 2. Die Methode der Beschreibungsfunktion

Die Methode der Beschreibungsfunktion dient zur approximativen Analyse nichtlinearer Systeme unter der Voraussetzung, daß alle auftretenden Signale einen periodischen Verlauf mit gleicher Grundperiode aufweisen. Dabei werden alle Signale des betreffenden Systems durch trigonometrische Polynome gleicher Ordnung, häufig erster Ordnung, angenähert. Dies soll zunächst am Fall von einfachen nichtlinearen Systemen gezeigt werden, bei denen das Eingangssignal mit dem Ausgangssignal durch eine eindeutige oder zweideutige Charakteristik verknüpft ist. Anschließend werden allgemeinere nichtlineare Systeme untersucht.

### 2.1. EINFACHE NICHTLINEARE SYSTEME

Zunächst wird ein gedächtnisloses System betrachtet, dessen Eingangssignal $x(t)$ mit dem Ausgangssignal $y(t)$ durch eine eindeutige Charakteristik in Form einer stückweise stetigen Funktion

$$y = f(x) \tag{9.60}$$

gemäß Bild 9.10 verknüpft ist. Als Eingangssignal wird

$$x(t) = X_0 + X_1 \cos \omega t \tag{9.61}$$

gewählt. Dabei seien $X_0$, $X_1 > 0$ und $\omega > 0$ gegebene reelle Parameter. Das zugehörige Ausgangssignal $f(X_0 + X_1 \cos \omega t)$ stellt eine periodische Funktion in $t$ mit der Periode $2\pi/\omega$ dar. Sie läßt sich in eine Fourier-Reihe entwickeln. Nimmt man nur die Teilsumme erster Ordnung dieser Reihe, dann ergibt sich

$$y(t) = f(X_0 + X_1 \cos \omega t) \cong Y_0 + Y_1 \cos(\omega t + \varphi) \tag{9.62}$$

oder

$$y(t) \cong Y_0 + \operatorname{Re}[\underline{Y}_1 \, \mathrm{e}^{\mathrm{j}\omega t}] \tag{9.63a}$$

mit der Zeigergröße

$$\underline{Y}_1 = Y_1 \, \mathrm{e}^{\mathrm{j}\varphi} \ . \tag{9.63b}$$

Nach Kapitel III gilt

$$Y_0 = \frac{1}{2\pi} \int_0^{2\pi} f(X_0 + X_1 \cos \tau) \, \mathrm{d}\tau \tag{9.64}$$

und

$$\underline{Y}_1 = \frac{1}{\pi} \int_0^{2\pi} f(X_0 + X_1 \cos \tau) \, \mathrm{e}^{-\mathrm{j}\tau} \mathrm{d}\tau \ . \tag{9.65}$$

Es werden nun die Größen

$$N_0 := \frac{Y_0}{X_0} = \frac{1}{2\pi X_0} \int_0^{2\pi} f(X_0 + X_1 \cos \tau) \, \mathrm{d}\tau \tag{9.66a}$$

und

$$N_1 := \frac{\underline{Y}_1}{X_1} = \frac{1}{\pi X_1} \int_0^{2\pi} f(X_0 + X_1 \cos \tau) \, \mathrm{e}^{-\mathrm{j}\tau} \mathrm{d}\tau \tag{9.66b}$$

eingeführt. Dabei repräsentieren $N_0$ und $N_1$ die *Beschreibungsfunktion*. Während $N_0$ für $X_0 \neq 0$ den Gleichanteil des Ausgangssignals liefert, erlaubt $N_1$ die Ermittlung des zeitab-

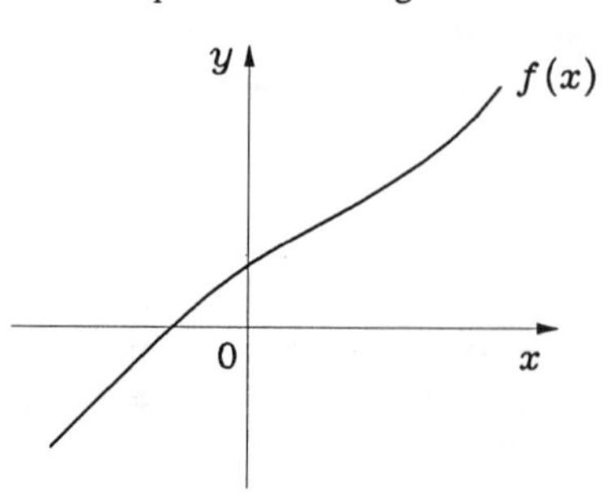


Bild 9.10: Charakteristik eines gedächtnislosen nichtlinearen Systems

hängigen Anteils im Ausgangssignal auf einfache Weise. Beide Größen sind von $X_0, X_1$, dagegen nicht von $\omega$ abhängig. Nach den Gln. (9.64) und (9.66a) ist $N_0$ jedenfalls reell. Ist die Charakteristik $f(x)$ nach Gl. (9.60), wie zunächst vorausgesetzt, eine eindeutige Funktion, dann stellt auch $N_1$ eine rein reelle Größe dar. Man erhält nämlich aus Gl. (9.65)

$$\operatorname{Im}\underline{Y}_1 = -\frac{1}{\pi}\int_0^{2\pi} f(X_0 + X_1 \cos\tau)\sin\tau \, \mathrm{d}\tau$$

oder

$$\operatorname{Im}\underline{Y}_1 = \frac{1}{\pi X_1}\int_{X_0+X_1}^{X_0+X_1} f(x)\,\mathrm{d}x = 0 \,, \tag{9.67}$$

also $\operatorname{Im} N_1 = (\operatorname{Im}\underline{Y}_1)/X_1 = 0$. Ist darüber hinaus $f(x)$ eine ungerade Funktion und $X_0$ gleich Null, dann verschwindet auch $Y_0$; in Gl. (9.62) verbleibt $y(t) \cong Y_1 \cos\omega t$.

**Bemerkung 1:** Hat der zeitabhängige Anteil von $x(t)$ nach Gl. (9.61) die allgemeine Form $X_1 \cos(\omega t + \alpha)$ mit $X_1 > 0$ und $\alpha \gtreqless 0$, dann bedeutet $N_1$ den Quotienten $\underline{Y}_1/\underline{X}_1$, wobei unter $\underline{X}_1$ die Zeigergröße $X_1 \exp(\mathrm{j}\alpha)$ verstanden wird.

**Bemerkung 2:** Für die betrachtete Erregung repräsentiert die Beschreibungsfunktion ein System, dessen "Übertragungsfunktion" für die Kreisfrequenz 0 den Wert $N_0$ und für die Kreisfrequenz $\omega$ den Wert $N_1$ annimmt. Aufgrund der Herleitung und der im Kapitel III, Abschnitt 4.6 diskutierten Eigenschaften der Fourier-Reihen ist dieses System für das gewählte Eingangssignal das optimale Ersatzsystem der betrachteten Nichtlinearität in dem Sinne, daß der Mittelwert der quadrierten Abweichung minimiert wird.

Es sei jetzt der Fall betrachtet, daß $f(x)$ eine zweideutige Charakteristik darstellt, genauer gesagt, eine Hysterese-Charakteristik. Dies ist im Bild 9.11 angedeutet. Dabei wird davon ausgegangen, daß die Parameter des Eingangssignals $x(t)$ nach Gl. (9.61) so beschaffen sind, daß die Charakteristik vollständig durchlaufen wird. Die beiden Äste der Charakteristik werden mit $f^+(x)$ bzw. $f^-(x)$ bezeichnet; der Ast $f^+(x)$ wird mit zunehmendem $x$ durchlaufen, $f^-(x)$ bei abnehmendem $x$. Auch in diesem Fall kann das Ausgangssignal $y(t)$ gemäß Gl. (9.62) bzw. Gln. (9.63a,b) mit den Gln. (9.64) und (9.65) näherungsweise beschrieben werden. Hier ist allerdings der Imaginärteil der Beschreibungsfunktion nicht Null, obwohl $\operatorname{Im}\underline{Y}_1$ durch den Integralausdruck gemäß Gl. (9.67) ausgedrückt werden kann. Es ist jedoch zu beachten, daß bei der Integration vom Wert $x = X_0 + X_1$ über $x = X_0 - X_1$ bis $x = X_0 + X_1$ beide Kurvenäste $f^+(x)$ und $f^-(x)$ einmal vollständig durchlaufen werden. Dabei erhält man für das Integral $+A$ oder $-A$, je nachdem ob die Hysterese im Uhrzei-

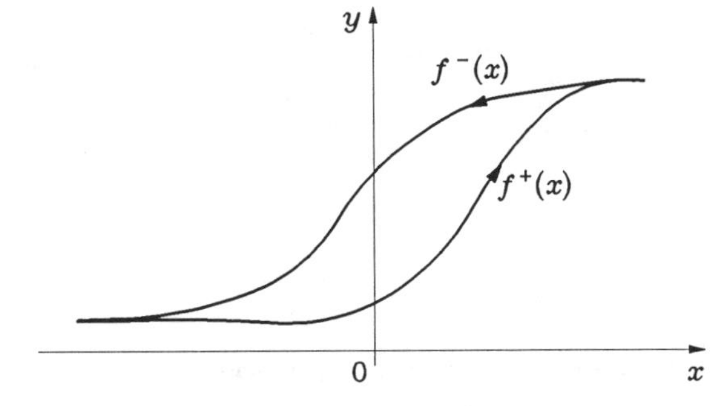


Bild 9.11: Beispiel für eine Hysterese-Charakteristik; sie wird im Gegenuhrzeigersinn durchlaufen

gersinn oder Gegenuhrzeigersinn durchlaufen wird, wenn man mit $A$ den von der Hysterese eingeschlossenen Flächeninhalt bezeichnet. Der Imaginärteil der Beschreibungsfunktion ergibt sich also zu

$$\operatorname{Im} N_1 = \pm \frac{A}{\pi X_1^2} , \tag{9.68}$$

Führt man die Funktion

$$f_m(x) = \frac{1}{2}[f^+(x) + f^-(x)] \tag{9.69}$$

ein, dann erhält man weiterhin, wie eine Untersuchung des Integrals aus Gl. (9.64) sowie des Integrals in der Beziehung

$$\operatorname{Re} \underline{Y}_1 = \frac{1}{\pi} \int_0^{2\pi} f(X_0 + X_1 \cos\tau) \cos\tau \, d\tau$$

zeigt, die Formeln

$$N_0 = \frac{1}{2\pi X_0} \int_0^{2\pi} f_m(X_0 + X_1 \cos\tau) \, d\tau \tag{9.70}$$

und

$$\operatorname{Re} N_1 = \frac{1}{\pi X_1} \int_0^{2\pi} f_m(X_0 + X_1 \cos\tau) \cos\tau \, d\tau . \tag{9.71}$$

Man beachte, daß $N_0$ und $N_1$ gemäß den Gln. (9.66a,b) von $f$ linear abhängen. Dies läßt sich bei der Berechnung der Beschreibungsfunktion vorteilhaft ausnützen, wenn eine Charakteristik vorliegt, die sich aus einer Summe einfacher Funktionen zusammensetzt.

*Beispiel*: Betrachtet wird die Hysterese-Charakteristik nach Bild 9.12a. Für das Eingangssignal $x(t)$ nach Gl. (9.61) gelte $X_1 > 0$. Damit die Hysteresekurve vollständig durchlaufen wird, muß für $X_0 > 0$ die Bedingung $X_1 - X_0 > \xi$, für $X_0 < 0$ dagegen $X_1 + X_0 > \xi$, insgesamt die Forderung

$$X_1 - |X_0| > \xi > 0 \tag{9.72}$$

eingehalten werden. Gemäß Gl. (9.69) ergibt sich im vorliegenden Fall mit der Sprungfunktion $s(x)$ die mittlere Charakteristik

$$f_m(x) = s(x - \xi) + s(x + \xi) - 1 , \tag{9.73}$$

welche im Bild 9.12b dargestellt ist.

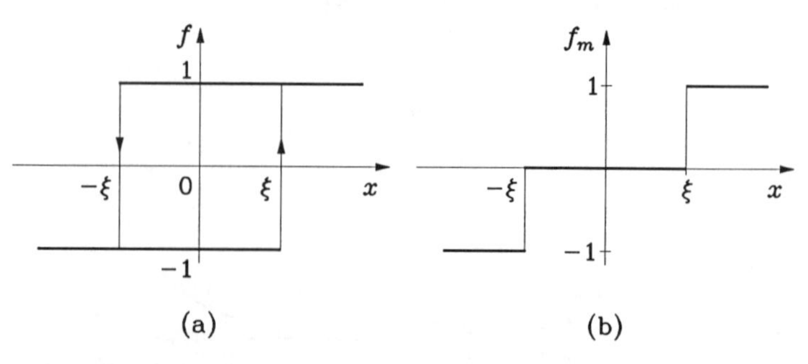


Bild 9.12: Hysterese-Charakteristik (a) und Kurve $f_m$ (b)

Damit kann man die Gl. (9.70) auswerten und erhält

$$N_0 = \frac{1}{\pi X_0}\left(\arccos\frac{\xi - X_0}{X_1} - \arccos\frac{\xi + X_0}{X_1}\right) . \tag{9.74}$$

Der hierbei auftretende Integrand ist im Bild 9.13a beschrieben. Dabei wurden die Werte

$$\tau_1 = \arccos\frac{\xi - X_0}{X_1} , \quad \tau_2 = \arccos\frac{\xi + X_0}{X_1} \tag{9.75a,b}$$

verwendet. Entsprechend liefert Gl. (9.71)

$$\operatorname{Re} N_1 = \frac{2}{\pi X_1}(\sin\tau_1 + \sin\tau_2) ,$$

d. h. mit den Gln. (9.75a,b)

$$\operatorname{Re} N_1 = \frac{2}{\pi X_1}\left[\sqrt{1 - \left(\frac{\xi - X_0}{X_1}\right)^2} + \sqrt{1 - \left(\frac{\xi + X_0}{X_1}\right)^2}\right] . \tag{9.76a}$$

Der hierbei auftretende Integrand ist im Bild 9.13b dargestellt.

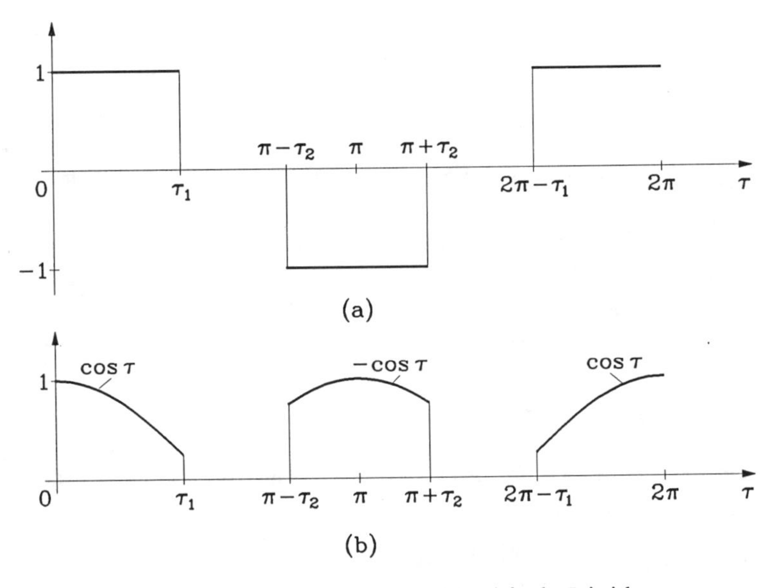


Bild 9.13: Graphische Darstellung der Integranden der Gln. (9.70) und (9.71) für das Beispiel

Schließlich liefert die Gl (9.68)

$$\operatorname{Im} N_1 = -\frac{4\xi}{\pi X_1^2} , \tag{9.76b}$$

wobei zu beachten ist, daß die Hysteresekurve im Gegenuhrzeigersinn durchlaufen wird.

Damit ist die Beschreibungsfunktion durch die Gln. (9.74) und (9.76a,b) vollständig ermittelt.

Ist die Charakteristik nach Gl. (9.60) eine Potenz von $x$, also

$$y = x^m \qquad (m \in \mathbb{N}) , \tag{9.77}$$

und ist das Eingangssignal durch Gl. (9.61) gegeben, d. h.

$$x = X_0 + \frac{X_1}{2}(\mathrm{e}^{\mathrm{j}\omega t} + \mathrm{e}^{-\mathrm{j}\omega t}) , \tag{9.78}$$

so erhält man die Approximation des Ausgangssignals nach Gl. (9.62) am einfachsten dadurch, daß man Gl. (9.78) in Gl. (9.77) einführt und alle Terme, die Faktoren $\mathrm{e}^{\mathrm{j}\mu\omega t}$ und $\mathrm{e}^{-\mathrm{j}\mu\omega t}$ mit $\mu > 1$ enthalten, unterdrückt.

Für $m = 3$ ergibt sich beispielsweise

$$y = [X_0 + \frac{X_1}{2}(\mathrm{e}^{\mathrm{j}\omega t} + \mathrm{e}^{-\mathrm{j}\omega t})]^3 = X_0^3 + \frac{3}{2}X_0^2 X_1(\mathrm{e}^{\mathrm{j}\omega t} + \mathrm{e}^{-\mathrm{j}\omega t}) + \frac{3}{4}X_0 X_1^2(\mathrm{e}^{\mathrm{j}2\omega t} + 2 + \mathrm{e}^{-\mathrm{j}2\omega t})$$

$$+ \frac{1}{8}X_1^3(\mathrm{e}^{\mathrm{j}3\omega t} + 3\,\mathrm{e}^{\mathrm{j}\omega t} + 3\,\mathrm{e}^{-\mathrm{j}\omega t} + \mathrm{e}^{-\mathrm{j}3\omega t})$$

und damit

$$y \cong X_0^3 + \frac{3}{2}X_0 X_1^2 + X_1(3X_0^2 + \frac{3}{4}X_1^2)\cos\omega t \ .$$

Hieraus folgt direkt

$$N_0 = X_0^2 + \frac{3}{2}X_1^2 , \quad N_1 = 3X_0^2 + \frac{3}{4}X_1^2 . \tag{9.79a,b}$$

## 2.2. GRENZZYKLEN IN AUTONOMEN RÜCKKOPPLUNGSSYSTEMEN

Es wird das im Bild 9.14 dargestellte rückgekoppelte System mit einem nichtlinearen gedächtnislosen und einem linearen dynamischen Teilsystem betrachtet. Das Eingangssignal $r$ wird konstant gewählt, so daß das System als autonom betrachtet werden darf. Wenn man davon ausgeht, daß sich das System in einem Grenzzyklus befindet, kann das Eingangssignal der Nichtlinearität näherungsweise in der Form

$$x(t) \cong X_0 + X_1 \cos\omega t \qquad (X_1 \neq 0) \tag{9.80}$$

dargestellt werden. Gemäß den Gln. (9.63a), (9.66a,b) erhält man für das Ausgangssignal der Nichtlinearität

$$y(t) \cong N_0 X_0 + \mathrm{Re}[X_1 N_1 \mathrm{e}^{\mathrm{j}\omega t}]$$

und damit für das Ausgangssignal des linearen Teilsystems mit der Übertragungsfunktion $F(p)$

$$r - x = N_0 X_0 F(0) + \mathrm{Re}[X_1 N_1 F(\mathrm{j}\omega)\mathrm{e}^{\mathrm{j}\omega t}]$$

oder mit Gl. (9.80)

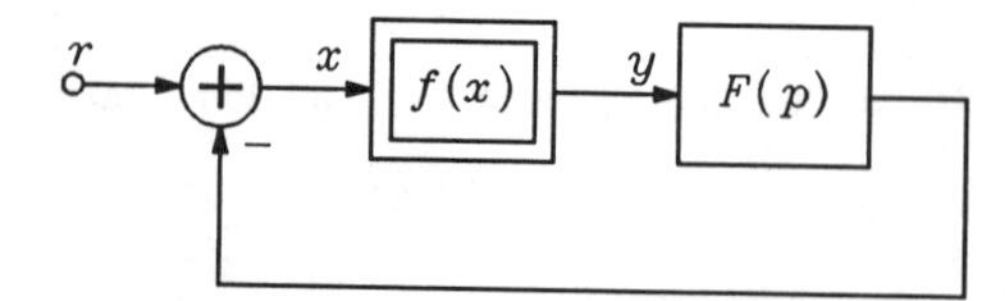


Bild 9.14: Rückgekoppeltes System mit einer Nichtlinearität

$$r - X_0 - X_1 \cos \omega t \equiv N_0 X_0 F(0) + X_1 \{\mathrm{Re}[N_1 F(\mathrm{j}\omega)]\} \cos \omega t$$
$$- X_1 \{\mathrm{Im}[N_1 F(\mathrm{j}\omega)]\} \sin \omega t \ . \tag{9.81}$$

Durch Koeffizientenvergleich auf beiden Seiten der Gl. (9.81) ergeben sich die Beziehungen

$$[1 + N_0 F(0)] X_0 = r \ , \tag{9.82a}$$

$$1 + \mathrm{Re}[N_1 F(\mathrm{j}\omega)] = 0 \ , \tag{9.82b}$$

$$\mathrm{Im}[N_1 F(\mathrm{j}\omega)] = 0 \ . \tag{9.82c}$$

Die Gl. (9.82a) kann mit der Funktion $N_0 = N_0(X_0, X_1)$ auch in der Form

$$F(0) = \frac{1}{N_0(X_0, X_1)} \left( \frac{r}{X_0} - 1 \right) \tag{9.83}$$

geschrieben werden, die Gln. (9.82b,c) lassen sich zusammenfassen zu

$$1 + N_1 F(\mathrm{j}\omega) = 0 \ ,$$

also mit der Funktion $N_1 = N_1(X_0, X_1)$ auch als

$$F(\mathrm{j}\omega) = \frac{-1}{N_1(X_0, X_1)} \tag{9.84}$$

schreiben. Falls die nichtlineare Charakteristik $f(x)$ eindeutig ist, ist $N_1(X_0, X_1)$ reell. In diesem Fall ist also gemäß Gl. (9.84)

$$\mathrm{Im} F(\mathrm{j}\omega) = 0 . \tag{9.85}$$

Die Gl. (9.85) stellt im Fall, daß $f(x)$ eindeutig ist, eine Beziehung zur Ermittlung der Kreisfrequenz $\omega$ des Grenzzyklus dar. Man beachte, daß diese Gleichung von $X_0$ und $X_1$ unabhängig ist.

Die Gln. (9.83) und (9.84) bilden Bedingungen für das Auftreten eines Grenzzyklus. Zur praktischen Auswertung empfiehlt es sich, die Gl. (9.83) nach $X_0$ aufzulösen. Dadurch erhält man eine Beziehung

$$X_0 = X(X_1) \ , \tag{9.86}$$

welche die Funktion

$$N(X_1) := N_1(X(X_1), X_1) \tag{9.87}$$

liefert. Dadurch reduziert sich die Grenzzyklusbedingung auf die Forderung

$$F(\mathrm{j}\omega) = \frac{-1}{N(X_1)} \ . \tag{9.88}$$

Wenn $f(x)$ eine ungerade Funktion ist und im voraus bekannt ist, daß $X_0$ verschwindet, dann wird die Beschreibungsfunktion allein durch $N_1$ gemäß Gl. (9.66b) mit $X_0 = 0$ repräsentiert, und $N_1(X_1)$ ist mit $N(X_1)$ identisch.

Man kann nun in einer komplexen Zahlenebene sowohl $F(\mathrm{j}\omega)$ als auch $-1/N(X_1)$ durch je eine Ortskurve als Funktion von $\omega$ bzw. $X_1$ darstellen. Der Schnitt dieser Ortskurven liefert näherungsweise die Grenzzyklus-Parameter $\omega$ und $X_1$ sowie aufgrund der Gl. (9.86) $X_0$.

Man kann jetzt noch untersuchen, ob der gefundene Grenzzyklus stabil oder instabil ist. Dazu wird von einer Oszillation ausgegangen, die jedenfalls zunächst in der unmittelbaren Umgebung des Grenzzyklus auftritt und die näherungsweise wie der Grenzzyklus selbst gemäß Gl. (9.88) bei einer Änderung $\Delta p$ des Frequenzparameters $\mathrm{j}\omega$ und einer Änderung $\Delta X_1$ der Amplitude $X_1$ beschrieben werden kann, d. h. aufgrund der Beziehung

$$F(\mathrm{j}\omega + \Delta p) = \frac{-1}{N(X_1 + \Delta X_1)} .$$

Hieraus erhält man näherungsweise sofort

$$\left.\frac{\mathrm{d}F(p)}{\mathrm{d}p}\right|_{p=\mathrm{j}\omega} \Delta p = \frac{\mathrm{d}}{\mathrm{d}X_1}\left[\frac{-1}{N(X_1)}\right]\Delta X_1 . \tag{9.89}$$

Da bei (analytischen) Funktionen $F(p)$ der Differentialquotient $\mathrm{d}F(p)/\mathrm{d}p$ von der Richtung von $\mathrm{d}p$ unabhängig ist, kann die linke Seite der Gl. (9.89) durch $\mathrm{d}F(\mathrm{j}\omega)/\mathrm{d}(\mathrm{j}\omega)$ ersetzt werden. Damit ergibt sich aus Gl. (9.89)

$$\frac{\Delta p}{\Delta X_1} = \mathrm{j}\frac{\mathrm{d}}{\mathrm{d}X_1}\left[\frac{-1}{N(X_1)}\right]\left[\frac{\mathrm{d}F(\mathrm{j}\omega)}{\mathrm{d}\omega}\right]^{-1} \tag{9.90}$$

oder mit

$$\Delta p = \Delta\sigma + \mathrm{j}\,\Delta\omega$$

und den Abkürzungen

$$\nu_1 := \frac{\mathrm{d}}{\mathrm{d}X_1}\left[\frac{-1}{N(X_1)}\right] , \quad \nu_2 = \frac{\mathrm{d}F(\mathrm{j}\omega)}{\mathrm{d}\omega} \tag{9.91a,b}$$

speziell

$$\frac{\Delta\sigma}{\Delta X_1} = -\,\mathrm{Im}\,\frac{\nu_1}{\nu_2} . \tag{9.92}$$

Ist $\Delta\sigma$ positiv, so bedeutet dies, daß die betrachtete Oszillation einen angefachten Verlauf besitzt, während im Fall $\Delta\sigma < 0$ die Oszillation gedämpft ist. Für Stabilität des Grenzzyklus verlangt man nun, daß $\Delta\sigma$ und $\Delta X_1$ unterschiedliche Vorzeichen aufweisen. Dadurch wird sichergestellt, daß bei Zunahme der Amplitude $X_1$ eine Dämpfung und bei Abnahme von $X_1$ eine Anfachung der Oszillation erfolgt und damit eine Rückkehr zum Grenzzyklus. Angesichts von Gl. (9.92) lautet damit die Forderung für Stabilität des Grenzzyklus

$$\mathrm{Im}\,\frac{\nu_1}{\nu_2} > 0 ,$$

d. h.

$$0 < \arg\nu_1 - \arg\nu_2 < \pi . \tag{9.93}$$

Diese Bedingung kann unmittelbar im Schnittpunkt der beiden Ortskurven $-1/N(X_1)$ und $F(\mathrm{j}\omega)$ geprüft werden. Der Winkel zwischen der Tangente an die Ortskurve $-1/N(X_1)$ im genannten Schnittpunkt in Richtung zunehmender $X_1$-Werte und der positiv reellen Achse liefert nämlich $\arg \nu_1$; entsprechend läßt sich $\arg \nu_2$ als Winkel zwischen der Tangente an die Ortskurve $F(\mathrm{j}\omega)$ im Schnittpunkt in Richtung zunehmender $\omega$-Werte und der positiv reellen Achse interpretieren. Der Differenzenwinkel ist im Bild 9.15 erläutert, und zwar für einen stabilen und einen instabilen Grenzzyklus. Man beachte, daß im Beispiel von Bild 9.15a der Differenzenwinkel positiv und kleiner als 180° ist, im Beispiel von Bild 9.15b ist dieser Winkel negativ, aber größer als $-180°$.

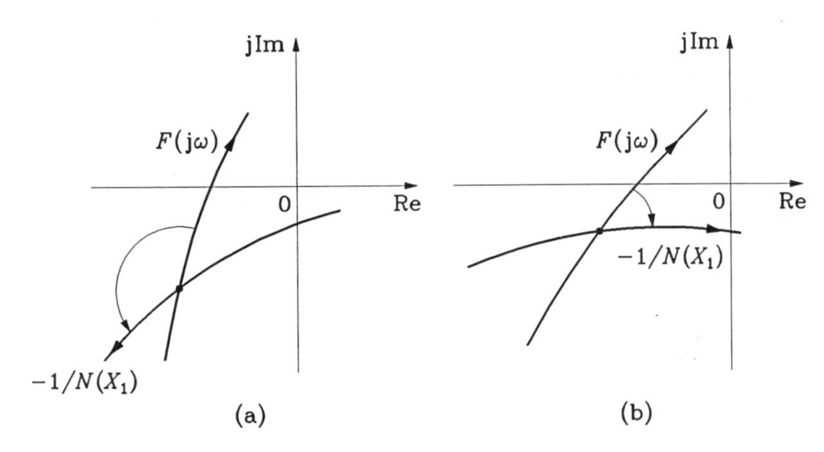


Bild 9.15: Stabilitätsprüfung eines Grenzzyklus: (a) stabiler, (b) instabiler Grenzzyklus

Grundsätzlich muß bei der Anwendung der Methode der Beschreibungsfunktion stets beachtet werden, daß die Ergebnisse nur Näherungscharakter haben, da bei der Darstellung aller periodischen Signale die Harmonischen höherer Ordnung vernachlässigt werden. Insofern hängt die Brauchbarkeit der Ergebnisse davon ab, ob die vernachlässigten Harmonischen unwesentlich sind oder nicht. Ersteres ist sicher der Fall, wenn die Nichtlinearität schwach ist und der lineare Teil des Systems Tiefpaß-Charakter hat, so daß die Signalanteile bei höheren Frequenzen hinreichend stark gedämpft werden. Der Durchlaßbereich des linearen Teilsystems muß so schmal sein, daß Signalanteile bei Vielfachen der Grenzzyklusfrequenz unterdrückt werden. Andernfalls sind die Ergebnisse nicht zuverlässig, und es ist damit zu rechnen, daß Grenzzyklen gefunden werden, die nicht existieren, und existierende Grenzzyklen nicht erkannt werden.

*Beispiel*: Es wird das rückgekoppelte System nach Bild 9.14 betrachtet, in dem das nichtlineare Element ein Relais mit der Charakteristik nach Bild 9.12a bedeutet und die Übertragungsfunktion des linearen Elements

$$F(p) = \frac{a_0}{p\,(p^2 + b_1 p + b_0)} \tag{9.94}$$

lautet, wobei $a_0$, $b_0$, $b_1$ positive Konstanten sind. Da $F(p)$ für $p \to 0$ über alle Grenzen steigt, lehren die Grenzzyklus-Bedingungen, daß $X_0 = 0$ für jede konstante Erregung $r$ gilt. Aus den Gln. (9.76a,b) ergibt sich damit

$$N_1 = \frac{4}{\pi X_1}\left[\sqrt{1 - \frac{\xi^2}{X_1^2}} - \mathrm{j}\,\frac{\xi}{X_1}\right]$$

und hieraus

$$\frac{1}{N_1(X_1)} = \frac{\pi}{4}\left[\sqrt{X_1^2 - \xi^2} + \mathrm{j}\,\xi\right]. \tag{9.95a}$$

Weiterhin erhält man aus Gl. (9.94) nach kurzer Rechnung

$$F(\mathrm{j}\omega) = -\frac{a_0 b_1}{\omega^4 + (b_1^2 - 2b_0)\omega^2 + b_0^2} + \mathrm{j}\,\frac{a_0(\omega^2 - b_0)}{\omega[\omega^4 + (b_1^2 - 2b_0)\omega^2 + b_0^2]}. \tag{9.95b}$$

Gemäß Gl. (9.88) – mit $N(X_1) \equiv N_1(X_1)$ – folgen nun aus den Gln. (9.95a,b) die Beziehungen

$$\frac{a_0 b_1}{\omega^4 + (b_1^2 - 2b_0)\omega^2 + b_0^2} = \frac{\pi}{4}\sqrt{X_1^2 - \xi^2} \quad \text{und} \quad \frac{a_0(b_0 - \omega^2)}{\omega[\omega^4 + (b_1^2 - 2b_0)\omega^2 + b_0^2]} = \frac{\pi\xi}{4} \tag{9.96a,b}$$

zur Ermittlung von $\omega$ (aus Gl. (9.96b)) und von $X_1$ (anschließend aus Gl. (9.96a)). Bild 9.16 zeigt den Verlauf der Ortskurven $-1/N_1(X_1)$ und $F(\mathrm{j}\omega)$ für die Parameterwerte

$$a_0 = 12\,,\; b_0 = 3\,,\; b_1 = 3\,,\; \xi = 1\,.$$

Der Schnittpunkt der Ortskurven entspricht den Lösungen der Gln. (9.96a,b). Wie man sieht, ist der Grenzzyklus stabil.

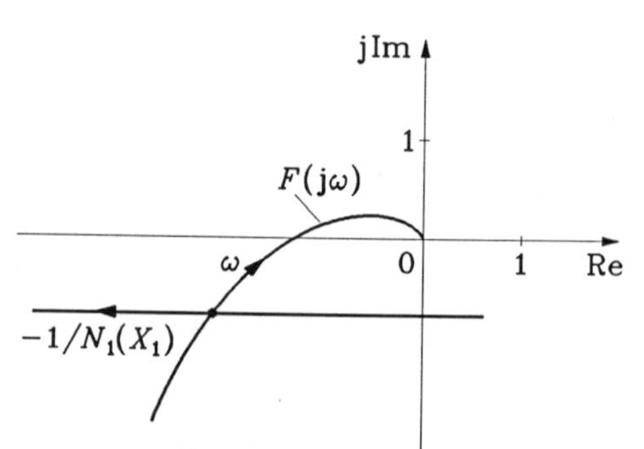


Bild 9.16: Ortskurven von $-1/N_1(X_1)$ und $F(\mathrm{j}\omega)$ für das Beispiel zur Ermittlung eines Grenzzyklus

## 2.3. NICHTAUTONOME SYSTEME

Im folgenden soll gezeigt werden, wie die Methode der Beschreibungsfunktion auch dann anwendbar ist, wenn das Eingangssignal $r$ nunmehr eine Zeitfunktion der Art

$$r(t) = R_0 + R_1 \cos\omega t \tag{9.97}$$

($R_1 > 0$) ist und der unterstellte stationäre Zustand mit der Grundkreisfrequenz $\omega$ ermittelt werden soll. Den Betrachtungen soll das im Bild 9.17 dargestellte System zugrunde gelegt werden. Es möge beachtet werden, daß hier $\omega$ gegeben ist. Man geht davon aus, daß das Signal $x$ in der Form

$$x(t) \cong X_0 + \mathrm{Re}\,[\underline{X}_1 \mathrm{e}^{\mathrm{j}\omega t}] \tag{9.98a}$$

mit der Zeigergröße

$$\underline{X}_1 := X_1 \mathrm{e}^{\mathrm{j}\psi} \tag{9.98b}$$

($X_1 > 0$) approximiert werden kann. Dann erhält man im Rahmen der Näherung nach der

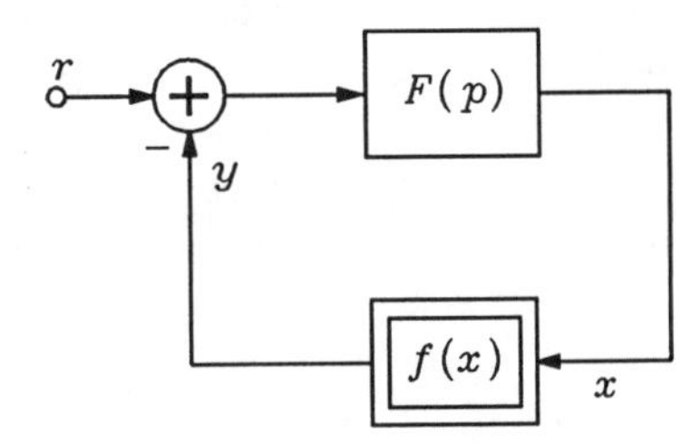


Bild 9.17: Modifikation des Systems nach Bild 9.14

Methode der Beschreibungsfunktion zunächst

$$y(t) \cong N_0 X_0 + \mathrm{Re}\,[\underline{X}_1 N_1 \mathrm{e}^{\mathrm{j}\omega t}] \tag{9.99}$$

und weiterhin [1]

$$r(t) - y(t) = X_0 F^{-1}(0) + \mathrm{Re}\,[\underline{X}_1\, F^{-1}(\mathrm{j}\omega) \mathrm{e}^{\mathrm{j}\omega t}]\ . \tag{9.100a}$$

Andererseits gilt aufgrund der Gln. (9.97) und (9.99)

$$r(t) - y(t) \cong R_0 - N_0 X_0 + \mathrm{Re}\,[(R_1 - N_1 \underline{X}_1)\mathrm{e}^{\mathrm{j}\omega t}]\ . \tag{9.100b}$$

Ein Vergleich der Gln. (9.100a,b) liefert mit Gl. (9.98b) die Beziehungen

$$[F^{-1}(0) + N_0(X_0, X_1)]X_0 = R_0 \tag{9.101a}$$

und

$$[F^{-1}(\mathrm{j}\omega) + N_1(X_0, X_1)]X_1 \mathrm{e}^{\mathrm{j}\psi} = R_1\ . \tag{9.101b}$$

Bei Vorgabe der Größen $R_0, R_1$ und $\omega$ und bei Kenntnis der Funktionen $N_0, N_1$ und $F$ bilden die Gln. (9.101a,b) drei reelle Gleichungen zur Ermittlung der Größen $X_0, X_1$ und $\psi$. Der Gl. (9.101b) läßt sich eine Art Übertragungsfunktion $\underline{X}_1/R_1$ entnehmen. Sie ist allerdings von $R_0$ und $R_1$ abhängig; außerdem können zu einem $\omega$ mehrere Funktionswerte gehören.

Es ist zweckmäßig, die Lösung der Gln. (9.101a,b) graphisch zu veranschaulichen. Zunächst erhält man aus Gl. (9.101a) eine Beziehung $X_0 = X(X_1)$ und damit

$$N(X_1) := N_1(X(X_1), X_1)\ . \tag{9.102}$$

Führt man Gl. (9.102) in Gl. (9.101b) ein, so ergibt sich die Gleichung

$$L(X_1) = R_1 \mathrm{e}^{-\mathrm{j}\psi} \tag{9.103}$$

mit der Abkürzung

$$L(X_1) := [F^{-1}(\mathrm{j}\omega) + N(X_1)]X_1\ . \tag{9.104}$$

Man kann nun die komplexwertige Funktion $L(X_1)$ nach Gl. (9.104) als Ortskurve in einer komplexen Zahlenebene darstellen. Die Schnittpunkte dieser Ortskurve mit dem Kreis vom

[1] $F^{-1}(\mathrm{j}\omega)$ steht hier für $1/F(\mathrm{j}\omega)$.

Radius $R_1$ um den Ursprung stellen die Lösungen der Gln. (9.101a,b) dar. Jeder Schnittpunkt liefert zunächst einen Wert $X_1$ und gemäß Gl. (9.103) einen Wert $\psi$; außerdem erhält man jeweils einen Wert $X_0 = X(X_1)$. Schneidet die Ortskurve $L(X_1)$ den Kreis vom Radius $R_1$ um den Ursprung in einem Punkt in Richtung vom Innern zum Äußeren des Kreises, so bedeutet dies, daß in der unmittelbaren Umgebung dieses Punktes $X_1$ eine monoton zunehmende Funktion von $R_1$ ist, während $X_1$ eine monoton abnehmende Funktion von $R_1$ darstellt, wenn der Schnitt von außen nach innen erfolgt. In ersterem Fall kann die periodische Lösung als stabil, in letzterem als instabil betrachtet werden. Dabei ist zu beachten, daß man normalerweise (wie bei einem linearen System) eine Zunahme von $X_1$ erwartet, wenn $R_1$ größer wird.

*Beispiel*: Es soll das rückgekoppelte System nach Bild 9.17 mit der Nichtlinearität

$$f(x) = x^3 \tag{9.105a}$$

und dem linearen Teilsystem mit der Übertragungsfunktion

$$F(p) = \frac{a}{p^2 + 2bp + 1} \tag{9.105b}$$

($a > 0$, $b > 0$) untersucht werden. Als Eingangssignal wird

$$r(t) = R_1 \cos \omega t \tag{9.106}$$

($R_1 > 0$) betrachtet, also $R_0 = 0$ gewählt. Aus Gl. (9.101a) findet man dann mit Gl. (9.79a) und $F(0) = a > 0$ direkt

$$X_0 = 0 \ .$$

Damit erhält man nach Gl. (9.79b)

$$N(X_1) = \frac{3}{4} X_1^2$$

und somit nach Gl. (9.104)

$$L(X_1) = X_1 F^{-1}(\mathrm{j}\omega) + \frac{3}{4} X_1^3 \ . \tag{9.107}$$

Die Ortskurve $L(X_1)$ muß jetzt bei festem $\omega$ mit dem Kreis um den Ursprung vom Radius $R_1$ geschnitten werden und so die Gleichung

$$X_1 F^{-1}(\mathrm{j}\omega) + \frac{3}{4} X_1^3 = R_1 \mathrm{e}^{-\mathrm{j}\psi} \tag{9.108}$$

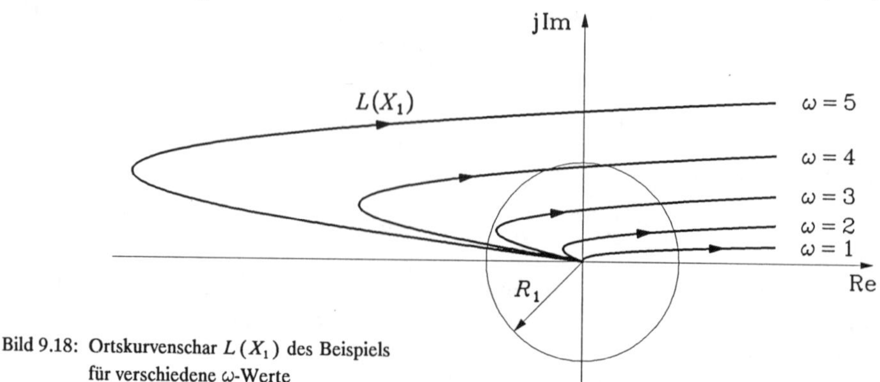


Bild 9.18: Ortskurvenschar $L(X_1)$ des Beispiels für verschiedene $\omega$-Werte

nach $X_1$ und $\psi$ gelöst werden. Dies ist im Bild 9.18 für die Wahl $a = 5$, $b = 0{,}3$ und $R_1 = 1$ und verschiedene $\omega$-Werte gezeigt. Dabei ist zu erkennen, daß die Ortskurve den Kreis einmal oder dreimal schneidet. Bei großen und kleinen Werten $\omega$ tritt jeweils nur ein Schnittpunkt auf. In einem mittleren Frequenzintervall treten drei Schnittpunkte auf, von denen die äußeren eine stabile, der mittlere eine instabile Lösung liefern. Das genannte Frequenzintervall hängt von der Wahl von $R_1$ ab. Von der "Übertragungsfunktion" $\underline{X}_1/R_1 = X_1 \mathrm{e}^{\mathrm{j}\psi}/R_1$ ist der Betrag in Abhängigkeit von $\omega$ im Bild 9.19 dargestellt. Er zeigt ein Sprungphänomen des Systems: Beim Durchlaufen der $\omega$-Achse springt $X_1/R_1$ an der Stelle $\omega = \omega_2$, falls die Kreisfrequenz steigt; bei fallendem $\omega$ springt $X_1/R_1$ an der Stelle $\omega = \omega_1$.

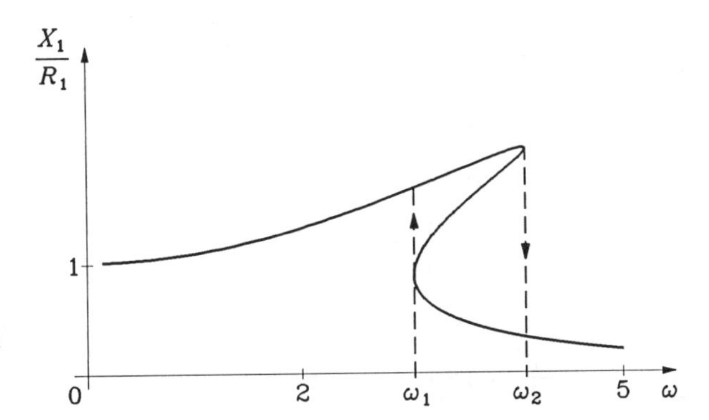


Bild 9.19: Verlauf von $X_1/R_1$ in Abhängigkeit von $\omega$ für das Beispiel

**Bemerkung:** Wenn das Signal $r(t)$ von Gl. (9.97) auf das System aus Bild 9.14 wirkt, kann die Analyse des stationären Zustands ganz entsprechend wie für das System aus Bild 9.17 durchgeführt werden. Vergleicht man das Ausgangssignal des linearen Teilsystems, dargestellt mittels $y(t)$ aus Gl. (9.99) und der Übertragungsfunktion $F(p)$, mit der Darstellung von $r(t) - x(t)$ aufgrund der Gln. (9.97) und (9.98a) mit $R_1 \cos \omega t = \mathrm{Re}[R_1 \mathrm{e}^{\mathrm{j}\omega t}]$, so erhält man die den Gln. (9.101a,b) entsprechenden Beziehungen

$$[1 + N_0(X_0, X_1)F(0)]X_0 = R_0 \qquad \text{und} \qquad [1 + N_1(X_0, X_1)F(\mathrm{j}\omega)]X_1 \mathrm{e}^{\mathrm{j}\psi} = R_1$$

zur Ermittlung der Größen $X_0, X_1$ und $\psi$ bei Kenntnis der Parameter $R_0, R_1, \omega$ und der Funktionen $N_0, N_1, F$.

Es wurde bei der näherungsweisen Beschreibung des Signals $x(t)$ in Form von Gl. (9.98a) angenommen, daß $x(t)$ dieselbe Grundkreisfrequenz $\omega$ wie das Eingangssignal $r(t)$ nach Gl. (9.97) besitzt. Dies ist jedoch keinesfalls zwingend. Es sind Lösungen möglich, deren Grundkreisfrequenz ein ganzzahliger Teil von $\omega$ ist, d. h. $\omega/m$ mit $m \in \mathbb{N}$. Man spricht in diesem Fall von subharmonischen Lösungen. Wie subharmonische Lösungen entsprechend der Methode der Beschreibungsfunktion näherungsweise ermittelt werden können, soll an Hand eines Beispiels erläutert werden.

*Beispiel*: Es wird ein nichtlineares System betrachtet, das durch die Duffingsche Differentialgleichung

$$\frac{\mathrm{d}^2 y}{\mathrm{d}t^2} + ay + by^3 = c \cos \omega t \tag{9.109}$$

($a > 0$; $bc \neq 0$) beschrieben wird. Zur Ermittlung einer subharmonischen Lösung mit Grundkreisfrequenz $\omega/3$ wird der Näherungsansatz

$$y = Y_0 \cos \frac{\omega t}{3} + Y_1 \cos \omega t \tag{9.110}$$

($Y_0 \neq 0$) gemacht. Mit

$$y = \frac{Y_0}{2}\left[e^{j\frac{\omega t}{3}} + e^{-j\frac{\omega t}{3}}\right] + \frac{Y_1}{2}\left[e^{j\omega t} + e^{-j\omega t}\right]$$

erhält man nach einer Zwischenrechnung

$$y^3 = \left[\frac{3}{4}Y_0^3 + \frac{3}{4}Y_0^2 Y_1 + \frac{3}{2}Y_0 Y_1^2\right]\cos\frac{\omega t}{3} + \left[\frac{Y_0^3}{4} + \frac{3Y_0^2 Y_1}{2} + \frac{3Y_1^3}{4}\right]\cos\omega t$$

$$+ \frac{3Y_0 Y_1}{4}(Y_0 + Y_1)\cos\frac{5\omega t}{3} + \frac{3Y_0 Y_1^2}{4}\cos\frac{7\omega t}{3} + \frac{Y_1^3}{4}\cos 3\omega t \ . \tag{9.111}$$

Führt man die Darstellungen nach den Gln. (9.110) und (9.111) in die Gl. (9.109) ein und vernachlässigt sämtliche harmonischen Terme, deren Kreisfrequenz größer als $\omega$ ist, so liefert ein Koeffizientenvergleich die beiden Bestimmungsgleichungen für $Y_0$ und $Y_1$

$$-Y_0\frac{\omega^2}{9} + aY_0 + bY_0\left[\frac{3}{4}(Y_0 + \frac{1}{2}Y_1)^2 + \frac{21}{16}Y_1^2\right] = 0\,, \tag{9.112a}$$

$$-Y_1\omega^2 + aY_1 + b\left[\frac{Y_0^3}{4} + \frac{3Y_0^2 Y_1}{2} + \frac{3Y_1^3}{4}\right] = c\ . \tag{9.112b}$$

Die Gl. (9.112a) läßt erkennen, daß eine Lösung nur zu erwarten ist, wenn die Bedingung

$$\frac{1}{b}\left(\frac{\omega^2}{9} - a\right) > 0 \tag{9.113}$$

erfüllt ist, d. h. im Fall $b > 0$ ist $\omega > 3\sqrt{a}$, im Fall $b < 0$ dagegen $\omega < 3\sqrt{a}$ zu fordern.

# 3. Nichtlineare diskontinuierliche Systeme

## 3.1. ZUSTANDSRAUMBESCHREIBUNGEN

Nichtlineare diskontinuierliche Systeme werden im Zustandsraum durch die Gleichungen

$$\boldsymbol{z}[n+1] = \boldsymbol{f}(\boldsymbol{z}[n], \boldsymbol{x}[n], n)\,, \qquad \boldsymbol{y}[n] = \boldsymbol{g}(\boldsymbol{z}[n], \boldsymbol{x}[n], n) \tag{9.114a,b}$$

mit dem Vektor $\boldsymbol{x}[n]$ der Eingangssignale, dem Vektor $\boldsymbol{y}[n]$ der Ausgangssignale und dem $q$-dimensionalen Vektor $\boldsymbol{z}[n]$ der Zustandsvariablen beschrieben. Mit $n$ wird die diskrete Zeit bezeichnet.

Im folgenden wird der Fall betrachtet, daß die rechten Seiten der Gln. (9.114a,b) nicht explizit von $n$ abhängig sind und ein von $n$ unabhängiger Vektor $\boldsymbol{x}[n] = \hat{\boldsymbol{x}}$, z. B. $\hat{\boldsymbol{x}} = \boldsymbol{0}$, als Systemerregung wirkt. Jeder von $n$ unabhängige Zustand $\boldsymbol{z}_e$ mit der Eigenschaft

$$\boldsymbol{z}_e = \boldsymbol{f}(\boldsymbol{z}_e, \hat{\boldsymbol{x}}) \tag{9.115}$$

heißt dann Gleichgewichtszustand des betreffenden Systems. Zu ihm gehört das Ausgangssignal

$$\boldsymbol{y}_e = \boldsymbol{g}(\boldsymbol{z}_e, \hat{\boldsymbol{x}})\,, \tag{9.116}$$

das ebenfalls von $n$ unabhängig ist. Das System wird nun um den Gleichgewichtszustand linearisiert, wodurch man mit den Variablen

$$\boldsymbol{\zeta}[n] = \boldsymbol{z}[n] - \boldsymbol{z}_e \ , \quad \boldsymbol{\xi}[n] = \boldsymbol{x}[n] - \hat{\boldsymbol{x}} \ , \quad \boldsymbol{\eta}[n] = \boldsymbol{y}[n] - \boldsymbol{y}_e \tag{9.117a-c}$$

die linearisierte Zustandsdarstellung

$$\boldsymbol{\zeta}[n+1] = \boldsymbol{A}\,\boldsymbol{\zeta}[n] + \boldsymbol{B}\,\boldsymbol{\xi}[n] \ , \quad \boldsymbol{\eta}[n] = \boldsymbol{C}\,\boldsymbol{\zeta}[n] + \boldsymbol{D}\,\boldsymbol{\xi}[n] \tag{9.118a,b}$$

erhält. Die von $n$ unabhängigen Systemmatrizen $\boldsymbol{A}, \boldsymbol{B}, \boldsymbol{C}, \boldsymbol{D}$ erhält man über die partiellen Differentialquotienten von $\boldsymbol{f}(\boldsymbol{z}, \boldsymbol{x})$ bzw. $\boldsymbol{g}(\boldsymbol{z}, \boldsymbol{x})$ im Gleichgewichtszustand entsprechend wie im kontinuierlichen Fall (Abschnitt 1). Nach Kapitel II ist das linearisierte System nach Gln. (9.118a,b) genau dann asymptotisch stabil, wenn alle Eigenwerte der Systemmatrix $\boldsymbol{A}$ innerhalb des Einheitskreises liegen. Nach Gl. (2.207) erhält man als Lösung der Gl. (9.118a)

$$\boldsymbol{\zeta}[n] = \boldsymbol{A}^n\,\boldsymbol{\zeta}[0] + \sum_{\nu=0}^{n-1} \boldsymbol{A}^{n-\nu-1}\boldsymbol{B}\,\boldsymbol{\xi}[\nu] \tag{9.119}$$

für alle $n > 0$ mit dem Anfangszustand $\boldsymbol{\zeta}[0]$. Ist das linearisierte System asymptotisch stabil, dann hat auch das nichtlineare System diese Eigenschaft, allerdings zunächst nur lokal im betrachteten Gleichgewichtszustand.

Man kann zahlreiche Konzepte der Stabilität nichtlinearer kontinuierlicher Systeme auf den diskontinuierlichen Fall übertragen, insbesondere die zweite Methode von Lyapunov. Der wesentliche Unterschied zum kontinuierlichen Fall liegt darin, daß bei der diskontinuierlichen Version der zweiten Methode von Lyapunov statt des Differentialquotienten der Lyapunov-Funktion die Differenz

$$\Delta V(\boldsymbol{z}[n]) = V(\boldsymbol{z}[n+1]) - V(\boldsymbol{z}[n]) \tag{9.120}$$

zu verwenden ist, d. h. bei einem autonomen System mit der Darstellung

$$\boldsymbol{z}[n+1] = \boldsymbol{f}(\boldsymbol{z}[n]) \tag{9.121}$$

die Differenz

$$\Delta V(\boldsymbol{z}[n]) = V(\boldsymbol{f}(\boldsymbol{z}[n])) - V(\boldsymbol{z}[n]) \ . \tag{9.122}$$

Es wird nun eine Linearisierung der Zustandsgleichung (9.121) in einem Gleichgewichtszustand $\boldsymbol{z}_e$ von der Form

$$\boldsymbol{\zeta}[n+1] = \boldsymbol{A}\,\boldsymbol{\zeta}[n] \tag{9.123}$$

mit $\boldsymbol{\zeta}$ gemäß Gl. (9.117a) durchgeführt und angenommen, daß das linearisierte System asymptotisch stabil ist. Dann bildet man mit einer symmetrischen, positiv-definiten $(q \times q)$-Matrix $\boldsymbol{P}$ die quadratische Form

$$V(\boldsymbol{\zeta}[n]) = \boldsymbol{\zeta}^{\mathrm{T}}[n]\boldsymbol{P}\,\boldsymbol{\zeta}[n] \ . \tag{9.124}$$

Hieraus folgt gemäß Gl. (9.122) mit Gl. (9.123)

$$\Delta V(\boldsymbol{\zeta}[n]) = \boldsymbol{\zeta}^{\mathrm{T}}[n](\boldsymbol{A}^{\mathrm{T}}\boldsymbol{P}\boldsymbol{A} - \boldsymbol{P})\,\boldsymbol{\zeta}[n] \ . \tag{9.125}$$

Um zu erreichen, daß die nach Gl. (9.124) gewählte quadratische Form eine Lyapunov-Funktion wird, ist zu verlangen, daß die in Gl. (9.125) auftretende Matrix mit dem Negativen einer symmetrischen, positiv-definiten $(q \times q)$-Matrix $\boldsymbol{Q}$ übereinstimmt. Auf diese Weise gelangt man zur diskontinuierlichen Version der Lyapunov-Gleichung

$$\boldsymbol{A}^{\mathrm{T}}\boldsymbol{P}\boldsymbol{A} - \boldsymbol{P} = -\boldsymbol{Q} \ , \tag{9.126}$$

die zur Bestimmung von $\boldsymbol{P}$ bei Wahl von $\boldsymbol{Q}$ dient. Betrachtet man jetzt $V(\boldsymbol{\zeta})$ nach Gl. (9.124) für das ursprüngliche nichtlineare System, so sind $V(\boldsymbol{\zeta})$ und $-\Delta V(\boldsymbol{\zeta})$ zwar nicht mehr für alle $\boldsymbol{\zeta}$, jedoch in einem bestimmten offenen Gebiet um den Nullpunkt, d. h. $\boldsymbol{z} = \boldsymbol{z}_e$ positiv-definit. Damit kann $V$ auch als Lyapunov-Funktion des nichtlinearen Systems verwendet werden. Die so erhaltene Lyapunov-Funktion kann beispielsweise dazu benützt werden, um einen Anziehungsbereich um $\boldsymbol{z}_e$ zu ermitteln.

Auch das Popov-Kriterium kann in diskontinuierlicher Version formuliert werden. Dazu betrachtet man ein nichtlineares, rückgekoppeltes diskontinuierliches System mit einem steuerbaren und beobachtbaren linearen Teil und einem nichtlinearen Teil entsprechend Bild 5.28, wobei die Übertragungsfunktion des linearen Teilsystems durch

$$F_1(z) = \boldsymbol{c}^{\mathrm{T}}(z\mathbf{E} - \boldsymbol{A})^{-1}\boldsymbol{b}$$

gegeben sei und für die nichtlineare Charakteristik

$$\frac{f_1(y)}{y} > 0 \qquad \text{für alle} \quad y \neq 0$$

gelten möge. Falls $F_1((1+p)/(1-p))$ eine Zweipolfunktion ist, liegt Stabilität vor.

Im Fall eines nichtlinearen autonomen diskontinuierlichen Systems kann man aufgrund von Gl. (9.121) die $n$-fach iterierte Funktion

$$\boldsymbol{f}^{(n)}(\ ) := \boldsymbol{f}(\boldsymbol{f}(\boldsymbol{f}(\ \cdots\ ))) \tag{9.127}$$

einführen. Man erhält dann die Lösung der Gl. (9.121) in der Form

$$\boldsymbol{z}[n] = \boldsymbol{f}^{(n)}(\boldsymbol{z}[0]) \ . \tag{9.128}$$

Unter einem Fixpunkt $\tilde{\boldsymbol{z}}$ versteht man hierbei einen Zustand mit der Eigenschaft

$$\tilde{\boldsymbol{z}} = \boldsymbol{f}^{(m)}(\tilde{\boldsymbol{z}}) \ , \tag{9.129}$$

wobei $m$ eine bestimmte Zahl aus $\mathbb{N}$ ist. Wählt man den Fixpunkt $\tilde{\boldsymbol{z}}$ als Anfangszustand, so kehrt das System nach der diskreten Zeitspanne $m$ zu diesem Punkt zurück. Es liegt also ein Grenzzyklus der Periode $m$ vor. Ein Gleichgewichtszustand ist in diesem Sinne ein entarteter Grenzzyklus der Periode 1. Zur Stabilitätsprüfung eines Grenzzyklus kann man einen Fixpunkt $\tilde{\boldsymbol{z}}$ auf dem Grenzzyklus wählen und Gl. (9.128) für $n = m$ bezüglich $\tilde{\boldsymbol{z}}$ linearisieren. Mit $\boldsymbol{z} = \tilde{\boldsymbol{z}} + \boldsymbol{\zeta}$, wobei $\boldsymbol{\zeta}$ eine kleine Abweichung von $\tilde{\boldsymbol{z}}$ bedeutet, erhält man dann

$$\boldsymbol{\zeta}[m] = \left.\frac{\partial \boldsymbol{f}^{(m)}}{\partial \boldsymbol{z}}\right|_{\boldsymbol{z}=\tilde{\boldsymbol{z}}} \boldsymbol{\zeta}[0] \ . \tag{9.130}$$

Falls alle Eigenwerte der Matrix $\partial \boldsymbol{f}^{(m)}/\partial \boldsymbol{z}$ für $\boldsymbol{z} = \tilde{\boldsymbol{z}}$ im Innern des Einheitskreises liegen, verhält sich der Grenzzyklus asymptotisch stabil.

## 3.2. ABTASTSYSTEME

Bild 9.20 zeigt ein Abtastsystem mit Rückkopplungsstruktur. Es besteht aus einem kontinuierlichen und einem diskontinuierlichen Teil. Der kontinuierliche Teil setzt sich aus einer gedächtnislosen nichtlinearen Komponente mit der Charakteristik $f(u)$ und einer linearen, zeitinvarianten Komponente mit der Übertragungsfunktion $F(p)$ zusammen. Der diskontinuierliche Teil umfaßt ein lineares, zeitinvariantes System mit der Übertragungsfunktion

$$H(z) = \sum_{n=0}^{\infty} h[n] z^{-n} \ . \tag{9.131}$$

Dabei bedeutet $h[n]$ die Impulsantwort des Systems. Dieses Teilsystem ist über einen Analog-Digital-Konverter (AD) und einen Digital-Analog-Konverter (DA) mit dem kontinuierlichen Teilsystem verbunden. Die kontinuierliche Komponente mit der Übertragungsfunktion $F(p)$ sei im Zustandsraum durch das Quadrupel $(\boldsymbol{A}, \boldsymbol{b}, \boldsymbol{c}^{\mathrm{T}}, 0)$ beschreibbar. Es können also folgende Gleichungen aufgestellt werden:

$$\frac{\mathrm{d}\boldsymbol{z}(t)}{\mathrm{d}t} = \boldsymbol{A}\,\boldsymbol{z} + \boldsymbol{b} f(u) \ , \quad y = \boldsymbol{c}^{\mathrm{T}} \boldsymbol{z} \ , \tag{9.132a,b}$$

$$e(t) = x(t) - y(t) \ , \tag{9.133}$$

$$u[n] = h[n] * e[n] \ . \tag{9.134}$$

Dabei bedeutet

$$e[n] := e(nT) \tag{9.135}$$

und

$$u(t) := u[n] \quad \text{für} \quad nT < t < (n+1)T \tag{9.136}$$

$(n = 0, 1, \ldots)$ mit der Abtastperiode $T$. Da $f(u)$ mit $u$ nach Gl. (9.136) stückweise konstant ist, lassen sich die Gln. (9.132a,b) aufgrund von Gl. (2.47) mit $t_0 = 0$ und $t = nT$ einfach auflösen. Zunächst erhält man für das auftretende Integral

$$\int_0^{nT} \mathrm{e}^{\boldsymbol{A}(nT-\sigma)} \boldsymbol{b}\, f(u(\sigma))\,\mathrm{d}\sigma = \sum_{\mu=0}^{n-1} \int_{\mu T}^{(\mu+1)T} \mathrm{e}^{\boldsymbol{A}(nT-\sigma)} \boldsymbol{b}\, f(u[\mu])\,\mathrm{d}\sigma$$

$$= \sum_{\mu=0}^{n-1} \mathrm{e}^{\boldsymbol{A}(n-\mu-1)T} (\mathrm{e}^{\boldsymbol{A}T} - \mathbf{E}) \boldsymbol{A}^{-1} \boldsymbol{b}\, f(u[\mu]) \ .$$

Damit ergibt sich mit

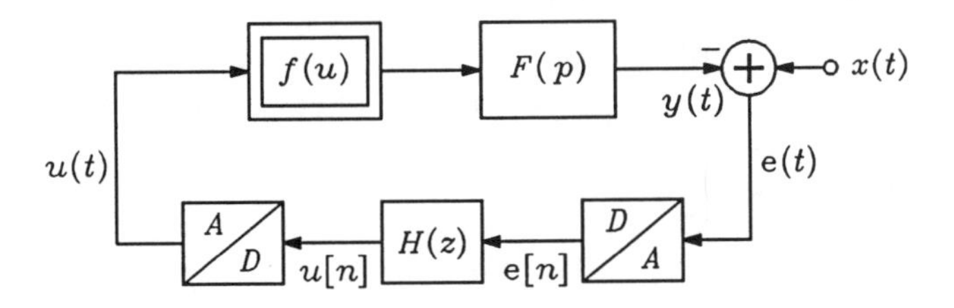


Bild 9.20: Abtastsystem

$$\boldsymbol{\Phi}[n] := \mathrm{e}^{\boldsymbol{A}nT} = \boldsymbol{\Phi}(nT) \tag{9.137}$$

und

$$y[n] := y(nT), \qquad \boldsymbol{z}[n] := \boldsymbol{z}(nT) \tag{9.138a,b}$$

die Darstellung

$$y[n] = \boldsymbol{c}^{\mathrm{T}} \boldsymbol{\Phi}[n] \boldsymbol{z}[0] + \boldsymbol{c}^{\mathrm{T}} \sum_{\mu=0}^{n-1} \boldsymbol{\Phi}[n-\mu-1] \boldsymbol{k} f(u[\mu]) \tag{9.139}$$

mit

$$\boldsymbol{k} := \{\boldsymbol{\Phi}[1] - \mathbf{E}\} \boldsymbol{A}^{-1} \boldsymbol{b} \ . \tag{9.140}$$

Weiterhin folgt aus Gl. (9.133)

$$e[n] = x[n] - y[n] \tag{9.141}$$

mit $x[n] := x(nT)$. Betrachtet man das Eingangssignal $x$, alle Systemgrößen $\boldsymbol{A}, \boldsymbol{b}, \boldsymbol{c}^{\mathrm{T}}, f$ sowie $\boldsymbol{z}[0]$ und die Impulsantwort $h[n]$ als bekannt, so repräsentieren die Gln. (9.134), (9.139) und (9.141) Beziehungen zur Ermittlung von $e[n]$, $u[n]$ und $y[n]$. Um die Signalwerte $u[n]$ zu erhalten, wird zunächst in Gl. (9.134) $e[n]$ nach Gl. (9.141) mit $y[n]$ aus Gl. (9.139) ersetzt. Auf diese Weise gelangt man zur Beziehung

$$u[n] = h[n] * \{x[n] - \boldsymbol{c}^{\mathrm{T}} \boldsymbol{\Phi}[n] \boldsymbol{z}[0]\} - \sum_{\mu=0}^{n-1} h[n] * \boldsymbol{c}^{\mathrm{T}} \boldsymbol{\Phi}[n-\mu-1] \boldsymbol{k} f(u[\mu]) \, . \tag{9.142}$$

Im weiteren wird als Abkürzung das diskontinuierliche Signal

$$v[n-\mu] := h[n] * \boldsymbol{c}^{\mathrm{T}} \boldsymbol{\Phi}[n-\mu-1] \boldsymbol{k} \tag{9.143}$$

und fernerhin

$$u_0[n] := h[n] * \{x[n] - \boldsymbol{c}^{\mathrm{T}} \boldsymbol{\Phi}[n] \boldsymbol{z}[0]\} \tag{9.144}$$

eingeführt. Es wird die Charakteristik $f(u)$ mit einer Konstante $K$ in der Form

$$f(u) = Ku + \Delta f(u) \tag{9.145}$$

geschrieben. Bezeichnet man mit $\widetilde{u}[n]$ die Lösung von $u[n]$ für $\Delta f(u) \equiv 0$, so liefern die Gln. (9.142)–(9.145)

$$\widetilde{u}[n] = u_0[n] - \sum_{\mu=0}^{n-1} v[n-\mu] K \widetilde{u}[\mu]$$

und

$$u[n] = u_0[n] - \sum_{\mu=0}^{n-1} v[n-\mu] (Ku[\mu] + \Delta f(u[\mu])) \ .$$

Für die Abweichung

$$\Delta u[n] := u[n] - \widetilde{u}[n] \tag{9.146}$$

erhält man somit

$$\Delta u[n] = -\sum_{\mu=0}^{n-1} v[n-\mu](K\,\Delta u[\mu] + \Delta f(u[\mu]))\ . \tag{9.147}$$

Es wird jetzt die Gl. (9.147) der Z-Transformation unterworfen. Bezeichnet man die Z-Transformierten wie üblich mit Großbuchstaben, so ergibt sich mit $v[0] = 0$

$$\Delta U(z)(1 + K\,V(z)) = -V(z)\,\Delta F(z)$$

oder

$$\Delta U(z) = \Psi(z)\,\Delta F(z) \quad \text{mit} \quad \Psi(z) = -\frac{V(z)}{1 + K\,V(z)}\ . \tag{9.148a,b}$$

Die Rücktransformation von Gl. (9.148a) liefert

$$\Delta u[n] = \sum_{\mu=0}^{n-1} \psi[n-\mu]\,\Delta f(u[\mu])\ , \tag{9.149}$$

wobei die Folge $\psi[n]$ durch Rücktransformation von $\Psi(z)$ aus Gl. (9.148b) gewonnen wird. Es werde nun

$$\Delta f(u) = f_0(u) + q(u) \tag{9.150}$$

geschrieben. Dabei gelte mit geeigneten Konstanten $k$ und $\rho$

$$|f_0(u)| \leqq \rho\,|u|\ ; \qquad |q(u)| \leqq k\ . \tag{9.151a,b}$$

Damit erhält man aus Gl. (9.149) mit Gl. (9.150) und den Ungleichungen (9.151a,b) die Abschätzung

$$|\Delta u[n]| \leqq \sum_{\mu=1}^{n} |\psi[\mu]|\,\{k + \rho \max_{0 \leqq \mu \leqq n-1} |u[\mu]|\}$$

oder, wenn man $|u[\mu]|$ gemäß Gl. (9.146) durch $|\Delta u[\mu]| + |\tilde{u}[\mu]|$ abschätzt und anschließend das Maximum der Werte $|\Delta u[\mu]|$ für $\mu = 0, 1, \dots, n-1$ näherungsweise gleich $|\Delta u[n]|$ setzt,

$$|\Delta u[n]| \leqq \frac{\sum_{\mu=1}^{n} |\psi[\mu]|\,\{k + \rho \max_{0 \leqq \mu \leqq n-1} |\tilde{u}[\mu]|\}}{1 - \rho \sum_{\mu=1}^{n} |\psi[\mu]|}\ , \tag{9.152}$$

vorausgesetzt der Nennerausdruck ist positiv. Damit ist eine Schranke für die Abweichung des Signals $u$ vom Signal $\tilde{u}$ gefunden. Man beachte, daß alle auf der rechten Seite von Ungleichung (9.152) auftretenden Größen verfügbar sind bzw. aufgrund früherer Beziehungen berechnet werden können.

Wählt man im Abtastsystem nach Bild 9.20 das Eingangssignal $x(t) = r$ zeitunabhängig, dann ist mit dem Auftreten von Grenzzyklen zu rechnen. Üblicherweise darf erwartet werden, daß die Grenzzyklusperiode $T_0$ ein ganzzahliges Vielfaches der Abtastperiode $T$ ist, d. h.

$$T_0 = mT \tag{9.153}$$

mit $m \in \mathbb{N}$ $(m > 1)$ gilt. Es wird nun für das Signal $y(t)$ der Näherungsansatz

$$y(t) \cong Y_0 + \mathrm{Re}\,[\underline{Y}_1\, \mathrm{e}^{\mathrm{j}\omega t}] \tag{9.154}$$

mit

$$\omega = \frac{2\pi}{T_0} \quad \text{und} \quad \underline{Y}_1 = Y_1 \mathrm{e}^{\mathrm{j}\varphi} \tag{9.155a,b}$$

($Y_1 > 0$) gemacht. Damit wird das Ausgangssignal des nichtlinearen Glieds durch

$$f(u(t)) \cong \frac{1}{F(0)} Y_0 + \mathrm{Re}\left[\frac{\underline{Y}_1}{F(\mathrm{j}\omega)} \mathrm{e}^{\mathrm{j}\omega t}\right] \tag{9.156}$$

approximiert, und für das Fehlersignal erhält man

$$e(t) \cong r - Y_0 - \mathrm{Re}\,[\underline{Y}_1 \mathrm{e}^{\mathrm{j}\omega t}]\ . \tag{9.157}$$

Im stationären Zustand wird das Ausgangssignal des linearen diskontinuierlichen Teilsystems durch

$$u[n] = \sum_{\mu=-\infty}^{n} h[n-\mu]e[\mu] \tag{9.158}$$

beschrieben. Wählt man in Gl. (9.156) $t = nT$ und summiert auf beiden Seiten über $n$ von 0 bis $m-1$ und beachtet, daß für $m > 1$

$$\sum_{n=0}^{m-1} \mathrm{e}^{\pm\mathrm{j}\frac{2\pi}{T_0}nT} = \sum_{n=0}^{m-1} \mathrm{e}^{\pm\mathrm{j}\frac{2\pi}{m}n} = 0$$

gilt, dann findet man

$$Y_0 = \frac{F(0)}{m} \sum_{n=0}^{m-1} f(u[n])\ . \tag{9.159}$$

Wählt man noch einmal $t = nT$ in Gl. (9.156), beachtet dort die Beziehung

$$\mathrm{Re}\left[\frac{\underline{Y}_1}{F(\mathrm{j}2\pi/T_0)} \mathrm{e}^{\mathrm{j}\frac{2\pi}{m}n}\right] = \frac{1}{2}\left[\frac{\underline{Y}_1}{F(\mathrm{j}2\pi/T_0)} \mathrm{e}^{\mathrm{j}\frac{2\pi}{m}n} + \frac{\underline{Y}_1^*}{F(-\mathrm{j}2\pi/T_0)} \mathrm{e}^{-\mathrm{j}\frac{2\pi}{m}n}\right]$$

und multipliziert dann die Gl. (9.156) mit $\mathrm{e}^{-\mathrm{j}2\pi n/m}$ durch, so resultiert nach Summation über $n$ von 0 bis $m-1$

$$\underline{Y}_1 = \frac{2}{m} F(\mathrm{j}2\pi/T_0) \sum_{n=0}^{m-1} \mathrm{e}^{-\mathrm{j}\frac{2\pi}{m}n} f(u[n])\ , \tag{9.160}$$

wobei $m > 2$ vorausgesetzt und ausgenützt wurde, daß die Summe über $\mathrm{e}^{-\mathrm{j}4\pi n/m}$ von $n = 0$ bis $m-1$ verschwindet. Es besteht nunmehr die Möglichkeit, in den Gln. (9.159) und (9.160) $u[n]$ gemäß Gl. (9.158) zu ersetzen und dabei $e[\mu]$ aufgrund von Gl. (9.157) zu substituieren. Auf diese Weise gewinnt man zwei Gleichungen zur Bestimmung von $Y_0$ und $\underline{Y}_1$, und damit ist es möglich, bei Wahl von $m$ einen möglichen Grenzzyklus näherungsweise zu ermitteln.

# 4. Eingang-Ausgang-Beschreibung nichtlinearer Systeme mittels Volterra-Reihen

Im Kapitel I wurde gezeigt, wie lineare, zeitinvariante und kausale kontinuierliche Systeme mit einem Eingangssignal $x(t)$ und einem Ausgangssignal $y(t)$ in der Form

$$y(t) = \int_0^\infty h(\tau)x(t-\tau)\,\mathrm{d}\tau \tag{9.161}$$

dargestellt werden können. Dabei bedeutet $h(t)$ die Impulsantwort des Systems.

Es besteht nun die Möglichkeit, eine große Klasse von nichtlinearen, zeitinvarianten und kausalen kontinuierlichen Systemen mit einem Eingang und einem Ausgang in einer Form darzustellen, die als Erweiterung der Darstellung linearer Systeme nach Gl. (9.161) betrachtet werden kann. Diese erweiterte Beschreibung lautet

$$y(t) = \int_0^\infty h_1(\tau)x(t-\tau)\,\mathrm{d}\tau + \int_0^\infty \int_0^\infty h_2(\tau_1, \tau_2)x(t-\tau_1)x(t-\tau_2)\,\mathrm{d}\tau_1\,\mathrm{d}\tau_2 + \cdots \tag{9.162}$$

und ist als *Volterrasche Funktionalreihe* bekannt. Das System wird dabei durch unendlich viele Kernfunktionen $h_\nu(t_1, t_2, \ldots, t_\nu)$ für $\nu = 1, 2, \ldots$ charakterisiert. Gilt $h_\nu \equiv 0$ für alle $\nu \geqq 2$, dann liegt der Sonderfall des durch Gl. (9.161) beschriebenen linearen Systems vor. Ein weiterer Sonderfall ist durch die speziellen Kerne

$$h_\nu(t_1, t_2, \ldots, t_\nu) = a_\nu\,\delta(t_1)\,\delta(t_2)\cdots\,\delta(t_\nu) \tag{9.163}$$

$(\nu = 1, 2, \ldots)$ gekennzeichnet, wobei $\delta(t)$ die Diracsche Delta-Funktion aus Kapitel I bedeutet. Führt man diese Kerne in Gl. (9.162) ein, dann ergibt sich

$$y(t) = a_1 x(t) + a_2 x^2(t) + \cdots\ , \tag{9.164}$$

d. h. ein gedächtnisloses, im allgemeinen nichtlineares System. – Gelegentlich wird auf der rechten Seite der Gl. (9.162) noch ein zeitunabhängiger Summand hinzugefügt. Ein solches Absolutglied kann jedoch immer mit dem Signal auf der linken Seite einfach zusammengefaßt werden.

Man kann die in Gl. (9.162) auftretenden Integrale durch endliche Summen approximieren. Dann läßt sich die Darstellung nach Gl. (9.162) folgendermaßen interpretieren: Das erste, den linearen Teil beschreibende Integral liefert als Beitrag eine Summe aller gewichteten früheren Werte des Eingangssignals $x(\sigma)$ $(\sigma \leqq t)$. Das zweite Integral liefert eine Summe aller gewichteten Zweierprodukte $x(\sigma_1)x(\sigma_2)$ $(\sigma_1 \leqq t,\ \sigma_2 \leqq t)$ von früheren Werten des Eingangssignals usw. Für praktische Anwendungen besonders wichtig sind Systeme (Modelle), die durch eine Teilsumme der Volterra-Reihe nach Gl. (9.162) beschrieben werden können. Hierbei ist vor allem das quadratische System, bei dem in Gl. (9.162) nur die beiden ersten Summanden vorkommen, und noch das kubische System wichtig, bei dem nur die drei ersten Summanden vorhanden sind. Diese Modelle eignen sich insbesondere für die Beschreibung schwach nichtlinearer (fastlinearer) Systeme. Zunächst soll das quadratische System näher untersucht werden.

## 4.1. QUADRATISCHE SYSTEME

Die Eingang-Ausgang-Beschreibung eines quadratischen Systems nach Gl. (9.162) enthält neben dem rein linearen Anteil als weiteren wesentlichen Anteil nur das Doppelintegral mit der Kernfunktion $h_2(t_1, t_2)$. Man kann dabei ohne Einschränkung der Allgemeinheit einen symmetrischen Kern $h_2(t_1, t_2)$ voraussetzen, d. h. eine Funktion mit der Eigenschaft

$$h_2(t_1, t_2) \equiv h_2(t_2, t_1) \tag{9.165}$$

für alle $t_1, t_2$.

Diese Behauptung läßt sich dadurch beweisen, daß man ein nichtsymmetrisches $h_2(t_1, t_2)$ in die Summe

$$h_2(t_1, t_2) = h_{2s}(t_1, t_2) + h_{2a}(t_1, t_2) \tag{9.166}$$

aus der symmetrischen Komponente

$$h_{2s}(t_1, t_2) = \frac{1}{2}[h_2(t_1, t_2) + h_2(t_2, t_1)] \tag{9.167a}$$

und der antimetrischen Komponente

$$h_{2a}(t_1, t_2) = \frac{1}{2}[h_2(t_1, t_2) - h_2(t_2, t_1)] \tag{9.167b}$$

zerlegt. Entsprechend der Darstellung von $h_2(t_1, t_2)$ nach Gl. (9.166) kann das Doppelintegral mit dem Kern $h_2(t_1, t_2)$ in eine Summe von zwei Integralen aufgespalten werden, wobei das zweite Integral mit dem Kern $h_{2a}(t_1, t_2)$ gemäß Gl. (9.167b) als eine Differenz von zwei Integralen geschrieben werden kann, die offensichtlich identisch sind. Es darf also der Kern $h_2(t_1, t_2)$ einfach durch den symmetrischen Anteil $h_{2s}(t_1, t_2)$ ersetzt werden, ohne daß sich das Ergebnis des betreffenden Integrals in Gl. (9.162) ändert.

Es wird nun der Fall betrachtet, daß sich das Eingangssignal des quadratischen Systems aus einer Summe

$$x(t) = x_1(t) + x_2(t) \tag{9.168}$$

von zwei Teilsignalen $x_1(t)$ und $x_2(t)$ zusammensetzt. Das Ausgangssignal kann dann in der Form

$$y(t) = y_{1,1}(t) + y_{1,2}(t) + y_{2,1}(t) + y_{2,2}(t) + y_{2,12}(t) \tag{9.169}$$

geschrieben werden. Dabei bedeuten $y_{1,1}(t)$ und $y_{1,2}(t)$ die vom Kern $h_1(t)$ verursachten und durch $x_1(t)$ bzw. $x_2(t)$ erzeugten (linearen) Beiträge, während $y_{2,1}(t)$ und $y_{2,2}(t)$ die vom Kern $h_2(t_1, t_2)$ verursachten und durch $x_1(t)$ bzw. $x_2(t)$ allein erzeugten Beiträge sind. Der Summand $y_{2,12}(t)$ repräsentiert einen zusätzlichen von $h_2(t_1, t_2)$ verursachten und auf die gleichzeitige Anwesenheit von $x_1(t)$ und $x_2(t)$ zurückzuführenden Beitrag. Man erhält im einzelnen

$$y_{1,1}(t) = \int_0^\infty h_1(\tau)x_1(t-\tau)\,\mathrm{d}\tau\ , \quad y_{1,2}(t) = \int_0^\infty h_1(\tau)x_2(t-\tau)\,\mathrm{d}\tau \tag{9.170a,b}$$

$$y_{2,1}(t) = \int_0^\infty \int_0^\infty h_2(\tau_1, \tau_2)x_1(t-\tau_1)x_1(t-\tau_2)\,\mathrm{d}\tau_1\,\mathrm{d}\tau_2\ , \tag{9.170c}$$

$$y_{2,2}(t) = \int_0^\infty \int_0^\infty h_2(\tau_1, \tau_2) x_2(t - \tau_1) x_2(t - \tau_2) \, d\tau_1 \, d\tau_2 \ , \tag{9.170d}$$

$$y_{2,12}(t) = \int_0^\infty \int_0^\infty h_2(\tau_1, \tau_2)[x_1(t - \tau_1) x_2(t - \tau_2) + x_1(t - \tau_2) x_2(t - \tau_1)] d\tau_1 \, d\tau_2 \, . \tag{9.170e}$$

Wegen der Symmetrie des Kerns $h_2(t_1, t_2)$ kann das letzte Integral auch in der Form

$$y_{2,12}(t) = 2 \int_0^\infty \int_0^\infty h_2(\tau_1, \tau_2) x_1(t - \tau_1) x_2(t - \tau_2) \, d\tau_1 \, d\tau_2 \tag{9.171}$$

geschrieben werden.

Im Zusammenhang mit Gl. (9.168) interessant ist die spezielle Wahl

$$x_1(t) = \delta(t) \qquad \text{und} \qquad x_2(t) = \delta(t - T) \tag{9.172a}$$

($T \geqq 0$), mit der man nach Gl. (9.171)

$$y_{2,12}(t) = 2 h_2(t, t - T) \tag{9.172b}$$

erhält. Auf diese Weise gewinnt man den Verlauf der Kernfunktion $h_2(t_1, t_2)$ in der $(t_1, t_2)$-Ebene längs der Geraden

$$t_1 = t \ , \qquad t_2 = t - T$$

mit $t$ als Parameter, also längs der Geraden

$$t_2 = t_1 - T \ .$$

Durch Variation von $T$ ($0 \leqq T < \infty$) läßt sich so der gesamte Verlauf von $h_2(t_1, t_2)$ im ersten Quadranten der $(t_1, t_2)$-Ebene angeben. Dieses Ergebnis ermöglicht auch eine meßtechnische Auswertung.

Eine weitere interessante Wahl im Zusammenhang mit Gl. (9.168) ist

$$x_1(t) = e^{p_1 t} \ , \quad x_2(t) = e^{p_2 t} \tag{9.173}$$

mit $\operatorname{Re} p_1 \geqq 0$, $\operatorname{Re} p_2 \geqq 0$. Nach Gl. (9.171) ergibt sich

$$y_{2,12}(t) = 2 H_2(p_1, p_2) e^{(p_1 + p_2) t} \tag{9.174}$$

mit

$$H_2(p_1, p_2) = \int_0^\infty \int_0^\infty h_2(\tau_1, \tau_2) e^{-(p_1 \tau_1 + p_2 \tau_2)} d\tau_1 \, d\tau_2 \ , \tag{9.175}$$

wobei die Existenz vorausgesetzt wird. Die Funktion $H_2(p_1, p_2)$ stellt die zweidimensionale Laplace-Transformierte der Kernfunktion $h_2(t_1, t_2)$ dar. Nach den Gln. (9.170c,d) erhält man weiterhin im vorliegenden Fall der Erregung nach Gl. (9.168) mit den Gln. (9.173)

$$y_{2,1}(t) = H_2(p_1, p_1) e^{2 p_1 t} \qquad \text{und} \qquad y_{2,2}(t) = H_2(p_2, p_2) e^{2 p_2 t} \ .$$

Mit

$$H_1(p) = \int_0^\infty h_1(\tau)\,\mathrm{e}^{-p\tau}\,\mathrm{d}\tau \tag{9.176}$$

findet man insgesamt für das Ausgangssignal nach Gl. (9.169) im vorliegenden Fall

$$y(t) = H_1(p_1)\,\mathrm{e}^{p_1 t} + H_1(p_2)\,\mathrm{e}^{p_2 t} + H_2(p_1, p_1)\,\mathrm{e}^{2p_1 t} + H_2(p_2, p_2)\,\mathrm{e}^{2p_2 t}$$
$$+ 2H_2(p_1, p_2)\,\mathrm{e}^{(p_1+p_2)t} \; . \tag{9.177}$$

Die Systemfunktion $H_2(p_1, p_2)$ läßt sich also dem Signal $y(t)$ aus Gl. (9.177) als halber Faktor bei der Signalkomponente mit Exponentialfaktor $p_1 + p_2$ entnehmen. Diese Erkenntnis kann bei analytischen Rechnungen ausgenützt werden. Die Kenntnis von $H_2(p_1, p_2)$ ermöglicht in der Regel die Ermittlung des Kerns $h_2(t_1, t_2)$. Die Gl. (9.175) läßt sich nämlich unter bestimmten, allerdings recht allgemeinen Bedingungen invertieren und damit nach $h_2(t_1, t_2)$ auflösen:

$$h_2(t_1, t_2) = \frac{1}{(2\pi\mathrm{j})^2} \int_{-\mathrm{j}\infty}^{\mathrm{j}\infty} \int_{-\mathrm{j}\infty}^{\mathrm{j}\infty} H_2(p_1, p_2)\,\mathrm{e}^{(p_1 t_1 + p_2 t_2)}\,\mathrm{d}p_1\,\mathrm{d}p_2 \; . \tag{9.178}$$

Dabei ist die Integration für imaginäre $p_1$ und $p_2$ zu führen. Aus Gl. (9.175) ist zu erkennen, daß

$$H_2(p_1, p_2) \equiv H_2(p_2, p_1) \; , \tag{9.179a}$$

speziell

$$H_2(\mathrm{j}\omega_1, \mathrm{j}\omega_2) \equiv H_2(\mathrm{j}\omega_2, \mathrm{j}\omega_1) \tag{9.179b}$$

gilt. Außerdem folgt für reelle Systeme die Eigenschaft

$$H_2^*(\mathrm{j}\omega_1, \mathrm{j}\omega_2) \equiv H_2(-\mathrm{j}\omega_1, -\mathrm{j}\omega_2) \; . \tag{9.180}$$

Schließlich sei als Eingangssignal des quadratischen Systems

$$x(t) = A_1\,\mathrm{e}^{p_1 t} + A_{-1}\,\mathrm{e}^{-p_1 t} + A_2\,\mathrm{e}^{p_2 t} + A_{-2}\,\mathrm{e}^{-p_2 t} \tag{9.181}$$

gewählt. Nach kurzer Rechnung findet man bei Benutzung der Eigenschaften der Funktion $H_2(p_1, p_2)$

$$y(t) = A_1 H_1(p_1)\,\mathrm{e}^{p_1 t} + A_{-1} H_1(-p_1)\,\mathrm{e}^{-p_1 t} + A_2 H_1(p_2)\,\mathrm{e}^{p_2 t}$$
$$+ A_{-2} H_1(-p_2)\,\mathrm{e}^{-p_2 t} + 2A_1 A_{-1} H_2(p_1, -p_1) + 2A_2 A_{-2} H_2(p_2, -p_2)$$
$$+ A_1^2 H_2(p_1, p_1)\,\mathrm{e}^{2p_1 t} + A_{-1}^2 H_2(-p_1, -p_1)\,\mathrm{e}^{-2p_1 t}$$
$$+ A_2^2 H_2(p_2, p_2)\,\mathrm{e}^{2p_2 t} + A_{-2}^2 H_2(-p_2, -p_2)\,\mathrm{e}^{-2p_2 t}$$
$$+ 2A_1 A_2 H_2(p_1, p_2)\,\mathrm{e}^{(p_1+p_2)t} + 2A_{-1} A_{-2} H_2(-p_1, -p_2)\,\mathrm{e}^{-(p_1+p_2)t}$$
$$+ 2A_{-1} A_2 H_2(-p_1, p_2)\,\mathrm{e}^{(p_2-p_1)t} + 2A_1 A_{-2} H_2(p_1, -p_2)\,\mathrm{e}^{(p_1-p_2)t} \; . \tag{9.182}$$

Die Gl. (9.181) enthält als Sonderfall

$$A_1^* = A_{-1}\,, \quad A_2^* = A_{-2}\,, \quad p_1 = \mathrm{j}\omega_1\,, \quad p_2 = \mathrm{j}\omega_2$$

die Summe von zwei harmonischen Schwingungen mit den Kreisfrequenzen $\omega_1$ und $\omega_2$. Wie man sieht, enthält $y(t)$ nach Gl. (9.182) außer einem Gleichanteil harmonische Anteile mit den Kreisfrequenzen $\omega_1$, $\omega_2$, $2\omega_1$, $2\omega_2$, $\omega_1 + \omega_2$, $|\omega_1 - \omega_2|$. Man beachte, daß die Amplituden frequenzabhängig sind. Der Teilschwingung

$$4\,\mathrm{Re}[A_1 A_2 H_2(\mathrm{j}\omega_1, \mathrm{j}\omega_2)\,\mathrm{e}^{\mathrm{j}(\omega_1+\omega_2)t}] = 4\,|A_1|\,|A_2|\,|H_2(\mathrm{j}\omega_1, \mathrm{j}\omega_2)|\cos([\omega_1+\omega_2]t + \varphi)$$

mit

$$\varphi = \arg A_1 + \arg A_2 + \arg H_2(\mathrm{j}\omega_1, \mathrm{j}\omega_2)$$

kann $H_2(\mathrm{j}\omega_1, \mathrm{j}\omega_2)$ für alle $\omega_1 \geqq 0$, $\omega_2 \geqq 0$, d. h. für Paare $(\omega_1, \omega_2)$ im ersten (und aus Symmetriegründen im dritten) Quadranten entnommen werden. Die Teilschwingung mit der Kreisfrequenz $|\omega_1 - \omega_2|$ liefert entsprechend $H_2(\mathrm{j}\omega_1, \mathrm{j}\omega_2)$ im zweiten und vierten Quadranten. Die Teilschwingungen mit den Kreisfrequenzen $2\omega_1$ und $2\omega_2$ liefern noch die Werte von $H_2(\mathrm{j}\omega_1, \mathrm{j}\omega_2)$ längs der Gerade $\omega_1 = \omega_2$ in der $(\omega_1, \omega_2)$-Ebene.

Der im Kapitel I eingeführte Stabilitätsbegriff für Systeme in der Eingang-Ausgang-Darstellung nach Gl. (1.52) läßt sich direkt auf die mittels Volterra-Reihen darstellbaren Systeme, insbesondere auf quadratische Systeme anwenden. Nimmt man an, daß in Gl. (9.162) nur der Term mit dem Kern $h_2(t_1, t_2)$ vorhanden ist und betrachtet man nur beschränkte Eingangssignale $x(t)$ mit $|x(t)| \leqq M$, so läßt sich wie beim Beweis des hinlänglichen Teils des Stabilitätskriteriums aus Kapitel I, Abschnitt 2.6 das Ausgangssignal durch

$$|y(t)| \leqq M^2 \int_0^\infty \int_0^\infty |h_2(\tau_1, \tau_2)|\,\mathrm{d}\tau_1\,\mathrm{d}\tau_2$$

abschätzen. Dies bedeutet, daß ein System in der Darstellung nach Gl. (9.162), in der nur $h_2(t_1, t_2)$ vorhanden ist, die Eigenschaft der Stabilität aufweist, wenn

$$\int_0^\infty \int_0^\infty |h_2(\tau_1, \tau_2)|\,\mathrm{d}\tau_1\,\mathrm{d}\tau_2 \leqq K < \infty \tag{9.183}$$

gilt, die Kernfunktion $h_2(t_1, t_2)$ also absolut integrierbar ist. Tritt in der Darstellung nach Gl. (9.162) zusätzlich zum zweiten Summanden noch der lineare Term mit dem Kern $h_1(t)$ auf und ist neben $h_2(t_1, t_2)$ auch $h_1(t)$ absolut integrierbar, dann besteht auch in diesem Fall Stabilität.

Für $\mathrm{Re}\,p_1 \geqq 0$ und $\mathrm{Re}\,p_2 \geqq 0$ läßt sich der Betrag der Systemfunktion $H_2(p_1, p_2)$ nach Gl. (9.175) in der Form

$$|H_2(p_1, p_2)| \leqq \int_0^\infty \int_0^\infty |h_2(\tau_1, \tau_2)|\,\mathrm{d}\tau_1\,\mathrm{d}\tau_2$$

abschätzen. Besteht die Ungleichung (9.183), dann ist also die Systemfunktion $H_2(p_1, p_2)$ in $\mathrm{Re}\,p_1 \geqq 0$, $\mathrm{Re}\,p_2 \geqq 0$ beschränkt. Im Innern dieses Gebiets, d. h. in $\mathrm{Re}\,p_1 > 0$, $\mathrm{Re}\,p_2 > 0$ ist $H_2(p_1, p_2)$ sogar analytisch in beiden Variablen, wie gezeigt werden kann. Es sei angenommen, daß $H_2(p_1, p_2)$ eine rationale Funktion ist und das Nennerpolynom nicht in $\mathrm{Re}\,p_1 \geqq 0$, $\mathrm{Re}\,p_2 \geqq 0$ verschwindet, also Pole der Systemfunktion $H_2(p_1, p_2)$ (die im allgemeinen nicht isoliert auftreten) nur für Re $p_1 < 0$ oder Re $p_2 < 0$ vorkommen. Dann ist, wie gezeigt werden kann, $h_2(t_1, t_2)$ absolut integrierbar, die (hinreichende) Stabilitätsbedingung ist also erfüllt.

Das in der Eingang-Ausgang-Beschreibung quadratischer Systeme auftretende Integral

$$y_2(t) = \int_0^\infty \int_0^\infty h_2(\tau_1, \tau_2) x(t-\tau_1) x(t-\tau_2) \, d\tau_1 \, d\tau_2 \tag{9.184}$$

kann mit Hilfe der Systemfunktion $H_2(p_1, p_2)$ ausgewertet werden. Dazu ersetzt man in Gl. (9.184) $h_2(\tau_1, \tau_2)$ gemäß der Darstellung nach Gl. (9.178) durch $H_2(p_1, p_2)$. Nach der Substitution von $t - \tau_1$ durch $\sigma_1$ und $t - \tau_2$ durch $\sigma_2$ kann man die Laplace-Transformierte $X(p)$ von $x(t)$ einführen. Auf diese Weise erhält man im Fall eines stabilen Systems und einer beschränkten Erregung

$$y_2(t) = \frac{1}{(2\pi \mathrm{j})^2} \int_{-\mathrm{j}\infty}^{\mathrm{j}\infty} \int_{-\mathrm{j}\infty}^{\mathrm{j}\infty} H_2(p_1, p_2) \, \mathrm{e}^{(p_1+p_2)t} X(p_1) X(p_2) \, dp_1 \, dp_2 \; .$$

Jetzt werden die Integrationsvariablen $p_1, p_2$ gemäß

$$p_1 = p - s \; , \qquad p_2 = s$$

gewechselt. Dadurch erhält man die Formel

$$y_2(t) = \frac{1}{2\pi \mathrm{j}} \int_{p=-\mathrm{j}\infty}^{\mathrm{j}\infty} \left[ \frac{1}{2\pi \mathrm{j}} \int_{s=-\mathrm{j}\infty}^{\mathrm{j}\infty} H_2(p-s, s) X(p-s) X(s) \, ds \right] \mathrm{e}^{pt} \, dp \; . \tag{9.185}$$

Der Ausdruck in Klammern auf der rechten Seite von Gl. (9.185) stellt eine Funktion in $p$ dar. Wenn diese, als Laplace-Transformierte, in den Zeitbereich überführt wird, erhält man $y_2(t)$. Den vom Kern $h_1(t)$ herrührenden Anteil des Ausgangssignals $y(t)$ kann man wie bei einem linearen, zeitinvarianten und kausalen System durch Laplace-Rücktransformation von $H_1(p)X(p)$ erhalten, wobei die Systemfunktion $H_1(p)$ durch Gl. (9.176) gegeben ist.

*Beispiel*: Es sei das im Bild 9.21 dargestellte System betrachtet. Es enthält ein lineares, zeitinvariantes Subsystem mit der Übertragungsfunktion

$$H(p) = \frac{2p+3}{(p+1)(p+2)} \tag{9.186a}$$

und damit der Impulsantwort

$$h(t) = s(t)\mathrm{e}^{-t} + s(t)\mathrm{e}^{-2t} \; . \tag{9.186b}$$

Diesem Teil ist ein Quadrierer mit der Charakteristik

$$y(t) = u^2(t) \tag{9.187}$$

nachgeschaltet. Für das Ausgangssignal des linearen Teilsystems gilt

Bild 9.21: Beispiel für ein quadratisches System

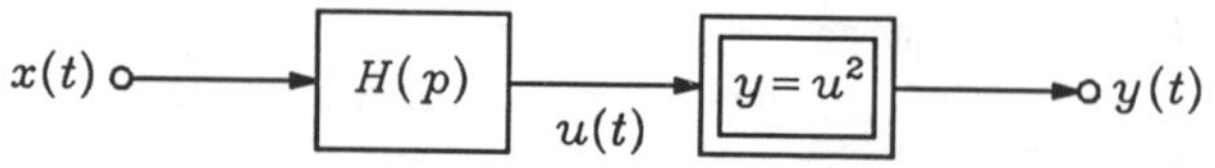

$$u(t) = \int_0^\infty h(\tau)x(t-\tau)\,\mathrm{d}\tau \ .$$

Damit erhält man für das Ausgangssignal des Gesamtsystems

$$y(t) = \int_0^\infty \int_0^\infty h(\tau_1)h(\tau_2)x(t-\tau_1)x(t-\tau_2)\,\mathrm{d}\tau_1\,\mathrm{d}\tau_2 \ , \tag{9.188}$$

woraus

$$h_2(t_1, t_2) = h(t_1)h(t_2) \tag{9.189a}$$

und zudem

$$H_2(p_1, p_2) = H(p_1)H(p_2) \tag{9.189b}$$

folgt. Man beachte, daß die in den Gln. (9.189a,b) auftretenden Funktionen $h(t)$ und $H(p)$ durch die Gln. (9.186a,b) gegeben sind.

Es sei nun als spezielles Eingangssignal das Impulspaar

$$x(t) = \delta(t) + \delta(t-T)$$

mit der Laplace-Transformierten

$$X(p) = 1 + \mathrm{e}^{-pT} \tag{9.190}$$

($T = \text{const} > 0$) betrachtet. Nach Gl. (9.185) erhält man die Laplace-Transformierte des zugehörigen Ausgangssignals in der Form

$$Y(p) = \frac{1}{2\pi \mathrm{j}} \int_{s=-\mathrm{j}\infty}^{\mathrm{j}\infty} H(p-s)X(p-s)H(s)X(s)\,\mathrm{d}s \ . \tag{9.191}$$

Führt man die Gln. (9.186a) und (9.190) in Gl. (9.191) ein, so läßt sich $Y(p)$ explizit berechnen und in den Zeitbereich transformieren. Einfacher ist es aber, das Integral in Gl. (9.191) als Faltungsintegral aufzufassen, also

$$Y(p) = \frac{1}{2\pi \mathrm{j}} [H(p)X(p)] * [H(p)X(p)]$$

zu schreiben. Dann erhält man nach dem Faltungssatz der Laplace-Transformation und der Korrespondenz

$$s(t)(\mathrm{e}^{-t} + \mathrm{e}^{-2t}) + s(t-T)(\mathrm{e}^{-(t-T)} + \mathrm{e}^{-2(t-T)}) \circ\!\!-\!\!\bullet \ \frac{2p+3}{(p+1)(p+2)}(1 + \mathrm{e}^{-pT})$$

für das Ausgangssignal

$$y(t) = [s(t)(\mathrm{e}^{-t} + \mathrm{e}^{-2t}) + s(t-T)(\mathrm{e}^{-(t-T)} + \mathrm{e}^{-2(t-T)})]^2 \ , \tag{9.192}$$

was unmittelbar auch der Schaltung im Bild 9.21 entnommen werden kann, wenn man berücksichtigt, daß beim vorgegebenen Eingangssignal $x(t)$ einfach $u(t) = h(t) + h(t-\tau)$ gilt. Das hier betrachtete System gehört zur Klasse der *separierbaren* Systeme. Diese sind dadurch gekennzeichnet, daß die Volterra-Kerne die Eigenschaft

$$h_\nu(t_1, t_2, \ldots, t_\nu) = \prod_{i=1}^{\nu} h_i(t_i) \tag{9.193}$$

($\nu = 1, 2, \ldots$) haben.

## 4.2. KUBISCHE SYSTEME

Die Eingang-Ausgang-Beschreibung eines kubischen Systems nach Gl. (9.162) enthält neben dem rein linearen Anteil mit dem Kern $h_1(t_1)$ und dem rein quadratischen Anteil mit dem Kern $h_2(t_1, t_2)$ als weiteren wesentlichen Anteil noch das Dreifachintegral mit der Kernfunktion $h_3(t_1, t_2, t_3)$. Weitere Summanden sind in der Beschreibung nach Gl. (9.162) nicht vorhanden. Man kann dabei ohne Einschränkung der Allgemeinheit einen symmetrischen Kern $h_3(t_1, t_2, t_3)$ voraussetzen, dessen Funktionswert sich bei beliebiger Permutation der Werte der unabhängigen Veränderlichen $t_1, t_2, t_3$ nicht verändert:

$$h_3(t_1, t_2, t_3) \equiv h_3(t_1, t_3, t_2) \equiv h_3(t_2, t_1, t_3) \equiv \cdots \quad .$$

Ist $h_3(t_1, t_2, t_3)$ nicht symmetrisch, so darf dieser Kern in Gl. (9.162) durch seinen symmetrischen Teil

$$h_{3s}(t) = \frac{1}{6}[h_3(t_1, t_2, t_3) + h_3(t_1, t_3, t_2) + h_3(t_2, t_1, t_3)$$
$$+ h_3(t_2, t_3, t_1) + h_3(t_3, t_1, t_2) + h_3(t_3, t_2, t_1)]$$

ersetzt werden, ohne daß sich das Ergebnis des Integrals

$$y_3(t) = \int_0^\infty \int_0^\infty \int_0^\infty h_3(\tau_1, \tau_2, \tau_3) x(t - \tau_1) x(t - \tau_2) x(t - \tau_3) \, d\tau_1 \, d\tau_2 \, d\tau_3 \quad (9.194)$$

ändert. Zur Sicherstellung der Stabilität des Systems verlangt man die absolute Integrierbarkeit aller Kerne $h_1(t_1)$, $h_2(t_1, t_2)$ und $h_3(t_1, t_2, t_3)$.

Es soll jetzt der Fall betrachtet werden, daß das Eingangssignal

$$x(t) = x_1(t) + x_2(t) + x_3(t) \quad (9.195)$$

aus drei additiven Komponenten $x_1(t)$, $x_2(t)$, $x_3(t)$ besteht. Der Teil des Ausgangssignals, der nur vom Kern $h_3(t_1, t_2, t_3)$ verursacht und von $x(t)$ nach Gl. (9.195) erzeugt wird, läßt sich angesichts der Symmetrie des Kerns aufgrund von Gl. (9.194) in der Form

$$y_3(t) = y_{3,1}(t) + y_{3,2}(t) + y_{3,3}(t) + y_{3,12}(t) + y_{3,23}(t) + y_{3,13}(t) + y_{3,123}(t) \quad (9.196)$$

schreiben. Dabei bedeuten

$$y_{3,\mu}(t) = \int_0^\infty \int_0^\infty \int_0^\infty h_3(\tau_1, \tau_2, \tau_3) x_\mu(t - \tau_1) x_\mu(t - \tau_2) x_\mu(t - \tau_3) \, d\tau_1 \, d\tau_2 \, d\tau_3$$

$$(\mu = 1, 2, 3) \; , \quad (9.197a)$$

$$y_{3,\mu\nu}(t) = 3 \int_0^\infty \int_0^\infty \int_0^\infty h_3(\tau_1, \tau_2, \tau_3) [x_\mu(t - \tau_1) x_\mu(t - \tau_2) x_\nu(t - \tau_3)$$
$$+ x_\mu(t - \tau_1) x_\nu(t - \tau_2) x_\nu(t - \tau_3)] \, d\tau_1 \, d\tau_2 \, d\tau_3 \quad (9.197b)$$

$$((\mu, \nu) = (1,2), (2,3), (1,3)) ,$$

$$y_{3,123}(t) = 6\int_0^\infty\int_0^\infty\int_0^\infty h_3(\tau_1, \tau_2, \tau_3)x_1(t-\tau_1)x_2(t-\tau_2)x_3(t-\tau_3)\,\mathrm{d}\tau_1\,\mathrm{d}\tau_2\,\mathrm{d}\tau_3 . \quad (9.197c)$$

Interessant ist die Wahl

$$x_1(t) = \delta(t), \quad x_2(t) = \delta(t - T_1), \quad x_3(t) = \delta(t - T_2)$$

in Gl (9.195) (Impuls-Tripel). In diesem Fall liefert die Gl. (9.197c)

$$y_{3,123}(t) = 6h_3(t, t - T_1, t - T_2) .$$

Auf diese Weise läßt sich bei Veränderung von $T_1$ und $T_2$ der Volterra-Kern $h_3(t_1, t_2, t_3)$ bestimmen.

Wählt man

$$x_1(t) = \mathrm{e}^{p_1 t}, \quad x_2(t) = \mathrm{e}^{p_2 t}, \quad x_3(t) = \mathrm{e}^{p_3 t}$$

mit $\operatorname{Re} p_1 \geqq 0$, $\operatorname{Re} p_2 \geqq 0$, $\operatorname{Re} p_3 \geqq 0$ und führt man die Systemfunktion

$$H_3(p_1, p_2, p_3) = \int_0^\infty\int_0^\infty\int_0^\infty h_3(\tau_1, \tau_2, \tau_3)\mathrm{e}^{-(p_1\tau_1 + p_2\tau_2 + p_3\tau_3)}\,\mathrm{d}\tau_1\,\mathrm{d}\tau_2\,\mathrm{d}\tau_3 \quad (9.198)$$

unter der Voraussetzung ihrer Existenz ein, so erhält man aus Gl. (9.196) mit den Gln. (9.197a-c)

$$y_3(t) = \sum_{\mu=1}^{3} H_3(p_\mu, p_\mu, p_\mu)\mathrm{e}^{3p_\mu t} + 3\sum_{\mu=1}^{3}\sum_{\substack{\nu=1 \\ (\mu\neq\nu)}}^{3} H_3(p_\mu, p_\mu, p_\nu)\mathrm{e}^{(2p_\mu + p_\nu)t}$$

$$+ 6H_3(p_1, p_2, p_3)\mathrm{e}^{(p_1+p_2+p_3)t} , \quad (9.199)$$

wenn man die Symmetrie der Systemfunktion $H_3(p_1, p_2, p_3)$ ausnützt, die eine Konsequenz der Symmetrie von $h_3(t_1, t_2, t_3)$ ist. Die Gl. (9.199) zeigt, wie man aus dem Signal $y_3(t)$ die Systemfunktion $H_3(p_1, p_2, p_3)$ ermitteln kann.

Es ist zu beachten, daß $H_3(p_1, p_2, p_3)$ nach Gl. (9.198) die dreidimensionale Laplace-Transformierte des Kerns $h_3(t_1, t_2, t_3)$ darstellt. Unter bestimmten Bedingungen kann Gl. (9.198) invertiert werden:

$$h_3(t_1, t_2, t_3) = \frac{1}{(2\pi\mathrm{j})^3}\int_{-\mathrm{j}\infty}^{\mathrm{j}\infty}\int_{-\mathrm{j}\infty}^{\mathrm{j}\infty}\int_{-\mathrm{j}\infty}^{\mathrm{j}\infty} H_3(p_1, p_2, p_3)\mathrm{e}^{(p_1 t_1 + p_2 t_2 + p_3 t_3)}\,\mathrm{d}p_1\,\mathrm{d}p_2\,\mathrm{d}p_3 . \quad (9.200)$$

Die Gl. (9.194) läßt sich mit Hilfe der Systemfunktion $H_3(p_1, p_2, p_3)$ auswerten. Führt man nämlich Gl. (9.200) in Gl. (9.194) ein und verwendet die Laplace-Transformierte $X(p)$ des Eingangssignals $x(t)$, substituiert $t - \tau_1, t - \tau_2, t - \tau_3$ durch $\sigma_1$, $\sigma_2$ bzw. $\sigma_3$, so erhält man bei Voraussetzung der Stabilität des Systems und der Beschränktheit der Erregung zunächst

$$y_3(t) = \frac{1}{(2\pi j)^3} \int_{-j\infty}^{j\infty} \int_{-j\infty}^{j\infty} \int_{-j\infty}^{j\infty} H_3(p_1, p_2, p_3) X(p_1) X(p_2) X(p_3) \, e^{(p_1+p_2+p_3)t} \, dp_1 \, dp_2 \, dp_3 \tag{9.201}$$

und nach den weiteren Substitutionen

$$p_1 = p - s_1 - s_2 \, , \quad p_2 = s_1 \, , \quad p_3 = s_2 \tag{9.202}$$

die Darstellung

$$y_3(t) = \frac{1}{2\pi j} \int_{-j\infty}^{j\infty} \left[ \frac{1}{(2\pi j)^2} \int_{-j\infty}^{j\infty} \int_{-j\infty}^{j\infty} H_3(p - s_1 - s_2, s_1, s_2) X(p - s_1 - s_2) X(s_1) X(s_2) \, ds_1 \, ds_2 \right] e^{pt} dp \ . \tag{9.203}$$

Die im Integral von Gl. (9.203) in eckigen Klammern stehende Funktion von $p$ ist also die Laplace-Transformierte von $y_3(t)$.

*Beispiel*: Bild 9.22 zeigt ein System, in dem ein nichtlineares Glied mit der Charakteristik $v = u^3$ zwischen zwei lineare und stabile Subsysteme mit den Übertragungsfunktionen $H(p)$ bzw. $F(p)$ eingebettet ist. Mit der Impulsantwort $h(t)$ des ersten linearen Teilsystems lassen sich folgende Beziehungen angeben:

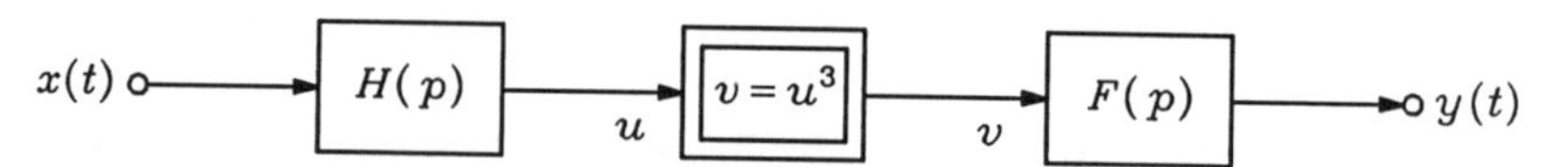


Bild 9.22: Beispiel für ein kubisches System

$$u(t) = \int_0^\infty h(\tau) x(t-\tau) \, d\tau \ ,$$

$$v(t) = \int_0^\infty \int_0^\infty \int_0^\infty h(\tau_1) h(\tau_2) h(\tau_3) x(t-\tau_1) x(t-\tau_2) x(t-\tau_3) \, d\tau_1 \, d\tau_2 \, d\tau_3 \ .$$

Gemäß Gl. (9.201) folgt hieraus

$$v(t) = \frac{1}{(2\pi j)^3} \int_{-j\infty}^{j\infty} \int_{-j\infty}^{j\infty} \int_{-j\infty}^{j\infty} H(p_1) H(p_2) H(p_3) X(p_1) X(p_2) X(p_3) \, e^{(p_1+p_2+p_3)t} dp_1 \, dp_2 \, dp_3 \ ,$$

also aufgrund von Gl. (9.203) für die Laplace-Transformierte $V(p)$ von $v(t)$

$$V(p) = \frac{1}{(2\pi j)^2} \int_{-j\infty}^{j\infty} \int_{-j\infty}^{j\infty} H(p - s_1 - s_2) H(s_1) H(s_2) X(p - s_1 - s_2) X(s_1) X(s_2) \, ds_1 \, ds_2 \ .$$

Hieraus ergibt sich für die Laplace-Transformierte $Y(p)$ des Ausgangssignals wegen $Y(p) = F(p)V(p)$ die Darstellung

$$Y(p) = \frac{1}{(2\pi j)^2} \int_{-j\infty}^{j\infty} \int_{-j\infty}^{j\infty} F(p) H(p - s_1 - s_2) H(s_1) H(s_2) X(p - s_1 - s_2) X(s_1) X(s_2) \, ds_1 \, ds_2 \ ,$$

woraus aufgrund eines Vergleichs mit Gl. (9.203) und mit Gln. (9.202) für die Systemfunktion die Darstellung

$$H_3(p_1, p_2, p_3) = F(p_1 + p_2 + p_3) H(p_1) H(p_2) H(p_3)$$

abgelesen werden kann.

# ANHANG A: KURZER EINBLICK IN DIE DISTRIBUTIONENTHEORIE

## 1. Die Delta-Funktion

In der Analysis versteht man unter einer Funktion $y = f(t)$ eine eindeutige Vorschrift für die Abbildung einer Zahlenmenge $\{t\}$ auf eine Zahlenmenge $\{y\}$. So versteht man unter der Sprungfunktion $y = s(t)$ den Prozeß, durch welchen alle reellen Zahlen $t < 0$ auf $y = 0$ und alle reellen Zahlen $t > 0$ auf $y = 1$ abgebildet werden. Die in Gl. (1.18) formal eingeführte Delta-Funktion $\delta(t)$ läßt sich auf diese Weise nicht definieren. Es gibt nämlich keine Funktion $\delta(t)$ im obigen Sinne, so daß bei Wahl irgendeiner stetigen Funktion $f$ das Integral in Gl. (1.18) den Wert $f(t)$ liefert.

Zur Überwindung dieser Schwierigkeit wird die Delta-Funktion im folgenden als *verallgemeinerte Funktion* oder *Distribution* definiert. Dazu wird eine Menge von *Testfunktionen* $\{\varphi(t)\}$ gewählt, die gewöhnliche Funktionen, d. h. Funktionen im eingangs genannten Sinne der Analysis, sein sollen. Zunächst genügt es, als $\{\varphi(t)\}$ die Menge $C$ aller in $-\infty < t < \infty$ stetigen Funktionen zu betrachten. Die Distribution $\delta(t)$ wird nun als Prozeß erklärt, durch den jeder Testfunktion $\varphi(t) \in C$ ein bestimmter Zahlenwert, nämlich $\varphi(0)$, zugeordnet wird. Die verallgemeinerte Funktion $\delta(t)$ wird also als Funktional [1] definiert, und man schreibt hierfür gewöhnlich

$$< \delta(t), \varphi(t) > = \varphi(0) \,. \tag{A-1}$$

Diese Art der Beschreibung eines zeitlichen Vorgangs ist vergleichbar mit der Darstellung eines Zeitvorgangs durch seine Laplace-Transformierte: Der Zeitvorgang $f(t)$ wird im Laplace-Bereich beschrieben, indem jedem Element der Funktionenmenge $\{e^{-pt}\}$ (dabei ist $t$ die unabhängige Veränderliche und $p$ ein die Menge kennzeichnender komplexwertiger Parameter) ein bestimmter Zahlenwert $F_I(p)$ zugeordnet wird. Die Art dieser durch Gl. (5.4) ausgedrückten Zuordnung ist charakteristisch für die Darstellung von $f(t)$ im Laplace-Bereich. Es handelt sich also auch hier um die Beschreibung eines zeitlichen Vorganges durch ein Funktional. Insofern stellt die Erklärung der Delta-Funktion gemäß Gl. (A-1) nichts Außergewöhnliches dar.

Die Delta-Funktion, d. h. das Funktional nach Gl. (A-1), soll bestimmte Eigenschaften (Linearität, Stetigkeit) aufweisen. Diese können dadurch festgelegt werden, daß man das Funktional nach Gl. (A-1) formal als

$$\int_{-\infty}^{\infty} \delta(t)\, \varphi(t)\, \mathrm{d}t = \varphi(0) \tag{A-2}$$

schreibt und vereinbart, daß die linke Seite der Gl. (A-2) formal wie ein Integral zu behandeln ist. Man beachte jedoch, daß die linke Seite der Gl. (A-2) nicht als Integral im

---

[1] Ein Funktional ist eine Vorschrift, durch die jedem Element einer bestimmten Funktionenmenge eine Zahl zugewiesen wird.

mathematisch üblichen Sinne (d. h. im Riemannschen oder Lebesgueschen Sinne) interpretiert werden kann.

Angesichts der getroffenen Vereinbarung hat man beispielsweise unter der Distribution $\delta(t-t_0)$ das Funktional

$$\int_{-\infty}^{\infty} \delta(t-t_0)\,\varphi(t)\,\mathrm{d}t = \int_{-\infty}^{\infty} \delta(t)\,\varphi(t+t_0)\,\mathrm{d}t = \varphi(t_0)$$

und unter $\delta(at)$ mit $a \neq 0$ das Funktional

$$\int_{-\infty}^{\infty} \delta(at)\,\varphi(t)\,\mathrm{d}t = \frac{1}{|a|}\int_{-\infty}^{\infty} \delta(t)\,\varphi(t/a)\,\mathrm{d}t = \frac{1}{|a|}\,\varphi(0)$$

zu verstehen, so daß also $|a|\,\delta(at) = \delta(t)$ geschrieben werden kann. – Bei der Erklärung des Differentialquotienten $\mathrm{d}\delta(t)/\mathrm{d}t$ muß die Klasse der bisher betrachteten Testfunktionen $\varphi(t)$ weiter eingeschränkt werden. Diese Einschränkung ist auch bei der Definition weiterer Distributionen erforderlich. Deshalb wird im nächsten Abschnitt eine allgemeine Distributionentheorie skizziert.

## 2. Distributionentheorie

Als Klasse von Testfunktionen $\{\varphi(t)\}$ wird die Gesamtheit aller in $-\infty < t < \infty$ unbegrenzt oft differenzierbaren reellen Funktionen betrachtet, die außerhalb irgendeines endlichen Intervalls verschwinden. Ein bekanntes Beispiel für derartige Testfunktionen ist

$$\varphi(t) = \begin{cases} a \exp\left[b^2/(t^2-b^2)\right] & \text{für} \quad |t| < b\ , \\ 0 & \text{für} \quad |t| \geqq b\ . \end{cases} \qquad \text{(A-3)}$$

Hierbei werden die Differentialquotienten von $\varphi(t)$ in den Punkten $t = \pm b$ als Grenzwerte der Differentialquotienten bei Annäherung an diese Punkte definiert. Weitere Testfunktionen erhält man z. B., indem man $\varphi(t)$ aus Gl. (A-3) mit irgendeinem Polynom in der Variablen $t$ multipliziert.

Die Menge aller Testfunktionen mit den genannten Eigenschaften wird als Funktionenraum $D$ bezeichnet. Es gilt $D \subset C$.

Unter einer Distribution $g(t)$ versteht man nun den Prozeß, durch den jeder Testfunktion $\varphi(t) \in D$ ein reeller Zahlenwert zugeordnet wird. Die Distribution $g(t)$ ist also ein Funktional über dem Raum $D$, und es wird hierfür üblicherweise $< g(t), \varphi(t) >$ geschrieben. Die Art der Abbildung des Raumes $D$ auf den Raum der reellen Zahlen ist kennzeichnend für die betreffende Distribution. Allgemein soll das Funktional, durch das eine Distribution definiert wird, *linear* und *stetig* sein, d. h. es soll stets

$$< g(t), a\,\varphi_1(t) + b\,\varphi_2(t) > \; = a \; < g(t), \varphi_1(t) > + \; b \; < g(t), \varphi_2(t) >$$

gelten mit $\varphi_1(t), \varphi_2(t) \in D$ und $a, b = \text{const}$, und es soll weiterhin

$$\lim_{\nu\to\infty} < g(t), \varphi_\nu(t) > \; = \; < g(t), \lim_{\nu\to\infty} \varphi_\nu(t) > \; = 0$$

sein für $\varphi_\nu(t) \in D$, sofern die Testfunktionen $\varphi_\nu(t)$ ($\nu = 1, 2, \ldots$) samt ihren Ableitungen für $\nu \to \infty$ gegen Null streben.

Man kann jede gewöhnliche Funktion $f(t)$, die also im eingangs erwähnten Sinne durch die Abbildung zweier Zahlenmengen definiert ist und von der angenommen wird, daß sie in $-\infty < t < \infty$ stückweise stetig und beschränkt ist, durch folgendes Funktional als Distribution erklären[1]:

$$< f(t), \varphi(t) > = \int_{-\infty}^{\infty} f(t)\, \varphi(t)\, \mathrm{d}t \ , \qquad \varphi(t) \in D \ .$$

Beispielsweise ist die Sprungfunktion $s(t)$ auf diese Weise als Distribution durch

$$< s(t), \varphi(t) > = \int_{0}^{\infty} \varphi(t)\, \mathrm{d}t \ , \qquad \varphi(t) \in D \ , \tag{A-4}$$

gegeben. Die Distribution $s(t)$ ist also der Prozeß, durch den jeder Funktion $\varphi(t) \in D$ ihr Integral von Null bis Unendlich zugeordnet wird.

Im vorstehenden Sinn kann man den Begriff der Distribution als Erweiterung des klassischen Funktionsbegriffs auffassen.

Für Distributionen hat man Operationen eingeführt, von denen ein Teil im folgenden genannt werden soll. Allgemein können diese Operationen dadurch erklärt werden, daß man das Funktional formal als Integral

$$< g(t), \varphi(t) > = \int_{-\infty}^{\infty} g(t)\, \varphi(t)\, \mathrm{d}t$$

schreibt und die formale Gültigkeit der mit Integralen verbundenen Rechenregeln fordert. Auf diese Weise ergeben sich die folgenden Operationen. Dabei sind die Definitionsgleichungen stets für alle $\varphi(t) \in D$ zu verstehen. Alle auftretenden Distributionen sollen also über dem Raum $D$ erklärt sein.

a) Die *Summe zweier Distributionen* $g(t) = g_1(t) + g_2(t)$ ist definiert durch

$$\int_{-\infty}^{\infty} g(t)\, \varphi(t)\, \mathrm{d}t = \int_{-\infty}^{\infty} g_1(t)\, \varphi(t)\, \mathrm{d}t + \int_{-\infty}^{\infty} g_2(t)\, \varphi(t)\, \mathrm{d}t \ . \tag{A-5}$$

b) Unter der *Translation* $g(t - t_0)$ einer Distribution $g(t)$ versteht man das durch die Beziehung

$$\int_{-\infty}^{\infty} g(t - t_0)\, \varphi(t)\, \mathrm{d}t = \int_{-\infty}^{\infty} g(t)\, \varphi(t + t_0)\, \mathrm{d}t \tag{A-6}$$

gekennzeichnete Funktional.

c) Eine *Änderung des Zeitmaßstabes*, die einen Übergang von der Distribution $g(t)$ zur Distribution $g(at)$ mit $a \neq 0$ bewirkt, ist gekennzeichnet durch

---

[1] Das hierbei auftretende Integral ist im Gegensatz zur Gl. (A-2) als Integral im üblichen (Riemannschen) Sinne zu verstehen.

$$\int_{-\infty}^{\infty} g(at)\,\varphi(t)\,\mathrm{d}t = \frac{1}{|a|}\int_{-\infty}^{\infty} g(t)\,\varphi\left(\frac{t}{a}\right)\mathrm{d}t \ . \tag{A-7}$$

d) Das *Produkt* $g(t)f(t)$ einer Distribution $g(t)$ mit einer beliebig oft differenzierbaren gewöhnlichen Funktion $f(t)$ ist definiert durch

$$\int_{-\infty}^{\infty} [g(t)f(t)]\,\varphi(t)\,\mathrm{d}t = \int_{-\infty}^{\infty} g(t)\,[f(t)\,\varphi(t)]\,\mathrm{d}t \ . \tag{A-8}$$

Man beachte, daß $[f(t)\,\varphi(t)] \in D$ gilt. Beispielsweise stellt jedes Polynom in $t$ eine beliebig oft differenzierbare Funktion $f(t)$ dar.

e) Der *Differentialquotient* $n$-ter Ordnung $\mathrm{d}^n g(t)/\mathrm{d}t^n$ einer Distribution $g(t)$ wird durch

$$\int_{-\infty}^{\infty} \frac{\mathrm{d}^n g(t)}{\mathrm{d}t^n}\,\varphi(t)\,\mathrm{d}t = (-1)^n \int_{-\infty}^{\infty} g(t)\,\frac{\mathrm{d}^n\varphi(t)}{\mathrm{d}t^n}\,\mathrm{d}t \tag{A-9}$$

erklärt. Man beachte, daß $\mathrm{d}^n\varphi(t)/\mathrm{d}t^n \in D$ gilt. Die Definition nach Gl. (A-9) resultiert aus der wiederholten formalen Anwendung partieller Integration auf das linke Integral.

f) Man spricht von der *Konvergenz einer Folge* von Distributionen $\{g_\nu(t)\}$ gegen die Distribution $g(t)$, wenn für alle $\varphi(t) \in D$

$$\lim_{\nu\to\infty} \int_{-\infty}^{\infty} g_\nu(t)\,\varphi(t)\,\mathrm{d}t = \int_{-\infty}^{\infty} g(t)\,\varphi(t)\,\mathrm{d}t \tag{A-10a}$$

gilt. Man schreibt hierfür

$$g(t) = \lim_{\nu\to\infty} g_\nu(t) \ . \tag{A-10b}$$

g) Eine Distribution $g(t)$ heißt *gerade*, wenn

$$g(t) = g(-t) \ , \tag{A-11a}$$

wenn also gemäß Gl. (A-7) mit $a = -1$

$$\int_{-\infty}^{\infty} g(t)\,\varphi(t)\,\mathrm{d}t = \int_{-\infty}^{\infty} g(t)\,\varphi(-t)\,\mathrm{d}t \tag{A-11b}$$

gilt. Die Distribution $g(t)$ heißt *ungerade*, wenn

$$g(t) = -g(-t) \ , \tag{A-12a}$$

wenn also gemäß Gl. (A-7) mit $a = -1$

$$\int_{-\infty}^{\infty} g(t)\,\varphi(t)\,\mathrm{d}t = -\int_{-\infty}^{\infty} g(t)\,\varphi(-t)\,\mathrm{d}t \tag{A-12b}$$

gilt.

h) Man sagt, eine Distribution $g(t)$ sei außerhalb eines abgeschlossenen Intervalls $[a,b]$ Null, wenn für jede Testfunktion $\varphi(t)$, welche überall in diesem Intervall verschwindet, die Gleichung

$$\int_{-\infty}^{\infty} g(t)\,\varphi(t)\,\mathrm{d}t = 0$$

gilt. Entsprechend wird die Eigenschaft festgelegt, daß eine Distribution innerhalb eines Intervalls verschwindet.

i) Bei der *Faltung* $g_1(t) * g_2(t)$ zweier Distributionen $g_1(t)$ und $g_2(t)$ wird vorausgesetzt, daß wenigstens eine dieser Distributionen außerhalb irgendeines endlichen Intervalls gleich Null ist. Die Faltung $g_1(t) * g_2(t)$ wird dann erklärt durch die Beziehung

$$\int_{-\infty}^{\infty} [g_1(t) * g_2(t)]\,\varphi(t)\,\mathrm{d}t = \int_{-\infty}^{\infty} g_1(t)\left[\int_{-\infty}^{\infty} g_2(\tau)\,\varphi(t+\tau)\,\mathrm{d}\tau\right]\mathrm{d}t\,, \qquad \text{(A-13a)}$$

und es gilt

$$g_1(t) * g_2(t) = g_2(t) * g_1(t)\,. \qquad \text{(A-13b)}$$

Einen Beweis für die Vertauschbarkeit der Faltung gemäß Gl. (A-13b) findet man in [Fe1]. Daß die Definition der Faltung nach Gl. (A-13a) sinnvoll ist, läßt sich folgendermaßen begründen. Ist beispielsweise $g_2(t)$ außerhalb eines endlichen Intervalls gleich Null, dann ist jede Funktion

$$\psi(t) = \int_{-\infty}^{\infty} g_2(\tau)\,\varphi(t+\tau)\,\mathrm{d}\tau$$

für alle $\varphi(t) \in D$ beliebig oft differenzierbar, und außerdem verschwindet $\psi(t)$ wegen der besonderen Eigenschaft von $g_2(t)$ außerhalb eines gewissen endlichen Intervalls. Es gilt deshalb $\psi(t) \in D$, und damit hat das Funktional

$$\int_{-\infty}^{\infty} g_1(t)\,\psi(t)\,\mathrm{d}t = \int_{-\infty}^{\infty} [g_1(t) * g_2(t)]\,\varphi(t)\,\mathrm{d}t$$

einen Sinn. Ist andererseits $g_1(t)$ außerhalb eines endlichen Intervalls gleich Null und $g_2(t)$ eine beliebige Distribution, dann ist die genannte Funktion $\psi(t)$ für alle $\varphi \in D$ beliebig oft differenzierbar, aber im allgemeinen außerhalb eines endlichen Intervalls nicht gleich Null. Da aber $g_1(t)$ außerhalb eines endlichen Intervalls Null ist, hat auch in diesem Fall die Gl. (A-13a) einen Sinn.

## 3. Einige Anwendungen

Es soll zunächst gezeigt werden, daß der Differentialquotient der (als Distribution aufgefaßten) Sprungfunktion $\mathrm{d}s(t)/\mathrm{d}t$ mit der Distribution $\delta(t)$ identisch ist. Mit Gl. (A-9) für $n = 1$ erhält man

$$\int_{-\infty}^{\infty} \frac{\mathrm{d}s(t)}{\mathrm{d}t}\,\varphi(t)\,\mathrm{d}t = -\int_{-\infty}^{\infty} s(t)\frac{\mathrm{d}\varphi}{\mathrm{d}t}\,\mathrm{d}t = \varphi(0)\,.$$

Ein Vergleich dieses Ergebnisses mit Gl. (A-2) zeigt, daß

$$\frac{\mathrm{d}s(t)}{\mathrm{d}t} = \delta(t) \tag{A-14}$$

sein muß.

Aus Gl. (A-8) folgt unter Beachtung der Definitionsgleichung (A-1) für die Deltafunktion die im Text häufig benutzte Beziehung

$$\delta(t) f(t) = \delta(t) f(0) , \tag{A-15}$$

in der $f(t)$ eine gewöhnliche Funktion bedeutet. Hierbei braucht $f(t)$ nicht beliebig oft differenzierbar zu sein, sondern es genügt zu fordern, daß $f(t)$ (im Nullpunkt) stetig ist.

Weiterhin kann man die Gültigkeit der Beziehung

$$f(t)\, \delta'(t) = f(0)\, \delta'(t) - f'(0)\, \delta(t) \tag{A-16}$$

leicht zeigen. Dabei wird mit dem Strich jeweils der Differentialquotient bezeichnet. Mit $f(t)$ ist eine gewöhnliche Funktion gemeint, von der man nur zu fordern braucht, daß sie (im Nullpunkt) differenzierbar ist.

Zum *Beweis* der Gl. (A-16) setzt man die linke Seite gleich $g_1(t)$ und die rechte Seite gleich $g_2(t)$. Dann erhält man gemäß den Gln. (A-8) und (A-9) bei Beachtung von Gl. (A-1)

$$\int_{-\infty}^{\infty} g_1(t)\, \varphi(t)\, \mathrm{d}t = \int_{-\infty}^{\infty} \delta'(t)\, [f(t)\, \varphi(t)]\, \mathrm{d}t = -f'(0)\, \varphi(0) - f(0)\, \varphi'(0)$$

und entsprechend

$$\int_{-\infty}^{\infty} g_2(t)\, \varphi(t)\, \mathrm{d}t = f(0) \int_{-\infty}^{\infty} \delta'(t)\, \varphi(t)\, \mathrm{d}t - f'(0) \int_{-\infty}^{\infty} \delta(t)\, \varphi(t)\, \mathrm{d}t = -f(0)\, \varphi'(0) - f'(0)\, \varphi(0) .$$

Damit müssen $g_1(t)$ und $g_2(t)$ übereinstimmen.

Aus der Gl. (A-16) folgt sofort die interessante Beziehung

$$t\, \delta'(t) = -\delta(t) . \tag{A-17}$$

Gemäß Gl. (A-11b) ist $\delta(t)$ eine gerade Distribution, gemäß Gl. (A-12b) ist $\delta'(t)$ ungerade. Man sieht weiterhin sofort ein, daß die Delta-Distribution außerhalb jedes abgeschlossenen endlichen Intervalls, das den Nullpunkt $t = 0$ enthält, Null ist. Deshalb erhält man mit Gl. (A-13a)

$$g(t) * \delta(t - t_0) = g(t - t_0) . \tag{A-18}$$

Dabei ist $g(t)$ eine beliebige Distribution.

Gemäß den Gln. (A-10a,b) kann man direkt die Gültigkeit der Gl. (1.20) zeigen. Etwas mehr Aufwand erfordert der Nachweis, daß die Gln. (3.16a,b) bestehen. Hierauf soll im folgenden eingegangen werden. Man erhält mit der Gl. (3.16b)

$$\int_{-\infty}^{\infty} \delta_\Omega(t)\, \varphi(t)\, \mathrm{d}t = \int_{-\infty}^{-\varepsilon} (\sin \Omega t)\, \frac{\varphi(t)}{\pi t}\, \mathrm{d}t + \int_{-\varepsilon}^{\varepsilon} \frac{\sin \Omega t}{\pi t}\, \varphi(t)\, \mathrm{d}t + \int_{\varepsilon}^{\infty} (\sin \Omega t)\, \frac{\varphi(t)}{\pi t}\, \mathrm{d}t .$$

Dabei bedeutet $\varepsilon$ eine sehr kleine positive Zahl. Das erste und das dritte Integral auf der rechten Seite dieser Gleichung streben für $\Omega \to \infty$ (nach dem Riemann-Lebesgue-Lemma) gegen Null, und zwar auch für $\varepsilon \to 0$. Für das mittlere Integral erhält man für ein festes $\varepsilon > 0$ den Ausdruck

$$\int_{-\varepsilon}^{\varepsilon} \frac{\sin \Omega t}{\pi t}\, \varphi(t)\, \mathrm{d}t = \varphi(0) \int_{-\varepsilon}^{\varepsilon} \frac{\sin \Omega t}{\pi t}\, \mathrm{d}t + R(\varepsilon) = \varphi(0) \int_{-\varepsilon\Omega}^{\varepsilon\Omega} \frac{\sin x}{\pi x}\, \mathrm{d}x + R(\varepsilon) \; ,$$

welcher für $\Omega \to \infty$ gegen $\varphi(0) + R(\varepsilon)$ strebt. Läßt man dann noch $\varepsilon \to 0$ gehen, so konvergiert $R(\varepsilon)$ gegen Null. Deshalb gilt

$$\lim_{\Omega \to \infty} \int_{-\infty}^{\infty} \delta_{\Omega}(t)\, \varphi(t)\, \mathrm{d}t = \varphi(0) \; ,$$

und aufgrund der Gl. (A-2) und der Gln. (A-10a,b) sind damit die Gln. (3.16a,b) als richtig erkannt.

Es sei dem Leser als Übung empfohlen zu beweisen, daß auch die Folgen der Funktionen $(\pi\varepsilon)^{-1/2} \mathrm{e}^{-t^2/\varepsilon}$, $2\varepsilon/(\varepsilon^2 + 4\pi^2 t^2)$, natürlich als Distributionen aufgefaßt, für $\varepsilon \to 0$ gegen $\delta(t)$ konvergieren. Damit ist am Beispiel der $\delta$-Distribution gezeigt, daß gewisse Distributionen als Grenzwert völlig verschiedener Funktionenfolgen dargestellt werden können.

## 4. Verallgemeinerte Fourier-Transformation

Die Fourier-Transformierte $G(\mathrm{j}\omega)$ einer Distribution $g(t)$ wird definiert durch die Funktionalbeziehung

$$\int_{-\infty}^{\infty} G(\mathrm{j}\omega)\, \varphi(\omega)\, \mathrm{d}\omega = \int_{-\infty}^{\infty} g(t)\, \Phi(\mathrm{j}t)\, \mathrm{d}t \; . \tag{A-19a}$$

Dabei bedeutet

$$\Phi(\mathrm{j}t) = \int_{-\infty}^{\infty} \varphi(\omega)\, \mathrm{e}^{-\mathrm{j}\omega t}\, \mathrm{d}\omega \tag{A-19b}$$

die Fourier-Transformierte der Testfunktion $\varphi(\omega)$. Bei gewöhnlichen Funktionen ergibt sich die Gl. (A-19a) aus der Korrespondenz (3.61), indem man dort $\omega = 0$ setzt und $f_1(t)$ mit $g(t)$ und $f_2(t)$ mit $\Phi(\mathrm{j}t)$ identifiziert.

Der Definition der Fourier-Transformierten gemäß Gl. (A-19a) legt man als Testfunktionen die Klasse $E$ von Funktionen $\varphi(\omega)$ zugrunde, die beliebig oft differenzierbar sind und die samt ihren Differentialquotienten beliebiger Ordnung für $|\omega| \to \infty$ stärker als jede Potenz von $1/|\omega|$ gegen Null streben. Es gilt $D \subset E$. Der Grund für diese Wahl von Testfunktionen ist darin zu sehen, daß mit $\varphi(\omega)$ stets auch deren Fourier-Transformierte $\Phi(\mathrm{j}t)$ zur Funktionenklasse $E$ gehören muß. Dies kann unmittelbar gezeigt werden. Man kann diese Definition der Fourier-Transformierten als Erweiterung der für gewöhnliche Funktionen eingeführten Definition betrachten. Es sei allerdings bemerkt, daß aufgrund obiger Voraussetzung nur für solche Distributionen eine Fourier-Transformierte erklärt ist, die über dem Raum $E$ definiert sind. Dies gilt sicherlich für die Distribution $\delta(t)$, und es folgt direkt aus den Gln. (A-19a,b), daß $\delta(t)$ die Fourier-Transformierte 1 hat.

Die verallgemeinerte Fourier-Transformation weist zahlreiche Eigenschaften der gewöhnlichen Fourier-Transformation auf. Es gilt z. B. die Korrespondenz

$$\frac{\mathrm{d}^n g(t)}{\mathrm{d}t^n} \circ\!\!- (\mathrm{j}\omega)^n\, G(\mathrm{j}\omega) \; . \tag{A-20}$$

Dabei ist $g(t)$ eine beliebige, über $E$ definierte Distribution, und $G(\mathrm{j}\omega)$ bedeutet deren Fourier-Transformierte.

Zum *Beweis* der Korrespondenz (A-20) bildet man entsprechend den Gln. (A-19a,b) und der Gl. (A-9), ausgehend von $\mathrm{d}^n g(t)/\mathrm{d}t^n$,

$$\int_{-\infty}^{\infty} \frac{\mathrm{d}^n g(t)}{\mathrm{d}t^n} \Phi(\mathrm{j}t)\,\mathrm{d}t = (-1)^n \int_{-\infty}^{\infty} g(t) \frac{\mathrm{d}^n \Phi(\mathrm{j}t)}{\mathrm{d}t^n}\,\mathrm{d}t$$

$$= \int_{-\infty}^{\infty} g(t) \left[ \int_{-\infty}^{\infty} (\mathrm{j}\omega)^n \varphi(\omega)\,\mathrm{e}^{-\mathrm{j}\omega t}\,\mathrm{d}\omega \right] \mathrm{d}t = \int_{-\infty}^{\infty} G(\mathrm{j}\omega)(\mathrm{j}\omega)^n \varphi(\omega)\,\mathrm{d}\omega\,.$$

Die letzte Gleichung in der Gleichungsfolge erhält man durch Anwendung der Gl. (A-19a) von rechts nach links. Damit ist die Aussage der Korrespondenz (A-20) bewiesen.

Auch der Verschiebungssatz

$$g(t-t_0) \circ\!\!-\, G(\mathrm{j}\omega)\,\mathrm{e}^{-\mathrm{j}\omega t_0} \tag{A-21}$$

läßt sich auf einfache Weise herleiten.

Es gilt nämlich

$$\int_{-\infty}^{\infty} g(t-t_0)\,\Phi(\mathrm{j}t)\,\mathrm{d}t = \int_{-\infty}^{\infty} g(t)\,\Phi[\mathrm{j}(t+t_0)]\,\mathrm{d}t = \int_{-\infty}^{\infty} G(\mathrm{j}\omega)\,\mathrm{e}^{-\mathrm{j}\omega t_0}\varphi(\omega)\,\mathrm{d}\omega\,.$$

Weiterhin gilt der Faltungssatz in der Form

$$g_1(t) * g_2(t) \circ\!\!-\, G_1(\mathrm{j}\omega)\,G_2(\mathrm{j}\omega)\,. \tag{A-22}$$

Dabei sind $G_1(\mathrm{j}\omega)$ und $G_2(\mathrm{j}\omega)$ die Fourier-Transformierten der über $E$ erklärten Distributionen $g_1(t)$ und $g_2(t)$, und es wird vorausgesetzt, daß die in der Korrespondenz (A-22) auftretenden Distributionen existieren. Dazu ist hier jedenfalls vorauszusetzen, daß eine der beiden Distributionen $g_1(t), g_2(t)$ außerhalb eines endlichen Intervalls verschwindet.

Zum *Beweis* der Korrespondenz (A-22) darf angesichts der Vertauschbarkeit der Faltung ohne Einschränkung der Allgemeinheit angenommen werden, daß $g_1(t)$ außerhalb eines endlichen Intervalls Null ist. Ausgehend von der linken Seite der Korrespondenz (A-22) erhält man aus den Gln. (A-19a,b) und mit den Gln. (A-13a,b)

$$\int_{-\infty}^{\infty} [g_1(t) * g_2(t)]\,\Phi(\mathrm{j}t)\,\mathrm{d}t = \int_{-\infty}^{\infty} g_2(t) \left[ \int_{-\infty}^{\infty} g_1(\tau) \int_{-\infty}^{\infty} \mathrm{e}^{-\mathrm{j}(t+\tau)\omega} \varphi(\omega)\,\mathrm{d}\omega\,\mathrm{d}\tau \right] \mathrm{d}t$$

$$= \int_{-\infty}^{\infty} g_2(t) \left[ \int_{-\infty}^{\infty} \mathrm{e}^{-\mathrm{j}\omega t} G_1(\mathrm{j}\omega)\,\varphi(\omega)\,\mathrm{d}\omega \right] \mathrm{d}t = \int_{-\infty}^{\infty} G_1(\mathrm{j}\omega)\,G_2(\mathrm{j}\omega)\,\varphi(\omega)\,\mathrm{d}\omega\,.$$

Damit ist der Beweis vollständig erbracht.

# ANHANG B: GRUNDBEGRIFFE DER WAHRSCHEINLICHKEITSRECHNUNG

## 1. Wahrscheinlichkeit und relative Häufigkeit

Betrachtet wird ein Experiment, bei dem der Ausgang oder das Versuchsergebnis vom Zufall abhängt. Das Experiment läßt also eine Anzahl (die auch unendlich groß sein kann) verschiedener möglicher Ausgänge $e_i$ zu, und es ist nicht vorhersehbar, welches dieser Versuchsergebnisse eintreten wird. Als Beispiele genannt seien das Würfelspiel, bei dem die Gesamtheit der möglichen Ausgänge durch die Menge der sechs Flächen bzw. der Augenzahlen $\{1, 2, \ldots, 6\}$ beschrieben werden kann, oder das Werfen einer Münze, bei dem nur zwei Ausgänge, Wappen oder Zahl, möglich sind. Ein Beispiel für ein Experiment mit unendlich vielen möglichen Versuchsergebnissen wäre gegeben, wenn man die Zeitdauer bestimmen würde, die eine willkürlich aus einer Produktionsserie ausgewählte Glühbirne brennt.

Im folgenden soll zunächst angenommen werden, daß das betrachtete Experiment nur endlich viele Versuchsergebnisse hat. Wird das Experiment $N$-mal durchgeführt und tritt das Ergebnis $e$ dabei $n_e$-mal auf, dann ist die relative Häufigkeit dieses Versuchsergebnisses gegeben durch

$$h(e) = \frac{n_e}{N} , \tag{B-1}$$

und es gilt $0 \leqq h(e_i) \leqq 1$ für alle möglichen Ergebnisse $e_i$ und $\sum_i h(e_i) = 1$.

*Beispiel*: Beim $N$-maligen Werfen einer Münze kann beispielsweise für das Versuchsergebnis "Wappen" die in Tabelle 1 dargestellte Wertefolge ermittelt werden.

Tabelle 1: Versuchsergebnis beim Werfen einer Münze

| $N$ | 1 | 2 | 3 | 4 | 5 | 6 | 7 | ... | 100 | ... | 1000 |
|---|---|---|---|---|---|---|---|---|---|---|---|
| $n_e$ | 1 | 1 | 2 | 3 | 3 | 3 | 3 | ... | 49 | ... | 505 |
| $h(e)$ | 1 | 0,5 | $0{,}6\overline{6}$ | 0,75 | 0,6 | 0,5 | 0,429 | ... | 0,49 | ... | 0,505 |

Läßt man $N$ gegen Unendlich gehen, dann darf erwartet werden, daß für jedes Versuchsergebnis $e$ die relative Häufigkeit $h(e)$ einem festen Wert zustrebt, und man kann vorläufig diesen "Grenzwert" als die Wahrscheinlichkeit des Versuchsergebnisses erklären:

$$P(e) = \lim_{N \to \infty} \frac{n_e}{N} . \tag{B-2}$$

Es gilt dann $0 \leqq P \leqq 1$ sowie $\sum_i P(e_i) = 1$, und man spricht vom unmöglichen Versuchsausgang, wenn $P = 0$, und vom sicheren Ausgang, wenn $P = 1$ gilt. Hat ein Experiment $n$ verschiedene Ausgänge, die alle gleichwahrscheinlich sind, dann gilt

$$P(e_i) = \frac{1}{n} , \qquad i = 1, \ldots, n , \qquad \text{und} \qquad P = \frac{m}{n}$$

für das Auftreten eines von $m$ dieser $n$ möglichen Ausgänge.

*Beispiel*: Eine Urne enthält 4 schwarze, 10 weiße und 3 rote Kugeln. Gefragt wird nach der Wahrscheinlichkeit, mit der man beim Herausnehmen von 4 Kugeln gerade 4 weiße Kugeln erhält. In diesem Fall ist die Zahl der möglichen Ausgänge gegeben durch

$$n = \binom{17}{4} = \frac{17!}{4!\,13!} = 2380 \ .$$

Darunter gibt es

$$m = \binom{10}{4} = \frac{10!}{4!\,6!} = 210$$

Ergebnisse mit 4 weißen Kugeln, und somit gilt für die gesuchte Wahrscheinlichkeit

$$P = \frac{210}{2380} = \frac{3}{34} \ .$$

Dieses Beispiel zeigt, daß man nicht nur den $n$ unmittelbaren Versuchsergebnissen $\{e_1, e_2, \ldots, e_n\}$, sondern auch weiteren Teilmengen dieser Gesamtmenge eine Wahrscheinlichkeit zuordnen kann. Die Wahrscheinlichkeit ist somit eine Zahl zwischen Null und Eins, die auf der Menge $E$ aller unmittelbaren Versuchsergebnisse $e_i$ und auf der Menge $\boldsymbol{A}$ der daraus abgeleiteten Teilmengen definiert ist. [1] Man nennt die Elemente von $\boldsymbol{A}$, also die aus allen möglichen Versuchsergebnissen gebildeten Teilmengen, *Ereignisse*, und es sei daran erinnert, daß $\boldsymbol{A}$ neben den Mengen $\{e_i\}$, die *Elementarereignisse* genannt werden, auch die Nullmenge $\phi$, die ganze Menge $E$ und alle denkbaren Durchschnitte und Vereinigungen dieser Mengen enthält. Dem zugrundeliegenden Experiment sind somit eine Anzahl Ereignisse zugeordnet, für die Wahrscheinlichkeiten angegeben werden können. Bei einer Ausführung des Experiments tritt das Ereignis $A \in \boldsymbol{A}$ ein, wenn das Versuchsergebnis $e_i$ in der Menge $A$ enthalten ist.

Die Gleichung (B-2) hat als Basis für eine strenge mathematische Theorie gravierende Unzulänglichkeiten, und deswegen ist es heute üblich, den Begriff der Wahrscheinlichkeit axiomatisch in folgender Weise einzuführen:

Für jedes Ereignis $A_i \in \boldsymbol{A}$ eines vom Zufall abhängigen Experiments mit der Menge $E$ der Elementarereignisse sei eine Zahl $P(A_i)$ erklärt, die folgende Bedingungen erfüllt:

(i) $P(A_i) \geqq 0$,
(ii) $P(E) = 1$,
(iii) $P(A_1 \cup A_2 \cup \cdots) = P(A_1) + P(A_2) + \cdots$ für $A_i \cap A_j = \phi, \ i \neq j$ .

Diese Zahl heißt dann die *Wahrscheinlichkeit des Ereignisses* $A_i$. Mit den Eigenschaften (i) bis (iii) können nun ausgehend von den gegebenen Wahrscheinlichkeiten bestimmter Ereignisse die Wahrscheinlichkeiten daraus abgeleiteter Ereignisse gewonnen werden. Dies führt z. B. zum Begriff der *bedingten Wahrscheinlichkeit* $P(A/B)$ des Ereignisses $A$ unter der Annahme, daß das Ereignis $B$ eingetreten ist. Man kann sich leicht überlegen, daß

$$P(A/B) = \frac{P(A \cap B)}{P(B)} \tag{B-3}$$

gelten muß, wobei $P(B) > 0$ vorausgesetzt wird. Von großer Bedeutung ist auch der Begriff der Unabhängigkeit zweier Ereignisse: Man nennt die Ereignisse $A$ und $B$ *unabhängig*,

[1] Aus Gründen, die hier nicht erörtert werden können, läßt sich bei überabzählbar vielen Versuchsergebnissen nicht immer wirklich allen Teilmengen von $E$ eine Wahrscheinlichkeit zuordnen. Derartige Teilmengen müssen dann im folgenden als "Ereignisse" ausgeschlossen werden.

wenn

$$P(A \cap B) = P(A) \cdot P(B) \tag{B-4}$$

gilt, oder anders ausgedrückt, wenn $P(A/B) = P(A)$ und $P(B/A) = P(B)$ ist, die Wahrscheinlichkeit des einen Ereignisses also vom Eintreten des andern nicht abhängt.

## 2. Zufallsvariable, Verteilungsfunktion, Dichtefunktion

Die Elementarereignisse $\{e_i\}$ und die daraus abgeleiteten Ereignisse $A \in \boldsymbol{A}$ können beliebige Objekte sein, die Augenzahl eines Würfels, das Wappen einer Münze, die Farbe einer Kugel. Oft ordnet man jedem Versuchsausgang $e$ eine Zahl $\xi(e)$ zu, man erklärt also eine Funktion mit dem Definitionsbereich $E$ aller möglichen Versuchsausgänge und dem Wertebereich $\mathbb{R}$ (oder $\mathbb{C}$) der reellen (oder komplexen) Zahlen. Diese Funktion nennt man dann eine reelle (oder komplexe) *Zufallsvariable*. Wenn eine Zufallsvariable nur diskrete Werte annehmen kann, spricht man von einer *diskreten Zufallsvariablen*, und entsprechend kann eine *kontinuierliche Zufallsvariable* beliebige Werte in einem kontinuierlichen Intervall annehmen. Im folgenden werden nur reelle Zufallsvariablen betrachtet.

*Beispiel*: Ordnet man den sechs Flächen eines Würfels die Augenzahlen 1 bis 6 zu, dann handelt es sich um eine diskrete Zufallsvariable, während die (normierte) Brenndauer einer beliebig ausgewählten Glühbirne eine kontinuierliche Zufallsvariable darstellt.

Für irgendeine Zufallsvariable $\xi$ läßt sich nun das Ereignis $\{\xi \leqq x\}$ für jedes $x \in \mathbb{R}$ definieren (als die Menge aller Versuchsergebnisse $e_i$, für die $\xi(e_i) \leqq x$ ist), und man kann diesem Ereignis eine Wahrscheinlichkeit zuordnen. Die Funktion[1)]

$$P(\xi \leqq x) = F_\xi(x) \tag{B-5}$$

nennt man die *Verteilungsfunktion* der Zufallsvariablen $\xi$, und man erkennt leicht, daß diese Funktion die Eigenschaften

$$0 \leqq F_\xi(x) \leqq 1 \ , \quad F_\xi(-\infty) = 0 \ , \quad F_\xi(\infty) = 1$$

haben muß. Weiterhin ist für $x_2 > x_1$

$$F_\xi(x_2) - F_\xi(x_1) = P(x_1 < \xi \leqq x_2) \geqq 0 \ .$$

Damit ist $F_\xi(x)$ eine monoton wachsende Funktion mit dem prinzipiellen Verlauf nach Bild B.1a. Ist $\xi$ eine diskrete Zufallsvariable, dann wird $F_\xi(x)$ eine Treppenfunktion nach Bild B.1b.

Die Wahrscheinlichkeit, mit der die Zufallsvariable $\xi$ einen Wert $x_0$ annimmt, ist nur dann von Null verschieden, wenn $x_0$ eine Sprungstelle von $F_\xi(x)$ ist, und dann gilt

$$P(\xi = x_0) = p_0 \ ,$$

wobei $p_0$ die Sprunghöhe der Funktion $F_\xi(x)$ an der Stelle $x = x_0$ bedeutet. Bei einer kontinuierlichen Zufallsvariablen mit stetiger Verteilungsfunktion gilt

1) Zur Vereinfachung wird anstelle von $P(\{\xi \leqq x\})$ stets $P(\xi \leqq x)$ geschrieben

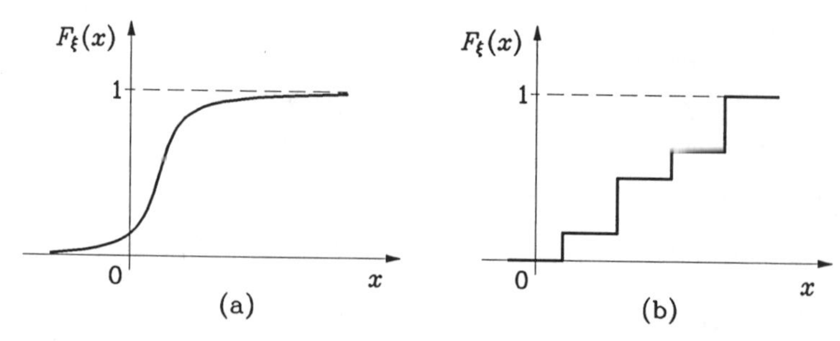


Bild B.1: Darstellung von Verteilungsfunktionen

$$P(\xi = x) = 0$$

für alle Werte $x$; die Wahrscheinlichkeit, daß $\xi$ einen bestimmten Wert $x$ annimmt, ist also überall gleich Null. Als lokale Beschreibung der Wahrscheinlichkeit wird daher noch die *Wahrscheinlichkeitsdichtefunktion* eingeführt in der Form

$$f_\xi(x) = \frac{\mathrm{d}F_\xi(x)}{\mathrm{d}x}\,, \tag{B-6}$$

wobei an Sprungstellen von $F_\xi(x)$ die Ableitung im distributiven Sinne zu nehmen ist. Da $F_\xi(x)$ eine monoton wachsende Funktion ist, muß $f_\xi(x) \geqq 0$ sein,[1)] und es gilt

$$\int_{-\infty}^{x} f_\xi(y)\,\mathrm{d}y = F_\xi(x) \quad \text{und} \quad \int_{-\infty}^{\infty} f_\xi(x)\,\mathrm{d}x = 1\,.$$

Im kontinuierlichen Fall ist $f_\xi(x)\,\Delta x$ für hinreichend kleine $\Delta x > 0$ näherungsweise gleich der Wahrscheinlichkeit, daß der Wert der Zufallsvariablen $\xi$ zwischen $x$ und $x + \Delta x$ liegt. Im diskreten Fall ist $f_\xi(x)$ eine Folge von $\delta$-Impulsen der Stärke $P(\xi = x_\nu) = p_\nu$. In Bild B.2 ist der typische Verlauf von $f_\xi(x)$ für eine kontinuierliche und eine diskrete Zufallsvariable angegeben, der Fall einer gemischten diskret-kontinuierlichen Zufallsvariablen ist ebenfalls möglich.

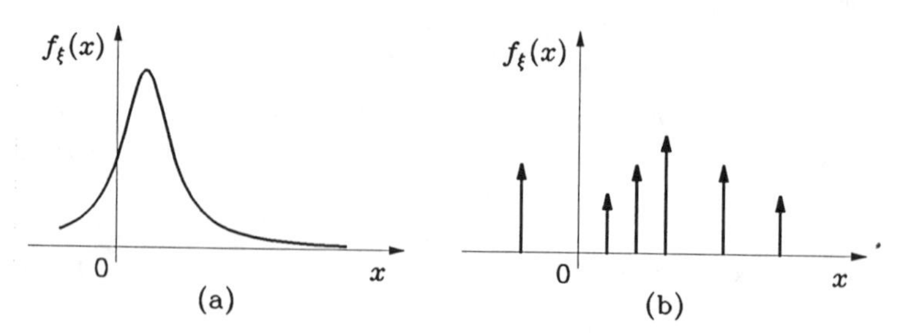


Bild B.2: Darstellung von Wahrscheinlichkeitsdichtefunktionen

[1)] Aus formalen Gründen müssen hierbei die Stellen $x_\nu$ ausgenommen werden, an denen $f_\xi(x)$ nicht als gewöhnliche Funktion erklärt ist.

Man kann für das gleiche Experiment mit den möglichen Ausgängen $\{e_1, e_2, \ldots, e_i, \ldots\}$ mehrere Zufallsvariablen $\xi(e), \eta(e), \zeta(e), \ldots$ definieren und den Ereignissen $\{\xi \leqq x\}$, $\{\eta \leqq y\}$, $\{\zeta \leqq z\}, \ldots$ die Wahrscheinlichkeiten $F_\xi(x), F_\eta(y), F_\zeta(z), \ldots$ bzw. die Dichtefunktionen $f_\xi(x), f_\eta(y), f_\zeta(z), \ldots$ zuordnen. Weiterhin kann z. B. dem Ereignis $\{\xi \leqq x,\ \eta \leqq y\}$ eine Wahrscheinlichkeit zugeordnet werden, und man nennt

$$P(\xi \leqq x, \eta \leqq y) = F_{\xi\eta}(x,y) \tag{B-7}$$

die *Verbundverteilungsfunktion* der Zufallsvariablen $\xi$ und $\eta$ bzw. die Funktion

$$\frac{\partial^2 F_{\xi\eta}(x,y)}{\partial x\ \partial y} = f_{\xi\eta}(x,y) \tag{B-8}$$

die *Verbunddichtefunktion* von $\xi$ und $\eta$. Die Eigenschaften dieser Funktionen und weitere Verallgemeinerungen auf mehr als zwei Variablen sind naheliegend und brauchen hier nicht erörtert zu werden. Genannt sei allerdings die Eigenschaft der stochastischen Unabhängigkeit zweier Zufallsvariablen $\xi$ und $\eta$, die genau dann vorliegt, wenn die Ereignisse $\{\xi \leqq x\}$ und $\{\eta \leqq y\}$ unabhängig voneinander sind. Es gilt dann

$$P(\xi \leqq x, \eta \leqq y) = P(\xi \leqq x) \cdot P(\eta \leqq y)\ ,$$

also

$$F_{\xi\eta}(x,y) = F_\xi(x)\, F_\eta(y) \quad \text{oder} \quad f_{\xi\eta}(x,y) = f_\xi(x)\, f_\eta(y)\ , \tag{B-9a,b}$$

und dies bedeutet, daß kein Versuchsergebnis für die Variable $\xi$ irgendeinen Einfluß auf die Wahrscheinlichkeitsverteilung für die Variable $\eta$ zur Folge hat und umgekehrt.

*Beispiel*: Bild B.3 zeigt eine elektrische Schaltung mit zwei Lampen L1, L2, zwei Ohmwiderständen $R_1, R_2$ und einer Gleichspannungsquelle $U_0$. Die Lebensdauer von L1 sei $\xi$, diejenige von L2 sei $\eta$. Als Wahrscheinlichkeitsverteilungsdichte tritt $f_{\xi\eta}(x,y)$ auf. Die Wahrscheinlichkeit $P$, daß beide Lampen im Zeitpunkt $T$ noch brennen ist

$$P = \int_T^\infty \int_T^\infty f_{\xi\eta}(x,y)\, \mathrm{d}x\ \mathrm{d}y\ .$$

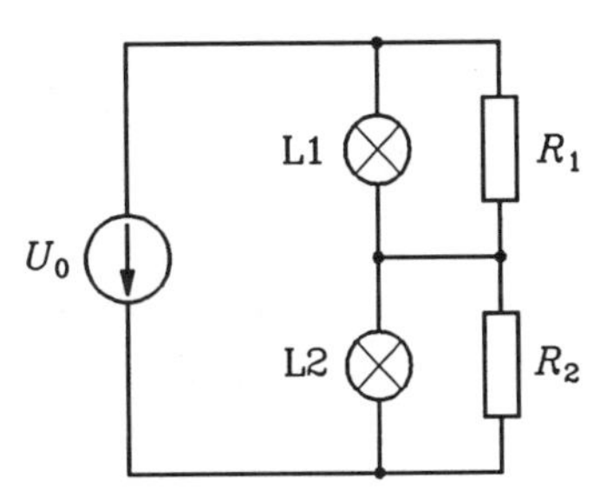


Bild B.3: Elektrische Schaltung

## 3. Erwartungswert, Varianz, Kovarianz

Eine der wichtigsten stochastischen Kenngrößen einer Zufallsvariablen ist ihr sogenannter *Mittelwert* oder *Erwartungswert*, für den die Bezeichnungen $m_\xi$ oder $E[\xi]$ üblich sind. Der Erwartungswert ist definiert durch die Beziehung

$$m_\xi = E[\xi] = \int_{-\infty}^{\infty} x f_\xi(x)\,\mathrm{d}x \ , \tag{B-10a}$$

die im Falle einer diskreten Zufallsvariablen die Form

$$m_\xi = E[\xi] = \sum_\nu x_\nu P(\xi = x_\nu) = \sum_\nu x_\nu p_\nu \tag{B-10b}$$

annimmt. Man kann $m_\xi$ interpretieren als die Abszisse des geometrischen Schwerpunkts der unter der Kurve $f_\xi(x)$ eingeschlossenen Fläche.

Bezeichnet $g$ irgendeine Funktion, dann ist mit $\xi$ auch $\eta = g(\xi)$ eine Zufallsvariable (sie ordnet dem Versuchsausgang $e$ die Zahl $\eta(e) = g[\xi(e)]$ zu), und man kann den Mittelwert $m_\eta$ von $\eta$ definieren. Mit einiger Überlegung läßt sich zeigen, daß

$$m_\eta = E[g(\xi)] = \int_{-\infty}^{\infty} g(x) f_\xi(x)\,\mathrm{d}x \tag{B-11a}$$

bzw. für diskrete Zufallsvariablen

$$m_\eta = E[g(\xi)] = \sum_\nu g(x_\nu)\,p_\nu \tag{B-11b}$$

gilt. Ganz entsprechend gilt für die Funktion $\zeta = g(\xi, \eta)$ zweier Zufallsvariablen

$$m_\zeta = E[g(\xi,\eta)] = \int_{-\infty}^{\infty}\int_{-\infty}^{\infty} g(x,y) f_{\xi\eta}(x,y)\,\mathrm{d}x\,\mathrm{d}y \ . \tag{B-11c}$$

Wie Gl. (B-11a) deutlich macht, ist die Bildung des Erwartungswerts eine lineare Operation, d. h. für beliebige Konstanten $a_1, a_2$ und Funktionen $g_1(\xi)$, $g_2(\xi)$ gilt stets

$$E[a_1 g_1(\xi) + a_2 g_2(\xi)] = a_1 E[g_1(\xi)] + a_2 E[g_2(\xi)] \ . \tag{B-12a}$$

Entsprechend folgt aus Gl. (B-11c) bei Heranziehung der Gl. (B-8) nach einer Zwischenrechnung die wichtige Eigenschaft

$$E[\xi + \eta] = E[\xi] + E[\eta] \ . \tag{B-12b}$$

Ist in Gl. (B-11a) insbesondere $g(\xi) = \xi^n$, dann nennt man den zugehörigen Erwartungswert das $n$*-te Moment* der Zufallsvariablen $\xi$. Als *Varianz* wird das zweite Moment der Zufallsvariablen $\xi - m_\xi$ bezeichnet, also die Größe

$$\sigma_\xi^2 = E[(\xi - m_\xi)^2] = \int_{-\infty}^{\infty} (x - m_\xi)^2 f_\xi(x)\,\mathrm{d}x \ . \tag{B-13a}$$

Diese Größe läßt sich interpretieren als das Trägheitsmoment der Fläche unter $f_\xi(x)$ bezüglich der Achse $x = m_\xi$, und sie ist ein Maß für die Konzentration der Wahrscheinlichkeitsdichte $f_\xi(x)$ um $x = m_\xi$. Die (positive) Größe $\sigma_\xi$ nennt man auch die *Streuung* von $\xi$. Bei diskreten Zufallsvariablen ergibt sich

$$\sigma_\xi^2 = \sum_\nu (x_\nu - m_\xi)^2 p_\nu \ . \tag{B.13b}$$

Ein Erwartungswert, der von zwei Zufallsvariablen abhängt, ist die *Kovarianz*, die definiert ist als

$$c_{\xi\eta} = E[(\xi - m_\xi)(\eta - m_\eta)] = \int_{-\infty}^{\infty}\int_{-\infty}^{\infty}(x - m_\xi)(y - m_\eta) f_{\xi\eta}(x,y)\,\mathrm{d}x\,\mathrm{d}y\,, \tag{B-14}$$

und man kann leicht zeigen, daß stets

$$c_{\xi\eta} = E[\xi\eta] - E[\xi]\cdot E[\eta]$$

gilt. Die Kovarianz $c_{\xi\eta}$ kennzeichnet die stochastische Abhängigkeit von $\xi$ und $\eta$. Sie wird häufig in der normierten Form $\rho_{\xi\eta} = c_{\xi\eta}/\sigma_\xi\sigma_\eta$ verwendet und dann als *Korrelationskoeffizient* bezeichnet. Ist

$$E[\xi\eta] = E[\xi]\cdot E[\eta] \tag{B-15}$$

also $\rho_{\xi\eta} = 0$, dann nennt man $\xi$ und $\eta$ *unkorreliert*. Stochastisch unabhängige Zufallsvariablen sind stets auch unkorreliert; die Umkehrung dieser Aussage gilt jedoch nicht allgemein. Ist $E[\xi\eta] = 0$, dann heißen die Zufallsvariablen $\xi$ und $\eta$ zueinander *orthogonal*.

Faßt man $n$ Zufallsvariablen $\xi_1, \ldots, \xi_n$ zu einem Zufallsvektor $\boldsymbol{\xi}$ zusammen, dann werden Mittelwert $\boldsymbol{m}$ und Streuung $\boldsymbol{\sigma}$ von $\boldsymbol{\xi}$ erklärt, indem man die Mittelwerte $m_i$ bzw. die Streuungen $\sigma_i$ entsprechend zu Vektoren zusammenfaßt. Unter der *Kovarianzmatrix* des Vektors $\boldsymbol{\xi}$ versteht man die Matrix $\boldsymbol{C} = [c_{ij}]$, wobei $c_{ij}$ die Varianz der Zufallsvariablen $\xi_i, \xi_j$ bedeutet. Es gilt also

$$\boldsymbol{C} = E[(\boldsymbol{\xi} - \boldsymbol{m})(\boldsymbol{\xi} - \boldsymbol{m})^{\mathrm{T}}] \ .$$

## 4. Normalverteilung (Gaußsche Verteilung)

Ein Beispiel für die Wahrscheinlichkeitsverteilung einer Zufallsvariablen, das bei praktischen Anwendungen sehr große Bedeutung besitzt, ist die *Gaußsche* oder *normalverteilte* Zufallsvariable, bei der die Wahrscheinlichkeitsdichtefunktion gegeben ist durch

$$f_\xi(x) = \frac{1}{\sqrt{2\pi}\,\sigma}\,\mathrm{e}^{-\frac{(x-m)^2}{2\sigma^2}} \tag{B-16}$$

mit dem Mittelwert $m_\xi = m$ und der Streuung $\sigma_\xi = \sigma$. Der Verlauf dieser Dichtefunktion ist im Bild B.4 für einige Werte der Streuung $\sigma$ angegeben.

Man kann einerseits zeigen, daß die Summe $\zeta = \xi + \eta$ zweier unabhängiger Gaußscher Zufallsvariablen wiederum eine Gaußsche Zufallsvariable darstellt, und andererseits, daß unter gewissen, wenig einschränkenden Voraussetzungen die Summe einer Anzahl von unabhängigen Zufallsvariablen

$$\xi = \sum_{i=1}^{n} \xi_i$$

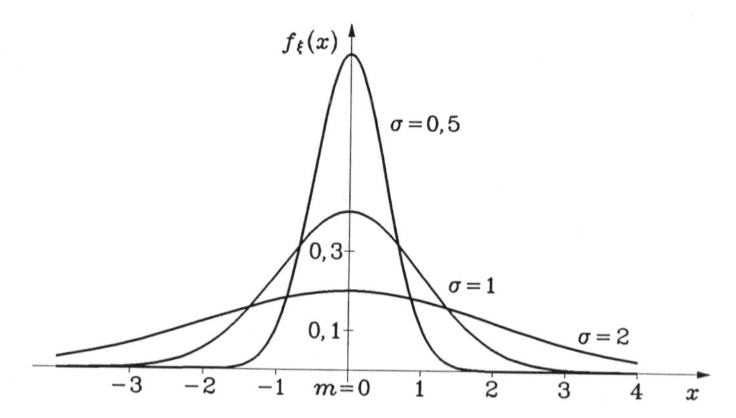


Bild B.4: Dichtefunktionen der Normalverteilung für verschiedene Parameterwerte $\sigma$

mit nahezu beliebigen Dichtefunktionen $f_{\xi_i}(x)$ für $n \to \infty$ gegen eine Gaußsche Zufallsvariable strebt. Dies ist der Grund, warum die Gaußsche Verteilung bei praktischen Anwendungen eine überragende Rolle spielt.

# ANHANG C: EINIGES AUS DER LINEAREN ALGEBRA

## 1. Vorbemerkungen

Im folgenden werden Vektoren in einem (endlichdimensionalen) linearen Vektorraum betrachtet. Erklärt seien also die Verknüpfung von jeweils zwei Vektoren durch Addition zu einem Summenvektor und die Multiplikation eines jeden Vektors mit einem Skalar. Man beschreibt dabei die Vektoren jeweils als Spaltenanordnung von $q$ reellen oder komplexen Zahlen (den Komponenten) und definiert die Addition und Skalarmultiplikation durch die komponentenweise Ausführung der entsprechenden Zahlenoperationen.

Liegen $m$ Vektoren $\boldsymbol{x}_1, \boldsymbol{x}_2, \ldots, \boldsymbol{x}_m$ vor, so nennt man diese *linear unabhängig*, wenn mit dem Nullvektor $\mathbf{0}$ die Beziehung

$$\alpha_1 \boldsymbol{x}_1 + \alpha_2 \boldsymbol{x}_2 + \cdots + \alpha_m \boldsymbol{x}_m = \mathbf{0} \tag{C-1}$$

nur mit ausnahmslos verschwindenden Skalaren $\alpha_1, \alpha_2, \ldots, \alpha_m$ erfüllt werden kann. Andernfalls heißen die Vektoren *linear abhängig*. Wenn es also ein $m$-Tupel $(\alpha_1, \ldots, \alpha_m) \neq (0, \ldots, 0)$ gibt – es genügt, wenn nur ein einziger der Skalare $\alpha_1, \ldots, \alpha_m$ von Null verschieden ist –, so daß Gl. (C-1) erfüllt wird, dann sind die Vektoren $\boldsymbol{x}_1, \ldots, \boldsymbol{x}_m$ linear abhängig. Die Gl. (C-1) kann auch in der Form

$$[\boldsymbol{x}_1, \boldsymbol{x}_2, \ldots, \boldsymbol{x}_m]\,\boldsymbol{\alpha} = \mathbf{0} \tag{C-2}$$

geschrieben werden. Auf der linken Seite dieser Gleichung steht das Produkt der aus den Vektoren $\boldsymbol{x}_\nu = [x_{1\nu}, x_{2\nu}, \ldots, x_{q\nu}]^{\mathrm{T}}$ $(\nu = 1, 2, \ldots, m)$ gebildeten Matrix mit dem Vektor

$$\boldsymbol{\alpha} := [\alpha_1, \alpha_2, \ldots, \alpha_m]^{\mathrm{T}}.$$

Die maximale Zahl linear unabhängiger Vektoren in einem linearen Vektorraum heißt *Dimension des Raums*. Jede Menge maximal vieler, linear unabhängiger Vektoren in einem linearen Vektorraum nennt man eine *Basis des Raums*, und jeder Vektor des Raums läßt sich eindeutig als Linearkombination der Vektoren einer gewählten Basis darstellen. Ist also $q$ die Dimension eines linearen Vektorraums, dann kann jede Menge von $q$ linear unabhängigen Vektoren $\{\boldsymbol{b}_1, \boldsymbol{b}_2, \ldots, \boldsymbol{b}_q\}$ als Basis verwendet werden, und jeder Vektor $\boldsymbol{x}$ im Raum läßt sich eindeutig als Linearkombination der Basisvektoren in der Form

$$\boldsymbol{x} = [\boldsymbol{b}_1, \boldsymbol{b}_2, \ldots, \boldsymbol{b}_q]\,\boldsymbol{\alpha} \tag{C-3}$$

mit

$$\boldsymbol{\alpha} = [\alpha_1, \alpha_2, \ldots, \alpha_q]^{\mathrm{T}}$$

ausdrücken. Dabei heißt $\boldsymbol{\alpha}$ *Repräsentation* von $\boldsymbol{x}$ bezüglich der Basis $\{\boldsymbol{b}_1, \ldots, \boldsymbol{b}_q\}$. Als Basis werden häufig die natürlichen Basisvektoren

$$\boldsymbol{n}_1 = \begin{bmatrix} 1 \\ 0 \\ : \\ 0 \\ 0 \end{bmatrix}, \quad \boldsymbol{n}_2 = \begin{bmatrix} 0 \\ 1 \\ 0 \\ : \\ 0 \end{bmatrix}, \ldots, \quad \boldsymbol{n}_q = \begin{bmatrix} 0 \\ 0 \\ : \\ 0 \\ 1 \end{bmatrix} \tag{C-4}$$

verwendet. Dann sind die Repräsentation eines Vektors und das $q$-Tupel seiner Komponenten identisch. Wird ein und derselbe Vektor $\boldsymbol{x}$ in einem $q$-dimensionalen linearen Vektorraum bezüglich zweier verschiedener Basen $\{\boldsymbol{b}_1, \boldsymbol{b}_2, \ldots, \boldsymbol{b}_q\}$ und $\{\tilde{\boldsymbol{b}}_1, \tilde{\boldsymbol{b}}_2, \ldots, \tilde{\boldsymbol{b}}_q\}$ durch $\boldsymbol{\alpha}$ bzw. $\tilde{\boldsymbol{\alpha}}$ repräsentiert, gilt also

$$\boldsymbol{x} = \boldsymbol{B}\,\boldsymbol{\alpha} = \tilde{\boldsymbol{B}}\,\tilde{\boldsymbol{\alpha}}\,, \tag{C-5}$$

wobei $\boldsymbol{B}$ die aus den Spalten $\boldsymbol{b}_1, \ldots, \boldsymbol{b}_q$ gebildete Matrix und $\tilde{\boldsymbol{B}}$ die Matrix mit den Spalten $\tilde{\boldsymbol{b}}_1, \ldots, \tilde{\boldsymbol{b}}_q$ bedeutet, so besteht die Beziehung

$$\boldsymbol{\alpha} = \boldsymbol{Q}\,\tilde{\boldsymbol{\alpha}} \tag{C-6}$$

mit einer nichtsingulären quadratischen Matrix $\boldsymbol{Q}$ der Ordnung $q$ (d.h. einer quadratischen Matrix mit $q$ linear unabhängigen Spalten). Dies ist zu erkennen, wenn man die Repräsentationen $\boldsymbol{q}_1, \boldsymbol{q}_2, \ldots, \boldsymbol{q}_q$ der Vektoren $\tilde{\boldsymbol{b}}_1, \tilde{\boldsymbol{b}}_2, \ldots, \tilde{\boldsymbol{b}}_q$ bezüglich der Basis $\{\boldsymbol{b}_1, \boldsymbol{b}_2, \ldots, \boldsymbol{b}_q\}$ zur Matrix $\boldsymbol{Q}$ zusammenfaßt und

$$\tilde{\boldsymbol{B}} = \boldsymbol{B}\,\boldsymbol{Q}$$

schreibt. Ersetzt man nun in Gl. (C-5) $\tilde{\boldsymbol{B}}$ durch $\boldsymbol{BQ}$, so folgt direkt Gl. (C-6) aufgrund der Eindeutigkeit der Repräsentation. Es sei nochmals festgestellt, daß die $i$-te Spalte der Matrix $\boldsymbol{Q}$ die Repräsentation von $\tilde{\boldsymbol{b}}_i$ bezüglich $\{\boldsymbol{b}_1, \boldsymbol{b}_2, \ldots, \boldsymbol{b}_q\}$ ist.

Eine *lineare Abbildung* eines linearen Vektorraums der Dimension $q$ in sich wird durch die Beziehung

$$\boldsymbol{y} = \boldsymbol{A}\,\boldsymbol{x} \tag{C-7}$$

beschrieben, wobei $\boldsymbol{x}$ und $\boldsymbol{y}$ Repräsentationen zweier Vektoren bezüglich einer gewählten Basis $\{\boldsymbol{b}_1, \ldots, \boldsymbol{b}_q\}$ des Raums sind und $\boldsymbol{A}$ eine quadratische Matrix der Ordnung $q$ ist. Soll die Abbildung bezüglich einer anderen Basis ausgedrückt werden, so muß man $\boldsymbol{x}$ und $\boldsymbol{y}$ gemäß Gl. (C-6) in Gl. (C-7) substituieren und erhält

$$\boldsymbol{Q}\,\tilde{\boldsymbol{y}} = \boldsymbol{A}\,\boldsymbol{Q}\,\tilde{\boldsymbol{x}}$$

oder

$$\tilde{\boldsymbol{y}} = \boldsymbol{Q}^{-1}\boldsymbol{A}\,\boldsymbol{Q}\,\tilde{\boldsymbol{x}}\,. \tag{C-8}$$

Das heißt: Der Übergang zur neuen Basis hat die Überführung der Abbildungsmatrix $\boldsymbol{A}$ in die Matrix

$$\tilde{\boldsymbol{A}} := \boldsymbol{Q}^{-1}\boldsymbol{A}\,\boldsymbol{Q} \tag{C-9}$$

zur Folge. Die beiden Matrizen $\boldsymbol{A}$ und $\tilde{\boldsymbol{A}}$ heißen zueinander *ähnlich*. Der Übergang von $\boldsymbol{A}$ zu $\tilde{\boldsymbol{A}}$ heißt *Ähnlichkeitstransformation*. Aus der Gl. (C-9) folgt

$$\boldsymbol{Q}\,\tilde{\boldsymbol{A}} = \boldsymbol{A}\,\boldsymbol{Q}$$

oder, wenn man die Spalten von $\widetilde{\boldsymbol{A}}$ mit $\widetilde{\boldsymbol{a}}_1, \ldots, \widetilde{\boldsymbol{a}}_q$, die von $\boldsymbol{A}$ mit $\boldsymbol{a}_1, \ldots, \boldsymbol{a}_q$ und jene von $\boldsymbol{Q}$ mit $\boldsymbol{q}_1, \ldots, \boldsymbol{q}_q$ bezeichnet,

$$[\boldsymbol{q}_1, \ldots, \boldsymbol{q}_q]\widetilde{\boldsymbol{a}}_i = \boldsymbol{A}\boldsymbol{q}_i \, , \tag{C-10}$$

d.h. $\widetilde{\boldsymbol{a}}_i$ ist die Repräsentation von $\boldsymbol{A}\boldsymbol{q}_i$ bezüglich $\{\boldsymbol{q}_1, \ldots, \boldsymbol{q}_q\}$.

Nach Gl. (C-9) gilt mit $n \in \mathbb{N}$

$$\widetilde{\boldsymbol{A}}^n = \boldsymbol{Q}^{-1}\boldsymbol{A}^n\boldsymbol{Q} \, . \tag{C-11}$$

Entsprechend lassen sich Matrizenpolynome transformieren.

Lineare Abbildungen gemäß Gl. (C-7) eines linearen Vektorraums der Dimension $m$ in einen linearen Vektorraum der Dimension $r$ werden durch im allgemeinen nichtquadratische $(r, m)$-Matrizen beschrieben.

Die Menge aller Vektoren $\boldsymbol{x}$, für die $\boldsymbol{A}\boldsymbol{x} = \boldsymbol{0}$ gilt, bildet den *Nullraum* der Matrix $\boldsymbol{A}$. Unter dem *Rang* einer Matrix $\boldsymbol{A}$, bezeichnet $\text{rg}(\boldsymbol{A})$, versteht man die Maximalzahl linear unabhängiger Spalten von $\boldsymbol{A}$ (diese Zahl ist gleich der Maximalzahl linear unabhängiger Zeilen). Die Summe aus Rang einer Matrix und Dimension des Nullraumes ist gleich der Zahl der Spalten der Matrix.

## 2. Die Jordansche Normalform

### 2.1. EIGENVEKTOREN UND VERALLGEMEINERTE EIGENVEKTOREN

Es sei $\boldsymbol{A}$ eine quadratische $q$-reihige Matrix, deren Elemente im allgemeinen komplexe Zahlen sind. Jede vom Nullvektor verschiedene Lösung $\boldsymbol{x}$ der Gleichung

$$\boldsymbol{A}\,\boldsymbol{x} = p\,\boldsymbol{x} \qquad \text{bzw.} \qquad (\boldsymbol{A} - \mathbf{E}p)\boldsymbol{x} = \boldsymbol{0} \tag{C-12a,b}$$

heißt *Eigenvektor* der Matrix $\boldsymbol{A}$ bezüglich des *Eigenwerts* $p$ von $\boldsymbol{A}$. Dabei kommen für $p$ nur endlich viele skalare Werte in Betracht. Sie ergeben sich aus Gl. (C-12b) aufgrund der Forderung, daß eine nichtverschwindende Lösung $\boldsymbol{x}$ des homogenen algebraischen Gleichungssystems (C-12b) existiert. So entsteht die charakteristische Polynomgleichung

$$\det(\boldsymbol{A} - p\,\mathbf{E}) = 0 \tag{C-13}$$

zur Bestimmung der $l$ Eigenwerte $p_1, p_2, \ldots, p_l$ mit den Vielfachheiten $r_1, r_2, \ldots, r_l$. Dabei ist $\mathbf{E}$ die Einheitsmatrix.

Es sei $p_0$ irgendeiner der Eigenwerte der Matrix $\boldsymbol{A}$. Hat die Matrix $\boldsymbol{A} - p_0\mathbf{E}$ den Rang $r$, so besitzt der Nullraum dieser Matrix die Dimension $q - r$. Das heißt, es existieren genau $q - r$ linear unabhängige Lösungen $\boldsymbol{x}_1, \boldsymbol{x}_2, \ldots, \boldsymbol{x}_{q-r}$ der Gl. (C-12b) mit $p = p_0$, so daß jede Lösung als Linearkombination der genannten Lösungen ausgedrückt werden kann. Insofern gehört zum Eigenwert $p_0$ eine Basis aus genau $q - r$ Eigenvektoren (die allerdings nicht eindeutig bestimmt sind).

Neben der Matrix $(\boldsymbol{A} - p_0\mathbf{E})$ werden die Matrizen

$$(\boldsymbol{A} - p_0\mathbf{E})^2 \, , \quad (\boldsymbol{A} - p_0\mathbf{E})^3 \, , \ldots$$

betrachtet. Der Vektor $\boldsymbol{x}$ heißt nun *verallgemeinerter Eigenvektor* der Matrix $\boldsymbol{A}$ vom Rang $k$ bezüglich des Eigenwerts $p_0$, wenn

$$(\boldsymbol{A} - p_0 \mathbf{E})^k \boldsymbol{x} = \mathbf{0} \quad \text{und} \quad (\boldsymbol{A} - p_0 \mathbf{E})^{k-1} \boldsymbol{x} \neq \mathbf{0}$$

gilt. Der Fall $k = 1$ entspricht dem eingangs betrachteten Fall des Eigenvektors.

Man kann die lineare Unabhängigkeit von zwei verallgemeinerten Eigenvektoren $\boldsymbol{u}_i$ und $\boldsymbol{v}_j$ zum Eigenwert $p_0$ vom Rang $i$ bzw. $j \neq i$ leicht nachweisen, wenn man für $i > j$ ausgehend von $c_1 \boldsymbol{u}_i + c_2 \boldsymbol{v}_j = \mathbf{0}$, $c_1 c_2 \neq 0$, durch Multiplikation mit der Matrix $(\boldsymbol{A} - p_0 \mathbf{E})^{i-1}$ den Widerspruch $(\boldsymbol{A} - p_0 \mathbf{E})^{i-1} c_1 \boldsymbol{u}_i + (\boldsymbol{A} - p_0 \mathbf{E})^{i-1} c_2 \boldsymbol{v}_j = c_1 (\boldsymbol{A} - p_0 \mathbf{E})^{i-1} \boldsymbol{u}_i = \mathbf{0}$, d.h. $c_1 = 0$ herbeiführt.

Aus $\boldsymbol{x}$ werden jetzt die folgenden $k$ Vektoren gebildet:

$$\boldsymbol{x}_{\mu-1} := (\boldsymbol{A} - p_0 \mathbf{E}) \boldsymbol{x}_\mu \quad \text{für} \quad \mu = k, k-1, \ldots, 1$$

mit

$$\boldsymbol{x}_k := \boldsymbol{x} \; ; \quad \boldsymbol{x}_0 = \mathbf{0} .$$

Diese Vektoren haben die Eigenschaft

$$(\boldsymbol{A} - p_0 \mathbf{E}) \boldsymbol{x}_1 = (\boldsymbol{A} - p_0 \mathbf{E})^2 \boldsymbol{x}_2 = \cdots = (\boldsymbol{A} - p_0 \mathbf{E})^k \boldsymbol{x}_k = \mathbf{0}$$

und

$$\boldsymbol{x}_1 = (\boldsymbol{A} - p_0 \mathbf{E}) \boldsymbol{x}_2 = \cdots = (\boldsymbol{A} - p_0 \mathbf{E})^{k-1} \boldsymbol{x}_k \neq \mathbf{0} .$$

Das heißt, der Vektor $\boldsymbol{x}_\mu$ ($\mu = 1, 2, \ldots, k$) ist ein verallgemeinerter Eigenvektor der Matrix $\boldsymbol{A}$ vom Rang $\mu$ bezüglich des Eigenwerts $p_0$. Die Vektoren $\{\boldsymbol{x}_1, \boldsymbol{x}_2, \ldots, \boldsymbol{x}_k\}$ bilden eine *Kette von verallgemeinerten Eigenvektoren* der Länge $k$ von $\boldsymbol{A}$ bezüglich des Eigenwerts $p_0$.

Im folgenden werden Eigenschaften der verallgemeinerten Eigenvektoren beschrieben.

(i) Die Vektoren einer Kette von verallgemeinerten Eigenvektoren erfüllen die wichtigen Beziehungen

$$\boldsymbol{A} \boldsymbol{x}_1 = p_0 \boldsymbol{x}_1 , \quad \boldsymbol{A} \boldsymbol{x}_\mu = \boldsymbol{x}_{\mu-1} + p_0 \boldsymbol{x}_\mu \quad (\mu = 2, \ldots, k) . \tag{C-14}$$

Dies folgt unmittelbar aus der Definition einer Kette verallgemeinerter Eigenvektoren.

(ii) Verallgemeinerte Eigenvektoren zum selben Eigenwert mit unterschiedlichem Rang sind voneinander linear unabhängig. Somit sind auch die Vektoren einer Kette verallgemeinerter Eigenvektoren linear unabhängig.

(iii) Verallgemeinerte Eigenvektoren zu verschiedenen Eigenwerten sind linear unabhängig.

Im folgenden werden einige Aussagen über die Zahl der verallgemeinerten Eigenvektoren gemacht.

Es sei $\boldsymbol{A}_0 := (\boldsymbol{A} - p_0 \mathbf{E})$ und $\kappa_\mu$ ($\mu \in \mathbb{N}$) die Dimension des Nullraums der quadratischen, $q$-reihigen Matrix $\boldsymbol{A}_0^\mu$. Der Nullraum der Matrix $\boldsymbol{A}_0^\mu$ wird also durch eine Basis von $\kappa_\mu$ verallgemeinerten Eigenvektoren von maximalem Rang $\mu$ aufgespannt. Entsprechend wird der Nullraum der Matrix $\boldsymbol{A}_0^{\mu-1}$ durch eine Basis von $\kappa_{\mu-1}$ verallgemeinerten Eigenvektoren von maximalem Rang $\mu - 1$ gebildet. Folglich muß es genau $\kappa_\mu - \kappa_{\mu-1}$ verallgemeinerte Eigenvektoren vom Rang $\mu$ zum Eigenwert $p_0$ geben, welche zusammen mit der aus den $\kappa_{\mu-1}$ rangniedrigeren verallgemeinerten Eigenvektoren gebildeten Basis ein System linear unabhängiger Vektoren darstellen. Diese $\kappa_\mu - \kappa_{\mu-1}$ Vektoren ergänzen also die Basis des Nullraums von $\boldsymbol{A}_0^{\mu-1}$ zu einer Basis des Nullraums von $\boldsymbol{A}_0^\mu$, und in diesem Sinne sollen im folgenden die verallgemeinerten Eigenvektoren vom Rang $\mu$ verstanden werden, und entsprechend soll von der Zahl der verallgemeinerten Eigenvektoren die Rede sein. (Selbstverständlich kann der Nullraum von $\boldsymbol{A}_0^\mu$ auch durch $\kappa_\mu$ linear unabhängige verallgemeinerte Eigenvektoren vom Rang $\mu$ aufgespannt werden, wenn man von den bereits vorhandenen $\kappa_{\mu-1}$

Basisvektoren des Nullraums von $\boldsymbol{A}_0^{\mu-1}$ keinen Gebrauch macht. Eine solche Basis ist aber bedeutungslos.)

Sind die verallgemeinerten Eigenvektoren vom Rang $\mu-1, \mu-2, \ldots, 1$ bekannt, so erhält man die verallgemeinerten Eigenvektoren vom Rang $\mu$ als inhomogene Lösungen des Gleichungssystems

$$\boldsymbol{A}_0 \boldsymbol{x}_\mu = \boldsymbol{y}_{\mu-1} ,$$

wobei $\boldsymbol{y}_{\mu-1}$ ein Vektor ist, der durch Linearkombination aller verallgemeinerten Eigenvektoren vom Rang $\mu-1, \mu-2, \ldots, 1$ so gebildet wird, daß das genannte Gleichungssystem lösbar ist. Bezeichnet $\alpha_{\mu-1} = \kappa_{\mu-1} - \kappa_{\mu-2}$ die Zahl der verallgemeinerten Eigenvektoren vom Rang $\mu-1$, so enthält die Linearkombination $\boldsymbol{y}_{\mu-1}$ genau $\alpha_{\mu-1}$ Koeffizienten bei den verallgemeinerten Eigenvektoren vom Rang $\mu-1$ neben weiteren Koeffizienten bei rangniedrigeren verallgemeinerten Eigenvektoren. Für den Fall, daß das Gleichungssystem für beliebige Wahl dieser $\alpha_{\mu-1}$ Koeffizienten, also allein mittels geeigneter Wahl der verbleibenden, zu den rangniedrigeren verallgemeinerten Eigenvektoren gehörenden Koeffizienten lösbar wird, erhält man die maximal mögliche Zahl verallgemeinerter Eigenvektoren vom Rang $\mu$, nämlich $\alpha_{\mu-1} = \kappa_{\mu-1} - \kappa_{\mu-2}$ Vektoren. Deshalb kann die Zahl der verallgemeinerten Eigenvektoren vom Rang $\mu$ nicht größer sein als die Zahl der verallgemeinerten Eigenvektoren vom Rang $\mu-1$. Besitzen weiterhin von einer Zahl $\mu=k$ an die Nullräume zweier aufeinanderfolgenden Potenzen $\boldsymbol{A}_0^k$ und $\boldsymbol{A}_0^{k+1}$ dieselbe Dimension, gilt also $\kappa_{k+1} = \kappa_k$, so gilt dies auch für alle weiteren Potenzen von $\boldsymbol{A}_0$. [1] Es ist also $\kappa_k$ die größtmögliche Dimension der durch $\boldsymbol{A}_0^\mu$ ($\mu \in \mathbb{N}$) gebildeten Nullräume und $k$ der höchstmögliche Rang eines zum Eigenwert $p_0$ gehörenden verallgemeinerten Eigenvektors. Die genannten Eigenschaften werden jetzt zusammengefaßt.

(iv) Mit $\boldsymbol{A}_0 = (\boldsymbol{A} - p_0 \mathbf{E})$ und der Dimension $\kappa_\mu$ des Nullraums der Matrix $\boldsymbol{A}_0^\mu$ folgt:

(a) Es gibt zum Eigenwert $p_0$ genau $\kappa_\mu - \kappa_{\mu-1}$ verallgemeinerte Eigenvektoren vom Rang $\mu$ als Basisergänzung der rangniedrigeren Vektoren. Für $\mu = 1$ erhält man dieselbe Aussage auch für die Eigenvektoren.

(b) Die Zahl der verallgemeinerten Eigenvektoren vom Rang $\mu$ ist kleiner oder gleich der Zahl der verallgemeinerten Eigenvektoren vom Rang $\mu-1$ zum Eigenwert $p_0$.

(c) Es gibt einen höchstmöglichen Rang $k \leqq r_0$, welcher von keinem verallgemeinerten Eigenvektor überschritten wird, und damit genau $\kappa_k$ linear unabhängige verallgemeinerte Eigenvektoren zum Eigenwert $p_0$. Es läßt sich zeigen, daß $\kappa_k$ gerade auch die Vielfachheit $r_0$ des Eigenwerts $p_0$ ist [Wa1].

Zur praktischen Berechnung der zum Eigenwert $p_0$ mit der Vielfachheit $r_0$ gehörenden verallgemeinerten Eigenvektoren kann man beispielsweise nach folgendem Algorithmus vorgehen, der von obigen Überlegungen etwas abweicht.

(1) **Vorbereitungen**

- Man bestimme die Dimension $\kappa_1$ des Nullraums der Matrix $\boldsymbol{A}_0 = \boldsymbol{A} - p_0 \mathbf{E}$.
- Man ermittle $\kappa_1$ linear unabhängige Eigenvektoren von $\boldsymbol{A}$.
- Falls $\kappa_1 = r_0$ gilt, treten keine verallgemeinerten Eigenvektoren auf, der Algorithmus ist beendet.

(2) **Verallgemeinerte Eigenvektoren**

- Es ist mit $\mu = 2$ zu starten.

---

[1] Dies ist auf folgenden Umstand zurückzuführen: Die beiden Matrizen $\boldsymbol{A}_0^k$ und $\boldsymbol{A}_0^{k+1}$ besitzen wegen $\kappa_{k+1} = \kappa_k$ denselben Nullraum, d.h. jeder Vektor $\boldsymbol{v}$, für den $\boldsymbol{A}_0^{k+1} \boldsymbol{v} = \mathbf{0}$ gilt, erfüllt auch die Beziehung $\boldsymbol{A}_0^k \boldsymbol{v} = \mathbf{0}$ und umgekehrt. Für jeden Vektor $\boldsymbol{w}$ mit $\boldsymbol{A}_0^{k+2} \boldsymbol{w} = \mathbf{0}$ liegt der Vektor $\boldsymbol{A}_0 \boldsymbol{w}$ im Nullraum von $\boldsymbol{A}_0^{k+1}$ und damit auch im Nullraum von $\boldsymbol{A}_0^k$. Damit gilt $\boldsymbol{A}_0^k \cdot \boldsymbol{A}_0 \boldsymbol{w} = \boldsymbol{A}_0^{k+1} \boldsymbol{w} = \mathbf{0}$, d.h. jeder Vektor $\boldsymbol{w}$ aus dem Nullraum von $\boldsymbol{A}_0^{k+2}$ liegt auch im Nullraum von $\boldsymbol{A}_0^{k+1}$.

- Falls die Vielfachheit des Eigenwerts $p_0$ größer als die Zahl der bisher ermittelten linear unabhängigen verallgemeinerten Eigenvektoren ist, verfährt man folgendermaßen:
- Man berechne die Matrix $\boldsymbol{A}_0^{\mu}$ und die zugehörige Dimension $\kappa_\mu$ des Nullraums.
- Man ermittle $(\kappa_\mu - \kappa_{\mu-1})$ verallgemeinerte Eigenvektoren $\boldsymbol{x}_\mu$ vom Rang $\mu$ als Basisergänzung zu den bereits gewonnenen rangniedrigeren Vektoren. Hierzu kann beispielsweise das Gleichungssystem

$$\boldsymbol{A}_0^{\mu-1}\boldsymbol{x}_\mu = \boldsymbol{y}_1$$

  für eine geeignet gewählte Linearkombination $\boldsymbol{y}_1$ der $\kappa_1$ berechneten Eigenvektoren gelöst werden. [1)]
- Es ist $\mu$ um 1 weiterzuzählen und der Algorithmus fortzusetzen.

*Beispiel 1*: Es sind die verallgemeinerten Eigenvektoren zur Matrix

$$\boldsymbol{A} = \boldsymbol{A}_0 = \begin{bmatrix} 0 & 1 & 1 & 1 \\ 0 & 0 & 1 & 0 \\ 0 & 0 & 0 & 0 \\ 0 & 0 & -1 & 0 \end{bmatrix}$$

mit dem vierfachen Eigenwert $p_0 = 0$ gesucht. Man erkennt bereits ohne Rechnung, daß diese Matrix nur zwei linear unabhängige Spaltenvektoren besitzt, also gilt $\kappa_1 = 2$. Zwei linear unabhängige Eigenvektoren erhält man als Lösungen des linearen Gleichungssystems $\boldsymbol{A}_0\boldsymbol{x} = \boldsymbol{0}$ zu

$$\boldsymbol{x}_1^{(1)} = [1\ \ 0\ \ 0\ \ 0]^{\mathrm{T}}, \quad \boldsymbol{x}_1^{(2)} = [0\ \ 1\ \ 0\ \ -1]^{\mathrm{T}}.$$

Jetzt können die beiden noch fehlenden verallgemeinerten Eigenvektoren von höherem Rang berechnet werden. Mit $\mu = 2$ erhält man zunächst

$$\boldsymbol{A}_0^{\mu} = \boldsymbol{A}_0^2 = \boldsymbol{0},$$

woraus $\kappa_2 = 4$ folgt. Also gibt es genau $\kappa_2 - \kappa_1 = 2$ verallgemeinerte Eigenvektoren vom Rang Zwei. Um diese zu berechnen, wird das inhomogene Gleichungssystem

$$\boldsymbol{A}_0\boldsymbol{x}_2 = c_1\boldsymbol{x}_1^{(1)} + c_2\boldsymbol{x}_1^{(2)},$$

d.h.

$$\begin{bmatrix} 0 & 1 & 1 & 1 \\ 0 & 0 & 1 & 0 \\ 0 & 0 & 0 & 0 \\ 0 & 0 & -1 & 0 \end{bmatrix}\boldsymbol{x}_2 = c_1\begin{bmatrix} 1 \\ 0 \\ 0 \\ 0 \end{bmatrix} + c_2\begin{bmatrix} 0 \\ 1 \\ 0 \\ -1 \end{bmatrix}$$

gelöst. Dieses Gleichungssystem ist für alle $c_1, c_2 \in \mathbb{R}$ lösbar und liefert als inhomogene Lösungen mit $c_1 = 1$ und $c_2 = 0$ einen verallgemeinerten Eigenvektor

$$\boldsymbol{x}_2^{(1)} = [0\ \ 1\ \ 0\ \ 0]^{\mathrm{T}},$$

mit $c_1 = 0$ und $c_2 = 1$ einen verallgemeinerten Eigenvektor

$$\boldsymbol{x}_2^{(2)} = [0\ \ -1\ \ 1\ \ 0]^{\mathrm{T}}.$$

---

[1)] Man beachte, daß an die rechte Seite $\boldsymbol{y}_1$ obiger Gleichung Lösbarkeitsbedingungen zu stellen sind, da die Matrix $\boldsymbol{A}_0^{\mu-1}$ in jedem Falle singulär ist. Deshalb muß auf der rechten Seite die Linearkombination aller Eigenvektoren mit noch freien Konstanten mitgeführt werden. Führt man dann zur Lösung des Gleichungssystems beispielsweise den Gauß-Algorithmus durch, so erhält man aus der rechten Seite die entsprechenden Lösbarkeitsbedingungen in Form von Gleichungen für die genannten Konstanten.

*Beispiel 2*: Es sind die verallgemeinerten Eigenvektoren zur Matrix

$$\boldsymbol{A} = \boldsymbol{A}_0 = \begin{bmatrix} 0 & 1 & 1 & 1 \\ 0 & 0 & 1 & 0 \\ 0 & 0 & 0 & 0 \\ 0 & 0 & 1 & 0 \end{bmatrix}$$

mit dem vierfachen Eigenwert $p_0 = 0$ gesucht. Diese Matrix besitzt die Dimension des Nullraums $\kappa_1 = 2$. Die beiden Eigenvektoren lauten z.B.

$$\boldsymbol{x}_1^{(1)} = [1 \ \ 1 \ \ 0 \ \ -1]^{\mathrm{T}} \quad \text{und} \quad \boldsymbol{x}_1^{(2)} = [0 \ \ 1 \ \ 0 \ \ -1]^{\mathrm{T}},$$

welche eine mögliche Basis des Nullraums von $\boldsymbol{A}_0$ darstellen. Zur Berechnung der verallgemeinerten Eigenvektoren wird zunächst die Matrix

$$\boldsymbol{A}_0^2 = \begin{bmatrix} 0 & 0 & 2 & 0 \\ 0 & 0 & 0 & 0 \\ 0 & 0 & 0 & 0 \\ 0 & 0 & 0 & 0 \end{bmatrix}$$

gebildet, deren Nullraum die Dimension $\kappa_2 = 3$ hat. Folglich gibt es nur einen verallgemeinerten Eigenvektor vom Rang Zwei. Dieser wird mittels des inhomogenen Gleichungssystems

$$\boldsymbol{A}_0 \boldsymbol{x}_2 = c_1 \boldsymbol{x}_1^{(1)} + c_2 \boldsymbol{x}_1^{(2)},$$

d.h.

$$\begin{bmatrix} 0 & 1 & 1 & 1 \\ 0 & 0 & 1 & 0 \\ 0 & 0 & 0 & 0 \\ 0 & 0 & 1 & 0 \end{bmatrix} \boldsymbol{x}_2 = c_1 \begin{bmatrix} 1 \\ 1 \\ 0 \\ -1 \end{bmatrix} + c_2 \begin{bmatrix} 0 \\ 1 \\ 0 \\ -1 \end{bmatrix}$$

berechnet, welches nur dann lösbar ist, wenn $c_1 = -c_2$ und $c_1 \in \mathbb{R}$ (beliebig) gilt. Als mögliche inhomogene Lösung erhält man z.B. mit $c_1 = 1$ den Vektor

$$\boldsymbol{x}_2 = [0 \ \ 1 \ \ 0 \ \ 0]^{\mathrm{T}}$$

als verallgemeinerten Eigenvektor vom Rang Zwei. Die homogenen Lösungen des Systems interessieren nicht mehr, denn sie enthalten nur alle rangniedrigeren verallgemeinerten Eigenvektoren, hier die bereits berechneten Eigenvektoren.

Jetzt fehlt noch ein verallgemeinerter Eigenvektor vom Rang Drei, denn die Vielfachheit des Eigenwerts $p_0 = 0$ ist Vier. Mit $\boldsymbol{A}_0^3 = \boldsymbol{0}$ erhält man $\kappa_3 = 4$, womit folgt, daß in der Tat noch ein verallgemeinerter Eigenvektor vom Rang Drei existiert. Er berechnet sich aus

$$\boldsymbol{A}_0^2 \boldsymbol{x}_3 = c_1 \boldsymbol{x}_1^{(1)} + c_2 \boldsymbol{x}_1^{(2)},$$

d.h.

$$\begin{bmatrix} 0 & 0 & 2 & 0 \\ 0 & 0 & 0 & 0 \\ 0 & 0 & 0 & 0 \\ 0 & 0 & 0 & 0 \end{bmatrix} \boldsymbol{x}_3 = c_1 \begin{bmatrix} 1 \\ 1 \\ 0 \\ -1 \end{bmatrix} + c_2 \begin{bmatrix} 0 \\ 1 \\ 0 \\ -1 \end{bmatrix}.$$

Das Lösen genau dieses Systems hat den Vorteil, daß man wieder alle rangniedrigeren verallgemeinerten Eigenvektoren als homogene Lösungen des Systems ausblenden kann. Das Gleichungssystem ist lösbar für $c_1 = -c_2$, und mit $c_1 = 2$ erhält man z.B. die inhomogene Lösung

$$\boldsymbol{x}_3 = [0 \ \ 0 \ \ 1 \ \ 0]^{\mathrm{T}}$$

als verallgemeinerten Eigenvektor vom Rang Drei.

Das Verfahren bricht automatisch ab, wenn es keine ranghöheren verallgemeinerten Eigenvektoren mehr gibt, da dann mit keiner Linearkombination aus den Eigenvektoren das erforderliche inhomogene Gleichungssystem gelöst werden kann.

Die praktische Berechnung von in Ketten angeordneten verallgemeinerten Eigenvektoren ist nicht so leicht durchführbar wie die Berechnung der verallgemeinerten Eigenvektoren im vorausgegangenen Abschnitt. Mit dem genannten Verfahren erhält man zwar die Gesamtheit aller verallgemeinerten Eigenvektoren; da aber im allgemeinen mehrere Ketten mit linear unabhängigen Vektoren existieren, ist die Zuordnung der richtigen Vektoren zur richtigen Kette schwierig. Auch das von ranghohen verallgemeinerten Eigenvektoren ausgehende Absteigen durch fortgesetzte Linksmultiplikation mit $\boldsymbol{A}_0$, um Ketten zu erzeugen, ist nicht systematisch durchführbar, da man die Endvektoren einer Kette nicht kennt und ein beliebiges Herausgreifen von $\kappa_k$ linear unabhängigen verallgemeinerten Eigenvektoren der höchsten Stufe $k$ im allgemeinen auf ein linear abhängiges Vektorsystem führt, obwohl die Vektoren einer Kette linear unabhängig sind. Ein systematisches Verfahren zur Berechnung von Ketten verallgemeinerter Eigenvektoren ist in [Zu1] angegeben, welches nachfolgend kurz umrissen wird.

(i) **Vorbereitungen**

- Man berechne zunächst $\kappa_1$ linear unabhängige Eigenvektoren zum Eigenwert $p_0$.
- Man berechne eine Basis $\boldsymbol{y}_1, \boldsymbol{y}_2, \ldots, \boldsymbol{y}_{\kappa_1}$ des Nullraums der transponierten Matrix $\boldsymbol{A}_0^{\mathrm{T}}$ (Linkseigenvektoren), denn das Gleichungssystem $\boldsymbol{A}_0 \boldsymbol{x}_\mu = \boldsymbol{x}_{\mu-1}$ ist genau dann lösbar, wenn $\boldsymbol{x}_{\mu-1}$ senkrecht auf allen Lösungen $\boldsymbol{y}_i$ des transponierten Systems $\boldsymbol{A}_0^{\mathrm{T}} \boldsymbol{y} = \boldsymbol{0}$ steht.
- Es sei $\boldsymbol{X}_1 = [\boldsymbol{x}_1^{(1)}, \boldsymbol{x}_1^{(2)}, \ldots, \boldsymbol{x}_1^{(\kappa_1)}]$ die Matrix der berechneten Eigenvektoren, und weiterhin sei $\boldsymbol{Y} = [\boldsymbol{y}_1, \boldsymbol{y}_2, \ldots, \boldsymbol{y}_{\kappa_1}]$ die Matrix der Lösungen des transponierten Systems $\boldsymbol{A}_0^{\mathrm{T}} \boldsymbol{y} = \boldsymbol{0}$. Man bestimme die Matrix $\boldsymbol{N}_1 = \boldsymbol{X}_1^{\mathrm{T}} \boldsymbol{Y}$. Sie läßt unmittelbar erkennen, welche Eigenvektoren senkrecht auf allen $\boldsymbol{y}_i$ $(i = 1, \ldots, \kappa_1)$ stehen.

(ii) **Verallgemeinerte Eigenvektoren**

- Es ist mit $\mu = 1$ zu starten.
- Mit

$$\boldsymbol{N}^{(\mu)} = \begin{bmatrix} \widetilde{\boldsymbol{N}}^{(\mu-1)} \\ \boldsymbol{N}_\mu \end{bmatrix}, \quad \boldsymbol{N}^{(1)} = \boldsymbol{N}_1 \qquad \text{und} \qquad \boldsymbol{X}^{(\mu)\mathrm{T}} = \begin{bmatrix} \widetilde{\boldsymbol{X}}^{(\mu-1)\mathrm{T}} \\ \boldsymbol{X}_\mu^{\mathrm{T}} \end{bmatrix}, \quad \boldsymbol{X}^{(1)\mathrm{T}} = \boldsymbol{X}_1^{\mathrm{T}}$$

  transformiere man das Schema $\boldsymbol{N}^{(\mu)}, \boldsymbol{X}^{(\mu)\mathrm{T}}$ z.B. mit Hilfe des Gauß-Algorithmus, in ein Schema $\widetilde{\boldsymbol{N}}^{(\mu)}, \widetilde{\boldsymbol{X}}^{(\mu)\mathrm{T}}$, so daß die Matrix $\boldsymbol{N}^{(\mu)}$ in die obere Dreiecksmatrix $\widetilde{\boldsymbol{N}}^{(\mu)}$ übergeht, ohne daß der Rang der in den Zeilen der mitgeführten Matrix $\widetilde{\boldsymbol{X}}^{(\mu)\mathrm{T}}$ stehenden verallgemeinerten Eigenvektoren im Vergleich zur Matrix $\boldsymbol{X}^{(\mu)\mathrm{T}}$ verändert wird.
- Die Berechnung der verallgemeinerten Eigenvektoren ist abgeschlossen, wenn für ein $\mu = k$ die Matrix $\boldsymbol{N}_\mu$ von maximalem Rang war.
- Die bei den Nullzeilen von $\widetilde{\boldsymbol{N}}^{(\mu)}$ stehenden transponierten verallgemeinerten Eigenvektoren aus $\widetilde{\boldsymbol{X}}^{(\mu)\mathrm{T}}$ vom Rang $\mu$ benütze man zum weiteren Aufstieg gemäß

$$\boldsymbol{A}_0 \boldsymbol{x}_{\mu+1} = \widetilde{\boldsymbol{x}}_\mu .$$

  Dieses Gleichungssystem ist für die genannten Vektoren $\widetilde{\boldsymbol{x}}_\mu$ lösbar.
- Die so berechneten verallgemeinerten Eigenvektoren vom Rang $\mu+1$ fasse man zur Matrix $\boldsymbol{X}_{\mu+1}$ zusammen und berechne damit $\boldsymbol{N}_{\mu+1} = \boldsymbol{X}_{\mu+1}^{\mathrm{T}} \boldsymbol{Y}$.
- Es ist $\mu$ um 1 weiterzuzählen.

(iii) **Kettenbildung**

- Da die neben den nicht verschwindenden Zeilen von $\widetilde{\boldsymbol{N}}^{(k)}$ in $\widetilde{\boldsymbol{X}}^{(k)\mathrm{T}}$ stehenden transponierten verallgemeinerten Eigenvektoren Endvektoren einer Kette darstellen, können alle Vektoren der zugehörigen Kette durch fortgesetzte Linksmultiplikation gemäß

$$\boldsymbol{x}_{\mu-1}^{(\nu)} = \boldsymbol{A}_0 \boldsymbol{x}_\mu^{(\nu)}$$

  gewonnen werden. Die Vektoren sind jetzt linear unabhängig.

## 2.2. TRANSFORMATION AUF NORMALFORM

Im folgenden soll gezeigt werden, wie sich eine quadratische Matrix durch eine Ähnlichkeitstransformation in Jordansche Normalform überführen läßt.

Eine quadratische Matrix $\boldsymbol{A}$ der Ordnung $q$ besitze die Eigenwerte $p_1, p_2, \ldots, p_l$ mit den Vielfachheiten $r_1, r_2, \ldots$ bzw. $r_l$. Es werden $q$ linear unabhängige verallgemeinerte Eigenvektoren $\boldsymbol{x}_\mu^{(\lambda,\nu)}$ der Matrix $\boldsymbol{A}$ berechnet, die in der Weise angeordnet seien, daß $\lambda \in \{1, \ldots, l\}$ die Nummer des entsprechenden Eigenwerts, $\nu \in \{1, \ldots, k_\lambda\}$ die Nummer der entsprechenden Kette und $\mu \in \{1, \ldots, q_{\lambda\nu}\}$ den Rang des betreffenden verallgemeinerten Eigenvektors bedeutet. Es liegen also folgende Ketten verallgemeinerter Eigenvektoren (auch Hauptvektorketten genannt) vor:

**Eigenwert $\boldsymbol{p_1}$ :**

$$\begin{array}{ll}
\text{Kette } 1: & \boldsymbol{x}_1^{(1,1)} \rightarrow \boldsymbol{x}_2^{(1,1)} \rightarrow \cdots \rightarrow \boldsymbol{x}_{q_{11}}^{(1,1)}, \\
\text{Kette } 2: & \boldsymbol{x}_1^{(1,2)} \rightarrow \boldsymbol{x}_2^{(1,2)} \rightarrow \cdots \rightarrow \boldsymbol{x}_{q_{12}}^{(1,2)}, \\
\vdots & \\
\text{Kette } k_1: & \boldsymbol{x}_1^{(1,k_1)} \rightarrow \boldsymbol{x}_2^{(1,k_1)} \rightarrow \cdots \rightarrow \boldsymbol{x}_{q_{1k_1}}^{(1,k_1)},
\end{array}$$

$\vdots$

**Eigenwert $\boldsymbol{p_\lambda}$ :**

$$\begin{array}{ll}
\text{Kette } 1: & \boldsymbol{x}_1^{(\lambda,1)} \rightarrow \cdots \rightarrow \boldsymbol{x}_{q_{\lambda 1}}^{(\lambda,1)}, \\
\vdots & \\
\text{Kette } \nu: & \boldsymbol{x}_1^{(\lambda,\nu)} \rightarrow \cdots \rightarrow \boldsymbol{x}_{q_{\lambda\nu}}^{(\lambda,\nu)}, \\
\vdots & \\
\text{Kette } k_\lambda: & \boldsymbol{x}_1^{(\lambda,k_\lambda)} \rightarrow \cdots \rightarrow \boldsymbol{x}_{q_{\lambda k_\lambda}}^{(\lambda,k_\lambda)},
\end{array}$$

$\vdots$

**Eigenwert $\boldsymbol{p_l}$ :**

$$\begin{array}{ll}
\text{Kette } 1: & \boldsymbol{x}_1^{(l,1)} \rightarrow \cdots \rightarrow \boldsymbol{x}_{q_{l1}}^{(l,1)}, \\
\vdots & \\
\text{Kette } k_l: & \boldsymbol{x}_1^{(l,k_l)} \rightarrow \cdots \rightarrow \boldsymbol{x}_{q_{lk_l}}^{(l,k_l)}.
\end{array}$$

Aus diesen wird eine Basis für den $q$-dimensionalen Raum gebildet, und die Vektoren werden der Reihe nach zur Matrix

$$\boldsymbol{Q} = [\boldsymbol{x}_1^{(1,1)}, \boldsymbol{x}_2^{(1,1)}, \ldots, \boldsymbol{x}_\mu^{(\lambda,\nu)}, \ldots, \boldsymbol{x}_{q_{lk_l}}^{(l,k_l)}] \tag{C-15}$$

zusammengefaßt. Für die $\nu$-te Kette zum Eigenwert $p_\lambda$ gilt

$$\begin{aligned}
\boldsymbol{A}\,\boldsymbol{x}_1^{(\lambda,\nu)} &= \phantom{\boldsymbol{x}_1^{(\lambda,\nu)} +{}} p_\lambda \boldsymbol{x}_1^{(\lambda,\nu)} = \boldsymbol{Q}\,[0,\ldots,0,p_\lambda,0,0,\ldots,0,0,\ldots,0]^{\mathrm{T}}, \\
\boldsymbol{A}\,\boldsymbol{x}_2^{(\lambda,\nu)} &= \boldsymbol{x}_1^{(\lambda,\nu)} + p_\lambda \boldsymbol{x}_2^{(\lambda,\nu)} = \boldsymbol{Q}\,[0,\ldots,0,1,p_\lambda,0,\ldots,0,0,\ldots,0]^{\mathrm{T}}, \\
&\vdots \\
\boldsymbol{A}\,\boldsymbol{x}_{q_{\lambda\nu}}^{(\lambda,\nu)} &= \boldsymbol{x}_{q_{\lambda\nu}-1}^{(\lambda,\nu)} + p_\lambda \boldsymbol{x}_{q_{\lambda\nu}}^{(\lambda,\nu)} = \boldsymbol{Q}\,[0,\ldots,0,0,\ldots,0,1,p_\lambda,0,\ldots,0]^{\mathrm{T}}.
\end{aligned}$$

Damit ergibt sich die Matrizengleichung

$$\boldsymbol{A}\,\boldsymbol{Q} = \boldsymbol{Q}\,\boldsymbol{J}$$

oder

$$\boldsymbol{A} = \boldsymbol{Q}\,\boldsymbol{J}\,\boldsymbol{Q}^{-1} \tag{C-16}$$

mit der *Jordan-Matrix*

$$\boldsymbol{J} = \operatorname{diag}(\boldsymbol{J}_1, \boldsymbol{J}_2, \ldots, \boldsymbol{J}_l) \,. \tag{C-17}$$

Die Jordan-Matrix nach Gl. (C-17) ist eine Blockdiagonalmatrix mit den *Jordan-Blöcken* $\boldsymbol{J}_1, \boldsymbol{J}_2, \ldots, \boldsymbol{J}_l$, die ebenfalls Blockdiagonalform haben, nämlich die Gestalt

$$\boldsymbol{J}_\lambda = \operatorname{diag}(\boldsymbol{J}_{\lambda 1}, \boldsymbol{J}_{\lambda 2}, \ldots, \boldsymbol{J}_{\lambda k_\lambda}) \tag{C-18}$$

mit den *Jordan-Kästchen*

$$\boldsymbol{J}_{\lambda\nu} = \begin{bmatrix} p_\lambda & 1 & & \\ & & \vdots & \\ & & & 1 \\ & & & p_\lambda \end{bmatrix} \tag{C-19}$$

($\lambda = 1, \ldots, l$; $\nu = 1, \ldots, k_\lambda$), die außerhalb der Hauptdiagonalen und der oberen Nebendiagonalen nur Nullelemente aufweisen. Jede Kette verallgemeinerter Eigenvektoren erzeugt ein Jordan-Kästchen, dessen Ordnung gleich der Länge der Kette ist. Die maximale Ordnung $q_\lambda$ aller Jordan-Kästchen, die zu einem Eigenwert $p_\lambda$ gehören, heißt *Index* des Eigenwerts $p_\lambda$. Er ist folglich so groß wie die Länge der längsten zum Eigenwert $p_\lambda$ gehörenden Kette, das ist gleichbedeutend mit dem Rang des ranghöchsten verallgemeinerten Eigenvektors zum Eigenwert $p_\lambda$.

Die aus einem Jordan-Kästchen gebildete Matrix $(\boldsymbol{J}_{\lambda\nu} - p_\lambda \mathbf{E})^\mu$ ($\mu = 0, 1, \ldots, q_{\lambda\nu}$) besitzt den Rang $q_{\lambda\nu} - \mu$. Hieraus ergibt sich die interessante Eigenschaft, daß die Matrix

$$(\boldsymbol{J}_{\lambda\nu} - p_\lambda \mathbf{E})^\mu$$

gleich der Nullmatrix ist, sofern $\mu$ mit der Ordnung $q_{\lambda\nu}$ des Jordan-Kästchens übereinstimmt oder diese übersteigt. Diese Eigenschaft wird insbesondere für die Herleitung des Minimalpolynoms benötigt.

Ein wichtiger Sonderfall ist dadurch gekennzeichnet, daß zu $\boldsymbol{A}$ ein vollständiges System linear unabhängiger Eigenvektoren existiert und damit alle Ketten verallgemeinerter Eigenvektoren die Länge Eins besitzen. Bildet man mit diesen Eigenvektoren die nichtsinguläre Transformationsmatrix $\boldsymbol{Q}$ in beschriebener Weise, so erhält man als Jordan-Matrix eine Diagonalmatrix, da sich alle Jordan-Kästchen auf den zugehörigen Eigenwert als Skalar reduzieren. Im Fall einfacher Eigenwerte gilt dann mit $l = q$

$$\boldsymbol{J} = \operatorname{diag}(p_1, p_2, \ldots, p_q) \,.$$

## 2.3. MINIMALPOLYNOM

Unter dem Minimalpolynom einer quadratischen Matrix $\boldsymbol{A}$ versteht man das gradniedrigste normierte Polynom $Q(p)$, so daß $Q(\boldsymbol{A}) = \mathbf{0}$ gilt. Normiert heißt, daß der Koeffizient, der in der Koeffizientendarstellung von $Q(p)$ bei der höchsten $p$-Potenz auftritt, gleich Eins ist.

*Beispiel*: Die Matrix

$$\boldsymbol{A} = \begin{bmatrix} 2 & 0 & 0 & 0 \\ 0 & 2 & 0 & 0 \\ 0 & 0 & 2 & 0 \\ 0 & 0 & 0 & 1 \end{bmatrix}$$

besitzt das Minimalpolynom

$$Q(p) = (p-2)(p-1) = p^2 - 3p + 2 .$$

Es gilt nämlich

$$Q(\boldsymbol{A}) = \boldsymbol{A}^2 - 3\boldsymbol{A} + 2\mathbf{E} = \operatorname{diag}(4,4,4,1) - 3\operatorname{diag}(2,2,2,1) + 2\mathbf{E} = \mathbf{0} .$$

Das Minimalpolynom einer quadratischen Matrix kann folgendermaßen gebildet werden. Zunächst berechnet man die Eigenwerte $p_1, p_2, \ldots, p_l$ mit den entsprechenden Vielfachheiten $r_1, r_2, \ldots, r_l$. Durch Ermittlung der Indizes $q_1, q_2, \ldots, q_l$ aller Eigenwerte erhält man

$$Q(p) = \prod_{i=1}^{l} (p - p_i)^{q_i} . \tag{C-20}$$

Man beachte, daß für das charakteristische Polynom die Darstellung

$$P(p) = \prod_{i=1}^{l} (p - p_i)^{r_i} \tag{C-21}$$

besteht. Da $1 \leqq q_i \leqq r_i$ für alle $i$ gilt, ist $Q(p)$ ein Teiler von $P(p)$, und jeder Eigenwert von $\boldsymbol{A}$ tritt auch als Nullstelle von $Q$ auf. Unter Ausnützung dieser Tatsache kann man zumindest in einfachen Fällen $Q(p)$ durch systematisches Probieren aus $P(p)$ gewinnen.

Daß $Q(p)$ das Minimalpolynom von $\boldsymbol{A}$ ist, läßt sich aufgrund folgender Überlegungen beweisen. Es ist $Q(\boldsymbol{A})$ genau dann Minimalpolynom von $\boldsymbol{A}$, wenn $Q$ Minimalpolynom von $\boldsymbol{J}$ ist, wobei $\boldsymbol{J}$ die zu $\boldsymbol{A}$ gehörende Jordan-Matrix bedeutet. Es sei $\boldsymbol{J} = \operatorname{diag}(\boldsymbol{J}_1, \ldots, \boldsymbol{J}_l)$ mit dem Jordan-Block $\boldsymbol{J}_\lambda$ zum Eigenwert $p_\lambda$. Weiterhin sei $\boldsymbol{J}_\lambda = \operatorname{diag}(\boldsymbol{J}_{\lambda 1}, \ldots, \boldsymbol{J}_{\lambda k_\lambda})$. Es gilt nun

$$Q(\boldsymbol{J}) = \operatorname{diag}(Q(\boldsymbol{J}_1), \ldots, Q(\boldsymbol{J}_l))$$

und

$$Q(\boldsymbol{J}_\lambda) = \operatorname{diag}(Q(\boldsymbol{J}_{\lambda 1}), \ldots, Q(\boldsymbol{J}_{\lambda k_\lambda})) .$$

Man sieht schnell, daß $Q_\lambda(p) = (p - p_\lambda)^{q_\lambda}$ Minimalpolynom von $\boldsymbol{J}_\lambda$ ist. Denn es gilt

$$Q_\lambda(\boldsymbol{J}_\lambda) = \operatorname{diag}\left[(\boldsymbol{J}_{\lambda 1} - p_\lambda \mathbf{E})^{q_\lambda}, \ldots, (\boldsymbol{J}_{\lambda k_\lambda} - p_\lambda \mathbf{E})^{q_\lambda}\right] = \mathbf{0} \tag{C-22}$$

wegen der bereits genannten Eigenschaft der Jordan-Kästchen und der Bedeutung des Index $q_\lambda$ von $p_\lambda$. Offensichtlich ist $q_\lambda$ der kleinstmögliche Exponent in Gl. (C-22), für den $Q_\lambda(\boldsymbol{J}_\lambda)$ mit der Nullmatrix übereinstimmt, und andere gradniedrigere Polynome scheiden aus, da sie sich nicht als annullierend erweisen, wie deren Darstellung in Potenzen von $(p - p_\lambda)$ unmittelbar zeigt. Damit repräsentiert $Q(p)$ nach Gl. (C-20) das Minimalpolynom von $\boldsymbol{A}$. Ersetzt man in diesen Betrachtungen die Indizes $q_\lambda$ durch die Vielfachheiten $r_\lambda$, dann erkennt man, daß $\boldsymbol{J}$ und somit $\boldsymbol{A}$ auch das charakteristische Polynom nach Gl. (C-21) annulliert (Caley-Hamilton-Theorem).

*Beispiel*: Die zwölfreihige Matrix $\boldsymbol{A}$ besitze den sechsfachen Eigenwert $p_1 = 2$, den fünffachen Eigenwert $p_2 = 3$ und den einfachen Eigenwert $p_3 = 4$.

Zu den drei Eigenwerten seien die folgenden Ketten verallgemeinerter Eigenvektoren angebbar:

**Eigenwert $p_1 = 2$:**

$$\begin{aligned} &\text{Kette 1:} \quad \boldsymbol{x}_1^{(1,1)} \to \boldsymbol{x}_2^{(1,1)} \to \boldsymbol{x}_3^{(1,1)} \\ &\text{Kette 2:} \quad \boldsymbol{x}_1^{(1,2)} \to \boldsymbol{x}_2^{(1,2)} \\ &\text{Kette 3:} \quad \boldsymbol{x}_1^{(1,3)} \end{aligned}$$

**Eigenwert $p_2 = 3$:**

$$\begin{aligned} &\text{Kette 1:} \quad \boldsymbol{x}_1^{(2,1)} \\ &\text{Kette 2:} \quad \boldsymbol{x}_1^{(2,2)} \to \boldsymbol{x}_2^{(2,2)} \to \boldsymbol{x}_3^{(2,2)} \to \boldsymbol{x}_4^{(2,2)} \end{aligned}$$

**Eigenwert $p_3 = 4$:**

$$\text{Kette 1:} \quad \boldsymbol{x}_1^{(3,1)}$$

Die Matrix $\boldsymbol{Q}$ lautet

$$\boldsymbol{Q} = [\boldsymbol{x}_1^{(1,1)}, \boldsymbol{x}_2^{(1,1)}, \boldsymbol{x}_3^{(1,1)}, \boldsymbol{x}_1^{(1,2)}, \boldsymbol{x}_2^{(1,2)}, \boldsymbol{x}_1^{(1,3)}, \boldsymbol{x}_1^{(2,1)}, \boldsymbol{x}_1^{(2,2)}, \boldsymbol{x}_2^{(2,2)}, \boldsymbol{x}_3^{(2,2)}, \boldsymbol{x}_4^{(2,2)}, \boldsymbol{x}_1^{(3,1)}] .$$

Die Jordan-Normalform der Matrix $\boldsymbol{A}$ ist die Blockdiagonalmatrix

$$\boldsymbol{J} = \boldsymbol{Q}^{-1}\boldsymbol{A}\boldsymbol{Q} = \begin{bmatrix} 2 & 1 & 0 & & & & & & & & & \\ 0 & 2 & 1 & & & & & & & & & \\ 0 & 0 & 2 & & & & & & 0 & & & \\ & & & 2 & 1 & & & & & & & \\ & & & 0 & 2 & & & & & & & \\ & & & & & 2 & & & & & & \\ & & & & & & 3 & & & & & \\ & & & & & & & 3 & 1 & 0 & 0 & \\ & & & & & & & 0 & 3 & 1 & 0 & \\ & & & 0 & & & & 0 & 0 & 3 & 1 & \\ & & & & & & & 0 & 0 & 0 & 3 & \\ & & & & & & & & & & & 4 \end{bmatrix},$$

welche ohne explizite Berechnung der Matrix $\boldsymbol{Q}^{-1}$ angegeben werden kann.

Die Indizes zu den drei Eigenwerten sind:

$$\begin{aligned} &\text{Eigenwert } p_1 = 2: \quad q_1 = 3, \\ &\text{Eigenwert } p_2 = 3: \quad q_2 = 4, \\ &\text{Eigenwert } p_3 = 4: \quad q_3 = 1. \end{aligned}$$

Das Minimalpolynom zu $\boldsymbol{J}$ lautet daher

$$Q(p) = (p-2)^3 (p-3)^4 (p-4),$$

denn mit $(\boldsymbol{J} - 2\mathbf{E})^3$ werden alle zum Eigenwert $p_1 = 2$, mit $(\boldsymbol{J} - 3\mathbf{E})^4$ alle zum Eigenwert $p_2 = 3$ gehörenden Jordan-Kästchen und mit $(\boldsymbol{J} - 4\mathbf{E})$ das zum Eigenwert $p_3 = 4$ gehörende Jordan-Kästchen annulliert. Wegen der Beziehung $\boldsymbol{A}^n = (\boldsymbol{Q} \cdot \boldsymbol{J} \cdot \boldsymbol{Q}^{-1})^n = \boldsymbol{Q} \cdot \boldsymbol{J}^n \cdot \boldsymbol{Q}^{-1}$ ist $Q(p)$ auch Minimalpolynom von $\boldsymbol{A}$.

## 3. Matrix-Funktionen

Funktionen einer quadratischen Matrix können durch Potenzreihen definiert werden, wobei die Konvergenz der Reihe garantiert werden muß. Ist $\boldsymbol{A}$ eine quadratische Matrix, so erklärt man $\mathrm{e}^{\boldsymbol{A}}$ beispielsweise dadurch, daß man die Potenzreihenentwicklung von $\mathrm{e}^x$, d.h. $1+x+x^2/2!+x^3/3!+\cdots$ auf $\mathbf{E}+\boldsymbol{A}+\boldsymbol{A}^2/2!+\boldsymbol{A}^3/3!+\cdots$ überträgt.

Ist $f(\boldsymbol{A})$ irgendeine durch eine Potenzreihe von $\boldsymbol{A}$ erklärte Funktion der quadratischen Matrix $\boldsymbol{A}$ und unterwirft man $\boldsymbol{A}$ einer Ähnlichkeitstransformation gemäß Gl. (C-9), dann kann man sich leicht davon überzeugen, daß

$$f(\boldsymbol{A}) = \boldsymbol{Q} f(\tilde{\boldsymbol{A}}) \boldsymbol{Q}^{-1} \tag{C-23}$$

gilt. Durch geeignete Wahl der Matrix $\boldsymbol{Q}$ erhält $\tilde{\boldsymbol{A}}$ Jordan-Form, d.h.

$$\tilde{\boldsymbol{A}} = \boldsymbol{J} = \operatorname{diag}(\boldsymbol{J}_1, \boldsymbol{J}_2, \ldots, \boldsymbol{J}_l) .$$

Weiterhin ist zu erkennen, daß nun die Darstellung

$$f(\tilde{\boldsymbol{A}}) = \operatorname{diag}(f(\boldsymbol{J}_1), f(\boldsymbol{J}_2), \ldots, f(\boldsymbol{J}_l)) \tag{C-24}$$

besteht. Damit kann die Berechnung von $f(\boldsymbol{A})$ aufgrund der Gln. (C-23), (C-24) auf die Berechnung der Funktion für die Jordan-Kästchen reduziert werden.

Als *Beispiel* sei $f(\boldsymbol{A}) = \ln \boldsymbol{A}$ betrachtet, wobei $\boldsymbol{A}$ eine gegebene nichtsinguläre quadratische Matrix sei. Aufgrund der Taylorschen Reihenentwicklung

$$\ln x = \ln x_0 + \frac{1}{x_0}(x - x_0) - \frac{1}{2x_0^2}(x - x_0)^2 + - \cdots \quad (\,|\,x - x_0\,| < |\,x_0\,|\,) \tag{C-25}$$

an der Stelle $x = x_0 \neq 0$ definiert man den Logarithmus eines Jordan-Kästchens mit von Null verschiedenem Eigenwert als

$$\ln \boldsymbol{J}_{\lambda\nu} = \mathbf{E} \ln x_0 + \frac{1}{x_0}(\boldsymbol{J}_{\lambda\nu} - x_0 \mathbf{E}) - \frac{1}{2x_0^2}(\boldsymbol{J}_{\lambda\nu} - x_0 \mathbf{E})^2 + - \cdots$$

Wendet man diese Reihe nach Transformation von $\boldsymbol{A}$ auf Jordan-Form auf alle Jordan-Kästchen $\boldsymbol{J}_{\lambda\nu}$ zum Eigenwert $p_\lambda$ an, so erhält man bei Wahl von $x_0 = p_\lambda$ eine abbrechende Reihe, also ein Polynom in $\boldsymbol{J}_{\lambda\nu}$. Aus den so erhaltenen Matrizen $\ln \boldsymbol{J}_{\lambda\nu}$ lassen sich sofort die Matrizen

$$\ln \boldsymbol{J}_\lambda = \operatorname{diag}(\ln \boldsymbol{J}_{\lambda 1}, \ldots, \ln \boldsymbol{J}_{\lambda k_\lambda}) \tag{C-26}$$

für $\lambda = 1, 2, \ldots, l$ angeben. Man definiert nun, wie unten begründet wird,

$$\ln \boldsymbol{J} := \operatorname{diag}(\ln \boldsymbol{J}_1, \ldots, \ln \boldsymbol{J}_l) \quad \text{sowie} \quad \ln \boldsymbol{A} := \boldsymbol{Q}\,(\ln \boldsymbol{J})\,\boldsymbol{Q}^{-1} . \tag{C-27a,b}$$

Damit kann man nach dem oben entwickelten Konzept $\ln \boldsymbol{A}$ berechnen, indem $\ln \boldsymbol{J}$ von links mit $\boldsymbol{Q}$ und von rechts mit $\boldsymbol{Q}^{-1}$ multipliziert wird. Dabei bedeutet $\boldsymbol{Q}$ die nichtsinguläre Matrix, mit der die gegebene Matrix $\boldsymbol{A}$ gemäß Gl. (C-16) auf Jordan-Form transformiert wird.

Es ist möglich, entsprechend Gl. (C-25) für $\ln \boldsymbol{A}$ eine Potenzreihenentwicklung anzuschreiben. Dabei ist allerdings zu beachten, daß diese nicht für alle nichtsingulären Matrizen $\boldsymbol{A}$ konvergiert, obwohl $\ln \boldsymbol{A}$ existiert und berechnet werden kann.

Als nähere Begründung für die obige Vorgehensweise sei folgendes angeführt. Aufgrund der Darstellung der Exponentialmatrix als eine für alle quadratischen Matrizen $\boldsymbol{X}$ konvergente Potenzreihe

$$e^{\boldsymbol{X}} = \mathbf{E} + \frac{1}{1!}\boldsymbol{X} + \frac{1}{2!}\boldsymbol{X}^2 + \cdots \tag{C-28}$$

ist unmittelbar zu erkennen, daß angesichts der Gln. (C-25) und (C-28)

$$e^{\ln \boldsymbol{J}} = \operatorname{diag}(e^{\ln \boldsymbol{J}_1}, e^{\ln \boldsymbol{J}_2}, \ldots, e^{\ln \boldsymbol{J}_l}) = \operatorname{diag}(e^{\ln \boldsymbol{J}_{11}}, \ldots, e^{\ln \boldsymbol{J}_{lk_l}})$$

und damit als Begründung für die Gl. (C-27a)

$$e^{\ln \boldsymbol{J}} = \operatorname{diag}(\boldsymbol{J}_1, \boldsymbol{J}_2, \ldots, \boldsymbol{J}_l) = \boldsymbol{J}$$

geschrieben werden kann. Weiterhin lassen sich jetzt nach den Gln. (C-28) und (C-23) die Zusammenhänge

$$e^{\boldsymbol{Q}(\ln \boldsymbol{J})\boldsymbol{Q}^{-1}} = \boldsymbol{Q}\, e^{\ln \boldsymbol{J}} \boldsymbol{Q}^{-1} = \boldsymbol{Q}\boldsymbol{J}\boldsymbol{Q}^{-1} = \boldsymbol{A}$$

angeben, welche die Definition $\boldsymbol{Q}(\ln \boldsymbol{J})\boldsymbol{Q}^{-1} =: \ln \boldsymbol{A}$ nach Gl. (C-27b) für alle nichtsingulären Matrizen $\boldsymbol{A}$ erklären.

# ANHANG D: EINIGES AUS DER FUNKTIONENTHEORIE

## 1. Funktionen, Wege und Gebiete

Es wird zunächst eine allgemeine Funktion

$$f: \quad z \longmapsto f(z)$$

betrachtet, durch die allen Punkten einer bestimmten Teilmenge der komplexen (Gaußschen) Zahlenebene, der $z$-Ebene, Punkte einer zweiten komplexen Zahlenebene, der $w$-Ebene, eindeutig zugeordnet werden. Eine derartige Funktion wird kurz durch

$$w = f(z) \tag{D-1}$$

bezeichnet. Sowohl $z$ als auch $w$ werden häufig durch Realteil und Imaginärteil beschrieben:

$$z = x + \mathrm{j}y\,, \quad w = u + \mathrm{j}v\,. \tag{D-2}$$

Damit läßt sich Gl.(D-1) auch durch zwei reelle Funktionen

$$u = u(x,y) \quad \text{und} \quad v = v(x,y) \tag{D-3a,b}$$

ausdrücken.

*Beispiele*: Die Exponentialfunktion $f(z) = \mathrm{e}^z$ läßt sich mit $z = x + \mathrm{j}y$ in der Form $\mathrm{e}^x \mathrm{e}^{\mathrm{j}y}$ oder mittels der Eulerschen Formel als $\mathrm{e}^x(\cos y + \mathrm{j}\sin y)$ schreiben, woraus sofort $u = \mathrm{e}^x \cos y$ und $v = \mathrm{e}^x \sin y$ folgt. Der Leser möge sich an Hand der Schreibweise $\mathrm{e}^z = \mathrm{e}^x \mathrm{e}^{\mathrm{j}y}$ klarmachen, daß der Streifen $\{(x,y);\ -\infty \leqq x < \infty,\ -\pi \leqq y < \pi\}$ in der $z$-Ebene durch diese Funktion auf die vollständige $w$-Ebene abgebildet wird. Allgemein wird jeder Streifen $S_m = \{(x,y);\ -\infty \leqq x < \infty, (2m-1)\pi \leqq y < (2m+1)\pi\}$ mit $m = 0, \pm 1, \pm 2, \ldots$ aus der $z$-Ebene auf die vollständige $w$-Ebene abgebildet, wobei jeder Halbstreifen $\{(x,y);\ -\infty \leqq x \leqq 0,\ (2m-1)\pi \leqq y < (2m+1)\pi\}$ in das abgeschlossene Innere des Einheitskreises $|w| \leqq 1$ und jeder Halbstreifen $\{(x,y);\ 0 < x < \infty, (2m-1)\pi \leqq y < (2m+1)\pi\}$ in das Äußere des Einheitskreises $|w| > 1$ übergeht. Es empfiehlt sich, jedem Streifen $S_m$ als Bildmenge ein Exemplar $W_m$ der $w$-Ebene (ein Blatt) zuzuordnen. Die Gesamtheit aller $W_m$, in der man sich zweckmäßigerweise die Blätter $W_m$ und $W_{m+1}$ längs der positiv reellen Achse kreuzweise verheftet vorstellt, bildet eine *Riemannsche Fläche*, auf der jedem Punkt $w$ genau ein Punkt $z$ entspricht. Bei Verwendung einer unendlich- blättrigen Riemannschen $z$-Fläche kann man sich deren Abbildung vermöge der Vorschrift $w = \ln z = \ln|z| + \mathrm{j}\arg z$ in die $w$-Ebene und damit die Funktion $\ln z$ mit $z = |z|\,\mathrm{e}^{\mathrm{j}\arg z}$ veranschaulichen. – Als weiteres Beispiel einer Funktion sei $f(z) = (z-1)/(z+1)$ genannt. Durch dieses $f(z)$ wird jedem $z$ in der rechten Halbebene $\mathrm{Re}\,z \geqq 0$ ein $w$ im abgeschlossenen Einheitskreis $|w| \leqq 1$ zugeordnet, und jedes $z$ in der linken Halbebene $\mathrm{Re}\,z < 0$ wird in einen Punkt in $|w| > 1$ transformiert. Die imaginäre Achse $\mathrm{Re}\,z = 0$ $(z = \mathrm{j}y)$ geht in die Einheitskreislinie $|w| = 1$ über: $w = \mathrm{e}^{-\mathrm{j}2\arctan y}$.

Unter einem *Wegstück* in der $z$-Ebene versteht man eine Punktmenge

$$z = z(\tau) = x(\tau) + \mathrm{j}y(\tau) \quad (\tau_1 \leqq \tau \leqq \tau_2)\,,$$

wobei vorausgesetzt wird, daß $x(\tau)$ und $y(\tau)$ stetig differenzierbare reelle Funktionen bedeuten und zwei verschiedenen Werten $\tau$ auch zwei verschiedene Punkte $z$ entsprechen. Fügt man endlich viele Wegstücke stetig aneinander, so entsteht ein *Weg*. Dieser erlaubt eine Darstellung $z = z(\tau)$, so daß der Punkt $z$ den ganzen Weg genau einmal in bestimmtem Sinne durchläuft, wenn $\tau$ ein bestimmtes reelles Intervall überstreicht. Fallen Anfangs- und Endpunkt eines Weges zusammen, so spricht man von einem *geschlossenen Weg*. Gehören zu verschiedenen Parameterwerten $\tau$ (abgesehen von denen, die dem Anfangs- bzw. Endpunkt entsprechen) verschiedene $z$-Werte, so heißt der geschlossene Weg *doppelpunktfrei*.

Jede offene und zusammenhängende Punktmenge der $z$-Ebene (bzw. der $w$-Ebene) nennt man ein *Gebiet*, wobei *zusammenhängend* bedeutet, daß je zwei Punkte der Punktmenge durch einen ganz in der Menge liegenden Polygonzug verbunden werden können, und *offen* besagt, daß zur Punktmenge die Randpunkte nicht gerechnet werden. Werden die Randpunkte eines Gebiets zur betrachteten Punktmenge hinzugerechnet, so spricht man von einem *abgeschlossenen* Gebiet. Ein Gebiet heißt *einfach zusammenhängend*, wenn jeder im Gebiet verlaufende doppelfunktfreie geschlossene Weg nur Punkte dieses Gebietes selbst (also keine Randpunkte oder außerhalb des Gebietes liegende Punkte) einschließt.

## 2. Stetigkeit und Differenzierbarkeit

Die Eigenschaft der Stetigkeit und die der Differenzierbarkeit einer Funktion $f(z)$ werden ganz entsprechend wie bei reellen Funktionen definiert. Der wesentliche Unterschied gegenüber den reellen Funktionen liegt darin, daß Annäherungen an einen komplexen Punkt $z_0$ in der Gaußschen Zahlenebene zweidimensional erfolgen. Das heißt beispielsweise für den Differentialquotienten $\mathrm{d}f(z)/\mathrm{d}z = f'(z)$ an einer Stelle $z = z_0$ des Definitionsgebiets, daß die Existenz genau dann gesichert ist, wenn der Grenzwert

$$f'(z_0) := \lim_{z \to z_0} \frac{f(z) - f(z_0)}{z - z_0} \qquad \text{(D-4)}$$

existiert, unabhängig davon, wie $z$ gegen $z_0$ strebt. Die Regeln des Differenzierens sind formal die gleichen wie im Reellen. Beispielsweise gilt wie im Reellen die Produktregel, die Quotientenregel und die Kettenregel; weiterhin gilt beispielsweise $\mathrm{d}z^n/\mathrm{d}z = n\,z^{n-1}$ $(n \in \mathbb{Z})$, $\mathrm{d}\ln z/\mathrm{d}z = 1/z$, $\mathrm{d}\,\mathrm{e}^z/\mathrm{d}z = \mathrm{e}^z$.

Als Folge der Differenzierbarkeit einer Funktion $f(z) = u(x, y) + \mathrm{j}\,v(x, y)$ ergeben sich für Realteil und Imaginärteil die *Cauchy-Riemannschen Differentialgleichungen*

$$\frac{\partial u}{\partial x} = \frac{\partial v}{\partial y}, \quad \frac{\partial u}{\partial y} = -\frac{\partial v}{\partial x}. \qquad \text{(D-5a,b)}$$

Eine in einem Gebiet $G$ überall differenzierbare Funktion heißt in $G$ *analytische*, *reguläre* oder *holomorphe* Funktion. Analytische Funktionen haben die fundamentale Eigenschaft, daß sie in jedem Punkt ihres Regularitätsgebiets beliebig oft differenzierbar sind.

## 3. Das Integral

Die Funktion $w = f(z)$ sei eine in einem Gebiet $G$ stetige Funktion von $z$. In $G$ sei ein Weg $C$ vorhanden, der einen Punkt $z = a$ mit einem Punkt $z = b$ verbindet. Das bestimmte Integral von $f(z)$ längs des Weges $C$ wird nun folgendermaßen erklärt: Man zerlege $C$ beliebig in $m$ Teile und nenne die Teilpunkte $z_0 = a, z_1, \ldots, z_m = b$. Wählt man auf jedem Wegstück

$z_{\nu-1} \cdots z_\nu$ $(\nu = 1, \ldots, m)$ einen beliebigen Zwischenpunkt $\zeta_\nu$ und bildet die Summe

$$J_m = \sum_{\nu=1}^{m} (z_\nu - z_{\nu-1}) f(\zeta_\nu), \tag{D-6a}$$

so erhält man eindeutig das bestimmte Integral

$$\int_C f(z)\,\mathrm{d}z := \lim_{m \to \infty} J_m , \tag{D-6b}$$

sofern alle $|z_\nu - z_{\nu-1}|$ $(\nu = 1, 2, \ldots, m)$ mit $m \to \infty$ gegen Null streben.

Häufig ist es möglich, ein einfach zusammenhängendes Gebiet $G$ anzugeben, das Regularitätsgebiet einer betrachteten Funktion $f(z)$ ist und in dem der Integrationsweg $C$ liegt. Dann ist das bestimmte Integral über $f(z)$ längs $C$ nach dem *Hauptsatz der Funktionentheorie* nur vom Anfangspunkt $z = a$ und vom Endpunkt $z = b$ von $C$, dagegen nicht vom Verlauf des Weges $C$ zwischen den Punkten $a$ und $b$ abhängig. Man pflegt dann das Integral in der Form

$$\int_a^b f(z)\,\mathrm{d}z$$

zu schreiben. Gleichbedeutend damit ist, daß in einem einfach zusammenhängenden Regularitätsgebiet das Integral über $f(z)$ längs jedes *geschlossenen* Weges $C$ Null ist.

Bestimmte Integrale in einem einfach zusammenhängenden Regularitätsgebiet $G$ lassen sich wie im Reellen mit Hilfe einer Stammfunktion berechnen. Das heißt, man sucht eine Funktion $F(z)$, deren Differentialquotient (Ableitung) $F'(z)$ mit dem Integranden $f(z)$ in $G$ identisch ist und bildet dann

$$\int_a^b f(z)\,\mathrm{d}z = F(b) - F(a). \tag{D-7}$$

*Beispiel*: Es soll $f(z) = z^m$ $(m \in \mathbb{Z})$ längs des im mathematisch positiven Sinn durchlaufenen Einheitskreises $|z| = 1$ von $z = 1$ bis $z = \mathrm{e}^{\mathrm{j}\varphi}$ $(0 < \varphi < 2\pi)$ integriert werden. Dazu bettet man den Einheitskreis von $z = 1$ bis $z = \mathrm{e}^{\mathrm{j}\varphi}$ in ein einfach zusammenhängendes Gebiet ein, das etwa aus einem "Schlauch" um diesen Kreisbogen besteht, und ermittelt die Stammfunktion $z^{m+1}/(m+1)$ von $z^m$ für $m \neq -1$ bzw. $\ln z$ von $z^{-1}$. Dann erhält man

$$\int_1^{\mathrm{e}^{\mathrm{j}\varphi}} z^m \,\mathrm{d}z = \begin{cases} z^{m+1}/(m+1) \Big|_1^{\mathrm{e}^{\mathrm{j}\varphi}} = (\mathrm{e}^{\mathrm{j}(m+1)\varphi} - 1)/(m+1) & (m \neq -1), \\ \ln z \Big|_1^{\mathrm{e}^{\mathrm{j}\varphi}} = \mathrm{j}\varphi \quad (m = -1). \end{cases}$$

Interessant ist der Fall $\varphi \to 2\pi$, d.h. die Integration längs des vollständigen Einheitskreises. Man erhält den Integralwert 0 für $m \neq -1$ bzw. $2\pi\mathrm{j}$ für $m = -1$.

Es sollen noch einige oft nützliche (aus der Integral-Definition unmittelbar folgende) Eigenschaften des Integrals genannt werden: Die Summe von Integralen längs stetig aufeinander folgender Wegstücke ist gleich dem Integral längs des Gesamtweges. Wenn $f(z)$ längs desselben Weges einmal in der einen, das andere Mal in der entgegengesetzten Richtung integriert wird, so sind die Resultate entgegengesetzt gleich. Ein konstanter Faktor darf beim Integrieren vor das Integral gesetzt werden. Eine Summe endlich vieler Funktionen darf (wie im Reellen) gliedweise integriert werden. Es gilt die Abschätzung

$$\left| \int_C f(z)\,\mathrm{d}z \right| \leqq M\,l\,, \tag{D-8}$$

wenn $M$ eine positive Zahl ist, die von $|f(z)|$ für kein $z$ längs des Weges $C$ übertroffen wird, und wenn $C$ die Länge $l$ hat.

Eine wichtige Folgerung des Hauptsatzes ist die *Cauchysche Integralformel*, die folgendes besagt: Ist $f(z)$ in einem Gebiet $G$ analytisch und ist $C$ ein geschlossener doppelpunktfreier, positiv orientierter Weg, dessen Inneres ganz zu $G$ gehört, so gilt für jeden im Innern von $C$ gelegenen Punkt $z$

$$f(z) = \frac{1}{2\pi \mathrm{j}} \oint_C \frac{f(\zeta)}{\zeta - z}\,\mathrm{d}\zeta\,. \tag{D-9}$$

Der Funktionswert $f(z)$ kann also ausschließlich mittels der Randwerte $f(\zeta)$ längs $C$ bestimmt werden.

## 4. Potenzreihenentwicklungen

Ein wichtiges Merkmal analytischer Funktionen ist die Möglichkeit ihrer (*Taylorschen*) *Potenzreihenentwicklung.*

Ist $f(z)$ eine in einem Gebiet $G$ analytische Funktion und $z_0 \in G$, dann existiert in eindeutiger Weise eine Potenzreihe

$$\sum_{\nu=0}^{\infty} a_\nu (z - z_0)^\nu \quad \text{mit} \quad a_\nu = \frac{1}{\nu!} f^{(\nu)}(z_0)$$

(dabei ist $f^{(\nu)}(z)$ der Differentialquotient der Ordnung $\nu$ von $f(z)$), welche in einer bestimmten Umgebung von $z_0$ konvergiert und dort $f(z)$ darstellt.

*Beispiel*: Es sei $f(z) = 1/(1-z)$ und $z_0 = 0$. Dann gilt in $|z| < 1$

$$f(z) = 1 + z + z^2 + \cdots\,.$$

Man beachte, daß hier $f(z)$ in der gesamten $z$-Ebene mit Ausnahme $z = 1$ analytisch ist.

Ist $f(z)$ in einem Ringgebiet $r_1 < |z - z_0| < r_2$ um den Punkt $z_0$ analytisch, so besteht in diesem Gebiet die *Laurentsche Entwicklung*

$$f(z) = \sum_{\nu=-\infty}^{\infty} a_\nu (z - z_0)^\nu \quad \text{mit} \quad a_\nu = \frac{1}{2\pi \mathrm{j}} \oint_C \frac{f(\zeta)}{(\zeta - z_0)^{\nu+1}}\,\mathrm{d}\zeta\,, \tag{D-10}$$

wobei $C$ einen positiv orientierten Kreis um $z_0$ im Ringgebiet bedeutet. Die Teilsumme von $\nu = -\infty$ bis $\nu = -1$ wird gelegentlich Hauptteil der Entwicklung genannt.

*Beispiel*: Man kann sich leicht davon überzeugen, daß die Funktion $f(z) = 1/[(z-1)(z-2)]$ im Ringgebiet $1 < |z| < 2$ die Entwicklung

$$-\sum_{\nu=-\infty}^{-1} z^\nu - \sum_{\nu=0}^{\infty} z^\nu / 2^{\nu+1}\,,$$

im Ringgebiet $2 < |z| < \infty$ dagegen die Entwicklung

$$\sum_{\nu=-\infty}^{-2} (2^{-\nu-1}-1)z^{\nu}$$

besitzt.

Es sei nun der Fall betrachtet, daß das Ringgebiet, in dem $f(z)$ analytisch ist, die Form $0 < |z - z_0| < r_2$ hat. Gilt dann $a_\nu = 0$ für alle $n < -n_0$ ($n_0 \in \mathbb{N}$) und $a_{-n_0} \neq 0$, so stellt $z_0$ einen sogenannten *Pol* (auch außerwesentliche Singularität genannt) von $f(z)$ der Ordnung $n_0$ dar; $a_{-n_0}$ heißt Entwicklungskoeffizient von $f(z)$ im Pol $z_0$. (Sind hingegen von den Koeffizienten $a_{-1}, a_{-2}, \ldots$ unendlich viele von Null verschieden, so spricht man von einer wesentlichen Singularität $z_0$.) Gilt $a_\nu = 0$ für alle $\nu < n_1$ ($n_1 \in \mathbb{N}$) und $a_{n_1} \neq 0$, so stellt $z_0$ eine *Nullstelle* von $f(z)$ der Ordnung $n_1$ dar; $a_{n_1}$ heißt Entwicklungskoeffizient von $f(z)$ in der Nullstelle $z_0$.

Ist $r_1 < |z| < \infty$ Regularitätsgebiet von $f(z)$, so existiert dort die Laurent-Entwicklung

$$f(z) = \sum_{\nu=-\infty}^{\infty} a_\nu z^{-\nu}. \tag{D-11}$$

Gilt $a_\nu = 0$ für alle $\nu < -n_0$ ($n_0 \in \mathbb{N}$) und $a_{-n_0} \neq 0$, dann ist $z = \infty$ ein Pol von $f(z)$ der Ordnung $n_0$, und $a_{-n_0}$ heißt Entwicklungskoeffizient von $f(z)$ im Pol $z = \infty$. Gilt $a_\nu = 0$ für alle $\nu < n_1$ ($n_1 \in \mathbb{N}$) und $a_{n_1} \neq 0$, so ist $z = \infty$ eine Nullstelle von $f(z)$ der Ordnung $n_1$; $a_{n_1}$ heißt Entwicklungskoeffizient von $f(z)$ in der Nullstelle $z = \infty$.

## 5. Rationale Funktionen

Jede Funktion $f(z)$, die in der gesamten $z$-Ebene einschließlich $z = \infty$ analytisch ist, wenn man von endlich vielen Polen absieht, heißt *rational*. Sie kann in der *Koeffizientenform*

$$f(z) = \frac{a_0 + a_1 z + \cdots + a_{\tilde{m}} z^{\tilde{m}}}{b_0 + b_1 z + \cdots + b_{\tilde{n}} z^{\tilde{n}}} \tag{D-12}$$

($a_{\tilde{m}} b_{\tilde{n}} \neq 0$) oder in der *Pol-Nullstellen-Form*

$$f(z) = K \frac{\prod_{\mu=1}^{\tilde{m}} (z - z_{0\mu})}{\prod_{\nu=1}^{\tilde{n}} (z - z_{\infty\nu})} \tag{D-13}$$

oder in der *Partialbruchform*

$$f(z) = \sum_{\nu=1}^{q} \sum_{\mu=1}^{r_\nu} \frac{A_\mu^{(\nu)}}{(z - z_\nu)^\mu} + \sum_{\mu=1}^{r_\infty} A_\mu^{(\infty)} z^\mu + A_0 \tag{D-14}$$

mit den $q$ untereinander verschiedenen endlichen Polen $z_1, z_2, \ldots, z_q$ und deren Vielfachheiten $r_1, r_2, \ldots, r_q$ geschrieben werden. Die zweite Summe in Gl. (D-14) tritt nur auf, wenn $z = \infty$ ein Pol von $f(z)$ ist. In Gl. (D-13) sind alle Nullstellen $z_{0\mu}$ ($\mu = 1, 2, \ldots, \tilde{m}$) und alle Pole $z_{\infty\nu}$ ($\nu = 1, 2, \ldots, \tilde{n}$) jeweils ihrer Vielfachheit entsprechend oft aufgeführt. Ist es möglich, in Gl. (D-12) ausschließlich rein reelle Koeffizienten zu verwenden, so heißt die rationale Funktion *reell*. In diesem Fall treten alle nichtreellen Nullstellen $z_{0\mu}$ und alle nichtreellen Pole $z_{\infty\nu}$ paarweise konjugiert komplex auf, und die Konstante $K$ muß reell sein.

In jedem endlichen Pol und in jeder endlichen Nullstelle einer rationalen Funktion $f(z)$ läßt sich diese in der Form der Gl. (D-10) entwickeln. Dabei beginnt die Summation in dieser Laurent-Entwicklung nicht mit $\nu = -\infty$, sondern erst mit einem endlichen $\nu = \nu_0$ ($\nu_0 < 0$ bedeutet, daß $z_0$ ein Pol ist, $\nu_0 > 0$ dagegen, daß $z_0$ eine Nullstelle ist). Entsprechend läßt sich $f(z)$ gemäß Gl. (D-11) entwickeln, wobei die Summation nicht mit $\nu = -\infty$, sondern mit einem endlichen $\nu = \nu_0$ beginnt; $\nu_0 < 0$ weist auf einen Pol $z = \infty$ und $\nu_0 > 0$ auf eine Nullstelle $z = \infty$ von $f(z)$ hin. Stillschweigend wird stets $a_{\nu_0} \neq 0$ angenommen.

## 6. Residuensatz

Bei der Berechnung von Integralen kann man oft vom Residuensatz Gebrauch machen. Bevor dieser Satz formuliert wird, muß der Begriff des *Residuums* einer analytischen Funktion $f(z)$ in einem singulären Punkt $z_0$ eingeführt werden. Hierunter versteht man den Koeffizienten $a_{-1}$ in der Laurent-Entwicklung von $f(z)$ gemäß Gl. (D-10) um die Singularität $z_0$. Man kann sich an Hand dieser Entwicklung davon überzeugen (man vergleiche auch das Beispiel im Abschnitt 3 dieses Anhangs), daß

$$\oint_C f(z)\,\mathrm{d}z = 2\pi \mathrm{j}\, a_{-1} \tag{D-15}$$

gilt, wobei $C$ ein $z_0$ umschließender einfach geschlossener und (bezüglich $z_0$) positiv durchlaufener Weg im Regularitätsgebiet von $f(z)$ ist. Eine weitere Singularität soll von $C$ nicht umschlossen werden.

Der *Residuensatz* läßt sich folgendermaßen aussprechen: Es sei $f(z)$ in einem Gebiet $G$ eindeutig und analytisch, $C$ sei ein doppelpunktfreier geschlossener, in $G$ liegender Weg, in dessen Innengebiet $f(z)$ analytisch ist bis auf endlich viele singuläre Stellen, die von $C$ positiv umlaufen werden (d.h. beim Durchlaufen von $C$ liegen die Singularitäten links); dann gilt

$$\oint_C f(z)\,\mathrm{d}z = 2\pi \mathrm{j} \left\{ \begin{array}{l} \text{Summe aller Residuen von } f(z) \\ \text{in den von } C \text{ umschlossenen} \\ \text{Singularitäten} \end{array} \right\}. \tag{D-16}$$

*Beispiel*: Es soll das Integral

$$J = \int_{-\infty}^{\infty} \frac{\mathrm{d}x}{1+x^2}$$

mit Hilfe des Residuensatzes berechnet werden (obwohl man durch direkte Integration sofort $J = \pi$ erhalten kann). Zur Anwendung des Residuensatzes geht man folgendermaßen vor. Man wählt in der $z$-Ebene als geschlossenen Weg $C$ denjenigen, der im Punkt $z = -R$ beginnt, zunächst auf der reellen Achse geradlinig bis $z = R$ verläuft und von dort längs des oberen Halbkreises $|z| = R$ zurück nach $z = -R$ führt. Da

$$f(z) = \frac{1}{1+z^2} = \frac{1}{2\mathrm{j}}\left(\frac{1}{z-\mathrm{j}} - \frac{1}{z+\mathrm{j}}\right)$$

ist, umschließt der Weg $C$, sobald $R > 1$ ist, genau einen Pol von $f(z)$, nämlich den Pol j mit dem Residuum $1/(2\mathrm{j})$. Daher gilt für $R > 1$

$$\oint_C f(z)\,\mathrm{d}z = 2\pi \mathrm{j}\,\frac{1}{2\mathrm{j}} = \pi ,$$

d.h.

$$\int_{-R}^{R} \frac{\mathrm{d}x}{1+x^2} + \int_H \frac{\mathrm{d}z}{1+z^2} = \pi , \tag{D-17}$$

wobei $H$ den genannten Halbkreis bedeutet. Gemäß Ungleichung (D-8) ist für $R > 1$

$$\left| \int_H \frac{\mathrm{d}z}{1+z^2} \right| \leqq \frac{\pi R}{R^2 - 1} .$$

Da die rechte Seite dieser Ungleichung für $R \to \infty$ verschwindet, liefert Gl. (D-17) im Grenzfall $R \to \infty$ für das gesuchte Integral den Wert $\pi$.

Oft ist es günstig, den Residuensatz zur Berechnung eines Integrals in der Weise anzuwenden, daß der Punkt $z = \infty$ im Innengebiet von $C$ liegt. Dann tritt in der Residuensumme als Summand auch das Residuum von $f(z)$ in $z = \infty$ auf, das sich entsprechend der allgemeinen Definition gemäß Gl. (D-15) als *negativer Koeffizient* $-a_1$ aus der Laurent-Entwicklung von Gl. (D-11) um den Punkt $z = \infty$ ergibt.

*Beispiel*: Für das Integral $J$ über $(6z+1)/[z(z+1/2)]$ längs des in positiver Richtung durchlaufenen Einheitskreises $|z| = 1$ erhält man, wenn $G$ in der Weise gewählt wird, daß die Pole $z = 0$ und $z = -1/2$ im Gebiet liegen (z.B. $|z| < \rho$ mit $\rho > 1$),

$$J = \int_{|z|=1} \frac{6z+1}{z(z+1/2)}\,\mathrm{d}z = \int_{|z|=1} \left[ \frac{2}{z} + \frac{4}{z+1/2} \right] \mathrm{d}z = 2\pi \mathrm{j}\,(2+4) = 12\pi \mathrm{j} .$$

Wählt man dagegen das Gebiet $G$ derart, daß die beiden Pole außerhalb von $G$ liegen (z.B. $|z| > \rho$ mit $1/2 < \rho < 1$), so ergibt sich mit dem aus der Reihenentwicklung

$$\frac{6z+1}{z(z+1/2)} = \frac{6/z + 1/z^2}{1+1/2z} = \left( \frac{6}{z} + \frac{1}{z^2} \right) \left( 1 - \frac{1}{2z} + - \cdots \right) = \frac{6}{z} + \cdots$$

folgenden Residuum $-6$ des Integranden in $z = \infty$ sofort $J = -2\pi \mathrm{j} \cdot (-6) = 12\pi \mathrm{j}$ (das erste Minuszeichen rührt daher, daß der Teil des Gebiets $G$, der vom Integrationsweg berandet wird, von diesem negativ umlaufen wird; denn dieser Teil von $G$ liegt beim Durchlaufen des Integrationsweges zur Rechten).

# ANHANG E: KORRESPONDENZEN

## 1. Korrespondenzen der Fourier-Transformation

| $f(t)$ | $F(\mathrm{j}\omega)$ |
|---|---|
| $\delta(t)$ | $1$ |
| $1$ | $2\pi\,\delta(\omega)$ |
| $\operatorname{sgn} t$ | $2/\mathrm{j}\omega$ |
| $s(t)$ | $\pi\,\delta(\omega) + 1/\mathrm{j}\omega$ |
| $p_T(t)$ | $\frac{2}{\omega}\sin T\omega$ |
| $\frac{1}{\pi t}\sin\Omega t$ | $p_\Omega(\omega)$ |
| $\frac{2}{\pi\Omega t^2}\sin^2\frac{\Omega t}{2}$ | $\left(1-\frac{\lvert\omega\rvert}{\Omega}\right)p_\Omega(\omega) = q_\Omega(\omega)$ |
| $q_T(t)$ | $\frac{4}{T\omega^2}\sin^2\frac{T\omega}{2}$ |
| $\cos\omega_0 t$ | $\pi[\delta(\omega-\omega_0)+\delta(\omega+\omega_0)]$ |
| $\sin\omega_0 t$ | $\frac{\pi}{\mathrm{j}}[\delta(\omega-\omega_0)-\delta(\omega+\omega_0)]$ |
| $s(t)\cos\omega_0 t$ | $\frac{\pi}{2}[\delta(\omega-\omega_0)+\delta(\omega+\omega_0)] + \mathrm{j}\omega/(\omega_0^2-\omega^2)$ |
| $s(t)\sin\omega_0 t$ | $\frac{\pi}{2\mathrm{j}}[\delta(\omega-\omega_0)-\delta(\omega+\omega_0)] + \omega_0/(\omega_0^2-\omega^2)$ |
| $p_T(t)\cos\omega_0 t$ | $\frac{\sin T(\omega+\omega_0)}{\omega+\omega_0} + \frac{\sin T(\omega-\omega_0)}{\omega-\omega_0}$ |
| $p_T(t)\cos^2\frac{\pi}{2T}t$ | $(\sin\omega T)/\{\omega[1-(\omega T/\pi)^2]\}$ |
| $\sum_{\mu=-\infty}^{\infty}\delta(t-\mu T) = \frac{1}{T}\sum_{\mu=-\infty}^{\infty}\mathrm{e}^{\mathrm{j}\mu 2\pi t/T}$ | $\frac{2\pi}{T}\sum_{\mu=-\infty}^{\infty}\delta\left(\omega-\mu\frac{2\pi}{T}\right) = \sum_{\mu=-\infty}^{\infty}\mathrm{e}^{\mathrm{j}\mu\omega T}$ |
| $s(t)\mathrm{e}^{-at}\quad(a>0)$ | $1/(a+\mathrm{j}\omega)$ |
| $\mathrm{e}^{-a\lvert t\rvert}\quad(a>0)$ | $2a/(a^2+\omega^2)$ |
| $t\,s(t)$ | $-1/\omega^2 + \mathrm{j}\pi\delta'(\omega)$ |

| $f(t)$ | $F(\mathrm{j}\omega)$ |
|---|---|
| $\mathrm{e}^{-a t^2} \quad (a>0)$ | $\sqrt{\pi/a}\ \mathrm{e}^{-\omega^2/4a}$ |
| $\mathrm{e}^{-a\lvert t\rvert}\ \mathrm{sgn}\, t \quad (a>0)$ | $\dfrac{-2\mathrm{j}\omega}{a^2+\omega^2}$ |
| $\dfrac{a}{a^2+t^2} \quad (a>0)$ | $\pi\,\mathrm{e}^{-a\lvert\omega\rvert}$ |
| $\mathrm{e}^{-a\lvert t\rvert}(b\cos\omega_0\lvert t\rvert + c\sin\omega_0\lvert t\rvert)\ (a>0)$ | $2\,\dfrac{\omega^2(ab-\omega_0 c)+(ab+\omega_0 c)(a^2+\omega_0^2)}{\omega^4+2\omega^2(a^2-\omega_0^2)+(a^2+\omega_0^2)^2}$ |
| $\dfrac{1}{\pi t}$ | $-\mathrm{j}\ \mathrm{sgn}\,\omega$ |

## 2. Korrespondenzen der Laplace-Transformation

| $f(t)$ | $F_l(p)$ |
|---|---|
| $\delta(t)$ | $1$ |
| $s(t)t^n/n! \quad (n=0,1,\dots) \quad (0!=1)$ | $1/p^{n+1}$ |
| $s(t)t^n\,\mathrm{e}^{-\alpha t}/n! \quad (n=0,1,\dots)$ | $1/(p+\alpha)^{n+1}$ |
| $s(t)\cos\beta t$ | $p/(p^2+\beta^2)$ |
| $s(t)\sin\beta t$ | $\beta/(p^2+\beta^2)$ |
| $s(t)\,\mathrm{e}^{-\alpha t}\cos\beta t$ | $(p+\alpha)/[(p+\alpha)^2+\beta^2]$ |
| $s(t)\,\mathrm{e}^{-\alpha t}\sin\beta t$ | $\beta/[(p+\alpha)^2+\beta^2]$ |
| $s(t)\,t\cos\beta t$ | $(p^2-\beta^2)/(p^2+\beta^2)^2$ |
| $s(t)\,t\sin\beta t$ | $2\beta p/(p^2+\beta^2)^2$ |
| $s(t)\cos^2\beta t$ | $(p^2+2\beta^2)/[p(p^2+4\beta^2)]$ |
| $s(t)\sin^2\beta t$ | $2\beta^2/[p(p^2+4\beta^2)]$ |
| $s(t)\cosh\beta t$ | $p/(p^2-\beta^2)$ |
| $s(t)\sinh\beta t$ | $\beta/(p^2-\beta^2)$ |
| $s(t)\,\dfrac{\sin\beta t}{t}$ | $\arctan\dfrac{\beta}{p}$ |

| $f(t)$ | $F_I(p)$ |
|---|---|
| $s(t)/\sqrt{\pi t}$ | $1/\sqrt{p}$ |
| $s(t)2\sqrt{t/\pi}$ | $1/(p\sqrt{p})$ |

## 3. Korrespondenzen der Z-Transformation

| $f[n]$ | $F(z)$ |
|---|---|
| $\delta[n]$ | $1$ |
| $s[n]$ | $z/(z-1)$ |
| $s[n](-1)^n$ | $z/(z+1)$ |
| $s[n]a^n$ | $z/(z-a)$ |
| $s[n]n\,a^n$ | $a\,z/(z-a)^2$ |
| $s[n]n^2\,a^n$ | $a\,z(z+a)/(z-a)^3$ |
| $s[n]n$ | $z/(z-1)^2$ |
| $s[n]n^2$ | $z(z+1)/(z-1)^3$ |
| $s[n]n^3$ | $z(z^2+4z+1)/(z-1)^4$ |
| $s[n]n^4$ | $z(z^3+11z^2+11z+1)/(z-1)^5$ |
| $s[n]\cos n\omega$ | $z(z-\cos\omega)/(z^2-2z\cos\omega+1)$ |
| $s[n]\sin n\omega$ | $z\sin\omega/(z^2-2z\cos\omega+1)$ |
| $s[n]b^n\cos n\omega$ | $z(z-b\cos\omega)/(z^2-2b\,z\cos\omega+b^2)$ |
| $s[n]b^n\sin n\omega$ | $z\,b\sin\omega/(z^2-2b\,z\cos\omega+b^2)$ |
| $s[n]\cosh n\beta$ | $z(z-\cosh\beta)/(z^2-2z\cosh\beta+1)$ |
| $s[n]\sinh n\beta$ | $z\sinh\beta/(z^2-2z\cosh\beta+1)$ |
| $s[n]/n!$ | $e^{1/z}$ |
| $s[n]\binom{n+k}{k}a^n$ | $\frac{z^{k+1}}{(z-a)^{k+1}}\quad(k=0,1,\ldots)$ |

# FORMELZEICHEN UND ABKÜRZUNGEN

| | |
|---|---|
| $t$ | kontinuierliche Zeitvariable |
| $t_0, t_1, T, \tau$ | Zeitparameter |
| $n, n_1, n_2$ | diskrete Zeitvariable |
| $\nu, \mu, n_0, n_1, n_2$ | Zeitparameter (diskret) |
| $\mathrm{j} = \sqrt{-1}$ | imaginäre Einheit |
| $p = \sigma + \mathrm{j}\omega$ | komplexe Frequenzvariable der Z-Transformation |
| $\omega$ | reelle Frequenzvariable |
| $\omega_g, \omega_0, \Omega, \Omega_1$ | Frequenzparameter |
| $z$ | komplexe Variable der Z-Transformation |
| $\boldsymbol{x} = [x_1, \ldots, x_m]^{\mathrm{T}}$ | Vektor der Eingangsgrößen |
| $\boldsymbol{y} = [y_1, \ldots, y_r]^{\mathrm{T}}$ | Vektor der Ausgangsgrößen |
| $\boldsymbol{z} = [z_1, \ldots, z_q]^{\mathrm{T}}$ | Vektor der Zustandsgrößen |
| $s(t), s[n], s[n_1, n_2]$ | Sprungfunktion |
| $\delta(t), \delta[n], \delta[n_1, n_2]$ | Impulsfunktion (Delta-Funktion) |
| $a(t,\tau), a(t), a[n,\nu], a[n], a[n_1, n_2]$ | Sprungantwort |
| $h(t,\tau), h(t), h_2(t_1, t_2), h[n,\nu], h[n], h[n_1, n_2]$ | Impulsantwort |
| $p_\Omega(\omega)$ | Rechteckfunktion |
| $q_\Omega(\omega)$ | Dreieckfunktion |
| $\boldsymbol{A}, \boldsymbol{B}, \boldsymbol{C}, \boldsymbol{D}, (\boldsymbol{b}, \boldsymbol{c}, d)$ | Matrizen zur Systembeschreibung im Zustandsraum |

| | |
|---|---|
| $\mathbf{E}$ | Einheitsmatrix |
| $\boldsymbol{\Phi}(t, t_0), \boldsymbol{\Phi}(t), \boldsymbol{\Phi}[n], \boldsymbol{\Phi}[n_1, n_2]$ | Übergangsmatrix |
| $\boldsymbol{U}$ | Steuerbarkeitsmatrix |
| $\boldsymbol{V}$ | Beobachtbarkeitsmatrix |
| $\boldsymbol{F}$ | Frobenius-Matrix |
| $V(\boldsymbol{z}, t)$ | Lyapunov-Funktion |
| $F(\mathrm{j}\omega)$ | Fourier-Transformierte (Spektrum) von $f(t)$ |
| $F(\mathrm{e}^{\mathrm{j}\omega T})$ | Spektrum von $f[n]$ |
| $F_I(p)$ | (einseitige) Laplace-Transformierte von $f(t)$ |
| $F_{II}(p)$ | (zweiseitige) Laplace-Transformierte von $f(t)$ |
| $F(z)$ | Z-Transformierte von $f[n]$ |
| $F(z_1, z_2)$ | Z-Transformierte von $f[n_1, n_2]$ |
| $H(p), H(z), H(z_1, z_2), H_2(p_1, p_2)$ | Übertragungsfunktion |
| $H(p,t)$ | verallgemeinerte Übertragungsfunktion |
| $A(\omega)$ | Amplitudenfunktion |
| $\alpha(\omega)$ | Dämpfungsfunktion |
| $\Theta(\omega) = -\Phi(\omega)$, $\Phi(\omega_1, \omega_2)$ | Phasenfunktion |
| $R(\omega)$ | Realteilfunktion |
| $X(\omega)$ | Imaginärteilfunktion |
| $\hat{\boldsymbol{\Phi}}(p), \hat{\boldsymbol{\Phi}}(z)$ | charakteristische Frequenzmatrix |
| det | Determinante |
| Si | Integralsinusfunktion |
| sgn | Signumfunktion |
| e, exp | Exponentialfunktion |

| | |
|---|---|
| ld | Zweierlogarithmus |
| ln | natürlicher Logarithmus |
| lg | Zehnerlogarithmus |
| log | Logarithmus |
| lim | Limes |
| $\|\| \dots \|\|$ | Norm des Vektors ... Norm der Matrix ... |
| $T[\ ]$ | Operatorsymbol |
| Re | Realteil |
| Im | Imaginärteil |
| $\|z\|$ | Betrag von $z$ |
| $\arg z$ | Winkel (Argument) von $z$ |
| *,** | Faltungssymbol |
| ○— | Korrespondenz zwischen Zeitfunktion und ihrer Fourier-Transformierten |
| ○—● | Korrespondenz zwischen Zeitfunktion und ihrer Laplace-Transformierten |
| ○⁄ | Korrespondenz zwischen Zeitfunktion und ihrem Spektrum im Sinne der diskontinuierlichen Fourier-Transformation |
| ○⁄ —● | Korrespondenz zwischen Zeitfunktion und ihrer Z-Transformierten |
| $\vdash_{N}$ | Symbol für die diskrete Fourier-Transformation (DFT) der Ordnung $N$ |
| $\vdash_{N_1, N_2}$ | zweidimensionale DFT der Ordnung $(N_1, N_2)$ |
| $\boldsymbol{x}(t)$ | stochastischer Prozeß |
| $E[\ ]$ | Erwartungswert |
| $r_{xx}(\tau), r_{xx}[\nu]$ | Autokorrelationsfunktion |
| $r_{xy}(\tau), r_{xy}[\nu]$ | Kreuzkorrelationsfunktion |
| $\boldsymbol{R}$ | Autokorrelationsmatrix |
| $S_{xx}(\omega)$ | spektrale Leistungsdichte |
| $S_{xy}(\omega)$ | Kreuzleistungsspektrum |
| T | Transposition bei Matrizen |
| rg | Rang einer Matrix |
| diag | Diagonalmatrix |
| gr | Grad eines Polynoms |
| $\mathbb{N}$ | Menge der natürlichen Zahlen |
| $\mathbb{N}_0$ | Menge aus $\mathbb{N}$ und der Zahl 0 |
| $\mathbb{Z}$ | Menge der ganzen Zahlen |
| $\mathbb{R}$ | Menge der reellen Zahlen |
| $\mathbb{C}$ | Menge der komplexen Zahlen |
| $\in$ | Element von |
| ( ) | beidseits offenes Intervall |
| [ ] | beidseits geschlossenes Intervall |
| ( ] | links offenes, rechts geschlossenes Intervall |
| mod | modulo bezüglich einer Zahl |
| =:, := | definitorische Gleichheitszeichen |
| $f', \dot{f}$ | Differentialquotient von $f$ |

# AUFGABEN

## Kapitel I

**I. 1.** a) Es sei $f(t) = \{s(t) - s(t-2)\}\cos \pi t$.
Man beschreibe $f(t), f(-t), f(t-2), f(2-t), f(2t+2), f^2(t), f(t^2), \mathrm{d}\{f(2-3t)\}/\mathrm{d}t, \int_{-\infty}^{t} f(2-\tau)\mathrm{d}\tau$.

b) Es sei $f[n] = \{s[n] - s[n-4]\}\, 4\,(1/2)^n$.
Man beschreibe $f[n], f[-n], f[n-3], f[3-n], f[2n+3], f^2[n], f[n^2]$.

c) Es sei $f[n] = n\{s[n] - s[n-3]\}$.
Man beschreibe $f[n], f[-2n], f[n+2], f[2n], f[n-1]\{s[n] - s[n-2]\}, f[-n+1]\,\delta[n+1]$.

**I. 2.** Man berechne (i) $\mathrm{d}s(t)/\mathrm{d}t$, (ii) $\mathrm{d}s(at+b)/\mathrm{d}t$, (iii) $\mathrm{d}\delta(at+b)/\mathrm{d}t$, (iv) $\delta(at+b)f(t)$, wobei $a$ $(\neq 0)$ und $b$ reelle Konstanten bedeuten und $f(t)$ eine stetige Funktion ist.

**I. 3.** Unter Verwendung der Gln. (A-15) und (A-16) ermittle man die Konstanten $A$ und $B$ in der Identität

$$3\delta(t)\cos t + \mathrm{e}^t \frac{\mathrm{d}\delta(t)}{\mathrm{d}t} = A\,\delta(t) + B\frac{\mathrm{d}\delta(t)}{\mathrm{d}t}.$$

**I. 4.** Die Eingang-Ausgang-Beziehung eines kontinuierlichen Systems laute $y(t) = 3x(t) + x(1-t)$. Ist das System linear, ist es zeitinvariant, ist es kausal, ist es stabil?

**I. 5.** Die Eingang-Ausgang-Beziehung eines diskontinuierlichen Systems laute

$$y[n] = \sum_{\nu=n-\alpha}^{n+\beta} x[\nu]$$

mit reellen ganzzahligen Koeffizienten $\alpha \geqq 0$, $\beta \geqq 0$. Für welche Werte von $\alpha$ und $\beta$ ist das System (i) linear, (ii) zeitinvariant, (iii) kausal, (iv) gedächtnislos, (v) stabil?

**I. 6.** Ein durch $x(t) = s(t) + s(t-1) - s(t-2) - s(t-3)$ erregtes lineares, zeitinvariantes, kausales kontinuierliches System reagiere mit dem Signal $y(t) = 4t(1-t)\{s(t) - s(t-1)\} + 4(t-1)(2-t)\{s(t-1) - s(t-2)\}$.

a) Man beschreibe den Verlauf von $x(t)$ und $y(t)$.

b) Man ermittle die Sprungantwort des Systems.

c) Man ermittle die Impulsantwort des Systems.

**I. 7.** Es sei $y(t) = (t+1)\{s(t+1) - s(t)\} + s(t) - s(t-2)$ die Reaktion eines linearen, zeitinvarianten kontinuierlichen Systems auf die Erregung $x(t) = s(t) - s(t-2)$. Man ermittle die Systemreaktion $\overline{y}(t)$, wenn mit dem Signal $\overline{x}(t) = s(t) - s(t-1)$ erregt wird.

**I. 8.** Gegeben seien die beiden Signale $f_1(t) = 2\{s(t-2) - s(t-3)\}$ und $f_2(t) = s(t+2) - s(t-2)$. Man bilde das Signal $f_1(t) * f_2(t)$ und veranschauliche die dabei auszuführende Faltungsoperation durch ein graphisches Diagramm.

**I. 9.** Man ermittle die Impulsantwort des durch die Differentialgleichung $\mathrm{d}y(t)/\mathrm{d}t + 3y(t) = 2x(t)$ gegebenen kontinuierlichen Systems.

**I. 10.** Man ermittle die Sprungantwort des durch die Differenzengleichung $y[n] = 4x[n] - 2x[n-1]$ und die Impulsantwort des durch $y[n] + 3y[n-1] = 2x[n]$ beschriebenen Systems.

**I. 11.** Es ist $h(t) = (1 - 2\mathrm{e}^{-2t})s(t)$ die Impulsantwort eines linearen, zeitinvarianten kontinuierlichen Systems. Man ermittle das Ausgangssignal $y(t)$, wenn das System mit $x(t) = \mathrm{e}^{2t}$ erregt wird.

**I. 12.** Ein lineares, zeitinvariantes kontinuierliches System habe die Impulsantwort $h(t) = s(t) - s(t-1)$. Es wird mit einem periodischen Signal $x(t) \equiv x(t+2)$ erregt, das im Intervall $0 < t < 2$ durch die Funktion $t\{s(t) - s(t-1)\}$ beschrieben wird. Man ermittle auf graphische Weise die Antwort $y(t)$ des Systems und gebe $y(t)$ formelmäßig an.

**I. 13.** Es sei $h(t) = \delta(t) - 4\{e^{-2t} - e^{-4t}\}s(t)$ die Impulsantwort eines linearen, zeitinvarianten kontinuierlichen Systems. Man ermittle die Ausgangssignale $y_1(t)$, $y_2(t)$ bzw. $y_3(t)$ für die Erregungen
(i) $x_1(t) = 3\delta(t-4)$, (ii) $x_2(t) = 4s(t)$, (iii) $x_3(t) = 2\delta(t) + e^{-3t}s(t)$.

**I. 14.** Zwei lineare, im allgemeinen zeitvariante diskontinuierliche Systeme mit den Impulsantworten $h_1[n,\nu]$ bzw. $h_2[n,\nu]$ werden miteinander in Kette verbunden. Man zeige, daß das Gesamtsystem ebenfalls ein lineares System ist und drücke dessen Impulsantwort $h[n,\nu]$ durch $h_1[n,\nu]$ und $h_2[n,\nu]$ aus. Man überlege sich etwa an Hand eines Beispiels, ob $h[n,\nu]$ von der Reihenfolge der Kettenschaltung abhängt.

**I. 15.** Ein stochastischer Prozeß $\boldsymbol{x}(t)$ bestehe aus einem Ensemble von mäanderartigen Signalen, wobei $\boldsymbol{x}(t) = \xi_\nu$ für $\nu T_0 < t < (\nu+1)T_0$ $(\nu = 0, \pm 1, \ldots)$ gilt. Dabei bedeuten $\xi_\nu$ stochastisch unabhängige Zufallsvariablen, welche die Werte $a$ oder $-a$ $(a = \text{const} > 0)$ in jedem der genannten Intervalle mit gleicher Wahrscheinlichkeit $1/2$ annehmen.

a) Man berechne Mittelwert $E[\boldsymbol{x}(t)]$ und Streuungsquadrat $\sigma_x^2(t)$ des Prozesses.
b) Man berechne die Autokorrelierte $E[\boldsymbol{x}(t)\boldsymbol{x}(t+\tau)]$ des Prozesses.
c) Man ermittle für irgendeine Musterfunktion $x_i(t)$ von $\boldsymbol{x}(t)$ den zeitlichen Mittelwert $\overline{x_i(t)}$ und den Effektivwert $\sqrt{\overline{x_i^2(t)}}$. Man vergleiche die Ergebnisse mit jenen der Teilaufgabe a.

**I. 16.** Es sei $\boldsymbol{x}(t) = a\sin(\omega_0 t + \varphi) + b$ ein stochastisches Signal mit beliebigen positiven Konstanten $a, b, \omega_0$ und einer im Intervall $(0, 2\pi)$ gleichverteilten Zufallsvariablen $\varphi$.

a) Man berechne die Autokorrelierte $E[\boldsymbol{x}(t)\boldsymbol{x}(t+\tau)]$.
b) Welchen Mittelwert und welche Varianz hat $\boldsymbol{x}(t)$?
c) Aus $\boldsymbol{x}(t)$ wird mit einem von diesem Signal unabhängigen stationären stochastischen Prozeß $\boldsymbol{v}(t)$, dessen Autokorrelierte $r_{vv}(\tau)$ bekannt sei, das Signal $\boldsymbol{w}(t) = \boldsymbol{x}(t) + \boldsymbol{v}(t)$ erzeugt. Man gebe die Autokorrelierte von $\boldsymbol{w}(t)$ an.

**I. 17.** Es sei

$$\boldsymbol{x}(t) = \sum_{\nu=-\infty}^{\infty} c_\nu e^{j\nu(\omega_0 t + \varphi)}$$

ein stochastischer Prozeß, bei dem $\varphi$ eine im Intervall $(-\pi, \pi)$ gleichverteilte Zufallsvariable und $c_\nu$ $(\nu = 0, \pm 1, \ldots)$ Konstanten darstellen.

a) Man berechne den Erwartungswert $E[\boldsymbol{x}(t)]$.
b) Man berechne die Autokorrelierte $E[\boldsymbol{x}(t)\boldsymbol{x}(t+\tau)]$.
c) Warum ist der Prozeß im weiteren Sinne stationär?

**I. 18.** Ein mittelwertfreies stationäres stochastisches Signal $\boldsymbol{x}(t)$ besitze die Autokorrelationsfunktion

$$r_{xx}(\tau) = (16/3)e^{-|\tau|}.$$

a) Man gebe die mittlere Signalleistung (Streuungsquadrat des Prozesses) an.
b) Unter der Annahme, daß die Werte des Signals im Intervall $(-a, a)$ gleichverteilt sind, gebe man die Dichtefunktion $f(x)$ des Prozesses $\boldsymbol{x}(t)$ an. Welchen Wert hat $a$?

**I. 19.** Aus dem stationären stochastischen Signal $\boldsymbol{x}(t)$ mit der Autokorrelationsfunktion $r_{xx}(\tau) = \delta(\tau)$ (weißes Rauschen) und der bekannten Impulsantwort $h(t)$ eines linearen, zeitinvarianten Systems wird das Signal $\boldsymbol{y}(t) = \boldsymbol{x}(t) + \boldsymbol{x}(t) * h(t)$ erzeugt. Man gebe die Autokorrelationsfunktion $r_{yy}(\tau)$ an.

## Kapitel II

**II. 1.** Ein lineares, zeitinvariantes System werde durch die Differentialgleichung

$$\frac{d^2y}{dt^2} + 3\frac{dy}{dt} + 2y = x$$

beschrieben. Man stelle das System im Zustandsraum dar. Man bringe die Zustandsbeschreibung auf eine Gestalt, bei der die $\boldsymbol{A}$-Matrix reine Diagonalform besitzt.

**II. 2.** Man zeige, daß das im Bild P. II. 2 beschriebene elektrische Netzwerk die Systemmatrizen

$$\boldsymbol{A} = \begin{bmatrix} -\frac{1}{R_1 C_1} & 0 & -\frac{1}{C_1} \\ 0 & -\frac{1}{R_2 C_3} & \frac{1}{C_3} \\ \frac{1}{L_2} & -\frac{1}{L_2} & 0 \end{bmatrix}, \quad \boldsymbol{b} = \begin{bmatrix} \frac{1}{R_1 C_1} \\ 0 \\ 0 \end{bmatrix}, \quad \boldsymbol{c}^{\mathrm{T}} = [0,\ 1/R_2,\ 0], \quad d = 0$$

besitzt. Man berechne das charakteristische Polynom des Systems.

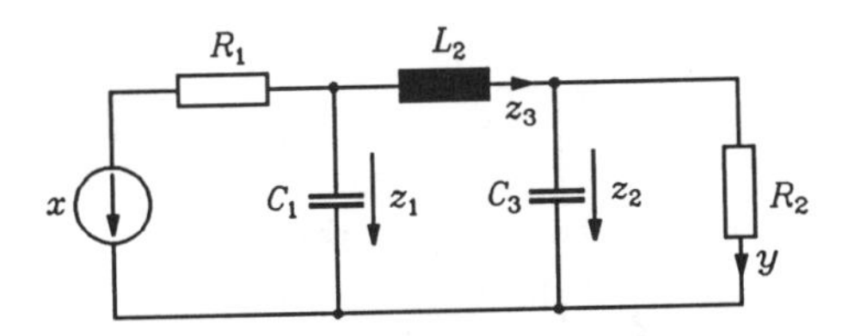


Bild P. II. 2

**II. 3.** a) Man zeige, daß

$$\frac{\mathrm{d}\boldsymbol{z}}{\mathrm{d}t} = \begin{bmatrix} 0 & 0 & 0 & \cdots & -\alpha_0 \\ 1 & 0 & 0 & \cdots & -\alpha_1 \\ 0 & 1 & 0 & \cdots & -\alpha_2 \\ \vdots & \vdots & \vdots & & \vdots \\ 0 & 0 & 0 & \cdots & -\alpha_{q-1} \end{bmatrix} \boldsymbol{z} + \begin{bmatrix} \beta_0 \\ \beta_1 \\ \vdots \\ \\ \beta_{q-1} \end{bmatrix} x, \quad y = [0,\ 0,\ 0, \ldots, 0,\ 1]\boldsymbol{z} + d\,x$$

eine Zustandsdarstellung ist für die Differentialgleichung

$$\frac{\mathrm{d}^q y}{\mathrm{d}t^q} + \alpha_{q-1}\frac{\mathrm{d}^{q-1}y}{\mathrm{d}t^{q-1}} + \cdots + \alpha_0 y = d\,\frac{\mathrm{d}^q x}{\mathrm{d}t^q} + (d\,\alpha_{q-1} + \beta_{q-1})\frac{\mathrm{d}^{q-1}x}{\mathrm{d}t^{q-1}} + \cdots + (d\,\alpha_0 + \beta_0)x\,.$$

b) Man zeige, daß obige Zustandsdarstellung ein beobachtbares System beschreibt.

**II. 4.** Gegeben sei die Matrix

$$\boldsymbol{A} = \begin{bmatrix} 1 & 0 & 0 \\ 0 & 2 & 0 \\ 6 & 4 & 3 \end{bmatrix}.$$

Man ermittle eine Ähnlichkeitstransformation, welche $\boldsymbol{A}$ in Diagonalform überführt.

**II. 5.** Gegeben sei die Matrix

$$\boldsymbol{A}_1 = \begin{bmatrix} \lambda & 1 & 0 \\ 0 & \lambda & 0 \\ 0 & 0 & \lambda \end{bmatrix}$$

a) Man ermittle das charakteristische Polynom und das Minimalpolynom von $\boldsymbol{A}_1$. Man gebe die Eigenwerte, deren Vielfachheiten und Indizes an.

b) Man berechne die Matrix $\mathrm{e}^{\boldsymbol{A}_1 t}$.

c) Die Matrix

$$\boldsymbol{A}_2 = \begin{bmatrix} \lambda & 0 & 0 \\ 0 & \lambda & 0 \\ 0 & 0 & \lambda \end{bmatrix}$$

hat dasselbe charakteristische Polynom wie $\boldsymbol{A}_1$. Wie lautet das Minimalpolynom von $\boldsymbol{A}_2$?

d) Sind die beiden nicht erregten Systeme

$$\frac{\mathrm{d}\boldsymbol{z}}{\mathrm{d}t} = \boldsymbol{A}_1\boldsymbol{z}, \quad \frac{\mathrm{d}\boldsymbol{z}}{\mathrm{d}t} = \boldsymbol{A}_2\boldsymbol{z}$$

im Fall $\lambda = 0$ stabil?

**II. 6.** Ein lineares System werde durch die Zustandsgleichung

$$\frac{d\boldsymbol{z}}{dt} = \begin{bmatrix} -7 & 1 \\ -12 & 0 \end{bmatrix} \boldsymbol{z}$$

beschrieben. Man zeige, daß für die Übergangsmatrix des Systems

$$\boldsymbol{\Phi}(t) = \begin{bmatrix} 4e^{-4t} - 3e^{-3t} & e^{-3t} - e^{-4t} \\ 12e^{-4t} - 12e^{-3t} & 4e^{-3t} - 3e^{-4t} \end{bmatrix}$$

gilt.

**II. 7.** Man prüfe die Steuerbarkeit des Systems

$$\frac{d\boldsymbol{z}}{dt} = \begin{bmatrix} -20 & -25 & 0 \\ 16 & 20 & 0 \\ 3 & 4 & 0 \end{bmatrix} \boldsymbol{z} + \begin{bmatrix} 0 \\ 3 \\ -1 \end{bmatrix} x, \quad y = [0, \;\; 3, \;\; -1]\, \boldsymbol{z}$$

und die Beobachtbarkeit des Systems

$$\frac{d\boldsymbol{z}}{dt} = \begin{bmatrix} 0 & 0 & -2 \\ 1 & 0 & -4 \\ 0 & 1 & -3 \end{bmatrix} \boldsymbol{z} + \begin{bmatrix} 0 & 1 \\ 1 & 2 \\ -1 & 1 \end{bmatrix} \boldsymbol{x}, \quad y = \begin{bmatrix} 1 & 0 & -1 \\ 0 & 1 & 1 \end{bmatrix} \boldsymbol{z}.$$

**II. 8.** Gegeben sei das System

$$\frac{d\boldsymbol{z}}{dt} = \begin{bmatrix} -3 & -2 \\ 1 & 0 \end{bmatrix} \boldsymbol{z} + \begin{bmatrix} 1 \\ 0 \end{bmatrix} x, \quad \boldsymbol{z}(0) = \begin{bmatrix} 1 \\ -1 \end{bmatrix}.$$

a) Man berechne die Übergangsmatrix $\boldsymbol{\Phi}(t)$ des Systems.

b) Es soll gezeigt werden, daß das System steuerbar ist.

c) Man ermittle für $t > 0$ ein Eingangssignal $x(t)$, so daß $\boldsymbol{z}(t) \equiv \boldsymbol{0}$ für $t \geqq t_1 = \ln 2$ gilt.

**II. 9.** Gegeben sei das System

$$\frac{d\boldsymbol{z}}{dt} = \begin{bmatrix} 1 & 4 & 0 \\ a & -1 & 0 \\ 0 & 0 & a \end{bmatrix} \boldsymbol{z} + \begin{bmatrix} 0 & 1 \\ 1 & 0 \\ 1 & 1 \end{bmatrix} \boldsymbol{x}$$

mit dem Vektor $\boldsymbol{x} = [x_1, x_2]^T$ der Eingangssignale. Man gebe die Werte von $a$ an, für welche das System sowohl im Fall $x_1 \equiv 0$ als auch im Fall $x_2 \equiv 0$ steuerbar ist.

**II. 10.** Ein lineares, zeitinvariantes System sei im Zustandsraum durch die Gleichungen

$$\frac{d\boldsymbol{z}}{dt} = \begin{bmatrix} -1 & 0 & 0 \\ 1 & -1 & 0 \\ 0 & 0 & -2 \end{bmatrix} \boldsymbol{z}, \quad y = [1, \;\; 1, \;\; 1]\, \boldsymbol{z}$$

beschrieben. Man gebe den Anfangszustand $\boldsymbol{z}(0)$ an, der zu wählen ist, so daß das Ausgangssignal die Form $y(t) = t\, e^{-t}$ für $t > 0$ erhält. Wie kann man die Lösbarkeit der Aufgabe im voraus allein an Hand der Systemmatrizen entscheiden?

**II. 11.** Gegeben ist die Zustandsdarstellung eines linearen, zeitinvarianten Systems in der Form

$$\frac{d\boldsymbol{z}}{dt} = \begin{bmatrix} 0 & 1 & 0 & 0 \\ 0 & 0 & 1 & 0 \\ 0 & 0 & 0 & 1 \\ -6 & -k & -11 & -5 \end{bmatrix} \boldsymbol{z} + \begin{bmatrix} 0 \\ 0 \\ 0 \\ 1 \end{bmatrix} x, \quad y = [2, \;\; 10, \;\; 10, \;\; 0]\, \boldsymbol{z} + x.$$

a) Man ermittle das Intervall von $k$-Werten, für die das charakteristische Polynom des Systems ein Hurwitz-Polynom ist. Man beurteile die Stabilität des Gleichgewichtszustands $\boldsymbol{z} = \boldsymbol{0}$ des nicht erregten Systems für die Parameterwerte $k = 0$, $k = 20$ und $k = 50$.

b) Ist das System für $k = 40$ beobachtbar?

c) Man gebe die Differentialgleichung an, welche die Eingangs- und Ausgangsgrößen unmittelbar verknüpft. Man gebe eine Realisierung des Systems in Form eines Signalflußdiagramms an.

**II. 12.** Bild P. II. 12 zeigt ein elektrisches Netzwerk mit zwei Energiespeichern, einer Spannungsquelle $x_1$ mit dem ohmschen Innenwiderstand $R$, einer Stromquelle $x_2$ mit dem Innenwiderstand $R$ und einem zusätzlichen Ohmwiderstand $R_1$. Als Ausgangssignal wird der Strom $y$ durch die Spannungsquelle $x_1$ betrachtet.

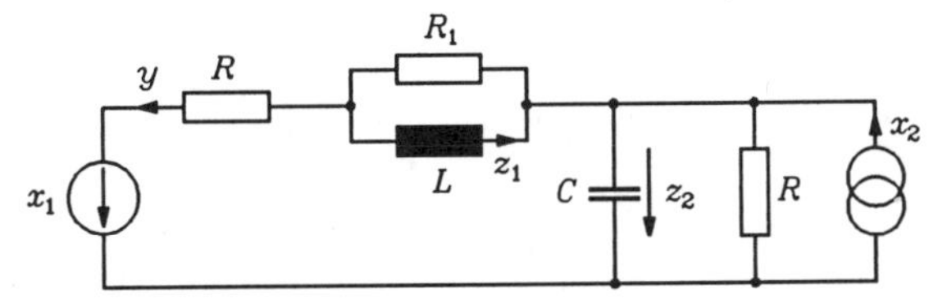


Bild P. II. 12

a) Man stelle die Zustandsgleichungen in der Form

$$\frac{d\boldsymbol{z}}{dt} = \boldsymbol{A}\boldsymbol{z} + \boldsymbol{B}\boldsymbol{x}\ , \quad y = \boldsymbol{c}^{\mathrm{T}}\boldsymbol{z} + \boldsymbol{d}^{\mathrm{T}}\boldsymbol{x}$$

auf. Dabei soll als erste Komponente von $\boldsymbol{z}$ der Induktivitätsstrom und als zweite Komponente die Kapazitätsspannung gewählt werden.

Im weiteren sei $R_1 = 2R$ und $CR_1/2 = L/R_1 =: T$ gewählt und die normierte Zeit $\tau = t/T$ eingeführt.

b) Man gebe ein Signalflußdiagramm an, durch das die Zustandsgleichungen simuliert werden können.

c) Ist es möglich, bei identisch verschwindenden Eingangssignalen durch Messung von $y(t)$ in einem endlichen Zeitintervall $(0, T_0)$ den Anfangszustand $\boldsymbol{z}(0)$ zu ermitteln?

d) Man bestimme die Übergangsmatrix des Systems.

**II. 13.** Im Netzwerk von Bild P. II. 13 haben die beiden Induktivitäten die konstanten (normierten) Werte $L_1 = 1/2$, $L_2 = 1$ und die beiden Ohmwiderstände die veränderlichen (normierten) Werte $R_1(t) = 1 - 0{,}5 \cos t$ und $R_2(t) = 1 - \cos t$. Eingangssignal ist die Spannung $x(t)$, und der Strom $y(t)$ ist als Ausgangsgröße zu betrachten.

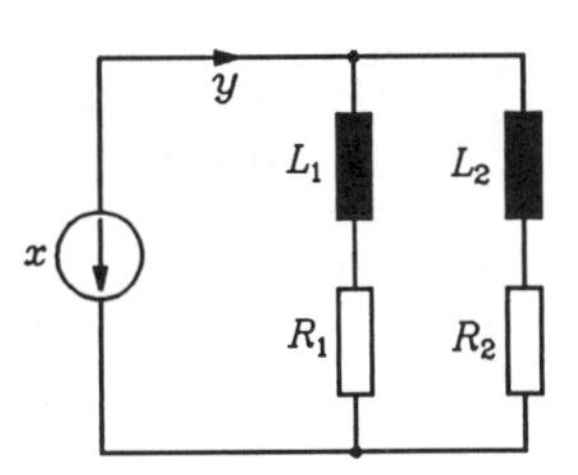


Bild P. II. 13

a) Man gebe eine Zustandsdarstellung für das vorliegende Netzwerk an.

b) Man ermittle die Übergangsmatrix $\boldsymbol{\Phi}(t, t_0)$ des Systems.

c) Da das System periodisch ist, kann die Übergangsmatrix auf die Form von Gl. (2.88) gebracht werden. Man berechne die Matrizen $\boldsymbol{P}(t, t_0)$ und $\widetilde{\boldsymbol{A}}$ und verifiziere, daß $\boldsymbol{P}(t, t_0)$ in beiden unabhängigen Variablen periodisch ist.

d) Man zeige, daß das System stabil ist. Wie läßt sich dieser Sachverhalt physikalisch begründen?

**II.14.** Man zeige ohne Berechnung von Nullstellen, daß die Realteile aller Nullstellen des Polynoms

$$p^3 + 8p^2 + 22p + 20$$

kleiner als $-1$ sind.

**II. 15.** Gegeben sei das System

$$\frac{d\boldsymbol{z}}{dt} = \begin{bmatrix} 0 & -a \\ a & 0 \end{bmatrix} \boldsymbol{z} + \begin{bmatrix} b \\ 0 \end{bmatrix} x\ , \quad y = [1,\ 0]\ \boldsymbol{z} \quad \text{mit} \quad a, b > 0\ .$$

a) Man ermittle die Eigenwerte des Systems und beurteile die Stabilität des nicht erregten Systems im Sinne Lyapunovs.

b) Man ermittle die Übergangsmatrix des Systems. Ist das erregte System stabil in dem Sinne, daß jedes beschränkte zulässige Eingangssignal ein beschränktes Ausgangssignal zur Folge hat?

c) Man bearbeite erneut die Teilaufgaben a und b, wobei jedoch die $\boldsymbol{A}$ -Matrix gegen die Matrix

$$\boldsymbol{A} = \begin{bmatrix} 0 & 0 \\ a & 0 \end{bmatrix}$$

auszutauschen ist.

**II.16.** Man transformiere die Zustandsdarstellung

$$\frac{\mathrm{d}\boldsymbol{z}}{\mathrm{d}t} = \begin{bmatrix} -2 & -4 & -2 & 1 \\ 0 & -3 & -2 & 2 \\ 0 & 0 & -1 & -1 \\ 0 & 0 & 0 & -2 \end{bmatrix} \boldsymbol{z} + \begin{bmatrix} 1 \\ -1 \\ 1 \\ 0 \end{bmatrix} x \,, \quad y = [0, \ 0, \ 1, \ -1]\, \boldsymbol{z}$$

auf kanonische Form gemäß den Gln. (2.137a,b) und (2.138a-c).

**II. 17.** Man überführe die Zustandsdarstellung

$$\frac{\mathrm{d}\boldsymbol{z}}{\mathrm{d}t} = \begin{bmatrix} -1 & 0 & 1 \\ -2 & -1 & 0 \\ -2 & 1 & -1 \end{bmatrix} \boldsymbol{z} + \begin{bmatrix} 1 \\ 1 \\ 0 \end{bmatrix} x \,, \quad y = [1, \ 1, \ 0]\, \boldsymbol{z}$$

in eine äquivalente Form, deren Beobachtbarkeitsmatrix mit der Einheitsmatrix übereinstimmt, und in eine weitere Form, deren Steuerbarkeitsmatrix gleich der Einheitsmatrix ist.

**II. 18.** Ein System sei durch die Zustandsgleichung

$$\frac{\mathrm{d}\boldsymbol{z}}{\mathrm{d}t} = \begin{bmatrix} 1 & -1 \\ 1 & 2 \end{bmatrix} \boldsymbol{z} + \begin{bmatrix} 2 \\ 1 \end{bmatrix} x$$

beschrieben. Man ermittle den Regelvektor $\boldsymbol{k} = [k_1 \,,\ k_2]^{\mathrm{T}}$, so daß das durch die Zustandsgrößen rückgekoppelte System die Eigenwerte $-1$ und $-2$ erhält.

**II. 19.** Die Eingang-Ausgang-Beschreibung eines diskontinuierlichen Systems laute

$$y[n+3] - y[n+2] + y[n+1] - y[n] = x[n+3] + 2x[n+2] + 3x[n+1] + 4x[n] \,.$$

a) Man gebe eine Zustandsdarstellung des Systems an.

b) Man bringe die Zustandsdarstellung auf Jordansche Normalform.

c) Man zeige, daß die Beziehungen

$$\boldsymbol{\zeta}[n+1] = \begin{bmatrix} 1 & 1 & 1 \\ -1 & 0 & 0 \\ 0 & -1 & 0 \end{bmatrix} \boldsymbol{\zeta}[n] + \begin{bmatrix} -1 \\ 0 \\ 0 \end{bmatrix} x[n] \,, \quad y[n] = [-3, \ 2, \ -5]\, \boldsymbol{\zeta}[n] + x[n]$$

eine zu den Darstellungen aus den Teilaufgaben a und b äquivalente Zustandsbeschreibung repräsentieren.

**II. 20.** Ein lineares, zeitinvariantes diskontinuierliches System mit einem Eingang und einem Ausgang besitze die Zustandsdarstellung

$$\boldsymbol{z}[n+1] = \boldsymbol{A}\, \boldsymbol{z}[n] + \boldsymbol{b}\, x[n] \,, \quad y[n] = \boldsymbol{c}^{\mathrm{T}} \boldsymbol{z}[n]$$

der Ordnung Drei. Es sei beobachtbar.

a) Unter Verwendung der gegebenen Zustandsgleichungen drücke man zunächst $\boldsymbol{z}[n+2]$, $\boldsymbol{z}[n+3]$ und dann $y[n+1]$, $y[n+2]$, $y[n+3]$ allein mit Hilfe der Signale $\boldsymbol{z}[n]$, $x[n]$, $x[n+1]$, $x[n+2]$ aus und verifiziere schließlich aufgrund dieser Darstellungen die Beziehung

$$\boldsymbol{z}[n] = \boldsymbol{V}^{-1} \begin{bmatrix} y[n] \\ y[n+1] - \boldsymbol{c}^{\mathrm{T}} \boldsymbol{b}\, x[n] \\ y[n+2] - \boldsymbol{c}^{\mathrm{T}} \boldsymbol{A}\, \boldsymbol{b}\, x[n] - \boldsymbol{c}^{\mathrm{T}} \boldsymbol{b}\, x[n+1] \end{bmatrix} ,$$

wobei $\boldsymbol{V}$ die Beobachtbarkeitsmatrix des Systems bedeutet. Man erläutere nun, wie mit den gewonnenen Ergebnissen $y[n+3]$ ausschließlich mit Hilfe von $x[n]$, $x[n+1]$, $x[n+2]$, $y[n]$, $y[n+1]$, $y[n+2]$ ausgedrückt werden kann.

**b)** Aufgrund der Ergebnisse von Teilaufgabe a soll eine Eingang-Ausgang-Beschreibung des Systems mit den Matrizen

$$\boldsymbol{A} = \begin{bmatrix} 1 & 1 & 0 \\ 1 & 0 & 0 \\ 2 & 2 & 1 \end{bmatrix}, \quad \boldsymbol{b} = \begin{bmatrix} 4 \\ 4 \\ 2 \end{bmatrix}, \quad \boldsymbol{c}^T = [0, \; 0, \; 1]$$

in Form einer Differenzengleichung dritter Ordnung in $x$ und $y$ ermittelt werden.

**II. 21.** Man überführe die Differenzengleichung

$$y[n+3] - y[n+2] + y[n+1] + y[n] = x[n+2] + x[n+1] + x[n]$$

in eine Zustandsdarstellung und realisiere diese durch ein Signalflußdiagramm.

**II. 22.** Gegeben sei die Zustandsdarstellung

$$\boldsymbol{z}[n+1] = \begin{bmatrix} 1/2 & 1 & 1 \\ 0 & 1 & 2 \\ 0 & 0 & 0 \end{bmatrix} \boldsymbol{z}[n] + \begin{bmatrix} 0 \\ 0 \\ 1/2 \end{bmatrix} x[n], \quad y[n] = [1, \; 0, \; 0] \, \boldsymbol{z}[n].$$

**a)** Man gebe ein Signalflußdiagramm an, das die Zustandsdarstellung realisiert.

**b)** Man ermittle die Übergangsmatrix $\boldsymbol{\Phi}[n]$ für $n \geqq 0$.

**c)** Es sei $x[n] = (1/2)^n$ für $n \geqq 0$ und $\boldsymbol{z}[0] = [1, \; 1, \; 1]$. Man ermittle $y[n]$ für $n \geqq 0$.

**d)** Ist das nicht erregte System stabil?

**II. 23.** Gegeben sei die Zustandsdarstellung

$$\boldsymbol{z}[n+1] = \begin{bmatrix} 3 & 5 & 2 \\ -1 & -1 & -1/2 \\ 0 & -1 & 0 \end{bmatrix} \boldsymbol{z}[n] + \begin{bmatrix} 1 \\ 0 \\ 0 \end{bmatrix} x[n], \quad \boldsymbol{z}[0] = \begin{bmatrix} 1 \\ 0 \\ 0 \end{bmatrix}.$$

Man gebe ein Eingangssignal $x[n]$ an, so daß $\boldsymbol{z}[n] \equiv 0$ für $n \geqq 3$ gilt.

**II. 24.** **a)** Ein diskontinuierliches System wird durch die Zustandsdarstellung

$$\boldsymbol{z}[n+1] = \begin{bmatrix} -1 & 1 \\ 0 & 0 \end{bmatrix} \boldsymbol{z}[n] + \begin{bmatrix} 0 \\ 1 \end{bmatrix} x[n], \quad y[n] = [\alpha, \; \beta] \, \boldsymbol{z}[n]$$

beschrieben. Man zeige, daß das System steuerbar ist und gebe ein Signal $x[n]$ an, durch das der Anfangszustand $\boldsymbol{z}[0] = [1, \; 0]^{\mathrm{T}}$ in den Nullzustand überführt wird.

**b)** Für welche Werte der Koeffizienten $\alpha$ und $\beta$ ist die Zustandsdarstellung nicht beobachtbar?

**c)** Es sei $\alpha = \beta = 1$ und $x[n] \equiv 0$. Man gebe zwei voneinander verschiedene Anfangszustände an, für die $y[0] = 0$ gilt.

**II. 25.** Ein lineares, zeitinvariantes diskontinuierliches System besitze die Zustandsdarstellung

$$\boldsymbol{z}[n+1] = \begin{bmatrix} 1/3 & 1 & 0 \\ 0 & 0 & 1 \\ 0 & 0 & 1 \end{bmatrix} \boldsymbol{z}[n] + \begin{bmatrix} 0 \\ k \\ 1 \end{bmatrix} x[n], \quad y[n] = [1, \; 0, \; 0] \, \boldsymbol{z}[n].$$

**a)** Man gebe ein Signalflußdiagramm an, das die Zustandsdarstellung realisiert.

**b)** Für welche Werte von $k$ ist die Zustandsdarstellung steuerbar?

**c)** Man bestimme die Übergangsmatrix $\boldsymbol{\Phi}[n]$ des Systems für $n \geqq 2$.

**d)** Man ermittle das Ausgangssignal $y[n]$ für $\boldsymbol{z}[0] = [1, \; 1, \; 1]^{\mathrm{T}}$ und $x[n] = \delta[n]$.

**e)** Man gebe eine Differenzengleichung höherer Ordnung an, die eine Eingang-Ausgang-Beschreibung für das System darstellt.

**II. 26.** Bild P. II. 26 zeigt das Signalflußdiagramm eines diskontinuierlichen Systems. Dabei bezeichnet $V$ jeweils ein Verzögerungsglied, $\alpha$ und $\beta$ bedeuten beliebige reelle Konstanten. Alle Signale sind von der diskreten Zeit $n$ abhängig.

**a)** Man gebe eine Zustandsbeschreibung des Systems an.

**b)** Man überprüfe die Steuerbarkeit und Beobachtbarkeit des Systems.

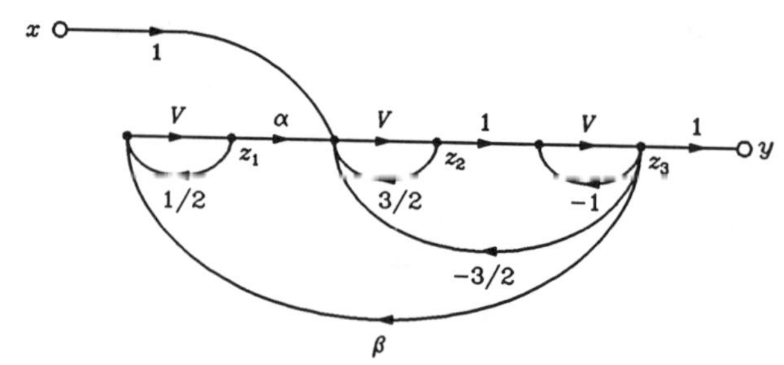


Bild P. II. 26

c) Man ermittle die Übergangsmatrix $\boldsymbol{\Phi}[n]$ des Systems für beliebige Werte von $n \geqq 0$. Dabei darf $\alpha = 0$ angenommen werden.

d) Man ermittle $y[n]$, wenn $x[n] = s[n]$ und $\boldsymbol{z}[0] = [\,1,\ \ 0,\ \ 0\,]^{\mathrm{T}}$ gilt. Auch hierbei darf $\alpha = 0$ angenommen werden.

**II. 27.** Ein diskontinuierliches System mit zwei Eingängen sei durch das Signalflußdiagramm nach Bild P. II. 27 gegeben, in dem $V$ jeweils ein Verzögerungsglied bezeichnet, $\alpha, \beta, \gamma$ voneinander verschiedene reelle Konstanten mit $\alpha\,\beta \neq 0$ bedeuten und alle Signale von der diskreten Zeit $n$ abhängen.

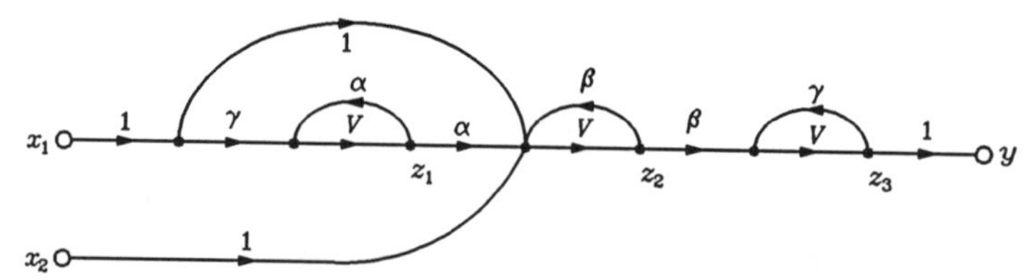


Bild P. II. 27

a) Man gebe Zustandsgleichungen für das System mit $\boldsymbol{z}[n] = [z_1[n],\ z_2[n],\ z_3[n]]^{\mathrm{T}}$ als dem Zustandsvektor an.

b) Ist das System beobachtbar?

c) Es sei $\alpha = 2$, $\beta = \gamma = 1$ und $\boldsymbol{z}[0] = [\,1,\ \ 1,\ \ 1\,]^{\mathrm{T}}$. Gibt es ein Signal $x_1[n]$, $n \geqq 0$, so daß bei Erregung des Systems mit diesem Signal $x_1[n]$ und $x_2[n] \equiv 0$ der Zustandsvektor $\boldsymbol{z}[n]$ für alle $n > 3$ verschwindet? Man ermittle gegebenenfalls ein solches Signal.

d) Läßt sich das System allein mit dem Eingangssignal $x_2[n]$ von einem Anfangszustand $\boldsymbol{z}[0] \neq \boldsymbol{0}$ in endlicher Zeit in den Nullzustand überführen?

e) Für welche Werte von $\alpha, \beta, \gamma$ ist das nicht erregte System asymptotisch stabil?

f) Für welche Werte von $\alpha, \beta, \gamma$ bewirkt jedes beschränkte Eingangssignal ein ebenfalls beschränktes Ausgangssignal?

**II. 28.** Für die Matrix

$$\boldsymbol{A} = \begin{bmatrix} 1 & 1 & 0 & -1 \\ 0 & 1 & 1 & -1 \\ 0 & 0 & 1 & 0 \\ 0 & 0 & 0 & 1 \end{bmatrix}$$

berechne man $\boldsymbol{A}^n$ $(n \geqq 1)$ auf zwei verschiedene Weisen unter Verwendung des Cayley-Hamilton-Theorems bzw. durch Transformation auf Jordan-Form.

**II. 29.** Man prüfe, ob das durch die Differenzengleichung

$$y[n+4] + y[n+3] + \frac{1}{4}y[n+2] - \frac{1}{4}y[n+1] - \frac{1}{8}y[n] = 0$$

beschriebene System asymptotisch stabil ist.

# Kapitel III

**III. 1.** Unter Verwendung der Fourier-Transformierten $1/(a+\mathrm{j}\omega)$ der kausalen Zeitfunktion $\mathrm{e}^{-at}s(t)$ $(a>0)$ ermittle man die Zeitfunktion mit der Fourier-Transformierten $(2+\mathrm{j}\omega)/\{(1+\mathrm{j}\omega)(3+\mathrm{j}\omega)\}$.

**III. 2.** Gegeben sei die Zeitfunktion $f(t) = 2\,\mathrm{e}^{-at}(1+at)s(t) \quad (a>0)$.

a) Man berechne den geraden Teil $f_g(t)$ und den ungeraden Teil $f_u(t)$ von $f(t)$ und stelle beide Funktionen in einem Schaubild dar.

b) Man ermittle die Fourier-Transformierte $F(\mathrm{j}\omega)$ von $f(t)$, indem zunächst $\mathrm{e}^{-at}s(t)$ transformiert und danach neben der Linearitätseigenschaft die Eigenschaft der Differentiation im Frequenzbereich verwendet wird.

c) Man gebe aufgrund der Ergebnisse von Teilaufgabe b die Fourier-Transformierten von $f_g(t)$ und $f_u(t)$ an.

**III. 3.** Bekannt sei das Spektrum $F(\mathrm{j}\omega)$ eines reellen Signals $f(t)$. Man leite aus diesem Spektrum die Fourier-Transformierte $F_k(\mathrm{j}\omega)$ des kausalen Teils $f_k(t) = f(t)s(t)$ von $f(t)$ her. Weiterhin soll das Spektrum $\widetilde{F}(\mathrm{j}\omega)$ von $f_k(|t|)$ durch $F(\mathrm{j}\omega)$ ausgedrückt werden.

**III. 4.** Man ermittle die Fourier-Transformierten der Zeitfunktionen

$$\text{(i)}\ \frac{\sin(\Omega\{t-t_0\})}{\pi(t-t_0)}, \quad \text{(ii)}\ \frac{2\sin^2(\Omega\{t-t_0\}/2)}{\pi\Omega(t-t_0)^2}\sin\omega_0 t, \quad \text{(iii)}\ \mathrm{e}^{-2|t|}(1+2\sin|t|).$$

Die Größen $\omega_0, \Omega, t_0$ bedeuten positive Konstanten.

**III. 5.** a) Man zeige, daß $-\mathrm{j}\,\mathrm{sgn}\,\omega$ Fourier-Transformierte von $1/(\pi t)$ ist.

b) Unter Verwendung des Ergebnisses von Teilaufgabe a beweise man, daß $|\omega|$ Fourier-Transformierte von $-1/\pi t^2$ ist.

c) Man zeige, daß aus der Korrespondenz $f(t) \circ\!\!-\, F(\mathrm{j}\omega)$ die Korrespondenz $f'(t) * (1/\pi t) \circ\!\!-$ $|\omega|\,F(\mathrm{j}\omega)$ folgt. Hierbei wird die Existenz der auftretenden Funktionen vorausgesetzt.

**III. 6.** Man berechne das Integral

$$I_q = \int_{-\infty}^{\infty} \frac{4}{T\omega^2}\sin^2\frac{T\omega}{2}\,\mathrm{d}\omega$$

auf zwei verschiedene Arten, einerseits durch geeignete Auswertung als Fourier-Umkehrintegral für einen speziellen $t$-Wert, andererseits durch Anwendung des Parsevalschen Theorems. – Wie läßt sich das Integral

$$I = \int_{-\infty}^{\infty} f(t)\,\mathrm{d}t$$

direkt aus der Fourier-Transformierten $F(\mathrm{j}\omega)$ von $f(t)$ angeben? Man wähle speziell $f(t) = (\sin^4 t)/t^4$.

**III. 7.** Das Eingangssignal eines idealen Tiefpasses mit der Grenzkreisfrequenz $\omega_g = 1$ und der Laufzeit $t_0 = 0$ sei

$$x(t) = \frac{\sin at}{t} \qquad (a>0).$$

Man zeige, daß für das Ausgangssignal

$$y(t) = \begin{cases} \dfrac{\sin t}{t} & \text{falls} \quad a \geqq 1, \\[2ex] \dfrac{\sin at}{t} & \text{falls} \quad a < 1 \end{cases}$$

gilt.

**III. 8.** Aus dem Signal $f(t)$, dessen Spektrum $F(\mathrm{j}\omega)$ sei, wird mit der Konstante $T>0$ die Zeitfunktion

$$g(t) = \int_{t-T}^{t+T} f(\tau)\,\mathrm{d}\tau$$

gebildet. Man leite das Spektrum $G(\mathrm{j}\omega)$ aus $F(\mathrm{j}\omega)$ her, und zwar auf zwei verschiedene Arten, nämlich einerseits mit Hilfe des Faltungssatzes und andererseits aufgrund der Fourier-Transformationseigenschaft der Differentiation im Zeitbereich.

**III. 9.** Von einem kausalen System sei die Realteilfunktion

$$R(\omega) = \frac{12 + 4\omega^2}{9 + 10\omega^2 + \omega^4}$$

einer Übertragungsfunktion bekannt. Man ermittle die zugehörige Impulsantwort $h(t)$.

**III. 10.** Die Spektren von zwei reellen Signalen $f_\mu(t)$ seien $F_\mu(\mathrm{j}\omega)$ $(\mu = 1, 2)$. Man leite das Spektrum $F(\mathrm{j}\omega)$ der Zeitfunktion

$$f(t) = \int_{-\infty}^{\infty} f_1(\tau) f_2(t+\tau)\,\mathrm{d}\tau$$

aus den genannten Spektren ab.

**III. 11.** Ein lineares, zeitinvariantes System besitze die Übertragungsfunktion

$$H(\mathrm{j}\omega) = \frac{2\mathrm{j}\sin(\omega T)}{\mathrm{j}\omega(2+\mathrm{j}\omega)} \quad (T > 0).$$

a) Man gebe die Impulsantwort des Systems an. Handelt es sich um ein reelles System? Ist das System kausal?

b) Man bilde die modifizierte Übertragungsfunktion $H_0(\mathrm{j}\omega) = H(\mathrm{j}\omega)\,\mathrm{e}^{-\mathrm{j}\omega t_0}$ ($t_0$ reell). Wie groß ist $t_0$ zu wählen, damit das System mit der Übertragungsfunktion $H_0(\mathrm{j}\omega)$ die Eigenschaft der Kausalität besitzt? Wie wirkt sich die Einführung des Faktors $\mathrm{e}^{-\mathrm{j}\omega t_0}$ auf die Amplitudenfunktion und auf das Ausgangssignal aus?

c) Das System mit der Übertragungsfunktion $H(\mathrm{j}\omega)$ werde durch eine periodische Funktion $x(t)$ mit $x(t) \equiv x(t+T_0)$ erregt. Wie ist die Periode $T_0$ zu wählen, damit das zugehörige Ausgangssignal $y(t)$ zeitunabhängig wird? Man gebe dieses $y(t)$ an.

**III. 12.** Aus einem Signal $x(t)$ wird durch Abtastung das Signal

$$\tilde{x}(t) = x(t) \sum_{\nu=-\infty}^{\infty} \delta(t - \nu T)$$

gebildet und dann einem idealen Tiefpaß mit der Übertragungsfunktion $H(\mathrm{j}\omega) = p_{\omega_g}(\omega)$ zugeführt, wobei $\omega_g T = \pi$ gelte. Man berechne das Ausgangssignal $y(t)$ des idealen Tiefpasses und gebe dessen Zusammenhang mit dem ursprünglichen Signal $x(t)$ an.

**III. 13.** Einem Tiefpaß mit der Übertragungsfunktion

$$H(\mathrm{j}\omega) = A(\omega)\,\mathrm{e}^{-\mathrm{j}\omega t_0} \quad \text{mit} \quad A(\omega) \equiv 0 \quad \text{für} \quad |\omega| > \omega_g$$

$(\omega_g > 0)$ wird das Signal

$$\tilde{x}(t) = \sum_{\nu=-\infty}^{\infty} x(\nu T)\,\delta(t - \nu T)$$

zugeführt. Dabei bedeuten die Werte $x(\nu T)$ Abtastwerte des bezüglich $\omega_g$ bandbegrenzten Signals $x(t)$, es gelte also $X(\mathrm{j}\omega) \equiv 0$ für $|\omega| > \omega_g$. Es sei $T < \pi/\omega_g$ gewählt.

a) Man ermittle das Spektrum $Y(\mathrm{j}\omega)$ des Ausgangssignals $y(t)$.

b) Man berechne das Signal $y(t)$ für den Fall $A(\omega) = A_0\, p_{\omega_g}(\omega)$, d. h. $A(\omega) \equiv A_0$ für $|\omega| < \omega_g$ und $A(\omega) \equiv 0$ für $|\omega| > \omega_g$.

c) Man berechne $y(t)$ auch für den Fall $A(\omega) = A_0\, q_{\omega_g}(\omega)$, d. h. $A(\omega) \equiv A_0(1 - |\omega|/\omega_g)$ für $|\omega| < \omega_g$ und $A(\omega) \equiv 0$ für $|\omega| > \omega_g$.

**III. 14.** Ein bezüglich der Kreisfrequenz $\omega_g$ bandbegrenztes Signal $x(t)$ wirke am Eingang eines linearen, zeitinvarianten Systems mit der Übertragungsfunktion $H(\mathrm{j}\omega)$ und dem Ausgangssignal $y(t)$.

a) Man drücke das Spektrum $X(\mathrm{j}\omega)$ unter alleiniger Verwendung der Abtastwerte $x(\nu\pi/\omega_g)$, $\nu = 0, \pm 1, \pm 2, \ldots,$ aus. Man bilde eine entsprechende Darstellung für das Spektrum $Y(\mathrm{j}\omega)$ von $y(t)$ aus den Abtastwerten $y(\nu\pi/\omega_g)$, $\nu = 0, \pm 1, \pm 2, \ldots,$ wobei die Gültigkeit der abzuleitenden Formel zu begründen ist.

b) Die Übertragungsfunktion sei im Intervall $|\omega| < \omega_g$ durch eine Fourier-Reihe

$$H(j\omega) = \sum_{\nu=-\infty}^{\infty} h_\nu e^{-j\nu\pi\omega/\omega_g}$$

dargestellt. Unter Verwendung des Zusammenhangs $Y(j\omega) = H(j\omega)X(j\omega)$ und den nunmehr vorliegenden Formeln zeige man, daß das Gleichungssystem

$$y(\nu\pi/\omega_g) = \sum_{\mu=-\infty}^{\infty} x(\mu\pi/\omega_g)h_{\nu-\mu} \quad (\nu = 0, \pm 1, \pm 2, \ldots)$$

besteht.

c) Man zeige, daß mit $\omega_g = \pi$ im Fall $h_0 = 1$, $h_2 = 1$, $h_\nu = 0$ für alle $\nu \neq 0, 2$ beispielsweise die Abtastwerte $x(0) = 2$, $x(1) = 3$, $x(2) = 1$, $x(\nu) = 0$ für $\nu \neq 0, 1, 2$ mit den Abtastwerten $y(0) = 2$, $y(1) = y(2) = y(3) = 3$, $y(4) = 1$, $y(\nu) = 0$ $(\nu \neq 0, 1, 2, 3, 4)$ im obigen Sinne korrespondieren. Man gebe für den vorliegenden Fall eine Schaltung an, die $p_{\omega_g}(\omega)H(j\omega)$ realisiert und nur aus idealen Tiefpässen besteht.

**III. 15.** Es sei $f(t)$ eine Zeitfunktion mit der Fourier-Transformierten $F(j\omega)$, die für alle Kreisfrequenzen $\omega$ mit $|\omega| > \omega_g > 0$ verschwindet. Mit $g(t)$ wird eine periodische Funktion mit der Periode $T_0 > 0$ bezeichnet, die durch eine Fourier-Reihe mit den komplexen Fourier-Koeffizienten $g_\nu$ $(\nu = 0, \pm 1, \pm 2, \ldots)$ darstellbar sei.

a) Man stelle die Fourier-Transformierte $X(j\omega)$ des Signals $x(t) = f(t)g(t)$ mit Hilfe der Koeffizienten $g_\nu$ und des Spektrums $F(j\omega)$ dar.

b) Es sei stets $g_0 \neq 0$. Welche Beziehung muß zwischen $T_0$ und $\omega_g$ bestehen, damit aus $x(t)$ in jedem Fall mittels eines geeigneten idealen Tiefpasses das ursprüngliche Signal $f(t)$ rekonstruiert werden kann?

c) Es sei $f(t) = [\sin(\omega_g t)]/(\pi t)$ und $g(t) = 2\cos^2(\pi t/T_0)$. Man skizziere $|X(j\omega)|$ unter der Voraussetzung, daß die Beziehung zwischen $T_0$ und $\omega_g$ aus Teilaufgabe b besteht.

**III. 16.** Es sei $x(t) = f(t)\cos\omega_0 t$ mit der bezüglich $\omega_g$ bandbegrenzten Zeitfunktion $f(t)$ und $\omega_0 \geqq \omega_g$. Aus $x(t)$ wird der Impulskamm

$$\tilde{x}(t) = \sum_{\mu=-\infty}^{\infty} x(\mu T)\delta(t - \mu T)$$

erzeugt.

a) Welche Bedingung muß $T > 0$ erfüllen, damit aus den Abtastwerten $x(\mu T)$ die Funktion $f(t)$ rekonstruiert werden kann?

b) Es sei $\omega_0 = 2\omega_g$ und $T \leqq \pi/3\,\omega_g$ gewählt. Man gebe einen idealen Bandpaß möglichst kleiner Bandbreite zur Rekonstruktion von $f(t)$ an (zusätzliche Maßnahmen, die notwendig sind, um das Spektrum des Ausgangssignals in die richtige "Basisband"-Lage zu schieben und daraus das Spektrum von $f(t - t_0)$ zu erzeugen, brauchen nicht angegeben zu werden).

**III. 17.** Aus einem stetigen Signal $x(t)$ wird der Impulskamm

$$\tilde{x}(t) = \sum_{\nu=-\infty}^{\infty} x(\nu T)\delta(t - \nu T)$$

$(T > 0)$ gebildet. Danach wird das weitere Signal

$$u(t) = \tilde{x}(t) * p_{T/2}(t - T)$$

erzeugt, wobei $p_{T/2}$ die Rechteckfunktion gemäß Gl. (3.36) bedeutet.

a) Man zeige, daß $u(t)$ eine Treppenfunktion ist, und beschreibe diese mit Hilfe der Abtastwerte $x(\nu T)$.

b) Man gebe Impulsantwort und Übertragungsfunktion eines linearen, zeitinvarianten Systems an, das bei Erregung mit $\tilde{x}(t)$ das Ausgangssignal $u(t)$ liefert.

c) Man drücke das Spektrum $Y(j\omega)$ des Signals $y(t) = u(t)\cos(2\pi t/T)$ durch das Spektrum $U(j\omega)$ von $u(t)$ aus.

d) Es sei nun angenommen, daß das Signal $x(t)$ bezüglich $\omega_g \leqq \pi/T$ bandbegrenzt ist. Man gebe die Übertragungsfunktion eines linearen, zeitinvarianten Systems an, welches aus $y(t)$ die Funktion $x(t)$ rekonstruiert.

**III. 18.** In der amplitudenmodulierten Trägerschwingung $f_c(t) = f(t)\cos\omega_0 t$ ist das Signal $f(t)$ bezüglich der Kreisfrequenz $\omega_g$ bandbegrenzt, und die Trägerkreisfrequenz $\omega_0$ hat die Eigenschaft $\omega_0 > \omega_g$.

a) Man gebe das Spektrum $F_c(\mathrm{j}\omega)$ von $f_c(t)$ in Abhängigkeit vom Spektrum $F(\mathrm{j}\omega)$ von $f(t)$ an und skizziere den Verlauf der Amplitudenfunktion $|F_c(\mathrm{j}\omega)|$ für irgendein $F(\mathrm{j}\omega)$.

b) Man zeige, daß die amplitudenmodulierte Schwingung $f_c(t)$ auf folgende Weise erzeugt werden kann (nichtlineare Modulation): Ein nichtlineares System, das durch die Beziehung $y(t) = a_1 x(t) + a_2 x^2(t)$ $(a_1, a_2 = \text{const})$ beschrieben werden kann, wird mit dem Eingangssignal $x(t) = A\cos\omega_0 t + B f(t)$ $(A, B = \text{const})$ erregt. Durch Frequenzbeschneidung des Ausgangssignals $y$ mit Hilfe eines geeigneten idealen Bandpasses erhält man schließlich bei richtiger Wahl der Parameter $\omega_0, a_1, a_2, A, B$ die gewünschte Zeitfunktion $f_c(t)$.

c) Man zeige, daß sich aus der amplitudenmodulierten Schwingung $f_c(t)$ auf folgende Weise eine zu dem Signal $f(t)$ proportionale Zeitfunktion gewinnen läßt (Demodulation): Die Funktion $f_c(t)$ wird mit einer periodischen Zeitfunktion $g(t)$ der Periode $T = 2\pi/\omega_0$ (z. B. Mäanderfunktion) multipliziert. Wird die resultierende Funktion als Eingangssignal eines geeigneten (idealen) Tiefpasses verwendet, dann erhält man am Ausgang dieses Tiefpasses eine zu $f(t)$ proportionale Zeitfunktion.

**III. 19.** Ein Signal $x(t)$ sei bandbegrenzt bezüglich der Kreisfrequenz $\Omega$, d.h. für das Fourier-Spektrum $X(\mathrm{j}\omega)$ von $x(t)$ gelte $X(\mathrm{j}\omega) \equiv 0$ für $|\omega| > \Omega$. Dieses Signal wirke am Eingang eines nichtlinearen Systems, bei dem der Zusammenhang zwischen dem Eingangs- und dem Ausgangssignal durch die Beziehung $y(t) = a_1 x(t) + a_2 x^2(t)$ beschrieben werden kann.

a) Man zeige, daß das Ausgangssignal $y(t)$ keine Spektralanteile oberhalb der Kreisfrequenz $2\,\Omega$ besitzt, daß also $Y(\mathrm{j}\omega) \equiv 0$ für $|\omega| > 2\,\Omega$ gilt.

b) Man veranschauliche diesen Sachverhalt graphisch für den Fall, daß das Spektrum des Eingangssignals gleich $p_\Omega(\omega)$ ist.

c) Man zeige, daß das durch die Beziehung $y(t) = a_1 x(t) + a_2 x^2(t) + \cdots + a_m x^m(t)$ beschriebene System auf ein bezüglich der Kreisfrequenz $\Omega$ bandbegrenztes Eingangssignal $x(t)$ mit einem bezüglich der Kreisfrequenz $m\,\Omega$ bandbegrenzten Ausgangssignal $y(t)$ reagiert.

**III. 20.** In Anwendungen interessiert man sich gelegentlich für die relative Überschwingweite $\ddot{u}$ der Sprungantwort $a(t)$ eines linearen, zeitinvarianten und kausalen Systems. Man versteht unter $\ddot{u}$ das Verhältnis von $a_{\max} - a(\infty)$ zu $a(\infty)$. Dabei bedeutet $a_{\max}$ das Maximum von $a(t)$, und es soll angenommen werden, daß die Realteilfunktion $R(\omega)$ der Übertragungsfunktion die Eigenschaft

$$R(\omega) \geqq 0 \quad \text{und} \quad \frac{\mathrm{d}R(\omega)}{\mathrm{d}\omega} \leqq 0, \quad 0 \leqq \omega \leqq \infty \tag{1}$$

aufweist. Unter dieser Annahme ist die Abschätzung $\ddot{u} \leqq 0{,}18$ möglich. Dies soll im folgenden bewiesen werden.

a) Man gebe eine Formel für die Darstellung von $a(t)$ durch $R(\omega)$ in Form eines Integrals an. Man zeige an Hand dieser Integraldarstellung, daß $a(\infty) = R(0)$ gilt (man ersetze die Integrationsvariable $\omega$ durch $x = \omega t$ und beachte $\mathrm{Si}(\infty) = \pi/2$).

b) Man zerlege das Integral zur Darstellung von $a(t)$ in eine unendliche Summe von Teilintegralen, deren Integrationsintervalle ausnahmslos die Länge $\pi/t$ haben, so daß die Darstellung

$$a(t) = a_0(t) - a_1(t) + a_2(t) - + \cdots$$

entsteht. Dabei soll gezeigt werden, daß $a_0(t) \geqq a_1(t) \geqq a_2(t) \geqq \cdots \geqq 0$ für alle $t$ und damit

$$0 \leqq a(t) \leqq a_0(t) \tag{2}$$

gilt.

c) Unter Beachtung der Ungleichung (2) und der Eigenschaft (1) von $R(\omega)$ soll die Integraldarstellung für $a_0(t)$ von oben abgeschätzt und damit für $a_{\max}$ eine obere Schranke angegeben werden, die über den Integralsinuswert $\mathrm{Si}(\pi) = (\pi/2)\cdot 1{,}18\ldots$ explizit ausgedrückt werden kann.

**III. 21.** Ein mittelwertfreies stationäres stochastisches Signal $\boldsymbol{x}(t)$ besitzt die Autokorrelationsfunktion $r_{xx}(\tau) = q_1(\tau)$, es gilt also $r_{xx}(\tau) \equiv 1 - |\tau|$ für $|\tau| < 1$ und $r_{xx}(\tau) \equiv 0$ für $|\tau| \geqq 1$.

a) Welche Streuung hat das Signal $\boldsymbol{x}(t)$?

b) Man zeige, daß das Signal $\boldsymbol{x}(t)$ aus weißem Rauschen der Leistungsdichte Eins mittels eines linearen, zeitinvarianten Systems erzeugt werden kann, das die Übertragungsfunktion

$$H(\mathrm{j}\omega) = \frac{2}{\omega} \sin\frac{\omega}{2} \, \mathrm{e}^{-\mathrm{j}\omega t_0}$$

aufweist. Wie muß der Parameter $t_0$ gewählt werden, damit das System die Eigenschaft der Kausalität aufweist?

c) Ein lineares, zeitinvariantes System mit der Impulsantwort $h(t) = s(t)\mathrm{e}^{-t}\cos 2t$ wird durch $\boldsymbol{x}(t)$ erregt. Man gebe die spektrale Leistungsdichte des Ausgangssignals an.

**III. 22.** Ein lineares, zeitinvariantes, stabiles und kausales System wird durch ein mittelwertfreies stationäres stochastisches Signal mit der spektralen Leistungsdichte $S_{xx}(\omega) = 2/(1+\omega^2)$ erregt. Das am Systemausgang auftretende stochastische Signal besitzt die Autokorrelationsfunktion $r_{yy}(\tau) = \mathrm{e}^{-|\tau|}(1+2\cos\tau)$.

a) Welche Streuung hat der Eingangsprozeß?

b) Man gebe Mittelwert und Streuung des Ausgangsprozesses $\boldsymbol{y}(t)$ an.

c) Man ermittle die Übertragungsfunktion des Systems, deren Nullstellen ausnahmslos in $\mathrm{Re}\,p < 0$ liegen.

d) Man gebe das Kreuzleistungsspektrum $S_{xy}(\omega)$ an.

**III. 23.** Am Eingang eines linearen, zeitinvarianten Systems mit der Übertragungsfunktion $H(\mathrm{j}\omega) = \mathrm{j}\omega/(2+\mathrm{j}\omega)$ wirkt ein stationäres stochastisches Signal mit der Autokorrelationsfunktion $r_{xx}(\tau) = 2 + \mathrm{e}^{-|\tau|}$.

a) Man gebe Mittelwert und Varianz von $\boldsymbol{x}(t)$ an.

b) Man berechne Mittelwert und Varianz des Ausgangssignals $\boldsymbol{y}(t)$.

**III. 24.** Die Übertragungsfunktion $H(\mathrm{j}\omega) = A(\omega)\,\mathrm{e}^{-\mathrm{j}\Theta(\omega)}$ eines Tiefpasses lasse sich durch

$$A(\omega) = \begin{cases} 1-(\omega/\omega_g)^2, & \text{falls } |\omega| < \omega_g \\ 0, & \text{falls } |\omega| \geqq \omega_g, \end{cases} \qquad \Theta(\omega) = \frac{\omega}{\omega_g} + \frac{1}{10}\sin\frac{\pi\omega}{\omega_g}$$

beschreiben. Man bestimme näherungsweise den Zusammenhang zwischen Eingangs- und Ausgangssignal.

**III. 25.** Ein lineares, zeitinvariantes System mit konstanter Amplitudencharakteristik $A(\omega) \equiv 1$ (Allpaß) und monoton auf den Wert $\Theta(\infty)$ ansteigender Phasencharakteristik $\Theta(\omega)$ ($\Theta'(\omega) > 0$, $\Theta''(\omega) < 0$) werde durch ein Signal $x(t)$ erregt, dessen Amplitudenspektrum $|X(\mathrm{j}\omega)|$ mit zunehmendem $\omega$ monoton abnimmt. Es gilt also $\mathrm{d}|X(\mathrm{j}\omega)|/\mathrm{d}\omega \leqq 0$ für alle $\omega \geqq 0$. Mit $t_0 > 0$ wird eine gegebene Konstante bezeichnet, $y(t)$ bedeutet das Ausgangssignal. Man zeige unter Verwendung des Parseval-Theorems, daß der "Fehler"

$$E = \int_{-\infty}^{\infty} [y(t) - x(t-t_0)]^2 \,\mathrm{d}t$$

minimal wird, wenn die Phasencharakteristik $\Theta(\omega)$ gegen den Idealverlauf

$$\Theta_i(\omega) = \begin{cases} \omega t_0, & \text{falls } |\omega| < \Theta(\infty)/t_0 \\ \Theta(\infty), & \text{falls } |\omega| \geqq \Theta(\infty)/t_0 \end{cases}$$

strebt.

# Kapitel IV

**IV. 1.** Man berechne die Spektren der folgenden Signale:

(i) $f[n] = a^n s[-n]$ $(|a| > 1)$, (ii) $f[n] = (n+1)a^n s[n]$ $(|a| < 1)$,

(iii) $f[n] = \{a^n \cos\omega_0 n T\} s[n]$ $(|a| < 1)$, (iv) $f[n] = (-1)^n$.

**IV. 2.** Man berechne die zu den folgenden Spektren gehörenden Signale:

(i) $F(\mathrm{e}^{\mathrm{j}\omega T}) = \cos^3 \omega T$, (ii) $F(\mathrm{e}^{\mathrm{j}\omega T}) = \sin\frac{\omega T}{2} + \mathrm{j}\cos\omega T$ $(-\pi < \omega T < \pi)$

(iii) $F(\mathrm{e}^{\mathrm{j}\omega T}) = |F(\mathrm{e}^{\mathrm{j}\omega T})|\,\mathrm{e}^{\mathrm{j}\Phi(\omega)}$ mit $|F(\mathrm{e}^{\mathrm{j}\omega T})| \equiv 1$ für $|\omega T| < 2\pi/3$, $|F(\mathrm{e}^{\mathrm{j}\omega T})| \equiv 0$ für $2\pi/3 < |\omega T| < \pi$ und $\Phi(\omega) = 3\omega T$ für $|\omega T| < \pi$.

**IV. 3.** a) Man zeige, daß aus der Korrespondenz

$$a^n s[n] \circ\!\!-\!\!\bullet \frac{1}{1-a\,\mathrm{e}^{-\mathrm{j}\omega T}} \qquad (|a| < 1)$$

die Zuordnung

$$(n+1)a^n s[n] \circ\!\!-\!\!\bullet \frac{1}{(1-a\,\mathrm{e}^{-\mathrm{j}\omega T})^2}$$

folgt.

b) Unter Verwendung der Differentiationseigenschaft im Frequenzbereich, der Verschiebungseigenschaft im Zeitbereich und der Linearitätseigenschaft verifiziere man durch vollständige Induktion über $m$ die Korrespondenz

$$\frac{(n+m-1)!}{n!(m-1)!} a^n s[n] \circ\!\!-\!\!\bullet \frac{1}{(1-a\,\mathrm{e}^{-\mathrm{j}\omega T})^m} \qquad (m \geqq 1).$$

**IV. 4.** Die diskontinuierliche Funktion
$f[n] = \delta[n+3] - \delta[n+1] + 3\delta[n] - \delta[n-1] - \delta[n-3] - 2\delta[n-4] - \delta[n-5] + \delta[n-7]$
habe das Spektrum $F(\mathrm{e}^{\mathrm{j}\omega T})$. Ohne $F(\mathrm{e}^{\mathrm{j}\omega T})$ explizit zu berechnen, sollen folgende Zahlenwerte direkt aus $f[n]$ berechnet werden: $F(1)$, $F(-1)$, $\int_{-\pi}^{\pi} F(\mathrm{e}^{\mathrm{j}\Omega})\,\mathrm{d}\Omega$, $\int_{-\pi}^{\pi} |F(\mathrm{e}^{\mathrm{j}\Omega})|^2\,\mathrm{d}\Omega$, $\int_{-\pi}^{\pi} |\mathrm{d}F(\mathrm{e}^{\mathrm{j}\Omega})/\mathrm{d}\Omega|^2\,\mathrm{d}\Omega$.

**IV. 5.** Es sei $f[n]$ das dem Spektrum $F(\mathrm{e}^{\mathrm{j}\omega T}) = \mathrm{e}^{\mathrm{j}\omega T}/(1-0{,}5\cos\omega T)$ entsprechende reelle Signal. Man drücke das Signal $g[n]$ mit dem Spektrum $G(\mathrm{e}^{\mathrm{j}\omega T}) = \mathrm{j}\sin\omega T/(1-0{,}5\cos\omega T)$ allein mittels $f[n]$ aus.

**IV. 6.** Bild P. IV. 6 zeigt ein diskontinuierliches System. Es sei $|a| < 1$.

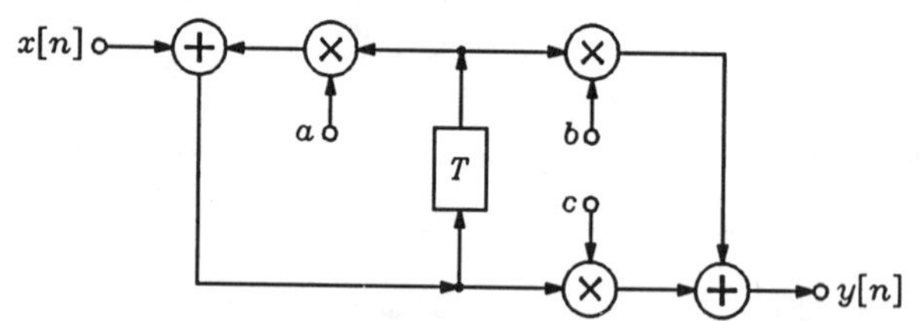


Bild P. IV. 6

a) Man gebe eine Differenzengleichung an, die den Zusammenhang zwischen Eingangssignal $x[n]$ und Ausgangssignal $y[n]$ angibt.

b) Man gebe die Übertragungsfunktion $H(\mathrm{e}^{\mathrm{j}\omega T})$ des Systems an.

c) Man zeige, daß $h[n] = a^n c\, s[n] + a^{n-1} b\, s[n-1]$ die Impulsantwort des Systems ist.

d) Man überprüfe die Stabilität des Systems.

**IV. 7.** Man gebe ein lineares, zeitinvariantes diskontinuierliches System an, das ein lineares, zeitinvariantes kontinuierliches System mit der Übertragungsfunktion $\widetilde{H}(\mathrm{j}\omega) = (1-\cos k\omega)\,\mathrm{e}^{-\mathrm{j}k\omega}$ $(k > 0)$ im Sinne des Simulations-Theorems nachbildet, sofern alle Eingangssignale $\widetilde{x}(t)$ des kontinuierlichen Systems bezüglich der Kreisfrequenz $\omega_g = 2\pi/k$ bandbegrenzt sind.

**IV. 8.** Ein lineares, zeitinvariantes diskontinuierliches System mit der Übertragungsfunktion $H(\mathrm{e}^{\mathrm{j}\omega T}) = (1+\mathrm{e}^{-\mathrm{j}\omega T})/(1-0{,}5\,\mathrm{e}^{-\mathrm{j}\omega T})$ wird durch das periodische Signal $x[n] = n$ $(n = 0,1,2,3)$; $x[n+4] \equiv x[n]$ erregt. Man ermittle das diskrete Spektrum $Y[m]$ des zugehörigen Ausgangssignals $y[n]$ und sodann $y[n]$ selbst.

**IV. 9.** Gegeben ist die Folge $f[n] = 1+n$ $(n = 0,1,2,3)$ der Länge 4. Man ermittle die diskrete Fourier-Transformierte dieser Folge mittels des Algorithmus der schnellen Fourier-Transformation (FFT).

**IV. 10.** Bild P. IV. 10 zeigt den grundsätzlichen Aufbau eines Spektralanalysators. Dabei bedeutet das Teilsystem TP einen idealen Tiefpaß mit der Übertragungsfunktion $p_{\omega_g}(\omega)$ ($\omega_g > 0$ vorgeschrieben). Der Spalt lie-

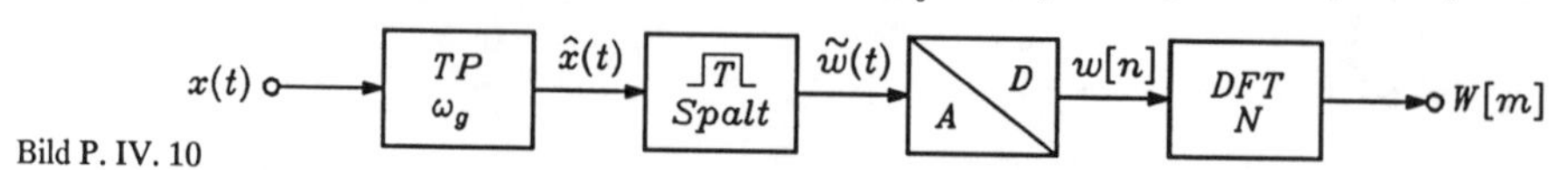


Bild P. IV. 10

fere das Ausgangssignal $\tilde{w}(t) = p_{T/2}(t - T/2)\,\hat{x}(t)$. Der A-D-Umsetzer erzeuge das diskontinuierliche Signal $w[n] = \tilde{w}(n\tau)$ mit $\tau = T/N < \pi/\omega_g$ ($N \in \mathbb{N}$), aus dem im DFT-Teilsystem das diskrete Spektrum

$$W[m] = \sum_{n=0}^{N-1} w[n]\,e^{-j2\pi nm/N}$$

erzeugt wird.

a) Man gebe die Spektren $\tilde{W}(j\omega)$ und $W(e^{j\omega\tau})$ von $\tilde{w}(t)$ bzw. $w[n]$ in Abhängigkeit des Spektrums $\hat{X}(j\omega) = p_{\omega_g}(\omega)X(j\omega)$ von $\hat{x}(t)$ an.

b) Man drücke $W[m]$ $(0 \leqq m \leqq N-1)$ durch das Spektrum $X(j\omega)$ von $x(t)$ aus. Dabei soll die spektrale Überlappung durch die A-D-Wandlung vernachlässigt werden.

c) Man skizziere $|X(j\omega)|$, $|\tilde{W}(j\omega)|$, $|W(e^{j\omega\tau})|$ und $|W[m]|$ für $x(t) = 2\cos\omega_0 t$, $T = 10\tau$ $(N = 10)$, $\omega_0 = 2{,}5 \cdot 2\pi/T$, $\omega_g = 2\omega_0$ im Intervall $-2\pi/\tau \leqq \omega \leqq 4\pi/\tau$ bzw. $0 \leqq m \leqq 9$.

# Kapitel V

**V. 1.** Man ermittle die Laplace-Transformierte der rechteckförmigen Zeitfunktion $f(t) = s(t) - s(t-a)$ $(a > 0)$. Wie läßt sich im vorliegenden Fall aus der Laplace-Transformierten die Fourier-Transformierte von $f(t)$ erhalten? Man ermittle aus der Laplace-Transformierten von $f(t)$ direkt die Laplace-Transformierte der Sägezahnfunktion $g(t) = t\{s(t) - s(t-a)\}$.

**V. 2.** Wie lautet die Fourier-Transformierte $F(j\omega)$ der kausalen Zeitfunktion $f(t)$, deren Laplace-Transformierte $F_I(p) = A/(p^2 + \omega_0^2)$ ist?

**V. 3.** Man ermittle die zu folgenden Laplace-Transformierten gehörenden Zeitfunktionen:

(i) $F_I(p) = \dfrac{1}{p(p+2)}$; (ii) $F_I(p) = \dfrac{p}{(p+1)^2}$; (iii) $F_I(p) = \dfrac{16}{p^4+1}$; (iv) $F_I(p) = \dfrac{p+2}{[(p+1)^2+1]^2}$.

**V. 4.** Am Eingang eines linearen, zeitinvarianten Systems mit der Übertragungsfunktion

$$H(p) = \frac{p^3 + 20p}{(p+2)^2[(p+2)^2+8]^2}$$

wirkt ein Signal $x(t)$ mit der Laplace-Transformierten $X(p) = 250/(p^2+4)$.

a) Wie lautet $x(t)$?

b) Man ermittle den stationären Anteil des Ausgangssignals $y(t)$.

**V. 5.** Man ermittle die Zeitfunktionen der folgenden Laplace-Transformierten:

(i) $F_I(p) = \dfrac{p-1}{p+1}$; (ii) $F_I(p) = \dfrac{2p^2+13p+17}{p^2+4p+3}$; (iii) $F_I(p) = \dfrac{10(1-2e^{-p})}{p+1}$;

(iv) $F_I(p) = \dfrac{p\,e^{-p}}{p+2}$; (v) $F_I(p) = \dfrac{1}{p(1-e^{-p})}$.

**V. 6.** Es soll die Laplace-Transformierte $F_I(p) = (1 - 2e^{-p} + e^{-2p})/[p(1-e^{-2p})]$ untersucht werden. Es soll insbesondere festgestellt werden, ob die zu $F_I(p)$ gehörende Zeitfunktion $f(t)$ für $t \geqq 0$ periodisch ist oder nicht. Im Fall einer periodischen Funktion sei $T$ die Periode.

a) Wie lautet die Laplace-Transformierte, deren Zeitfunktion gegebenenfalls mit $f(t)$ im Intervall $0 < t < T$ übereinstimmt, sonst jedoch identisch verschwindet? Ist die Periodizitätsbedingung erfüllt?

b) Wie lautet $f(t)$?

**V. 7.** Es wird angenommen, daß die im folgenden auftretenden Funktionen einschließlich deren Differentialquotienten ausnahmslos kausal sind und jeweils eine Laplace-Transformierte besitzen. Außerdem gelte $g(0+) = -1$.

a) Man zeige, daß die Gleichungen $df_{\mu-1}(t)/dt = f_\mu(t)\,dg(t)/dt$ $(\mu = 1, 2, \ldots, n)$ durch die Funktionen $f_\mu(t) = [1+g(t)]^{n-\mu}s(t)/(n-\mu)!$ erfüllt werden.

b) Wie erhält man die Laplace-Transformierte $F_{\mu-1}(p)$ von $f_{\mu-1}(t)$ aus der Laplace-Transformierten $\tilde{F}_{\mu-1}(p)$ von $df_{\mu-1}(t)/dt$?

c) Man gebe die Laplace-Transformierte $F_n(p)$ des Signals $f_n(t)$ an und zeige, wie grundsätzlich $F_{n-1}(p)$ aus der Laplace-Transformierten $\mathcal{L}\{f_n(t)\,\mathrm{d}g(t)/\mathrm{d}t\}$, dann wie $F_{n-2}(p)$ aus der Laplace-Transformierten $\mathcal{L}\{f_{n-1}(t)\,\mathrm{d}g(t)/\mathrm{d}t\}$ usw. erhalten werden kann.

d) Man wende die gewonnenen Ergebnisse auf den Fall $g(t) = -\mathrm{e}^{-t/T}s(t)$ an, um aufgrund der Laplace-Transformierten von $f_0(t)$ eine Korrespondenz abzuleiten. Wie lautet diese?

**V. 8.** Gegeben sei die Laplace-Transformierte $F_I(p) = (2p+4)/[p(p^2+2p+2)]$ einer kausalen Zeitfunktion $f(t)$. Man berechne

(i) $f(0+)$, (ii) $f(\infty)$, (iii) $\int_0^\infty [f(t)-2]\,\mathrm{d}t$.

**V. 9.** Man ermittle die den folgenden Laplace-Transformierten zugeordneten Zeitfunktionen:

(i) $F_I(p) = \dfrac{1-\mathrm{e}^{1-p}}{(p-1)(1-\mathrm{e}^{-3p})}$; (ii) $F_I(p) = \dfrac{1}{[p^2+(\pi/2)^2]\sinh p}$.

**V. 10.** Es sei

$$F_{II}(p) = \frac{1}{p} + \frac{1}{p+a} \qquad (a>0)$$

eine zweiseitige Laplace-Transformierte. Man bestimme die drei möglichen Zeitfunktionen und gebe jeweils den zugehörigen Konvergenzstreifen an.

**V. 11.** Es sei $Z(p)$ eine auf der imaginären Achse polfreie Zweipolfunktion mit der besonderen Eigenschaft $1/Z(p) = Cp + Y_0(p)$ $(C>0,\ Y_0(\infty) \neq \infty)$. Es seien die Integrale

$$I_1 = \frac{1}{2}\oint Z(p)\,\mathrm{d}p\,, \quad I_2 = \frac{1}{2}\oint Z(-p)\,\mathrm{d}p$$

betrachtet. Der geschlossene Integrationsweg $K_1$ von $I_1$ bestehe einerseits aus einem in Richtung zunehmender $\omega$-Werte durchlaufenen Teil $K_1'$ der imaginären Achse und andererseits aus einem großen ganz in $\mathrm{Re}\,p<0$ verlaufenden Halbkreis $K_1''$ vom Radius $\rho$ um den Ursprung, so daß der gesamte Integrationsweg $K_1 = K_1' \cup K_1''$ alle Pole von $Z(p)$ umschließt. Der Integrationsweg $K_2$ von $I_2$ sei das Spiegelbild von $K_1$ bezüglich $\mathrm{Re}\,p=0$; es gilt also $K_2 = K_1' \cup K_2''$ mit dem Spiegelbild $K_2''$ von $K_1''$ bezüglich $\mathrm{Re}\,p=0$.

a) Man zeige mittels des Residuensatzes, daß $I_1 = I_2 = \mathrm{j}\pi/C$ gilt, und zwar unabhängig von $\rho$, sofern $\rho$ genügend groß gewählt wird.

b) Man verifiziere die Beziehung

$$\lim_{\rho\to\infty}\frac{1}{2}\int_{K_1''} Z(p)\,\mathrm{d}p = \lim_{\rho\to\infty}\frac{1}{2}\int_{K_2''} Z(-p)\,\mathrm{d}p = \mathrm{j}\pi/2C\,.$$

c) Man zeige aufgrund der gewonnenen Ergebnisse, daß für den geraden Teil $G(p)$ von $Z(p)$

$$\int_{-\mathrm{j}\infty}^{\mathrm{j}\infty} G(p)\,\mathrm{d}p = \mathrm{j}\pi/C$$

gilt, wobei die Integration längs der gesamten imaginären Achse zu erstrecken ist.

d) Man beweise nun das Widerstands-Integral-Theorem: Es sei $Z(p)$ die Eingangsimpedanz eines elektrischen RLC-Zweipols, und $C$ bedeute die gesamte Querkapazität am Zweipoleingang, d.h. $Z(p)$ verhält sich für $p\to\infty$ wie $1/Cp$. Dann besteht die Beziehung

$$\int_0^\infty \mathrm{Re}\,Z(\mathrm{j}\omega)\,\mathrm{d}\omega = \frac{\pi}{2C}\,.$$

**V. 12.** Ein elektrisches RLC-Zweitor wird gemäß Bild P.V. 12 am Ausgang mit einem ohmschen Widerstand $R$ abgeschlossen und am Eingang mit einer Kapazität $C$ beschaltet. Die Erregung $x(t)$ des Gesamtsystems mit der Übertragungsfunktion $H(p)$ sei der Eingangsstrom des Netzwerks, die Reaktion $y(t)$ die Spannung am Widerstand $R$. Man verifiziere die Ungleichung

$$\int_0^\infty |H(\mathrm{j}\omega)|^2\,\mathrm{d}\omega \leqq \frac{\pi R}{2C}$$

und zeige, daß das Gleichheitszeichen besteht, falls das Zweitor verlustlos ist und $C$ die gesamte Eingangsquerkapazität darstellt.

**Anleitung:** Man wähle $x(t) = \sqrt{2}I\cos\omega t$ (stationärer Wechselstrombetrieb) und vergleiche bei Verwendung der gesamten Eingangsimpedanz des Netzwerks die Wirkleistung am Eingang mit der Wirkleistung im Abschlußwiderstand $R$. Schließlich ist das Widerstands-Integral-Theorem (Aufgabe V.11) anzuwenden.

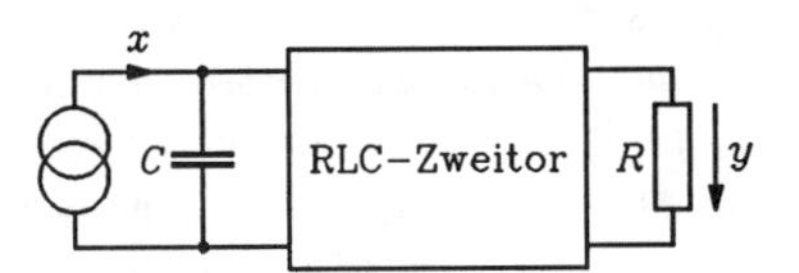


Bild P.V. 12

**V. 13.** Man ermittle in einfacher Weise Anfangs- und Endwerte der kausalen Zeitfunktionen mit den Laplace-Transformierten

(i) $F_I(p) = \dfrac{1}{p+a}$; (ii) $F_I(p) = \dfrac{1}{p^2(p+a)}$ $(a > 0)$

und zeige die Richtigkeit der Ergebnisse an Hand der Zeitfunktionen.

**V. 14.** Wie läßt sich in direkter Weise aus dem Ortskurvenverlauf der Übertragungsfunktion $H(\mathrm{j}\omega)$ Anfangs- und Endwert der Sprungantwort $a(t)$ ablesen?

**V. 15.** Die Laplace-Transformierte einer kausalen Zeitfunktion $f(t)$ sei

$$F_I(p) = \frac{ap^3 + bp^2 + 5p + 7}{p^4 + 6p^3 + 5p^2 + 3p + 1}.$$

Man bestimme die Konstanten $a$ und $b$, so daß $f(0+) = 12$ und $\mathrm{d}f(t)/\mathrm{d}t\,\Big|_{t=0+} = -36$ gilt.

**V. 16.** Ein kausales Signal $x(t)$ mit der Laplace-Transformierten

$$X(p) = \frac{p^2 - 4p + 4 - \mathrm{e}^{-2p}(p^2 + \alpha p + \beta)}{p^3(1 - \mathrm{e}^{-2p})}$$

erregt ein lineares, zeitinvariantes System mit der Übertragungsfunktion $H(p) = (p^2 + 4p)/(p^2 + 4p + 3)$.

a) Man ermittle die Werte für die Koeffizienten $\alpha$ und $\beta$, so daß $x(t)$ eine in $t > 0$ periodische Funktion ist. Diese Werte sind im weiteren zu wählen.

b) Man beschreibe $x(t)$ für $t > 0$.

c) Man ermittle den flüchtigen Anteil des Ausgangssignals $y(t)$.

d) Man ermittle den stationären Anteil des Ausgangssignals $y(t)$.

**V. 17.** Das kausale Signal $x(t)$ ist für $t > 0$ periodisch, d.h. es gilt dort $x(t) \equiv x(t+T)$. Im Intervall $0 < t \leqq T$ ist $x(t) \equiv \mathrm{e}^{3t}$. Man ermittle die Laplace-Transformierte $X(p)$ der Funktion $x(t)$.

**V. 18.** Die Zustandsdarstellung eines linearen, zeitinvarianten Systems lautet

$$\frac{\mathrm{d}\boldsymbol{z}}{\mathrm{d}t} = \begin{bmatrix} 0 & 1 \\ -4 & -5 \end{bmatrix}\boldsymbol{z} + \begin{bmatrix} 0 \\ 2 \end{bmatrix}x, \quad y = [c_1,\ -3]\,\boldsymbol{z}.$$

a) Man gebe die Übertragungsfunktion $H(p)$ des Systems an und lege den Koeffizienten $c_1$ in der Weise fest, daß die Sprungantwort $a(t)$ des Systems für $t \to \infty$ verschwindet.

b) Man ermittle die Impulsantwort $h(t)$ des Systems.

**V. 19.** Die Zustandsdarstellung eines linearen, zeitinvarianten Systems lautet

$$\frac{\mathrm{d}\boldsymbol{z}}{\mathrm{d}t} = \begin{bmatrix} -\sigma & -\omega \\ \omega & -\sigma \end{bmatrix}\boldsymbol{z} + \begin{bmatrix} \alpha \\ \beta \end{bmatrix}x, \quad y = [\alpha,\ \beta]\,\boldsymbol{z}.$$

a) Man gebe die Übertragungsfunktion $H(p)$ des Systems an.

b) Man lege die Koeffizienten $\beta, \sigma, \omega$ in der Weise fest, daß mit $\alpha = 1$ für die Übertragungsfunktion $H(p) = (2p + 2)/(p^2 + 2p + 5)$ gilt.

**V. 20.** Gegeben sei die Übertragungsfunktion $H(p) = (p^2 + ap + b)/(p^3 + ap^2 + cp + 1)$ eines linearen, zeitinvarianten Systems.

a) Man ermittle Systemmatrizen $\boldsymbol{A}, \boldsymbol{b}, \boldsymbol{c}^T, d$, so daß die entsprechende Zustandsdarstellung das vorliegende System repräsentiert.

b) Unter der Voraussetzung, daß Zähler und Nenner von $H(p)$ keine gemeinsame Nullstelle haben, prüfe man die Steuerbarkeit und Beobachtbarkeit des Systems in der in Teilaufgabe a gefundenen Darstellung.

**V. 21.** Die gemäß Gl. (3.68c) definierte Energie $E$ einer kausalen Zeitfunktion $f(t)$, von der nur die Fourier-Transformierte $F(\mathrm{j}\omega)$ bekannt sei, läßt sich folgendermaßen ermitteln: Man berechne die auf der imaginären Achse (einschließlich $p=\infty$) polfreie Zweipolfunktion, die durch die Realteilfunktion $\operatorname{Re} Z(\mathrm{j}\omega) \equiv |F(\mathrm{j}\omega)|^2$ gegeben ist. Dann gilt $E = \frac{1}{2} \lim_{p\to\infty} p\, Z(p)$.

a) Man beweise zunächst aufgrund des Widerstands-Integral-Theorems (Aufgabe V.11), daß für jede auf der imaginären Achse (einschließlich $p = \infty$) polfreie Zweipolfunktion $Z(p)$

$$\lim_{p\to\infty} p\, Z(p) = \frac{1}{\pi} \int_{-\infty}^{\infty} \operatorname{Re} Z(\mathrm{j}\omega)\, \mathrm{d}\omega$$

gilt.

b) Unter Verwendung des Ergebnisses von Teilaufgabe a und des Parseval-Theorems verifiziere man obige Formel für $E$.

c) Man zeige, daß $E = 1/3$ ist, wenn $|F(\mathrm{j}\omega)|^2 = 1/(1+\omega^6)$ gilt (Butterworth-Charakteristik).

**V. 22.** Im rückgekoppelten System nach Bild 5.19 haben die beiden Teilsysteme die Übertragungsfunktionen

$$F_1(p) = \frac{p^2-p+1}{p^2+p+1}\, \mathrm{e}^{-p} \quad \text{bzw.} \quad F_2(p) = K.$$

In welchem Wertebereich muß die Konstante $K$ liegen, damit sich das Gesamtsystem stabil verhält?

**V. 23.** Im rückgekoppelten System nach Bild 5.19 haben die beiden Teilsysteme die Übertragungsfunktionen

$$F_1(p) = \frac{p+4}{p^3+kp^2+p}, \quad F_2(p) = 1.$$

In welchem Wertebereich muß die Konstante $k$ liegen, damit sich das Gesamtsystem stabil verhält?

**V. 24.** Im rückgekoppelten System nach Bild 5.19 ist vom ersten Teilsystem, das stabil ist und Mindestphasenverhalten zeigt, das Betragsquadrat $|F_1(\mathrm{j}\omega)|^2 = 1/(4+\omega^2)$ der Übertragungsfunktion für $p=\mathrm{j}\omega$ bekannt. Es sei $F_1(0) > 0$. Das zweite Subsystem mit der Übertragungsfunktion $F_2(p)$ ist durch die Zustandsdarstellung

$$\frac{\mathrm{d}\boldsymbol{z}}{\mathrm{d}t} = \begin{bmatrix} 0 & 1 \\ -2 & -3 \end{bmatrix} \boldsymbol{z} + \begin{bmatrix} 0 \\ 1 \end{bmatrix} u, \quad y = [0,\ \gamma]\, \boldsymbol{z}$$

($u$ Eingangssignal) gekennzeichnet. Man ermittle den zulässigen Bereich für die Werte von $\gamma$, so daß das Gesamtsystem stabil ist.

**V. 25.** Man wiederhole die Lösung von Aufgabe V. 22 mit $F_1(p) = (p-2)\mathrm{e}^{-p}/(p+3)$.

**V. 26.** Vorgegeben sei ein lineares, zeitinvariantes System mit der Übertragungsfunktion

$$F_1(p) = \frac{p\,(p^2+\omega_2^2)(p^2+\omega_4^2)\cdots(p^2+\omega_r^2)}{(p^2+\omega_1^2)(p^2+\omega_3^2)\cdots(p^2+\omega_{r-1}^2)},$$

wobei $r$ eine gerade Zahl ist und $0 < \omega_1 < \omega_2 < \cdots < \omega_{r-1} < \omega_r$ gilt. $F_1(p)$ ist also eine Reaktanzzweipolfunktion. Das System wird gemäß Bild 5.19 mit $F_2(p)=1$ zu einem rückgekoppelten System erweitert, dessen Stabilitätseigenschaften mit Hilfe des Nyquist-Kriteriums untersucht werden sollen.

**Hinweis:** Es empfiehlt sich, die Pole $p = \pm\mathrm{j}\omega_1, \pm\mathrm{j}\omega_3, \ldots, \pm\mathrm{j}\omega_{r-1}$ durch sehr kleine, in $\operatorname{Re} p > 0$ verlaufende Halbkreise und den Pol $p=\infty$ durch einen sehr großen, in $\operatorname{Re} p > 0$ verlaufenden Halbkreis um den Ursprung von der rechten $p$-Halbebene auszugrenzen.

Man beachte, daß eine entsprechende Untersuchung auch möglich ist, wenn $F_1(p)$ als Reaktanz in $p=0$ oder (und) in $p=\infty$ andere Pol- bzw. Nullstellenverhältnisse besitzt.

**V. 27.** Die Funktion $R(\omega) = (\omega^4 - 2\omega^2)/(\omega^4+5\omega^2+4)$ stellt den Realteil der Übertragungsfunktion $H(\mathrm{j}\omega)$ eines linearen, zeitinvarianten, kausalen und stabilen Systems dar. Man ermittle $H(p)$.

**V. 28.** Die Funktion $X(\omega) = (-3\omega^3-\omega)/(\omega^4+5\omega^2+4)$ stellt den Imaginärteil der Übertragungsfunktion $H(\mathrm{j}\omega)$ eines linearen, zeitinvarianten, kausalen und stabilen Systems dar. Man ermittle $H(p)$ mit der Eigenschaft $H(\infty) = 0$.

**V. 29.** Von der Übertragungsfunktion $H(p)$ eines Mindestphasensystems sei das Betragsquadrat $|H(j\omega)|^2 = (\omega^4 - \omega^2 + 1)/[(\omega^2 + 4)(\omega^2 + 1)]$ bekannt. Man ermittle $H(p)$.

**V. 30.** Die Realteilfunktion $R(\omega)$ der Übertragungsfunktion $H(j\omega)$ eines linearen, zeitinvarianten, kausalen und stabilen Systems lasse sich mit ausreichender Genauigkeit durch $R(\omega) = 2\,|\arctan\omega\,|$ beschreiben.

a) Man ermittle die zugehörige Imaginärteilfunktion $X(\omega)$.

b) Man gebe die Übertragungsfunktion $H(p)$ in Form einer unendlichen Reihe an.

**V. 31.** Gegeben seien die Funktionen

(i) $H(p) = \dfrac{p-1}{(p+2)(p+4)}$; (ii) $H(p) = \dfrac{p^2+p+1}{p(p^2+2p+4)}$;

(iii) $H(p) = \dfrac{p^2+3p+2}{p^3+9p^2+27p+27}$; (iv) $H(p) = e^{-ap}$ $(a>0)$.

a) Welche dieser Funktionen ist Mindestphasen-Übertragungsfunktion?

b) Zu den Funktionen, die kein Mindestphasensystem repräsentieren, sollen entsprechende Mindestphasen-Übertragungsfunktionen mit gleicher Amplitudencharakteristik wie die zugehörige gegebene Funktion ermittelt werden.

**V. 32.** Die Phasenfunktion eines Mindestphasensystems lasse sich durch die Beziehung

$$\Theta(\omega) = \begin{cases} 0 & \text{für } |\omega| < \omega_g \\ \pm\Theta_0 & \text{für } |\omega| > \omega_g \end{cases} \qquad (\Theta_0 = \text{const})$$

beschreiben.

a) Man ermittle die Amplitudenfunktion $A(\omega)$ des Systems.

b) Man stelle den Verlauf von $A(\omega)$ graphisch dar für den Sonderfall $\Theta_0 = \pi$ und $H(0) = 1$.

**V. 33.** Unter Verwendung des Paley-Wiener-Kriteriums sollen die beiden folgenden Behauptungen bewiesen werden.

a) Ist die reelle Funktion $f(t)$ kausal und hat sie endliche Energie, dann kann ihre Fourier-Transformierte $F(j\omega)$ in keinem Intervall $\omega_1 < \omega < \omega_2$ identisch verschwinden.

b) Ein nicht identisch verschwindendes reelles Signal $f(t)$ kann nicht gleichzeitig im Zeitbereich und Frequenzbereich begrenzt sein; es ist also nicht möglich, daß gleichzeitig $f(t) \equiv 0$ für $|t| > T$ und $F(j\omega) \equiv 0$ für $|\omega| > \omega_g$ gilt, wobei $F(j\omega)$ die Fourier-Transformierte von $f(t)$ bedeutet.

# Kapitel VI

**VI. 1.** Man gebe die Z-Transformierten mit Konvergenzgebieten der folgenden diskontinuierlichen Signale an:

(i) $f[n] = 3^{-n}s[-n]$; (ii) $f[n] = 4^{-n}\{s[n]-s[n-3]\}$; (iii) $f[n] = 2^{-n}\cos(n\pi/2 + \pi/3)s[n]$;

(iv) $f[n] = 3^{-n}s[n-3]$; (v) $f[n] = s[n] - s[n-4] + n^{-1}s[n-1]$;

(vi) $f[n] = n\{s[n] - s[n-N]\}$; (vii) $f[n] = \sum\limits_{\nu=0}^{\infty} a^{2\nu}\delta[n-2\nu] + \sum\limits_{\nu=0}^{\infty} b^{2\nu+1}\delta[n-2\nu-1]$.

**VI. 2.** Es sei $f[n] \equiv 0$ für $n<0$ und $f[n+N] \equiv f[n]$ für $n \geqq 0$ $(N \in \mathbb{N})$. Man zeige, daß die Z-Transformierte von $f[n]$ in der Form

$$F(z) = \frac{z^N}{z^N-1}\sum_{n=0}^{N-1} f[n]z^{-n}$$

dargestellt werden kann und das Konvergenzgebiet $|z| > 1$ aufweist.

**VI. 3.** Man verifiziere die Korrespondenz

$$a^{|n|} \circ\!\!-\!\!\bullet \frac{z(1-a^2)}{-az^2+(1+a^2)z-a} \qquad \left(|a| < |z| < \frac{1}{|a|}\right)$$

unter der Voraussetzung $|a| < 1$. Man wende diese Korrespondenz speziell auf $f[n] = 1/3^{|n|}$ an.

**VI. 4.** Man gebe die kausalen Signale an, deren Z-Transformierte folgendermaßen lauten:
(i) $F(z) = \dfrac{z}{z-2}$; (ii) $F(z) = \dfrac{8z^2+4z}{4z^2-5z+1}$; (iii) $F(z) = \dfrac{4}{z^2(3z-1)}$.

**VI. 5.** Man gebe sämtliche Inversen der Z-Transformierten $F(z) = z/[(z-2)^2(z-1)]$ an.

**VI. 6.** Man ermittle für $n \geqq 0$ das Signal $f[n]$, so daß $f[0] = \alpha$ und $f[n] - \beta f[n-1] = \alpha$ für $n > 0$ gilt.

**VI. 7.** Man ermittle die akausale Funktion $f[n] \equiv f[n]s[-n]$ mit der Z-Transformierten $F(z) = 1/[(1-\frac{1}{2}z^{-1})(1-z^{-1})]$.

**VI. 8.** Man gebe die durch folgende Z-Transformierten bestimmten Signale an:
(i) $F(z) = \ln(1-2z)$ $(|z| < 1/2)$; (ii) $F(z) = \ln(1-\frac{1}{2}z^{-1})$ $(|z| > 1/2)$.

**VI. 9.** Die Z-Transformierten zweier Signale $f_1[n]$ und $f_2[n]$ sind durch die Beziehung $F_1(z) \equiv F_2(1/z)$ verknüpft. Welche Kopplung zwischen $f_1[n]$ und $f_2[n]$ folgt hieraus?

**VI. 10.** Die Zustandsbeschreibung eines linearen, zeitinvarianten Systems lautet

$$\boldsymbol{z}[n+1] = \begin{bmatrix} 1 & 1 & 0 \\ -1/2 & 1 & -1/2 \\ -3/2 & 0 & -1/2 \end{bmatrix} \boldsymbol{z}[n] + \begin{bmatrix} 0 \\ 0 \\ 1 \end{bmatrix} x[n], \quad y[n] = [0,\ 2,\ -1/2]\boldsymbol{z}[n].$$

Man berechne die Übertragungsfunktion $H(z)$ des Systems im Z-Bereich.

**VI. 11.** Gegeben ist die Z-Transformierte $F(z) = (z^2+z+1)/(z^2+4z+5)$ der kausalen Zeitfunktion $f[n]$. Man ermittle direkt aus $F(z)$ die Funktionswerte $f[0]$, $f[1]$, $f[2]$ auf möglichst einfache Weise.

**VI. 12.** Ein lineares, zeitinvariantes System hat die Zustandsbeschreibung

$$\boldsymbol{z}[n+1] = \begin{bmatrix} 0 & 1 & 0 \\ -2/9 & 1 & -4 \\ 0 & 0 & 0 \end{bmatrix} \boldsymbol{z}[n] + \begin{bmatrix} 0 \\ 1 \\ 0 \end{bmatrix} x[n], \quad y[n] = [1,\ 0,\ 0]\boldsymbol{z}[n].$$

Man ermittle die charakteristische Frequenzmatrix $\hat{\boldsymbol{\Phi}}(z)$ und den Grenzwert der Übergangsmatrix $\boldsymbol{\Phi}[n]$ für $n \to \infty$. Weiterhin soll die Impulsantwort des Systems berechnet werden.

**VI. 13.** Es sei $f(t)$ ein bezüglich der Kreisfrequenz $\omega_g = \pi/T$ bandbegrenztes Signal mit der Fourier-Transformierten $F(j\omega)$. Die Abtastwerte $f(nT)$ repräsentieren das diskontinuierliche Signal $x[n] := f(nT)$ mit der Z-Transformierten $X(z)$. Ein lineares, zeitinvariantes diskontinuierliches System mit der Übertragungsfunktion $H(z)$ wird durch $x[n]$ erregt und reagiert mit dem Signal $y[n]$. Man verifiziere die Darstellungen

$$F(j\omega) = TX(e^{j\omega T}) \quad (|\omega| < \omega_g) \quad \text{und} \quad y[n] = \frac{1}{2\pi}\int_{-\omega_g}^{\omega_g} F(j\omega)H(e^{j\omega T})e^{jn\omega T}d\omega.$$

**VI. 14.** Die beiden Signale $f_1[n]$ und $f_2[n]$ besitzen die Z-Transformierten $F_1(z)$ bzw. $F_2(z)$. Zwischen den Z-Transformierten besteht die Beziehung $F_2(z) = F_1(z^N)$ $(N \in \mathbb{N}, N > 1)$.
a) Man drücke $f_2[n]$ durch $f_1[n]$ aus.
b) Man wende das Ergebnis von Teilaufgabe a auf $f_1[n] = s[n]$ an.

**VI. 15.** Gegeben sei die Übertragungsfunktion $\widetilde{H}(p)$ eines linearen, zeitinvarianten und kausalen kontinuierlichen Systems, dessen Impulsantwort mit $\widetilde{h}(t)$ und dessen Sprungantwort mit $\widetilde{a}(t)$ bezeichnet wird. Gesucht ist die Übertragungsfunktion $H(z)$ eines linearen, zeitinvarianten und kausalen diskontinuierlichen Systems mit der Impulsantwort $h[n]$ und der Sprungantwort $a[n]$. Man gebe Formeln zur Berechnung von $H(z)$ aus $\widetilde{H}(p)$ an, so daß (i) $h[n] = \widetilde{h}(nT)$ bzw. (ii) $a[n] = \widetilde{a}(nT)$ für alle $n \in \mathbf{Z}$ gilt.

**VI. 16.** Von der Übertragungsfunktion $H(z)$ eines linearen, zeitinvarianten und stabilen diskontinuierlichen Systems ist $R(e^{j\omega T}) = (4\cos^2\omega T + 5\cos\omega T + 1)/[2(8\cos^2\omega T + 12\cos\omega T + 5)]$ als die Realteilfunktion für $z = e^{j\omega T}$ gegeben. Man bestimme $H(z)$.

**VI. 17.** Von der Übertragungsfunktion $H(z)$ eines linearen, zeitinvarianten und stabilen diskontinuierlichen Systems ist die Imaginärteilfunktion für $z = e^{j\omega T}$, nämlich $X(e^{j\omega T}) = (5\sin\omega T)/(4\cos\omega T + 5)$ gegeben. Man ermittle $H(z)$ mit der Eigenschaft $H(1) = 1$. Man berechne $|H(e^{j\omega T})|$. Das betrachtete System wird mit einem stochastischen Signal der spektralen Leistungsdichte $S_{xx}(\omega) \equiv 1$ erregt. Man berechne den Effektivwert des Ausgangssignals.

**VI. 18.** Man bestimme die Übertragungsfunktion $H(z)$ eines Mindestphasensystems, wenn

$$|H(e^{j\omega T})|^2 = \frac{\varepsilon}{\varepsilon + \sin^2(\omega T/2)}$$

gegeben ist ($\varepsilon > 0$) und $H(1) > 0$ gefordert wird. Man berechne

$$\sum_{n=0}^{\infty} \{a[n] - a[\infty]\},$$

wobei $a[n]$ die Sprungantwort des Systems bedeutet.

# Kapitel VII

**VII. 1.** Zwei separierbare Signale $f[n_1,n_2] = f_1[n_1]f_2[n_2]$ und $g[n_1,n_2] = g_1[n_1]g_2[n_2]$ sollen gefaltet werden. Man zeige, wie die zweidimensionale Faltung von $f[n_1,n_2]$ und $g[n_1,n_2]$ im vorliegenden Fall allein durch eindimensionale Faltungen dargestellt werden kann und daß das Ergebnis wieder ein separierbares Signal repräsentiert.

**VII. 2.** Es sei

$$f[n_1,n_2] = \sum_{\nu_1=0}^{2} \sum_{\nu_2=0}^{2} \delta[n_1-\nu_1, n_2-\nu_2].$$

Man bilde die Faltung dieses Signals mit sich selbst.

**VII. 3.** Durch die Differenzengleichung

$$y[n_1,n_2] + \alpha y[n_1-1,n_2-1] + \beta y[n_1-1,n_2] + \gamma y[n_1-1,n_2+1] = x[n_1,n_2]$$

wird das Eingang-Ausgang-Verhalten eines Systems beschrieben. Man gebe Randbedingungen an, die garantieren, daß das System linear, verschiebungsinvariant und rekursiv berechenbar ist.

**VII. 4.** Man gebe für das Signal $f[n_1,n_2] = a^{n_1} b^{n_2} s[-n_1,-n_2]$ die Z-Transformierte einschließlich des Konvergenzgebietes an.

**VII. 5.** Man ermittle das Signal $f[n_1,n_2]$ mit der Z-Transformierten

$$F(z_1,z_2) = \frac{1}{1 - \alpha z_1^{-2} z_2^{-1} - \beta z_2^{-1}}.$$

Dabei kann vorausgesetzt werden, daß der Hyper-Einheitskreis im Konvergenzgebiet liegt und $|\alpha| + |\beta| < 1$ gilt.

**VII. 6.** Gegeben sind die drei Signale

$$f_1[n_1,n_2] = \sum_{\nu_1=-3}^{3} \sum_{\nu_2=-3}^{3} \delta[n_1-\nu_1,n_2-\nu_2] - \delta[n_1-3,n_2] - \delta[n_1+3,n_2] - \delta[n_1,n_2-3] - \delta[n_1,n_2+3],$$

$$f_2[n_1,n_2] = \sum_{\nu_2=-3}^{1} \sum_{\nu_1=\nu_2-1}^{-\nu_2+1} \delta[n_1-\nu_1,n_2-\nu_2],$$

$$f_3[n_1,n_2] = \sum_{\nu_1=-3}^{3} \sum_{\nu_2=-3}^{3} \delta[n_1-\nu_1,n_2-\nu_2] - \sum_{\nu_1=-3}^{1} \sum_{\nu_2=-3}^{1} \delta[n_1-\nu_1,n_2-\nu_2] - \sum_{\nu_1=1}^{3} \sum_{\nu_2=1}^{3} \delta[n_1-\nu_1,n_2-\nu_2].$$

Man betrachte die Spektren $F_\kappa(e^{j\omega_1}, e^{j\omega_2})$ ($\kappa = 1,2,3$) dieser Signale und stelle fest, welche dieser Spektren reell sind und welche Symmetrieeigenschaften die Spektren in der $(\omega_1, \omega_2)$-Ebene aufweisen.

**VII. 7.** Gegeben sind die Spektren

$$F_1(e^{j\omega_1}, e^{j\omega_2}) = \frac{e^{j(\omega_1+\omega_2)}}{(e^{j\omega_1} - a^2)(e^{j\omega_2} - a)} \quad (|a| < 1), \quad F_2(e^{j\omega_1}, e^{j\omega_2}) = \frac{e^{j(\omega_1+4\omega_2)}}{e^{j(\omega_1+4\omega_2)} - a} \quad (|a| < 1).$$

Man ermittle die entsprechenden Signale $f_1[n_1, n_2]$ bzw. $f_2[n_1, n_2]$.

**VII. 8.** Gegeben sei das Signal

$$x[n_1, n_2] = \sum_{\nu=-N}^{N} \delta[n_1 - \nu m_1, n_2 - \nu m_2]$$

mit festen Werten $m_1, m_2 \in \mathbf{Z}$. Es sei $N$ sehr groß. Weiterhin sei ein lineares, verschiebungsinvariantes Filter mit der Übertragungsfunktion $H(e^{j\omega_1}, e^{j\omega_2})$ gegeben. Dabei verschwinde $H(e^{j\omega_1}, e^{j\omega_2})$ in den Intervallen $(0 < \omega_1 < \pi, 0 < \omega_2 < \pi)$ und $(-\pi < \omega_1 < 0, -\pi < \omega_2 < 0)$, während $H(e^{j\omega_1}, e^{j\omega_2})$ in den Intervallen $(-\pi < \omega_1 < 0, 0 < \omega_2 < \pi)$ und $(0 < \omega_1 < \pi, -\pi < \omega_2 < 0)$ den konstanten Wert Eins aufweist.

a) Man ermittle die Fourier-Transformierte $X(e^{j\omega_1}, e^{j\omega_2})$ von $x[n_1, n_2]$ in geschlossener Form und beschreibe deren Verlauf unter Berücksichtigung der Voraussetzung, daß $N$ sehr groß ist.

b) Man bestimme die Fourier-Transformierte $Y(e^{j\omega_1}, e^{j\omega_2})$ des Ausgangssignals $y[n_1, n_2]$, wenn das genannte System mit dem Signal $x[n_1, n_2]$ erregt wird. Hieraus ist $y[n_1, n_2]$ für die Fälle $m_1 m_2 = 1$ und $m_1 m_2 = -1$ anzugeben.

**VII. 9.** Ein lineares, verschiebungsinvariantes System mit Träger der Impulsantwort im ersten Quadranten wird durch die Differenzengleichung $y[n_1, n_2] - 0{,}4y[n_1 - 1, n_2] + 0{,}5y[n_1 - 1, n_2 - 1] = x[n_1, n_2]$ beschrieben.

a) Man gebe die Übertragungsfunktion $H(z_1, z_2)$ an und prüfe die Stabilität des Systems.

b) Man berechne die Impulsantwort $h[n_1, n_2]$ im Intervall $(0 \leqq n_1 \leqq 3, 0 \leqq n_2 \leqq 3)$.

**VII. 10.** Gegeben sei die Übertragungsfunktion

$$H(z_1, z_2) = \frac{1}{1 + a z_1^{-1} + b z_2^{-1} + c z_1^{-1} z_2^{-1}}$$

mit reellen Koeffizienten $a, b, c$ und Träger der Impulsantwort im ersten Quadranten. Unter Auswertung der Wurzelortskurve $z_1 = -(a e^{j\omega_2} + c)/(b + e^{j\omega_2})$ $(-\pi \leqq \omega_2 < \pi)$, d.h. der Kurve in der $z_1$-Ebene, längs der für $|z_2| = 1$ der Nenner von $H(z_1, z_2)$ verschwindet, sind notwendige und hinreichende Bedingungen für Stabilität anzugeben.

**VII. 11.** Es sei $f[n_1, n_2]$ eine rechteckig periodische Funktion mit der Periodizitätsmatrix diag$(N_1, N_2)$. Dabei seien $N_1$ und $N_2$ teilerfremde natürliche Zahlen. Aus $f[n_1, n_2]$ wird die eindimensionale periodische Funktion $g[n] = f[n, n]$ gebildet.

a) Man gebe die Grundperiode $N$ von $g[n]$ an. Wie ändert sich das Ergebnis, wenn die Voraussetzung aufgegeben wird, daß $N_1$ und $N_2$ teilerfremd sind?

b) Man drücke die Fourier-Koeffizienten $G[m]$ (diskrete Fourier-Transformierte) von $g[n]$ durch die Fourier-Koeffizienten $F[m_1, m_2]$ von $f[n_1, n_2]$ aus.

**VII. 12.** Man ermittle die DFT $F[m_1, m_2]$ für die Funktion

$$f[n_1, n_2] = a^{n_1} b^{n_2}, \quad 0 \leqq n_1 \leqq N_1 - 1, \quad 0 \leqq n_2 \leqq N_2 - 1$$

und diskutiere die verschiedenen Berechnungsmöglichkeiten.

**VII. 13.** Durch die beiden quadratischen Matrizen

$$\begin{bmatrix} x[0,1] & x[1,1] \\ x[0,0] & x[1,0] \end{bmatrix} = \begin{bmatrix} \alpha & \beta \\ \gamma & \delta \end{bmatrix} \quad \text{und} \quad \begin{bmatrix} y[0,1] & y[1,1] \\ y[0,0] & y[1,0] \end{bmatrix} = \begin{bmatrix} 1 & 2 \\ 3 & 4 \end{bmatrix}$$

sind zwei rechteckig periodische Funktionen $x[n_1, n_2]$ und $y[n_1, n_2]$ mit den Perioden $N_1 = N_2 = 2$ gegeben. Man ermittle die Faltung beider Signale direkt und über die DFT.

**VII. 14.** Ein zweidimensionales kontinuierliches Signal hat ein Spektrum, das in der $(\omega_1, \omega_2)$-Ebene ausschließlich in einem Gebiet von Null verschiedene Werte aufweist, welches durch $-3\pi \leqq \omega_1 \leqq 3\pi$ und $-\pi \leqq \omega_2 \leqq \pi$ sowie durch $-\pi \leqq \omega_1 \leqq \pi$ und $(\pi \leqq \omega_2 \leqq 4\pi$ oder $-4\pi \leqq \omega_2 \leqq -\pi)$ beschrieben wird. Man gebe die minimale Abtastdichte (in Abtastwerten pro Fläche) bei rechteckiger Abtastung an, so daß das kontinuierliche Signal exakt aus den Abtastwerten rekonstruiert werden kann.

**VII. 15.** Durch das Signalflußdiagramm in Bild P. VII. 15 wird ein System beschrieben. Man ermittle die Übertragungsfunktion $H(z_1, z_2)$. Man prüfe die Stabilität des Systems.

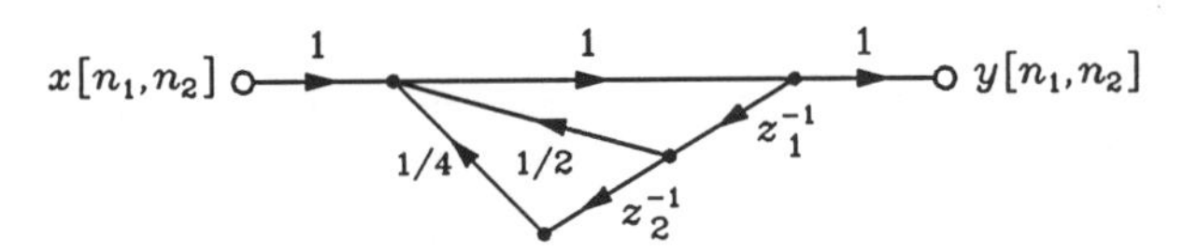


Bild P. VII. 15

**VII. 16.** Im Bild P. VII. 16 ist ein System durch ein Signalflußdiagramm beschrieben.

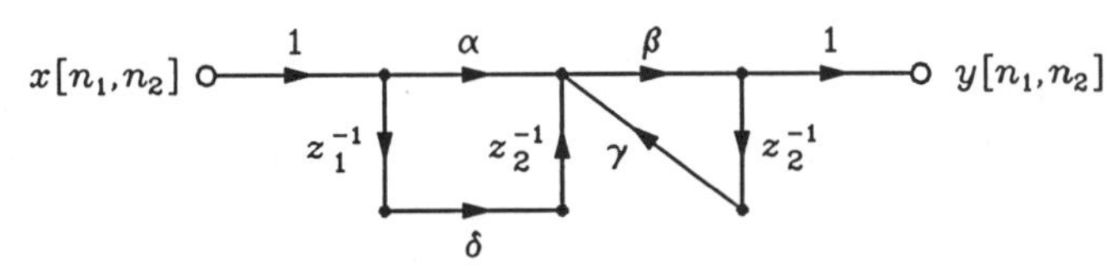


Bild P. VII. 16

a) Man gebe die Übertragungsfunktion $H(z_1, z_2)$ des Systems direkt aus dem Signalflußdiagramm an.

b) Man gebe die Differenzengleichung an, welche das Eingangssignal $x[n_1, n_2]$ mit dem Ausgangssignal $y[n_1, n_2]$ verknüpft.

c) Man gebe eine Zustandsdarstellung des Systems an.

d) Man berechne die Übertragungsfunktion $H(z_1, z_2)$ mit Hilfe der Gl. (7.138) und bestätige das Ergebnis von Teilaufgabe a.

e) Man realisiere die Übertragungsfunktion $H(z_1, z_2)$ nach dem Konzept von Chan (Bild 7.20).

f) Man überführe die Realisierung aus Teilaufgabe e in die Stufenform.

g) Man gebe die Chan-Matrizen und die daraus folgende Zustandsdarstellung an.

**VII. 17.** Ein unsymmetrisches Halbebenenfilter sei durch die Differenzengleichung

$$y[n_1, n_2] = -\sum_{\nu_1=0}^{2} \beta_{\nu_1 0}\, y[n_1 - \nu_1, n_2] - \sum_{\nu_1=-2}^{2} \sum_{\nu_2=1}^{2} \beta_{\nu_1 \nu_2}\, y[n_1 - \nu_1, n_2 - \nu_2] + x[n_1, n_2]$$

gegeben. Durch Einführung der verallgemeinerten Verzögerungen $\zeta_1^{-1} = z_1^{-1}$ und $\zeta_2^{-1} = z_1^2 z_2^{-1}$ überführe man das System in ein Viertelebenenfilter und gebe die Übertragungsfunktion $H(\zeta_1, \zeta_2)$ an.

**VII. 18.** Für die Impulsantwort eines zweidimensionalen FIR-Filters sind die Funktionswerte $h_0[0,0] = 0$, $h_0[0,1] = \sqrt{2}$, $h_0[1,0] = 2$, $h_0[1,1] = \sqrt{3}$ und der Träger $(0 \leqq n_1 \leqq 1,\ 0 \leqq n_2 \leqq 1)$ vorgeschrieben. Man realisiere diese Impulsantwort nach der Methode der Singulärwertzerlegung.

**VII. 19.** Die Übertragungsfunktion $H_0(e^{j\omega_1}, e^{j\omega_2})$ eines idealen Tiefpasses, welche in dem Intervall $I_1 = (-\alpha < \omega_1 < \alpha;\ -\beta < \omega_2 < \beta)$ mit $0 < \alpha < \pi,\ 0 < \beta < \pi$ den Wert 1 hat und im Intervall $I_0 = I \setminus I_1$ mit $I = (|\omega_1| < \pi,\ |\omega_2| < \pi)$ verschwindet, soll durch die Übertragungsfunktion

$$H(e^{j\omega_1}, e^{j\omega_2}) = A + B\cos\omega_1 + C\cos\omega_2$$

mit $A, B, C \in \mathbb{R}$ im Sinne des kleinsten mittleren Fehlerquadrats in $I$ approximiert werden. Man berechne die Parameter $A$, $B$ und $C$.

# Kapitel VIII

**VIII. 1.** Von einem stationären stochastischen Signal $x[n]$ sind die folgenden Werte der Autokorrelationsfunktion $r_{xx}[\nu]$ bekannt: $r_{xx}[0] = 1{,}00$; $r_{xx}[1] = 0{,}75$; $r_{xx}[2] = 0{,}50$; $r_{xx}[3] = 0{,}25$. Es soll der Funktionswert $x[n]$ zum Zeitpunkt $n$ aufgrund der unmittelbar vorausgegangenen Werte geschätzt werden. Man gebe für $q = 0$, $q = 1$ und $q = 2$ durch direkte Lösung der Normalgleichung jeweils das im Sinne minimalen Fehlers $\varepsilon$ optimale FIR-Filter und den zugehörigen Wert von $\varepsilon$ an.

**VIII. 2.** Das Signal $x[n]$ sei ein diskontinuierlicher Markoff-Prozeß mit der Autokorrelationsfunktion $r_{xx}[\nu] = r\alpha^{|\nu|}$ $(0 < \alpha < 1)$. Charakteristisch für Markoff-Prozesse ist, daß der Wert $x[n]$ stets nur vom unmittelbar vorausgehenden Wert abhängt. Für $x[n]$ soll aufgrund der Werte $x[n-1], x[n-2], \ldots$ eine Prädiktion mittels eines FIR-Filters durchgeführt werden. Man berechne die Filter-Koeffizienten durch direkte Lösung der Normalgleichung. Die Rechnung soll für $q = 0$ und $q = 1$ durchgeführt werden. Man vergleiche die beiden Filter.

**VIII. 3.** Man gebe notwendige und hinreichende Bedingungen für die Elemente $r_{xx}[0]$ und $r_{xx}[1]$ einer zweireihigen Autokorrelationsmatrix an, so daß sie positiv-definit ist.

**VIII. 4.** Unter der Voraussetzung der Ergodizität sollen die Werte $r[0], r[1], r[2]$ der Autokorrelationsfunktion $r[\nu]$ des Signals $x[n] = \cos(n\pi/2)$ durch zeitliche Mittelwertbildung berechnet werden. Sodann gebe man die Koeffizienten des optimalen (einfachen) FIR-Prädiktionsfilters für $q = 1$ an.

**VIII. 5.** Es seien gemäß den Gln. (8.10) und (8.11) die Autokorrelationsmatrix und der Kreuzkorrelationsvektor

$$\boldsymbol{R} = \begin{bmatrix} 1 & 0{,}8 \\ 0{,}8 & 1 \end{bmatrix} \quad \text{bzw.} \quad \boldsymbol{r} = \begin{bmatrix} 0{,}8 \\ 0{,}7 \end{bmatrix}$$

gegeben. Das dadurch definierte Modellierungsproblem (Bild. 8.5) soll nach der Methode des steilsten Abstiegs mit $q = 1$ gelöst werden. Man zeige, daß sich bei der Wahl von $\boldsymbol{a}[0] = \boldsymbol{0}$ für den Vektor der Koeffizienten des FIR-Filters

$$\boldsymbol{a}[k] = \begin{bmatrix} \frac{2}{3} \\ \frac{1}{6} \end{bmatrix} + \begin{bmatrix} -\frac{1}{4}(1-0{,}2\,\alpha)^k - \frac{5}{12}(1-1{,}8\,\alpha)^k \\ \frac{1}{4}(1-0{,}2\,\alpha)^k - \frac{5}{12}(1-1{,}8\,\alpha)^k \end{bmatrix}$$

ergibt. Wie ist $\alpha$ einzuschränken, damit $\boldsymbol{a}[k]$ für $k \to \infty$ konvergiert ?

**VIII. 6.** Ein Signal $x[n]$ wird durch die Differenzengleichung

$$x[n] = u[n] - 0{,}6u[n-1] - 0{,}8x[n-1]$$

beschrieben, wobei $u[n]$ ein weißer Rauschprozeß mit der spektralen Leistungsdichte 1 bedeutet. Man berechne die Koeffizienten des optimalen (einfachen) Prädiktionsfilters für $q = 0, q = 1$.

**VIII. 7.** Bild P. VIII. 7 zeigt ein System, das aus einem zu identifizierenden Teil mit den Koeffizienten $\alpha$ und $\beta$ sowie aus einem adaptiven Teil mit den Koeffizienten $a_0[n]$ und $a_1[n]$ besteht. Das Eingangssignal $x[n]$ sei ein mittelwertfreier, nicht korrelierter stationärer stochastischer Prozeß mit Streuungsquadrat $\sigma_x^2$. Die Koeffizienten $\alpha$ und $\beta$ sollen identifiziert werden, indem $\boldsymbol{a}[n] = [a_0[n], a_1[n]]^{\mathrm{T}}$ nach dem LMS-Verfahren ermittelt werden. Man drücke den Erwartungswert $E[\boldsymbol{a}[n]]$ durch die Koeffizienten $\alpha$ und $\beta$ sowie durch $E[\boldsymbol{a}[0]]$, $\sigma_x^2$ und den Adaptionsparameter $\overline{\alpha}$ aus.

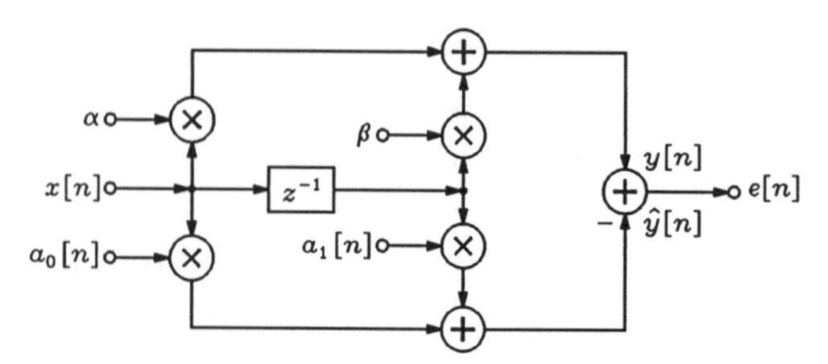


Bild P. VIII. 7

**VIII. 8.** Unter Verwendung des Durbin-Algorithmus sollen die Koeffizienten $a_0, a_1$ und die Reflexionskoeffizienten $k_1, k_2$ des optimalen (einfachen) Prädiktionsfilters für $q = 1$ berechnet werden, wobei die folgenden Werte der Autokorrelationsfunktion des Eingangssignals bekannt seien: $r_{xx}[0] = 15, r_{xx}[1] = 10, r_{xx}[2] = 5$.

**VIII. 9.** Es seien die Koeffizienten $a_0, a_1, a_2$ eines optimalen (einfachen) Prädiktionsfilters mit $q = 2$ bekannt. Man drücke die zugehörigen Reflexionskoeffizienten $k_1, k_2, k_3$ in Abhängigkeit der Koeffizienten

$a_0, a_1, a_2$ aus. Man werte die Ergebnisse speziell für $a_0 = 1$, $a_1 = 0{,}39$ und $a_2 = 0{,}118$ aus.

**VIII. 10.** Man drücke die Koeffizienten $a_0, a_1$ eines optimalen (einfachen) Prädiktionsfilters mit $q = 1$ mittels der Werte der Autokorrelationsfunktion $r_{xx}[\nu]$ des Eingangssignals aus. Weiterhin überführe man die Koeffizienten $a_0, a_1$ in die entsprechenden Reflexionskoeffizienten $k_1, k_2$.

# Kapitel IX

**IX. 1.** Die Dynamik eines elektrischen Synchrongenerators läßt sich unter bestimmten Idealisierungen durch die Differentialgleichung

$$\Theta \frac{\mathrm{d}^2 \vartheta}{\mathrm{d}t^2} + c\,\frac{\mathrm{d}\vartheta}{\mathrm{d}t} + M_e \sin\vartheta = M_m \qquad (1)$$

für den Polradwinkel $\vartheta$ beschreiben. Dabei ist $\Theta$ das Trägheitsmoment, $c\,(>0)$ die Reibungskonstante, $M_e\,(>0)$ das maximale elektrische Moment und $M_m$ das Antriebsmoment.

a) Man überführe die Differentialgleichung (1) in eine Zustandsdarstellung mit den Zustandsgrößen $z_1 = \vartheta$, $z_2 = \mathrm{d}\vartheta/\mathrm{d}t$, dem Eingangssignal $x = M_m$ und dem Ausgangssignal $y = M_e \sin\vartheta$.

b) Man ermittle die Gleichgewichtszustände. Dabei darf $|M_m|/M_e \leqq 1$ in den Gleichgewichtszuständen vorausgesetzt werden.

c) Man linearisiere die Zustandsgleichungen um einen Gleichgewichtspunkt.

d) Man ermittle die Übertragungsfunktion des linearisierten Systems und prüfe die Stabilität der Gleichgewichtszustände.

**IX. 2.** Man betrachte den Sonderfall $c = 0$, $x = \hat{x}$ (const) von Aufgabe IX. 1 und eliminiere in den Differentialgleichungen für $z_1$ und $z_2$ die Zeit $t$. Durch Integration der so entstandenen Differentialgleichung sind die Trajektorien anzugeben.

**IX. 3.** Ein nichtlineares System sei durch die Zustandsgleichungen

$$\frac{\mathrm{d}z_1}{\mathrm{d}t} = (1-\alpha)z_1 z_2 + \alpha z_1^2 z_2 + \alpha\beta z_1 z_2^2 - z_1\,, \qquad \frac{\mathrm{d}z_2}{\mathrm{d}t} = -z_1 z_2 + z_2 - \beta z_2^2$$

mit $0 < \beta < 1$ gegeben.

a) Man ermittle alle Gleichgewichtszustände.

b) Man führe eine Linearisierung um den Gleichgewichtszustand durch, der nichtverschwindende Koordinaten besitzt. Man gebe eine Bedingung für Stabilität dieses Gleichgewichtszustands an.

c) Für $\alpha = 1{,}5$ und $\beta = 0{,}5$ ermittle man mittels eines Programms zur numerischen Lösung der Zustandsgleichungen die Tajektorien mit den Anfangszuständen $(0{,}4; 1)$ bzw. $(0{,}5; 3)$.

**IX. 4.** Man löse die Zustandsgleichungen

$$\frac{\mathrm{d}z_1}{\mathrm{d}t} = -z_1 z_3 + \alpha z_2\,, \qquad \frac{\mathrm{d}z_2}{\mathrm{d}t} = -\alpha z_1 - z_2 z_3\,, \qquad \frac{\mathrm{d}z_3}{\mathrm{d}t} = \ln(z_1^2 + z_2^2)$$

in geschlossener Form und diskutiere den Einfluß des Parameters $\alpha$ auf die Lösung. Unter welchen Bedingungen stellen die Lösungstrajektorien geschlossene Kurven dar?

**IX. 5.** Bild P. IX. 5 zeigt ein nichtlineares System. Das gedächtnislose Teilsystem besitze die Charakteristik $f(y)$ gemäß der Gl. (9.38) mit dem Wert $b = 0$, das lineare Teilsystem habe die Übertragungsfunktion $F(p) = p/[p^2 + 2\alpha p + 1]$ mit $0 < \alpha < 1$.

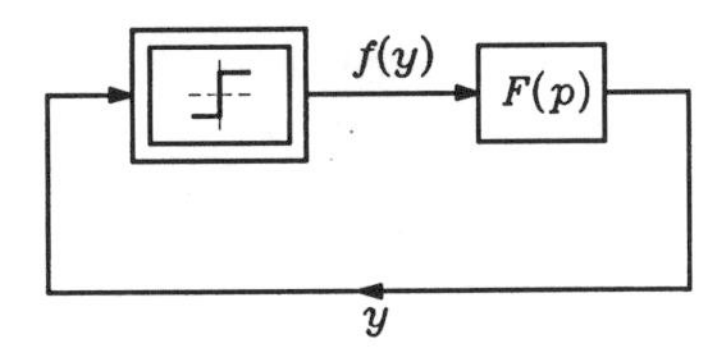


Bild P. IX. 5

a) Man zeige, daß das System im Zustandsraum in der Form

$$\frac{dz_1}{dt} = z_2 , \quad \frac{dz_2}{dt} = -z_1 - 2\,\alpha z_2 + \operatorname{sgn} z_2$$

beschrieben werden kann.

b) Das System soll in einem Anfangszustand $[p_1, 0]^T$ mit $p_1 > 0$ gestartet werden. Man ermittle eine Bedingung für $p_1$, so daß ein Grenzzyklus entsteht. Welche Periode besitzt dieser Grenzzyklus?

**IX. 6.** Man berechne für die Charakteristik $f(x) = -1 + s(x+a) + s(x-a)$ $(a > 0)$ die Beschreibungsfunktion unter der Voraussetzung, daß $X_0 = 0$ gilt. Dabei bedeutet $s(x)$ die Sprungfunktion.

**IX. 7.** Es soll ein System gemäß Bild 9.14 mit $r = \text{const}$, $F(p) = K/[p(p+2)^2]$ ($K$ reell) und $f(x)$ nach Aufgabe IX. 6. betrachtet werden. Im Rahmen der Methode der Beschreibungsfunktion soll untersucht werden, unter welchen Bedingungen Grenzzyklen auftreten und ob diese stabil oder instabil sind.

**IX. 8.** Bild P. IX. 8 zeigt ein elektrisches Netzwerk, das zwei Ohmwiderstände $R_1, R_2$, zwei Kapazitäten $C_1$, $C_2$ und einen Verstärker mit der Spannungsverstärkung $v$ enthält. Der nichtlineare Eingangswiderstand des Verstärkers kann durch die Kennlinie $i = g(u) = u + \alpha u^3 + \beta u^5$ ($\alpha = \text{const} > 0$, $\beta = \text{const} > 0$) beschrieben werden. Die Parameter aller Netzwerkelemente seien normiert, und es sei im folgenden $R_1 = C_1 = C_2 = 1$, $v = 3$ und $R_2 > 2$.

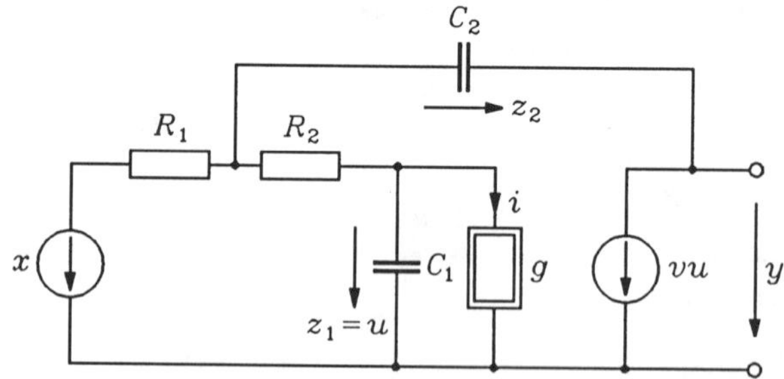


Bild P. IX. 8

a) Unter Verwendung der beiden Kapazitätsspannungen als Zustandsgrößen $z_1, z_2$ gebe man eine Zustandsdarstellung des Netzwerks an.

b) Man zeige, daß die Ruhelage des nichterregten Systems asymptotisch stabil im Großen ist, indem man eine Lyapunov-Funktion der Form $V(\boldsymbol{z}) = a\,z_1^2 + z_2^2$ mit geeignet gewähltem $a$ verwendet.

**IX. 9.** Ein lineares, zeitinvariantes System mit dem Eingangssignal $x$ und dem Ausgangssignal $y$ sei im Zustandsraum mittels des Matrizenquadrupels $(\boldsymbol{A}, \boldsymbol{b}, \boldsymbol{c}^{\mathrm{T}}, d)$ beschrieben. Die von außen zugeführte Leistung sei $xy$. Das System heißt verlustlos, wenn eine positiv-definite, symmetrische Matrix $\boldsymbol{Q}$ existiert, so daß für jedes Eingangssignal $x$ auf den Trajektorien der Differentialquotient $\mathrm{d}(\boldsymbol{z}^{\mathrm{T}}\boldsymbol{Q}\,\boldsymbol{z})/\mathrm{d}t$ mit $xy$ übereinstimmt.

a) Man zeige, daß das System dann und nur dann verlustlos ist, wenn $d = 0$ gilt und eine positiv-definite, symmetrische Matrix $\boldsymbol{P}$ existiert mit den Eigenschaften

$$\boldsymbol{P}\boldsymbol{A} + \boldsymbol{A}^{\mathrm{T}}\boldsymbol{P} = \boldsymbol{0} \quad \text{und} \quad \boldsymbol{P}\boldsymbol{b} = \boldsymbol{c} .$$

b) Das System werde nun mit einem nichtlinearen Element rückgekoppelt, so daß $x = -f(y)$ gilt, wobei $f(y)$ die Kennlinie des nichtlinearen Elements mit dem Eingangssignal $y$ und dem Ausgangssignal $f(y)$ bedeutet; es gelte $f(0) = 0$ und $y\,f(y) \geqq 0$ für alle $y \neq 0$. Man zeige mit Hilfe der Lyapunovschen Methode, daß die Verlustlosigkeit des Systems $(\boldsymbol{A}, \boldsymbol{b}, \boldsymbol{c}^{\mathrm{T}}, 0)$ die Stabilität des rückgekoppelten Systems im Nullpunkt impliziert.

**IX. 10.** Ein quadratisches System bestehe gemäß Bild 9.21 aus der Kettenschaltung eines linearen Teilsystems mit der Übertragungsfunktion $H(p) = 1/(p+a)^2$ und eines Quadrierers. Man gebe die Impulsantwort $h_2(t_1, t_2)$ des Gesamtsystems an.

# LÖSUNGEN

## Kapitel I

**I. 1.** **a)** Der Kurvenverlauf von $f(t)$ ist dadurch gegeben, daß im Intervall $0 < t < 2$ die Funktion mit der Cosinusschwingung $\cos \pi t$, außerhalb dieses Intervalls mit der Null identisch ist. Die Kurve $f(-t)$ ergibt sich aus jener von $f(t)$ durch Spiegelung an der Ordinatenachse ($f(t) \equiv 0$ außerhalb $-2 \leqq t \leqq 0, f(t) \equiv \cos \pi t$ innerhalb dieses Intervalls). Die Kurve $f(t-2)$ entsteht aus jener von $f(t)$ durch bloße translatorische Verschiebung um 2 in positiver $t$-Richtung ($f(t) \equiv 0$ außerhalb des Intervalls $2 \leqq t \leqq 4, f(t) \equiv \cos \pi t$ innerhalb dieses Intervalls). Die Kurve $f(2-t)$ entsteht aus jener von $f(t)$ durch Spiegelung an der Ordinatenachse und anschließende translatorische Verschiebung um den Wert 2 in Abszissenrichtung ($f(2-t) \equiv f(t)$). Die Kurve $f(2t+2)$ entsteht aus der von $f(u)$ durch lineare Verzerrung $u = 2t+2$ oder $t = (u-2)/2$ der Abszissenachse ($u = 0 \rightarrow t = -1, u = 1 \rightarrow t = -1/2, u = 2 \rightarrow t = 0$), es gilt also $f(2t+2) \equiv 0$ außerhalb des Intervalls $-1 \leqq t \leqq 0$ und $f(2t+2) \equiv \cos 2\pi t$ innerhalb des Intervalls. Die Kurve $f^2(t)$ verläuft außerhalb des Intervalls $0 \leqq t \leqq 2$ entlang der $t$-Achse, innerhalb des Intervalls ist der Verlauf durch $\cos^2 \pi t = 0{,}5 + 0{,}5 \cos 2\pi t$ gegeben. Die Kurve von $f(t^2)$ ist zur Ordinatenachse symmetrisch und verläuft außerhalb des Intervalls $-\sqrt{2} \leqq t \leqq \sqrt{2}$ entlang der $t$-Achse ($f(t^2) \equiv 0$), innerhalb des Intervalls hat sie den durch $\cos \pi t^2$ gegebenen Verlauf. Da $f(2-3t)$ außerhalb des Intervalls $0 \leqq t \leqq 2/3$ verschwindet und innerhalb mit $\cos 3\pi t$ identisch ist, verschwindet auch $\mathrm{d}f(2-3t)/\mathrm{d}t$ außerhalb des genannten Intervalls, innerhalb des Intervalls ist der Verlauf des Differentialquotienten durch $-3\pi \sin 3\pi t$ gegeben, an den Stellen $t = 0$, $t = 2/3$ treten noch $\delta$-Impulse der Stärke 1 bzw. $-1$ auf, d.h. Summanden $\delta(t)$ und $-\delta(t-2/3)$. Da die Funktion $f(2-\tau)$ außerhalb des Intervalls $0 \leqq \tau \leqq 2$ verschwindet und innerhalb mit $\cos \pi \tau$ identisch ist, liefert das Integral über $f(2-\tau)$ von $-\infty$ bis $t \leqq 0$ den Wert Null, die Funktion $(1/\pi) \sin \pi t$ im Intervall $0 < t \leqq 2$ und den Wert Null für $t > 2$.

**b)** Die Funktion $f[n]$ hat die Werte $4, 2, 1, 1/2$ an den Stellen $n = 0, 1, 2$ bzw. 3, für alle übrigen $n \in \mathbf{Z}$ den Wert 0. Die Funktion $f[-n]$ hat die Werte $4, 2, 1, 1/2$ an den Stellen $n = 0, -1, -2$ bzw. $-3$, sonst den Wert 0. Die Funktion $f[n-3]$ hat die Werte $4, 2, 1, 1/2$ an den Stellen $n = 3, 4, 5$ bzw. 6, sonst den Wert 0. Die Funktion $f[3-n]$ hat die Werte $4, 2, 1, 1/2$ an den Stellen $n = 3, 2, 1$ bzw. 0, sonst den Wert 0. Die Funktion $f[2n+3]$ hat die Werte $2, 1/2$ an der Stelle $n = -1$ bzw. 0, sonst den Wert 0. Die Funktion $f^2[n]$ hat die Werte $16, 4, 1, 1/4$ an den Stellen $n = 0, 1, 2$ bzw. 3, sonst den Wert 0. Die Funktion $f[n^2]$ hat die Werte $4, 2$ an den Stellen $n = 0$ bzw. $\pm 1$.

**c)** Die Funktion $f[n]$ hat die Werte $0, 1, 2$ an den Stellen $n = 0, 1$ bzw. 2, sonst den Wert 0. Die Funktion $f[-2n]$ hat den Wert 2 an der Stelle $n = -1$, sonst den Wert 0. Die Funktion $f[n+2]$ hat die Werte $1, 2$ an den Stellen $n = -1$ bzw. 0, sonst den Wert 0. Die Funktion $f[2n]$ hat den Wert 2 an der Stelle $n = 1$, sonst den Wert 0. Die Funktion $f[n-1]\{s[n] - s[n-2]\}$ ist für alle $n \in \mathbf{Z}$ Null. Die Funktion $f[-n+1]\delta[n+1]$ hat den Wert 2 für $n = -1$, sonst den Wert Null.

**I. 2.** Man erhält

(i) $$\int_{-\infty}^{\infty} [\mathrm{d}s(t)/\mathrm{d}t]\, \varphi(t)\, \mathrm{d}t = [s(t)\varphi(t)]_{-\infty}^{\infty} - \int_{-\infty}^{\infty} s(t)[\mathrm{d}\varphi(t)/\mathrm{d}t]\, \mathrm{d}t = -\int_{0}^{\infty} \varphi'(t)\, \mathrm{d}t = \varphi(0)$$

mit der Testfunktion $\varphi(t)$, also $\mathrm{d}s(t)/\mathrm{d}t = \delta(t)$ (mit dem Strich wird der Differentialquotient bezeichnet);

(ii) $\mathrm{d}s(at+b)/\mathrm{d}t = [\mathrm{d}s(at+b)/\mathrm{d}(at+b)] \cdot [\mathrm{d}(at+b)/\mathrm{d}t] = a\,\delta(at+b)$;

(iii) $\mathrm{d}\delta(at+b)/\mathrm{d}t = a\,\delta'(at+b)$;

(iv) $$\int_{-\infty}^{\infty} \delta(at+b)\, \varphi(t)\, \mathrm{d}t = (1/|a|) \int_{-\infty}^{\infty} \delta(x+b)\, \varphi(x/a)\, \mathrm{d}x = (1/|a|)\, \varphi(-b/a)$$

(mit $x = at$), also $\delta(at+b) = (1/|a|)\, \delta(t+b/a)$ und $\delta(at+b) f(t) = (1/|a|) f(-b/a) \delta(t+b/a)$.

**I. 3.** Man erhält

$$3\delta(t)\cos t + e^t \mathrm{d}\delta(t)/\mathrm{d}t = 3\delta(t) + \mathrm{d}\delta(t)/\mathrm{d}t - \delta(t) = 2\delta(t) + \mathrm{d}\delta(t)/\mathrm{d}t\,,$$

also $A = 2$ und $B = 1$.

**I. 4.** Das System ist linear, da jedes Eingangssignal der Art $x(t) = k_1x_1(t) + k_2x_2(t)$ das Ausgangssignal $y(t) = k_1y_1(t) + k_2y_2(t)$ liefert, wobei $y_\nu(t)$ die Reaktion auf $x_\nu(t)$ ($\nu = 1,2$) bedeutet. Das System ist zeitinvariant, da das Eingangssignal $x(t-t_0)$ das Ausgangssignal $y(t-t_0)$ hervorruft. Das System ist kausal, da die Impulsantwort $h(t) = 3\delta(t) + \delta(1-t)$ für $t<0$ verschwindet. Das System ist stabil, da aus $|x(t)| < M$ direkt $|y(t)| < 4M$ folgt.

**I. 5.** Da jedes Eingangssignal der Art $x[n] = k_1x_1[n] + k_2x_2[n]$ das Ausgangssignal $y[n] = k_1y_1[n] + k_2y_2[n]$ für beliebige $\alpha \geqq 0$, $\beta \geqq 0$ liefert, wobei $y_\nu[n]$ die Reaktion von $x_\nu[n]$ ($\nu = 1,2$) bedeutet, ist das System linear für alle $\alpha \geqq 0$, $\beta \geqq 0$. Da das System bei Erregung durch das Signal $x[n-\nu]$ ($\nu \in \mathbb{Z}$ beliebig) mit $y[n-\nu]$ reagiert, ist das System für alle $\alpha \geqq 0$, $\beta \geqq 0$ zeitinvariant. Die Impulsantwort $h[n] = \delta[n-\alpha] + \delta[n-\alpha+1] + \cdots + \delta[n+\beta]$ verschwindet für $n<0$ genau dann, wenn $\beta = 0$ ist. Daher ist das System für $\alpha \geqq 0$ und $\beta = 0$ kausal. Das System ist für $\alpha = \beta = 0$ gedächtnislos. Da das System bei Erregung durch ein beschränktes Signal $x[n]$ ($|x[n]| < M$) mit $y[n]$ reagiert, für das $|y[n]| < (\alpha+\beta+1)M$ gilt, ist das System für beliebige, aber endliche $\alpha \geqq 0$, $\beta \geqq 0$ stabil.

**I. 6.** **a)** Das Signal $x(t)$ hat im Intervall $0<t<1$ den Wert 1, im Intervall $1<t<2$ den Wert 2, im Intervall $2<t<3$ den Wert 1, überall sonst den Wert 0. Das Signal $y(t)$ besteht im Intervall $0<t<1$ aus dem Parabelbogen $4t(1-t)$. Wird dieser translatorisch um 1 in positiver $t$-Richtung verschoben, so entsteht der Kurvenverlauf im Intervall $1<t<2$; außerhalb des Intervalls $0<t<2$ verschwindet $y(t)$.

**b)** Da $x(t)$ im Intervall $-\infty<t<1$ mit $s(t)$ identisch ist, gilt in diesem Intervall $y(t) \equiv a(t)$, wobei $a(t)$ die Sprungantwort bedeutet. Da im Intervall $1<t<2$ für das Ausgangssignal $y(t) = a(t) + a(t-1)$ wegen $x(t) = s(t) + s(t-1)$ gilt, muß $a(t)$ in diesem Intervall identisch verschwinden, damit sich der vorgeschriebene (parabelförmige) Verlauf ergibt. Im Intervall $2<t<3$ gilt für das Ausgangssignal $y(t) = a(t) + a(t-1) - a(t-2)$ wegen $x(t) = s(t) + s(t-1) - s(t-2)$. Damit in diesem Intervall laut Vorschrift $y(t) \equiv 0$ wird, muß $a(t)$ im Intervall $2<t<3$ den gleichen parabelförmigen Verlauf wie im Intervall $0<t<1$ aufweisen. Für $t>3$ gilt $y(t) = a(t) + a(t-1) - a(t-2) - a(t-3) \equiv 0$. So gelangt man zu

$$a(t) = \sum_{\nu=0}^{\infty} 4(t-2\nu)(1+2\nu-t)\{s(t-2\nu) - s(t-1-2\nu)\}\,.$$

**c)** Aufgrund der Beziehung $h(t) = \mathrm{d}a(t)/\mathrm{d}t$ erhält man

$$h(t) = \sum_{\nu=0}^{\infty} 4(1+2(2\nu-t))\{s(t-2\nu) - s(t-1-2\nu)\}\,.$$

**I. 7.** Da $y(t)$ die Reaktion auf $x(t) = s(t) - s(t-2)$ ist, gilt $y(t) = a(t) - a(t-2)$. Vergleicht man mit dem gegebenen $y(t)$, dann erhält man im Intervall $-1 \leqq t < 0$ für die Sprungantwort $a(t) = t+1$, dagegen $a(t) = 1$ im Intervall $0 \leqq t < 1$. Weiterhin findet man aufgrund von $y(t) = a(t) - a(t-2)$ und dem gegebenen $y(t)$, daß $a(t) = t$ im Intervall $1 \leqq t < 2$ gilt. Diese Überlegung kann fortgesetzt werden. Schließlich gelangt man zur Sprungantwort

$$a(t) = (1+t)\{s(t+1) - s(t)\} + \sum_{\nu=0}^{\infty}[\{s(t-2\nu) - s(t-1-2\nu)\} + (t-2\nu)\{s(t-1-2\nu) - s(t-2-2\nu)\}]\,.$$

Daraus folgt sofort $\bar{y}(t) = a(t) - a(t-1)$. Eine nähere Betrachtung liefert $\bar{y}(t) = t - \nu$ in den Intervallen $\nu < t < \nu+1$ ($\nu = -1,1,3,5,\ldots$), $\bar{y}(t) = -(t-\nu)$ in den Intervallen $\nu < t < \nu+1$ ($\nu = 2,4,6,\ldots$) und $\bar{y}(t) = 1-t$ in $0<t<1$.

**I. 8.** Man kann schreiben

$$g(t) := f_1(t) * f_2(t) = \int_{-\infty}^{\infty} f_1(\tau) f_2(t-\tau)\,\mathrm{d}\tau = 2\int_2^3 f_2(t-\tau)\,\mathrm{d}\tau = 2\int_2^3 [s(t+2-\tau) - s(t-2-\tau)]\,\mathrm{d}\tau\,,$$

und hieraus folgt der Funktionswert 0 für alle $t<0$ und $t>5$, im Intervall $0 \leqq t \leqq 1$ gilt $g(t) = 2t$, im Intervall $4 \leqq t \leqq 5$ wird $g(t) = 2(5-t)$ und in $1<t<4$ erhält man $g(t) = 2$. Bild L.I.8 dient zur Veranschaulichung des Faltungsintegrals. Die schraffierte Fläche liefert $g(t)$.

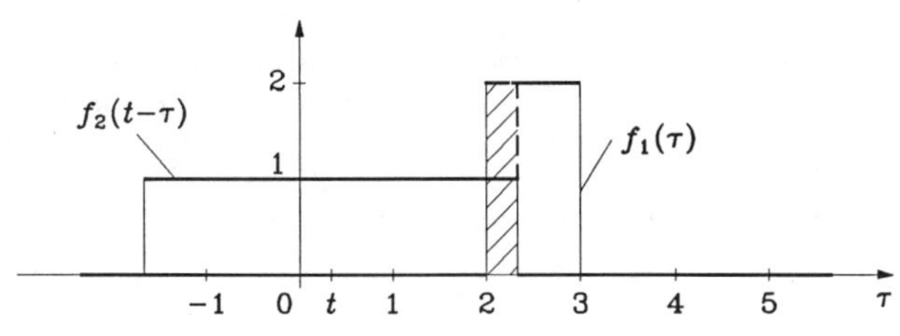


Bild L.I.8

**I. 9.** Für die Sprungantwort entnimmt man $a(t) = s(t)(A\,\mathrm{e}^{-3t} + 2/3)$ direkt der Differentialgleichung. Führt man diese Darstellung zusammen mit $\mathrm{d}a/\mathrm{d}t = (A + 2/3)\,\delta(t) - 3A\,\mathrm{e}^{-3t}s(t)$ in die Differentialgleichung ein, so findet man $A = -2/3$. Schließlich erhält man für die Impulsantwort $h(t) = 2\,\mathrm{e}^{-3t}s(t)$.

**I. 10.** Die Sprungantwort des ersten Systems lautet $a[n] = 4s[n] - 2s[n-1]$, die Impulsantwort des zweiten Systems kann in der Form $h[n] = 2(-3)^n s[n]$ geschrieben werden.

**I. 11.** Man erhält $y(t) = h(t) * x(t)$, d.h.

$$y(t) = \int_0^\infty (1 - 2\,\mathrm{e}^{-2\tau})\,\mathrm{e}^{2(t-\tau)}\,\mathrm{d}\tau = \mathrm{e}^{2t}\int_0^\infty (\mathrm{e}^{-2\tau} - 2\,\mathrm{e}^{-4\tau})\,\mathrm{d}\tau = 0 \quad \text{für alle } t\,.$$

**I. 12.** Man erhält generell

$$y(t) = \int_{-\infty}^{\infty} x(\tau)h(t-\tau)\,\mathrm{d}\tau\,,$$

wobei $x(\tau)$ und $h(t-\tau)$ im Bild L.I.12 dargestellt sind. Daraus ist zu erkennen, daß

$$y(t) = \int_0^t \tau\,\mathrm{d}\tau = \frac{t^2}{2} \quad (0 \leqq t \leqq 1)\,, \quad y(t) = \int_{t-1}^{1} \tau\,\mathrm{d}\tau = \frac{1}{2}(2t - t^2) \quad (1 < t \leqq 2)$$

für die angegebenen Intervalle geschrieben werden kann und dieser Verlauf mit der Periode 2 periodisch fortzusetzen ist.

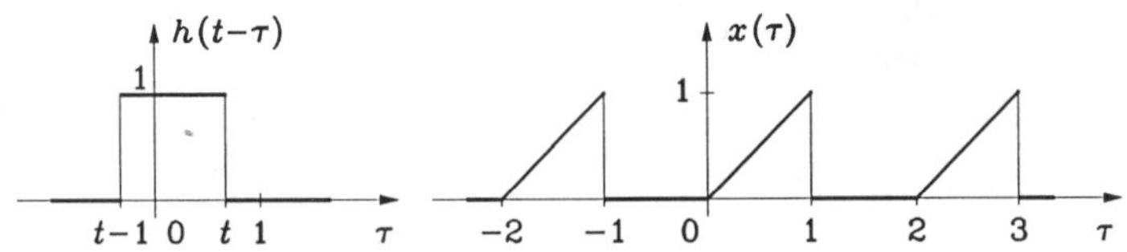


Bild L.I.12

**I. 13.** Es kann $y_1(t) = T(3\,\delta(t-4)) = 3h(t-4) = 3\,\delta(t-4) - 12\{\mathrm{e}^{-2t+8} - \mathrm{e}^{-4t+16}\}s(t-4)$ dargestellt werden. Dabei ist $T(\;)$ der Systemoperator. Weiterhin erhält man

$$y_2(t) = T(4s(t)) = 4a(t) = 4s(t)\int_{0-}^{t} h(\tau)\,\mathrm{d}\tau = 4s(t) - 16\left(-\frac{1}{2}\mathrm{e}^{-2t} + \frac{1}{2} + \frac{1}{4}\mathrm{e}^{-4t} - \frac{1}{4}\right)s(t)$$

$$= (8\,\mathrm{e}^{-2t} - 4\,\mathrm{e}^{-4t})s(t)\,.$$

Schließlich ergibt sich

$$y_3(t) = s(t)\int_{0-}^{t} [\delta(\tau) - 4\{\mathrm{e}^{-2\tau} - \mathrm{e}^{-4\tau}\}][2\,\delta(t-\tau) + \mathrm{e}^{-3(t-\tau)}s(t-\tau)]\,\mathrm{d}\tau = 2\,\delta(t)$$

$$+ [\mathrm{e}^{-3t} - 8(\mathrm{e}^{-2t} - \mathrm{e}^{-4t}) - 4\,\mathrm{e}^{-3t}\int_0^t (\mathrm{e}^{\tau} - \mathrm{e}^{-\tau})\,\mathrm{d}\tau]s(t) = 2\,\delta(t) + (-12\,\mathrm{e}^{-2t} + 9\,\mathrm{e}^{-3t} + 4\,\mathrm{e}^{-4t})s(t)\,.$$

**I. 14.** Nach Gl. (1.86) erhält man für das Ausgangssignal $z[n]$ des ersten Systems mit der Impulsantwort $h_1[n,\nu]$ bei Erregung mit $x[n]$ und entsprechend für das Ausgangssignal $y[n]$ des zweiten Systems die Darstellungen

$$z[n] = \sum_{\nu=-\infty}^{\infty} x[\nu]h_1[n,\nu]\,, \quad y[n] = \sum_{\mu=-\infty}^{\infty} z[\mu]h_2[n,\mu]$$

und hieraus

$$y[n] = \sum_{\nu=-\infty}^{\infty} x[\nu]h[n,\nu] \quad \text{mit} \quad h[n,\nu] = \sum_{\mu=-\infty}^{\infty} h_2[n,\mu]h_1[\mu,\nu]\,.$$

Letztere Beziehung zeigt die Linearität des Gesamtsystems und die Darstellung der Impulsantwort $h[n,\nu]$ des Gesamtsystems mit Hilfe der Impulsantworten $h_1[n,\nu]$ und $h_2[n,\nu]$. In dieser Formel sind die Indizes 1 und 2 miteinander zu vertauschen, wenn die Reihenfolge der Zusammenschaltung geändert wird. Wählt man beispielsweise $h_1[n,\nu] = s[n-\nu]0{,}5^{n+\nu}$ und $h_2[n,\nu] = s[n-\nu]0{,}5^{2n+\nu}$, so erhält man je nach Wahl der Reihenfolge der Teilsysteme die Impulsantwort

$$h[n,\nu] = s[n-\nu]0{,}5^{2n+\nu}\sum_{\mu=\nu}^{n}0{,}5^{2\mu} \quad \text{oder} = s[n-\nu]0{,}5^{n+\nu}\sum_{\mu=\nu}^{n}0{,}5^{3\mu}.$$

Beide sind offensichtlich nicht identisch, wie die Berechnung der Funktionswerte z.B. für $n=2$ und $\nu=1$ zeigt.

**I.15.** **a)** Für jedes $t\in I_\nu = \{t;\, \nu T_0 < t < (\nu+1)T_0,\, \nu\in\mathbf{Z}\}$ erhält man $E[\boldsymbol{x}(t)] = 0$, da die Werte $a$ und $-a$ gleichwahrscheinlich sind. Weiter erhält man für jedes $t\in I_\nu$ stets $\sigma_x^2(t) = E[\boldsymbol{x}^2(t)] = a^2$, da $\xi_\nu^2 = a^2$ ist.
**b)** Angenommen wird $t\in I_\nu$. Für $\nu T_0 < t+\tau < (\nu+1)T_0$ erhält man für die Autokorrelierte den Wert $a^2$, für Werte $t+\tau$ außerhalb von $I_\nu$ (aber $t\neq\mu T_0$, $\mu\in\mathbf{Z}$) hat die Autokorrelierte überall den Wert Null.
**c)** Eine Musterfunktion $x_i(t)$, die im Intervall $-NT_0 < t < NT_0$ genau $p_i$ positive und $n_i$ negative Pulse aufweist, hat nach dem Gesetz der großen Zahlen den zeitlichen Mittelwert

$$\overline{x_i(t)} = \lim_{N\to\infty}\frac{(p_i-n_i)T_0 a}{2NT_0} = \lim_{N\to\infty}\left(\frac{p_i}{N}-1\right)a = 0.$$

Weiterhin gilt $\overline{x_i^2(t)} = a^2$, da $x_i^2(t)$ für fast alle $t$ den Wert $a^2$ hat. Der Vergleich mit Teilaufgabe **a** liefert also

$$E[\boldsymbol{x}(t)] = \overline{x_i(t)} \quad \text{und} \quad E[\boldsymbol{x}^2(t)] = \overline{x_i^2(t)},$$

auch wenn der vorliegende Prozeß nicht stationär im weiteren Sinn ist.

**I.16.** **a)** Man erhält $E[\boldsymbol{x}(t)\boldsymbol{x}(t+\tau)] = E[a^2\sin(\omega_0 t+\varphi)\sin(\omega_0 t+\omega_0\tau+\varphi)] + E[ab\sin(\omega_0 t+\varphi)]$ $+E[ab\sin(\omega_0 t+\omega_0\tau+\varphi)] + E[b^2] = (a^2/2)E[\cos(\omega_0\tau)] - (a^2/2)E[\cos(2\omega_0 t+\omega_0\tau+2\varphi)] + E[b^2]$, also

$$E[\boldsymbol{x}(t)\boldsymbol{x}(t+\tau)] = (a^2/2)\cos(\omega_0\tau) + b^2 = r_{xx}(\tau).$$

**b)** Es ergibt sich

$$E[\boldsymbol{x}(t)] = b\,,\quad \mathrm{Var}[\boldsymbol{x}(t)] = E[(\boldsymbol{x}(t)-E[\boldsymbol{x}(t)])^2] = r_{xx}(0) - 2E[\boldsymbol{x}(t)b] + b^2 = a^2/2.$$

**c)** Man kann schreiben

$$E[\boldsymbol{w}(t)\boldsymbol{w}(t+\tau)] = E[\boldsymbol{x}(t)\boldsymbol{x}(t+\tau)] + E[\boldsymbol{x}(t)\boldsymbol{v}(t+\tau)] + E[\boldsymbol{x}(t+\tau)\boldsymbol{v}(t)]$$
$$+ E[\boldsymbol{v}(t)\boldsymbol{v}(t+\tau)] = r_{xx}(\tau) + 2b\,E[\boldsymbol{v}(t)] + r_{vv}(\tau) \quad \text{mit} \quad E[\boldsymbol{v}(t)] = \sqrt{r_{vv}(\infty)}\,.$$

**I.17.** **a)** Da der Erwartungswert von $e^{j\nu(\omega_0 t+\varphi)}$ für $\nu\neq 0$ verschwindet (denn das Integral über diese Funktion von $\varphi=-\pi$ bis $\varphi=\pi$ ist Null), erhält man $E\left[\sum_{\nu=-\infty}^{\infty} c_\nu e^{j\nu(\omega_0 t+\varphi)}\right] = E[c_0 e^{j0}] = c_0$.
**b)** Aus $\boldsymbol{x}(t)\boldsymbol{x}(t+\tau) = \sum_{\nu=-\infty}^{\infty}\sum_{\mu=-\infty}^{\infty} c_\nu c_\mu e^{j(\nu+\mu)(\omega_0 t+\varphi)} e^{j\mu\omega_0\tau}$ folgt $E[\boldsymbol{x}(t)\boldsymbol{x}(t+\tau)] = \sum_{\nu=-\infty}^{\infty} c_\nu c_{-\nu} e^{-j\nu\omega_0\tau}$, da die Erwartungswerte aller Summanden in der Darstellung von $\boldsymbol{x}(t)\boldsymbol{x}(t+\tau)$ mit Ausnahme jener für $\mu=-\nu$ verschwinden.
**c)** Mittelwert und Autokorrelierte sind von $t$ unabhängig.

**I.18.** **a)** Es gilt $E[\boldsymbol{x}^2(t)] = r_{xx}(0) = 16/3$.
**b)** Für die Wahrscheinlichkeitsdichtefunktion von $\boldsymbol{x}$ erhält man $f(x) = 1/(2a)$ im Intervall $-a<x<a$, sonst Null. Damit ergibt sich $E[\boldsymbol{x}^2(t)] = \int_{-a}^{a} x^2[1/(2a)]\,dx = a^2/3$. Da dieser Wert 16/3 sein muß, ist $a=4$.

**I.19.** Zunächst erhält man

$$\boldsymbol{y}(t)\boldsymbol{y}(t+\tau) = \{\boldsymbol{x}(t) + \int_{-\infty}^{\infty}\boldsymbol{x}(\xi)h(t-\xi)\,d\xi\}\{\boldsymbol{x}(t+\tau) + \int_{-\infty}^{\infty}\boldsymbol{x}(\xi)h(t+\tau-\xi)\,d\xi\}$$

$$= \boldsymbol{x}(t)\boldsymbol{x}(t+\tau) + \int_{-\infty}^{\infty}\boldsymbol{x}(t)\boldsymbol{x}(\xi)h(t+\tau-\xi)\,d\xi + \int_{-\infty}^{\infty}\boldsymbol{x}(t+\tau)\boldsymbol{x}(\xi)h(t-\xi)\,d\xi$$

$$+ \int_{-\infty}^{\infty}\int_{-\infty}^{\infty}\boldsymbol{x}(\xi)\boldsymbol{x}(\eta)h(t-\xi)h(t+\tau-\eta)\,d\xi\,d\eta$$

und durch Erwartungswertbildung

$$r_{yy}(\tau) = r_{xx}(\tau) + \int_{-\infty}^{\infty} r_{xx}(t-\xi)h(t+\tau-\xi)\,\mathrm{d}\xi + \int_{-\infty}^{\infty} r_{xx}(\xi-t-\tau)h(t-\xi)\,\mathrm{d}\xi$$

$$+ \int_{-\infty}^{\infty}\int_{-\infty}^{\infty} r_{xx}(\xi-\eta)h(t-\xi)h(t+\tau-\eta)\,\mathrm{d}\xi\,\mathrm{d}\eta$$

oder mit $r_{xx}(\tau) = \delta(\tau)$ und $\vartheta = t - \xi$

$$r_{yy}(\tau) = \delta(\tau) + h(\tau) + h(-\tau) + \int_{-\infty}^{\infty} h(\vartheta)h(\vartheta+\tau)\,\mathrm{d}\vartheta .$$

# Kapitel II

**II. 1.** Aus den Gln. (2.18a-d) folgt

$$\boldsymbol{A} = \begin{bmatrix} 0 & 1 \\ -2 & -3 \end{bmatrix}, \quad \boldsymbol{b} = \begin{bmatrix} 0 \\ 1 \end{bmatrix}, \quad \boldsymbol{c}^{\mathrm{T}} = [\,1,\ \ 0\,], \quad d = 0,$$

mit den Eigenwerten $-1, -2$ der Matrix $\boldsymbol{A}$ und

$$\boldsymbol{M} = \begin{bmatrix} 1 & 1 \\ p_1 & p_2 \end{bmatrix} = \begin{bmatrix} 1 & 1 \\ -1 & -2 \end{bmatrix} \quad \text{sowie} \quad \boldsymbol{M}^{-1} = \begin{bmatrix} 2 & 1 \\ -1 & -1 \end{bmatrix}$$

gemäß den Gln. (2.26a-d)

$$\tilde{\boldsymbol{A}} = \begin{bmatrix} -1 & 0 \\ 0 & -2 \end{bmatrix}, \quad \tilde{\boldsymbol{b}} = \begin{bmatrix} 1 \\ -1 \end{bmatrix}, \quad \tilde{\boldsymbol{c}}^{\mathrm{T}} = [\,1,\ \ 1\,], \quad \tilde{d} = 0 .$$

**II. 2.** Der Strom durch den Ohmwiderstand $R_1$ läßt sich in der Form $i_1 = (x - z_1)/R_1$, der Strom durch den Ohmwiderstand $R_2$ als $i_2 = z_2/R_2 = y$ schreiben. Damit erhält man den Kapazitätsstrom $C_1\,\mathrm{d}z_1/\mathrm{d}t$ als $i_1 - z_3 = (x - z_1)/R_1 - z_3$, den Kapazitätsstrom $C_3\,\mathrm{d}z_2/\mathrm{d}t$ als $z_3 - i_2 = z_3 - z_2/R_2$; außerdem ergibt sich die Induktivitätsspannung $L_2\,\mathrm{d}z_3/\mathrm{d}t$ zu $z_1 - z_2$. Damit liegt die Zustandsbeschreibung vor. Das charakteristische Polynom lautet

$$\det(p\,\mathbf{E} - \boldsymbol{A}) = [p + 1/(R_1C_1)][p^2 + p/(R_2C_3) + 1/(L_2C_3)] + [1/(C_1L_2)][p + 1/(R_2C_3)]$$

$$= p^3 + [1/(R_1C_1) + 1/(R_2C_3)]p^2 + [1/(L_2C_3) + 1/(R_1R_2C_1C_3) + 1/(C_1L_2)]p$$

$$+ [1/(R_1C_1L_2C_3) + 1/(R_2C_1C_3L_2)].$$

**II. 3.** **a)** Ersetzt man $y$ durch $\tilde{y} + dx$, so erhält man aus der Differentialgleichung $q$-ter Ordnung für $y$ dieselbe Differentialgleichung für $\tilde{y}$ mit $d = 0$. Diese Differentialgleichung für $\tilde{y}$ läßt sich durch ein Quadrupel $(\boldsymbol{A}, \boldsymbol{b}, \boldsymbol{c}^{\mathrm{T}}, 0)$ gemäß den Gln. (2.18a-d) im Zustandsraum beschreiben. Der Übergang zum dualen System $(\boldsymbol{A}^{\mathrm{T}}, \boldsymbol{c}, \boldsymbol{b}^{\mathrm{T}}, 0)$ verändert die Differentialgleichung für $\tilde{y}$ nicht. Schließlich kann in der Zustandsgleichung $\tilde{y}$ durch $y - d\,x$ ersetzt werden.

**b)** Die Beobachtbarkeitsmatrix $\boldsymbol{V}$ ist im vorliegenden Fall eine Dreiecksmatrix, deren Elemente auf der Nebendiagonalen ausschließlich Einsen und oberhalb der Nebendiagonalen Nullen sind. Daher gilt $\det \boldsymbol{V} \neq 0$. Oder: Da $(\boldsymbol{A}, \boldsymbol{b}, \boldsymbol{c}^{\mathrm{T}}, 0)$ steuerbar ist, ist das duale System beobachtbar.

**II. 4.** Die Eigenwerte von $\boldsymbol{A}$ sind 1, 2 und 3. Zum Eigenwert 1 gehört der Eigenvektor $[\,1,\ \ 0,\ \ -3\,]^{\mathrm{T}}$, zum Eigenwert 2 der Eigenvektor $[\,0,\ \ -1,\ \ 4\,]^{\mathrm{T}}$ und zum Eigenwert 3 der Eigenvektor $[\,0,\ \ 0,\ \ 1\,]^{\mathrm{T}}$. Damit erhält man

$$\boldsymbol{M} = \begin{bmatrix} 1 & 0 & 0 \\ 0 & -1 & 0 \\ -3 & 4 & 1 \end{bmatrix}; \quad \boldsymbol{M}^{-1} = \begin{bmatrix} 1 & 0 & 0 \\ 0 & -1 & 0 \\ 3 & 4 & 1 \end{bmatrix}; \quad \tilde{\boldsymbol{A}} = \boldsymbol{M}^{-1}\boldsymbol{A}\boldsymbol{M} = \begin{bmatrix} 1 & 0 & 0 \\ 0 & 2 & 0 \\ 0 & 0 & 3 \end{bmatrix}.$$

**II. 5.** **a)** Das charakteristische Polynom lautet $\det(p\,\mathbf{E} - \boldsymbol{A}_1) = (p - \lambda)^3$; also liegt der dreifache Eigenwert $p = \lambda$ vor. Da die Matrix $\boldsymbol{A}_1$ einen Jordan-Block mit zwei Jordan-Kästchen der Ordnung $q_1 = 2$ bzw. $q_2 = 1$ darstellt, ist der Index des Eigenwerts $p = \lambda$ gleich $\max(q_1, q_2) = 2$ und damit das Minimalpolynom $(p - \lambda)^2$.

b) Man kann zunächst

$$e^{A_1 t} = \mathrm{diag}(e^{\mathbf{E}\lambda t} e^{\boldsymbol{L} t}, e^{\lambda t}) \quad \text{mit} \quad \mathbf{E} = \begin{bmatrix} 1 & 0 \\ 0 & 1 \end{bmatrix}, \quad \boldsymbol{L} = \begin{bmatrix} 0 & 1 \\ 0 & 0 \end{bmatrix}$$

schreiben und weiterhin, da $\boldsymbol{L}^\nu = \mathbf{0}$ für $\nu \geqq 2$ gilt, aufgrund der Reihenentwicklung von $e^{\boldsymbol{L} t} = \mathbf{E} + \boldsymbol{L}\, t$

$$e^{A_1 t} = e^{\lambda t} \begin{bmatrix} 1 & t & 0 \\ 0 & 1 & 0 \\ 0 & 0 & 1 \end{bmatrix}.$$

c) Da $\boldsymbol{A}_2$ ein Jordan-Block ist mit drei Jordan-Kästchen der Ordnung $q_1 = 1$, $q_2 = 1$ bzw. $q_3 = 1$, ist der Index des dreifachen Eigenwerts $p = \lambda$ gleich $\max(q_1, q_2, q_3) = 1$ und damit das Minimalpolynom $(p - \lambda)$.

d) Nur das System mit der Matrix $\boldsymbol{A}_2$ ist im Fall $\lambda = 0$ (marginal) stabil, da $p = 0$ *einfache* Nullstelle des Minimalpolynoms ist.

**II. 6.** Aus $\det(p\mathbf{E} - \boldsymbol{A}) = 0$ erhält man die Eigenwerte der Matrix $\boldsymbol{A}$ zu $p_1 = -3$ und $p_2 = -4$. Nach dem Cayley-Hamilton-Theorem hat die Übergangsmatrix die Form $\boldsymbol{\Phi}(t) = \alpha_0(t)\mathbf{E} + \alpha_1(t)\boldsymbol{A}$. Andererseits gilt $e^{p_\mu t} = \alpha_0(t) + \alpha_1(t)p_\mu$ für $\mu = 1$ und $\mu = 2$, d.h. $e^{-3t} = \alpha_0(t) - 3\alpha_1(t)$ und $e^{-4t} = \alpha_0(t) - 4\alpha_1(t)$. Als Lösungen ergibt sich $\alpha_0(t) = 4e^{-3t} - 3e^{-4t}$ und $\alpha_1(t) = e^{-3t} - e^{-4t}$. Mit diesen Koeffizientenfunktionen erhält man aus obiger Formel die Matrix $\boldsymbol{\Phi}(t)$. Eine alternative Lösungsmethode ist es zu zeigen, daß $\boldsymbol{\Phi}(t)$ die gegebene Zustandsgleichung erfüllt.

**II. 7.** Die Steuerbarkeitsmatrix $\boldsymbol{U}_1$ und die Beobachtbarkeitsmatrix $\boldsymbol{V}_2$ lauten

$$\boldsymbol{U}_1 = \begin{bmatrix} 0 & -75 & 0 \\ 3 & 60 & 0 \\ -1 & 12 & 15 \end{bmatrix}, \quad \boldsymbol{V}_2 = \begin{bmatrix} 1 & 0 & 0 & 1 & -1 & 1 \\ 0 & 1 & -1 & 1 & 1 & -7 \\ -1 & 1 & 1 & -7 & 1 & 15 \end{bmatrix}^{\mathrm{T}}.$$

Da $\mathrm{rg}\,\boldsymbol{U}_1 = 3$ und $\mathrm{rg}\,\boldsymbol{V}_2 = 3$ gilt, wovon man sich leicht überzeugen kann, ist das erste System steuerbar und das zweite System beobachtbar.

**II. 8.** Es empfiehlt sich, zur Lösung der Aufgabe das System zu transformieren, so daß die $\boldsymbol{A}$-Matrix Diagonalgestalt erhält. Aus der gegebenen $\boldsymbol{A}$-Matrix erhält man zunächst das charakteristische Polynom $\det(p\mathbf{E} - \boldsymbol{A}) = p^2 + 3p + 2 = (p + 1)(p + 2)$, also die Eigenwerte $p_1 = -1$ und $p_2 = -2$ mit den Eigenvektoren $[1, -1]^{\mathrm{T}}$ bzw. $[2, -1]^{\mathrm{T}}$. Damit ergeben sich die Matrizen

$$\boldsymbol{M} = \begin{bmatrix} 1 & 2 \\ -1 & -1 \end{bmatrix}, \quad \boldsymbol{M}^{-1} = \begin{bmatrix} -1 & -2 \\ 1 & 1 \end{bmatrix}, \quad \tilde{\boldsymbol{A}} = \boldsymbol{M}^{-1}\boldsymbol{A}\boldsymbol{M} = \begin{bmatrix} -1 & 0 \\ 0 & -2 \end{bmatrix},$$

$$\tilde{\boldsymbol{b}} = \boldsymbol{M}^{-1}\boldsymbol{b} = \begin{bmatrix} -1 \\ 1 \end{bmatrix}, \quad \boldsymbol{\zeta}(0) = \boldsymbol{M}^{-1}\boldsymbol{z}(0) = \begin{bmatrix} 1 \\ 0 \end{bmatrix}, \quad \tilde{\boldsymbol{\Phi}}(t) = \begin{bmatrix} e^{-t} & 0 \\ 0 & e^{-2t} \end{bmatrix}.$$

Das transformierte System lautet

$$\frac{d\boldsymbol{\zeta}}{dt} = \tilde{\boldsymbol{A}}\,\boldsymbol{\zeta} + \tilde{\boldsymbol{b}}\,x\,.$$

a) Die Übergangsmatrix des Systems wird

$$\boldsymbol{\Phi}(t) = \boldsymbol{M}\tilde{\boldsymbol{\Phi}}(t)\boldsymbol{M}^{-1} = \begin{bmatrix} 2e^{-2t} - e^{-t} & 2e^{-2t} - 2e^{-t} \\ e^{-t} - e^{-2t} & 2e^{-t} - e^{-2t} \end{bmatrix}.$$

b) Da die Steuerbarkeitsmatrix $\tilde{\boldsymbol{V}} = [\,\tilde{\boldsymbol{b}},\ \tilde{\boldsymbol{A}}\tilde{\boldsymbol{b}}\,]$ des transformierten Systems nichtsingulär ist, gilt dies auch für $\boldsymbol{V} = [\,\boldsymbol{b}, \boldsymbol{A}\boldsymbol{b}\,]$; d.h. das System ist steuerbar.

c) Es wird $x(t)$ so gewählt, daß der Anfangszustand $\boldsymbol{\zeta}(0)$ bis zum Zeitpunkt $t_1$ in den Nullzustand $\boldsymbol{\zeta}(t_1) = \mathbf{0}$ übergeführt ist, und von da an wird $x(t)$ beständig Null gewählt. Den Verlauf von $x(t)$ im Intervall $0 \leqq t \leqq t_1$ erhält man gemäß Kapitel II, Abschnitt 3.4.2 als

$$x(t) = -\tilde{\boldsymbol{b}}^{\mathrm{T}}\tilde{\boldsymbol{\Phi}}^{\mathrm{T}}(-t)\tilde{\boldsymbol{W}}_s^{-1}(t_1)\boldsymbol{\zeta}(0) \quad \text{mit} \quad \tilde{\boldsymbol{W}}_s(t_1) = \int_0^{t_1} \tilde{\boldsymbol{\Phi}}(-\sigma)\tilde{\boldsymbol{b}}\,\tilde{\boldsymbol{b}}^{\mathrm{T}}\tilde{\boldsymbol{\Phi}}^{\mathrm{T}}(-\sigma)\,d\sigma\,.$$

Mit den berechneten Matrizen $\tilde{\boldsymbol{\Phi}}, \tilde{\boldsymbol{b}}, \boldsymbol{\zeta}(0)$ findet man mit $t_1 = \ln 2$ nach einer einfachen Zwischenrechnung

$$\tilde{\boldsymbol{W}}_s(t_1) = \begin{bmatrix} 3/2 & -7/3 \\ -7/3 & 15/4 \end{bmatrix} \quad \text{und} \quad \tilde{\boldsymbol{W}}_s(t_1)^{-1} = \frac{72}{13}\begin{bmatrix} 15/4 & 7/3 \\ 7/3 & 3/2 \end{bmatrix}$$

und daraus

$$x(t) = \frac{1}{13}(270\,\mathrm{e}^{t} - 168\,\mathrm{e}^{2t}) \quad (0 \leqq t \leqq t_1).$$

**II. 9.** Im Fall $x_1 \equiv 0$ erhält man die Steuerbarkeitsmatrix $\boldsymbol{U}_1 = [\boldsymbol{b}_2, \boldsymbol{A}\boldsymbol{b}_2, \boldsymbol{A}^2\boldsymbol{b}_2]$ mit $\boldsymbol{b}_2 = [1,\ 0,\ 1]^{\mathrm{T}}$, im Fall $x_2 \equiv 0$ lautet die Steuerbarkeitsmatrix $\boldsymbol{U}_2 = [\boldsymbol{b}_1, \boldsymbol{A}\boldsymbol{b}_1, \boldsymbol{A}^2\boldsymbol{b}_1]$ mit $\boldsymbol{b}_1 = [0,\ 1,\ 1]^{\mathrm{T}}$, d.h.

$$\boldsymbol{U}_1 = \begin{bmatrix} 1 & 1 & 1+4a \\ 0 & a & 0 \\ 1 & a & a^2 \end{bmatrix}, \quad \boldsymbol{U}_2 = \begin{bmatrix} 0 & 4 & 0 \\ 1 & -1 & 1+4a \\ 1 & a & a^2 \end{bmatrix} \quad \text{mit } \det \boldsymbol{U}_1 = a(a^2 - 4a - 1),\ \det \boldsymbol{U}_2 = -4(a^2 - 4a - 1).$$

Damit $\det \boldsymbol{U}_1 \neq 0$ und $\det \boldsymbol{U}_2 \neq 0$ wird, muß $a \neq 0$, $a \neq 2 \pm \sqrt{5}$ verlangt werden.

**II. 10.** Aufgrund der Beziehung $\boldsymbol{\Phi}(t) = \mathrm{e}^{\boldsymbol{A}t}$ mit $\boldsymbol{A} = \boldsymbol{K} + \mathrm{diag}(-1, -1, -2)$ (wobei $\boldsymbol{K}$ an der Stelle (2, 1) mit 1, überall sonst mit Nullelementen besetzt ist und daher die Beziehung $\boldsymbol{K}^{\nu} = \boldsymbol{0}$ für $\nu \geqq 2$ gilt) ergibt sich $\boldsymbol{\Phi}(t) = (\boldsymbol{E} + \boldsymbol{K}\,t)\,\mathrm{diag}(\mathrm{e}^{-t}, \mathrm{e}^{-t}, \mathrm{e}^{-2t})$, damit $\boldsymbol{z}(t) = \boldsymbol{\Phi}(t)\boldsymbol{z}(0)$, also $z_1(t) = \mathrm{e}^{-t}z_1(0)$, $z_2(t) = t\,\mathrm{e}^{-t}z_1(0) + \mathrm{e}^{-t}z_2(0)$, $z_3(t) = \mathrm{e}^{-2t}z_3(0)$ für $t \geqq 0$. Hieraus folgt $y(t) = z_1(0)(\mathrm{e}^{-t} + t\,\mathrm{e}^{-t}) + z_2(0)\mathrm{e}^{-t} + z_3(0)\mathrm{e}^{-2t}$ für $t \geqq 0$. Den gewünschten Verlauf erhält man also bei Wahl von $z_1(0) = 1$, $z_2(0) = -1$, $z_3(0) = 0$, d.h. $\boldsymbol{z}(0) = [1,\ -1,\ 0]^{\mathrm{T}}$. Da $t\,\mathrm{e}^{-t}$ eine Eigenschwingung des Systems und das System beobachtbar ist, ließ sich die Aufgabe lösen.

**II. 11.** **a)** Wegen der Frobenius-Form der $\boldsymbol{A}$-Matrix erhält man direkt das charakteristische Polynom $D(p) = p^4 + 5p^3 + 11p^2 + kp + 6$. Nach Gl. (2.161) ergeben sich dann die Hurwitz-Determinanten zu $\Delta_1 = 5$, $\Delta_2 = 55 - k$, $\Delta_3 = -k^2 + 55k - 150$, $\Delta_4 = 6\Delta_3$. Die Stabilitätsforderung $\Delta_2 > 0$, $\Delta_3 > 0$ liefert die Einschränkung $(55/2) - (5/2)\sqrt{97} < k < (55/2) + (5/2)\sqrt{97}$ (etwa $2{,}9 < k < 52{,}1$). Es besteht Stabilität für $k = 20$ und $k = 50$, Instabilität für $k = 0$.

**b)** Als Beobachtbarkeitsmatrix erhält man für $k = 40$

$$\boldsymbol{V} = \begin{bmatrix} \boldsymbol{c}^{\mathrm{T}} \\ \boldsymbol{c}^{\mathrm{T}}\boldsymbol{A} \\ \boldsymbol{c}^{\mathrm{T}}\boldsymbol{A}^2 \\ \boldsymbol{c}^{\mathrm{T}}\boldsymbol{A}^3 \end{bmatrix} = \begin{bmatrix} 2 & 10 & 10 & 0 \\ 0 & 2 & 10 & 10 \\ -60 & -400 & -108 & -40 \\ 240 & 1540 & 40 & 92 \end{bmatrix}.$$

Man kann sich schnell davon überzeugen, daß $\det \boldsymbol{V} = 811456 \neq 0$ gilt, das System also beobachtbar ist.

**c)** Gemäß Kapitel II, Abschnitt 3.1, insbesondere Gl. (2.14), erhält man mit $\alpha_0 = 6$, $\alpha_1 = k$, $\alpha_2 = 11$, $\alpha_3 = 5$, $\beta_0 = 2$, $\beta_1 = 10$, $\beta_2 = 10$, $\beta_3 = 0$ und dadurch, daß man $y$ durch $y - dx$ (mit $d = 1$) ersetzt, die Differentialgleichung

$$\frac{\mathrm{d}^4 y}{\mathrm{d}t^4} + 5\frac{\mathrm{d}^3 y}{\mathrm{d}t^3} + 11\frac{\mathrm{d}^2 y}{\mathrm{d}t^2} + k\frac{\mathrm{d}y}{\mathrm{d}t} + 6y = \frac{\mathrm{d}^4 x}{\mathrm{d}t^4} + 5\frac{\mathrm{d}^3 x}{\mathrm{d}t^3} + 21\frac{\mathrm{d}^2 x}{\mathrm{d}t^2} + (10 + k)\frac{\mathrm{d}x}{\mathrm{d}t} + 8x.$$

Ein Signalflußdiagramm ist im Bild L.II.11 dargestellt.

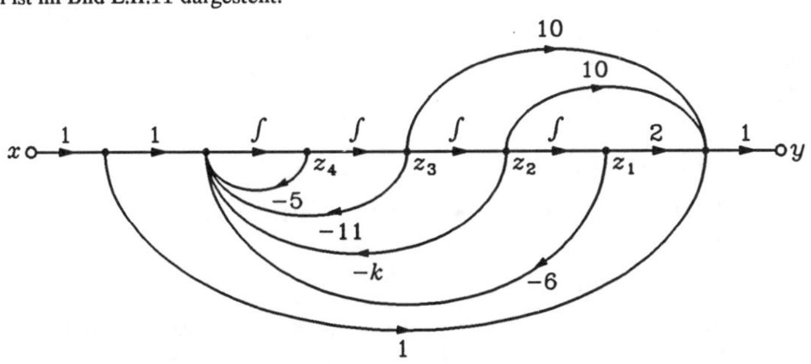


Bild L.II.11

**II. 12.** **a)** Man entnimmt dem Netzwerk direkt die Beziehungen $x_1 = -Ry + L\,\mathrm{d}z_1/\mathrm{d}t + z_2$, $y = -z_1 - (L/R_1)\,\mathrm{d}z_1/\mathrm{d}t$, $y = -C\,\mathrm{d}z_2/\mathrm{d}t - z_2/R + x_2$. Durch Auflösung nach $\mathrm{d}z_1/\mathrm{d}t$, $\mathrm{d}z_2/\mathrm{d}t$ und $y$ erhält man die gewünschte Zustandsdarstellung mit den Matrizen

$$\boldsymbol{A} = \begin{bmatrix} \dfrac{-R\,R_1}{L\,(R+R_1)} & \dfrac{-R_1}{L\,(R+R_1)} \\[2ex] \dfrac{R_1}{C\,(R+R_1)} & \dfrac{-(2R+R_1)}{C\,R(R+R_1)} \end{bmatrix}, \quad \boldsymbol{B} = \begin{bmatrix} \dfrac{R_1}{L\,(R+R_1)} & 0 \\[2ex] \dfrac{1}{C\,(R+R_1)} & \dfrac{1}{C} \end{bmatrix}, \quad \boldsymbol{c} = \begin{bmatrix} \dfrac{-R_1}{R+R_1} \\[2ex] \dfrac{1}{R+R_1} \end{bmatrix}, \quad \boldsymbol{d} = \begin{bmatrix} \dfrac{-1}{R+R_1} \\[2ex] 0 \end{bmatrix}.$$

Mit $R_1 = 2R$, $CR_1/2 = L/R_1 = T$ und der Normierung $t = \tau T$ ergeben sich die Systemmatrizen

$$\tilde{\boldsymbol{A}} = T\boldsymbol{A} = \begin{bmatrix} -\frac{1}{3} & -\frac{1}{3R} \\ \frac{2R}{3} & -\frac{4}{3} \end{bmatrix}, \quad \tilde{\boldsymbol{B}} = T\boldsymbol{B} = \begin{bmatrix} \frac{1}{3R} & 0 \\ \frac{1}{3} & R \end{bmatrix}, \quad \tilde{\boldsymbol{c}} = \begin{bmatrix} -\frac{2}{3} \\ \frac{1}{3R} \end{bmatrix}, \quad \tilde{\boldsymbol{d}} = \begin{bmatrix} -\frac{1}{3R} \\ 0 \end{bmatrix},$$

zu denen die Größen $\tilde{x}_1(\tau)$, $\tilde{x}_2(\tau)$, $\tilde{y}(\tau)$, $\tilde{z}_1(\tau)$, $\tilde{z}_2(\tau)$ gehören.

**b)** Den Systemmatrizen entnimmt man direkt das im Bild L.II.12 dargestellte Signalflußdiagramm.

**c)** Es ist die Beobachtbarkeit des Systems zu fordern, d.h. $\det \boldsymbol{V} \neq 0$. Da

$$\boldsymbol{V} = \begin{bmatrix} \tilde{\boldsymbol{c}}^{\mathrm{T}} \\ \tilde{\boldsymbol{c}}^{\mathrm{T}}\tilde{\boldsymbol{A}} \end{bmatrix} = \begin{bmatrix} -2/3 & 1/3R \\ 4/9 & -2/9R \end{bmatrix}$$

ist, gilt jedoch $\det \boldsymbol{V} = 0$.

**d)** Als Eigenwerte erhält man $p_1 = -2/3$ und $p_2 = -1$ als Nullstellen des charakteristischen Polynoms $\det(\mathbf{E}p - \tilde{\boldsymbol{A}}) = p^2 + (5/3)p + 2/3$. Nach dem Cayley-Hamilton-Theorem wird $\tilde{\boldsymbol{\Phi}}(\tau) = \alpha_0(\tau)\mathbf{E} + \alpha_1(\tau)\tilde{\boldsymbol{A}}$, wobei $\alpha_0(\tau)$ und $\alpha_1(\tau)$ aus den Gleichungen $\mathrm{e}^{p_\mu \tau} = \alpha_0(\tau) + \alpha_1(\tau)p_\mu$ für $\mu = 1,2$ zu $\alpha_0(\tau) = 3\mathrm{e}^{-2\tau/3} - 2\mathrm{e}^{-\tau}$, $\alpha_1(\tau) = 3(\mathrm{e}^{-2\tau/3} - \mathrm{e}^{-\tau})$ ergeben. Auf diese Weise findet man

$$\tilde{\boldsymbol{\Phi}}(\tau) = \begin{bmatrix} 2\,\mathrm{e}^{-2\tau/3} - \mathrm{e}^{-\tau} & (\mathrm{e}^{-\tau} - \mathrm{e}^{-2\tau/3})/R \\ 2R(\mathrm{e}^{-2\tau/3} - \mathrm{e}^{-\tau}) & -\mathrm{e}^{-2\tau/3} + 2\,\mathrm{e}^{-\tau} \end{bmatrix}.$$

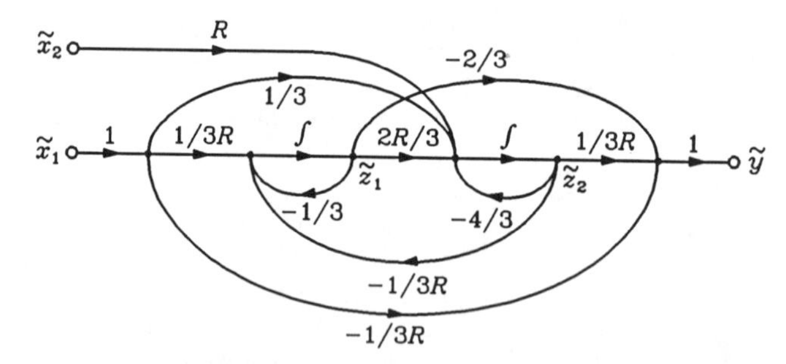


Bild L.II.12

**II. 13. a)** Unter Verwendung der beiden Induktivitätsströme als Zustandsvariablen $z_1$ und $z_2$ liefern die dem Netzwerk unmittelbar zu entnehmenden Beziehungen $L_1\,\mathrm{d}z_1/\mathrm{d}t + R_1 z_1 = x$, $L_2\,\mathrm{d}z_2/\mathrm{d}t + R_2 z_2 = x$ und $y = z_1 + z_2$ mit den gegebenen Größen für $R_1, R_2, L_1$ und $L_2$ die Zustandsbeschreibung

$$\begin{bmatrix} \mathrm{d}z_1/\mathrm{d}t \\ \mathrm{d}z_2/\mathrm{d}t \end{bmatrix} = \begin{bmatrix} -2+\cos t & 0 \\ 0 & -1+\cos t \end{bmatrix}\begin{bmatrix} z_1 \\ z_2 \end{bmatrix} + \begin{bmatrix} 2 \\ 1 \end{bmatrix} x, \quad y = [1,\ 1]\begin{bmatrix} z_1 \\ z_2 \end{bmatrix}.$$

**b)** Da $z_1 = \exp(2t_0 - 2t + \sin t - \sin t_0)$ und $z_2 = \exp(t_0 - t + \sin t - \sin t_0)$ die Lösungen der beiden Differentialgleichungen für $x \equiv 0$ (homogener Fall) mit $z_1(t_0) = z_2(t_0) = 1$ sind, lautet die Übergangsmatrix

$$\boldsymbol{\Phi}(t, t_0) = \begin{bmatrix} \mathrm{e}^{2(t_0 - t) + \sin t - \sin t_0} & 0 \\ 0 & \mathrm{e}^{t_0 - t + \sin t - \sin t_0} \end{bmatrix}.$$

**c)** Mit der in $t$ und $t_0$ periodischen Matrix $\boldsymbol{P}(t, t_0) = \mathbf{E}\exp(\sin t - \sin t_0)$ und $\tilde{\boldsymbol{A}} = \operatorname{diag}(-2, -1)$ erhält man die Darstellung

$$\boldsymbol{\Phi}(t, t_0) = \boldsymbol{P}(t, t_0)\,\mathrm{e}^{\tilde{\boldsymbol{A}}\cdot(t - t_0)} \quad \text{mit} \quad \boldsymbol{P}(t, t_0) \equiv \boldsymbol{P}(t + 2\pi, t_0) \equiv \boldsymbol{P}(t, t_0 + 2\pi).$$

**d)** Da die Eigenwerte $p_1 = -2$, $p_2 = -1$ der Matrix $\tilde{\boldsymbol{A}}$ in der linken Hälfte der $p$-Ebene liegen, ist das nicht erregte System stabil. Dies ist darauf zurückzuführen, daß das System passiv ist.

**II. 14.** Zunächst wird die Variablensubstitution $w = p + 1$, d.h. $p = w - 1$ durchgeführt. Man erhält so das Polynom

$$(w-1)^3 + 8(w-1)^2 + 22(w-1) + 20 = w^3 + 5w^2 + 9w + 5\ ,$$

von dem man mittels des Routh-Schemas oder der Hurwitz-Determinanten ($\Delta_1 = 5 > 0$, $\Delta_2 = 5\cdot 9 - 5 = 40 > 0$, $\Delta_3 = 5\Delta_2 > 0$) nachweist, daß alle Nullstellen negativen Realteil haben; daher besitzen alle Nullstellen in $p$ Realteile, die kleiner als $-1$ sind.

**II. 15.** a) Da $p^2 + a^2$ das charakteristische Polynom ist, sind $p_1 = \mathrm{j}a$ und $p_2 = -\mathrm{j}a$ die Eigenwerte. Sie sind zugleich einfache Nullstellen des Minimalpolynoms. Daher ist das nicht erregte System nach Satz II.12 marginal stabil.

b) Aufgrund des Cayley-Hamilton-Theorems erhält man $\boldsymbol{\Phi}(t) = \alpha_0(t)\mathbf{E} + \alpha_1(t)\boldsymbol{A}$, $\mathrm{e}^{\pm\mathrm{j}at} = \alpha_0(t) \pm \alpha_1(t)\mathrm{j}a$, d.h. $\alpha_0(t) = \cos at$, $\alpha_1(t) = (\sin at)/a$ und damit

$$\boldsymbol{\Phi}(t) = \begin{bmatrix} \cos at & -\sin at \\ \sin at & \cos at \end{bmatrix}, \quad \boldsymbol{\Psi}(t) = \boldsymbol{\Phi}(t)\boldsymbol{b} = \begin{bmatrix} b\cos at \\ b\sin at \end{bmatrix}.$$

Da $\boldsymbol{\Psi}(t)$ nicht absolut integrierbar ist, liegt ein instabiles erregtes System vor.

c) Das charakteristische Polynom $p^2$ liefert den doppelten Eigenwert $p = 0$. Man erhält die Jordan-Matrix

$$\boldsymbol{J} = \boldsymbol{M}^{-1}\boldsymbol{A}\boldsymbol{M} = \begin{bmatrix} 0 & 1 \\ 0 & 0 \end{bmatrix} \quad \text{mit} \quad \boldsymbol{M} = \begin{bmatrix} 0 & 1 \\ a & 0 \end{bmatrix}, \quad \boldsymbol{M}^{-1} = \begin{bmatrix} 0 & 1/a \\ 1 & 0 \end{bmatrix},$$

die erkennen läßt, daß der Index des Eigenwerts 2, also $p = 0$ eine doppelte Nullstelle des Minimalpolynoms ist. Das nicht erregte System ist daher instabil. Aufgrund des Cayley-Hamilton-Theorems erhält man $\boldsymbol{\Phi}(t) = \alpha_0(t)\mathbf{E} + \alpha_1(t)\boldsymbol{A}$ mit $\mathrm{e}^{p_0 t} = \alpha_0(t) + \alpha_1(t)p_0$, $t\,\mathrm{e}^{p_0 t} = \alpha_1(t)$ für $p_0 = 0$, also $\alpha_0(t) = 1$, $\alpha_1(t) = t$ und

$$\boldsymbol{\Phi}(t) = \begin{bmatrix} 1 & 0 \\ at & 1 \end{bmatrix}, \quad \boldsymbol{\Psi}(t) = \boldsymbol{\Phi}(t)\boldsymbol{b} = \begin{bmatrix} b \\ abt \end{bmatrix},$$

woraus die Instabilität des erregten Systems folgt, da $\boldsymbol{\Psi}(t)$ nicht absolut integrierbar ist. Anmerkung: Als Minimalpolynom kommen nur $p$ oder $p^2$ in Betracht, wobei $p$ ausscheidet, da $\boldsymbol{A} \neq \mathbf{0}$ gilt.

**II. 16.** Zur Abspaltung eines nicht steuerbaren Teilsystems bildet man zunächst die Steuerbarkeitsmatrix $\boldsymbol{U} = [\boldsymbol{b}, \boldsymbol{A}\boldsymbol{b}, \boldsymbol{A}^2\boldsymbol{b}, \boldsymbol{A}^3\boldsymbol{b}]$. Sie besteht aus den Spalten $[1,-1,1,0]^{\mathrm{T}}$, $[0,1,-1,0]^{\mathrm{T}}$, $[-2,-1,1,0]^{\mathrm{T}}$ und $[6,1,-1,0]^{\mathrm{T}}$, von denen die beiden letzten von den zwei ersten linear abhängen. Daher werden jene durch die beiden Spalten $[0,0,1,0]^{\mathrm{T}}$ und $[0,0,0,1]^{\mathrm{T}}$ ersetzt, wodurch die nichtsinguläre Matrix $\boldsymbol{M}$ entsteht. Damit erhält man gemäß Satz II.8

$$\tilde{\boldsymbol{A}} = \boldsymbol{M}^{-1}\boldsymbol{A}\boldsymbol{M} = \begin{bmatrix} 0 & -2 & -2 & 1 \\ 1 & -3 & -4 & 3 \\ 0 & 0 & -3 & 1 \\ 0 & 0 & 0 & -2 \end{bmatrix}, \quad \tilde{\boldsymbol{b}} = \boldsymbol{M}^{-1}\boldsymbol{b} = \begin{bmatrix} 1 \\ 0 \\ 0 \\ 0 \end{bmatrix}, \quad \tilde{\boldsymbol{c}} = \boldsymbol{M}^{\mathrm{T}}\boldsymbol{c} = \begin{bmatrix} 1 \\ -1 \\ 1 \\ -1 \end{bmatrix}$$

$$\text{mit} \quad \boldsymbol{M} = \begin{bmatrix} 1 & 0 & 0 & 0 \\ -1 & 1 & 0 & 0 \\ 1 & -1 & 1 & 0 \\ 0 & 0 & 0 & 1 \end{bmatrix}, \quad \boldsymbol{M}^{-1} = \begin{bmatrix} 1 & 0 & 0 & 0 \\ 1 & 1 & 0 & 0 \\ 0 & 1 & 1 & 0 \\ 0 & 0 & 0 & 1 \end{bmatrix} \quad \text{und} \quad \tilde{\boldsymbol{U}} = \begin{bmatrix} 1 & 0 & -2 & 6 \\ 0 & 1 & -3 & 7 \\ 0 & 0 & 0 & 0 \\ 0 & 0 & 0 & 0 \end{bmatrix}.$$

Weiterhin erhält man durch Transformation der Subsysteme mit den $\boldsymbol{A}$-Matrizen

$$\tilde{\boldsymbol{A}}_{11} = \begin{bmatrix} 0 & -2 \\ 1 & -3 \end{bmatrix}, \quad \tilde{\boldsymbol{A}}_{22} = \begin{bmatrix} -3 & 1 \\ 0 & -2 \end{bmatrix}$$

gemäß Satz II.9 nach Zusammenfassung der Transformation

$$\boldsymbol{A}_k = \overline{\boldsymbol{M}}^{-1}\tilde{\boldsymbol{A}}\overline{\boldsymbol{M}} = \begin{bmatrix} -1 & 0 & 2 & 0 \\ 1 & -2 & -4 & -1 \\ 0 & 0 & -3 & 0 \\ 0 & 0 & 0 & -2 \end{bmatrix}, \quad \boldsymbol{b}_k = \overline{\boldsymbol{M}}^{-1}\tilde{\boldsymbol{b}} = \begin{bmatrix} 1 \\ 0 \\ 0 \\ 0 \end{bmatrix}, \quad \boldsymbol{c}_k = \overline{\boldsymbol{M}}^{\mathrm{T}}\tilde{\boldsymbol{c}} = \begin{bmatrix} 1 \\ 0 \\ 1 \\ 0 \end{bmatrix} \quad \text{mit} \quad \overline{\boldsymbol{M}} = \begin{bmatrix} 1 & 1 & 0 & 0 \\ 0 & 1 & 0 & 0 \\ 0 & 0 & 1 & 1 \\ 0 & 0 & 0 & 1 \end{bmatrix},$$

$$\overline{\boldsymbol{M}}^{-1} = \begin{bmatrix} 1 & -1 & 0 & 0 \\ 0 & 1 & 0 & 0 \\ 0 & 0 & 1 & -1 \\ 0 & 0 & 0 & 1 \end{bmatrix} \quad \text{sowie} \quad \boldsymbol{M}_k = \boldsymbol{M}\overline{\boldsymbol{M}} = \begin{bmatrix} 1 & 1 & 0 & 0 \\ -1 & 0 & 0 & 0 \\ 1 & 0 & 1 & 1 \\ 0 & 0 & 0 & 1 \end{bmatrix}, \quad \boldsymbol{M}_k^{-1} = \begin{bmatrix} 0 & -1 & 0 & 0 \\ 1 & 1 & 0 & 0 \\ 0 & 1 & 1 & -1 \\ 0 & 0 & 0 & 1 \end{bmatrix}.$$

**II. 17.** Ist $\boldsymbol{V}$ die Beobachtbarkeitsmatrix des gegebenen Systems, dann ist die Transformationsmatrix $\boldsymbol{M}$ durch die Forderung $\tilde{\boldsymbol{V}} = \boldsymbol{V}\boldsymbol{M} = \mathbf{E}$ bestimmt, d.h. durch

$$\boldsymbol{M} = \begin{bmatrix} 1 & 1 & 0 \\ -3 & -1 & 1 \\ 3 & 2 & -4 \end{bmatrix}^{-1} = \frac{1}{7}\begin{bmatrix} -2 & -4 & -1 \\ 9 & 4 & 1 \\ 3 & -1 & -2 \end{bmatrix}.$$

Damit erhält man gemäß den Gln. (2.26a-d)

$$\tilde{\boldsymbol{A}} = \begin{bmatrix} 0 & 1 & 0 \\ 0 & 0 & 1 \\ -5 & -5 & -3 \end{bmatrix}, \quad \tilde{\boldsymbol{b}} = \begin{bmatrix} 2 \\ -4 \\ 5 \end{bmatrix}, \quad \tilde{\boldsymbol{c}} = \begin{bmatrix} 1 \\ 0 \\ 0 \end{bmatrix}, \quad \tilde{d} = 0 \,.$$

Für die zweite Transformation ist $\tilde{\boldsymbol{U}} = \boldsymbol{M}^{-1}\boldsymbol{U} = \mathbf{E}$ zu fordern, d.h. man erhält jetzt als Transformationsmatrix

$$\boldsymbol{M} = \begin{bmatrix} 1 & -1 & 0 \\ 1 & -3 & 5 \\ 0 & -1 & 0 \end{bmatrix} = \begin{bmatrix} 1 & 0 & -1 \\ 0 & 0 & -1 \\ -1/5 & 1/5 & -2/5 \end{bmatrix}^{-1}$$

und dann gemäß den Gln. (2.26a-d)

$$\tilde{\boldsymbol{A}} = \begin{bmatrix} 0 & 0 & -5 \\ 1 & 0 & -5 \\ 0 & 1 & -3 \end{bmatrix}, \quad \tilde{\boldsymbol{b}} = \begin{bmatrix} 1 \\ 0 \\ 0 \end{bmatrix}, \quad \tilde{\boldsymbol{c}} = \begin{bmatrix} 2 \\ -4 \\ 5 \end{bmatrix}, \quad \tilde{d} = 0 \,.$$

**II. 18.** Das charakteristische Polynom des offenen Systems lautet $\det(p\mathbf{E}-\boldsymbol{A}) = p^2 - 3p + 3$, das des rückgekoppelten Systems $(p+1)(p+2) = p^2 + 3p + 2$. Damit erhält man den transformierten Regelvektor $\tilde{\boldsymbol{k}}^{\mathrm{T}} = [3-2, -3-3] = [1, -6]$ und die Transformationsmatrix

$$\boldsymbol{M} = \boldsymbol{U}\boldsymbol{\Delta} = \begin{bmatrix} 2 & 1 \\ 1 & 4 \end{bmatrix}\begin{bmatrix} -3 & 1 \\ 1 & 0 \end{bmatrix} = \begin{bmatrix} -5 & 2 \\ 1 & 1 \end{bmatrix} \quad \text{mit} \quad \boldsymbol{M}^{-1} = \frac{1}{7}\begin{bmatrix} -1 & 2 \\ 1 & 5 \end{bmatrix}.$$

Schließlich erhält man für den Regelvektor

$$\boldsymbol{k}^{\mathrm{T}} = \tilde{\boldsymbol{k}}^{\mathrm{T}}\boldsymbol{M}^{-1} = [-1, -4] \,.$$

**II. 19.** a) Durch die Substitution $\tilde{y}[n] = y[n] - x[n]$ erhält man die Differenzengleichung

$$\tilde{y}[n+3] - \tilde{y}[n+2] + \tilde{y}[n+1] - \tilde{y}[n] = 3x[n+2] + 2x[n+1] + 5x[n]\,,$$

welche gemäß den Gln. (2.194) und (2.195) im Zustandsraum beschrieben werden kann mit den Matrizen

$$\boldsymbol{A} = \begin{bmatrix} 0 & 1 & 0 \\ 0 & 0 & 1 \\ 1 & -1 & 1 \end{bmatrix}, \quad \boldsymbol{b} = \begin{bmatrix} 0 \\ 0 \\ 1 \end{bmatrix}, \quad \boldsymbol{c}^{\mathrm{T}} = [5,\ 2,\ 3]$$

und $d = 1$, wenn man die Substitution rückgängig macht.

b) Aus dem charakteristischen Polynom $\det(z\mathbf{E} - \boldsymbol{A}) = z^3 - z^2 + z - 1 = (z-1)(z^2+1)$ folgen die Eigenwerte $z_1 = 1$, $z_2 = \mathrm{j}$, $z_3 = -\mathrm{j}$; entsprechende Eigenvektoren sind $[1, 1, 1]^{\mathrm{T}}$, $[\mathrm{j}, -1, -\mathrm{j}]^{\mathrm{T}}$, $[\mathrm{j}, 1, -\mathrm{j}]^{\mathrm{T}}$. Damit erhält man

$$\boldsymbol{M} = \begin{bmatrix} 1 & \mathrm{j} & \mathrm{j} \\ 1 & -1 & 1 \\ 1 & -\mathrm{j} & -\mathrm{j} \end{bmatrix} \quad \text{und} \quad \boldsymbol{M}^{-1} = \frac{1}{4}\begin{bmatrix} 2 & 0 & 2 \\ 1-\mathrm{j} & -2 & 1+\mathrm{j} \\ -1-\mathrm{j} & 2 & -1+\mathrm{j} \end{bmatrix}$$

und hieraus folgt gemäß den Gln. (2.199a-d)

$$\tilde{\boldsymbol{A}} = \begin{bmatrix} 1 & 0 & 0 \\ 0 & \mathrm{j} & 0 \\ 0 & 0 & -\mathrm{j} \end{bmatrix}, \quad \tilde{\boldsymbol{b}} = \frac{1}{4}\begin{bmatrix} 2 \\ 1+\mathrm{j} \\ -1+\mathrm{j} \end{bmatrix}, \quad \tilde{\boldsymbol{c}}^{\mathrm{T}} = [10,\ -2+2\mathrm{j},\ 2+2\mathrm{j}]\,, \quad \tilde{d} = 1\,.$$

c) Das System $(\hat{\boldsymbol{A}}, \hat{\boldsymbol{b}}, \hat{\boldsymbol{c}}^{\mathrm{T}}, d)$ ist genau dann äquivalent zum System $(\boldsymbol{A}, \boldsymbol{b}, \boldsymbol{c}^{\mathrm{T}}, d)$, wenn eine nichtsinguläre Matrix $\hat{\boldsymbol{M}}$ existiert, so daß $\hat{\boldsymbol{M}}\hat{\boldsymbol{A}} = \boldsymbol{A}\hat{\boldsymbol{M}}$, $\hat{\boldsymbol{M}}\hat{\boldsymbol{b}} = \boldsymbol{b}$, $\hat{\boldsymbol{c}}^{\mathrm{T}} = \boldsymbol{c}^{\mathrm{T}}\hat{\boldsymbol{M}}$ gilt. Man findet

$$\hat{\boldsymbol{M}} = \begin{bmatrix} 0 & 0 & -1 \\ 0 & 1 & 0 \\ -1 & 0 & 0 \end{bmatrix}.$$

**II. 20.** a) Aus den Zustandsgleichungen erhält man auf direktem Weg für $\nu = 0, 1, 2, 3$

$$\boldsymbol{z}[n+\nu] = \boldsymbol{A}^{\nu}\boldsymbol{z}[n] + \sum_{\mu=0}^{\nu-1}\boldsymbol{A}^{\mu}\boldsymbol{b}\,x[n+\nu-1-\mu]\,, \quad y[n+\nu] = \boldsymbol{c}^{\mathrm{T}}\boldsymbol{A}^{\nu}\boldsymbol{z}[n] + \boldsymbol{c}^{\mathrm{T}}\sum_{\mu=0}^{\nu-1}\boldsymbol{A}^{\mu}\boldsymbol{b}\,x[n+\nu-1-\mu]$$

(wobei für $\nu = 0$ die Summen entfallen). Aus der zweiten Gleichung folgt für $\nu = 0, 1, 2$

$$\begin{bmatrix} y[n] \\ y[n+1] - \boldsymbol{c}^{\mathrm{T}}\boldsymbol{b}\,x[n] \\ y[n+2] - \boldsymbol{c}^{\mathrm{T}}\boldsymbol{A}\boldsymbol{b}\,x[n] - \boldsymbol{c}^{\mathrm{T}}\boldsymbol{b}\,x[n+1] \end{bmatrix} = \begin{bmatrix} \boldsymbol{c}^{\mathrm{T}}\boldsymbol{z}[n] \\ \boldsymbol{c}^{\mathrm{T}}\boldsymbol{A}\,\boldsymbol{z}[n] \\ \boldsymbol{c}^{\mathrm{T}}\boldsymbol{A}^2\boldsymbol{z}[n] \end{bmatrix} = \boldsymbol{V}\boldsymbol{z}[n] \,,$$

was zu beweisen war. Diese Beziehung, nach $\boldsymbol{z}[n]$ aufgelöst, wird in obige Gleichung für $y[n+3]$ eingesetzt. Auf diese Weise erhält man

$$y[n+3] = \boldsymbol{c}^{\mathrm{T}}\boldsymbol{A}^3\boldsymbol{V}^{-1}\begin{bmatrix} y[n] \\ y[n+1] - \boldsymbol{c}^{\mathrm{T}}\boldsymbol{b}\,x[n] \\ y[n+2] - \boldsymbol{c}^{\mathrm{T}}\boldsymbol{A}\,\boldsymbol{b}\,x[n] - \boldsymbol{c}^{\mathrm{T}}\boldsymbol{b}\,x[n+1] \end{bmatrix} + \boldsymbol{c}^{\mathrm{T}}\boldsymbol{A}^2\boldsymbol{b}\,x[n]$$

$$+ \boldsymbol{c}^{\mathrm{T}}\boldsymbol{A}\,\boldsymbol{b}\,x[n+1] + \boldsymbol{c}^{\mathrm{T}}\boldsymbol{b}\,x[n+2] \,.$$

**b)** Für das Zahlenbeispiel erhält man

$$\boldsymbol{V} = \begin{bmatrix} 0 & 0 & 1 \\ 2 & 2 & 1 \\ 6 & 4 & 1 \end{bmatrix}, \quad \boldsymbol{V}^{-1} = \begin{bmatrix} 1/2 & -1 & 1/2 \\ -1 & 3/2 & -1/2 \\ 1 & 0 & 0 \end{bmatrix},$$

$$y[n+3] = [12,\ 8,\ 1]\begin{bmatrix} 1/2 & -1 & 1/2 \\ -1 & 3/2 & -1/2 \\ 1 & 0 & 0 \end{bmatrix}\begin{bmatrix} y[n] \\ y[n+1] - 2x[n] \\ y[n+2] - 18x[n] - 2x[n+1] \end{bmatrix}$$

$$+ 42x[n] + 18x[n+1] + 2x[n+2] \,,$$

also nach kurzer Zwischenrechnung die Differenzengleichung

$$y[n+3] - 2y[n+2] + y[n] = 2x[n+2] + 14x[n+1] + 6x[n] \,.$$

**II. 21.** Aufgrund der Gln. (2.194) und (2.195) erhält man eine Zustandsbeschreibung mit den Matrizen

$$\boldsymbol{A} = \begin{bmatrix} 0 & 1 & 0 \\ 0 & 0 & 1 \\ -1 & -1 & 1 \end{bmatrix}, \quad \boldsymbol{b} = \begin{bmatrix} 0 \\ 0 \\ 1 \end{bmatrix}, \quad \boldsymbol{c}^{\mathrm{T}} = [1,\ 1,\ 1]\,, \quad d = 0\,.$$

Daraus folgt unmittelbar das im Bild L.II.21 gezeigte Signalflußdiagramm.

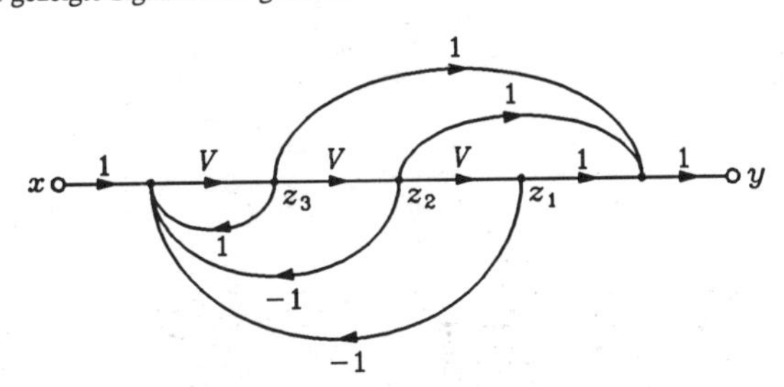


Bild L.II.21

**II. 22. a)** Bild L.II.22 zeigt das direkt aus den gegebenen Zustandsgleichungen folgende Signalflußdiagramm.

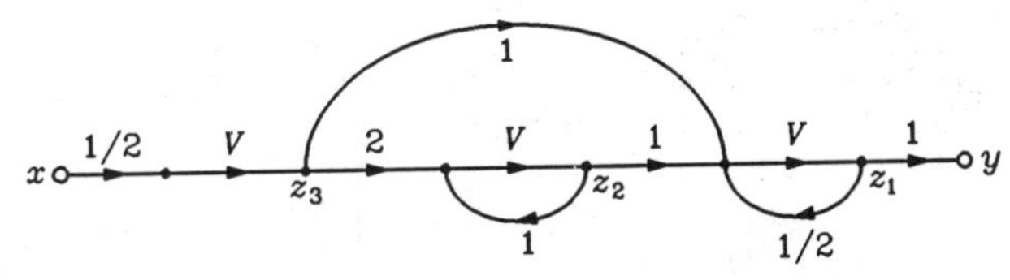


Bild L.II.22

**b)** Aufgrund des Cayley-Hamilton-Theorems wählt man den Ansatz $\boldsymbol{\Phi}[n] = \boldsymbol{A}^n = \alpha_0[n]\mathbf{E} + \alpha_1[n]\boldsymbol{A} + \alpha_2[n]\boldsymbol{A}^2$. Die Funktionen $\alpha_\mu[n]$ ($\mu = 0, 1, 2$) bestimmen sich aus der Beziehung $z_\mu^n = \alpha_0[n] + \alpha_1[n]z_\mu + \alpha_2[n]z_\mu^2$ ($\mu = 1, 2, 3$), wobei $z_1 = 1/2$, $z_2 = 1$, $z_3 = 0$ die Eigenwerte der Matrix $\boldsymbol{A}$ sind. Man erhält $\alpha_0[n] \equiv 0$, $\alpha_1[n] = 2^{2-n} - 1$, $\alpha_2[n] = 2 - 2^{2-n}$ und somit für $n \geqq 1$

$$\boldsymbol{\Phi}[n] = \boldsymbol{A}^n = \begin{bmatrix} 2^{-n} & 2 - 2^{1-n} & 4 - 3\cdot 2^{1-n} \\ 0 & 1 & 2 \\ 0 & 0 & 0 \end{bmatrix}, \quad \text{für} \quad n = 0 \quad \text{gilt} \quad \boldsymbol{\Phi}[n] = \mathbf{E}\,.$$

c) Gemäß Gln. (2.203) und (2.207) für $n_0 = 0$ gilt

$$y[n] = \boldsymbol{c}^{\mathrm{T}} \{\boldsymbol{\Phi}[n]\boldsymbol{z}[0] + \sum_{\nu=0}^{n-1} \boldsymbol{\Phi}[n-\nu-1]\boldsymbol{b}x[\nu]\} = 6 - 7 \cdot 2^{-n} + \sum_{\nu=0}^{n-1} (2 - 3 \cdot 2^{\nu+1-n}) 2^{-\nu} ,$$

d.h.

$$y[n] = 10 - 11 \cdot 2^{-n} - 3n \cdot 2^{1-n} \quad \text{für} \quad n \geqq 1 , \quad y[0] = 1 .$$

d) Da $z = 1$ ein einfacher Pol ist, liegt (marginale) Stabilität vor.

**II. 23.** Man hat $x[n]$ derart zu wählen, daß der Zustandsvektor $\boldsymbol{z}[n]$ vom Anfangszustand $\boldsymbol{z}[0]$ den Nullzustand zum Zeitpunkt $n = 3$ erreicht und $x[n] \equiv 0$ für $n \geqq 3$ gilt. Nach Gl. (2.239) erhält man

$$\boldsymbol{z}[3] = \boldsymbol{A}^3 \boldsymbol{z}[0] + [\boldsymbol{b}, \boldsymbol{Ab}, \boldsymbol{A}^2\boldsymbol{b}]\,[x[2], x[1], x[0]]^{\mathrm{T}}$$

und hieraus mit $\boldsymbol{U} = [\boldsymbol{b}, \boldsymbol{Ab}, \boldsymbol{A}^2\boldsymbol{b}]$ die Werte $x[0], x[1]$ und $x[2]$ zu

$$\begin{bmatrix} x[2] \\ x[1] \\ x[0] \end{bmatrix} = \boldsymbol{U}^{-1}(\boldsymbol{z}[3] - \boldsymbol{A}^3\boldsymbol{z}[0]) = \begin{bmatrix} 1 & 3 & 2 \\ 0 & -1 & -2 \\ 0 & 0 & 1 \end{bmatrix} \left( \begin{bmatrix} 0 \\ 0 \\ 0 \end{bmatrix} - \begin{bmatrix} 4 \\ -5/2 \\ 2 \end{bmatrix} \right) = \begin{bmatrix} -1/2 \\ 3/2 \\ -2 \end{bmatrix} .$$

**II. 24.** a) Da die Determinante der Steuerbarkeitsmatrix mit den Spalten $\boldsymbol{b} = [0, 1]^{\mathrm{T}}, \boldsymbol{Ab} = [1, 0]$ den Wert $-1$ ($\neq 0$) hat, ist das System steuerbar. Analog zu Aufgabe II.23 fordert man $\boldsymbol{z}[2] = \boldsymbol{0}$ und $x[n] \equiv 0$ für $n \geqq 2$, also

$$\boldsymbol{z}[2] = \boldsymbol{A}^2 \boldsymbol{z}[0] + [\boldsymbol{b},\ \boldsymbol{Ab}]\,[x[1],\ x[0]]^{\mathrm{T}} ,$$

d.h.

$$\begin{bmatrix} x[1] \\ x[0] \end{bmatrix} = \boldsymbol{U}^{-1}(\boldsymbol{z}[2] - \boldsymbol{A}^2\boldsymbol{z}[0]) = \begin{bmatrix} 0 & 1 \\ 1 & 0 \end{bmatrix} \left( \begin{bmatrix} 0 \\ 0 \end{bmatrix} - \begin{bmatrix} 1 \\ 0 \end{bmatrix} \right) = \begin{bmatrix} 0 \\ -1 \end{bmatrix} .$$

b) Aus der zu stellenden Forderung

$$\det \boldsymbol{V} = \det \begin{bmatrix} \alpha & \beta \\ -\alpha & \alpha \end{bmatrix} = \alpha(\alpha + \beta) = 0$$

findet man $\alpha = 0$ ($\beta$ beliebig) und $\alpha = -\beta$ als Lösungen.

c) Die Forderung $y[0] = [1,\ 1]\boldsymbol{z}[0] = 0$ kann beispielsweise durch $\boldsymbol{z}[0] = \boldsymbol{0}$ oder $\boldsymbol{z}[0] = [-1,\ 1]^{\mathrm{T}}$ erfüllt werden.

**II. 25.** a) Bild L.II.25 zeigt ein Signalflußdiagramm.

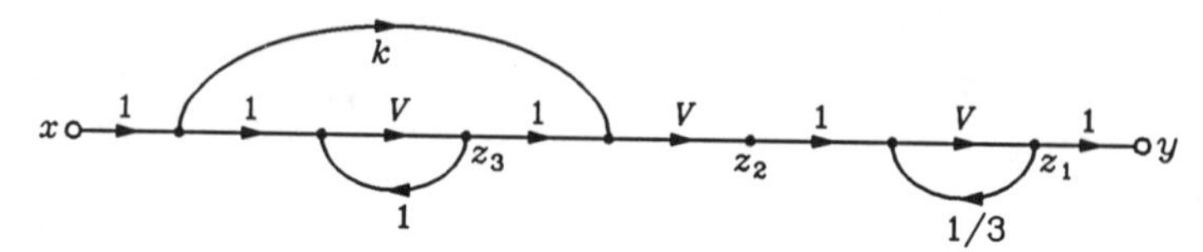


Bild L.II.25

b) Wegen

$$\det \boldsymbol{U} = \det \begin{bmatrix} 0 & k & 1 + k/3 \\ k & 1 & 1 \\ 1 & 1 & 1 \end{bmatrix} = \left(\frac{2k}{3} - 1\right)(1 - k)$$

ist das System für alle $k \neq 3/2$ und $k \neq 1$ steuerbar.

c) Aufgrund des Cayley-Hamilton-Theorems erhält man $\boldsymbol{\Phi}[n] = \boldsymbol{A}^n = \alpha_0[n]\mathbf{E} + \alpha_1[n]\boldsymbol{A} + \alpha_2[n]\boldsymbol{A}^2$, wobei die Koeffizienten $\alpha_\mu[n]$ ($\mu = 0, 1, 2$) mittels der Eigenwerte $z_1 = 1/3$, $z_2 = 0$, $z_3 = 1$ von $\boldsymbol{A}$ durch $z_\nu^n = \alpha_0[n] + \alpha_1[n]z_\nu + \alpha_2[n]z_\nu^2$ ($\nu = 1, 2, 3$) zu $\alpha_0 = 0$, $\alpha_1 = (3^{2-n} - 1)/2$, $\alpha_2 = (3 - 3^{2-n})/2$ bestimmt werden. Damit ergibt sich für $n \geqq 1$

$$\boldsymbol{\Phi}[n] = \begin{bmatrix} 3^{-n} & 3^{1-n} & (3 - 3^{2-n})/2 \\ 0 & 0 & 1 \\ 0 & 0 & 1 \end{bmatrix} \quad \text{mit} \quad \boldsymbol{A}^2 = \begin{bmatrix} 1/9 & 1/3 & 1 \\ 0 & 0 & 1 \\ 0 & 0 & 1 \end{bmatrix} .$$

d) Man erhält

$$\boldsymbol{z}[1] = \boldsymbol{A}\,\boldsymbol{z}[0] + \boldsymbol{b} = [4/3, (1+k), 2]^{\mathrm{T}} ; \quad \boldsymbol{z}[2] = \boldsymbol{A}\,\boldsymbol{z}[1] = [(13/9 + k), 2, 2]^{\mathrm{T}}$$

und für $n \geqq 3$

$$\boldsymbol{z}[n] = \boldsymbol{\Phi}[n-1]\boldsymbol{z}[1] = \begin{bmatrix} 3^{1-n} & 3^{2-n} & \frac{1}{2}(3 - 3^{3-n}) \\ 0 & 0 & 1 \\ 0 & 0 & 1 \end{bmatrix} \begin{bmatrix} 4/3 \\ 1 + k \\ 2 \end{bmatrix} = \begin{bmatrix} 3 + 3^{-n}(9k - 14) \\ 2 \\ 2 \end{bmatrix} ,$$

schließlich $y[0] = 1$, $y[1] = 4/3$, $y[2] = 13/9 + k$, $y[n] = 3 + 3^{-n}(9k - 14)$ $(n \geqq 3)$.

e) Aus den Zustandsdifferenzengleichungen folgt $y[n+1] = y[n]/3 + z_2[n]$, $z_2[n+1] = z_3[n] + k\,x[n]$, $z_3[n+1] = z_3[n] + x[n]$. Aus den beiden ersten dieser Gleichungen erhält man die Beziehung $z_3[n] = y[n+2] - y[n+1]/3 - k\,x[n]$, welche, in die dritte der Gleichungen eingesetzt, schließlich $y[n+3] - (4/3)y[n+2] + (1/3)y[n+1] = k\,x[n+1] + (1-k)x[n]$ liefert.

**II. 26.** a) Man entnimmt dem Signalflußdiagramm direkt die Zustandsbeschreibung

$$\boldsymbol{z}[n+1] = \begin{bmatrix} 1/2 & 0 & \beta \\ \alpha & 3/2 & -3/2 \\ 0 & 1 & -1 \end{bmatrix} \boldsymbol{z}[n] + \begin{bmatrix} 0 \\ 1 \\ 0 \end{bmatrix} x[n], \quad y[n] = [0,\ 0,\ 1]\,\boldsymbol{z}[n].$$

b) Wegen

$$\det \boldsymbol{U} = \det \begin{bmatrix} 0 & 0 & \beta \\ 1 & 3/2 & 3/4 \\ 0 & 1 & 1/2 \end{bmatrix} = \beta, \quad \det \boldsymbol{V} = \det \begin{bmatrix} 0 & 0 & 1 \\ 0 & 1 & -1 \\ \alpha & 1/2 & -1/2 \end{bmatrix} = -\alpha$$

ist zu ersehen, daß Steuerbarkeit genau dann vorliegt, wenn $\beta \neq 0$ ist, und daß Beobachtbarkeit genau dann besteht, wenn $\alpha \neq 0$ gilt.

c) Für $\alpha = 0$ erhält man als charakteristisches Polynom $\det(\mathbf{E}z - \boldsymbol{A}) = (z - 1/2)[(z - 3/2)(z+1) + 3/2] = z(z - 1/2)^2$, woraus die Eigenwerte $z_1 = 0, z_2 = 1/2$ (doppelt) folgen. Das Cayley-Hamilton-Theorem liefert $\boldsymbol{A}^n = \alpha_0[n]\mathbf{E} + \alpha_1[n]\boldsymbol{A} + \alpha_2[n]\boldsymbol{A}^2$, $z_\nu^n = \alpha_0[n] + \alpha_1[n]z_\nu + \alpha_2[n]z_\nu^2$ $(\nu = 1,2)$ und $n\,z_2^{n-1} = \alpha_1[n] + 2\alpha_2[n]z_2$. Hieraus erhält man $\alpha_0[n] = 0$, $\alpha_1[n] = 2^{1-n}(2-n)$, $\alpha_2[n] = 2^{2-n}(n-1)$ und damit für $n \geqq 1$

$$\boldsymbol{\Phi}[n] = \boldsymbol{A}^n = \begin{bmatrix} 2^{-n} & 2^{2-n}(n-1)\beta & 2^{1-n}(3-2n)\beta \\ 0 & 3\cdot 2^{-n} & -3\cdot 2^{-n} \\ 0 & 2^{1-n} & -2^{1-n} \end{bmatrix}.$$

d) Schließlich folgt mit $x[n] = s[n]$ und $\boldsymbol{\Phi}[0] = \mathbf{E}$

$$y[n] = [0,\ 0,\ 1]\{\boldsymbol{\Phi}[n]\boldsymbol{z}[0] + \sum_{\nu=0}^{n-1} \boldsymbol{\Phi}[n-\nu-1]\boldsymbol{b}\} = 4 - 2^{2-n} \quad \text{für} \quad n \geqq 1.$$

**II. 27.** a) Dem Signalflußdiagramm entnimmt man unmittelbar die Zustandsbeschreibung

$$\boldsymbol{z}[n+1] = \begin{bmatrix} \alpha & 0 & 0 \\ \alpha & \beta & 0 \\ 0 & \beta & \gamma \end{bmatrix} \boldsymbol{z}[n] + \begin{bmatrix} \gamma & 0 \\ 1 & 1 \\ 0 & 0 \end{bmatrix} \boldsymbol{x}[n], \quad y[n] = [0,\ 0,\ 1]\,\boldsymbol{z}[n].$$

b) Die Beobachtbarkeitsmatrix $\boldsymbol{V}$ besteht aus den Zeilen $[0,0,1]$, $[0,\beta,\gamma]$, $[\alpha\beta,\ \beta^2 + \beta\gamma,\ \gamma^2]$ und hat die Determinante $-\alpha\beta^2 \neq 0$, d.h. das System ist beobachtbar.

c) Wählt man $x_2[n] \equiv 0$, so erhält man eine Steuerbarkeitsmatrix $\boldsymbol{U}_1$ (bezüglich $x_1[n]$) mit den Spalten $[1,1,0]^{\mathrm{T}}, [2,3,1]^{\mathrm{T}}, [4,7,4]^{\mathrm{T}}$. Da $\boldsymbol{U}_1$ eine nichtsinguläre Matrix darstellt ($\det \boldsymbol{U}_1 = 1$), ist das System allein durch $x_1$ (mit $x_2 \equiv 0$) steuerbar. Analog zu Aufgabe II.23 wählt man $x_1[0]$, $x_1[1]$, $x_1[2]$ derart, daß $\boldsymbol{z}[3] = \boldsymbol{0}$ wird, und im übrigen $x_1[n] \equiv 0$ für $n \geqq 3$. Es folgt $x_1[0] = -5$, $x_1[1] = 8$, $x_1[2] = -4$ aus

$$\begin{aligned} \boldsymbol{0} = \boldsymbol{z}[3] &= \boldsymbol{A}^3\boldsymbol{z}[0] + \boldsymbol{U}_1[x_1[2],\ x_1[1],\ x_1[0]]^{\mathrm{T}} \\ &= [8,15,12]^{\mathrm{T}} + [x_1[2] + 2x_1[1] + 4x_1[0],\ x_1[2] + 3x_1[1] + 7x_1[0],\ x_1[1] + 4x_1[0]]^{\mathrm{T}}. \end{aligned}$$

d) Wählt man $x_1[n] \equiv 0$, so erhält man eine Steuerbarkeitsmatrix $\boldsymbol{U}_2$ (bezüglich $x_2[n]$) mit den Spalten $[0,1,0]^{\mathrm{T}}, [0,1,1]^{\mathrm{T}}, [0,1,2]^{\mathrm{T}}$. Da $\det \boldsymbol{U}_2 = 0$ gilt, ist das System durch $x_2$ allein nicht steuerbar.

e) Wie man der Matrix $\boldsymbol{A}$ entnimmt, sind $\alpha$, $\beta$ und $\gamma$ die Eigenwerte. Das nicht erregte System ist also genau dann asymptotisch stabil, wenn $|\alpha| < 1$, $|\beta| < 1$, $|\gamma| < 1$ gilt.

f) Da das System steuerbar und beobachtbar ist, muß $|\alpha| < 1$, $|\beta| < 1$, $|\gamma| < 1$ gefordert werden.

**II. 28.** Nach dem Cayley-Hamilton-Theorem hat die Übergangsmatrix die Form $\boldsymbol{\Phi}[n] = \alpha_0[n]\mathbf{E} + \alpha_1[n]\boldsymbol{A} + \alpha_2[n]\boldsymbol{A}^2 + \alpha_3[n]\boldsymbol{A}^3$. Die Koeffizienten $\alpha_\nu[n]$ $(\nu = 0,1,2,3)$ berechnen sich aus $z^n = \alpha_0[n] + \alpha_1[n]z + \alpha_2[n]z^2 + \alpha_3[n]z^3$, $n\,z^{n-1} = \alpha_1[n] + 2\alpha_2[n]z + 3\alpha_3[n]z^2$, $n(n-1)z^{n-2} = 2\alpha_2[n] + 6\alpha_3[n]z$, $n(n-1)(n-2)z^{n-3} = 6\alpha_3[n]$ für $z = 1$, den vierfachen Eigenwert der Matrix $\boldsymbol{A}$. Man erhält die Lösungen $\alpha_0[n] = 1 + n(-11 + 6n - n^2)/6$, $\alpha_1[n] = n(6 - 5n + n^2)/2$, $\alpha_2[n] = n(-3 + 4n - n^2)/2$, $\alpha_3[n] = n(n^2 - 3n + 2)/6$ und damit

$$\boldsymbol{A}^n = \begin{bmatrix} 1 & n & n(n-1)/2 & -n(n+1)/2 \\ 0 & 1 & n & -n \\ 0 & 0 & 1 & 0 \\ 0 & 0 & 0 & 1 \end{bmatrix}.$$

Um die Jordan-Form (Anhang C) anzuwenden, bildet man mit dem 4 fachen Eigenwert $z = 1$ die Matrix

$$\boldsymbol{A}_0 := \boldsymbol{A} - z\,\mathbf{E} = \begin{bmatrix} 0 & 1 & 0 & -1 \\ 0 & 0 & 1 & -1 \\ 0 & 0 & 0 & 0 \\ 0 & 0 & 0 & 0 \end{bmatrix}.$$

Da der Rang von $\boldsymbol{A}_0$ Zwei ist, kann man $4 - 2 = 2$ Eigenvektoren angeben, nämlich $\boldsymbol{x}_1^{(1)} = [1, 0, 0, 0]^{\mathrm{T}}$, $\boldsymbol{x}_1^{(2)} = [0, 1, 1, 1]^{\mathrm{T}}$. Man erhält zwei verallgemeinerte Eigenvektoren (Anhang C)

$$\boldsymbol{x}_3^{(1)} = \begin{bmatrix} 0 \\ 0 \\ 1 \\ 0 \end{bmatrix}, \quad \boldsymbol{x}_2^{(1)} = \boldsymbol{A}_0 \boldsymbol{x}_3^{(1)} = \begin{bmatrix} 0 \\ 1 \\ 0 \\ 0 \end{bmatrix} \quad \text{für} \quad \boldsymbol{A}_0^2 = \begin{bmatrix} 0 & 0 & 1 & -1 \\ 0 & 0 & 0 & 0 \\ 0 & 0 & 0 & 0 \\ 0 & 0 & 0 & 0 \end{bmatrix}, \quad \boldsymbol{A}_0^3 = \mathbf{0}.$$

Damit kann man eine Matrix

$$\boldsymbol{Q} = \begin{bmatrix} 1 & 0 & 0 & 0 \\ 0 & 1 & 0 & 1 \\ 0 & 0 & 1 & 1 \\ 0 & 0 & 0 & 1 \end{bmatrix} \quad \text{mit} \quad \boldsymbol{Q}^{-1} = \begin{bmatrix} 1 & 0 & 0 & 0 \\ 0 & 1 & 0 & -1 \\ 0 & 0 & 1 & -1 \\ 0 & 0 & 0 & 1 \end{bmatrix}$$

bilden. Man erhält damit die Jordan-Form

$$\boldsymbol{J} = \boldsymbol{Q}^{-1} \boldsymbol{A}\, \boldsymbol{Q} = \begin{bmatrix} \boldsymbol{J}_1 & \mathbf{0} \\ \mathbf{0} & \boldsymbol{J}_2 \end{bmatrix} \quad \text{mit} \quad \boldsymbol{J}_1 = \begin{bmatrix} 1 & 1 & 0 \\ 0 & 1 & 1 \\ 0 & 0 & 1 \end{bmatrix}, \quad \boldsymbol{J}_2 = [1].$$

Hieraus folgt mit der Darstellung $\boldsymbol{J}_1 = \mathbf{E} + \boldsymbol{L}$, wobei die dreireihige Matrix $\boldsymbol{L}$ durch Gl. (2.65) gegeben ist, zunächst

$$\boldsymbol{J}_1^n = (\mathbf{E} + \boldsymbol{L})^n = \mathbf{E} + \binom{n}{1}\boldsymbol{L} + \binom{n}{2}\boldsymbol{L}^2 = \begin{bmatrix} 1 & n & n(n-1)/2 \\ 0 & 1 & n \\ 0 & 0 & 1 \end{bmatrix},$$

da $\boldsymbol{L}^\nu = \mathbf{0}$ für $\nu \geqq 3$ gilt. Schließlich erhält man aufgrund von

$$\boldsymbol{A}^n = \boldsymbol{Q}\,\boldsymbol{J}^n \boldsymbol{Q}^{-1} = \boldsymbol{Q} \begin{bmatrix} \boldsymbol{J}_1^n & \mathbf{0} \\ \mathbf{0} & \boldsymbol{J}_2^n \end{bmatrix} \boldsymbol{Q}^{-1}$$

mit obigen Matrizen und $\boldsymbol{J}_2^n = 1$ dasselbe Ergebnis wie bei Verwendung des Cayley-Hamilton-Theorems.

**II. 29.** Mit dem Ansatz $y[n] = z^n$ erhält man das charakteristische Polynom $P(z) = 8z^4 + 8z^3 + 2z^2 - 2z - 1$. Wendet man Satz II.21 an, so gelangt man zu den Ungleichungen $8 > |-1|$, $63 > |-8|$, $3905 > 1630$, $12592125 > 9213750$. Es liegt also asymptotische Stabilität vor.

# Kapitel III

**III. 1.** Durch Partialbruchentwicklung erhält man sofort $(2 + \mathrm{j}\omega)/\{(1 + \mathrm{j}\omega)(3 + \mathrm{j}\omega)\} = (1/2)/(1 + \mathrm{j}\omega) + (1/2)/(3 + \mathrm{j}\omega)$, woraus als entsprechende Zeitfunktion $(1/2)\,\mathrm{e}^{-t} s(t) + (1/2)\,\mathrm{e}^{-3t} s(t)$ folgt.

**III. 2.** **a)** Es gilt zunächst $f_g(t) = \mathrm{e}^{-at}(1+at)s(t) + \mathrm{e}^{at}(1-at)s(-t) = \mathrm{e}^{-a|t|}(1+a\,|t|)$ und weiterhin $f_u(t) = \mathrm{e}^{-at}(1+at)\,s(t) - \mathrm{e}^{at}(1-at)s(-t) = (at + \operatorname{sgn} t)\,\mathrm{e}^{-a|t|}$. Bild L.III.2 zeigt den Verlauf von $f_g$ und $f_u$.

**b)** Da $1/(a + \mathrm{j}\omega)$ die Fourier-Transformierte von $\mathrm{e}^{-at} s(t)$ und $\mathrm{d}[1/(a + \mathrm{j}\omega)]/\mathrm{d}\omega = -\mathrm{j}/(a + \mathrm{j}\omega)^2$ diejenige von $-\mathrm{j}t\,\mathrm{e}^{-at} s(t)$ ist, korrespondiert $f(t)$ mit

$$F(\mathrm{j}\omega) = 2/(a + \mathrm{j}\omega) + 2a/(a + \mathrm{j}\omega)^2 = 2(2a + \mathrm{j}\omega)/(a + \mathrm{j}\omega)^2.$$

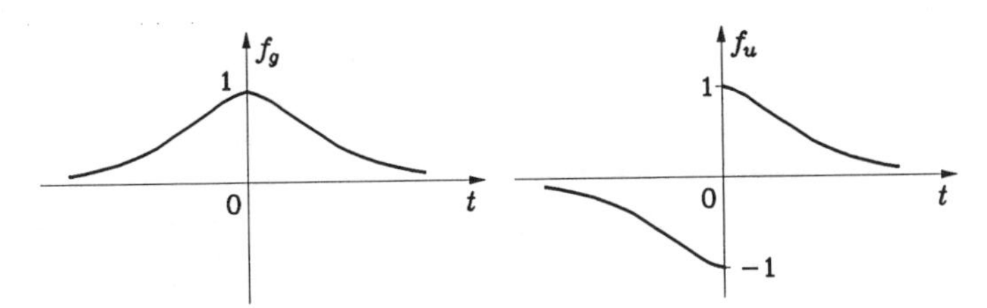


Bild L.III.2

c) Es bestehen die Korrespondenzen

$$f_g(t) \circ\!\!- \operatorname{Re} F(\mathrm{j}\omega) = \frac{4a^3}{(a^2+\omega^2)^2}\,, \quad f_u(t) \circ\!\!- \mathrm{j}\operatorname{Im} F(\mathrm{j}\omega) = \frac{-2\mathrm{j}\omega(3a^2+\omega^2)}{(a^2+\omega^2)^2}\,.$$

**III. 3.** Aufgrund des Faltungssatzes ergibt sich zunächst $F_k(\mathrm{j}\omega) = F(\mathrm{j}\omega) * [1/(\mathrm{j}\omega) + \pi\delta(\omega)]/2\pi = F(\mathrm{j}\omega) * [1/(\mathrm{j}\omega)]/2\pi + F(\mathrm{j}\omega)/2$. Da für ein kausales Signal $f_k(t)$ die Beziehung $f_k(|t|) = 2f_g(t)$ mit dem geraden Anteil $f_g(t)$ von $f_k(t)$ gilt, erhält man $\widetilde{F}(\mathrm{j}\omega) = 2\operatorname{Re} F_k(\mathrm{j}\omega)$ mit obigem $F_k(\mathrm{j}\omega)$.

**III. 4.** (i) Aus der Fourier-Transformierten $p_\Omega(\omega)$ von $(1/\pi t)\sin\Omega t$ (Anhang E) erhält man nach dem Verschiebungssatz die gesuchte Fourier-Transformierte $p_\Omega(\omega)\,\mathrm{e}^{-\mathrm{j}\omega t_0}$.

(ii) Entsprechend ergibt sich (man vergleiche Anhang E) die Fourier-Transformierte $q_\Omega(\omega)\,\mathrm{e}^{-\mathrm{j}\omega t_0} = (1-|\omega|/\Omega)p_\Omega(\omega)\,\mathrm{e}^{-\mathrm{j}\omega t_0}$ des Signals $g(t) = [2\sin^2(\Omega\{t-t_0\}/2)]/\{\pi\Omega(t-t_0)^2\}$. Schließlich folgt für die Fourier-Transformierte des gegebenen Signals $f(t) = g(t)\sin\omega_0 t = g(t)\,\mathrm{e}^{\mathrm{j}\omega_0 t}/2\mathrm{j} - g(t)\,\mathrm{e}^{-\mathrm{j}\omega_0 t}/2\mathrm{j}$ aufgrund des Frequenzverschiebungssatzes sofort $q_\Omega(\omega-\omega_0)\,\mathrm{e}^{-\mathrm{j}(\omega-\omega_0)t_0}/2\mathrm{j} - q_\Omega(\omega+\omega_0)\,\mathrm{e}^{-\mathrm{j}(\omega+\omega_0)t_0}/2\mathrm{j}$.

(iii) Die Fourier-Transformierte von $\mathrm{e}^{-2t}(1+2\sin t)s(t)$ erhält man aus der entsprechenden Laplace-Transformierten (Anhang E) einfach für $p = \mathrm{j}\omega$ (auf $\operatorname{Re} p = 0$ liegen keine Pole!), nämlich $F_k(\mathrm{j}\omega) = 1/(2+\mathrm{j}\omega) + 2/[(\mathrm{j}\omega+2)^2+1]$. Die gesuchte Fourier-Transformierte ergibt sich als $F(\mathrm{j}\omega) = 2\operatorname{Re} F_k(\mathrm{j}\omega) = 4/(4+\omega^2) + 4(5-\omega^2)/[(5-\omega^2)^2 + 16\omega^2]$.

**III. 5. a)** Aus der bekannten Korrespondenz (3.72) zwischen $\operatorname{sgn} t$ und $2/\mathrm{j}\omega$ erhält man mit dem Symmetriesatz $2/\mathrm{j}t \circ\!\!- -2\pi\operatorname{sgn}\omega$, also $1/(\pi t) \circ\!\!- -\mathrm{j}\operatorname{sgn}\omega$.

**b)** Differenziert man $1/(\pi t)$ nach $t$, so entsteht $-1/\pi t^2$; im Frequenzbereich entspricht dieser Operation die Multiplikation mit $\mathrm{j}\omega$, so daß das Spektrum $\omega\operatorname{sgn}\omega = |\omega|$ resultiert.

**c)** Nach dem Faltungssatz besitzt $f'(t) * (1/\pi t)$ das Spektrum $\mathrm{j}\omega F(\mathrm{j}\omega)\cdot(-\mathrm{j}\operatorname{sgn}\omega) = |\omega|\,F(\mathrm{j}\omega)$.

**III. 6.** Da $F(\mathrm{j}\omega) = (4/T\omega^2)\sin^2(T\omega/2)$ die Zeitfunktion $f(t) = q_T(t) = (1-|t|/T)p_T(t)$ hat, gilt aufgrund des Fourier-Umkehrintegrals

$$2\pi f(t) = \int_{-\infty}^{\infty} F(\mathrm{j}\omega)\,\mathrm{e}^{\mathrm{j}\omega t}\,\mathrm{d}\omega\,, \quad \text{also für} \quad t = 0 \quad \text{wegen} \quad f(0) = 1 \quad \text{speziell} \quad 2\pi = I_q\,.$$

Andererseits erhält man mit der Korrespondenz zwischen $G(\mathrm{j}\omega) = (2/\omega)\sin(T\omega/2)$ und $g(t) = p_{T/2}(t)$ nach dem Parsevalschen Theorem

$$I_q = \frac{1}{T}\int_{-\infty}^{\infty} G^2(\mathrm{j}\omega)\,\mathrm{d}\omega = \frac{2\pi}{T}\int_{-\infty}^{\infty} g^2(t)\,\mathrm{d}t = \frac{2\pi}{T}\cdot T = 2\pi\,.$$

Generell erhält man aus dem Fourier-Integral für den speziellen Wert $\omega = 0$ direkt $I = F(0)$. Für das Beispiel $f(t) = (\sin^4 t)/t^4 = (\{\sin^2 t\}/t^2)^2$ bildet man zunächst das Spektrum $F(\mathrm{j}\omega)$ aus dem Spektrum $\pi q_2(\omega)$ von $(\sin^2 t)/t^2$ (Anhang E)

$$F(\mathrm{j}\omega) = \frac{1}{2\pi}\,\pi q_2(\omega) * \pi q_2(\omega) = \frac{\pi}{2}\int_{-\infty}^{\infty} q_2(\eta)\,q_2(\omega-\eta)\,\mathrm{d}\eta\,,$$

woraus folgt

$$I = F(0) = \frac{\pi}{2}\int_{-\infty}^{\infty} q_2^2(\eta)\,\mathrm{d}\eta = \frac{\pi}{2}\cdot 2\int_0^2 \left(1-\frac{\eta}{2}\right)^2\mathrm{d}\eta = \frac{2\pi}{3}\,.$$

**III. 7.** Das Spektrum des gegebenen Eingangssignals ist $X(\mathrm{j}\omega) = \pi p_a(\omega)$. Mit der Übertragungsfunktion $H(\mathrm{j}\omega) = p_1(\omega)$ lautet das Spektrum des Ausgangssignals $Y(\mathrm{j}\omega) = \pi p_a(\omega)p_1(\omega)$, also $Y(\mathrm{j}\omega) = \pi p_a(\omega)$ für $a < 1$ und $Y(\mathrm{j}\omega) = \pi p_1(\omega)$ für $a \geqq 1$. Daraus folgt das genannte $y(t)$.

**III. 8.** Man kann für das gegebene Signal $g(t) = f(t) * p_T(t)$ schreiben und erhält nach dem Faltungssatz $G(\mathrm{j}\omega) = F(\mathrm{j}\omega)(2/\omega)\sin T\omega$. Andererseits erhält man $g'(t) = f(t+T) - f(t-T)$ durch Differentiation der Definitionsgleichung von $g(t)$ nach $t$. Transformiert man in den Frequenzbereich, so ergibt sich $\mathrm{j}\omega G(\mathrm{j}\omega) = F(\mathrm{j}\omega)\,\mathrm{e}^{\mathrm{j}\omega T} - F(\mathrm{j}\omega)\,\mathrm{e}^{-\mathrm{j}\omega T} = F(\mathrm{j}\omega)\cdot 2\mathrm{j}\sin\omega T$, also wieder $G(\mathrm{j}\omega) = 2F(\mathrm{j}\omega)(\sin\omega T)/\omega$.

**III. 9.** Die der (als Spektrum aufgefaßten) Realteilfunktion $R(\omega)$ entsprechende Zeitfunktion ist der gerade Teil $h_g(t)$ der Impulsantwort $h(t)$. Aus der Partialbruchentwicklung $R(\omega) = 1/(\omega^2+1) + 3/(\omega^2+9)$ erhält man $h_g(t) = \mathrm{e}^{-|t|}/2 + \mathrm{e}^{-3|t|}/2$. Da im Fall eines kausalen Signals $h(t) = 2h_g(t)$ für alle $t > 0$ gilt, folgt nun $h(t) = (\mathrm{e}^{-t} + \mathrm{e}^{-3t})s(t)$.

**III. 10.** Es sei $\widetilde{f}_1(t) = f_1(-t)$ mit der Fourier-Transformierten $\widetilde{F}_1(\mathrm{j}\omega)$. Da $\widetilde{F}_1(\mathrm{j}\omega) = F_1(-\mathrm{j}\omega)$ gilt (wovon man sich leicht überzeugen kann), läßt sich das Spektrum von

$$f(t) = \int_{-\infty}^{\infty} f_1(\tau) f_2(t+\tau)\,\mathrm{d}\tau = \int_{-\infty}^{\infty} \widetilde{f}_1(-\tau) f_2(t+\tau)\,\mathrm{d}\tau = \int_{-\infty}^{\infty} \widetilde{f}_1(\sigma) f_2(t-\sigma)\,\mathrm{d}\sigma$$

nach dem Faltungssatz als $F(\mathrm{j}\omega) = \widetilde{F}_1(\mathrm{j}\omega)F_2(\mathrm{j}\omega) = F_1(-\mathrm{j}\omega)F_2(\mathrm{j}\omega) = F_1^*(\mathrm{j}\omega)F_2(\mathrm{j}\omega)$ ausdrücken.

**III. 11.** **a)** Aufgrund der Partialbruchentwicklung der Funktion $H(\mathrm{j}\omega)/\sin(\omega T)$ erhält man die Darstellung $H(\mathrm{j}\omega) = \{\sin(\omega T)\}/\omega - (1/2)[\mathrm{e}^{\mathrm{j}\omega T}/(2+\mathrm{j}\omega) - \mathrm{e}^{-\mathrm{j}\omega T}/(2+\mathrm{j}\omega)]$, woraus sofort (man vergleiche den Anhang E) $h(t) = (1/2)p_T(t) - (1/2)[s(t+T)\,\mathrm{e}^{-2(t+T)} - s(t-T)\,\mathrm{e}^{-2(t-T)}]$ als Impulsantwort folgt. Man sieht, daß das System zwar reell, aber nicht kausal ist. Denn es gilt $h(t) \neq 0$ für alle $t > -T$.
**b)** Man erhält wegen $H_0(\mathrm{j}\omega) = H(\mathrm{j}\omega)\,\mathrm{e}^{-\mathrm{j}\omega t_0}$ als Impulsantwort $h_0(t) = h(t - t_0)$. Daher muß $t_0 \geqq T$ gewählt werden, um Kausalität zu erzielen. Die Einführung des Faktors $\mathrm{e}^{-\mathrm{j}\omega t_0}$ beeinflußt die Amplitudenfunktion nicht und hat eine generelle Verzögerung der Ausgangssignale um $t_0$ ohne Formänderung zur Folge.
**c)** Die Signale $x(t)$ und $y(t)$ lassen sich durch die Fourier-Reihen

$$x(t) = \sum_{\mu=-\infty}^{\infty} \alpha_\mu \mathrm{e}^{\mathrm{j}\mu 2\pi t/T_0}, \quad y(t) = \sum_{\mu=-\infty}^{\infty} \alpha_\mu H(\mathrm{j}\mu 2\pi/T_0)\,\mathrm{e}^{\mathrm{j}\mu 2\pi t/T_0}$$

beschreiben. Es ist $H(\mathrm{j}\mu 2\pi/T_0) = 0$ für alle ganzzahligen $\mu \neq 0$ zu fordern, was erreicht wird, wenn man $\sin(\mu 2\pi T/T_0) = 0$ für alle $\mu \neq 0$ erfüllt. Dies gelingt mit der Wahl $2\pi T/T_0 = m\pi$ ($m \in \mathbb{N}$ beliebig, aber fest), d.h. beispielsweise $T_0 = 2T$. Dann verbleibt in der Fourier-Reihe von $y(t)$ nur das Absolutglied $\alpha_0 H(0) = \alpha_0 T$.

**III. 12.** Das Signal $\widetilde{x}(t)$ besitzt das Spektrum (man vergleiche auch Anhang E)

$$\widetilde{X}(\mathrm{j}\omega) = \frac{1}{2\pi} X(\mathrm{j}\omega) * \frac{2\pi}{T} \sum_{\mu=-\infty}^{\infty} \delta(\omega - \mu 2\pi/T) = \frac{1}{T} \sum_{\mu=-\infty}^{\infty} X[\mathrm{j}(\omega - \mu 2\pi/T)] \,,$$

womit durch Rücktransformation von $Y(\mathrm{j}\omega) = p_{\pi/T}(\omega)\widetilde{X}(\mathrm{j}\omega)$ das Ausgangssignal

$$y(t) = \frac{1}{T}\left\{\frac{1}{\pi t}\sin\frac{\pi t}{T}\right\} * \left[x(t)\sum_{\mu=-\infty}^{\infty} \mathrm{e}^{\mathrm{j}\mu 2\pi t/T}\right]$$

$$= \frac{1}{T}\left\{\frac{1}{\pi t}\sin\frac{\pi t}{T}\right\} * \left[x(t)\,T\sum_{\mu=-\infty}^{\infty} \delta(t - \mu T)\right] = \frac{1}{T}\sum_{\mu=-\infty}^{\infty} x(\mu T)\frac{\sin\{\frac{\pi}{T}(t - \mu T)\}}{\frac{\pi}{T}(t - \mu T)}$$

folgt.

**III. 13.** **a)** Mit der Darstellung $\widetilde{x}(t) = x(t)\sum_{\nu=-\infty}^{\infty}\delta(t - \nu T)$ erhält man

$$Y(\mathrm{j}\omega) = H(\mathrm{j}\omega)\frac{1}{2\pi}\left[X(\mathrm{j}\omega) * \frac{2\pi}{T}\sum_{\mu=-\infty}^{\infty}\delta(\omega - \mu 2\pi/T)\right] = \frac{1}{T}H(\mathrm{j}\omega)\sum_{\mu=-\infty}^{\infty} X[\mathrm{j}(\omega - \mu 2\pi/T)]$$

$$= (1/T)H(\mathrm{j}\omega)X(\mathrm{j}\omega) \,.$$

**b)** Im Fall $H(\mathrm{j}\omega) = A_0\,p_{\omega_g}(\omega)\,\mathrm{e}^{-\mathrm{j}\omega t_0}$ wird $Y(\mathrm{j}\omega) = (A_0/T)X(\mathrm{j}\omega)\,\mathrm{e}^{-\mathrm{j}\omega t_0}$, also $y(t) = (A_0/T)x(t - t_0)$.
**c)** Im Fall $H(\mathrm{j}\omega) = A_0(1 - |\omega|/\omega_g)p_{\omega_g}(\omega)\,\mathrm{e}^{-\mathrm{j}\omega t_0}$ wird $Y(\mathrm{j}\omega) = (A_0/T)X(\mathrm{j}\omega)\,\mathrm{e}^{-\mathrm{j}\omega t_0} - (A_0/\omega_g T)\,|\omega| \cdot X(\mathrm{j}\omega)\,\mathrm{e}^{-\mathrm{j}\omega t_0}$, also $y(t) = (A_0/T)x(t - t_0) - (A_0/\omega_g T)\,\xi(t - t_0)$ mit $\xi(t) = x'(t) * (1/\pi t)$ (man vergleiche Aufgabe III.5(c)).

**III. 14.** a) Es wird das Signal

$$\tilde{x}(t) = \sum_{\mu=-\infty}^{\infty} x(\mu\pi/\omega_g)\,\delta(t-\mu\pi/\omega_g) = x(t)\sum_{\mu=-\infty}^{\infty}\delta(t-\mu\pi/\omega_g)$$

in den Frequenzbereich transformiert. Man erhält

$$\tilde{X}(\mathrm{j}\omega) = \sum_{\mu=-\infty}^{\infty} x(\mu\pi/\omega_g)\,\mathrm{e}^{-\mathrm{j}\mu\pi\omega/\omega_g} = \frac{1}{2\pi}X(\mathrm{j}\omega) * 2\,\omega_g\sum_{\mu=-\infty}^{\infty}\delta(\omega-\mu 2\,\omega_g) = \frac{\omega_g}{\pi}\sum_{\mu=-\infty}^{\infty}X[\mathrm{j}(\omega-\mu 2\,\omega_g)]\ .$$

Multipliziert man diese Gleichungen auf beiden Seiten mit $p_{\omega_g}(\omega)$, dann erhält man

$$X(\mathrm{j}\omega) = \frac{\pi}{\omega_g}p_{\omega_g}(\omega)\sum_{\mu=-\infty}^{\infty}x(\mu\pi/\omega_g)\,\mathrm{e}^{-\mathrm{j}\mu\pi\omega/\omega_g}\ .$$

Da wegen des Zusammenhangs $Y(\mathrm{j}\omega) = H(\mathrm{j}\omega)X(\mathrm{j}\omega)$ neben $x(t)$ auch $y(t)$ bezüglich $\omega_g$ bandbegrenzt ist, besteht die Beziehung

$$Y(\mathrm{j}\omega) = \frac{\pi}{\omega_g}p_{\omega_g}(\omega)\sum_{\nu=-\infty}^{\infty}y(\nu\pi/\omega_g)\,\mathrm{e}^{-\mathrm{j}\nu\pi\omega/\omega_g}\ .$$

b) Aus der Beziehung $Y(\mathrm{j}\omega) = H(\mathrm{j}\omega)X(\mathrm{j}\omega)$ folgt

$$\sum_{\nu=-\infty}^{\infty}y(\nu\pi/\omega_g)\,\mathrm{e}^{-\mathrm{j}\nu\pi\omega/\omega_g} = \sum_{\nu=-\infty}^{\infty}h_\nu\,\mathrm{e}^{-\mathrm{j}\nu\pi\omega/\omega_g}\sum_{\mu=-\infty}^{\infty}x(\mu\pi/\omega_g)\,\mathrm{e}^{-\mathrm{j}\mu\pi\omega/\omega_g}$$

und damit durch Vergleich der beiden Seiten dieser Gleichung das in der Aufgabe angegebene Gleichungssystem.

c) Man erhält $y(0) = 2\cdot 1 = 2$, $y(1) = 3\cdot 1 = 3$, $y(2) = 2\cdot 1 + 1\cdot 1 = 3$, $y(3) = 3\cdot 1 = 3$, $y(4) = 1\cdot 1 = 1$, $y(\nu) = 0$, falls $\nu < 0$ oder $\nu > 4$ gilt. Die Übertragungsfunktion $p_{\omega_g}(\omega)\,H(\mathrm{j}\omega)$ setzt sich additiv aus $p_{\omega_g}(\omega)$ und $p_{\omega_g}(\omega)\,\mathrm{e}^{-\mathrm{j}2\omega}$ zusammen, so daß eine Realisierung möglich ist in Form der Parallelschaltung zweier idealer Tiefpässe, von denen der eine die Laufzeit $t_0 = 0$, der andere die Laufzeit $t_0 = 2$ hat. Beide idealen Tiefpässe besitzen die Grenzkreisfrequenz $\omega_g = \pi$ und die Amplitude $A_0 = 1$ im Durchlaßbereich.

**III. 15.** a) Mit dem Spektrum

$$G(\mathrm{j}\omega) = 2\pi\sum_{\nu=-\infty}^{\infty}g_\nu\,\delta(\omega-\nu\,\omega_0)\quad \text{von}\quad g(t) = \sum_{\nu=-\infty}^{\infty}g_\nu\,\mathrm{e}^{\mathrm{j}\nu\omega_0 t}\quad (\omega_0 = 2\pi/T_0)$$

erhält man nach dem Faltungssatz

$$X(\mathrm{j}\omega) = \frac{1}{2\pi}F(\mathrm{j}\omega) * G(\mathrm{j}\omega) = \sum_{\nu=-\infty}^{\infty}g_\nu\,F[\mathrm{j}(\omega-\nu\,\omega_0)]\ .$$

b) Es ist $\omega_0 > 2\,\omega_g$, d.h. $T_0 < \pi/\omega_g$ zu verlangen. Dann erhält man $X(\mathrm{j}\omega)p_{\omega_g}(\omega) = g_0 F(\mathrm{j}\omega)$.

c) Das Signal $f(t)$ hat das Spektrum $F(\mathrm{j}\omega) = p_{\omega_g}(\omega)$. Aus $g(t) = 1 + \cos(2\pi t/T_0) = (1/2)\,\mathrm{e}^{-\mathrm{j}\omega_0 t} + 1 + (1/2)\,\mathrm{e}^{\mathrm{j}\omega_0 t}$ folgt $g_{-1} = 1/2$, $g_0 = 1$ und $g_1 = 1/2$. Daher erhält man nunmehr $X(\mathrm{j}\omega) = (1/2)p_{\omega_g}(\omega+\omega_0) + p_{\omega_g}(\omega) + (1/2)p_{\omega_g}(\omega-\omega_0)$. Bild L.III.15 zeigt den Verlauf von $X(\mathrm{j}\omega) \equiv |X(\mathrm{j}\omega)|$.

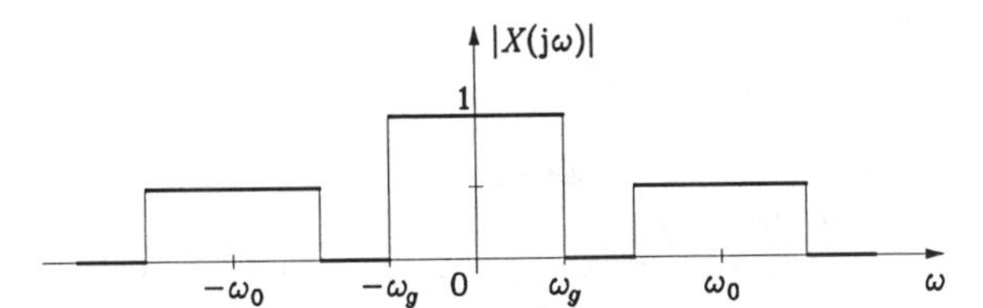


Bild L.III.15

**III. 16.** a) Durch Rekonstruktion von $x(t)$ erhält man das Signal $f(t)$. Da das Spektrum der Funktion $x(t) = f(t)\,\mathrm{e}^{\mathrm{j}\omega_0 t}/2 + f(t)\,\mathrm{e}^{-\mathrm{j}\omega_0 t}/2$ die Form $X(\mathrm{j}\omega) = F[\mathrm{j}(\omega-\omega_0)]/2 + F[\mathrm{j}(\omega+\omega_0)]/2$ hat, ist zu erkennen, daß $\omega_0 + \omega_g$ die Grenzkreisfrequenz des Signals $x(t)$ ist. Dabei bedeutet $F(\mathrm{j}\omega)$ das Spektrum von $f(t)$. Daher ist $T \leqq \pi/(\omega_0 + \omega_g)$ zu fordern.

b) Mit $\omega_0 = 2\,\omega_g$ liegen die von Null verschiedenen Anteile des Spektrums von $X(\mathrm{j}\omega)$, welche durch Verschiebung des Spektralanteils von $F(\mathrm{j}\omega)$ aus dem Basisintervall $-\omega_g \leqq \omega \leqq \omega_g$ entstanden sind, im Intervall $[\omega_g, 3\,\omega_g]$ bzw. $[-3\,\omega_g, -\omega_g]$. Aus diesem Grund ist ein ideales Bandpaßsystem mit der Übertragungsfunktion $H(p) = p_{\omega_g}(\omega - 2\,\omega_g) + p_{\omega_g}(\omega + 2\,\omega_g)$ zu wählen.

**III. 17.** a) Es gilt

$$u(t) = \sum_{\nu=-\infty}^{\infty} x(\nu T)\,\delta(t-\nu T) * p_{T/2}(t-T) = \sum_{\nu=-\infty}^{\infty} x(\nu T) p_{T/2}(t-\nu T - T) \ ,$$

woraus zu erkennen ist, daß $u(t)$ eine Treppenfunktion mit dem Wert $x(\nu T)$ im Intervall $(\nu + 1/2)T < t < (\nu + 3/2)T$ $(\nu \in \mathbb{Z})$ darstellt.

b) Aus der Beziehung $u(t) = \tilde{x}(t) * p_{T/2}(t-T)$ folgt die Impulsantwort $\tilde{h}(t) = p_{T/2}(t-T)$ und die Übertragungsfunktion $\tilde{H}(\mathrm{j}\omega) = (2/\omega)\sin(T\omega/2)\,\mathrm{e}^{-\mathrm{j}\omega T}$.

c) Das Signal $y(t) = u(t)\mathrm{e}^{\mathrm{j}\omega_0 t}/2 + u(t)\mathrm{e}^{-\mathrm{j}\omega_0 t}/2$ hat das Fourier-Spektrum $Y(\mathrm{j}\omega) = U[\mathrm{j}(\omega-\omega_0)]/2 + U[\mathrm{j}(\omega+\omega_0)]/2$ mit $\omega_0 = 2\pi/T$.

d) Aus $U(\mathrm{j}\omega) = \tilde{X}(\mathrm{j}\omega)\tilde{H}(\mathrm{j}\omega)$ und dem Spektrum $\tilde{X}(\mathrm{j}\omega) = (1/T)\sum_{\mu=-\infty}^{\infty} X[\mathrm{j}(\omega - \mu\omega_0)]$ des Impulskammes

$$\tilde{x}(t) = x(t)\sum_{\nu=-\infty}^{\infty}\delta(t-\nu T) \quad (\omega_0 = 2\pi/T) \quad \text{folgt} \quad U(\mathrm{j}\omega) = \frac{1}{T}\sum_{\mu=-\infty}^{\infty}\tilde{H}(\mathrm{j}\omega)X[\mathrm{j}(\omega-\mu\omega_0)] .$$

Deshalb gilt für das Spektrum $Y(\mathrm{j}\omega) = U[\mathrm{j}(\omega-\omega_0)]/2 + U[\mathrm{j}(\omega+\omega_0)]/2$ im Intervall $-\omega_g \leqq \omega \leqq \omega_g$ angesichts $\omega_0 \geqq 2\omega_g$

$$Y(\mathrm{j}\omega) = \frac{1}{2T}\{\tilde{H}[\mathrm{j}(\omega+\omega_0)] + \tilde{H}[\mathrm{j}(\omega-\omega_0)]\}X(\mathrm{j}\omega) \ ,$$

woraus die gesuchte Übertragungsfunktion als

$$H(\mathrm{j}\omega) = 2T\,p_{\omega_g}(\omega)\{\tilde{H}[\mathrm{j}(\omega+\omega_0)] + \tilde{H}[\mathrm{j}(\omega-\omega_0)]\}^{-1}$$

folgt.

**III. 18.** a) Für das Signal $f_c(t) = f(t)\mathrm{e}^{\mathrm{j}\omega_0 t}/2 + f(t)\mathrm{e}^{-\mathrm{j}\omega_0 t}/2$ erhält man das Spektrum $F_c(\mathrm{j}\omega) = F[\mathrm{j}(\omega-\omega_0)]/2 + F[\mathrm{j}(\omega+\omega_0)]/2$. Bild L.III.18 veranschaulicht diesen Sachverhalt für ein Beispiel.

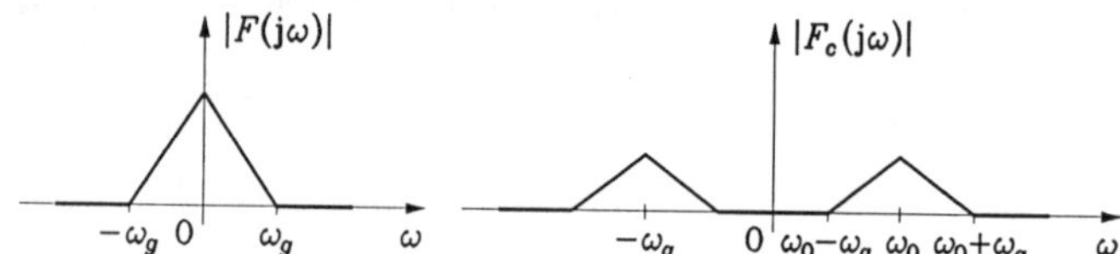


Bild L.III.18

b) Aus $y(t) = a_2A^2/2 + a_1A\cos\omega_0 t + (a_2A^2/2)\cos 2\omega_0 t + a_1B\,f(t) + a_2B^2f^2(t) + 2a_2A\,B\,f(t)\cos\omega_0 t$ ist zu ersehen, daß sich das Spektrum $Y(\mathrm{j}\omega)$ von $y(t)$ additiv zusammensetzt aus 5 $\delta$-Stößen bei $\omega = 0$, $\omega = \pm\omega_0$, $\omega = \pm 2\omega_0$ der Stärke $\pi a_2A^2$, $\pi a_1 A$ bzw. $\pi a_2A^2/2$ sowie Spektralanteilen von $a_1B\,F(\mathrm{j}\omega)$ im Intervall $-\omega_g \leqq \omega \leqq \omega_g$, Anteilen von $(a_2B^2/2\pi)F(\mathrm{j}\omega) * F(\mathrm{j}\omega)$ im Intervall $-2\omega_g \leqq \omega \leqq 2\omega_g$ (man beachte, daß durch Faltung $F(\mathrm{j}\omega) * F(\mathrm{j}\omega)$ die Grenzkreisfrequenz des Spektrums $F(\mathrm{j}\omega)$ verdoppelt wird), von $a_2A\,B\,F[\mathrm{j}(\omega \pm \omega_0)]$ in den Intervallen $|\omega \pm \omega_0| \leqq \omega_g$. Um die zuletzt genannten Anteile herauszufiltern, muß $\omega_0 \geqq 3\omega_g$, $a_1 = 0$ und $2a_2A\,B = 1$ und ein ideales Bandpaßsystem mit der Übertragungsfunktion $H(\mathrm{j}\omega) = p_{\omega_g}(\omega+\omega_0) + p_{\omega_g}(\omega-\omega_0)$ gewählt werden.

c) Man erhält

$$f_c(t)g(t) = \frac{f(t)}{2}\sum_{\nu=-\infty}^{\infty} g_\nu\,\mathrm{e}^{\mathrm{j}(\nu+1)\omega_0 t} + \frac{f(t)}{2}\sum_{\nu=-\infty}^{\infty} g_\nu\,\mathrm{e}^{\mathrm{j}(\nu-1)\omega_0 t} \quad \text{mit} \quad g(t) = \sum_{\nu=-\infty}^{\infty} g_\nu\,\mathrm{e}^{\mathrm{j}\nu\omega_0 t} \ ,$$

im Intervall $-\omega_g \leqq \omega \leqq \omega_g$ also das Spektrum $F(\mathrm{j}\omega)(g_{-1} + g_1)/2$. Wählt man einen Tiefpaß mit der Übertragungsfunktion $H(\mathrm{j}\omega) = p_{\omega_g}(\omega)$, so liefert dieser bei Erregung mit $f_c(t)g(t)$ am Ausgang das Signal $f(t)(g_{-1} + g_1)/2$. Es muß dabei $g(t)$ so gewählt werden, daß $(g_{-1} + g_1)/2 \neq 0$ gilt.

**III. 19.** a) Man erhält $Y(\mathrm{j}\omega) = a_1X(\mathrm{j}\omega) + a_2X(\mathrm{j}\omega) * X(\mathrm{j}\omega)/2\pi$. Aus der Darstellung

$$X_1(\mathrm{j}\omega) := X(\mathrm{j}\omega) * X(\mathrm{j}\omega) = \int_{-\infty}^{\infty} X(\mathrm{j}\eta)X[\mathrm{j}(\omega-\eta)]\,\mathrm{d}\eta$$

geht hervor, daß, $X(\mathrm{j}\omega) \equiv 0$ für $|\omega| > \Omega$ vorausgesetzt, $X_1(\mathrm{j}\omega) \equiv 0$ für $|\omega| > 2\Omega$ gilt. Daher besteht auch die Identität $Y(\mathrm{j}\omega) \equiv 0$ für $|\omega| > 2\Omega$.

b) Mit $X(\mathrm{j}\omega) = p_\Omega(\omega)$ ergibt sich $X(\mathrm{j}\omega) * X(\mathrm{j}\omega) = p_{2\Omega}(\omega)(2\Omega - |\omega|)$, also $Y(\mathrm{j}\omega) = a_1p_\Omega(\omega) + (a_2/2\pi)p_{2\Omega}(\omega)(2\Omega - |\omega|)$. Bild L.III.19 dient zur Veranschaulichung.

c) Mit der Notation $X_1(\mathrm{j}\omega) := X(\mathrm{j}\omega)$, $X_k(\mathrm{j}\omega) = X_{k-1}(\mathrm{j}\omega) * X(\mathrm{j}\omega)$ für $k = 2, 3, \ldots$ läßt sich

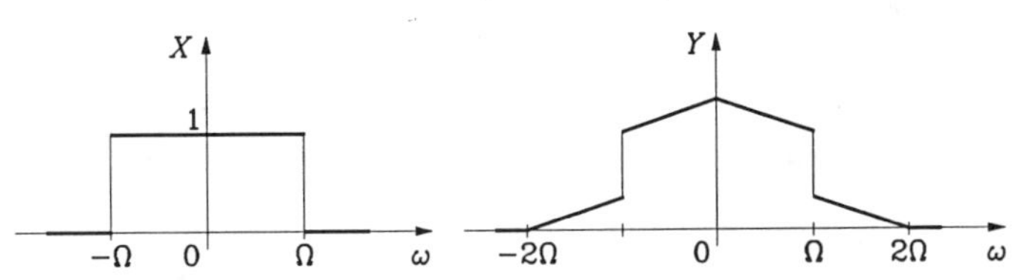


Bild L.III.19

$$Y(\mathrm{j}\omega) = \sum_{\mu=1}^{m} a_\mu (2\pi)^{1-\mu} X_\mu(\mathrm{j}\omega)$$

schreiben, und man kann wie in Teilaufgabe a leicht feststellen, daß $X_k(\mathrm{j}\omega) \equiv 0$ für $|\omega| \geqq k\Omega$ gilt, wenn $X_{k-1}(\mathrm{j}\omega) \equiv 0$ für $|\omega| \geqq (k-1)\Omega$ besteht ($k = 2, 3, \ldots$). Damit gilt $Y(\mathrm{j}\omega) \equiv 0$ für $|\omega| \geqq m\Omega$.

**III. 20.** a) Nach Gl. (3.51b) besteht für $t > 0$ die Darstellung

$$a(t) = \frac{2}{\pi} \int_0^\infty \frac{R(\omega)}{\omega} \sin \omega t \, \mathrm{d}\omega = \frac{2}{\pi} \int_0^\infty \frac{R(x/t)}{x} \sin x \, \mathrm{d}x \ .$$

Hieraus erhält man

$$a(\infty) = \frac{2}{\pi} \lim_{t\to\infty} \int_0^\infty \frac{R(x/t)}{x} \sin x \, \mathrm{d}x = \frac{2}{\pi} R(0) \int_0^\infty \frac{\sin x}{x} \mathrm{d}x = \frac{2}{\pi} R(0) \operatorname{Si}(\infty) = R(0) \ .$$

b) Aus obiger Integraldarstellung ergibt sich

$$a(t) = \sum_{\nu=0}^{\infty} (-1)^\nu a_\nu(t) \quad \text{mit} \quad a_\nu(t) = \frac{2}{\pi} \int_{\nu\pi/t}^{(\nu+1)\pi/t} \frac{R(\omega)}{\omega} |\sin \omega t| \, \mathrm{d}\omega \ .$$

Aus dieser Darstellung folgt, da $R(\omega)/\omega$ in sämtlichen Integrationsintervallen nicht negativ und im übrigen mit $\omega$ monoton abnimmt, $0 \leqq a_{\nu+1}(t) \leqq a_\nu(t)$ für $\nu = 0, 1, \ldots$ . Daher gilt wegen $a(t) = a_0(t) - [a_1(t) - a_2(t)] - [a_3(t) - a_4(t)] - \cdots$ und $a(t) = [a_0(t) - a_1(t)] + [a_2(t) - a_3(t)] + \cdots$ die Ungleichung (2).

c) Für die Funktion $a_0(t)$ kann man mit $R(0) = a(\infty)$

$$a_0(t) = \frac{2}{\pi} \int_0^{\pi/t} \frac{R(\omega)}{\omega} \sin \omega t \, \mathrm{d}\omega = \frac{2}{\pi} \int_0^{\pi} \frac{R(x/t)}{x} \sin x \, \mathrm{d}x \leqq \frac{2}{\pi} R(0) \operatorname{Si}(\pi) = \frac{2}{\pi} a(\infty) \frac{\pi}{2} \cdot 1{,}18$$

schreiben. Wegen Ungleichung (2) folgt hiermit

$$a_{\max} \leqq a(\infty) \cdot 1{,}18 \quad \text{oder} \quad a_{\max} - a(\infty) \leqq 0{,}18\, a(\infty), \quad \text{also} \quad \ddot{u} \leqq 0{,}18 \ .$$

**III. 21.** a) Nach Gl. (1.117) erhält man $\sigma_x^2 = r_{xx}(0) - m_x^2 = 1 - 0$, also $\sigma_x = 1$.

b) Die spektrale Leistungsdichte lautet $S_{xx}(\omega) = (4/\omega^2)\sin^2(\omega/2)$. Da sie mit $H(\mathrm{j}\omega)H(-\mathrm{j}\omega)$ übereinstimmt, gilt $S_{xx}(\omega) = H(\mathrm{j}\omega)H(-\mathrm{j}\omega) \cdot 1$, d.h. $\boldsymbol{x}(t)$ wird in der genannten Weise erzeugt. Aus der Impulsantwort $h(t) = p_{1/2}(t - t_0)$, die durch Rücktransformation von $H(\mathrm{j}\omega)$ entsteht, ist zu erkennen, daß $t_0 \geqq 1/2$ gewählt werden muß, um Kausalität zu garantieren.

c) Aus der Impulsantwort $h(t) = s(t)\mathrm{e}^{-t}\cos 2t$ ergibt sich (Anhang E) die Übertragungsfunktion $H(\mathrm{j}\omega) = (1 + \mathrm{j}\omega)/(5 - \omega^2 + 2\mathrm{j}\omega)$. Mit $S_{xx}(\omega)$ aus Teilaufgabe b folgt für die spektrale Leistungsdichte des Ausgangssignals

$$S_{yy}(\omega) = H(\mathrm{j}\omega)H(-\mathrm{j}\omega)S_{xx}(\omega) = \frac{4(1+\omega^2)\sin^2(\omega/2)}{\omega^2(\omega^4 - 6\omega^2 + 25)} \ .$$

**III. 22.** a) Zunächst erhält man

$$r_{xx}(0) = \frac{1}{2\pi} \int_{-\infty}^{\infty} S_{xx}(\omega)\, \mathrm{d}\omega = \frac{1}{\pi} \int_{-\infty}^{\infty} [1/(1+\omega^2)]\, \mathrm{d}\omega = 1 \ .$$

Wegen $m_x = 0$ folgt daher nach Gl. (1.117) $\sigma_x = 1$.

b) Da für den Mittelwert des Ausgangsprozesses $m_y = H(0)m_x = 0$ gilt, ergibt sich für das Streuungsquadrat des Ausgangsprozesses $\sigma_y^2 = r_{yy}(0) = 3$, also $\sigma_y = \sqrt{3}$.

c) Aus $r_{yy}(\tau)$ ergibt sich (gemäß Anhang E) $S_{yy}(\omega) = 2(8 + 6\omega^2 + 3\omega^4)/\{(1+\omega^2)(4+\omega^4)\}$ und damit $S_{yy}(\omega)/S_{xx}(\omega) = H(\mathrm{j}\omega)H(-\mathrm{j}\omega) = (8 + 6\omega^2 + 3\omega^4)/(4 + \omega^4)$. Ersetzt man $\omega$ durch $p/\mathrm{j}$, so erhält man

$$H(p)H(-p) = \frac{[\sqrt{8} + \sqrt{6+4\sqrt{6}}\,p + \sqrt{3}\,p^2][\sqrt{8} - \sqrt{6+4\sqrt{6}}\,p + \sqrt{3}\,p^2]}{(2+2p+p^2)(2-2p+p^2)} ,$$

also $H(p) = (\sqrt{8} + \sqrt{6+4\sqrt{6}}\,p + \sqrt{3}\,p^2)/(2+2p+p^2)$.

**d)** Gl. (3.208) liefert

$$S_{xy}(\omega) = H(\mathrm{j}\omega)S_{xx}(\omega) = 2(\sqrt{8} + \sqrt{6+4\sqrt{6}}\,\mathrm{j}\omega - \sqrt{3}\,\omega^2)/[(1+\omega^2)(2+2\mathrm{j}\omega-\omega^2)] .$$

**III. 23.** **a)** Die Beziehung $m_x^2 = \lim_{\tau\to\infty} r_{xx}(\tau) = 2$ liefert den Mittelwert $m_x = \sqrt{2}$. Nach Gl. (1.117) erhält man $\sigma_x^2 = r_{xx}(0) - m_x^2 = 3 - 2 = 1$, also $\sigma_x = 1$.

**b)** Die Beziehung $m_y = m_x H(0) = \sqrt{2}\cdot 0$ liefert $m_y = 0$. Mit $S_{xx}(\omega) = 4\pi\delta(\omega) + 2/(1+\omega^2)$ und $H(\mathrm{j}\omega)H(-\mathrm{j}\omega) = \omega^2/(4+\omega^2)$ erhält man $S_{yy}(\omega) = H(\mathrm{j}\omega)H(-\mathrm{j}\omega)S_{xx}(\omega) = 2\omega^2/[(1+\omega^2)(4+\omega^2)]$ und hieraus mit dem Residuensatz

$$r_{yy}(0) = \frac{1}{2\pi}\int_{-\infty}^{\infty} S_{yy}(\omega)\,\mathrm{d}\omega = \frac{1}{2\pi\mathrm{j}}\int \frac{-2p^2}{(p-2)(p+2)(p-1)(p+1)}\,\mathrm{d}p$$

$$= \frac{2}{3} - \frac{1}{3} \quad \text{(Summe der Residuen bei } p=-2 \text{ und } p=-1) = \frac{1}{3} .$$

Also gilt $\sigma_y^2 = 1/3$, d.h. $\sigma_y = \sqrt{3}/3$.

**III. 24.** Mit der Übertragungsfunktion $H_0(\mathrm{j}\omega) = p_{\omega_g}(\omega)\,\mathrm{e}^{-\mathrm{j}\omega/\omega_g}$ des idealen Tiefpasses und $\Delta\Theta(\omega) = (1/10)\sin(\pi\omega/\omega_g)$ läßt sich

$$H(\mathrm{j}\omega) = H_0(\mathrm{j}\omega)[1-(\omega/\omega_g)^2]\,\mathrm{e}^{-\mathrm{j}\Delta\Theta(\omega)} \cong H_0(\mathrm{j}\omega)[1-(\omega/\omega_g)^2](1-\mathrm{j}\Delta\Theta(\omega))$$

schreiben. Mit $\mathrm{j}\Delta\Theta(\omega) = (\mathrm{j}/10)\sin(\pi\omega/\omega_g) = (1/20)(\mathrm{e}^{\mathrm{j}\pi\omega/\omega_g} - \mathrm{e}^{-\mathrm{j}\pi\omega/\omega_g})$ findet man schließlich

$$H(\mathrm{j}\omega) \cong H_0(\mathrm{j}\omega) + \frac{1}{\omega_g^2}H_0(\mathrm{j}\omega)(\mathrm{j}\omega)^2 - \frac{1}{20}H_0(\mathrm{j}\omega)\,\mathrm{e}^{\mathrm{j}\pi\omega/\omega_g}$$

$$- \frac{1}{20\,\omega_g^2}H_0(\mathrm{j}\omega)(\mathrm{j}\omega)^2\,\mathrm{e}^{\mathrm{j}\pi\omega/\omega_g} + \frac{1}{20}H_0(\mathrm{j}\omega)\,\mathrm{e}^{-\mathrm{j}\pi\omega/\omega_g} + \frac{1}{20\,\omega_g^2}H_0(\mathrm{j}\omega)(\mathrm{j}\omega)^2\,\mathrm{e}^{-\mathrm{j}\pi\omega/\omega_g} .$$

Bezeichnet man mit $y_0(t)$ die Antwort des idealen Tiefpasses mit der Übertragungsfunktion $H_0(\mathrm{j}\omega)$ auf die Erregung $x(t)$, so erhält man für das Ausgangssignal $y(t)$ des gegebenen Tiefpasses mit der Übertragungsfunktion $H(\mathrm{j}\omega)$ bei Erregung mit $x(t)$

$$y(t) \cong y_0(t) + \frac{1}{\omega_g^2}y_0''(t) - \frac{1}{20}y_0\Big(t+\frac{\pi}{\omega_g}\Big) - \frac{1}{20\,\omega_g^2}y_0''\Big(t+\frac{\pi}{\omega_g}\Big) + \frac{1}{20}y_0\Big(t-\frac{\pi}{\omega_g}\Big) + \frac{1}{20\,\omega_g^2}y_0''\Big(t-\frac{\pi}{\omega_g}\Big) .$$

**III. 25.** Mit dem Spektrum $Y(\mathrm{j}\omega) = X(\mathrm{j}\omega)\exp[-\mathrm{j}\Theta(\omega)]$ des Ausgangssignals ergibt sich aufgrund des Parseval-Theorems der Fehler

$$E = \frac{1}{2\pi}\int_{-\infty}^{\infty} |X(\mathrm{j}\omega)|^2\,|\,\mathrm{e}^{-\mathrm{j}\Theta(\omega)} - \mathrm{e}^{-\mathrm{j}\omega t_0}|^2\,\mathrm{d}\omega$$

oder mit $|\exp(-\mathrm{j}\Theta(\omega)) - \exp(-\mathrm{j}\omega t_0)|^2 = [2 - 2\cos\{\Theta(\omega) - \omega t_0\}]$

$$E = (1/\pi)\int_{-\infty}^{\infty} |X(\mathrm{j}\omega)|^2\,[1-\cos\{\omega t_0 - \Theta(\omega)\}]\,\mathrm{d}\omega ,$$

insbesondere für die ideale Phase $\Theta_i(\omega)$ und mit $\omega_g = \Theta(\infty)/t_0$

$$E_{\mathrm{opt}} = (1/\pi)\int_{\omega_g}^{\infty} |X(\mathrm{j}\Omega)|^2\,[1-\cos\{\Omega t_0 - \Theta(\infty)\}]\,\mathrm{d}\Omega .$$

Zu zeigen ist $E > E_{\mathrm{opt}}$. Im Bild L.III.25 sind die grundsätzlichen Verläufe von $\varphi(\omega) = \omega t_0 - \Theta(\omega)$ und $\varphi_{\mathrm{opt}}(\Omega) = \Omega t_0 - \Theta(\infty)$ angegeben. Dabei ist $\omega_g > \omega_0 \geqq 0$. Wie man dem Bild L.III.25 entnimmt, gilt für die konstruierten Abszissenwerte $\omega < \Omega$ und $\mathrm{d}\omega > \mathrm{d}\Omega$. Durch $\Delta$ (Bild L.III.25) wird jeweils ein Teilintegral von $E$ und $E_{\mathrm{opt}}$ eingeführt. Hierbei erhält man für die Integranden

$$|X(\mathrm{j}\omega)|^2\,[1-\cos\{\omega t_0 - \Theta(\omega)\}]\,\mathrm{d}\omega > |X(\mathrm{j}\Omega)|^2\,[1-\cos\{\Omega t_0 - \Theta(\infty)\}]\,\mathrm{d}\Omega .$$

Man unterteilt die gesamte Ordinatenachse in infinitesimale $\Delta$-Intervalle. Zu jedem $\Delta$-Intervall gehört ein Teilintegral von $E$ und eines von $E_{opt}$. Das erste ist stets größer als das zweite Teilintegral, so daß man $E > E_{opt}$ erhält.

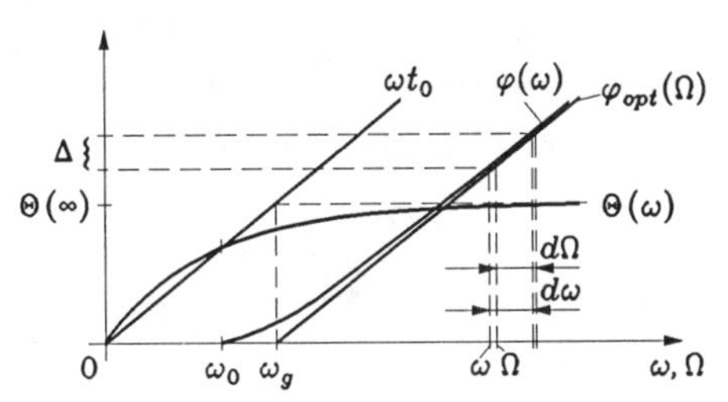


Bild L.III.25

# Kapitel IV

**IV. 1.** (i) Man erhält $F(e^{j\omega T}) = \sum_{n=0}^{\infty} (e^{j\omega T}/a)^n = \dfrac{a}{a - e^{j\omega T}}$.

(ii) Weiterhin ergibt sich $F(e^{j\omega T}) = \sum_{n=0}^{\infty} (n+1)(a\,e^{-j\omega T})^n = \dfrac{1}{(1 - a/e^{j\omega T})^2}$. Hierbei wurde die leicht zu verifizierende Formel $\sum_{n=0}^{\infty} (n+1)x^n = 1/(1-x)^2$ ( $|x| < 1$) verwendet.

(iii) Aus der Darstellung $f[n] = s[n]a^n(e^{j\omega_0 n T} + e^{-j\omega_0 n T})/2$ folgt $F(e^{j\omega T}) = \dfrac{1}{2}\sum_{n=0}^{\infty} [a\,e^{j(\omega_0 - \omega)T}]^n + \dfrac{1}{2}\sum_{n=0}^{\infty} [a\,e^{-j(\omega_0+\omega)T}]^n$, also $F(e^{j\omega T}) = 1/\{2[1 - a\,e^{j(\omega_0 - \omega)T}] + 1/\{2[1 - a\,e^{-j(\omega_0+\omega)T}]\}$.

(iv) Aus der Korrespondenz (4.19) ergibt sich mit $\omega_0 T = \pi$ die Zuordnung

$$(-1)^n \circ\!\!-\!\!\bullet\ \frac{2\pi}{T}\sum_{\nu=-\infty}^{\infty} \delta(\omega - (2\nu+1)\pi/T)\ .$$

**IV. 2.** (i) Aus der Darstellung $F(e^{j\omega T}) = (e^{j\omega T} + e^{-j\omega T})^3/8 = (e^{j3\omega T} + 3\,e^{j\omega T} + 3\,e^{-j\omega T} + e^{-j3\omega T})/8$ folgt mit der Korrespondenz zwischen $\delta[n]$ und 1 sowie der Zeitverschiebungseigenschaft das Signal $f[n] = (\delta[n+3] + 3\,\delta[n+1] + 3\,\delta[n-1] + \delta[n-3])/8$.

(ii) Für den Anteil $j\cos\omega T = j(e^{j\omega T} + e^{-j\omega T})/2$ läßt sich direkt das Signal $j\{\delta[n+1] + \delta[n-1]\}/2$ angeben. Das Signal des Spektralanteils $\sin(\omega T/2) = (e^{j\omega T/2} - e^{-j\omega T/2})/2j$ ergibt sich durch Anwendung von Gl. (4.10a) mit $\omega_g = \pi/T$ als

$$\frac{1}{2\omega_g}\int_{-\omega_g}^{\omega_g} \frac{1}{2j}\{e^{j\omega T(n+1/2)} - e^{j\omega T(n-1/2)}\}\,d\omega = \frac{(-1)^n}{2\pi j}\{\frac{1}{n+1/2} + \frac{1}{n-1/2}\}\ .$$

Damit erhält man insgesamt

$$F(e^{j\omega T}) = \frac{(-1)^n}{2\pi j}\{\frac{1}{n+1/2} + \frac{1}{n-1/2}\} + \frac{j}{2}\{\delta[n+1] + \delta[n-1]\}\ .$$

(iii) Nach Gl. (4.10a) findet man mit $x := \omega T$

$$f[n] = \frac{1}{2\pi}\int_{-2\pi/3}^{2\pi/3} e^{j(3+n)x}\,dx = \frac{1}{2\pi(3+n)j}\,e^{j(3+n)x}\Big|_{-2\pi/3}^{2\pi/3} = \frac{\sin(2\pi n/3)}{\pi(3+n)} \quad (n \neq -3)$$

bzw. $f[n] = 2/3$ für $n = -3$.

**IV. 3.** **a)** Aus der Korrespondenz $a^n s[n] \circ\!\!-\!\!\bullet\ (1 - a\,e^{-j\omega T})^{-1}$ und der hieraus gemäß der Eigenschaft der Differentiation im Frequenzbereich folgenden Zuordnung $n\,a^n s[n] \circ\!\!-\!\!\bullet\ a\,e^{-j\omega T}/(1 - a\,e^{-j\omega T})^2$ erhält man durch Superposition (Linearitätseigenschaft) sofort die zu beweisende Korrespondenz.

**b)** Durch Anwendung der Eigenschaft der Differentiation im Frequenzbereich auf die zu beweisende Korrespondenz und anschließende Division mit der Konstante $a\,m$ erhält man

$$\frac{(n+m-1)!}{(n-1)!\,m!}\,a^{n-1}s[n-1] \circ\!\!-\!\!\bullet \frac{e^{-j\omega T}}{(1-a\,e^{-j\omega T})^{m+1}} \;.$$

Berücksichtigt man noch die Zeitverschiebungseigenschaft, so erhält man die zu beweisende Korrespondenz mit $m+1$ statt $m$ (Induktionsfortpflanzung). Da diese für $m=1$ bereits sichergestellt ist (Induktionsanfang), ist der Beweis komplett.

**IV. 4.** Gemäß Gl. (4.10b) erhält man

$$F(1) = \sum_{n=-\infty}^{\infty} f[n] = -1; \qquad F(-1) = \sum_{n=-\infty}^{\infty} (-1)^n f[n] = 3 \;.$$

Aufgrund von Gl. (4.10a) bzw. Gl. (4.34) ergibt sich

$$\int_{-\pi}^{\pi} F(e^{j\Omega})\,d\Omega = 2\pi f[0] = 6\pi \;, \qquad \int_{-\pi}^{\pi} |F(e^{j\Omega})|^2\,d\Omega = 2\pi \sum_{n=-\infty}^{\infty} |f[n]|^2 = 38\pi \;.$$

Schließlich erhält man mit der Korrespondenz zwischen $dF(e^{j\Omega})/d\Omega$ und $-jn\,f[n]$ gemäß Gl. (4.34)

$$\int_{-\pi}^{\pi} |dF(e^{j\Omega})/d\Omega|^2 d\Omega = 2\pi \sum_{n=-\infty}^{\infty} |n\,f[n]|^2 = 316\pi \;.$$

**IV. 5.** Zerlegt man $f[n]$ in die Summe aus geradem Teil $f_g[n] = \{f[n]+f[-n]\}/2$ und ungeradem Teil $f_u[n] = \{f[n]-f[-n]\}/2$, so lehrt Gl. (4.10b), daß $f_g[n]$ das Spektrum $R(e^{j\omega T}) = \mathrm{Re}F(e^{j\omega T})$ und $f_u[n]$ das Spektrum $I(e^{j\omega T}) = j\,\mathrm{Im}F(e^{j\omega T})$ besitzt. Da im vorliegenden Fall $G(e^{j\omega T}) = I(e^{j\omega T})$ ist, muß $g[n]$ mit $f_u[n]$ übereinstimmen.

**IV. 6.** **a)** Bezeichnet man das Ausgangssignal des Verzögerungselements mit $z[n]$, so entnimmt man dem Signalflußdiagramm $y[n] = c\,z[n+1] + b\,z[n]$, also auch $y[n+1] = c\,z[n+2] + b\,z[n+1]$. Weiterhin ergibt sich unmittelbar $x[n] = z[n+1] - a\,z[n]$, also auch $x[n+1] = z[n+2] - a\,z[n+1]$. Bildet man aus den beiden ersten Beziehungen $y[n+1] - a\,y[n]$ und beachtet dann die zwei letzten Gleichungen, so gewinnt man die Differenzengleichung $y[n+1] - a\,y[n] = c\,x[n+1] + b\,x[n]$.

**b)** Gemäß Gl. (4.6b) erhält man die Übertragungsfunktion $H(e^{j\omega T}) = (c\,e^{j\omega T} + b)/(e^{j\omega T} - a)$.

**c)** Durch Zerlegung $H(e^{j\omega T}) = c/(1 - a\,e^{-j\omega T}) + b\,e^{-j\omega T}(1 - a\,e^{-j\omega T})$, Beachtung einer in Aufgabe IV.3 angegebenen Korrespondenz und Anwendung der Zeitverschiebungseigenschaft erhält man $h[n]$ in der gegebenen Form.

**d)** Damit $h[n]$ absolut summierbar ist, muß $|a| < 1$ gelten. Dies wurde aber vorausgesetzt.

**IV. 7.** Es ist zu verlangen, daß $\tilde{H}(j\omega) = e^{-jk\omega} - (1/2) - (1/2)e^{-j2k\omega}$ mit $H(e^{j\omega T})$ im Intervall $|\omega| \leqq \omega_g$ mit $\omega_g = \pi/T$, d.h. für $k = 2T$, identisch ist. Daraus folgt $H(e^{j\omega T}) = -(1/2) + e^{-j2\omega T} - (1/2)e^{-j4\omega T}$. Ein entsprechendes Signalflußdiagramm zeigt Bild L.IV.7.

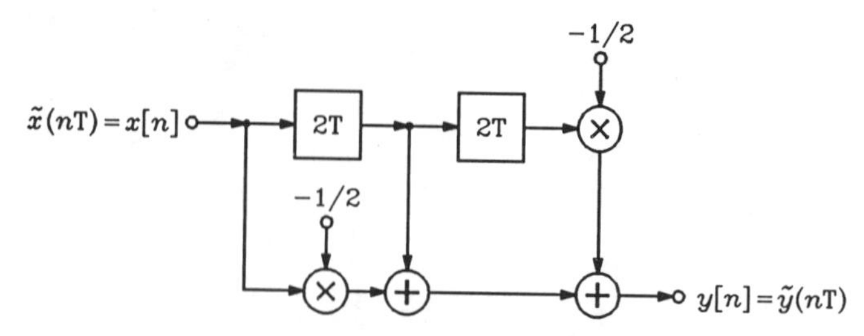


Bild L.IV.7.

**IV. 8.** Gemäß Gl. (4.43b) erhält man $\{X[0], X[1], X[2], X[3]\} = \{6, -2+2j, -2, -2-2j\}$ mit $N=4$. Weiterhin ergibt sich gemäß $Y[m] = X[m]H(e^{j2\pi m/N})$ das Quadrupel $\{Y[0], Y[1], Y[2], Y[3]\} = \{24, (8+16j)/5, 0, (8-16j)/5\}$ mit $\{H(0), H(j), H(-1), H(-j)\} = \{4, (2-6j)/5, 0, (2+6j)/5\}$. Durch Rücktransformation nach Gl. (4.43a) findet man schließlich das Quadrupel $\{y[0], y[1], y[2], y[3]\} = \{34, 22, 26, 38\}/5$.

**IV. 9.** Die Darstellung $F[m] = \sum_{n=0}^{3} f[n]e^{-j\pi mn/2} = \sum_{n=0}^{1} f[2n](-1)^{nm} + (-j)^m \sum_{n=0}^{1} f[2n+1](-1)^{mn}$ liefert das im Bild L.IV.9 dargestellte Signalflußdiagramm.

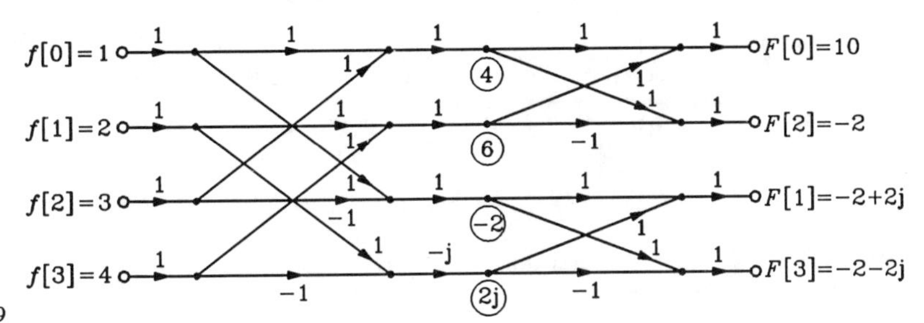


Bild L.IV.9

**IV. 10. a)** Mit dem Spektrum $(2/\omega)\,e^{-jT\omega/2}\sin(T\omega/2)$ des Spalts erhält man zunächst

$$\widetilde{W}(j\omega) = \frac{1}{2\pi}\hat{X}(j\omega) * \{\frac{2}{\omega}e^{-jT\omega/2}\sin(T\omega/2)\} \ .$$

Da $W(e^{j\omega T}) = \sum_{\nu=-\infty}^{\infty} \widetilde{w}(\nu T)e^{-j\omega\nu T} = \int_{-\infty}^{\infty}\{\widetilde{w}(t)\sum_{\nu=-\infty}^{\infty}\delta(t-\nu T)\}e^{-j\omega t}\,dt$ mit der Fourier-Transformierten von $\widetilde{w}(t)\sum_{\nu=-\infty}^{\infty}\delta(t-\nu T)$ übereinstimmt und diese als Faltung von $\widetilde{W}(j\omega)$ mit $(1/T)\sum_{\mu=-\infty}^{\infty}\delta(\omega-\mu 2\pi/T)$ erzeugt werden kann, folgt weiterhin

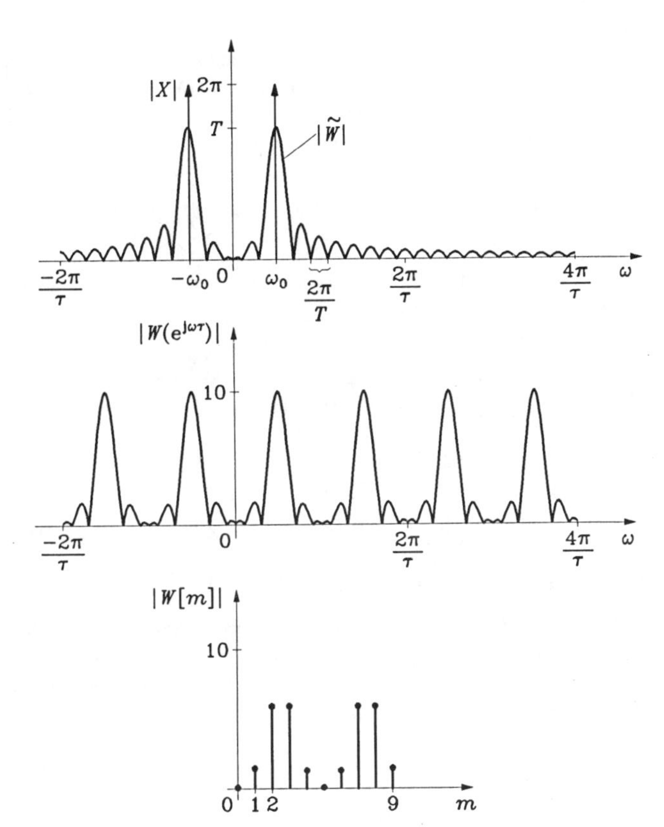


Bild L.IV.10

$$W(e^{j\omega T}) = \frac{1}{\pi T}\sum_{\mu=-\infty}^{\infty}\hat{X}[j(\omega-\mu 2\pi/T)] * \frac{1}{\omega-\mu 2\pi/T}e^{-j\frac{T}{2}(\omega-\mu\frac{2\pi}{T})}\sin[\frac{T}{2}(\omega-\mu\frac{2\pi}{T})] .$$

**b)** Beachtet man, daß $\tilde{w}(t)$ außerhalb des Intervalls $0 \leqq t \leqq T$ verschwindet und $\tilde{W}(j\omega)/T$ näherungsweise im Intervall $|\omega T| < \pi$ mit $W(e^{j\omega T})$ übereinstimmt, so ergibt sich für $|m| \leqq (N+1)/2$

$$W[m] = \sum_{n=0}^{N-1} w[n]e^{-j2\pi mn/N} = \sum_{n=-\infty}^{\infty} w[n]e^{-j2\pi mn/N} = W(e^{j2\pi m/N}) \cong \frac{1}{T}\tilde{W}(j2\pi m/N T)$$

$$= \frac{1}{T}\tilde{W}(j2\pi m/T) = \frac{1}{2\pi T}\left\{\left[p_{\omega_g}(\omega)X(j\omega)\right] * \left[\frac{2}{\omega}e^{-jT\omega/2}\sin(T\omega/2)\right]\right\}_{\omega=2\pi m/T} .$$

Die $W[m]$ für $0 \leqq m \leqq N-1$ ergeben sich dann durch die Periodizität von $W[m]$.

**c)** Man kann folgende Beziehungen aufstellen:

$$X(j\omega) = 2\pi[\delta(\omega+\omega_0) + \delta(\omega-\omega_0)] ,$$

$$|\tilde{W}(j\omega)| \cong \left|\frac{2}{\omega+\omega_0}\sin[\frac{T}{2}(\omega+\omega_0)] - \frac{2}{\omega-\omega_0}\sin[\frac{T}{2}(\omega-\omega_0)]\right| ,$$

$$|W(e^{j\omega T})| = \frac{1}{T}\left|\sum_{\mu=-\infty}^{\infty}\tilde{W}(j\omega - j\mu 2\pi/T)\right| , \quad |W[m]| = |W(e^{j2\pi m/10})| .$$

Bild L.IV.10 veranschaulicht die Ergebnisse.

# Kapitel V

**V. 1.** Mit der Laplace-Transformierten $1/p$ von $s(t)$ und der Zeitverschiebungseigenschaft erhält man die Laplace-Transformierte $F_I(p) = (1 - e^{-ap})/p$ von $f(t)$. Da $F_I(p)$ in der gesamten (endlichen) $p$-Ebene analytisch ist ($p = 0$ ist eine hebbare Singularität), gilt $F(j\omega) \equiv F_I(j\omega)$ für die Fourier-Transformierte von $f(t)$. Nach Korrespondenz (5.9) ergibt sich $-dF_I(p)/dp = 1/p^2 - e^{-ap}(1 + ap)/p^2$ als Laplace-Transformierte von $g(t)$.

**V. 2.** Nach Kapitel V, Abschnitt 1.2 erhält man für $F_I(p) = (A/2j\omega_0)/(p - j\omega_0) - (A/2j\omega_0)/(p + j\omega_0)$ die Fourier-Transformierte $F(j\omega) = F_I(j\omega) + (A\pi/2j\omega_0)\{\delta(\omega-\omega_0) - \delta(\omega+\omega_0)\}$.

**V. 3.** Unter Verwendung bekannter Zuordnungen und Eigenschaften der Laplace-Transformation ergeben sich folgende Korrespondenzen:

(i) $F_I(p) = \dfrac{1/2}{p} + \dfrac{-1/2}{p+2}$ •—o $\dfrac{1}{2}s(t)(1 - e^{-2t})$,

(ii) $F_I(p) = \dfrac{-1}{(p+1)^2} + \dfrac{1}{p+1}$ •—o $s(t)(1-t)e^{-t}$ ,

(iii) $F_I(p) = 4\sqrt{2}\left[\dfrac{(p+\sqrt{2}/2)+\sqrt{2}/2}{(p+\sqrt{2}/2)^2+1/2} - \dfrac{(p-\sqrt{2}/2)-\sqrt{2}/2}{(p-\sqrt{2}/2)^2+1/2}\right]$•—o

$4\sqrt{2}s(t)[e^{-\sqrt{2}t/2}(\cos\{t/\sqrt{2}\} + \sin\{t/\sqrt{2}\}) - e^{\sqrt{2}t/2}(\cos\{t/\sqrt{2}\} - \sin\{t/\sqrt{2}\})]$,

(iv) $F_I(p) = \dfrac{p+1+1}{[(p+1)^2+1]^2}$ •—o $\dfrac{1}{2}s(t)e^{-t}(t\sin t + \sin t - t\cos t)$.

**V. 4. a)** Durch Rücktransformation von $X(p)$ ergibt sich $x(t) = 125\,s(t)\sin 2t$.

**b)** Man kann sich leicht davon überzeugen, daß $H(p)X(p)$ die Partialbruchsumme $(-125/32)p/(p^2+4)$ enthält. Alle übrigen Partialbruchsummanden enthalten Pole in $\text{Re}\,p < 0$. Daher lautet der stationäre Anteil des Ausgangssignals $(-125/32)\cos 2t$.

**V. 5.** Man erhält

(i) $F_I(p) = 1 - 2/(p+1)$ •—o $\delta(t) - 2e^{-t}s(t)$,

(ii) $F_I(p) = 2 + 3/(p+1) + 2/(p+3)$ •—o $2\delta(t) + (3e^{-t} + 2e^{-3t})s(t)$,

(iii) $F_I(p) = 10/(p+1) - 20e^{-p}/(p+1)$ •—o $10e^{-t}s(t) - 20e^{-(t-1)}s(t-1)$,

(iv) $F_I(p) = \mathrm{e}^{-p} - 2\,\mathrm{e}^{-p}/(p+2) \bullet\!\!-\!\!\circ\; \delta(t-1) - 2\,\mathrm{e}^{-2(t-1)} s(t-1)$,

(v) $F_I(p) = (1/p)(1 + \mathrm{e}^{-p} + \mathrm{e}^{-2p} + \cdots) \bullet\!\!-\!\!\circ\; s(t) + s(t-1) + s(t-2) + \cdots$ .

**V. 6.** **a)** Es ist $F_0(p) = F_I(p)(1 - \mathrm{e}^{-2p}) = (1 - 2\,\mathrm{e}^{-p} + \mathrm{e}^{-2p})/p$ die Laplace-Transformierte der Zeitfunktion $f_0(t) = s(t) - 2s(t-1) + s(t-2)$. Die Periodizitätsbedingung ist erfüllt, da $f_0(t)$ außerhalb des Intervalls $0 \leqq t \leqq 2$ verschwindet.

**b)** Es gilt $f(t) = \sum_{\mu=0}^{\infty} f_0(t - 2\mu)$.

**V. 7.** **a)** Es gilt $\mathrm{d}f_\mu(t)/\mathrm{d}t = [1 + g(t)]^{n-\mu-1} s(t)[\mathrm{d}g(t)/\mathrm{d}t]/(n-\mu-1)! + 0 = f_{\mu+1}(t)\,\mathrm{d}g(t)/\mathrm{d}t$.

**b)** Man erhält $F_{\mu-1}(p) = (1/p)\widetilde{F}_{\mu-1}(p)$.

**c)** Es ergibt sich die Folge von Funktionen $F_n(p) = 1/p$, $F_{n-1}(p) = (1/p)\mathcal{L}\{f_n(t)\,\mathrm{d}g(t)/\mathrm{d}t\}$, $F_{n-2}(p) = (1/p)\mathcal{L}\{f_{n-1}(t)\,\mathrm{d}g(t)/\mathrm{d}t\}$ usw. Dabei bezeichnet $\mathcal{L}$ die Laplace-Transformierte.

**d)** Es gilt $\mathrm{d}g(t)/\mathrm{d}t = (1/T)\mathrm{e}^{-t/T} s(t)$, $F_{n-1}(p) = (1/pT)F_n(p + 1/T) = 1/[pT(p + 1/T)]$, $F_{n-2}(p) = (1/pT)F_{n-1}(p + 1/T) = 1/[p(1 + pT)(2 + pT)], \ldots, F_0(p) = 1/[p(1 + pT)\cdots(n + pT)]$, d.h.

$$f_0(t) = \frac{1}{n!}[1 - \mathrm{e}^{-t/T}]^n s(t) \circ\!\!-\!\!\bullet\; \frac{1}{p(1 + pT)(2 + pT)\cdots(n + pT)} .$$

**V. 8.** (i) Nach dem Anfangswert-Theorem wird $f(0+) = \lim_{p\to\infty} pF_I(p) = 0$.

(ii) Nach dem Endwert-Theorem erhält man $f(\infty) = \lim_{p\to 0} p\,F_I(p) = 2$.

(iii) Das Integral stimmt mit der Laplace-Transformierten des Signals $[f(t) - 2]s(t)$ für $p = 0$ überein, d.h. mit $(2p + 4)/[p(p^2 + 2p + 2)] - 2/p = -2(p + 1)/(p^2 + 2p + 2)$ für $p = 0$, also $-1$.

**V. 9.** (i) Mit $F_I(p) = F_0(p)/(1 - \mathrm{e}^{-3p})$, wobei zur Laplace-Transformierten $F_0(p) = (1 - \mathrm{e}^{1-p})/(p-1)$ die Zeitfunktion $f_0(t) = \mathrm{e}^t s(t) - \mathrm{e}\cdot\mathrm{e}^{t-1} s(t-1) = \mathrm{e}^t\{s(t) - s(t-1)\}$ gehört, erhält man die gesuchte Zeitfunktion $f(t) = \sum_{\nu=0}^{\infty} f_0(t - 3\nu)$.

(ii) Die Rücktransformation ist nach Kapitel V, Abschnitt 2.2 möglich, da alle Voraussetzungen erfüllt sind. Die Funktion $\mathrm{e}^{pt} F_I(p)$ hat ihre Pole an den Stellen $p = \pm\mathrm{j}\,\pi/2, p = 0, p = \pm\mathrm{j}\,\nu\pi$ $(\nu \in \mathbb{N})$ mit den Residuen

$$\left.\frac{\mathrm{e}^{pt}}{2p\,\sinh p}\right|_{p=\pm\mathrm{j}\pi/2} = \frac{\mathrm{e}^{\pm\mathrm{j}\pi t/2}}{\pm\mathrm{j}\,\pi(\pm\mathrm{j}\sin\pi/2)} ,\quad \frac{4}{\pi^2} ,\quad \left.\frac{\mathrm{e}^{pt}}{[p^2 + (\pi/2)^2]\cosh p}\right|_{p=\pm\mathrm{j}\nu\pi} = \frac{(-1)^\nu\,\mathrm{e}^{\pm\mathrm{j}\nu\pi t}}{\pi^2(1/4 - \nu^2)} .$$

Bildet man die Residuensumme, so erhält man das gesuchte Signal

$$f(t) = -\frac{2}{\pi}\cos\frac{\pi t}{2} + \frac{4}{\pi^2} + \frac{2}{\pi^2}\sum_{\nu=1}^{\infty}\frac{(-1)^\nu}{1/4 - \nu^2}\cos\nu\pi t .$$

**V. 10.** Es gibt drei mögliche Konvergenzstreifen mit spezifischen Zeitfunktionen:

(i) $\operatorname{Re} p > 0$: $f(t) = s(t)(1 + \mathrm{e}^{-at})$;

(ii) $-a < \operatorname{Re} p < 0$: $f(t) = s(t)\mathrm{e}^{-at} - s(-t)$;

(iii) $\operatorname{Re} p < -a$: $f(t) = -s(-t)(1 + \mathrm{e}^{-at})$.

**V. 11.** **a)** Es ist $2I_1 = -2\pi\mathrm{j}\,R_\infty^+$, wobei $R_\infty^+$ das Residuum von $Z(p)$ in $p = \infty$ bedeutet. Da sich $Z(p)$ im Unendlichen wie $1/Cp$ verhält, gilt $R_\infty^+ = -1/C$ und somit $I_1 = \mathrm{j}\,\pi/C$. Entsprechend wird $2I_2 = 2\pi\mathrm{j}\,R_\infty^-$, wobei $R_\infty^-$ das Residuum von $Z(-p)$ in $p = \infty$ bedeutet. Da sich $Z(-p)$ im Unendlichen wie $-1/pC$ verhält, gilt $R_\infty^- = 1/C$, also $I_2 = \pi\mathrm{j}/C$.

**b)** Für $\rho \to \infty$ wird

$$\frac{1}{2}\int_{K_1''} Z(p)\,\mathrm{d}p = \frac{1}{2}\int_{\rho\mathrm{e}^{\mathrm{j}\pi/2}}^{\rho\mathrm{e}^{\mathrm{j}3\pi/2}}\frac{\mathrm{d}p}{pC} = \frac{1}{2C}\ln\frac{\rho\,\mathrm{e}^{\mathrm{j}3\pi/2}}{\rho\,\mathrm{e}^{\mathrm{j}\pi/2}} = \frac{\mathrm{j}\pi}{2C} ,\quad \frac{1}{2}\int_{K_2''} Z(-p)\,\mathrm{d}p = \frac{1}{2}\int_{\rho\mathrm{e}^{\mathrm{j}\pi/2}}^{\rho\mathrm{e}^{-\mathrm{j}\pi/2}}\frac{-\mathrm{d}p}{pC} = \frac{-1}{2C}(-\mathrm{j}\pi) .$$

**c)** Man erhält mit den Ergebnissen der Teilaufgaben a und b mit $G(p) = [Z(p) + Z(-p)]/2$

$$\int_{-\mathrm{j}\infty}^{\mathrm{j}\infty} G(p)\,\mathrm{d}p = I_1 + I_2 - 2\frac{\mathrm{j}\pi}{2C} = \frac{\mathrm{j}\pi}{C} .$$

**d)** Aufgrund des Ergebnisses von Teilaufgabe c gilt

$$\int_0^\infty \mathrm{Re}\, Z(\mathrm{j}\omega)\, \mathrm{d}\omega = \frac{1}{2}\int_{-\infty}^{\infty} G(\mathrm{j}\omega)\, \mathrm{d}\omega = \frac{1}{2\mathrm{j}} \cdot \frac{\mathrm{j}\pi}{C} = \frac{\pi}{2C} .$$

**V. 12.** Die dem Eingang zugeführte Wirkleistung ist $P_x = I^2 \mathrm{Re}\, Z(\mathrm{j}\omega)$, die Wirkleistung im Abschlußwiderstand $P_y = I^2 \,|H(\mathrm{j}\omega)|^2/R$. Durch Integration der Ungleichung $P_y \leqq P_x$ erhält man unter Verwendung des Ergebnisses von Aufgabe V.11(d) und mit der Eingangskapazität $C_i$ des Zweitors

$$(1/R)\int_0^\infty |H(\mathrm{j}\omega)|^2\, \mathrm{d}\omega \leqq \int_0^\infty \mathrm{Re}\, Z(\mathrm{j}\omega)\, \mathrm{d}\omega = \frac{\pi}{2(C+C_i)} \leqq \frac{\pi}{2C} .$$

Im Falle eines verlustlosen Zweitors gilt $P_y = P_x$ und durchgehend das Gleichheitszeichen, sofern noch $C_i = 0$ gilt.

**V. 13.** (i) Man erhält die Funktionswerte $f(0+) = \lim_{p\to\infty} p\, F_I(p) = 1$, $f(\infty) = \lim_{p\to 0} p\, F_I(p) = 0$ in Übereinstimmung mit den entsprechenden Werten von $f(t) = \mathrm{e}^{-at} s(t)$. (ii) Nach dem Anfangswert-Theorem gilt $f(0+) = \lim_{p\to\infty} p\, F_I(p) = 0$; das Endwert-Theorem läßt sich nicht anwenden (oder liefert $\infty$), da in $p = \infty$ ein doppelter Pol vorhanden ist. Diese Feststellung steht im Einklang mit dem aus der Partialbruchentwicklung $F_I(p) = (-1/a^2)/p + (1/a)/p^2 + (1/a^2)/(p+a)$ unmittelbar folgenden Signal, nämlich der Zeitfunktion $f(t) = (-1/a^2 + t/a + \mathrm{e}^{-at}/a^2)\, s(t)$, die $f(0+) = 0$ und $f(\infty) = \infty$ liefert.

**V. 14.** Es wird angenommen, daß $H(p)$ in $\mathrm{Re}\, p \geqq 0$ (einschließlich $p = \infty$) analytisch ist. Da $\mathcal{L}\{a(t)\} = H(p)/p$ gilt, erhält man $a(0+) = \lim_{p\to\infty} p\, \mathcal{L}\{a(t)\} = H(\infty)$ und $a(\infty) = \lim_{p\to 0} p\, \mathcal{L}\{a(t)\} = H(0)$.

**V. 15.** Angesichts der mit $f(t) \circ\!\!-\!\!\bullet\, F_I(p)$ verknüpften Korrespondenz $f'(t) \circ\!\!-\!\!\bullet\, p\, F_I(p) - f(0+) = [(a-12)p^4 + (b-72)p^3 + \cdots\,]/(p^4 + 6p^3 + 5p^2 + 3p + 1)$ erhält man $f(0+) = 12 = \lim_{p\to\infty} p\, F_I(p) = a$ und $f'(0+) = \lim_{p\to\infty}\{p^2 F_I(p) - p\, f(0+)\} = b - 72 = -36$, also $a = 12$ und $b = 36$.

**V. 16.** Es wird $X(p) = X_0(p)/(1 - \mathrm{e}^{-2p})$ mit $X_0(p) = 1/p - 4/p^2 + 4/p^3 - \mathrm{e}^{-2p}(1/p + \alpha/p^2 + \beta/p^3)$ geschrieben.

a) Es muß gefordert werden, daß das der Funktion $X_0(p)$ entsprechende Signal $x_0(t) = (1 - 4t + 2t^2)s(t) - \{1 + \alpha(t-2) + (\beta/2)(t-2)^2\}s(t-2)$ außerhalb des Intervalls $0 \leqq t \leqq 2$ verschwindet. Es ist also $1 - 4t + 2t^2 - 1 - \alpha t + 2\alpha - (\beta/2)t^2 + 2\beta t - 2\beta \equiv 0$ zu fordern, woraus $\alpha = \beta = 4$ folgt.

b) Man erhält nun $x_0(t) = (1 - 4t + 2t^2)\{s(t) - s(t-2)\}$, also $x(t) = \sum_{\nu=0}^{\infty} x_0(t - 2\nu)$.

c) Man schreibt

$$Y(p) = \frac{p^2 - 4p + 4 - \mathrm{e}^{-2p}(p^2 + 4p + 4)}{p^2(1 - \mathrm{e}^{-2p})} \cdot \frac{p+4}{p^2 + 4p + 3} = \frac{A}{p+1} + \frac{B}{p+3} + Y_s(p)$$

und erhält $A = 3(9 - \mathrm{e}^2)/[2(1 - \mathrm{e}^2)]$, $B = (25 - \mathrm{e}^6)/[18(\mathrm{e}^6 - 1)]$. Damit folgt der flüchtige Anteil

$$y_{fl}(t) = A\, \mathrm{e}^{-t} + B\, \mathrm{e}^{-3t} \quad \text{für} \quad t \geqq 0 .$$

d) Zur Berechnung des stationären Teils bildet man

$$Y_s(p) = Y(p) - \frac{A}{p+1} - \frac{B}{p+3} = \frac{Y_{s0}(p)}{1 - \mathrm{e}^{-2p}}$$

mit

$$Y_{s0}(p) = \frac{(p+4)(p^2 - 4p + 4)}{p^2(p+1)(p+3)} - \frac{A}{p+1} - \frac{B}{p+3} + \{\cdots\}\mathrm{e}^{-2p} = \widetilde{Y}_{s0}(p) + \{\cdots\}\mathrm{e}^{-2p} .$$

Dabei kann

$$\widetilde{Y}_{s0}(p) = \frac{\widetilde{A} - A}{p+1} + \frac{\widetilde{B} - B}{p+3} + \frac{C}{p^2} + \frac{D}{p}$$

mit $\widetilde{A} = 27/2$, $\widetilde{B} = -25/18$, $C = 16/3$, $D = -100/9$ geschrieben werden. Damit ergibt sich der stationäre Lösungsanteil im Intervall $0 \leqq t < 2$ zu

$$y_{s0}(t) = [(\widetilde{A} - A)\mathrm{e}^{-t} + (\widetilde{B} - B)\mathrm{e}^{-3t} + (16/3)t - (100/9)][s(t) - s(t-2)] ,$$

und die stationäre Lösung selbst lautet $y_s(t) = \sum_{\nu=0}^{\infty} y_{s0}(t - 2\nu)$.

**V. 17.** Mit $x_0(t) = x(t)[s(t) - s(t-T)]$ und der hierzu gehörigen Laplace-Transformierten $X_0(p) = \int_0^T e^{3t} e^{-pt} \, dt = [1 - e^{(3-p)T}]/(p-3)$ erhält man $X(p) = X_0(p)/[1 - e^{-pT}]$.

**V. 18.** **a)** Man erhält als Übertragungsfunktion

$$H(p) = \boldsymbol{c}^{\mathrm{T}} (p\mathbf{E} - \boldsymbol{A})^{-1} \boldsymbol{b} + d = [c_1 \, , \; -3] \begin{bmatrix} p & -1 \\ 4 & p+5 \end{bmatrix}^{-1} \begin{bmatrix} 0 \\ 2 \end{bmatrix} = \frac{-6p + 2c_1}{p^2 + 5p + 4} \, ,$$

woraus für die Sprungantwort $a(t)$

$$a(\infty) = \lim_{p \to 0} H(p) = c_1/2 = 0 \; , \quad \text{also} \quad c_1 = 0$$

folgt.

**b)** Durch Rücktransformation von $H(p) = 2/(p+1) - 8/(p+4)$ ergibt sich $h(t) = (2\,e^{-t} - 8\,e^{-4t})s(t)$.

**V. 19.** **a)** Man erhält die Übertragungsfunktion

$$H(p) = \boldsymbol{c}^{\mathrm{T}}(p\mathbf{E} - \boldsymbol{A})^{-1}\boldsymbol{b} + d = [\alpha, \; \beta] \begin{bmatrix} p+\sigma & \omega \\ -\omega & p+\sigma \end{bmatrix}^{-1} \begin{bmatrix} \alpha \\ \beta \end{bmatrix} = \frac{(\alpha^2 + \beta^2)(p+\sigma)}{p^2 + 2\sigma p + \sigma^2 + \omega^2} \, .$$

**b)** Es ist $\sigma = 1$, $\beta = \pm 1$ und $\omega = \pm 2$ zu wählen.

**V. 20.** **a)** Zur gegebenen Übertragungsfunktion $H(p)$ gehört die Differentialgleichung $y''' + a\,y'' + c\,y' + y = x'' + a\,x' + b\,x$. Damit erhält man gemäß den Gln. (2.18a-d) die Steuerungsnormalform

$$\boldsymbol{A} = \begin{bmatrix} 0 & 1 & 0 \\ 0 & 0 & 1 \\ -1 & -c & -a \end{bmatrix}, \quad \boldsymbol{b} = \begin{bmatrix} 0 \\ 0 \\ 1 \end{bmatrix}, \quad \boldsymbol{c}^{\mathrm{T}} = [b\,, \; a\,, \; 1] \, , \quad d = 0 \, .$$

**b)** Wegen

$$\det \boldsymbol{U} = \det \begin{bmatrix} 0 & 0 & 1 \\ 0 & 1 & -a \\ 1 & -a & a^2 - c \end{bmatrix} \neq 0 \, , \quad \det \boldsymbol{V} = \det \begin{bmatrix} b & a & 1 \\ -1 & b-c & 0 \\ 0 & -1 & b-c \end{bmatrix} = b\,(b-c)^2 + a\,(b-c) + 1$$

ist zu erkennen, daß das System stets steuerbar und sicher für $b = c$ auch beobachtbar ist. Im Fall $b \neq c$ läßt sich die reziproke Übertragungsfunktion in der Form

$$1/H(p) = p + (c-b)/[p + \{a - 1/(c-b)\} + \{b\,(b-c)^2 + a\,(b-c) + 1\}/\{(c-b)^2 p + c - b\}]$$

ausdrücken. Die Tatsache, daß Zähler und Nenner von $H(p)$ keine gemeinsame Nullstelle haben, drückt sich aufgrund dieser Darstellung in der Form $b\,(b-c)^2 + a\,(b-c) + 1 \neq 0$ aus, woraus $\det \boldsymbol{V} \neq 0$, also die Beobachtbarkeit, folgt.

**V. 21.** **a)** Man kann stets $1/Z(p) = C\,p + Y_0(p)$ mit der in $p = \infty$ polfreien Funktion $Y_0(p)$ schreiben. Damit erhält man $1/\lim_{p \to \infty} [p\,Z(p)] = C$ oder $1/C = \lim_{p \to \infty} p\,Z(p)$. Auf der anderen Seite liefert das Widerstands-Integral-Theorem für $1/C$ das mit $2/\pi$ multiplizierte Integral über $\operatorname{Re} Z(\mathrm{j}\omega)$ von $\omega = 0$ bis $\omega = \infty$. Damit ist die Gültigkeit der angegebenen Beziehung unmittelbar zu erkennen.

**b)** Man erhält nunmehr

$$\lim_{p \to \infty} p\,Z(p) = \frac{1}{\pi} \int_{-\infty}^{\infty} \operatorname{Re} Z(\mathrm{j}\omega)\, \mathrm{d}\omega = \frac{1}{\pi} \int_{-\infty}^{\infty} |\,F(\mathrm{j}\omega)\,|^2 \mathrm{d}\omega = 2 \int_{-\infty}^{\infty} f^2(t)\, \mathrm{d}t = 2E \, ,$$

woraus die zu beweisende Formel sofort folgt.

**c)** Zunächst ergibt sich mit dem geraden Teil $G(p)$ von $Z(p)$

$$G(\mathrm{j}\omega) = \operatorname{Re} Z(\mathrm{j}\omega) = 1/(1 + \omega^6) \, , \quad \text{also} \quad (1/2)[Z(p) + Z(-p)] = 1/(1 - p^6) \, .$$

Durch Partialbruchentwicklung von $1/(1 - p^6)$ findet man weiterhin

$$\frac{1}{1 - p^6} = \frac{1}{2} \left[ \frac{(2/3)p^2 + (4/3)p + 1}{p^3 + 2p^2 + 2p + 1} + \frac{(2/3)p^2 - (4/3)p + 1}{-p^3 + 2p^2 - 2p + 1} \right] ,$$

woraus $Z(p) = [(2/3)p^2 + (4/3)p + 1]/[p^3 + 2p^2 + 2p + 1]$ aufgrund des oben angegebenen Zusammenhangs zwischen $Z(p)$ und $G(p) = 1/(1 - p^6)$ folgt. Diese Funktion liefert $E = (1/2) \lim_{p \to \infty} p\,Z(p) = 1/3$.

**V. 22.** Nach dem Nyquist-Kriterium liegt Stabilität genau dann vor, wenn die Ortskurve $F_1(\mathrm{j}\omega)$ $(-\infty < \omega < \infty)$ den Punkt $1/K$ nicht umläuft, da $F_1(p)$ nur in $\operatorname{Re} p < 0$ Pole hat. Die Ortskurve $F_1(\mathrm{j}\omega)$ umfaßt den unendlich oft durchlaufenen Einheitskreis. Daher ist $1/\,|\,K\,| > 1$, also $|\,K\,| < 1$ zu verlangen.

**V. 23.** Es muß verlangt werden, daß von $1 + F_1(p)F_2(p) = 1 + (p+4)/(p^3 + k\,p^2 + p)$ sämtliche Nullstellen, d.h. alle Nullstellen des Polynoms $p^3 + k\,p^2 + 2p + 4$ in der linken Halbebene $\operatorname{Re} p < 0$ liegen. Als Hurwitz-Determinanten erhält man $\Delta_1 = k$, $\Delta_2 = 2k - 4$ und $\Delta_3 = 4\,\Delta_2$. Asymptotische Stabilität ist genau dann gegeben, wenn $\Delta_1 > 0$, $\Delta_2 > 0$ und $\Delta_3 > 0$ gilt, also $k > 2$.

**V. 24.** Für das erste Teilsystem erhält man die Übertragungsfunktion $F_1(p) = 1/(p+2)$. Für das zweite Teilsystem ergibt sich

$$F_2(p) = [0,\ \ \gamma]\begin{bmatrix} p & -1 \\ 2 & p+3 \end{bmatrix}^{-1}\begin{bmatrix} 0 \\ 1 \end{bmatrix} = \frac{\gamma p}{p^2 + 3p + 2}\ .$$

Aus $1 + F_1(p)F_2(p) = [p^3 + 5p^2 + (8+\gamma)p + 4]/\{(p^2 + 3p + 2)(p+2)\}$ erhält man die Forderung, daß das Polynom $p^3 + 5p^2 + (8+\gamma)p + 4$ ein Hurwitz-Polynom sein muß. Die Hurwitz-Determinanten sind $\Delta_1 = 5$, $\Delta_2 = 5(8+\gamma) - 4 = 36 + 5\gamma$, $\Delta_3 = 4\,\Delta_2$. Asymptotische Stabilität liegt genau dann vor, wenn $\gamma > -36/5$ gilt.

**V. 25.** Da der Frequenzgang von $F_1(p)\,e^p = (p-2)/(p+3)$ (für $p = j\omega$) einen Kreis um den Punkt $1/6$ mit Radius $5/6$ in der komplexen Ebene repräsentiert, stellt $F_1(j\omega)$ eine Ortskurve dar, die innerhalb des Einheitskreises (einschließlich des Punktes 1) bleibt, diesem aber beliebig nahe kommt. Daher ist $1/\,|K\,| > 1$, d.h. $|K\,| < 1$ zu fordern.

**V. 26.** In der unmittelbaren Umgebung eines Poles $p = j\omega_\infty$ von $F_1(p)$ verhält sich diese Funktion wie $A/(p - j\omega_\infty)$ mit positiv reellem $A$. Beim Durchlaufen eines kleinen Halbkreises um $p = j\omega_\infty$ in $\operatorname{Re} p > 0$ hat daher $F_1(p)$ ständig nicht negativen Realteil. Dies gilt auch beim Durchlaufen eines sehr großen, in $\operatorname{Re} p > 0$ verlaufenden Halbkreises um den Ursprung, da sich $F_1(p)$ in der Umgebung von $p = \infty$ wie $B\,p$ mit $B > 0$ verhält. Außerhalb der Pole auf der imaginären Achse ist $F_1(p)$ rein imaginär. Damit kann folgendes festgestellt werden: Durchläuft man die imaginäre Achse der $p$-Ebene unter Umgehung aller Pole in der in der Aufgabenstellung genannten Weise, so verläßt die Ortskurve $F_1(j\omega)$ die abgeschlossene rechte Halbebene nicht. Der Punkt $-1$ wird also nicht umlaufen. Deshalb besteht Stabilität.

**V. 27.** Zunächst erhält man den geraden Teil

$$G(p) = R\,(p/j) = \frac{p^4 + 2p^2}{p^4 - 5p^2 + 4} = 1 + \frac{7p^2 - 4}{(p+1)(p+2)(p-1)(p-2)}\ .$$

Durch Partialbruchentwicklung ergibt sich weiterhin

$$G(p) = \frac{1}{2}\left[1 + \frac{1}{p+1} - \frac{4}{p+2} + 1 - \frac{1}{p-1} + \frac{4}{p-2}\right].$$

Hieraus entnimmt man wegen $G(p) = [H(p) + H(-p)]/2$ die Übertragungsfunktion

$$H(p) = 1 + \frac{1}{p+1} - \frac{4}{p+2} = \frac{p^2}{(p+1)(p+2)}\ .$$

**V. 28.** Zunächst erhält man den ungeraden Teil der Übertragungsfunktion

$$U(p) = j\,X(p/j) = \frac{3p^3 - p}{p^4 - 5p^2 + 4} = \frac{3p^3 - p}{(p+1)(p+2)(p-1)(p-2)}\ .$$

Durch Partialbruchentwicklung von $U(p)/p$ ergibt sich weiterhin

$$U(p) = \frac{1}{2}\left[\frac{(2/3)p}{p+1} - \frac{(11/6)p}{p+2} - \frac{(2/3)p}{p-1} + \frac{(11/6)p}{p-2}\right],$$

woraus wegen $U(p) = [H(p) - H(-p)]/2$ die Übertragungsfunktion

$$H(p) = B_0 + \frac{(2/3)p}{p+1} - \frac{(11/6)p}{p+2}$$

folgt. Aufgrund der Forderung $H(\infty) = B_0 + 2/3 - 11/6 = 0$ findet man den Wert $B_0 = 7/6$ und damit die Funktion $H(p) = (9p + 7)/(3p^2 + 9p + 6)$.

**V. 29.** Aus $|H(\mathrm{j}\omega)|^2$ folgt

$$H(p)H(-p) = \frac{p^4+p^2+1}{(p^2-4)(p^2-1)} = \frac{(p^2+p+1)(p^2-p+1)}{(p^2+3p+2)(p^2-3p+2)}$$

und hieraus $H(p) = (p^2+p+1)/(p^2+3p+2)$.

**V. 30.** **a)** Durch Anwendung der Transformation $\omega = -\tan(\vartheta/2)$ erhält man direkt $R(\tan\{\vartheta/2\}) = |\vartheta|$ $(-\pi < \vartheta \leqq \pi)$. Durch Fourier-Reihenentwicklung ergibt sich

$$R(\tan\{\vartheta/2\}) = \frac{\pi}{2} - \frac{4}{\pi}\sum_{\nu=0}^{\infty}\frac{\cos\{(2\nu+1)\vartheta\}}{(2\nu+1)^2} .$$

Hieraus folgt sofort die in $\vartheta$ $2\pi$-periodische transformierte Imaginärteilfunktion

$$X(\tan\{\vartheta/2\}) = \frac{4}{\pi}\sum_{\nu=0}^{\infty}\frac{\sin\{(2\nu+1)\vartheta\}}{(2\nu+1)^2} = \frac{1}{2}\vartheta(\pi - |\vartheta|) \quad (-\pi < \vartheta \leqq \pi)$$

und mit $\vartheta = -2\arctan\omega$ die Imaginärteilfunktion $X(\omega) = -(\pi - 2|\arctan\omega|)\arctan\omega$.

**b)** Nach Gl. (5.169) erhält man für die Übertragungsfunktion

$$H(p) = \frac{\pi}{2} - \frac{4}{\pi}\sum_{\nu=0}^{\infty}\frac{1}{(2\nu+1)^2}\left(\frac{1-p}{1+p}\right)^{2\nu+1} .$$

**V. 31.** **a)** Die Übertragungsfunktionen (ii), (iii) und (iv) sind Mindestphasenübertragungsfunktionen.

**b)** Zur Übertragungsfunktion (i) gehört $H_m(p) = (p+1)/[(p+2)(p+4)]$ als Mindestphasenübertragungsfunktion gleicher Amplitude für $p = \mathrm{j}\omega$.

**V. 32.** **a)** Mit $A(\omega) = \mathrm{e}^{-\alpha(\omega)}$ liefert die Gl. (5.180) für $\nu = 1$

$$\alpha(\omega) = \alpha(0) - \frac{2\omega^2}{\pi}\int_0^{\infty}\frac{\Theta(\eta)}{\eta(\eta^2-\omega^2)}\mathrm{d}\eta = \alpha(0) - \frac{2\omega^2\Theta_0}{\pi}\int_{\omega_g}^{\infty}\frac{\mathrm{d}\eta}{\eta(\eta^2-\omega^2)}$$

$$= \alpha(0) + \frac{\Theta_0}{\pi}\left[\ln\frac{\eta^2}{|\eta^2-\omega^2|}\right]_{\omega_g}^{\infty} = \alpha(0) - \frac{\Theta_0}{\pi}\ln\frac{\omega_g^2}{|\omega^2-\omega_g^2|} .$$

Damit erhält man

$$A(\omega) = \mathrm{e}^{-\alpha(0)}\left[\omega_g^2/|\omega^2-\omega_g^2|\right]^{\Theta_0/\pi} .$$

**b)** Mit $\Theta_0 = \pi$ und $\alpha(0) = 0$ ergibt sich $A(\omega) = \omega_g^2/|\omega^2-\omega_g^2|$. Bild L.V.32 zeigt den Verlauf von $A(\omega)$.

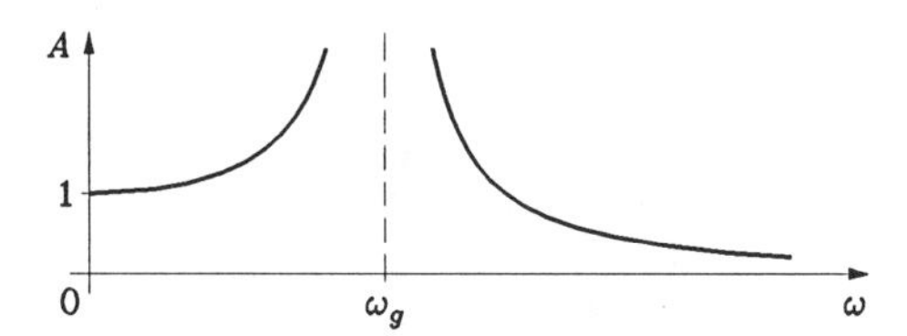


Bild L.V.32

**V. 33.** Man kann generell ein kausales Signal als Impulsantwort eines kausalen Systems auffassen und dessen Fourier-Transformierte, die Existenz vorausgesetzt, als Übertragungsfunktion des Systems verstehen.

**a)** Schreibt man das Spektrum von $f(t)$ in der Form $F(\mathrm{j}\omega) = A(\omega)\mathrm{e}^{-\mathrm{j}\Theta(\omega)}$ und beachtet, daß $f(t)$ quadratisch integrierbar ist, dann erkennt man an Hand des Parseval-Theorems die quadratische Integrierbarkeit auch von $A(\omega)$. Wäre nun $A(\omega)$ in einem Intervall $\omega_1 < \omega < \omega_2$ identisch Null, so würde sich aufgrund von Satz V.9 ein Widerspruch zur Kausalität von $f(t)$ ergeben, da die Ungleichung (5.182) nicht erfüllt wird. Denn der dortige Integrand ist im genannten Intervall unendlich groß.

**b)** Das Signal $g(t) = f(t-T)$ mit dem Spektrum $G(\mathrm{j}\omega) = F(\mathrm{j}\omega)\mathrm{e}^{-\mathrm{j}\omega T}$ ist kausal, und es gilt $|G(\mathrm{j}\omega)| \equiv |F(\mathrm{j}\omega)|$ mit $|G(\mathrm{j}\omega)| \equiv 0$ für $|\omega| > \omega_g$. Diese Amplitudenfunktion ist sicher quadratisch integrierbar, da $g(t)$ eine endliche Energie aufweist. Da aufgrund von Satz V.9 ein Widerspruch entsteht, können $f(t)$ und $F(\mathrm{j}\omega)$ nicht gleichzeitig begrenzt sein.

# Kapitel VI

**VI. 1.** Man erhält

(i) $F(z) = \sum_{\nu=0}^{\infty} (3z)^\nu = 1/(1-3z) \quad (|z| < 1/3)$;

(ii) $F(z) = 1 + 1/(4z) + 1/(4z)^2 = (16z^2 + 4z + 1)/(16z^2)$;

(iii) $F(z) = \frac{1}{2} \sum_{n=0}^{\infty} \frac{1}{(2z)^n} (e^{j\pi/3} e^{j\pi n/2} + e^{-j\pi/3} e^{-j\pi n/2}) = (e^{j\pi/3}/2) \sum_{n=0}^{\infty} (j/(2z))^n$

$$+ (e^{-j\pi/3}/2) \sum_{n=0}^{\infty} (-j/(2z))^n = (e^{j\pi/3}/2)/(1 - j/(2z)) + (e^{-j\pi/3}/2)/(1 + j/(2z))$$

$$= \frac{4z^2 \cos \pi/3 - 2z \sin \pi/3}{4z^2+1} = \frac{2z^2 - \sqrt{3}z}{4z^2+1} \quad (|z| > 1/2);$$

(iv) $F(z) = \sum_{n=3}^{\infty} 1/(3z)^n = (1/(27z^3)) \sum_{n=0}^{\infty} 1/(3z)^n = 1/\{9z^2(3z-1)\} \quad (|z| > 1/3)$;

(v) $F(z) = 1 + 1/z + 1/z^2 + 1/z^3 + \sum_{n=1}^{\infty} 1/(n\,z^n) = 1 + 1/z + 1/z^2 + 1/z^3 - \int \sum_{n=2}^{\infty} z^{-n}\,dz$

$$= 1 + 1/z + 1/z^2 + 1/z^3 - \int \{z/(z-1) - 1 - 1/z\}\,dz$$

$$= 1 + 1/z + 1/z^2 + 1/z^3 + \ln \frac{z}{z-1} \quad (|z| > 1);$$

(vi) $F(z) = z \sum_{n=0}^{N-1} n\,z^{-n-1} = -z \frac{d}{dz} \sum_{n=0}^{N-1} z^{-n} = -z \frac{d}{dz} \frac{1-z^N}{z^{N-1} - z^N} = \frac{z^N + N - 1 - Nz}{z^{N-1}(1-z)^2}$;

(vii) $F(z) = \sum_{\nu=0}^{\infty} a^{2\nu} z^{-2\nu} + \sum_{\nu=0}^{\infty} b^{2\nu+1} z^{-(2\nu+1)} = \frac{1}{1-(a/z)^2} + \frac{b/z}{1-(b/z)^2} \quad (|z| > \max\{|a|, |b|\})$.

**VI. 2.** Es ergibt sich

$$F(z) = \sum_{n=0}^{N-1} f[n] z^{-n} + z^{-N} \sum_{n=0}^{N-1} f[n] z^{-n} + z^{-2N} \sum_{n=0}^{N-1} f[n] z^{-n} + \cdots = \frac{1}{1-z^{-N}} \sum_{n=0}^{N-1} f[n] z^{-n} \quad (|z| > 1).$$

**VI. 3.** Man findet

$$F(z) = \sum_{n=0}^{\infty} (a/z)^n + \sum_{n=-\infty}^{-1} a^{-n} z^{-n} = \sum_{n=0}^{\infty} (a/z)^n + \sum_{m=0}^{\infty} (a\,z)^m - 1 = \frac{1}{1-a/z} + \frac{1}{1-a\,z} - 1$$

$(|z| > |a|, \; |z| < 1/|a|)$.

Speziell für $a = 1/3$ erhält man $F(z) = \frac{3z}{3z-1} + \frac{3}{3-z} - 1 = \frac{8z}{-3z^2 + 10z - 3}$.

**VI. 4.** (i) Aus $F(z) = \frac{1}{1-2/z}$ folgt das Signal $f[n] = 2^n s[n]$.

(ii) Aus $F(z) = \frac{z\,(2z+1)}{(z-1)(z-1/4)} = \frac{4z}{z-1} - \frac{2z}{z-1/4} = \frac{4}{1-z^{-1}} - \frac{2}{1-4^{-1}z^{-1}}$ erhält man das Signal $f[n] = (4 - 2 \cdot 4^{-n}) s[n]$.

(iii) Aus $F(z) = z^{-3} \cdot \frac{4/3}{1 - \frac{1}{3z}}$ folgt $f[n] = \frac{4}{3} \cdot \frac{1}{3^{n-3}} s[n-3] = 4 \cdot 3^{2-n} s[n-3]$.

**VI. 5.** Betrachtet man $|z| > 2$ als Konvergenzgebiet, dann erhält man aus der Funktion $F(z) = -z/(z-2) + z/(z-2)^2 + z/(z-1)$ das Signal $f[n] = -s[n] 2^n + (1/2) n\, 2^n s[n] + s[n]$. Wählt man $1 < |z| < 2$ als Konvergenzgebiet, so ergibt sich aus obiger Darstellung von $F(z)$ aufgrund der Korrespondenz (6.12), nach der zu $-z/(z-2)$ das Signal $s[-n-1] 2^n$ und zu $z/(z-2)^2$ das Signal $-s[-n-1] n \cdot 2^{n-1}$ gehört,

$f[n] = s[-n-1]2^n - s[-n-1]n \cdot 2^{n-1} + s[n]$. Im Fall des Konvergenzgebiets $|z| < 1$ schließlich liefert die Korrespondenz (6.12) aus obiger Darstellung von $F(z)$ das Signal $s[-n-1](2^n - n \cdot 2^{n-1} - 1)$.

die Korrespondenz (6.12) aus obiger Darstellung von $F(z)$ das Signal $s[-n-1](2^n - n \cdot 2^{n-1} - 1)$.

**VI. 6.** Mit $f[0] = \alpha$ folgt aus der Differenzengleichung $f[-1] = 0$. Unterwirft man diese Gleichung der (einseitigen) Z-Transformation, so erhält man sofort die Beziehung $F(z) - \beta z^{-1} F(z) = \alpha/(1 - z^{-1})$, woraus $F(z) = \alpha z^2/\{(z-1)(z-\beta)\}$ oder für $\beta \neq 1$ die Z-Transformierte
$F(z) = \frac{\alpha}{1-\beta} z/(z-1) + \frac{\alpha\beta}{\beta-1} z/(z-\beta)$, also $f[n] = \{\frac{\alpha}{1-\beta} + \frac{\alpha\beta}{\beta-1}\beta^n\}\ s[n] = \alpha \frac{\beta^{n+1}-1}{\beta-1} s[n]$ resultiert. Für $\beta = 1$ ergibt sich zunächst die Funktion $F(z) = \alpha z^2/(z-1)^2$, woraus $f[n] = \alpha(n+1)s[n]$ folgt.

**VI. 7.** Da die diskontinuierliche Funktion $f[n]$ akausal ist, muß $|z| < 1/2$ das Konvergenzgebiet sein. Aus der Funktion $F(z) = -z/(z-1/2) + 2z/(z-1)$ erhält man nach der Korrespondenz (6.12) das Signal $f[n] = \{2^{-n} - 2\} s[-n-1]$.

**VI. 8.** (i) Aus $F(z) = \ln(1-2z)$ folgt der Differentialquotient $F'(z) = -2/(1-2z) = -2\sum_{n=0}^{\infty}(2z)^n$, also $F(z) = -2\sum_{n=0}^{\infty} 2^n z^{n+1}/(n+1)$ und somit $f[n] = (2^{-n}/n)s[-n-1]$.

(ii) Aus $F(z) = \ln\{1 - (2z)^{-1}\}$ folgt $F'(z) = \frac{2}{4z^2}\left[1 + \frac{1}{2z} + \frac{1}{(2z)^2} + \cdots\right]$, also $F(z) = -(2z)^{-1} - 2^{-1}(2z)^{-2} - 3^{-1}(2z)^{-3} - \cdots$ und somit $f[n] = -n^{-1}2^{-n}s[n-1]$.

**VI. 9.** Aus $F_2(z) = F_1(z^{-1}) = \sum_{n=-\infty}^{\infty} f_1[n]z^n = \sum_{n=-\infty}^{\infty} f_1[-n]z^{-n} = \sum_{n=-\infty}^{\infty} f_2[n]z^{-n}$ folgt $f_1[-n] \equiv f_2[n]$.

**VI. 10.** Nach Gl. (6.27) ergibt sich

$$H(z) = \boldsymbol{c}^{\mathrm{T}}(z\mathbf{E} - \boldsymbol{A})^{-1}\boldsymbol{b} + d = \left[0,\ 2,\ -\frac{1}{2}\right]\begin{bmatrix} z-1 & -1 & 0 \\ 1/2 & z-1 & 1/2 \\ 3/2 & 0 & z+1/2 \end{bmatrix}^{-1}\begin{bmatrix}0\\0\\1\end{bmatrix}$$

$$= \left[0,\ 2,\ -\frac{1}{2}\right]\frac{1}{D(z)}\begin{bmatrix} \cdots & \cdots \\ \vdots & 1/2 - z/2 \\ \cdots & z^2 - 2z + 3/2 \end{bmatrix}\begin{bmatrix}0\\0\\1\end{bmatrix} = \frac{1-2z^2}{4z^3 - 6z^2 + 2z} .$$

**VI. 11.** Man erhält direkt

$$f[0] = \lim_{z\to\infty} F(z) = 1,\ f[1] = \lim_{z\to\infty}\{F(z) - f[0]\}z = \lim_{z\to\infty}\frac{-3z^2-4z}{z^2+4z+5} = -3 ,$$

$$f[2] = \lim_{z\to\infty}\{(F(z)z - f[0])z - f[1]\}z = \lim_{z\to\infty}\frac{8z^2+15z}{z^2+4z+5} = 8 .$$

**VI. 12.** Zunächst ergibt sich nach Gl. (6.29)

$$\hat{\boldsymbol{\Phi}}(z) = (z\mathbf{E} - \boldsymbol{A})^{-1}z = \begin{bmatrix} z & -1 & 0 \\ 2/9 & z-1 & 4 \\ 0 & 0 & z \end{bmatrix}^{-1} z = \frac{1}{z^2 - z + (2/9)}\begin{bmatrix} z^2 - z & z & -4 \\ -2z/9 & z^2 & -4z \\ 0 & 0 & z^2 - z + 2/9 \end{bmatrix}.$$

Dieser Matrix entnimmt man $\lim_{n\to\infty}\boldsymbol{\Phi}[n] = \lim_{z\to 1}(z-1)\hat{\boldsymbol{\Phi}}(z) = \mathbf{0}$. Nach den Gln. (6.27) und (6.29) ergibt sich $H(z) = [1,\ 0,\ 0]z^{-1}\hat{\boldsymbol{\Phi}}(z)[0,\ 1,\ 0]^{\mathrm{T}} = z/(z^3 - z^2 + 2z/9) = 3z^{-1}/(1 - 2z^{-1}/3) - 3z^{-1}/(1 - z^{-1}/3)$, woraus $h[n] = 3\{(2/3)^{n-1} - (1/3)^{n-1}\}s[n-1]$ folgt.

**VI. 13.** Das Signal $\tilde{f}(t) = f(t)\sum_{n=-\infty}^{\infty}\delta(t - nT)$ liefert aufgrund des Faltungssatzes das Spektrum $\tilde{F}(\mathrm{j}\omega) = (1/2\pi)F(\mathrm{j}\omega) * (2\pi/T)\sum_{\mu=-\infty}^{\infty}\delta(\omega - \mu 2\pi/T) = (1/T)\sum_{\mu=-\infty}^{\infty}F\{\mathrm{j}(\omega - \mu 2\omega_g)\}$, d.h. $\tilde{F}(\mathrm{j}\omega) = (1/T)F(\mathrm{j}\omega)$ für $|\omega| < \omega_g$. Auf der anderen Seite ergibt sich direkt $\tilde{F}(\mathrm{j}\omega) = \sum_{n=-\infty}^{\infty} f(nT)\int_{-\infty}^{\infty}\delta(t - nT)\mathrm{e}^{-\mathrm{j}\omega t}\mathrm{d}t = \sum_{n=-\infty}^{\infty} x[n]\mathrm{e}^{-\mathrm{j}\omega nT}$ $= X(\mathrm{e}^{\mathrm{j}\omega T})$. Daher gilt $X(\mathrm{e}^{\mathrm{j}\omega T}) \equiv (1/T)F(\mathrm{j}\omega)$ für $|\omega| < \omega_g$. Weiterhin erhält man mit $\omega_g = \pi/T$

$$y[n] = \frac{1}{2\,\omega_g}\int_{-\omega_g}^{\omega_g} H(e^{j\omega T})X(e^{j\omega T})\,e^{jn\omega T}\,d\omega = \frac{1}{2\pi}\int_{-\omega_g}^{\omega_g} F(j\omega)H(e^{j\omega T})\,e^{jn\omega T}\,d\omega\ .$$

**VI. 14.** Aus der Gleichungskette $F_2(z) = F_1(z^N) = \sum_{n=-\infty}^{\infty} f_1[n]z^{-Nn} = \sum_{n=-\infty}^{\infty} f_2[n]z^{-n}$ ist zu ersehen, daß $f_2[kN] = f_1[k]$ für $k = 0, \pm 1, \pm 2, \ldots$ und $f_2[n] = 0$ sonst gilt.

**VI. 15.** (i) Es ergibt sich

$$H(z) = \sum_{n=0}^{\infty} h[n]z^{-n} = \sum_{n=0}^{\infty}\widetilde{h}(nT)z^{-n} = \sum_{n=0}^{\infty}\frac{z^{-n}}{2\pi j}\int_{\sigma-j\infty}^{\sigma+j\infty}\widetilde{H}(p)\,e^{pnT}\,dp$$

$$= \frac{1}{2\pi j}\int_{\sigma-j\infty}^{\sigma+j\infty}\widetilde{H}(p)\sum_{n=0}^{\infty}\left[\frac{e^{pT}}{z}\right]^n dp = \frac{z}{2\pi j}\int_{\sigma-j\infty}^{\sigma+j\infty}\frac{\widetilde{H}(p)}{z - e^{pT}}\,dp\ .$$

(ii) Entsprechend erhält man

$$\frac{z}{z-1}H(z) = \sum_{n=0}^{\infty}\widetilde{a}(nT)z^{-n} = \sum_{n=0}^{\infty}\frac{z^{-n}}{2\pi j}\int_{\sigma-j\infty}^{\sigma+j\infty}\frac{1}{p}\widetilde{H}(p)\,e^{pnT}dp = \frac{1}{2\pi j}\int_{\sigma-j\infty}^{\sigma+j\infty}\widetilde{H}(p)\frac{z}{p(z-e^{pT})}\,dp\ ,$$

also

$$H(z) = \frac{z-1}{2\pi j}\int_{\sigma-j\infty}^{\sigma+j\infty}\frac{\widetilde{H}(p)}{p(z-e^{pT})}\,dp\ .$$

**VI. 16.** Abweichend von der in Kapitel VI, Abschnitt 3.1 beschriebenen Methode wird folgendermaßen vorgegangen. Ersetzt man $\cos\omega T$ durch den Ausdruck $(z + 1/z)/2 = (z^2 + 1)/(2z)$ und somit $\cos^2\omega T$ durch $(z^4 + 2z^2 + 1)/(4z^2)$, so ergibt sich nach einer kurzen Zwischenrechnung

$$R(z) = \frac{1}{4}\,\frac{2z^4 + 5z^3 + 6z^2 + 5z + 2}{2z^4 + 6z^3 + 9z^2 + 6z + 2}\ .$$

Mit dem Ansatz $(\alpha z^2 + \beta z + \gamma)(\gamma z^2 + \beta z + \alpha) = 2z^4 + 6z^3 + 9z^2 + 6z + 2$ wird zunächst der Nenner faktorisiert. Durch Koeffizientenvergleich findet man $\alpha = \beta = 2$, $\gamma = 1$ als Lösungen der Gleichungen $\alpha\gamma = 2$, $(\alpha + \gamma)\beta = 6$, $\alpha^2 + \beta^2 + \gamma^2 = 9$ (d.h. $x^4 - 5x^3 + 8x^2 - 20x + 16 = 0$ mit $x = \gamma^2$). Damit kann die Übertragungsfunktion in der Form $H(z) = (a\,z^2 + b\,z + c)/(2z^2 + 2z + 1)$ angeschrieben werden. Hieraus bildet man $2R(z) = H(z) + H(1/z) = [(a + 2c)z^4 + (2a + 3b + 2c)z^3 + 2(2a + 2b + c)z^2 + \cdots]/\cdots$. Ein Vergleich mit der vorgeschriebenen Funktion $R(z)$ liefert nunmehr die drei linearen Gleichungen $a + 2c = 1$, $2a + 3b + 2c = 5/2$, $2a + 2b + c = 3/2$ mit den Lösungen $a = 0$, $b = c = 1/2$. Damit lautet das Ergebnis

$$H(z) = \frac{z+1}{2(2z^2 + 2z + 1)}\ .$$

**VI. 17.** Ersetzt man $j\sin\omega T$ durch $(z - 1/z)/2$ und $\cos\omega T$ durch $(z + 1/z)/2$ in $j\,X(e^{j\omega T})$, so ergibt sich die kreisantimetrische Komponente

$$I(z) = \frac{5}{2}\,\frac{z^2 - 1}{2z^2 + 5z + 2} = \frac{1}{2}\,[H(z) - H(1/z)]$$

von $H(z)$. Aus den Nullstellen $-1/2$ und $-2$ des Nennerpolynoms erhält man die Faktorzerlegung $(2z^2 + 5z + 2) = (2z + 1)(z + 2)$. Damit kann man $H(z) = (\alpha z + \beta)/(2z + 1)$ schreiben. Führt man diese Darstellung der Übertragungsfunktion $H(z)$ in die obige Gleichung ein, so findet man sofort die Darstellung $I(z) = [(\alpha - 2\beta)z^2 - \alpha + 2\beta]/[2(2z^2 + 5z + 2)]$. Durch Koeffizientenvergleich erhält man jetzt $\alpha - 2\beta = 5$; weiterhin folgt aus der Forderung $H(1) = 1$ die Gleichung $\alpha + \beta = 3$, so daß man zu den Lösungen $\alpha = 11/3$, $\beta = -2/3$, also zu

$$H(z) = \frac{11z - 2}{3(2z + 1)}$$

gelangt. Weiterhin erhält man für die Amplitudencharakteristik $|H(e^{j\omega T})| = \sqrt{H(z)H(1/z)}$ mit $z = e^{j\omega T}$, also $|H(e^{j\omega T})| = \sqrt{(125 - 44\cos\omega T)/(5 + 4\cos\omega T)}/3$. Die spektrale Leistungsdichte des Ausgangsprozesses ist $S_{yy}(\omega) = |H(e^{j\omega T})|^2 \cdot 1$. Hieraus folgt

$$y_{\text{eff}}^2 = r_{yy}[0] = \frac{T}{2\pi}\int_{-\pi}^{\pi} S_{yy}(\omega)\,\mathrm{d}\omega = \frac{T}{2\pi}\int_{-\pi}^{\pi} H(\mathrm{e}^{\,\mathrm{j}\omega T})H(\mathrm{e}^{-\mathrm{j}\omega T})\,\mathrm{d}\omega = \frac{1}{2\pi\mathrm{j}}\oint_{|z|=1} H(z)H(\tfrac{1}{z})\frac{\mathrm{d}z}{z}\,.$$

Dieses auf dem Einheitskreis zu erstreckende Integral wird mit Hilfe des Residuensatzes ausgewertet. Der Integrand $H(z)H(1/z)/z$ hat innerhalb des Einheitskreises die Pole $z_1 = -1/2$ und $z_2 = 0$ mit den Residuen $R_1 = 20/3$ bzw. $R_2 = -11/9$. Damit ergibt sich $y_{\text{eff}}^2 = 20/3 - 11/9 = 49/9$, also $y_{\text{eff}} = 7/3$.

**VI. 18.** Mit der Formel $\sin^2 x = (1 - \cos 2x)/2$ und nach Substitution $\mathrm{e}^{\,\mathrm{j}\omega T} = z$ erhält man

$$H(z)H(1/z) = \frac{\varepsilon}{\varepsilon + \frac{1}{2} - \frac{1}{4}(z + \frac{1}{z})} = \frac{-4\varepsilon z}{z^2 - 2(2\varepsilon + 1)z + 1}\,.$$

Pole dieser Funktion sind $z_1 = 2\varepsilon + 1 - 2\sqrt{\varepsilon(\varepsilon + 1)}$ und $1/z_1$. Damit hat die Übertragungsfunktion die Form

$$H(z) = \frac{\alpha z}{z - z_1}, \quad \text{also} \quad H(1/z) = \frac{-\alpha/z_1}{z - 1/z_1} \quad \text{und} \quad H(z)H(1/z) = \frac{-(\alpha^2/z_1)z}{z^2 - 2(2\varepsilon + 1)z + 1}\,.$$

Durch Koeffizientenvergleich ergibt sich $4\varepsilon = \alpha^2/z_1$, also $\alpha = 2\sqrt{\varepsilon z_1}$, wodurch $H(z)$ vollständig bestimmt ist.

Aufgrund der Beziehung

$$F(z) = \sum_{n=0}^{\infty}\{a[n] - a[\infty]\}z^{-n} = \frac{z}{z-1}H(z) - a[\infty]\frac{z}{z-1}$$

und mit $a[\infty] = H(1)$ erhält man die gesuchte Größe

$$F(1) = \lim_{z\to 1}\frac{z}{z-1}\{H(z) - H(1)\} = \lim_{z\to 1}\frac{z}{(z-1)}\cdot\frac{\alpha z_1(z-1)}{(z_1 - 1)(z - z_1)} = \frac{-\alpha z_1}{(z_1 - 1)^2}\,.$$

# Kapitel VII

**VII. 1.** Man erhält

$$f[n_1, n_2] ** g[n_1, n_2] = \sum_{\nu_1=-\infty}^{\infty} f_1[\nu_1]g_1[n_1 - \nu_1] \sum_{\nu_2=-\infty}^{\infty} f_2[\nu_2]g_2[n_2 - \nu_2]$$

$$= (f_1[n_1] * g_1[n_1])(f_2[n_2] * g_2[n_2])\,.$$

**VII. 2.** Die Faltung $f[n_1, n_2] ** f[n_1, n_2] = \sum_{\nu_1=-\infty}^{\infty}\sum_{\nu_2=-\infty}^{\infty} f[\nu_1, \nu_2]f[n_1 - \nu_1, n_2 - \nu_2]$ wird im Bild L.VII.2 erklärt.

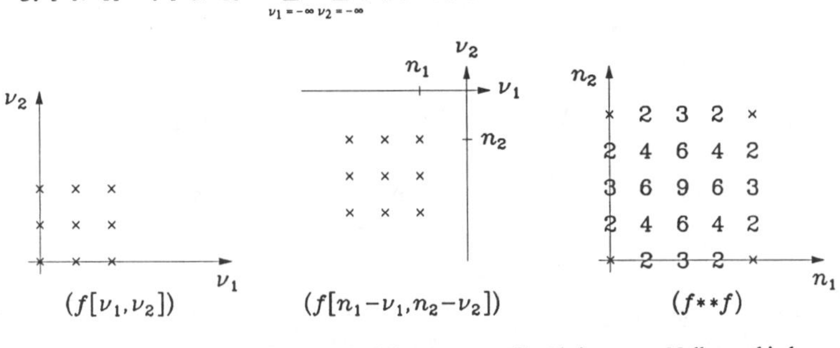


Bild L.VII.2: Die Kreuzchen markieren Punkte mit Funktionswert 1. Alle übrigen von Null verschiedenen Funktionswerte sind explizit angegeben

**VII. 3.** Bild L.VII.3 zeigt die Ausgangsmaske, die so gelegt werden muß, daß sich der kleine Kreis über der Stelle $(n_1, n_2)$ befindet. Die den Punkten entsprechenden $y$-Werte sind zur Berechnung von $y[n_1, n_2]$ erforderlich. Man kann sich nun leicht davon überzeugen, daß die Punktmenge $\{(n_1, n_2);\ n_1 \geqq 0,\ -n_1 \leqq n_2 \leqq n_1\}$ Träger der Impulsantwort $h[n_1, n_2]$ ist. Aufgrund der Tatsache, daß $y[n_1, n_2]$ durch Faltung von $x[n_1, n_2]$

und $h[n_1, n_2]$ gebildet werden kann, läßt sich bei Vorgabe eines Eingangssignals $x[n_1, n_2]$ ein Träger des entsprechenden Ausgangssignals angeben, außerhalb dem alle $y$-Werte Null gewählt werden müssen (Randwerte). Die rekursive Berechnung von $y[n_1, n_2]$ ist längs Parallelen zur $n_2$-Achse mit jeweils um 1 zunehmendem Parameter $n_1$ möglich.

Bild L.VII.3

**VII. 4.** Man erhält

$$F(z_1, z_2) = \sum_{n_1=-\infty}^{0} a^{n_1} z_1^{-n_1} \sum_{n_2=-\infty}^{0} b^{n_2} z_2^{-n_2} = \sum_{n_1=0}^{\infty} \left(\frac{z_1}{a}\right)^{n_1} \sum_{n_2=0}^{\infty} \left(\frac{z_2}{b}\right)^{n_2} = \frac{a}{a - z_1} \cdot \frac{b}{b - z_2}$$

$$(\,|z_1| < |a| \quad \text{und} \quad |z_2| < |b|\,) .$$

**VII. 5.** Nach Gl. (7.33) ergibt sich

$$f[n_1, n_2] = \frac{1}{2\pi \mathrm{j}} \oint_{|z_1|=1} z_1^{n_1-1} \frac{1}{2\pi \mathrm{j}} \oint_{|z_2|=1} \frac{z_2^{n_2-1}}{1 - \left(\dfrac{\alpha + \beta z_1^2}{z_1^2}\right) z_2^{-1}} \mathrm{d}z_2 \, \mathrm{d}z_1 = \frac{s[n_2]}{2\pi \mathrm{j}} \oint_{|z_1|=1} z_1^{n_1-1} \left(\frac{\alpha + \beta z_1^2}{z_1^2}\right)^{n_2} \mathrm{d}z_1 ,$$

wobei berücksichtigt wurde, daß $|(\alpha + \beta z_1^2)/z_1^2| \leqq |\alpha| + |\beta| < 1$ auf dem Einheitskreis $|z_1| = 1$ gilt. Schließlich erhält man

$$f[n_1, n_2] = \frac{s[n_2]}{2\pi \mathrm{j}} \oint_{|z_1|=1} (\alpha + \beta z_1^2)^{n_2} z_1^{n_1 - 2n_2 - 1} \mathrm{d}z_1 = \begin{cases} s[n_1, n_2] \begin{pmatrix} n_2 \\ n_2 - \dfrac{n_1}{2} \end{pmatrix} \alpha^{n_1/2} \beta^{n_2 - n_1/2} \\ \text{falls } n_1 \text{ gerade und } 0 \leqq n_1 \leqq 2n_2 , \\ 0 \qquad \text{sonst} . \end{cases}$$

Die Auswertung des letzten Integrals erfolgte nach dem Residuensatz bei Anwendung des Binomialsatzes auf $(\alpha + \beta z_1^2)^{n_2}$.

**VII. 6.** Die Werteverteilung von $f_1[n_1, n_2]$ in der $(n_1, n_2)$-Ebene ist bezüglich beider Koordinatenachsen und damit auch bezüglich des Ursprungs symmetrisch. Daher ist das zugehörige Spektrum $F_1(\mathrm{e}^{\mathrm{j}\omega_1}, \mathrm{e}^{\mathrm{j}\omega_2})$ rein reell, bezüglich der $\omega_1$-Achse, der $\omega_2$-Achse und des Ursprungs $(\omega_1, \omega_2) = (0,0)$ symmetrisch. Da die Werteverteilung von $f_2[n_1, n_2]$ zur $n_2$-Achse symmetrisch ist, gilt für das zugehörige Spektrum $F_2(\mathrm{e}^{\mathrm{j}\omega_1}, \mathrm{e}^{\mathrm{j}\omega_2}) = F_2(\mathrm{e}^{-\mathrm{j}\omega_1}, \mathrm{e}^{\mathrm{j}\omega_2})$; es ist also zur $\omega_2$-Achse symmetrisch. Die Werteverteilung von $f_3[n_1, n_2]$ ist zur Geraden $n_2 = n_1$ symmetrisch. Deshalb gilt für das zugehörige Spektrum $F_3(\mathrm{e}^{\mathrm{j}\omega_1}, \mathrm{e}^{\mathrm{j}\omega_2}) = F_3(\mathrm{e}^{\mathrm{j}\omega_2}, \mathrm{e}^{\mathrm{j}\omega_1})$; es ist also zur Winkelhalbierenden $\omega_2 = \omega_1$ symmetrisch.

**VII. 7.** Man erhält

$$f_1[n_1, n_2] = \frac{1}{2\pi \mathrm{j}} \oint_{|z_1|=1} \frac{z_1^{n_1}}{z_1 - a^2} \mathrm{d}z_1 \cdot \frac{1}{2\pi \mathrm{j}} \oint_{|z_2|=1} \frac{z_2^{n_2}}{z_2 - a} \mathrm{d}z_2 = s[n_1, n_2] a^{2n_1 + n_2} ,$$

$$f_2[n_1, n_2] = \frac{1}{2\pi \mathrm{j}} \oint_{|z_2|=1} z_2^{n_2-1} \frac{1}{2\pi \mathrm{j}} \oint_{|z_1|=1} \frac{z_1^{n_1-1}}{1 - \dfrac{a}{z_2^4} z_1^{-1}} \mathrm{d}z_1 \, \mathrm{d}z_2 = \frac{s[n_1] a^{n_1}}{2\pi \mathrm{j}} \oint_{|z_2|=1} z_2^{n_2 - 1 - 4n_1} \mathrm{d}z_2$$

$$= s[n_1] \delta[n_2 - 4n_1] a^{n_1} .$$

**VII. 8. a)** Es ergibt sich das Spektrum

$$X(\mathrm{e}^{\mathrm{j}\omega_1}, \mathrm{e}^{\mathrm{j}\omega_2}) = \sum_{\nu=-N}^{N} \mathrm{e}^{\mathrm{j}(\omega_1 m_1 + \omega_2 m_2)\nu} = \frac{\sin\{(N + 1/2)(\omega_1 m_1 + \omega_2 m_2)\}}{\sin\{(\omega_1 m_1 + \omega_2 m_2)/2\}}$$

und für $N \to \infty$

$$X(\mathrm{e}^{\mathrm{j}\omega_1}, \mathrm{e}^{\mathrm{j}\omega_2}) = 2\pi \sum_{\mu=-\infty}^{\infty} \delta(m_1 \omega_1 + m_2 \omega_2 + \mu 2\pi) .$$

Wie man sieht, liegt Periodizität in $\omega_1$ und $\omega_2$ mit der Periode $2\pi/m_1$ bzw. $2\pi/m_2$ vor.

**b)** Für die Fourier-Transformierte des Ausgangssignals erhält man

$$Y(e^{j\omega_1}, e^{j\omega_2}) = H(e^{j\omega_1}, e^{j\omega_2})X(e^{j\omega_1}, e^{j\omega_2})$$

und hieraus mit obiger Form von $X(e^{j\omega_1}, e^{j\omega_2})$ im Fall $m_1 m_2 = 1$ (d.h. $m_1 = m_2 = 1$ oder $m_1 = m_2 = -1$)

$$Y(e^{j\omega_1}, e^{j\omega_2}) = H(e^{j\omega_1}, e^{j\omega_2}) 2\pi\delta(m_1\omega_1 + m_2\omega_2) = 2\pi\delta(m_1\omega_1 + m_2\omega_2) \quad (|\omega_1| < \pi\ ,\ |\omega_2| < \pi)\ ,$$

woraus

$$y[n_1, n_2] = \frac{1}{4\pi^2}\int_{-\pi}^{\pi}\int_{-\pi}^{\pi} 2\pi\delta(m_1\omega_1 + m_2\omega_2)\, e^{j(\omega_1 n_1 + \omega_2 n_2)}\, d\omega_1\, d\omega_2 = x[n_1, n_2]$$

folgt, während sich im Fall $m_1 m_2 = -1$ (d.h. $m_1 = 1 = -m_2$ oder $m_1 = -1 = -m_2$) $Y(e^{j\omega_1}, e^{j\omega_2}) = 0$, also $y[n_1, n_2] = 0$ ergibt.

**VII. 9.** **a)** Durch Anwendung der Z-Transformation auf die Differenzengleichung erhält man die Beziehung $Y(z_1, z_2)\{1 - 0{,}4 z_1^{-1} + 0{,}5 z_1^{-1} z_2^{-1}\} = X(z_1, z_2)$, also

$$\frac{Y(z_1, z_2)}{X(z_1, z_2)} = \frac{1}{1 - 0{,}4 z_1^{-1} + 0{,}5 z_1^{-1} z_2^{-1}}\ .$$

Zur Stabilitätsprüfung wird zunächst der Nenner $B(z_1, z_2) = 1 - 0{,}4 z_1^{-1} + 0{,}5 z_1^{-1} z_2^{-1}$ untersucht. In der Punktmenge $|z_1| = |z_2| = 1$ erhält man keine Nullstelle von $B(z_1, z_2)$, da $1 > |0{,}4 z_1^{-1} - 0{,}5 z_1^{-1} z_2^{-1}|$ für $|z_1| = |z_2| = 1$ gilt. Weiterhin ist zu erkennen, daß $B(1, z_2) = 0{,}6 + 0{,}5 z_2^{-1}$ in $|z_2| \geqq 1$ und $B(z_1, 1) = 1 + 0{,}1 z_1^{-1}$ in $|z_1| \geqq 1$ nicht verschwindet. Damit liegt nach Satz VII.2(c) Stabilität vor.
**b)** Nach Wahl der Randwerte $h[n_1, n_2] = 0$ im Innern des 2., 3. und 4. Quadranten erhält man durch Rekursion der gegebenen Differenzengleichung mit $x[n_1, n_2] = \delta[n_1, n_2]$ die Werte der Impulsantwort $h[0,0] = 1$; $h[0,1] = h[0,2] = h[0,3] = 0$; $h[1,0] = 0{,}4$; $h[1,1] = -0{,}5$; $h[1,2] = h[1,3] = 0$; $h[2,0] = 0{,}16$; $h[2,1] = -0{,}4$; $h[2,2] = 0{,}25$; $h[2,3] = 0$; $h[3,0] = 0{,}064$; $h[3,1] = -0{,}24$; $h[3,2] = 0{,}3$; $h[3,3] = -0{,}125$.

**VII. 10.** Die Ortskurve $z_1(\omega_2) = -(a\, e^{j\omega_2} + c)/(b + e^{j\omega_2})$ repräsentiert in der $z_1$-Ebene einen Kreis, der zur reellen Achse symmetrisch verläuft. Dieser Kreis schneidet die reelle Achse in den Punkten $z_1(0)$ und $z_1(\pi)$. Damit dieser Kreis innerhalb des Einheitskreises verläuft, muß $|z_1(0)| < 1$ und $|z_2(\pi)| < 1$ gefordert werden. Dadurch wird sichergestellt, daß für $|z_2| = 1$ und $|z_1| \geqq 1$ der Nenner von $H(z_1, z_2)$ nicht verschwindet. Damit der Nenner auch in $|z_2| > 1$ und $|z_1| \geqq 1$ nicht verschwindet, braucht man nur zu verlangen, daß das Gebiet $|z_2| > 1$ vermöge der Abbildung $z_1 = -(a\, z_2 + c)/(b + z_2)$ ins Innere (und nicht ins Äußere) der Ortskurve $z_1(\omega_2)$ transformiert wird, wozu bloß sichergestellt werden muß, daß $z_2 = \infty$ dorthin abgebildet wird. Auf diese Weise erhält man die notwendigen und hinreichenden Stabilitätsbedingungen

$$-1 < \min\{z_1(0), z_1(\pi)\} < -a < \max\{z_1(0), z_1(\pi)\} < 1$$

mit $z_1(0) = -(a + c)/(b + 1)$ und $z_1(\pi) = -(-a + c)/(b - 1)$.

**VII. 11.** **a)** Es ist $N = m_1 N_1 = m_2 N_2$ ($m_1, m_2 \in \mathbb{N}$) mit minimalen $m_1, m_2$ zu fordern. Wenn $N_1$ und $N_2$ teilerfremd sind, ist $m_1 = N_2$ und $m_2 = N_1$. Es ist $N$ jedenfalls das kleinste gemeinsame Vielfache von $N_1$ und $N_2$, das in der üblichen Weise bestimmt wird, auch wenn $N_1$ und $N_2$ nicht teilerfremd sind.
**b)** Nach Gl. (4.62b) und mit Gl. (7.70) erhält man

$$G[m] = \sum_{n=0}^{N_1N_2-1} f[n, n]\, e^{-j2\pi n m/(N_1N_2)} = \frac{1}{N_1N_2}\sum_{n=0}^{N_1N_2-1}\sum_{m_1=0}^{N_1-1}\sum_{m_2=0}^{N_2-1} F[m_1, m_2]\, e^{j2\pi\frac{n}{N_1N_2}(m_1N_2 + m_2N_1 - m)}\ .$$

**VII. 12.** Wegen der Separierbarkeit von $f[n_1, n_2]$ liefert die Gl. (7.71) bei Verwendung der bekannten Formel $1 + q + \cdots + q^{N-1} = (q^N - 1)/(q - 1)$

$$F[m_1, m_2] = \left[\sum_{n_1=0}^{N_1-1} a^{n_1}\, e^{-j2\pi n_1 m_1/N_1}\right]\left[\sum_{n_2=0}^{N_2-1} b^{n_2}\, e^{-j2\pi n_2 m_2/N_2}\right] = \frac{a^{N_1} - 1}{a\, e^{-j2\pi m_1/N_1} - 1}\cdot\frac{b^{N_2} - 1}{b\, e^{-j2\pi m_2/N_2} - 1}\ .$$

Mit Hilfe der FFT kann die Berechnung beschleunigt werden, sofern $N_1$ und $N_2$ entsprechende Werte haben.

**VII. 13.** (i) Durch direkte Faltung, d.h. durch Spiegelung von $y[\nu_1, \nu_2]$ am Ursprung der $(\nu_1, \nu_2)$-Ebene, Erzeugung von $y[n_1 - \nu_1, n_2 - \nu_2]$ mittels entsprechender Verschiebung und durch Summation von $x[\nu_1, \nu_2]y[n_1 - \nu_1, n_2 - \nu]$ über das Intervall $\{(\nu_1, \nu_2);\ \nu_1 = 0, 1;\ \nu_2 = 0, 1\}$, erhält man im Intervall $\{(n_1, n_2);\ n_1 = 0, 1;\ n_2 = 0, 1\}$ das Signal

$$x[n_1,n_2]**y[n_1,n_2] = \begin{bmatrix} 3\alpha+4\beta+\gamma+2\delta & 4\alpha+3\beta+2\gamma+\delta \\ \alpha+2\beta+3\gamma+4\delta & 2\alpha+\beta+4\gamma+3\delta \end{bmatrix},$$

das man sich periodisch fortgesetzt zu denken hat. (ii) Die DFT liefert mit $N_1 = N_2 = 2$

$$X[m_1,m_2] = \gamma + \delta\,e^{-j\pi m_1} + \alpha\,e^{-j\pi m_2} + \beta\,e^{-j\pi(m_1+m_2)} = \gamma + (-1)^{m_1}\delta + (-1)^{m_2}\alpha + (-1)^{m_1+m_2}\beta,$$

$$Y[m_1,m_2] = 3 + (-1)^{m_1}4 + (-1)^{m_2} + (-1)^{m_1+m_2}2,$$

also hieraus

$$X[m_1,m_2]Y[m_1,m_2] = (3\gamma+4\delta+\alpha+2\beta) + (4\gamma+3\delta+2\alpha+\beta)(-1)^{m_1}$$
$$+ (\gamma+2\delta+3\alpha+4\beta)(-1)^{m_2} + (2\gamma+\delta+4\alpha+3\beta)(-1)^{m_1+m_2}.$$

Die in Klammern stehenden Terme liefern direkt die Werte von $x[n_1,n_2]**y[n_1,n_2]$ im zweidimensionalen Periodizitätsintervall.

**VII. 14.** Da das Spektrum des Signals für $|\omega_1| > \tilde{\omega}_{g1} = 3\pi$ und $|\omega_2| > \tilde{\omega}_{g2} = 4\pi$ verschwindet, sind die Werte $T_1 = \pi/\tilde{\omega}_{g1} = 1/3$ und $T_2 = \pi/\tilde{\omega}_{g2} = 1/4$ die maximalen Abtastperioden. Die minimale Abtastdichte ist somit $1/(T_1 T_2) = 12$.

**VII. 15.** Die Beziehung $Y(z_1,z_2) = X(z_1,z_2) + (1/2)z_1^{-1}Y(z_1,z_2) + (1/4)z_1^{-1}z_2^{-1}Y(z_1,z_2)$ entnimmt man direkt dem Signalflußdiagramm, woraus die Übertragungsfunktion $Y(z_1,z_2)/X(z_1,z_2)$ in der Form

$$H(z_1,z_2) = \frac{1}{1-(1/2)z_1^{-1}-(1/4)z_1^{-1}z_2^{-1}}$$

folgt. Mit $B(z_1,z_2) = 1-(1/2)z_1^{-1}-(1/4)z_1^{-1}z_2^{-1}$ stellt man sofort fest, daß $B(z_1,z_2) \neq 0$ gilt für $|z_1| = |z_2| = 1$ und daß sowohl $B(1,z_2)$ in $|z_2| \geqq 1$ als auch $B(z_1,1)$ in $|z_1| \geqq 1$ nicht verschwindet. Nach Satz VII. 2(c) liegt damit Stabilität vor.

**VII. 16.** **a)** Die Beziehung $Y(z_1,z_2) = \{(\alpha+\delta z_1^{-1}z_2^{-1})X(z_1,z_2) + \gamma z_2^{-1}Y(z_1,z_2)\}\beta$ entnimmt man direkt dem Signalflußdiagramm. Hieraus folgt die Übertragungsfunktion als $Y(z_1,z_2)/X(z_1,z_2)$ in der Form

$$H(z_1,z_2) = \frac{\alpha\beta+\beta\delta z_1^{-1}z_2^{-1}}{1-\beta\gamma z_2^{-1}}.$$

**b)** Die Übertragungsfunktion liefert die Differenzengleichung

$$y[n_1,n_2] - \beta\gamma y[n_1,n_2-1] = \alpha\beta x[n_1,n_2] + \beta\delta x[n_1-1,n_2-1].$$

**c)** Man wählt als Variable $z_{h1}[n_1,n_2]$ das Ausgangssignal des vom Eingang abgehenden $z_1^{-1}$-Verzögerers, als $z_{v1}[n_1,n_2]$ das Ausgangssignal des (von links gesehen) ersten $z_2^{-1}$-Verzögerers und als $z_{v2}[n_1,n_2]$ das Ausgangssignal des zweiten $z_2^{-1}$-Verzögerers. Dann lassen sich die folgenden Beziehungen angeben:

$$\begin{bmatrix} z_{h1}[n_1+1,n_2] \\ z_{v1}[n_1,n_2+1] \\ z_{v2}[n_1,n_2+1] \end{bmatrix} = \begin{bmatrix} 0 & 0 & 0 \\ \delta & 0 & 0 \\ 0 & \beta & \beta\gamma \end{bmatrix} \begin{bmatrix} z_{h1}[n_1,n_2] \\ z_{v1}[n_1,n_2] \\ z_{v2}[n_1,n_2] \end{bmatrix} + \begin{bmatrix} 1 \\ 0 \\ \alpha\beta \end{bmatrix} x[n_1,n_2],$$

$$y[n_1,n_2] = [0,\ \beta,\ \beta\gamma] \begin{bmatrix} z_{h1}[n_1,n_2] \\ z_{v1}[n_1,n_2] \\ z_{v2}[n_1,n_2] \end{bmatrix} + \alpha\beta x[n_1,n_2].$$

**d)** Man erhält

$$H(z_1,z_2) = [0,\ \beta,\ \beta\gamma] \begin{bmatrix} z_1 & 0 & 0 \\ -\delta & z_2 & 0 \\ 0 & -\beta & z_2-\beta\gamma \end{bmatrix}^{-1} \begin{bmatrix} 1 \\ 0 \\ \alpha\beta \end{bmatrix} + \alpha\beta$$

$$= [0,\ \beta,\ \beta\gamma] \begin{bmatrix} z_1^{-1} & 0 & 0 \\ \delta z_1^{-1}z_2^{-1} & z_2^{-1} & 0 \\ \dfrac{\beta\delta z_1^{-1}z_2^{-1}}{z_2-\beta\gamma} & \dfrac{\beta z_2^{-1}}{z_2-\beta\gamma} & \dfrac{1}{z_2-\beta\gamma} \end{bmatrix} \begin{bmatrix} 1 \\ 0 \\ \alpha\beta \end{bmatrix} + \alpha\beta = \frac{(\alpha+\delta z_1^{-1}z_2^{-1})\beta}{1-\beta\gamma z_2^{-1}}.$$

**e)** Wendet man das Realisierungskonzept nach Bild 7.20 an, und zwar in der Reihenfolge Nenner-Zähler (also umgekehrt wie im Bild 7.20), so entsteht die Verwirklichung nach Bild L.VII.16a.

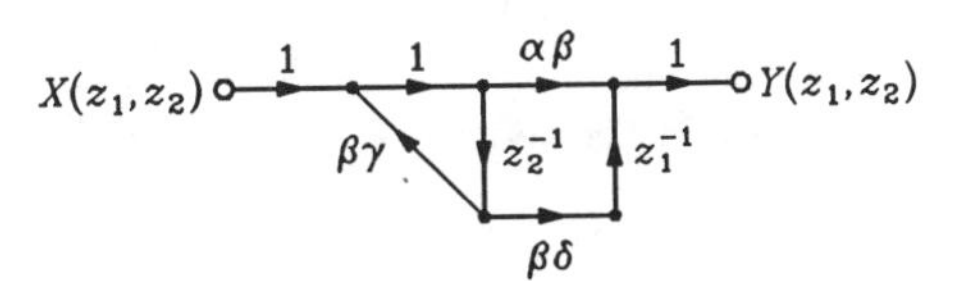


Bild L.VII.16a

f) Bild L.VII.16b zeigt die Entstehung der Stufenform, wobei das Signalflußdiagramm zunächst (im 1. Teilbild) entsprechend den Schritten (1) - (3) modifiziert wurde, dann (im 2. Teilbild) die Verfahrensschritte (4) und (5), schließlich die Schritte (6) und (7) durchgeführt wurden.

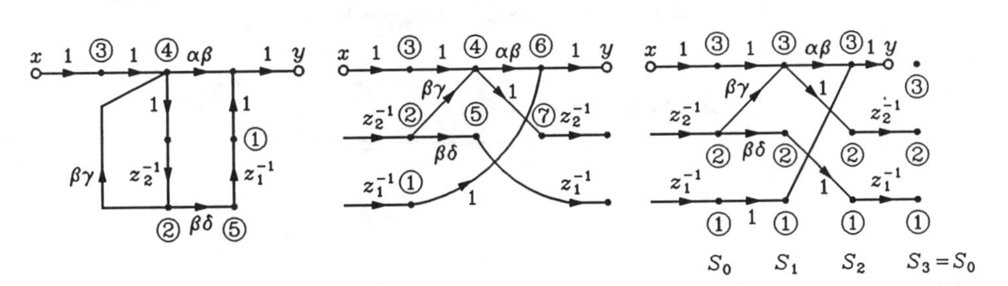


Bild L.VII.16b

g) Aufgrund der Stufenform erhält man die Chan-Matrizen

$$\boldsymbol{P}_1=\begin{bmatrix}1&0&0\\0&\beta\delta&0\\0&\beta\gamma&1\end{bmatrix},\quad \boldsymbol{P}_2=\begin{bmatrix}0&1&0\\0&0&1\\1&0&\alpha\beta\end{bmatrix}\quad\text{sowie}\quad \boldsymbol{P}_2\boldsymbol{P}_1=\begin{bmatrix}0&\beta\delta&0\\0&\beta\gamma&1\\1&\alpha\beta^2\gamma&\alpha\beta\end{bmatrix}.$$

Hieraus folgt die Zustandsdarstellung

$$\begin{bmatrix}z_h[n_1+1,n_2]\\z_v[n_1,n_2+1]\end{bmatrix}=\begin{bmatrix}0&\beta\delta\\0&\beta\gamma\end{bmatrix}\begin{bmatrix}z_h[n_1,n_2]\\z_v[n_1,n_2]\end{bmatrix}+\begin{bmatrix}0\\1\end{bmatrix}x[n_1,n_2],$$

$$y[n_1,n_2]=[1,\ \alpha\beta^2\gamma]\begin{bmatrix}z_h[n_1,n_2]\\z_v[n_1,n_2]\end{bmatrix}+\alpha\beta x[n_1,n_2].$$

Sie läßt sich auch dem Signalflußdiagramm von Bild L.VII.16a entnehmen.

**VII. 17.** Durch Anwendung der Z-Transformation auf die Differenzengleichung ergibt sich zunächst

$$Y(z_1,z_2)\left\{1+\sum_{\nu_1=0}^{2}\beta_{\nu_1 0}z_1^{-\nu_1}+\sum_{\nu_1=-2}^{2}\sum_{\nu_2=1}^{2}\beta_{\nu_1\nu_2}z_1^{-\nu_1}z_2^{-\nu_2}\right\}=X(z_1,z_2).$$

Ersetzt man $z_1^{-1}$ durch $\zeta_1^{-1}$ und $z_2^{-1}$ durch $\zeta_1^{-2}\zeta_2^{-1}$, so erhält man

$$Y\left\{1+\sum_{\nu_1=0}^{2}\beta_{\nu_1 0}\zeta_1^{-\nu_1}+\sum_{\nu_1=-2}^{2}\sum_{\nu_2=1}^{2}\beta_{\nu_1\nu_2}\zeta_1^{-\nu_1-2\nu_2}\zeta_2^{-\nu_2}\right\}=X.$$

Führt man in der Doppelsumme $\mu_1:=\nu_1+2\nu_2$, $\mu_2:=\nu_2$ ein, so kann mit $b_{\mu_1\mu_2}:=\beta_{\mu_1-2\mu_2,\mu_2}$

$$Y\left\{1+\sum_{\nu_1=0}^{2}\beta_{\nu_1 0}\zeta_1^{-\nu_1}+\sum_{(\mu_1,\mu_2)\in Q}\sum b_{\mu_1\mu_2}\zeta_1^{-\mu_1}\zeta_2^{-\mu_2}\right\}=X$$

geschrieben werden, wobei die Indexpaare $(\mu_1,\mu_2)$ die Menge $Q=\{(0,1);\ (2,2);\ (1,1);\ (3,2);\ (2,1);\ (4,2),\ (3,1);\ (5,2);\ (4,1);\ (6,2)\}$ durchlaufen. Als Übertragungsfunktion erhält man so

$$H(\zeta_1,\zeta_2)=\frac{1}{1+\sum\limits_{\nu_1=0}^{2}\beta_{\nu_1 0}\zeta_1^{-\nu_1}+\sum\limits_{(\mu_1,\mu_2)\in Q}\sum b_{\mu_1\mu_2}\zeta_1^{-\mu_1}\zeta_2^{-\mu_2}}.$$

**VII. 18.** Zunächst werden die Matrizen gebildet

$$\boldsymbol{H}_0 = \begin{bmatrix} h_0[0,0] & h_0[1,0] \\ h_0[0,1] & h_0[1,1] \end{bmatrix} = \begin{bmatrix} 0 & 2 \\ \sqrt{2} & \sqrt{3} \end{bmatrix} \quad \text{und} \quad \boldsymbol{H}_0^{\mathrm{T}} \boldsymbol{H}_0 = \begin{bmatrix} 2 & \sqrt{6} \\ \sqrt{6} & 7 \end{bmatrix}.$$

Das charakteristische Polynom von $\boldsymbol{H}_0^{\mathrm{T}} \boldsymbol{H}_0$ ist $\lambda^2 - 9\lambda + 8$; es liefert die Eigenwerte $\lambda_1 = 8$ und $\lambda_2 = 1$ mit den normierten Eigenvektoren

$$\boldsymbol{h}_1 = \frac{1}{\sqrt{7}} \begin{bmatrix} 1 \\ \sqrt{6} \end{bmatrix}, \quad \boldsymbol{h}_2 = \frac{1}{\sqrt{7}} \begin{bmatrix} -\sqrt{6} \\ 1 \end{bmatrix} \quad \text{sowie}$$

$$\boldsymbol{g}_1 = \frac{1}{\sqrt{\lambda_1}} \boldsymbol{H}_0 \boldsymbol{h}_1 = \frac{1}{\sqrt{7}} \begin{bmatrix} \sqrt{3} \\ 2 \end{bmatrix}, \quad \boldsymbol{g}_2 = \frac{1}{\sqrt{\lambda_2}} \boldsymbol{H}_0 \boldsymbol{h}_2 = \frac{1}{\sqrt{7}} \begin{bmatrix} 2 \\ -\sqrt{3} \end{bmatrix}.$$

Gemäß Gl. (7.156) für $N_1 = 2$ erhält man die Realisierung der gegebenen Impulsantwort nach Bild 7.26. Dies zeigt Bild L.VII.18.

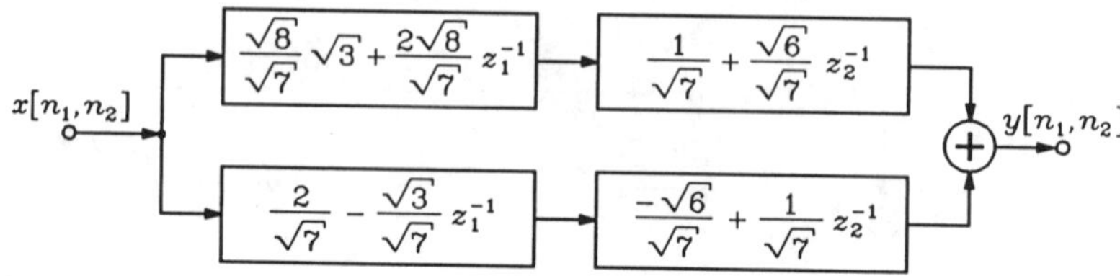


Bild L.VII. 18

**VII. 19.** Für den Approximationsfehler läßt sich schreiben

$$E = \frac{1}{4\pi^2} \int_{-\pi}^{\pi} \int_{-\pi}^{\pi} \{H(\mathrm{e}^{\mathrm{j}\omega_1}, \mathrm{e}^{\mathrm{j}\omega_2}) - H_0(\mathrm{e}^{\mathrm{j}\omega_1}, \mathrm{e}^{\mathrm{j}\omega_2})\}^2 \, \mathrm{d}\omega_1 \, \mathrm{d}\omega_2$$

$$= \frac{1}{4\pi^2} \iint_{I_1} (A + B\cos\omega_1 + C\cos\omega_2 - 1)^2 \mathrm{d}\omega_1 \, \mathrm{d}\omega_2 + \frac{1}{4\pi^2} \iint_{I_0} (A + B\cos\omega_1 + C\cos\omega_2)^2 \mathrm{d}\omega_1 \, \mathrm{d}\omega_2$$

$$= \frac{1}{4\pi^2} \int_{-\pi}^{\pi} \int_{-\pi}^{\pi} (A + B\cos\omega_1 + C\cos\omega_2)^2 \mathrm{d}\omega_1 \, \mathrm{d}\omega_2 - \frac{1}{2\pi^2} \int_{-\beta}^{\beta} \int_{-\alpha}^{\alpha} (A + B\cos\omega_1 + C\cos\omega_2) \, \mathrm{d}\omega_1 \, \mathrm{d}\omega_2 + \frac{\alpha\beta}{\pi^2}$$

$$= \frac{1}{4\pi^2} (A^2 4\pi^2 + B^2 2\pi^2 + C^2 2\pi^2) - \frac{2\alpha\beta}{\pi^2} A - \frac{2\beta\sin\alpha}{\pi^2} B - \frac{2\alpha\sin\beta}{\pi^2} C + \frac{\alpha\beta}{\pi^2}$$

oder

$$E = A^2 + \frac{1}{2} B^2 + \frac{1}{2} C^2 - \frac{2\alpha\beta}{\pi^2} A - \frac{2\beta\sin\alpha}{\pi^2} B - \frac{2\alpha\sin\beta}{\pi^2} C + \frac{\alpha\beta}{\pi^2}.$$

Das absolute Minimum des Fehlers berechnet sich aus der Forderung $\partial E / \partial A = 2A - 2\alpha\beta/\pi^2 = 0$, $\partial E / \partial B = B - 2\beta\sin\alpha/\pi^2 = 0$, $\partial E / \partial C = C - 2\alpha\sin\beta/\pi^2 = 0$. Die Lösung lautet also

$$A = \frac{\alpha\beta}{\pi^2}, \quad B = \frac{2\beta\sin\alpha}{\pi^2}, \quad C = \frac{2\alpha\sin\beta}{\pi^2}.$$

# Kapitel VIII

**VIII. 1.** Im Fall der einfachen Prädiktion ist der Kreuzkorrelationsvektor $\boldsymbol{r} = [r_{xx}[1], \ldots, r_{xx}[q+1]]^{\mathrm{T}}$. Mit der Autokorrelationsmatrix $\boldsymbol{R}$ lautet dann die Normalgleichung $\boldsymbol{R}\boldsymbol{a} = \boldsymbol{r}$ zur Ermittlung des Koeffizientenvektors $\boldsymbol{a}$ des optimalen FIR-Filters. Den erreichten Fehler erhält man mit $y_{\mathrm{eff}}^2 = x_{\mathrm{eff}}^2 = r_{xx}[0] = 1$ gemäß Gl. (8.21) zu $\varepsilon_{\min} = 1 - \boldsymbol{a}^{\mathrm{T}}\boldsymbol{r}$.

(i) Für $q = 0$ lautet die Normalgleichung $1{,}00\, a_0 = 0{,}75$, woraus einerseits $\boldsymbol{a} = a_0 = 0{,}75$ und andererseits $\varepsilon_{\min} = 1 - 0{,}75 \cdot 0{,}75 = 7/16$ folgt.

(ii) Für $q = 1$ lautet die Normalgleichung

$$\begin{bmatrix} 1{,}00 & 0{,}75 \\ 0{,}75 & 1{,}00 \end{bmatrix} \begin{bmatrix} a_0 \\ a_1 \end{bmatrix} = \begin{bmatrix} 0{,}75 \\ 0{,}50 \end{bmatrix} \quad \text{mit} \quad \begin{bmatrix} a_0 \\ a_1 \end{bmatrix} = \frac{1}{7}\begin{bmatrix} 6 \\ -1 \end{bmatrix} \quad \text{und} \quad \varepsilon_{\min} = 1 - \frac{9}{14} + \frac{1}{14} = \frac{3}{7}\,.$$

(iii) Für $q = 2$ lautet die Normalgleichung

$$\begin{bmatrix} 1{,}00 & 0{,}75 & 0{,}50 \\ 0{,}75 & 1{,}00 & 0{,}75 \\ 0{,}50 & 0{,}75 & 1{,}00 \end{bmatrix} \begin{bmatrix} a_0 \\ a_1 \\ a_2 \end{bmatrix} = \begin{bmatrix} 0{,}75 \\ 0{,}50 \\ 0{,}25 \end{bmatrix} \quad \text{mit} \quad \begin{bmatrix} a_0 \\ a_1 \\ a_2 \end{bmatrix} = \frac{1}{6}\begin{bmatrix} 5 \\ 0 \\ -1 \end{bmatrix} \quad \text{und} \quad \varepsilon_{\min} = 1 - \frac{5}{8} + \frac{1}{24} = \frac{5}{12}\,.$$

**VIII. 2.** Die Lösung erfolgt analog zu Aufgabe VIII.1 mit $r_{xx}[0] = r$, $r_{xx}[1] = r\alpha$, $r_{xx}[2] = r\alpha^2$.

(i) Im Fall $q = 0$ liefert die Normalgleichung $r\,a_0 = r\alpha$ die Lösung $a_0 = \alpha$ mit $\varepsilon_{\min} = r - \alpha r \alpha = r(1-\alpha^2)$ als Fehler.

(ii) Im Fall $q = 1$ erhält man aus der Normalgleichung

$$\begin{bmatrix} r & r\alpha \\ r\alpha & r \end{bmatrix} \begin{bmatrix} a_0 \\ a_1 \end{bmatrix} = \begin{bmatrix} r\alpha \\ r\alpha^2 \end{bmatrix} \quad \text{die Lösung} \quad \begin{bmatrix} a_0 \\ a_1 \end{bmatrix} = \begin{bmatrix} \alpha \\ 0 \end{bmatrix}$$

mit dem Fehler $\varepsilon_{\min} = r - \alpha \cdot r\alpha - 0 \cdot r\alpha^2 = r\,(1 - \alpha^2)$. Die beiden Filter sind identisch, d.h. die Erhöhung von $q$ brachte keine Verbesserung.

**VIII. 3.** Die quadratische Form

$$\boldsymbol{a}^{\mathrm{T}} \boldsymbol{R}\, \boldsymbol{a} = r_{xx}[0]\,a_0^2 + 2\,r_{xx}[1]\,a_0 a_1 + r_{xx}[0]\,a_1^2 = r_{xx}[0]\,(a_0 + a_1)^2 + 2\,\{r_{xx}[1] - r_{xx}[0]\}\,a_0 a_1$$

($q = 1$) ist genau dann positiv definit, wenn die durch die Transformation $a_0 + a_1 = x$, $a_0 - a_1 = y$, d.h. durch die Substitution $a_0 = (x+y)/2$, $a_1 = (x-y)/2$, entstehende quadratische Form

$$\frac{1}{2}\{r_{xx}[0] + r_{xx}[1]\}x^2 + \frac{1}{2}\{r_{xx}[0] - r_{xx}[1]\}y^2 > 0$$

ist für alle Paare $(x, y) \neq (0, 0)$. Dies ist dann und nur dann der Fall, wenn die beiden in geschweiften Klammern stehenden Terme positiv sind, also $r_{xx}[0] > |\, r_{xx}[1]\,|$ gilt.

**VIII. 4.** Für die Autokorrelationsfunktion erhält man

$$r_{xx}[\nu] = \lim_{N\to\infty} \frac{1}{N+1} \sum_{n=0}^{N} \cos(n\,\pi/2)\cos\{(n+\nu)\,\pi/2\} = \frac{1}{4}\lim_{N\to\infty}\frac{1}{N+1}\sum_{n=0}^{N}(\mathrm{j}^{\,n} + \mathrm{j}^{\,-n})(\mathrm{j}^{\,n+\nu} + \mathrm{j}^{\,-n-\nu})$$

$$= \frac{\mathrm{j}^{\,\nu}}{4} + \frac{\mathrm{j}^{\,-\nu}}{4} + \frac{\mathrm{j}^{\,\nu}}{4}\lim_{N\to\infty}\frac{1}{N+1}\sum_{n=0}^{N}\mathrm{j}^{\,2n} + \frac{\mathrm{j}^{\,-\nu}}{4}\lim_{N\to\infty}\frac{1}{N+1}\sum_{n=0}^{N}\mathrm{j}^{\,-2n}\,.$$

Da die beiden Grenzwerte verschwinden, verbleibt mit $\mathrm{j} = \mathrm{e}^{\,\mathrm{j}\pi/2}$

$$r_{xx}[\nu] = \frac{1}{4}(\mathrm{j}^{\,\nu} + \mathrm{j}^{\,-\nu}) = \frac{1}{2}\cos(\nu\pi/2)\;, \quad \text{insbesondere} \quad r_{xx}[0] = \frac{1}{2}\,, \quad r_{xx}[1] = 0\,, \quad r_{xx}[2] = -\frac{1}{2}\,.$$

Das optimale Prädiktionsfilter berechnet sich für $q = 1$ aus

$$\begin{bmatrix} 1/2 & 0 \\ 0 & 1/2 \end{bmatrix} \begin{bmatrix} a_0 \\ a_1 \end{bmatrix} = \begin{bmatrix} 0 \\ -1/2 \end{bmatrix}, \quad \text{also zu} \quad \begin{bmatrix} a_0 \\ a_1 \end{bmatrix} = \begin{bmatrix} 0 \\ -1 \end{bmatrix}.$$

**VIII. 5.** Nach Gl. (8.35) erhält man für den Vektor der Koeffizienten

$$\boldsymbol{a}[k] = \begin{bmatrix} 1 & 0{,}8 \\ 0{,}8 & 1 \end{bmatrix}^{-1} \begin{bmatrix} 0{,}8 \\ 0{,}7 \end{bmatrix} + \begin{bmatrix} 1-\alpha & -0{,}8\,\alpha \\ -0{,}8\,\alpha & 1-\alpha \end{bmatrix}^{k} \left\{ - \begin{bmatrix} 1 & 0{,}8 \\ 0{,}8 & 1 \end{bmatrix}^{-1} \begin{bmatrix} 0{,}8 \\ 0{,}7 \end{bmatrix} \right\}.$$

Die zu potenzierende Matrix hat die Eigenwerte $\lambda_1 = 1 - 0{,}2\,\alpha$ und $\lambda_2 = 1 - 1{,}8\,\alpha$ mit den Eigenvektoren $[1,\; -1]^{\mathrm{T}}$ bzw. $[1,\; 1]^{\mathrm{T}}$. Damit läßt sich die Matrixpotenz einfach darstellen, und es ergibt sich

$$\boldsymbol{a}[k] = \frac{25}{9}\begin{bmatrix} 1 & -0{,}8 \\ -0{,}8 & 1 \end{bmatrix}\begin{bmatrix} 0{,}8 \\ 0{,}7 \end{bmatrix} + \frac{1}{2}\begin{bmatrix} 1 & 1 \\ -1 & 1 \end{bmatrix}\begin{bmatrix} (1-0{,}2\,\alpha)^k & 0 \\ 0 & (1-1{,}8\,\alpha)^k \end{bmatrix}\begin{bmatrix} 1 & -1 \\ 1 & 1 \end{bmatrix}\{\cdots\}$$

$$= \begin{bmatrix} \frac{2}{3} \\ \frac{1}{6} \end{bmatrix} - \frac{1}{2}\begin{bmatrix} (1-1{,}8\,\alpha)^k + (1-0{,}2\,\alpha)^k & (1-1{,}8\,\alpha)^k - (1-0{,}2\,\alpha)^k \\ (1-1{,}8\,\alpha)^k - (1-0{,}2\,\alpha)^k & (1-1{,}8\,\alpha)^k + (1-0{,}2\,\alpha)^k \end{bmatrix}\begin{bmatrix} \frac{2}{3} \\ \frac{1}{6} \end{bmatrix},$$

woraus sofort das angegebene Resultat folgt. Die Matrixpotenz läßt sich auch nach Cayley-Hamilton errechnen. Die Autokorrelationsmatrix hat die Eigenwerte 0,2 und 1,8. Damit lautet die Konvergenzbedingung gemäß Ungleichung (8.37) $0 < \alpha < 2/\lambda_{\max}$, also $0 < \alpha < 10/9$ mit $\lambda_{\max} = 1{,}8$. Dies läßt sich auch der Darstellung von $\boldsymbol{a}[k]$ entnehmen: $-1 < 1 - 0{,}2\,\alpha < 1$, $-1 < 1 - 1{,}8\,\alpha < 1$.

**VIII. 6.** Durch formale Anwendung der Z-Transformation auf die gegebene Differenzengleichung erhält man die Beziehung $X(z)(1 + 0{,}8z^{-1}) = U(z)(1 - 0{,}6z^{-1})$, also die Übertragungsfunktion

$$H(z) = \frac{X(z)}{U(z)} = \frac{1 - 0{,}6z^{-1}}{1 + 0{,}8z^{-1}} \,.$$

Aus der spektralen Leistungsdichte $S_{uu}(z) \equiv 1$ ergibt sich die spektrale Leistungsdichte

$$S_{xx}(z) = H(z)H(1/z)S_{uu}(z) = \frac{5z-3}{5z+4}\cdot\frac{5-3z}{5+4z} = -\frac{3}{4} - \frac{259/9}{5z+4} + \frac{37\cdot 35/36}{5+4z} \,.$$

Die Rücktransformation liefert die Autokorrelationsfunktion, z.B. aufgrund der Laurent-Entwicklung

$$S_{xx}(z) = \left(\frac{259}{36} - \frac{3}{4}\right) - \frac{259}{45}\left[z^{-1} - \frac{4}{5}z^{-2} + \left(\frac{4}{5}\right)^2 z^{-3} - \left(\frac{4}{5}\right)^3 z^{-4} + - \cdots\right]$$
$$- \frac{259}{45}\left[z - \frac{4}{5}z^{2} + \left(\frac{4}{5}\right)^2 z^{3} - \left(\frac{4}{5}\right)^3 z^{4} + - \cdots\right]$$

zu

$$r_{xx}[0] = \frac{58}{9}, \quad r_{xx}[\pm 1] = -\frac{259}{45}, \quad r_{xx}[\pm 2] = -\frac{259}{45}\left(-\frac{4}{5}\right), \quad r_{xx}[\pm 3] = -\frac{259}{45}\left(-\frac{4}{5}\right)^2, \ldots \,.$$

Für die Koeffizienten des optimalen Prädiktionsfilters findet man im Fall

(i) $q = 0$: $\quad \frac{58}{9}a_0 = -\frac{259}{45}$, also $a_0 = -\frac{259}{290}$,

(ii) $q = 1$: $\quad \begin{bmatrix} \frac{58}{9} & -\frac{259}{45} \\ -\frac{259}{45} & \frac{58}{9} \end{bmatrix} \begin{bmatrix} a_0 \\ a_1 \end{bmatrix} = \begin{bmatrix} -\frac{259}{45} \\ \frac{1036}{225} \end{bmatrix}$, also $\begin{bmatrix} a_0 \\ a_1 \end{bmatrix} = \begin{bmatrix} -1{,}26 \\ -0{,}411 \end{bmatrix}$.

**VIII. 7.** Die Übertragungsfunktion des zu identifizierenden Systems ist $H_0(z) = \alpha + \beta z^{-1}$. Damit kann das Kreuzleistungsspektrum $S_{xy}(z) = H_0(z)S_{xx}(z)$ mit $S_{xx}(z) = \sigma_x^2$ in der Form $S_{xy}(z) = \sigma_x^2\alpha + \sigma_x^2\beta z^{-1}$ geschrieben werden, woraus sofort die Kreuzkorrelationsfunktion $r_{xy}[\nu] = \sigma_x^2\alpha\,\delta[\nu] + \sigma_x^2\beta\,\delta[\nu-1]$ folgt. Für $\overline{\boldsymbol{a}}[n] = E[\boldsymbol{a}[n]]$ mit $\boldsymbol{a}[n] = [a_0[n], a_1[n]]^{\mathrm{T}}$ erhält man unter Verwendung der Autokorrelationsmatrix $\boldsymbol{R} = \sigma_x^2\mathbf{E}$, dem Kreuzkorrelationsvektor $\boldsymbol{r} = \sigma_x^2[\alpha, \beta]^{\mathrm{T}}$ und mit $\overline{\alpha}$ gemäß Gl. (8.35) die Lösung

$$\overline{\boldsymbol{a}}[n] = \begin{bmatrix} \alpha \\ \beta \end{bmatrix} + \begin{bmatrix} (1 - \overline{\alpha}\sigma_x^2)^n & 0 \\ 0 & (1 - \overline{\alpha}\sigma_x^2)^n \end{bmatrix} \left\{ \overline{\boldsymbol{a}}[0] - \begin{bmatrix} \alpha \\ \beta \end{bmatrix} \right\}.$$

Die Konvergenzbedingung lautet $0 < \overline{\alpha} < 2/\sigma_x^2$.

**VIII. 8.** Nach dem am Ende von Abschnitt 6.1 (Kapitel VIII) zusammengefaßten Algorithmus erhält man zunächst $k_1 = 10/15 = 2/3$, $\boldsymbol{a}^{(1)} = \overline{\boldsymbol{a}}^{(1)} = 2/3$, $\varepsilon_1 = 15(1 - 4/9) = 25/3$ und für den Parameterwert $\kappa = 2$ dann $k_2 = (3/25)(5 - 10\cdot 2/3) = -1/5$, $\boldsymbol{a}_1^{(2)} = [2/3 + (1/5)\cdot(2/3)] = 4/5$, $a_1^{(2)} = -1/5$, also die optimale Lösung $\boldsymbol{a}^{(2)} = [4/5, -1/5]^{\mathrm{T}}$ und außerdem $\varepsilon_2 = (25/3)\cdot(24/25) = 24/3$.

**VIII. 9.** Dem Bild 8.9 kann man formal für $q = 2$ direkt

$$E_3^f(z) = X(z)[1 - k_1z^{-1} - k_2(z^{-2} - k_1z^{-1}) - k_3(z^{-3} - k_1z^{-2} + k_1k_2z^{-2} - k_2z^{-1})]$$

entnehmen. Andererseits liefert Gl. (8.106) formal

$$H_3^f(z) = E_3^f(z)/X(z) = 1 - z^{-1}H_{\mathrm{opt}}(z) \quad \text{mit} \quad H_{\mathrm{opt}}(z) = a_0 + a_1z^{-1} + a_2z^{-2} \,,$$

wobei $a_0 = a_0^{(3)}$, $a_1 = a_1^{(3)}$, $a_2 = a_2^{(3)}$ die optimalen Filterkoeffizienten bedeuten. Ein Vergleich obiger Beziehung ergibt

$$a_0 = k_1 - k_1k_2 - k_2k_3 \,, \quad a_1 = k_2 - k_1k_3 + k_1k_2k_3 \,, \quad a_2 = k_3 \,.$$

Durch Auflösung nach den Reflexionskoeffizienten erhält man

$$k_1 = \frac{a_0 + a_1 a_2}{1 - a_1 - a_0 a_2 - a_2^2}, \quad k_2 = \frac{a_1 + a_0 a_2}{1 - a_2^2}, \quad k_3 = a_2 .$$

Speziell für $a_0 = 1$; $a_1 = 0{,}39$; $a_2 = 0{,}118$ findet man $k_1 = 2{,}188$; $k_2 = 0{,}5152$; $k_3 = 0{,}118$.

**VIII. 10.** Als Lösung der Normalgleichung

$$\begin{bmatrix} r_{xx}[0] & r_{xx}[1] \\ r_{xx}[1] & r_{xx}[0] \end{bmatrix} \begin{bmatrix} a_0 \\ a_1 \end{bmatrix} = \begin{bmatrix} r_{xx}[1] \\ r_{xx}[2] \end{bmatrix} \quad \text{erhält man} \quad \begin{bmatrix} a_0 \\ a_1 \end{bmatrix} = \frac{1}{r_{xx}^2[0] - r_{xx}^2[1]} \begin{bmatrix} r_{xx}[1]\,(r_{xx}[0] - r_{xx}[2]) \\ r_{xx}[0] r_{xx}[2] - r_{xx}^2[1] \end{bmatrix} .$$

Analog zu Aufgabe VIII.9 findet man aufgrund der Beziehung $E_2^f(z) = X(z)(1 - k_1 z^{-1} + k_1 k_2 z^{-1} - k_2 z^{-2})$ die Zusammenhänge $k_1 = a_0/(1 - a_1)$ und $k_2 = a_1$, also mit obigen Darstellungen für $a_0$, $a_1$

$$k_1 = \frac{r_{xx}[1]}{r_{xx}[0]}, \quad k_2 = \frac{r_{xx}[0] r_{xx}[2] - r_{xx}^2[1]}{r_{xx}^2[0] - r_{xx}^2[1]} .$$

# Kapitel IX

**IX. 1. a)** Mit $\mathrm{d}z_1/\mathrm{d}t = z_2$ $(= \mathrm{d}\vartheta/\mathrm{d}t)$ und $\mathrm{d}^2\vartheta/\mathrm{d}t^2 = \mathrm{d}z_2/\mathrm{d}t$ liefert die gegebene Differentialgleichung

$$\frac{\mathrm{d}}{\mathrm{d}t} \begin{bmatrix} z_1 \\ z_2 \end{bmatrix} = \begin{bmatrix} z_2 \\ (-M_e \sin z_1 - c\, z_2 + x)/\Theta \end{bmatrix}, \quad y = M_e \sin z_1 .$$

**b)** Zur Ermittlung der Gleichgewichtszustände muß der Vektor auf der rechten Seite der ermittelten Zustandsgleichung gleich dem Nullvektor gesetzt werden. Auf diese Weise erhält man mit $k \in \mathbb{Z}$ die Zustände

$$\hat{z}_1^{(1)} = \arcsin(\hat{M}_m/M_e) + k\, 2\pi , \quad \hat{z}_2^{(1)} = 0 \quad \text{und} \quad \hat{z}_1^{(2)} = \pi - \arcsin(\hat{M}_m/M_e) + k\, 2\pi , \quad \hat{z}_2^{(2)} = 0 ,$$

wobei arc sin den Hauptwert der Funktion bezeichnet und $\hat{M}_m$ den jeweiligen Wert von $M_m$ bedeutet.

**c)** Eine Linearisierung der Zustandsgleichung um $\hat{\boldsymbol{z}} = [\hat{z}_1^{(\nu)}, \hat{z}_2^{(\nu)}]^{\mathrm{T}}$ $(\nu = 1,2)$ liefert mit $\xi = x - \hat{x}$, $\eta = y - \hat{y}$, $\boldsymbol{\zeta} = \boldsymbol{z} - \hat{\boldsymbol{z}}$, $\boldsymbol{z} = [z_1, z_2]^{\mathrm{T}}$

$$\frac{\mathrm{d}\boldsymbol{\zeta}}{\mathrm{d}t} = \begin{bmatrix} 0 & 1 \\ -\dfrac{M_e \cos\hat{z}_1^{(\nu)}}{\Theta} & -\dfrac{c}{\Theta} \end{bmatrix} \boldsymbol{\zeta} + \begin{bmatrix} 0 \\ \dfrac{1}{\Theta} \end{bmatrix} x , \quad y = [M_e \cos\hat{z}_1^{(\nu)}, \ 0]\, \boldsymbol{\zeta} .$$

Dabei gilt $\cos\hat{z}_1^{(1)} = \sqrt{1 - \hat{M}_m^2/M_e^2}$ bzw. $\cos\hat{z}_1^{(2)} = -\sqrt{1 - \hat{M}_m^2/M_e^2}$.

**d)** Die Übertragungsfunktion ergibt sich zu

$$H(p) = \boldsymbol{c}^{\mathrm{T}} (p\, \mathbf{E} - \boldsymbol{A})^{-1} \boldsymbol{b} = \frac{M_e \cos\hat{z}_1^{(\nu)}}{\Theta p^2 + c\, p + M_e \cos\hat{z}_1^{(\nu)}} .$$

Wie man sieht, liegt für $\nu = 1$ $(\cos\hat{z}_1^{(1)} > 0)$ Stabilität, für $\nu = 2$ $(\cos\hat{z}_1^{(2)} < 0)$ Instabilität vor.

**IX. 2.** Durch Division der beiden skalaren Zustandsgleichungen aus Aufgabe IX.1 mit $c = 0$ und $x = \hat{x}$ erhält man

$$\frac{\mathrm{d}z_1}{\mathrm{d}z_2} = \frac{z_2 \Theta}{-M_e \sin z_1 + \hat{x}} \quad \text{oder} \quad \int z_2 \Theta\, \mathrm{d}z_2 = \int (-M_e \sin z_1 + \hat{x})\, \mathrm{d}z_1 .$$

Hieraus folgt die Trajektoriengleichung

$$\frac{\Theta}{2} z_2^2 = M_e \cos z_1 + \hat{x}\, z_1 + k$$

mit der Integrationskonstante $k \in \mathbb{R}$ (Trajektorienscharparameter).

**IX. 3. a)** Die Gleichgewichtszustände sind durch die Forderungen

$$z_1 [(1 - \alpha) z_2 + \alpha z_1 z_2 + \alpha \beta z_2^2 - 1] = 0 , \quad z_2 (1 - z_1 - \beta z_2) = 0$$

bestimmt. Hieraus folgen die drei Lösungen

$$\hat{\boldsymbol{z}}_1 = \begin{bmatrix} 0 \\ 0 \end{bmatrix}, \quad \hat{\boldsymbol{z}}_2 = \begin{bmatrix} 1 - \beta \\ 1 \end{bmatrix}, \quad \hat{\boldsymbol{z}}_3 = \begin{bmatrix} 0 \\ 1/\beta \end{bmatrix} .$$

**b)** Eine Linearisierung um $\hat{\boldsymbol{z}}_2$ liefert die Zustandsmatrix

$$\boldsymbol{A} = \begin{bmatrix} (1-\alpha)\hat{z}_2 + 2\alpha\hat{z}_1\hat{z}_2 + \alpha\beta\hat{z}_2^2 - 1 & (1-\alpha)\hat{z}_1 + \alpha\hat{z}_1^2 + 2\alpha\beta\hat{z}_1\hat{z}_2 \\ -\hat{z}_2 & -\hat{z}_1 + 1 - 2\beta\hat{z}_2 \end{bmatrix} = \begin{bmatrix} \alpha(1-\beta) & (1+\alpha\beta)(1-\beta) \\ -1 & -\beta \end{bmatrix},$$

die das charakteristische Polynom $\det(p\mathbf{E}-\boldsymbol{A}) = p^2 + (\alpha\beta + \beta - \alpha)p + (1-\beta)$ hat. Asymptotische Stabilität liegt also genau dann vor, wenn $\alpha\beta + \beta - \alpha > 0$ gilt, d.h. $\beta > \alpha(1-\beta)$ ist.

c) Bild L.IX.3 zeigt die beiden numerisch berechneten Trajektorien.

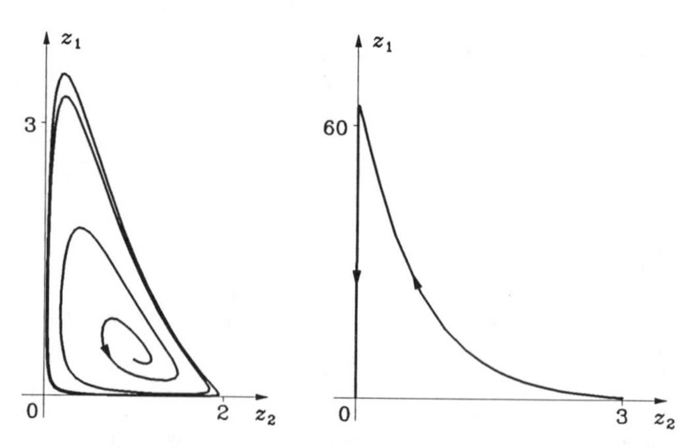


Bild L.IX.3

**IX. 4.** Aus den beiden ersten Zustandsgleichungen erhält man die Differentialgleichung

$$\frac{dz_1}{dt}z_2 - z_1\frac{dz_2}{dt} = \alpha(z_1^2 + z_2^2) \quad \text{oder} \quad \frac{d}{dt}(z_1/z_2) = \alpha[1 + (z_1/z_2)^2]$$

mit der Lösung $\arctan(z_1/z_2) = \alpha(t - t_0)$ oder

$$z_1 = z_2 \tan\{\alpha(t-t_0)\} \ . \tag{1}$$

Weiterhin ergibt sich die Differentialgleichung $z_1 dz_1/dt + z_2 dz_2/dt = -z_3(z_1^2 + z_2^2)$ aus den beiden ersten Zustandsgleichungen. Diese Differentialgleichung liefert zusammen mit der dritten Zustandsgleichung die Beziehung $d^2z_3/dt^2 = -2z_3$ mit der Lösung

$$z_3 = A\cos\{\sqrt{2}(t-t_1)\} \ . \tag{2}$$

Führt man die Gln. (1) und (2) in die zweite Zustandsgleichung ein, so folgt

$$\frac{dz_2}{dt} = [-\alpha\tan\{\alpha(t-t_0)\} - A\cos\{\sqrt{2}(t-t_1)\}]z_2$$

mit der Lösung

$$z_2 = B\cos\{\alpha(t-t_0)\}\,e^{-\frac{A}{\sqrt{2}}\sin\{\sqrt{2}(t-t_1)\}} \tag{3}$$

und somit mit Gl. (1)

$$z_1 = B\sin\{\alpha(t-t_0)\}\,e^{-\frac{A}{\sqrt{2}}\sin\{\sqrt{2}(t-t_1)\}} \ . \tag{4}$$

Die Gln. (2), (3) und (4) repräsentieren die Lösung der gegebenen Zustandsgleichungen mit den Integrationskonstanten $A, B, t_0, t_1$. Führt man diese Lösung in die dritte der gegebenen Zustandsgleichungen ein, so findet man für $B$ den festen Wert 1. Der Parameter $\alpha$ beeinflußt die Periodizität der Lösung. Für $A = 0$ erhält man jedenfalls periodische Lösungen, also geschlossene Trajektorien. Für $A \neq 0$ ergeben sich periodische Lösungen, sofern $\alpha = q\sqrt{2}$ gilt, wobei $q$ eine rationale Zahl bedeutet.

**IX. 5. a)** Aufgrund der gegebenen Übertragungsfunktion $F(p)$ erhält man die Integro-Differentialgleichung

$$\frac{dy}{dt} + 2\alpha y + \int y\,dt = f(y) \ ,$$

aus der mit $z_2 = y$ und $dz_1/dt = z_2$ die gegebenen Zustandsgleichungen folgen. Nach einer Zwischenrechnung findet man mit der Abkürzung $\beta = \sqrt{1-\alpha^2}$ als Lösung für die Zustandsgleichungen

$$z_1 = -e^{-\alpha t}[(\alpha A + \beta B)\cos\beta t + (\alpha B - \beta A)\sin\beta t] \pm 1 , \qquad z_2 = e^{-\alpha t}(A \cos\beta t + B \sin\beta t)$$

mit den Integrationskonstanten $A$ und $B$.

b) Im Zeitpunkt $t = 0$ ist $z_1 = p_1 > 0$, $z_2 = 0$, also $dz_2/dt < 0$, so daß zunächst $\operatorname{sgn} z_2 = -1$ gilt. Dies ist in obiger Lösung für $z_1$ zu beachten, so daß man

$$z_1 = \frac{1+p_1}{\beta} e^{-\alpha t}(\beta\cos\beta t + \alpha\sin\beta t) - 1 , \qquad z_2 = -\frac{1+p_1}{\beta} e^{-\alpha t}\sin\beta t$$

erhält. Diese Lösung ist für $t > 0$ gültig, bis zum ersten Mal $z_2 = 0$ wird, d.h. bis $t_1 = \pi/\beta$. In diesem Zeitpunkt erreicht $z_1$ den Wert $p_2 = -(1+p_1)e^{-\alpha t_1} - 1$. Ein Grenzzyklus tritt genau dann ein, wenn $p_2 = -p_1$ ist, da aus Symmetriegründen dann zum Zeitpunkt $t_2 = 2t_1$ der Anfangszustand wieder erreicht ist. (Dies läßt sich auch dadurch bestätigen, daß man die obige Lösung auswertet.) So erhält man für einen Grenzzyklus die Bedingung $p_1 = (1+p_1)e^{-\alpha t_1} + 1$, welche $p_1 = \coth(\alpha\pi/2\beta) > 1$ liefert. Die Periode des Grenzzyklus ist $2t_1 = 2\pi/\beta$.

**IX. 6.** Da $X_0 = 0$ gilt, existiert $N_0$ nicht; $N_1$ ist reell. Für $X_1 > a$ hat $f(X_1\cos\tau)\cos\tau$ den Verlauf gemäß Bild 9.13b mit $\tau_1 = \tau_2 = \arccos(a/X_1)$, so daß man nach Gl. (9.66b) folgendes Ergebnis erhält:

$$N_1 = \begin{cases} \dfrac{4}{\pi X_1}\sin\arccos(a/X_1) = \dfrac{4\sqrt{X_1^2 - a^2}}{\pi X_1^2} , & \text{falls} \quad X_1 > a \\ 0 , \quad \text{falls} \quad 0 \leqq X_1 \leqq a . \end{cases}$$

**IX. 7.** Für die Beantwortung der Frage nach Grenzzyklen ist ein möglicher Schnitt zwischen den Ortskurven $F(j\omega) = K/[j\omega(j\omega+2)^2]$ und $-1/N_1(X_1) = -\pi X_1^2/(4\sqrt{X_1^2 - a^2})$ für $\omega > 0$ und $X_1 > a$ zu untersuchen. Die Ortskurve $-1/N_1(X_1)$ durchläuft mit zunehmendem $X_1$ die negativ reelle Achse von $-\infty$ bis $-\pi a/2$ und zurück nach $-\infty$. Dabei ist zu beachten, daß $d(-1/N_1(X_1))/dX_1$ im interessierenden Intervall $X_1 > a$ für $X_1 = \sqrt{2}a$ verschwindet und dort $-1/N(X_1)$ den Maximalwert $-\pi a/2$ erreicht. Ein Schnitt der genannten Ortskurven ist nur für reelles $F(j\omega)$ möglich, d.h. für imaginäres $(j\omega+2)^2$, also $\omega = 2$. Man erhält $F(j2) = -K/16$. Damit ist zu erkennen, daß ein Schnitt nur unter der Bedingung $K/16 \geqq \pi a/2$, d.h. $K \geqq 8\pi a$ auftritt. Für $K > 8\pi a$ treten zwei Schnittpunkte auf, da die $(-1/N_1)$-Ortskurve in zwei Richtungen durchlaufen wird. Dies bedeutet, daß (bei Rücklauf) ein stabiler und (bei Hinlauf) ein instabiler Grenzzyklus auftritt. Bild L.IX.7 zeigt die Ortskurven für ein Beispiel, bei dem sich diese Kurven nicht schneiden.

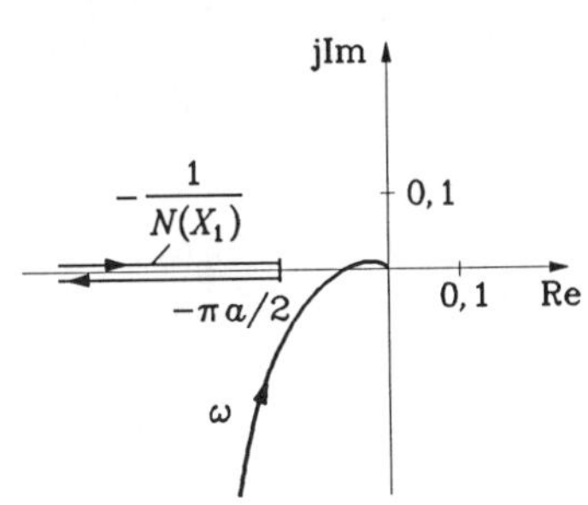


Bild L.IX.7

**IX. 8.** a) Durch Anwendung der Maschenregel ergibt sich $z_2 + \nu z_1 - z_1 - R_2(C_1 dz_1/dt + z_1 + \alpha z_1^3 + \beta z_1^5) = 0$, woraus

$$\frac{dz_1}{dt} = \frac{\nu - R_2 - 1}{R_2 C_1} z_1 - \frac{\alpha}{C_1} z_1^3 - \frac{\beta}{C_1} z_1^5 + \frac{1}{R_2 C_1} z_2 \tag{1}$$

folgt. Durch Anwendung der Knotenregel erhält man $C_2 dz_2/dt = R_1^{-1}(x - \nu z_1 - z_2) + R_2^{-1}(z_1 - \nu z_1 - z_2)$. Hieraus folgt

$$\frac{dz_2}{dt} = \frac{R_1(1-\nu) - R_2\nu}{R_1 R_2 C_2} z_1 - \frac{R_1 + R_2}{R_1 R_2 C_2} z_2 + \frac{1}{R_1 C_2} x . \tag{2}$$

Für die speziellen Zahlenwerte lauten die Gln. (1) und (2)

$$\frac{dz_1}{dt} = \left(\frac{2}{R_2} - 1\right) z_1 - \alpha z_1^3 - \beta z_1^5 + \frac{1}{R_2} z_2 , \qquad \frac{dz_2}{dt} = -\left(3 + \frac{2}{R_2}\right) z_1 - \left(1 + \frac{1}{R_2}\right) z_2 + x .$$

b) Mit $V(\boldsymbol{z}) = a\, z_1^2 + z_2^2$ bildet man

$$\frac{\mathrm{d}V}{\mathrm{d}t} = 2az_1\frac{\mathrm{d}z_1}{\mathrm{d}t} + 2z_2\frac{\mathrm{d}z_2}{\mathrm{d}t} = 2\left[a\left(\frac{2}{R_2} - 1\right)z_1^2 - \left(1 + \frac{1}{R_2}\right)z_2^2 - a\,\alpha z_1^4 - a\,\beta z_1^6 + \left(\frac{a}{R_2} - 3 - \frac{2}{R_2}\right)z_1 z_2\right].$$

Man beachte, daß die Ungleichung $(2/R_2 - 1) < 0$ gilt, da $R_2 > 2$ ist. Damit wird $\mathrm{d}V/\mathrm{d}t < 0$ für alle Zustände $\boldsymbol{z} = [z_1,\ z_2]^{\mathrm{T}} \neq \boldsymbol{0}$, wenn die Bedingung $a/R_2 - 3 - 2/R_2 = 0$ eingehalten wird, d.h. $a = 3R_2 + 2$ gewählt wird. Bei dieser Wahl erfüllt $V(\boldsymbol{z})$ alle Bedingungen von Satz II.15, insbesondere noch $V(\boldsymbol{0}) = 0$ und $0 < V_1(\boldsymbol{z}) \leqq V(\boldsymbol{z}) \leqq V_2(\boldsymbol{z})$ für alle $\boldsymbol{z} \neq \boldsymbol{0}$, z.B. mit $V_1(\boldsymbol{z}) = V(\boldsymbol{z})/2$ und $V_2(\boldsymbol{z}) = 2V(\boldsymbol{z})$. Der Nullzustand ist also eine im Großen asymptotisch stabile Ruhelage.

**IX. 9.** **a)** Die Verlustlosigkeit ist durch die Bedingung $\mathrm{d}(\boldsymbol{z}^{\mathrm{T}}\boldsymbol{Q}\,\boldsymbol{z})/\mathrm{d}t = x\,\boldsymbol{c}^{\mathrm{T}}\boldsymbol{z} + x\,d\,x\,(=xy)$ charakterisiert. Zunächst wird die linke Seite dieser Beziehung mittels der Zustandsgleichungen umgeschrieben. Dadurch erhält man

$$\mathrm{d}(\boldsymbol{z}^{\mathrm{T}}\boldsymbol{Q}\,\boldsymbol{z})/\mathrm{d}t = (\mathrm{d}\boldsymbol{z}^{\mathrm{T}}/\mathrm{d}t)\boldsymbol{Q}\,\boldsymbol{z} + \boldsymbol{z}^{\mathrm{T}}\boldsymbol{Q}\,\mathrm{d}\boldsymbol{z}/\mathrm{d}t = \boldsymbol{z}^{\mathrm{T}}(\boldsymbol{A}^{\mathrm{T}}\boldsymbol{Q} + \boldsymbol{Q}\,\boldsymbol{A})\boldsymbol{z} + x\,\boldsymbol{b}^{\mathrm{T}}\boldsymbol{Q}\,\boldsymbol{z} + \boldsymbol{z}^{\mathrm{T}}\boldsymbol{Q}\,\boldsymbol{b}\,x\,.$$

Faßt man die Summe der Skalare $x\,\boldsymbol{b}^{\mathrm{T}}\boldsymbol{Q}\,\boldsymbol{z} + \boldsymbol{z}^{\mathrm{T}}\boldsymbol{Q}\,\boldsymbol{b}\,x$ zu $2x\,\boldsymbol{b}^{\mathrm{T}}\boldsymbol{Q}\,\boldsymbol{z}$ zusammen, dann läßt sich die Bedingung für Verlustlosigkeit in der Form

$$\boldsymbol{z}^{\mathrm{T}}(\boldsymbol{A}^{\mathrm{T}}\boldsymbol{Q} + \boldsymbol{Q}\,\boldsymbol{A})\boldsymbol{z} + 2x\,\boldsymbol{b}^{\mathrm{T}}\boldsymbol{Q}\,\boldsymbol{z} = x\,\boldsymbol{c}^{\mathrm{T}}\boldsymbol{z} + x\,d\,x$$

schreiben. Ein Vergleich beider Seiten dieser Beziehung lehrt, daß diese für allgemeine Verläufe von $x(t)$ bzw. $\boldsymbol{z}(t)$ dann und nur dann bestehen kann, wenn

$$\boldsymbol{A}^{\mathrm{T}}\boldsymbol{Q} + \boldsymbol{Q}\,\boldsymbol{A} = \boldsymbol{0}\,, \quad 2\boldsymbol{b}^{\mathrm{T}}\boldsymbol{Q} = \boldsymbol{c}^{\mathrm{T}}\,, \quad d = 0$$

gilt. Identifiziert man $2\boldsymbol{Q}$ mit $\boldsymbol{P}$, so ist der Beweis erbracht.
**b)** Es gilt nun $\mathrm{d}(\boldsymbol{z}^{\mathrm{T}}\boldsymbol{Q}\,\boldsymbol{z})/\mathrm{d}t = x\,y = -y\,f(y) \leqq 0$. Damit folgt aufgrund der positiven Definitheit von $V(\boldsymbol{z}) = \boldsymbol{z}^{\mathrm{T}}\boldsymbol{Q}\,\boldsymbol{z}$ und $\mathrm{d}V/\mathrm{d}t \leqq 0$ nach Satz II.15 die Stabilität des Systems.

**IX. 10.** Man erhält als Ausgangssignal

$$y(t) = \left[\int_0^\infty h(\tau)x(t-\tau)\mathrm{d}\tau\right]^2 = \int_0^\infty\int_0^\infty h(\tau_1)h(\tau_2)x(t-\tau_1)x(t-\tau_2)\,\mathrm{d}\tau_1\mathrm{d}\tau_2\ .$$

Andererseits gilt nach Gl. (9.184)

$$y(t) = \int_0^\infty\int_0^\infty h_2(\tau_1,\tau_2)x(t-\tau_1)x(t-\tau_2)\,\mathrm{d}\tau_1\mathrm{d}\tau_2\ .$$

Ein Vergleich liefert

$$h_2(t_1,t_2) = h(t_1)h(t_2)\ ,$$

und hieraus folgt mit der Impulsantwort $h(t) = t\,\mathrm{e}^{-at}s(t)$, die durch Rücktransformation von $H(p)$ erhalten wird,

$$h_2(t_1,t_2) = t_1 t_2\,\mathrm{e}^{-a(t_1+t_2)}s(t_1)s(t_2)\ .$$

# LITERATUR

[Ac1] Achilles, D.: Die Fourier-Transformation in der Signalverarbeitung. Springer-Verlag, Berlin 1978.

[Ac2] Ackermann, J.: Abtastregelung. Springer-Verlag, Berlin 1972.

[Ac3] Ackermann, J.: Der Entwurf linearer Regelungssysteme im Zustandsraum. Regelungstechnik 20 (1972), S. 297-300.

[Al1] Alexander, S.T.: Adaptive Signal Processing. Springer-Verlag, New York 1986.

[An1] Anderson, B.D.O., und Moore, J.B.: Linear Optimal Control. Prentice-Hall, Englewood Cliffs, New Jersey 1971.

[As1] Aseltine, J.A.: Transform Method in Linear System Analysis. McGraw-Hill Book Co., New York 1958.

[At1] Athans, M.: The matrix minimum principle. Information and Control 11 (1968), S. 592-606.

[Ba1] Barnett, S.: Introduction to Mathematical Control Theory. Clarendon Press, Oxford 1975.

[Be1] Bellanger, M.C.: Adaptive Digital Filters and Signal Analysis. Marcel Dekkers, New York and Basel 1987.

[Be2] Berg, L.: Einführung in die Operatorenrechnung. VEB Deutscher Verlag der Wissenschaften, Berlin 1965.

[Bo1] Bode, H.W.: Network Analysis and Feedback Amplifier Design. D. Van Nostrand Co., 14. Auflage, Princeton 1964.

[Bo2] Bohn, E.V.: The Transform Analysis of Linear Systems. Addison-Wesley Publishing Co., Reading 1963.

[Bo3] Bose, A.G., und Stevens, K.N.: Introductory Network Theory. Harper and Row, New York 1965.

[Bo4] Bose, N.K.: Applied Multidimensional Systems Theory. Van Nostrand Reinhold Co., New York 1982.

[Bo5] Bose, N.K.: Digital Filters – Theory and Applications. North-Holland, Elsevier Science Publishing Co., New York 1985.

[Br1] Brockett, R.W.: Finite Dimensional Linear Systems. John Wiley, New York 1970.

[Br2] Brown, B.M.: The Mathematical Theory of Linear Systems. Chapman and Hall, London 1965.

[Br3] Brown, R.G., und Nilsson, J.W.: Introduction to Linear Systems Analysis. John Wiley, New York 1962.

[Bu1] Butterweck, H.-J.: Frequenzabhängige nichtlineare Übertragungssysteme. AEÜ 21 (1967), S. 239-254.

[Ca1] Carlin, H.J., und Giordano, A.B.: Network Theory. Prentice-Hall, Englewood Cliffs, New Jersey 1964.

[Ca2] Cauer, W.: Theorie der linearen Wechselstromschaltungen. Akademie-Verlag, Berlin 1954.

[Ch1] Chan, D.S.K.: A novel framework for the description of realization structures for 1-D and 2-D digital filters. 1976 IEEE Electronics and Space Convention Record, S. 157(A-H).

[Ch2] Chan, D.S.K.: A simple derivation of minimal and near-minimal realizations of 2-D transfer functions. Proc. IEEE 66 (1978), S. 515-516.

[Ch3] Chan, D.S.K.: Theory and implementation of multidimensional discrete systems for signal processing. Dissertation, Department of Electrical Engineering and Computer Science, Massachusetts Institute of Technology (1978).

[Ch4] Chen, C.T.: Representation of linear time-invariant composite systems. IEEE Trans. Automatic Control, vol. AC-13 (1968), S. 277-283.

[Ch5] Chen, C.T.: Introduction to Linear System Theory. Holt, Rinehart and Winston, New York 1970.

[Co1] Coddington, E.A., und Levinson, N.: Theory of Ordinary Differential Equations. MacGraw-Hill Book Co., New York 1955.

[Co2] Cohn, A.: Über die Anzahl der Wurzeln einer algebraischen Gleichung in einem Kreise. Mathematische Zeitschrift 14 (1922), S. 110-148.

[Co3] Cook, P.A.: Nonlinear Dynamical Systems. Prentice-Hall, Englewood Cliffs, New Jersey 1986.

[De1] DeCarlo, R., Murray, J., und Saeks, R.: Multivariate Nyquist theory. Int. J. Control 25 (1977), S. 657-675.

[De2] DeRusso, P.M., Roy, R.J., und Close, C.M.: State Variables for Engineers. John Wiley, 2. Auflage, New York 1966.

[De3] Delchamps, D.F.: State Space and Input-Output Linear Systems. Springer-Verlag, New York 1988.

[De4] Desoer, C.A., und Thomasian, A.J.: A note on zero-state stability of linear systems. Proceedings of the First Allerton Conference on Circuit and System Theory, Urbana, Illinois, University of Illinois 1963.

[De5] Desoer, C.A., und Kuh, E.S.: Basic Circuit Theory. McGraw-Hill Book Co., New York 1969.

[De6] Desoer, C.A., und Vidyasagar, M.: Feedback Systems, Input-Output Properties. Academic Press, New York 1975.

[Do1] Doetsch, G.: Einführung in Theorie und Anwendung der Laplace-Transformation. Birkhäuser-Verlag, Basel 1958.

[Do2] Doetsch, G.: Anleitung zum praktischen Gebrauch der Laplace-Transformation und der Z-Transformation. R. Oldenbourg Verlag, München 1967.

[Do3] Dorf, R.C.: Time-Domain Analysis and Design of Control Systems. Addison-Wesley Publishing Co., Reading 1965.

[Du1] Dudgeon, D.E.: The existence of Cepstra for two-dimensional rational polynomials. IEEE Trans. Acoustics, Speech, and Signal Processing, ASSP-23 (1975), S. 242-243.

[Du2] Dudgeon, D.E.: The computation of two-dimensional Cepstra. IEEE Trans. Acoustics, Speech, and Signal Processing, ASSP-25 (1977), S. 476-484.

[Du3] Dudgeon, D.E., und Mersereau, R.M.: Multidimensional Digital Signal Processing. Prentice-Hall, Englewood Cliffs, New Jersey 1984.

[Du4] Durbin, J.: Efficient estimation of parameters in moving average models. Biometrika 46 (1959), S. 306-316.

[Ek1] Ekstrom, M.P., und Woods, J.W.: Two-dimensional spectral factorization with applications in recursive digital filtering. IEEE Trans. Acoustics, Speech, and Signal Processing, ASSP-24 (1976), S. 115-128.

[El1] Elsner, R.: Nichtlineare Schaltungen. Springer-Verlag, Berlin 1981.

[Fe1] Fenyö, S., und Frey, T.: Moderne mathematische Methoden in der Technik. Birkhäuser-Verlag, Basel 1967.

[Fo1] Föllinger, O.: Entwurf von Regelkreisen durch Transformation der Zustandsvariablen. Regelungstechnik 24 (1976), S. 239-245.

[Fo2] Forster, U., und Unbehauen, R.: Stabilitätsprüfung bei diskontinuierlichen oder periodisch zeitvarianten linearen Systemen. Archiv für Elektrotechnik 56 (1974), S. 45-49.

[Ga1] Gantmacher, F.R.: Matrizenrechnung, Band 1 und 2. Deutscher Verlag der Wissenschaften, Berlin 1965 und 1966.

[Go1] Gold, B., und Rader, C.: Digital Processing of Signals. McGraw-Hill Book Co., New York 1969.

[Go2] Golub, G.H., und Van Loan, C.F.: Matrix Computations. John Hopkins University Press, Baltimore, MD 1983.

[Go3] Goodman, D.: Some stability properties of two-dimensional linear shift-invariant digital filters. IEEE Trans. Circuits and Systems. CAS-24 (1977), S. 201-208.

[Gu1] Guillemin, E.A.: Theory of Linear Physical Systems. John Wiley, New York 1963.

[Ha1] Halmos, P.R.: Finite-Dimensional Vector Spaces. D. Van Nostrand Co., Princeton 1958.

[Ha2] Harris, F.J.: On the use of windows for harmonic analysis with the Discrete Fourier Transform. Proc. IEEE 66 (1978), 51-83.

[Ha3] Hasler, M., und Neirynck, J.: Nonlinear Circuits. Artech House, Bosten 1985.

[Ha4] Hautus, M.L.J.: Controllability and observability conditions of linear autonomous systems. Indagationes Mathematicae 31 (1969), S. 443-448.

[He1] Heymann, M.: Comments 'On pole assignment in multi-input controllable linear systems.' IEEE Trans. Automatic Control, AC-13 (1968), S. 748-749.

[Ho1] Ho, B.L., und Kalman, R.E.: Effective construction of linear state variable models from input/output data. Proc. Third Allerton Conf. 1965, S. 449-459.

[Ho2] Honig, M.J., und Messerschmitt, D.D.: Convergence properties of an adaptive digital lattice filter. IEEE Trans. Acoustics, Speech, and Signal Processing, ASSP-29 (1981), S. 642-653.

[Hu1] Huang, T.S.: Stability of two-dimensional recursive filters. IEEE Trans. Audio and Electroacoustics AU-20 (1972), S. 158-163.

[Ja1] Jackson, L.B.: Digital Filters and Signal Processing. Kluwer Academic Publishers, Boston 1986.

[Ja2] Jahnke, E., Emde, F., und Lösch, F.: Tafeln Höherer Funktionen. B.G. Teubner Verlagsgesellschaft, Stuttgart 1966.

[Ju1] Justice, J.H., und Shanks, J.L.: Stability criterion for $N$-dimensional digital filters. IEEE Trans. Automatic Control AC-18 (1973), S. 284-286.

[Ka1] Kaden, H.: Impulse und Schaltvorgänge in der Nachrichtentechnik. R. Oldenbourg Verlag, München 1957.

[Ka2] Kailath, T.: Linear Systems. Prentice-Hall, Englewood Cliffs, New Jersey 1980.

[Ka3] Kalman, R.E., und Bucy, R.S.: New results in linear filtering and prediction theory. Trans. ASME, ser. D, 83 (1961), S. 95-108.

[Ka4] Kalman, R.E., Ho, Y.C., und Narendra, K.S.: Controllability of linear dynamical systems. Contrib. Differential Equations 1 (1961), S. 189-213.

[Ka5] Kalman, R.E.: Mathematical description of linear dynamical systems. J. SIAM Control, Series A, 1 (1963), S. 152-192.

[Ka6] Kalman, R.E., Falb, P.L., und Arbib, M.A.: Topics in Mathematical System Theory. MacGraw-Hill Book Co., New York 1969.

[Ka7] Kaplan, W.: Operational Methods for Linear Systems. Addison-Wesley Publishing Co., Reading 1962.

[Ka8] Kaufmann, H.: Dynamische Vorgänge in linearen Systemen der Nachrichten- und Regelungstechnik. R. Oldenbourg Verlag, München 1959.

[Ki1] Kirk, D.E.: Optimal Control Theory. Prentice-Hall, Englewood Cliffs, New Jersey 1970.

[Ku1] Kuh, E.S., und Rohrer, R.A.: The state-variable approach to network analysis. Proc. IEEE 53 (1965), S. 672-686.

[Ku2] Kung, S.-Y., Lévy, B.C., Morf, M., und Kailath, T.: New results in 2-D system theory, part II: 2-D state-space models – realization and the notions of controllability, observability, and minimality. Proc. IEEE 65 (1977), S. 945-961.

[Kü1] Küpfmüller, K.: Die Systemtheorie der elektrischen Nachrichtenübertragung. S. Hirzel-Verlag, Stuttgart 1968.

[La1] Lange, F.H.: Signale und Systeme, Band I, II und III. VEB Verlag Technik, Berlin 1965, 1968, 1971.

[La2] Lathi, B.P.: Signals, Systems and Communication. John Wiley, New York 1965.

[Le1] Lehner, D.: Über Beschreibung und Realisierungen multidimensionaler Digitalfilter. Dissertation, Universität Erlangen-Nürnberg (1988).

[Li1] Lighthill, M.J.: Einführung in die Theorie der Fourier-Analysis und der verallgemeinerten Funktionen. Bibliographisches Institut, Mannheim 1966.

[Li2] Lim, J.S. und Oppenheim, A.V.: Advanced Topics in Signal Processing. Prentice-Hall, Englewood Cliffs, New Jersey 1988.

[Li3] Liu, C.L., und Liu, J.W.S.: Linear Systems Analysis. McGraw-Hill Book Co., New York 1975.

[Lu1] Luenberger, D.G.: Oberserving the state of a linear system. IEEE Trans. Military Electronics, MIL-8 (1964), S. 74-80.

[Lu2] Luenberger, D.G.: Observers for multivariable systems. IEEE Trans. Automatic Control, AC-11 (1966), S. 190-197.

[Lu3] Luenberger, D.G.: Canonical forms for linear multivariable systems. IEEE Trans. Automatic Control, AC-12 (1967), S. 290-293.

[Lu4] Luenberger, D.G.: Introduction to Dynamic Systems – Theory, Models, and Applications. John Wiley & Sons, New York 1979.

[Ma1] Marden, M.: Geometry of the Zeros of a Polynomial in a Complex Variable. American Mathematical Society, New York 1949.

[Ma2] Markel, J.D., und Gray, A.H.: Linear Prediction of Speech. Springer-Verlag, New York 1975.

[Ma3] Marko, H.: Methoden der Systemtheorie. Springer-Verlag, Berlin 1977.

[Ma4] Mathis, W.: Theorie nichtlinearer Netzwerk. Springer-Verlag, Berlin 1987.

[Mc1] McClellan, J.H.: The design of two-dimensional digital filters by transformation. Proc. 7th Annual Princeton Conf. Information Sciences and Systems 1973, S. 247-251.

[Me1] Mersereau, R.M., und Dudgeon, D.E.: Two-dimensional digital filtering. Proc. IEEE 63 (1975), S. 610-623.

[Me2] Mersereau, R.M., Mecklenbräuker, F.G., und Quatieri, Jr., Th.F.: McClellan transformation for 2-D digital filtering: I – Design. IEEE Trans. Circuits and Systems CAS-23 (1976), S. 405-414.

[Oc1] O'Connor, B.T., und Huang, T.S.: Stability of general two-dimensional recursive digital filters. IEEE Trans. Acoustics, Speech, and Signal Processing, ASSP-26 (1978), S. 550-560.

[Oc2] O'Connor, B.T.: Techniques for determining the stability of two-dimensional recursive filters and their application to image restoration. Dissertation, School of Electrical Engineering, Purdue University (May 1978).

[Og1] Ogata, K.: State Space Analysis of Control Systems. Prentice-Hall, Englewood Cliffs, New Jersey 1967.

[Op1] Oppenheim, A.V., und Schafer, R.W.: Digital Signal Processing. Prentice-Hall, Englewood Cliffs, New Jersey 1975.

[Op2] Oppenheim, A.V, und Willsky, A.S.: Signals and Systems. Prentice-Hall, Englewood Cliffs, New Jersey 1983.

[Pa1] Paley, R.E.A.C., und Wiener, N.: Fourier Transforms in the Complex Domain. American Mathematical Society, New York 1934.

[Pa2] Papoulis, A.: The Fourier Integral and its Applications. McGraw-Hill Book Co., New York 1962.

[Pa3] Papoulis, A.: Signal Analysis. McGraw-Hill Book Co., New York 1977.

[Pa4] Papoulis, A.: Probability, Random Variables, and Stochastic Processes. McGraw-Hill Book Co., New York 1984.

[Ra1] Rabiner, L.R., und Rader, C.M.: Digital Signal Processing. Institute of Electrical and Electronics Engineers, New York 1972.

[Ra2] Rabiner, L.R., und Gold, B.: Theory and Application of Digital Signal Processing. Prentice-Hall, Englewood Cliffs, New Jersey 1975.

[Ra3] Rabiner, L.R., und Schafer, R.W.: Digital Processing of Speech Signals. Prentice-Hall, Englewood Cliffs, New Jersey 1978.

[Ra4] Raven, F.H.: Automatic Control Engineering. McGraw-Hill Book Co., New York 1978.

[Ro1] Roberts, R.A., und Mullis, C.T.: Digital Signal Processing. Addison-Wesley Publishing Company, Reading 1987.

[Ro2] Roesser, R.P.: A discrete state-space model for linear image processing. IEEE Trans. Automatic Control AC-20 (1975), S. 1-10.

[Sa1] Sage, A.P., und White, III, C.C.: Optimum Systems Control. Prentice-Hall, Englewood Cliffs, New Jersey 1977.

[Sc1] Schüßler, H.W.: Digitale Systeme zur Signalverarbeitung. Springer-Verlag, Berlin 1973.

[Sc2] Schwartz, L.: Mathematics for the Physical Sciences. Addison-Wesley Publishing Co., Reading 1966.

[Sc3] Schwarz, R.J., und Friedland, B.: Linear Systems. McGraw-Hill Book Co., New York 1965.

[Sh1] Shanks, J.L., Treitel, S., und Justice, H.: Stability and synthesis of two-dimensional recursive filters. IEEE Trans. Audio and Electroacoustics AU-20 (1972), S. 115-128.

[Sh2] Shaw, G.A.: An algorithm for testing stability of two-dimensional digital recursive filters. Proc. IEEE Int. Conf. Acoustics, Speech, and Signal Processing 1978, S. 769-772.

[Sk1] Sklar, B.: Digital Communications. Prentice-Hall, Englewood Cliffs, New Jersey 1988.

[Sm1] Smirnow, W.I.: Lehrgang der Höheren Mathematik, Teil I, Teil III, 2. VEB Deutscher Verlag der Wissenschaften, Berlin 1955 und 1956.

[St1] Strang, G.: Linear Algebra and Its Applications. Academic Press, New York 1976.

[St2] Strintzis, M.G.: Test of stability of multidimensional filters. IEEE Trans. Circuits and Systems CAS-24 (1977), S. 432-437.

[Ti1] Titchmarsh, E.C.: Introduction to the Theory of Fourier Integrals. Oxford University Press, 2. Auflage, New York 1967.

[To1] Tolstow, G.P.: Fourierreihen. VEB Deutscher Verlag der Wissenschaften. Berlin 1955.

[Tr1] Treichler, J.R., Johnson, Jr., C.R., und Larimore, M.G.: Theory and Design of Adaptive Filters. John Wiley & Sons, New York 1987.

[Tr2] Tretter, S.A.: Introduction to Discrete-Time Signal Processing. John Wiley, New York 1976.

[Tz1] Tzafestas, S.G. (Ed.): Multidimensional Systems – Techniques and Applications. Marcel Dekker, New York and Basel 1986.

[Un1] Unbehauen, R.: Ermittlung rationaler Frequenzgänge aus Meßwerten. Regelungstechnik 14 (1966), S. 268-273.

[Un2] Unbehauen, R.: Zur Synthese digitaler Filter. AEÜ 24 (1970), S. 305-313.

[Un3] Unbehauen, R.: Determination of the transfer function of a digital filter from the real part of the frequency response. AEÜ 26 (1972), S. 551-557.

[Un4] Unbehauen, R.: Elektrische Netzwerke, Eine Einführung in die Analyse. Springer-Verlag, 3. Auflage, Berlin 1987.

[Un5] Unbehauen, R.: Synthese elektrischer Netzwerke und Filter. R. Oldenbourg Verlag, München 1988.

[Va1] Van Valkenburg, M.E.: Network Analysis. Prentice-Hall, Englewood Cliffs, New Jersey 1964.

[Vo1] Volterra, A.: Theory of Functionals and of Integral and Integro-Differential Equations. Blackie, London 1930, und Dover Publications, New York 1959.

[Wa1] Walter, R.: Einführung in die lineare Algebra. Vieweg-Verlag, Braunschweig 1982.

[We1] Weihrich, G.: Optimale Regelung linearer deterministischer Prozesse. R. Oldenbourg Verlag, München 1973.

[Wi1] Widrow, B., und Stearns, S.D.: Adaptive Signal Processing. Prentice-Hall, Englewood Cliffs, New Jersey 1985.

[Wi2] Wiener, N.: The Fourier Integral and certain of its Applications. Dover Publications, New York 1933.

[Wi3] Wiener, N.: Extrapolation, Interpolation and Smoothing of Stationary Time Series. The M.I.T. Press, Cambridge, Mass. 1949.

[Wi4] Willems, J.L.: Stability Theory of Dynamical Systems. Nelson, London 1970.

[Wu1] Wunsch, G.: Systemanalyse, Band 1 und 2. Dr. Alfred Hüthig Verlag, Heidelberg 1967, 1972.

[Wu2] Wunsch, G.: Systemtheorie der Informationstechnik. Akademische Verlagsgesellschaft Geest & Portig, Leipzig 1971.

[Wu3] Wunsch, G. (Herausg.): Handbuch der Systemtheorie, Akademie-Verlag, Berlin 1986.

[Za1] Zadeh, L.A., und Desoer, C.A.: Linear System Theory – The State Space Approach. McGraw-Hill Book Co., New York 1963.

[Zu1] Zurmühl, R., und Falk, S.: Matrizen und ihre Anwendungen, Teil 1: Grundlagen. Springer-Verlag, 5. Auflage, Berlin 1984.

[Zu2] Zurmühl, R.: Praktische Mathematik. Springer-Verlag, Berlin 1965.

# SACHREGISTER